HÜTTE Bautechnik Band VI

HÜTTE Taschenbücher der Technik

Herausgegeben vom
Wissenschaftlichen Ausschuß des Akademischen Vereins Hütte e.V.

29. Auflage

Bautechnik

Band VI
Konstruktiver Ingenieurbau 3:
Massiv- und Stahlbau

Bandherausgeber E. Cziesielski

Springer-Verlag

Berlin Heidelberg New York
London Paris Tokyo
Hong Kong Barcelona
Budapest 1993

Bandherausgeber:

Prof. Dr. rer. nat. *Erich Cziesielski*, Technische Universität Berlin

Autoren:

Prof. Dr.-Ing. *Klaus-Wolfgang Bieger*, Universität Hannover
Dr.-Ing. *Jürgen Lierse*, Universität Hannover
Prof. Dr.-Ing. habil. *Joachim Lindner*, Technische Universität Berlin
Prof. Dr.-Ing. *Jürgen Roth*, Universität Hannover

Mit 544 Abbildungen

ISBN-13:978-3-642-95668-3   e-ISBN-13: 978-3-642-95667-6
DOI: 10.1007/978-3-642-95667-6

CIP-Titelaufnahme der Deutschen Bibliothek
Hütte: Taschenbücher der Technik / hrsg. vom Wissenschaftlichen Ausschuss des Akademischen Vereins Hütte e.V. – Berlin;
Heidelberg; New York; London; Paris; Tokyo: Springer.
Teilw. im Ernst-Verl., Berlin, München, Düsseldorf. – Teilw. hrsg. von Hütte, Ges. für Techn. Informationen mbH, Berlin
NE: Akademischer Verein Hütte ⟨Berlin, West⟩ / Wissenschaftlicher Ausschuss; Hütte, Gesellschaft für Technische Informationen
⟨Berlin, West⟩
Bautechnik. 6. Konstruktiver Ingenieurbau. – 3. – [29. Aufl.]. – 1993 Berlin; Heidelberg; New York; London; Paris; Tokyo: Springer.
(Hütte) [Bd.-Hrsg.: Erich Cziesielski. Autoren: Klaus-Wolfgang Bieger ...]. – [29. Aufl.] – 1993
ISBN-13:978-3-642-95668-3
NE: Cziesielski, Erich [Hrsg.]

Satz: Macmillan, Indien

68/3020/543210 – Gedruckt auf säurefreiem Papier

Vorwort

Seit mehr als hundert Jahren verfolgen die HÜTTE-Taschenbücher das Ziel, auf wichtigen Gebieten der Technik ein zuverlässiges Nachschlagewerk für Praxis und Studium zu sein.

Der Bautechnik wurde erstmals in der 20. Auflage (1909) ein eigener Band gewidmet, der als HÜTTE III bekannt war und in der 28. Auflage (1956) bereits ca. 1600 Seiten umfaßte. Die zahlreichen Fortschritte im Bauwesen sowie dessen technische und wirtschaftliche Bedeutung führten zu dem Entschluß, für die 29. Auflage ein mehrbändiges Werk „HÜTTE Bautechnik" zu schaffen, das inzwischen an die Stelle des früheren Bandes III getreten ist. Mit der Übernahme der Buchreihe durch den Springer-Verlag wurde auch das in der Vergangenheit viel verwendete „Taschenbuch für Bauingenieure" von Schleicher in die Planungen der HÜTTE Bautechnik integriert.

Zum Inhalt und zur Zielsetzung des vorliegenden Bandes VI ist folgendes zu bemerken:

Der Teil *Stahlbau* behandelt im wesentlichen die Grundlagen der Bemessung und der Konstruktion im Stahlhochbau. Die bisher für die Anwendung wichtigen Normen des Stahlbaus sind durch neue Ausgaben ersetzt worden. Mit den Grundnormen DIN 18 800 Teil 1 bis 4 (1990) findet ein Übergang zur konsequenten Bemessung nach Grenzzuständen statt. Andererseits ist das bisherige Bemessungskonzept nach zulässigen Spannungen den Ingenieuren vertraut und wird für eine Übergangszeit daneben weiterhin angewendet werden. Daher sind beide Möglichkeiten dargestellt, so daß nach dem Übergang auf die Anwendung der neuen Grundnormen der Reihe DIN 18 800 (1990) der künftige Übergang auf den Eurocode 3 wegen der großen Ähnlichkeit der Prinzipien leichtfallen wird. Dem wird auch durch die Übernahme der internationalen Bezeichnungen Rechnung getragen.

Der Teil *Verbundbau* behandelt ein Gebiet, das dem Stahlbau in den letzten Jahren zusätzliche Einsatzmöglichkeiten gebracht hat. Hier finden die Vorteile der Baustoffe Stahl und Beton konsequente Anwendung. Waren es zunächst die Verbunddecken, so haben danach auch Verbundstützen und Verbundträger ihren Anwendungsbereich erweitert. Im Bereich der Normung ist hier noch kein Übergang auf das neue Nachweiskonzept erfolgt, da auch die Stahlbetonnormen diesen Schritt noch nicht vollzogen haben. Die Darstellung beschränkt sich nicht auf die Anwendung der Grenzzustände, sondern bringt auch die Erfassung des zeitabhängigen Verhaltens des Betons, das besonders für den Brückenbau von Interesse ist. Die Erläuterung von Konstruktionsprinzipien für den Brandschutz und von für den Verbundbau entwickelten rechnerischen Brandschutznachweisen bringt eine Ergänzung zu den Ausführungen im Teil E, Kapitel 6, in Band V.

Die Beiträge Stahlbeton, Spannbeton und Anwendungen des Stahl- und Spannbetons behandeln die Berechnung und Konstruktion von Massivbauwerken nach den derzeit noch gültigen DIN-Vorschriften, wobei aber auch auf Neuerungen eingegangen wird, die bei der Einführung des Eurocode 2 zu erwarten sind. Es ist deshalb auch bewußt die klassische Einteilung in Stahlbeton und in Spannbeton beibehalten worden. Später hingegen werden nach dem Eurocode 2 alle Stahlbetonkonstruktionen, gleichgültig ob ohne oder mit Vorspannung, einheitlich zu behandeln sein.

In den Teilen Stahlbeton und Spannbeton werden Grundlagen und Bemessung knapp und möglichst praxisnah dargestellt. Zur weitergehenden Information hinsichtlich spezieller Probleme ist die wichtigste Literatur genannt. Angaben zu den Baustoffen und Einzelheiten zur Schnittgrößenermittlung können den Bänden I und IV entnommen werden.

Der Teil *Stahlbeton* behandelt im wesentlichen die Querschnittbemessung für die verschiedenen Beanspruchungen im Grenzzustand der Tragfähigkeit. Für Druckglieder wird außer dem Ersatzstabverfahren auch die genauere Berechnung nach der Theorie 2. Ordnung dargestellt. Den Abschluß bilden die unter der Gebrauchslast zu führenden Nachweise.

Im Teil *Spannbeton* wird neben der Erzeugung der Vorspannung vor allem die Schnittgrößenermittlung für die Lastfälle Vorspannung sowie Schwinden und Kriechen behandelt, wobei auch auf die teilweise Vorspannung und die Vorspannung ohne Verbund eingegangen wird. Die erforderlichen Nachweise für den Gebrauchs- und den Bruchzustand schließen sich an.

Im Teil *Anwendungen des Stahl- und Spannbetons* wird zunächst das Grundsätzliche zur Bewehrung und Konstruktion üblicher Bauelemente behandelt. Die folgenden Abschnitte behandeln exemplarisch die wesentlichen Stahlbetonkonstruktionen des Hoch-, Industrie- und Brückenbaus, aber auch bemerkenswerte Sonderkonstruktionen.

Besonderer Dank gilt den Autoren, die ihr fachliches Wissen und ihre didaktische Erfahrung eingebracht und viel Verständnis für die Wünsche des Herausgebers und der Redaktion gezeigt haben, insbesondere auch dafür, daß sie bereit waren, ihre Beiträge – zum Teil mehrfach – zu aktualisieren.

Berlin, im September 1992

Dr. rer. nat. Erich Cziesielski
Bandherausgeber

Dipl.-Ing. Ulrich Kluge
Redaktion der HÜTTE-Taschenbücher

Dr.-Ing. Werner Sommerfeld
Vorsitzender des Wissenschaftlichen Ausschusses
des Akademischen Vereins HÜTTE e.V., Berlin

Inhalt

Teil H. Verbundbau (*J. Lindner*)

Teil I. Stahlbetonbau (*J. Roth*)

Teil J. Spannbeton (K.-W. Bieger)

Teil K. Anwendungen des Stahl- und Spannbetons (*J. Lierse*)

Teil G. Stahlbau

Von *Joachim Lindner*

1. Einführung

1.1 Vorbemerkung

Der vorliegende Teil über Stahlbau ist aus Vorlesungen für Bauingenieure im Hauptstudium bzw. Grundfachstudium an der Technischen Universität Berlin entstanden. Der Umfang ist aufgrund der Zielsetzung des Gesamtwerkes begrenzt. Daher enthält der Beitrag im wesentlichen Grundlagen zur Berechnung und zum Nachweis von Stahlbauteilen. Da von vielen Studenten und auch Ingenieuren in der Praxis die Fragen der Stabilität als besonders schwierig angesehen werden, wird diesem Teilgebiet breiter Raum, erläutert mit Beispielen, eingeräumt. Dagegen sind im Kapitel 6. Verbindungen nur die Grundlagen dargestellt und Berechnungsformeln angegeben, Beispiele wurden dort nicht aufgenommen. Aufbauend auf diesen Grundlagen wären dann Fragen der Konstruktion und der Ausführung zu behandeln, worauf hier aber ebenfalls verzichtet werden mußte. Einmal werden diese Fragen in vielen Fällen firmenspezifisch gesehen und bewertet. Zum anderen ist hier praktische Erfahrung unerläßlich, so daß dies für den angehenden Ingenieur ohne praktischen Bezug kaum erlernbar ist. Eine mögliche Auflistung ausgeführter Beispiele wurde unterlassen, da dies ohne eingehende Erläuterungen wenig hilfreich wäre.

Der Nachweis unserer tragenden Baukonstruktionen erfolgt nach den gültigen technischen Baubestimmungen, in der Bundesrepublik Deutschland sind das i.d.R. die bauaufsichtlich eingeführten DIN-Normen. Die Normen des Stahlbaus befinden sich im Umbruch. Die 1990 erschienenen neuen Stahlbau-Grundnormen der Reihe DIN 18 800 bauen im Gegensatz zum bisher Üblichen auf dem Traglastkonzept unter Anwendung geteilter Sicherheitsbeiwerte auf. Da die Umstellung vom augenblicklichen Zustand notwendigerweise mit Umgewöhnungsschwierigkeiten verbunden sein wird, sind hier zur Erleichterung zum Teil auch Nachweise nach alten und neuen Normen nebeneinandergestellt. Der weitergehenden Entwicklung zu einheitlichen europäischen Regelungen ist dagegen im Detail noch keine Rechnung getragen. Einmal lag bei Abschluß des Manuskriptes dieses Beitrages immer noch keine endgültige Fassung des für den Stahlbau maßgebenden Eurocodes 3 [V9] vor. Die Überführung in eine CEN-Vornorm mit probeweiser Anwendung liegt noch vor uns, worauf dann die endgültige CEN-Norm aufbauen wird. Zum anderen sind viele Regelungen im EC 3 denen von DIN 18 800 ähnlich, und das Nachweiskonzept ist identisch. Damit wird die weitere Umstellung von DIN 18 800 auf EC 3/CEN weniger schwierig sein als die jetzt vor uns liegende auf DIN 18 800 (11.90).

Die Bezeichnungen folgen weitgehend DIN 18 800. Abweichend davon sind allerdings die international üblichen Bezeichnungen f_y statt β_s bzw. σ_F für die Streckgrenze und V statt Q für die Querkraft übernommen worden.

1.2 Kennzeichnende Eigenschaften von Stahlbauten

Jeder Baustoff, der im konstruktiven Ingenieurbau eingesetzt wird, hat seine Hauptanwendungsgebiete. Diese ergeben sich im wesentlichen aus der

- technischen Ausführbarkeit,
- technischen Zweckmäßigkeit,
- Länge der Bauzeit,
- Wirtschaftlichkeit und
- ästhetischen Wirkung.

Bei der Beurteilung dieser Gesichtspunkte sind die typischen Eigenschaften von Stahlbauten in Betracht zu ziehen. Dazu gehören insbesondere:

Industrielle Herstellung. Die im Stahlbau verwendeten Fertigerzeugnisse (Walzprofile, Bleche) werden in Stahlwerken industriell hergestellt. Dadurch sind gleichbleibende Güteeigenschaften gewährleistet, die nicht von örtlichen Gegebenheiten, wie z.B. dem Wetter, abhängig sind. Die Stahlerzeugnisse werden mit geringen Toleranzen geliefert, so daß Nennmaße recht genau einzuhalten sind. Da die Einzelbauteile aus den Profilen und Blechen dann in der Werkstatt witterungsunabhängig weitgehend maschinell hergestellt werden, ist auch dort eine große Genauigkeit einzuhalten.

Festigkeiten. Stahl hat hohe mechanische Festigkeit für alle Beanspruchungsarten. Dabei ist das Eigengewicht relativ gering, so daß der kennzeichnende Wert zul σ/γ relativ groß ist. Daher sind zur Aufnahme von Nutzlasten geringere Eigengewichte als bei anderen Baustoffen erforderlich. Dies führt u.a. zu kleineren Gründungen, niedrigeren Bauhöhen und kleineren Querschnittsabmessungen. Besonders vorteilhaft sind daher Stahlbauten bei hohen Nutzlasten und/oder großen Stützweiten anzuwenden.

Erfassung der Werkstoffeigenschaften. Die Eigenschaften von Stahl sind einfach wirklichkeitsnah rechnerisch zu erfassen. Daher können bezüglich der Güteeigenschaften im Stahlbau vergleichsweise geringe Sicherheiten angesetzt werden. Da man sich unter Gebrauchslasten i. allg. im elastischen Bereich befindet, können Verformungen im Gebrauchszustand sehr genau ermittelt werden.

Bearbeitungsmöglichkeiten. Walzprofile und Bleche sind als standardisierte Fertigerzeugnisse (siehe 1.3) leicht zu bearbeiten. Wegen der Linienstruktur der Profile bestehen vielfältige Gestaltungsmöglichkeiten, die ästhetischen Gesichtspunkten fast beliebig Rechnung tragen können.

Verbindungen. Es stehen feste Verbindungen (z.B. durch Schweißen oder Nieten) und lösbare Verbindungen (z.B. durch Schrauben) zur Verfügung. Dies erlaubt die Vorfertigung von Teileelementen in der Werkstatt mit späterer Montage der Einzelbauteile zum Gesamtbauwerk auf der Baustelle.

Flexibilität. Aufgrund der Verbindungsmitteltechnik besteht die Möglichkeit, Tragwerke zu ändern. Aufgrund geänderter Nutzung erforderliche Änderungen sind daher einfach durchführbar. Weiterhin sind auch Instandsetzungen und Verstärkungen mit wirtschaftlichem Aufwand vorzunehmen, wodurch die Lebensdauer der Bauten verlängert werden kann. Falls Teile demontiert werden, sind diese ggf. auch wiederzuverwenden.

Montage. Die Montage auf der Baustelle erfolgt i. allg. nur mit Hebezeugen, deren Größe dem Gewicht der Einzelbauteile anzupassen ist. Gerüste sind nur in Sonderfällen erforderlich, so daß die Montage auch unter weitgehender Aufrechterhaltung von Produktion bzw. Verkehr möglich ist. Wegen der filigranen Struktur der Stahlbauteile ist auf der Baustelle nur ein geringer Platzbedarf erforderlich.

Bauzeit. Da die Bauteile in der Werkstatt vorgefertigt werden, sind bei entsprechender Montageplanung sehr kurze Bauzeiten erreichbar.

Korrosionsschutz. Unter Korrosion versteht man die Zerstörung von Werkstoffen durch chemischen Angriff von der Oberfläche her. Beim ungeschützten Stahl bildet sich Eisenhydroxid, Rost genannt. Ursache ist der gleichzeitige Angriff von Sauerstoff und Wasser. Einer dieser beiden Stoffe genügt also nicht zum Rosten. Die kritische Luftfeuchtigkeit liegt bei etwa 70%, so daß Stahl in trockener Luft (Wüstenklima) praktisch nicht rostet. Ebenso ist ein ständiger Aufenthalt des Stahls im Wasser ohne entsprechende Sauerstoffzufuhr ungefährlich.

Reine Luft erfordert auch bei höherer Luftfeuchtigkeit nur einen leichten Korrosionsschutz, agressive Luft dagegen einen erhöhten Schutz.

Durch Wahl geeigneter Verfahren wird ein zielgerichteter, sicherer Korrosionsschutz erreicht.

Wesentliche Voraussetzungen für einen wirksamen Korrosionsschutz sind ([13]):

- Eine korrosionsschutzgerechte Gestaltung der Konstruktion. Dazu gehören eine wenig gegliederte Konstruktion, eine kleine Oberfläche, Zugänglichkeit, Verhinderung von Wasser- und Schmutzablagerungen.
- Sachgerechte Vorbereitung der Oberflächen, so daß die zu schützenden Teile frei von Fett und Verunreinigungen sind.
- Richtige Wahl des Korrosionsschutzsystems.

Korrosionsschutzsysteme bestehen aus ein bis vier Beschichtungen oder aus einem Überzug und ein bis zwei Beschichtungen.

Beschichtungen (Anstriche, Lackierungen) werden durch Streichen, Rollen, Tauchen oder Spritzen aufgebracht und haben je Schicht eine Dicke von 40 bis 80 µm. Insgesamt ergeben sich Sollschichtdicken von 120 µm bis 320 µm.

Überzüge bestehen aus einer metallischen Schicht, im allgemeinen aus Zink. Dieser wird in der Regel durch Feuerverzinken aufgebracht, wobei Schichtdicken von etwa 50 bis 100 µm erreicht werden. Die Größe der zu verzinkenden Teile ist bei der Stückeverzinkung durch die zur Verfügung stehenden Zinkbäder begrenzt.

Für statisch beanspruchte Bauteile gilt DIN 55 928. Die Beanspruchung und die Schutzmaßnahmen werden in Grade eingeteilt, wonach der erforderliche Korrosionsschutz festgelegt wird.

In vielen Fällen können beim Korrosionsschutz auch gestalterische Gesichtspunkte durch besondere Farbgebung berücksichtigt werden.

In Sonderfällen kommen besonders legierte Stähle zur Anwendung, sog. wetterfeste Stähle und nichtrostende Stähle.

Wetterfeste Stähle bilden zunächst eine Deckschicht aus Rost. Nach kurzer Zeit kommt dann das Rosten zum weitgehenden, jedoch nicht vollständigen Stillstand. Voraussetzung für die Anwendung wetterfester Stähle, die auch für ganze Ingenieurkonstruktionen wie Brücken zum Einsatz kommen, ist eine besonders sorgfältige Ausbildung der Details.

Nichtrostende Stähle werden wegen des hohen Preises im wesentlichen für Verankerungen eingesetzt.

Brandschutz. Aufgrund der guten Wärmeleitfähigkeit von Stahl ist die Erwärmungsgeschwindigkeit ungeschützter Stahlteile bei direktem Angriff des Feuers sehr hoch. Da die Streckgrenze und der Elastizitätsmodul von Stahl bei hohen Temperaturen stark absinken, wird dadurch die Standsicherheit gefährdet. Die im Brandfall im Stahl zu erwartenden Temperaturen sind also von großer Bedeutung. Sie hängen von der Menge des brennbaren Materials (Brandbelastung) ab. Entscheidend ist die Zeit, die vergeht, bis die kritischen Temperaturen erreicht werden. Diese betragen etwa 500 bis 600 °C.

Durch die Landesbauordnungen wird in Deutschland ein vorbeugender baulicher Brandschutz gefordert. Dieser ist in der Regel nach der Art der Gebäude und der Anzahl der Geschosse abgestuft. Bei eingeschossigen Gebäuden kann auf einen besonderen Brandschutz i. allg. verzichtet werden.

Die Brandschutzanforderungen in Form der geforderten Feuerwiderstandsklassen F30 bis F180 müssen durch geeignete Maßnahmen erfüllt werden. Diese bestehen in der Regel darin, daß tragende Stahlbauteile durch im Brandfall aufschäumende Anstriche, Beschichtungen oder Bekleidungen geschützt werden. Diese verhindern den unmittelbaren Angriff des Feuers am Stahl und sorgen durch die Wärmedämmung zwischen Stahl und Feuer für eine verringerte Erwärmungsgeschwindigkeit.

Eine wirkungsvolle Maßnahme stellt auch die teilweise oder vollständige Umhüllung der tragenden Stahlbauteile durch Beton dar. Große Vorteile ergeben sich, wenn zusätzlich das statische Zusammenwirken von Stahl und Beton berücksichtigt wird – man kommt dann zu Stahlverbundkonstruktionen. vgl. Teil H. Verbundbau.

Sind im Brandfall kritische Temperaturen aus der Art der Nutzung eines Bauwerks nicht zu erwarten, ist kein baulicher Brandschutz erforderlich. Ein solcher Brandschutz nach Maß ist z.Z. im wesentlichen nur im Industriebau realisierbar.

Einzelheiten zum Brandschutz allgemein sind im Kapitel 6 Baulicher Brandschutz im Teil E. Bauphysik (Band V) enthalten, wo allerdings Verbundkonstruktionen nicht behandelt sind.

1.3 Der Werkstoff Stahl

Durch Schmelzen von Eisenerzen mit Brennstoffen unter Zusatz von Zuschlägen entsteht im Hochofen Roheisen. Dieses kann jedoch aufgrund seines hohen Kohlenstoffgehaltes nicht umgeformt (geschmiedet, gewalzt, gepreßt) werden. Dem Roheisen wird durch „Frischen" der Kohlenstoff weitgehend entzogen, wodurch Stahl entsteht. Einzelheiten siehe [14, HB3].

Die Stähle werden u.a. nach ihren Gebrauchseigenschaften unterschieden. Für den Stahlbau besitzen die *allgemeinen Baustähle* die größte Bedeutung. Als kennzeichnende Eigenschaften sind für diese Streckgrenze, Zugfestigkeit, Kerbschlagzähigkeit und Schweißeignung besonders wichtig. Durch Legierungsbestandteile sind die Festigkeiten und die sonstigen Eigenschaften zu beeinflussen, wodurch eine große Palette verschiedener Stahlsorten verfügbar ist.

Die allgemeinen Baustähle für den Stahlbau sind in DIN 17100 genormt. Daneben kommen schweißgeeignete Feinkornbaustähle in Frage sowie die entsprechenden Stähle für Rohrprofile. Für die Auswahl der Stähle für den Stahlbau ist der Verwendungszweck maßgebend, insbesondere wenn geschweißt wird.

Die Festigkeitswerte, die den Berechnungen zugrunde zu legen sind, sind in den jeweiligen Anwendungsnormen, z.B. DIN 18800 Teil 1 (03.81), DIN 18809 und DIN 18800 Teil 1 (11.90), zu entnehmen.

Aus Stahl werden Fertigerzeugnisse durch verschiedene Verfahren (Walzen, Ziehen, Pressen, Abkanten) hergestellt. Diese werden in verschiedener Form geliefert. Man unterscheidet nach der Querschnittsform Langerzeugnisse und Flacherzeugnisse.

Zu den *Langerzeugnissen* gehören die im Stahlbau gebräuchlichen Walzprofile, die verschiedene Querschnittsformen aufweisen: I, IPE, IPB, U, L, T, Spundwandprofile. Das in Deutschland übliche Lieferprogramm umfaßt Walzprofile bis 1000 mm Höhe. Die üblichen Lieferlängen betragen bis 18 m, in besonderen Fällen bis 24 m, und sind im wesentlichen durch die Transportmöglichkeiten begrenzt.

Flachstahlerzeugnisse besitzen rechteckigen Querschnitt mit größerer Breite als Dicke. Breitflachstahl wird auf allen vier Seiten warm gewalzt, Breiten bis ca. 1800 mm. Bleche haben rohe oder beschnittene Kanten, die Breiten reichen bis ca. 2500 mm.

Rohre (Hohlprofile mit kreisförmigem oder rechteckigem Querschnitt) werden nahtlos oder geschweißt hergestellt.

2. Berechnung und Dimensionierung

2.1 Allgemeines

2.1.1 Brauchbarkeitsnachweise

Nach den Bauordnungen der Länder der Bundesrepublik Deutschland dürfen Baustoffe, Bauteile und Bauarten, die noch nicht allgemein gebräuchlich und bewährt sind, nur angewendet werden, wenn ihre Brauchbarkeit nachgewiesen wird. Dies kann geschehen durch

a) Zustimmung im Einzelfall,
b) allgemeine bauaufsichtliche Zulassung,
c) Prüfzeichen,
d) Nachweise entsprechend den technischen Baubestimmungen, insbesondere DIN-Normen.

In der Regel erfolgt in der Praxis der Nachweis nach d) durch Aufstellen statischer Berechnungen nach den gültigen technischen Baubestimmungen. Da diese keine Rechtvorschrift darstellen, kann beim Nachweis, daß die gleiche Sicherheit wie durch die technischen Baubestimmungen erreicht wird, von diesen abgewichen werden, was jedoch in der Praxis häufig zu Schwierigkeiten führt.

Um statische Berechnungen durchführen zu können, müssen Lastannahmen getroffen werden. Diese sind einheitlich geregelt, siehe z.B. DIN 1025, DIN 1055 und die Anwendungsnormen. Dort sind auch Zuordnungen von Lasten zu gewissen Lastgruppen (z.B. Hauptlasten, Zusatzlasten) oder Lastkombinationen getroffen.

Die Ermittlung von Schnittgrößen erfolgt in der Regel nach der Elastizitätstheorie, kann jedoch auch nach der Plastizitätstheorie erfolgen, sofern Anwendungsnormen dies nicht aus bestimmten Gründen ausschließen. Einzelheiten zur Schnittgrößenermittlung siehe Teil B Baustatik.

Traditionell erfolgte bisher in der Regel die Berechnung der Beanspruchbarkeiten nach der Elastizitätstheorie. Beanspruchbarkeiten sind dabei diejenigen Zustandsgrößen eines Tragwerks, die das Versagen des Werkstoffes, der Querschnitte, der Bauteile, des gesamten Tragwerks und der Verbindungen kennzeichnen, DIN 18 800 Teil 1 (11.90). Bei Anwendung der linearen Theorie I. Ordnung kann die elastische Beanspruchbarkeit entweder durch Einhaltung zulässiger Spannungen unter 1, 0-fachen Lasten oder durch Einhaltung des Fließbeginns unter γ-fachen Lasten nachgewiesen werden.

2.1.2 Konzept der zulässigen Spannungen

Die Dimensionierung von Stahlbauten erfolgt z.Z. in den meisten Fällen noch nach dem Konzept der *zulässigen Spannungen*. Dabei werden die aus den ermittelten Schnittgrößen berechneten vorhandenen Spannungen den zulässigen Spannungen gegenübergestellt. Die zulässigen Spannungen sind auf die Streckgrenze f_y (in Normen auch Fließgrenze σ_F oder Streckgrenze β_s genannt), die aus dem einachsigen Zugversuch ermittelt wird, bezogen; f_y entspricht dabei der international üblichen Bezeichnung.

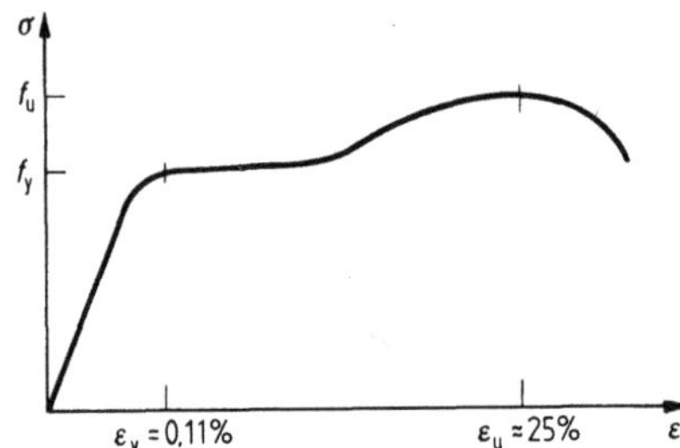

Bild 2-1. Spannungs-Dehnungsdiagramm für St 37.

Für St 37 z.B. gilt:

– Rechenwert der Streckgrenze $f_y = 240\ \text{N/mm}^2$
– zulässige Spannungen
  Zug und Biegezug
  Druck und Biegedruck   (LF H) $\text{zul } \sigma = 160\ \text{N/mm}^2$
                           (LF HZ) $\text{zul } \sigma = 180\ \text{N/mm}^2$
  Druck und Biegedruck für Stabilitätsnachweis
  nach DIN 4114   (LF H) $\text{zul } \sigma_D = 140\ \text{N/mm}^2$
– Fließsicherheiten $v_F = 1{,}71\ (240/140)$ bis $1{,}333\ (240/180)$.

Die wesentlich höheren Bruchfestigkeiten infolge der Verfestigung werden im Stahlbau normalerweise bei der Festlegung der zulässigen Spannungen nicht in Betracht gezogen. Wollte man sie ausnutzen, wäre dies mit sehr großen Dehnungen (Verformungen) verbunden, so daß die Brauchbarkeit nicht gewährleistet wäre. Die Zusammenhänge sind aus dem einfachen Spannungs-Dehnungs-Diagramm (Bild 2-1) zu ersehen.

Das Konzept der zulässigen Spannungen führt weder zu einer Kenntnis des tatsächlichen Spannungszustandes (z.B. Spannungsspitzen an Löchern) noch zur Kenntnis des Sicherheitsabstandes zur tatsächlichen Traglast, worunter die maximal von einer Konstruktion zu tragende Last verstanden wird. Dies gilt insbesondere für statisch unbestimmte Konstruktionen, die in vielen Fällen erhebliche Systemreserven aufweisen, die erst bei einer Berechnung nach der Plastizitätstheorie erkennbar werden.

Aus diesen Gründen geht die Tendenz dahin, Grenzlasten zu ermitteln. Dies bedingt aber auch eine Umstellung der technischen Baubestimmungen.

2.1.3 Untersuchung von Grenzzuständen

Die Umstellung von der Einhaltung zulässiger Spannungen zur Untersuchung von Grenzzuständen wird in den neuen Stahlbau-Grundnormen DIN 18 800 Teil 1 (11.90), DIN 18 800 Teil 2 (11.90), DIN 18 800 Teil 3, DIN 18 800 Teil 4 vollzogen, [16]. Dort sind für den Tragsicherheitsnachweis die in Tabelle 2-1 angegebenen Verfahren vorgesehen.

Das Verfahren 1 (Elastisch-Elastisch) entspricht dabei dem z.Z. überwiegend angewendeten Verfahren. Hierbei wird z.B. mit den nach der Elastizitätstheorie unter γ-fachen Lasten berechneten Schnittgrößen nachgewiesen, daß an der am ungünstigsten beanspruchten Stelle des Querschnitts höchstens die Streckgrenze $f_y\ (= \beta_s)$ erreicht wird.

Tabelle 2-1. Nachweisverfahren für den Tragsicherheitsnachweis nach DIN 18 800 Teil 1 (03.81)

Nachweisverfahren	Berechnung der	
	Schnittgrößen infolge der Einwirkungen nach	Beanspruchbarkeiten nach
1 Elastisch-Elastisch	Elastizitätstheorie	Elastizitätstheorie
2 Elastisch-Plastisch	Elastizitätstheorie	Plastizitätstheorie
3 Plastisch-Plastisch	Fließgelenktheorie	Plastizitätstheorie

Das Verfahren 2 (Elastisch-Plastisch) unterscheidet sich von dem Verfahren 1 nur dadurch, daß das Plastizierungsvermögen der Querschnitte berücksichtigt wird. Damit ist der Querschnittswiderstand durch die vollplastischen Schnittgrößen gegeben. Dies entspricht dem Vorgehen nach [V1] für statisch bestimmte Systeme.

Dem Verfahren 3 werden gegenüber dem Verfahren 2 die Schnittgrößen nach der Fließgelenktheorie ermittelt, während der Querschnittswiderstand wiederum durch die vollplastischen Schnittgrößen gegeben ist. Dies entspricht der Berechnung nach dem Traglastverfahren und somit dem Vorgehen nach [V1] bei beliebigen Systemen.

Die Berechnung nach dem *Traglastverfahren* (plastische Beanspruchbarkeit) im Sinne der Verfahren 2 und 3 ist schon seit langem für Sonderfälle durch DIN 18 801 und in allgemeiner Form durch [V1] geregelt. Dabei werden i.allg. die Schnittgrößen, die unter mit Laststeigerungsfaktoren multiplizierten Lasten ermittelt worden sind, den maximal aufnehmbaren Schnittgrößen, den Schnittgrößen im vollplastischen Zustand, an den maßgebenden Stellen gegenübergestellt. Die Gegenüberstellung der unter den Bemessungswerten der Einwirkungen berechneten Lasten mit den unter Berücksichtigung der Bemessungswerte des Widerstandes berechneten Grenzlasten (in [V1] plastische Grenzlast genannt) ist möglich, erfolgt i. allg. aber aus Gründen des höheren Rechenaufwandes nicht. Zu den statischen Methoden zur Ermittlung der vorhandenen Schnittgrößen (Beanspruchungen), siehe [2] und Teil 1B Baustatik, die Schnittgrößen im vollplastischen Zustand (Beanspruchbarkeiten) werden im Abschnitt 2.5 ermittelt.

Durch die theoretische Weiterentwicklung der Sicherheitstheorie sind die Fragen der Grenzlastberechnung im Fluß. Dazu gehört insbesondere die wahrscheinlichkeitstheoretische Betrachtung.

Diesem Konzept folgen die neuen Grundnormen für den Stahlbau, z.B. DIN 18 800 Teil 1 (11.90). So werden dort für die Ermittlung von Beanspruchungen und Beanspruchbarkeiten (z.B. Grenzmoment) die unteren 5%-Fraktilwerte für die mechanischen Eigenschaften als sog. charakteristische Werte vorgeschrieben. Der Nachweis ist in Form von (2.1-1) zu führen:

$$S_d/R_d \leq 1, \tag{2.1-1}$$

mit

S_d Beanspruchung, z.B. Spannung σ, Scherkraft einer Schraube, vorhandenes Moment

R_d Beanspruchbarkeit, z.B. Grenznormalspannung $\sigma_{R,d}$, Moment im vollplastischen Zustand $M_{pl,d}$.

Die beiden Werte S_d und R_d sind mit den zugehörigen Bemessungswerten der Einwirkungen bzw. des Widerstandes zu bestimmen.

Beim Nachweis der Tragsicherheit sind die Bemessungswerte F_d der Einwirkungen (z.B. Lasten) zu bestimmen:

$$F_d = \gamma_F \cdot \Psi \cdot F_k, \qquad (2.1\text{-}2)$$

mit

F_k charakteristischer Wert der Einwirkung, bis zum Vorliegen genauerer Werte z.B. nach den Lastnormen DIN 1055,

Ψ Kombinationsbeiwert,

γ_F Teilsicherheitsbeiwert.

Für die Regelfälle gilt dabei die nachfolgende Angabe. Bei ständigen Einwirkungen G_d (Eigengewicht) gilt

$$G_d = 1{,}35 \cdot G_k. \qquad (2.1\text{-}3)$$

Bei veränderlichen Einwirkungen sind die Fälle der Gln. (2.1-4) und (2.1-5) zu unterscheiden.

Bei Berücksichtigung aller ungünstig wirkenden veränderlichen Einwirkungen $Q_{i,k}$ (z.B. Verkehrslasten) gilt mit $\psi = 0{,}9$

$$Q_{i,d} = 1{,}5 \cdot 0{,}9 \cdot Q_{i,k}. \qquad (2.1\text{-}4)$$

Bei Berücksichtigung derjenigen Einwirkung, die den größten Einfluß auf die Beanspruchung hat, gilt mit $\psi = 1{,}0$

$$Q_{1,d} = 1{,}5 \cdot 1{,}0 \cdot Q_{1,k}. \qquad (2.1\text{-}5)$$

Von diesen beiden Fällen ist derjenige maßgebend, der zur größeren Beanspruchung führt. Für andere Fälle sind in DIN 18 800 Teil 1 (11.90) weitere Angaben gemacht.

Auf der Widerstandseite ist der Teilsicherheitsbeiwert γ_M zu berücksichtigen. Dieser wird aus Vereinfachungsgründen rechnerisch bei den Festigkeitswerten angesetzt, er deckt alle anderen Einflüsse (z.B. Toleranzen) jedoch mit ab.

Damit gilt für den Bemessungswert der Streckgrenze

$$f_{y,d} = f_{y,k}/\gamma_M \qquad (2.1\text{-}6)$$

mit

$f_{y,k}$ charakteristischer Wert der Streckgrenze, z.B. DIN 18 800 Teil 1 (11.90), Tabelle 1.

Zusätzlich ist der Teilsicherheitsbeiwert γ_M auch bei der Berechnung der Bemessungswerte der Steifigkeiten beim Nachweis der Tragsicherheit zu berücksichtigen, wenn nach Theorie der II. Ordnung gerechnet werden muß.

Falls nichts anderes in Fachnormen geregelt ist, gilt für den Regelfall

$$\gamma_M = 1{,}1. \qquad (2.1\text{-}7)$$

Statt mit Teilsicherheitsbeiwerten γ_F auf der Lastseite und γ_M auf der Widerstandsseite zu rechnen, darf auch mit dem Produkt $\gamma_F \cdot \gamma_M$ auf der Lastseite gerechnet werden, wenn γ_M konstant ist. Dies führt zu identischen Ergebnissen. Wenn man so vorgeht, ändert sich prinzipiell nichts gegenüber der jetzt üblichen Berechnung unter γ-fachen Lasten.

Bei allen Nachweisen, insbesondere solchen mit Hilfe von Interaktionsbedingungen, ist also stets konsequent eine der beiden möglichen Berechnungsmöglichkeiten

– Lastseite mit γ_F, Widerstandsseite mit γ_M;
– Lastseite mit $\gamma_F \cdot \gamma_M$, Widerstandsseite mit 1

anzuwenden.

Für eine ausreichende Dimensionierung sind in der Regel folgende Nachweise zu führen:

a) Allgemeiner Spannungsnachweis (2.2, 2.5),
b) Vergleichsspannungsnachweis (2.3, 2.5),
c) Stabilitätsnachweis (3),
d) Betriebsfestigkeitsnachweis (2.4),
e) Lagesicherheitsnachweis (z.B. nach DIN 18 800 Teil 1 (03.81), DIN 18 809),
f) evtl. Einhaltung von Grenzwerten für Verformungen,
g) evtl. aerodynamische Stabilität.

2.1.4 Beispiel 2.1-1. Seitlich unverschieblicher Rahmen

Für das im Bild 2-2 dargestellte System sind die Bemessungswerte der Einwirkungen für das Eckmoment M_E zu bestimmen.

Für die Kombination 1 ergibt sich nach (2.1-3) und (2.1-5)

$$M_E^1 = -1,35 \cdot 46,00 - 1,5 \cdot 1,0 \cdot 90,00 = -197,10 \text{ kNm}.$$

Für die Kombination 2 ergibt sich nach (2.1-3) und (2.1-4)

$$M_E^2 = -1,35 \cdot 46,00 - 1,5 \cdot 0,9(90,00 + 5,72) = -191,32 \text{ kNm}.$$

Hier ist also Kombination 1 maßgebend (dies entspricht dem zur Zeit. üblichen LF H) und damit

$$M_{s.d} = M = 197,10 \text{ kNm}.$$

Für den Bemessungswert des Widerstandes ergibt sich für das elastische Grenzmoment $M_{el,d}$ (Verfahren Elastisch – Elastisch) für das Profil IPE 360

$$M_{el,d} = W \cdot f_y / \gamma_M = 9,04 \cdot 24 / 1,1 = 197,24 \text{ kNm}.$$

Der Nachweis entsprechend (2.1-1) lautet

$$M/M_{el,d} = 197,10/197,24 = 0,999 < 1.$$

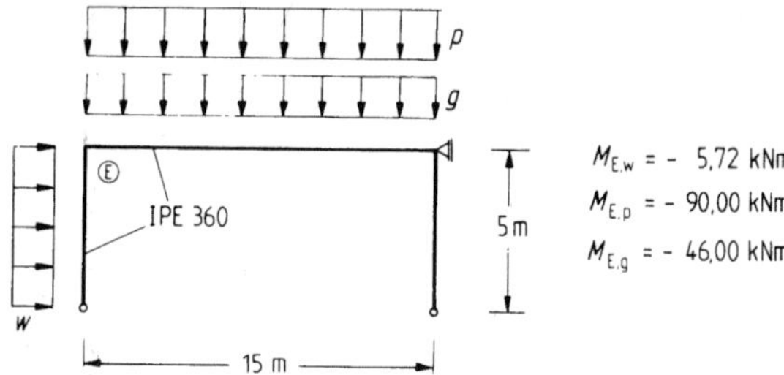

Bild 2-2. Beispiel eines unverschieblichen einfeldrigen Rahmens.

2.2 Elastische Beanspruchbarkeit

2.2.1 Allgemeines

Dieser Nachweis ist bei der Berechnung nach zulässigen Spannungen zu führen. Werden Grenzlastnachweise nach dem Traglastverfahren geführt, so treten an seine Stelle die Nachweise nach 2.5.
Die maßgebenden Querschnittswerte sind der Tabelle 2-2 zu entnehmen.

A	Fläche des ungelochten Querschnittes
ΔA	Summe aller abzuziehenden Lochflächen, die in derjenigen Rißlinie liegen, die den kleinsten Wert $A - \Delta A$ ergibt
A_Q	Querkraftfläche, die bei näherungsweiser Berechnung der Schubspannungen zu deren Aufnahme geeignet ist
S	Statisches Moment von ungelochten Querschnittsteilen, bezogen auf die Schwerachse des ungelochten Querschnittes
I	Trägheitsmoment des ungelochten Querschnittes
ΔI	Summe der Trägheitsmomente der in die ungünstigste Rißlinie fallenden Löcher im Biegezugbereich, bezogen auf die Schwerachse des ungelochten Querschnittes
e_d	Abstand der Randfaser am Druckrand von der Schwerachse des ungelochten Querschnittes
e_z	Abstand der Randfaser am Zugrand von der Schwerachse des ungelochten Querschnittes
W_d	Maßgebendes Widerstandsmoment für die Randdruckspannung
W_z	Maßgebendes Widerstandsmoment für die Randzugspannung
t	Dicke des zur Querkraftaufnahme geeigneten Querschnittsteils

Die zulässigen Spannungen sind durch die Anwendungsnormen festgelegt, z.B. DIN 18 800 Teil 1 (03.81). Dabei werden unterschiedliche Werte nach den ebenfalls in den Anwendungsnormen festgelegten Lastfällen

- H   Hauptlasten,
- HZ   Haupt- und Zusatzlasten und
- S   Sonderlasten

Tabelle 2-2. Maßgebende Querschnittswerte nach DIN 18 800 Teil 1 (03.81)

Spalte	1	2	3	4
Zeile	Schnittgröße	Spannungsart	Maßgebender Querschnitt	Nachweis
1	Normalkraft N	Druck	A	$\sigma = \dfrac{N}{A} \leqq \text{zul } \sigma$
2		Zug	$A_n = A - \Delta A$	$\sigma = \dfrac{N}{A_n} \leqq \text{zul } \sigma$
3	Biegemoment M	Druck	$W_d = \dfrac{I}{e_d}$	$\sigma = \dfrac{M}{W_d} \leqq \text{zul } \sigma$
4		Zug	$W_z = \dfrac{I - \Delta I}{e_z}$	$\sigma = \dfrac{M}{W_z} \leqq \text{zul } \sigma$
5	Querkraft V	Schub	S, I, t, A_Q	$\tau \leqq \text{zul } \tau$
6	Torsionsmoment M_T	Schub	I_T	$\tau \leqq \text{zul } \tau$

Tabelle 2-3. Zulässige Spannungen für Bauteile nach DIN 18 800 Teil 1 (03.81) in N/mm²

Zeile	Spannungsart	Werkstoff			
		St 37		St 52	
		Lastfall			
		H	HZ	H	HZ
1	Druck und Biegung für Stabilitätsnachweis nach DIN 4114 Teil 1 und 2	140	160	210	240
2	Zug und Biegung, Druck und Biegedruck	160	180	240	270
3	Schub	92	104	139	156

unterschieden. Als Beispiel sind in Tabelle 2-3 die zulässigen Spannungen für Bauteile aus St 37 und St 52 nach DIN 18 800 Teil 1 (03.81) angegeben.

Die vorhandene Spannung kann aus den berechneten Schnittgrößen bestimmt werden, wenn Querschnittswerte für das nachzuweisende Bauteil bekannt sind. Dazu kann dieses Bauteil

a) durch konstruktive Umstände gegeben sein,
b) in seinen Abmessungen geschätzt werden,
c) durch Methoden der Vorbemessung (2.3) festgelegt sein.

Häufig geht man in der Praxis so vor, daß durch Umkehrung der Nachweisgleichungen ein erforderlicher Querschnittswert bestimmt wird.

2.2.2 Normalspannungen

Die entsprechenden Nachweise sind in Tabelle 2-2, Spalte 4, Zeilen 1 bis 4 angegeben.

Beispiel 2.2-1: Zugstab
Im Bild 2-3 sind drei mögliche Rißlinien (I, II, III) eingetragen, für die A_n zu berechnen ist; der kleinste Wert ist maßgebend.

Beispiel 2.2-2: Biegeträger mit Lochschwächung
Aus Bild 2-4 ist für einen Biegeträger mit gezogenem Untergurt die Ermittlung der maßgebenden Querschnittswerte im Bereich der Lochschwächung zu ersehen.

Beispiel 2.2-3: Querschnittswahl bei gegebenem Moment

vorh $M = 25$ kNm, St 37, LF H, damit zul $\sigma = 140$ N/mm² $= 14$ kN/cm²
(Tabelle 2-3,   Zeile 1)

$$\text{vorh } \sigma = \frac{M}{W_R} \stackrel{!}{=} \text{zul } \sigma \qquad \text{erf } W_R = \frac{M}{\text{zul } \sigma}$$

$$\text{erf } W_R = \frac{2500}{14} = 179 \text{ cm}^3$$

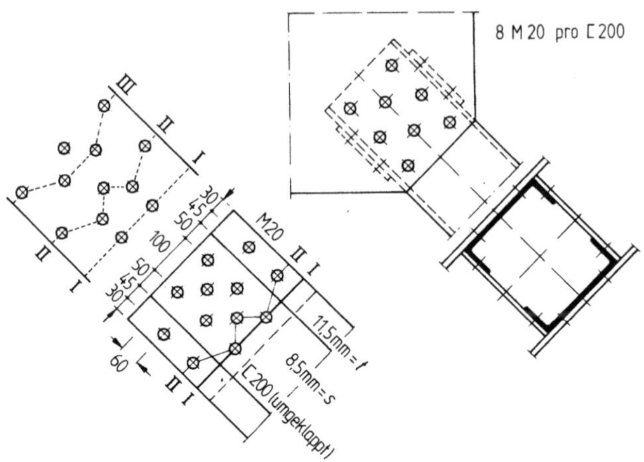

Bild 2-3. Mögliche Rißlinien bei einem Zugstab.

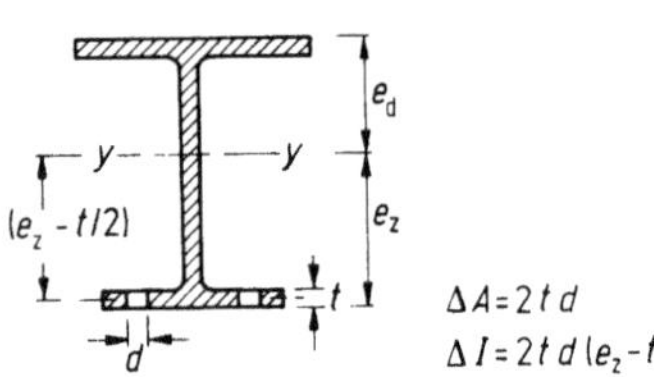

Bild 2-4. Maßgebende Querschnittswerte bei einem Biegeträger
mit Löchern im Zuggurt.

Gewählt IPE 200,
vorh $W = 194\ \text{cm}^3 > 179\ \text{cm}^3$
Nach den technischen Baubestimmungen ist aber der Nachweis zu führen

$$\text{vor } \sigma = \frac{2500}{194} = 12{,}89 < 14{,}0\ \text{kN/cm}^2 = 140\ \text{N/mm}^2 = \text{zul } \sigma$$

Außermittig durch Normalkräfte beanspruchte Stäbe sind für Biegung und Normalkraft zu bemessen. Regelungen für Sonderfälle, wann Außermittigkeiten ggf. außer Ansatz bleiben dürfen, enthalten die Anwendungsnormen. Die in Tabelle 2-2 angegebenen Nachweise setzen voraus, daß als Bezugsachsen für Schnittgrößen und Querschnittswerte die Hauptträgheitsachsen, kurz Hauptachsen genannt, gewählt wurden. Die Benennung und Vorzeichen der Schnittgrößen folgt Bild 2-5. Die Indizes dürfen immer dann weggelassen werden, wenn keine Verwechslungsgefahr besteht.

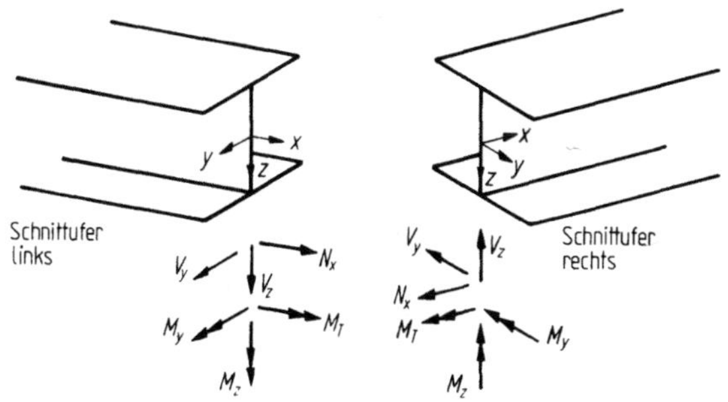

Bild 2-5. Bezeichnungen und Richtungen der Schnittgrößen.

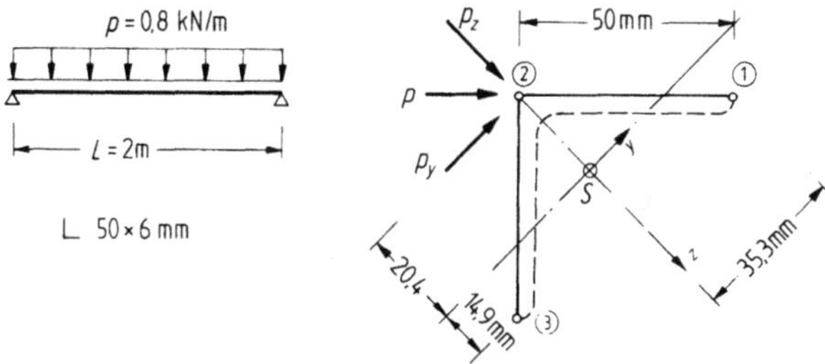

Bild 2-6. Beispiel eines Geländerholms.

Beispiel 2.2-4: Spannungsermittlung beim einfachsymmetrischen Querschnitt. Das System, die Belastung und die Querschnittsabmessungen sind im Bild 2-6 angegeben. Die Lage der Hauptachsen wird aus Profiltabellen entnommen.

Spannungen
$$\sigma = \frac{M_y}{I_y} \cdot z - \frac{M_z}{I_z} \cdot y \tag{2.2-1}$$

Aus Profiltabellen werden die Hauptträgheitsmomente entnommen:

$$I_y = 5{,}24 \text{ cm}^4, \quad I_z = 20{,}4 \text{ cm}^4$$

$M_y = $ positiv zu positivem p_z

$$M_y = \frac{0{,}80}{\sqrt{2}} \cdot \frac{200 \cdot 2}{8} = 28{,}3 \text{ kN cm}$$

$M_z = $ (negativ zu positivem p_y) $= -28{,}3 \text{ kN cm}$

$$\sigma_1 = \frac{28{,}3}{5{,}24} \cdot 1{,}49 - \frac{-28{,}3}{20{,}4} \cdot 3{,}54 = 8{,}05 + 4{,}91 = 13{,}0 \text{ kN/cm}^2$$

$$\sigma_2 = \frac{28{,}3}{5{,}24} \cdot 1{,}77 - \frac{-28{,}3}{20{,}4} \cdot 3{,}11 = 9{,}56 + 4{,}31 = 13{,}9 \text{ kN/cm}^2$$

$$\sigma_3 = \frac{28{,}3}{5{,}24} \cdot (-2{,}04) - 0 \qquad = -11{,}0 \text{ kN/cm}^2$$

Erwartungsgemäß liefert eine Rechnung, die nicht die Hauptachsen berücksichtigt, falsche Ergebnisse.

2.2.3 Schubspannungen aus Querkraft

Bei Bezug auf die Hauptachsen gilt für offene Querschnitte

$$\tau = - \frac{V_z \cdot S_y(s)}{I_y \cdot t} - \frac{V_y \cdot S_z(s)}{I_z \cdot t}. \tag{2.2-2}$$

Die Bezeichnung V statt Q für die Querkraft ist die international übliche Bezeichnung.

Das Minuszeichen besagt, daß ein Ersatzsystem benutzt wird, die Schubspannungen also die Richtung der Querkraft haben und entgegengesetzt einer positiv gewählten s-Richtung verlaufen. Die Werte S_y, S_z sind die statischen Momente in Bezug auf die Hauptachsen.

Beispiel 2.2-5: Schubspannungen am T-Querschnitt
Die Abmessungen, positiv gewählten s-Richtungen und Bezeichnungen der Querschnittstellen sind aus Bild 2-7 zu ersehen. Es werden die Schubspannungen zu einer Querkraft V_z bestimmt.

$$S_y^1 = 0 \text{ (freies Ende)} \qquad S_y^{2l} = -\frac{h}{4}t\frac{b}{2} = -\frac{h^2 t}{8}$$

$$S_y^{2r} = -\left(-\frac{h}{4}t\frac{b}{2}\right) = \frac{h^2 t}{8}, \qquad S_y^{2u} = S_y^{2l} - S_y^{2r} = -\frac{h^2 t}{4}$$

$$S_y^5 = -\frac{h^2 t}{4} - \frac{h}{4}t\frac{1}{2}\frac{h}{4} \qquad = -\frac{9}{32}h^2 t$$

$$I_y = \frac{5}{24}h^3 t$$

$$\tau^{2l} = 0{,}6\frac{V_z}{ht} \qquad\qquad \tau^{2r} = -0{,}6\frac{V_z}{ht}$$

$$\tau^{2u} = 1{,}2\frac{V_z}{ht} \qquad\qquad \tau^5 = 1{,}35\frac{V_z}{ht}$$

Die Schubspannungen verlaufen den statischen Momenten proportional.

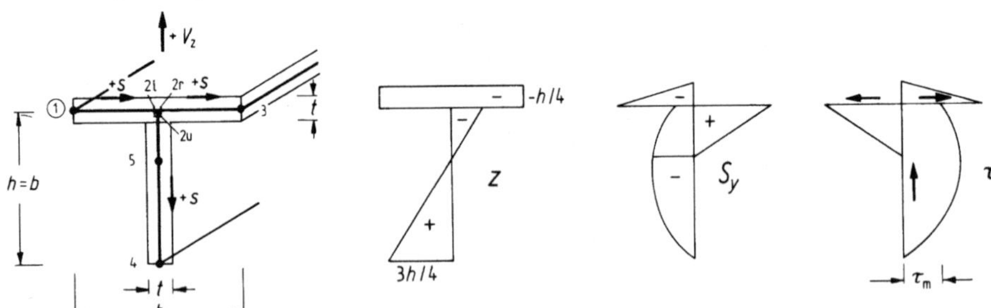

Bild 2-7. T-Querschnitt.

In vielen Fällen, insbesondere bei I-Querschnitten, ist die mittlere Schubspannung

$$\tau_m = \frac{V}{A_V} = \frac{V}{A_Q} \tag{2.2-3}$$

genau genug. Für einen I-Querschnitt ist für $A_V = A_{Steg}$ zu setzen. Daher ist in DIN 18 800 Teil 1 (03.81) dieser Nachweis auch gestattet, wobei allerdings DIN 18 800 Teil 1 (03.81) zusätzlich den Nachweis nach (2.2-2) bei 1,1 fach erhöhten zulässigen Spannungen fordert.

Liegen geschlossene Querschnitte vor, sind zusätzlich Kontinuitätsbedingungen zu erfüllen. Den Schubspannungen nach (2.2-2) sind solche aus Schubflüssen, die aus einer statisch unbestimmten Rechnung ermittelt werden, zu überlagern, z.B. [3].

Die in diesem Abschnitt vorausgesetzte reine Querkraftbiegung liegt nur dann vor, wenn die äußeren Querlasten und die durch sie hervorgerufenen Querkräfte und Auflagerreaktionen in einer Ebene wirken, die durch die sog. Schubmittelpunktsachse geht.

Die Lage des *Schubmittelpunkts* kann aus dem Gleichgewicht der inneren Kräfte bestimmt werden. Für das in Bild 2-8 gezeigte U-Profil gilt, daß die resultierende vertikale Schubkraft im Steg,

$$V_{St} = \int\limits_{(St)} \tau_V \cdot dF,$$

gleich der Querkraft V sein muß.

Die resultierenden horizontalen Schubkräfte in den beiden Flanschen,

$$H_{Fl} = \int\limits_{(Fl)} \tau_V \cdot dF,$$

ergeben ein (inneres) Torsionsmoment $M_D = H_{Fl} \cdot h$.

Das bedeutet, der Querschnitt wird verdreht. Damit der Stab nicht verdreht wird, muß das Torsionsmoment zu Null werden. Dies ist nur dann der Fall, wenn die Querkraft V im Abstand

$$\bar{y}_M = \frac{H_{Fl} \cdot h}{V} \approx \frac{b \cdot t}{2 \cdot s} \tag{2.2-4}$$

von der Stegmitte angreift.

Für Sonderfälle gilt:

a) doppelt- und mehrfachsymmetrische Querschnitte: $M = S$,
b) einfachsymmetrische Querschnitte: M und S liegen auf der Symmetrieachse,

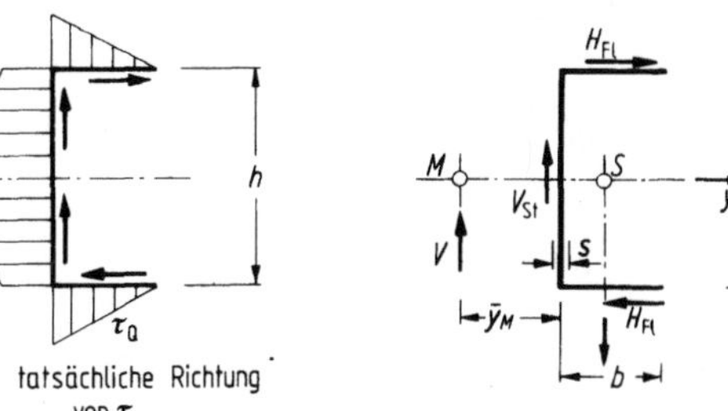

Bild 2-8. Schubmittelpunkt.

c) bei Querschnitten aus zwei sich schneidenden schmalen Rechtecken liegt M im Schnittpunkt der Mittellinien der Rechtecke.

Für allgemeine Fälle läßt sich der Schubmittelpunkt aus einer systematischen Berechnung der Querschnittswerte nach der Methode von Bornscheuer (siehe z.B. [3,4]) einfach ermitteln.

2.2.4 Spannungen aus Torsion

Aus Torsion entstehen im allgemeinen Fall stets Normalspannungen σ_x und Schubspannungen τ. Wenn vereinfachend der Einfluß der sog. Wölbkrafttorsion ([4,5], siehe auch Teil B Baustatik) vernachlässigt wird, dann muß das Torsionsmoment durch Schubspannungen allein aufgenommen werden. Dies ist aber ein statisch zulässiger Zustand. In den meisten Fällen wird auch im Stahlbau nur diese St.-Venantsche Torsion betrachtet, obwohl sich durch die Wölbkrafttorsion ein wesentlich genauerer Überblick über den tatsächlichen Spannungs- und Verformungszustand gewinnen läßt. Die Torsionsmomente werden dabei in der Regel über St.-Venantsche Torsion (M_{T_p} primäres Torsionsmoment) und Wölbkrafttorsion (M_{T_s} sekundäres Torsionsmoment) abgetragen.

Bild 2-9 zeigt für einen Sonderfall die Größe der Querschnittsverdrehung ϑ. Die vereinfachte Berechnung über Flanschbiegung nähert dabei die Wölbkrafttorsion im Bereich kleiner Stablänge gut an.

Bei der St-Venantschen Torsion gilt für *offene Querschnitte*

$$\tau = \frac{M_T}{I_T} \cdot t, \tag{2.2-5}$$

$$I_T = \eta \cdot \frac{1}{3} \sum_i b_i t_i^3 \tag{2.2-6}$$

mit

I_T St.-Venantsches Torsionsträgheitsmoment,
b_i, t_i Breite und Dicke des Teilquerschnitts i,

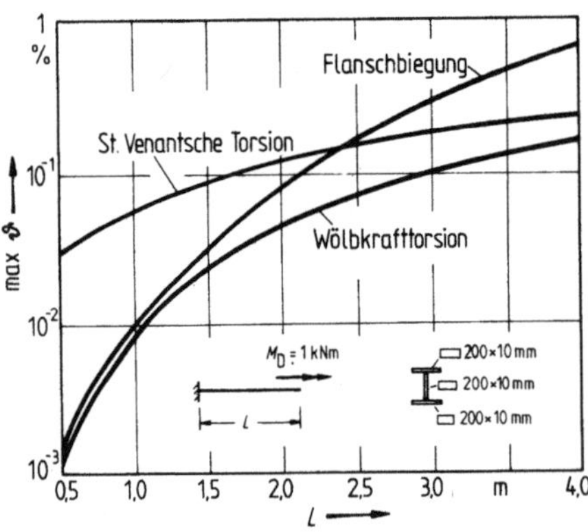

Bild 2-9. Verformungen bei Torsion.

$1,0 \leq \eta \leq 1,4$ Korrekturwert für Walzprofile aufgrund der Ausrundungsradien, in der Regel in den Profiltabellen eingearbeitet,

τ linear über die Querschnittsdicke verteilte Schubspannung.

Bei *Hohlquerschnitten* sind die Schubspannungen konstant über die Dicke des Querschnitts verteilt (Bild 2-10). Für die Berechnung einzelliger Querschnitte gelten (2.2-7) bis (2.2-9).

$$\tau = \frac{T}{t}, \qquad (2.2\text{-}7)$$

$$T = \frac{M_\mathrm{T}}{2A_\mathrm{m}}, \qquad (2.2\text{-}8)$$

$$I_\mathrm{T} = \frac{4 \cdot A_\mathrm{m}^2}{\oint \dfrac{\mathrm{d}s}{t}} \qquad (2.2\text{-}9)$$

mit

T [kN/cm] Schubfluß,

t [cm] Dicke an der nachzuweisenden Stelle,

A_m [cm²] mittlere umschlossene Querschnittsfläche (Bild 2-10),

$\oint \dfrac{\mathrm{d}s}{t}$ Umlaufintegral über das Verhältnis Querschnittsstrecke/Dicke,

I_T [cm⁴] St.-Venantsches Torsionsträgheitsmoment.

Der große Unterschied der Steifigkeit von offenen und geschlossenen Querschnitten ist aus dem folgenden Beispiel zu ersehen.

Beispiel 2.2-6: Vergleich offener – geschlossener Querschnitt
Es werden die Torsionsträgheitsmomente der in Bild 2-11 dargestellten Querschnitte ermittelt.

$$I_\mathrm{T}^0 = \frac{2}{3} r\pi \cdot t^3 \qquad I_\mathrm{T}^g = \frac{4(\pi r^2)^2}{2\pi r/t}$$

$$I_\mathrm{T}^g / I_\mathrm{T}^0 = 3(r/t)^2 = 300 \quad \text{für } r/t = 10$$

Der Faktor wird für Brückenquerschnitte noch erheblich größer. Falls Torsion auftritt, sollten daher, sofern konstruktiv möglich, geschlossene Querschnitte verwendet werden.

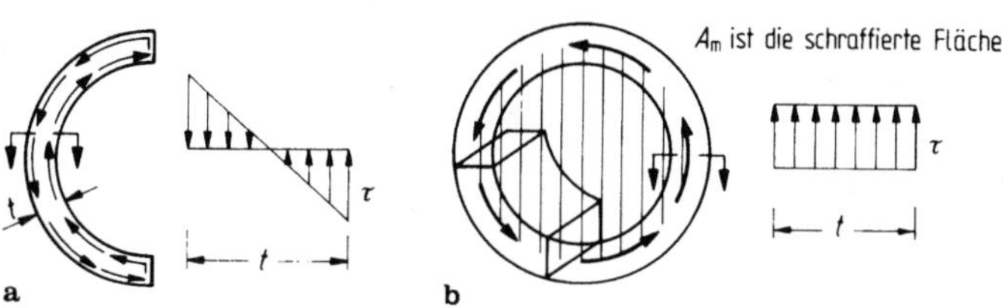

Bild 2-10a, b. Schubspannungsverteilung aus Torsion. a) Offener Querschnitt, b) geschlossener Querschnitt.

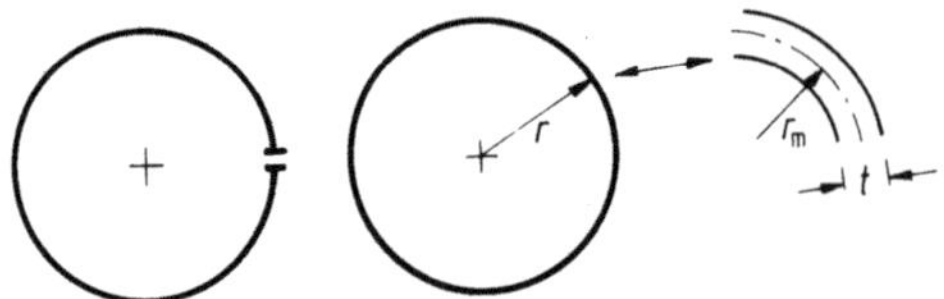

Bild 2-11. Vergleich von zwei Querschnitten.

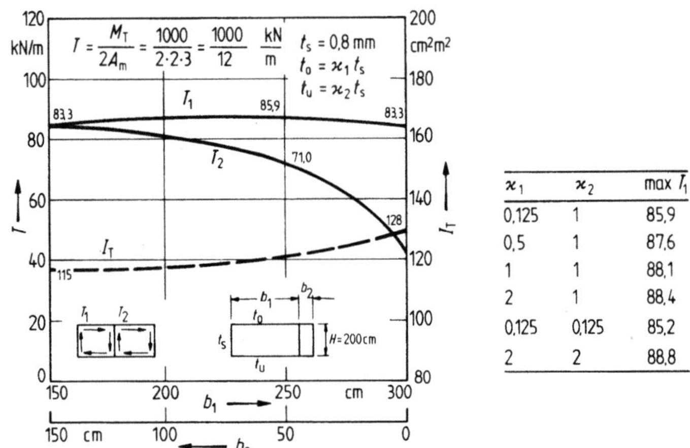

Bild 2-12. Gegenüberstellung einzelliger-mehrzelliger Querschnitt, $M_T = 1000$ kNm.

Im Prinzip wäre in (2.2-9) noch der Anteil des offenen Querschnitts zu berücksichtigen, der jedoch in der Regel vernachlässigbar gering ist.

Bei mehrzelligen Hohlquerschnitten sind die Schubflüsse der einzelnen Zellen über zusätzliche Verformungsbedingungen zu ermitteln [3, 5]. In der Regel liefert aber auch eine Betrachtung als einzelliger Querschnitt gute Näherungswerte, siehe Bild 2-12.

Aufgelöste Kastenwände Anstelle eines Bleches ist auch ein Fachwerkverband oder eine Rahmenkonstruktion in der Lage, den in einem Hohlquerschnitt bei Torsionsbeanspruchung umlaufenden Schubfluß zu übertragen. Hier wird die Berechnung des Torsionsträgheitsmomentes durch Einführung einer ideellen Wanddicke t_i auf den Normalfall des Hohlquerschnittes zurückgeführt. Die Ersatzwanddicke t_i wird aus einer Betrachtung der Formänderungsenergie gewonnen oder nach dem Arbeitssatz berechnet. Angaben über ideelle Blechdicken t_i können der Literatur entnommen werden.

Eine Abschätzung für ein Fachwerk mit einer Diagonale ist durch

$$t_i \approx \frac{A_D}{d} \tag{2.2-10}$$

möglich, wobei A_D die Fläche und d die Länge der Diagonale, die die Schubkraft überträgt, darstellen.

Zu beachten ist, daß ideelle Bleche mit $t = t_i$ nur Schub-, keine Normalspannungen aufnehmen können.

2.2.5 Vergleichsspannungen

Die zulässigen Spannungen sind auf die Streckgrenze f_y ($= \beta_S$) bezogenen (siehe 2.1), die aus Vereinfachungsgründen in einem einachsigen Zugversuch ermittelt wird.

In den Konstruktionen der Praxis sind jedoch nur selten einachsige Spannungszustände (nur eine Hauptspannung) vorhanden, beispielsweise jedoch

- in Paralleldrahtseilen,
- in Fachwerkstäben von Gelenkfachwerken,
- näherungsweise in schmalen Gurten von Biegeträgern.

Dagegen sind mehrachsige Spannungszustände sehr viel häufiger:
zweiachsige Spannungszustände:

- in Biegeträgern,
- in Krafteinleitungsbereichen,
- in Platten und Scheiben,
- in dünnwandigen Schalen;

dreiachsige Spannungszustände:

- in Krafteinleitungsbereichen (Durchlaufträger),
- in dickwandigen Bauteilen (z.B. Hosenrohr-Anschlußstücke),
- in sich kreuzenden Schweißnähten (durch Schrumpfung),
- in der Nähe von Kerben (Kraftumleitungsstellen),
- in Trägern mit Ausschnitten.

Die Frage „Wie weit darf Belastung im Falle von zwei- oder dreiachsigen Spannungszuständen gesteigert werden, ohne daß die Fließgrenze oder die Bruchgrenze erreicht wird" ist demnach von großer praktischer Bedeutung. Sie kann z.Z. überwiegend nur theoretisch beantwortet werden.

Das Ziel besteht also darin, die tatsächliche Beanspruchung des Werkstoffs durch mehrachsige Spannungszustände auf den einachsigen Spannungszustand zurückzuführen. Die Betrachtungen beziehen sich nur auf statische oder langsam anwachsende Beanspruchung.

Man geht folgendermaßen vor:

- Berechnung einer „Vergleichsspannung" σ_v mittels einer brauchbaren Hypothese
- Vergleich mit einem einachsigen Zugversuch

$$\sigma_v = f_y \ (\hat{=} \ \beta_S, \sigma_F) \qquad \text{(einachsig), d.h., Fließen tritt ein}$$

oder

$$\sigma_v = f_u \ (\hat{=} \ \beta_Z, \sigma_B) \qquad \text{(einachsig), d.h., Bruch tritt ein.}$$

Eine gute Möglichkeit, die Brauchbarkeit solcher Hypothesen zu prüfen, besteht im Vergleich mit Versuchsergebnissen für einfache Sonderfälle, z.B. die reine Schubbelastung.

Die Hypothese von der größten Form- und Gestaltänderungsarbeit hat wegen der besten Übereinstimmung mit Versuchsresultaten Eingang in die Stahlbaunormen DIN 18 800 Teil 1 (03.81) gefunden. Die danach zu berechnende Vergleichsspannung lautet

$$\sigma_v = \sqrt{\sigma_x^2 + \sigma_y^2 + \sigma_z^2 - \sigma_x\sigma_y - \sigma_x\sigma_z - \sigma_y\sigma_z + 3(\tau_{xy}^2 + \tau_{yz}^2 + \tau_{xz}^2)}. \qquad (2.2\text{-}11)$$

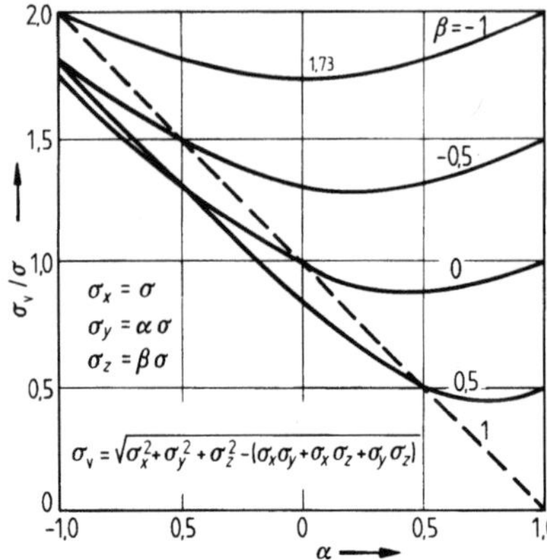

Bild 2-13. Vergleichsspannung.

Eine Auswertung für Beanspruchung durch alleinige Normalspannungen zeigt Bild 2-13. Daraus ist zu ersehen, daß σ_v/σ stets größer 1 (und damit unter Umständen gefährlich) ist, wenn Druck- und Zugspannungen verschiedener Richtungen zusammentreffen (α, β negativ).

Für die Vergleichsspannung wurden früher erhöhte Werte zugelassen. In DIN 18 800 Teil 1 (03.81) ist jedoch auch $\sigma_v = \text{zul}\,\sigma$. Nur für den Sonderfall der Biegeträger, die ausschließlich durch Querkräfte und einachsige Biegung beansprucht sind, darf statt dessen eine um 10% erhöhte zulässige Spannung berücksichtigt werden.

Für den Fall, daß die Beanspruchbarkeit nicht durch zulässige Spannungen, sondern über aufnehmbare Schnittgrößen ausgedrückt wird, ist die gleichzeitige Wirkung mehrerer Spannungen durch Interaktionsbeziehungen zwischen den verschiedenen Schnittgrößen zu berücksichtigen. So wird nach den neuen Stahlbau-Grundnormen vorgegangen. Zu solchen Interaktionsbeziehungen vgl. 2.5.

2.3 Vorbemessung

Da für die Spannungsnachweise nach 2.2 Querschnittswerte benötigt werden, kann es erwünscht sein, den Querschnitt aus gegebenen Schnittgrößen vorab zu berechnen.

Für einen einfachsymmetrischen Querschnitt (Bild 2-14) gilt bei reiner Momentenbeanspruchung

$$\text{erf } A_o = -\frac{M}{h \cdot \sigma_o} - \frac{A_s(\sigma_u + 2\sigma_o)}{6\sigma_o},$$

$$\text{erf } A_u = \frac{M}{h \cdot \sigma_u} - \frac{A_s(2\sigma_u + \sigma_o)}{6\sigma_u}. \tag{2.3-1}$$

Die Spannungen und das Moment sind dabei vorzeichengerecht einzusetzen. Dabei ist vorausgesetzt, daß die Stegfläche A_s bekannt ist. Zu deren Festlegung gelten die folgenden Überlegungen:

– Die *Steghöhe* $h_{St} \approx h$ sollte so groß wie möglich gewählt werden, da dann die Gurtflächen klein werden.

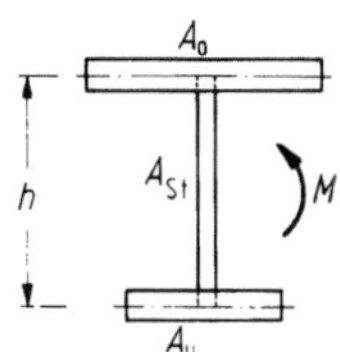

Bild 2-14. Einfachsymmetrischer Querschnitt für Vorbemessung.

– Aus Optimierungsüberlegungen folgt

$$h = \sqrt{\frac{3 \cdot \max M}{t \cdot \text{zul}\,\sigma}}.$$
(2.3-2)

Dieser Wert ist jedoch meist nicht ausnutzbar, wegen
–– architektonischer Gesichtspunkte (schlanke Bauteile),
–– der Höhe des Gesamtbauwerks,
–– der dann erforderlichen Höhe von Anschlüssen.
– Die *Stegblechdicke t* kann gewisse Werte nicht unterschreiten, die durch konstruktive Gesichtspunkte und die Normen gegeben sind.

Nach
DIN 18 800 Teil 1 (03.81) $\min t = 1,5$ mm
DIN 18 809 $\min t = 8$ mm für Bleche.

Da die Querkraft vom Steg aufgenommen werden muß, gilt

$$\min t \approx \frac{V}{h_{\text{s}} \cdot 0,9 \cdot \text{zul}\,\tau}.$$
(2.3-3)

Dabei wurde der Faktor 0,9 wegen des zusätzlichen Vergleichsspannungsnachweises (2.2-5) gewählt. Falls der Stabilitätsnachweis (siehe Kap. 3) maßgebend wird, ist der Faktor 0,9 entsprechend zu vermindern.

In Sonderfällen können von den 5 Parametern auch andere als A_{o}, A_{u} gesucht sein. Durch Umschreiben von (2.3-1) ergeben sich dann die gesuchten Werte. Sofern eine Untergurtverstärkung angeordnet wird (Umbau), gilt z.B.

Gegeben: $\sigma_{\text{o}}, A_{\text{o}}, A_{\text{s}}$ Gesucht: $A_{\text{o}}, \sigma_{\text{u}}$

Bei Brückenquerschnitten:

Gegeben: $\sigma_{\text{u}}, A_{\text{o}}, A_{\text{s}}$ $\bar{A} = A_{\text{o}} + A_{\text{s}}/3$

$$\sigma_{\text{o}} = -\left(\frac{M}{h} + \sigma_{\text{u}}\frac{A_{\text{s}}}{6}\right)\bigg/ \bar{A}$$

$$A_{\text{u}} = \frac{1}{\sigma_{\text{u}}}\left[\frac{M}{h}\left(1 + \frac{A_{\text{s}}}{6 \cdot \bar{A}}\right) - \sigma_{\text{u}}\frac{A_{\text{s}}}{3}\left(1 - \frac{A_{\text{s}}}{12\bar{A}}\right)\right]$$
(2.3-4)

Vereinfachungen ergeben sich bei doppelsymmetrischen Querschnitten. (2.3-1) geht dann über in

$$\operatorname{erf} A_{\mathrm{o,u}} = \frac{|M|}{|\sigma| \cdot h} - \frac{A_\mathrm{s}}{6}. \qquad (2.3\text{-}1\mathrm{a})$$

Sofern Verformungsbegrenzungen einzuhalten sind, ergeben sich daraus Mindestträgheitsmomente, die in Mindesthöhen h umgerechnet werden können.

2.4 Ermüdungsfestigkeit

2.4.1 Dauerfestigkeit

Manche Bauwerke sind häufig wiederholten, sog. „nicht vorwiegend ruhenden" Belastungen ausgesetzt. Dazu gehören Eisenbahnbrücken, Krane und Kranbahnen, Förderanlagen und Straßenbrücken.

Dafür liegen Untersuchungen zur Dauer- und Betriebsfestigkeit vor, wobei neue Forschungen ständig zu Ergänzungen führen.

Auch bei anderen Bauten treten veränderliche Lasten wie Wind, Schnee, Wasser- und Eisdruck auf, die aber aufgrund der i. allg. geringen Lastspielzahl als vorwiegend ruhend eingestuft werden. Charakteristisch für zu berücksichtigende häufig wiederholte Belastungen ist also die Tatsache, daß große Lastspielzahlen auftreten. Dabei tritt ein Phänomen auf, das auch als „Ermüdung" bezeichnet wird. Bei jeder Be- und Entlastung treten im Stahl Verformungen auf, die zu einer Zerrüttung des Kristallgefüges führen. Es kommt danach zu einem *spröden, verformungslosen* Bruch. Man spricht dann von der Überwindung der Dauerfestigkeit oder dem Erreichen der Ermüdungsfestigkeit. Wichtig ist, daß dieser Bruch ohne Vorankündigung durch Verformungen plötzlich und unerwartet auftritt.

Als Dauerfestigkeit wird eine bestimmte konstante Spannung bezeichnet, die von einem Bauteil unendlich oft ohne Bruch ertragen werden kann. Erste Untersuchungen dazu wurden von Wöhler im vorigen Jahrhundert bezüglich des Bruchs von Eisenbahnwagenachsen durchgeführt. Die Ergebnisse wurden in sog. Wöhlerlinien (auch: Wöhler-Kurven) dargestellt. Dabei zeigt die Wöhlerlinie den Zusammenhang von Bruch-Lastspielzahl und Spannungsausschlag um eine bestimmte gewählte Mittelspannung oder ein gegebenes κ, siehe Bild 2-15.

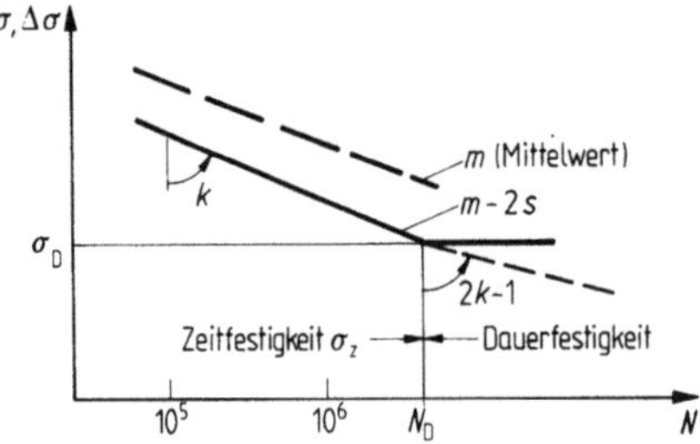

Bild 2-15. Wöhlerlinie in doppeltlogarithmischer Darstellung.

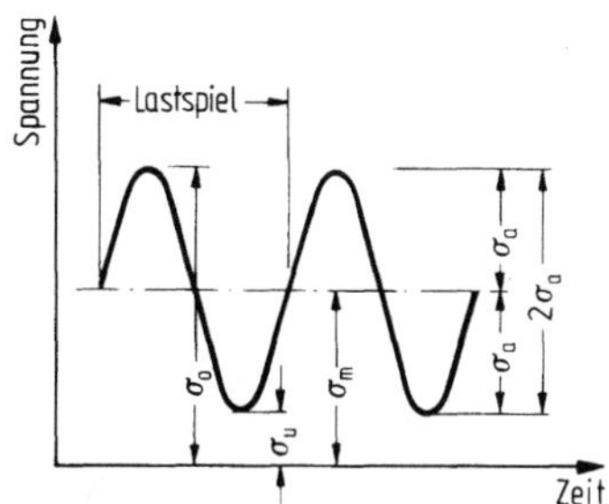

Bild 2-16. Begriffe.

Zur Darstellung werden folgende Begriffe benötigt (Bild 2-16):

σ_o Oberspannung,

σ_u Unterspannung,

σ_m Mittelspannung $\sigma_m = \frac{1}{2}(\sigma_o + \sigma_u)$, $\qquad\qquad\qquad\qquad\qquad\qquad\qquad$ (2.4-1)

σ_a Spannungsausschlag $\sigma_a = \pm \frac{1}{2}(\sigma_o - \sigma_u)$,

$\Delta\sigma$ Schwingbreite (auch: Spannungsspiel) $= 2\sigma_a = \sigma_o(1 - \kappa)$, $\qquad\qquad\quad$ (2.4-2)

$|\sigma_o|$ $> |\sigma_u|$,

κ $= \dfrac{\sigma_u}{\sigma_o} = \dfrac{\min \sigma}{\max \sigma}$. $\qquad\qquad\qquad\qquad\qquad\qquad\qquad\qquad\qquad$ (2.4-3)

Zur Festlegung von zulässigen Spannungen kann man jedoch Proben nicht unendlich oft belasten. Daher benötigt man Vorstellungen von endlichen Werten. Die Darstellung von Versuchsergebnissen in Form der Wöhlerlinien zeigt, daß sich bei etwa $N = 2 \cdot 10^6$ eine Asymptote einstellt, wenngleich ein weiterer geringer Abfall noch vorliegt. In Verbindung mit der Abschätzung der Lebensdauer von Eisenbahnbrücken bei mittlerer Verkehrsdichte sah man daher früher rechnerisch eine Lastspielzahl von $N = 2 \cdot 10^6$ als Grenze für die Dauerfestigkeit an [V6].

Im Eurocode 3 [V9] wird die Dauerfestigkeit $\Delta\sigma_D$ bei $N = 5 \cdot 10^6$ Lastspielen angesetzt, die Klasse der Konstruktionsdetails jedoch durch die Festigkeit $\Delta\sigma_C$ bei $N = 2 \cdot 10^6$ Lastspielen definiert.

Die häufig wechselnde Belastung wird im Laboratorium mit konstanter pulsierender Belastung nachgeahmt. Es ist allerdings seit den 30er Jahren bekannt, daß u.a. die Belastungsgeschwindigkeit und der Zeitraum zwischen zwei Belastungen von großem Einfluß sein können. Aus diesen Gründen und um die tatsächlichen Verhältnisse bei den jeweiligen Bauwerken besser erfassen zu können, geht der Trend generell dahin, Betriebsfestigkeiten anstelle von Dauerfestigkeiten zu untersuchen. Hierbei werden so weit wie möglich dann auch Großproben untersucht, da sich deren Ergebnisse zum Teil erheblich von denen aus Kleinproben unterscheiden. Dies liegt im wesentlichen an den bei geschweißten Großproben vorhandenen Zugeigenspannungen, die sich mit den Lastspannungen überlagern und damit das Verhältnis κ verändern.

2.4.2 Betriebsfestigkeit

In der Regel treten bei Bauteilen, die wechselnden Belastungen ausgesetzt sind, Beanspruchungen auf, die sich ständig nach Größe und Richtung ändern. Die zugehörigen wirklichkeitsnahen Betriebsbedingungen haben zur Folge, daß

a) Lastkollektive (Beanspruchungskollektive) auftreten, deren Größe, Häufigkeit und Reihenfolge
   unregelmäßig sind,
b) Höchstwerte auftreten können, die erheblich über den Dauerfestigkeitswerten liegen können,
c) die Nutzungsdauer von großem Einfluß auf die Ermittlung zulässiger Betriebsfestigkeitswerte ist,
d) die Streuung der Ergebnisse berücksichtigt werden muß.

Daraus ergibt sich, daß die Festlegung zulässiger Betriebsfestigkeitswerte nur mit Hilfe statistischer
Methoden möglich ist.

Im Gegensatz zu statischen Festigkeitsuntersuchungen sind bei Betriebsfestigkeitsuntersuchungen die äußeren Belastungen (Belastungskollektive) entweder durch Lastannahmen vorgegeben
(sofern für den betreffenden Betriebsfall entsprechende Erfahrungen vorliegen) oder durch Messungen an Bauteilen oder Bauwerken im betrieblichen Einsatz zu bestimmen. Falls die Zeit zwischen
zwei aufeinanderfolgenden Belastungswechseln sehr klein ist, kann sich das statische Gleichgewicht
in einem Bauteil nicht einstellen und die Schnittgrößen sind dann nicht proportional den äußeren
Belastungen. Das Beanspruchungskollektiv im Bauteil wird aber auch sonst nicht nur durch das
Belastungskollektiv, sondern auch durch die Frequenz der Wechsel der Belastungen und die
Federeigenschaften des Bauteils beeinflußt. Bei Betriebsfestigkeitsuntersuchungen liegen i. allg. im
Ansatz zutreffender Last- und Spannungskollektive größere Unsicherheiten.

Bei Straßenbrücken darf nach DIN 18 809 für Hauptträgerelemente, die nicht gleichzeitig Teil
der Fahrbahn sind, auf den rechnerischen Nachweis der Betriebsfestigkeit verzichtet werden. Dies
gilt auch für Fahrbahnelemente, wenn bestimmte konstruktive Bedingungen eingehalten sind.
Wegen des Trends zu immer höheren Verkehrsbelastungen ist jedoch hier künftig ein anderes
Vorgehen denkbar.

Beim Nachweis der Dauerfestigkeit sowie dem der Betriebsfestigkeit werden für den Grad der
Kerbwirkung Klassifizierungsgruppen benutzt. Dabei werden die verschiedenen Ausführungsarten
in sog. Kerbfälle eingestuft. Die Kerbfälle und die zulässigen Spannungen sind nach den Normen für
die verschiedenen Bauwerke unterschiedlich.

Die Kerbfälle entsprechen den jeweils vorliegenden Konstruktionsdetails. Dabei sind für die
Konstruktionsdetails einmal die örtlichen Abmessungen des Bauteils maßgebend, da diese die
Spannungsspitzen bestimmen. Zum anderen spielt die Art der Schweißnähte eine Rolle, da hiervon
Anfangsfehler, Risse oder sonstige Fehlstellen abhängig sind. Wesentlich ist, daß Spannungsspitzen
durch die Art der Konstruktion möglichst vermieden oder gemildert werden müssen, um eine
günstige Einstufung zu erreichen.

Bestimmung der Betriebsfestigkeit über normierte Wöhlerlinien Die Auswertung verschiedener
Wöhlerlinien von Schweißverbindungen führt zu der Erkenntnis, daß sich diese bei doppeltlogarithmischer Darstellung mit ausreichender Genauigkeit normieren lassen, Bild 2-15.

Damit kann die Zeitfestigkeit σ_z (für $N > 10^4$) bestimmt werden, sofern die Werte für die
Dauerfestigkeit σ_D und der Faktor k bekannt sind.

Erfassen von Lasten unterschiedlicher Größe Hierfür gilt die sog. lineare Schädigungshypothese nach
Palmgren-Miner („Miner-Regel"). Sie besagt, daß das vorhandene Belastungskollektiv in ein scha-
dengleiches Einstufenkollektiv umgerechnet werden kann, siehe Bild 2-17.

$$\sum \frac{n_i}{N_i} \leqq 1 = \frac{n_1}{N_1} + \frac{n_2}{N_2} + \frac{n_3}{N_3} + \dots \tag{2.4-4}$$

Bei verschiedenen Beanspruchungen n_i, die zu Spannungen unterschiedlicher Größe σ_i führen, darf
die Summe der Teilschädigungen auf den verschiedenen Spannungshorizonten den Wert 1 erreichen.
Eigentlich wird vorausgesetzt

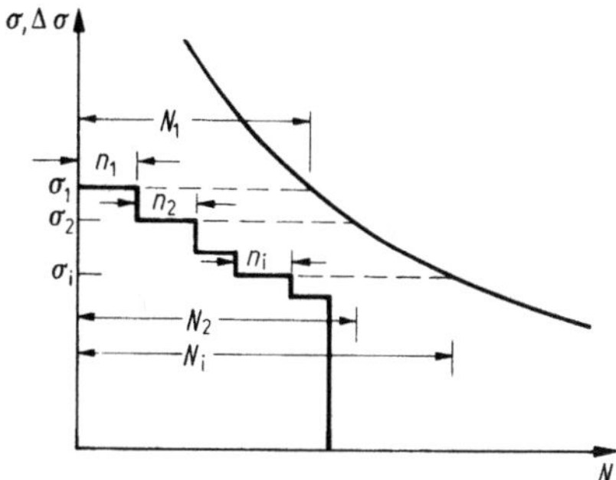

Bild 2-17. Definition zum Belastungskollektiv.

- keine Kaltverfestigungen und Trainiereffekte,
- Rißbeginn als Schaden,
- Beanspruchungen oberhalb der Dauerfestigkeit,
- Mittelspannung konstant.

Sehr oft wird die „Miner-Regel" aber auch in anderen Fällen angewendet.

Zur Durchführung der Zahlenrechnung müssen Lastkollektiv und Wöhlerlinien bekannt sein.

Aus den Beziehungen der normierten Wöhlerlinie ergibt sich für das schadensgleiche Einstufenkollektiv

$$\Delta\sigma_e = \left(\frac{1}{n_e}\sum_i n_i \cdot \Delta\sigma_i^k\right)^{1/k}. \tag{2.4-5}$$

Die Gl. (2.4-5) kann z.B. benutzt werden, um bei Straßenbrücken den Einfluß verschiedener Typen i von Schwerlastwagen zu erfassen.

Für die Neigung der Wöhlerlinie wird in [V9] für Normalspannungen $k = 3$ und für Schubspannungen $k = 5$ vorgeschlagen.

Wenn eine gemischte Beanspruchung vorliegt, bei der sowohl Teilschädigungen $\Delta\sigma_1 > \Delta\sigma_D$ als auch Teilschädigungen $\Delta\sigma_2 < \Delta\sigma_D$ vorhanden sind, dann wird dies rechnerisch näherungsweise durch eine über $N_D = 5 \cdot 10^6$ weitergeführte abgeknickte Wöhlerlinie mit verminderter Neigung $k' = 2k - 1$ erfaßt, siehe Bild 2-15.

2.4.3 Nachweise für Krane und Kranbahnen

Für die Berechnung von Kranbahnen gelten DIN 4132, DIN 15018. Dort unterscheidet man die zulässigen Beanspruchungen nach

- Stahlsorte (St37, St52),
- Beanspruchungsgruppe (B1 bis B6) (Betriebsgruppe),
- Kerbfälle.

Die Kerbfälle werden nach DIN 4132 wie folgt unterschieden:

a) für Bauteile, geschraubte und genietete Verbindungen
   Kerbfälle W, W1, W2,

b) für Bauteile und geschweißte Verbindungen
  Kerbfälle K0: geringe Kerbwirkung,
        K1: mäßige Kerbwirkung,
        K2: mittlere Kerbwirkung,
        K3: starke Kerbwirkung,
        K4: besonders starke Kerbwirkung.

Anders als bei den Eisenbahnbrücken erfolgt hier eine zusätzliche Unterteilung in Beanspruchungsgruppen DIN 4132 bzw. DIN 15018.

Hier werden die Einflüsse der Anzahl der Spannungsspiele und der Spannungskollektive berücksichtigt.

Bei den Spannungsspielen werden folgende Bereiche unterschieden: (Gesamte Anzahl der vorgesehenen Spannungsspiele N)

N1: $N > 2 \cdot 10^4$ bis $2 \cdot 10^5$
N2: $N > 2 \cdot 10^5$ bis $6 \cdot 10^5$
N3: $N > 6 \cdot 10^5$ bis $2 \cdot 10^6$
N4: $N > 2 \cdot 10^6$

Die Anzahl der Spannungsspiele kann für ein bestimmtes Bauteil gleich der Zahl der Lastspiele oder Arbeitsspiele oder ein Vielfaches davon sein. Ein Vielfaches der Arbeitsspiele ist dann anzusetzen, wenn z.B. die verschiedenen Räder eines fahrenden Kranes jeweils in dem betrachteten Bauteil zu einem Spannungsspiel führen.

Diese größere Differenzierung erlaubt eine bessere Anpassung an die vorhandenen Verhältnisse und damit in manchen Bereichen eine bessere Ausnutzung des Werkstoffs.

Mit der Einteilung in verschiedene Spannungskollektive wird die relative Summenhäufigkeit berücksichtigt, mit der eine bestimmte Oberspannung σ_0 erreicht oder überschritten wird.

Man unterscheidet Spannungskollektiv S_0 sehr leicht,
            S_1 leicht,
            S_2 mittel,
            S_3 schwer.

Wenn die Raddrücke eines Kranes unterschiedlich groß sind, erzeugen sie unterschiedliche Größen von Spannungen in mehreren aufeinanderfolgenden Spannungsspielen.

Aus DIN 15018, Bild 8, kann das maßgebende Spannungskollektiv ermittelt werden.

Wenn Spannungskollektiv S und Spannungsspielbereich N festliegen, kann aus Tabelle 14 von DIN 15018 Teil 1 die Beanspruchungsgruppe entnomen werden, wobei zwischen B 1 bis B 6 unterschieden wird.

2.5 Plastische Beanspruchbarkeit

2.5.1 Allgemeines

Die Beanspruchbarkeit von Stahlbauquerschnitten ist in der Regel noch nicht erschöpft, wenn in der ungünstigst beanspruchten Faser die Streckgrenze f_y ($= \beta_S$) erreicht ist. Es wird dann also der lineare hookesche Bereich in der Spannungs-Dehnungs-Beziehung (Bild 2-18) überschritten – es treten plastische Dehnungen auf. Für die rechnerische Behandlung kann mit guter Näherung von einem linear elastischen-idealplastischen Werkstoffverhalten (Bild 2-18) ausgegangen werden.

Die in einem Träger auftretenden Zustände bis zum Erreichen der Traglast bei Beanspruchung durch ein Biegemoment sind Bild 2-19 zu entnehmen. Die Ausdehnung der plastizierten Bereiche des

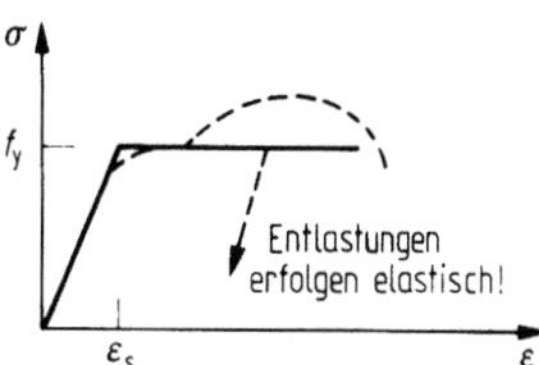

Bild 2-18. Linearelastisch-idealplastisches Spannungs-Dehnungs-Diagramm.

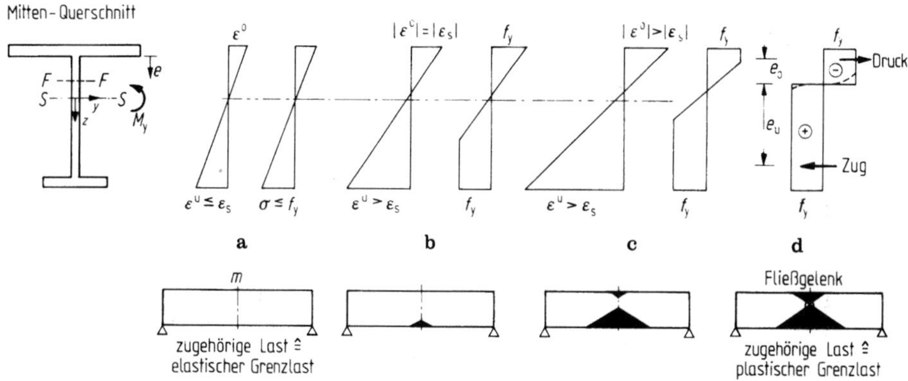

Bild 2-19a–d. Zustände in einem einfachsymmetrischen Träger.

Trägers ist abhängig von Belastung und Querschnittsform. Wenn deren Einfluß vernachlässigt wird, gilt:

a) Die plastischen Bereiche eines Trägers werden konzentriert in einem Punkt angenommen, die Ausdehnung in Stablängsrichtung wird vernachlässigt. Die übrigen Trägerbereiche sind elastisch. Diese Annahme überschätzt die Steifigkeit. Sofern nach der Theorie I. Ordnung gerechnet werden darf, ist dies, wie auch Versuche gezeigt haben, ohne Einfluß auf die Größe des maximalen aufnehmbaren Moments M_{pl}. Falls die Verformungen bei der Ermittlung der Schnittgrößen berücksichtigt werden müssen (Theorie II. Ordnung), ist die Ausbreitung der Fließzonen durch geeignete Annahmen (z.B. pauschale Steifigkeitsminderung, Ansatz vergrößerter Vorverformungen) zu berücksichtigen.

b) Diese in einem Punkt zusammengezogenen plastischen Bereiche werden als *plastische Gelenke* oder *Fließgelenke* bezeichnet.

c) Die Querschnitte an den Stellen der Fließgelenke verhalten sich elastisch bis zum Erreichen von M_{pl}. Danach bleibt dieser Wert M_{pl} in voller Größe erhalten. Das entspricht dem Modell einer „Rutschkupplung". Bis zum Erreichen von M_{pl} hält die Reibung das Gelenk fest. Nach dem Überschreiten von M_{pl} ist der Reibungswiderstand überwunden, bleibt aber in voller Größe erhalten.

d) In den Fließgelenken kann jeder beliebige Knick auftreten. Grenzen sind nur durch die Verformungseigenschaften des Stahls gegeben.

Eine unter Berücksichtigung dieser Annahme berechnete Last wird häufig als plastische Grenzlast bezeichnet [VI]. Die plastische Grenzlast ist stets unter γ-fachen Lasten zu ermitteln. Zu den Methoden zur Ermittlung der plastischen Grenzlast siehe [2] und Teil B. Baustatik.

In den folgenden Abschnitten und Beispielen wird in der Regel von einem globalen Sicherheitsbeiwert γ ausgegangen, wie es auch nach DIN 18 800 Teil 1 (11.90) möglich ist. Beim Vorgehen nach DIN 18 800 Teil 1 (11.90) mit Teilsicherheitsfaktoren γ_F und γ_M wäre der Teilsicherheitsbeiwert $\gamma_M = 1{,}1$ bei der Streckgrenze zu berücksichtigen – die berechneten Werte M_{pl}, N_{pl}, Q_{pl} wären als Bemessungswerte des Widerstandes dann also durch $\gamma_M = 1{,}1$ zu teilen:

$$M_{pl,d} = M_{pl}/\gamma_M \text{ usw.}$$

2.5.2 Plastisches Moment

Die Spannungsnullinie im vollplastischen Zustand bei gleicher Streckgrenze für alle Querschnittsteile ist die Flächenhalbierende. Wenn die Beanspruchung nur aus einem Biegemoment besteht, gilt (siehe Bild 2-19)

$$Z = D = f_y \cdot 0{,}5 \cdot A. \tag{2.5-1}$$

Das innere Moment beträgt

$$M_{pl} = Z \cdot e_u + D \cdot e_o$$

und wird als vollplastisches Moment bezeichnet,

$$M_{pl} = f_y \cdot 0{,}5 \cdot A(e_u + e_o),$$

$$M_{pl} = f_y \cdot (S_u + S_o) = f_y \cdot W_{pl}. \tag{2.5-2}$$

Das plastische Widerstandsmoment kann zu dem elastischen Widerstandsmoment in Beziehung gesetzt werden:

$$\frac{W_{pl}}{W_{el}} = \alpha = \text{Formbeiwert.} \tag{2.5-3}$$

Für den Fall des doppeltsymmetrischen Querschnitts fallen Flächenhalbierende und Schwerachse zusammen. Dann beträgt der Wert α bei gewalzten I-Profilen im Mittel

$$\alpha = 1{,}14.$$

Genauere Werte können [2] entnommen werden.

Für andere Querschnitte können weitere Werte der Literatur, z.B. [2], entnommen werden. Momente im vollplastischen Zustand für Walzprofile sind in Tabelle 2-4, solche für Rundrohre in Tabelle 2-5 angegeben.

Beispiel 2.5-1: Doppeltsymmetrischer Querschnitt

$$\text{IPB 260 (HE 260 B) } S_o = S_u = S_x = 641 \text{ cm}^3, \text{ siehe Profiltabellen}$$

$$W = 1150 \text{ cm}^3$$

$$\alpha = \frac{2 \cdot 641}{1150} = 1{,}11$$

$$M_{pl} = 2 \cdot 6{,}41 \cdot 24 = 308 \text{ kNm}$$

Tabelle 2-4. Schnittgrößen im vollplastischen Zustand für Walzprofile, St 37 ($f_y = 240$ N/mm²). M_{pl} in kNm, N_{pl} und V_{pl} in kN. nach DIN 18 800 Teil 1 (11.90)

Profil	N_{pl} kN	$M_{pl,\,y}$ kNm	$V_{pl,\,z}$ kN	$M_{pl,\,z}$ kNm	$V_{pl,\,y}$ kN
IPE 80	183	5,57	42,4	1,32	66,3
IPE 100	248	9,46	59,4	2,07	86,9
IPE 120	317	14,6	75,1	3,10	112
IPE 140	394	21,2	92,5	4,41	140
IPE 160	482	29,7	115	5,97	168
IPE 180	575	39,9	136	7,95	202
IPE 200	684	53,0	166	10,2	236
IPE 220	801	68,5	189	13,4	280
IPE 240	939	88,0	225	16,9	326
IPE 270	1100	116	264	22,3	382
IPE 300	1290	151	311	28,9	445
IPE 330	1500	193	370	35,3	510
IPE 360	1750	245	424	44,0	598
IPE 400	2030	314	513	52,5	673
IPE 450	2370	408	620	63,3	769
IPE 500	2770	527	737	76,8	887
IPE 550	3230	669	888	91,0	1000
IPE 600	3740	843	1035	110	1160
IPEo 180	650	45,4	153	9,14	229
IPEo 200	767	60,0	183	11,9	269
IPEo 220	897	77,1	211	15,4	317
IPEo 240	1050	98,5	251	19,3	365
IPEo 270	1290	138	299	27,1	460
IPEo 300	1510	179	350	35,2	535
IPEo 330	1740	226	416	42,5	606
IPEo 360	2020	285	484	52,2	701
IPEo 400	2310	361	575	61,6	782
IPEo 450	2820	491	721	77,9	936
IPEo 500	3280	627	862	93,0	1060
IPEo 550	3750	783	1010	109	1190
IPEo 600	4720	1370	1290	145	1490
IPEv 400	2570	404	626	69,6	883
IPEv 450	3170	552	809	88,5	1050
IPEv 500	3940	760	1020	115	1300
IPEv 550	4850	1009	1350	141	1510
IPEv 600	5610	1280	1540	175	1770
HE 100A	510	19,9	78,1	9,60	222
HE 120A	608	28,7	90,6	13,8	266
HE 140A	754	41,6	112	20,0	330
HE 160A	931	58,8	146	27,7	399
HE 180A	1090	78,0	161	36,9	474
HE 200A	1290	103	201	48,0	554
HE 220A	1540	136	232	63,9	671
HE 240A	1840	179	279	82,9	798
HE 260A	2080	221	315	101	901
HE 280A	2330	267	353	122	1010
HE 300A	2700	332	412	151	1160

Tabelle 2-4. (Fortsetzung)

Profil	N_{pl} kN	$M_{pl,y}$ kNm	$V_{pl,z}$ kN	$M_{pl,z}$ kNm	$V_{pl,y}$ kN
HE 320A	2990	391	454	167	1290
HE 340A	3200	444	499	178	1370
HE 360A	3430	501	547	189	1460
HE 400A	3820	615	652	205	1580
HE 450A	4270	772	754	227	1750
HE 500A	4740	948	863	248	1910
HE 550A	5080	1110	980	259	2000
HE 600A	5440	1280	1100	270	2080
HE 650A	5800	1470	1240	281	2160
HE 700A	6250	1690	1420	292	2250
HE 800A	6860	2090	1690	302	2330
HE 900A	7690	2600	2010	324	2490
HE 1000A	8320	3080	2300	335	2580
HE 100B	625	25,0	92,0	12,0	277
HE 120B	816	39,7	115	19,0	366
HE 140B	1030	58,9	141	28,2	466
HE 160B	1300	85,0	190	39,9	576
HE 180B	1570	116	222	54,4	698
HE 200B	1870	154	269	72,0	831
HE 220B	2190	198	307	92,9	975
HE 240B	2540	253	361	118	1130
HE 260B	2840	308	405	142	1260
HE 280B	3150	369	450	169	1400
HE 300B	3580	448	515	205	1580
HE 320B	3870	516	564	221	1700
HE 340B	4100	578	616	232	1790
HE 360B	4340	644	671	243	1870
HE 400B	4750	776	790	259	2000
HE 450B	5230	956	909	281	2160
HE 500B	5730	1160	1040	302	2330
HE 550B	6100	1340	1170	313	2410
HE 600B	6480	1540	1310	324	2490
HE 650B	6870	1760	1460	335	2580
HE 700B	7350	2000	1660	346	2660
HE 800B	8020	2460	1970	356	2740
HE 900B	8910	3020	2320	378	2910
HE 1000B	9600	3570	2650	389	2990
HE 100M	1280	56,6	183	27,0	588
HE 120M	1590	84,2	223	40,0	733
HE 140M	1930	119	266	56,4	890
HE 160M	2330	162	331	76,1	1060
HE 180M	2720	212	380	99,6	1240
HE 200M	3150	272	444	127	1430
HE 220M	3590	341	498	159	1630
HE 240M	4790	508	646	236	2200
HE 260M	5270	606	711	280	2410
HE 280M	5760	712	779	328	2630
HE 300M	7270	979	963	450	3350
HE 320M	7490	1060	1020	458	3430
HE 340M	7580	1130	1070	458	3430

Tabelle 2-4. (Fortsetzung)

Profil	N_{pl} kN	$M_{pl,y}$ kNm	$V_{pl,z}$ kN	$M_{pl,z}$ kNm	$V_{pl,y}$ kN
HE 360M	7650	1200	1120	455	3410
HE 400M	7820	1340	1230	452	3400
HE 450M	8050	1520	1360	452	3400
HE 500M	8260	1700	1500	449	3390
HE 550M	8510	1900	1640	449	3390
HE 600M	8730	2110	1770	447	3380
HE 650M	8970	2320	1910	447	3380
HE 700M	9190	2530	2050	444	3370
HE 800M	9700	3000	2360	441	3360
HE 900M	10170	3470	2640	438	3350
HE 1000M	10660	3970	2920	438	3350
HE 100AA	374	14,0	66,9	6,60	152
HE 120AA	445	20,2	77,4	9,50	183
HE 140AA	553	29,7	89,8	14,1	233
HE 160AA	729	45,7	115	21,5	310
HE 180AA	877	62,0	137	29,2	374
HE 200AA	1060	83,3	174	38,4	443
HE 220AA	1240	107	202	49,4	518
HE 240AA	1450	137	246	62,2	599
HE 260AA	1660	171	280	77,1	685
HE 280AA	1870	210	315	94,1	776
HE 300AA	2130	256	370	113	873
HE 320AA	2270	287	408	119	915
HE 340AA	2410	322	450	124	956
HE 360AA	2560	359	495	130	998
HE 400AA	2830	438	567	140	1080
HE 450AA	3050	524	657	146	1120
HE 500AA	3290	618	753	151	1160
HE 550AA	3670	751	895	162	1250
HE 600AA	3940	870	1010	167	1290
HE 650AA	4220	998	1130	173	1330
HE 700AA	4580	1160	1260	184	1410
HE 800AA	5240	1490	1570	194	1500
HE 900AA	6050	1920	1870	216	1660
HE 1000AA	6770	2350	2210	227	1750
I					
80	182	5,47	40,7	1,32	68,7
100	254	9,55	59	2,16	94,2
120	341	15,3	80,5	3,29	119
140	437	22,9	105	4,76	157
160	547	32,6	133	6,62	195
180	670	44,8	164	8,90	236
200	802	60,0	199	11,6	282
220	948	77,8	236	14,9	331
240	1110	98,9	277	18,7	385
260	1280	123	324	23,0	442
280	1460	152	375	27,5	501
300	1660	183	430	32,4	561

Tabelle 2-4. (Fortsetzung)

Profil	N_{pl} kN	$M_{pl,y}$ kNm	$V_{pl,z}$ kN	$M_{pl,z}$ kNm	$V_{pl,y}$ kN
320	1860	219	488	38,1	628
340	2080	259	550	44,2	695
360	2330	306	621	51,4	773
380	2570	356	690	58,8	846
400	2830	411	764	67,2	928
425	3170	490	862	79,2	1040
450	3530	576	967	91,2	1150
475	3910	672	1080	106	1260
500	4300	778	1190	120	1380
550	5090	1020	1390	156	1660
600	6100	1310	1720	196	1930

U

Profil	N_{pl} kN	$M_{pl,y}$ kNm	$V_{pl,z}$ kN	$M_{pl,z}$ kNm	$V_{pl,y}$ kN
80	264	7,6		2,9	
100	324	11,8		3,9	
120	408	17,4		5,2	
140	490	24,7		6,9	
160	576	33,0		8,6	
180	672	43,0		10,5	
200	773	54,7		12,6	
220	898	70,1		15,7	
240	1020	85,9		18,5	
260	1160	106		22,3	
280	1280	128		26,7	
300	1410	152		31,6	
320	1820	198		36,9	
350	1860	220		34,6	
380	1930	243		36,2	
400	2200	297		46,8	

Tabelle 2-5. Schnittgrößen im vollplastischen Zustand für Rundrohre. M_{pl} in kNm, N_{pl} und V_{pl} in kN St 37 ($f_y = 240$ N/mm²)

Profil		Stahlrohr		
D mm	t mm	N_{pl} kN	M_{pl} kNm	V_{pl} kN
48,3	3,2	109	1,57	40,0
48,3	4,05	135	1,91	49,7
51,0	2,3	84,5	1,31	31,0
51,0	2,6	94,8	1,46	34,9
57,0	2,3	94,8	1,65	34,9
57,0	2,9	118	2,04	43,5
60,3	2,3	101	1,86	37,0
60,3	2,9	126	2,30	46,1
63,5	2,3	106	2,07	39,0
63,5	2,9	133	2,56	48,7

Tabelle 2-5. (Fortsetzung)

| Profil | | | Stahlrohr | |
| D | t | N_{pl} | M_{pl} | V_{pl} |
mm	mm	kN	kNm	kN
70,0	2,6	132	2,84	48,6
70,0	2,9	147	3,14	53,9
76,1	2,6	144	3,37	53,0
76,1	2,9	158	3,73	58,8
82,5	2,6	157	3,99	57,6
82,5	3,2	191	4,83	70,3
88,9	2,9	188	5,15	69,1
88,9	3,2	207	5,64	76,0
101,6	2,9	216	6,78	79,3
101,6	3,6	266	8,30	97,8
108,0	2,9	230	7,69	84,5
108,0	3,6	283	9,42	104
114,3	3,2	269	9,48	98,5
114,3	3,6	300	10,6	110
127,0	3,2	298	11,8	110
127,0	4,0	372	14,5	136
133,0	3,6	350	14,5	129
133,0	4,0	389	16,0	143
139,7	3,6	370	16,0	136
139,7	4,0	410	17,7	150
152,4	4,0	446	21,2	165
152,4	4,5	502	23,6	184
159,0	4,0	468	23,1	172
159,0	4,5	518	25,8	193
165,1	4,0	485	24,9	179
165,1	4,5	545	27,9	200
168,3	4,0	494	25,9	182
168,3	4,5	557	29,0	204
177,8	4,5	588	32,4	216
177,8	5,0	650	35,8	239
193,7	4,5	641	38,7	236
193,7	5,4	766	46,0	282
219,1	4,5	727	49,8	268
219,1	5,9	948	64,4	349
244,5	5,0	902	68,8	332
244,5	6,3	1130	85,8	416
267,0	6,3	1240	103	455
273,0	5,0	1010	86,2	371
273,0	6,3	1270	108	466
298,5	5,6	1240	115	455
298,5	7,1	1560	145	573
323,9	5,6	1340	136	494
323,9	7,1	1700	171	623
355,6	5,6	1480	165	543
355,6	8,0	2100	232	771
368,0	8,0	2170	249	798
406,4	6,3	1900	242	699
406,4	8,8	2640	334	970
419,0	6,3	1960	258	721
419,0	10,0	3070	402	1130

Tabelle 2-5. (Fortsetzung)

Profil			Stahlrohr	
D	t	N_{pl}	M_{pl}	V_{pl}
mm	mm	kN	kNm	kN
457,2	6,3	2140	307	787
457,2	10,0	3360	480	1240
508,0	6,3	2380	381	876
508,0	11,0	4130	652	1520
558,8	6,3	2620	462	965
558,8	12,5	5160	896	1890
609,6	6,3	2860	550	1050
660,4	7,1	3500	727	1290
711,2	7,1	3770	845	1390
762,0	8,0	4540	1090	1670
812,8	8,0	4850	1240	1780
863,6	8,8	5660	1540	2090
914,4	10,0	6820	1960	2510
1016,0	10,0	7590	2430	2790

Nach DIN 18 800 Teil 1 (11.90) ist für den Bemessungswert des Widerstandes der Teilsicherheitsbeiwert $\gamma_M = 1,1$ zu berücksichtigen. Damit wird dann

$$M_{pl,d} = 308/1,1 = 280 \text{ kNm}.$$

Beispiel 2.5-2: Einfachsymmetrischer Querschnitt
Der Querschnitt entspricht Bild 2-19 mit

$$\text{Obergurt} \quad 240 \cdot 10 \text{ mm}, \quad A_o = 24 \text{ cm}^2,$$

$$\text{Steg} \quad 400 \cdot 10 \text{ mm}, \quad A_s = 40 \text{ cm}^2,$$

$$\text{Untergurt} \quad 200 \cdot 10 \text{ mm}, \quad A_u = 20 \text{ cm}^2.$$

Lage der Flächenhalbierenden, gerechnet von Stegoberkante:

$$\begin{aligned}
A/2 &= 42 \text{ cm}^2 = 24 + e \cdot 1,0, & e &= 18 \text{ cm} \\
S_o &= 24 \cdot (18 + 0,5) + 18 \cdot 9 & &= 444 + 162 = 606 \text{ cm}^3 \\
S_u &= 20 \cdot (22 + 0,5) + 22 \cdot 11 & &= 450 + 242 = 692 \text{ cm}^3 \\
\underline{M_{pl}} &= 24 \cdot (6,06 + 6,92) & &= \underline{312 \text{ kNm}}
\end{aligned}$$

Nach DIN 18 800 Teil 1 (11.90)

$$M_{pl,d} = 312/1,1 \qquad\qquad\qquad = 284 \text{ kNm}$$

2.5.3 Einfluß von Normalkräften

Die maximal aufnehmbare Normalkraft ohne gleichzeitig wirkende andere Schnittgrößen beträgt

$$N_{pl} = A \cdot f_y, \tag{2.5-4}$$

siehe Tabelle 2-4.

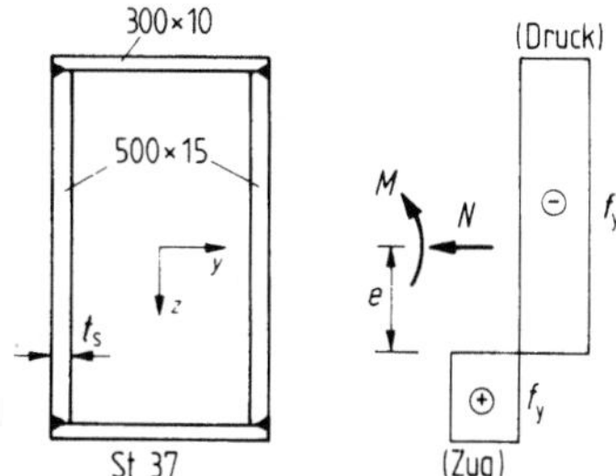

Bild 2-20. Kastenquerschnitt.

Falls neben den Normalkräften gleichzeitig Biegemomente wirken, kann das aufnehmbare Moment ebenfalls aus Gleichgewichtsbetrachtungen nach Bild 2-20 ermittelt werden, siehe [2].

In den folgenden Interaktionsbedingungen sind die Schnittgrößen mit ihren Beträgen einzusetzen.

Für Rechteckquerschnitte gilt

$$\frac{M}{M_{\mathrm{pl}}} + \left(\frac{N}{N_{\mathrm{pl}}}\right)^2 = 1. \tag{2.5-5}$$

Für doppeltsymmetrische I-Querschnitte bei Biegung um die starke Achse gilt näherungsweise nach DIN 18 800 Teil 1 (11.90)

$$\frac{N}{N_{\mathrm{pl}}} \leq 0,1: \qquad \frac{M}{M_{\mathrm{pl}}} = 1,$$

$$0,1 < \frac{N}{N_{\mathrm{pl}}} \leq 1 : 0,9\,\frac{M}{M_{\mathrm{pl}}} + \frac{N}{N_{\mathrm{pl}}} = 1. \tag{2.5-6}$$

Die genaueren Werte nach [2] liefern i.allg günstigere Werte als Gl. (2.5-6). Für doppeltsymmetrische I-Querschnitte bei Biegung um die schwache Achse gilt näherungsweise, DIN 18 800 Teil 1 (11.90),

$$\frac{N}{N_{\mathrm{pl}}} \leq 0,3: \qquad \frac{M}{M_{\mathrm{pl}}} = 1,$$

$$0,3 < \frac{N}{N_{\mathrm{pl}}} \leq 1: \qquad 0,91\,\frac{M}{M_{\mathrm{pl}}} + \left(\frac{N}{N_{\mathrm{pl}}}\right)^2 = 1. \tag{2.5-7}$$

Für Rohre:

$$\frac{M}{M_{\mathrm{pl}}} = \cos\left(\frac{\pi}{2} \cdot \frac{N}{N_{\mathrm{pl}}}\right). \tag{2.5-8}$$

Beispiel 2.5-3: Hallenstiel IPB 260 (HE 260 B), St 37

$$\text{unter } \gamma\text{-fachen Lasten} \qquad N = 600\,\mathrm{kN}$$

$$N_{\mathrm{pl}} = 118 \cdot 24 = 2830\,\mathrm{kN}$$

Für Biegemomente um die starke Achse

$$M_{pl,N} = M_{pl}\,(1-600/2830)/0,9 = 0,876\,M_{pl}$$

$$M_{pl,N} = 0,876 \cdot 308 \qquad\qquad = 270\,kNm$$

Beispiel 2.5-4: Gurt eines Fachwerkbinders, Rohr $33,7 \times 3,25$ mm

$$
\begin{aligned}
\text{unter } \gamma\text{-facher Last} \qquad N &= 32\,kN \\
(St\ 37)\ N_{pl} = 24 \cdot 3,11 \qquad &= 74,6\,kN \\
M_{pl} = 24(3,37^3 - 2,72^3)/6 \quad &= 72,6\,kNcm \\
M_{pl,N} = 72,6 \cdot \cos\left(\frac{\pi}{2} \cdot \frac{32}{74,6}\right) \quad &= 56,7\,kNcm
\end{aligned}
$$

2.5.4 Einfluß von Querkräften

Querkräfte können nach dem statischen Satz vereinfachend dadurch berücksichtigt werden, daß in den querkraftaufnehmenden Flächenteilen eine konstante Schubspannung angenommen wird. Vergleiche mit genaueren Rechenverfahren und mit Versuchen bestätigen die Zulässigkeit dieser Vereinfachung. Damit ergibt sich

$$V_{pl} = f_y \cdot A_V / \sqrt{3}\,. \qquad\qquad (2.5\text{-}9)$$

Für Rohre gilt

$$A_V = 2 \cdot d_m \cdot t\,.$$

Bei I-Profilen darf nach DIN 18 800 Teil 1 (11.90) die querkraftübertragende Fläche bis Gurtmitte gerechnet werden, die Ausrundungsradien gehören danach zu A_V.

Werte von V_{pl} sind für Walzprofile in den Tabellen 2-4, für Stahlrohre in Tabelle 2-5 angegeben. Wirken gleichzeitig Biegemomente und Normalkräfte, so gilt für Rechteckquerschnitte

$$\frac{M_{pl,N,V}}{M_{pl}} + \left(\frac{N}{N_{pl}}\right)^2 + \left(\frac{V}{V_{pl}}\right)^2 = 1. \qquad\qquad (2.5\text{-}10)$$

Für doppeltsymmetrische I-Querschnitte gilt Tabelle 2-6. Sie dürfen näherungsweise auch für einfach-symmetrische Querschnitte verwendet werden, sofern $A_V \leq 0,5 \cdot A$ ist. Genauere Werte sind für diese Fälle in [25] angegeben, ebenso wie für Fälle mit Doppelbiegung (dazu siehe auch [2]).

Beispiel 2.5-5: Steg eines Vierendeelträgers, Blech $60 \cdot 6$ mm, St 37

$$
\begin{aligned}
M_{pl} &= 24 \cdot 0,6 \cdot 6^2/4 \qquad\qquad\qquad = 129,6\,kNcm \\
N_{pl} &= 24 \cdot 3,6 = 86,4\,kN, \ V_{pl} = 86,4/\sqrt{3} \ \ = 49,9\,kN \\
M &= 107\,kNcm, \ V = -20\,kN, \ N = -2\,kN
\end{aligned}
$$

Tabelle 2-6. Interaktionsbedingungen nach DIN 18 800 Teil 1 (11.90)

Momente um y-Achse	Gültigkeitsbereich	$\dfrac{V}{V_{pl,d}} \leq 0,33$	$0,33 < \dfrac{V}{V_{pl,d}} \leq 0,9$
	$\dfrac{N}{N_{pl,d}} \leq 0,1$	$\dfrac{M}{M_{pl,d}} \leq 1$	$0,88\,\dfrac{M}{M_{pl,d}} + 0,37\,\dfrac{V}{V_{pl,d}} \leq 1$
	$0,1 < \dfrac{N}{N_{pl,d}} \leq 1$	$0,9\,\dfrac{M}{M_{pl,d}} + \dfrac{N}{N_{pl,d}} \leq 1$	$0,8\,\dfrac{M}{M_{pl,d}} + 0,89\,\dfrac{N}{N_{pl,d}} + 0,33\,\dfrac{V}{V_{pl,d}} \leq 1$
Momente um z-Achse	Gültigkeitsbereich	$\dfrac{V}{V_{pl,d}} \leq 0,25$	$0,25 > \dfrac{V}{V_{pl,d}} \leq 0,9$
	$\dfrac{N}{N_{pl,d}} \leq 0,3$	$\dfrac{M}{M_{pl,d}} \leq 1$	$0,95\,\dfrac{M}{M_{pl,d}} + 0,82\left(\dfrac{V}{V_{pl,d}}\right)^2 \leq 1$
	$0,3 < \dfrac{N}{N_{pl,d}} \leq 1$	$0,91\,\dfrac{M}{M_{pl,d}} + \left(\dfrac{N}{N_{pl,d}}\right)^2 \leq 1$	$0,87\,\dfrac{M}{M_{pl,d}} + 0,95\left(\dfrac{N}{N_{pl,d}}\right)^2 + 0,75\left(\dfrac{V}{V_{pl,d}}\right)^2 \leq 1$

Nach Gl. (2.5-10):

$$\frac{107}{129,6} + \left(\frac{20}{49,9}\right)^2 + \left(\frac{2}{86,4}\right)^2 = 0,826 + 0,161 + 0,001 = 0,987 < 1.$$

2.5.5 Mindestdicken

Die Querschnitte müssen so gestaltet sein, daß vor dem Erreichen des Grenzzustandes kein örtliches Beulen auftritt. Dies würde sonst dazu führen, daß die rechnerisch ermittelten Grenzschnittgrößen nicht aufgenommen werden können, zusätzliche Verformungen auftreten würden und insbesondere Biegedrillknickerscheinungen die Tragfähigkeit weiter herabsetzen könnten.

Um örtliches Beulen auszuschließen, sind Mindestdicken einzuhalten, die als Grenzwerte für maximal zulässige b/t-Verhältnisse angegeben werden. Diese Werte beruhen auf der Auswertung von Versuchen und theoretischen Untersuchungen.

Angaben sind in den Normen enthalten, wobei ältere Angaben, z.B. auch [V1], nicht mehr benutzt werden sollen. Den z. Z. aktuellen Stand enthält DIN 18 800 Teil 1 (11.90). Dort wird nach den Nachweisverfahren, siehe Tabelle 1.1-1, unterschieden. Die geringsten Anforderungen werden beim Nachweisverfahren 1 Elastisch-Elastisch, die höchsten beim Verfahren 3 Plastisch-Plastisch gestellt. So gilt z.B. für einen einseitig gelagerten Plattenstreifen unter konstanter Druckspannung und $f_y = 240 \, \text{N/mm}^2$ beim Verfahren 1 grenz$(b/t) = 12,9$, beim Verfahren 3 grenz$(b/t) = 9$.

Zur Zeit durchgeführte Untersuchungen beschäftigen sich mit den Fragen der Mindestdicken, so daß hier mit neueren Erkenntnissen zu rechnen ist.

3. Stabilitätsuntersuchungen

3.1 Einführung

Das Ziel baustatischer Untersuchungen ist der Nachweis ausreichender Sicherheit in bezug auf verschiedene Kriterien, siehe 2.1. Neben den in 2 behandelten Nachweisen sind für den Stahlbau Stabilitätsuntersuchungen außerordentlich wichtig. Mit den Stabilitätsnachweisen soll das Auftreten von rasch anwachsenden Verformungen bei geringer Laststeigerung ausgeschlossen werden. Rasch anwachsende Verformungen treten unter kritischen Lasten auf. Dabei verliert das Tragwerk die „Stabilität" seiner Anfangslage und nähert sich bei weiter zunehmender Verformung schnell dem Bruchzustand.

Im Gegensatz dazu kündigt sich der Zusammenbruch bei einfacher Überlastung durch langsam anwachsende, verhältnismäßig große Deformationen an. Der Grund dafür liegt im Werkstoffverhalten des Baustahls. Das σ, ε-Diagramm zeigt den ausgeprägten Fließbereich, der die Ursache für einen Zusammenbruch mit Vorankündigung ist. Die Zusammenhänge sind aus Bild 3-1 zu ersehen.

Instabilitätserscheinungen treten ohne Vorankündigung durch große Deformationen auf. Hat die Belastung einen „kritischen Wert" erreicht, so genügt eine kleine Störung der Gleichgewichtslage, um das System zum Zusammenbruch zu bringen. Dabei kann die aus dem „kritischen Wert" der Belastung resultierende Spannung durchaus unterhalb der Streckgrenze $f_y(\beta_S)$ liegen, wie in Bild 3-1 angedeutet. Die Ausnutzung hoher zulässiger Werkstoffspannungen läßt die Verwendung von Bauteilen mit verhältnismäßig kleinen Querschnittsabmessungen zu. Hierbei können schlanke Bauteile entstehen. Die Möglichkeit des Instabilwerdens ist immer dann zu untersuchen, wenn solche schlanken Bauteile (oder einzelne Querschnittteile) durch Druckkräfte beansprucht werden.

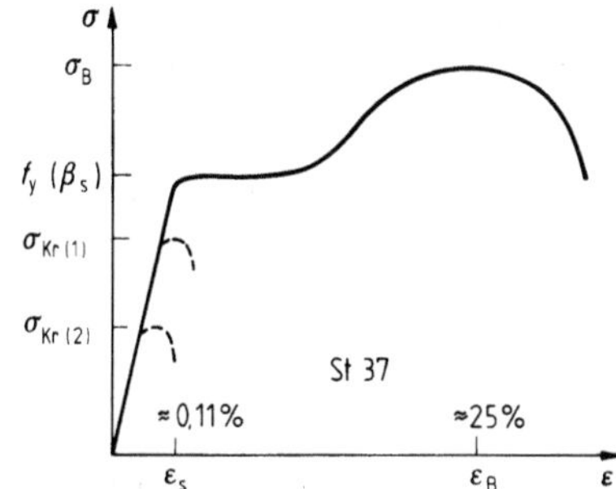

Bild 3-1. Unterschied Stabilitätsversagen (σ_{kr}) und Versagen mit großen Verformungen (σ_B).

3.2 Planmäßig zentrisch gedrückte Stäbe

3.2.1 Begriffe

Bei der Behandlung von Stabilitätsfällen werden bestimmte Begriffe verwendet. Diese werden hier am Beispiel eines querbelasteten Balkens mit Normalkraft erläutert (Bild 3-2).

Dabei wird das Tragverhalten in Abhängigkeit von der Belastung untersucht. Vorausgesetzt wird $E = $ const.

Für $q \neq 0$ entsteht stets ein sog. *Spannungsproblem*. Bei extrem kleiner Last q ist bis zu großen Druckkräften kaum eine Durchbiegung vorhanden, beim Erreichen einer bestimmten Last N nimmt jedoch die Durchbiegung sehr stark zu. Der Grenzfall ist erreicht, wenn $q = 0$ ist. Dann tritt unter

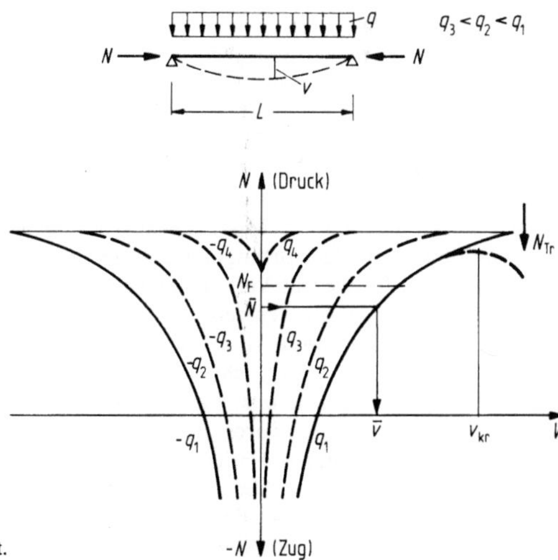

Bild 3-2. Querbelasteter Träger mit Normalkraft.

der kritischen Last plötzlich eine große Durchbiegung v auf, deren Richtung positiv oder negativ sein kann. Man spricht hier von einer Verzweigung des Gleichgewichts, d.h., es ist eine Mehrdeutigkeit des Verformungsverhaltens vorhanden. Die dazugehörige Last wird als kritische ideale Knicklast N_{Ki} bezeichnet. Sie wurde erstmals 1747 von Euler ermittelt. Das dazugehörige mechanische Problem wird als Verzweigungsproblem bezeichnet (auch: Stabilitätsproblem mit Verzweigungspunkt).

Wenn Querlasten vorhanden sind, also $q \neq 0$, sind Biegemomente „von Hause aus" vorhanden. Von der Wirkung gleich sind auch Vorverformungen. Dafür gilt qualitativ eine der Kurven q_i. Zugehörig zu den Biegemomenten und Druckkräften lassen sich zu jeder Last die Spannungen eindeutig bestimmen, da die Durchbiegungen eindeutig zu jeder Last bekannt sind. Solche Probleme bezeichnet man als *Spannungsprobleme*. Im Extremfall werden die Durchbiegungen unendlich groß, womit auch die Spannungen unendlich groß werden. Bei der praktischen Berechnung wird man eine Grenze festlegen müssen. Eine Möglichkeit besteht darin, diejenige Last zu ermitteln, die an der am ungünstigsten beanspruchten Stelle gerade die Streckgrenze f_y (β_S, Fließgrenze σ_F) hervorruft. Die zugehörige Last wird als Fließkraft N_F bezeichnet. Wenn kein idealelastischer Werkstoff vorhanden ist, (also $E \neq$ const), dann kann die Last N_{Ki} nicht erreicht werden. Andererseits muß die Last höher liegen als N_F, da durch die Plastizierungsmöglichkeit noch eine Laststeigerung möglich ist. Die zugehörige Last bezeichnet man als *Traglast* N_{tr}, das mechanische Problem als *Traglastproblem*. Eine andere Bezeichnung in der Literatur lautet „Stabilitätsproblem ohne Gleichgewichtsverzweigung".

Diese Plastizierung ist aus Bild 2-19 zu ersehen. Im Bild 2-19a ist an den Randfasern gerade f_y erreicht. Dabei herrscht Gleichgewicht zwischen dem äußeren Moment und dem inneren Moment aus den Spannungen. Bei Laststeigerung breiten sich die ins Fließen geratenen Zonen vom Rand zur Stegmitte hin aus. Im Bild 2-19b ist das innere Moment größer geworden, also, da Gleichgewicht herrscht, auch das aufnehmbare äußere Moment. Andererseits ist daraus zu ersehen, daß für eine weitere Laststeigerung nur noch ein kleines inneres Moment aus dem Steganteil zur Verfügung steht. Da das Durchplastizieren gleichzeitig zu einer Steifigkeitsminderung führt, vergrößert sich die Durchbiegung überproportional, wenn gleichzeitig Druckkräfte vorhanden sind. Beim Vorhandensein von Druckkräften kann deshalb volles Plastizieren nicht erreicht werden, es wird vorher ein Zustand erreicht, bei dem kein Gleichgewicht zwischen inneren und äußeren Kräften mehr möglich ist.

Für $v < v_{kr}$ ist das Gleichgewicht stabil, da v nur durch ein Anwachsen von N vergrößert werden kann. Für $v = v_{kr}$ ist das Gleichgewicht indifferent, da $dN/dv = 0$ ist, ist also eine horizontale Tangente der Lastverformungskurve vorhanden. Für $v < v_{kr}$ ist das Gleichgewicht labil.

Beim Traglastproblem kündigt sich der Übergang zur Instabilität durch stark anwachsende Verformungen an. Den Druckkräften sind von vornherein Biegemomente zugeordnet. Es liegt nahe, daraus den Schluß zu ziehen, daß eine Verzweigung des Gleichgewichts nur dann auftritt, wenn keine Biegemomente von Hause aus auftreten. Dies trifft jedoch nicht zu, wenn die Biegemomente aus der Belastung und die Momente aus der Druckkraft mal Knickbiegelinie der niedrigsten Eigenfunktion zueinander orthogonal sind (Kriterium von Klöppel/Lie). Diese Probleme werden als Spannungsprobleme mit Verzweigungspunkt bezeichnet. Eine Zusammenfassung der verschiedenen Lastverformungskurven zeigt Bild 3-3.

Die Stabilitätsnachweise sind durch die Normen geregelt. Dort sind insbesondere die im Rahmen baustatischer Untersuchungen notwendigen und zulässigen Vereinfachungen angegeben und die Sicherheitsbeiwerte bzw. Laststeigerungsfaktoren aufgeführt. Nachweisformeln und Angaben über kritische Lasten wären in den meisten Fällen nicht notwendig, sondern könnten der Spezialliteratur entnommen werden, sind aber im Interesse einer möglichst einfachen Anwendung häufig trotzdem angegeben. Die meisten Stabilitätsfälle hat man durch DIN 4114 aus dem Jahre 1952 geregelt, einige (z.B. Schalenbeulen) aber auch in Anwendungsnormen. Seit 1990 sind alle Stabilitätsfälle durch die Stahlbau-Grundnormen DIN 18 800 Teil 2 (11.90), Teil 3 und Teil 4

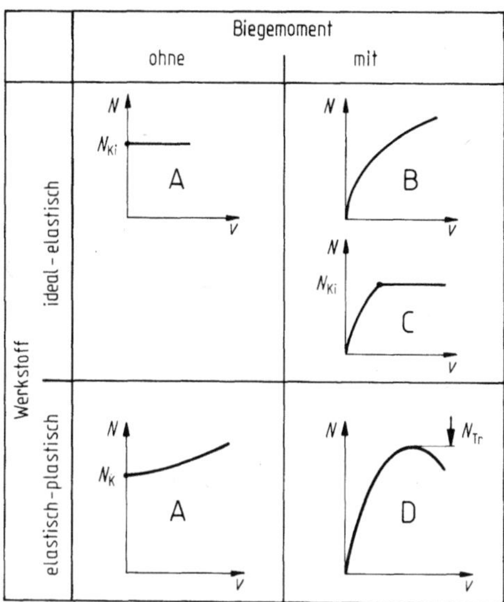

Bild 3-3. Lastverformungskurven. A Verzweigungsproblem, B Spannungsproblem, C Spannungsproblem mit Verzweigungspunkt, D Traglastproblem.

geregelt. Charakteristisch für den Auffassungwandel in den letzten Jahrzehnten ist die Tatsache, daß DIN 4114 zeitbedingt notwendigerweise weitgehend auf dem Konzept der Verzweigungslast aufgebaut ist, während DIN 18 800 Teil 2 (11.90) weitgehend dem Traglastkonzept folgt. Allerdings ist dies in DIN 18 800 Teil 2 (11.90) auch erst durch den enormen Forschritt in der EDV-Technik und die damit, insbesondere durch Dissertationen, vorliegenden genaueren Berechnungen ermöglicht worden.

Die Behandlung einteiliger Druckstäbe ist also unterschiedlich je nach dem, welche Voraussetzungen getroffen werden. Die wichtigsten Voraussetzungen betreffen das Werkstoffverhalten und die Berücksichtigung von Biegemomenten.

Für das Werkstoffverhalten werden folgende Spannungs-Dehnungs-Beziehungen verwendet:

- linearelastisch (Hookesches Gesetz),
- linearelastisch-idealplastisch (Bild 2-18).

Biegemomente bei gedrückten Stäben können entstehen durch:

- Querlasten   (z.B. q im Bild 3-2),
- Endaußermittigkeiten,
- Vorverformungen   (krummer Stab).

3.2.2 Verzweigungslasten N_{Ki}

Diese auch häufig nach Euler genannte Berechnung geht von den einfachsten Voraussetzungen aus: Querschnitte bleiben eben, isotroper Werkstoff, gerade Stabachse, mittiger Lastangriff, Hooksches Gesetz unbeschränkt gültig.

Die Lösung der Differentialgleichung 4. Ordnung führt unter Beachtung von 4 Randbedingungen zum kleinsten Eigenwert N_{Ki}, siehe Bild 3-2. Schreibt man die Knicklasten in der Form

$$N_{\mathrm{Ki}} = \frac{\pi^2 EI}{s_{\mathrm{K}}^2},\tag{3.2-1}$$

so läßt sich die Knicklast eines beliebig gelagerten Druckstabes auf diejenige des 2. Euler-Falles zurückführen, siehe Bild 3-4.

Der Rechenwert s_{K} wird als Knicklänge bezeichnet und mit dem Knicklängenbeiwert β häufig in folgender Form geschrieben:

$$s_{\mathrm{K}} = \beta l.\tag{3.2-2}$$

Das Verständnis für s_{K} wird durch die geometrische Deutung erleichtert, daß die Knicklänge die Entfernung benachbarter Wendepunkte der Knickbiegelinie in Richtung der Kraft N darstellt. Dies gilt jedoch nur unter den Voraussetzungen konstanter Druckkraft und konstanten I-Verlaufs und nicht vorhandener federnder Stützung. Obwohl somit diese geometrische Deutung nur beschränkt anwendbar ist, vermittelt sie auch sonst in vielen Fällen einen brauchbaren Anhalt für die Größenordnung der Knicklänge (siehe Bild 3-5).

Durch Einführung der Schlankheit

$$\lambda = s_{\mathrm{K}}/\sqrt{I/F} = s_{\mathrm{K}}/i\tag{3.2-3}$$

und

$$\sigma_{\mathrm{Ki}} = N_{\mathrm{Ki}}/F$$

wird aus (3.2-1)

$$\sigma_{\mathrm{Ki}} = \pi^2 \cdot \frac{E}{\lambda^2},\tag{3.2-4}$$

die als sog. „Euler-Hyperbel" bekannt ist.

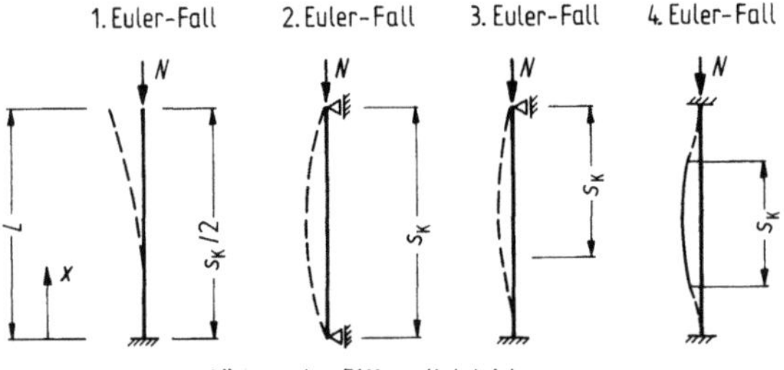

Lösung der Differentialgleichung:

$$\left(\varepsilon^2 = \frac{N}{EI}\right)$$

$$\varepsilon l = l\sqrt{\frac{N}{EI}} = \frac{\pi}{2} \qquad \pi \qquad 4{,}493 \qquad 2\pi$$

$$N_{\mathrm{Ki}} = \frac{\pi^2 \cdot EI}{4\,l^2} \qquad \frac{\pi^2 \cdot EI}{l^2} \qquad \frac{4{,}493^2 \cdot EI}{l^2} \qquad \frac{4\pi^2 \cdot EI}{l^2}$$

$$s_{\mathrm{K}} = 2l \qquad\qquad l \qquad \approx 0{,}7l \qquad 0{,}5l$$

Bild 3-4. Verzweigungslasten.

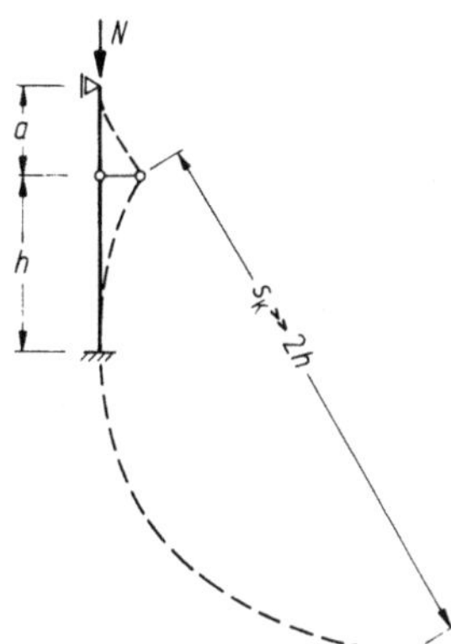

Bild 3-5. Knicklänge beim poltreuen Stab.

Die Gl. (3.2-4) kann nur so weit Gültigkeit haben, wie das ideal elastische Werktoffverhalten gilt und die anderen Vernachlässigungen (gerade Stabachse, mittiger Lastangriff) nicht zu einer weiteren Reduzierung der kritischen Spannung/Last führen.

3.2.3 Verzweigungslasten N_K

Im Zuge der Untersuchung von Brückeneinstürzen setzte vor der Jahrhundertwende eine rege Forschungstätigkeit ein, die das reale Werkstoffverhalten des Stahls zu erfassen suchte.

Engeßer entwickelte zunächst eine Theorie, die an die Stelle des Elastizitätsmoduls E in (3.2-4) den beanspruchungsabhängigen Tangentenmodul E_1 einführte. Engeßer selbst und parallel dazu Kármán erweiterten diese Theorie durch die Einführung des Knickmoduls T statt E_1. Dieser Modul T ist querschnittsabhängig und stellt eine Beziehung zwischen E und E_1 dar. Aus (3.2-4) wird dann

$$\sigma_K = \frac{\pi^2 \cdot T}{\lambda^2}. \qquad (3.2\text{-}4a)$$

Da hier ebenfalls keine Imperfektionen berücksichtigt sind, ist die praktische Gültigkeit beschränkt. Die Knickspannung σ_K wurde in DIN 4114 für die Abminderung der Beulspannung benutzt, bis durch [V3] eine echte Beulspannungskurve eingeführt wurde.

3.2.4 Traglast N_{Kr} nach Jezek

Hierunter wird die maximal zu tragende Last eines Stabes bei elastisch-plastischem Werkstoffverhalten unter bestimmten Bedingungen verstanden.

Zur Erfassung baupraktisch unvermeidbarer Mängel wird eine ungewollte End-Außermittigkeit u eingeführt (siehe Bild 3-6), mit der stellvertretend alle Imperfektionen, also auch krumme Stabachse, Eigenspannungen usw., abgedeckt sein sollen.

Beim Erreichen der kritischen Last ist der Querschnitt teilweise plastisch (siehe 3.2.1), wobei diese Plastizierung querschnittsabhängig ist. Damit wird die Lösung des Problems mathematisch sehr kompliziert.

Um die Unterscheidung verschiedener Querschnitte zu vermeiden, wurde die Tragspannung σ_{Kr} zunächst für den ungünstigen T-Querschnitt (Doppelwinkel) ermittelt und in DIN 4114 generell eingearbeitet, siehe 3.2.6. Später folgte eine Erweiterung für die günstigeren Hohlquerschnitte.

3.2.5 Elastizitätstheorie II. Ordnung

Wie in 3.2.1 erläutert, besteht eine untere Grenze für die Traglast immer in derjenigen Last, unter der an der ungünstigsten Stelle gerade die Streckgrenze f_y ($= \beta_S$) erreicht wird. Der Vorteil besteht darin, daß die Elastizitätstheorie mit ihren mathematisch relativ einfach anzuwendenden Gesetzen benutzt werden kann (siehe dazu Teil B. Baustatik).

In manchen Fällen kann es sinnvoll sein, den Effekt der Verformungen auf die Schnittgrößen durch eine *Näherungsrechnung* nach der Theorie II. Ordnung zu erfassen.

Für einen verformten Stab unter konstanter Druckkraft (Bild 3-7) läßt sich die Gesamtverformung nach (3-6) angeben:

$$w = w_0 \cdot \frac{1}{1 - \alpha} = w_0 \cdot k, \tag{3.2-5}$$

$$M = M_0 \cdot k, \tag{3.2-5a}$$

$$\alpha = \frac{w_i - w_{i-1}}{w_{i-1}} = \frac{\Delta w}{w}, \tag{3.2-6}$$

$$k = \text{Vergrößerungsfaktor.}$$

Speziell für einen sinusförmig verformten Stab gilt

$$\alpha = \frac{N}{N_{Ki}}. \tag{3.2-6a}$$

Die Anwendung von (3.2-5a) in Verbindung mit (3.2-6a) führt zu baupraktisch ausreichend genauen Ergebnissen, wenn in etwa Affinität zwischen der Knickbiegelinie und der Verformung aus äußeren Lasten besteht. Dies ist insbesondere bei vielen seitlich verschieblichen Tragwerken der Fall. In anderen Fällen kann es zu größeren Abweichungen kommen [35].

Falls die Verformung w_0 durch äußere Belastung hervorgerufen wird, kann (3.2-5) in verbesserter Form geschrieben werden:

$$w = w_0 \cdot \frac{1 + \delta \cdot \alpha}{1 - \alpha} \tag{3.2-5b}$$

bzw.

$$M = M_0 \cdot \frac{1 + \delta \cdot \alpha}{1 - \alpha}. \tag{3.2-5c}$$

Werte für δ für gebräuchliche Fälle sind Tabelle 3-1 zu entnehmen. Nach Ermittlung der Schnittgrößen nach der Theorie II. Ordnung (unter Bemessungslasten, γ-fach) ist nach dem Verfahren

Tabelle 3-1. Korrekturbeiwerte δ

Nr	Lastfall		δ
1			0,273
2			$-0,363$
3	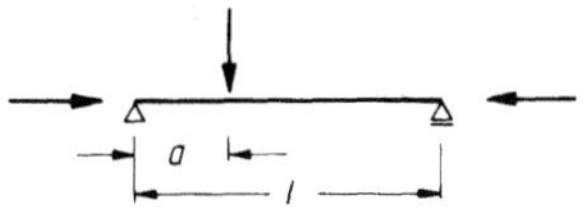	a/e	
		0.3	$-0,219$
		0,4	$-0,197$
		0,5	$-0,189$
4	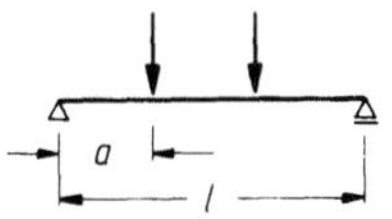	0,2	0,191
		0,3	0,093
		0,4	$-0,036$
		0,5	$-0,189$
5	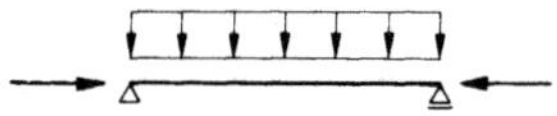		0,032
6	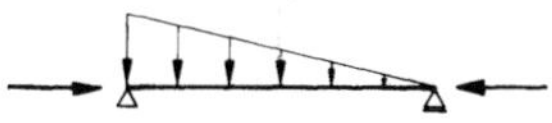		0
7			$-0,178$
8	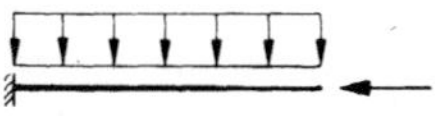		$-0,378$
9	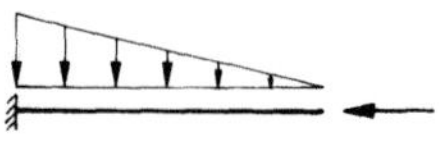		$-0,477$

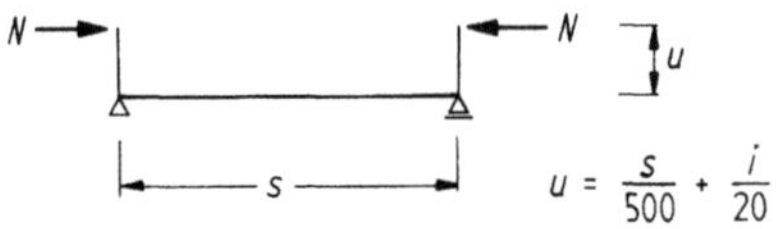

Bild 3-6. Druckstab mit ungewollter Außermittigkeit.

Elastisch-Elastisch der Spannungsnachweis zu führen:

$$\sigma = \frac{N}{A} + \frac{M}{W} \leqq f_y. \tag{3.2-7}$$

Beispiel 3.2-1: Näherung für Stab mit konstantem Moment. Es wird der Druckstab nach Bild 3-6 untersucht.

$$w_0 = u$$

Moment
$$M = N \cdot w_0$$

Durchbiegung daraus

$$\Delta w = \frac{ML^2}{8EI} = \frac{u}{8}\,\varepsilon^2 \cdot L^2$$

Vergrößerungsfaktor

$$k = \frac{1}{1-\alpha} = \frac{8}{8 - \varepsilon^2 \cdot L^2}$$

Für
$$\varepsilon \cdot L = \pi/2 \qquad w = 1{,}466 \cdot w_0$$

Exakte Lösung aus der Differentialgleichung:

$$w = w_0/\cos(\varepsilon L/2) = 1{,}414 \cdot w_0.$$

unter Verwendung von (3.2-5b) mit $\alpha = 0{,}25$ und aus Tabelle 3-1

$$w = w_0(1 + 0{,}25 \cdot 0{,}273)/(1 - 0{,}25) = 1{,}424\, w_0.$$

3.2.6 Nachweis nach DIN 4114

Die nach 3.2.4 berechneten Traglastspannungen bilden die Grundlage des Nachweises. In Anlehnung an frühere Knickvorschriften wurde jedoch auf die Absicherung gegen Erreichen der kritischen Spannungen unter Zugrundelegung idealer Voraussetzungen (Euler, siehe 3.2.2) nicht verzichtet.

Zur Festlegung zulässiger Druckspannungen werden daher ermittelt

$$\text{zul}\,\sigma_d\,(1) = \sigma_{Kr}/v_{Kr},$$

$$\text{zul}\,\sigma_d\,(2) = \sigma_{Ki}/v_{Ki},$$

$$\text{zul}\,\sigma_d = \min(\text{zul}\,\sigma_d(1),\, \text{zul}\,\sigma_d(2)).$$

Die Sicherheitsbeiwerte wurden wie folgt festgelegt:

LF H: $v_{Kr} = 1,50$, $v_{Ki} = 2,50$,
LF Hz: $v_{Kr} = 1,33$, $v_{Ki} = 2,19$.

Die niedrigen Werte v_{Kr} wurden gewählt, da der Doppelwinkel-Querschnitt sehr ungünstig ist und rechnerisch die Streckgrenzen auf $f_y(= \beta_S) = 230 \text{ N/mm}^2$ (St 37) bzw. $f_y (= \beta_S) = 340 \text{ N/mm}^2$ (St 52) verringert wurden.

Als Nachweis wäre zu führen (Bezeichnung abweichend von DIN 4114):

$$\frac{N}{A} \leqq \text{zul } \sigma_d.$$

Gewählt wurde die Schreibweise

$$\omega \frac{N}{A} \leqq \text{zul } \sigma, \tag{3.2-8}$$

mit der Knickzahl
$$\omega = \text{zul } \sigma / \text{zul } \sigma_d. \tag{3.2-9}$$

Der Nachweis nach (3.2-8) wurde eingeführt, um als zulässige Spannung jeweils diejenige verwenden zu können, die auch für den allgemeinen Spannungsnachweis gilt. Gl. (3.2-8) liefert einen Nachweis unter der fiktiv mit der Knickzahl ω multiplizierten Last N.

Die Knickzahlen ω für St 37 und St 52 sind in Tabelle 3-2, für StE 460 und StE 690 in Tabelle 3-3 angegeben.

Dabei sind in Tabelle 3-2 auch die später für Rundrohre ermittelten günstigeren Werte aufgeführt.

Wegen der Absicherung gegenüber der Euler-Spannung σ_{Ki} und (3.2-9) unterscheiden sich die Knickzahlen im elastischen Bereich gerade um 50%, das Verhältnis der Streckgrenzen. Die Verwendung einer hochwertigen Stahlsorte, wie St 52, ist daher nur bei geringen Schlankheiten ($\lambda < 90$) sinnvoll.

Beispiel 3.2-2: Beidseitig gelenkig gelagerte Hochbaustütze
Die Stütze soll in y-Richtung in den Drittelspunkten gehalten sein.

$$\text{Gegeben:} \quad N = 184 \text{ kN, LF H}$$

$$\text{Gewählt:} \quad \text{IPE 160} \quad A = 20,1 \text{ cm}^2$$

$$i_y = 6,58 \text{ cm}$$

$$i_z = 1,84 \text{ cm}$$

Schlankheiten
$$\lambda_y = s_{Ky}/i_y = 487/6,58 = 74$$

$$\lambda_z = s_{Kz}/i_z = 487/3 \cdot 1,84 = 88$$

zu $\lambda = 88$
$$\omega = 1,68$$

$$\sigma = 1,68 \cdot \frac{184}{20,1} \qquad = 15,4 \text{ kN/cm}^2 = 154 \text{ N/mm}^2$$

$\sigma > \text{zul } \sigma \qquad = 140 \text{ N/mm}^2$, daher größeres Profil erforderlich, (IPE 180).

Tabelle 3-2. Knickzahlen ω für Bauteile aus St 37 und St 52

St 37

λ	0	1	2	3	4	5	6	7	8	9
20	1,04	1,04	1,04	1,05	1,05	1,06	1,06	1,07	1,07	1,08
30	1,08	1,09	1,09	1,10	1,10	1,11	1,11	1,12	1,13	1,13
40	1,14	1,14	1,15	1,16	1,16	1,17	1,18	1,19	1,19	1,20
50	1,21	1,22	1,23	1,23	1,24	1,25	1,26	1,27	1,28	1,29
60	1,30	1,31	1,32	1,33	1,34	1,35	1,36	1,37	1,39	1,40
70	1,41	1,42	1,44	1,45	1,46	1,48	1,49	1,50	1,52	1,53
80	1,55	1,56	1,58	1,59	1,61	1,62	1,64	1,66	1,68	1,69
90	1,71	1,73	1,74	1,76	1,78	1,80	1,82	1,84	1,86	1,88
100	1,90	1,92	1,94	1,96	1,98	2,00	2,02	2,05	2,07	2,09
110	2,11	2,14	2,16	2,18	2,21	2,23	2,27	2,31	2,35	2,39
120	2,43	2,47	2,51	2,55	2,60	2,64	2,68	2,72	2,77	2,81
130	2,85	2,90	2,94	2,99	3,03	3,08	3,12	3,17	3,22	3,26
140	3,31	3,36	3,41	3,45	3,50	3,55	3,60	3,65	3,70	3,75
150	3,80	3,85	3,90	3,95	4,00	4,06	4,11	4,16	4,22	4,27
160	4,32	4,38	4,43	4,49	4,54	4,60	4,65	4,71	4,77	4,82
170	4,88	4,94	5,00	5,05	5,11	5,17	5,23	5,29	5,35	5,41
180	5,47	5,53	5,59	5,66	5,72	5,78	5,84	5,91	5,97	6,03
190	6,10	6,16	6,23	6,29	6,36	6,42	6,49	6,55	6,62	6,69
200	6,75	6,82	6,89	6,96	7,03	7,10	7,17	7,24	7,31	7,38
210	7,45	7,52	7,59	7,66	7,73	7,81	7,88	7,95	8,03	8,10
220	8,17	8,25	8,32	8,40	8,47	8,55	8,63	8,70	8,78	8,86
230	8,93	9,01	9,09	9,17	9,25	9,33	9,41	9,49	9,57	9,65
240	9,73	9,81	9,89	9,97	10,05	10,14	10,22	10,30	10,39	10,47

250   10,55   Zwischenwerte brauchen nicht eingeschaltet zu werden

St 52

	0	1	2	3	4	5	6	7	8	9
	1,06	1,06	1,07	1,07	1,08	1,08	1,09	1,09	1,10	1,11
	1,11	1,12	1,12	1,13	1,14	1,15	1,15	1,16	1,17	1,18
	1,19	1,19	1,20	1,21	1,22	1,23	1,24	1,25	1,26	1,27
	1,28	1,30	1,31	1,32	1,33	1,35	1,36	1,37	1,39	1,40
	1,41	1,43	1,44	1,46	1,48	1,49	1,51	1,53	1,54	1,56
	1,58	1,60	1,62	1,64	1,66	1,68	1,70	1,72	1,74	1,77
	1,79	1,81	1,83	1,86	1,88	1,91	1,93	1,95	1,98	2,01
	2,05	2,10	2,14	2,19	2,24	2,29	2,33	2,38	2,43	2,48
	2,53	2,58	2,64	2,69	2,74	2,79	2,85	2,90	2,95	3,01
	3,06	3,12	3,18	3,23	3,29	3,35	3,41	3,47	3,53	3,59
	3,65	3,71	3,77	3,83	3,89	3,96	4,02	4,09	4,15	4,22
	4,28	4,35	4,41	4,48	4,55	4,62	4,69	4,75	4,82	4,89
	4,96	5,04	5,11	5,18	5,25	5,33	5,40	5,47	5,55	5,62

Tabelle 3-2. (Fortsetzung)

0	1	2	3	4	5	6	7	8	9
5,70	5,78	5,85	5,93	6,01	6,09	6,16	6,24	6,32	6,40
6,48	6,57	6,65	6,73	6,81	6,90	6,98	7,06	7,15	7,23
7,32	7,41	7,49	7,58	7,67	7,76	7,85	7,94	8,03	8,12
8,21	8,30	8,39	8,48	8,58	8,67	8,76	8,86	8,95	9,05
9,14	9,24	9,34	9,44	9,53	9,63	9,73	9,83	9,93	10,03
10,13	10,23	10,34	10,44	10,54	10,65	10,75	10,85	10,96	11,06
11,17	11,28	11,38	11,49	11,60	11,71	11,82	11,93	12,04	12,15
12,26	12,37	12,48	12,60	12,71	12,82	12,94	13,05	13,17	13,28
13,40	13,52	13,63	13,75	13,87	13,99	14,11	14,23	14,35	14,47
14,59	14,71	14,83	14,96	15,08	15,20	15,33	15,45	15,58	15,71

15,83 Zwischenwerte brauchen nicht eingeschaltet zu werden

ω-Werte für einteilige Druckstäbe aus Rundrohren

λ	0	1	2	3	4	5	6	7	8	9
20	1,00	1,00	1,00	1,00	1,01	1,01	1,01	1,02	1,02	1,02
30	1,03	1,03	1,04	1,04	1,04	1,05	1,05	1,05	1,06	1,06
40	1,07	1,07	1,08	1,08	1,09	1,09	1,10	1,10	1,11	1,11
50	1,12	1,13	1,13	1,14	1,15	1,15	1,16	1,17	1,17	1,18
60	1,19	1,20	1,20	1,21	1,22	1,23	1,24	1,25	1,26	1,27
70	1,28	1,29	1,30	1,31	1,32	1,33	1,34	1,35	1,36	1,37
80	1,39	1,40	1,41	1,42	1,44	1,46	1,47	1,48	1,50	1,51
90	1,53	1,54	1,56	1,58	1,59	1,61	1,63	1,64	1,66	1,68
100	1,70	1,73	1,76	1,79	1,83	1,87	1,90	1,94	1,97	2,01
110	2,05	2,08	2,12	2,16	2,20	2,23	weiter siehe Tafel für Bauteile aus St 37			

ω-Werte für einteilige Druckstäbe aus Rundrohren

λ	0	1	2	3	4	5	6	7	8	9
20	1,02	1,02	1,02	1,03	1,03	1,03	1,04	1,04	1,05	1,05
30	1,05	1,06	1,06	1,07	1,07	1,08	1,08	1,09	1,10	1,10
40	1,11	1,11	1,12	1,13	1,13	1,14	1,15	1,16	1,16	1,17
50	1,18	1,19	1,20	1,21	1,22	1,23	1,24	1,25	1,26	1,27
60	1,28	1,30	1,31	1,32	1,33	1,35	1,36	1,38	1,39	1,41
70	1,42	1,44	1,46	1,47	1,49	1,51	1,53	1,55	1,57	1,59
80	1,62	1,66	1,71	1,75	1,79	1,83	1,88	1,92	1,97	2,01
90	2,05	weiter siehe Tafel für Bauteile aus St 52								

Tabelle 3-3. Knickzahlen ω für Bauteile aus StE 460 und StE 690

λ	0	1	2	3	4	5	6	7	8	9
20	1,05	1,06	1,06	1,07	1,08	1,09	1,09	1,10	1,10	1,11
30	1,11	1,12	1,13	1,14	1,15	1,16	1,16	1,17	1,18	1,19
40	1,20	1,22	1,23	1,24	1,25	1,26	1,27	1,29	1,30	1,32
50	1,33	1,35	1,36	1,38	1,39	1,41	1,43	1,45	1,46	1,48
60	1,50	1,52	1,54	1,57	1,59	1,61	1,63	1,66	1,68	1,71
70	1,73	1,76	1,78	1,81	1,84	1,88	1,92	1,97	2,02	2,07
80	2,12	2,18	2,23	2,29	2,34	2,40	2,46	2,51	2,57	2,63
90	2,69	2,75	2,81	2,87	2,93	3,00	3,06	3,12	3,19	3,25
100	3,32	3,39	3,45	3,52	3,59	3,66	3,73	3,80	3,87	3,94
110	4,02	4,09	4,16	4,24	4,31	4,39	4,47	4,54	4,62	4,70
120	4,78	4,86	4,94	5,02	5,10	5,19	5,27	5,35	5,44	5,52
130	5,61	5,70	5,78	5,87	5,96	6,05	6,14	6,23	6,32	6,41
140	6,51	6,60	6,69	6,79	6,88	6,98	7,08	7,17	7,27	7,37
150	7,47	7,57	7,67	7,77	7,87	7,98	8,08	8,18	8,29	8,39
20	1,02	1,03	1,03	1,04	1,05	1,06	1,06	1,07	1,08	1,09
30	1,10	1,11	1,12	1,14	1,15	1,16	1,17	1,19	1,20	1,22
40	1,23	1,25	1,26	1,28	1,30	1,32	1,34	1,36	1,38	1,41
50	1,43	1,46	1,48	1,51	1,53	1,56	1,58	1,62	1,66	1,72
60	1,78	1,84	1,90	1,96	2,03	2,09	2,16	2,22	2,29	2,36
70	2,43	2,50	2,57	2,64	2,71	2,78	2,86	2,93	3,01	3,09
80	3,17	3,25	3,33	3,41	3,49	3,58	3,66	3,75	3,83	3,92
90	4,01	4,10	4,19	4,28	4,37	4,47	4,56	4,66	4,75	4,85
100	4,95	5,05	5,15	5,25	5,35	5,46	5,56	5,67	5,77	5,88
110	5,99	6,10	6,21	6,32	6,43	6,55	6,66	6,78	6,89	7,01
120	7,13	7,25	7,37	7,49	7,61	7,73	7,86	7,98	8,11	8,24
130	8,37	8,50	8,63	8,76	8,89	9,02	9,16	9,29	9,43	9,56
140	9,70	9,84	9,98	10,12	10,26	10,41	10,55	10,70	10,84	10,99
150	11,14	11,29	11,44	11,59	11,74	11,90	12,05	12,20	12,36	12,51

Für StE 460: weiter $\omega = 0{,}0004495\,\lambda^2$
Für StE 690: weiter $\omega = 0{,}000332\,\lambda^2$

3.2.7 Europäische Knickspannungslinien

Da sich die Knickspannungslinien, wie sie in der Bundesrepublik Deutschland durch (3.2-8) gegeben sind, von denen in verschiedenen Ländern stark unterscheiden, laufen seit langem Harmonisierungsbestrebungen. Daher wurden seit 1960 mehr als 1000 Knickversuche durchgeführt. Parallel dazu erfolgten theoretische Untersuchungen von Beer/Schultz. Dabei wurden die wichtigsten Parameter

- Form und Größe der Verformungen,
- verschiedene Annahmen über Größe und Verteilung der Streckgrenzen über den Querschnitt,
- Form und Größe von Eigenspannungen

theoretisch untersucht.

Die Eigenspannungen sind dabei so definiert, daß unter ihrer Wirkung keine resultierenden Schnittgrößen entstehen. Über den Verlauf über den Querschnitt sind verschiedene Rechenannahmen üblich (vgl. Bild 3-8). wobei die beiden links im Bild dargestellten Verläufe eigentlich nur aus Gründen der Rechenvereinfachung so gewählt wurden. Messungen tendieren immer zum rechten

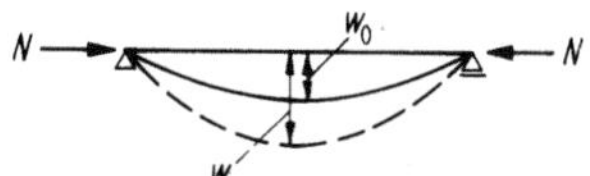

Bild 3-7. Druckstab mit Vorverformung w_θ.

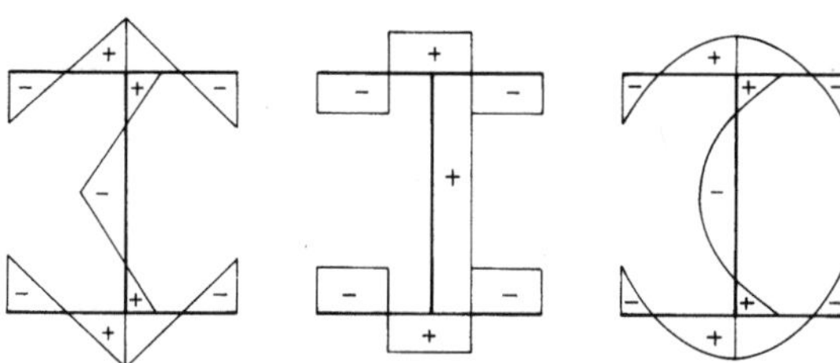

Bild 3-8. Verlauf von Eigenspannungen.

Teilbild. Über die absoluten Werte (profilabhängig) liegen eine große Anzahl von Messungen vor, bei Walzprofilen betragen die größten Druckeigenspannungen ca. $0,3\,f_y$, bei geschweißten Trägern können sie auch größer sein. Die Wirkungsweise der Eigenspannungen in Verbindung mit den Lastspannungen führt i. allg.

– zum früheren Erreichen von f_y,
– zu größeren Verformungen,
– zur Herabsetzung der Traglast.

Die Versuche in Verbindung mit diesen theoretischen Untersuchungen führten zur Festlegung der fünf Europäischen Knickspannungslinien a_0, a, b, c, d. Die statistisch abgesicherte Anpassung an die Versuche führte zum Vorschlag, auch unterschiedliche, dickenabhängige Werte für die Streckgrenzen zu verwenden und in der Einordnung verschiedener Profile sehr stark zu variieren. Dieser wurde in Deutschland nicht übernommen; nach DIN 18 800 Teil 2 (11.90) sind 4 Knickspannungslinien vorgesehen, [16].

3.2.8 Nachweise nach DIN 18 800 Teil 2 (11.90)

Der Nachweis nach einem der Verfahren in Tabelle 2-1 ist möglich, wird für zentrisch gedrückte Stäbe jedoch selten angewendet. Er wird in 3.3.2 behandelt.

Der Tragsicherheitsnachweis darf mit der Bedingung

$$\frac{N}{\kappa \cdot N_{pl}} \leqq 1 \qquad (3.2\text{-}10)$$

geführt werden. Darin bedeuten:

N Normalkraft unter den γ_M-fachen Bemessungswerten der Einwirkungen .

Falls mit Teilsicherheitsbeiwerten gerechnet wird, ist N unter γ_F-fachen Lasten zu ermitteln und für N_{pl} ist $N_{pl,d}$ einzusetzen.

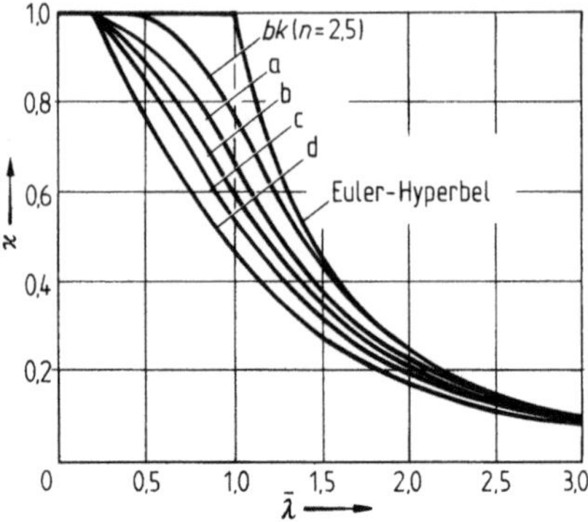

Bild 3-9. Abminderungsfaktoren k für Biegeknicken (Knickspannungslinien a, b, c, d) und Biegedrillknicken (bk).

Tabelle 3-4. Abminderungsfaktoren κ für Knickspannungslinie a

	0,00	0,02	0,04	0,06	0,08
0,2	1,000	0,996	0,991	0,987	0,982
0,3	0,977	0,973	0,968	0,963	0,958
0,4	0,953	0,947	0,942	0,936	0,930
0,5	0,924	0,918	0,911	0,905	0,897
0,6	0,890	0,882	0,874	0,866	0,857
0,7	0,848	0,838	0,828	0,818	0,807
0,8	0,796	0,784	0,772	0,760	0,747
0,9	0,734	0,721	0,707	0,693	0,680
1,0	0,666	0,652	0,638	0,624	0,610
1,1	0,596	0,582	0,569	0,556	0,543
1,2	0,530	0,518	0,505	0,493	0,482
1,3	0,470	0,459	0,448	0,438	0,428
1,4	0,418	0,408	0,399	0,390	0,381
1,5	0,372	0,364	0,356	0,348	0,341
1,6	0,333	0,326	0,319	0,312	0,306
1,7	0,299	0,293	0,287	0,281	0,276
1,8	0,270	0,265	0,260	0,255	0,250
1,9	0,245	0,240	0,236	0,231	0,227
2,0	0,223	0,219	0,215	0,211	0,207
2,1	0,204	0,200	0,197	0,193	0,190
2,2	0,187	0,184	0,180	0,178	0,175
2,3	0,172	0,169	0,166	0,164	0,161
2,4	0,159	0,156	0,154	0,151	0,149
2,5	0,147	0,145	0,142	0,140	0,138
2,6	0,136	0,134	0,132	0,130	0,129
2,7	0,127	0,125	0,123	0,122	0,120
2,8	0,118	0,117	0,115	0,114	0,112
2,9	0,111	0,109	0,108	0,106	0,105
3,0	0,104	0,102	0,101	0,100	0,098
3,1	0,097	0,096	0,095	0,094	0,093

$\kappa = N_{Kr}/N_{pl}$

Abminderungsfaktor in Abhängigkeit von $\bar{\lambda}$ und der Knickspannungslinie aus Bild 3-9 nach Gl. (3.2-12) oder aus Tabellen 3-4 bis 3-7. Die Zuordnung der Querschnitte zu den Knickspannungslinien a bis d ist der Tabelle 3-8 zu entnehmen.

$$\bar{\lambda}_K = \frac{\lambda}{\lambda_a} = \sqrt{\frac{N_{pl}}{N_{Ki}}}$$

bezogener Schlankheitsgrad bei Druckbeanspruchung

(3.2-11)

$$\lambda = \frac{s_K}{i}$$

Schlankheitsgrad (s_K Knicklänge, i Trägheitsradius)

$$\lambda_a = \pi \sqrt{\frac{E}{f_y}}$$

Bezugsschlankheitsgrad (= 92,9 für St 37, = 75,9 für St 52)

$$N_{pl} = A f_y$$

Normalkraft im vollplastischen Zustand

$$N_{Ki} = \frac{\pi^2 EI}{s_K^2}$$

Normalkraft unter der kleinsten Verzweigungslast nach der Elastizitätstheorie

Tabelle 3-5. Abminderungsfaktoren κ für Knickspannungslinie b

	0,00	0,02	0,04	0,06	0,08
0,2	1,000	0,993	0,986	0,979	0,971
0,3	0,964	0,957	0,949	0,942	0,934
0,4	0,926	0,918	0,910	0,902	0,893
0,5	0,884	0,875	0,866	0,857	0,847
0,6	0,837	0,827	0,816	0,806	0,795
0,7	0,784	0,772	0,761	0,749	0,737
0,8	0,724	0,712	0,699	0,687	0,674
0,9	0,661	0,648	0,635	0,623	0,610
1,0	0,597	0,584	0,572	0,559	0,547
1,1	0,535	0,523	0,512	0,500	0,489
1,2	0,478	0,467	0,457	0,447	0,437
1,3	0,427	0,417	0,408	0,399	0,390
1,4	0,382	0,373	0,365	0,357	0,350
1,5	0,342	0,335	0,328	0,321	0,314
1,6	0,308	0,302	0,295	0,289	0,284
1,7	0,278	0,273	0,267	0,262	0,257
1,8	0,252	0,247	0,243	0,238	0,234
1,9	0,229	0,225	0,221	0,217	0,213
2,0	0,209	0,206	0,202	0,199	0,195
2,1	0,192	0,189	0,186	0,182	0,179
2,2	0,176	0,174	0,171	0,168	0,165
2,3	0,163	0,160	0,158	0,155	0,153
2,4	0,151	0,148	0,146	0,144	0,142
2,5	0,140	0,138	0,136	0,134	0,132
2,6	0,130	0,128	0,126	0,125	0,123
2,7	0,121	0,119	0,118	0,116	0,115
2,8	0,113	0,112	0,110	0,109	0,107
2,9	0,106	0,105	0,103	0,102	0,101
3,0	0,099	0,098	0,097	0,096	0,095
3,1	0,093	0,092	0,091	0,090	0,089

Tabelle 3-6. Abminderungsfaktoren κ für Knickspannungslinie c

	0,00	0,02	0,04	0,06	0,08
0,2	1,000	0,990	0,980	0,969	0,959
0,3	0,949	0,939	0,929	0,918	0,908
0,4	0,897	0,887	0,876	0,865	0,854
0,5	0,843	0,832	0,820	0,809	0,797
0,6	0,785	0,773	0,761	0,749	0,737
0,7	0,725	0,712	0,700	0,687	0,675
0,8	0,662	0,650	0,637	0,625	0,612
0,9	0,600	0,588	0,575	0,563	0,552
1,0	0,540	0,528	0,517	0,506	0,495
1,1	0,484	0,474	0,463	0,453	0,443
1,2	0,434	0,424	0,415	0,406	0,397
1,3	0,389	0,380	0,372	0,364	0,357
1,4	0,349	0,342	0,335	0,328	0,321
1,5	0,315	0,308	0,302	0,296	0,290
1,6	0,284	0,279	0,273	0,268	0,263
1,7	0,258	0,253	0,248	0,243	0,239
1,8	0,235	0,230	0,226	0,222	0,218
1,9	0,214	0,210	0,207	0,203	0,200
2,0	0,196	0,193	0,190	0,186	0,183
2,1	0,180	0,177	0,174	0,172	0,169
2,2	0,166	0,164	0,161	0,159	0,156
2,3	0,154	0,151	0,149	0,147	0,145
2,4	0,143	0,140	0,138	0,136	0,134
2,5	0,132	0,131	0,129	0,127	0,125
2,6	0,123	0,122	0,120	0,118	0,117
2,7	0,115	0,114	0,112	0,111	0,109
2,8	0,108	0,107	0,105	0,104	0,102
2,9	0,101	0,100	0,099	0,097	0,096
3,0	0,095	0,094	0,093	0,092	0,091
3,1	0,090	0,088	0,087	0,086	0,085

Bei veränderlichen Querschnitten oder Normalkräften sind (EI), N_{Ki} und s_K für die Stelle zu ermitteln, für die der Tragsicherheitsnachweis geführt wird.

Wenn nicht eindeutig festliegt, welche Knickrichtung für den Tragsicherheitsnachweis maßgebend ist, muß dieser für beide Hauptachsen des Querschnitts geführt werden.

Die Abminderungsfaktoren κ sind aus (3.2-12a) bis (3.2-12c) zu ermitteln:

$$\bar{\lambda}_K < 0,2: \kappa = 1, \qquad (3.2\text{-}12a)$$

$$\bar{\lambda}_K > 0,2: \kappa = \frac{1}{k + \sqrt{k^2 - \bar{\lambda}_K^2}}, \qquad (3.2\text{-}12b)$$

$$k = 0,5[1 + \alpha(\bar{\lambda}_K - 0,2) + \bar{\lambda}_K^2],$$

Tabelle 3-7. Abminderungsfaktoren κ für Knickspannungslinie d

	0,00	0,02	0,04	0,06	0,08
0,2	1,000	0,984	0,969	0,954	0,938
0,3	0,923	0,909	0,894	0,879	0,865
0,4	0,850	0,836	0,822	0,808	0,793
0,5	0,779	0,765	0,751	0,738	0,724
0,6	0,710	0,696	0,683	0,670	0,656
0,7	0,643	0,630	0,617	0,605	0,592
0,8	0,580	0,568	0,556	0,544	0,532
0,9	0,521	0,510	0,499	0,488	0,477
1,0	0,467	0,457	0,447	0,438	0,428
1,1	0,419	0,410	0,401	0,393	0,384
1,2	0,376	0,368	0,361	0,353	0,346
1,3	0,339	0,332	0,325	0,318	0,312
1,4	0,306	0,299	0,293	0,288	0,282
1,5	0,277	0,271	0,266	0,261	0,256
1,6	0,251	0,247	0,242	0,237	0,233
1,7	0,229	0,225	0,221	0,217	0,213
1,8	0,209	0,206	0,202	0,199	0,195
1,9	0,192	0,189	0,186	0,183	0,180
2,0	0,177	0,174	0,171	0,168	0,166
2,1	0,163	0,160	0,158	0,156	0,153
2,2	0,151	0,149	0,146	0,144	0,142
2,3	0,140	0,138	0,136	0,134	0,132
2,4	0,130	0,128	0,127	0,125	0,123
2,5	0,121	0,120	0,118	0,116	0,115
2,6	0,113	0,112	0,110	0,109	0,108
2,7	0,106	0,105	0,104	0,102	0,101
2,8	0,100	0,098	0,097	0,096	0,095
2,9	0,094	0,093	0,091	0,090	0,089
3,0	0,088	0,087	0,086	0,085	0,084
3,1	0,083	0,082	0,081	0,080	0,080

vereinfachend für $\bar{\lambda}_K > 3{,}0$:

$$\kappa = \frac{1}{\bar{\lambda}_K(\bar{\lambda}_K + \alpha)} \tag{3.2-12c}$$

mit α nach Tabelle 3-9.

Falls Stäbe vorliegen, die keinen I-förmigen Querschnitt mit Abmessungsverhältnissen wie bei den Walzprofilen haben, die keinen Hohlquerschnitt haben oder nicht gegen Verdrehen oder seitliche Verschiebungen gehalten sind, ist zusätzlich das Biegedrillknicken nachzuweisen.

Beispiel 3.2-3: Hochbaustütze, wie Beispiel 3.2-2
Gegeben:
Normalkraft unter den γ_M-fachen Bemessungswerten der Einwirkungen nach DIN 18 800 Teil 1 (11.90) $N = 300\,\text{kN}$, gewählt IPE 160

Tabelle 3-8. Zuordnung der Ouerschnitte zu den Knickspannungslinien

	1		2	3
	Querschnitt		Knicken rechtwinklig zur Achse	Knickspannungslinie
1	Hohlprofile (warmgefertigt) 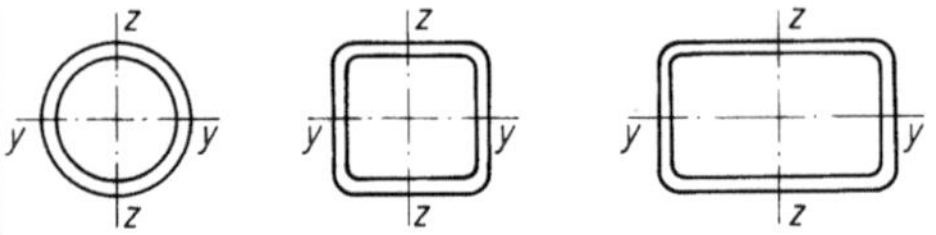		$y-y$ $z-z$	a
	geschweißte Kastenquerschnitte Hohlprofile (kaltgefertigt)		$y-y$ $z-z$	b
2	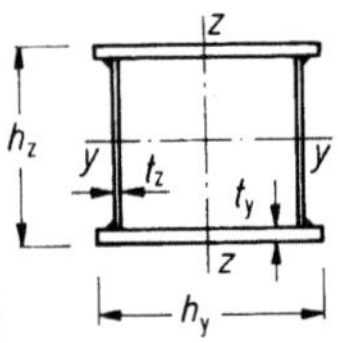	dicke Schweißnaht und $h_y/t_y < 30$ $h_z/t_z < 30$	$y-y$ $z-z$	c
3	gewalzte I-Profile 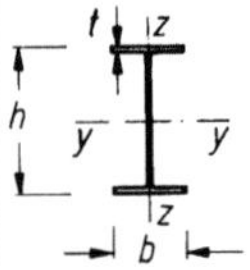	$h/b > 1{,}2$ $t \leqq 40$ mm	$y-y$ $z-z$	a b
		$h/b \leqq 1{,}2$ $t \leqq 40$ mm	$y-y$ $z-z$	b c
4	geschweißte I-Querschnitte 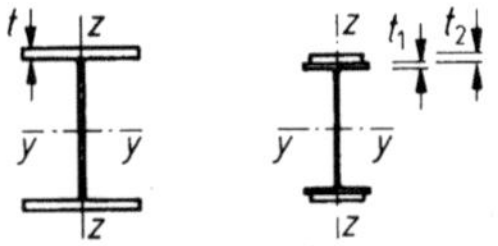	$t_i \leqq 40$ mm	$y-y$ $z-z$	b c
		$t_i > 40$ mm	$y-y$ $z-z$	c d
5	U-, L-, T- und Vollquerschnitte 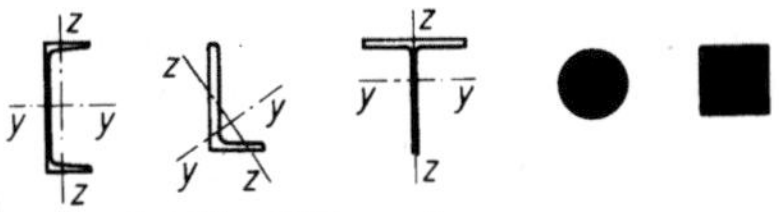 und mehrteilige Stäbe nach Abschn. 4.4		$y-y$ $z-z$	c
6	Hier nicht aufgeführte Profile sind sinngemäß einzuordnen			

Tabelle 3-9. Parameter α zur Berechnung des Abminderungsfaktors κ

Knickspannungslinie	a	b	c	d
α		0,21	0,34	0,49	0,76

Aus Tabelle 3-8 folgt für $h/b = 160/82 = 1,92 > 1,2$:
Ausweichen rechtwinklig zur y-Achse: Linie a
Ausweichen rechtwinklig zur z-Achse: Linie b

$$\bar{\lambda}_y = 74/92,9 \qquad = 0,797, \; \kappa_y = 0,797$$

$$\bar{\lambda}_z = 88/92,9 \qquad = 0,947, \; \kappa_z = 0,631 \quad \text{(maßgebend)}$$

$$N_{\mathrm{pl}} = 20,1 \cdot 24 \qquad\qquad = 482 \, \text{kN}$$

$$\frac{300}{0,631 \cdot 482} = 0,986 < 1$$

3.3 Planmäßig einachsige Biegung mit Normalkraft

3.3.1 Nachweis nach DIN 4114

Die Bemessung der Druckstäbe mit Biegemomenten von Haus aus wird zweckmäßig nach dem Traglastverfahren durchgeführt, soweit nicht Begrenzungen für die Formänderungen notwendig sind oder Wechselbeanspruchungen vorhanden sind. Da der numerische Aufwand groß ist, wurde in DIN 4114 zugunsten weitgehender Vereinfachung eine Kombination der Lösung des Stabilitätsproblems für den planmäßig mittig gedrückten Stab mit der des Spannungsproblems der Theorie I. Ordnung vorgenommen.

Es sind nach DIN 4114, Abschnitt 10 folgende Nachweise zu führen (Bezeichnungen abweichend von DIN 4114).

1. Allgemeiner Spannungsnachweis

$$\frac{N}{A} + \frac{M}{W} \leqq \text{zul}\,\sigma \tag{3.3-1}$$

2. Knickuntersuchung – für die Knickung in der Momentenebene

$$\text{I)} \quad \omega \cdot \frac{N}{A} + 0,9 \cdot \frac{M}{W_{\mathrm{d}}} \leqq \text{zul}\,\sigma \qquad \text{für } e_z \leqq e_{\mathrm{d}} \tag{3.3-2}$$

$$\text{II)} \quad \omega \cdot \frac{N}{A} + 0,9 \cdot \frac{M}{W_{\mathrm{d}}} \leqq \text{zul}\,\sigma$$

und $\qquad\qquad\qquad$ für $e_z > e_{\mathrm{d}}$

$$\omega \cdot \frac{N}{A} + \frac{300 + 2\lambda}{1000} \cdot \frac{M}{W_z} \leqq \text{zul}\,\sigma \tag{3.3-3}$$

3. Gegebenenfalls Nachweis rechtwinklig zur Momentenebene

Hierin sind

N Absolutwert der Normalkraft (in DIN 4114 S genannt)

M Absolutwert des Biegemoments

λ Schlankheitsgrad $\Big\rbrace$ des Stabes für Knickung

ω Knickzahl   in der Momentenebene

$W_\mathrm{d}, W_\mathrm{z}, A$ sind Bruttowerte

$e_\mathrm{z}, e_\mathrm{d}$ Abstand des Schwerpunktes vom Biegezug- bzw. Biegedruckrand

Dieses für außermittig gedrückte Stäbe entwickelte Näherungsverfahren darf nach DIN 4114 auch dann verwendet werden, wenn die Momente durch Querlasten erzeugt werden. Für veränderliche Momente längs der Stabachse ist in die Näherungsformel max M einzusetzen. Tritt max M an einem der beiden Stabenden auf und sind diese in Richtung der Ausbiegung unverschieblich gehalten, so darf an Stelle von max M das arithmetische Mittel der beiden Endbiegemomente, jedoch nicht weniger als 0,5 max M, eingeführt werden.

Beispiel 3.3-1: Exzentrisch belastete Stütze (Bild 3-10)
Die Bezeichnungen entsprechen bezüglich der Achsenbezeichnung x, y DIN 4114.

Knicklängen
$$s_{\mathrm{K}x} = s_{\mathrm{K}y} = 4,0\ \mathrm{m}$$

$$N = 195\ \mathrm{kN}$$

Gewählt IPB 160
$$A = 54,3\ \mathrm{cm}^2$$
$$i_x = 6,78\ \mathrm{cm}^2$$
$$i_y = 4,05\ \mathrm{cm}^2$$
$$W_x = 311\ \mathrm{cm}^3$$

Allgemeiner Spannungsnachweis, Tabelle 2-2:

$$\sigma = \frac{N}{A} + \frac{M}{W} = \frac{195}{54,3} + \frac{195 \cdot 20}{311} = 3,6 + 12,5 = 16,1 \approx 16\ \mathrm{kN/cm}^2 = 160\ \mathrm{N/mm}^2$$

Knicken rechtwinklig zur x-Achse:

$$\lambda_x = 400/6,78 = 59, \quad \omega_x = 1,29$$

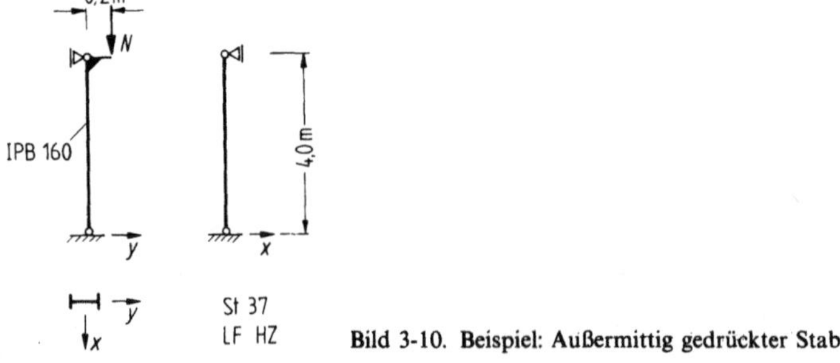

Bild 3-10. Beispiel: Außermittig gedrückter Stab.

Einzusetzendes Moment (DIN 4114 Teil 1, 10.4)

$$M' = M/2 = 195 \cdot 20/2 = 1950 \text{ kNcm}$$

Nachweis, (3.3-2), da $e_z = e_d$

$$1,29 \cdot \frac{195}{54,3} + 0,9 \frac{1950}{311} = 4,6 + 5,6 = 10,0 < 16 \text{ kN/cm}^2 = 160 \text{ N/mm}^2$$

Knicken rechtwinklig zur y-Achse:

$$\lambda_y = 400/4,05 = 99, \ \omega_y = 1,86$$

$$1,86 \cdot \frac{195}{54,3} = 6,7 < 16 \text{ kN/cm}^2 = 160 \text{ N/mm}^2$$

Anstelle des Nachweises nach (3.3-2) und (3.3-3) darf nach DIN 4114 Teil 2, 10.2 auch ein Tragsicherheitsnachweis nach der Spannungstheorie II. Ordnung geführt werden, sofern das Biegedrillknicken nicht maßgebend ist. Dabei ist nachzuweisen, daß unter v_{Kr}-facher Belastung ($v_{Kr} = 1,71$ LF H, $= 1,50$ LF HZ) und unter Berücksichtigung des Einflusses der Verformungen die auftretende größte Spannung die Streckgrenze f_y ($= \beta_S, \sigma_F$) ($= 240 \text{ N/mm}^2$ für St 37, $= 360 \text{ N/mm}^2$ für St 52) nicht überschreitet.

3.3.2 Nachweis nach DIN 18 800 Teil 2 (11.90)

3.3.2.1 Nachweis der Tragsicherheit allgemein

Der rechnerische Nachweis ausreichender Tragsicherheit darf mit Hilfe vereinfachter Interaktionsbedingungen oder allgemein wahlweise nach einem der in Tabelle 2-1 aufgeführten Verfahren geführt werden.

Bei der Berechnung der Schnittgrößen ist der Einfluß der Verformungen auf die Schnittgrößen (Theorie II. Ordnung) zu berücksichtigen, sofern dieser Einfluß nicht vernachlässigt werden darf. Abgrenzungskriterien dazu sind in DIN 18 800 Teil 1 (11.90) angegeben.

Bei bestimmten Verbindungsmitteln (rohe Schrauben, SL-Verbindungen, z.T. GV-Verbindungen) ist der Einfluß des Schlupfes der Verbindungsmittel zu berücksichtigen.

Neben den allgemeinen Nachweisverfahren sind in DIN 18 800 Teil 2 (11.90) vereinfachte Tragsicherheitsnachweise angegeben, die wohl in der Regel angewendet werden dürften.

Die Schnittgrößen sind stets unter den Bemessungswerten der Einwirkungen, siehe hier Abschnitt 2.1 (γ-fache Gebrauchslast), zu ermitteln. Dabei ist dann, wie in 2.1 erläutert, vorzugehen.

3.3.2.2 Imperfektionsannahmen

Zur Berücksichtigung des Einflusses von geometrischen und strukturellen (Eigenspannungen, Streckgrenzenstreuungen) Imperfektionen dürfen geometrische Ersatzimperfektionen angenommen werden.

Es werden Vorkrümmungen eines Stabes und Vorverdrehungen eines Stabes unterschieden. Die Vorkrümmungen werden unabhängig von den Lagerungsbedingungen nur in Abhängigkeit von der Zuordnung des Querschnitts zu den Knickspannungslinien vereinfachend festgelegt zu

$$w = L/j \tag{3.3-4}$$

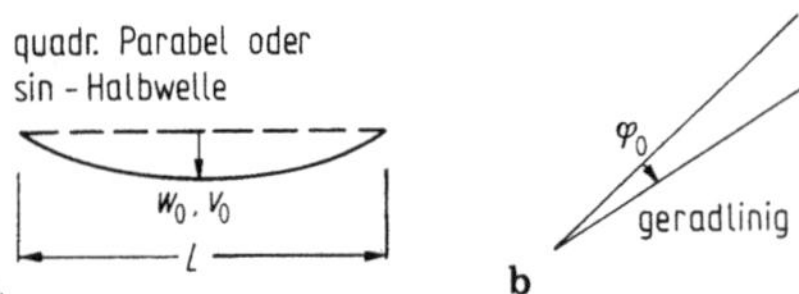

Bild 3-11a, b. Vorverformungen.

mit j als längenunabhängigem Wert:

$$
\begin{aligned}
j &= 300 && \text{für Linie a,} \\
j &= 250 && \text{für Linie b,} \\
j &= 200 && \text{für Linie c,} \\
j &= 150 && \text{für Linie d.}
\end{aligned}
\tag{3.3-5}
$$

Für das Biegedrillknicken ist in der Regel nur eine Vorkrümmung v_0 anzusetzen. Die Verwendung des Wertes $v_0 = L/200$ führt bei durch Biegung beanspruchten Trägern jedoch zu viel zu ungünstigen Ergebnissen. Aus Vergleichen mit Traglastrechnungen hat sich ergeben, daß es ausreichend ist, beim Biegedrillknicken mit 50% der Werte nach (3.3-5) zu rechnen.

Die Vorverdrehung beträgt allgemein

$$
\varphi_0 = \frac{1}{200}.
\tag{3.3-6}
$$

Sie darf mit Reduktionsfaktoren multipliziert werden ([26]):

$$
r_1 = \sqrt{\frac{5}{L(\text{in m})}}
\tag{3.3-7}
$$

für Stäbe mit maßgebenden Längen L über 5 m und

$$
r_2 = \frac{1}{2} \cdot \left(1 + \sqrt{\frac{1}{n}} \right),
\tag{3.3-8}
$$

wenn n Stiele pro Stockwerk in der betrachteten Ausweichebene vorhanden sind. Da mit r_2 die abtreibenden Kräfte ΣN_a aller Stäbe erfaßt werden sollen, die einschließlich des betrachteten Stabes mit der Kraft N auftreten, könnte man für diesen Fall genauer schreiben:

$$
n = \frac{\Sigma N_a}{N}.
$$

Die Vorverformungen nach (3.3-4) bis (3.3-8) dürfen bei Anwendung der Elastizitätstheorie auf 2/3 reduziert werden.

Die Vorkrümmungen und Vorverdrehungen sind bei Stabwerken mit verschieblichen Knotenpunkten für Stäbe mit einer Stabkennzahl $\varepsilon > 1,6$ ($\varepsilon = \sqrt{N \cdot L^2/EI}$) gleichzeitig anzusetzen. Die Vorkrümmungn und Vorverdrehungen können rechnerisch vorteilhaft durch den Ansatz von Ersatzlasten berücksichtigt werden (siehe auch [7]).

3.3.2.3 Biegeknicken in der Lastebene

Die folgenden Ausführungen gelten für einfeldrige Stäbe, mehrfeldrige Stäbe sind als Systeme (3.5) zu untersuchen.

Kleine Querlasten dürfen unter bestimmten Bedingungen vernachlässigt bzw. vereinfachend berücksichtigt werden.

Bei *Anwendung des Verfahrens* 1 nach Tabelle 2-1 (Elastisch-Elastisch) ist der Nachweis zu führen, daß unter den Bemessungswerten der Einwirkungen die größten Randspannungen die Streckgrenze $f_y(\beta_S)$ nicht überschreiten. Dies entspricht im Prinzip dem Nachweis nach DIN 4114 Teil 2, 10.2.

Bei Verwendung der Verfahren 2 oder 3 nach Tabelle 2-1 (Elastisch-Plastisch) oder (Plastisch-Plastisch) muß im ungünstigst beanspruchten Querschnitt die Aufnahme der Schnittgrößen nachgewiesen werden. Dies kann durch Gegenüberstellung von

$$M \leqq M_{\mathrm{pl, M, N, V}} \tag{3.3-9}$$

oder durch Anwendung der Interaktionsbedingungen von 2.5 erfolgen.

Zur Erleichterung der Ermittlung der maximalen Schnittgrößen nach der Theorie II. Ordnung sind in [27] Formeln angegeben, die insbesondere bei unsymmetrisch belasteten Trägern das Auffinden der Schnittgrößen-Maxima erleichtert.

Neben der direkten Anwendung der Verfahren nach Tabelle 2-1 darf auch nach DIN 18 800 Teil 2 (11.90) (ähnlich wie mit (3.3-2) nach DIN 4114) ein vereinfachter Tragsicherheitsnachweis nach dem sog. Ersatzstabverfahren geführt werden. Dies ist in der Literatur ausführlich dokumentiert [28, 30]. Der Vorteil dieser Art des Nachweises liegt darin, daß in diesen Interaktionsbedingungen die nach Theorie I. Ordnung ermittelten Schnittgrößen verwendet werden dürfen.

Nach [30] wird der Tragsicherheitsnachweis geführt:

$$\frac{N}{\kappa_y \cdot N_{\mathrm{pl}}} + \frac{M_y}{M_{\mathrm{pl}}} \cdot k_y \leq 1 \tag{3.3-10}$$

mit

$$k_y = 1 - \frac{N}{\kappa_y \cdot N_{\mathrm{pl}}} \cdot a_y, \quad \text{jedoch } k_y \leq 1{,}5,$$

$$a_y = \bar{\lambda}_{\mathrm{K},y}(2\beta_{\mathrm{M},y} - 4) + (\alpha_{\mathrm{pl},y} - 1), \quad \text{jedoch } a_y \leq 0{,}8,$$

$\beta_{\mathrm{M}y}$ Momentenbeiwert [30], DIN 18 800 Teil 2 (11.90), siehe Tabelle 3-9.

Falls das Biegeknicken rechtwinklig zur z-Achse erfolgt, sind die Indizes y durch z zu ersetzen.

Beispiel 3.3-2: Stab mit Endmomenten (Bild 3-12). Im Gegensatz zu Beispiel 3.2-3 wird hier mit Teilsicherheitsbeiwerten gerechnet.

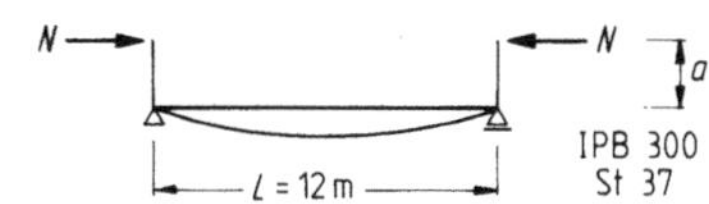

Bild 3-12. Stab mit Endmomenten.

Nachweis nach dem Verfahren Elastisch-Plastisch

Gegeben : unter den Bemessungswerten der Einwirkungen $N = 925$ kN

$$a = 0,19\,\text{m}, \qquad M_\text{a} = 176\,\text{kNm}$$

Gewählt : IPB 300

$$M_\text{pl,d} = 447/1,1 = 407\,\text{kNm}, \quad N_\text{pl,d} = 3576/1,1 = 3255\,\text{kN}$$

$$I_y = 25170\,\text{cm}^4, \qquad\qquad W_y = 1680\,\text{cm}^3, A = 149\,\text{cm}^2$$

Stabkennzahl: $\varepsilon = \sqrt{N \cdot L^2/EI_y} \qquad\qquad = \sqrt{925 \cdot 144/(21000 \cdot 2,517)/1,1}$

$$\varepsilon = 1,665$$

Schnittgrößen nach der Theorie II. Ordnung
Anteil aus Endaußermittigkeit:

$$M_1 = M_\text{a}/\cos(\varepsilon/2) = 176/0,673 = 262\,\text{kNm}$$

Anteil aus der geometrischen Ersatzimperfektion

Nach Tabelle 3-8, Zeile 4, $h/b < 1,2$, Linie b,
damit $w_0 = L/250$

$$N_\text{Ki} = \pi^2 \cdot EI/L^2 \qquad = \pi^2 \cdot 21000 \cdot 2,517/(12^2.1,1) = 3291\,\text{kN}$$

$$M_2 = N \cdot w_0 \cdot/(1 - N/N_\text{Ki}) \quad = 925 \cdot 12/(250(1 - 925/3291))$$

$$M_2 = 62\,\text{kNm}$$

Der *Nachweis nach dem Verfahren Elastisch-Plastisch* erfolgt durch die Benutzung der Interaktionsbeziehung aus Tabelle 2-6, Zeile 2, Spalte 3 (Querkraft V vernachlässigbar)

$$0,9\,\frac{M}{M_\text{pl,d}} + \frac{N}{N_\text{pl,d}} \quad \leqq 1$$

$$0,9\,\frac{262 + 62}{407} + \frac{925}{3255} = 0,716 + 0,284 = 1,000$$

Nachweis nach dem Verfahren Elastisch-Elastisch:
Hierbei braucht der Anteil aus der Vorkrümmung nur mit 2/3 berücksichtigt zu werden.

$$\sigma = \frac{M}{W} + \frac{N}{A} \quad \leqq f_\text{y,d}$$

$$\frac{262 + 41}{16,8} + \frac{925}{149} = 18,0 + 6,2 = 24,2 > 24/1,1 = 21,8 = 218\,\text{N/mm}^2$$

Nach der Elastizitätstheorie II. Ordnung ist der Stab also nicht ausreichend bemessen.

 Zusätzlich ist nach beiden Nachweisarten der Nachweis für das Knicken rechtwinklig zur Lastebene und gegebenenfalls für Biegedrillknicken zu führen.

3.4 Zweiachsige Biegung mit Normalkraft

3.4.1 Nachweis nach DIN 4114

Es wird die Interaktionsbedingung (3.4-1) verwendet, die eine Erweiterung der Gl. (3.3-2) für einachsige Biegung darstellt (Bezeichnungsweise nach DIN 18 800 Teil 2 (11.90), abweichend von DIN 4114):

$$\omega \frac{N}{A} + 0,9 \left(\frac{M_y}{W_y} + \frac{M_z}{W_z} \right) \leqq \text{zul } \sigma. \tag{3.4-1}$$

Wichtig ist, daß für den ω-Wert die ungünstigere der beiden Ausknickrichtungen berücksichtigt werden muß. Damit darf also die höhere Tragfähigkeit bezüglich des vollplastischen Moments bei Beanspruchung um die z-Achse von I-Profilen nicht ausgenutzt werden.

3.4.2 Nachweis nach DIN 18 800 Teil 2 (11.90)

Die Ausführungen gelten für den Fall, daß die Verdrehungen ϑ um die x-Achse (Längsachse) vernachlässigt werden dürfen. Sonst ist ein Biegedrillknicknachweis zu führen.

Der Nachweis ausreichender Tragsicherheit kann entsprechend wie bei einachsiger Biegung mit Längskraft geführt werden. Vereinfachend dürfen bei der Berechnung nach der Elastizitätstheorie die Schnittgrößen durch Überlagerung derjenigen Schnittgrößen, die zu Biegemomenten M_y und Querkräften V_z, und derjenigen, die zu Biegemomenten M_z und Querkräften V_y führen, bestimmt werden. Mit den überlagerten Schnittgrößen N, M_y, M_z, V_z, V_y ist dann entweder ein Spannungsnachweis (Verfahren Elastisch-Elastisch) zu führen, oder es sind Interaktionsbedingungen (Verfahren Elastisch-Plastisch) einzuhalten. Interaktionsbedingungen finden sich in [2, 3, 25, DIN 18 800 Teil 1 (11.90)].

Nach DIN 18 800 Teil 2 (11.90) dürfen auch die erweiterten Ersatzstabverfahren nach [29] oder [30] angewendet werden. Das Verfahren nach [30] hat den Vorteil, daß der Nachweis formal in gleicher Weise wie für das Biegedrillknicken geführt wird, vgl. dort Abschnitt 3.7.4.4. Weiterhin findet sich diese Formulierung auch im Eurocode 3 [23], der in Form einer CEN-Vornorm parallel zu den nationalen Normen baupraktisch erprobt werden soll.

3.5 Systemstabilität

3.5.1 Allgemeines

Bei baupraktischen Aufgaben sind selten Einzelstäbe vorhanden, wie sie in 3.2 und 3.3 behandelt sind. Im Regelfall ist daher ein Stabilitätsnachweis für das Gesamtsystem zu führen. Um den Rechenaufwand in Grenzen zu halten, versucht man, den Nachweis der Tragsicherheit des Gesamtsystems auf den Nachweis der Tragsicherheit von Einzelstäben zurückzuführen.

3.5.2 Nachweis nach DIN 4114

Es gelten die gleichen Überlegungen wie in 3.3.1. Generell ist nach DIN 4114 sowohl ein Nachweis nach der Elastizitätstheorie II. Ordnung nach Teil 2, 10.2 möglich, als auch ein Nachweis nach dem Ersatzstabverfahren nach (3.3-1) bis (3.3-3).

Bei Anwendung des Ersatzstabverfahrens ist es notwendig, Knicklängen oder Knicklasten zu ermitteln. Diese können der umfangreichen Literatur zu diesem Thema entnommen werden, z.B. [7, 10, 34]. Es können verschiedene Fälle unterschieden werden:

a) *System und Lasten gegeben, Knicklänge bekannt*
Als Beispiel wird die ausgefachte Wand eines unverschieblichen Tragwerks nach Bild 3-13 betrachtet.
Dies entspricht im Prinzip dem Beispiel 3.2-2.
Aufgrund der konstruktiven Ausbildung sind die Knicklängen bekannt, wobei üblicherweise angenommen wird, daß für das Knicken rechtwinklig zur z-Achse in A ein Gelenk vorhanden ist, so daß gilt: $s_{Kz1} = L_1$, $s_{Kz2} = L_2$. Läuft der Stab durch, so gilt: $s_{Kz1} \leqq s_{Kz} \leqq s_{Kz2}$
$\lambda_y = S_{Ky}/i_y$, damit ω_y aus Tabelle 3.2.
Stabilitätsnachweis (Gl. (3.3-2), ggf. (3.3-3)):

$$\omega_y \cdot \frac{N}{A} + 0.9 \frac{M_y}{W_y} \leqq \text{zul}\,\sigma$$

$\lambda_z = s_{Kz}/i_z$, damit ω_z aus Tabelle 3.2.

Stabilitätsnachweis (3.2-7):

$$\omega_z \frac{N}{A} \leqq \text{zul}\,\sigma\,.$$

b) *System und Lasten gegeben, Knicklänge unbekannt*
Aus der Literatur: β,
damit $s_K = \beta L$
Falls keine Angaben vorliegen, ist die ideale kritische Last nach einer der baustatischen Methoden zu berechnen:
Aus Systemuntersuchung: N_{Ki}
damit Zurückführung des Systems auf den 2. Euler-Fall (Ersatzstab)

$$s_K = \sqrt{\pi^2 \cdot EI/N_{Ki}} \tag{3.5-1}$$

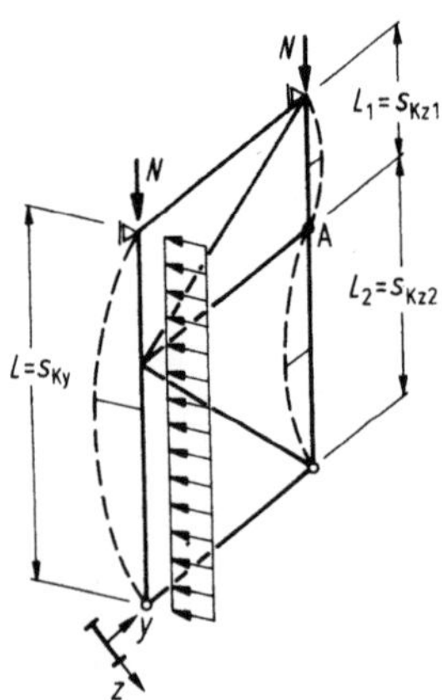

Bild 3-13. Ausgefachte Wand.

Sofern Stäbe mit unterschiedlicher Steifigkeit und Normalkraftverteilung vorliegen, ergeben sich unterschiedliche Knicklängen für die einzelnen Stäbe. Da in solchen Fällen die Voraussetzungen des Ersatzstabverfahrens (N, $EI = \text{const}$) nicht erfüllt sind, ist mit größeren Abweichungen gegenüber anderen, genaueren Verfahren zu rechnen.

c) *System und Art der Lasten gegeben, zulässige Last gesucht*

$$\begin{aligned}
&\text{Aus der Literatur:} &&\beta \\
&\text{damit ideale Knicklast} &&N_{Ki} &&= \pi^2 EI/(\beta^2 L^2), \\
&\text{daraus} &&\sigma_{Ki} &&= N_{Ki}/A \\
&\text{aus DIN 4114 Teil 2, Tafel 3} \quad \text{zul } \sigma_d &&= f(\sigma_{Ki}), \\
& &&\lambda &&= f(\sigma_{Ki})
\end{aligned}$$

Aus Umkehrung (3.3-2):

$$\text{zul } N = \text{zul } \sigma_d \cdot A \qquad\qquad \text{ohne Momente}$$

bzw.

$$\text{zul } N = A(\text{zul } \sigma/\omega - 0{,}9 \cdot M/(\omega \cdot W)) \qquad \text{mit Momenten}$$

Beispiel 3.5-1: Knicklängenbestimmung für einen einhüftigen Rahmen. Das System und die Belastung ist im Bild 3-14 angegeben.

Nach DIN 4114 Teil 2, 14.15 und Bild 20d wird mit

$$m = 1, \quad c = 2\frac{I}{I_0} \cdot \frac{b}{h}, \quad \alpha = \frac{I}{b^2}\left(\frac{1}{A} + \frac{1}{A_1}\right)$$

$$n = \frac{P_2}{P}, \text{ wenn } (n \leq 2) \text{ ist}$$

$$\beta = \sqrt{\tfrac{1}{2}(1 + m)} \sqrt{1 + 0{,}86\,n} \sqrt{1 + 0{,}35(c + 6\alpha) - 0{,}017(c + 6\alpha)^2} \qquad (3.5\text{-}2)$$

$$I_0 = 79890 \text{ cm}^4, \qquad I = 16270 \text{ cm}^4$$

$$b = 800 \text{ cm}, \qquad h = 400 \text{ cm}$$

$$c = 2 \cdot \frac{16270}{79890} \cdot \frac{800}{400} = 0{,}815$$

$$A = 72{,}7 \text{ cm}^2, \qquad A_1 = 43{,}0 \text{ cm}^2$$

$$\alpha = \frac{16270}{800 \cdot 800}\left(\frac{1}{72{,}7} + \frac{1}{43{,}0}\right) \approx 0, \ c + 6\alpha = 0{,}82$$

$$P_2 = 200 \text{ kN} \qquad m = 1$$

$$P = 300 \text{ kN} \qquad n = P_2/P = 200/300 = 0{,}67 < 2$$

$$\beta = \sqrt{\tfrac{1}{2}(1 + 1)} \sqrt{1 + 0{,}86 \cdot 0{,}67} \sqrt{1 + 0{,}35 \cdot 0{,}82 - 0{,}17 \cdot 0{,}82^2}$$

$$\beta = 1{,}0 \cdot 1{,}25 \cdot 1{,}12 = 1{,}4 \qquad s_{Ky} = 1{,}4 \cdot 400 = 560 \text{ cm}$$

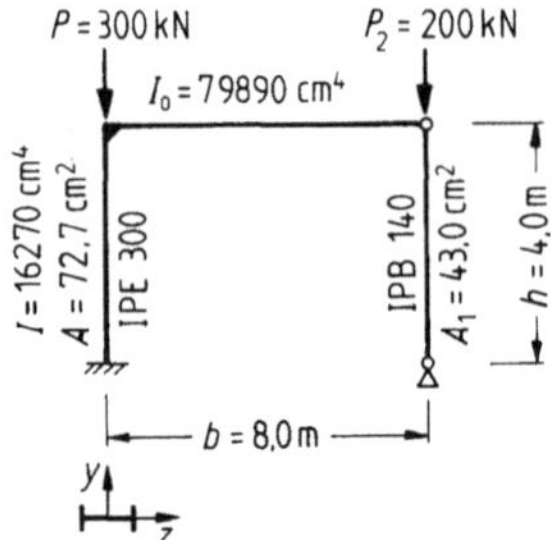

Bild 3-14. System und Belastung eines einhüftigen Rahmens.

3.5.3 Nachweis nach der Elastizitätstheorie II. Ordnung

Nach DIN 4114, Teil 2, 10.2 steht der Nachweis nach der Theorie II. Ordnung gleichberechtigt neben dem Nachweis nach dem Ersatzstabverfahren, siehe 3.5.2. Der Ansatz von Stabvorverformungen ist nach DIN 4114 nicht zwingend vorgeschrieben.

Nach DIN 18 800 Teil 2 (11.90) ist dies eine der möglichen Nachweisarten, wobei allerdings stets Vorverformungen entsprechend 3.3.2.2 anzusetzen sind.

Beispiel 3.5-2: Eingespannter Stab mit eingehängtem Pendelstab
System und Belastung mit den vorgewählten Profilen ist aus Bild 3-15 zu ersehen.
Nachweis nach DIN 4114:
Die Berechnung erfolgt näherungsweise nach 3.2.5.

$$v = 1,5 \quad \textbf{LF HZ, St 37}$$
$$P = P' \cdot v = 1500 \cdot 1,5 = 2250 \text{ kN}$$
$$P = H' \cdot v \quad 20 \cdot 1,5 \quad = \quad 30 \text{ kN}$$
$$w = w' \cdot v = \quad 10 \cdot 1,5 = \quad 15 \text{ kN/m}$$

Querschnittswerte für IPB 400:

$$A = 198 \text{ cm}^2, \quad I = 57680 \text{ cm}^4, \quad W = 2880 \text{ cm}^3$$

Schritt 0: Momente nach der Theorie I. Ordnung an der Einspannstelle

$$M_0(0) = (30 + 15 \cdot \tfrac{4}{2} \cdot 4) = 240 \text{ kNm}$$

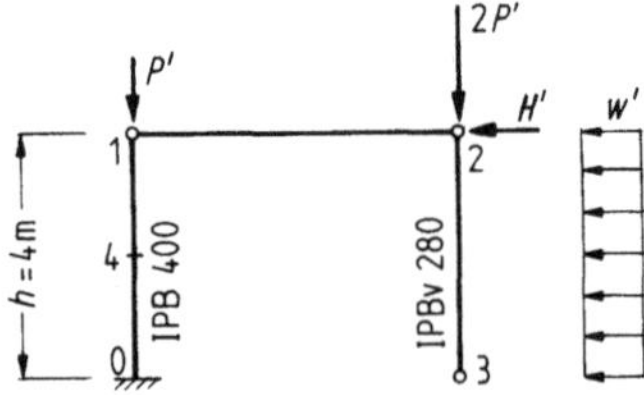

P' = 1500 kN;   H' = 20 kN;   w' = 10 kN/m

Bild 3-15. Beispiel: eingespannter Stab mit angehängtem Pendelstab.

Verschiebung an der Stelle 1

$$v_1(0) = \frac{M}{3\,EI} = \frac{1}{3} \cdot 240 \cdot 4^2/21000 \cdot 5,766 = 0,01057 \text{ m}$$

Verschiebung an der Stelle 4

$$v_4(0) = \frac{M}{EI} \cdot \frac{5}{48} = \frac{5}{48} \cdot 240 \cdot 4^2/21000 \cdot 5,766 = 0,00330 \text{ m}$$

Schritt 1: Vom Pendelstab sind nur Längskräfte aufzunehmen, ΔH muß vom eingespannten Stab übernommen werden.

$$\Delta H = 2P \cdot \tan\alpha = 2P \cdot \frac{v_1(0)}{h}$$

$$\Delta M_0(1) = P \cdot v_1(0) + \Delta H \cdot h = 3P \cdot v_1(0)$$

$$= 3 \cdot 2250 \cdot 0,01057 = 71,35 \text{ kNm}$$

$$\Delta M_4(1) = 3P(0,5 \cdot v_1 - v_4(0)) = 6750 \cdot (0,5 \cdot 0,01057 - 0,00330)$$

$$= 13,40 \text{ kNm}$$

Verschiebung am Kopf, Stelle 1

$$v_1(1) = \frac{1}{3} \cdot 71,3 \cdot 4^2/21000 \cdot 5,766 + \frac{7}{60} \cdot 13,4 \cdot 4^2/21000 \cdot 5,766$$

$$= 0,00314 + 0,00021 = 0,00335 \text{ m}$$

Zuwachs der Verformungen

$$\alpha = \frac{v_1(1)}{v_1(0)} = \frac{0,00335}{0,01057} = 0,3169$$

Moment nach der Theorie II. Ordnung

$$M_0^{\text{II}} = M_0^{\text{I}} \cdot \frac{1}{1-q} = 240/(1 - 0,3169) = 351,4 \text{ kNm}$$

(Der exakte Wert aus der Lösung der Differentialgleichung beträgt $M = 345,6$ kNm, $\Delta = 1,7\%$)

Variante: Bestimmung des Vergrößerungsfaktors über die ideale Knicklast

$$
\begin{aligned}
&\text{Aus der Literatur [7]:} && \beta = 3,25. \\
&N_{\text{Ki}} = \pi^2 \cdot 21000 \cdot 5,768/(3,25 \cdot 4)^2 && = 7074 \text{ kN} \\
&\alpha = N/N_{\text{Ki}} = 2250/7074 && = 0,3181 \\
&M_0^{\text{II}} = 351,9 \text{ kNm}
\end{aligned}
$$

Der Nachweis nach (3.2-7)

$$\sigma = \frac{2250}{198} + \frac{35\,140}{2880} = 11,4 + 12,2 = 23,6 < 24\,\text{N/cm}^2$$

Zusätzlich sind der Nachweis für den Pendelstab und ggf. ein Biegedrillknicknachweis zu führen.

Der Nachweis nach DIN 18 800 Teil 2 (11.90) verläuft wie oben, allerdings sind zusätzlich Vorverformungen zu berücksichtigen. Gegebenenfalls sind andere Sicherheitsbeiwerte (vgl. 2.1) einzusetzen.

3.5.4 Nachweis nach DIN 18 800 Teil 2 (11.90)

Anstatt der Anwendung eines der in Tabelle 2-1 genannten Verfahren darf auch ein vereinfachter Tragsicherheitsnachweis nach dem Ersatzstabverfahren [29, 30] geführt werden. Bei den Nachweisverfahren von Tabelle 2-1 sind Imperfektionen nach 3.3.2.2 zu berücksichtigen.

Für Stockwerkrahmen, Durchlaufträger und -stützen sind in DIN 18 800 Teil 2 (11.90) Kriterien angegeben, wann diese als unverschieblich angesehen werden können. Weiterhin sind Näherungsverfahren für verschiebliche Stockwerkrahmen angegeben, die für die Anwendung der Elastizitätstheorie bzw. der Fließgelenktheorie zu benutzen sind. Sie werden hier aus Platzgründen nicht näher erläutert.

Beispiel 3.5-3: Eingespannter Stab mit angehängter Pendelstütze, wie im Beispiel 3.5-2. Systemangaben siehe Beispiel 3.5-2.
Zusätzlich für IPB 400:

$$M_{\text{pl,d}} = 781/1,1\,\text{kNm} = 710\,\text{kNm}$$

$$N_{\text{pl,d}} = 4750/1,1\,\text{kN} = 4320\,\text{kN}$$

$$V_{\text{pl,d}} = 658/1,1\,\text{kN} = 598\,\text{kN}$$

Nachweis nach dem Verfahren Elastisch-Plastisch
Nach 2.1 $\gamma_F \Psi = 1,5 \cdot 0,9 = 1,35$

$$P = 1,35 \cdot 1500 = 2020\,\text{kN}$$

$$H = 1,35 \cdot 20 \quad = 27,0\,\text{kN}$$

$$w = 1,35 \cdot 10 \quad = 13,5\,\text{kN/m}$$

Vorverformungen nach 3.3.2.2

Schrägstellung des Systems

$$\text{Für} \quad n = \Sigma N_a/N = 3 \qquad \varphi_0 = \frac{1}{200} \cdot \frac{1}{2}\left(1 + \frac{1}{\sqrt{3}}\right) = \frac{1}{254}$$

Vorkrümmung des Kragarms: $\qquad \varepsilon = \sqrt{N \cdot L^2/EI}$

$$\varepsilon = \sqrt{2020 \cdot 16/(21000 \cdot 5,7661,1)} \quad = 0,54 < 1,6$$

Damit braucht zusätzlich keine Vorkrümmung v_0 angesetzt zu werden.

Schnittgrößen nach Theorie I. Ordnung
Die Schrägstellung des Gesamtsystems wird durch gleichwertige Abtriebskräfte am geraden System erfaßt (siehe Bild 3-16).

$$H_\varphi = \varphi_0 \cdot 3P = 6060/254 \qquad\qquad = 23,9 \text{ kN}$$

Moment an Stelle 0

$$M_0(0) = (27,0 + 13,5 \cdot 4/2 + 23,9) \cdot 4 \qquad = 311,6 \text{ kNm}$$

Im Vergleich zu der Rechnung im Beispiel 3.5-2 ergeben sich um den Faktor $311,6/240 = 1,298$ größere Verformungen

$$v_1(0) = 1,298 \cdot 0,01057 = 0,0137 \text{ m}$$

$$v_4(0) = 1,298 \cdot 0,0033 = 0,0043 \text{ m}$$

Schnittgrößen nach Theorie II. Ordnung: Wie in Beispiel 3.5-2:

$$\alpha = 2020/(7074/1,1) = 0,314, \qquad k = 1/(1 - \alpha) = 1,458$$

Damit

$$M^{II} = 311,6 \cdot 1,458 = 454 \text{ kNm}$$

$$V \qquad\qquad = 114 \text{ kN}$$

$$N \qquad\qquad = 2060 \text{ kN}$$

Zur Anwendung der Interaktionsbedingungen aus Tabelle 2-6:

$$0,1 \cdot N_{p1} = 0,1 \cdot 4318 = 432 \text{ kN} < 2060$$

$$V_{p1}/3 = 598/3 \quad = 199 \text{ kN} > 114 \text{ kN}$$

Damit gilt Zeile 2, Spalte 3 der Tabelle 2-6

$$0,9 \frac{M}{M_{p1}} + \frac{N}{N_{p1}} = 0,9 \frac{456}{710} + \frac{2060}{4320} = 0,578 + 0,477 = 1,055 > 1$$

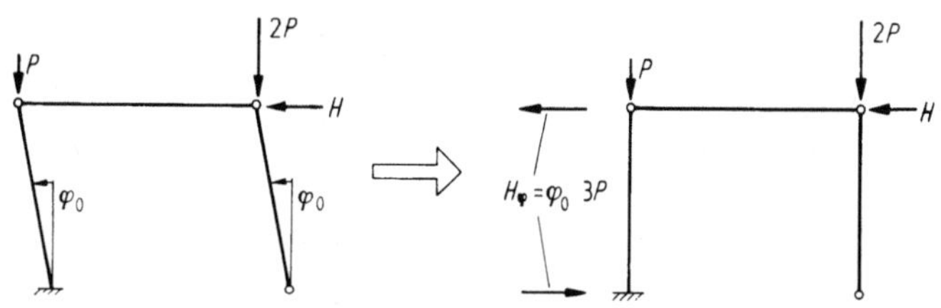

Bild 3-16. Ersatz der Vorverdrehung durch Abtriebskräfte.

Damit ist der Stab 1–2 nicht ganz ausreichend bemessen. Wie zu ersehen ist, hat hier wegen der großen Kräfte P die anzusetzende Vorverdrehung (Systemschrägstellung) großen Einfluß. Bei den meisten Konstruktionen ist der Einfluß der Vorverdrehung merklich geringer.

Zusätzlich sind der Pendelstab und ggf. das Biegedrillknicken zu untersuchen.

3.6 Elastisch gestützte Stäbe

3.6.1 Statisch bestimmte Systeme

Bei diesen Systemen kann stets eine kritische Knicklast aus Gleichgewichtsbetrachtungen erhalten werden. Daneben ist (wie in 3.2 erläutert) das Einzelstabknicken zu untersuchen.

Sicherheitsbeiwerte für das Systemknicken aus Gleichgewichtsbetrachtungen sind in den Normen nicht angegeben, sie sollten jedoch in der Größenordnung liegen, wie sie für Nachweise der Lagesicherheit verwendet werden.

In DIN 18 800 Teil 1 (11.90) sind dafür die auch sonst üblichen Teilsicherheitsbeiwerte vorgesehen.

Beispiel 3.6-1: Pendelstab. am Kopf einseitig horizontal federnd gestützt, siehe Bild 3-17.
Lineares Federgesetz, Knicken aus den Ebenen sei verhindert

$$\Sigma M_\mathrm{D} = 0 = cuh - Nu = u(ch - N)$$

$$N_{\mathrm{Ki}} \leqq \begin{cases} c \cdot h & \text{Systemknicken} \\ EI\pi^2/h^2 & \text{Einzelstabknicken} \end{cases} \qquad (3.6\text{-}1)$$

Beispiel 3.6-2: Abgespannter Mast mit Seilvorspannung S_0
Unter der vereinfachenden Annahme einer linearen Federcharakteristik für beide Seile, auch für das gedrückte Seil:

Geometrie $r = h \cdot \cos\alpha$ $\Delta e = u \cdot \cos\alpha$

Seilkräfte $S_1 = S_0 + \dfrac{u}{1} E_\mathrm{s} A_\mathrm{s} \cos\alpha$ $S_2 = S_0 - \dfrac{u}{1} E_\mathrm{s} A_\mathrm{s} \cos\alpha$

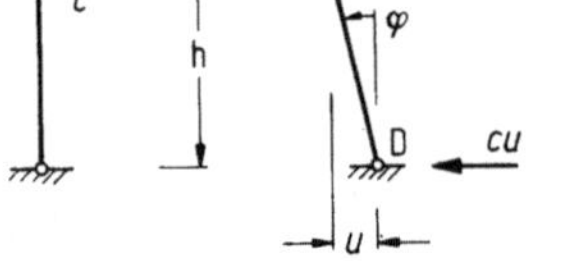

Bild 3-17. Elastisch gestützter Pendelstab.

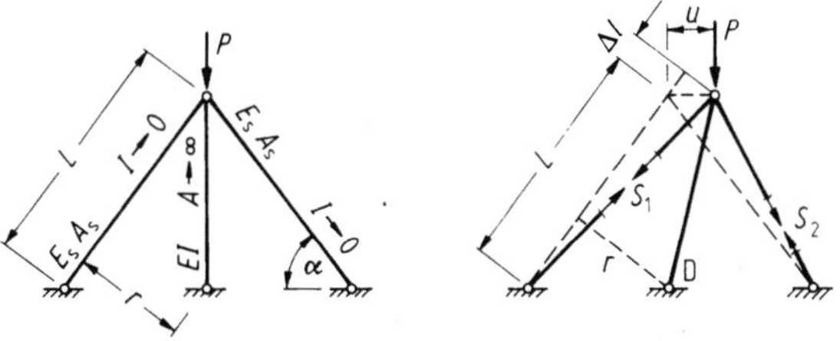

Bild 3-18. Abgespannter Mast mit vorgespannten Seilen.

$$\Sigma M_D = 0 = P \cdot u - S_1 \cdot r + S_2 \cdot r = P \cdot u - u \cdot \frac{h}{1} \cdot E_s A_s \cdot \cos^2 \alpha - u \cdot \frac{h}{1} \cdot E_s A_s \cdot \cos^2 \alpha$$

$$P_{Ki} \leqq \begin{cases} 2\dfrac{h}{1} \cdot E_s \cdot A_s \cdot \cos^2 \alpha & \text{Systemknicken} \\[2mm] EI\pi^2/h^2 - 2S_0 \cdot \sin \alpha & \text{Einzelstabknicken} \end{cases} \tag{3.6-2}$$

Falls das gedrückte Seil ausfällt, entfällt der Faktor 2 in (3.6-2).

3.6.2 Federnd gestützte Durchlaufträger

Unter der Voraussetzung der Gültigkeit der Elastizitätstheorie können ideale Knicklasten (z.B. nach der Energiemethode) und damit Knicklängen ermittelt werden. Für einen symmetrischen Zweifeldträger sind die Zusammenhänge aus Bild 3-19 zu ersehen. Bei der Mindeststeifigkeit geht das symmetrische Knicken in das antimetrische über, so daß der Wert der Mindeststeifigkeit für praktische Berechnungen von Wichtigkeit ist. Mit Hilfe der Knicklänge kann der Nachweis der Tragsicherheit nach 3.2 bzw. 3.3 geführt werden. Sofern das System als Gesamtsystem nach einem der Verfahren von Tablle 2-1 untersucht wird, sind bei der Berechnung nach DIN 18 800 Teil 2 (11.90) stets Vorverformungen anzusetzen (3.3.2.2).

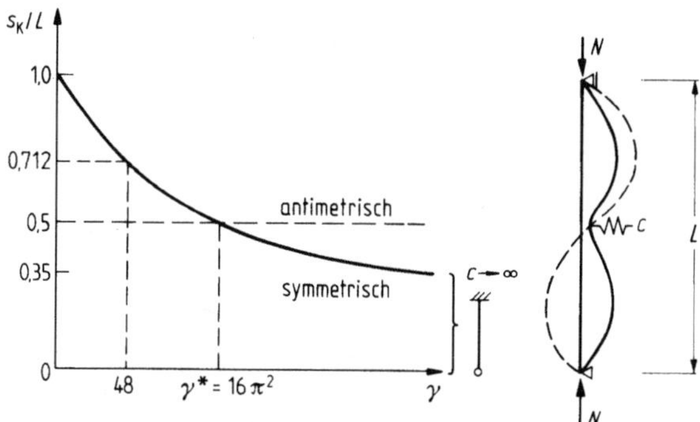

Bild 3-19. Mindeststeifigkeit γ^*.

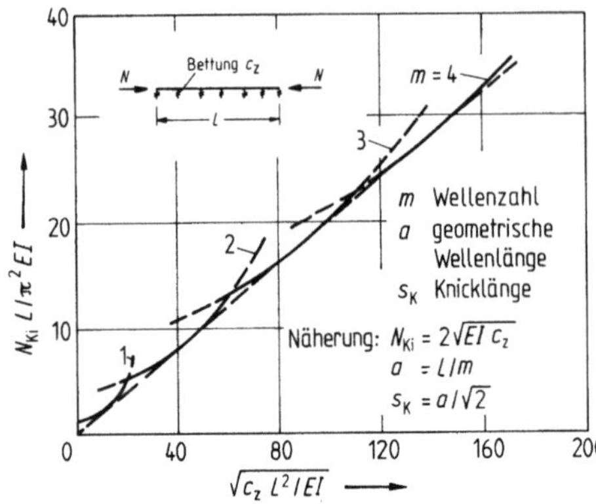

Bild 3-20. Elastisch gebetteter Druckstab.

3.6.3 Elastisch gebetteter Druckstab

Unter der Voraussetzung der Gültigkeit der Elastizitätstheorie wurde das Problem bereits von Engeßer gelöst. Die ideale kritische Knicklast ergibt sich danach zu

$$N_{Ki} = 2\sqrt{EI \cdot c_z}\,. \tag{3.6-3}$$

Die Zusammenhänge mit einer Lösung, bei der nur ganze Wellenzahlen auftreten, gibt Bild 3-20.

Bei einer Rechnung nach der Elastizitätstheorie II. Ordnung bleibt die maßgebende Wellenzahl m gültig,

$$m = \frac{L}{\pi}\,\sqrt[4]{c_z/EI}\,, \tag{3.6-4}$$

da die Vorverformungsfigur der Knickbiegelinie möglichst gut anzupassen ist. Die Rechnung verläuft im übrigen nach 3.2.5.

Als elastisch gebettete Druckstäbe können insbesondere auch die Untergurte von Plattenbalkenbrücken (Federsteifigkeit durch Halbrahmen aus Querträgern und Stegsteifen) und die Obergurte von Trogbrücken (Federsteifigkeit durch Halbrahmen aus Querträger und Pfosten bzw. Diagonalen) aufgefaßt werden. Dabei ist es jedoch notwendig, die in Längsrichtung veränderlichen Steifigkeiten in Betracht zu ziehen.

3.7 Biegedrillknicken

3.7.1 Einleitung

Für Biegeträger ist die Traglast durch das Moment im vollplastischen Zustand gegeben (2.5.1). Bei manchen Bauteilen besteht jedoch die Möglichkeit, daß sie sich auch seitlich verformen, siehe Bild 3-21. Unabhängig von der Art der Belastung kann eine räumliche Verformungskurve auftreten, die aus vertikalen Durchbiegungen w, horizontalen Durchbiegungen v, und Verdrehungen ϑ besteht.

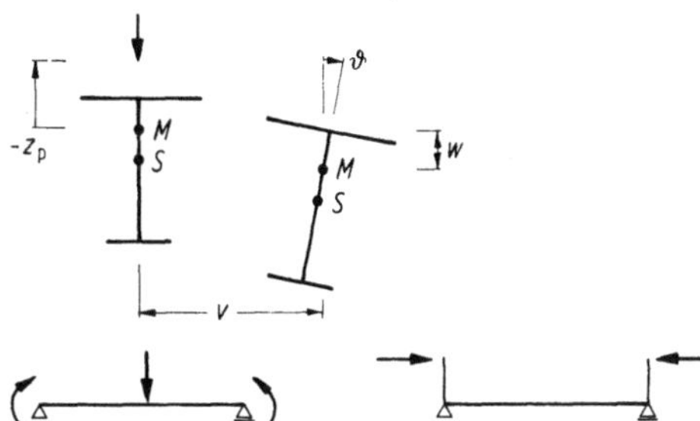

Bild 3-21. Verformungen beim Biegedrillknicken.

Da trotz der unterschiedlichen Belastung im Verformungsverhalten kein Unterschied besteht, wird in DIN 18 800 Teil 2 (11.90) generell nur noch von „Biegedrillknicken" gesprochen. Der früher, in DIN 4114, für querbelastete Stäbe verwendete Begriff „Kippen" wird nicht mehr verwendet.

Das Biegedrillknicken wird im wesentlichen durch die nachfolgend aufgeführten Parameter beeinflußt:

- Werkstoffverhalten,
- Imperfektionen,
- Belastung,
- Lagerungsbedingungen.

Einzelheiten siehe [9], Abschnitt 10.2.

3.7.2 Ideale Verzweigungslasten

3.7.2.1 Allgemeines

Unter idealen Voraussetzungen ist am ehesten eine Lösung des Problems möglich. Diese idealen Voraussetzungen sind ähnlich wie beim Knickstab (3.2.2): keine Imperfektionen, Gültigkeit des Hookeschen Gesetzes, die Querschnittsform bleibt bei Verformung erhalten.

Die Lösung kann nach den bekannten Methoden erfolgen, sehr gebräuchlich ist die Anwendung der Energiemethode. Dabei wird vom elastischen Potential ausgegangen, wobei für die unbekannten Verformungen des kritischen Ausweichzustandes Ansätze der Form nach gewählt werden, die Absolutwerte des Stichs bleiben unbekannt. Die Methode ist ausführlich in [4] erläutert, wo auch eine große Anzahl von Ergebnissen angegeben sind.

3.7.2.2 Momenten- und Querlastbeanspruchung ohne Normalkräfte

Für den Fall des beidseitig einfach (gabel-)gelagerten Stabes ist das elastische Potential durch (3.7-1) gegeben. Als Ansatz für die Verformungen ist (3.7-2) zu verwenden. Dabei ist vorausgesetzt, daß sich die Verformungen v und ϑ unabhängig voneinander einstellen können, also das sog. freie Biegedrillknicken vorliegt.

$$\frac{1}{2}\delta^2\pi = \frac{1}{2}\int_0^L (EI_z\cdot v''^2 + EI_\omega\cdot \vartheta''^2 + GI_T\cdot \vartheta'^2)\,\mathrm{d}x$$

$$-\frac{1}{2}\int_0^L (+\,M_y(x)\cdot(-2v''\cdot\vartheta - r_{Mz}\cdot\vartheta'^2) - p_z(x)\cdot z_p^M\cdot\vartheta^2)\,\mathrm{d}x$$

$$-\frac{1}{2}\sum_j (-\,P_{zj}\cdot z_{pj}^M\cdot\vartheta(xj)^2)\,. \tag{3.7-1}$$

Für konstantes Moment ohne sonstige Belastung und doppeltsymmetrischen Querschnitt gilt

$$P_{zj} = p_z = r_{Mz} = 0\,.$$

Als Ansätze werden gewählt:

$$v = a\cdot\sin\frac{\pi x}{L}, \qquad \vartheta = b\cdot\sin\frac{\pi x}{L}, \tag{3.7-2}$$

$$\int_0^L \sin^2\frac{\pi x}{L} = \int_0^L \cos^2\frac{\pi x}{L} = \frac{L}{2}\,,$$

$$\frac{1}{2}\delta^2\pi = \frac{1}{2}\left(EI_z a^2\,\frac{\pi^4}{2L^3} + EI_\omega b^2\cdot\frac{\pi^4}{2L^3} + GI_T b^2\,\frac{\pi^2}{2\cdot L} - M\cdot 2ab\cdot\frac{\pi^2}{2L} \right)\,.$$

Als Bedingung für indifferentes Gleichgewicht gilt nach dem Ritzschen Verfahren:

$$\frac{\partial\left(\tfrac{1}{2}\delta^2\pi\right)}{\partial a} = 0: \quad \frac{1}{2}\left(EI_z\cdot 2a\cdot\frac{\pi^2}{L^2} - M\cdot 2b \right) \qquad = 0,$$

$$\frac{\partial\left(\tfrac{1}{2}\delta^2\pi\right)}{\partial b} = 0: \quad \frac{1}{2}\left(EI_\omega\cdot 2b\cdot\frac{\pi^2}{L^2} + GI_T\cdot 2b - M\cdot 2a \right) = 0.$$

Somit ergibt sich eine (2×2)-Matrix gemäß Tabelle 3-10.

Tabelle 3-10. Matrix für das Biegedrillknicken

a	b
$EI_z\cdot\dfrac{\pi^2}{L^2}$	$-\,M$
$-\,M$	$EI_\omega\cdot\dfrac{\pi^2}{L^2} + GI_T$

Die Auflösung ergibt

$$M_{\text{Ki}} = \frac{EI_z \cdot \pi^2}{L^2} \sqrt{\frac{EI_\omega \cdot \dfrac{\pi^2}{L^2} + GI_{\text{T}}}{EI_z \dfrac{\pi^2}{L^2}}} = \frac{EI_z \cdot \pi^2}{L^2} \sqrt{c^2},$$

$$\sigma_{\text{Ki}} = \frac{M_{1\text{i}}}{I_y} \cdot e = \frac{EI_z \cdot \pi^2}{L^2 I_y} \cdot e \sqrt{c^2}. \qquad (3.7\text{-}3)$$

Diese Rechnung kann auch für andere Belastungsfälle und Querschnitte durchgeführt werden, wobei der prinzipielle Aufbau der Lösung erhalten bleibt. Dies führt zu der in DIN 4114 Teil 2, 15.15 angegebenen allgemeinen Formel, die für doppeltsymmetrische Querschnitte übergeht in

$$\sigma_{\text{Ki}} = \zeta \cdot \frac{EI_z \cdot \pi^2}{L^2 \cdot I_y} \cdot e \left(\sqrt{\left(\frac{5z_{\text{p}}}{\pi^2}\right)^2 + c^2} + \frac{5z_{\text{p}}}{\pi^2} \right). \qquad (3.7\text{-}4)$$

Die Gleichung (3.7-4) besteht im wesentlichen aus 2 Teilen: Ein Teil erfaßt die Querschnittswerte, wie die Trägheitsmomente I_y, I_z und die Torsionskenngrößen in c^2, der andere Teil erfaßt unterschiedliche Momentenverläufe durch den Beiwert ζ.

Für diesen Beiwert sind sowohl in DIN 4114 als auch in der sonstigen Literatur Angaben vorhanden. Besonders hilfreich ist dabei [4]. Beispiele sind aus Bild 3-22 zu ersehen.

Die Art der Darstellung der idealen Verzweigungslast oder Verzweigungsspannung ist in manchen Fällen von (3.7-4) verschieden. So ist in DIN 4114 aus historischen Gründen für Kragträger eine andere Darstellung gewählt, in der über einen Beiwert k unterschiedliche Belastungen erfaßt werden. In der Schweiz ist noch eine andere Darstellungsart gebräuchlich. Für die praktische Anwendung ist es wünschenswert, (3.7-4) für σ_{Ki} weiter zu vereinfachen. Dies gelingt für Walzprofile, weil dafür alle Querschnittswerte festliegen. Auswertungen sind in [6] gegeben, einen Ausschnitt zeigt Bild 3-23.

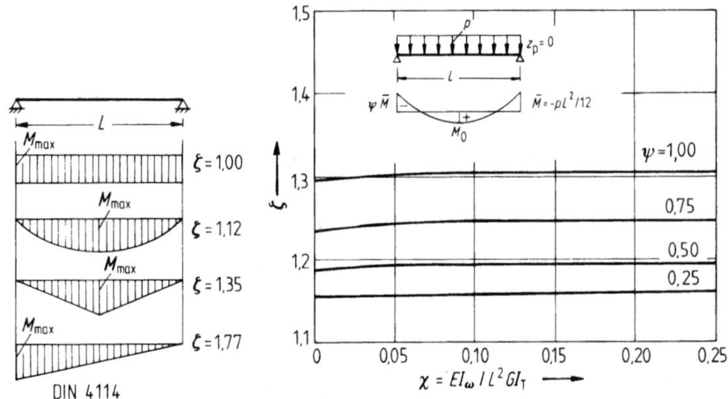

Bild 3-22. Beiwerte ζ für Gl. (3.7-4) nach [2].

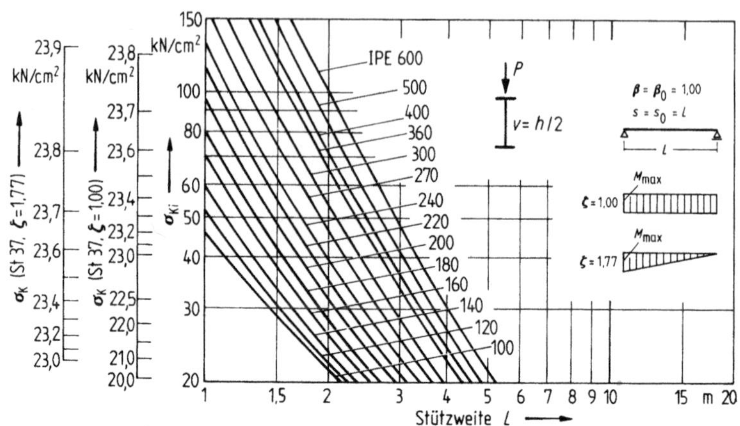

Bild 3-23. Auswertung der kritischen Biegedrillknickspannung σ_{Ki} nach [6].

Beispiel 3.7-1: Einzelfeld aus einem Durchlaufträger
System und Belastung sind im Bild 3-24 angegeben.

Für IPB 200 $I_T = 59,5\ \text{cm}^4$

$I_\omega = 171\,000\ \text{cm}^6$

Damit Torsionskenngröße $\chi = EI_\omega/L^2GI_T$

$\chi = (21000 \cdot 0,171)/(100 \cdot 8100 \cdot 0,00595)$ $= 0,0076$

Aus Bild 3-22 für $\psi = 0,5 : \zeta = 1,19$

Aus [6]   für $\zeta = 1$: $\sigma_{Ki} = 23,5\ \text{kN/cm}^2$

$$\sigma_{Ki} = 1,19 \cdot 23,5 = 28,0\ \text{kN/cm}^2$$

Die kritische Beanspruchung für das Biegedrillknicken kann auf die des reinen Druckstabes

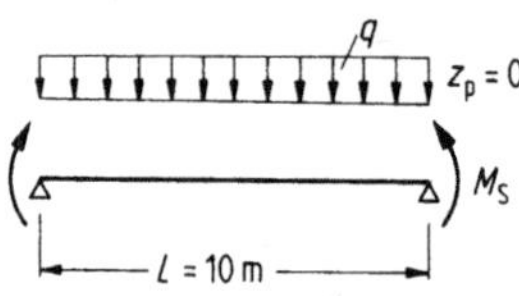

IPB 200, St 37, $M_S = -q L^2/24$ Bild 3-24. Beispiel: Querbelasteter Träger.

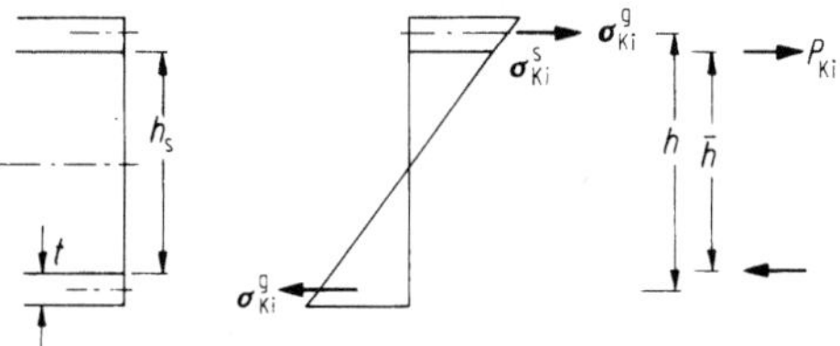

Bild 3-25. Zurückführung des Biegedrillknickens auf das Knicken.

zurückgeführt werden. Dazu wird Bild 3-25 betrachtet, wobei die Beanspruchung durch ein konstantes Moment zugrunde gelegt ist.

$$P_{\mathrm{Ki}} \cdot \bar{h} = \sigma_{\mathrm{Ki}}^{\mathrm{g}} \cdot A_{\mathrm{g}} \cdot h + \sigma_{\mathrm{Ki}}^{\mathrm{s}} \cdot \frac{A_{\mathrm{s}}}{2} \cdot \frac{2}{3} h_{\mathrm{s}} \cdot \frac{1}{2},$$

$$\sigma_{\mathrm{Ki}}^{\mathrm{s}} = \sigma_{\mathrm{Ki}}^{\mathrm{g}} \cdot \frac{h - t}{h}, \quad h_{\mathrm{s}} = h \cdot \frac{h - t}{h},$$

$$M_{\mathrm{Ki}} = \sigma_{\mathrm{Ki}}^{\mathrm{g}} \cdot h (A_{\mathrm{g}} + A_{\mathrm{s}} \tfrac{1}{6} [(h - t)/h]^2) \approx \sigma_{\mathrm{Ki}}^{\mathrm{g}} \cdot h (A_{\mathrm{g}} + A_{\mathrm{s}}/5).$$

Andererseits war

$$M_{\mathrm{Ki}} = EI_z \frac{\pi^2}{L^2} \cdot \frac{h}{2} \sqrt{1 + \frac{GI_{\mathrm{T}} \cdot L^2}{EI_{\omega}}},$$

$$I_z = 2I_{\mathrm{g}},$$

$$\sigma_{\mathrm{Ki}}^{\mathrm{g}} = \frac{EI_{\mathrm{g}} \cdot \pi^2}{L^2} \cdot h \cdot \frac{1}{h(A_{\mathrm{g}} + A_{\mathrm{s}}/5)} \sqrt{1 + \frac{GI_{\mathrm{T}} \cdot L^2}{EI_{\omega}}},$$

$$\sigma_{\mathrm{Ki}}^{\mathrm{g}} = \frac{E\pi^2}{\lambda^{*2}} \sqrt{1 + \frac{GI_{\mathrm{T}} \cdot L^2}{EI_{\omega}}}. \tag{3.7-5}$$

In der Wurzel steckt der Effekt der Torsionssteifigkeiten, der erhöhend wirkt, im λ^{*2} der Stegeinfluß, der vermindernd wirkt. Wegen des Zusammenhangs (3.7-5) wird in manchen Normen das Biegedrillknicken wie das Knicken um die z-Achse betrachtet.

3.7.2.3 Normalkraftbeanspruchung

In einfachen Fällen können die Zusammenhänge aus der Lösung der gekoppelten Differentialgleichungen (3.7-6a–c) ersehen werden.

$$EI_z \cdot v_{\mathrm{M}}^{\mathrm{IV}} - N \cdot v_{\mathrm{M}}'' - N \cdot (z_{\mathrm{N}} - z_{\mathrm{M}}) \cdot \vartheta'' = 0, \tag{3.7-6a}$$

$$EI_y \cdot w_{\mathrm{M}}^{\mathrm{IV}} - N \cdot w_{\mathrm{M}}'' + N \cdot (y_{\mathrm{N}} - y_{\mathrm{M}}) \cdot \vartheta'' = 0, \tag{3.7-6b}$$

$$EI_{\omega} \cdot \vartheta^{\mathrm{IV}} - (N \cdot r^2 + GI_{\mathrm{T}}) \cdot \vartheta'' - N \cdot (z_{\mathrm{N}} - z_{\mathrm{M}}) \cdot v_{\mathrm{M}}'' + N \cdot (y_{\mathrm{N}} - y_{\mathrm{M}}) \cdot w_{\mathrm{M}}'' = 0 \tag{3.7-6c}$$

mit

$$r^2 = i_p^2 + y_M^2 + z_M^2 + y_N \cdot r_{My} + z_N \cdot r_{Mz},$$

$$i_p^2 + y_M^2 + z_M^2 = i_M^2, \qquad N = + \text{ als Druckkraft.}$$

Für zentrisch im Schwerpunkt beanspruchte Stäbe und mit den Ansätzen

$$w = C_1 \cdot i_M \cdot \sin\frac{\pi x}{l},$$

$$v = C_2 \cdot i_M \cdot \sin\frac{\pi x}{l}, \tag{3.7-7}$$

$$\vartheta = C_3 \cdot \sin\frac{\pi x}{l}$$

ergibt sich aus (3.7-6) nach dem Ordnen eine (3 × 3)-Matrix gemäß, Tabelle 3-11.

Darin sind als Abkürzungen die üblichen Knicklasten eingeführt — N_ϑ stellt die reine Drillknicklast dar.

$$N_y = \frac{EI_y \cdot \pi^2}{L^2} = \frac{\pi^2 EA}{\lambda_y^2},$$

$$N_z = \frac{EI_z \cdot \pi^2}{L^2} = \frac{\pi^2 EA}{\lambda_z^2}, \tag{3.7-8}$$

$$N_\vartheta = \frac{1}{i_M^2} \cdot \left(EI_\omega \frac{\pi^2}{L^2} + GI_T \right).$$

Es wird speziell ein Winkelprofil nach Bild 3-26 betrachtet. Dafür ist $z_M = 0$ und damit

$$N_{Ki}(1) = N_z.$$

Die beiden übrigen Knicklasten sind gekoppelt. Sie stellen Biegedrillknicklasten dar, die sich aus

$$N_{Ki} = \frac{\pi^2 EA}{\lambda_{Vi}^2} \tag{3.7-9}$$

Tabelle 3-11. Matrix

	C_1	C_2	C_3
C_1	$\dfrac{N_y}{N_{Ki}} - 1$	0	$\dfrac{y_M}{i_M}$
C_2	0	$\dfrac{N_z}{N_{Ki}} - 1$	$-\dfrac{z_M}{i_M}$
C_3	$\dfrac{y_M}{i_M}$	$-\dfrac{z_M}{i_M}$	$\dfrac{N_\vartheta}{N_{Ki}} - 1$

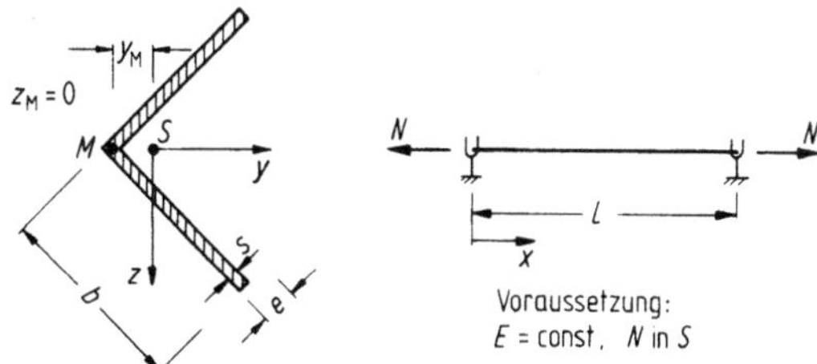

Bild 3-26. Biegedrillknicken eines Winkels unter Normalkraft.

ergeben. Nach Umformung aus Tabelle 3-11

$$\lambda_{\mathrm{Vi}} = \sqrt{\left(-\frac{b}{2a} + \sqrt{\left(\frac{b}{2a}\right)^2 - \frac{c}{a}} \right)} \qquad (3.7\text{-}10)$$

mit

$$a = \frac{GI_\mathrm{T}}{EA\pi^2 \cdot i_\mathrm{M}^2 \cdot \lambda_z^2}, \quad b = -\left(\frac{GI_\mathrm{T}}{EA\pi^2 \cdot i_\mathrm{M}^2} + \frac{1}{\lambda_y^2} \right), \quad c = 1 - \frac{y_\mathrm{M}^2}{i_\mathrm{M}^2}.$$

Eine Auswertung ist im Bild 3-27 vorgenommen. Es ist daraus zu ersehen, daß bei den mittig beanspruchten Winkeln das Biegedrillknicken nur bei geringen Schlankheiten, die in praktischen Konstruktionen nur selten vorliegen, maßgebend wird.

3.7.2.4 Biegedrillknicken mit gebundener Drehachse

In vielen praktischen Fällen ist durch angrenzende Konstruktionen die seitliche Verschiebung v in einem Abstand f vom Schubmittelpunkt verhindert, siehe Bild 3-28. Sofern der Druckgurt gehalten

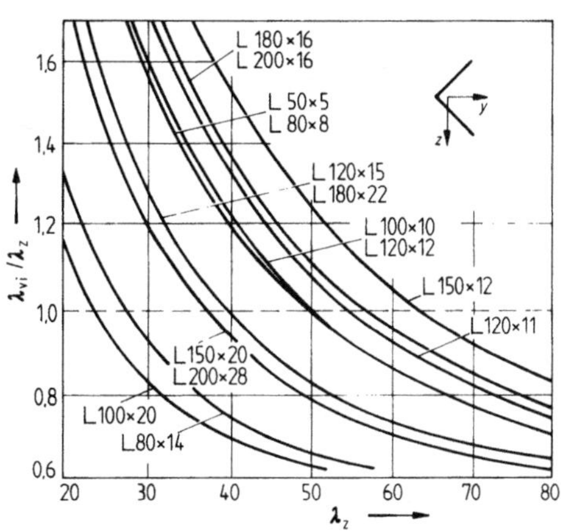

Bild 3-27. Vergleichsschlankheit von Winkeln.

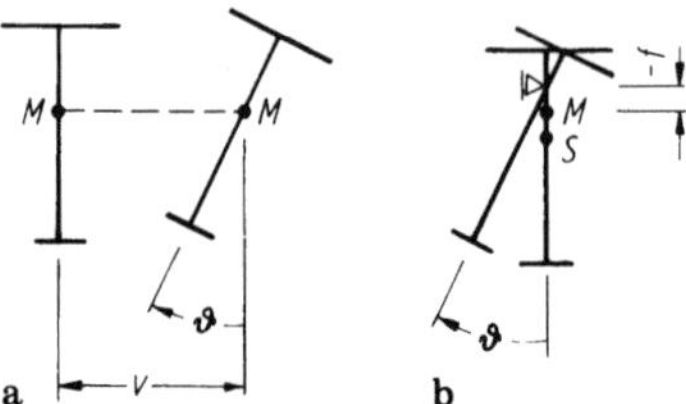

Bild 3-28. (a) Freie und (b) gebundene Drehachse.

ist, kann damit kein Biegedrillknicken auftreten. Aber auch eine Stützung des Zuggurtes kann eine deutliche Erhöhung der Tragfähigkeit bringen. Für beliebige Lastfälle gilt

$$M_{\mathrm{Ki}} = \frac{k}{L}\sqrt{GI_{\mathrm{T}}EI_z}\,.$$

(3.7-11)

Die Beiwerte k erfassen die wesentlichen Parameter, wie die Art der Belastung, Form der Biegemomentenlinie, Angriffspunkt der Querlast, Ort der gebundenen Drehachse.

Für Einfeld- und Durchlaufträger sind k-Werte in [31, 32] angegeben, wobei dort der baupraktisch wichtige Fall der gebundenen Drehachse am Obergurt vorausgesetzt ist.

Für eine konstante Normalkraft N beträgt die ideale Biegedrillknicklast beim Einfeldträger

$$N_{\mathrm{Ki}} = \frac{EI_z\cdot f^2\cdot \pi^2/L^2 + EI_\omega\cdot \pi^2/L^2 + GI_{\mathrm{T}}}{f^2 + i_{\mathrm{M}}^2}\,.$$

(3.7-12)

Angaben zu weiteren Belastungen enthalten [4, 7].

3.7.3 Nachweis nach DIN 4114

3.7.3.1 Normalkraftbeanspruchung

In DIN 4114 wird generell das Ersatzstabverfahren angewendet. Dazu wird das tatsächlich vorliegende System mit der vorhandenen Belastung über (3.7-9) auf den zentrisch gedrückten Euler-Stab 2 zurückgeführt. Dies gilt nicht nur für planmäßig mittig gedrückte, sondern auch für planmäßig außermittig gedrückte Stäbe.

Für planmäßig außermittig gedrückte Stäbe ist λ_{vi} in DIN 4114, Teil 2, 10.11 angegeben, jedoch kann dieser Fall einfacher nach [4], 5.4.1.6 behandelt werden.

3.7.3.2 Momenten- und Querlastbeanspruchung

Hierfür sieht DIN 4114 verschiedene Nachweismöglichkeiten vor.

Nachweis nach DIN 4114 Teill, 15.3: Dieser Nachweis gilt für einen Träger, dessen Druckgurt in einzelnen Punkten seitlich unverschieblich gehalten ist. Der Abstand dieser Punkte beträgt c. Es wird kein Kippsicherheitsnachweis gefordert, falls gilt

$$i_z > c/40, \qquad i = \sqrt{I_{\mathrm{g}}/(A_{\mathrm{g}} + A_{\mathrm{s}}/5)}\,.$$

(3.7-13)

Nachweis nach DIN 4114 Teil 1, 15.4: Falls $i_z > c/40$, darf ein vereinfachter Nachweis geführt werden:

$$\text{vorh } \sigma \leqq \frac{1,14}{\omega} \text{ zul } \sigma. \qquad (3.7\text{-}13a)$$

Die vorhandene Spannung darf also um den Faktor 1,14 gegenüber dem allgemeinen Spannungsnachweis erhöht werden.

Nachweis nach DIN 4114 Teil 2, 15: Hierbei wird unter der Voraussetzung der unbeschränkten Gültigkeit des Hookeschen Gesetzes eine ideale Kippspannung σ_{Ki} ermittelt (Verzweigungsproblem, elastisches Werkstoffverhalten), siehe 3.7.2.2 und 3.7.2.4. Falls $\sigma_{Ki} > \sigma_P$, erfolgt Abminderung nach der Knickspannungslinie von Engeßer ($\sigma_P = 0,8\, f_y\, (\beta_S)$ Proportionalitätsgrenze).

Aus historischen Gründen sind unterschiedliche Formeln für

Kragträger   in Ri 15.13 une

Einfeldträger angegeben.   in Ri 15.15

Die einzuhaltenden Sicherheiten betragen

$$v_K = 1,71\,(\text{LF H}), \quad 1,50\,(\text{LF HZ}) \qquad (3.7\text{-}14)$$

und sind genauso groß wie beim allgemeinen Spannungsnachweis. Erleichternd wird der Nachweis für die Gurtschwerachse gefordert, womit die plastische Reserve gegenüber Momentenbeanspruchung z.T. genutzt wird.

Beispiel 3.7-2: Einzelfeld aus einem Durchlaufträger
Für das Beispiel 3.7-1 wird der Nachweis der Tragsicherheit erbracht. Zu dem ermittelten Wert $\sigma_{Ki} = 28 \text{ kN/cm}^2$ ergibt sich nach [DIN 4114, Tafel 7]

$$\sigma_K = 22,09 \text{ kN/cm}^2$$

Da der Kippnachweis nach DIN 4114 Teil 2, 15.12 in der Gurtschwerachse geführt werden darf, ergibt sich die Spannung in der Gurtschwerachse

$$\sigma_{gs} = \max \sigma \frac{h-t}{h} = 14 \cdot 0,925 = 12,95 \text{ kN/cm}^2$$

$$v_K = \frac{\sigma_K}{\text{vorh } \sigma} = \frac{22,09}{12,95} = 1,706 \approx 1,71$$

3.7.4 Nachweis nach DIN 18 800 Teil 2 (11.90)

3.7.4.1 Normalkräfte allein

Der Nachweis wird näherungsweise wie beim Biegeknicken nach (3.2-11) geführt, siehe 3.2.8. Die Normalkraft N_{Ki} als Verzweigungslast ist hierbei als Drillknicklast bzw. Biegedrillknicklast zu berechnen, siehe 3.7.2.3. Für doppeltsymmetrische I-Querschnitte erübrigt sich ein entsprechender

Nachweis, da die idealen Biegedrillknicklasten nur im Bereich sehr geringer Schlankheiten geringfügig von den Biegeknicklasten abweichen.

Der Nachweis als Knickstab setzt voraus, daß die Knickspannungslinien b bzw. c die Traglast hinreichend beschreiben. Damit wird die günstigere Biegedrillknickkurve (siehe Bild 3-9), in der der günstige Einfluß der Torsionssteifigkeiten wirksam ist, vernachlässigt.

3.7.4.2 Momente und Querlasten allein

Dieser Fall wurde früher in der Literatur als „Kippen" bezeichnet. Der Nachweis kann, ähnlich wie nach DIN 4114, in mehreren Stufen erfolgen.

Beim Nachweis des Druckgurtes als Druckstab ist eine genauere Biegedrillknickuntersuchung nicht erforderlich, wenn Bedingung (3.7-15) erfüllt ist.

$$\bar{\lambda} \leqq 0{,}5 \qquad\qquad (3.7\text{-}15)$$

mit

$$\bar{\lambda} = \frac{c \cdot k_c}{i_{z,g} \cdot \lambda_a},$$

$i_{z,g}$ nach (3.7-13),

λ_a nach 3.2.8,

$k_c = \sqrt{\dfrac{1}{\zeta}}$ Beiwert für den Verlauf der Druckkraft im Druckgurt.

Ist (3.7-15) nicht erfüllt, darf ein vereinfachter Nachweis geführt werden:

$$\frac{0{,}843 \cdot M_y}{\kappa \cdot M_{pl,y}} \leqq 1 \qquad\qquad (3.7\text{-}16)$$

mit

κ Abminderungsfaktor nach Knickspannungslinie c für gewalzte Träger, siehe 3.2.8.

Für den genaueren Biegedrillknicknachweis wird eine Traglastkurve für das Biegedrillknicken benutzt, die auf der Auswertung einer großen Anzahl von Versuchen und von Traglastberechnungen unter Berücksichtigung von Imperfektionen und Eigenspannungen beruht.

Unter den Bemessungswerten der Einwirkungen ist nachzuweisen:

$$\frac{M_y}{\kappa_M \cdot M_{pl,y}} \leqq 1 \qquad\qquad (3.7\text{-}17)$$

mit

$$\kappa_M = \left(\frac{1}{1 + \bar{\lambda}_M^{2n}} \right)^{1/n},$$

$n \quad = 2{,}5 \qquad\qquad$ Trägerbeiwert bei veränderlichem Moment
$\qquad\qquad\qquad\qquad\qquad$ für doppeltsymmetrische gewalzte I-Profile

n	$= 2{,}0$	Trägerbeiwert bei konstantem Moment für doppeltsymmetrische Walprofile
$\bar{\lambda}_\mathrm{M}$	$= \sqrt{M_\mathrm{p1,y}/M_\mathrm{Ki,y}}$	bezogener Schlankheitsgrad für Momentenbeanspruchung,
$M_\mathrm{p1,y}$		z.B. nach 2.5.2,
$M_\mathrm{Ki,y}$		z.B. nach 3.7.2 .

Für andere Trägertypen sind weitere, kleinere Systemfaktoren in DIN 18 800 Teil 2 (11.90) angegeben.

Beispiel 3.7-3: Einzelfeld aus einem Durchlaufträger
Für die Beispiele 3.7-1 und 3.7-2 wird der Nachweis nach (3.7-15) geführt.
Da die im Beispiel 3.7-2 errechnete ideale kritische Spannung für die Gurtschwerachse gilt, ergibt sich daraus der charakteristische Wert des idealen Biegedrillknickmomentes zu

$$M_\mathrm{Ki} = 28 \cdot 5{,}7/0{,}925 \qquad = 173 \text{ kNm.}$$

$$M_\mathrm{p1} \qquad\qquad\qquad = 155 \text{ kNm}$$

$$M_\mathrm{p1,d} = 155/1{,}1 \qquad\quad = 141 \text{ kNm}$$

$$\bar{\lambda}_\mathrm{M} = \sqrt{155/173} \qquad\quad = 0{,}947$$

$$\kappa_\mathrm{M} = \left(\frac{1}{1 + 0{,}947^5}\right)^{0,4} \quad = 0{,}798$$

Das Moment unter den Bemessungswerten der Einwirkungen betrage $14 \cdot 5$, $7 \cdot 1{,}35 = 107{,}7$ kNm. Der Nachweis nach (3.7-17) lautet somit

$$\frac{107{,}7}{0{,}798 \cdot 141} = 0{,}957 < 1 \,.$$

3.7.4.3 Momente und Normalkräfte

In Erweiterung von (3.7-17) wird der Nachweis mit (3.7-18) erbracht, siehe [30]:

$$\frac{N}{\kappa_z \cdot N_\mathrm{p1}} + \frac{M_y}{\kappa_\mathrm{M} \cdot M_\mathrm{p1,y}} k_y \leqq 1 \qquad\qquad (3.7\text{-}18)$$

mit

κ_z		Abminderungsfaktor nach (3.2-12) mit $\bar{\lambda}_\mathrm{K,z}$ für das Ausweichen rechtwinklig zur z-Achse,
$\bar{\lambda}_\mathrm{K,z}$	$= \sqrt{\dfrac{N_\mathrm{p1}}{N_\mathrm{Ki,z}}}$	bezogener Schlankheitsgrad für Normalkraftbeanspruchung,
$N_\mathrm{Ki,z}$		Normalkraft unter der kleinsten Verzweigungslast für das Ausweichen rechtwinklig zur z-Achse oder Drillknicklast,

Tabelle 3-12. Beiwerte β_M

Momenten-verlauf							
$\beta_M = \beta_{My} = \beta_{Mz}$	1,1	1,3	1,4	1,8	$\alpha_{pl} + 1$	1,3	1,25

$\beta_{M,y}$ Momentenbeiwert für Biegedrillknicken nach Tabelle 3-12 zur Erfassung der Form des Biegemomentes M_y, siehe auch DIN 18 800 Teil 2 (11.90),

k_y Beiwert zur Berücksichtigung des Momentenverlaufs M_y und des bezogenen Schlankheitsgrades $\overline{\lambda}_{K,z}$,

$$k_y = 1 - \frac{N}{\kappa_z \cdot N_{pl}} a_y, \qquad \text{jedoch } k_y \leqq 1,$$

$$a_y = 0{,}15 \,\overline{\lambda}_{K,z} \cdot \beta_{M,y} - 0{,}15, \quad \text{jedoch } a_y \leqq 0{,}9 \,.$$

Der Gl. (3.7-18) liegt die Voraussetzung zugrunde, daß die Nachweise für das Biegeknicken in der x,z-Ebene und für das Biegedrillknicken, bei dem Verformungen rechtwinklig zur x,z-Ebene und Verdrehungen auftreten, getrennt werden können. Nachdem also der Nachweis für das Biegeknicken geführt worden ist, werden die Einzelstäbe mit den entsprechenden Endschnittgrößen N, M_y aus dem Gesamttragwerk herausgelöst gedacht und dafür die Biegedrillknicknachweise geführt. Eventuelle Einflüsse aus der Verformung des Gesamttragwerks sind dann in den Randmomenten erfaßt.

Beispiel 3.7-4: Stütze eines Rahmens mit gebundener Drehachse

Das System und die nach der Theorie II. Ordnung am Gesamtrahmen ermittelten Bemessungswerte der Einwirkungen sind im Bild 3-29 angegeben. Die gebundene Drehachse wird durch Wandriegel erreicht, die an der Außenseite (Zuggurt) angeordnet sind. Die Berechnung der idealen kritischen Schnittgrößen erfolgt nach 3.7.2.4.

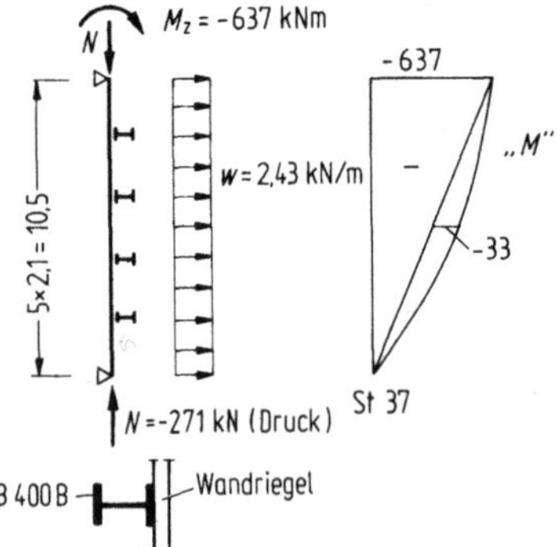

Bild 3-29. Beispiel: Rahmenstütze mit gebundener Drehachse.

Die Ermittlung des kritischen Momentes erfolgt nach (3.7-11). Der Beiwert k ergibt sich nach [31] zu $k = 7,7$.

$$M_{Ki} = \frac{7,7}{10,4} \sqrt{8100 \cdot 0,0357 \cdot 21000 \cdot 1,082} = 1900 \text{ kNm}$$

$$M_{pl} = 778 \text{ kNm}$$

$$M_{pl,d} = 778/1,1 = 707 \text{ kNm}$$

$$\bar{\lambda}_M = \sqrt{778/1900} = 0,640$$

$$\kappa_M = 0,960$$

Die Berechnung der kritischen Normalkraft erfolgt nach (3.7-12)

$$N_{Ki} = \frac{21000 \cdot 1,082 \cdot 0,2^2 \cdot \pi^2/10,4^2 + 21000 \cdot 0,03817 \cdot \pi^2/10,4^2 + 8100 \cdot 0,0357}{0,2^2 + (1,082 + 5,768)/198}$$

$$N_{Ki} = 445/0,0746 = 27800 \text{ kN}$$

$$N_{pl} = 4750 \text{ kN}$$

$$N_{pl,d} = 4750/1,1 = 4320 \text{ kN}$$

$$\bar{\lambda}_K = -\sqrt{4750/27800} = 0,413$$

$\kappa_z = 0,92$ (Linie b, da $h/b > 1,2$, DIN 18 800 Teil 2 (11.90))

Der Normalkraftanteil ergibt sich damit zu

$$\frac{N}{\kappa_z \cdot N_{pl,d}} = \frac{271}{0,92 \cdot 4320} = 0,068 < 0,1$$

und darf damit nach DIN 18 800 Teil 2 (11.90) vernachlässigt werden.
Der Wert β_M ergibt sich nach DIN 18 800 Teil 2 (11.90), Tabelle 11.

Mit $\beta_{M,\psi} = 1,8$, $\quad \beta_{M,Q} = 1,3$, $\quad M_Q = 33 \text{ kNm}$, $\quad \Delta M = 637 \text{ kNm}$

$$\beta_{M,y} = 1,8 + \frac{33}{637}(1,3 - 1,8) = 1,774$$

$$a_y = 0,15 \cdot 0,413 \cdot 1,774 - 0,15 = -0,04$$

$$k_y = 1 - \frac{271}{0,92 \cdot 4320}(-0,04) = 1,003$$

jedoch

$$k_y \quad \text{höchstens} = 1,0$$

Nachweis:

$$\frac{637}{0,96 \cdot 707} \cdot 1,0 = 0,979 \qquad\qquad = < 1,0$$

Die vorgegebene Belastung ist also nach DIN 18 800 Teil 2 (11.90) aufzunehmen. Bei einem genaueren Nachweis könnte zusätzlich die elastische Drehbettung aus den Wandriegeln berücksichtigt werden.

3.7.4.4 Planmäßig zweiachsige Biegung und Normalkraft

Der Nachweis ist nach (3.7-19) zu führen (vgl. [30]):

$$\frac{N}{\kappa_z \cdot N_{\mathrm{pl}}} + \frac{M_y}{\kappa_{\mathrm{M}} \cdot M_{\mathrm{pl},y}} k_y + \frac{M_z}{M_{\mathrm{pl},z}} k_z \;\le\; 1, \qquad\qquad (3.7\text{-}19)$$

mit

k_z Beiwert zur Berücksichtigung des Momentenverlaufs M_z und des bezogenen Schlankheitsgrades $\overline{\lambda}_{\mathrm{K},z}$,

$$k_z = 1 - \frac{N}{\kappa_z \cdot N_{\mathrm{pl}}} a_z, \qquad \text{jedoch } k_z \quad \le 1,5,$$

$$a_z = \overline{\lambda}_{\mathrm{K},z}(2\beta_{\mathrm{M},z} - 4) + 0,5, \quad \text{jedoch } a_z \quad \le 0,8,$$

$\beta_{\mathrm{M},z}$ Momentenbeiwert für Biegedrillknicken nach Tabelle 3-12 zur Erfassung der Form des Biegemomentes M_z.

Beispiel 3.7-5: Randpfette im Dachverband
Es wird die im Bild 3-30 dargestellte Pfette untersucht. Es wird dabei unterstellt, daß die Dachhaut keinerlei Scheibensteifigkeit aufweist, so daß für das Biegedrillknicken eine freie Drehachse vorliegen soll.
Die Bemessungswerte der Einwirkungen betragen

$$p_z \quad = 3,6\ \mathrm{kN/m}, \qquad \text{damit}\quad M_y \quad = 11,25\ \mathrm{kNm}$$

$$p_y \quad = 1,0\ \mathrm{kN/m}, \qquad \text{damit}\quad M_z \quad = 3,13\ \mathrm{kNm}$$

$$N \qquad\qquad\qquad\qquad\qquad\qquad\qquad = 19\ \mathrm{kN}$$

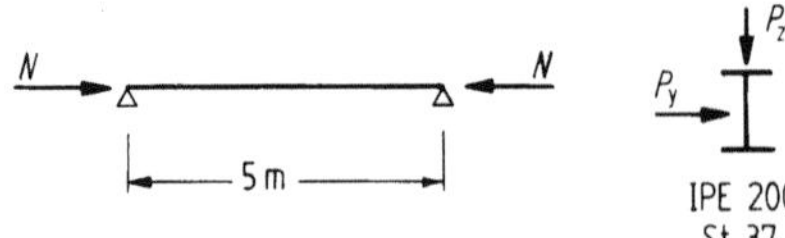

Bild 3-30. Beispiel: Pfette mit Querlasten und Normalkraft.

Das kritische Biegedrillknickmoment ergibt sich nach [6], Tafel 5:

$$M_{Ki} = 1{,}12 \cdot 11{,}4 \cdot 2{,}03 \qquad = 25{,}9 \text{ kNm}$$

$$M_{pl,y} \qquad\qquad\qquad = 52{,}8 \text{ kNm}$$

$$M_{pl,y,d} = 52{,}8/1{,}1 \qquad = 48{,}0 \text{ kNm}$$

$$\overline{\lambda}_M = \sqrt{52{,}8/25{,}9} \qquad = 1{,}43$$

$$\kappa_M \qquad\qquad\qquad = 0{,}460$$

Die kritische Knicklast für das Ausweichen rechtwinklig zur z-Achse beträgt

$$N_{Ki} = \pi^2 \cdot 21000 \cdot 0{,}0142/5^2 \qquad = 118 \text{ kN}$$

$$N_{pl} \qquad\qquad\qquad = 684 \text{ kN}$$

$$N_{pl,d} = 684/1{,}1 \qquad = 622 \text{ kN}$$

$$\overline{\lambda}_{K,z} = \sqrt{684/118} \qquad = 2{,}41$$

$$\kappa_z \qquad\qquad\qquad = 0{,}146 \text{ (Linie c,}$$
$$\text{DIN } 18\,800 \text{ Teil 2 (11.90))}$$

$$M_{pl,z,d} = 10{,}7/1{,}1 \qquad = 9{,}73 \text{ kNm}$$

$$a_y = 0{,}15 \cdot 2{,}41 \cdot 1{,}3 - 0{,}15 = 0{,}32 \qquad < 0{,}9$$

$$k_y = 1 - \frac{9}{0{,}146 \cdot 622} \cdot 0{,}32 = 0{,}968 \qquad < 1$$

$$a_z = 2{,}41(2 \cdot 1{,}3 - 4) + 0{,}5 = \quad -2{,}87 < 0{,}8$$

$$k_z = 1 - \frac{9}{0{,}146 \cdot 622}(-2{,}87) = 1{,}284 \qquad < 1{,}5$$

$$\frac{9}{0{,}146 \cdot 622} + \frac{11{,}25}{0{,}46 \cdot 48{,}0} \cdot 0{,}968 + \frac{3{,}13}{9{,}73} \cdot 1{,}284 =$$

$$0{,}100 + 0{,}493 + 0{,}413 \qquad = 1{,}006 \approx 1{,}0$$

Das Tragverhalten wäre wesentlich günstiger, wenn in Richtung der z-Achse eine zusätzliche Rundstahl-Abhängung in Feldmitte angeordnet werden würde.

3.7.5 Konstruktive Maßnahmen

3.7.5.1 Allgemeines

Der Nachweis des Biegedrillknickens führt in weiten Bereichen zu geringeren zulässigen Lasten als der Nachweis des Biegeknickens bzw. die reine Biegetragfähigkeit ohne Berücksichtigung des Verdrehungseinflusses. Durch konstruktive Maßnahmen kann aber in vielen Fällen die Gefahr des Biegedrillknickens so weit vermindert werden, daß ein Nachweis entfallen oder in vereinfachter Form geführt werden darf.

Stäbe mit Hohlquerschnitten sind wegen der großen Torsionssteifigkeit im Verhältnis zur Biegesteifigkeit nicht biegedrillknickgefährdet, weshalb ein Nachweis entfallen kann. Bei freier Gestaltungsmöglichkeit eines Querschnitts als geschweißter Querschnitt oder als Kaltprofil ist es sinnvoll, so zu entwerfen, daß die für das Biegedrillknicken maßgebenden Querschnittwerte I_z, I_ω, I_T möglichst groß sind. Damit sind bei I-Querschnitten die Gurte möglichst breit auszubilden, in geringerem Maße nützt eine Vergrößerung der Dicke.

Da das Biegedrillknicken aus einem Ausweichvorgang besteht, bei dem sowohl Verdrehungen um die Stabachse als auch seitliche Verschiebungen auftreten (siehe Bilder 3-21, 3-28), ist dieser Instabilitätsfall auch dann ausgeschlossen, wenn eine dieser beiden Verformungsmöglichkeiten ausreichend behindert ist. Die Behinderung der seitlichen Verschiebung bezieht sich dabei allerdings auf die Verschiebung der gedrückten Teile des Querschnitts. Sofern die Lage der Druckzone innerhalb des Querschnitts in Stablängsrichtung veränderlich ist (z.B. durch veränderlichen Momentenverlauf) oder die seitliche Verschiebungsbehinderung nur den Zugbereich betrifft, ist nach wie vor ein Biegedrillknicknachweis erforderlich. Der letzte Fall wurde früher in DIN 4114 (1952) und in der sonstigen Literatur als „gebundene Kippung" bezeichnet.

In vielen Fällen werden biegedrillknickgefährdete Stäbe durch angrenzende Bauteile abgestützt. Solche abstützende Wirkung wird z.B. bei Bühnenträgern durch entsprechend befestigte Gitterroste und bei Pfetten durch die Dachhaut (Faserzementplatten, Trapezprofile o.ä.) hervorgerufen. Rechnerisch kann dies durch die Schubsteifigkeit S_{id} [kN] und oder die Drehfeder c_ϑ [kN/m], siehe Bild 3-31, berücksichtigt werden.

Die rechnerische Berücksichtgung der Drehfeder c_ϑ und der Schubsteifigkeit S_{id} erfolgt bei der Bestimmung des idealen Biegedrillknickmoments M_{Ki}, vgl. 3.7.2.2, indem dort entsprechende Zusatzterme berücksichtigt werden. Vereinfachend kann eine Drehbettung c_ϑ auch durch eine ideelle Torsionssteifigkeit erfaßt werden:

$$I_T^* = I_T + \frac{c_\vartheta \cdot L^2}{\pi^2 \cdot G} . \qquad (3.7\text{-}20)$$

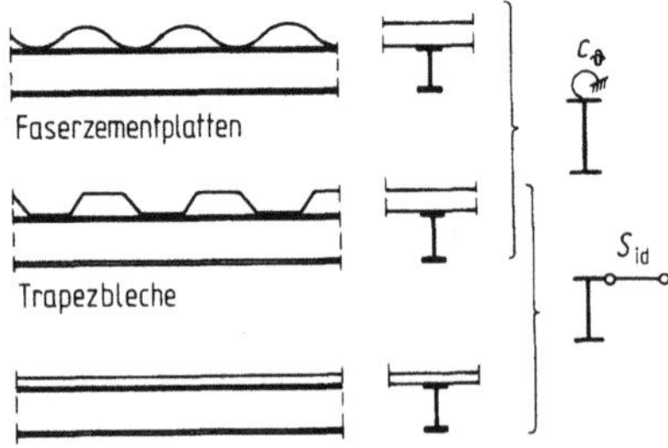

Bild 3-31. Stabilisierung durch angrenzende Bauteile.

Weitere konstruktive Maßnahmen, die die Gefahr des Biegedrillknickens vermindern, bestehen in der Anordnung von Kopfplatten an den Lagerstellen von Biegeträgern, da hierdurch eine elastische Wölbspannung erreicht wird, und in der Anordnung von Quersteifen, die sich durch die Drillkopplung ebenfalls in einer Erhöhung der Wölbsteifigkeit bemerkbar macht.

3.7.5.2 Mindeststeifigkeiten

Besonders interessant sind diejenigen Werte der elastischen Drehbettung c_ϑ bzw. der Schubsteifigkeit S_{id}, die einen vereinfachten Nachweis gestatten.

Sofern die abstützende Wirkung angrenzender Bauteile in einer kontinuierlichen Behinderung der Verdrehung besteht, darf für I-förmige Querschnitte die Mindeststeifigkeit der Drehbettung näherungsweise nach

$$\operatorname{erf} c_\vartheta = \frac{M_{pl}^2}{EI_z} \cdot k_\vartheta = \frac{M_{pl}^2}{EI_z} \cdot 5{,}0 \cdot \frac{1}{\zeta^2} \tag{3.7-21}$$

berechnet werden mit

I_z Trägheitsmoment um die Achse,

k_ϑ Drehbettungsbeiwert. Für den Sonderfall der freien Drehachse ergibt sich

$$k_\vartheta = \frac{5{,}0}{\zeta^2}. \tag{3.7-22}$$

ζ Beiwert zur Erfassung der Form der Biegemomentenverteilung beim Biegedrillknicknachweis, z.B. nach DIN 4114   oder [4]

Diese Mindeststeifigkeit ist erforderlich, wenn das vollplastische Moment M_{pl} ausgenutzt werden soll. Sofern nach der Elastizitätstheorie maximal das Fließmoment M_F rechnerisch erreicht wird, so genügen kleinere Werte für k_ϑ, in (3.7-21) darf dann mit einem Faktor 0,35 multipliziert werden. Zahlenwerte für k_ϑ für freie und gebundene Drehachse sind in [31], DIN 18 800 Teil 2 (11.90) und [V7] angegeben.

Diesen erforderlichen Mindeststeifigkeiten erf c_ϑ sind die sich aus der vorhandenen Konstruktion ergebenden Werte vorh c_ϑ gegenüberzustellen. Die Ermittlung der Größe der in Abhängigkeit von der vorhandenen Konstruktion anzusetzenden Federwerte kann in den meisten Fällen nur in Verbindung mit Versuchen erfolgen. Hierbei ist auch die Belastungsrichtung zu beachten, da sich wegen der Art der Befestigung zwischen Dachhaut und Pfette für Soglasten („Wind von unten") in der Regel wesentlich kleinere Werte ergeben als für Lasten, die die Dachhaut auf die Pfette pressen.

Eine Zusammenstellung von in Versuchen ermittelten Drehbettungsbeiwerten enthalten [V7] und DIN 18 800 Teil 2 (11.90), zur Ermittlung siehe [31]. Weitere Werte können [36] entnommen werden.

Die Mindeststeifigkeit für die Schubsteifigkeit S_{id} liegt dann vor, wenn die Verschiebung v an der Angriffsstelle der Schubsteifigkeit praktisch null ist.

Wenn an Träger Trapezprofile nach DIN 18 807 angeschlossen sind, dann darf die Anschlußstelle als in Trapezprofilebene unverschieblich gehalten angesehen werden, wenn

$$S_{id} \geqq \left(EI_\omega \frac{\pi^2}{L^2} + GI_T + EI_z \frac{\pi^2}{L^2} 0{,}25\, h^2 \right) \frac{70}{h^2} \tag{3.7-23}$$

mit

S_{id} Schubsteifigkeit für Trapezbleche bei Befestigung in jeder Profilrippe nach DIN 18 807.

Wenn die Befestigung der Trapezprofile nur in jeder zweiten Profilrippe erfolgt, ist der Wert S_{id} durch $0{,}2\,S_{id}$ zu ersetzen.

Mit dieser Annahme starrer Stützung in v-Richtung liegt Biegedrillknicken mit gebundener Drehachse vor (früher: „gebundene Kippung"). Dies ist z.B. der Fall bei Rahmenriegeln, die durch Pfetten im Obergurt oder bei Rahmenstielen, die durch Wandpfetten an der Außenseite unverschieblich gehalten sind. Im Bereich negativer Momente kann der Stab dennoch ausweichen.

3.8 Knicken von mehrteiligen Stäben

3.8.1 Allgemeines

Mehrteilige Druckstäbe werden überwiegend dann für Stützen verwendet, wenn genügend Platz für einen aufgelösten Querschnitt vorhanden ist und/oder das Gewicht (der Einzelteile) einer Stütze beschränkt ist. Durch die Spreizung bei mehrteiligen Stäben werden auch mit kleinen Einzelstab-Querschnitten große Trägheitsradien für den Gesamtstab erreicht. Die Berechnung mehrteiliger Druckstäbe unterscheidet sich vor allem dadurch von der einteiliger Stäbe, daß hier die Schubverformungen so groß werden, daß sie berücksichtigt werden müssen.

Konstruktive Ausführungen von mehrteiligen Stäben zeigt Bild 3-32, wobei die Stäbe verschiedenen Stabgruppen zugeordnet sind. Hierbei ist zwischen Stoffachsen und stofffreien Achsen zu unterscheiden. Eine Stoffachse ist eine Hauptachse, die durch sämtliche Einzelstabquerschnitte verläuft, z.B. die z-Achse im Bild 3-32, Zeile 1. Stofffreie Achsen sind Hauptachsen, die rechtwinklig zu Querverbänden verlaufen und in der Regel keine Einzelstabquerschnitte treffen, z.B. die y-Achse im Bild 3-32. Zeile 1, Spalte 2.

Unterschieden wird zwischen Rahmenstäben, deren Einzelstäbe durch Bindebleche, und Gitterstäben, deren Einzelstäbe durch Fachwerkverbände verbunden sind, Bild 3-33. Die Schubsteifigkeit von Gitterstäben ist in der Regel ca. um den Faktor 10 größer als die von Rahmenstäben, d.h., der Einfluß von Schubverformungen ist bei den Rahmenstäben sehr viel ausgeprägter als bei Gitterstäben.

3.8.2 Knicken rechtwinklig zur Stoffachse

Für das Ausknicken rechtwinklig zur Stoffachse sind die mehrteiligen Stäbe unter Beachtung der tatsächlich vorhandenen Anzahl von Einzelstäben wie einteilige Stäbe zu behandeln. Es gelten also bei Berechnung nach DIN 4114, die Abschnitte 3.2.6 bzw. 3.3.1 und bei Berechnung nach DIN 18 800 Teil 2 (11.90) die Abschnitte 4.3 bzw. 4.4.

3.8.3 Knicken rechtwinklig zur stofffreien Achse

3.8.3.1 Allgemeines

Sofern keine genauere Berechnung am gegliederten System erfolgt, können mehrteilige, durch planmäßig mittigen oder außermittigen Druck oder durch Querlasten beanspruchte Stäbe ersatzweise wie einteilige Stäbe behandelt werden, bei denen zusätzlich die Querkraftverformungen

1	2	3
Stabgruppe 1a Mehrteilige Stäbe, deren Querschnitte mindestens eine Stoffachse haben	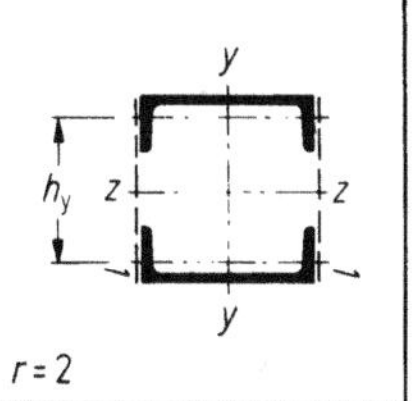 $r=2$	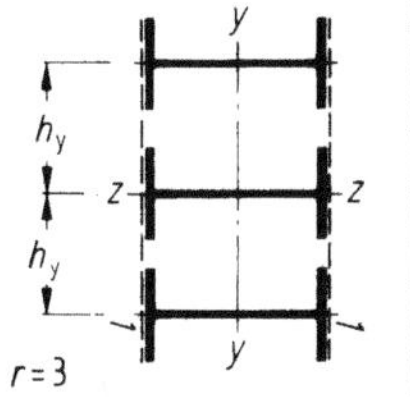 $r=3$
Stabgruppe 1b Mehrteilige Stäbe, deren Querschnitte eine Stoffachse haben und bei denen der lichte Abstand der Einzelstäbe nicht oder nur wenig größer ist als die Dicke des Knotenblechs	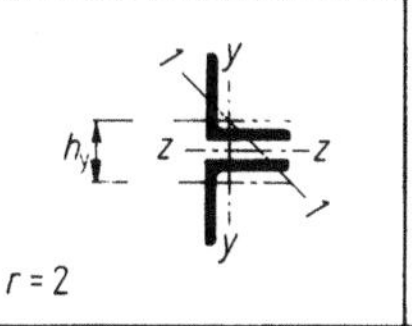 $r=2$	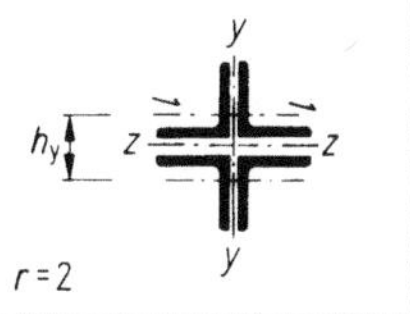 $r=2$
Stabgruppe 2 Mehrteilige Stäbe aus zwei übereck gestellten Winkelstählen	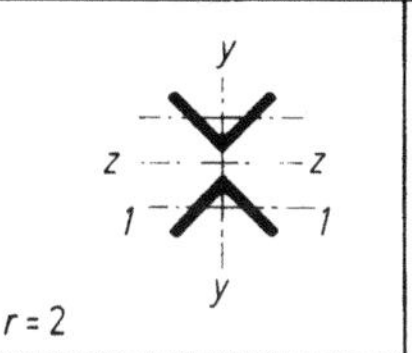 $r=2$	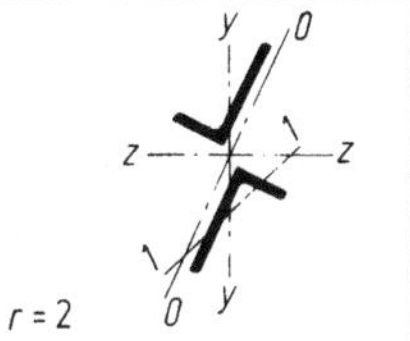 $r=2$
Stabgruppe 3 Mehrteilige Stäbe, deren Querschnitte keine Stoffachse haben	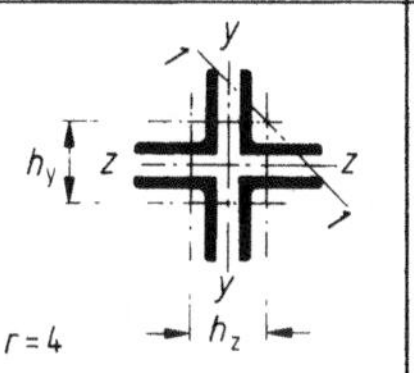 $r=4$	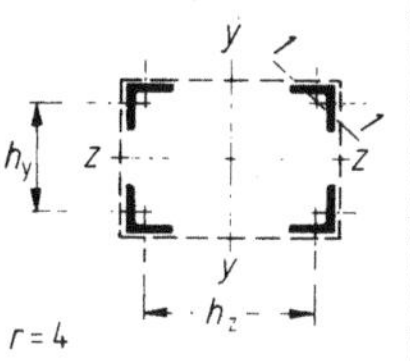 $r=4$

Bild 3-32. Ausführung mehrteiliger Stäbe.

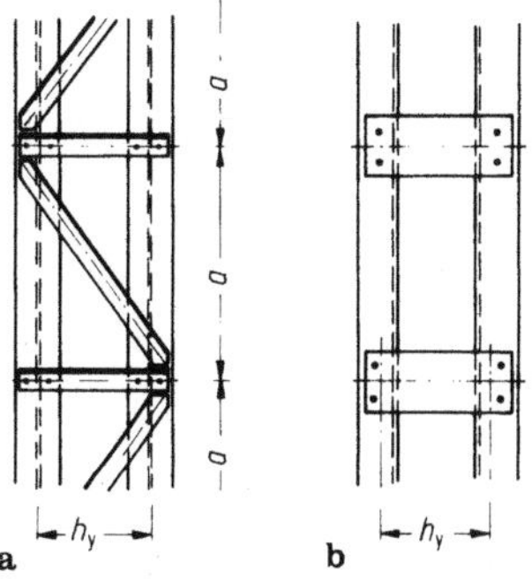

Bild 3-33a, b. Mehrteilige Stäbe. a) Gitterstab, b) Rahmenstab.

berücksichtigt werden. Diese Stäbe werden als Ersatzstäbe bezeichnet. Als Lösung der Differentialgleichung des schubweichen Stabes für den beidseits gelenkig gelagerten Stab ergibt sich für die
Verzweigungslast

$$N_{\mathrm{Ki}} = \frac{\pi^2 EI/L^2}{1 + \dfrac{\pi^2 EI}{L^2 S_{\mathrm{id}}}} \tag{3.8-1}$$

mit

S_{id} ideelle Schubsteifigkeit
(nach DIN 18 800 Teil 2 (11.90) mit S_z^* bezeichnet).

3.8.3.2 Ideelle Schubsteifigkeit des Ersatzstabes

Als Schubsteifigkeit wird diejenige Querkraft betrachtet, die an dem tatsächlichen mehrgliedrigen
System einen Schubwinkel $\gamma = 1$ hervorruft. Dies wird stellvertretend für das Verbandsystem von
Bild 3-34 gezeigt.
   Die Diagonalkraft beträgt

$$D = \frac{V}{\sin \alpha}$$

und die Längenänderung

$$\Delta d = \varepsilon_{\mathrm{D}} d = \frac{V}{A_{\mathrm{D}} \cdot \sin \alpha} \cdot \frac{d}{E} .$$

Damit wird

$$\delta_{\mathrm{D}} = \Delta d \cdot \frac{1}{\sin \alpha} = \frac{V}{A_{\mathrm{D}} E} \cdot \frac{d}{\sin^2 \alpha}$$

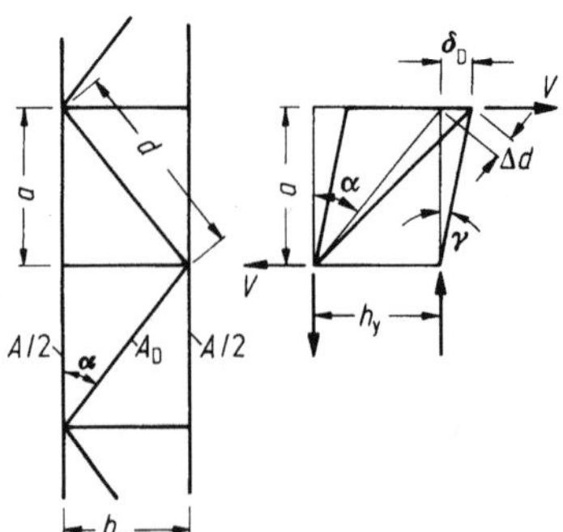

Bild 3-34. Gitterstabsystem zur Ableitung der Schubsteifigkeit.

und

$$\gamma = \frac{\delta_D}{a} = \frac{V}{A_D E} \cdot \frac{d}{a \cdot \sin^2 \alpha} = \frac{V}{A_D E} \cdot \frac{d^3}{a h_y^2} \, .$$

Beim Blech ist $\gamma = V/S_{id}$ und damit

$$S_{id} = S_z^* = E A_D a b_y^2 / d^3 = E A_D \cdot \cos \alpha \cdot \sin^2 \alpha \, . \tag{3.8-2}$$

In ähnlicher Weise lassen sich die Schubsteifigkeiten beliebiger Gitterstab-Systeme ermitteln. Angaben dazu finden sich in [4, 9], DIN 18 800 Teil 2 (11.90).

Für Rahmenstäbe verläuft die Rechnung analog. Die Verschiebung wird nach Bild 3-35 an einem aus dem Gesamtstab herausgeschnittenen repräsentativen Teilsystem ermittelt:

$$2\delta = 2 \cdot \frac{1}{3} \frac{a}{2EI_{y,G}} \cdot \frac{Va}{4} \cdot \frac{a}{2} + \frac{1}{3} \frac{h_y}{2EI_{y,B}} \cdot \frac{Va}{2} \cdot a + V \cdot \frac{a}{h_y} \frac{2a}{h_y} \frac{h_y/2}{S_{id,B}} \, .$$

Daraus wird

$$\frac{1}{S_{id}} = \frac{a^2}{24EI_{y,G}} + \frac{a \cdot h_y}{12EI_{y,B}} + \frac{a}{h_y \cdot S_{id,B}} \, . \tag{3.8-3}$$

Die beiden letzten Anteile in (3.8-3) sind in der Regel zu vernachlässigen, so daß mit der Näherung $24 \approx 2\pi^2$ verbleibt:

$$\frac{1}{S_{id}} = \frac{a^2}{2\pi^2 \cdot EI_{y,G}} \, . \tag{3.8-4}$$

Durch eine Änderung der Schubsteifigkeit können zusätzlich erfaßt werden:

a) exzentrischer Anschluß von Fachwerkstäben, die Biegemomente hervorrufen, siehe z.B. Bild 3-36,
b) elastische Anschlüsse mit einem Verschiebemodult k [cm/kN].

Beide Einflüsse sind insbesondere im Gerüstbau vorhanden und dort von erheblichem Einfluß. Sie lassen sich durch die Einführung einer fiktiven Fläche A_D^* erfassen, hier für Bild 3-36a

$$A_D^* = A_D/(1 + 2k_D E A_D/d + \tfrac{1}{3} A_D h_y^2 \cdot \sin^2 \alpha \cos \alpha / I_{y,G}),$$

$$A_D^* = A_D/\beta \, . \tag{3.8-5}$$

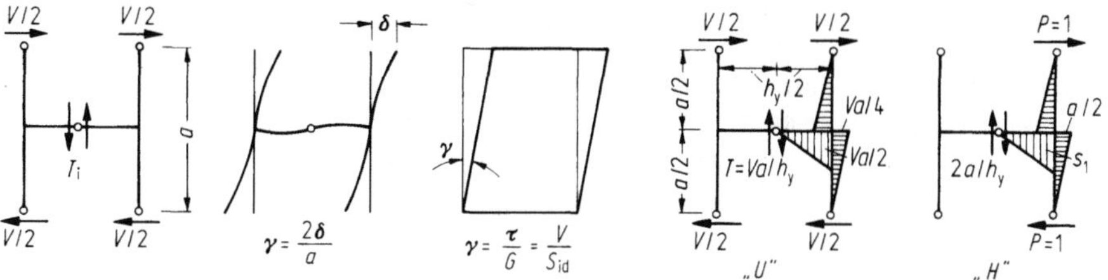

Bild 3-35. Rahmenstabsystem zur Ableitung der Schubsteifigkeit.

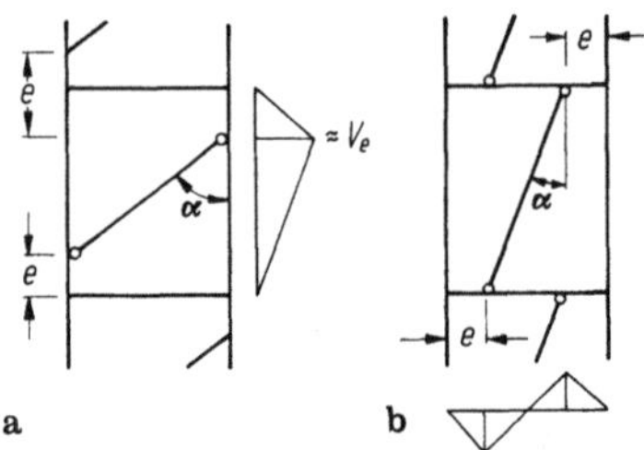

Bild 3-36a, b. Gitterstäbe mit exzentrischen Stabanschlüssen. a) Biegemomente in den Gurten, b) Biegemomente in den Horizontalstäben.

Für die im Gerüstbau üblicherweise verwendeten Drehkupplungen darf vereinfachend gesetzt werden

$$\beta = 30 \,.$$

Zu beachten ist, daß bei den Systemen nach Bild 3-36 die tatsächlichen Neigungswinkel α in (3.8-2) und (3.8-5) zu verwenden sind. Sollten infolge von Anschlußmitteln, die planmäßig Schlupf aufweisen, zusätzliche Verformungen auftreten, so läßt sich dies ebenfalls durch eine Abminderung der ideellen Schubsteifigkeit berücksichtigen. Besser ist es jedoch, dies durch eine zusätzliche geometrische Imperfektion des Gesamtstabes zu erfassen.

Die Größe der Schubsteifgkeit kann je nach konstruktiver Ausführung erheblich schwanken. Als Größenordnung gilt

a) Stahlbau:

    Gitterstäbe $S_{id} = 10000$ bis 100000 kN

    Rahmenstäbe $S_{id} = 2000$ bis 20000 kN

b) Gerüstbau:

    Gitterstäbe $S_{id} = 500$ bis 5000 kN

    Rahmenstäbe $S_{id} = 2000$ bis 20000 kN

3.8.3.3 Nachweis nach DIN 4114

Beim Nachweis nach DIN 4114 wird der Enfluß der Schubverformung durch eine ideelle Vergrößerung der Stabschlankheit erfaßt. Mit der ideellen Vergleichsschlankheit λ_{vi} werden dann die Knicknachweise wie für einen Vollstab geführt, siehe 3.2.6.

Mit der Bezeichnungsweise nach DIN 4114 gilt beim Vollstab

$$N_{Ki} = \frac{\pi^2 EI}{L^2} \,,$$

$$\sigma_{Ki} = \frac{N_{Ki}}{A} = \frac{\pi^2 EI}{AL^2} = \frac{\pi^2 E}{\lambda^2} \,.$$

Bei Berücksichtigung der Schubweichheit nach (3.8-1) folgt

$$\sigma_{Ki} = \frac{\pi^2 E_i}{L^2 \dfrac{A}{I} + \dfrac{\pi^2 EA}{S_{id}}} = \frac{\pi^2 E}{\lambda^2 + \lambda_1^2} = \frac{\pi^2 E}{\lambda_{Vi}^2} \; . \tag{3.8-6}$$

Die ideelle Vergleichsschlankheit ist ein Rechenwert, der die Schubweichheit der verschiedenen Systeme im Glied λ_1^2 erfaßt:

$$\lambda_{Vi} = \sqrt{\lambda^2 + \lambda_1^2} = \sqrt{\lambda^2 + \frac{\pi^2 EA}{S_{id}}} \; . \tag{3.8-7}$$

Sofern mehr als $m = 2$ Einzelstäbe durch einen Querverband oder Bindeblech verbunden werden, ist dies durch Erweiterung von (3.8-7) zu berücksichtigen:

$$\lambda_{Vi} = \sqrt{\lambda^2 + \frac{m}{2} \lambda_1^2} \; ,$$

wobei m die Anzahl der Einzelstäbe darstellt.

Die Bemessung der Querverbände erfolgt für die Querkraft aus äußeren Lasten und zusätzlich für eine ideelle Querlast V_i:

$$V_i = \frac{F \cdot \text{zul}\,\sigma}{80} \qquad \text{Brückenbau} ,$$

$$V_i = \frac{\omega_{yi} \cdot S}{80} \qquad \text{Hochbau} . \tag{3.8-8}$$

Bei den Bindeblechen ergeben sich daraus Biegemomente, deren Verlauf vereinfachend nach DIN 4114 angenommen werden darf.

3.8.3.4 Nachweis nach DIN 18 800 Teil 2 (11.90)

Beim Nachweis nach DIN 18 800 Teil 2 wird, wie beim Knicken von einteiligen Stäben, vom imperfekten Stab ausgegangen. Zur Erfassung der Schubverformung wird ein Ersatzstab betrachtet. An den Ersatzstäben sind zunächst die Schnittgrößen unter den Bemessungswerten der Einwirkungen nach der Theorie II. Ordnung zu ermitteln. Aus diesen sind dann die Schnittgrößen für die Einzelglieder (Gurtstäbe, Füllstäbe, Bindebleche) zu berechnen und damit die erforderlichen Tragsicherheitsnachweise zu führen. Die Bezeichnungsweise entspricht DIN 18 800 Teil 2 (11.90). Als Imperfektionen sind geometrische Ersatzimperfektionen anzunehmen. Für den unverschieblich gelagerten Ersatzstab ist eine geometrische Ersatzimperfektion (parabel-oder sinusförmig) mit dem Stich $w_0 = L/500$ zugrunde zulegen. Für den verschieblich gelagerten Ersatzstab, der nach der Verformung einen Stabdrehwinkel φ aufweist, ist die geometrische Ersatzimperfektion φ_0 nach 3.3.2 gemäß (3.3-6) bis (3.3-8) anzunehmen, wobei in (3.3-6) als Zahlenwert 1/400 angesetzt werden darf. Für planmäßig mittig gedrückte Stäbe mit beidseitig gelenkiger, unverschieblicher Lagerung sind Angaben über die Gesamtschnittgrößen des Stabes, M_y in Stabmitte und V_z am Stabende, in DIN 18 800 Teil 2 (11.90) vorhanden. Bei planmäßigen Biegemomenten können die Schnittgrößen nach [27] bestimmt werden.

Aus den so für den Ersatzstab erhaltenen Schnittgrößen lassen sich die Kräfte und Momente der Einzelglieder mehrteiliger Stäbe an den jeweils ungünstigsten Stellen berechnen.

Die Gurte sind für die extremale Gurt-Nomalkraft

$$N_\mathrm{G} = \frac{N}{r} + \frac{M_z}{W_z^*} \cdot A_\mathrm{G} \tag{3.8-9}$$

für den Gurtabschnitt zwischen 2 Knotenpunkten unter der Annahme beidseits gelenkiger Lagerung nach 3.2.8 nachzuweisen.

In (3.8-9) bedeuten

r Anzahl der einzelnen Gurte,

A_G ungeschwächte Querschnittsfläche eines Gurtes,

$I_z^* =$ $\Sigma(A_\mathrm{G}\, y_s^2)$ Rechenwerte für das Trägheitsmoment des Gesamtquerschnittes bei Gitterstäben,

$I_z^* =$ $(A_\mathrm{G}\, y_s^2 + \eta I_{z.\mathrm{G}})$ Rechenwert für das Trägheitsmoment des Gesamtquerschnittes bei Rahmenstäben,

$W_z^* =$ I_z^*/y_s Widerstandsmoment des Gesamtquerschnittes, bezogen auf die Schwerachse des äußeren Gurtes,

η Korrekturwert bei Rahmenstäben,

$\eta =$ 1 für $0 \le \lambda_{\mathrm{K},z} \le 75$,

$\eta =$ $2 - \dfrac{\lambda}{75}$ für $75 \le \lambda_{\mathrm{K},z} \le 150$,

$\eta =$ 0 für $150 \le \lambda_{\mathrm{K},z}$.

Die Beanspruchungen der Querverbände ergeben sich aus den Querkräften·des Ersatzstabes.

Bei Gitterstäben ist für gedrückte Füllstäbe unter den Annahmen planmäßig mittigen Drucks, beidseitig gelenkiger Lagerung und einer Knicklänge gleich der Netzlänge der Nachweis nach 3.2.8 zu führen. Die Füllstäbe von Gitterstäben sind an jedem Gurt so anzuschließen, daß die Normalkräfte der Füllstäbe übertragen werden.

Bei Rahmenstäben sind die Bindebleche mit ihren Anschlüssen entsprechen dem Momentenverlauf zu bemessen.

In Versuchen wurde bestätigt, daß die Endfelder von Rahmenstäben erst versagen, wenn sich eine Fließgelenkkette gebildet hat. Demzufolge sind in dem zwischen 2 Bindeblechen liegenden extremal beanspruchten Einzelfeld die Interaktionsbedingungen für jede der möglichen Fließgelenkstellen unter Beachtung von M_G und N_G, ggf. auch V_G, einzuhalten, siehe 2.5.3 bzw. 2.5.4.

3.9 Beulen von Platten

3.9.1 Allgemeines

Beim Beulen weicht ein durch Druckspannung und/oder Schubspannung belastetes Blech aus der Blechebene aus, siehe Bild 3-37. Platten sind dabei ebene Bauteile, bei denen im Gegensatz zu Stäben nur eine der 3 Abmessungen (t) klein ist gegenüber den beiden anderen (Länge a und Breite b). Da die Belastung in der Mittelebene wirkend angenommen wird, Querlasten hier jedoch nicht betrachtet werden sollen, handelt es sich eigentlich um Scheiben, die Bezeichnung „Platten" ist beim Beulen jedoch üblich.

Die noch gängigen Berechnungsverfahren, die auf der Elastzitätstheorie aufbauen, setzen ebene Bleche voraus. Infolge einiger Unfälle, hervorgerufen durch das Beulen von Bodenblechen in

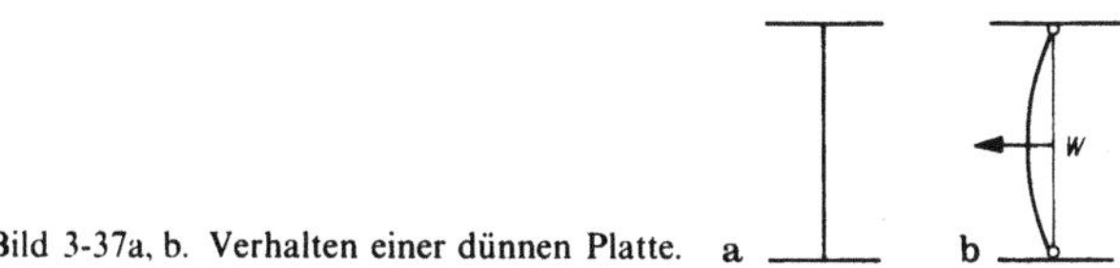

Bild 3-37a, b. Verhalten einer dünnen Platte. a   b

Kastenträgerbrücken, wurde DIN 4114 im Jahre 1973 durch einen Einführungserlaß geändert, der durch die DASt-Richtlinie 012 [V3] abgelöst wurde. Diese wiederum ist durch DIN 18 800 Teil 3 (11.90) ersetzt worden.

3.9.2 Ideale kritische Beulspannung nach der Elastizitätstheorie

Für die praktische Anwendung ist das Beulen rechteckiger Platten besonders wichtig. Die einfachsten Lösungen erhält man bei idealisierten Voraussetzungen, ähnlich denen beim Stabknicken, Abschnitt 3.2.2. Diese betreffen: unbeschränkte Gültigkeit des Hookeschen Gesetzes, ideal ebenes Blech, Lastangriff (i.allg. als Spannungen) in der Mittelebene des Bleches, konstante Beanspruchung über die Länge des Beulfeldes. Die Differentialgleichung für Beanspruchung durch σ_x, σ_y, τ (Bild 3-38) lautet

$$N\left(\frac{\partial^4 w}{\partial x^4} + 2\cdot\frac{\partial^4 w}{\partial x^2 \partial y^2} + \frac{\partial^4 w}{\partial y^2}\right) + t\left(\sigma_x\frac{\partial^2 w}{\partial x^2} + 2\tau\frac{\partial^2 w}{\partial x \delta y} + \sigma_y\frac{\partial^2 w}{\partial y^2}\right) = 0 \qquad (3.9\text{-}1)$$

mit

$$N \quad = \frac{Et^3}{12(1-\mu^2)} \quad \text{Plattensteifigkeit,}$$

$w(x, y)$ Durchbiegung der Platte rechtwinklig zu ihrer Mittelebene.

Die geschlossene Lösung von (3.9-1) gelingt nur in Sonderfällen. Ein solcher Sonderfall ist durch eine gelenkig umfangsgelagerte Platte (Bild 3-39) unter konstanter Druckbeanspruchung gegeben, an dem das prinzipielle Vorgehen gezeigt werden kann.

 Die hier vorliegenden, sog. Navierschen Randbedingungen fordern längs der Ränder $w = 0$, $\partial^2 w/\partial x^2 = \partial^2 w/\partial y^2 = 0$.

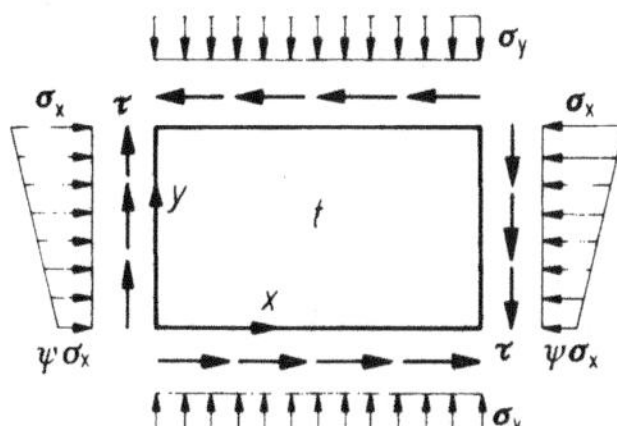

Bild 3-38. Platte mit Beanspruchungen σ_x, σ_y, τ.

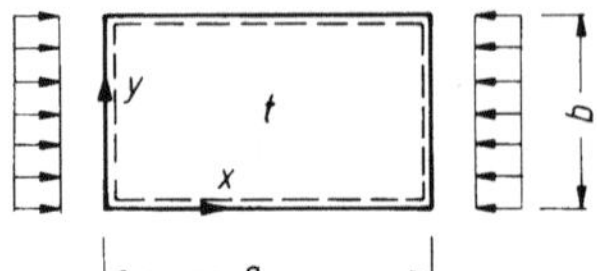

Bild 3-39. Sonderfall einer Platte: Konstanter Druck, Naviersche Randbedingungen.

Mit dem Ansatz

$$w(x, y) = C \cdot \sin \frac{m\pi x}{a} \cdot \sin \frac{n\pi y}{b} \tag{3.9-2}$$

erhält man nach dem Bilden der Ableitungen und Einsetzen in (3.9-1) die ideale kritische Beulspannung

$$\sigma_{xPi} = \frac{N\pi^2}{tb^2} \frac{\left[\left(\dfrac{m}{\alpha}\right)^2 + n^2\right]^2}{\left(\dfrac{m}{\alpha}\right)^2},$$

mit

$$\sigma_{xPi} = \sigma_e k_\sigma \tag{3.9-3}$$

σ_e Bezugsspannung, die als Euler-Knicklast eines Plattenstreifens von der Breite 1 und der
       Knicklänge b gedeutet werden kann,

k_σ Beulwert für die untersuchte gleichmäßig verteilte σ_x^- Spannung,

Damit ist ersichtlich, daß sich die kritische Beulspannung als Produkt einer Konstanten mit dem
Beulwert k darstellen läßt. Der Beulwert k ist abhängig vom Seitenverhältnis α, Spannungsart,
Spannungsverlauf, Randbedingungen.

Im vorliegenden Fall ergeben sich die kleinsten Werte für $n = 1$:

$$k_\sigma = \left(\frac{\alpha}{m}\right)^2 \left[\left(\frac{m}{\alpha}\right)^2 + 1\right]^2 = \left[\frac{m}{\alpha} + \frac{\alpha}{m}\right]^2. \tag{3.9-4}$$

Eine Auswertung zeigt das Bild 3-40.

Näherungsweise kann gesetzt werden

$$k_\sigma = \left(\frac{1}{\alpha} + \alpha\right)^2, \quad \alpha < 1,$$

$$k_\sigma = 4 \quad , \quad \alpha \geqq 1.$$

Für andere Belastungs- und Lagerungsfälle werden in der Regel Näherungsverfahren angewendet,
wobei jedoch das Grundprinzip der Darstellung (3.9-2) erhalten bleibt. Die Beulwerte sind der
Literatur zu entnehmen, z.B. [5, 7].

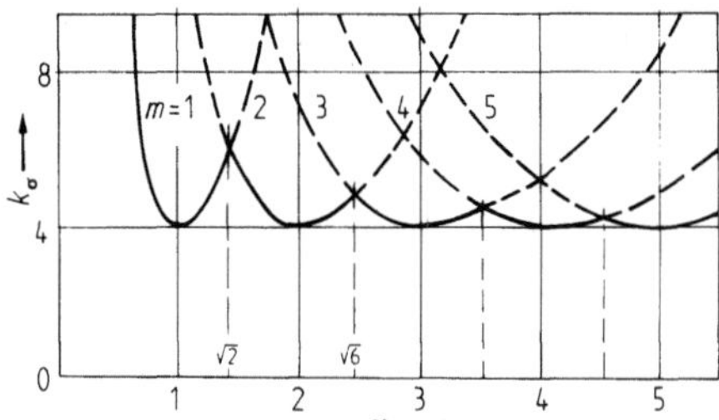

Bild 3-40. Beulgirlanden für die Platte nach Bild 3-39.

3.9.3 Grenzbeulspannung bei einachsiger Beanspruchung

3.9.3.1 Allgemeines

Die Grenzbeulspannung soll das tatsächliche Werkstoffverhalten des Stahls und den Einfluß von Imperfektionen berücksichtigen.

Da sich gezeigt hat, daß auch die Art der Beanspruchung (Normalspannungen, Schubspannungen) und die Lagerung der Längsränder von Einfluß auf die Tragfähigkeit sind, sind auch diese Parameter in geeigneter Weise zu berücksichtigen. Dies kann entweder durch Wahl einer speziellen Traglastkurve geschehen (Konzept von DIN 18800 Teil 3) oder durch die Wahl entsprechender Sicherheitsbeiwerte (Konzept von [V3]).

Die Beulkurven selbst wurden aufgrund von theoretischen Untersuchungen und insbesondere der Auswertung von Versuchen festgelegt. Um sie für alle Baustähle verwenden zu können, sind sie in dimensionsloser Darstellung angegeben.

3.9.3.2 Nachweis nach DASt-Richtlinie 012 [V3]

Die Beulspannung besteht aus drei Bereichen, siehe Bild 3-41. Die formelmäßige Darstellung ist aus (3.9-5) zu ersehen (Bezeichnungen nach [V3]):

$$\bar{\sigma}_{VK} \begin{cases} 1{,}0 & \bar{\lambda}_V \le 0{,}70 \\ 1{,}474 - 0{,}677 \cdot \bar{\lambda}_V & 0{,}7 < \bar{\lambda}_V < 1{,}291 \\ 1/\bar{\lambda}_V^2 & \bar{\lambda}_V \ge 1{,}291 \end{cases} \tag{3.9-5}$$

Darin bedeuten:

$\bar{\lambda}_V \qquad = \lambda_V/\lambda_F = \sqrt{\sigma_F/\sigma_{VKi}}$ bezogener Vergleichsschlankheitsgrad ,

$\lambda_V \qquad = \pi\sqrt{E/\sigma_{VKi}}$ Vergleichsschlankheitsgrad ,

$\lambda_F \qquad = \pi\sqrt{E/\sigma_F}$ Bezugsschlankheitsgrad ,

$\bar{\sigma}_{Vk} \qquad = \sigma_{Vk}/\sigma_F$ bezogene Beulspannung ,

σ_{VKi} ideale Beulvergleichsspannung, siehe 3.9.4.1 .

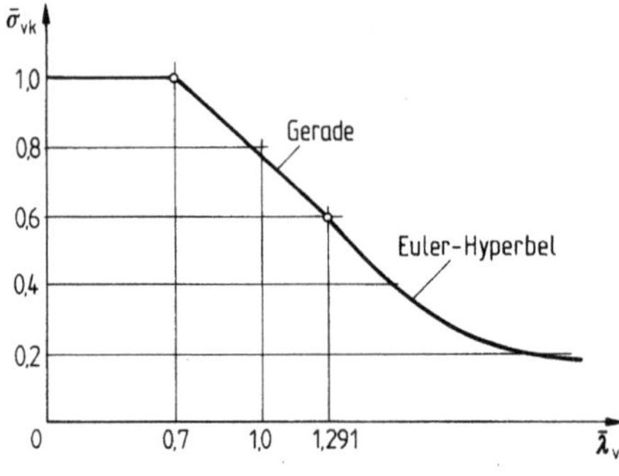

Bild 3-41. Beulkurve nach DASt-Richtlinie 012 [V3].

3.9.3.3 Berechnung nach DIN 18 800 Teil 3

Die Grenzbeulspannungen ergeben sich nach

$$\sigma_{xP,R,d} = \kappa_x \cdot f_y/\gamma_M,$$
$$\tau_{P,R,d} = \kappa_\tau \cdot f_y/(\sqrt{3} \cdot \gamma_M) \tag{3.9-6}$$

(Bezeichnungen nach DIN 18 800 Teil 3)
mit

κ, κ_τ Abminderungsfaktoren ,

γ_M Teilsicherheitsbeiwert für die Widerstandsseite, $= 1,1$, siehe 2.1 .

Die Abminderungsfaktoren κ_x, κ_τ sind in DIN 18 800 Teil 3, Tabelle 1 für die verschiedenen Lagerungsfälle angegeben. Für den wichtigsten Fall der unversteiften Gesamtfelder sind die Werte κ_x, κ_τ wie folgt zu ermitteln:

$$\kappa_x = c\left(\frac{1}{\overline{\lambda}_P} - \frac{0,22}{\overline{\lambda}_P^2}\right) \qquad \leqq 1, \tag{3.9-7a}$$

$$\kappa_\tau = \frac{0,84}{\overline{\lambda}_P} \qquad \leqq 1 \tag{3.9-7b}$$

mit

$$c = 1,25 - 0,25\psi \qquad \leqq 1,25 ,$$

$$\overline{\lambda}_P = \sqrt{\frac{f_y}{\sigma_{xPi}}} \qquad \text{bei } \sigma\text{-Spannungen} ,$$

$$\overline{\lambda}_P = \sqrt{\frac{f_y}{\tau_{Pi} \cdot \sqrt{3}}} \qquad \text{bei } \tau\text{-Spannungen} ,$$

ψ Spannungsverhältnis, siehe Bild 3-38 .

3.9.4 Mehrachsige Beanspruchungen

3.9.4.1 Nachweis nach DASt-Richtlinie 012 [V3]

Die Zurückführung eines mehrachsigen Spannungszustandes auf einen einachsigen geschieht mit
Hilfe der Vergleichsspannung σ_V, siehe 2.2.5. Bei Gültigkeit des Hookeschen Gesetzes können
ähnlich wie nach 3.9.2 numerisch Werte für die ideale Beulvergleichsspannung σ_{VKi} ermittelt werden.
Bei der Anwendung erweist es sich jedoch als hilfreich, von den kritischen Einzelbeulspannungen
σ_{xPi}, τ_{Pi} auszugehen und daraus σ_{VKi} zu berechnen. DIN 4114 verwendet für den häufigsten
Sonderfall Gl. (3.9-8), die allgemein anwendbare Ermittlung mit Hilfe von Diagrammen ist in [5]
angegeben:

$$\sigma_{VKi} = \frac{\sqrt{\sigma_x^2 + 3\tau^2}}{\dfrac{1+\psi}{4}\cdot\dfrac{\sigma_x}{\sigma_{xPi}} + \sqrt{\left(\dfrac{3-\psi}{4}\cdot\dfrac{\sigma_x}{\sigma_{xPi}}\right)^2 + \left(\dfrac{\tau}{\tau_{Pi}}\right)^2}} \,. \tag{3.9-8}$$

Statt σ_{xPi} und τ_{Pi} sind in DIN 4114 und [V3] die Bezeichnungen σ_{1Ki}, τ_{Ki} verwendet.

Beispiel 3.9-1: Platte als Teil eines Hochbauträgers
Das System, die Abmessungen und die Beanspruchungen sind im Bild 3-42 dargestellt. Dabei soll
das Gesamtbauteil keine resultierende Druckkraft aufweisen.
   Die Bezugsspannung σ_e beträgt:

$$\sigma_e = 18980 \cdot \left(\frac{1,5}{100}\right)^2 \quad = 4,27\,\text{kN/cm}^2\,.$$

Die Beulwerte ergeben sich für $\alpha = a/b = 1,50$ nach DIN 4114 Teil 1, Tafel 6:

$$k_\sigma = \frac{8,4}{\psi + 1,1} \quad = \frac{8,4}{0,25 + 1,1} \quad = 6,22$$

$$\sigma_{xPi} = 6,22 \cdot 4,27 \qquad\qquad = 26,6\,\text{kN/cm}^2$$

$$\kappa_\tau = 5,34 + \frac{4,0}{\alpha^2} \quad = 5,34 + \frac{4,0}{2,25} \quad = 7,12$$

$$\tau_{Pi} = 7,12 \cdot 4,27 \qquad\qquad = 30,4\,\text{kN/cm}^2$$

$$\sigma_V = \sqrt{12^2 + 3 \cdot 7^2} \qquad\qquad = 17,1\,\text{kN/cm}^2$$

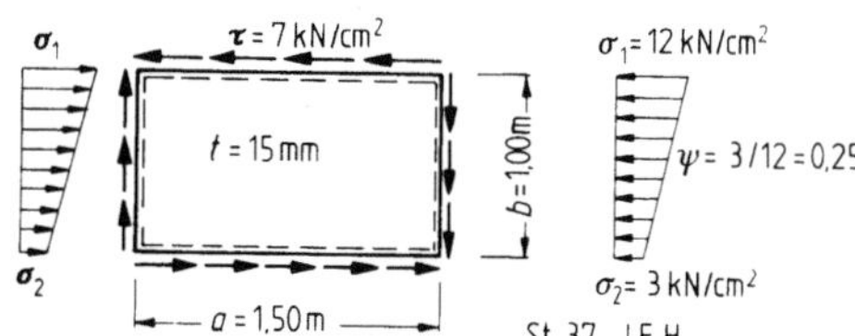

Bild 3-42. Beispiel: Platte mit σ_x, τ.

mit $\sigma_1/\sigma_{xPi} = 12,0/26,6 = 0,451$ und $\tau/\tau_{Pi} = 7/30,4 = 0,230$ ergibt sich

$$\sigma_{VKi} = \frac{17,1}{\dfrac{1,25}{4}\cdot 0,451 + \sqrt{\left(\dfrac{2,75}{4}\cdot 0,451\right)^2 + 0,23^2}} = 32,4 \text{ kN/cm}^2$$

$$\lambda_V = \pi\sqrt{21000/32,4} \qquad\qquad\qquad = 80,0$$

$$\lambda_F = \pi\sqrt{21000/24} \qquad\qquad\qquad = 92,9$$

$$\bar{\lambda}_V = 80/92,6 \qquad\qquad\qquad\qquad = 0,86$$

$$\bar{\sigma}_{Vk} = 1,474 - 0,677\cdot 0,86 \qquad\qquad = 0,89$$

$$\sigma_{Vk} = 0,89\cdot 24 \qquad\qquad\qquad\qquad = 21,4 \text{ kN/cm}^2$$

$$v_B^* = 21,4/17,1 = 1,25 < \text{erf}\, v_B^*$$

Um das Beulfeld beulsicher zu machen, bestehen folgende Möglichkeiten:

a) Blechdicke vergrößern,
b) Beulsteifen einziehen,

wobei im Hochbau i. allg. die Blechdicke vergrößert wird.

3.9.4.2 Nachweis nach DIN 18 800 Teil 3

Es ist nachzuweisen, daß die Interaktionsbedingung (3.9-9) erfüllt ist, die hier vereinfachend nur für den Regelfall von σ_x- und τ-Spannungen angeschrieben ist. (Die Erweiterung auf σ_y-Spannungen

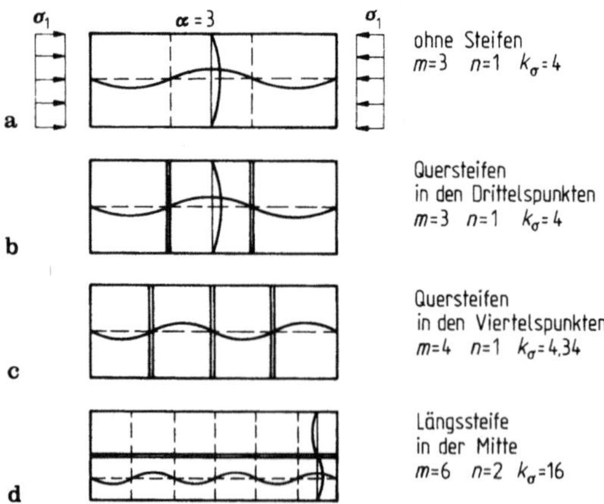

Bild 3-43a–d. Auswirkung von Beulsteifen auf den Beulwert k_σ.

siehe DIN 18 800 Teil 3.)

$$\left(\frac{|\sigma_x|}{\sigma_{xP,R,d}}\right)^{e_1} + \left(\frac{\tau}{\tau_{P,R,d}}\right)^{e_3} \leqq 1 \qquad (3.9\text{-}9)$$

mit

$$e_1 = 1 + \kappa_x^4, \qquad (3.9\text{-}10a)$$

$$e_4 = 1 + \kappa_x \cdot 1 \cdot \kappa_\tau^2. \qquad (3.9\text{-}10b)$$

Die in (3.9-9) und (3.9-10) verwendeten Abminderungsfaktoren und Grenzbeulspannungen sind unter gedachter alleiniger Wirkung der entsprechenden Spannungen zu ermitteln. Eine ideale Beulvergleichsspannung wird nicht mehr verwendet. Dies erleichtert die Anwendung insbesondere in den Fällen, in denen zu σ_x, τ weitere Spannungen σ_y hinzukommen. Ein vereinfachter Beulsicherheitsnachweis ist für unversteifte Bleche auch mit Hilfe von Diagrammen [33] möglich.

Beispiel 3.9-2: wie Beispiel 3.9-1
Als Bemessungswerte der Einwirkungen werden die 1,35fachen Werte vom Bild 3-42 angenommen:

$$\sigma = 16,2 \text{ kN/cm}^2, \quad \tau = 9,45 \text{ kN/cm}^2$$

Normalspannung (Index x weggelassen):

$$\bar{\lambda}_P = \sqrt{24/26,6} \qquad\qquad = 0,949$$

$$c = 1,25 - 0,25 \cdot 0,25 \qquad\qquad = 1,188$$

$$\kappa = 1,188\left(\frac{1}{0,949} - \frac{0,22}{0,949^2}\right) \qquad = 0,961$$

$$\sigma_{P,R,d} = 0,961 \cdot 24/1,1 \qquad\qquad = 21,0 \text{ kN/cm}^2$$

Schubspannung:

$$\bar{\lambda}_P = \sqrt{24/(30,4 \cdot \sqrt{3})} \qquad = 0,455$$

$$\kappa_\tau \qquad\qquad\qquad = 1,0$$

$$\tau_{P,R,d} = 1,0 \cdot 24/\sqrt{3} \cdot 1,1) \qquad = 12,6 \text{ kN/cm}^2$$

Interaktion:

$$e_1 = 1 + 0,961^4 \qquad\qquad = 1,85$$

$$e_4 = 1 + 0,961 \cdot 1^2 \qquad\qquad = 1,96$$

$$\left(\frac{16,2}{21,0}\right)^{1,85} + \left(\frac{9,45}{12,6}\right)^{1,96} \qquad = 1,188 > 1,0$$

Die Tragsicherheit ist also hiernach nicht ausreichend.

3.9.5 Sonderfragen

3.9.5.1 Beulen ausgesteifter Platten

Die Beulsicherheit von Platten kann durch Beulsteifen erhöht werden.
Deren Wirkung beruht darauf, daß sie mögliche Verformungen des Bleches verhindern. Daraus folgt
als Forderung:

a) Beulsteifen wirksam anordnen,
b) Beulsteifen zweckmäßig anordnen.

Einige mögliche Aussteifungen sind für eine Platte mit gleichmäßig verteilten Druckspannungen im
Bild 3-43 einschließlich der Beulwerte angegeben. Als Ergebnis ist festzustellen, daß Quersteifen nur
dann nützlich sind, wenn die Beulenlängen wesentlich verkürzt werden.
   Allgemein gilt als Faustregel:

a) für Druckspannungen Längssteifen,
b) für Schubbeanspruchung Längs- oder Quersteifen

anordnen.
Bei reiner Biegebeanspruchung ist die günstigste Lage der Steifen etwa in $b/5$.
   Wenn Aussteifungen angeordnet werden, wird das vorhandene Gesamtfeld unterteilt. Allgemein
werden in [V3] und DIN 18800 Teil 3 Gesamtfelder, Teilfelder und Einzelfelder nach Bild 3-44
unterschieden.

Gesamtfeld: Feld $a \cdot b$
Teilfelder: Felder $a_i \cdot b$
Einzelfelder: Felder $a_i \cdot b_{ik}$

In der Regel ist für die Beulfelder an den vier Rändern gelenkige und unverschiebliche Lagerung
anzunehmen.
   Die Ermittlung der idealen Beulspannungen bei einachsiger Beanspruchung erfolgt analog zu
3.9.2. In der Literatur sind entsprechende Beulwerte angegeben, siehe insbesondere [5, 7]. Die
Berücksichtigung von mehrachsigen Spannungszuständen erfolgt analog zu 3.9.4.

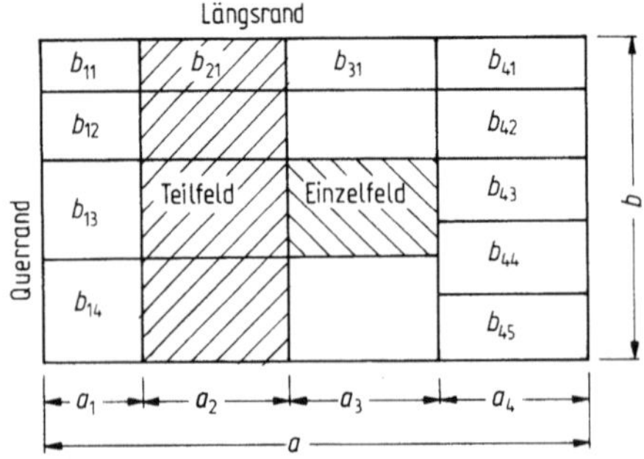

Bild 3-44. Definition von Beulfeldern.

3.9.5.2 Erforderliche Beulsicherheiten

Um mit einer einheitlichen Beulkurve arbeiten zu können, wurden nach DASt Richtlinie 012 [V3] unterschiedliche Sicherheiten in Abhängigkeit vom Beanspruchungsfall und vom untersuchten Feld (siehe Bild 3-44) gewählt. DIN 18 800 Teil 3 arbeitet dagegen mit einem einheitlichen Sicherheitskonzept, siehe 2.1, dafür jedoch mit verschiedenen Traglastkurven.

Beispielsweise fordert [V3] für Gesamtfelder im LFH folgende Einzelsicherheiten:

$$\sigma_x = \mathrm{erf}\, v_{\mathrm{B}}(\sigma_x) \qquad = 1{,}32 + 0{,}19\,(1 + \psi)\,,$$

$$\tau = \mathrm{erf}\, v_{\mathrm{B}}(\tau) \qquad = 1{,}32\,.$$

Daraus ist eine kombinierte erforderliche Sicherheit zu ermitteln:

$$\mathrm{erf}\, v_{\mathrm{B}}^* = \sqrt{\frac{(\sigma_x/\sigma_{x\mathrm{Pi}})^2 + (\tau/\tau_{\mathrm{Pi}})^2}{\left[\dfrac{\sigma_x/\sigma_{x\mathrm{Pi}}}{\mathrm{erf}\, v_{\mathrm{B}}(\sigma_x)}\right]^2 + \left[\dfrac{\tau/\tau_{\mathrm{Pi}}}{\mathrm{erf}\, v_{\mathrm{B}}(\tau)}\right]^2}}\,. \qquad (3.9\text{-}11)$$

Beispiel 3.9-3: Unversteifte Platte von Beispiel 3.9-1

$$\mathrm{erf}\, v_{\mathrm{B}}(\sigma_x) = 1{,}32 + 0{,}19\,(1 + 0{,}25) \qquad = 1{,}56$$

$$\mathrm{erf}\, v_{\mathrm{B}}(\tau) \qquad\qquad\qquad = 1{,}32$$

$$\mathrm{erf}\, v_{\mathrm{B}}^* = \sqrt{\frac{0{,}451^2 + 0{,}230^2}{\left(\dfrac{0{,}451}{1{,}56}\right)^2 + \left(\dfrac{0{,}230}{1{,}32}\right)^2}} = 1{,}50 > 1{,}25 \ (\text{siehe } 3.9.4.1)$$

3.9.5.3 Knickstabähnliches Verhalten

Für Knickstäbe werden andere Nachweise gefordert als für Platten unter ähnlichen Beanspruchungen. Aus diesem Grunde muß für Platten zusätzlich nachgewiesen werden, daß

- kein knickstabähnliches Verhalten vorliegt oder
- die erforderlichen Beulsicherheiten sind zu erhöhen.

Nach DASt-Richtlinie 012 [V3] liegt dann kein knickstabähnliches Verhalten vor, wenn erfüllt ist:

$$\frac{\sigma_{\mathrm{Ki}}}{\sigma_{x\mathrm{Pi}}} \le 0{,}5 \qquad (3.9\text{-}12)$$

mit

σ_{Ki} kritische Knickspannung eines Plattenstreifens,

$\sigma_{x\mathrm{Pi}}$ ideale Einzelbeulspannung des untersuchten Beulfeldes mit den angenommenen Randbedingungen unter alleiniger Wirkung von σ_x.

Nach DIN 18 800 Teil 3 liegt knickstabähnliches Verhalten vor, wenn erfüllt ist:

$$\varrho = \frac{\Lambda - \sigma_{Pi}/\sigma_{Ki}}{\Lambda - 1} > 0 , \tag{3.9-13}$$

$$\Lambda = \bar{\lambda}_P^2 + 0,5, \quad \text{jedoch } 2 \leqq \Lambda \leqq 4 .$$

Die Grenzbeulspannung ist dann

$$\kappa_{PK} = (1 - \varrho^2)\kappa_x + \varrho^2 \cdot \kappa_K \tag{3.9-14}$$

mit

κ_x nach (3.9-7a),

κ_k nach (3.9-12), Knickspannungslinie b, für einen gedachten Stab mit dem bezogenen Plattenschlankheitsgrad $\bar{\lambda}_P$.

Beispiel 3.9-4: Unversteifte Platte des Beispiels 3.9-1
Nach [V3]:

$$\frac{\sigma_{Ki}}{\sigma_{xPi}} = \frac{1}{k_\sigma \cdot \alpha^2} = \frac{1}{6,22 \cdot 1,5^2} = 0,071 < 0,5 .$$

Nach DIN 18 800 Teil 3:

$$\varrho^2 = 0,949^2 + 0,5 \qquad = 1,40 \quad < 2 .$$

In beiden Fällen liegt kein knickstabähnliches Verhalten vor.

3.9.5.4 Wirksame Breite von versteiften Blechen

Für die Ermittlung der Beulwerte ausgesteifter Platten muß die Steifigkeit der Steifen bekannt sein. Dabei trägt ein Teil des Bleches als Gurt der Steifen mit, siehe Bild 3-45.

Wenn die Gurtbleche große b/t-Verhältnisse aufweisen, wird durch örtliches Beulen ihre Wirksamkeit herabgesetzt. Rechnerisch wird dies dadurch berücksichtigt, daß mit gedachten wirksamen Breiten gearbeitet wird – die darüber hinausgehenden Blechbereiche werden „abgeschnitten" gedacht. Dieses Konzept wird insbesondere auch bei der Berechnung dünnwandiger Profile [V7] verwendet, es geht auf amerikanische Untersuchungen von G. Winter zurück.

Die wirksamen Breiten werden mit b' bezeichnet, siehe Bild 3-45. Zahlenwerte sind in [V3, V7] und DIN 18 800 Teil 3 angegeben.

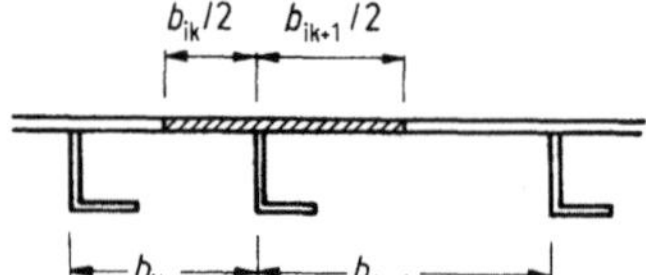

Bild 3-45. Wirksame Breiten.

3.9.5.5 Beulknicken

Das Knicken von Druckstäben und das Beulen ihrer dünnwandigen, versteiften oder unversteiften Querschnittsteile können sich gegenseitig beeinflussen. Der entsprechende Bereich, in dem weder das Beulen allein, noch das Knicken allein maßgebend ist, wird nach DASt Richtlinie 012 [V3] als „Beulknicken" bezeichnet. Die zugehörige Grenzspannung σ_{BK} kann aus einem Diagramm oder formelmäßig berechnet werden (DASt-Richtlinie 012, 6.3.2).

Liegen Bauteile mit Schnittgrößen einschließlich Druckkraft vor, so ist die maßgebende Grenzspannung σ_G linear aus den Spannungsanteilen ohne und mit Längskraft zu interpolieren (DASt Richtlinie 012, 6.3.3.3).

Im Rahmen der neuen Stahlbau-Grundnormen ist das Beulknicken in DIN 18 800 Teil 2 (11.90), Abschnitt 7 geregelt. Dabei werden die Nachweismöglichkeiten für dickwandige Profile prinzipiell beibehalten. Der spezielle Effekt der durch Beulen ausgefallenen Querschnittsteile wird wieder über das Konzept der wirksamen Breiten erfaßt, siehe 3.9.4. Für die Querschnitte, bei denen nicht mehr alle Querschnittsteile voll mitwirken, werden die verminderten Steifigkeiten und Querschnittswiderstände (z.B. M'_{pl}) bei der Berechnung berücksichtigt. Die wirksamen Breiten hängen dabei vom gewählten Nachweisverfahren nach Tabelle 2-1 ab – die Anwendung des Verfahrens 3 (Plastisch-Plastisch) ist dabei nicht erlaubt.

Das Beulknicken spielt insbesondere bei dünnwandigen kaltgeformten Bauteilen eine große Rolle, siehe [V7].

3.9.5.6 Überkritisches Tragverhalten

Unter dem überkritischen Tragverhalten eines Systems versteht man dessen Vermögen, nach Überschreitung der Verzweigungslast noch weitere Belastung aufnehmen zu können. Dies ist bei Platten im Prinzip der Fall.

Eine Aussage über die Verhältnisse nach Überschreiten der Verzweigungslast ist möglich, wenn der Anteil der Durchbiegung an der Längsdehnung berücksichtigt wird:

$$\varepsilon = \frac{\partial u}{\partial x} + \frac{1}{2} \cdot \left(\frac{\partial w}{\partial x} \right)^2 \tag{3.9-15}$$

Für eine umfangsgelagerte, durch konstanten Druck beanspruchte Platte ist das Ergebnis prinzipiell im Bild 3-46 dargestellt. Es ergibt sich demnach nach Überschreiten von p_{Ki} eine Umlagerung der Spannungen zu den unverformten Rändern.

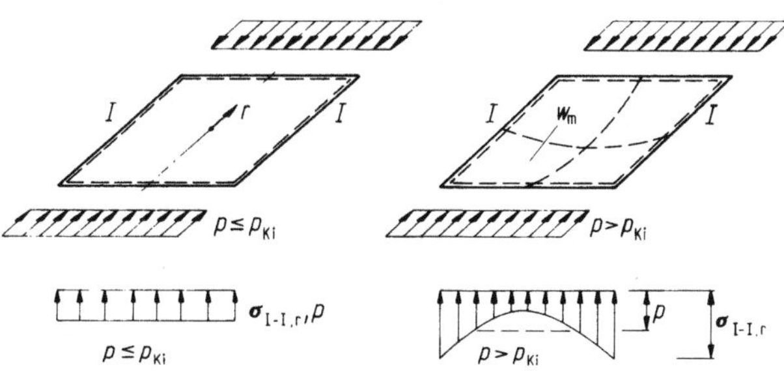

Bild 3-46. Umlagerung der Spannungen nach dem Überschreiten von p_{Ki}.

Diesem günstigen Effekt der Verformung bei $p > p_{Ki}$ steht ein negativer Effekt gegenüber, wenn Vorverformungen vorhanden sind. Auch diese Vorverformungen w_0 führen dazu, daß die Randspannungen anwachsen. Die Randspannungen können jedoch nicht beliebig gesteigert werden, sondern nur soweit, bis die Streckgrenze erreicht ist und gegebenenfalls noch ein Teil des inneren Plattenbereiches plastiziert ist. Damit ist klar:

- große Vorverformungen führen zu einer kleineren Steigerung $p_{Gr} > p_{Ki}$ als kleinere Verformungen,
- die Wirkung von Eigenspannungen hat ähnlichen Einfluß wie eine Vorverformung,
- der Geltungsbereich der linearen Beultheorie ist beschränkt .

Im Stahlbau kann i. allg. nur bei Platten das überkritische Tragverhalten ausgenutzt werden. Es macht sich nur im Bereich großer Schlankheiten und damit bei geringer Spannungsausnutzung bemerkbar. Sofern das überkritische Tragverhalten ausgenutzt werden soll, ist der Gebrauchstauglichkeit (Verformungseinfluß) gegebenenfalls besondere Aufmerksamkeit zu widmen. Bei einer Ausnutzung des Materials bis in die Nähe der Streckgrenze sind überkritische Reserven nicht gegeben.

Die Beulkurve der DASt-Richtlinie 012 [V3] verzichtet auf eine Ausnutzung des überkritischen Tragverhaltens.

Die Grenzbeulspannung $\sigma_{P,R,d}$ nach DIN 18 800 Teil 3 dagegen nutzt einen Teil des überkritischen Tragverhaltens aus. Beim Vergleich der Grenzbeulspannung für große bezogene Schlankheitsgrade $\bar{\lambda}_P$ wird dies im Vergleich zu den Werten nach [V3] deutlich.

Baupraktische Bedeutung hat das überkritische Tragverhalten ferner bei Trägern mit schlanken Stegen [V8]. Hier kann in bezug auf die Schubtragfähigkeit das überkritische Tragverhalten durch das erweiterte Modell der Zugfeldtheorie ausgenutzt werden. Für Träger mit Zwischensteifen ergibt sich für den mittleren Trägerbereich dabei das im Bild 3-47 dargestellte Tragmodell. Es ist dadurch charakterisiert, daß sich hier entsprechend der Wirkung der Querkraft V ein Zugfeld mit plastischen Gelenken in den Gurten einstellt. Die Zugfeldneigung Φ ergibt sich aus einer Extremalbetrachtung; näherungsweise zu $\Phi = \tfrac{2}{3}\Theta$, siehe Bild 3-47.

Die Querkrafttragfähigkeit eines Steges, dem kein Anteil aus Biegemomenten zugewiesen wird, setzt sich aus 2 Anteilen zusammen:

$$V_u = V_P + 0{,}85\,V_z \,. \tag{3.9-16}$$

Darin ist V_P der Querkraftanteil bei Erreichen der kritischen Schubspannung τ_k. Der Anteil V_z der Zugfeldwirkung ergibt sich aus der Geometrie des Zugbandes unter Berücksichtigung der durch die Gurtnormalkräfte reduzierten plastischen Momente der Gurte. Der Faktor 0,85 wurde in [V8] zur Kalibrierung an Versuchsergebnisse eingeführt. Einzelheiten zu den Nachweisen sind [V8] zu entnehmen.

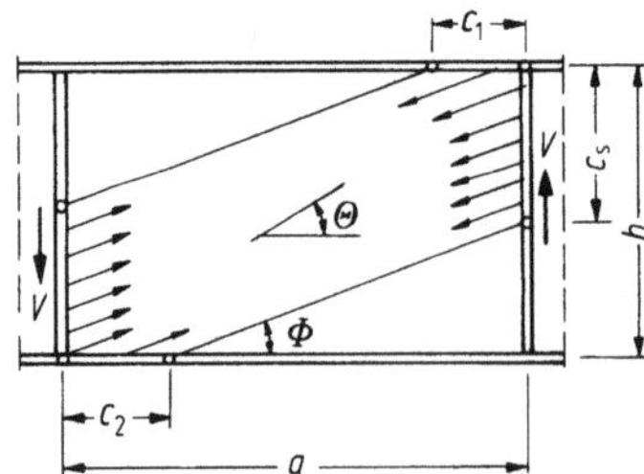

Bild 3-47. Erweitertes Zugfeldmodell.

3.10 Schalenbeulen

3.10.1 Allgemeines

Aus Bild 3-48 ist ersichtlich, daß eine Bemessung nach der idealen Beullast P_{Ki} oder σ_{Ki} nicht möglich ist, da die Traglast P_{Tr} sehr viel niedriger liegt als die Verzweigungslast P_{Ki}.

Die Traglasten von Schalen werden also durch baupraktisch unvermeidbare Imperfektionen sehr viel stärker beeinflußt als die von Stäben und Platten. Bei den meisten Schalen liegen die Traglasten weit unter den idealen Beullasten perfekter Konstruktionen.

Die Abminderungen der idealen Beullasten sind durch nichtlineare Berechnungen und Versuche zu erfassen.

Den *Versuchen* ist dabei größeres Gewicht beizumessen, obwohl es sich zum großen Teil um Modellversuche handelt. In *Berechnungen* gehen theoretische Annahmen, z.B. über bestimmte Lagerungsbedingungen, zu stark ein und können das Ergebnis sehr beeinflussen.

Die Abminderungsfaktoren sind im wesentlichen von

- den verschiedenen Imperfektionen:
  -- Vorbeulen,
  -- Unrundheiten,
  -- Kantenversetzungen,
  -- Längsschrumpfungen an den Schweißnähten,
  -- Winkelschrumpfungen an den Schweißnähten,
  -- Schweißeigenspannungen,
  -- Walzeigenspannungen,
  -- Schalenform,
  -- Belastungsart,
  -- geometrische Abmessungen,
  -- Randbedingungen, Randstörungen

abhängig.

Diese aus Versuchen erhaltenen Abminderungsfaktoren streuen beträchtlich. Besonders groß ist die Imperfektionsempfindlichkeit von axialbelasteten Kreiszylinderschalen und Kegelschalen.

Die bisherige DIN 4114 [V3] enthält keine Regelungen zum Schalenbeulen. Diese waren bisher verstreut in einzelnen Anwendungsnormen enthalten. Seit einiger Zeit liegt die DASt-Richtlinie 013 [V4] vor, in der erstmals für eine größere Anzahl von Schalen und Belastungen Nachweismöglichkeiten angegeben sind. Diese Richtlinie ist durch DIN 18 800 Teil 4 ersetzt worden.

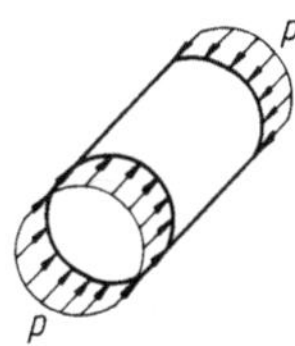
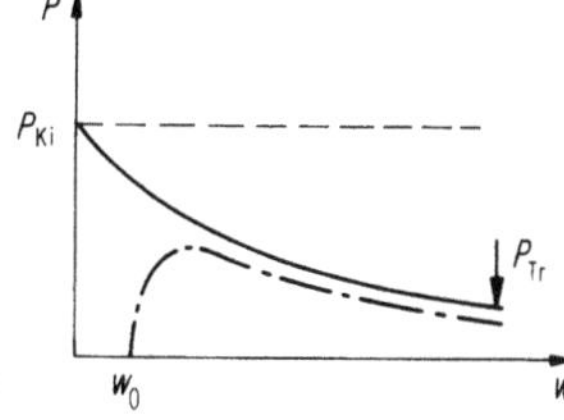

Bild 3-48. Prinzipielles Last-Verformungs-Verhalten einer Kreiszylinderschale.

3.10.2 Nachweis nach DASt-Richtlinie 013

Der formale Aufbau des Nachweises in [V4] lautet

$$\sigma_u \geqq \gamma \cdot \Sigma \sigma \tag{3.10-1}$$

mit

σ_u Tragspannung,

σ vorhandene Spannung,

γ Laststeigerungsfaktor.

Die vorhandene Spannung σ des Vorbeulzustandes wird dabei ohne die Berücksichtigung der Imperfektionen für Schalen mit idealer Geometrie ermittelt, also nach der Theorie I. Ordnung. Um den Sicherheitsbeiwert γ für alle Schalen gleich festlegen zu können, wird der Abminderungsfaktor α für die besonders imperfektionsempfindlichen Schalen zusätzlich mit dem Wert 0,75 multipliziert.

Die Tragspannung σ_u ist (ähnlich wie beim Knicken) als bezogene Tragspannung nach DASt-Richtlinie 013, Bild 1.1 gegeben.

Für Kreiszylinderschalen

$$\bar{\sigma}_u = \frac{\sigma_u}{\sigma_F} = (1,0 - 0,434\,(0,20 - \bar{\lambda}_s)), \quad \bar{\lambda}_s < \sqrt{2,5}\,, \tag{3.10-2a}$$

$$\bar{\sigma}_u = \sigma_e/\sigma_F \qquad\qquad , \quad \bar{\lambda}_s \geqq \sqrt{2,5}\,, \tag{3.10-3}$$

bzw. für Kegelschalen

$$\bar{\sigma}_u = (1,0 - 0,555\,(0,5 - \bar{\lambda}_s)) \qquad , \quad \bar{\lambda}_s < \sqrt{2,5}\,, \tag{3.10-2b}$$

mit

$$\bar{\lambda}_s = \sqrt{\frac{\sigma_F}{\sigma_e}} \text{ bezogener Schlankheitsgrad für das Schalenbeulen,}$$

$\sigma_e = \sigma \cdot \sigma_{Ki}$ abgeminderte ideale Beulspannung .

Der Abminderungsfaktor α enthält also die für das Schalenbeulen charakteristischen Effekte der Imperfektionsauffälligkeit usw. Dieser Wert schwankt:

$$0,1 \leqq \alpha \leqq 1,0 .$$

Der Wert

$$\alpha = 0,1$$

darf als unterer Grenzwert auch dann benutzt werden, wenn die Angaben der DASt-Richtlinie für die vorhandene Schale nicht zutreffen.

Da das Schalenbeulen nur eine der möglichen Instabilitäten darstellt, sind fließende Übergänge zu den anderen Instabilitätsformen erwünscht. Dies wird bei den Kreiszylinderschalen duch die Unterscheidung von 3 Längenbereichen weitgehend erreicht:

Schalen kurzer Länge, Übergang Plattenbeulen,
Schalen mittlerer Länge,
Schalen großer Länge, Übergang Knicken.

3.10.3 Untersuchung des Normalbereiches eines Kalksilos

Beispiel 3.10-1: Das System und die Abmessungen sind nach Bild 3-49 gegeben. Die Belastung ist nach DIN 1055 Teil 6 zu ermitteln.

Aus Kalkmehl:

$$\gamma \approx 10 \, \text{kN/m}^3$$

$$\mu_f = \mu_e \quad = 0,4$$

$$A/U = d/4 \quad = 1,50 \, \text{m}$$

$$z = 12,15 \, \text{m} \quad z_0 = 1,5/04 \cdot 1 = 3,75 \, \text{m}$$

$$\Phi = 0,961$$

$$P'_w = \int_0^z P_w \, dz = \gamma \cdot \frac{F}{U} (z - z_0 \cdot \Phi) \qquad = 128 \, \text{kN/m}$$

$$\text{Dach} - EG + \text{Schnee} \qquad = \quad 7 \, \text{kN/m}$$

$$\text{Mantel } 5 \cdot 0,08 \cdot 12,15 \qquad = \quad \underline{5 \, \text{kN/m}}$$

$$q_1 = 140 \, \text{kN/m}$$

Aus Wind:

$$M_w \approx 0,7 \cdot 1, 1 \cdot 6 \cdot 14^2/2 = 453 \, \text{kNm}$$

$$q_{\lfloor w \rfloor} = (M_w/W) \cdot t = M_w/(\pi d^2/4) = 453/(\pi \cdot 6^2/4) = \quad \underline{16 \, \text{kN/m}}$$

$$\max q = 156 \, \text{kN/m}$$

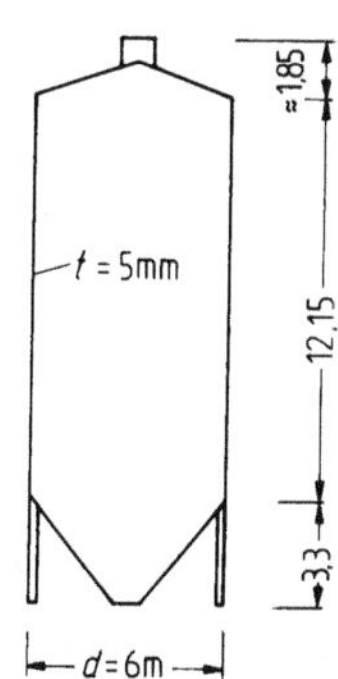

Bild 3-49. Beispiel Kalksilo.

Kreiszylinder mittlerer Länge:

$$l/r \quad = 12{,}15/3 = 4{,}05 \qquad \sqrt{r/t} = 24{,}5$$

$$8/\sqrt{r/t} = 0{,}33 < l/r < 0{,}5\sqrt{r/t} \qquad = 12{,}25$$

$$\sigma_{\mathrm{Ki}} \quad = 0{,}605 \cdot 21000 \cdot 5/3000 \qquad = 21{,}2\ \mathrm{kN/cm^2}$$

$$\alpha \quad = 0{,}52/\sqrt{1 + 3000/100 \cdot 5} \qquad = 0{,}197$$

$$\sigma_{\mathrm{e}} \quad = \alpha \cdot \sigma_{\mathrm{Ki}} = 4{,}18\ \mathrm{kN/cm^2} < 0{,}4\,\beta_{\mathrm{s}} = \ 9{,}6\ \mathrm{kN/cm^2}$$

$$\sigma_{\mathrm{u}} \quad = \sigma_{\mathrm{e}}$$

$$\sigma \quad = 1{,}56/0{,}5 = 3{,}12\ \mathrm{kN/cm^2}$$

$$\gamma \quad = 4{,}18/3{,}26 = 1{,}37 > 1{,}30 \qquad (\text{LF HZ})$$

Die Konstruktion ist also tragsicher.

3.10.4 Nachweis nach DIN 18 800 Teil 4

In dieser Norm sind nur diejenigen Schalen geregelt, für die bisher am meisten Erkenntnisse vorliegen. Dies sind unausgesteifte Kreiszylinderschalen mit konstanter und abgestufter Wanddicke, Kegelschalen und Kugelschalen.

Das Bemessungskonzept folgt demjenigen, das in DIN 18 800 Teil 1 bis 3 angewendet wird. Es ist also nachzuweisen, daß die mit den Bemessungswerten der Einwirkungen ermittelte maßgebende Membranspannung die Grenzbeulspannung nicht überschreitet.

Beim Beulsicherheitsnachweis wird folgendermaßen vorgegangen: Zunächst sind die idealen Einzelbeulspannungen $\sigma_{x\mathrm{Si}}$, $\sigma_{\varphi\mathrm{Si}}$, τ_{Si} zu bestimmen. So ergibt sich für Kreiszylinder mit Druckbeanspruchung in Axialrichtung

$$\sigma_{x\mathrm{Si}} = 0{,}605 \cdot C_x \cdot E\frac{t}{r}. \tag{3.10-4}$$

Dabei hängt der Beiwert C_x von der Einordnung als kurzer und mittellanger, langer oder sehr langer Kreiszylinder und von den Randbedingungen ab.

Mit den idealen Einzelbeulspannungen ergeben sich analog zu (3.2-11) beim Knicken bezogene Schlankheitsgrade $\bar{\lambda}_{\mathrm{S}}$, angegeben für Normalspannungen σ_x:

$$\bar{\lambda}_{\mathrm{S}x} = \sqrt{\frac{f_{y,\mathrm{k}}}{\sigma_{x\mathrm{Si}}}}. \tag{3.10-5}$$

Schließlich wird dann die reale Einzelbeulspannung über einen Abminderungsfaktor κ ermittelt

$$\sigma_{x\mathrm{S,R,k}} = \kappa \cdot f_{y,\mathrm{k}}. \tag{3.10-6}$$

Der Abminderungsfaktor κ ergibt sich aus 2 verschiedenen Traglastkurven je nach Schalentyp und

Belastungsart. Er erfaßt die unterschiedliche Imperfektionsempfindlichkeit verschiedener Schalentypen.

Die Grenzbeulspannung ergibt sich aus

$$\sigma_{xS,R,d} = \sigma_{xS,R,k}/\gamma_M \, , \tag{3.10-7}$$

wobei γ_M für normal imperfektionsempfindliche Schalenbeulfälle nach (2.1-7) angesetzt wird, für sehr imperfektionsempfindliche Schalenbeulfälle jedoch bis auf 1,45 steigt.

Schließlich ist der Nachweis zu führen:

$$\frac{\sigma_x}{\sigma_{xS,R,d}} \leqq 1 \, . \tag{3.10-8}$$

Wenn mehrere Beanspruchungen ($\sigma_x, \sigma_\varphi, \tau$) gleichzeitig auftreten, ist ein Nachweis unter kombinierter Beanspruchung mit Hilfe von Interaktionsgleichungen zu führen.

Besonders zu beachten ist, daß die angegebenen realen Beulspannungen nur gelten, wenn bestimmte Herstellungsungenauigkeiten nicht überschritten sind.

4. Stabilisierungskräfte

4.1 Allgemeines

Druckstäbe und Biegeträger werden häufig durch angrenzende Bauteile ausgesteift. Dabei wirken die angrenzenden Bauteile behindernd auf die Verformungen der auszusteifenden Bauteile. Demzufolge entstehen zwischen dem auszusteifenden und dem angrenzenden Bauteil Kontaktkräfte – die Stabilisierungskräfte.

4.2 Aussteifung eines Druckstabes mit konstanter Normalkraft

Druckstäbe werden häufig durch Verbände ausgesteift, siehe Bild 4-1. Wenn die Verbände ausreichend steif sind, so bewirken sie, daß entweder das Gesamtsystem ausweicht oder der einzelne Gurt in der Verbandsebene zwischen den Knotenpunkten mit dem Abstand a ausweicht, nicht jedoch mit der Länge L.

Wenn der Verband die Gurtstäbe am Ausweichen hindern soll, so erfolgt das durch widerstehende Stabilisierungskräfte an den Verbandsknoten, die ihrerseits aber wieder den Verband belasten.

Um zu Aussagen über die tatsächliche Größe der Stabilisierungskräfte zu gelangen, wird ein vorverformtes System betrachtet. Unter der Vorverformung $v_0(x)$ soll das System frei von Spannungen sein.

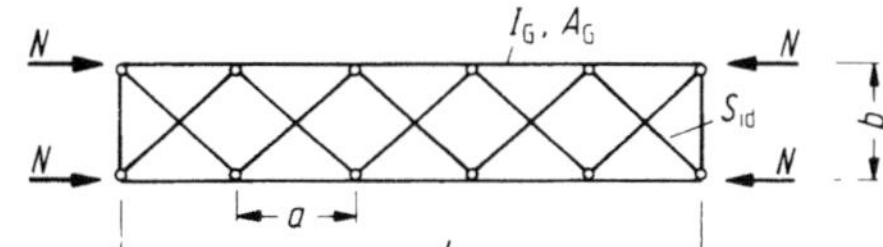

Bild 4-1. Aussteifung von Druckstäben durch einen Verband.

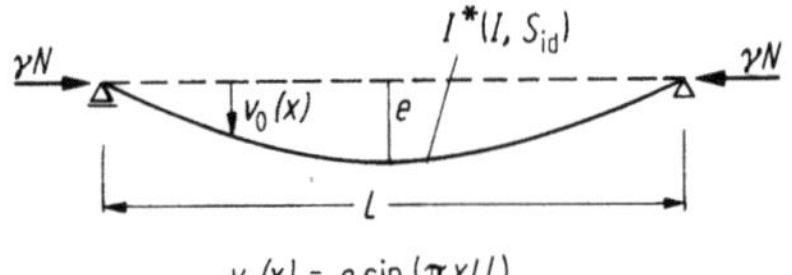

Bild 4-2. Vorverformtes System.

Die Gesamtverformung ergibt sich nach der Theorie II. Ordnung zu

$$v = v_0 \frac{1}{1 - \alpha} \tag{4.2-1}$$

mit

$$\alpha = \frac{N}{N_{Ki}^*} = \frac{\gamma \cdot N}{\pi^2 EI^*} L^2,$$

$$I^* = \frac{I}{1 + \dfrac{\pi^2 EI}{L^2 S_{id}}} = \frac{I}{1 + \dfrac{N_{ki}}{S_{id}}}. \tag{4.2-2}$$

Aus der Belastung ergibt sich eine Verformung

$$\bar{v} = v - v_0 = v_0 \frac{\alpha}{1 - \alpha}$$

und daraus die Querkraft nach (4.2-3) und die maximale Querkraft am Stabende nach (4.2-4)

$$\gamma \cdot V = - EI^* \cdot \bar{v}''' \frac{\alpha}{1 - \alpha}, \tag{4.2-3}$$

$$\gamma \cdot \max V = e \frac{\pi}{L} \frac{\gamma N}{1 - \dfrac{\gamma N}{N_{Ki}^*}}, \tag{4.2-4}$$

wobei γ den globalen Sicherheitsbeiwert darstellt. Wenn mit Teilsicherheitsbeiwerten nach DIN 18 800 Teil 1 (11.90) gearbeitet wird, ist statt γ der Wert γ_F einzusetzen, die Steifigkeiten sind dann $1/\gamma_M$-fach zu berücksichtigen.

Unter der Annahme von $e = L/500$ nach DIN 18 800 Teil 2 (11.90) für mehrteilige normalkraftbeanspruchte Stäbe ergibt sich daraus

$$\max V = \frac{N}{c}, \tag{4.2-5}$$

wobei c in Tabelle 4-1 angegeben ist.

Der im Stahlbau übliche Bereich liegt bei $\gamma N/N_{Ki}^* < 0,5$, so daß sich daraus kleinere Werte ergeben, als sie zur Zeit für die ideelle Querkraft Q_i in DIN 4114 angegeben sind.

Tabelle 4-1. Werte c für Gl. (4.2-5)

$\gamma N/N^*_{Ki}$	0	0,10	0,15	0,20	0,25	0,30	0,40	0,50	0,60	0,70
c	159	143	135	127	119	111	95,5	79,6	63,7	47

Tabelle 4-2. Werte c_1, c_v für Gln. (4.2-6), (4.2-7)

$\gamma N/N^*_{Ki}$	0	0,10	0,15	0,20	0,30	0,40	0,50	0,60	0,70
c_1	50,7	45,6	43,1	40,6	35,5	30,4	25,4	20,3	15,2
c_v	∞	4500	2833	2000	1167	750	500	333	214

Tabelle 4-3. Werte c, c_1, c_v für die Gln. (4.2-5) bis (4.2-7)

$\gamma N/N^*_{Ki}$	0	0,10	0,15	0,20	0,30	0,40	0,50	0,60	0,70
c	159	109	101	93,4	77,5	61,6	45,7	29,8	13,8
c_1	50,7	34,8	32,3	29,8	24,7	19,6	14,6	9,5	4,4
c_v	∞	3390	2120	1470	812	484	287	156	62

Eine ähnliche Darstellung kann für eine Querlast q abgeleitet werden. Dabei ist q in Stablängsrichtung sinusförmig verteilt und hat den Maximalwert in Feldmitte von

$$q = \frac{N}{L \cdot c_1} \tag{4.2-6}$$

mit c_1 nach Tabelle 4-2.

Zu einem bestimmten c_1-Wert gehört die Einhaltung einer bestimmten Durchbiegung nach der Theorie II. Ordnung unter γ-fachen Lasten entsprechend

$$\text{zul } v = \frac{L}{c_v}. \tag{4.2-7}$$

In bezug auf (4.2-5) bis (4.2-7) ergeben sich daraus die Zahlenwerte der Tabelle 4-3.

Wesentlich bei der Berechnung der Abtriebskräfte ist die Berücksichtigung der richtigen γ-fachen Normalkraft γN. Wenn ein Verband z.B. n Druckstäbe auszusteifen hat, ist für N die Summe der Normalkräfte der n Druckstäbe einzusetzen.

Ähnliche Ergebnisse erhält man, wenn man die Imperfektionen nach DIN 18 800 Teil 2, Element 206 ansetzt, wie es allgemein für Aussteifungskonstruktionen vorgesehen ist. Dann ergibt sich

$$e = v_0 = r_1 r_2 L/400$$

mit r_1 nach (3.3-7) und r_2 nach (3.3-8).

4.3 Aussteifung eines Druckstabes mit veränderlicher Normalkraft

Sofern die Normalkraft in dem auszusteifenden Druckstab veränderlich ist, sind (4.2-5) und (4.2-6) zu korrigieren. Ein häufiger Fall besteht darin, daß die Normalkraft parabelförmig in Stablängsrichtung verteilt ist, da die Normalkraft als Gurtkraft aus einem parabelförmigen Momentenverlauf stammt siehe Bild 4-3. Es ist jedoch dann i. allg. nicht ausreichend, nur den Nenner in (4.2-4) zu korrigieren. Vielmehr ist es erforderlich, auch die Abtriebskraft aus der Querlast q_z zu erfassen und die mögliche Verdrehung des Querschnitts zu berücksichtigen.

Wenn die Vorverformung des Druckgurtes wie im Bild 4-2 dargestellt angenommen wird $\left(v_0 = e \cdot \sin\dfrac{\pi x}{L}\right)$, ergibt sich bei $e = L/500$ näherungsweise als Ergebnis

$$\max V = \frac{1}{159} \frac{N}{\dfrac{N^*_{\mathrm{Ki},\vartheta}}{\gamma N} + 0{,}534 - \dfrac{\gamma N}{N^*_{\mathrm{Ki}}}} \cdot \qquad (4.3\text{-}1)$$

$$\text{mit} \qquad N = M/h$$
$$h \quad \text{Trägerhöhe}$$
$$N^*_{\mathrm{Ki},\vartheta} = (GI_\tau + EI_\omega \pi^2/L^2)/h^2$$

4.4 Anschlußmomente bei der Aussteifung von Biegeträgern

In 3.7.5.1 ist erläutert, daß Biegeträger häufig durch angrenzende Bauteile, wie Trapezprofile, ausgesteift werden, wobei deren Wirkung rechnerisch durch die Drehbettung c_ϑ erfaßt wird. Dies setzt voraus, daß zwischen dem zu stabilisierenden Träger und dem angrenzenden Bauteil ein entsprechendes Anschlußmoment übertragen wird. Dies kann durch Kontakt und/oder Verbindungsmittel erfolgen.

Unter Berücksichtigung einer geometrischen Ersatzimperfektion ist in [32] abgeleitet:

$$m_\vartheta = k_\mathrm{m} \frac{M^2_\mathrm{pl}}{EI_z} \qquad (4.4\text{-}1)$$

mit dem Anschlußbeiwert

$$k_\mathrm{m} = \frac{0{,}075}{\zeta^2}, \qquad (4.4\text{-}2)$$

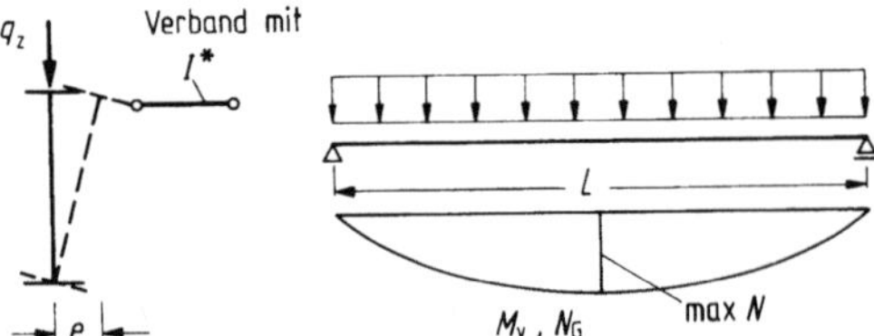

Bild 4-3. Stabilisierungskräfte bei Querlasten.

wobei ζ der Momentenbeiwert bei freier Drehachse analog zu 3.7.2.2 ist. Werte von ζ können DIN 4114, DIN 18 800 Teil 2 (11.90), [4, 7] entnommen werden. Bei gebundener Drehachse dürfen die Werte in (4.2-2) entsprechend vermindert werden [32], dort sind auch Auswertungen von (4.4-2) angegeben, und die Anwendung ist durch Beispiele erläutert.

5. Abtragung von Horizontallasten

5.1 Allgemeines

Bauwerke, die entweder vorwiegend horizontal wirkende Lasten aufzunehmen haben oder bei denen die Horizontallast zumindest auch eine der Hauptbelastungen ist (z.B. Abspannmaste von Starkstrom-Freileitungen), werden primär für Abtragung waagerechter Lasten ausgelegt. Der weitaus größte Anteil von Bauwerken dient jedoch dazu, in erster Linie vertikale Belastungen zu tragen. Konstruktion, Berechnung und Bemessung beziehen sich dann hauptsächlich auf die Gewährleistung der Aufnahme dieser vertikalen Belastungen. Da jedoch die Funktionsfähigkeit dieser Bauwerke auch von der Berücksichtigung von horizontal wirkenden Lasten abhängig ist, muß deren Aufnahme bzw. Abtragung ebenfalls sichergestellt sein.

In den seltensten Fällen ist das zur Abtragung von vorwiegend vertikalen Lasten gewählte System gleichermaßen geeignet, auch horizontale Lasten aufzunehmen. Man kann demzufolge i. allg. auf zusätzliche Maßnahmen zur Horizontalaussteifung eines Bauwerkes nicht verzichten.

5.2 Art und Größe von Horizontallasten

Folgende Horizontalkräfte können i. allg. bei Stahlbauten auftreten:

a) Seitenkräfte aus anprallenden Lasten

Die Seitenkräfte aus anprallenden Lasten treten dadurch auf, daß Fahrzeuge an Leiteinrichtungen, Stützen oder andere Bauteile anfahren. Dabei kann es sich um Straßenfahrzeuge handeln, die von der Fahrbahn abkommen, oder z.B. um Lastkraftwagen, Gabelstapler und dergleichen, die Produktionsbetriebe, Lagerhallen, Laderampen usw. bedienen. Die Lasten sind in einem gewissen Abstand über dem Boden anzusetzen, z.B. 1,2 m.

b) Brems- und Seitenkräfte bei Fahrbahnbewegungen

Die häufigsten Anwendungsfälle betreffen Brücken und Krane.

c) Seitenkräfte aus Schrägstellungen

Planmäßige Schrägstellungen von Bauteilen werden in der Regel direkt in der statischen Berechnung berücksichtigt.

Unplanmäßige, ungewollte Schrägstellungen resultieren aus den unvermeidbaren Ungenauigkeiten bei Fertigung und Montage. Sie werden in Form von pauschalen Werten für zusätzliche Horizontallasten angegeben, z.B. in DIN 1072, oder in Form von Imperfektionen berücksichtigt, z.B. in DIN 18 800 Teil 1 (11.90), Teil 2 (11.90). Auch hier kann ein schräggestelltes System untersucht werden, häufig wird es jedoch vorgezogen, dafür Ersatzlasten nach Gl. (5.2-1) am geraden System anzusetzen, siehe Bild 5-1:

$$\Delta H = \varphi_0 \cdot V \, . \tag{5.2-1}$$

d) Wind

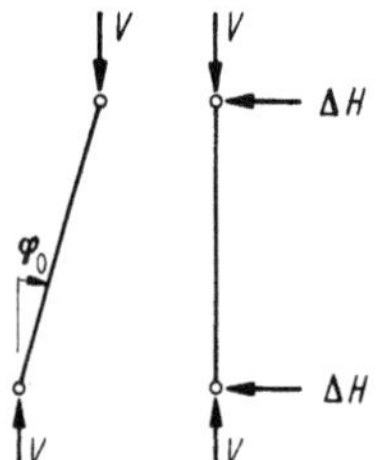

Bild 5-1. Ersatzlasten ΔH aus einer Vorverdrehung φ_0.

Windlasten treten in allen Fällen auf, in denen Bauteile oder Bauwerke untersucht werden, die nicht in geschlossenen Räumen stehen.

Für die verschiedenen Stahlbau-Anwendungsgebiete sind die jeweils anzusetzenden Horizontallasten in den zugehörigen Normen festgelegt, z.B. in DIN 1055, DIN 1072, und DIN 18 800 Teil 1 (11.90).

5.3 Konstruktionselemente zur Abtragung von Horizontallasten

5.3.1 Grundsätze für die Anordnung von Aussteifungen

Damit die Horizontalkräfte in den Boden abgeleitet werden können, sind horizontale und vertikale Tragelemente notwendig.

Die Aussteifungen in der horizontalen Ebene sind so anzuordnen, daß die Horizontallasten zu den Vertikalaussteifungen übertragen werden können. Die Vertikalaussteifungen übertragen die Horizontalkräfte in den Boden.

Es sind folgende Grundsätze zu beachten:

1. Aussteifungen müssen in zwei Richtungen vorhanden sein, um räumliche Stabilität zu gewährleisten. Dabei muß vermieden werden, daß sich die Wirkungslinien der Aussteifungselemente in einem Momentandrehpunkt M schneiden. Für vertikale Aussteifungen sind dazu Beispiele im Bild 5-2 dargestellt.
2. Aussteifungselemente sind möglichst entsprechend der Größe der auftretenden Horizontalkräfte anzuordnen.
3. Bei statisch unbestimmter Aussteifung sind die auf die einzelnen Aussteifungselemente entfallenden Kräfte nach den Steifigkeiten zu verteilen.

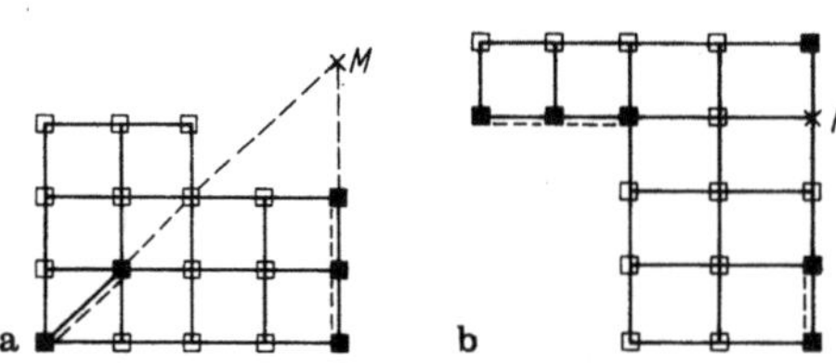

Bild 5-2a, b. Beispiele für Momentandrehpunkte M.

5.3.2 Geschoßbauten

Horizontale Tragelemente. Horizontale Tragelemente haben die Aufgabe, die Horizontallasten zu denjenigen Stellen zu übertragen, an denen sie vertikal weitergeleitet werden.

Es sind zwei Möglichkeiten der Deckenausbildung zu unterscheiden:

a) Decke wirkt als Scheibe

Diese Scheibe kann die Horizontalkräfte direkt ohne weitere Zwischenglieder übertragen. Beispiele dafür sind

α) Ortbetondecke

β) Fertigteildecke aus Beton mit oder ohne Mitwirkung der Stahlträger. Wenn die Stahlträger mit dem Beton statisch zusammenwirken, liegt eine Verbunddecke vor, siehe Teil H. Verbundbau.

Sofern Fertigteile verwendet werden, sind die Fugen schubfest zu verbinden, so daß Horizontalkräfte übertragen werden können. Zu diesen Fertigteildecken gehören auch solche aus Gasbeton, Holzspanbeton o.ä. In diesen Fällen ist die Frage der Scheibenwirkung i. allg. in einer bauaufsichtlichen Zulassung geregelt.

γ) Decken aus Stahltrapezprofilen

Die Trapezprofile können allein oder in Verbindung mit Aufbeton als Verbunddecke tragen, siehe Teil H. Verbundbau

Die Frage der Scheibenwirkung für die Trapezprofile allein ist zur Zeit (1990) noch in bauaufsichtlichen Zulassungen geregelt, sie wird künftig nach DIN 18 807 beurteilt. Wenn die Scheibenwirkung ausgenutzt wird, ist mit Hilfe entsprechend bemessener Verbindungsmittel ein Schubfeld auszubilden.

b) Decke wirkt nicht als Scheibe

In solchen Fällen werden Verbände angeordnet, um die Horizontallasten zu übertragen.

Vertikale Tragelemente. Nachdem die Horizontalkräfte in horizontaler Richtung zu den austeifenden Elementen transportiert worden sind, müssen sie von dort in vertikaler Richtung in den Boden abgeleitet werden. Dafür stehen verschiedene Möglichkeiten zur Verfügung:

a) *Eingespannte Stützen*

Eingespannte Stützen sind nur bei kleineren Höhen sinnvoll, da sich sonst zu große Verschiebungen ergeben.

b) *Stockwerkrahmen*

Stockwerkrahmen werden aus biegesteif miteinander verbundenen Stützen und Riegeln gebildet. Sie übernehmen sowohl die Übertragung der Vertikallasten als auch der Horizontallasten. Dabei werden die Horizontallasten über die Biegemomente der Stützen übertragen.

c) *Übereinandergestellte Zweigelenkrahmen*

Hierbei sind nur die Riegel und Stützen eines Geschosses biegesteif miteinander verbunden. Wegen leichterer Montage sind die Stielfüße jedoch gelenkig gelagert. Gegenüber Typ b sind diese Rahmen weicher in bezug auf Horizontallasten, d.h., es ergeben sich größere horizontale Verschiebungen.

d) *Verbände*

Die Stützen als Vertikalstäbe laufen aus Montagegründen häufig über einige Geschosse durch. Sie können abschnittsweise entsprechend den Beanspruchungen abgestuft werden. Die Diagonalen übertragen die Horizontalkräfte als Normalkräfte. Daher ist die horizontale Steifigkeit der Verbände sehr viel größer als in den Fällen a bis c.

Es ist möglich, daß aus nutzungstechnischen Gründen die Lage des Verbandes innerhalb des Querschnittes wechselt.

Statisch gesehen werden in der Regel alle Knotenpunkte als gelenkig angesehen.

Durch Verbände, die in den Außenwänden angeordnet werden, kann das gesamte Gebäude zu einem Hohlkasten gemacht werden. Dieser besitzt große Steifigkeit, insbesondere in bezug auf Torsion.

Viele Hochhäuser in den USA sind so ausgeführt worden, wobei die sichtbaren Verbände als Gestaltungselement wirkungsvoll zur Geltung gebracht wurden.

e) *Betonkern*
Die Stützen und Riegel der Stahlkonstruktion sind gelenkig miteinander verbunden, übertragen also keine Horizontalkräfte. Diese übernimmt der Betonkern. Die Vertikallasten werden anteilig von den Stahlstützen übertragen.

Bei praktischen Ausführungen werden auch Mischsysteme aus den Typen a bis e angewendet.

Für die Wahl der Aussteifung sind folgende Gesichtspunkte von Bedeutung:

a) Vorschriften der Nutzung
 – Können überall Vertikalverbände angeordnet werden?
 – Wie groß sollen stützenfreie Räume sein?
b) Art des Deckensystems
 – Scheibe oder nicht
 – Verbundkonstruktion
 Wenn Verbundträger ausgeführt werden, dann werden diese häufig als Einfeldträger gewählt.
c) Bemessung der Deckenträger
 Durch Anordnung von Rahmen werden Stützeneckmomente erzeugt, die zu kleineren Feldmomenten der Träger führen.
d) Größe der erlaubten Durchbiegungen in horizontaler Richtung
e) Baugrund
 – Beim Betonkern sind große Eigengewichte aufzunehmen.
 – Stahlverbände bringen geringere Eigengewichte.

Massive Wände oder Kerne sind von Vorteil

– wenn der zusammengefaßte Lift- oder Treppenhausschacht das Gebäude allein mit der für den Brandschutz nötigen Wanddicke (Schwerbeton: 14 cm für Brandwände, 10 cm für feuerbeständige Wände) aussteifen kann,
– wenn sich keine oder keine ausreichend steifen Fachwerkverbände im Skelett unterbringen lassen,
– wenn die Lift- und Treppenhaustürme in Sichtbeton außerhalb des Gebäudes stehen, das dann zur flexiblen Geschoßflächennutzung nur weitgestellte Pendelstützen hat,
– wenn große horizontale Steifigkeit erwünscht ist und durch Wände mit geringen Öffnungen erreichbar ist.

Fachwerkverbände sind sinnvoll

– wenn die Anordnung leichter, weitgespannter Vertikalfachwerke möglich ist,
– wenn Lifte und Treppen nicht dicht beieinander liegen,
– wenn die Treppen nicht übereinander liegen, sondern in den einzelnen Geschossen gegeneinander versetzt sind,
– wenn Lift- und Treppentürme als leichte verglaste Skelette außerhalb des Gebäudes geplant sind,
– wenn die Bauzeit das vorherige Errichten der Kerne nicht gestattet,
– wenn die Schachtwände zu große Öffnungen haben,
– wenn die größeren Massen des Massivbaus zu einer aufwendigeren schwierigeren Gründung führen.

5.3.3 Hallen

Die Prinzipskizze einer einschiffigen Halle ist im Bild 5-3 dargestellt. Es muß sichergestellt sein, daß Horizontalkräfte in Querrichtung und in Längsrichtung der Halle abgetragen werden können.

Hallenquerrichtung. Zur Abtragung der Horizontallasten in Hallenquerrichtung ergeben sich 2 Möglichkeiten:

a) Die H-Kräfte werden in jeder Rahmenebene von eingespannten Stützen oder von Rahmenkonstruktionen aufgenommen.

Bei eingespannten Stützen, auch von eingespannten Rahmen, müssen vom Fundament die Schnittgrößen V, H, M übertragen werden. Dies führt zu entsprechend großen Fundamentabmessungen.

Falls die Auflagerung auf dem Fundament gelenkig ist, hat das Fundament nur V, H zu übertragen. Dafür tritt ein größeres Rahmeneckmoment zwischen Stütze und Binder auf, das von diesen beiden Konstruktionselementen aufgenommen werden muß. Damit hängt die Entscheidung für oder gegen Einspannung häufig von den Gründungsverhältnissen ab. Ein anderer Gesichtspunkt besteht in einer einfacheren Montage bei gelenkiger Lagerung.

b) Die H-Kräfte werden in der Dachebene durch Verbände bis zu Festpunkten geleitet, von wo aus sie in den Boden übertragen werden. Solche Festpunkte können z.B. entsprechend ausgesteifte Giebelwände sein.

Zur Übertragung der Kräfte ist ein Dachlängsverband erforderlich, siehe Bild 5-4. Dieser wird in der Regel jedoch auch im Fall a gewählt, um unterschiedliche Durchbiegungen der einzelnen Rahmenebenen auszugleichen.

Da die Möglichkeit b in der Regel zu weicheren Gesamtkonstruktionen führt, werden Hallen in Querrichtung überwiegend als Rahmen ausgeführt.

Hallenlängsrichtung. Die Verbände in Längsrichtung müssen im Dach und in der Wand vorhanden sein.

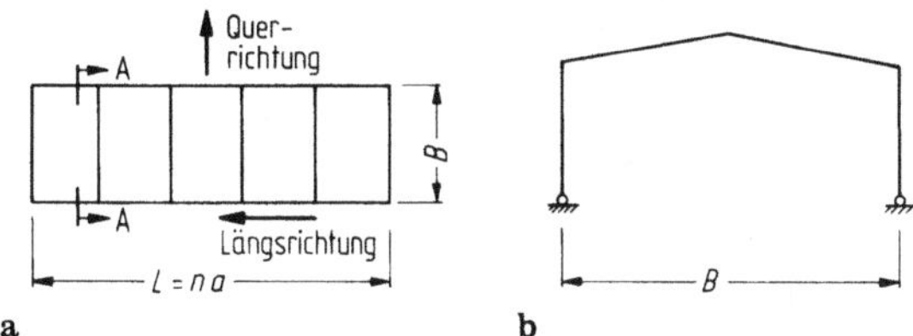

Bild 5-3a, b. Prinzipskizze einer einschiffigen Halle. a) Grundriß, b) Schnitt A-A (Rahmenebene).

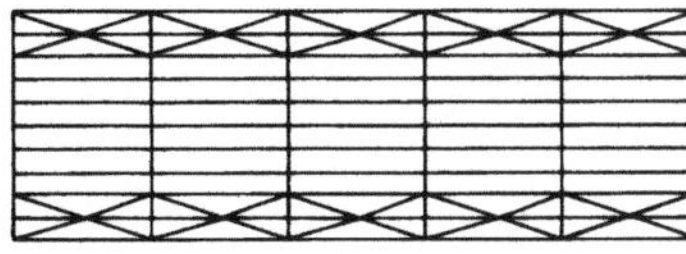

Bild 5-4. Längsverband im Dach.

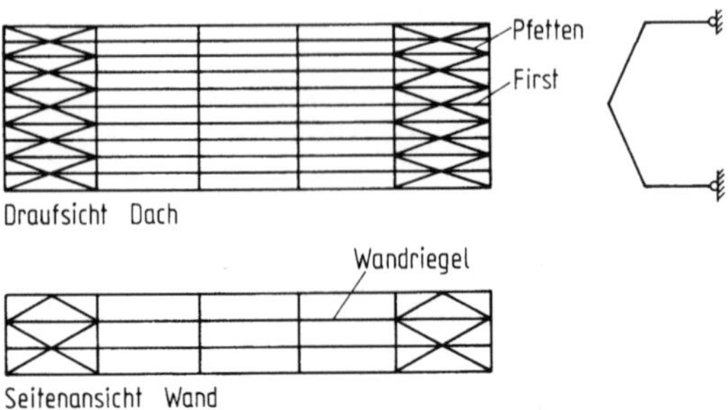

Bild 5-5. Verbände zur Abtragung von Kräften in Längsrichtung.

Bei Anordnung vom Bild 5-5 werden die Windkräfte direkt in den Endbereichen der Halle aufgenommen, ohne weitergeleitet werden zu müssen. Die Pfetten brauchen bei dieser Ausbildung nicht biegesteif ausgeführtzu werden. Diese Ausbildung bietet sich auch aus Montagegründen an, weil dann nach dem Aufstellen der beiden Endbinder keine weiteren Abstützungsmaßnahmen erforderlich sind.

Wenn die Anzahl der Hallenfelder nicht zu groß ist, etwa bis zu 6, kann man auch mit einem Verbandsfeld, z.B. in der Mitte der Längsrichtung, auskommen. Dabei müssen dann bei Wind auf den Giebel die Pfetten in den Endfeldern die Windkräfte als Druckkräfte zum Windverband in Hallenmitte weiterleiten. Von dort wird der Wind auf die Hallenlängswände übertragen und in den Boden abgeleitet.

Eine solche Anordnung ist wegen der Dehnungen der Pfetten aus der Längskraft und dem i. allg. unvermeidbaren Schlupf relativ weich, so daß sich auch die Binderobergurte in Hallenlängsrichtung (also quer zu ihrer Haupttragrichtung) verformen müssen. Dies kann zu unerwünschten Zusatzbeanspruchungen führen.

Die vertikalen schubsteifen Elemente in den Seitenwänden haben die Aufgabe, die horizontalen Auflagerkräfte, die in der Längsrichtung der Halle auftreten, in den Boden abzuleiten. Daher ist es zweckmäßig, sie an den gleichen Stellen anzuordnen wie die Dachverbände. Normalerweise werden sie, wie im Bild 5-5 dargestellt, ebenfalls als Fachwerk ausgeführt. Die Form des Fachwerks richtet sich häufig nach Toren u.ä., auch rahmenartige Konstruktionen sind möglich.

5.3.4 Brücken

Fachwerk-Eisenbahnbrücken. Die zur Aussteifung erforderlichen Verbände sind aus Bild 5-6 zu ersehen. Die Windverbände haben die Aufgabe, die Windkräfte auf die Längsseite der Brücke zu den Lagern abzuleiten. Außerdem ist noch ein Schlingerverband zur Aufnahme der Seitenkräfte aus der Fahrbewegung und ein Bremsverband zur Aufnahme der Brems- und Anfahrkräfte vorhanden.

Straßenbrücke mit Stahlfahrbahn. Ein typischer Querschnitt ist vereinfacht im Bild 5-7 zu sehen. Die breite Fahrbahn wirkt als Scheibe und kann die Windkräfte ohne nennenswerte Beanspruchungen zu den Lagern ableiten. Falls ein Verband in der Untergurtebene angeordnet wird, dann nicht primär zur Ableitung der Windkräfte, sondern zur

– Aussteifung des Untergurtes bei Durchlaufträgern im Stützenbereich,
– Herstellung eines Torsionskastens zur Abtragung exzentrisch stehender Vertikallasten.

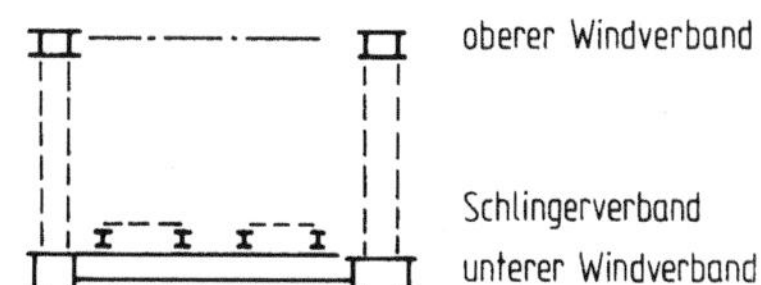

Bild 5-6. Verbände bei einer Eisenbahnbrücke.

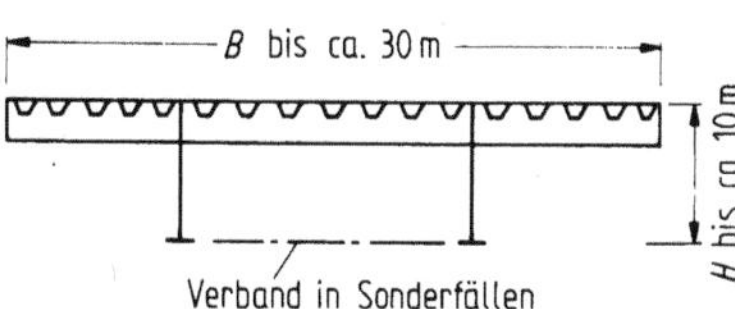

Bild 5-7. Querschnitt einer Straßenbrücke mit Stahlfahrbahn.

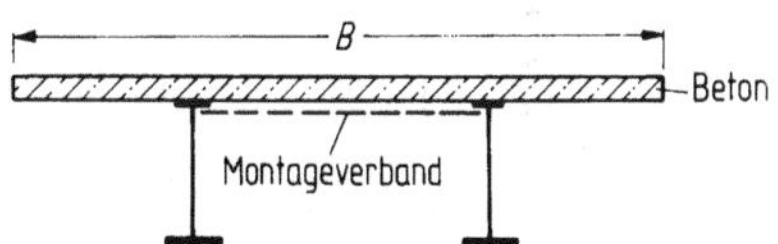

Bild 5-8. Querschnitt einer Straßenbrücke mit Betonfahrbahn.

Straßenbrücke mit Betonfahrbahn. Ein typischer Querschnitt ist vereinfacht im Bild 5-8 dargestellt. Nach der Fertigstellung überträgt die Fahrbahn die Windkräfte. Für die eventuelle Anordnung eines unteren Verbandes gelten die vorstehenden Gründe.

Während des Montagevorganges sind im Obergurt Druckspannungen vorhanden. Zur seitlichen Aussteifung ist dann im Obergurt oft ein Montageverband notwendig, der später i. allg. aus Vereinfachungsgründen nicht wieder ausgebaut wird.

5.4 Beanspruchung von Verbänden

5.4.1 Beanspruchungen aus Querkräften

Diese Beanspruchungen werden in einer normalen statischen Berechnung ermittelt.

Sofern kein Dauerfestigkeits- oder Betriebsfestigkeitsnachweis zu führen ist, wird i. allg. angenommen, daß es sich um ein ideales Fachwerk mit reibungsfreien Gelenken handelt. Konstruktiv sind diese Gelenke nicht derartig ideal herzustellen. Es sind auch Ausführungen bekannt, bei denen die Kräfte im Knotenpunkt durch einen einzigen, sehr dicken Bolzen übertragen werden. Aber auch dabei treten zwangsweise Reibungskräfte auf, so daß auf Dauer kein reibungsfreies Gelenk existiert. Üblich ist daher der Anschluß der Kräfte durch Nieten, Schrauben oder Schweißen. Dadurch hat der Knotenpunkt zwangsläufig eine gewisse Ausdehnung.

Durch die Ausdehnung des Knotenbereiches, normalerweise durch ein Knotenblech (Bild 5-9), entsteht konstruktiv eine elastische Einspannung der angrenzenden Stäbe. Die daraus resultierenden Momente sind Nebenspannungsmomente. Sie werden in der Berechnung i. allg. nicht berücksichtigt. Umfangreiche Untersuchungen haben ergeben, daß sie vernachlässigt werden dürfen.

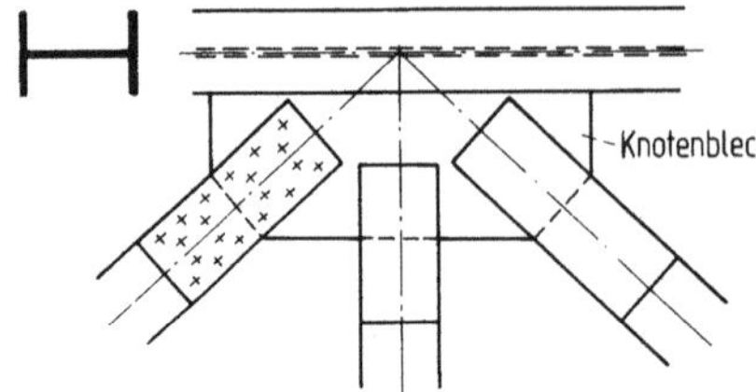

Bild 5-9. Beispiel für den Knotenpunkt eines Fachwerkes.

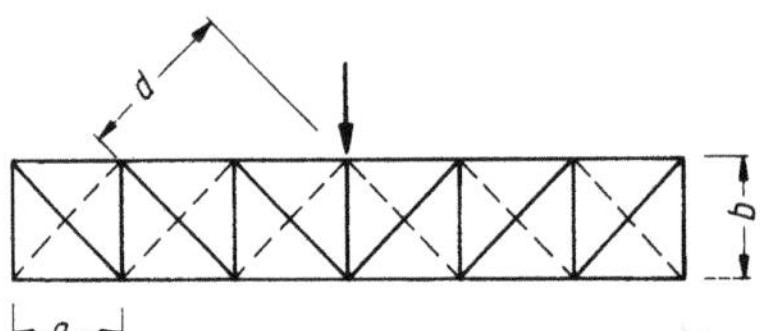

Bild 5-10. Fachwerk mit schlaffen Diagonalen.

Der Grund liegt darin, daß bei großen Nebenspannungen zusammen mit den Normalkraftspannungen an den betreffenden Stellen die Fließspannungen überschritten werden. Dadurch werden Dehnungen und Drehungen ermöglicht. Die betreffende Stelle wirkt dann nach einer Entlastung und Wiederbelastung so, als wäre dort ein Fließgelenk vorhanden.

Häufig werden Fachwerke mit gekreuzten Diagonalen angwendet. Vereinfachend werden dann manchmal von den beiden vorhandenen Diagonalen jeweils nur diejenige in Rechnung gestellt, die Zugkräfte erhalten—Bemessung mit „*schlaffen Diagonalen*"—, Bild 5.10.

Die Druckkräfte müssen hier von den Vertikalstäben übernommen werden, die drucksteif auszuführen sind.

Der Vorteil dieser Art der Berechnung liegt darin, daß die Bemessung nur auf Zug vorgenommen wird und kein Knicknachweis zu führen ist. Dafür trägt jedoch auch nur der Netto-Querschnitt A_n, falls Schraubenlöcher vorhanden sind.

Der Nachteil besteht darin, daß die Diagonalen bei wechselnden Laststellungen (z.B. Verkehrslast) doch gewisse Druckkräfte erhalten und dafür bemessen werden müssen. Da von vornherein erst einmal beide Diagonalen tragen, muß die Druckdiagonale bei etwas größerer Druckkraft ausweichen, wodurch sich ihr Querkraftanteil auf die Zugdiagonale umlagert. Das Ausweichen des Druckstabes geht nur dann ohne bleibende Verformungen vor sich, wenn eine große Schlankheit λ im elastischen Bereich vorhanden ist. Die Anschlüsse sind für die volle Querkraft zu bemessen, sonst nur für jeweils $V/2$! Diese Methode sollte nur bei einfacheren Systemen mit geringerem Verkehrslastanteil im Hochbau angewendet werden.

5.4.2 Zusatzbeanspruchung aus elastischer Zusammendrückung

Es wird ein Teil des Systems mit gekreuzten Diagonalen betrachtet, Bild 5.11.

Infolge der Last N verkürzt sich der Gurt um den Betrag Δa. Da die Knotenpunkte durch die Horizontalstäbe (Vertikalstäbe) festgehalten sind, müssen die Diagonalen dieser Verkürzung folgen. Sie bekommen daher Zusatzkräfte entsprechend

$$D = - \frac{N}{\dfrac{A_G}{A_D} + \dfrac{a^3}{d^3} + \dfrac{A_G}{A_H} \cdot \dfrac{b^3}{d^3}} \cdot \frac{a^2}{d^2}. \tag{5.4-1}$$

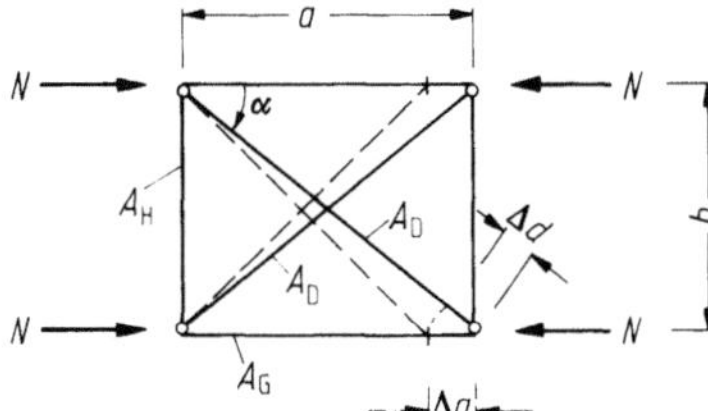

Bild 5-11. Zusatzbeanspruchung der Diagonalen aus Verkürzung der Gurte.

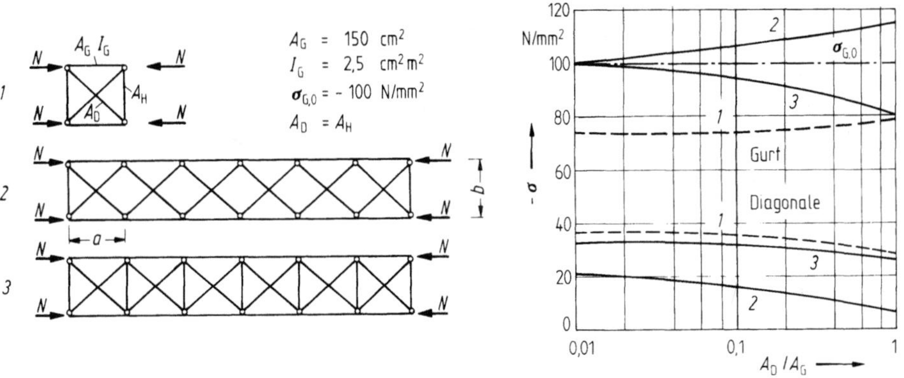

Bild 5-12. Beanspruchungen aus elastischer Zusammendrückung.

Bei ausgeführten Verbänden ist stets mehr als ein Feld vorhanden. Diese Tatsache macht sich dadurch bemerkbar, daß das System weicher wird. Gleichzeitig erhält der Gurt durch die Verkürzung der Horizontal-(Vertikal-)Stäbe Biegemomente, wenn er, wie üblich, biegesteif durchläuft. Auswertungen für ein Beispiel sind aus Bild 5-12 zu ersehen.

Die Zusatzspannungen in den Diagonalen sind beim System ohne Vertikalstäbe nur etwa halb so groß wie beim System mit V-Stäben und nehmen ab mit größer werdendem Verhältnis A_D/A_G. Allerdings sind hier die Gurtspannungen größer als die Nennspannungen, was an den großen Sekundärbiegemomenten liegt.

Aus den Untersuchungen sind folgende Schlußfolgerungen zu ziehen:

a) Der Verband mit V-Stäben ist für die Aussteifung gedrückter Gurte ungeeignet. Da die Diagonalen erhebliche Zusatz-Druckspannungen erhalten, besteht erhöhte Gefahr der Instabilität durch Knicken.

Wenn der Verband zwischen Zuggurten verwendet wird, dann sind die Zusatzspannungen der Diagonalen zwar genauso groß, aber es besteht keine Instabilitätsgefahr. Die Zwängungen bauen sich dann durch Fließen ab.

Um dem Umstand der Zusatzbeanspruchungen Rechnung zu tragen, sind für Eisenbahnbrücken früher die zulässigen Spannungen für Verbände herabgesetzt worden. Nur wenn die Zusatzspannungen aus elastischer Zusammendrückung rechnerisch verfolgt wurden, durften die üblichen Spannungen ausgenutzt werden. Nach [V6] sind die Zusatzspannungen zu berücksichtigen.

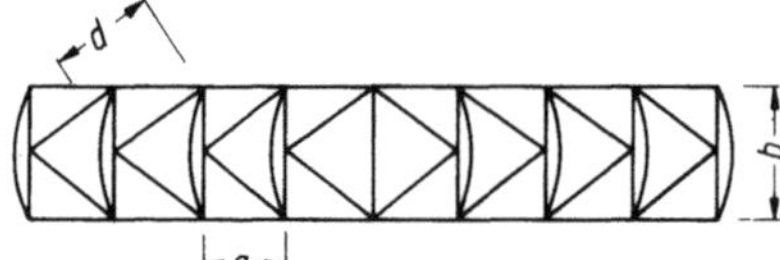

Bild 5-13. K-Verband.

b) Um die elastische Zusammendrückung aus den Eigengewichtslasten nicht in den Verband zu bekommen, kann man so vorgehen, daß zunächst nur eine provisorische Verbindung erfolgt. Erst nach beendeter Montage erfolgt die endgültige Verbindung. Dieses Vorgehen wird wegen des Aufwandes allerdings nur selten gemacht.

c) Als Verband für einen Druckgurt kann der Rautenverband ohne V-Stäbe verwendet werden. Dieser ist nicht labil, wenn die Gurte biegesteif sind.

Zur Aussteifung von Druckgurten wurde der sog. K-Verband entwickelt, siehe Bild 5-13.

Dieser Verband hat kaum Zwängungsspannungen, die Diagonalen erhalten bei der gezeigten Anordnung Zugspannungen. Allerdings erhalten die V-Stäbe Biegemomente. Dieser Verband ist deshalb nur da anzuwenden, wo die Stäbe nicht gleichzeitig Biegemomente aus vertikalen Lasten enthalten, also z.B. nicht, wenn die V-Stäbe die Querträger der Fahrbahn sind.

6. Verbindungen

6.1 Allgemeines

Einzelteile im Stahlbau können aus Herstellungs- und Transportgründen gewisse Längen nicht überschreiten. Walzprofile können zwar bis zu 80 m lang hergestellt werden, beim Transport ist die Länge aber auf ca. 24 m begrenzt. Die übliche Handelslänge beträgt 18 m. Bleche werden i.allg. auf eine maximale Breite von 2900 mm gewalzt, bei einzelnen Walzwerken auch auf 3300 mm.

Die Einzelteile müssen mit Verbindungsmitteln zu größeren Bauteilen und Bauwerken zusammengesetzt werden. Aus Blechen und Profilen werden im Regelfall in der Werkstatt Bauteile hergestellt, aus Bauteilen auf der Baustelle dann die Bauwerke.

Angestrebt wird, die Einzelteile so zu Bauteilen zusammenzusetzen, daß sie statisch gemeinsam wirken. Das setzt voraus, daß die anteiligen Schnittgrößen von den Verbindungsmitteln übertragen werden können. Ist das nicht der Fall, so ist dies besonders zu berücksichtigen, siehe z.B. Teil H. Verbundbau, Abschnitt 3.4.

Im Sinne einer einfachen Berechnung sollen die Verformungen, die durch die Beanspruchung der Verbindungsmittel entstehen, so klein sein, daß sie bei der Berechnung der Beanspruchbarkeit der zusammengesetzten Bauteile unberücksichtigt bleiben dürfen. Dies ist bei den klassischen Verbindungsmitteln des Stahlbaus (Schrauben- und Schweißverbindungen) der Fall. Wenn Bauteile (z.B. Träger) an einem Stoß verlängert werden oder wenn an einem Anschluß mehrere Bauteile zusammengesetzt werden (z.B. Anschluß eines horizontalen Riegels an eine vertikale Stütze), dann können die Verformungen des Stoßes bzw. Anschlusses bei manchen Verbindungsmitteln die Schnittgrößenverteilung beeinflussen. Dies ist dann, falls erforderlich, zu berücksichtigen.

Nach ihrer Art werden *lösbare* und *unlösbare* Verbindungen unterschieden.

Lösbare Verbindungen werden aus folgenden Verbindungsmitteln hergestellt: Schrauben, Bolzen, Dornen (in der Regel nur für Montage), Haken, Keilen, Klemmverbindungen. Dabei finden die drei zuletzt genannten Verbindungsmittel im wesentlichen im Gerüstbau Verwendung, nicht dagegen im klassischen Stahlbau. Der Trend geht aber auch hier dahin, die Wirtschaftlichkeit durch Verbindungsmittel, mit denen die Montage möglichst schnell durchgeführt werden kann, zu verbessern.

Zu den *unlösbaren Verbindungen* gehören Schweißverbindungen, Nietverbindungen und Klebeverbindungen. Nietverbindungen entsprechen im wesentlichen den Schraubenverbindungen und werden wie diese berechnet. Sie werden in Deutschland kaum noch ausgeführt und haben daher vorwiegend historische Bedeutung. Ausgenommen sind Nietverbindungen mit sehr kleinen Nieten im Stahlleichtbau. Klebeverbindungen finden im konstruktiven Ingenieurbau für tragende Verbindungen noch keine Anwendung, da die Dauerstandfestigkeit über lange Zeit nicht allgemein hinreichend geklärt ist. Bisher ist es bei Einzelanwendungen bei Demonstrationsbauvorhaben geblieben. Verbindungen mit Schweißnähten haben dagegen herausragende Bedeutung und finden allgemeine Anwendung.

6.2 Allgemeine Angaben zu Verbindungen mit Schrauben

6.2.1 Schrauben

Sechskantschraubengarnituren bestehen aus Schraube mit Schraubenkopf und Schraubenschaft, Scheibe sowie Mutter. Die Mutter wird auf ein Gewinde aufgeschraubt, das bei Stahlbauschrauben nach DIN 7990 nur einen Teil des Schaftes einnimmt. Schrauben mit durchgehendem Gewinde, wie sie im Maschinenbau üblich sind, dürfen nach DIN 18 800 Teil 7 (05.83) nicht verwendet werden, wobei die Beanspruchbarkeit der Schrauben nach DIN 18 800 Teil 1 (03.81) zu ermitteln ist. Diese Einschränkung entfällt, wenn die Beanspruchbarkeit nach DIN 18 800 Teil 1 (11.90) ermittelt wird, da dabei die verminderte Tragfähigkeit im Gewindebereich bei Beanspruchung rechtwinklig zur Schraubenachse berücksichtigt werden kann.

Schrauben für vorgespannte Verbindungen nach DIN 6914 haben einen größeren Kopf als die Schrauben nach DIN 7990 und sind daher äußerlich gut zu unterscheiden.

In Europa finden Schrauben mit metrischem Gewinde Verwendung. Die Bezeichnung ist z.B. M 24 für eine Schraube mit einem Gewindedurchmesser von 24 mm.

Für Schrauben im Stahlbau werden die Festigkeitsklassen 4.6, 5.6, 8.8 und 10.9 nach DIN ISO 898 Teil 1 verwendet. In DIN 18 800 Teil 1 (03.81) sind für die Festigkeitsklasse 8.8 keine Angaben enthalten, (wohl aber in DIN 18 800 Teil 1 (11.90). Dies berücksichtigt die zunehmende Verwendung dieser im europäischen Ausland sehr verbreiteten Schrauben, wo außerdem die Festigkeitsklasse 12.9 Verwendung findet.

Bei der Benennung der Festigkeitsklasse gibt die 1. Zahl 1/100 der Zugfestigkeit in N/mm^2 an, die 2. Zahl kennzeichnet das Verhältnis von Streckgrenze zu Zugfestigkeit. Im Sinne des Sicherheitskonzeptes von DIN 18 800 Teil 1 (11.90) sind das charakteristische Werte. Für die Festigkeitsklasse 8.8 ergibt sich also eine Zugfestigkeit von 800 N/mm^2 und eine Streckgrenze von 640 N/mm^2.

Nach der Güte der Bearbeitung werden Schrauben (auch „rohe" Schrauben genannt) und Paßschrauben (auch „blanke" Schrauben genannt) unterschieden.

Die Schrauben sind nur im Gewinde bearbeitet, so daß größere Toleranzen bis zu 1 mm auftreten können. Paßschrauben haben einen zylindrisch gedrehten Schaft, so daß die Toleranzen wesentlich geringer sind und 0,3 mm nicht überschreiten. Da bei Verwendung beider Schraubensorten die Schraubenlöcher gleich groß gebohrt werden, ist der Schaftdurchmesser der Paßschrauben 1 mm größer als derjenige der anderen Schrauben.

6.2.2 Ausführungsformen für Schraubenverbindungen

Für Schraubenverbindungen werden verschiedene Ausführungsformen angewendet. Diese unterscheiden sich in Lochspiel, Vorspannung und Reibflächenbehandlung, siehe Tabelle 6-1. Dabei bedeuten nach DIN 18 800 Teil 1 (11.90):

SL   : Scher-Lochleibungsverbindungen
SLP   : Scher-Lochleibungsverbindungen mit Paßschrauben
SLV   : Scher-Lochleibungsverbindungen mit planmäßiger Vorspannung
SLPV   : Scher-Lochleibungsverbindungen mit Paßschrauben und planmäßiger Vorspannung
GV   : Gleitfeste planmäßig vorgespannte Verbindungen
GVP   : Gleitfeste planmäßig vorgespannte Verbindungen mit Paßschrauben

Die Bezeichnungen SLV und SLPV werden in DIN 18 800 Teil 1 (03.81) nicht verwendet. Dort werden aber zusätzlich noch Scher-Lochleibungsverbindungen mit nicht planmäßiger Vorspannung $> 0,5\,F_v$ unterschieden.

Bei vorgespannten Verbindungen sind nach DIN 18 800 Teil 1 (11.90) bestimmte Bedingungen einzuhalten.

6.2.3 Schraubenabstände

Für die Randabstände der Schrauben und die Lochabstände (Abstände der Schrauben untereinander) in Kraftrichtung und rechtwinklig zur Kraftrichtung sind gewisse Kleinstmaße und Größtmaße einzuhalten. Zahlenwerte sind den für die Anwendung maßgebenden Normen oder anderen Regelwerken zu entnehmen.

Die größten zulässigen Abstände sind unter den Gesichtspunkten festgelegt worden, daß die Fugen zwischen den Einzelteilen aus Korrosionsschutzgründen nicht klaffen dürfen und daß gedrückte Platten nicht knicken bzw, beulen dürfen.

Die kleinsten zulässigen Abstände berücksichtigen, daß sich Schrauben noch anziehen lassen müssen und daß die gegenseitige Beeinflussung der Schraubenlöcher so gering ist, daß sie durch die pauschalen Festlegungen für die Berechnung hinreichend genau erfaßt ist.

Kleine Abstände vermindern entscheidend die Tragfähigkeit, weshalb bei kleineren Abständen nur geringere Kräfte übertragen werden können als bei größeren Abständen, siehe 6.3.1.

Andererseits führen kleine Abstände zu geringen Ausdehnungen der Stoßbereiche und damit zu wirtschaftlichen Ausführungen. Aus diesem Grunde wurden gerade zu dieser Frage intensive

Tabelle 6-1. Ausführungsformen für Schraubenverbindungen in Abhängigkeit vom Lochspiel

	1	2	3	4
			mit planmäßiger Vorspannung	
	Nennlochspiel $\Delta d = d_L - d_{Sch}$ mm	ohne planmäßige Vorspannung	ohne gleitfeste Reibfläche	mit gleitfester Reibfläche
1	$0,3 < \Delta d \leq 2,0$	SL	SLV	GV
2	$\Delta d \leq 0,3$	SLP	SLVP	GVP

Forschungen durchgeführt. Damit wurde es möglich, in Eurocode 3 und DIN 18 800 Teil 1 (11.90) wesentlich geringere Abstände zuzulassen als in DIN 18 800 Teil 1 (03.81). So betragen die Werte für den kleinsten Randabstand in Kraftrichtung in der Fassung 11.90 $1,2d_L$ gegenüber $2d_L$ in der Fassung 03.81. Dabei ist d_L der Lochdurchmesser.

Die Werte für diese Abstände sind überwiegend empirisch ermittelt worden. Abweichungen sind daher dann möglich, wenn Ausführbarkeit, Gebrauchstauglichkeit und Tragfähigkeit entsprechend berücksichtigt werden. So sind für die Randabstände bei Walzprofilen in den Profilnormen z.T. abweichende Abstände festgelegt (Wurzelmaße w genannt), die sich dort aufgrund der vorhandenen Maße als sinnvoll oder notwendig erwiesen haben.

6.3 Scher-Lochleibungsverbindungen

6.3.1 Versagensarten und Tragfähigkeit einer einzelnen Schraube

Bei den Scher-Lochleibungsverbindungen werden die Kräfte im wesentlichen durch Scherkräfte zwischen dem Grundmaterial und den Schrauben sowie durch Kontaktspannungen zwischen Schraubenschaft und dem Lochrand übertragen. Das Versagen der Verbindung kann auf verschiedene Weise erfolgen:

a) Abscheren des Schraubenschaftes durch zu große Scherspannungen, siehe Bild 6-1. Die Beanspruchbarkeit der Schrauben ergibt sich aufgrund von Versuchen.

In *DIN 18 800 Teil 1 (03.81)*, Tabelle 8 sind zulässige Scherkräfte angegeben

$$\text{zul } V = (\pi d^2/4)\text{zul } \tau_a. \tag{6.3-1}$$

Für Schrauben der Festigkeitsklasse 4.6 beträgt die zulässige Scherspannung z.B.

$$\text{zul } \tau_a = 112 \text{ N/mm}^2 \text{ im Lastfall H}$$
$$= 126 \text{ N/mm}^2 \text{ im Lastfall HZ.}$$

Daraus ergibt sich bei einer Schraube M 24 für rohe Schrauben je Scherfläche (Bezeichnung abweichend von DIN 18 800 Teil 1 (03.81))

$$\text{zul } V_{SL} = (\pi 2{,}4^2/4)\ 11{,}2 = 50{,}6 \text{ kN}$$

Dieser zulässigen Kraft ist die vorhandene Kraft, die unter Gebrauchslasten ermittelt wird, gegenüberzustellen:

$$\text{vorh } V \leqslant \text{zul } V.$$

Beispiele für die Anzahl der Scherflächen, die sog. Schnittigkeit, sind im Bild 6-2 angegeben.

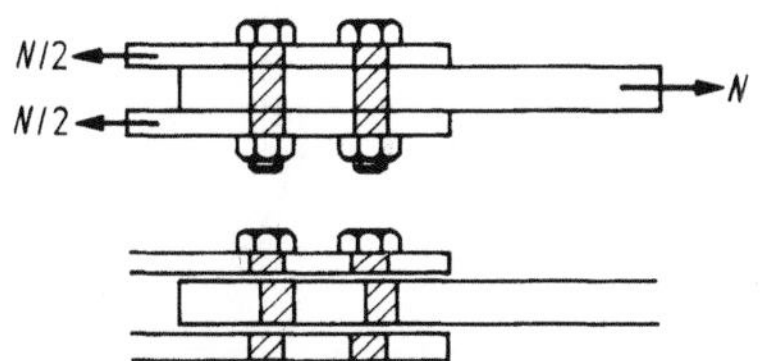

Bild 6-1. Versagen auf Abscheren der Schrauben.

Im Gegensatz dazu erfolgen nach *DIN 18 800 Teil 1 (11.90)* die Nachweise auf dem Traglastniveau. Bei Verwendung geteilter Sicherheitsbeiwerte ergibt sich die Grenzabscherkraft zu

$$V_{a,R,d} = A\alpha_a f_{u,b,k}/\gamma_M \tag{6.3-2}$$

mit

$f_{u,b,k}$ charakteristischer Wert der Zugfestigkeit des Schraubenwerkstoffes, z.B. 800 N/mm² für Festigkeitsklasse 8.8, siehe 6.3.1,

α_a 0,60 für Schrauben der Festigkeitsklassen 4.6, 5.6 und 8.8,

    0,55 für Schrauben der Festigkeitsklasse 10.9,

A Schaftquerschnitt A_{Sch}, wenn der glatte Teil des Schaftes in der Scherfuge liegt, Spannungsquerschnitt A_{Sp}, wenn der Gewindeteil des Schaftes in der Scherfuge liegt.

γ_M Teilsicherheitsbeiwert nach DIN 18 800 Teil 1, Abschn. 7.

Der Einführungserlaß zu DIN 18 800 hat zwei zusätzliche Einschränkungen verfügt. Für Schrauben der Festigkeitsklasse 10.9, bei denen das Gewinde in die Scherfuge reicht, ist die Grenzabscherkraft um 20% abzumindern und für einschnittige ungestützte Verbindungen ist mit $\gamma_M = 1,25$ zu rechnen. Daraus ergeben sich die in Tabelle 6-2 angegebenen Grenzabscherkräfte.

Es ist dann nachzuweisen, daß die unter den Bemessungswerten der Einwirkungen berechnete vorhandene Abscherkraft V_a je Scherfuge und Schraube die Grenzabscherkraft nicht überschreitet:

$$V_a/V_{a,R,d} \leqslant 1. \tag{6.3-3}$$

Für einschnittige ungestütze Verbindungen ist noch eine Zusatzbedingung einzuhalten. Weitere

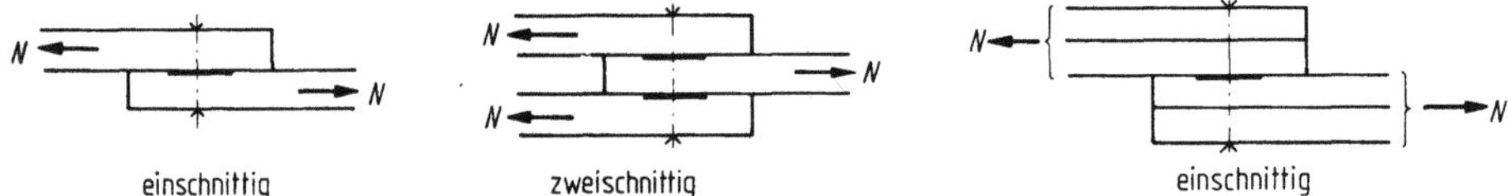

Bild 6-2. Beispiele für Schnittigkeiten.

Tabelle 6-2. Grenzabscherkraft in kN nach DIN 18 800 Teil 1 (11.90)

	Glatter Teil des Schaftes liegt in der Scherfuge				Gewindeteil des Schaftes liegt in der Scherfuge			
	Festigkeitsklasse:				Festigkeitsklasse:			
	4.6	5.6	8.8	10.9	4.6	5.6	8.8	10.9
M 12	24,7	30,8	49,3	56,5	18,4	23,0	36,8	33,7
M 16	43,9	54,8	87,7	100,5	34,3	42,8	68,5	62,8
M 20	68,5	85,6	137,0	157,0	53,5	66,8	106,9	98,0
M 22	82.9	103,6	165,8	190,0	66,1	82,6	132,2	121,2
M 24	98,6	123,3	197,2	226,0	77,0	96,3	154,0	141,2
M 27	125,0	156,3	250,0	286,5	100,1	125,2	200,3	183,6
M 30	154,3	192,8	308,5	353,5	122,4	153,0	244,8	224,4
M 36	222,1	277,6	444,2	509,0	178,3	222,8	356,5	326,8

zusätzliche Bedingungen sind bei Anwendung des Berechnungsverfahrens Plastisch-Plastisch einzuhalten.

b) Aufweiten des Loches durch zu große Beanspruchung in der Lochwandung (Lochleibungsbeanspruchung), siehe Bild 6-3.

Hierbei tritt zwischen Schraube und Loch eine ungleichmäßige Spannungsverteilung auf, die auch über die Höhe der Bleche nicht konstant ist, siehe Bild 6-4. Diese Lochleibungsspannung ergibt sich aus einem räumlichen Spannungszustand bei behinderter Dehnung, da der Werkstoff nicht ausweichen kann. Die Festlegung der Beanspruchbarkeiten ist daher nur über die Auswertung von Versuchen möglich. Diese ungleichmäßige Spannungsverteilung wird rechnerisch jedoch nicht untersucht, sondern es wird eine fiktive gleichmäßige Spannungsverteilung ermittelt. Die tatsächlichen Verhältnisse werden durch die Festlegung der zulässigen bzw. ertragbaren Lochleibungsspannung erfaßt.

In *DIN 18800 Teil 1 (03.81)*, Tabelle 7, sind zulässige Lochleibungsdrücke bei Verbindung durch die verschiedenen Ausführungsformen nach 6.2.2 angegeben.

Die zulässigen Lochleibungskräfte auf dem Niveau der Gebrauchslasten ergeben sich dann zu

$$\text{zul } V_l = td \text{ zul } \sigma_1, \tag{6.3-4}$$

und der Nachweis lautet: vorh $V \leqslant$ zul V_l.

Falls unterschiedliche Blechdicken vorhanden sind, ist in (6.3-4) die kleinste Dicke einzusetzen. Der Wert d ist der Schaftdurchmesser.

Nach *DIN 18800 Teil 1 (11.90)* werden Grenzlochleibungskräfte ermittelt:

$$V_{l,\mathrm{R,d}} = t d_{\mathrm{Sch}} \alpha_1 f_{\mathrm{y,k}}/\gamma_{\mathrm{M}} \tag{6.3-5}$$

mit

$f_{\mathrm{y,k}}$ charakteristischer Wert der Streckgrenze des Schraubenwerkstoffes, z.B. 640 N/mm² für Festigkeitsklasse 8.8, siehe 6.3.1,

d_{Sch} Schaftdurchmesser,

α_1 Faktor in Abhängigkeit von den Loch- und Randabständen nach Bild 6-5, höchstens = 3,0,

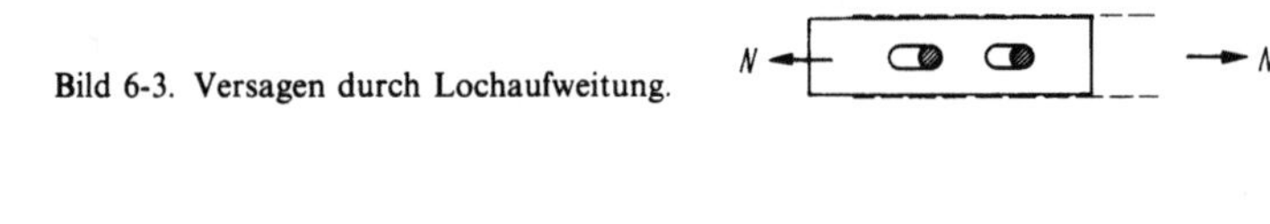

Bild 6-3. Versagen durch Lochaufweitung.

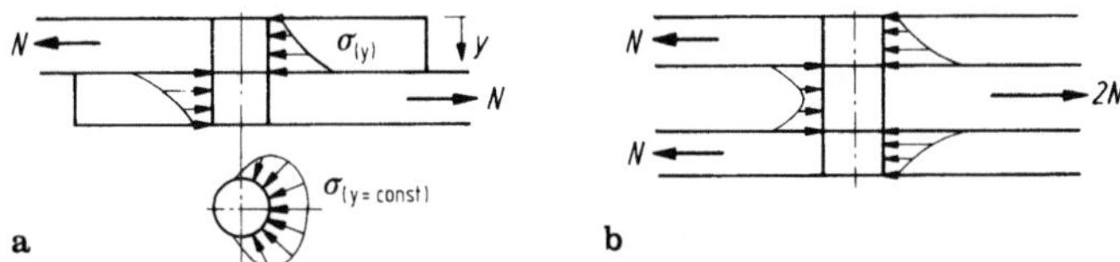

Bild 6-4a, b. Verteilung der Lochleibungsbeanspruchung. a) einschnittige Verbindung, b) zweischnittige Verbindung.

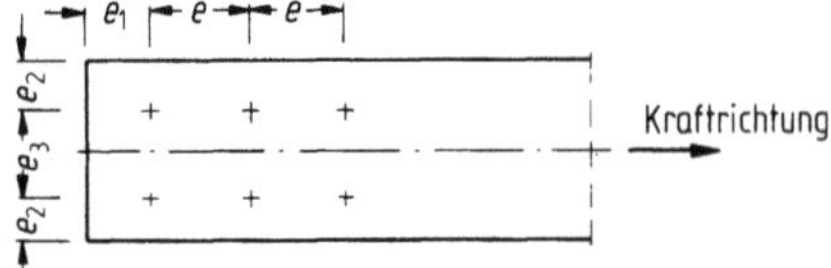

Bild 6-5. Definition der Lochabstände und Randabstände.

- für $e_2 \geqslant 1,5\,d_L$ und $e_3 \geqslant 3,0\,d_L$ ist
  wenn der Randabstand in Kraftrichtung maßgebend ist: $\alpha_1 = 1,1\,e_1/d_L - 0,3$
  wenn der Lochabstand in Kraftrichtung maßgebend ist: $\alpha_1 = 1,08\,d/d_L - 0,77$

- für $e_2 = 1,2\,d_L$ und $e_3 = 2,4\,d_L$ ist
  wenn der Randabstand in Kraftrichtung maßgebend ist: $\alpha_1 = 0,73\,e_1/d_L - 0,2$
  wenn der Lochabstand in Kraftrichtung maßgebend ist: $\alpha_1 = 0,72\,e/d_L - 0,51$

Damit ergeben sich die größten Werte von α_1 für $e_1 = 3,0\,d_L$, $e_2 = 1,5\,d_L$, $e_3 = 3,0\,d_L$, $e = 3,5\,d_L$.
Für Zwischenwerte von e_2 und e_3 darf linear interpoliert werden.

   Unter bestimmten Bedingungen darf für GV- und GVP-Verbindungen eine erhöhte Grenzlochleibungskraft $V_{1,R,d}$ in Rechnung gesetzt werden.

   Aus den angegebenen Formulierungen wird deutlich, daß die Beanspruchbarkeit auf Lochleibung stark von den Rand- und Lochabständen abhängig ist. Für die Mindestabstände beträgt die Beanspruchbarkeit nur etwa die Hälfte der größtmöglichen Werte.

   Nach (6.3-6) ist dann nachzuweisen, daß die unter den Bemessungswerten der Einwirkungen berechnete vorhandene Lochleibungskraft V_l die Grenzlochleibungskraft nicht überschreitet:

$$V_l/V_{l,R,d} \leqslant 1. \tag{6.3-6}$$

c) Bruch des Grundmaterials. Bild 6-6 a zeigt den Bruch im geschwächten Querschnitt, Bild 6-6 b im sonstigen Restquerschnitt.

   Bei Beanspruchung durch Zug wird, im Gegensatz zur Druckbeanspruchung, die Kraft nur im Bereich außerhalb des Loches übertragen, siehe Bild 6-7. Dort stellt sich bei elastischem Verhalten eine sehr ungleichmäßige Spannungsverteilung ein. Aus Bruchversuchen ist jedoch bekannt, daß die auftretenden Spannungsspitzen durch Plastizierung abgebaut werden und Verfestigung eintritt. Die theoretische ungleichmäßige Spannungsverteilung wird daher bei ruhender Beanspruchung rechnerisch nicht untersucht.

   Nach *DIN 18 800 Teil 1 (03.81)* ist rechnerisch ein Nachweis im Nettoquerschnitt nach (6.3-7) zu führen:

$$\sigma_{\text{Netto}} = Z/A_{\text{Netto}} = Z/(t\,(b-d)) < \text{zul}\,\sigma. \tag{6.3-7}$$

Die zulässige Spannung zul σ ist wie üblich auf die Streckgrenze bezogen.

   In *DIN 18 800 Teil 1 (11.90)* wird der Verfestigung dadurch Rechnung getragen, daß ein Lochabzug entfallen darf, wenn das Verhältnis

$$A_{\text{Brutto}}/A_{\text{Netto}} \leqslant 1,2\ (\text{St }37)\ \text{bzw} \leqslant 1,1\ (\text{St }52)$$

eingehalten ist.

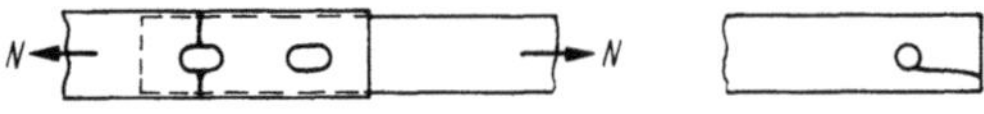

a   b   Bild 6-6. Bruch des Grundmaterials.

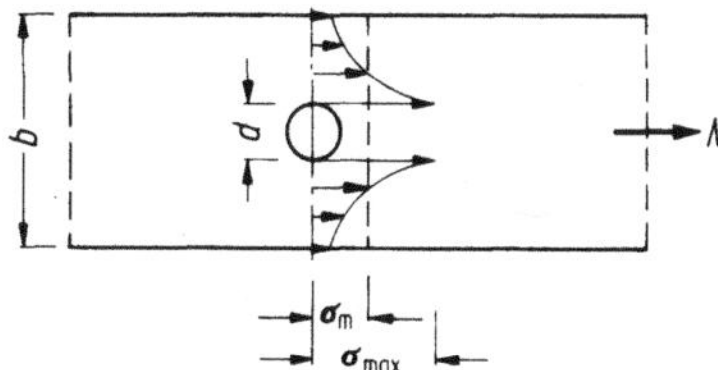

Bild 6-7. Spannungsverteilung nach der Elastizitätstheorie in einem Lochstab.

Anderenfalls ist nachzuweisen, daß die vorhandene Zugkraft im Nettoquerschnitt kleiner ist als die Grenzzugkraft

$$N_{R,d} = A_{Netto}\, f_{u,k}/(1{,}25\,\gamma_M).\qquad(6.3\text{-}8)$$

6.3.2 Tragwirkung bei mehreren Schrauben hintereinander

Es wird eine zweischnittige Verbindung nach Bild 6-8 unter der Voraussetzung der Gültigkeit der Elastizitätstheorie betrachtet. Diese Verbindung stellt ein statisch unbestimmtes System dar, in dem die Schrauben als Federn wirken. Aus der Lösung der zugehörigen Differentialgleichung ergibt sich eine ungleichmäßige Verteilung der Schraubenkräfte über die Länge des Anschlusses mit der maximalen Schraubenkraft V_{max} am Ende des Anschlusses. Diese maximale Schraubenkraft ergibt sich zu

$$V_{max} = N\lambda e \cosh \lambda l + 1/(2 \sinh \lambda l)$$

$$= N\sqrt{ce/(2EA)}\qquad(6.3\text{-}9)$$

mit

$$\lambda^2 = c(2/A)/(Ee) \text{ für } A_L = A_S,$$

c Federkonstante der Schrauben.

Für den rechnerischen Nachweis soll aus Vereinfachungsgründen jedoch eine gleichmäßige Schraubenkraftverteilung angenommen werden:

$$V = N/n.\qquad(6.3\text{-}10)$$

Dies ist nur möglich, wenn gewisse Regeln eingehalten werden.

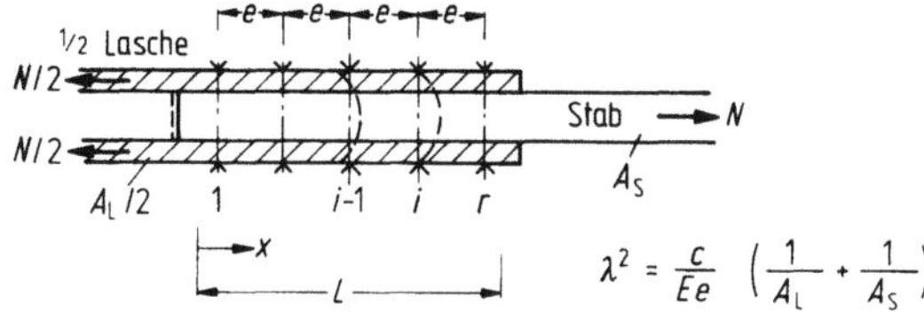

Bild 6-8. Angaben für die rechnerische Untersuchung eines zweischnittigen Laschenstoßes.

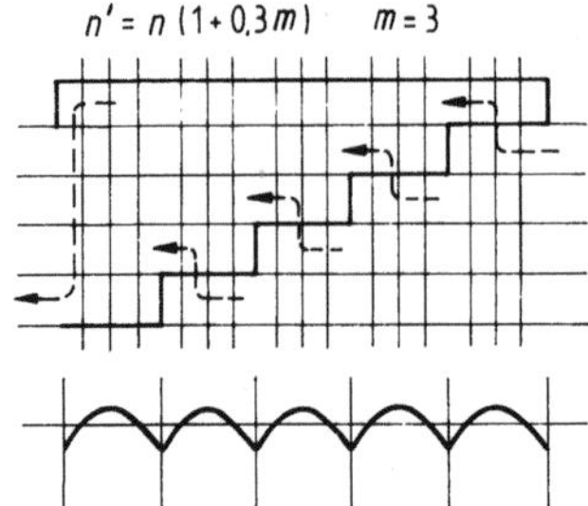

Bild 6-9. Treppenstoß.

Aus (6.3-9) lassen sich solche konstruktiven Schlußfolgerungen ziehen:

a) Da V_{max} groß wird für große e, sollte der Abstand der Schrauben untereinander möglichst gering sein. DIN 18 800 Teil 1 (03.81) fordert daher auch in Abschnitt 9.2: „Stöße und Anschlüsse sind gedrungen auszubilden".

b) Wenn die Federkonstante c groß ist, wird die maximale Schraubenkraft ebenfalls groß. Es stellt sich dann eine Art „Gummiband" ein. Daher ist es für eine gleichmäßige Kraftverteilung günstiger, kleine statt große Schrauben zu verwenden. Allerdings läuft dies der Forderung a u.U. zuwider.

c) Die Anzahl der Schrauben hintereinander muß beschränkt werden, damit die Ungleichmäßigkeit der Schraubenkraftverteilung nicht zu groß wird.

   DIN 18 800 Teil 1 (11.90) fordert daher in Element (803) „Bei unmittelbaren Laschen- und Stabanschlüssen dürfen in Kraftrichtung hintereinanderliegend höchstens 8 Schrauben für den Nachweis berücksichtigt werden." In der Fassung 1981 dieser Norm war eine Beschränkung auf 6 Schrauben gefordert.

   Bei kontinuierlicher Krafteinleitung, wie z.B. bei Querkraftanschlüssen, ist eine solche Beschränkung nicht erforderlich.

Bei langen Anschlüssen mit großen Kräften ist Bedingung c manchmal nicht einzuhalten. Man führt dann sog. Treppenstöße aus. Wegen der mittelbaren Stoßdeckung über die Zwischenlagen ist die Anzahl der Schrauben dann von n auf n' zu erhöhen, siehe Bild 6-8, 6-9.

6.3.3 Trägerstöße

6.3.3.1 Anteilige Schnittgrößen

Die einzelnen Querschnittsteile sind für die auf sie entfallenden Schnittgrößen getrennt zu stoßen. Bei einem I-Träger ist daher die Aufteilung der auf den Gesamtquerschnitt wirkenden Schnittgrößen M_{ges}, N_{ges}, V_{ges} auf Obergurt, Steg und Untergurt erforderlich.

   Bei der Beanspruchung durch ein *Moment* müssen die Krümmungen der Einzelteile gleich sein. Daraus ergibt sich

$$M_1 = M_{ges} I_1 / I_{ges}. \tag{6.3-11}$$

Bei Beanspruchung durch eine *Normalkraft* müssen die Dehnungen aller Einzelteile gleich groß sein. Daraus ergibt sich

$$N_1 = N_{ges} A_1 / A_{ges} + M_{ges} A_1 z_1 / I_{ges}. \tag{6.3-12}$$

Eine *Querkraft* V_{ges} wird nur von den Querschnittsteilen aufgenommen, die in Richtung der Querkraft verlaufen. Beim I-Träger ist dies der Steg.

6.3.3.2 Stegstoß

Die Schwerachse der Gruppe der Schrauben muß nicht mit derjenigen des Steges zusammenfallen, siehe Bild 6-10. Dann ergibt sich für die auf die Schrauben entfallenden Schnittgrößen

$$N^S = N_{Steg},$$ (6.3-13)

$$V^S = V_{Steg},$$ (6.3-14)

$$M^S = M_{Steg} + V_{Steg}e_x - N_{Steg}e_z.$$ (6.3-15)

In (6.3-15) ist N_{Steg} vorzeichenrichtig einzusetzen (+ für Zug), der Anteil aus V dagegen vergrößert immer das Moment.

Die Querkraft in der Schraube *i* aus dem *Moment* ergibt sich bei Annahme eines starren Bleches zu

$$V_i = M^S r_i / \sum_j r_j^2$$ (6.3-16)

mit $$r_i = \sqrt{x_i^2 + z_i^2}.$$ (6.3-17)

Damit ergibt sich sowohl eine Komponente V_x als auch eine Komponente V_z. Bei hohen Anschlüssen kann der Anteil aus den Werten x_i vernachlässigt werden, und man erhält dann nur eine Kraftkomponente V_x:

$$V_x^M = M^S f / h,$$ (6.3-18)

wobei der Hilfswert f für die maximal beanspruchte Schraube über

$$f/h = 0{,}5h / \sum_j z_j^2$$ (6.3-19)

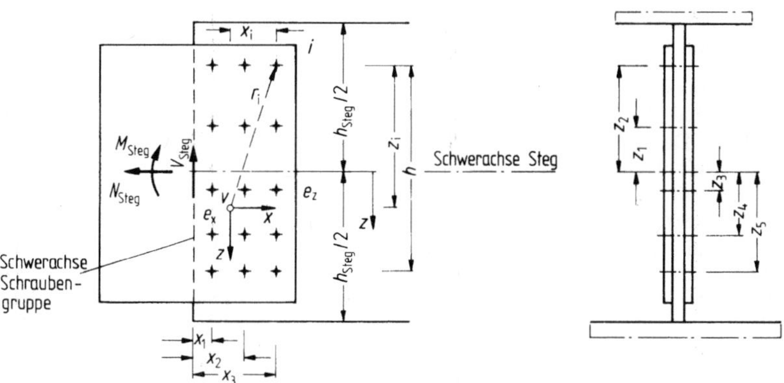

Bild 6-10. Stegstoß.

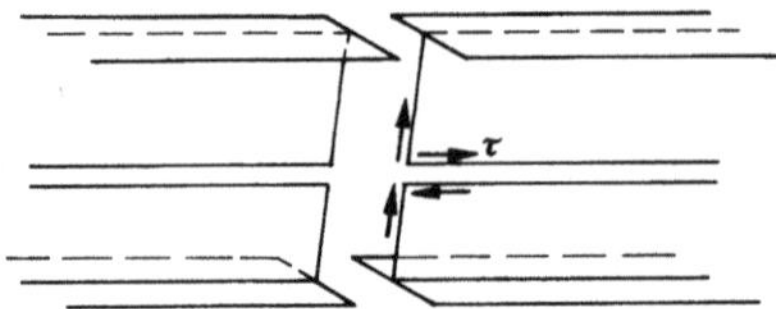

Bild 6-11. Stegblechlängsstoß.

zu berechnen ist oder aus Handbüchern [9] entnommen werden kann.

Die Querkraft in den Schrauben aus der *Normalkraft* verteilt sich gleichmäßig:

$$V_x^{\mathrm{N}} = N^{\mathrm{S}}/n. \tag{6.3-20}$$

Das gleiche trifft für die Querkraft in den Schrauben aus der *Querkraft* zu:

$$V_z^{\mathrm{V}} = V^{\mathrm{S}}/n. \tag{6.3-21}$$

Die Gesamtbeanspruchung der Schrauben ergibt sich durch geometrische Addition der Einzelanteile:

$$V_{\mathrm{max}} = \sqrt{\Sigma\, V_x^2 + \Sigma\, V_z^2}. \tag{6.3-22}$$

6.3.3.3 Stegblechlängsstoß

In der Stoßfuge sind Schubspannungen bzw. Schubkräfte zu übertragen, siehe Bild 6-11. Zu den Schubkräften aus Querkraft T^{V} können bei Hohlquerschnitten noch Schubkräfte aus Torsion T^{MT} hinzukommen. Dieser gesamten Schubkraft ist die Beanspruchbarkeit der Schrauben entsprechend 6.3.1 gegenüberzustellen.

6.4 Zugverbindungen

Schrauben sind im Gegensatz zu Nieten ohne Probleme auf Zug zu beanspruchen. Bei der Ermittlung der in der Schraube vorhandenen Zugkraft sind die bei bestimmten Konstruktionen entstehenden Abstützkräfte zu berücksichtigen. Solche Abstützkräfte entstehen z.B. bei Kopfplattenanschlüssen mit überstehenden Kopfplatten, siehe 6.6.

Beanspruchung ausschließlich durch *Zug*:

In *DIN 18800 Teil 1 (03.81)* Tabelle 10 sind die zulässigen übertragbaren Zugkräfte zul Z angegeben. Dann wird bei der Festigkeitsklasse 10.9 zwischen Schrauben ohne Vorspannung und Schrauben mit planmäßiger Vorspannung unterschieden. Die vorhandene Zugkraft ist dann der zulässigen Zugkraft gegenüberzustellen.

Nach *DIN 18800 Teil 1 (11.90)* ist die Grenzzugkraft nach (6.4-1) zu ermitteln. Dabei erfolgt ein Nachweis sowohl im Schaft mit der Streckgrenze als auch im Spannungsquerschnitt mit der Zugfestigkeit, wenn die Verformungen aus dem Gewindebereich unbedenklich sind. Bei Gewindestangen, Schrauben mit Gewinde bis annähernd zum Kopf und aufgeschweißten Gewindebolzen ist A_{Sch} durch A_{Sp} zu ersetzen:

$$N_{\mathrm{R,d}} = \min \begin{cases} A_{\mathrm{sch}}\, f_{y,\mathrm{b,k}}/(1{,}1\,\gamma_{\mathrm{M}}) \\ A_{\mathrm{sp}}\, f_{u,\mathrm{b,k}}/(1{,}25\,\gamma_{\mathrm{M}}) \end{cases}. \tag{6.4-1}$$

Tabelle 6-3. Grenzzugkraft in kN nach DIN 18 800 Teil 1 (11.90)

| | Schrauben mit normalem Gewinde | | | | Gewindestangen | | | |
| | Festigkeitsklasse: | | | | Festigkeitsklasse: | | | |
	4.6	5.6	8.8	10.9	4.6	5.6	8.8	10.9
M 12	22,4	28,0	49,0	61,3	16,7	20,9	44,6	61,3
M 16	39,9	49,8	91,3	114,2	31,1	38,9	83,0	114,2
M 20	62,3	77,9	142,5	178,2	48,6	60,7	129,6	178,2
M 22	75,4	94,2	176,3	220,4	60,1	75,1	160,3	220,4
M 24	89,7	112,1	205,4	256,7	70,0	87,5	186,7	256,7
M 27	113,7	142,1	267,1	333,8	91,0	113,8	242,8	333,8
M 30	140,2	175,3	326,4	408,0	111,3	139,1	296,7	408,0
M 36	201,9	252,4	475,3	594,2	162,0	202,6	432,1	594,2

Dabei ist für die Festigkeitsklassen 4.6 und 5.6 die erste Bedingung und die Festigkeitsklassen 8.8 und 10.9 die zweite Bedingung maßgebend.

Es ist dann nachzuweisen, daß die vorhandene Zugkraft die Grenzzugkraft nicht überschreitet.

Beanspruchung durch *Zug und Abscheren*:
In *DIN 18800 Teil 1 (03.81)* sind die jeweiligen zulässigen Kräfte so festgelegt, daß ein Vergleichsspannungsnachweis nicht geführt zu werden braucht.

Nach *DIN 18800 Teil 1 (11.90)* ist die Interaktion zu berücksichtigen:

$$(N/N_{\mathrm{R,d}})^2 + (V_{\mathrm{a}}/V_{\mathrm{a,R,d}})^2 \leqslant 1, \tag{6.4-2}$$

wobei dieser Nachweis entfallen darf, wenn $N/N_{\mathrm{R,d}}$ oder $V_{\mathrm{a}}/V_{\mathrm{a,R,d}}$ kleiner als 0,25 ist.

Zusätzlich ist unter bestimmten Einwirkungen (Lasten) bei Beanspruchung durch Zug, Abscheren oder Zug und Abscheren ein vereinfachter Betriebsfestigkeitsnachweis vorgesehen.

6.5 Gleitfeste planmäßig vorgespannte Verbindungen

Für solche Verbindungen kommen nur Schrauben der Festigkeitsklassen 8.8 und 10.9 in Frage. Diese Verbindungen wurden in den USA entwickelt und haben sich seit den 50er Jahren auch in Deutschland bewährt. Für ihre Verbreitung haben die Forschungen an der TH Karlsruhe durch Steinhardt und Valtinat entscheidend beigetragen.

Wichtig ist, daß wegen der Toleranzforderungen und der Anforderungen an den hochfesten Werkstoff nur komplette Garnituren (Schrauben, Muttern und Scheiben) von einem Hersteller verwendet werden dürfen.

Kräfte rechtwinklig zur Schraubenachse: Die Wirkungsweise dieser Verbindungen beruht darauf, daß durch starkes Anziehen der Schrauben die Bauteile so aufeinander gepreßt werden, daß in den Berührungsfugen Kräfte auf Reibung übertragen werden können.

Die übertragbare Kraft in einer Scherfuge beträgt

$$V_{\mathrm{g}} = \mu F_{\mathrm{v}}, \tag{6.5-1}$$

wobei als Reibungszahl $\mu = 0,5$ einzusetzen ist. Dies setzt eine Vorbereitung der Reibfläche durch

Strahlen mit Strahlmitteln, Flammstrahlen oder gleitfeste Beschichtungsstoffe voraus. Einzelheiten regelt DIN 18 800 Teil 7.

Das Vorspannen der Schrauben kann durch Anziehen nach dem Drehmoment-, Drehimpuls- oder Drehwinkelverfahren erfolgen. Hierfür sind Drehmomentenschlüssel, Schlagschrauber oder ähnliche Anziehgeräte zu verwenden. Da die Wirksamkeit der gleitfesten Verbindungen entscheidend von der Größe der Vorspannkräfte abhängt, sind diese zu überprüfen. Einzelheiten des Vorspannens und der Überprüfung regelt DIN 18800 Teil 7.

In *DIN 18 800 Teil 1 (03.81)* Tabelle 9 sind zulässige übertragbare Kräfte je Schraube und Reibfläche senkrecht zur Schraubenachse für GV- und GVP-Verbindungen angegeben Dabei wurden relativ geringe Sicherheitsbeiwerte gegen Gleiten, nämlich $\mu = 1{,}25$ im Lastfall H bzw. 1,10 im Lastfall HZ, berücksichtigt, da nach dem Gleiten ja noch die normale Schertragfähigkeit vorhanden ist. Beim Nachweis ist die vorhandene Querkraft rechtwinklig zur Schraubenachse der zulässigen Kraft gegenüberzustellen. Sowohl vorhandene Kräfte als auch zulässige Kräfte sind auf die Beanspruchung unter Gebrauchslasten bezogen. Zusätzlich ist ein Nachweis bezüglich der Lochleibung zu führen.

DIN 18 800 Teil 1 (11.90) sieht einen ähnlichen Nachweis dagegen nur noch als Nachweis der Gebrauchstauglichkeit vor, da unter γ_F-fachen Lasten das Gleiten bereits eingetreten ist:

$$V_g / V_{g.R.d} \leqslant 1 \qquad\qquad (6.5\text{-}2)$$

mit
$$V_{g.R.d} = \mu F_v / (1{,}15\,\gamma_M).$$

Zusätzliche Zugbeanspruchung in Richtung der Schraubenachse: Beim Anziehen der Schraube mit der Vorspannung F_v werden die zu verbindenden Teile auf Druck und die Schraube auf Zug beansprucht. Das Verhalten ist aus Bild 6-12 zu ersehen. Danach wird durch eine äußere Zugkraft $Z\,(N)$ die Klemmkraft abgebaut und die Schraubenkraft nur geringfügig erhöht. Aus diesem Grunde wird rechnerisch die äußere Zugkraft ausschließlich durch Abbau der Klemmkraft aufgenommen, während für die Schrauben die Erhöhung aus der Vorspannkraft rechnerisch nicht direkt berücksichtigt wird.

Nach *DIN 18 800 Teil 1 (03.81)* ist die zulässige übertragbare Zugkraft auf 0,6 F_v bis 0,8 F_v (je nach Fall) beschränkt, sie ist in Tabelle 10 angegeben. Bei gleichzeitiger Beanspruchung durch eine

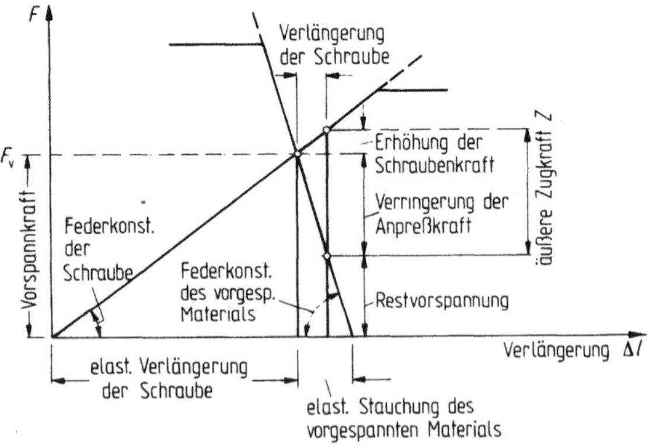

Bild 6-12. Last-Verformungs-Kurven bei Kräften in Richtung der Schraubenachse.

Querkraft ist die dann noch übertragbare Querkraft zu beschränken:

$$\text{zul } V_{\text{GV.z}} = \text{zul } V_{\text{GV}}(0{,}2 + 0{,}8(\text{zul } Z - Z)/\text{zul } Z). \tag{6.5-3}$$

Auf ähnliche Weise ergibt sich die zulässige Kraft für GVP-Verbindungen.
Nach *DIN 18800 Teil 1 (11.90)* gilt (6.5-1) mit

$$V_{\text{g,R,d}} = \mu F_{\text{v}}(1 - N/F_{\text{v}})/(1{,}15\,\gamma_{\text{M}}). \tag{6.5-4}$$

Hierbei berücksichtigt der Korrekturfaktor 1,15 die erwähnte Vorgehensweise der Zuweisung der
Kräfte.

6.6 Biegesteife Kopfplattenanschlüsse

Die großen übertragbaren Zugkräfte bei Verwendung von Schrauben der Festigkeitsklassen 8.8 und
10.9 haben in den letzten Jahrzehnten zu diesem Verbindungstyp, siehe Bild 6-13, geführt.
Für die Berechnung werden verschiedene Verfahren angewendet.

a) Verfahren der sinnvollen Pressungsfläche
   Hierbei wird zur Ermittlung der Gesamtbeanspruchung aus der Vorspannung der Schrauben
und der Spannung aus den äußeren Einwirkungen (Moment und ggf. Normalkraft) eine sinnvolle
Pressungsfläche zwischen Kopfplatte und Anschlußfläche auf der Zugseite und auf der Druckseite angenommen und die größte Spannung einer zulässigen Spannung gegenübergestellt. Es
wird näherungsweise der Gebrauchszustand erfaßt.
b) Annahme einer linearen Spannungsverteilung nach *Beer*
   Durch die Schnittgrößen M und N wird im Zugbereich zunächst die Vorpressung zwischen
Kopfplatte und Anschlußfläche abgebaut. Bei Steigerung der Belastung bis zum Bruchzustand
tritt im Zugbereich eine Klaffung der Fuge ein. Es wirken dann hier nur noch die Schrauben auf
Zug, wodurch sich gegenüber a ein größerer Hebelarm der inneren Kräfte ergibt.
   Diese Annahme kann als zutreffend angesehen werden, wenn die Schrauben anteilmäßig nach
den anzuschließenden Kräften angeordnet sind, insbesondere wenn auch Schrauben im Stegbereich eines I-Trägers vorhanden sind. Bei hohen Anschlüssen mit vielen Schraubenreihen ist die
Annahme einer geradlinigen Spannungsverteilung nur gerechtfertigt, wenn die Kopfplatte zwischen den Gurten durch Rippen ausgesteift ist und der Steg durch die Überleitung der Kräfte
nicht überbeansprucht wird.
   Der Vorteil dieses Verfahrens liegt darin, daß Normalkräfte N besonders einfach berücksichtigt werden können.
c) Traglastmodell
   Bei reiner Momentenbeanspruchung werden in der Regel Schrauben nur im Bereich der
Flansche angeordnet. Diese müssen dann den Momentenanteil des Steges mit übernehmen.

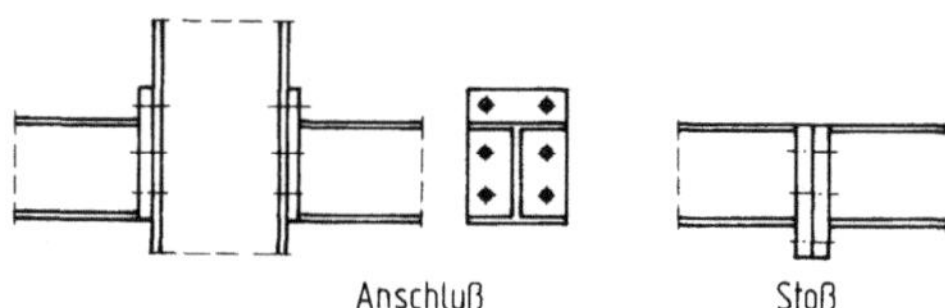

Bild 6-13. Beispiele für Kopfplattenstöße.

Damit liegt das Modell der Aufteilung des Momentes in ein Kräftepaar vor. Es trifft nur zu, wenn der Steganteil des Trägers klein ist. Nach [10] ist dies der Fall, wenn

$$I_{\text{Steg}}/I_{\text{ges}} \leqslant 0,15 \qquad (6.6\text{-}1)$$

ist.

Durch dieses Modell erfolgt eine Auflösung des Anschlusses in einzelne Elemente. Diese werden als T-Verbindung bezeichnet und berechnet, siehe Bild 6-14. Das Tragverhalten und der Versagensmechanismus ist aus Bild 6-15 zu ersehen. Danach kann man zwei Extremfälle unterscheiden:

a) Bei starken Schrauben und schwacher Kopfplatte versagt die Kopfplatte durch Bilden von Fließgelenken in den Schnitten I und II,
c) bei schwachen Schrauben und starker Kopfplatte tritt das Versagen durch Bruch der Schrauben auf.

Der Fall b liegt dazwischen und sollte angestrebt werden, da dabei Kopfplatte und Schrauben gleichmäßiger ausgenutzt sind.

Die Schrauben erhalten Zugkräfte aus dem angreifenden Moment, siehe Bild 6-14. Wegen des Verformungsverhaltens der Kopfplatte treten Abstützkräfte K auf, die zu zusätzlichen Zugkräften in den Schrauben führen, siehe Bild 6-16.

Als rechnerische Hebelarme können näherungsweise angesetzt werden:

$$c_1 = c - 0,7t - 0,5\,d_{\text{Sch}} \qquad \text{bei Kehlnahtanschluß,} \qquad (6.6\text{-}2a)$$

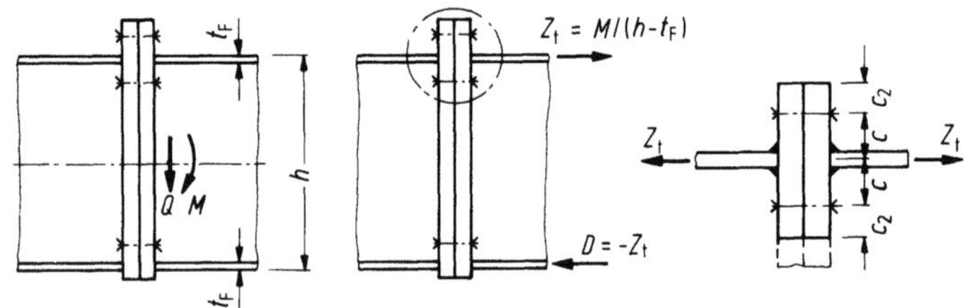

Bild 6-14. T-Stück bei überstehender Kopfplatte.

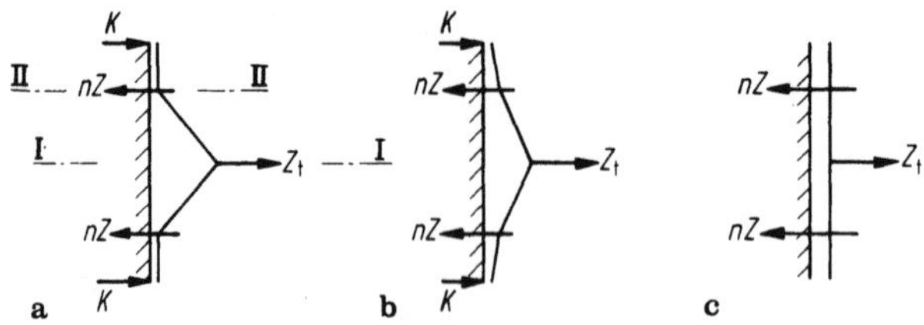

Bild 6-15a–c. Verschiedene Versagensfälle.
a) starke Schrauben – schwache Kopfplatte, b) Schrauben und Kopfplatte gleichmäßig ausgenutzt, c) schwache Schrauben—starke Kopfplatte.

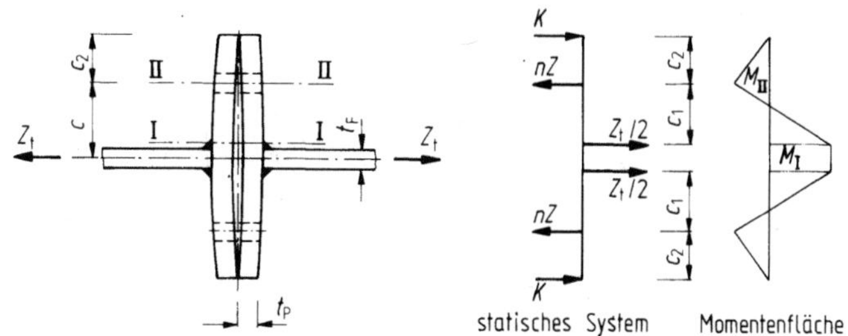

Bild 6-16. Statisches System der T-Verbindung.

$$c_1 = c - 0{,}5\,t - 0{,}5\,d_{\text{Sch}} \qquad \text{bei } K\text{-Nahtanschluß,} \qquad (6.6\text{-}2b)$$

$$c_1 = c - 0{,}5\,t - 0{,}5\,d_{\text{Sch}} - 0{,}8\,r \quad \text{bei Walzprofilen,} \qquad (6.6\text{-}2c)$$

c_2 bis zum Rand der Kopfplatte, höchstens c_1.

Hierbei wurde die günstige Wirkung von Unterlegscheiben vernachlässigt.

Das Versagen kann durch Versagen der Schrauben oder durch Bilden von Fließgelenken in den Schnitten I und II, siehe Bild 6-14, erfolgen. Es können zwei Fälle unterschieden werden:

a) Es tritt keine Abstützkraft K auf, wenn

$$Z_t c_1/2 \leqslant M_{I,\,pl} \qquad (6.6\text{-}3a)$$

ist. Die Schraubenkraft ergibt sich dann zu

$$nZ = Z_t/2. \qquad (6.6\text{-}4a)$$

b) Es tritt dagegen eine Abstützkraft K auf, wenn

$$Z_t c_1/2 \geqslant M_{I,\,pl}, \qquad (6.6\text{-}3b)$$

wobei

$$K = (Z_t c_1/2 - M_{I,\,pl})/c_2 \leqslant M_{II,\,pl}/c_2. \qquad (6.6\text{-}5a)$$

Die Schraubenkraft ergibt sich dann zu

$$nZ = Z_t/2 + K. \qquad (6.6\text{-}4b)$$

Die größte aufnehmbare Kraft Z_t ergibt sich, wenn gerade $M_{II,\,pl}$ auftritt. Dann gilt

$$\max K = M_{II,\,pl}/c_2 \leqslant V_{II,\,pl}, \qquad (6.6\text{-}5b)$$

$$nZ_{\max} = Z_t/2 + \max K. \qquad (6.6\text{-}4c)$$

Die plastischen Schnittgrößen der Platte ergeben sich zu

$$M_{\text{I, pl}} = 1{,}1\, b t_{\text{p}}^2 f_{\text{y, d}}/4,$$

$$(6.6\text{-}6)$$

$$M_{\text{II, pl}} = 1{,}1\, (b - n d_{\text{L}}) t_{\text{p}}^2 f_{\text{y, d}}/4,$$

$$(6.6\text{-}7)$$

$$V_{\text{I, pl}} = b t_{\text{p}} f_{\text{y, d}}/\sqrt{3},$$

$$(6.6\text{-}8)$$

$$V_{\text{II, pl}} = (b - n d_{\text{L}}) t_{\text{p}} f_{\text{y, d}}/\sqrt{3},$$

$$(6.6\text{-}9)$$

wobei der Faktor 1,1 nach [15] durch die behinderte Querdehnung der Platte begründet ist. Bei großer vorhandener Querkraft ist deren Wirkung auf die vollplastischen Momente der Platte zu berücksichtigen, siehe 2.5.4. Dabei kann im Schnitt I als Querkraft $0{,}5\, Z_{\text{t}}$ und im Schnitt II die Abstützkraft K angesetzt werden.

Die vorhandene Querkraft wird den Schrauben im Bereich des Druckflansches zugewiesen. Im Zugbereich wäre die Interaktion von Querkraft und Zugkraft zu berücksichtigen.

Zusätzlich ist ein Gebrauchstauglichkeitsnachweis zu führen.

Bei bündigen Kopfplatten kann ein ähnliches Verfahren angewendet werden.

Falls eine Normalkraft vorhanden ist, wird diese auf die Schrauben im Zugbereich und den Druckflansch aufgeteilt und die Rechnung dann wie oben durchgeführt.

In [15] ist das beschriebene Verfahren für den Anschluß von Walzprofilen in einfacher Weise aufbereitet. Dort sind auch zusätzliche konstruktive Regeln für die Kopfplattendicke im Verhältnis zum Schraubendurchmesser und Angaben zu den Schweißnähten enthalten.

6.7 Verbindungen mit Schweißnähten

6.7.1 Schweißvorgang und Schweißverfahren

Nach DIN 1910 Teil 1 ist das Schweißen definiert: „Metallschweißen ist ein Vereinigen metallischer Werkstoffe unter Anwendung von Wärme oder Druck oder von beidem und zwar mit oder ohne Zusetzen von artgleichem Werkstoff (Zusatzwerkstoff) mit gleichem oder nahezu gleichem Schmelzbereich."

Die danach zu unterscheidenden großen Gruppen sind das *Schmelzschweißen* und das *Preßschweißen*. Das Preßschweißen hat im konstruktiven Stahlbau keine Bedeutung, es wird aber z.B. bei der Herstellung von Rohren angewendet.

Beim *Schmelzschweißen* werden Metallteile miteinander verbunden, indem in der Regel zwischen die zu verbindenden Ränder ein Zusatzwerkstoff eingebracht wird. Der Zusatzwerkstoff befindet sich im geschmolzenen Zustand, wodurch auch die Ränder der zu verbindenden Teile aufgeschmolzen werden. Diese Ränder des Grundmaterials und der Zusatzwerkstoff fließen dann ineinander.

Die größte Bedeutung hat das *Lichtbogenschweißen*. Hierbei brennt zwischen Werkstück und Zusatzwerkstoff, z.B. der Elektrode, ein Lichtbogen. Er konzentriert große Wärmemengen bei hoher Temperatur (ca. 3500 °C) auf kleinem Raum. Der Werkstoffübergang von der Elektrode zum Schmelzbad erfolgt mehr oder weniger tropfenförmig. Das Lichtbogenschweißen kann von Hand oder maschinell erfolgen, wobei verschiedene Arten des Schweißens und der Elektroden üblich sind. Bild 6-17 zeigt das Lichtbogenschweißen mit umhüllter Elektrode.

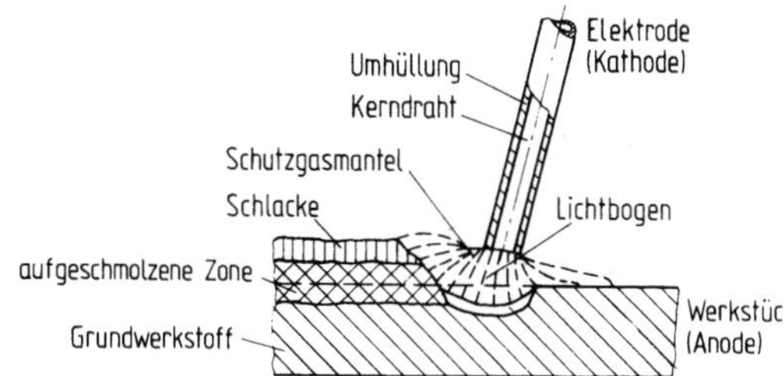

Bild 6-17. Lichtbogenschweißung mit umhüllter Elektrode.

6.7.2 Einfluß der Schweißwärme

Die beim Schweißen entstehende Wärme wirkt sich in Form von *Gefügeänderungen* und in Form von *Längenänderungen* aus.

Durch das Schweißen entstehen neben dem aufgeschmolzenen Grundmaterial *Gefügeänderungen*. Diese Änderungen sind im wesentlichen abhängig von der Temperatur und von der Art des Grundmaterials in Form der chemischen Zusammensetzung. Hierbei ist der Kohlenstoffgehalt entscheidend. Da auch andere Begleitelemente zu Aufhärtungen führen, ist es üblich, diese in einen äquivalenten Kohlenstoffgehalt CEV umzurechnen. Dafür sind verschiedene Formeln gebräuchlich, z.B.:

$$CEV = C + Mn/6 + Mo/4 + Cr/5 + Ni/15 + Cu/13 + P/2 \qquad (6.7\text{-}1)$$

Andere Bezeichnungen für das Kohlenstoffäquivalent sind CE, C_d, $C_{äq}$ und $C_{äqu}$.

Die Schweißeignung wird i. allg. bei CEV < 0,40% als gut beurteilt und bis 0,60% als bedingt gegeben angesehen. Als Anhalt kann ferner gelten, daß ab CEV = 0,45% der Stahl vorzuwärmen ist.

Der Kohlenstoffgehalt beeinflußt im wesentlichen das *Sprödbruchverhalten*. Hierunter wird die Antwort auf die Frage verstanden, inwieweit sich der Werkstoff auch unter mehrachsigen Spannungszuständen noch plastisch verformen kann. Die Prüfung der Sprödbruchneigung erfolgt meist mit Hilfe des Kerbschlagbiegeversuches. Wenn dieser bei verschiedenen Temperaturen durchgeführt wird, kann die Übergangstemperatur festgestellt werden, bei der das zähe Verhalten in ein sprödes übergeht.

Wenn sich ein Werkstoff vor dem Bruch nicht ausgeprägt plastisch verformen kann, haben Spannungsspitzen aus Lastspannungen und Eigenspannungen besondere Bedeutung. Da die wirklichen Spannungsspitzen kaum zu ermitteln sind, muß das Sprödbruchproblem im wesentlichen durch die Wahl geeigneter Werkstoffe gelöst werden. Dabei hilft z.B. [V2].

Mehrachsige Spannungszustände ergeben sich stets aus den *Schweiß-Eigenspannungen*. Sie entstehen durch die beim Schweißen eingebrachte Wärme. Die infolge der örtlichen Wärmeeinwirkung entstehenden Dehnungen werden durch den umgebenden, nicht erwärmten Werkstoff behindert. Wegen der veränderten Werkstoffeigenschaften kommt es zu plastischen Verformungen in den rotwarmen Nahtzonen. Das beim Abkühlen einsetzende Schrumpfen muß gegen verschiedene Widerstände erfolgen. Bei der Stumpfnaht in einem Blech z.B. wird das Schrumpfen in Nahtlängsrichtung durch den beiderseits angrenzenden Werkstoff stark behindert. In Querrichtung erfolgt diese Behinderung nur insoweit, wie die zusammenzuschweißenden Bleche konstruktiv eingespannt sind. Entsprechend diesen Schrumpfbehinderungen entstehen Längenänderungen und Schrumpfspannungen (Schweiß-Eigenspannungen). Dabei sind die Eigenspannungen umso größer, je stärker das Schrumpfen behindert ist.

Sind in einem Bauteil mehrere Schweißnähte vorhanden, dann hängen Größe und Verteilung der Eigenspannungen auch von der Reihenfolge des Schweißens ab. Ein Beispiel dafür ist in Bild 6-18 dargestellt.

Die *Längenänderungen* sind die Verformungen aus dem Schrumpfen. Wünschenswert ist es, diese Schrumpfungen vorab zu kennen, um sie durch Hertellungsmaßnahmen auszugleichen. Gelingt dies nicht, muß das Werkstück ggf. nach der Herstellung gerichtet werden. Alle Maße für das Schrumpfen sind Erfahrungswerte, die bei neuen Bauteilen neu zu ermitteln sind, ggf. durch Probieren. Im wesentlichen entstehen Längsschrumpfungen, Querschrumpfungen, Winkelschrumpfungen, Krümmungen und Verwerfungen.

Der Schrumpfeinfluß kann durch gezielte Maßnahmen wenigstens teilweise wieder behoben werden.

Durch das *Richten* werden die Schrumpfverformungen nachträglich korrigiert, kalt durch Biegen oder Hämmern bzw. warm durch Flammrichten. Dabei werden gezielt Wärmepunkte, Wärmestriche oder Wärmekeile eingebracht. Dabei entstehen aber neue Eigenspannungen, so daß diese Maßnahmen nur dann ergriffen werden sollten, wenn sie aus betriebstechnischen oder ästhetischen Gründen oder Tragfähigkeitsüberlegungen unumgänglich sind.

Schrumpfspannungen und Längenänderungen können durch vorheriges *Vorwärmen* bis auf ca. 200 °C vermindert werden. Außerdem werden dadurch Aufhärtungen vermieden und das Sprödbruchverhalten verbessert.

Durch *Spannungsarmglühen* bei Temperaturen bis max. 650 °C werden die Eigenspannungen weitgehend ausgeglichen. Diese Maßnahme ist aber wegen der zur Verfügung stehenden Öfen und der Kosten auf kleinere Teile und Sonderfälle beschränkt.

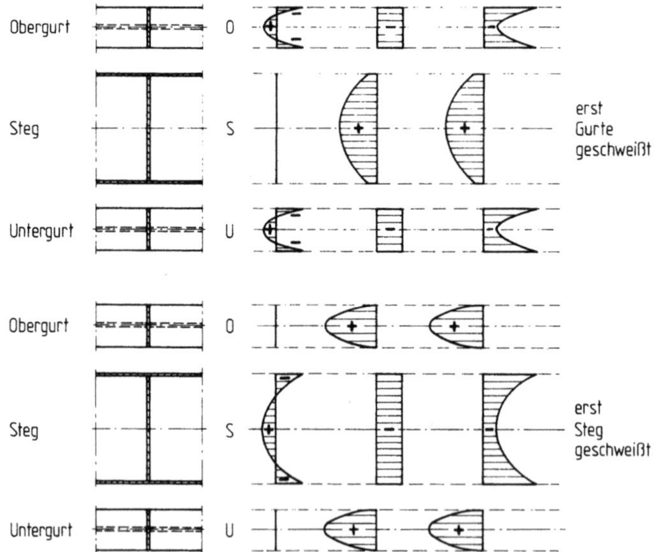

Bild 6-18. Schweißeigenspannungen in einem I-Träger bei unterschiedlicher Schweißreihenfolge.

6.7.3 Prüfung von Schweißnähten

Für die Prüfung stehen *zerstörungsfreie* und *zerstörende* Prüfverfahren zur Verfügung. Zu den *zerstörungsfreien Prüfverfahren* gehören

a) optische Sichtprüfung,
b) Verwendung von Eindringmitteln,
c) Magnetpulververfahren,
d) Ultraschallverfahren,
e) Verwendung von Röntgenstrahlen.

Zu den *zerstörenden Prüfverfahren* gehören

a) mechanische Untersuchungen durch: Zugversuch, Faltversuch, Kerbschlagbiegeversuch, Aufschweißbiegeprobe, Härteprüfung nach Brinell o.ä.,
b) metallographische Untersuchungen in der Wärmeeinflußzone, Feststellung des Gefüges des Ausgangswerkstoffes, Feststellung der Abmessungen der wirksamen Schweißnaht.

Je nach Schwere der festgestellten Fehler ist ein gewisser Fehleranteil zu tolerieren, Angaben sind in den Schweißnormen enthalten. Wenn Fehler beseitigt werden müssen, erfolgt zunächst eine Beseitigung der Schweißnaht durch Ausfugen. Dies kann mechanisch oder durch Aufschmelzen erfolgen. Danach wird die Naht erneut geschweißt.

6.7.4 Gestaltungsgrundsätze

Außer durch die Wahl eines geeigneten Werkstoffes läßt sich die Sprödbruchneigung durch eine Reihe weiterer Maßnahmen verringern. Bei der Ausführung geschweißter Konstruktionen sollte daher stets ein Schweißfachingenieur zu Rate gezogen werden. Zu diesen weiteren Maßnahmen gehören:

a) möglichst dünne Querschnitte verwenden,
b) eine nachgiebige Konstruktion wählen,
c) Bereiche, an die durch die Fertigung hohe Ansprüche gestellt werden, z.B. durch Kaltumformen oder Schweißen, in Gebiete mit geringen Beanspruchungen legen,
d) örtliche Anhäufung ungünstiger Einflüsse vermeiden
e) die Lage der Seigerungszonen beachten,
f) beim Schweißen dicker Querschnittsteile die gefährdeten Bereiche vorwärmen,
g) sich kreuzende Nähte wegen Spannungsanhäufung möglichst vermeiden,
h) Schweißnähte mit möglichst geringen Abmessungen wählen. Dies steht im Gegensatz zu sonstigen Bemessungen, hat hier aber seinen Grund darin, daß mehr Schweißgut mehr Wärme einbringt.
i) Möglichst Zugbeanspruchung in Richtung der Werkstoffdicke vermeiden. Durch den Walzprozeß bei der Herstellung von Blechen bildet sich eine gewisse lamellenartige Struktur, so daß die Zugfestigkeit rechtwinklig zur Werkstoffdicke geringer ist als in Längsrichtung. In [V.5.] sind Hinweise zur Werkstoffauswahl nach einem Bewertungsschema zusammengestellt. Als Kriterium dafür dient die Brucheinschnürung Z aus dem Zugversuch. Die Neigung zum Terrassenbruch läßt sich durch konstruktive Maßnahmen verringern.

6.7.5 Maße und Querschnittswerte von Schweißnähten

Die rechnerischen Abmessungen von Schweißnähten sind durch die *Nahtdicke a* und die *Nahtlänge l* gegeben.

Vom Verbindungstyp her lassen sich Stumpfnähte (zu verbindende Teile laufen parallel) und Kehlnähte, siehe Bild 6-19, unterscheiden. Neben den in Bild 6-19 dargestellten Kehlnähten gibt es auch Stirnkehlnähte und Flankenkehlnähte. In DIN 18 800 Teil 1 (11.90) werden ergänzend bei den Stumpfnähten in Tabelle 19 durchgeschweißte und nicht durchgeschweißte Nähte unterschieden.

Bei Stumpfnähten (durchgeschweißten Nähten) ist die rechnerische *Nahtdicke a* gleich der kleinsten Dicke t_1 der anschließenden Teile. Bei den Kehlnähten ist die rechnerische Nahtdicke a gleich der bis zum theoretischen Wurzelpunkt gemessenen Höhe des einschreibbaren gleichschenkligen Dreiecks, siehe Bild 6-19. Hierbei ist zu beachten, daß in angelsächsischen Ländern a nicht als Höhe sondern als Schenkellänge der Naht definiert ist.

Die rechnerische *Nahtlänge l* einer Naht ist ihre geometrische Länge. Kehlnähte dürfen beim Nachweis nur berücksichtigt werden, wenn sie gewisse Bedingungen einhalten. Nach *DIN 18 800 Teil 1 (03.81)* muß die Naht mindestens $10a$, und darf höchstens $100a$ lang sein. Nach *DIN 18 800 Teil 1 (11.90)* muß die Nahtlänge mindestens $6a$ und mehr als 30 mm, bei unmittelbarem Stabanschluß höchstens $150a$ betragen. Nach neueren Forschungsergebnissen scheint es vertretbar, sogar noch größere Längen rechnerisch zu berücksichtigen.

Der Grund für die Nahtbegrenzungen liegt darin, daß die Naht am Ansatz manchmal nicht die gleiche Güte aufweist wie im mittleren Bereich, daher machte man früher einen „Endkrater-Abzug". Bei langen Nähten stellt sich wie bei vielen hintereinander angeordneten Schrauben eine ungleichmäßige Spannungsverteilung über die Länge ein, der mittlere Bereich trägt dann kaum mit.

Bei kontinuierlicher Krafteinleitung über die Schweißnaht, wie sie z.B. bei einer Stegkehlnaht eines I-Trägers unter Schubbeanspruchung vorliegt, ist eine Begrenzung nach oben nicht erforderlich.

Die rechnerische *Schweißnahtfläche* A_w ergibt sich zu

$$A_w = \Sigma\, al. \tag{6.7-2}$$

Beim Nachweis sind nur die Flächen derjenigen Nähte anzusetzen, die aufgrund ihrer Lage vorzugsweise imstande sind, die vorhandenen Schnittgrößen in der Verbindung zu übertragen. Für die Übertragung der Querkraft eines geschweißten I-Trägers sind das z.B. die Stegnähte.

Zur Vereinfachung der Rechnung ist die Schweißnahtfläche bei Kehlnähten konzentriert in der Wurzellinie anzunehmen.

Das Trägheitsmoment (Flächenmoment 2. Grades) der Schweißnaht ergibt sich ähnlich wie beim Material zu

$$I_w = \Sigma\, (I_w^0 + A_w z^2). \tag{6.7-3}$$

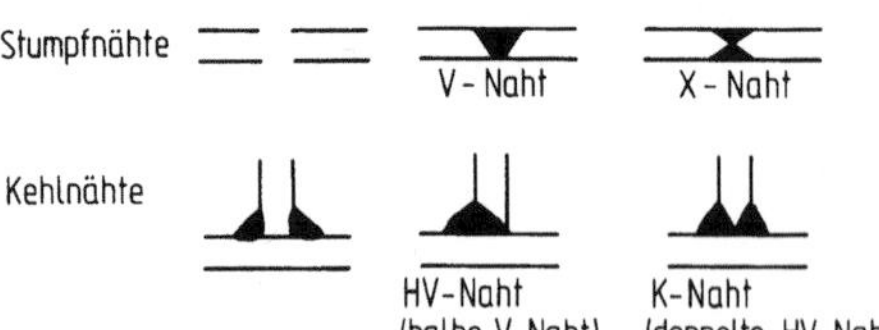

Bild 6-19. Beispiele für Stumpfnähte und Kehlnähte.

6.7.6 Schweißnahtspannungen

In einer Schweißnaht können gleichzeitig mehrere Spannungen vorhanden sein. Für eine Kehlnaht ist dies aus Bild 6-20 zu ersehen. Darin sind

$\sigma_\perp$ Normalspannung rechtwinklig zur Nahtrichtung,

$\tau_\perp$ Schubspannung rechtwinklig zur Nahtrichtung,

$\sigma_\parallel$ Normalspannung in Nahtrichtung,

$\tau_\parallel$ Schubspannung in Nahtrichtung.

Wenn, wie in Bild 6-20 angegeben, eine Kraft F aus dem horizontalen Blech in die vertikale Platte zu leiten ist, dann entstehen in der Fuge zwischen Blech und Naht Schubspannungen $\tau_\perp$, in der Fuge zwischen Naht und Platte Normalspannungen $\sigma_\perp$.

Aus Normalkräften N oder Querkräften V entstehen die Spannungen

$$\sigma_\perp, \tau_\perp, \tau_\parallel = N/A_\mathrm{w} \quad \text{bzw} \quad V/A_\mathrm{w}. \tag{6.7-4}$$

Aus der Querkraft entsteht in der Halskehlnaht zwischen dem Steg und dem Gurt eines Biegeträgers, Bild 6-21, die Schubspannung

$$\tau_\parallel = V S_\mathrm{w}/(I_\mathrm{w} \Sigma a_\mathrm{w}). \tag{6.7-5}$$

Aus Torsion in einem geschweißten Hohlkasten, Bild 6-21, entsteht die Schubspannung

$$\tau_\parallel = T/a. \tag{6.7-6}$$

Aus dem Anschluß eines Momentes am biegesteifen Anschluß, Bild 6-21, ergibt sich die Normalspannung

$$\sigma_\perp = M z_\mathrm{a}/I_\mathrm{w}. \tag{6.7-7}$$

Die gleichzeitige Wirkung von mehreren Spannungen wird durch den empirisch begründeten Vergleichswert σ_v erfaßt nach:

$$\sigma_\mathrm{v} = \sqrt{\sigma_\perp^2 + \tau_\perp^2 + \tau_\parallel^2}. \tag{6.7-8}$$

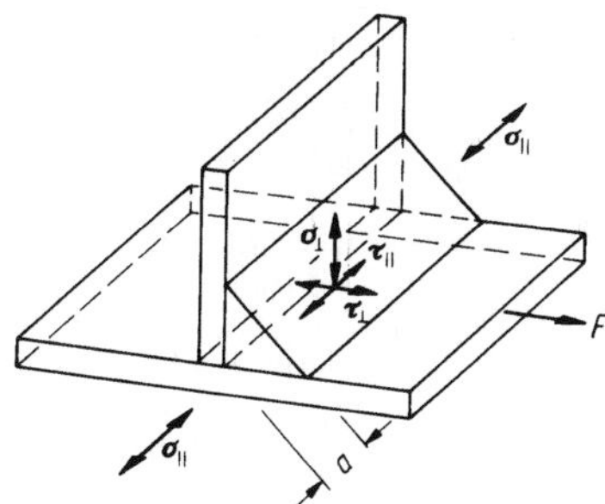

Bild 6-20. Definition der Spannungen in einer Kehlnaht.

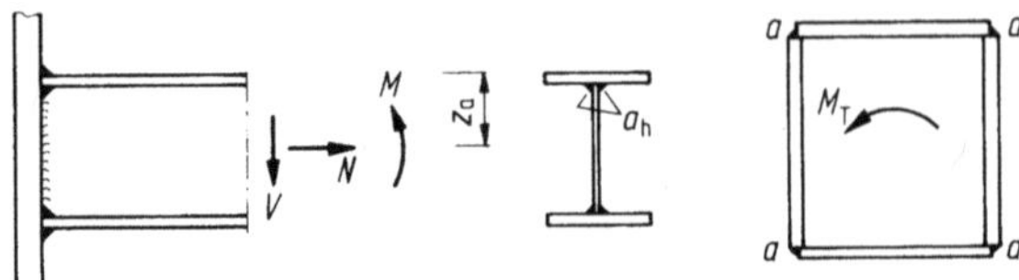

Bild 6-21. Systeme und Belastungen in geschweißten Anschlüssen.

Die Normalspannung $\sigma_{\parallel}$ braucht in (6.7-8) rechnerisch nicht berücksichtigt zu werden, da diese bei der Festlegung der zulässigen Schweißnahtspannungen durch Versuche berücksichtigt worden ist.

Der Nachweis erfolgt auf folgende Weise:

Nach *DIN 18 800 Teil 1 (03.81)* ist die vorhandene Schweißnahtspannung der zulässigen Schweißnahtspannung nach Tabelle 11 gegenüberzustellen. Für manche Nähte darf ein Nachweis entfallen.

Nach *DIN 18 800 Teil 1 (11.90)* ist nach (6.7-9) nachzuweisen, daß der Vergleichswert $\sigma_{\mathrm{w,v}}$ die Grenzschweißnahtspannung $\sigma_{\mathrm{w,R,d}}$ nach Element 829 und 830 bzw. Tabelle 21 nicht überschreitet:

$$\sigma_{\mathrm{w,v}}/\sigma_{\mathrm{w,R,d}} \leqslant 1. \qquad (6.7\text{-}9)$$

6.8 Zusammenwirken verschiedener Verbindungsmittel

Ein Zusammenwirken verschiedener Verbindungsmittel ist nur möglich, wenn die Formänderungen verträglich sind. Wenn ein weiches und ein starres Verbindungsmittel vorhanden sind, wird das starre Verbindungsmittel zunächst den größten Teil der Beanspruchung übertragen und das weiche Teil nur dann mittragen, wenn es eine entsprechend große Formänderung mitmachen kann.

Daher dürfen z.B. SL- und SLV-Verbindungen wegen des Schlupfes nicht mit SLP-, SLPV-, GVP- und Schweißnahtverbindungen rechnerisch zur gemeinsamen Kraftübertragung herangezogen werden. Gemeinsame Kraftübertragung darf dagegen angenommen werden bei GVP-Verbindungen und Schweißnähten.

Literatur zu Teil G. Stahlbau

Normen und andere technische Regeln

DIN 1025 Teil 1: Formstahl; Warmgewalzte I-Träger, ... (10.63)

DIN 1025 Teil 2 bis 4:-, IPB-Träger ... (10.63)

DIN 2448: Nahtlose Stahlrohre; Maße, längenbezogene Massen (02.81)

DIN 2458: Geschweißte Stahlrohre; Maße, längenbezogene Massen (02.81)

DIN 6914: Sechskantschrauben mit großen Schlüsselweiten; HV-Schrauben in Stahlkonstruktionen (10.89)

DIN 7990: Sechskantschrauben mit Sechskantmuttern für Stahlkonstruktionen (10.89)

DIN 17 100: Allgemeine Baustähle; Gütevorschriften (01.80)

DIN 4114: Teil 1: Stahlbau; Stabilitätsfälle (Knickung, Kippung, Beulung); Berechnungsgrundlagen, Vorschriften (07.52)

DIN 4114: Teil 2: Stahlbau; Stabilitätsfälle (Knickung, Kippung, Beulung); Berechnungsgrundlagen, Richtlinien (2.53)

DIN 18 800 Teil 1: Stahlbauten; Bemessung und Konstruktion (03.81)

DIN 18 800 Teil 1: Stahlbauten; Bemessung und Konstruktion (11.90)

DIN 18 800 Teil 2: Stahlbauten; Stabilitätsfälle; Knicken von Stäben und Stabwerken (11.90)

DIN 18 800 Teil 3: Stahlbauten; Stabilitätsfälle; Plattenbeulen (11.90)

DIN 18 800 Teil 4: Stahlbauten; Stabilitätsfälle; Schalenbeulen (11.90)

DIN 18 800 Teil 7: Stahlbauten; Herstellen, Eignungsnachweise zum Schweißen (05.83)

DIN 18 801: Stahlhochbau; Bemessung, Konstruktion, Herstellung (09.83)

DIN 18 808: Stahlbauten; Tragwerke aus Hohlprofilen unter vorwiegend ruhender Beanspruchung (10.84)

DIN 18 809: Stählerne Straßen- und Wegebrücken; Bemessung, Konstruktion, Herstellung (09.87)

[V1] DASt-Richtlinie 008: Richtlinien zur Anwendung des Traglastverfahrens im Stahlbau, Köln 1973

[V2] DASt-Richtlinie 009; Empfehlungen zur Wahl der Stahlgütegruppen für geschweißte Stahlbauten, Köln 1975

[V3] DASt-Richtlinie 012: Beulsicherheitsnachweis für Platten, Köln 1979

[V4] DASt-Richtlinie 013: Beulsicherheitsnachweis für Schalen, Köln 1980

[V5] DASt-Richtlinie 014: Empfehlungen zum Vermeiden von Terrassenbrüchen in geschweißten Konstruktionen aus Baustahl, Köln 1981

[V6] DS 804: Vorschrift für Eisenbahnbrücken und sonstige Ingenieurbauwerke, Deutsche Bundesbahn (1983)

[V7] DASt-Richtlinie 016: Bemessung und konstruktive Gestaltung von Tragwerken aus dünnwandigen kaltgeformten Bauteilen, Köln 1988

[V8] DASt-Richtlinie 015: Träger mit schlanken Stegen, Köln 1990

[V9] Eurocode 3 Design of Steel Structures. Part 1: General Rules and Rules for Buildings. (Draft April 1990)

Bücher

HB3 Hütte, Bautechnik, Bd. III. 29. Aufl. Berlin: Springer 1977.

HB4 Hütte, Bautechnik, Bd. IV: Konstruktiver Ingenieurbau 1: Statik. 29. Aufl. Berlin: Springer 1988

HB5 Hütte, Bautechnik, Bd. V: Konstruktiver Ingenieurbau 2: Bauphysik. 29. Aufl. Berlin: Springer 1988

1 *Hart, F.; Henn, W.; Sontag, H.*: Stahlbauatlas. München: Vlg. Architektur und Baudetail 1974

2 *Roik, K.; Lindner, J.*: Einführung in die Berechnung nach dem Traglastverfahren. 2. Aufl. Köln: Stahlbau-Verlag 1979

3 *Roik, K.*: Vorlesungen über Stahlbau. 2. Aufl. Berlin: Ernst & Sohn 1983

4 *Roik, K.; Carl, J.; Lindner, J.*: Biegetorsionsprobleme gerader dünnwandiger Stäbe. Berlin: Ernst & Sohn 1972

5 *Klöppel, K.; Scheer, J.*: Beulwerte ausgesteifter Rechteckplatten. Berlin: Ernst & Sohn 1960

6 *Müller, G.*: Nomogramme für die Kippuntersuchung frei aufliegender I-Träger. Köln: Stahlbau-Verlag 1972

7 *Petersen, Ch.*: Statik und Stabilität der Baukonstruktionen. 2. Aufl. Braunschweig: Vieweg 1987

8 *Petersen, Ch.*: Stahlbau. 2. Aufl. Braunschweig: Vieweg 1990

9 Stahlbau-Handbuch, Band 1. 2. Aufl. Köln: Stahlbau-Verlag 1982, 3. Aufl. in Vorber.

10 Deutscher Stahlbau Verband; Deutscher Ausschuß für Stahlbau: Typisierte Verbindungen im Stahlhochbau. 2. Aufl. Köln: Stahlbau-Verlag 1986

11 *Dubas; B., Gehri; E.*: Stahlhochbau. Berlin: Springer 1988

12 Stahl im Hochbau, 14. Aufl. Band I/Teil 1 (1984), Band I/Teil 2 (1986). Düsseldorf: Vlg. Stahleisen

13 *van Oeteren, K.-A.*: Feuerverzinkung plus Beschichtung = Duplex-System. Wiesbaden Bauverlag 1983

14 *Bolbrinker, A.-K.* (Verein Deutscher Eisenhüttenleute, Hsg.): Stahlfibel. Düsseldorf: Vlg. Stahleisen 1989

15 *Wirtz, H.*: Das Verhalten der Stähle beim Schweißen, Bd. II. (Fachbuchreihe Schweißtechnik, 44). Düsseldorf: DVS-Vlg. 1984

16 *Lindner, J.; Scheer, J.; Schmidt, H.* (Hrsg.): Stahlbauten, Erläuterungen zu DIN 18 800 Teile 1 bis 4. Berlin: Beuth; Ernst & Sohn 1992

Zeitschriften

17 Stahlbau. Berlin: Ernst & Sohn

18 Bauingenieur. Berlin: Springer

19 Bautechnik. Berlin: Ernst & Sohn

20 Schweizer Ingenieur und Architekt. Zürich: Verlags-AG der Akademisch-technischen Vereine

21 Der Praktiker. Düsseldorf: DVS Verlag

22 Schweißen und Schneiden. Düsseldorf: DVS Verlag

23 The Structural Engineer. London: Don Neal King-stea Press

24 Civil Engineering. New York: American Society of Civil Engineers

Aufsätze

25 *Rubin. H.*: Interaktionsbeziehungen zwischen Biegemoment, Querkraft und Normalkraft für einfach-symmetrische I- und Kasten-Querschnitte bei Biegung um die starke und für doppeltsymmetrische I-Querschnitte bei Biegung um die schwache Achse. Stahlbau 47 (1978) 76–84; 145–151; 174–180

26 *Lindner, J.*: Ungewollte Schiefstellungen von Stahlstützen. Final Report. 12. Kongreß. Internat. Vereinigung f. Brückenbau und Hochbau, Vancouver, 3.-7.9. 1984, S. 699–676

27 *Rubin, H.; Vogel, U.*: Baustatik ebener Stabwerke. In: Stahlbau-Handbuch, Bd. 1. 2. Aufl. Köln: Stahlbau-Verlag 1982, S. 67–206

28 *Roik, K.; Kindmann, R.*: Das Ersatzstabverfahren – Tragsicherheitsnachweis für Stabwerke bei einachsiger Biegung und Normalkraft. Stahlbau 71 (1982) 137–145

29 *Roik, K.: Kuhlmann, U.*: Beitrag zur Bemessung von Stäben für zweiachsige Biegung mit Druckkraft. Stahlbau 54 (1985) 271–280

30 *Lindner, J., Gietzelt, R.*: Zweiachsige Biegung und Längskraft – ein ergänzter Bemessungsvorschlag. Stahlbau 54 (1985) 265–271

31 *Lindner, J.*: Stabilisierung von Trägern durch Trapezbleche. Stahlbau 56 (1987) 9–17

32 *Lindner, J.*: Stabilisierung von Biegeträgern durch Drehbettung – eine Klarstellung. Stahlbau 56 (1987) 365–373

33 *Lindner, J.; Habermann, W.*: Zur Weiterentwicklung des Beulnachweises für Platten bei mehrachsiger Beanspruchung. Stahlbau 57 (1988) 333–339; 58 (1989) 349–351

34 *Rubin, H.*: Näherungsweise Bestimmung der Knicklängen und Knicklasten von Rahmen nach EDIN 18 800 Teil 2. Stahlbau 58 (1989) 103–109

35 *Vogel, U.*: Gedanken zum Sinn und zur Zuverlässigkeit des Tragsicherheitsnachweises am Ersatzstab bei Stabsystemen. Roik-Festschrift, S. 333–346, Ruhr-Universität Bochum, Mitteilung Nr. 84-3, 1984

36 *Lindner, J.; Gregull, T.*: Drehbettungswerte für Dachdeckungen mit untergelegter Wärmedämmung. Stahlbau 58 (1989) 173–179

Teil H. Verbundbau*

Von *Joachim Lindner*

1. Einführung

1.1 Begriffsbestimmungen

Unter dem Begriff *Verbund* wird das Zusammenwirken verschiedener Baustoffe verstanden. Dazu gehören allgemeine Konstruktionen aus Aluminium und Stahl, Kunststoff und Stahl, Holz und Stahl sowie Beton und Stahl. Hier werden nur Verbundkonstruktionen aus Beton und Stahl betrachtet. Dabei kann der Betonanteil bewehrt oder unbewehrt sein sowie Vorspannung vorhanden sein oder nicht. Im Grenzfall gehören also auch reine Betonkonstruktionen, die bewehrt sind, zu den Verbundkonstruktionen, diese werden jedoch hier nicht behandelt.

Stahlträgerverbundkonstruktionen sind dadurch gekennzeichnet, daß Querschnittsteile aus Beton mit Stahlteilen verbunden sind und die Trägheitsmomente der Stahlteile wesentlich in bezug auf des Gesamtträgheitsmoment des Verbundträgers sind.

Es wird zwischen starrem und nachgiebigem Verbund unterschieden. Bei starrem Verbund sind Stahlträger und Beton so miteinander verbunden, daß zwischen ihnen nur so kleine Verschiebungen auftreten, daß sie in der statischen Berechnung nicht berücksichtigt werden müssen. Im folgenden wird nur der starre Verbund bei Vollwandkonstruktionen betrachtet, zu nachgiebigen Verbund siehe [1, 12, 26].

Da der Beton keinen Zug aufnehmen kann, kann es sinnvoll sein, ihn im ganzen oder in Teilbereichen durch geeignete Maßnahmen vorzuspannen.

Bei der *Vorspannung durch Spannglieder* können diese innerhalb oder außerhalb des Betonquerschnittes angeordnet sein. Im Normalfall handelt es sich um Spannstähle, die in der Betonplatte liegen. Sie werden in Hüllrohren verlegt und in der Regel wird ein Verbund durch nachträgliches Auspressen der Hüllrohre hergestellt. Die Überlegungen sind dann prinzipiell die gleichen wie im Spannbeton.

---

* Dieses Manuskript stellt eine erweiterte Fassung einer Lehrveranstaltung im Fach Stahlbau an der Technischen Universität Berlin dar. Bei der Ausarbeitung der Beispiele wurde ich wirkungsvoll von meinen ehemaligen Mitarbeitern unterstützt, denen ich an dieser Stelle dafür danke: Herr Dipl.-Ing. H. von der Thüsen bearbeitete das Beispiel 4.8, Herr Dr.-Ing. K. Hamaekers das Beispiel 5.3, Herr Dipl.-Ing. W. Habermann bearbeitete das Beispiel 7.6 und brachte die übrigen Beispiele auf den neuesten Stand.

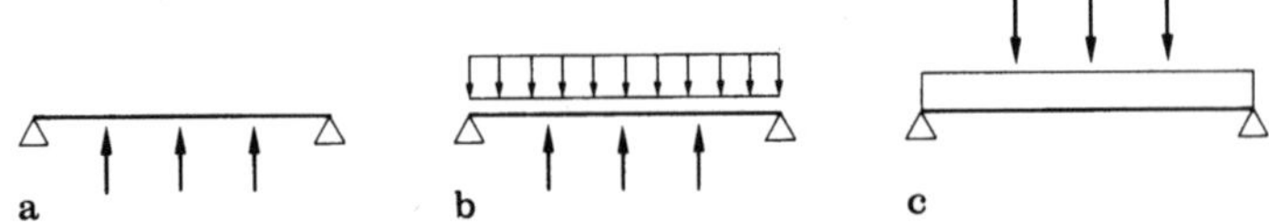

Bild 1-1a–c. Vorgänge beim Freisetzen.

Bei der *Vorspannung durch Montagemaßnahmen* werden zwei verschiedene Methoden unterschieden, Freisetzen und Einprägen von Deformationen.

Beim *Freisetzen* werden die Stahlträger beim Montieren und während des Betonierens durch Hilfsstützen unterstützt (Bild 1-1 a und b) und nach dem Erhärten des Betons werden diese Hilfsstützen entfernt (Bild 1-1 c).

Der Sinn dieser Maßnahmen besteht darin, daß ein möglichst großer Anteil des Eigengewichts vom Verbundträger aufgenommen wird. Die Vorgänge sind elastisch und verändern damit den Spannungszustand im Gebrauchslastzustand. Auf den Grenzlastzustand haben diese Maßnahmen unter gewissen Voraussetzungen keinen Einfluß.

Das *Einprägen von Deformationen* erfolgt i. allg. in zwei Abschnitten. Zunächst wird der Stahlträger angehoben und nach dem Betonieren und Erhärten des Betons erfolgt ein Absenken des Verbundträgers. Die notwendigen Wege können bei langen Brücken sehr groß werden. Ein Ausweg besteht im abschnittsweisen Einprägen von Deformationen.

Vorspannung durch Montagemaßnahmen ist eine Eigenheit des Verbundbaus, dieses Verfahren ist im Spannbetonbau wegen des dort größeren Kriechanteils nicht üblich.

Nach den Verbundträger-Richtlinien [V1] werden vorgespannte Verbundträger wie folgt definiert:

„Vorgespannte Verbundträger sind Stahlverbundträger, die derart vorgespannt werden, daß die Betonzugspannungen im Gebrauchszustand in Richtung der Verbundträger vermindert werden."

Diese Definition ist aber sinnvoll auszulegen. Enfeldträger mit positiven Momenten und oben liegender Betonplatte sind trotzdem keine vorgespannten Verbundträger. Der Beton wird hier nicht auf Zug beansprucht, da er in der Druckzone liegt. Das prinzipielle Tragverhalten ist jedoch im Gebrauchslastzustand und im Traglastzustand gleich.

1.2 Brückenbau

Die Verbundwirkung wird durch mechanische Verdübelungselemente erreicht, die auf die Stahlträgergurte aufgebracht werden, siehe 3.

Man kann Brückenquerschnitte mit Verbundwirkung in Längsrichtung und solche mit Verbundwirkung in Längs- und Querrichtung unterscheiden.

Bei Querschnitten mit Verbundwirkung in Längsrichtung erfolgt die Verteilung der Lasten durch die Betonplatte. Üblich sind als Systeme zweistegige Plattenbalken, zweistegige Plattenbalken mit Hohlkasten-Hauptträgern, Trägerroste und Fachwerkhauptträger mit obenliegender Fahrbahn. Querschnitte mit Verbundwirkung in Längs- und Querrichtung weisen zusätzliche Querträger auf. Die Lastverteilung erfolgt durch die Betonplatte und Trägerrostelemente aus Stahl.

Die Querträger werden in der Regel als Vollwandträger ausgeführt. Ausführungen als Fachwerkträger sind in neuerer Zeit nicht mehr üblich.

Der wirtschaftliche Anwendungsbereich von Verbundbrücken liegt, abgesehen von Sonderfällen, bei Stützenweiten oberhalb von 70 m und größeren Gesamtbrückenlängen. Dabei ist es notwendig, bei der Herstellung der Fahrbahnplatte optimale Verfahren anzuwenden. Dazu gehören: Fertigteilplatten über die gesamte Brückenbreite, Betonieren mit fahrbarem Schalwagen. Das erste Verfahren wird dabei zur Zeit überwiegend im Ausland angewendet. Ferner ist anzustreben, die Herstellung der Fahrbahnplatte allein und/oder die Montage der Stahlträger an festen Plätzen hinter dem Widerlager unter günstigen Arbeitsbedingungen vorzunehmen und danach die Platte allein oder die weitgehend fertige Brücke einzuschieben. Beispiele für ausgeführte Verbundbrücken sind der Zeitschriftenliteratur [15–21, 40] zu entnehmen.

1.3 Hochbau

Im Hochbau finden für horizontale Tragglieder sowohl der Trägerverbund als auch der Flächenverbund Anwendung. Bei vertikalen Traggliedern erhalten Verbundstüzen, siehe 7, eine immer größere Bedeutung.

Beim Trägerverbund wird unterschieden zwischen festem Verbund und lösbarem Verbund (Reibungsverbund), Bilder 1-2 und 1-3, wobei in der Regel Betonfertigteile Verwendung finden. Ausführungen mit Ortbetonplatten sind in Deutschland unüblich.

Beim festen Verbund wird die Verbundwirkung durch Verdübelung zwischen Betonfertigteilplatte und Stahlträger erreicht. In der Regel werden dabei Kopfbolzendübel verwendet (Bild 1-2), wobei die montagebedingten Aussparungen in der Betonplatte später durch Ortbeton vergossen werden.

Beim lösbaren Verbund wird die Betonfertigteilplatte durch die Vorspannung von hochfesten Schrauben auf den Stahlträger gepreßt (Bild 1-3) und somit die Möglichkeit geschaffen, in der Fuge zwischen Betonfertigteilplatte und Stahlträgergurt Reibungskräfte zu übertragen. Dabei bleibt die Lösbarkeit der Verbindung erhalten. Die Montage erfolgt trocken und damit schneller, jedoch sind erhöhte Toleranzanforderungen zu beachten.

Daneben gibt es verschiedene, meist firmengebundene Sonderformen, z.B. die nichtkontinuierliche Verbindung zwischen Betonfertigteilplatte und den Knotenpunkten eines Stahlfachwerkträgers

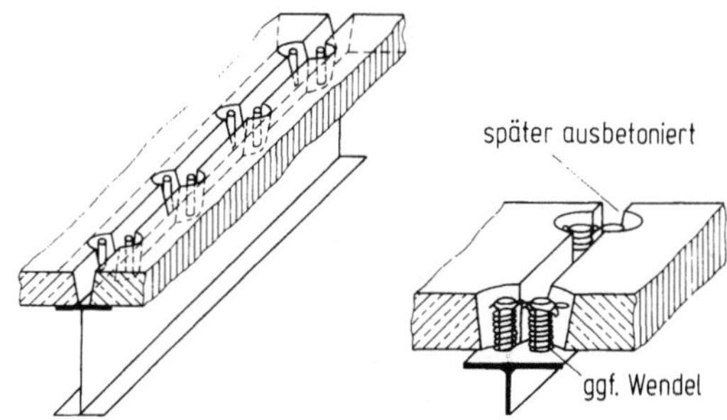

Bild 1-2. Fester Verbund.

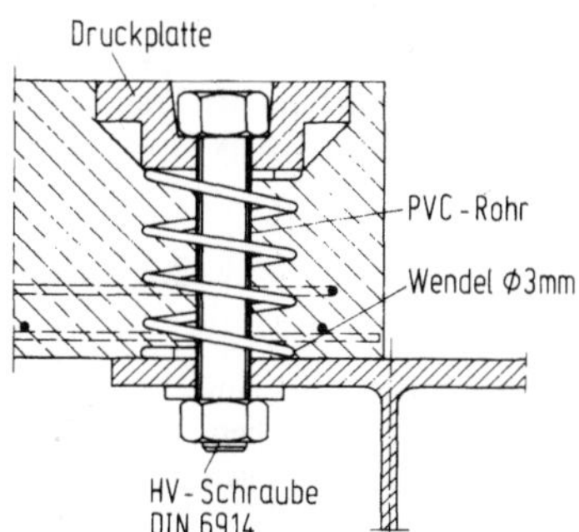

Bild 1-3. Lösbarer Verbund (Prinzipdarstellung), nach [27].

(System Rüterbau) oder eine spezielle konstruktive S-förmige Ausbildung des Stahlträgerobergurtes eines Fachwerkträgers (System Hambro).

Beim Flächenverbund stellt die gesamte Platte eine Verbundkonstruktion dar (siehe Bild 1-1). Die Stahlprofilbleche werden dabei nicht als selbsttragende Elemente zur Übertragung der Verkehrslasten eingesetzt, sondern wirken zusammen mit dem Beton im Verbund. Die Schubkraftübertragung zwischen Stahlblech und Beton kann durch Haftverbund und/oder mechanische Verbindungsmittel erfolgen.

Von der Tragwirkung entspricht eine solche Decke einer bewehrten Betondecke, wobei das Stahlblech die Bewehrung darstellt.

2. Grenztragfähigkeit von Verbundträgern

2.1 Allgemeines

Bei Biegeträgern wachsen bei Gültigkeit des Hookeschen Gesetzes die Spannungen proportional zur Belastung an. Es genügt in diesem Fall, einen Nachweis für die Gebrauchslasten zu führen. Sofern die Zusammenhänge auf der Last-oder Widerstandsseite nichtlinear sind, ist eine Beurteilung der Tragsicherheit nur mit Kenntnis der Grenztragfähigkeit möglich. Das trifft bei Verbundkonstruktionen zu, da

- Stahl und Beton ein nichtlineares Werkstoffverhalten haben,
- infolge Plastizierens (Fließgelenke) gegebenenfalls Systeme veränderlicher Gliederung vorliegen,
- Vorspannungszustände, die unabhängig von den Lasten sind, vorhanden sein können.

Bei dem Sicherheitssystem, das zum Zeitpunkt der Abfassung des Manuskriptes in den Normen vorgesehen ist, wird mit globalen Sicherheitsbeiwerten γ gearbeitet. Es zeichnet sich ab, daß künftig mit mehreren Teilsicherheitsbeiwerten γ_F auf der Lastseite und Teilsicherheitsbeiwerten γ_M auf der Widerstandsseite, der jedoch baustoffabhängig unterschiedlich ist, zu rechnen sein wird. Dieses System ist in DIN 18 800 Teil 1 bis Teil 4 (1990) vorgesehen, bleibt hier jedoch noch unberücksichtigt.

Nach den Richtlinien für Stahlverbundträger [V1] wird in Anlehnung an die Traglastrichtlinien [V2] ein Nachweis im Grenzzustand verlangt.

Dabei wird nachgewiesen, daß die im rechnerischen Bruchzustand auftretenden Schnittgrößen an keiner Stelle des Tragwerks die rechnerische Grenztragfähigkeit der Querschnitte überschreiten.

Einzelheiten zur Bestimmung der Schnittgrößen im rechnerischen Bruchzustand sind in [V1] angegeben. Diese sind für vorgespannte Verbundträger und bei nicht vorgespannten Verbundträgern für Brücken und andere Bauwerke unter nicht vorwiegend ruhender Beanspruchung anzuwenden. Bei nicht vorgespannten Verbundträgern in Bauwerken unter vorwiegend ruhender Beanspruchung darf nach [V1] die Berechnung nach dem Traglastverfahren [V2] erfolgen. Dies trifft in der Regel auf die Tragwerke des Hochbaus zu.

Zur Grenztragfähigkeit von Verbundstützen vgl. 7.2.

2.2 Grenztragfähigkeit von Stahlteilen

Das Verhalten eines einfachsymmetrischen Stahlträgers bei Biegemomentenbeanspruchung ist aus Bild 2-1 [6] zu ersehen. Dabei wird eine linear elastische-idealplastische Spannungs-Dehnungs-Beziehung zugrunde gelegt, Bild 2-2.

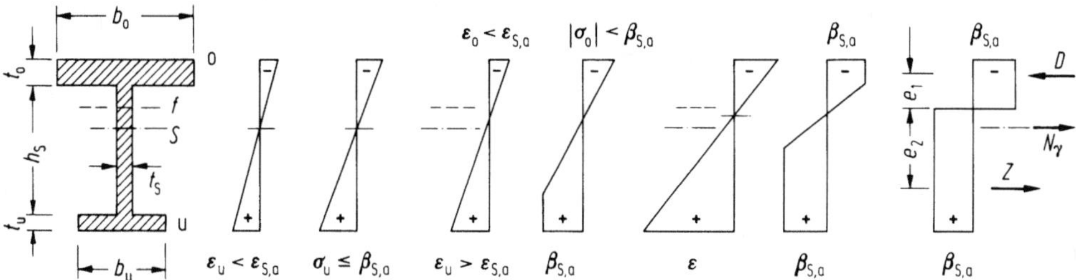

Bild 2-1. Erreichen des vollplastischen Zustandes bei Stahlträgern.

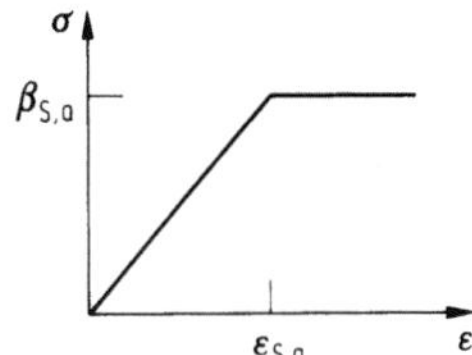

Bild 2-2. Linear elastisch-ideal plastische Spannungs-Dehnungs-Linie.

Die Schnittgrößen sind aus der Spannungsverteilung im vollplastischen Zustand zu bestimmen:

$$D = Z = \beta_{S,a} \cdot 0,5A, \tag{2.2-1}$$

$$M_{pl} = 0,5\,A\,\beta_{S,a}(e_1 + e_2). \tag{2.2-2}$$

Falls noch eine äußere Längskraft vorhanden ist, so muß diese in die Gleichgewichtsbedingungen einbezogen werden.

Aus

$$N_y = Z - D$$

folgt die Lage der Spannungsnullinie, womit das Moment angegeben werden kann, das dann mit $M_{pl,\,N}$ bezeichnet wird.

Nach [V2] darf vereinfacht angesetzt werden:

$$M_{pl,\,N} = 1,1\,M_{pl}(1 - N_\gamma/N_{pl}) \tag{2.2-3}$$

mit

$$N_{pl} = A\beta_{S,a}.$$

Querkräfte dürfen unberücksichtigt bleiben, sofern

$$Q_\gamma \leqq Q_{pl}/3 \quad \text{mit} \quad Q_{pl} = A_Q \cdot \beta\sqrt{3}.$$

Darüber hinaus sind Abminderungen vorzunehmen. Nach [V2] werden diese vereinfachend durch (2.2-4) beschrieben, nach DIN 18 800 Teil 1 durch (2.2-5):

$$M_{\mathrm{pl,Q}} = M_{\mathrm{pl}}(1,1 - 0,3\,Q/Q_{\mathrm{pl}})\,, \qquad (2.2\text{-}4)$$

$$M_{\mathrm{pl,Q}} = 1,15\,M_{\mathrm{pl}}(1 - 0,39\,Q/Q_{\mathrm{pl}})\,. \qquad (2.2\text{-}5)$$

Weitere Einzelheiten siehe [6] und Teil G. Stahlbau.

2.3 Grenztragfähigkeit von Betonquerschnitten

Hierfür ist nach DIN 1045 eine nichtlineare Spannungs-Dehnungs-Linie zu berücksichtigen. Diese ist als Parabel-Rechteckdiagramm anzusetzen, vereinfacht darf sie auch bilinear angenommen werden, Bild 2-3.

Der Wert β_{R} ist die Rechenfestigkeit des Betons. Dieser Wert ist nach DIN 1045, DIN 4227 und den Verbundträger-Richtlinien [V1] unterschiedlich, nach [V1] gilt $\beta_{\mathrm{R}} = 0,6\beta_{\mathrm{WN}}$.

Bei der Ermittlung der Grenztragfähigkeit sind Grenzdehnungen einzuhalten ($\varepsilon_0 \triangleq \varepsilon_{\mathrm{b}}$ im Bild 2-3):

Druckstauchung $|\varepsilon_0| \leq 3,5\text{‰}$,

Zugdehnung $|\varepsilon_{\mathrm{u}}| \leq 5\text{‰}$.

Sofern der gesamte Querschnitt gestaucht ist, ist die Stauchung auf

$$|\varepsilon_0| = 3,5\text{‰} - 0,75\,|\varepsilon_{\mathrm{u}}|$$

zu begrenzen, wobei ε_{u} die Stauchung des weniger gedrückten Randes ist.

Es sind verschiedene Bruchzustände möglich. Es ist zu unterscheiden, ob die maximale Druckstauchung im Parabel- oder Rechteckbereich liegt (Bereich 1 oder 2) und ob der Beton gerissen ist oder nicht (Zustand I oder II), Bild 2-4.

Die Schnittgrößen sind zu ermitteln:

$$N_{\mathrm{b}} = \int \sigma_{\mathrm{b}}\,\mathrm{d}A = f(\varepsilon_0, \varepsilon_{\mathrm{u}})\,, \qquad (2.3\text{-}1)$$

$$M_{\mathrm{b}} = \int \sigma_{\mathrm{b}}z\,\mathrm{d}A = f(\varepsilon_0, \varepsilon_{\mathrm{u}})\,. \qquad (2.3\text{-}2)$$

Die Gleichungen $N_{\mathrm{b}} = f(\varepsilon)$ und $M_{\mathrm{b}}(\varepsilon)$ sind explizit nicht nach ε_0 und ε_{u} aufzulösen, daher ist nur eine iterative Lösung möglich.

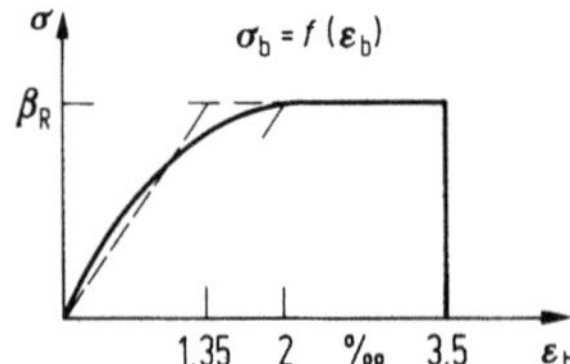

Bild 2-3. Spannungsdehnungslinien für Beton.

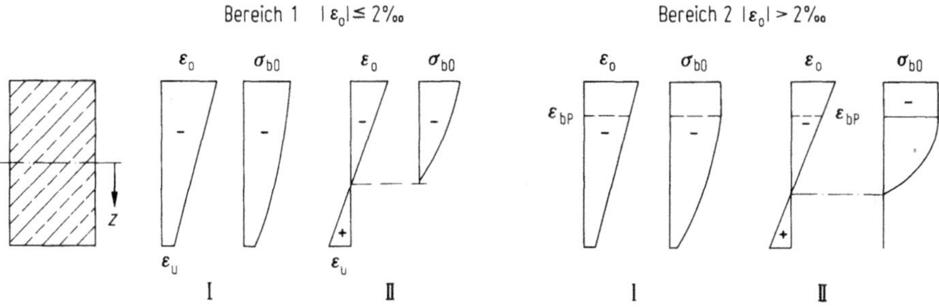

Bild 2-4. Grenzzustände für Betonquerschnitte.

2.4 Verbundträger

Die plastische Grenztragfähigkeit ergibt sich bei Anwendung der Methoden von 2.2 und 2.3. (Die elastische Grenztragfähigkeit, bei der die Rechenwerte β_R und $\beta_{S,a}$ nicht überschritten werden dürfen, wird hier nicht näher betrachtet.) Zur Ermittlung der plastischen Grenztragfähigkeit sind eine genauere Rechnung und eine Näherungsberechnung möglich.

Genauere Rechnung. Hierbei wird die rechnerische Grenztragfähigkeit unter Berücksichtigung der Beschränkung der Dehnungen ermittelt. Dies bedeutet, daß im Betonbereich der genaue Dehnungsverlauf und die den jeweiligen Dehnungen zugeordneten Betonspannungen berücksichtigt werden. Ein gleitender Sicherheitsbeiwert wie in DIN 1045 wird jedoch nicht verwendet.

Falls der Beton im Druckbereich liegt, gilt Bild 2-5, falls er im Zugbereich liegt, Bild 2-6.

Entsprechend den Ausführungen in 2.3 ist die Rechnung aufwendig und nur iterativ möglich.

Vereinfachte Rechnung. Hierbei werden für den gesamten Querschnitt die plastischen Grenz-Schnittgrößen ermittelt.

Die Vereinfachung besteht darin, daß im Betonbereich unabhängig von der tatsächlich vorhandenen Betonstauchung der Rechenwert der Betonfestigkeit β_R angenommen werden darf. Es wird also mit einem Block-Diagramm der Spannungen gerechnet.

Es wird wie in 2.2 vorgegangen. Aus der Gleichgewichtsbedingung: Summe der Druckkräfte = Summe der Zugkräfte ergibt sich die Lage der Spannungsnullinie. Die Momentengleichgewichtsbedingung liefert das plastische Moment. Für einige Sonderfälle lassen sich fertige Formeln angeben.

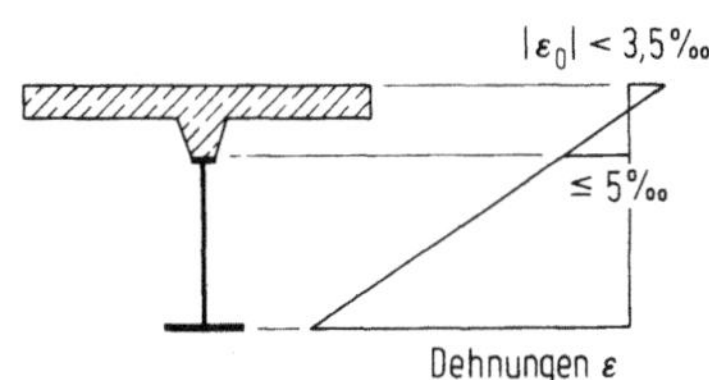

Bild 2-5. Beton im Druckbereich.

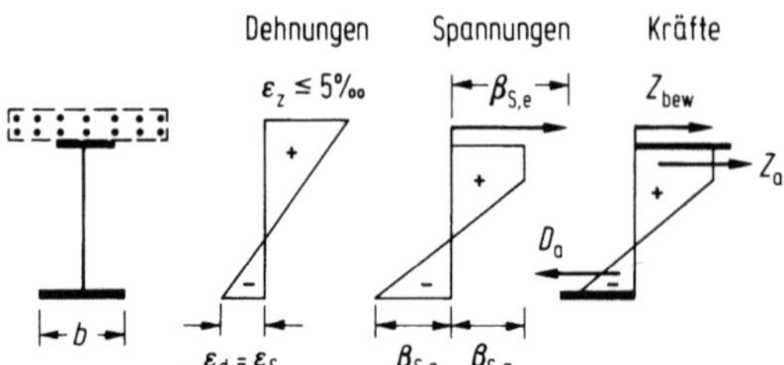

Bild 2-6. Beton im Zugbereich.

Falls die Spannungs*nullinie* in der *Betonplatte* liegt, gilt mit Bild 2-7:

Mit $\qquad\qquad Z_a = D_b$ ergibt sich

$$x = \frac{A_a \beta_{S,a}}{0{,}6\beta_{WN} b}, \tag{2.4-1}$$

$$M_{pl} = Z_a\left(z_a - \frac{x}{2}\right). \tag{2.4-2}$$

Falls die Nullinie nicht in der Betonplatte liegt, gilt mit Bild 2-8

$$D_b = 0{,}6\,\beta_{WN} bd\,,$$

$$D_f = 2t_f b_f \beta_{S,a}\,,$$

$$D_a = 2t_{st}\beta_{S,a}(x - d - t_f)\,,$$

$$x = d + t_f + \frac{Z_a - D_b - D_f}{2\,t_{st}\beta_{S,a}}, \tag{2.4-3}$$

$$M_{pl} = Z_a\left(z_a - \frac{d}{2}\right) - D_f\left(\frac{d + t_f}{2}\right) - D_a\left(\frac{x - d + t_f}{2}\right). \tag{2.4-4}$$

Nach [V1] darf für diesen Fall die vereinfachte Rechnung nur so lange angewendet werden, wie die Nullinie nicht in den Steg des Stahlträgers fällt. Damit soll ein vorzeitiges Versagen des zu kleinen

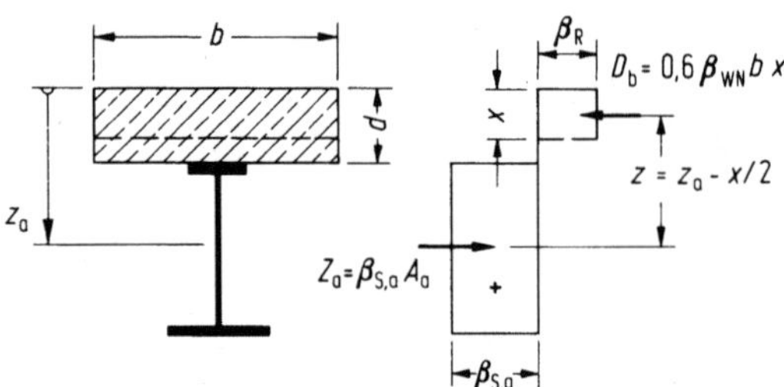

Bild 2-7. Nullinie in der Betonplatte.

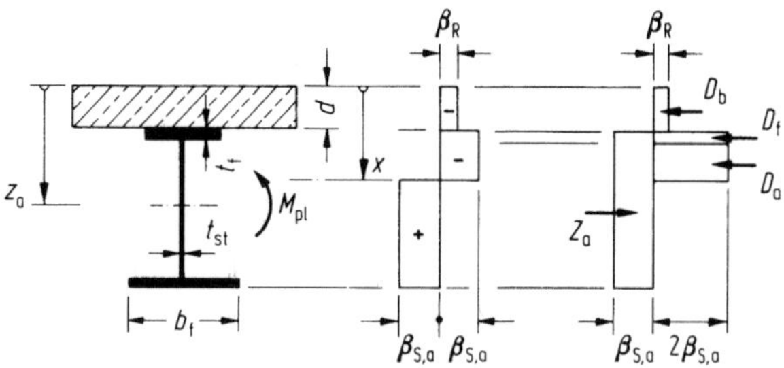

Bild 2-8. Nullinie im Steg des Stahlträgers.

Betonteils verhindert werden, weil dann das Ergebnis der vereinfachten Berechnung stärker von der genaueren Berechnung abweichen kann.

Zusätzlich ist stets zu beachten, daß gedrückte Stahlteile ausreichende Dicken aufweisen müssen, um nicht vorzeitig auszubeulen. Entsprechende Festlegungen von b/t-Verhältnissen in den Traglastrichtlinien [V2] sind als Anhalt zu betrachten, sie entsprechen nicht mehr dem neuesten Stand, siehe Teil G. Stahlbau. In DIN 18 800 Teil 1 (11.90) sind Werte angegeben, die den neueren Erkenntnissen besser Rechnung tragen.

Sofern keine vollständige, sondern nur eine teilweise Verdübelung vorliegt (siehe 3.4) tritt die Summe der Dübelkräfte an die Stelle der Betondruckkraft $D_b = 0,6\,\beta_{WN}\,bd$.

Der Einfluß von *Querkräften* darf ebenso wie in 2.2 unberücksichtigt bleiben, sofern

$$Q_y/Q_{pl} \leq 0,3\,.$$

Bei größeren Werten darf die Reduktion nach Bild 2-9 erfolgen. Dabei werden zur Berechnung von M_{Gurt} vom Stahlträgeranteil nur die Stahlträgergurte in Rechnung gestellt. Bei Walzprofilen darf zusätzlich die querkraftaufnehmende Fläche A_Q, wie im Bild 2-10 schraffiert gezeichnet, angesetzt werden. In diesem Fall verbleibt zur Momentenaufnahme vom Stahlträgeranteil nur der Restquerschnitt der Stahlträgergurte ohne die schraffierten Bereiche im Bild 2-10. Einfacher für die Rechnung ist es, die querkraftübertragende Fläche A_Q auf den Bereich zwischen den Flanschen zu beschränken. Eine Auswertung für Q_{pl} nach beiden Methoden ist aus Tabelle 2-1 zu ersehen.

Da in der Regel das Moment M_{pl} nicht aus Tabellen entnommen werden kann, bietet es sich an, den Einfluß der Querkraft nicht über Interaktionsbedingungen, sondern direkt zu erfassen. Dabei

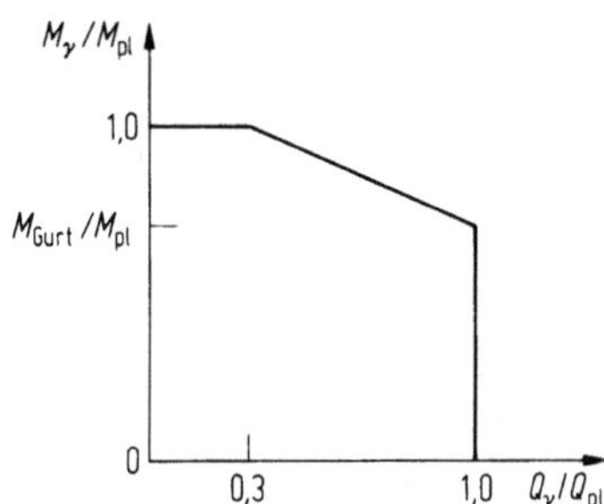

Bild 2-9. Interaktionsdiagramm zur Querkraftabminderung.

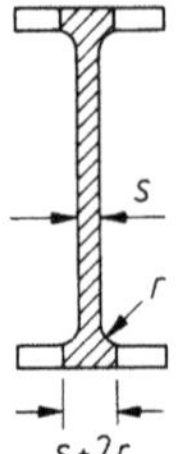

Bild 2-10. Wirksame Stegfläche zur Querkraftaufnahme.

Tabelle 2-1. Vollplastische Querkräfte Q_{pl} für St 37 ($\beta_S = 24\,\text{kN/cm}^2$)

Profil	Q_{pl}^1	Q_{pl}^2	Profil	Q_{pl}^1	Q_{pl}^2
IPE 80	59,6	42,3	IPEo 180	206	154
IPE 100	84,5	59,1	IPEo 200	254	183
IPE 120	103	75,0	IPEo 220	288	211
IPE 140	123	92,1	IPEo 240	351	251
IPE 160	157	115	IPEo 270	412	298
IPE 180	181	135	IPEo 300	469	349
IPE 200	229	166	IPEo 330	567	416
IPE 220	259	190	IPEo 360	649	483
IPE 240	338	224	IPEo 400	776	575
IPE 270	358	264	IPEv 400	855	626
IPE 300	411	311	IPEo 450	985	725
IPE 330	496	369	IPEv 450	1070	809
IPE 360	564	423	IPEo 500	1120	866
IPE 400	687	514	IPEv 500	1330	1020
IPE 450	808	619	IPEo 550	1320	1010
IPE 500	952	743	IPEv 550	1750	1350
IPE 550	1142	882	IPEo 600	1660	1290
IPE 600	1320	1030	IPEv 600	1190	1540

Q_{pl}^1: A_Q nach Bild 2-10

Q_{pl}^2: A_Q zwischen den Achsen der Gurte, nach DIN 18 800 Teil 1 (11.90)

wird unter Beachtung der Fließbedingung von v. Mises mit einer reduzierten Streckgrenze red $\beta_{S,a}$ oder einer reduzierten Stegdicke

$$\text{red}\; t_{st} = t_{st} \sqrt{1 - \left(\frac{Q}{Q_{pl}}\right)^2} \qquad (2.4\text{-}5)$$

gerechnet. Mit diesem Wert bzw. der daraus folgenden Fläche red A_a sind dann (2.4-1) bis (2.4-4) auszuwerten.

Der Einfluß von Längskräften N_y kann dadurch berücksichtigt werden, daß diese in der Kräfte- und Momentengleichgewichtsbedingung, die anhand der Bilder 2-7 und 2-8 aufgestellt werden können, einbezogen werden.

Eine andere Möglichkeit besteht darin, die in [V2] angegebene Interaktionsgleichung zu verwenden:

$$M_{\mathrm{pl,N}} = 1,1\, M_{\mathrm{pl}}(1 - N_y/N_{\mathrm{pl}})\,. \tag{2.4-6}$$

2.5 Beispiel zur Berechnung der Grenztragfähigkeit

Die Abmessungen des Verbundträgers, der im Hochbau Verwendung finden soll, sind aus Bild 2-11 zu ersehen.

Vereinfachte Berechnung

B 35 $\quad \beta_R = 0,6\,\beta_{\mathrm{WN}} = 21\ \mathrm{MN/m^2} \qquad = 2,1\ \mathrm{kN/cm^2}$

St 37 $\quad \beta_{\mathrm{S,a}} = 24\ \mathrm{kN/cm^2} \qquad\qquad A = 178\ \mathrm{cm^2}$

$\qquad Z_a = 24\cdot 178 = 4272\ \mathrm{kN} \qquad D_b = 2,1\cdot 250x = 525x\ \mathrm{kN}$

$$x = \frac{4272}{525} = 8,14\ \mathrm{cm} \qquad x_{\mathrm{pl}}/h = 8,14/54 = 0,15$$

$$M_{\mathrm{pl}} = Z_a(z_a - x/2) = 4272{,}0\cdot\left(0,10 + \frac{0,44}{2} - \frac{0,0814}{2}\right) = 1193\ \mathrm{kNm}$$

Eine Verbesserung dieses Wertes kann durch die Annahme des Betondruckbereiches entsprechend Bild 2-12 erreicht werden.

$$D'_b = 0,95\,\beta_R x'b = 498,75x'$$

$$x' = 4272/498,75 = 8,56\ \mathrm{cm}$$

$$M'_{\mathrm{pl}} = 4272\left(0,10 + \frac{0,44}{2} - \frac{0,0856}{2}\right) = 1184\ \mathrm{kNm}$$

Der Unterschied gegenüber der üblichen vereinfachten Berechnung ist gering. Bei einbetonierten I-Profilen, die bei Verbundstützen häufig zur Anwendung kommen, ist der Unterschied größer.

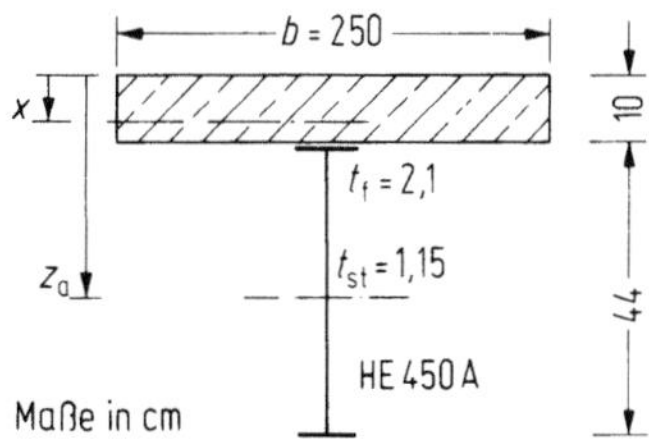

Bild 2-11. Hochbau-Träger.

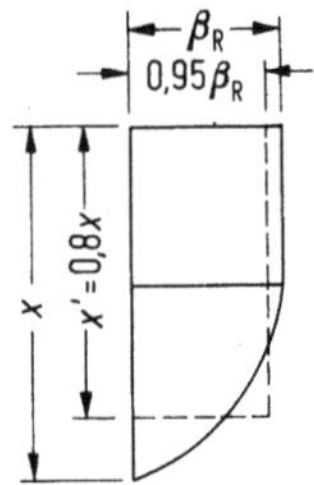

Bild 2-12. Vereinfachte Annahme des Betondruckbereiches.

Es soll zusätzlich eine Querkraft von $Q = 330\,\text{kN}$ berücksichtigt werden: Zwischen den Achsen der Gurte: $A_\text{a} = 178 - 2 \cdot 30 \cdot 2{,}1 + 1{,}15 \cdot 2{,}1 = 54{,}4\,\text{cm}^2$

$$Q_\text{pl} = 54{,}4 \cdot 24/\sqrt{3} \qquad\qquad = 754\,\text{kN}$$

$$Q/Q_\text{pl} = 330/754 \qquad\qquad = 0{,}438$$

$$\text{red } t_\text{st} = 11{,}5 \cdot \sqrt{1 - 0{,}438^2} = 11{,}5 \cdot 0{,}899 \quad = 10{,}3\,\text{mm}$$

$$\text{red } A_\text{a} = 123{,}6 + 54{,}4 \cdot 0{,}899 \qquad\qquad = 172{,}5\,\text{cm}^2$$

$$\text{red } Z_\text{a} = 172{,}5 \cdot 24 \qquad\qquad = 4140\,\text{kN}$$

$$x = 4140/525 \qquad\qquad = 7{,}89\,\text{cm}$$

$$M_\text{pl} = 4140\,(0{,}10 + 0{,}22 - 0{,}0394) \qquad = 1162\,\text{kNm}$$

Durch die Querkraft ergibt sich also eine Verminderung des plastischen Momentes um 2,8%.

Ein Beispiel zur Berücksichtigung der Querkraft, bei dem von der Möglichkeit der Querkraftaufnahme von dem schraffierten Bereich im Bild 2-10 Gebrauch gemacht wird, ist in 5.3.5 gezeigt.

Berechnung bei Beschränkung der Dehnungen:
Es wird zunächst angenommen, daß die Spannungsnullinie erhalten bleibt.
Der zugehörige Dehnungs- und Spannungsverlauf ist im Bild 2-13 dargestellt.

$$D_\text{b} = N_\text{b} = -\frac{b\beta_\text{R}}{\kappa} \cdot \left(\varepsilon_0 - \frac{\varepsilon_\text{bP}}{3}\right) \qquad (\kappa = \varepsilon_0/x)$$

$$= -b\beta_\text{R}x\left(1 - \frac{1}{3}\frac{\varepsilon_\text{bP}}{\varepsilon_0}\right)$$

$$|D_\text{b}| = N_\text{b} = 250 \cdot 2{,}1 \cdot 8{,}14 \cdot \left(1 - \frac{1}{3}\cdot\frac{2}{3{,}5}\right) = 3460\,\text{kN}$$

$$Z_\text{a} = N_\text{pl} - \Delta N_\text{pl} = 4272{,}0 - \frac{1}{2}\cdot 24 \cdot (1 - 0{,}70)\cdot 30 \cdot 0{,}79$$

$$= 4272{,}0 - 85{,}3 = 4187\,\text{kN} \neq D_\text{b}$$

Iterativ ergibt sich der Abstand x zu 9,0 cm. Der zugehörige Dehnungs- und Spannungsverlauf ist im

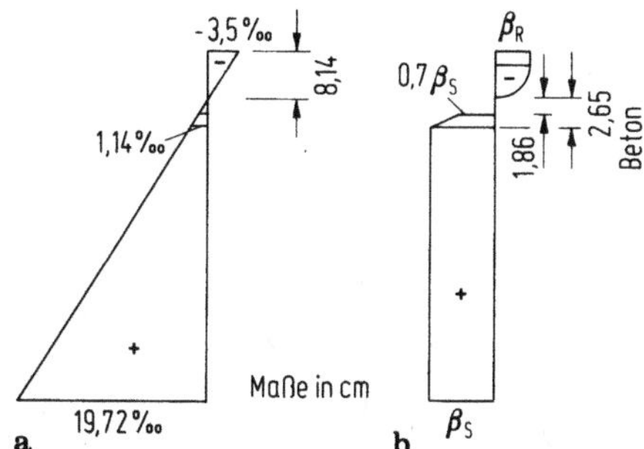

Bild 2-13. Beispiel: a) Dehnungsverlauf, b) Spannungsverlauf.

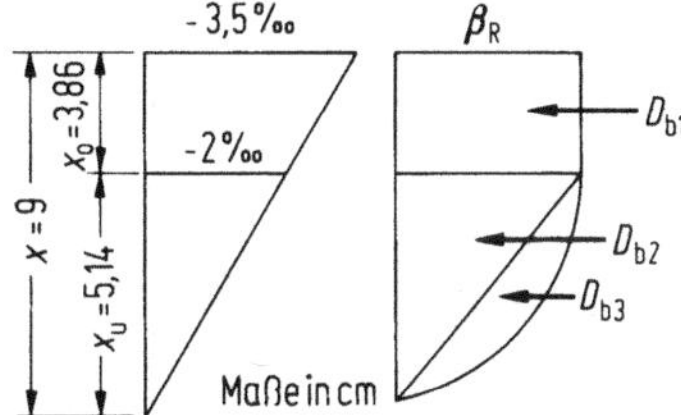

Bild 2-14. Dehnungen und Spannungen im Betondruckbereich
beim Beispiel.

Bild 2-14 angegeben.

$$D_{b1} = \beta_R b x_0 = 2,1 \cdot 250 \cdot 3,86 \qquad = 2026,5 \text{ kN}$$

$$D_{b2} = \frac{1}{2} \beta_R b x_u = \frac{1}{2} \cdot 2,1 \cdot 250 \cdot 5,14 \qquad = 1349,3 \text{ kN}$$

$$D_{b3} = 3825,0 - 2026,5 - 1349,3 \qquad = 449,2 \text{ kN}$$

$$M_{pl} = N_{pl}\left(z_a - \frac{x_0}{2}\right) - D_{b2}\left(\frac{x_0}{2} + \frac{x_u}{3}\right) - D_{b3}\left(\frac{x_0}{2} + \frac{x_u}{2}\right) - \Delta N_{pl}\left(d + \frac{t_f}{3} - \frac{x_0}{2}\right)$$

$$M_{pl} = 1284,6 - 49,2 - 20,2 - 39,9 = 1175 \text{ kNm}$$

$$\Delta = \frac{1193 - 1175}{1193} \cdot 100\% = 1,5\%$$

Damit ist gezeigt, daß im vorliegenden Fall die vereinfachte Berechnung zu baupraktisch genügend genauen Ergebnissen führt, obwohl die nach [12] empfohlene Grenze $x_{pl}/h = (0,12 \ldots 0,15)$ zur Anwendung der vereinfachten Berechnung schon erreicht ist.

Ganz allgemein ist jedoch darauf hinzuweisen, daß die vereinfachte Berechnung umso weniger von der genaueren Berechnung abweicht, je kleiner der Wert x_{pl}/h ist.

3. Verbundsicherung

3.1 Verbundmittel

Damit der Verbundquerschnitt als homogener Querschnitt trägt, sind zwischen Stahl und Beton Schubkräfte zu übertragen. Dies erfolgt durch Verbundmittel. Für den hier betrachteten starren Verbund (siehe 1) kommen dafür im wesentlichen in Frage (vgl. Bild 3-1):

a) Kopfbolzendübel und Bolzendübel,
b) Dübel aus Vierkantstählen (Blockdübel) und aus ausgesteiften Profilstählen,
c) Ankerschlaufen und Hakenanker,
d) Reibung.

Bei Verbunddecken kommen noch Sonderformen hinzu (siehe 6):

e) Noppen und Sicken,
f) Schenkeldübel.

Die größte Bedeutung haben wegen des geringen Fertigungsaufwandes die *Kopfbolzendübel.* Diese werden durch Stumpfschweißung mit dem Stahlträger verbunden. Sie dürfen mit oder ohne zusätzliche Wendel verwendet werden, wobei diese im Hochbau nicht angeschweißt zu werden brauchen.

In bezug auf das Kraft-Verformungs-Verhalten der Dübel unterscheidet man steife und flexible Dübel. Bei den steifen Dübeln (insbesondere b) treten auch im Bereich der Dübeltraglast kaum zusätzliche Verformungen auf. Dagegen weisen flexible Dübel (insbesondere a, d) im traglastnahen Bereich deutliche plastische Verformungen auf.

Wegen der praktischen Bedeutung werden im folgenden nur noch die Kopfbolzendübel betrachtet.

3.2 Dübelkräfte

Die Berechnung der Schubkräfte nach der Elastizitätstheorie erfolgt nach den üblichen Regeln der Festigkeitslehre:

$$T = \frac{QS}{I}.$$

(3.2-1)

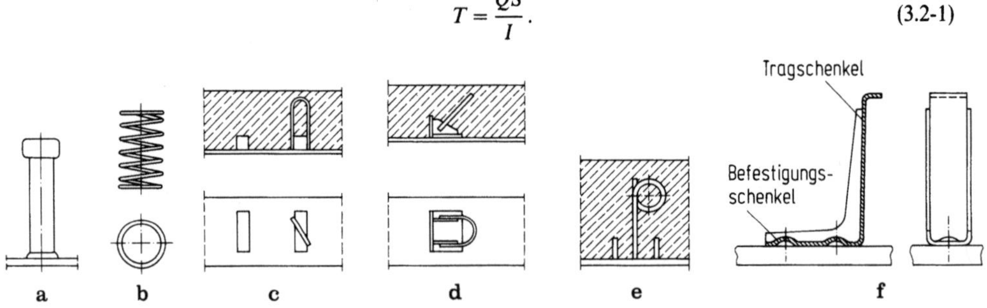

Bild 3-1a–f. Dübelformen.
a) Kopfbolzendübel, b) Wendel für a), c) Blockdübel, d) Schrägeisen, e) „Schweineschwänzchen", f) Schenkeldübel

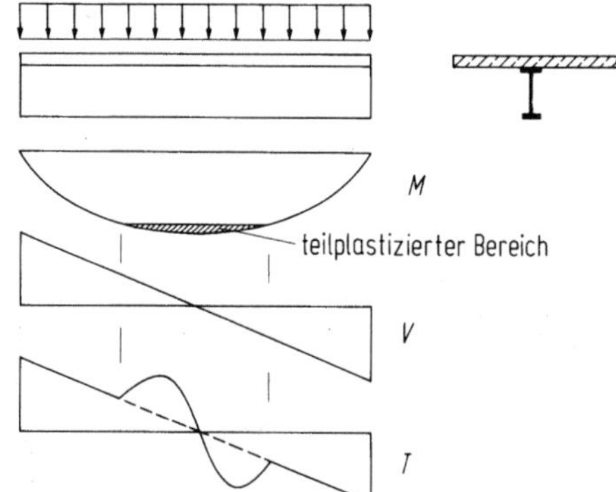

Bild 3-2. Schubkraftverlauf zwischen Stahlträger und
Betonplatte (Prinzipdarstellung).

Diese Berechnung ist für den Gebrauchszustand und den Grenzzustand möglich. Für den Grenzzustand gilt sie jedoch nur näherungsweise, da ein Querkraftverlauf nach der Elastizitätstheorie kaum vorhanden ist.

Aus Versuchen ist ein Ansteigen des Schubkraftverlaufs in plastizierten Bereichen bekannt, siehe Bild 3-2, wobei dies flexible Dübel voraussetzt. Dabei bestehen dann auch gegen eine gleichmäßige Verteilung der Dübel, die die Schubkraft zu übertragen haben, unter der Voraussetzung ruhender Belastung, keine Bedenken. Dies gilt jedoch jeweils nur für Bereiche, in denen sich die Schubkräfte nicht sprunghaft ändern (z.B. durch Einleitung von nennenswerten Einzellasten, an Auflagerstellen, an Querschnittssprüngen) oder in denen sie das Vorzeichen wechseln (Stellen extremaler Biegemomente) und für doppelsymmetrische Querschnitte. Innerhalb solcher „kritischen Schnitte" führen die flexiblen Dübel durch ihre Fähigkeit, gleichbleibende Kräfte bei zunehmenden Verformungen aufzunehmen, zu einem Ausgleich der auf die einzelnen Dübel entfallenden Kräfte.

Die gesamte Schubkraft im Grenzzustand läßt sich wieder aus Gleichgewichtsbetrachtungen ersehen, siehe Bild 3-3,

$$L_a \Sigma T_a = D_b + Z_s \,. \tag{3.2-2}$$

Die Ermittlung der gesamten Dübelkräfte gestaltet sich bei einem Einfeldträger unter Gleichstreckenlast also so, daß dies die maximale Betondruckkraft ist, die dann auf der halben Trägerlänge einzuleiten ist. Bei einem Durchlaufträger ist entsprechend D_b des Feldquerschnitts und Z_s (von Bewehrung und gegebenenfalls Spannstahl) des Stützenquerschnitts einzuleiten.

Vereinfachend darf der Nachweis der Dübelkräfte im Hochbau unter der rechnerischen Bruchlast (Grenztragfähigkeit) erfolgen. Diese Werte dürfen im Verhältnis der auftretenden Biegemomente zu den Grenztragfähigkeitsbiegemomenten reduziert werden, siehe 3.4. Für den Nachweis von Bauzuständen, die unter Gebrauchslasten erfolgen, sind alle Lastanteile, die Dübelkräfte hervorru-

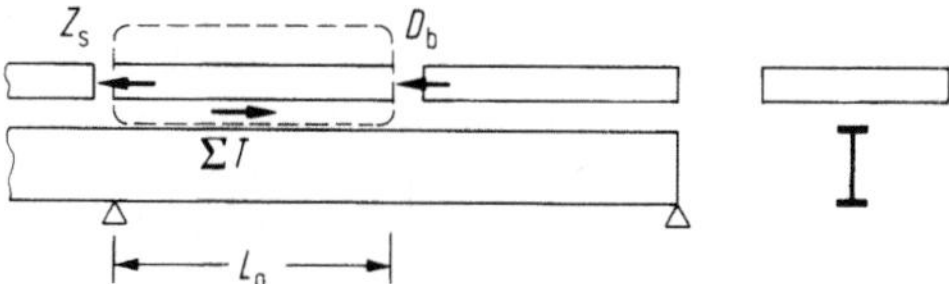

Bild 3-3. Schnitt zur Ermittlung der resultierenden Dübelkraft.

fen, mit Laststeigerungsfaktoren multipliziert in Rechnung zu stellen. Ebenso ist für Brücken und vergleichbare Bauwerke ein zusätzlicher Nachweis unter Gebrauchslast zu führen.

Besondere Überlegungen sind bei Verbundstützen erforderlich, siehe 8.

3.3 Dübeltragfähigkeit

Bei der Ermittlung der Tragfähigkeit von Kopfbolzendübeln *rechtwinklig zur Dübelachse* ist zu berücksichtigen, daß sich diese nicht wie bei Stahlbauschrauben durch Abscheren und Lochleibung genau genug beschreiben läßt. Vielmehr ähnelt dies Nagelverbindungen im Holzbau. Charakteristisch ist, daß mit zunehmenden Dübelverformungen und teilweise gerissenem bzw. zerstörtem Beton auch Zugkräfte entstehen und ein nicht genau bestimmbarer Kraftanteil über den Schweißwulst am Bolzenfuß übertragen wird. Die Lochleibungspressung schließlich ruft im Beton einen mehrachsigen, rechnerisch schwierig erfaßbaren Spannungszustand hervor. Die Tragfähigkeiten lassen sich daher nur über die Auswertung von Versuchsergebnissen angeben, wobei die bisher übliche Versuchsanordnung die günstige Möglichkeit des Ausgleichs bei vielen Dübeln hintereinander in Trägern weitgehend unberücksichtigt läßt.

Nach [V1] beträgt für Kräfte rechtwinklig zur Dübelachse der Rechenwert der Dübeltragfähigkeit max $D_{dü}$ beim Nachweis unter rechnerischer Bruchlast für Bauwerke unter vorwiegend ruhender Belastung

$$\max D_{dü} = \alpha \cdot 0{,}25 \cdot d_1^2 \sqrt{\beta_{WN} E_b}, \tag{3.3-1}$$

wobei jedoch folgende Höchstwerte nicht überschritten werden dürfen:

$$\max D_{dü} \begin{cases} \leqq 95 \text{ kN bei } d_1 = 19 \text{ mm}, & \text{(3.3-2a)} \\ \leqq 120 \text{ kN bei } d_1 = 22 \text{ mm}. & \text{(3.3-2b)} \end{cases}$$

In (3.3-1) sind

d_1 Schaftdurchmesser des Kopfbolzendübels

α 0,85 für $h/d_1 = 3{,}0$

α 1,00 für $h/d_1 \geqq 4{,}2$

$h \geqslant 3d_1$ Gesamthöhe des Kopfbolzendübels, Zwischenwerte von h/d_1 sind linear zu interpolieren.

(3.3-1) entspricht der Tragfähigkeit der Dübel auf Lochleibung im gedrückten Beton. Liegt der Beton in der Zugzone, so wurde dafür in der Literatur eine Abminderung der Werte nach (3.3-1) um 20% vorgeschlagen. Die in der Fassung 1981 von [V1] vorhandene Begrenzung auf Schub wurde aufgrund der Erkenntnisse aus neueren Versuchen inzwischen in den Ergänzenden Bestimmungen durch die Festwerte nach (3.3-2) ersetzt.

Für gebräuchliche Kopfbolzendübel sind die Tragfähigkeiten in Tabelle 3-1 angegeben, wobei die d_1 mit vollen mm eingesetzt wurde. Kopfbolzendübel in Kammern von einbetonierten I-Profilen nach Bild 3-4 verhalten sich günstiger als solche auf Trägergurten. Dies ist auf eine günstige umschnürende Wirkung der Flansche des I-Profils zurückzuführen und die Erzeugung von Reibungskräften an den Innenseiten der Flansche. DIN 18 806 Teil 1 (03.84) darf bis zu einer Profilhöhe von 300 mm ein Reibungswert von $\mu = 0{,}5$ in Rechnung gesetzt werden.

Für Kopfbolzendübel bei Verbundträgern mit Gurten aus Stahltrapezprofilen gelten andere Festlegungen, siehe Ergänzende Bestimmungen zu [V1].

Bei Brücken und anderen Bauwerken unter nicht vorwiegend ruhender Belastung ist der Rechenwert der Dübeltragfähigkeit nach [V1] auf 2/3 zu reduzieren. Inzwischen liegen dazu neuere Versuchsergebnisse vor, die einen genaueren Nachweis gestatten [33].

Tabelle 3-1. Zulässige Kräfte für Kopfbolzendübel in kN

d_1 mm	α	min h mm	B 25	B 35
	0,85	48	47,1	59,3
16	1,00	67	55,4	65,0
	0,85	57	66,4	83,7
19	1,00	80	78,2	(95,0)[a]
	0,85	67	89,1	112,2
22	1,00	93	104,8	(120)[a]

[a] Die Klammerwerte ergeben sich aufgrund der Grenzen nach (3.3-2a,b).

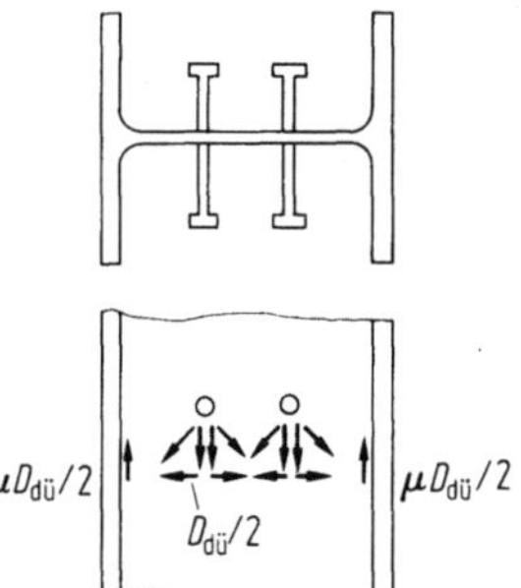

Bild 3-4. Dübel in den Kammern von I-Profilen.

Für die Abstände der Dübel untereinander sind, ähnlich wie im Stahlbau, gewisse Mindestabstände einzuhalten. Nach [V1] dürfen folgende Werte nicht unterschritten werden:

$$\text{Kraftrichtung } e_{min} = 5\,d_1$$
$$\text{Querrichtung } e_{min} = 2,5\,d_1.$$

Die Schubkräfte sind von den Dübeln natürlich auch in den umgebenden Beton weiterzuleiten. Die Nachweise dafür orientieren sich an DIN 1045 (07.88). Danach ist nachzuweisen, daß die Schubspannungen in der ungünstigsten Dübelumrißfläche die angegebenen zulässigen Werte für den Grenzzustand nicht überschreiten, Bild 3-5.

Dübelumrißfläche $\qquad\qquad A_D = (2h_D + b_D)\,e \qquad\qquad\qquad (3.3\text{-}3)$

bzw. $A_D = 2de$

mit e Dübelabstand.

Dabei ist einzuhalten:

$$\tau = \frac{D_s}{A_D} \leq \text{zul } \tau. \qquad\qquad\qquad (3.3\text{-}4)$$

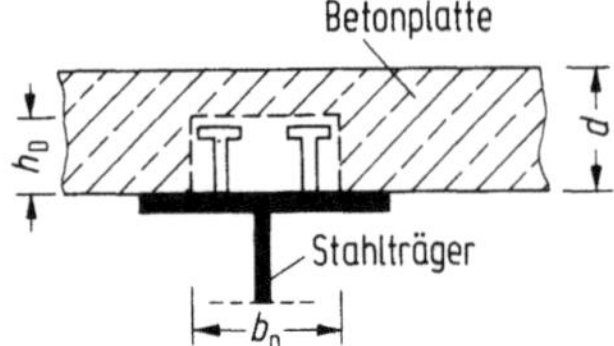

Bild 3-5. Dübelumrißfläche.

Für die Aufnahme der Schubkräfte durch Bewehrung können beide Umrißflächen maßgebend werden.

Im Stahlhochbau findet auch der *Reibungsverbund* Anwendung. Dabei kann der Reibungsverbund durch Aufklemmen des Betongurtes auf den Stahlträger mit hochfesten, vorgespannten Schrauben (siehe 1.3) oder durch Einklemmen von Teilen des Stahlträgers durch Querdruckkräfte in den Betongurt erzeugt werden. Allerdings wird die Anwendung durch Toleranzanforderungen häufig erschwert. Die Berührungsflächen zwischen Beton und Stahl müssen beim Zusammenbau frei von Staub, Öl und anderen Verunreinigungen sein. Als Reibungswert zwischen einem ungestrichenen Stahlträger und dem Betongurt ist unter Gebrauchslast $\mu = 0,5$ und unter rechnerischer Bruchlast $\mu = 0,55$ anzusetzen.

Die Tragwirkung des Reibungsverbundes mit hochfesten Schrauben ist prinzipiell die gleiche wie bei GV-Verbindungen (gleitfeste Verbindungen) im Stahlbau. Bei einer Laststeigerung bis zur Gleitgrenze treten praktisch keine Deformationen in der Reibungsfläche ein. Bei überschreiten der Gleitgrenze erfolgen Rutschungen, bis der Schraubenschaft an der Lochwandung des Betonfertigteils zum Anliegen kommt. Bei weiterer Laststeigerung trägt dann die Schraube auf Lochleibung und Abscheren zusätzlich zu der Reibungswirkung [4].

Zu beachten beim Reibungsverbund mit HV-Schrauben ist der sich mit der Zeit einstellende Verlust der Anpreßkraft infolge Kriechen und Schwinden. Aus Versuchen [10] ergab sich ein Abfall von ca. 25 bis 30%. Dieser Abfall sollte durch Nachspannen der Schrauben ausgeglichen werden.

Kopfbolzendübel sind auch geeignet, *Zugkräfte* in der Dübelfuge aufzunehmen. Rechenwerte für Zugbeanspruchung und weitere Anwendungsbedingungen sind zur Zeit im Rahmen einer Zulassung festgelegt [V7]. Bei der praktischen Anwendung sind insbesondere andere Abstände der Dübel untereinander und zum Rand zu beachten.

3.4 Teilweise Verdübelung

Dieser Begriff wird verwendet, wenn die Verbundmittel keine Schubkräfte derjenigen Größe übertragen, die zum Erreichen des vollplastischen Moments des Verbundträgers gehören. Somit liegt teilweise Verdübelung auch immer dann vor, wenn das sich aus der Belastung ergebende Moment M_y kleiner ist als M_{pl} und die Verbundmittel, wie es nach den Verbundträger-Richtlinien [V1] erlaubt ist, nur für M_y angeordnet werden.

Dabei darf nach Bild 3-6 vorgegangen werden. Darin bedeuten

n^*/n	Verdübelungsgrad, $\geqq 0,5$ nach [V1]
n	Anzahl der Dübel für M_{pl}
n^*	Anzahl der Dübel bei teilweiser Verdübelung
M_y^*/M_{pl}	bezogenes plastisches Moment
M_{pl}	vollplastisches Moment des Verbundträgers
$M_{pl,a}$	vollplastisches Moment des Stahlträgers allein

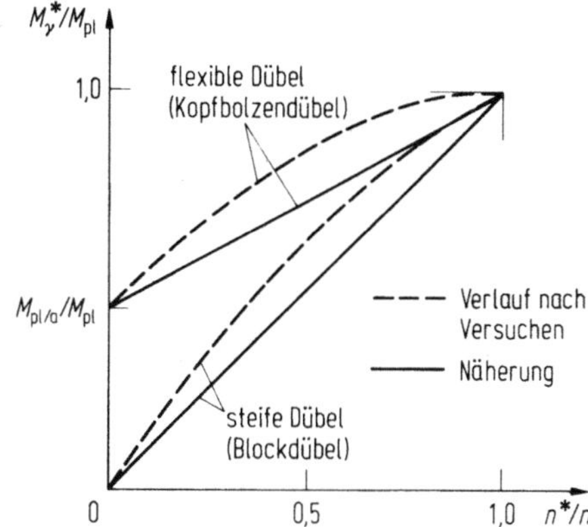

Bild 3-6. Momente bei unvollständiger Verdübelung.

Die beiden oberen Linien bei flexiblen Dübeln erklären sich dadurch, daß selbst ohne Verdübelung das maximale Grenzmoment dem vollplastischen Moment des Stahlträgers allein entspricht.

Sofern, wie es meist der Fall sein wird, das aufnehmbare Moment größer als das vorhandene Moment M_γ ist, darf vereinfachend die gradlinige Abminderung nach Bild 3-6 verwendet werden. Der Fall der teilweisen Verdübelung kann in Sonderfällen auch dann auftreten, wenn z.B. aus konstruktiven Gründen die Unterbringung der erforderlichen Verbundmittel nicht möglich ist oder bei einem nachträglich verstärkten Verbundträger diese Verstärkung nur am Stahlträgeruntergurt angebracht wurde. Der erste Fall kann insbesondere bei IPE-Profilen wegen der dort vorhandenen schmalen Gurte vorkommen.

Bei Kopfbolzendübeln gilt

$$\frac{n^*}{n} = \frac{M_\gamma^* - M_{pl,a}}{M_{pl} - M_{pl,a}} \geq 0,50 . \tag{3.4-1}$$

Soll genauer (und damit günstiger) gerechnet werden, so ist das vollplastische Moment des teilweise verdübelten Verbundträgers analog zu 2.4 zu ermitteln. Dabei ist für die Betondruckkraft D_b jedoch nur die Summe der Dübeltragfähigkeiten einzusetzen. Dies hat damit Auswirkungen auf die Lage der plastischen Nullinie, die hier dann in zwei Schnitten auftritt.

Falls das aufnehmbare Moment M_γ^* bekannt ist und nicht die lineare Interaktion von (3.4-1) benutzt werden soll, kann der erforderliche Verdübelungsgrad n^* genauer aus einer quadratischen Gleichung bestimmt werden:

$$n^{*2} - n^* \frac{d + 2c_1}{c_1 + c_2} + \frac{M_\gamma^*/Z_a - z_a + d + c_1}{c_1 + c_2} = 0 \tag{3.4-2}$$

mit

$$c_1 = \frac{Z_a}{2\beta_{S,a} b_f}$$

$$c_2 = \frac{Z_a}{2\beta_R b} .$$

Vorausgesetzt ist dabei: $t_f' < t_f$.

Beispiel:
Es soll der Querschnitt vom Bild 3-7 vorhanden sein, wobei in einem zu untersuchenden kritischen Schnitt nur 14 Dübel mit $d_1 = 19$ mm untergebracht werden können.
   Mit dem Wert für die Tragfähigkeit des Einzeldübels ergibt sich

$$\Sigma D_{d\ddot{u}} = 14 \cdot 78{,}2 = 1095\,\text{kN} < 1291\,\text{kN} \,.$$

Der vorhandene Verdübelungsgrad beträgt damit

$$\frac{n^*}{n} = \frac{1095}{1291} = 0{,}848 > 0{,}5 \,.$$

Aus der Differenzkraft $\Delta D = 1291 - 1095 = 196\,\text{kN}$ ergibt sich eine dafür erforderliche Flanschdicke

$$t'_f = 196/(24 \cdot 15) = 0{,}544\,\text{cm} \,.$$

Aus (2.4-1)

$$x' = \frac{1095}{1{,}75 \cdot 250} = 2{,}503\,\text{cm} \,.$$

Mit Bild 3-7:

$$M'_{pl} = 1291(0{,}25 - 0{,}02503/2) - 196(0{,}10 + 0{,}00544/2 - 0{,}02503/2) = 288{,}9\,\text{kNm} \,.$$

Bei vollständiger Verdübelung ergäbe sich für die Höhe der Betonzone

$$x = \frac{1291}{1{,}75 \cdot 250} = 2{,}951\,\text{cm}$$

und damit das vollplastische Moment

$$M_{pl} = 1291(0{,}25 - 0{,}02951/2) \qquad\qquad = 303{,}7\,\text{kNm}$$

Der Stahlträger allein trägt $M_{pl,\,a} = 151\,\text{kNm} = 0{,}497 \cdot M_{pl}$. Nach (3.4-1) ist

$$M^*_y = 151 + 303{,}7 \cdot 0{,}848\,(1 - 0{,}497) = 280{,}4\,\text{kNm} = 0{,}971 \cdot M'_{pl} \,.$$

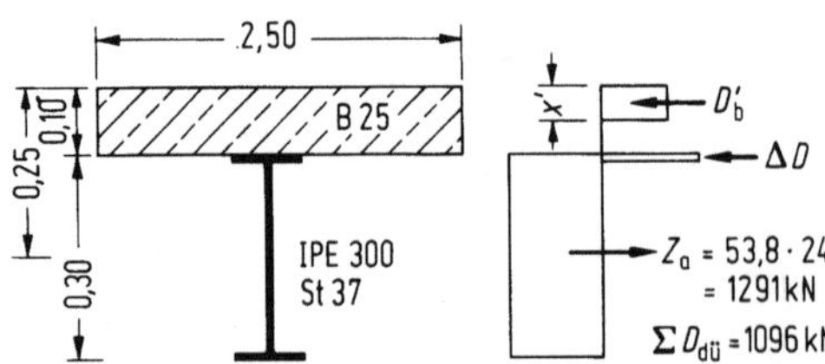

Bild 3-7. Beispiel für teilweise Verdübelung.

4. Berücksichtigung des Verformungsverhaltens des Betons

4.1 Allgemeines

Verformungen von Betonbauteilen sind von der Zeit abhängig. Unter Last kriecht Beton und infolge Austrocknung schwindet er. Da Betonanteile einen wesentlichen Teil von Verbundkonstruktionen ausmachen, unterscheiden sich somit Verbundkonstruktionen im Prinzip von üblichen Stahlkonstruktionen. Infolge des Kriechens und Schwindens des Betons findet mit der Zeit eine Spannungsumlagerung statt. Durch das Kriechen des Betons wird sich dieser seiner Belastung zu entziehen versuchen – der Beton wird „weicher". Dadurch treten zusätzliche Verformungen auf, und es findet eine innere Umlagerung der Belastung vom Beton auf den Stahlquerschnitt statt. Diese Umlagerungen stellen jedoch Eigenspannungszustände dar, die im Zustand der Grenztragfähigkeit herausplastizieren und dann nicht betrachtet werden müssen. In anderen Fällen sind sie jedoch zu untersuchen:

a) bei Verformungsberechnungen (sofern man meint, sich nicht mit einfachen Abschätzungen zufrieden geben zu können),
b) bei der Untersuchung von Bauzuständen,
c) bei vorgespannten Verbundkonstruktionen,
d) bei nicht vorwiegend ruhender Belastung.

Damit braucht der Einfluß des Verformungsverhaltens des Betons in der Regel im Hochbau nicht untersucht zu werden, wohl aber bei Brücken und ähnlichen Konstruktionen. Allerdings scheint sich auch hier abzuzeichnen, daß man teilweise in Zukunft auf diese aufwendigeren Nachweise verzichten wird. Zur Zeit sind die zu führenden Nachweise [V1], Tabelle 1, zu entnehmen.

Wegen des Einflusses der Zeit ist bei den Lasten insbesondere nach kurzzeitig wirkenden Lasten (z.B. Verkehrslast, Wind, Temperatur) und langzeitig wirkenden (z.B. Eigengewicht) zu unterscheiden.

Ausführliche Darstellungen der Theorie der Verbundkonstruktionen enthalten [1–3]. Sie bilden die Grundlage für die Zusammenstellungen dieses Kapitels 4.

4.2 Bezeichnungen

4.2.1 Materialkennwerte

$E_{b,0}$	konstant angenommener Elastizitätsmodul des Betons gemäß Angabe in DIN 1045, Tabelle 11
E_a, E_s	Elastizitätsmodul von Stahl bzw. Spannstahl
$\varphi_t = \varphi_f + \varphi_v$	Gesamtkriechzahl des Betons, bezogen auf die elastische Anfangsverformung
φ_f	Fließkriechzahl des Betons
φ_v	Kriechzahl für die verzögert elastische Verformung des Betons
$E_{b,v}$	fiktiver Elastizitätsmodul des Betons bei Zusammenfassung von elastischer Anfangsverformung und verzögerter elastischer Verformung
$\varphi_{f,v}$	Fließkriechzahl des Betons, bezogen auf die Summe von elastischer Anfangsverformung und verzögerter elastischer Verformung
$\varphi_{fn,v}$	Verformung zur Zeit t bzw. nach abgeschlossenem Fließkriechen
$\varepsilon_{s,t}$	Schwindmaß zur Zeit t
ε_s	Endschwindmaß

4.2.2 Querschnittswerte

4.2.2.1 Betonquerschnitt

A_b Betonfläche

I_b Betonträgheitsmoment, (Flächenmoment 2. Grades des Querschnitts des Betons)

$A_{b,0}$ $= A_b \cdot \dfrac{E_{b,0}}{E_a}$ reduzierte Betonfläche

$I_{b,0}$ $= I_b \cdot \dfrac{E_{b,0}}{E_a}$ reduziertes Betonträgheitsmoment

$A_{b,v}$ $= A_b \cdot \dfrac{E_{b,v}}{E_a}$ reduzierte Betonfläche unter zusätzlicher Berücksichtigung der verzögerten Elastizität

$I_{b,v}$ $= I_b \cdot \dfrac{E_{b,v}}{E_a}$ reduziertes Betonträgheitsmoment unter zusätzlicher Berücksichtigung der verzögerten Elastizität

z_b Schwerpunktabstand des gesamten Betonquerschnitts, gemessen von der Schwerachse des Verbundträgers

n_0 $= \dfrac{E_a}{E_{b,0}}$ Reduktionszahl für den Beton, bezogen auf die elastische Anfangsverformung

n_v $= \dfrac{E_a}{E_{b,v}}$ Reduktionszahl für den Beton unter zusätzlicher Berücksichtigung der verzögerten Elastizität

$n_{A,L}$ Reduktionszahl für die Betonfläche A_b in Abhängigkeit von der Einwirkung L

$n_{I,L}$ Reduktionszahl für das Betonträgheitsmoment I_b in Abhängigkeit von der Einwirkung L

$\psi_{A,L}$ Kriechbeiwert für die Betonfläche A_b in Abhängigkeit von der Einwirkung L

$\psi_{I,L}$ Kriechbeiwert für das Betonträgheitsmoment I_b in Abhängigkeit von der Einwirkung L

Dabei kann für L je nach Art der Einwirkung stehen:

B zeitlich konstante Belastung, z.B.
   – M für Momentenbelastung
   – N für Normalkraftbelastung

BX zeitlich veränderliche Belastung, z.B.
   – XM für Momentenbelastung
   – XN für Normalkraftbelastung

S Schwinden

A zeitlich konstante Verformung, z.B.
   Absenken an Lagerpunkten

AX zeitlich veränderliche Verformung

SP Vorspannung durch Spannglieder

4.2.2.2 Stahlquerschnitt

A_s reduzierte Fläche der Spannstähle, bezogen auf den Elastizitätsmodul des Baustahles

I_s reduziertes Trägheitsmoment der Spannstähle, bezogen auf den Elastizitätsmodul des Baustahles

A_a gesamte auf den Elastizitätsmodul des Baustahles bezogene Stahlfläche

I_a gesamtes auf den Elastizitätsmodul des Baustahles bezogene Stahlträgheitsmoment

z_a Schwerpunktabstand des gesamten Stahlquerschnitts, gemessen von der Schwerachse des Verbundträgers

4.2.2.3 Verbundquerschnitt

$A_{i,0}$ Fläche des Verbundquerschnitts, bezogen auf den Elastizitätsmodul des Baustahles

$I_{i,0}$ Trägheitsmoment des Verbundquerschnitts, bezogen auf den Elastizitätsmodul des Baustahles

$A_{i,v}$ Fläche des Verbundquerschnitts unter zusätzlicher Berücksichtigung der verzögerten Elastizität des Betonteils

$I_{i,v}$ Trägheitsmoment unter zusätzlicher Berücksichtigung der verzögerten Elastizität des Betonteils

$A_{i,L}$ ideelle Fläche des Verbundquerschnitts für die Einwirkung L beim Verfahren unter Beibehaltung von Gesamtquerschnitten

$I_{i,L}$ ideelles Trägheitsmoment des Verbundträgers für die Einwirkung L beim Verfahren unter Beibehaltung von Gesamtquerschnitten

a Abstand Betonschwerpunkt zum Gesamtstahlschwerpunkt

$S_{i,0}$ $= \dfrac{A_a A_{b,0}}{A_{i,0}} a$ statisches Moment der reduzierten Betonfläche bzw. des Stahlquerschnittes, bezogen auf den Schwerpunkt des Verbundquerschnittes

$S_{i,v}$ $= \dfrac{A_a A_{b,v}}{A_{i,v}} a$ wie vorstehend, jedoch unter zusätzlicher Berücksichtigung der verzögerten Elastizität bei der Reduktion der Betonfläche

4.2.2.4 Querschnittskennwerte

$$\alpha_{N,v} = \frac{A_a}{A_{i,v}} \tag{4.2-1}$$

$$\alpha_{M,v} = \frac{I_a}{I_{b,v} + I_a} \tag{4.2-2}$$

$$\alpha_v = \frac{A_a I_a}{A_{i,v}(I_{i,v} - I_{b,v})} \tag{4.2-3}$$

$$\beta_v = \frac{S_{i,v}}{I_a} a \tag{4.2-4}$$

4.2.3 Schnittgrößen

4.2.3.1 Gesamtschnittgrößen

N^L, M^L — Normalkraft bzw. Biegemoment des Verbundquerschnittes infolge der Einwirkung L. Dabei bezeichnet L die Einwirkung nach 4.2.2.1.

4.2.3.2 Teilschnittgrößen

$N^L_{b,0}, M^L_{b,0}$
$N^L_{a,0}, M^L_{a,0}$ — Teilschnittgrößen (Verteilungsgrößen) des Beton- bzw. Stahlteiles zugehörig zur Einwirkung L, berechnet unter Berücksichtigung des Elastizitätsmoduls des Betons $E_{b,0}$

$N^L_{b,v}, M^L_{b,v}$
$N^L_{a,v}, M^L_{a,v}$ — Teilschnittgrößen (Verteilungsgrößen) des Beton- bzw. Stahlteiles zugehörig zur Einwirkung L, berechnet unter Berücksichtigung des fiktiven Elastizitätsmoduls des Betons $E_{b,v}$

$N^L_{b,k}, M^L_{b,k}$
$N^L_{a,k}, M^L_{a,k}$ — Teilschnittgrößen (Umlagerungsgrößen) des Beton- bzw. Stahlteiles zugehörig zur Einwirkung L

$N^L_{b,t}, M^L_{b,t}$
$N^L_{a,t}, M^L_{a,t}$ — Gesamte Teilschnittgrößen (Verteilungsgrößen + Umlagerungsgröße) des Beton- bzw. Stahlteiles zum Zeitpunkt t zugehörig zur Einwirkung L

4.2.3.3 Hilfswerte

N_s, N_{sch} — Hilfswerte für die Berechnung des Lastfalls Schwinden

4.2.4 Spannungen

$\sigma_{b,0}, \sigma_{a,0}$ — Beton- bzw. Stahlspannung bei Erstbelastung
$\sigma_{b,t}, \sigma_{a,t}$ — Gesamte Beton- bzw. Stahlspannung zum Zeitpunkt t

4.2.5 Verformungen

$\varepsilon_{b,0}, \varepsilon_{a,0}$ — Beton- bzw. Stahldehnungen bei Erstbelastung
$\varepsilon_{b,k}, \varepsilon_{a,k}$ — Beton- bzw. Stahldehnungen infolge Kriechens des Betons
$\varepsilon_{b,t}, \varepsilon_{a,t}$ — Gesamte Beton- bzw. Stahldehnung zum Zeitpunkt t
$\chi_{b,t}, \chi_{a,t}$ — Gesamte Beton- bzw. Stahlverdrehung zum Zeitpunkt t

4.3 Formänderungen des Betons

4.3.1 Elastische Formänderungen

Der Elastizitätsmodul des Betons ist u.a. abhängig von Güte, Alter und Beanspruchung. Trotzdem wird er für die Rechnung, wie üblich, konstant angenommen.

$$\varepsilon_{el} = \frac{\sigma_{b,0}}{E_{b,0}}. \tag{4.3-1}$$

4.3.2 Plastische Formänderungen

Kriechen: Hierunter wird die Verkürzung unter Belastung verstanden. Das Kriechen ist u.a. abhängig von: Zementgehalt, Wassergehalt, Kornverteilung, Höhe der Belastung, Feuchtigkeit (Nachbehandlung, frischer Beton), Alter des Betons bei Aufbringung der Belastung, Abmessungen des Bauteils.

Davon werden nur die letzten 3 Einflüsse durch die Spannbeton-Norm DIN 4227 in Form der variablen Kriechzahl φ_t erfaßt, die zeitabhängig ist (Bild 4-1):

$$\varepsilon_k = \frac{\sigma_{b,0}}{E_{b,0}} \cdot \varphi_t. \tag{4.3-2}$$

Schwinden: Hierunter wird die Verkürzung durch Austrocknung verstanden. Dieser Effekt ist um so größer, je

- höher der Zementgehalt,
- hochwertiger der Zement,
- höher der Wassergehalt,
- wärmer der abbindende Beton ist.

Die Schwindverkürzung wird proportional zum Kriechen angenommen:

$$\varepsilon_{s,t} = \frac{\varepsilon_s}{\varphi_\infty} \cdot \varphi_t. \tag{4.3-3}$$

4.3.3 Zeitintervall

Es sind drei Anteile zu berücksichtigen:

Elastisch:

$$\frac{d\varepsilon_{el}}{dt} = \frac{d\sigma_b}{dt} \cdot \frac{1}{E_b}. \tag{4.3-4a}$$

Plastisches Kriechen nach Bild 4-2:

$$\varepsilon_k = \frac{\sigma_b}{E_b} \cdot (\varphi_t - \varphi_{t_1}),$$

$$\frac{\Delta\varepsilon_k}{\Delta t} = \frac{\sigma_b}{E_b} \cdot \frac{\Delta\varphi}{\Delta t},$$

$$\frac{d\varepsilon_k}{dt} = \frac{\sigma_b}{E_b} \cdot \frac{d\varphi}{dt}. \tag{4.3-4b}$$

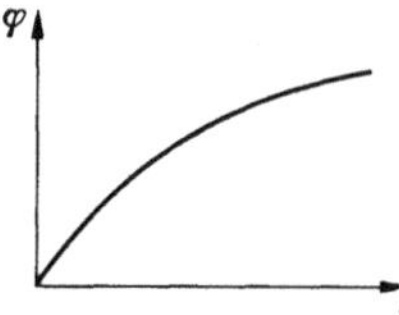

Bild 4-1. Zeitabhängige Kriechzahl.

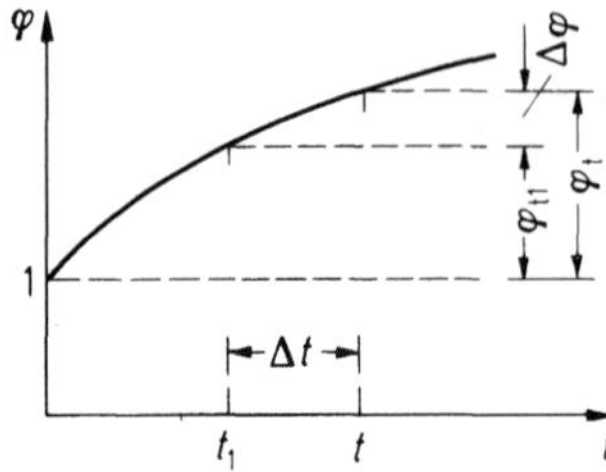

Bild 4-2. Plastisches Kriechen.

Plastisches Schwinden:

$$\frac{d\varepsilon_s}{dt} = \frac{\varepsilon_s}{\varphi_\infty} \cdot \frac{d\varphi}{dt}. \tag{4.3-4c}$$

Aus diesen 3 Anteilen ergibt sich die schon von Dischinger angegebene vereinfachte Differentialgleichung

$$\frac{d\varepsilon}{dt} = \frac{1}{E_b} \cdot \frac{d\sigma_b}{dt} + \frac{\sigma_b}{E_b} \cdot \frac{d\varphi}{dt} + \frac{\varepsilon_s}{\varphi_\infty} \cdot \frac{d\varphi}{dt}. \tag{4.3-5}$$

Diese kann gelöst werden, sofern ein zeitlicher Verlauf für die Kriechzahl bekannt ist. Aus dieser Gleichung ist auch zu ersehen. daß bei Entlastung eine konstante Dehnung und Spannung verbleibt (Bild 4-3), was im Gegensatz zu Versuchsresultaten steht. Daraus ergibt sich die Notwendigkeit, daß die vorstehende, vereinfachte Ableitung zu ergänzen ist.

Daher wird nach DIN 4227 Teil 1 die Fließzahl aufgespalten in einen von einer Grundfließzahl abhängigen Teil und einen Anteil der verzögerten elastischen Verformung.

$\varepsilon_{k,ir}$ irreversibler Kriechanteil,

$\varepsilon_{k,r}$ reversibler Kriechanteil,

$\varphi_t = \varphi_f + \varphi_v,$

$\varphi_t = \varphi_{f0}(k_{f,t} - k_{f,t_0}) + 0,4\, k_{v(t-t_0)},$

φ_{f0} Grundfließzahl, $\hspace{5cm}$ (4.3.6)

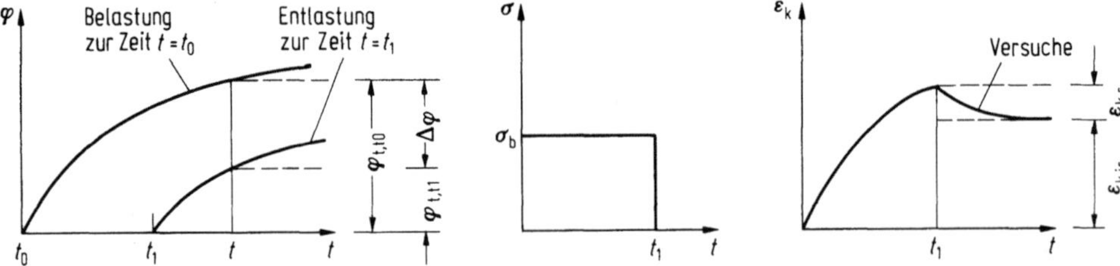

Bild 4-3. Dehnungen nach (4.3-5) bei Entlastung.

mit $k_v \approx 1$ ergibt sich

$$\varphi_t = \varphi_f + 0{,}4,$$

$$\varepsilon = \frac{\sigma_{b,0}}{E_{b,0}}(1 + \varphi_t) = \frac{\sigma_{b,0}}{E_{b,0}}(1 + \varphi_f + 0{,}4),$$

$$\varepsilon = \frac{\sigma_{b,0}}{E_{b,0}}(1{,}4 + \varphi_f),$$

$$\frac{d\varepsilon}{dt} = \frac{\sigma_{b,0}}{E_{b,0}}\frac{d\varphi_f}{dt} + \frac{d\sigma_{b,0}}{E_{b,0}} \cdot \frac{1{,}4}{dt},$$

$$\frac{d\varepsilon}{dt} = \frac{\sigma_{b,0}}{E_{b,v}} \cdot \frac{d\varphi_{f,v}}{dt} + \frac{d\sigma_{b,0}}{dt} \cdot \frac{1}{E_{b,v}}. \tag{4.3-7}$$

Gleichung (4.3-7) entspricht (4.3-5), wenn gesetzt wird:

$$E_{b,v} = E_{b,0}/1{,}4; \tag{4.3-8}$$

$$\varphi_{f,v} = \varphi_f/1{,}4. \tag{4.3-9}$$

Die für die praktischen Berechnungen anzusetzenden Werte für die Beiwerte zum Kriechen und Schwinden sind DIN 4227 Teil 1 zu entnehmen, vgl. auch Teil J. Spannbetonbau.

Eine genauere Betrachtung des Verformungsverhaltens des Betons ist im Teil I. Massivbau enthalten.

4.3.4 Berücksichtigung der Gesamtverformungen über fiktive Elastizitätsmoduln

Man kann die plastischen Verformungen des Betons *formal* auch durch vergrößerte elastische berücksichtigen.

$$\varepsilon_{ges} = \varepsilon_{el} + \varepsilon_{pl} = \frac{\sigma_b}{E_b} + \frac{\sigma_b}{E_b} \cdot \varphi_t,$$

$$\varepsilon_{ges} = \frac{\sigma_{b,0}}{E_{b,0}}(1 + \varphi_t) = \frac{\sigma_{b,0}}{E_{b,0}/(1 + \varphi_t)} = \frac{\sigma_{b,0}}{E_{b,\varphi}}, \tag{4.3-10}$$

$$E_{b,\varphi} = \frac{E_{b,0}}{(1 + \varphi_t)}.$$

Wenn alle Verformungen auf den Elastizitätsmodul des Stahls bezogen werden:

$$n_\varphi = \frac{E_a}{E_{b,0}}(1 + \varphi_t) = n_0(1 + \varphi_t) = \frac{E_a}{E_{b,\varphi}},$$

$$E_{b,\varphi} = \frac{E_a}{n_\varphi}. \tag{4.3-11}$$

Da sich die plastischen Verformungen nicht ungehindert auswirken können, werden Kriechbeiwerte ψ nach (4.3-12) eingeführt:

$$n_\varphi = n_0(1 + \psi\,\varphi_t).\tag{4.3-12}$$

Mit diesen Beiwerten wird dann rein elastisch gerechnet; das ist sehr anschaulich und praxisnah. Einzelhciten siehe 4.6.

4.4 Verteilungsgrößen

4.4.1 Allgemeines

Gesucht ist die Verteilung der Gesamtschnittgrößen, die auf einen Verbundquerschnitt wirken, auf die Einzelteile.

Voraussetzungen bei den folgenden Ableitungen:

- Ebenbleiben der Querschnitte,
- Gültigkeit des Hookeschen Gesetzes,
- Beton ungerissen, Zustand I,
- es sind zwei Einzelteile vorhanden, ein Betonteil, ein Stahlteil.

4.4.2 Verteilungsgrößen für kurzzeitige Belastung

Diese sind nach Bild 4-4 zu ermitteln, indem für die 4 gesuchten Größen 4 Bedingungsgleichungen formuliert werden:

a) Gleichgewicht $\Sigma N = 0$,
b) Gleichgewicht $\Sigma M = 0$, gebildet z.B. um die Schwerachse des Stahlträgers,
c) Kontinuität, in den Schwerachsen von Beton und Stahl muß gleiche Dehnung vorhanden sein,
d) Kontinuität, in den Schwerachsen von Beton und Stahl müssen gleiche Krümmungen (M/EI) vorhanden sein.

Für Normalkraftbeanspruchung

$$N_{b,0} = N_0^B \cdot \frac{A_{b,0}}{A_{i,0}}, \quad N_{a,0} = N_0^B \cdot \frac{A_a}{A_{i,0}}\tag{4.4-1}$$

mit

$$A_{b,0} + A_a = A_{i,0}.$$

Für Momentenbeanspruchung

$$\left.\begin{aligned}
M_{a,0} &= M_0^B \frac{I_a}{I_{i,0}}, \quad M_{b,0} = M_0^B \frac{I_{b,0}}{I_{i,0}},\\[2ex]
\left.\begin{array}{r} N_{a,0} \\ -N_{b,0} \end{array}\right\} &= M_0^B \cdot \frac{A_a z_{a,0}}{I_{i,0}} = M_0^B \frac{S_{i,0}}{I_{i,0}},\\[2ex]
I_{i,0} &= I_{b,0} + I_a + a S_{i,0},\\[2ex]
S_{i,0} &= A_a z_{a,0} = A_{b,0}(-z_{b,0}) = \frac{A_a A_{b,0}}{A_{i,0}} \cdot a.
\end{aligned}\right\}\tag{4.4-2}$$

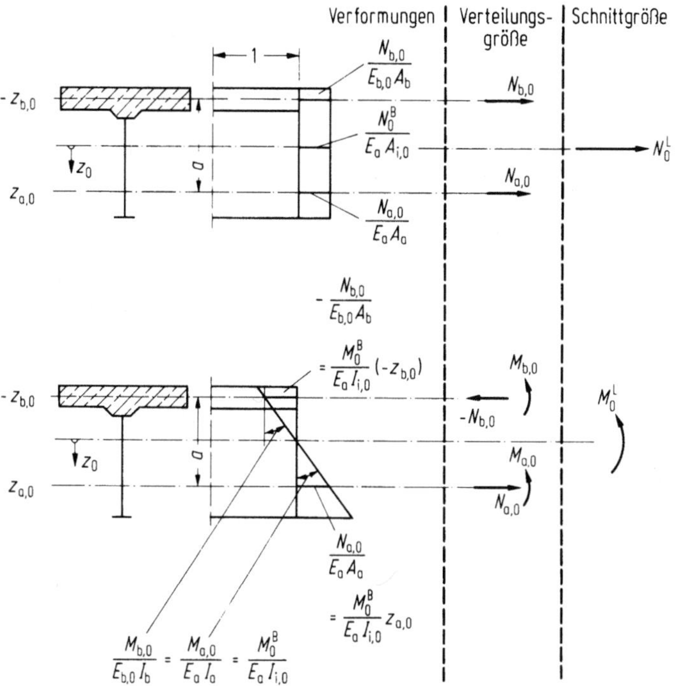

Bild 4-4. Verformungen und Schnittgrößen zur Ermittlung der Verteilungsgrößen nach [3].

Die Verteilungsgrößen entsprechen den anteiligen Schnittgrößen, wie sie im Stahlbau üblicherweise zur Berechnung von Stößen ermittelt werden.

Spannungen. Falls Längskraft und Moment gleichzeitig wirken, sind die Einzelanteile zu addieren. Betonspannung aus Normalkraft:

$$\sigma_{b,0} = \frac{N_{b,0}}{A_b} \quad \text{oder} \quad \sigma_{b,0} = \frac{N_0^B}{n_0 A_{i,0}}. \tag{4.4-3}$$

Stahlspannung aus Normalkraft:

$$\sigma_{a,0} = \frac{N_{a,0}}{A_a} \quad \text{oder} \quad \sigma_{a,0} = \frac{N_0^B}{A_{i,0}}. \tag{4.4-4}$$

Betonspannung aus Moment:

$$\sigma_{b,0} = \frac{M_{b,0}}{I_b} \cdot z_b + \frac{N_{b,0}}{A_b} \quad \text{oder} \quad \sigma_{b,0} = M_0^B \cdot \frac{1}{n_0 I_{i,0}} \cdot z. \tag{4.4-5}$$

Stahlspannung aus Moment:

$$\sigma_{a,0} = \frac{M_{a,0}}{I_a} \cdot z_a + \frac{N_{a,0}}{A_a} \quad \text{oder} \quad \sigma_{a,0} = M_0^B \cdot \frac{1}{I_{i,0}} \cdot z. \qquad (4.4\text{-}6)$$

Für die Spannungsnachweise bestehen also immer 2 Möglichkeiten:

1. Verteilungsgrößen durch wirkliche Querschnittswerte teilen,
2. Gesamtschnittgrößen durch ideelle Querschnittswerte teilen. Die Spannungen im Beton sind dann noch zusätzlich durch n zu teilen.

Verformungen. Sinnvollerweise sollten diese auf den Stahlträger allein bezogen werden. Es könnte aber auch der Beton- oder Verbundquerschnitt als Bezugsquerschnitt verwendet werden.

4.4.3 Verteilungsgrößen für langzeitige Belastung

Da für langzeitige Belastung die verzögert elastische Verformung berücksichtigt wird, muß hier mit $E_{b,v}$ gerechnet werden. Diese Verteilungsgrößen gelten nur für die Teilschnittgrößen, die sich mit der Zeit aufbauen (Umlagerungsgrößen, siehe 4.5). (4.4-1) bis (4.4-6) bleiben gültig, wobei bei der Reduktion der Betonquerschnittswerte jeweils is $E_{b,v}$ statt $E_{b,0}$ einzusetzen ist.

4.5 Verbundträgerberechnung über die Lösung von Differentialgleichungen

4.5.1 Umlagerungsgrößen

Durch das über die Zeit veränderliche Verformungsverhalten des Betons entstehen Spannungsveränderungen innerhalb der Querschnitte als Eigenspannungszustände.

Die im Beton und im Stahl auf diese Art und Weise entstehenden Schnittgrößen werden als Umlagerungsgrößen bezeichnet.

4.5.2 Umlagerungsgrößen für konstante Einwirkungen

4.5.2.1 Differentialgleichungen

Diese werden mit Hilfe von Bild 4-5 abgeleitet, indem die unter den Verteilungsgrößen aus den Einwirkungen und den Umlagerungsgrößen sich einstellenden Verformungen eingetragen sind [3].

Für die Ableitung der 4 Schnittgrößen stehen 2 Gleichgewichts- und 2 Verträglichkeitsbedingungen zur Verfügung:

1. $N_{b,k} = -N_{a,k}$,

damit gilt auch für Schnittgrößen, die in einem Zeitintervall entstehen

$$\mathrm{d}N_{b,k} = -\mathrm{d}N_{a,k}.$$

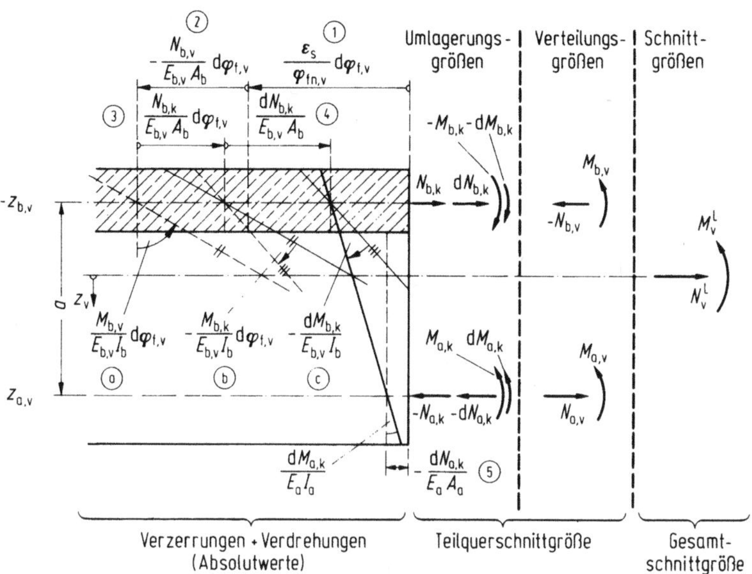

Bild 4-5. Verformungsanteile nach [3].

2. $M_{a,k} = -M_{b,k} + N_{b,k}a$, entsprechend

$$dM_{a,k} = -dM_{b,k} + dN_{b,k}a.$$

Die 1. Verträglichkeitsbedingung bezieht sich auf die Längenänderung in der Beton- bzw. Stahl-schwerachse. Es treten folgende längenbezogene Längenänderungen auf (jeweils während des Zeitintervalls dt), die im Bild 4-5 eingetragen sind:

1. Verkürzung des Betons infolge Schwindens,
2. plastische Verkürzung des Betons aus der vom Zeitpunkt $t = t_0$ wirkenden Verteilungsgröße $N_{b,v}$,
3. plastische Verlängerung aus der zur Zeit t neu entstandenen Umlagerungsgröße $N_{b,k}$,
4. elastische Verlängerung des Betons infolge der im Zeitintervall dt neu entstehenden Kraft $dN_{b,k}$,
5. elastische Verkürzung des Stahles infolge der im Zeitintervall dt neu entstehenden Kraft $dN_{a,k}$,
6. elastische Längenänderung aus der Wirkung des neu entstehenden Momentes $dM_{a,k}$

Damit lautet die Verträglichkeitsbedingung:

$$\frac{\varepsilon_s}{\varphi_{fn,v}} \cdot d\varphi_{f,v} - \frac{N_{b,v}}{E_{b,v}A_b} \cdot d\varphi_{f,v} - \frac{N_{b,k}}{E_{b,v}A_b} \cdot d\varphi_{f,v} - \frac{dN_{b,k}}{E_{b,v}A_b} = -\frac{dN_{a,k}}{E_a A_a} + \frac{dM_{a,k}}{E_a I_a} \cdot a$$

Es steht eine 2. Verträglichkeitsbedingung über die Krümmungen (Drehungen der Querschnitts-fläche) zur Verfügung, wobei die Einzelanteile aus dem Bild 4-5 zu ersehen sind:

a) plastische Drehung $M_{b,v}$ (von $t = t_0$ an konstant wirkend),

b) plastische Drehung aus der zur Zeit t neu entstandenen Umlagerungsgröße $M_{b,k}$,
c) elastische Drehung aus dem im Zeitintervall dt neu entstandenen Moment $dM_{b,k}$,
d) elastische Drehung aus dem im Zeitintervall dt neu entstandenen Moment $dM_{a,k}$.

Damit lautet die 2. Verträglichkeitsbedingung

$$\frac{M_{b,v}}{E_{b,v}I_b}\cdot d\varphi_{f,v} + \frac{M_{b,k}}{E_{b,v}I_b}\cdot d\varphi_{f,v} + \frac{dM_{b,v}}{E_{b,v}I_b} = \frac{dM_{a,k}}{E_aI_a}.$$

Durch Einsetzen der beiden Gleichgewichtsbedingungen in die Verträglichkeitsbedingungen ergeben sich nach Umformung die beiden gekoppelten Differentialgleichungen (4.5-1) und (4-5.2):

$$\frac{dN_{b,k}}{d\varphi_{f,v}} + \alpha_v N_{b,k} - \frac{dM_{b,k}}{d\varphi_{f,v}}\cdot\frac{A_{b,v}a}{I_a}\cdot\alpha_v = \alpha_v(N_s - N_{b,v}) \tag{4.5.1}$$

$$\frac{dM_{b,k}}{d\varphi_{f,v}} + \alpha_{M,v}M_{b,k} - \alpha_{M,v}\cdot\frac{I_{b,v}}{I_a}\cdot a\cdot\frac{dN_{b,k}}{d\varphi_{f,v}} = -\alpha_{M,v}M_{b,v} \tag{4.5-2}$$

mit

α_v, $\alpha_{M,v}$ nach 4.2.2.4 und

$$N_s = \frac{\varepsilon_s}{\varphi_{fn,v}}\cdot E_{b,v}A_b \tag{4.5-3}$$

4.5.2.2 Umlagerungsgrößen für den Sonderfall: nur Normalkräfte

Wenn kein Moment vorhanden ist, vereinfacht sich (4.5-1) so, daß eine exakte Lösung von (4.5-4) möglich ist.

$$N_{b,k} = (N_s - N_{b,v})\cdot(1 - e^{-\alpha_v\varphi_{f,v}}) \tag{4.5-4}$$

$$N_{a,k} = -N_{b,k}$$

Die Umlagerungsgröße $N_{b,k}$ ist für verschiedene Parameter im Bild 4-6 ausgewertet. Dies entspricht dem Umlagerungsverlust infolge des Kriechens.

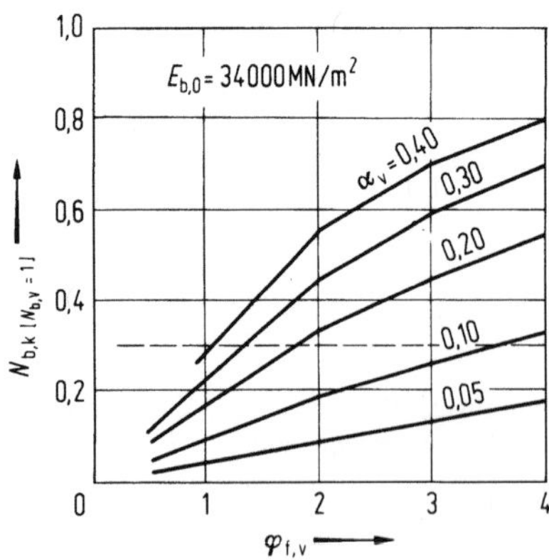

Bild 4-6. Umlagerungsverluste bei konstanter Längskraft.

4.5.2.3 Umlagerungsgrößen für ausschließliche Momentenbelastung bei doppeltsymmetrischem Querschnitt

Hierfür ist in (4.5-2) der Anteil mit $dN_{b,k} = 0$. Damit ist auch hier eine exakte Lösung möglich:

$$M_{b,k} = - M_{b,v}(1 - e^{-\alpha_{M,v}\varphi_{f,v}}),$$

$$M_{a,k} = - M_{b,k}. \tag{4.5-5}$$

4.5.2.4 Umlagerungsgrößen bei gleichzeitiger Einwirkung von Normalkraft und Moment

Näherungslösung. Hierbei wird der Einfluß der zeitlichen Änderung des Betonmomentes auf die Umlagerung der Betonlängskraft vernachlässigt. Die Lösung ist dann sinnvoll, wenn die Größe des Betonmomentes relativ klein ist gegenüber dem Gesamtmoment. Nach [1] ist dies gültig für

$$j_a = \frac{A_{b,v} I_{b,v}}{A_a I_a} \leq 0{,}2,$$

$$N_{b,k} = (N_s - N_{b,v})(1 - e^{-\alpha_v \varphi_{f,v}}), \tag{4.5-6}$$

$$N_{a,k} = - N_{b,k}.$$

Dieser Wert wird in die Dgl. für das Betonmoment eingeführt, womit diese dann integriert werden kann mit dem Ergebnis:

$$M_{b,k} = - M_{b,v}(1 - e^{-\alpha_{M,v}\varphi_{f,v}}) + \frac{I_{b,v}}{I_a} a N_{b,k} A_v, \tag{4.5-7}$$

mit

$$A_v = \frac{\alpha_{M,v} \alpha_v}{\alpha_{M,v} - \alpha_v} \cdot \frac{e^{-\alpha_v \varphi_{f,v}} - e^{-\alpha_{M,v}\varphi_{f,v}}}{1 - e^{\alpha_v \varphi_{f,v}}}, \tag{4.5-8}$$

$$M_{a,k} = - M_{b,k} + N_{b,k} a.$$

Eine weitere Vereinfachung erreicht man für $\alpha_{M,v} = 1$. Unter dieser Voraussetzung ist der Wert A_v in [1] als A_a tabellarisch ausgewertet.

Iterative Lösungsverbesserung [3]. Im 1. Schritt wird $N_{b,k}$ *ohne* Berücksichtigung der zeitlichen Änderung des Betonmomentes ermittelt und damit auch $M_{b,k}$ aus der Integration. Im 2. Schritt wird der zeitliche Verlauf der Größe des Betonmomentes linear zum Kriechverlauf angenommen und das in die Dgl. eingesetzt. Die Lösung ist nach wenigen Schritten sehr genau.

4.5.2.5 Gesamtbeanspruchungen

Die Schnittgrößen betragen zur Zeit t aus der langzeitigen Belastung:

$$\left.\begin{aligned} M_{b,t} &= M_{b,v} + M_{b,k}, \\ N_{b,t} &= N_{b,v} + N_{b,k}, \\ M_{a,t} &= M_{a,v} + M_{a,k}, \\ N_{a,t} &= N_{a,v} + N_{a,k}. \end{aligned}\right\} \tag{4.5.9}$$

Daraus ergeben sich die Spannungen

$$\left.\begin{aligned}
\sigma_{b,t} &= \frac{N_{b,t}}{A_b} + \frac{M_{b,t}}{I_b} z_b, \\[2ex]
\sigma_{a,t} &= \frac{N_{a,t}}{A_a} + \frac{M_{a,t}}{I_a} z_a.
\end{aligned}\right\} \qquad (4.5\text{-}10)$$

Im Gegensatz zu den Verteilungsgrößen (siehe 4.4) können hier die Spannungen nur über die wirklichen Querschnittswerte ermittelt werden.

4.5.2.6 Größe von Schwindspannungen

Aus Bild 4-7 sind für den Fall zentrischen Schwindens die Spannungen aus Schwinden bei verschiedenen Annahmen für ε_s und $\varphi_{f,v}$ zu ersehen. Ähnliche Ergebnisse sind in [1] angegeben.

4.5.3 Umlagerungsgrößen aus Schnittgrößen, die sich affin zum Kriechen aufbauen

4.5.3.1 Allgemeines

Bei einem statisch unbestimmten System treten infolge des Kriechens und des Schwindens mit der Zeit zusätzliche Verformungen auf. Daraus folgt, daß auch statisch unbestimmte Größen $X_{i,t}$ auftreten müssen, da die Verformungen nicht ungehindert auftreten können.

Wenn die Berechnung der zeitabhängigen Zwängungen nach der Kraftgrößenmethode erfolgt, heißt das, daß an einem statisch bestimmten Grundsystem Schnittuferverschiebungen ermittelt werden.

Die durch Kriechumlagerungen und Schwinden verursachten Schnittuferverschiebungen müssen zu jedem Zeitpunkt t durch zeitabhängige statisch Unbestimmte geschlossen werden. Außerdem ist es so, daß diese $X_{i,t}$ auch wieder Umlagerungsgrößen erzeugen, deren Bestimmung die Hauptfrage bei statisch unbestimmten Systemen ist.

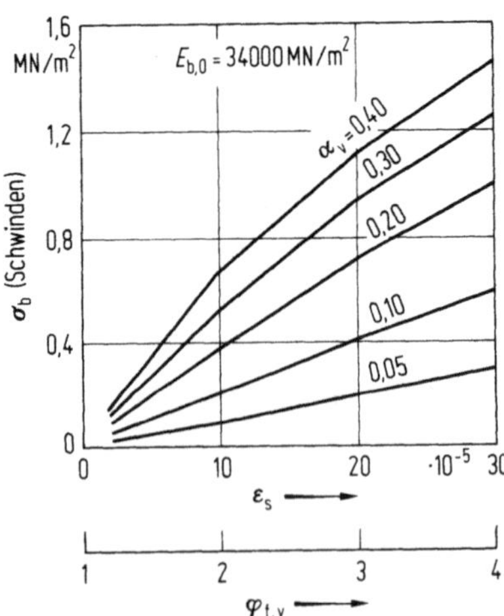

Bild 4-7. Schwindspannungen.

4.5.3.2 Differentialgleichungen und ihre Lösungen

Zur Lösung ist es erforderlich, über den zeitlichen Verlauf der Zwängungen Annahmen zu treffen.

Bei praktischen Berechnungen von Stahlverbundträgern kann man immer vom *linearen* Verlauf ausgehen, da die übrigen Annahmen (Kriechzahl, E-Modul) große Vereinfachungen beinhalten, die eine zu genaue Rechnung nicht rechtfertigen.

Damit ergeben sich

$$
\left.
\begin{aligned}
M_{(t)}^{BX} &= M_{v}^{BX}\,\frac{\varphi_{f,\,v}}{\varphi_{fn,\,v}}, \\[2mm]
N_{(t)}^{BX} &= N_{v}^{BX}\,\frac{\varphi_{f,\,v}}{\varphi_{fn,\,v}}.
\end{aligned}
\right\}
\tag{4.5-11}
$$

In (4.5-11) stellen N_{v}^{BX}, M_{v}^{BX} die Endwerte der Schnittgrößen (berechnet mit der Endkriechzahl) dar.

Die Ermittlung der Verteilungsgrößen kann dann analog zu (4.4-1) und (4.4-2) erfolgen, ebenso die Aufstellung der Dgl. analog zu (4.5-1) und (4.5-2). Die Lösungen ergeben sich in ähnlicher Form wie in 4.5.2.

4.6 Verbundträgerberechnung mit Hilfe fiktiver Elastizitätsmoduln

4.6.1 Allgemeines

Wie in 4.3.4 gezeigt, lassen sich die Gesamtverformungen von Verbundträgern auch über fiktive Beton-E-Moduln berücksichtigen.

$$
n_{\varphi} = n_{0}(1 + \psi\,\varphi_{t})
\tag{4.6-1}
$$

Bei der Ableitung der Umlagerungsgrößen in 4.5.2 waren 2 Verträglichkeitsbedingungen zu erfüllen:

a) eine Bedingung für die Dehnungen, in die die Betonflächen eingehen,
b) eine Bedingung für die Krümmungen, in die die Betonträgheitsmomente eingehen.

Daraus ergibt sich, daß im allgemeinen Fall auch stets zwei n-Werte benötigt werden, das bedeutet zwei verschiedene Reduktionswerte ψ.

1. Reduktionszahl $\psi_{A,\,L}$ für die Betonfläche:

$$
n_{A,\,L} = n_{v}(1 + \psi_{A,\,L}\,\varphi_{f,\,v}).
\tag{4.6-2}
$$

2. Reduktionszahl $\psi_{I,\,L}$ für das Betonträgheitsmoment:

$$
n_{I,\,L} = n_{v}(1 + \psi_{I,\,L}\,\varphi_{f,\,v}).
\tag{4.6-3}
$$

Die Einführung von ψ in dieser Form ist psychologisch wichtig. Es wird damit eine Korrektur für die Kriechzahl φ angegeben, die von Natur aus sowieso in weiten Grenzen schwankt. Andererseits schwanken die ψ-Werte, wie noch zu zeigen ist, wenig. Das Produkt $\psi \cdot \varphi$ ist deshalb durch Änderung der Annahmen für φ leicht konstant zu halten.

Allgemein wird folgendermaßen vorgegangen: Aus den Gleichgewichtsbedingungen sind die Schnittgrößen bekannt, für Momentenbelastung

$$
N_{a,\,t} = -N_{b,\,t}, \quad M_{a,\,t} = M_{v}^{L} + a\,N_{b,\,t} - M_{b,\,t}
$$

und für Normalkraftbelastung

$$N_v^L = N_{b,t} + N_{a,t}, \quad M_{a,t} = a N_{b,t} - N_v^L \frac{A_{b,v}}{A_{i,v}} a,$$

$$M_v^L = M_{a,t} + M_{b,t} - N_{b,t} a + N_v^L \frac{A_{b,v}}{A_{i,v}} a.$$

Weiter sind die Verträglichkeitsbedingungen für die Dehnungen und Krümmungen in ähnlicher Form wie in 4.5.2.1 anzuschreiben. Danach werden die Gleichgewichtsbedingungen berücksichtigt und für die Schnittgrößen

$$N_{a,t}, M_{a,t}$$

die dem jeweiligen Lastfall zugeordneten Größen eingesetzt. Dafür werden die Lösungen der Differentialgleichungen aus 4.5 benötigt. Praxisgerechte Lösungen werden erhalten, wenn $M_{b,t}$ vernachlässigt wird [3].

Die Vorgehensweise wird beispielhalber für Beanspruchung durch konstante Normalkraft gezeigt.

4.6.2 Zeitlich konstante Normalkraftbelastung

Die Verträglichkeitsbedingung besagt, daß die Dehnungen der Betonfaser und der Stahlfaser in den Schwerachsen gleich sein müssen. Für die Dehnungen gilt:

$$\varepsilon_{b,t} = \frac{N_{b,t}}{E_{b,t} A_b}, \quad \varepsilon_{a,t} = \frac{N_{a,t}}{E_a A_a}.$$

Mit

$$\frac{E_a}{E_{b,v}} = n_v \quad \text{und} \quad \frac{E_a}{E_{b,t}} = n_{A,L}$$

folgt

$$E_{b,t} = E_{b,v} \frac{n_v}{n_{A,L}} \tag{4.6-4}$$

und mit (4.6-4) aus dem Gleichsetzen der Dehnungen

$$\frac{n_{A,L}}{n_v} = \frac{N_{a,t}}{N_{b,t}} \cdot \frac{A_{b,v}}{A_a}. \tag{4.6-5}$$

Mit 4.5.2.5 und 4.5.2.1 ergeben sich die Normalkräfte in Stahl und Beton:

$$N_{a,t} = N_{a,v} + N_{a,k} = N_v^N \left[\frac{A_a}{A_{i,v}} + \frac{A_{b,v}}{A_{i,v}} \cdot (1 - e^{-\alpha_v \varphi_{f,v}}) \right],$$

$$N_{b,t} = N_v^N \cdot e^{-\alpha_v \varphi_{f,v}} \cdot \frac{A_{b,v}}{A_{i,v}},$$

und damit aus (4.6-5)

$$\frac{n_{\mathrm{A,N}}}{n_{\mathrm{v}}} = \frac{1 - e^{-\alpha_{\mathrm{v}}\varphi_{\mathrm{f,v}}}}{\alpha_{\mathrm{v}} \cdot e^{-\alpha_{\mathrm{v}}\varphi_{\mathrm{f,v}}}} + 1 = \frac{e^{-\alpha_{\mathrm{v}}\varphi_{\mathrm{f,v}}} - 1}{\alpha_{\mathrm{v}}} + 1. \tag{4.6-6}$$

(4.6-2) führt schließlich mit (4.6-6) zu

$$\psi_{\mathrm{A,N}} = \frac{e^{\alpha_{\mathrm{v}}\varphi_{\mathrm{f,v}}} - 1}{\alpha_{\mathrm{v}}\varphi_{\mathrm{f,v}}} = \psi_{\mathrm{A,M}}; \tag{4.6-7}$$

auf ähnliche Weise ergibt sich

$$\psi_{\mathrm{I,N}} = \frac{1 - A_{\mathrm{v}}}{\varphi_{\mathrm{f,v}} A_{\mathrm{v}}} \tag{4.6-8}$$

mit A_{v} nach (4.5-8).

4.6.3 Zusammenstellung von Kriechbeiwerten für beliebige Belastungsfälle

Die Ermittlung der Kriechbeiwerte ψ erfolgt analog zu 4.6.1 und 4.6.2, sie ist in [3] angegeben. Die praktische Anwendung wird durch die Tabellen 4-1 und 4-2 wesentlich erleichtert. Dabei gilt für die Werte dieser Tabellen:

$$\left. \begin{aligned} F_1 &= 1 - e^{-\alpha\varphi} \\[2ex] F_2 &= \frac{e^{\alpha\varphi} - 1}{\alpha\varphi} \\[2ex] F_3 &= \frac{\alpha\varphi - (1 - e^{-\alpha\varphi})}{\alpha\varphi \cdot (1 - e^{-\alpha\varphi})} \end{aligned} \right\} \tag{4.6-9}$$

Dabei ergeben sich in Abhängigkeit der α-Werte folgende Faktoren F_i:

$$\left. \begin{aligned} \alpha &= \alpha_{\mathrm{v}} &&: F_2 = \psi_{\mathrm{A,B}} \\ \alpha &= \alpha_{\mathrm{N,v}} &&: F_2 = \psi_{\mathrm{A,A}} \\ \alpha &= 1 &&: F_2 = \psi_{\mathrm{I,A}} \end{aligned} \right\} \tag{4.6-10}$$

$$\left. \begin{aligned} \alpha = \alpha_{\mathrm{v}} &: F_3 = \psi_{\mathrm{A,BX}} = \psi_{\mathrm{A,XM}} = \psi_{\mathrm{A,XN}} = \psi_{\mathrm{A,S}} \\ \alpha = 1 \ \ &: F_3 = \psi_{\mathrm{I,N}} = \psi_{\mathrm{I,XN}} = \psi_{\mathrm{I,XM}} = \psi_{\mathrm{I,S}} \end{aligned} \right\} \tag{4.6-11}$$

$$\left. \begin{aligned} (t - t_0) &\geq 90 \ \text{Tage}: & \varphi = \varphi_{\mathrm{f,v}} &= \frac{\varphi_t - 0{,}4}{1{,}4} \\[2ex] (t - t_0) &< 90 \ \text{Tage}: & \varphi = \varphi_{\mathrm{f,v}} &= \frac{\varphi_t - 0{,}4 k_{\mathrm{v}}(t - t_0)}{1 + 0{,}4 k_{\mathrm{v}}(t - t_0)} \end{aligned} \right\} \tag{4.6-12}$$

Speziell für *zeitlich konstante Momentenbeanspruchung* gelten die Kriechbeiwerte nach (4.6-13), die in

Tabelle 4-1. Beiwerte zur Ermittlung der Kriechbeiwerte ψ [3]

$\alpha\varphi$	$F\,1$	$F\,2$	$F\,3$	$\alpha\varphi$	$F\,1$	$F\,2$	$F\,3$	$\alpha\varphi$	$F\,1$	$F\,2$	$F\,3$
0,02	0,020	1,010	0,502	1,02	0,639	1,738	0,584	2,02	0,867	3,237	0,658
0,04	0,039	1,020	0,503	1,04	0,647	1,759	0,585	2,04	0,870	3,280	0,659
0,06	0,058	1,031	0,505	1,06	0,654	1,780	0,587	2,06	0,873	3,323	0,661
0,08	0,077	1,041	0,507	1,08	0,660	1,801	0,588	2,08	0,875	3,368	0,662
0,10	0,095	1,052	0,508	1,10	0,667	1,822	0,590	2,10	0,878	3,412	0,663
0,12	0,113	1,062	0,510	1,12	0,674	1,844	0,591	2,12	0,880	3,458	0,665
0,14	0,131	1,073	0,512	1,14	0,680	1,866	0,593	2,14	0,882	3,504	0,666
0,16	0,148	1,084	0,513	1,16	0,687	1,888	0,595	2,16	0,885	3,551	0,667
0,18	0,165	1,096	0,515	1,18	0,693	1,910	0,596	2,18	0,887	3,599	0,669
0,20	0,181	1,107	0,517	1,20	0,699	1,933	0,598	2,20	0,889	3,648	0,670
0,22	0,197	1,119	0,518	1,22	0,705	1,957	0,599	2,22	0,891	3,697	0,671
0,24	0,213	1,130	0,520	1,24	0,711	1,980	0,601	2,24	0,894	3,747	0,673
0,26	0,229	1,142	0,522	1,26	0,716	2,004	0,602	2,26	0,896	3,798	0,674
0,28	0,244	1,154	0,523	1,28	0,722	2,029	0,604	2,28	0,898	3,849	0,675
0,30	0,259	1,166	0,525	1,30	0,727	2,053	0,605	2,30	0,900	3,902	0,677
0,32	0,274	1,179	0,527	1,32	0,733	2,078	0,607	2,32	0,902	3,955	0,678
0,34	0,288	1,191	0,528	1,34	0,738	2,104	0,608	2,34	0,904	4,009	0,679
0,36	0,302	1,204	0,530	1,36	0,743	2,130	0,610	2,36	0,906	4,064	0,681
0,38	0,316	1,217	0,532	1,38	0,748	2,156	0,612	2,38	0,907	4,120	0,682
0,40	0,330	1,230	0,533	1,40	0,753	2,182	0,613	2,40	0,909	4,176	0,683
0,42	0,343	1,243	0,535	1,42	0,758	2,209	0,615	2,42	0,911	4.234	0,684
0,44	0,356	1,256	0,537	1,44	0,763	2,237	0,616	2,44	0,913	4,292	0,686
0,46	0,369	1,270	0,538	1,46	0,768	2,264	0,618	2,46	0,915	4,352	0,687
0,48	0,381	1,283	0,540	1,48	0,772	2,293	0,619	2,48	0,916	4,412	0,688
0,50	0,393	1,297	0,541	1,50	0,777	2,321	0,621	2,50	0,918	4,473	0,689
0,52	0,405	1,312	0,543	1,52	0,781	2,350	0,622	2,52	0,920	4,535	0,691
0,54	0,417	1,326	0,545	1,54	0,786	2,380	0,624	2,54	0,921	4,598	0,692
0,56	0,429	1,340	0,546	1,56	0,790	2,410	0,625	2,56	0,923	4,662	0,693
0,58	0,440	1,355	0,548	1,58	0,794	2,440	0,626	2,58	0,924	4,728	0,694
0,60	0,451	1,370	0,550	1,60	0,798	2,471	0,628	2,60	0,926	4,794	0,696
0,62	0,462	1,385	0,551	1,62	0,802	2,502	0,629	2,62	0,927	4,861	0,697
0,64	0,473	1,401	0,553	1,64	0,806	2,534	0,631	2,64	0,929	4,929	0,698
0,66	0,483	1,416	0,555	1,66	0,810	2,566	0,632	2,66	0,930	4,999	0,699
0,68	0,493	1,432	0,556	1,68	0,814	2,599	0,634	2,68	0,931	5,069	0,700
0,70	0,503	1,448	0,558	1,70	0,817	2,632	0,635	2,70	0,933	5,141	0,702
0,72	0,513	1,464	0,559	1,72	0,821	2,665	0,637	2,72	0,934	5,213	0,703
0,74	0,523	1,481	0,561	1,74	0,824	2,700	0,638	2,74	0,935	5,287	0,704
0,76	0,532	1,498	0,563	1,76	0,828	2,734	0,640	2,76	0,937	5,362	0,705
0,78	0,542	1,515	0,565	1,78	0,831	2,770	0,641	2,78	0,938	4,438	0,706
0,80	0,551	1,532	0,566	1,80	0,835	2,805	0,642	2,80	0,939	5,516	0,708
0,82	0,560	1,549	0,568	1,82	0,838	2,842	0,644	2,82	0,940	5,595	0,709
0,84	0,568	1,567	0,569	1,84	0,841	2,879	0,645	2,84	0,942	5,675	0,710
0,86	0,577	1,585	0,571	1,86	0,844	2,916	0,647	2,86	0,943	5.756	0,711
0,88	0,585	1,603	0,572	1,88	0,847	2,954	0,648	2,88	0,944	5,838	0,712
0,90	0,593	1,622	0,574	1,90	0,850	2,993	0,650	2,90	0,945	5,922	0,713
0,92	0,601	1,641	0,576	1,92	0,853	3,032	0,651	2,92	0,946	6,007	0,715
0,94	0,609	1,660	0,577	1,94	0,856	3,072	0,652	2,94	0,947	6,094	0,716
0,96	0,617	1,679	0,579	1,96	0,859	3,112	0,654	2,96	0,948	6,182	0,717
0,98	0,625	1,698	0,580	1,98	0,862	3,153	0,655	2,98	0,949	6,271	0,718
1,00	0,632	1,718	0,582	2,00	0,865	3,195	0,657	3,00	0,950	6,362	0,719

Tabelle 4-2. Kriechbeiwerte $\psi_{\mathrm{I,M}}$ [3]

φ \ K	0,000	0,025	0,050	0,075	0,100	0,125	0,150	0,175	0,200	0,250	0,300
0,1	1,052	1,050	1,049	1,047	1,046	1,045	1,043	1,042	1,041	1,038	1,035
0,2	1,107	1,104	1,101	1,097	1,094	1,091	1,088	1,085	1,082	1,076	1,070
0,3	1,166	1,161	1,155	1,150	1,145	1,139	1,134	1,129	1,124	1,115	1,105
0,4	1,230	1,221	1,213	1,205	1,197	1,189	1,182	1,174	1,167	1,153	1,140
0,5	1,297	1,285	1,274	1,262	1,251	1,241	1,230	1,220	1,211	1,192	1,174
0,6	1,370	1,354	1,338	1,323	1,308	1,294	1,280	1,267	1,254	1,230	1,208
0,7	1,448	1,426	1,405	1,385	1,366	1,348	1,331	1,314	1,298	1,268	1,241
0,8	1,532	1,503	1,476	1,451	1,426	1,404	1,382	1,361	1,342	1,305	1,272
0,9	1,622	1,585	1,551	1,518	1,488	1,460	1,434	1,409	1,385	1,342	1,303
1,0	1,718	1,671	1,628	1,589	1,552	1,517	1,485	1,456	1,428	1,377	1,332
1,1	1,822	1,763	1,710	1,661	1,616	1,575	1,537	1,502	1,469	1,411	1,359
1,2	1,933	1,860	1,795	1,735	1,682	1,633	1,589	1,548	1,510	1,443	1,385
1,3	2,053	1,963	1,883	1,812	1,748	1,691	1,639	1,592	1,549	1,474	1,409
1,4	2,182	2,071	1,974	1,890	1,815	1,749	1,689	1,636	1,587	1,503	1,432
1,5	2,321	2,185	2,069	1,969	1,882	1,805	1,738	1,677	1,623	1,530	1,452
1,6	2,471	2,305	2,167	2,049	1,949	1,861	1,785	1,717	1,657	1,555	1,471
1,7	2,632	2,431	2,267	2,130	2,015	1,916	1,830	1,755	1,689	1,578	1,488
1,8	2,805	2,563	2,369	2,211	2,080	1,968	1,873	1,791	1,719	1,598	1,503
1,9	2,993	2,701	2,474	2,292	2,143	2,019	1,914	1,824	1,746	1,617	1,515
2,0	3,195	2,845	2,580	2,372	2,205	2,068	1,953	1,855	1,771	1,634	1,527
2,1	3,412	2,995	2,687	2,451	2,265	2,113	1,988	1,883	1,793	1,648	1,536
2,2	3,648	3,150	2,795	2,529	2,322	2,157	2,021	1,909	1,813	1,661	1,544
2,3	3,902	3,311	2,903	2,604	2,376	2,197	2,051	1,931	1,831	1,671	1,550
2,4	4,176	3,476	3,010	2,677	2,428	2,234	2,078	1,951	1,846	1,680	1,555
2,5	4,473	3,646	3,116	2,747	2,476	2,267	2,103	1,969	1,858	1,686	1,558
2,6	4,794	3,820	3,220	2,814	2,520	2,298	2,124	1,984	1,869	1,691	1,560
2,7	5,141	3,997	3,322	2,877	2,561	2,325	2,142	1,996	1,877	1,695	1,561
2,8	5,516	4,177	3,421	2,935	2,597	2,348	2,157	2,006	1,884	1,697	1,561
2,9	5,922	4,358	3,516	2,990	2,630	2,369	2,170	2,014	1,888	1,697	1,560
3,0	6,362	4,539	3,606	3,040	2,659	2,386	2,180	2,019	1,890	1,697	1,558

Tabelle 4-2 aufgeführt sind:

$$\psi_{\mathrm{I,M}} = \frac{(1 - e^{-\varphi_{\mathrm{f,v}}}) \cdot (1 - K) + K\varphi_{\mathrm{f,v}}}{\varphi_{\mathrm{f,v}}(1 - (1 - e^{-\varphi_{\mathrm{f,v}}})(1 - K))} \tag{4.6-13}$$

mit

$$K = \beta_{\mathrm{v}} \cdot \frac{1 - e^{-\alpha_{\mathrm{v}} \cdot \varphi_{\mathrm{f,v}}}}{\varphi_{\mathrm{f,v}}},$$

β_{v} nach 4.2.2.4.

Bei den üblichen Stahlträgerverbundkonstruktionen können die Kriechbeiwerte mit guter Genauigkeit vorgeschätzt und als konstant angesehen werden, worauf ältere, in der Praxis beliebte Berechnungsverfahren basieren. Nach [4] kann gesetzt werden:

$$\psi_{A,B} = 1,1 \qquad \psi_{I,B} = 1,7$$

$$\psi_{A,BX} = 0,52 \qquad \psi_{I,BX} = 0,7 \qquad (4.6\text{-}14)$$

$$\psi_{A,A} = 1,5 \qquad \psi_{I,A} = 3,5$$

4.6.4 Spannungen

Um die unterschiedlichen Steifigkeiten von Beton und Stahl zu berücksichtigen, können nach [4] ideelle Dicken eingeführt werden. Der Ausgangsquerschnitt wird damit nach Bild 4.8 in einen ideellen Verbundquerschnitt umgerechnet:

$$d_{id} = \frac{n_{A,L}}{n_{I,L}} \cdot d. \qquad (4.6\text{-}15)$$

Die Ordinaten im Beton ergeben sich dann zu

$$z_L^{id} = z_{b,L} \pm \frac{n_{A,L}}{n_{I,L}} \cdot \frac{d}{2}. \qquad (4.6\text{-}16)$$

Die *Spannungen* aus Momentenbeanspruchung ergeben sich schließlich aus

$$\left.\begin{aligned}
\sigma_{a,t} &= \frac{M_v^B}{I_{i,B}} \cdot z_B + \frac{M^{BX}}{I_{i,BX}} \cdot z_{BX}, \\[2ex]
\sigma_{b,t} &= \frac{M_v^B}{n_{A,B} I_{i,B}} \cdot z_B^{id} + \frac{M^{BX}}{n_{A,BX} I_{i,BX}} \cdot z_{BX}^{id}.
\end{aligned}\right\} \qquad (4.6\text{-}17)$$

In (4.6-17) sind die Momente M^{BX} diejenigen, die sich am statisch unbestimmten System aus den sich mit der Zeit aufbauenden statisch Unbestimmten $X_{i,k}$ ergeben.

Die Spannungen bei Normalkraftbeanspruchung ergeben sich analog zu

$$\left.\begin{aligned}
\sigma_{a,t} &= N_v^B\left(\frac{1}{A_{i,B}} - \frac{\Delta z_B}{I_{i,B}} \cdot z_B\right) + \frac{N^{BX}}{A_{i,BX}} + \frac{M^{BX}}{I_{i,BX}} \cdot z_{BX}, \\[2ex]
\sigma_{b,t} &= \frac{N_v^B}{n_{A,B}}\left(\frac{1}{A_{i,B}} - \frac{\Delta z_B}{I_{i,B}} \cdot z_{BN}^{id}\right) + \frac{N^{BX}}{n_{A,BX} A_{i,BX}} + \frac{M^{BX}}{n_{A,BX} I_{i,BX}} \cdot z_{BX}^{id}.
\end{aligned}\right\} \qquad (4.6\text{-}18)$$

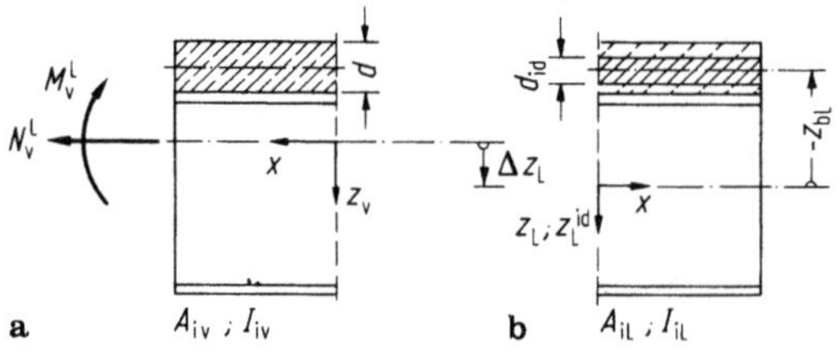

Bild 4-8a, b. Umrechnung des Querschnitts. a) Ausgangsquerschnitt, b) ideeller Querschnitt.

Die Spannungen im Lastfall Schwinden ergeben sich zu

$$\left.\begin{aligned}
\sigma_{a,t} &= -\frac{N_{sch} - N^{BX}}{A_{i,BX}} + \frac{M_{sch} + M^{BX}}{I_{i,BX}} \cdot z_{BX}, \\[2ex]
\sigma_{b,t} &= \frac{N_{sch}}{A_b} - \frac{N_{sch} - N^{BX}}{n_{A,BX} A_{i,BX}} + \frac{M_{sch} + M^{BX}}{n_{A,BX} I_{i,BX}} \cdot z_{BX}^{id}.
\end{aligned}\right\} \qquad (4.6\text{-}19)$$

Vereinfachungen ergeben sich im Lastfall Lagerabsenken (bei konstanter Trägerhöhe).
  Mit

$$M_k^A = M_v^A \cdot \frac{I_{i,A}}{I_{i,v}}$$

ergeben sich die Spannungen zu

$$\left.\begin{aligned}
\sigma_{a,t} &= \frac{M_k^A}{I_{i,A}} \cdot z_A, \\[2ex]
\sigma_{b,t} &= \frac{M_k^A}{n_{A,A} I_{i,A}} \cdot z_A^{id}.
\end{aligned}\right\} \qquad (4.6\text{-}20)$$

4.7 Vorspannung

Um Betonzugspannungen zu vermeiden oder gering zu halten, werden auch Verbundkonstruktionen im Brückenbau in vielen Fällen vorgespannt. Wegen der konstruktiven Schwierigkeiten bei gleichzeitiger Längs- und Quervorspannung wird jedoch zunehmend auf die Längsvorspannung durch Spannglieder verzichtet.

Beim Vorspannungen durch Spannglieder ist zu berücksichtigen, daß zur Zeit noch in der Regel die Spannkanäle nach dem Anspannen ausgepreßt (injiziert) werden. Der dann vorhandene Verbundträgerquerschnitt ist also um die Vorspannbewehrung vergrößert. (Ein Abzug der Löcher vorher im Betonquerschnitt erfolgt üblicherweise nicht.)

Es ist somit zu berücksichtigen, daß die Verteilungsgrößen sich aus Querschnittswerten *ohne* Spannstahl ergeben, während für die Umlagerungsgrößen die Querschnittswerte *mit* Spannstahl maßgebend sind.

Um diese verschiedenen Querschnittswerte zu vermeiden, ist es möglich, auch für den Lastfall Vorspannung Verteilungs- *und* Umlagerungsgrößen mit den Querschnittswerten einschl. Spannstahl zu rechnen. Die Vorspannkraft ist dann fiktiv zu ergänzen.

Es wird ein Gedankenmodell betrachtet:

Die Lastaufbringung (Anspannen) erfolgt am unverpreßten Träger, das Kriechen hingegen am verpreßten Träger. Um immer am verpreßten Träger rechnen zu können, wird die Vorspannkraft korrigiert, siehe Bild 4-9.

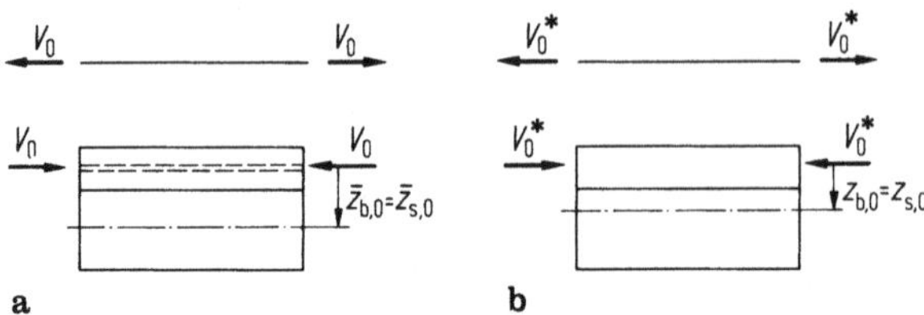

Bild 4-9a, b. Korrektur der Vorspannkraft, a) nicht ausgepreßt, b) ausgepreßt.

Für die Spannungen an den beiden gedachten Trägern gilt:

nicht ausgepreßt

$\bar{A}_{i,0},\ \bar{I}_{i,0}$

$N = -V_0, \quad M = -V_0\bar{z}_{b,0}$

ausgepreßt

$A_{i,0},\ I_{i,0}$

$N = -V_0^*, \quad M = -V_0^* z_{b,0}$

$$\sigma_b = -\frac{V_0}{A_{i,0}\,n_0} - \frac{V_0 \cdot \bar{z}_{b,0}^2}{\bar{I}_{i,0}\,n_0}$$

$$= -\frac{V_0}{n_0} \cdot \frac{\bar{z}_{b,0}^2 \bar{A}_{i,0} + \bar{I}_{i,0}}{\bar{I}_{i,0}\bar{A}_{i,0}} \overset{!}{=} \frac{V_0^*}{n_0} \cdot \frac{z_{b,0}^2 A_{i,0} + I_{i,0}}{I_{i,0}A_{i,0}}$$

Die Trägheitsmomente bezüglich der Betonschwerachse sind gleich:

$$\bar{z}_{b,0}^2 \bar{A}_{i,0} + \bar{I}_{i,0} = z_{b,0}^2 A_{b,0} + I_{i,0},$$

woraus sich die Spannbettkraft ergibt:

$$V_0^* = \frac{I_{i,0}A_{i,0}}{\bar{I}_{i,0}\bar{A}_{i,0}} \cdot V_0. \tag{4.7-1}$$

Wirkt vor dem Auspreßvorgang noch ein Moment M auf den Querschnitt, so erhält man

$$V_0^* = \frac{I_{i,0}A_{i,0}}{\bar{I}_{i,0}\bar{A}_{i,0}} \cdot V_0 + \left(\frac{I_{i,0}}{\bar{I}_{i,0}} - 1\right) \cdot \frac{M}{(-z_{s,0})}. \tag{4.7-2}$$

4.8 Beispiel einer Verbundbrücke, berechnet mit der Methode der fiktiven Elastiztätsmoduln

4.8.1 System, Abmessungen, Baustoffe

System und Abmessungen siehe Bild 4-10.
Baustoffe Stahl: St 52, $E_a = 210000 \text{ N/mm}^2$

Beton: B 35, $E_{b,0} = 34000 \text{ N/mm}^2$

Reduktionszahlen $n_0 = \dfrac{2100}{340} = 6{,}18, \quad n_v = 1{,}4 n_0 = 8{,}65$

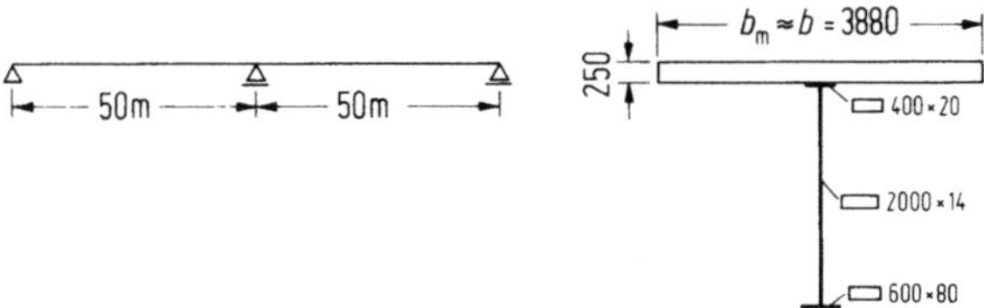

Bild 4-10. System Verbundbrücke.

4.8.2 Allgemeines

4.8.2.1 Herstellung und Lastfälle

Nach der Montage des Stahlträgers wird die Fahrbahnplatte zum Zeitpunkt $t = 0$ betoniert. Das *1. Eigengewicht* g_1 (Stahlträgereigengewicht, Betongewicht, Frischbetonzuschlag, Schalung) belastet allein den Stahlträger. Der Träger wird nach 20 Tagen ausgeschalt und mit dem *2. Eigengewicht* g_2 (Asphalt, Geländer usw. *abzüglich* Schalungsgewicht) belastet. Zum gleichen Zeitpunkt wird das überhöht montierte Mittellager abgesenkt, um eine Vorspannung in diesem Bereich in der Betonplatte zu erreichen. Als weitere Lastfälle treten *Schwinden, Verkehr* und *Temperatur* auf.

Im Rahmen dieses Beispiels werden nur die Lastfälle 2. Eigengewicht, Schwinden und Lagerabsenken untersucht.

4.8.2.2 Berechnung des statisch unbestimmten Systems für langzeitige Belastung

a) Es werden die Querschnittswerte mit den verschiedenen Reduktionszahlen bestimmt.

b) Es wird für den Zeitpunkt $t = 0$ eine statisch unbestimmte Rechnung mit den Querschnittswerten $A_{i,v}$ und $I_{i,v}$ durchgeführt. Es ergeben sich die Schnittlasten M_v^L. Die statisch Unbestimmte wird zusammen mit den äußeren Lasten am statisch bestimmten Grundsystem angesetzt. Beim Kriechprozeß gehen die Querschnittswerte in $A_{i,M}$ und $I_{i,M}$ über. Der Winkelsprung am statisch bestimmten Grundsystem ergibt sich also z.B. für g_2 nach Bild 4-11:

$$\delta_{10}(t > 0) = \int \frac{M_v^L M^H}{E_a I_{i,M}}\, \mathrm{d}x. \qquad (4.8\text{-}1)$$

c) Der Winkelsprung der sich aufbauenden statisch Unbestimmten $X_{1,t}$ ergibt sich an einem System mit den Querschnittswerten $A_{i,XM}$, $I_{i,XM}$ (Bild 4-12):

$$\delta_{11}[X_{1,t} = 1] = \int \frac{M_v^L M^H}{E_a I_{i,XM}}\, \mathrm{d}x. \qquad (4.8\text{-}2)$$

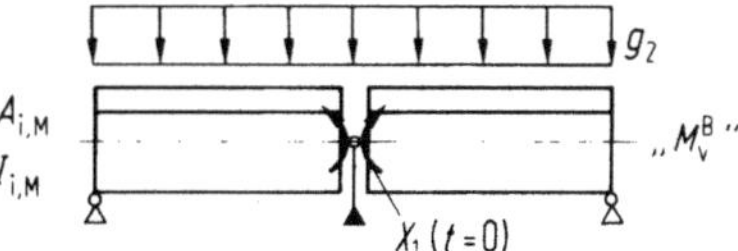

Bild 4-11. Grundsystem.

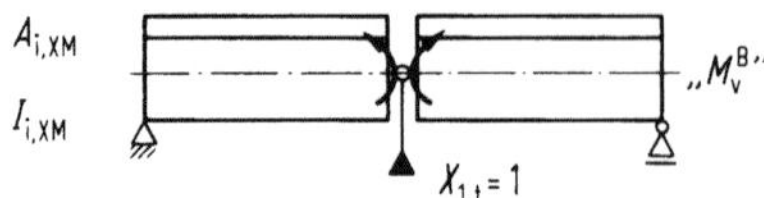

Bild 4-12. Sich aufbauende statisch Unbestimmte.

d) Die sich aufbauende statisch Unbestimmte erhält man aus der Bedingung

$$\delta_{10}(t) + X_{1,t} \cdot \delta_{11}[X_{1,t} = 1] = 0. \tag{4.8-3}$$

e) Die Spannungen erhält man aus Superposition von b und d. Dabei ist zu beachten, daß die zugehörigen Querschnittswerte (Widerstandsmomente) benutzt werden.

4.8.3 Lastannahmen

2. Eigengewicht $\qquad\qquad g_2 = 38{,}4\ \text{kN/m}$

Kriechwerte: (Index a statt t_0 nach DIN 4227 Teil 1 verwendet)

$$\varphi_t = \varphi_{\mathrm{f},0}(k_{\mathrm{f},t} - k_{\mathrm{f},a}) + 0{,}4\,k_{\mathrm{v}(t-a)}. \tag{4.8-4}$$

Für das im Freien befindliche Bauwerk gilt $\varphi_{\mathrm{f},0} = 2{,}0$,

$$k_{\mathrm{ef}} = 1{,}50, \quad d_{\mathrm{ef}} = 1{,}5\,\frac{2 \cdot 9700}{2 \cdot (25 + 388) - 40} = 37\ \text{cm}.$$

Die Spannungen sollen für $t = \infty$ berechnet werden:

$$k_{\mathrm{f},20} = 0{,}5 - \frac{0{,}5 - 0{,}425}{20}\,17 = 0{,}44$$

$$k_{\mathrm{f},\infty} = 1{,}55 - \frac{1{,}55 - 1{,}4}{20}\,17 = 1{,}42,$$

und damit

$$\varphi_{\mathrm{f},\mathrm{v}} = 2\,\frac{1{,}42 - 0{,}44}{1{,}4} = 1{,}4.$$

Schwindwerte:

$$\varepsilon_{\mathrm{s},0} = -32 \cdot 10^{-5}, \quad k_{\mathrm{s},0} = 0{,}01,$$

$$k_{\mathrm{s},\infty} = 0{,}90 - \frac{0{,}9 - 0{,}8}{20} \cdot 17 = 0{,}815,$$

$$\varepsilon_{\mathrm{s}} = -32 \cdot 10^{-5} \cdot (0{,}815 - 0{,}01) = -25{,}76 \cdot 10^{-5}.$$

4.8.4 Querschnittswerte

Kenngrößen

$$S_{i,v} \quad = 840 \cdot 1122 \cdot 1{,}644/1962 \quad = 789{,}7 \text{ cm}^2 \text{m}$$

$$\beta_v \quad = 789{,}7 \cdot 1{,}644/483 \qquad = 2{,}688$$

$$\alpha_{N,v} \quad = 840/1962 \qquad\qquad = 0{,}428$$

$$\alpha_v \quad = 0{,}4281 \cdot 483/(1787 - 6) = 0{,}116$$

$$\alpha_{Mv} \quad = 0{,}9877 \qquad\qquad A_v = 0{,}5259$$

$$\alpha_v \varphi_{f,v} \quad = 0{,}1161 \cdot 1{,}4 \qquad\qquad = 0{,}1625 < 0{,}35$$

Es erfolgt daher eine näherungsweise Berechnung von $\psi_{I,M}$.

Kriechbeiwerte, Reduktionszahlen und ideelle Betondicke. Die Kriechbeiwerte werden nach 4.6.3 und den Tabellen 4-1 und 4-2 berechnet.

Zeitlich konstante Schnittgrößen M_v^B:

$$\psi_{A,M} \qquad = F_2(\alpha_v) = 1{,}086, \quad F_1(\alpha_v) = 0{,}150$$

$$K \qquad = 2{,}688 \cdot 0{,}150/1{,}4 \qquad = 0{,}2878$$

$$\psi_{I,M} \qquad\qquad\qquad = 1{,}448$$

$$n_{A,M} \qquad = 8{,}647\,(1 + 1{,}086 \cdot 1{,}4) \quad = 21{,}8$$

$$n_{I,M} \qquad = 8{,}647\,(1 + 1{,}448 \cdot 1{,}4) \quad = 26{,}2$$

$$d_{id} \qquad = 21{,}8 \cdot 25/26{,}2 \qquad\qquad = 20{,}8 \text{ cm}$$

Affin zum Kriechen entstehende Schnittgrößen M_v^{BX} und Schwinden:

$$\psi_{A,XM} = F_3(\alpha_v) \qquad\qquad = 0{,}514$$

$$\psi_{I,XM} = F_3(\alpha = 1) \qquad\qquad = 0{,}613$$

$$n_{A,XM} = 8{,}647(1 + 0{,}514 \cdot 1{,}4) \quad = 14{,}9$$

$$n_{I,XM} = 8{,}647\,(1 + 0{,}613 \cdot 1{,}4) \quad = 16{,}1$$

$$d_{id} = 14{,}9 \cdot 25/16{,}1 \qquad\qquad = 23{,}1 \text{ cm}$$

Lagerabsenken:

$$\alpha_{N,v} \varphi_{f,v} = 0{,}428 \cdot 1{,}4 \qquad\qquad = 0{,}60$$

$$\psi_{A,A} = F_2(\alpha_{N,v}) \qquad\qquad = 1{,}37$$

$$\psi_{I,A} = F_2(\alpha = 1) \qquad\qquad = 2{,}182$$

$$n_{A,A} = 8{,}647\,(1 + 1{,}37 \cdot 1{,}4) \quad = 25{,}2$$

$$n_{I,A} = 8{,}647\,(1 + 2{,}1822 \cdot 1{,}4) = 35{,}1$$

$$d_{id} = 25{,}2 \cdot 25/35{,}1 \qquad\qquad = 18 \text{ cm}$$

Tablelle 4-3. Querschnittswerte

Profil	A	z	Az	$Az^2 \quad I$	$W_{b,0}$ / $W_{b,u}$	$W_{a,0}$ / $W_{a,u}$
	cm²	m	cm²m	cm²m²	cm²m	
600 × 80	480	2,185	1049	2292		
2000 × 14	280	1,145	321	367 + 93		
400 × 20	80	0,135	11	1		
	840		1381	2753	$d = 25$ cm	
Stahlträger		$a = 1{,}644$		− 2270		− 318,0
				$I_a = 483$		831,3
A_b/n_0	1571	−	−	$I_{b,0} = 8{,}180$	$n_0 = 6{,}18$	
$A_{i,0}$	2411		1381	2761		
kurzzeitige Belastung		$− z_{b,0} = 0{,}573$		− 791	− 17440	− 4400
				$I_{i,0} = 1971$	− 27172	1193
A_b/n_v	1122	−	−	$I_{b,v} = 5{,}843$	$n_v = 8{,}65$	
$A_{i,v}$	1962		1381	2759		
verzögerte Elastizität		$− z_{b,v} = 0{,}704$		− 972	− 18640	− 3086
				$I_{i,v} = 1787$	− 26688	1175
$A_b/n_{A,M}$	445,2	−	−		$n_{A,M} = 21{,}8$	
$A_{i,M}$	1285		1381	2755	$d_{id} = 20{,}8$ cm	
zeitl. konst. Belastung		$− z_{b,M} = 1{,}075$		− 1484	− 23454	− 1355
				$I_{i,M} = 1269$	− 28479	1103
$A_b/n_{A,XM}$	652,8	−	−		$n_{A,XM} = 14{,}9$	
$A_{i,XM}$	1493		1381	2756	$d_{id} = 23{,}1$ cm	
zeitl. veränd. Belastung u. Schwinden		$− z_{b,XM} = 0{,}925$		− 1278	− 21063	− 1844
				$I_{i,XM} = 1475$	− 27074	1135
$A_b/n_{A,A}$	384,5	−	−	$I_{b,A} = 1{,}44$	$n_{A,A} = 25{,}2$	
$A_{i,A}$	1225		1381	2754	$d_{id} = 18{,}0$ cm	
Lagerabsenken		$− z_{b,A} = 1{,}128$		− 1557	− 24751	− 1191
				$I_{i,A} = 1196$	− 29073	1088

Die Querschnittswerte mit Hilfe der oben ermittelten Kriechbeiwerte, Reduktionszahlen und ideellen Dicken werden in Tabelle 4-3 ermittelt.

4.8.5 Spannungen über der Mittelstütze

2. Eigengewicht

$$X_{1,t} = 0, \quad M_V^{BX} = 0$$

Spannungen daher nur infolge $M_V^B = -0{,}125\, g_2 L^2 = -12000\,\text{kNm}$

$$\sigma_{a,\infty}^0 = \frac{-12000}{-1335} = 89{,}9\,\text{N/mm}^2, \qquad \sigma_a^u = \frac{-12000}{1103} = -108{,}8\,\text{N/mm}^2,$$

$$\sigma_{b,\infty}^0 = \frac{-12000}{-23454} = +5{,}1\,\text{N/mm}^2, \quad \sigma_{b,\infty}^u = \frac{-12000}{-28479} = +4{,}2\,\text{N/mm}^2.$$

Schwinden. Deutung von N_{sch} nach Bild 4-13.

Der Obergurt wird wie skizziert bis $t = \infty$ starr gehalten. In den Pendelstäben baut sich die Fesselkraft

$$N_{sch} = \varepsilon_s\, \frac{n_v}{n_{A,s}}\, E_{b,v}\, A_b$$

auf.

Bei $t = \infty$ werden die Pendelstäbe entfernt, Bild 4-14.

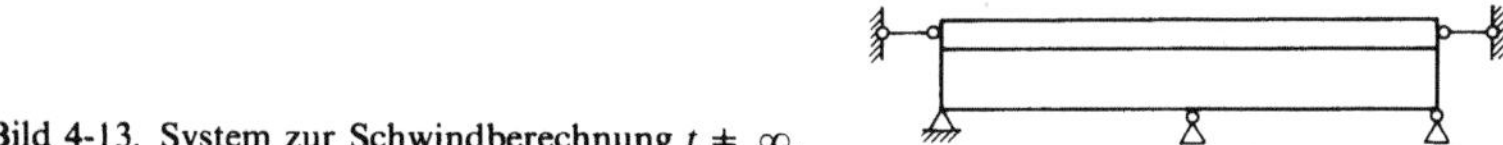

Bild 4-13. System zur Schwindberechnung $t \neq \infty$.

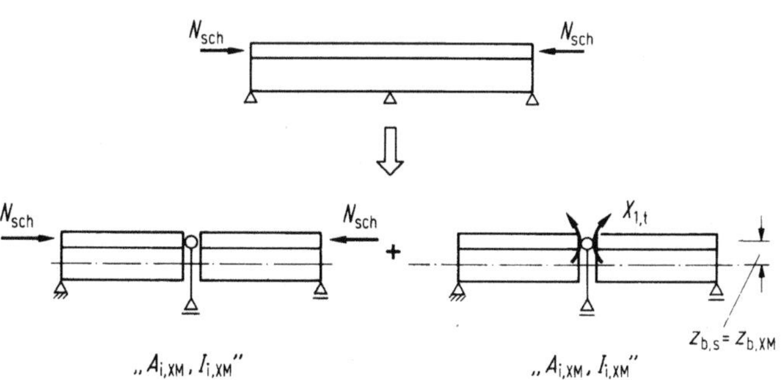

Bild 4-14. Zur Ermittlung des Schwindens $t \to \infty$.

Winkelsprung im statisch bestimmten Grundsystem infolge N_{sch}:

$$N_{\text{sch}} = -25{,}76 \cdot 10^{-5} \cdot \frac{8{,}65}{14{,}9} \, 2429 \cdot 9700 = -3529 \text{ kN},$$

$$M_{\text{sch}} = N_{\text{sch}} z_{\text{b, XM}} = 3529 \cdot 0{,}925 = 3264 \text{ kNm}.$$

Nach Bild 4-15:

$$E_{\text{a}} I_{\text{i, XM}} \delta_{10}(t = \infty) = 2 \cdot \frac{1}{2} \cdot 1 \cdot 3264 \cdot 50 = 163200 \text{ kNm}^2.$$

Winkelsprung infolge $X_{1,t} = 1$:

$$E_{\text{a}} I_{\text{i, XM}} \delta_{11} = 2 \cdot \frac{1}{3} \cdot 1^2 \cdot 50 \qquad\qquad = 100/3 \text{ kNm}^2$$

$$X_{1,t} = \frac{-163200 \cdot 3}{100} \qquad\qquad = -4896 \text{ kNm}$$

$$\sigma^0_{\text{a}, \infty} = \frac{-3529}{1493} + \frac{3264 - 4896}{-1844} \qquad = -14{,}8 \text{ N/mm}^2$$

$$\sigma^{\text{u}}_{\text{a}, \infty} = \frac{-3529}{1493} + \frac{3264 - 4896}{1135} \qquad = -3{,}80 \text{ N/mm}^2$$

$$\sigma^0_{\text{b}, \infty} = \frac{3529}{9700} + \frac{-3529}{14{,}86 \cdot 1493} + \frac{-1632}{-21063} = \quad 2{,}80 \text{ N/mm}^2$$

$$\sigma^{\text{u}}_{\text{b}, \infty} = 0{,}364 - 0{,}159 + \frac{-1632}{-27074} \qquad = \quad 2{,}70 \text{ N/mm}^2$$

Lagerabsenken
Es wird so abgesenkt, daß $M^{\text{A}}_{\text{v}} = 1200$ kNm ist.

$$\frac{M^{\text{A}}_0}{E_{\text{a}} I_{\text{i, 0}}} = \frac{M^{\text{A}}_{\text{b}}}{E_{\text{a}} I_{\text{i, A}}} = \frac{M^{\text{A}}_{\text{v}}}{E_{\text{a}} I_{\text{i, v}}}$$

$$M^{\text{A}}_{\text{k}} = \frac{I_{\text{i, A}}}{I_{\text{i, v}}} \cdot M^{\text{A}}_{\text{v}} = \frac{1196}{1787} \cdot 12000 = 8031 \text{ kNm}$$

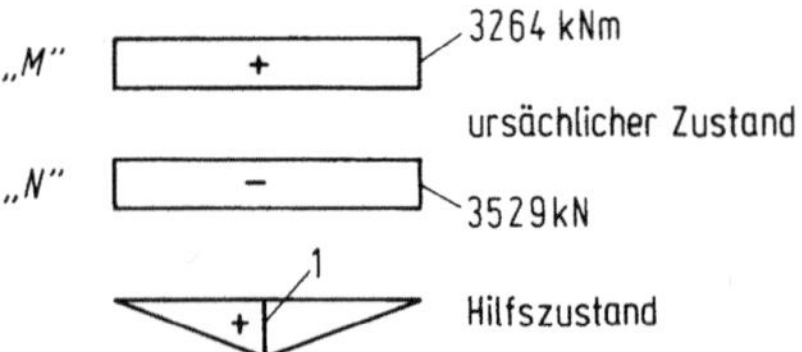

Bild 4-15. Schnittgrößen Schwinden.

$$\sigma_{a,\infty}^{0} = \frac{8031}{(-1191)} \qquad = -67{,}4 \text{ N/mm}^2$$

$$\sigma_{a,\infty}^{u} = \frac{8031}{1038} \qquad = 73{,}7 \text{ N/mm}^2$$

$$\sigma_{b,\infty}^{0} = \frac{8031}{-24751} \qquad = -3{,}24 \text{ N/mm}^2$$

$$\sigma_{b,\infty}^{u} = \frac{8031}{-29073} \qquad = -2{,}76 \text{ N/mm}^2$$

5. Verbundträger im Hochbau

5.1 Allgemeines

In diesem Abschnitt werden die Fälle behandelt, für die *kein* Nachweis der Beanspruchungen unter Berücksichtigung des zeitabhängigen Verformungsverhaltens des Betons zu führen ist. Insbesondere gehören dazu alle Verbundträger, die nach dem Traglastverfahren [4, 6] berechnet werden und zwar auch dann, wenn sie zusätzlich durch Montagemaßnahmen vorgespannt werden. Wie bereits in 1.1 erwähnt, gehören hierhin auch die häufig angewendeten Einfeldträger mit obenliegender Betonplatte.

Verbundträger weisen gegenüber einem Stahlträger einige Vorteile auf:

- größere Steifigkeit,
- größere Tragfähigkeit,
- geringere Bauhöhe bei gleicher Tragfähigkeit.

Ein Tragfähgkeitsvergleich für einige ausgewählte Fälle ist aus Bild 5-1 zu ersehen.

Im Vergleich zu reinen Stahlbetontragwerken haben Verbundträger geringere Abmessungen, so daß sich auch hier Vorteile abzeichnen.

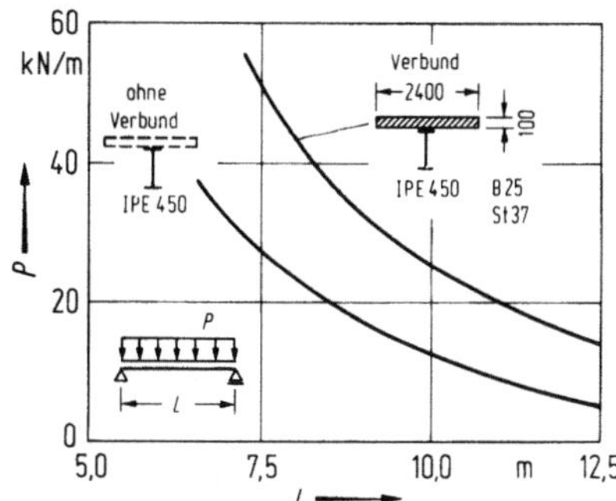

Bild 5-1. Vergleich der Tragfähigkeit von Stahlträgern und Verbundträgern.

In allen Fällen kann der Gurt des Verbundträgers aus einer reinen Betonplatte oder aus anderen Deckenelementen bestehen. Besonders wirtschaftlich ist eine Verwendung von Stahldecken mit Flächenverbund als Gurt. Sofern die Rippen der Stahldecke parallel zur Spannrichtung des Verbundträgers verlaufen, entspricht dies dem Fall einer Betonplatte, gegebenenfalls mit Aufstelzungen. Besondere Überlegungen sind aber erforderlich, falls die Rippen der Stahldecke rechtwinklig zur Trägerspannrichtung verlaufen. Hierfür sind die Ergänzenden Bestimmungen zu [N8] zu beachten.

Nach den Traglast-Richtlinien [V2] ist die Anwendung des Traglastverfahrens auf geeignete Systeme beschränkt. Damit ist gemeint, daß an den Stellen, an denen rechnerisch Fließgelenke entstehen, eine ausreichende Rotationsfähigkeit vorliegen muß. Bei Verbundträgern betrifft dies Stellen, an denen der Betongurt gedrückt ist und sich ein dort befindliches Fließgelenk verdrehen muß. Es muß dann sichergestellt sein, daß der Betongurt nicht vorzeitig infolge zu großer Betonstauchung versagt, bevor sich das Fließgelenk soweit verdreht hat, um an der Stütze bei Laststeigerung weitere Momente aufzubauen. Diese Überlegungen sind damit auf Fälle beschränkt, bei denen rechnerisch zunächst im Feld des Durchlaufträgers ein Fließgelenk entsteht, bevor es auch an der Stütze erreicht ist. Somit sind davon vorwiegend folgende Fälle betroffen:

a) große Einzellasten im Feld
b) sehr stark unterschiedliche Stützweiten und/oder Belastungen in angrenzenden Feldern.

Ähnliche Überlegungen gelten nach [6] zwar auch für reine Stahlträger, für Verbundträger liegen nach [31] einfache Vorschläge vor, um dies näherungsweise zu berücksichtigen.

Danach müssen beim Auftreten des 1. Fließgelenkes im Feld Mindestwerte für die Lage der plastischen Nullinie eingehalten werden, siehe Tabelle 5-1. Der vorhandene Wert x/h, der diesen Werten gegenüberzustellen ist, ergibt sich nach 2.4, wobei h die gesamte Querschnittshöhe darstellt.

Bei Einhaltung dieser Grenzwerte ist nach [12] eine zusätzliche Einschränkung des Verhältnisses der Stützweiten benachbarter Felder nicht erforderlich.

Größere Umlagerungen kann man nach [12] auch vermeiden, wenn für Eigengewicht das System Einfeldträger, für Verkehrslast das System Durchlaufträger realisiert wird.

Tabelle 5-1. Mindestwerte für die Lage der plastischen Nullinie x_{pl}/h bei Bildung des ersten Fließgelenkes im Feld, nach [31]

		q_i	a / q_i	P_i
Gesamtlast i	≤ 2	0,18	$0{,}12 + 0{,}3\,\dfrac{a}{L_i}$ $a \leq L_i/5$	0,12
Gesamtlast $i + 1$	> 2	0,12	$0{,}06 + 0{,}3\,\dfrac{a}{L_i}$ $a \leq L_i/5$	0,06

5.2 Erläuterungen zu den Nachweisen

5.2.1 Bauzustand

Für diesen Zustand sind die üblichen Spannungs- und Stabilitätsnachweise für den Stahlträger nach DIN 18800 Teil 1 und DIN 4114 zu führen, [V1]. Nach dem Erscheinen der neuen Stahlbau-Grundnormen ersetzen DIN 18800 Teile 1 bis 4 die DIN 18800 Teil 1 (03.81) und die DIN 4114.

Ein Verformungsnachweis dürfte nur in Sonderfällen notwendig sein, falls die Gebrauchs-fähigkeit des Bauwerks davon beeinflußt wird.

5.2.2 Nachweis unter Grenzlasten

5.2.2.1 Allgemeines

Nach [V1] darf die volle anteilige geometrische Breite der Betonplatte (höchstens jedoch 1/3 des Abstandes der Momentennullpunkte) als mitwirkende Plattenbreite in Rechnung gestellt werden.

Die anzusetzenden Lasten sind in [V1] geregelt. Dies bedeutet, daß, wie üblich, beim Nachweis nach dem Traglastverfahren (auch bei statisch unbestimmten Systemen), keine Schnittgrößen aus Schwinden, wahrscheinlicher Baugrundbewegung und Vorspannung unter Berücksichtigung des Kriechens angesetzt werden müssen.

5.2.2.2 Querschnittsmitwirkung

Druckbeanspruchte Teile des Stahlquerschnitts müssen wegen der Instabilitätsgefahr gewisse Min-destdicken aufweisen, die in den Traglast-Richtlinien [V2] festgelegt sind. Dies betrifft den Steg, falls die Nullinie im Steg liegt, und den Untergurt im Bereich negativer Momente. In DIN 18800 Teil 1 (11.90) sind dazu neuere Werte angegeben. Günstigere Werte sind auch nach dem Abschluß neuerer Forschungsvorhaben zu erwarten.

Falls die zulässigen b/t-Werte nicht eingehalten sind, kann vom Konzept der wirksamen Breite Gebrauch gemacht werden. Dabei werden die durch örtliches Beulen ausgefallenen Querschnittstei-le als nicht vorhanden betrachtet. Dies bedeutet z.B. bei einem I-Profil, daß ggf. im Druckgurt mit einer verminderten Gurtbreite und im Druckbereich des Steges gegebenenfalls mit einem „Loch" im Steg gerechnet wird.

Dieses Vorgehen ist jedoch nach dem bisherigen Erkenntnisstand nur zulässig, wenn keine plastischen Verdrehungen notwendig sind, also nur im Bereich des letzten Fließgelenkes, wenn nach dem Traglastverfahren gerechnet wird.

5.2.2.3 Biegedrillknicken

Es muß natürlich auch sichergestellt sein, daß kein Biegedrillknicken („Kippen") eintritt. Bei einem Einfeldträger unter positiven Momenten ist diese Forderung automatisch erfüllt, da der Druckgurt des Stahlträgers seitlich als starr gestützt angesehen werden kann. Zusätzlich wirkt die Betonplatte rechnerisch über ihre Biegesteifigkeit noch als Drehfeder c_ϑ. Bei einem Durchlaufträger nach Bild 5-3 treten im Stützenbereich negative Momente auf, die im Untergurt zu Druckspannungen führen. Es liegt dann der Fall des Biegedrillknickens mit gebundener Drehachse vor, siehe Teil G. Stahlbau. Hierbei darf zusätzlich natürlich auch die Drehfeder c_ϑ berücksichtigt werden. Sofern der Steg sehr dünn ist, ist die vorhandene Federsteifigkeit aus der Profilverformung sehr viel kleiner als der Wert aus der Biegesteifigkeit der Betonplatte und wird dann allein maßgebend. Der Entwurf zu Eurocode 4 (1985) enthielt zur Berücksichtigung dieses Effektes Begrenzungen der Profilhöhen.

Diese brauchen nicht eingehalten zu werden, wenn ein entsprechender Biegedrillknicknachweis geführt wird. Dieser kann nach [35] vereinfacht in der Form

$$\text{erf } c_\vartheta \le \text{vorh } c_\vartheta \tag{5.2-1}$$

geführt werden. Bei der vorhandenen Drehbettung ist im Falle der Verbundträger mit obenliegender Betonplatte nur der Anteil aus der Profilverformung $c_{\vartheta P}$ zu berücksichtigen. Die Anteile $c_{\vartheta M}$ aus der Biegesteifigkeit der Betonplatte und $c_{\vartheta A}$ aus der Anschlußsteifiggkeit können hier näherungsweise null gesetzt werden.

Falls die Kammern der Stahlprofile ausbetoniert sind, ist die Profilverformung der Stahlprofile so weit behindert, daß auch dieser Anteil null gesetzt werden kann. Es erübrigt sich dann überhaupt ein Nachweis des Biegedrillknickens.

Mit der Darstellung in [35] kann aus (5.2-1) abgeleitet werden:

$$\text{zul } k_\vartheta = \text{vorh } c_{\vartheta P} \frac{EI_z}{M_{pl}^2}, \tag{5.2-2}$$

mit
k_ϑ Drehbettungsbeiwert
I_z Flächenmoment 2. Grades (Trägheitsmoment) um die z-Achse (schwache Achse) von I-Profilen
M_{pl} vollplastisches Moment
vorh $c_{\vartheta P}$ Drehbettung aus Profilverformung [35].

Tabelle 5-2. Angaben zum vereinfachten Biegedrillknicknachweis

Profil	St 37		St 52	
	zul k_ϑ	zul $\dfrac{M_\gamma}{M_{pl}}$	zul k_ϑ	zul $\dfrac{M_\gamma}{M_{pl}}$
1	2	3	4	5
IPE 400	> 1	1,0	> 1	1,0
IPE 450	> 1	1,0	0,98	0,99
IPE 500	> 1,0	1,0	0,86	0,93
IPE 550	> 1,0	1,0	0,79	0,89
IPE 600	> 1,0	1,0	0,73	0,86
HE 700 A	> 1,0	1,0	> 1,00	1,00
HE 800 A	> 1,0	1,0	0,67	0,82
HE 900 A	> 1,0	1,0	0,50	0,71
HE 1000 A	0,82	0,91	0,36	0,60
HE 700 B	> 1,0	1,0	1,00	1,0
HE 800 B	> 1,0	1,0	0,91	0,95
HE 900 B	> 1,0	1,0	0,67	0,82
HE 1000 B	> 1,0	1,0	0,48	0,69
HE 800 M	> 1,0	1,0	> 1,00	1,00
HE 900 M	> 1,0	1,0	0,86	0,93
HE 1000 M	> 1,0	1,0	0,59	0,77

Alle nicht aufgeführten Profile der Reihen IPE, HEA, HEB und HEM sind günstiger.

Sofern der Träger nicht mit M_{pl} ausgenutzt ist, darf zul k_ϑ mit dem Quadrat des Momentenverhältnisses $(M_{pl}/\text{vorh } M_y)^2$ erhöht werden.

Die Auswertung von (5.2-2) für ausgewählte Walzprofile ist in Tabelle 5-2 angegeben.

Dabei ist in den Spalten 2 bzw. 4 derjenige Drehbettungsbeiwert k_ϑ angegeben, der maximal vorliegen darf, damit der vereinfachte Biegedrillknicknachweis nach (5.2-1) erfüllt ist. In den Spalten 3 bzw. 5 ist angegeben, wie groß das Verhältnis M_y/M_{pl} bei Nichtausnutzung des Verbundträgers sein darf, damit $k_\vartheta = 1$ erreicht wird.

Den zulässigen Drehbettungsbeiwerten sind im Prinzip die vorhandenen Werte gegenübergestellt. Diese dürfen nach Bild 5-2 gewählt werden. Die Fälle a und b decken dabei Querlasten allgemein ab (also auch Einzellasten), während Fall c für den ungünstigsten Fall eines einseitigen Randmomentes gilt. Dieser Fall tritt z.B. beim Zweifeldträger auf, wenn nur ein Feld belastet ist. Da in diesem Fall $M_y/M_{pl} < 1$ ist, kann i.allg. trotzdem ausreichende Tragsicherheit nachgewiesen werden.

Ein anders aufbereiteter Nachweis auf der Grundlage von (5.2-1) ist in [38] angegeben. Da dort ein Biegedrillknicknachweis erst beim Erreichen von 0,99 M_{pl} als überflüssig angesehen wird (nach [35] und DIN 18 800 Teil 2 ab 0,95 M_{pl}), ergeben sich in [38] größere Werte für erf c_ϑ bzw. etwas geringere Grenzhöhen als nach Tabelle 5-2.

5.2.2.4 Plastische Grenzlast für Verbundträger

Die *plastische Grenztragfähigkeit* für den Nachweis nach dem Traglastverfahren ist gemäß 2.4 zu ermitteln. Für gebräuchliche Abmessungen der Dicken und Breiten von Betongurten in Verbindung mit Walzprofilen sind entsprechende Werte auch in [5] ausgewertet.

5.2.2.5 Betongurt

Für die Berücksichtigung des Betongurtes sind mehrere Fälle zu unterscheiden:

a) Betongurt in der Druckzone.
   Berechnung nach 2.4.
b) Betongurt in der Zugzone, unterbrochener Betongurt. Es liegt keine Verbundwirkung vor, so daß nur der Stahlträger durchläuft und für die Berechnung von M_{pl} herangezogen werden kann.
c) Betongurt in der Zugzone, durchlaufender Betongurt. Es ist eine Zugbewehrung in der Betonplatte anzuordnen, die im Druckbereich zu verankern ist. Diese Bewehrung darf bei der Ermittlung von M_{pl} berücksichtigt werden.

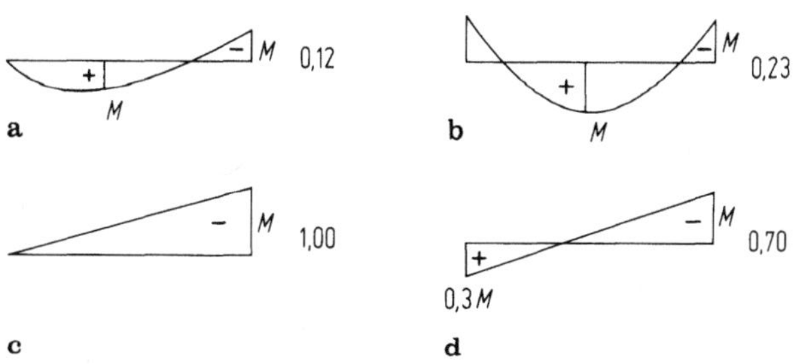

Bild 5-2a–d. Drehbettungsbeiwerte k_ϑ bei gebundener Drehachse am Obergurt.

Für den *Betongurt* sind zu erbringen:

a) Nachweis der Rissebeschränkung für Betongurt im Zugbereich,
b) Nachweis der schiefen Hauptzugspannungen bzw. Schubspannungen in Anlehnung an DIN 4227 Teil 1,
c) Schubspannungsnachweis entlang der kleinsten Dübelumrißfläche im Bereich der Verbundmittel, siehe 3.3,

Es ist die Sicherung des Verbundes zwischen Stahlträger und Betonplatte durch Verbundmittel nachzuweisen, siehe 3.

5.2.3 Nachweis unter Gebrauchslasten

Dieser ist nicht erforderlich, es sei dann, daß aus Gründen der Gewährleistung der Gebrauchsfähigkeit ein Nachweis der Verformungen erforderlich ist. Dieser ist dann zweckmäßigerweise nach 4.6 zu führen.

5.3 Beispiel eines Zweifeldträgers im Hochbau

5.3.1 System und Abmessungen

System und Abmessungen sind aus Bild 5-3 zu ersehen.

Baustoffe
Ortbeton   B 25
Betonstahl gerippt   BSt 420/500
Betonstahlmatten   BSt 500/550
Baustahl   St 37, $\beta_{s,a} = 24\ \text{kN/cm}^2$
Kopfbolzendübel $\beta_{sD} \leq 350\ \text{N/mm}^2$

5.3.2 Belastungen

Betonplatte $g_1 \begin{cases} 2{,}5\ \text{kN/m}^2 \\ 0{,}78\ \text{kN/m} \end{cases}$
Stahlträger
Fußbodenbelag, Estrich
untergehängte Decke, Installation $g_2 \approx 2{,}3\ \text{kN/m}^2$
Verkehrslasten $p = 5{,}0\ \text{kN/m}^2$

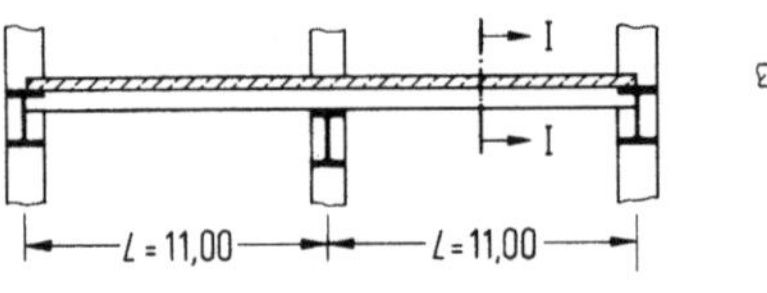

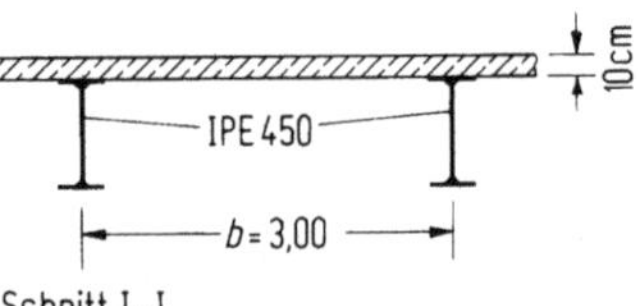

Schnitt I-I

Bild 5-3. Hochbau-Beispiel.

Belastungen im Bauzustand
Betonplatte einschließlich Frischbetonzuschlag und Schalhaut

$10 \cdot 0{,}26 + 0{,}2$ $\hspace{4cm} = 2{,}80\,\mathrm{kN/m^2}$

Träger IPE 450 + Schalungsträger $\hspace{3cm} = 1{,}30\,\mathrm{kN/m}$

Ersatzlasten aus Arbeitsbetrieb (DIN 4421) auf einer Fläche
von 3×3 m $\hspace{5cm} p_1 = 1{,}50\,\mathrm{kN/m^2}$

auf der restlichen Betonierfläche $\hspace{3cm} p_2 = 0{,}75\,\mathrm{kN/m^2}$

5.3.3 Bemessung der Betonplatte

Maßgebend wird das Endfeld der Durchlaufplatte.

Schnittgrößen. Extremale Schnittgrößen mit 15% Umlagerung (Endfeld eines Fünffeldträgers)

$$g = g_1 + g_2 = 2{,}50 + 2{,}30 = 4{,}80\,\mathrm{kN/m^2}$$

$$q = g + p = 4{,}80 + 5{,}00 \quad = 9{,}80\,\mathrm{kN/m^2}$$

$$g/q = 0{,}49$$

$$M_F = 9{,}80 \cdot 3{,}00^2/11{,}91 \quad = 7{,}41\,\mathrm{kNm/m}$$
$$M_s = -9{,}80 \cdot 3{,}00^2/10{,}45 \quad = -8{,}44\,\mathrm{kNm/m}$$

$$B = 1{,}132 \cdot 9{,}80 \cdot 3{,}00 \quad = 33{,}30\,\mathrm{kNm/m}$$

wirksame Auflagerbreite ≈ 10 cm

$$M'_s = -8{,}44 + \frac{33{,}30 \cdot 0{,}10}{8} = -8{,}02\,\mathrm{kNm/m}$$

statische Höhe

$$h = 10 - 2{,}0 - 0{,}4 \quad = 7{,}6\,\mathrm{cm}$$

Biegebemessung obere Stützbewehrung

$$k_h = \frac{7{,}6}{\sqrt{8{,}02}} = 2{,}68 \text{ und daraus } k_s/k_z = 3{,}9/0{,}90$$

$$\mathrm{erf}\ a_s = 3{,}9 \cdot \frac{8{,}02}{7{,}6} \quad = 4{,}12\,\mathrm{cm^2/m}$$

Gewählt mit Rücksicht auf den Anschluß der Betongurte

eine Matte $150 \cdot 7{,}0d$ mit $5{,}13\,\mathrm{cm^2/m}$

untere Feldbewehrung

$$\mathrm{erf}\ a_s = 3{,}8 \cdot \frac{7{,}41}{7{,}6} \quad = 3{,}71\,\mathrm{cm^2/m}$$

Gewählt durchgehend eine Matte 150 · 7,0 $\qquad$ = 2,57 cm²/m

im Endfeld Zulagen 3Ø8 mm/m

$$= 1{,}50 \cdot 42/50 \qquad = \underline{1{,}26 \text{ cm}^2/\text{m}}$$

$$\text{erf } a_s = 3{,}62 \text{ cm}^2/\text{m} < \text{vorh } a_s = 3{,}83 \text{ cm}^2/\text{m}$$

Schubnachweis

$$Q = 0{,}605 \cdot 9{,}80 \cdot 3{,}00 \qquad = 17{,}80 \text{ kN/m}$$

$$\max \tau_0 \leq \frac{17{,}80}{100 \cdot 0{,}90 \cdot 7{,}6} \cdot 10 \qquad = 0{,}26 \text{ MN/m}^2 < \tau_{011,a} = 0{,}35 \text{ MN/m}^2$$

Daher ist keine Schubbewehrung erforderlich.

5.3.4 Nachweis des Stahlträgers im Bauzustand

$$g = 2{,}8 \cdot 3{,}0 + 1{,}3 = 9{,}70 \text{ kN/m}$$

$$p_2 = 0{,}75 \cdot 3{,}00 \qquad = 2{,}25 \text{ kN/m}$$

$$q = g + p_2 \qquad = 11{,}95 \text{ kN/m}$$

$$p_1 = 1{,}50 \cdot 3{,}00 \qquad = 4{,}50 \text{ kN/m}$$

zusätzlich noch aufzubringende Ersatzlast:

$$P = (4{,}50 - 2{,}25) \cdot 3{,}00 = 6{,}75 \text{ kN}$$

Bei Verwendung von Schalungsträgern mit Durchlaufwirkung.

$$\min M = -1{,}25 \cdot \frac{11{,}95 \cdot 11{,}0^2}{8} - 0{,}0962 \cdot 6{,}75 \cdot 11{,}0 = -233{,}1 \text{ kNm}$$

$$\text{vorh } \sigma = 233{,}1/15{,}0 \qquad = 15{,}6 \text{ kN/cm}^2 > 14{,}0 \text{ kN/cm}^2$$

In den Trägermitten werden daher zusätzliche Hilfsstützen angeordnet. Biegedrillknicknachweis („Kippen") nach DIN 4114 [7,8]:

nach [7]: $\qquad \zeta = 0{,}98$

$$\sigma_{Ki,\, M=const} = \text{nach [8]} \qquad = 15{,}5 \text{ kN/cm}^2 \qquad \text{nach [8]}$$

$$\sigma_{Ki} = 0{,}98 \cdot 15{,}5 \qquad = 15{,}2 \text{ kN/cm}^2$$

$$\sigma_K = \sigma_{Ki} \qquad = 15{,}2 \text{ kN/cm}^2 \text{ nach DIN 4114 Blatt 1, Tafel 7}$$

$$\min M = -1,25 \cdot 0,121 \cdot 11,95 \cdot 5,5^2 = -54,7 \text{ kNm}$$

$$\sigma_g = 54,7/15,5 \qquad\qquad = 3,53 \text{ kN/cm}^2$$

$$\text{vorh } v = 15,2/3,53 \qquad\qquad = 4,31 > 1,71$$

5.3.5 Nachweis des Verbundträgers im Grenzzustand

Mitwirkende Plattenbreite [V1, Absch. 5.4]. Für den Abstand der Momentennullpunkte im Bruchzustand wird hier $L_0 = 0,85L$ angenommen.

$$L_0/3 \geq 0,85L/3 = 0,85 \cdot 11,00/3 = 3,12 \text{ m} > b = 3,00 \text{ m}$$

$$b_m = b = 3,00 \text{ m}$$

Belastungen

1. Eigengewicht $g_1 \quad = 1,132 \cdot 2,50 \cdot 3,00 + 0,78 = 9,28 \text{ kN/m}$

2. Eigengewicht $g_2 \quad = 1,132 \cdot 2,30 \cdot 3,00 \qquad = 7,82 \text{ kN/m}$

$$g = 17,10 \text{ kN/m}$$

Verkehr $\qquad\qquad P = 1,132 \cdot 5,00 \cdot 3,00 \qquad = 17,00 \text{ kN/m}$

$$q = 34,10 \text{ kN/m}$$

$$q_\gamma = \gamma \cdot q = 1,70 \cdot 34,10 \qquad = 58,00 \text{ kN/m}$$

Der Nachweis der Grenztragfähigkeit erfolgt entsprechend Bild 5-4 nach (2.4-1) und (2.4-2).

Das erste Fließgelenk entsteht bei dem hier vorliegenden Zweifeldträger gleicher Stützweite an der Stütze. Tabelle 5-1 braucht daher hier nicht beachtet zu werden.

Feldmoment

$$x = \frac{Z_a}{0,6\beta_{WN}b} = \frac{240 \cdot 98,8}{0,6 \cdot 25 \cdot 300} \qquad = 5,27 \text{ cm} < 10 \text{ cm}$$

$$M_{pl}^F = Z_a\left(z_a - \frac{x}{2}\right) = 24,0 \cdot 98,8 \cdot \left(0,325 - \frac{0,0527}{2}\right) \quad = 708 \text{ kNm}$$

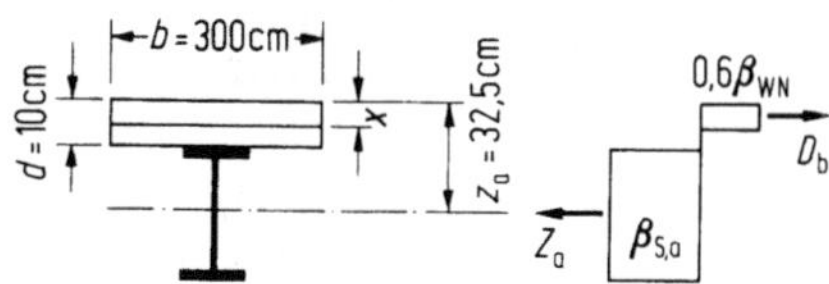

Bild 5-4. Grenztragfähigkeit im Feldbereich.

Stützmoment. Die Bewehrung im Betongurt ergibt sich aus der Mindestbewehrung für die Rissebeschränkung

$$\text{erf } \mu_z = 0{,}3 = \frac{a_s^0}{A_b} \cdot 100\% \ (\text{für } \emptyset < 12 \text{ mm})$$

$$a_s^0 = \frac{0{,}3 \cdot 300 \cdot 10}{100} = 9 \text{ cm}^2 \qquad = 3 \text{ cm}^2/\text{m}$$

gewählt: Matte $150 \cdot 8{,}0$ $\qquad\qquad\qquad = 3{,}35 \text{ cm}^2/\text{m}$

$$a_s^u = \frac{2}{3} \cdot 3 \qquad\qquad = 2 \text{ cm}^2/\text{m}$$

gewählt: Matte $150 \cdot 6{,}5$ $\qquad\qquad\qquad = 2{,}21 \text{ cm}^2/\text{m}$

Die Bewehrung liegt in 2. Lage

$$A_s = (3{,}35 + 2{,}21) \cdot 3{,}00 \qquad = 16{,}68 \text{ cm}^2$$

Plastisches Moment ohne Berücksichtigung der Querkraft. (Bild 5-5)

$$M_{pl}^{St} = M_{pl,a} - \Delta M + \beta_{S,s} \cdot A_s \cdot a$$

$$z_s = \frac{3{,}35\left(2 + 0{,}7 + \dfrac{0{,}80}{2}\right) + 2{,}21\left(10 - 2 - 0{,}7 - \dfrac{0{,}65}{2}\right)}{3{,}35 + 2{,}21}$$

$$z_s = 4{,}64 \text{ cm}$$

$$\tilde{h} = \frac{\beta_{S,s} A_s}{\beta_{S,a} s} = \frac{50 \cdot 16{,}68}{24 \cdot 0{,}94} = 37{,}0 \text{ cm} < (h - 2c) = 37{,}8 \text{ cm}$$

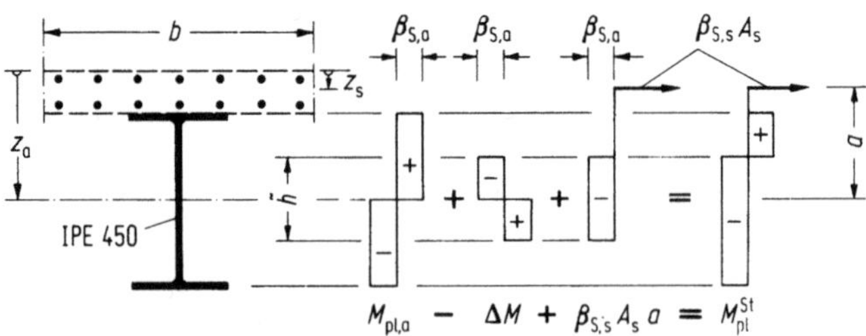

Bild 5-5. Grenztragfähigkeit Stütze (ohne Q).

Die Nullinie liegt also im Stahlträgersteg.

$$a = \frac{45}{2} + 10 - 4{,}64 \quad = 27.9 \text{ cm}$$

$$M_{\text{pl}}^{\text{St}} = 408 - 24 \cdot 0{,}94 \cdot 0{,}37 \cdot \frac{37}{4} + 50 \cdot 16{,}68 \cdot 0{,}279 = 564 \text{ kNm}$$

Plastisches Moment mit Berücksichtigung der Querkraft. Für den vorliegenden Zweifeldträger gilt nach [6]

$$Q_y \approx 0{,}55\, q_y L = 0{,}55 \cdot 58{,}00 \cdot 11 = 351 \text{ kN}$$

Aus Tabelle 2-1 (A_Q nach Bild 2–10):

$$Q_{\text{pl}} = 808 \text{ kN}$$

$$Q_y/Q_{\text{pl}} = 351/808 = 0{,}434$$

Faktor für Reduktion der querkraftübertragenden Fläche A_Q nach (2.4–5):

$$\sqrt{1 - 0{,}434^2} = 0{,}90$$

$$A_Q = 98{,}8 - 2 \cdot 1{,}46(19 - 0{,}94 - 2 \cdot 2{,}1) = 58{,}3 \text{ cm}^2$$

Die für die Übertragung der Querkraft benutzte und damit für das Moment nicht mehr zur Verfügung stehende Differenzfläche wird in einen Steg- und einen Gurtanteil aufgeteilt:

$$\Delta A_Q^1 = 0{,}10 \cdot (45 - 2 \cdot 1{,}46) \qquad = 3{,}96 \text{ cm}^2$$

$$\Delta A_Q^2 = 0{,}10 \cdot 58{,}3 - 3{,}96 \qquad = 1{,}87 \text{ cm}^2$$

Damit ergibt sich das Differenzmoment aus den beiden Anteilen

$$\Delta M_Q^1 = 3{,}96(0{,}45 - 2 \cdot 0{,}0146) \cdot 24/4 \qquad = 10{,}0 \text{ kNm}$$

$$\Delta M_Q^2 = 1{,}87(0{,}45 - 0{,}0146) \cdot 24/2 \qquad = 9{,}8 \text{ kNm}$$

$$\Delta M_Q = 10{,}0 + 9{,}8 \qquad = 19{,}8 \text{ kNm}$$

$$M_{\text{pl, Q}}^{\text{St}} = 564 - 19{,}8 \qquad = 544 \text{ kNm}$$

Wenn man vereinfachend die Interaktionsbedingung nach DIN 18 800 Teil 1 (11.90) verwendet, ergibt sich:

$$Q_y/Q_{\text{pl}} = 351/619 \qquad = 0{,}567$$

$$N_y/N_{\text{pl}} = 834/2372 \qquad = 0{,}352$$

$$M_{\text{pl, Q}}^{\text{St}} = Z_s a + 1{,}25 M_{\text{pl, a}}(1 - 0{,}89 N/N_{\text{pl}} - 0{,}33 Q/Q_{\text{pl}})$$

$$= 834 \cdot 0{,}279 + 1{,}25 \cdot 408(1 - 0{,}89 \cdot 0{,}352 - 0{,}33 \cdot 0{,}567) = 487 \text{ kNm}$$

Ein ähnliches Ergebnis ergibt sich auch bei Benutzung der Interaktionsbedingung nach Bild 2-9:

$$M_{pl,Q}^{St} = 564 \cdot 0,840 = 474 \text{ kNm}$$

Traglastnachweis (siehe Teil G. Stahlbau)
Nach Bild 5-6:

$$M_{pl,R} = M_{pl,Q}^{St}$$

$$m_R = \frac{M_{pl,R}}{M_{pl}} = \frac{544}{708} = 0,768$$

$$aL = 0,429 \cdot 11,0 = 4,72 \text{ m}, \quad bL = 6,28 \text{ m}$$

$$k_M = 10,85$$

$$q_{Gr} = \frac{M_{pl}}{L^2} K_M = \frac{708}{11^2} \cdot 10,85 = 63,5 > 58,0 = q_\gamma$$

Zum Nachweis der Dübel werden noch die Schnittgrößen unter γ-fachen Lasten benötigt:

$$M_{el,R} = q_\gamma L^2/8 = 58 \cdot 11^2/8 = 877 \text{ kNm} > 544$$

$$M_\gamma^{St} = M_{pl,R} = 544 \text{ kNm}$$

Abstand der Momentennullpunkte:

$$A = 58,0 \cdot 11/2 - 544/11 = 269,5 \text{ kN}$$

$$\max M_\gamma^F = A^2/2q = 269,5^2/2 \cdot 58 = 626 \text{ kNm}$$

$$x_0 = \frac{A}{q} = 269,5/58,0 = 4,65 \text{ m}$$

$2 \cdot 4,65/11,0 = 0,85L$, wie angenommen.

Mindestdicken. Nach [V2], Tabelle 1:

Gurt $b/t = 190/14,6 = 13,0 < 17$

Steg $h/s = 450/9,4 = 47,9 > 43$

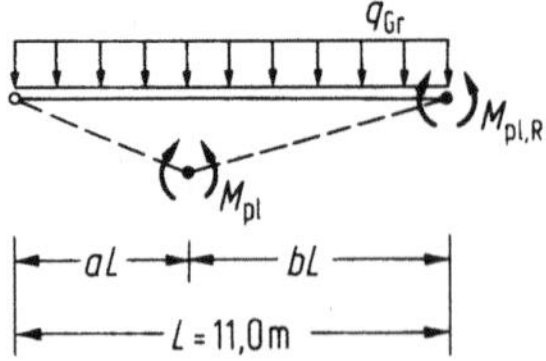

Bild 5-6. Bezeichnungen für den Traglastnachweis.

Nach DIN 18 800 Teil 1 (11.90), Tabelle 18 (Verfahren Plastisch-Plastisch):

Gurt: $0,5(190 - 9,4 - 2 \cdot 21)/14,6 \quad = 4,75 < 9$

Steg: $\alpha = 0,5 + 0,5\bar{h}/h_{\text{Steg}} \qquad = 0,989$

$\qquad \text{grenz } (b/t) = 32/\alpha \qquad = 32,4$

$(h - 2c)/t_{\text{Steg}} = 37,8/9,4 \qquad = 40,2 > 32,4$

Nach beiden Normen ist also die zulässige Stegschlankheit überschritten. Abhilfe könnte geschaffen werden durch eine zusätzliche Untergurtlamelle 4kt 140·10 mm auf 0,5 m beidseitig der Stütze. Damit rutscht die Nullinie im Bild 5-5 soweit nach unten, daß die Stegschlankheit eingehalten ist:

$$\bar{h} = (50 \cdot 16,68 - 14 \cdot 24)/24 \cdot 0,94 = 22,1 \text{ cm}$$

$$\alpha = 0,5 + 0,5 \cdot 22,1/37,7 \qquad = 0,792$$

$$\text{grenz } (b/t) = 32/\alpha \qquad = 40,4 > 40,2$$

Biegedrillknicken. Nach 5.2.2.3, Tabelle 5-1, ist kein detaillierter Nachweis zu führen, da zul $k_\vartheta > 1$ und nach Bild 5-2 erf $k_\vartheta = 0,12 < 1,0$ ist.

5.3.6 Verbundsicherung durch Dübel

$$D_{\text{b}} = 0,6\beta_{\text{WN}}bx \qquad = 0,6 \cdot 2,5 \cdot 300 \cdot 5,27 \qquad = 2372 \text{ kN}$$

$$Z_{\text{s}} = (a_{\text{s}}^0 + a_{\text{s}}^\mu)b\beta_{\text{S,s}} = (3,35 + 2,21) \cdot 3,0 \cdot 50 \quad = 834 \text{ kN}$$

Tragfähigkeit der Kopfbolzendübel $\emptyset 19$ mm

$$h = 75 \text{ mm} \qquad\qquad h/d_1 = 75/19 = 3,95$$

Nach 3.3:

$$\alpha = 0,85 + 0,15(3,95 - 3,0)/(4,2 - 3,0) \quad = 0,97$$

Mit den Werten der Tabelle 3-1:

$$D_{\text{dü}} = 0.97 \cdot 78,2 = 75,8 \text{ kN}$$

Anzahl der Dübel im rechnerischen Bruchzustand

$$n_{\text{pl(I)}} = n_{\text{pl(II)}} \quad = D_{\text{b}}/D_{\text{dü}} = 2372/75,8 = 31,3$$

$$n_{\text{pl(III)}} \quad = Z_{\text{s}}/D_{\text{dü}} = 834/75,8 \quad = 11,0$$

Anzahl der Verteilung der Dübel. Im positiven Momentenbereich von Durchlaufträgern dürfen Kopfbolzendübel in Bereichen zwischen „kritischen Schnitten" (siehe [V1], 12.2.3) gleichmäßig verteilt werden.

Im Bereich I + II:

$$\operatorname{erf} n = n_{\mathrm{pl}}\left(\frac{M - M_{\mathrm{pl,a}}}{M_{\mathrm{pl}} - M_{\mathrm{pl,a}}}\right) \geq 0{,}5 n_{\mathrm{pl}} \qquad\qquad (\text{[V1], Gl.\,(6)})$$

$$= 31{,}3 \cdot \left(\frac{626 - 408}{708 - 408}\right)\ 31{,}3 \cdot 0{,}73 \doteq 23 \geq 16 = 0{,}5 n_{\mathrm{pl}}$$

Im Bereich III:

$$\operatorname{erf} n = n_{\mathrm{pl}} \cdot M / M_{\mathrm{pl}} \qquad\qquad (\text{[V1], Gl.\,(3)})$$

$$= 11{,}0 \cdot 544 / 544 = 11{,}0 > 0{,}5 n_{\mathrm{pl}}$$

Mindestabstände der Dübel untereinander:

$$\text{in Kraftrichtung}\quad e_{\min} = 5 d_1 \quad = 5 \cdot 19 \quad = 95\ \text{mm}$$

$$\text{in Querrichtung}\quad e_{\min} = 2{,}5 d_1 \quad = 2{,}5 \cdot 19 \quad = 48\ \text{mm}$$

gewählt:
Bereich I und II
einreihig
$$e = 200\ \text{mm},\ 23\ \text{Stck} = \operatorname{erf} n$$

Bereich III

einreihig
$$e = 140\ \text{mm},\ 12\ \text{Stck},\ \operatorname{erf} n = 11$$

Die Dübelanordnung ist aus den Bildern 5-7 und 5-8 zu ersehen.

Nachweis der Dübelumrißfläche. Entlang der kleinsten Dübelumrißfläche ist – unter rechnerischer Bruchlast – nachzuweisen, daß die Schubspannungen die Werte nach [V1] nicht überschreiten.
Dübelumrißfläche (siehe Bild 5-10)

$$A_{\mathrm{D}} = (2 \cdot 7{,}5 + 3{,}18)e = 18{,}18\,e$$

$$\tau = D_{\mathrm{d\ddot{u}}} / A_{\mathrm{D}}$$

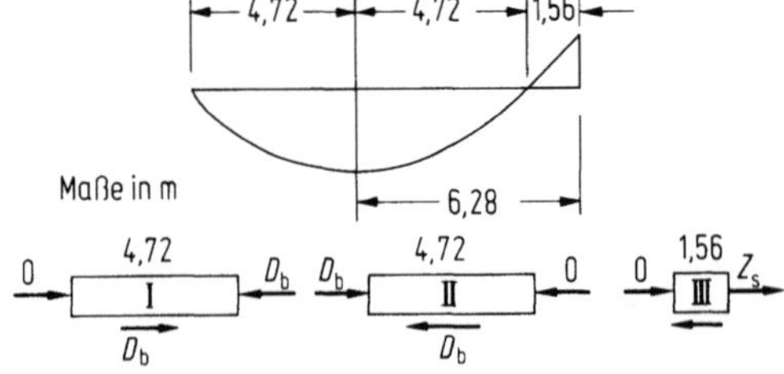

Bild 5-7. Verdübelungskräfte im rechnerischen Bruchzustand.

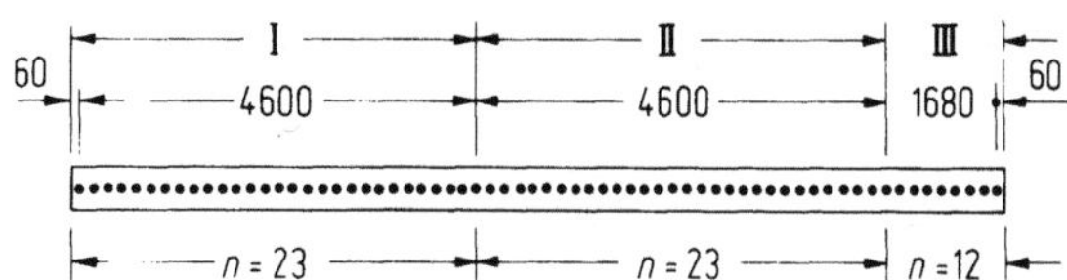

Bild 5-8. Dübelverteilung.

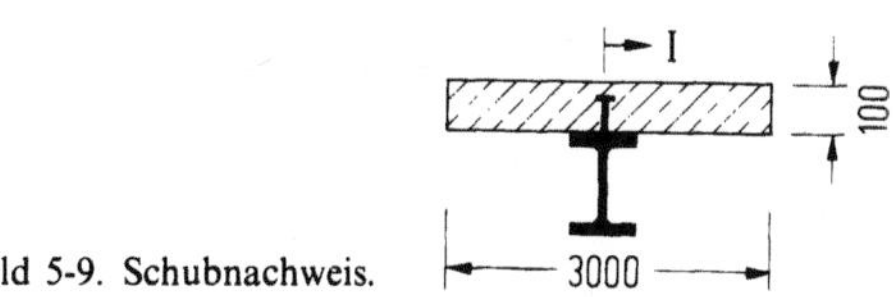

Bild 5-9. Schubnachweis.

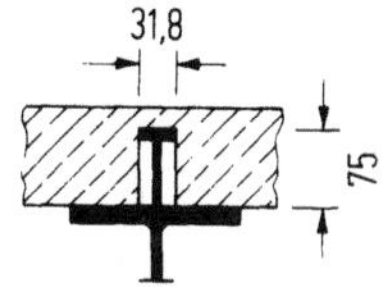

Bild 5-10. Dübelumrißfläche.

Bereich I + II

$$\tau_R = \frac{75,8}{18,18 \cdot 20,0} \cdot 10 = 2,08 > 1,4\,\text{MN/m}^2 < 5,5\,\text{MN/m}^2$$

Bereich III

$$\tau_R = \frac{75,8}{18,18 \cdot 14,0} \cdot 10 = 2,98 > 1,4\,\text{MN/m}^2 < 5,5\,\text{MN/m}^2$$

5.3.7 Nachweis der Schubdeckung in der Dübelumrißfläche

$$\Delta\tau = 0,6 \cdot zul\ \tau = 0,6 \cdot 1,4 = 0,84\,\text{MN/m}^2$$

Bereich I + II

$$\tan\vartheta = 1 - \frac{\Delta\tau}{\tau_R} = 1 - \frac{0,84}{2,08} = 0,596 > 0,40$$

$$T = \frac{1}{2} \cdot \frac{D_{d\ddot{u}}}{e} = \frac{75,8}{2 \cdot 0,200} = 190\,\text{kN/m}$$

$$Z_s = T \cdot \tan\vartheta = 190 \cdot 0,596 = 113\,\text{kN/m}$$

$$\text{erf}\ a_s = \frac{Z_s}{\beta_{S,s}} = \frac{113}{50} = 2,26 < 2,57\,\text{cm}^2/\text{m} = \text{vorh}\ a_s$$

(unten liegende Bewehrung)

Bereich III

$$\tan \vartheta = 1 - \frac{\Delta \tau}{\tau_R} = 1 - \frac{0{,}84}{2{,}98} \qquad = 0{,}718$$

$$T = \frac{1}{2} \cdot \frac{D_{d\ddot{u}}}{e} = \frac{75{,}8}{2 \cdot 0{,}140} \qquad = 271 \text{ kN/m}$$

$$Z_s = T \cdot \tan \vartheta = 271 \cdot 0{,}718 \qquad = 195 \text{ kN/m}$$

$$\text{erf } a_s = \frac{Z_s}{\beta_{S.s}} = \frac{195}{50} \qquad = 3{,}89 \text{ cm}^2/\text{m}$$

$$\text{vorh } 150 \cdot 7{,}0 \qquad = 2{,}57$$

$$\text{Zulage } 150 \cdot 7{,}0 \qquad = 2{,}57$$

$$5{,}14 \text{ cm}^2/\text{m} > 3{,}89 \text{ cm}^2/\text{m}$$

5.3.8 Nachweis der Hauptzugspannungen und Schubdeckung im Betongurt

Hauptzugspannungen
Dübelkraft $D_{d\ddot{u}} = 75{,}8$ kN

Bereich I + II: 1 Dübel mittig $e = 200$ mm

Schubspannungen in der Fuge I–I (Bild 5-9)

$$\tau = \frac{75{,}8}{10 \cdot 20{,}0} \cdot \frac{1}{2} \cdot 10 = 1{,}90 \text{ MN/m}^2 < 5{,}5 \text{ MN/m}^2, \text{ aber} > 1{,}4 \text{ MN/m}^2$$

Bereich III: 1 Dübel mittig $e = 140$ mm

$$\tau = \frac{75{,}8}{10 \cdot 14{,}0} \cdot \frac{1}{2} \cdot 10 = 2{,}71 \text{ MN/m}^2 < 5{,}5 \text{ MN/m}^2, \text{ aber} > 1{,}4 \text{ MN/m}$$

Daher ist ein Nachweis der Schubdeckung in allen Bereichen erforderlich. Bereich I + II: Schubdeckung nach DIN 4227, 12.4; DIN 1045, 18.8.5

$$\Delta \tau = 0{,}6 \cdot \text{zul } \tau = 0{,}6 \cdot 1{,}40 \qquad = 0{,}84 \text{ MN/m}^2$$

$$\tan \vartheta = 1 - \Delta \tau/\tau = 1 - 0{,}84/1{,}90 = 0{,}56$$

$$T = 1{,}90 \cdot 0{,}10 = 0{,}190 \text{ MN/m} = 190 \text{ kN/m}$$

$$Z_s = T \cdot \tan \vartheta = 190 \cdot 0{,}56 \qquad = 106 \text{ kN/m}$$

$$\text{erf } a_s^0 = \frac{1}{2} \cdot \frac{Z_s}{\beta_{S.s}} = \frac{1}{2} \cdot \frac{106}{50} \qquad = 1{,}06 \text{ cm}^2/\text{m}$$

Aus der Biegebemessung in 5.3.3

$$\text{vorh } a_s^0 = 5{,}13 - 4{,}12 \qquad\qquad = 1{,}01 \text{ cm}^2/\text{m} \approx \text{erf } a_s^0$$

Bereich III:

$$\tan \vartheta = 1 - 0{,}6 \cdot 1{,}40/2{,}71 \qquad\qquad = 0{,}690$$

$$T = 2{,}71 \cdot 0{,}10 \qquad\qquad = 271 \text{ kN/m}$$

$$Z_s = 271 \cdot 0{,}690 \qquad\qquad = 187 \text{ kN/m}$$

$$\text{erf } a_s^0 = \frac{1}{2} \cdot \frac{187}{50} \qquad\qquad = 1{,}87 \text{ cm}^2/\text{m}$$

$$\text{vorh } a_s^0 = 1{,}01 + 1{,}26(3\varnothing 8 \text{ mm/m Zulage}) = 2{,}27 \text{ cm}^2/\text{m} > \text{erf } a_s^0$$

5.3.9 Bewehrungsführung

Verankerung der Stützbewehrung. Momentennullpunkt (siehe 5.3.5):

$$\xi = L - 2x_0 = 11{,}0 - 2 \cdot 4{,}65 = 1{,}70 \text{ m}$$

$$\max d_s = 8 \text{ mm, damit } L_0 = \frac{500}{7 \cdot 0{,}9} \cdot 0{,}8 = 63 \text{ cm}$$

$$L_1 \leq 0{,}7 \cdot 63 \qquad\qquad = 44 \text{ cm}$$

erforderlicher Abstand Stütze-Mattenende $s = 214$ cm.
Der Bewehrungsplan ist im Bild 5-11 angegeben.

5.3.10 Abschätzung der Verformung

Es wird die Durchbiegung in Feldmitte für die Zeit $t \to \infty$ ermittelt. Die Berechnung erfolgt, näherungsweise nach Zustand I mit ungerissenem Beton und mit über von Träger konstant verlaufenden Steifigkeiten.

Angenommene Belastungsgeschichte

$t = 0$ Montage der Stahlträger und Betonieren der Decke
$t = 28$ Tage   Ausschalen und Freisetzen der Hilfsstützen
$t = 100$ Tage   Aufbringen 2. Eigengewicht
$t = 300$ Tage   Ingebrauchnahme; $\approx 50\%$ der Verkehrslast wirken dauernd und verursachen Kriechen

Bewehrungsplan:

Baustahlgewebematten

① $\dfrac{150 \cdot 7{,}0\,d}{250 \cdot 6{,}0}$

② $\dfrac{150 \cdot 8{,}0}{150 \cdot 7{,}0\,d}$

③ $\dfrac{150 \cdot 7{,}0}{250 \cdot 4{,}5}$

④ $\dfrac{150 \cdot 6{,}5}{150 \cdot 7{,}0}$

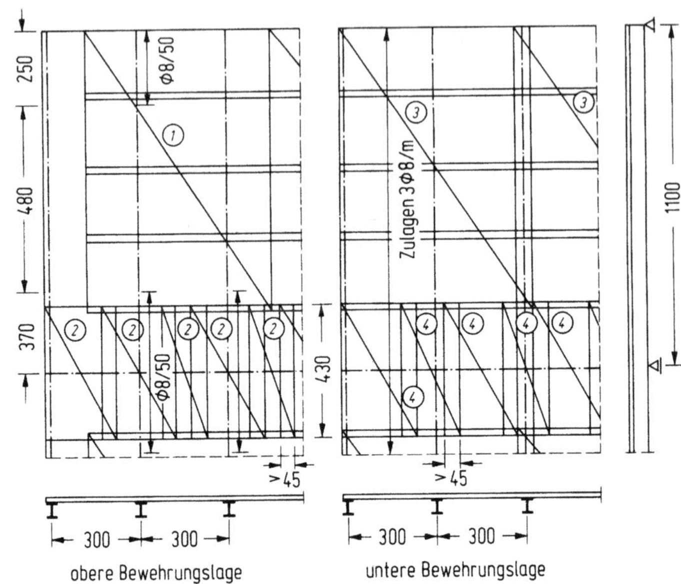

Bild 5-11. Bewehrungsplan.

Fließkriechzahlen und Schwindmaße

$\varphi_{f,0}$ $= 2{,}7$ $\qquad$ $\varepsilon_{s,0} = -46 \cdot 10^{-5}$

d_{ef} $\approx d = 10\ \mathrm{cm}$

$k_{f,28}$ $= 0{,}66$ $\qquad$ $k_{s,0} = 0{,}06$

$k_{f,100}$ $= 1{,}02$ $\qquad$ $k_{s,\infty} = 1{,}05$

$k_{f,300}$ $= 1{,}31$

$k_{f,\infty}$ $= 1{,}70$

$\varphi_{f,v(0-\infty)}$ $= 2{,}7 \cdot 1{,}70/1{,}40$ $= 3{,}28$

$\varphi_{f,v(28-\infty)}$ $= 2{,}7 \cdot (1{,}70 - 0{,}66)/1{,}40$ $= 2{,}01$

$\varphi_{f,v(100-\infty)}$ $= 2{,}7 \cdot (1{,}70 - 1{,}02)/1{,}40$ $= 1{,}31$

$\varphi_{f,v(300-\infty)}$ $= 2{,}7 \cdot (1{,}70 - 1{,}31)/1{,}40$ $= 0{,}75$

$\varepsilon_{s(0-\infty)}$ $= -46 \cdot 10^{-5}(1{,}05 - 0{,}06)$ $= -45{,}5 \cdot 10^{-5}$

Querschnittswerte. Mitwirkende Plattenbreite, nach [9]

L_0 $= 0{,}75 \cdot L$ $\qquad$ $= 0{,}75 \cdot 11{,}0 = 8{,}25\ \mathrm{m}$

b_1 $= \dfrac{3{,}00 - 0{,}19}{2}$ $\qquad$ $= 1{,}41\ \mathrm{m}$

$$b_1/L_0 = 1{,}41/8{,}25 \qquad = 0{,}17 \qquad d/d_0 = \frac{10}{45 + 10} = 0{,}18$$

$$b_m = 0{,}19 + 2 \cdot 0{,}89 \cdot 1{,}41 = 2{,}70 \text{ m}$$

$$A_b = 270 \cdot 10 = 2700 \text{ cm}^2$$

$$I_b = \frac{1}{12} \cdot 2700 \cdot 0{,}10^2 = 2{,}25 \text{ cm}^2\text{m}^2$$

$$n_0 = 21000/3000 = 7{,}00$$

$$n_v = 7{,}0 \cdot 1{,}40 = 9{,}80$$

$$E_{b,v} = 30000/1{,}40 = 21430 \text{ MN/m}^2$$

Für die Berechnung der Querschnittswerte wurde als Bezugsachse die Schwerachse der Betonplatte gewählt, auf die die Abstände z bezogen sind.

Tabelle 5-3. Querschnittswerte

Profil	A cm^2	z m	Az cm^{2}m	Az^2 cm^{2}m^2	I_0 cm^{2}m^2
IPE 450	98,8	0,275	27,17	7,47	3,37
A_b/n_0	385,7	–	–	–	0,32
$A_{i,0}$	484,5		27,17		11,16
kurzzeitige					– 1,52
Belastung $-z_{b,0} = 0{,}056$ m					
$n_0 = 7{,}0$				$I_{i,0} = 9{,}64$	
$A_{b,v}$	275,5				0,23
$A_{i,v}$	374,3		27,17		11,07
verzögerte Elastizität					– 1,97
$-z_{b,v} = 0{,}073$ m					
$n_v = 9{,}80$				$I_{i,v} = 9{,}10$	

Tabelle 5-4. Kriechbeiwerte und Reduktionszahlen

	$\varphi_{f,v} = 3{,}28$	$\varphi_{f,v} = 2{,}01$	$\varphi_{f,v} = 1{,}31$	$\varphi_{f,v} = 0{,}75$
$\alpha_v \cdot \varphi_{f,v}$	0,329	0,201	0,131	0,075
$\psi_{A,M}$		1,108	1,069	1,039
$\psi_{A,S}$	0,527			
$n_{A,M}$		31,63	23,52	17,44
$n_{A,S}$	26,74			

Tabelle 5-5. Reduzierte Querschnittswerte für Verformungsberechnungen

Profil	A cm²	z m	Az cm²m	Az^2 cm²m²	I_0 cm²m²
IPE 450	98,8	0,275	27,17	10,84	
$A_b/n_{A,M}$	85,4	–	–	–	≈ 0
$A_{i,M}$	184,2		27,17	10,84	
zeitlich konstante Belastung $n_{A,M} = 31{,}63$		$-z_{b,M} = 0{,}148$		$-4{,}01$	$I_{i,M} = 6{,}83$
$A_b/n_{A,M}$	114,8	–	–	–	≈ 0
$A_{i,M}$	213,6		27,17	10,84	
zeitlich konstante Belastung $n_{A,M} = 23{,}53$		$-z_{b,M} = 0{,}127$		$-3{,}46$	$I_{i,M} = 7{,}38$
$A_b/n_{A,M}$	154,8	–	–	–	≈ 0
$A_{i,M}$	253,6		27,17	10,84	
zeitlich konstante Belastung $n_{A,M} = 17{,}44$		$-z_{b,M} = 0{,}107$		$-2{,}91$	$I_{i,M} = 7{,}93$
$A_b/n_{A,s}$	100,9	–	–	–	≈ 0
$A_{i,s}$	199,7		27,17	10,84	
Schwinden $n_{A,s} = 26{,}76$		$-z_{b,s} = 0{,}136$		$-3{,}70$	$I_{i,s} = 7{,}14$

Kenngrößen

$$\alpha_v = \frac{A_a}{A_{i,v}} \cdot \frac{I_a}{(I_{i,v} - I_{b,v})} = \frac{98{,}8 \cdot 3{,}37}{374{,}3 \cdot (9{,}10 - 0{,}23)} = 0{,}100$$

Zustand Montageunterstützung. Bis zum Zeitpunkt $t = 28$ Tage entsteht in Feldmitte wegen der vorhandenen Montageunterstützung keine Durchbiegung.

Entfernen der Montageunterstützung. Auflagerkraft in der Montageunterstützung

$$g_1 = 1{,}132 \cdot 2{,}50 \cdot 3{,}00 + 0{,}78 = 9{,}27 \text{ kN/m}$$

$$F = 1{,}143 \cdot 9{,}27 \cdot 5{,}50 \qquad = 58{,}30 \text{ kN}$$

Nach Bild 5-12

$$M_{\mathrm{B}\lfloor F\rfloor}= -\frac{3}{16}\cdot 58{,}30\cdot 11 \qquad\qquad = -120\ \mathrm{kNm}$$

$$f_{\lfloor F\rfloor}= \int \frac{M^{\mathrm{u}}\cdot M^{\mathrm{H}}}{E_{\mathrm{a}}\cdot I_{\mathrm{i,M}}}\cdot \mathrm{d}s = \frac{2{,}75}{21\cdot 6{,}83}\cdot\left(\frac{1}{3}\cdot 160 - \frac{1}{4}\cdot 120\right)\cdot 11 = 4{,}9\ \mathrm{mm}$$

Aufbringen 2. Eigengewicht

$$g_2 \qquad = 1{,}132\cdot 2{,}30\cdot 3{,}00 \qquad\qquad = 7{,}80\ \mathrm{kN/m}$$

Nach Bild 5-12:

$$M_{\mathrm{B}\lfloor g_2\rfloor}= -7{,}80\cdot\frac{11{,}00^2}{8} \qquad\qquad = -118\ \mathrm{kN/m}$$

$$f_{\lfloor g_2\rfloor}= \frac{118\cdot 2{,}75}{21\cdot 7{,}38}\cdot\left(\frac{5}{12}-\frac{1}{4}\right)\cdot 11 \qquad\qquad = 3{,}8\ \mathrm{mm}$$

Ingebrauchnahme. Die Berechnung erfolgt unter Vollast

$$p = 1{,}132\cdot 5{,}00\cdot 3{,}00 \qquad\qquad = 17{,}00\ \mathrm{kN/m}$$

Ständig wirkender Anteil

$$f_{\lfloor 0{,}5\cdot p\rfloor}= 3{,}8\cdot\frac{0{,}50\cdot 17{,}00}{7{,}80}\cdot\frac{7{,}38}{7{,}93} \qquad\qquad = 3{,}9\ \mathrm{mm}$$

Kurzfristig wirkender Anteil

$$f_{\lfloor 0{,}5\cdot p\rfloor}= 3{,}8\cdot\frac{0{,}50\cdot 17{,}00}{7{,}80}\cdot\frac{7{,}38}{9{,}64} \qquad\qquad = 3{,}2\ \mathrm{mm}$$

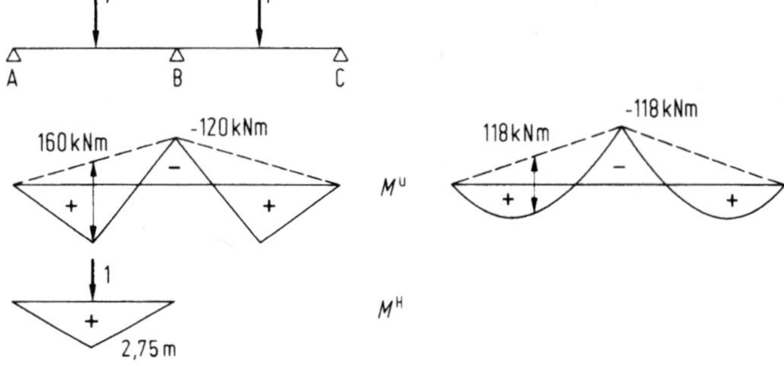

Bild 5-12. Zustandslinien.

Schwinden. Es wird ohne Rücksicht auf Zwischenzustände das volle Schwindmaß in Rechnung gestellt.

$$N_{\mathrm{sch}} \quad = \varepsilon_{\mathrm{s}} \cdot \frac{n_{\mathrm{v}}}{n_{\mathrm{A,s}}} \cdot E_{\mathrm{b,v}} \cdot A_{\mathrm{b}}$$

$$N_{\mathrm{sch}} \quad = -45,5 \cdot 10^{-5} \cdot \frac{9,80}{26,76} \cdot \frac{21430}{10} \cdot 300 \cdot 10 = -1071\,\mathrm{kN}$$

$$M_{\mathrm{sch}} \quad = 1071 \cdot 0,136 \qquad\qquad = 146\,\mathrm{kNm}$$

$$M_{\mathrm{B\lfloor sch\rfloor}} \quad = -\frac{1}{2} \cdot 146 \qquad\qquad = -73\,\mathrm{kNm}$$

$$f_{\lfloor sch\rfloor} \quad = \frac{2,75}{21 \cdot 7,14} \cdot \frac{1}{8} \cdot 146 \cdot 11 = 3,7\,\mathrm{mm}$$

Gesamtverformung in Feldmitte

$$f = 4,9 + 3,8 + 3,9 + 3,2 + 3,7 = 19,5\,\mathrm{mm} = L/564$$

6. Stahldecken mit Flächenverbund

6.1 Allgemeines

Profilierte Stahlbleche haben als selbsttragende Elemente in Decken- und Wandkonstruktionen eine weite Verbreitung, siehe Teil G. Stahlbau. Ausgehend von Nordamerika werden sie seit einigen Jahren auch zunehmend in Verbindung mit Beton eingesetzt. Die unterschiedlichen Profilformen sind aus Bild 6-1 zu ersehen. Die Verwendung als verlorene Schalung war ein Zwischenschritt, da bei

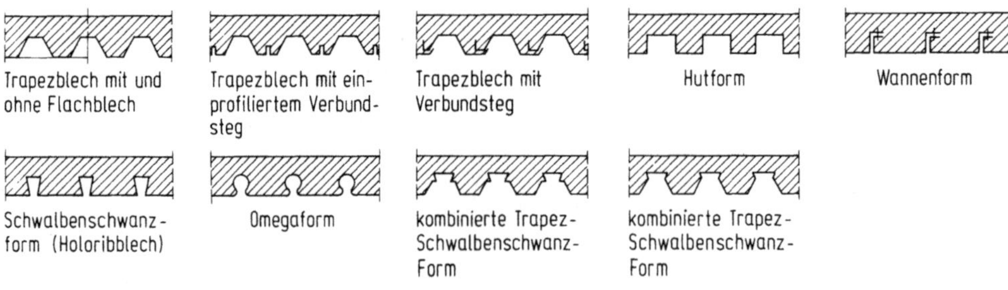

Bild 6-1. Profilformen für Flächenverbunddecken, nach [24].

einer Nutzung des Bleches als Bewehrung einer Stahlbetonplatte sich große wirtschaftliche Vorteile ergeben:

- schnelle Montage, meist von Hand,
- sofort nutzbare Arbeitsbühne,
- bei Befestigung auf dem Stahlträger Nutzung als aussteifendes Element zur Stabilisierung der Unterkonstruktion (siehe Teil G. Stahlbau),
- Schalung für die Betonplatte,
- Bewehrung der späteren Verbunddecke.

Der Hauptanwendungsbereich der Stahldecken mit Flächenverbund liegt im Stützweitenbereich von 5 bis 8 m und bei Nutzlasten von 5 bis 10 kN/m². Anforderungen an den Brandschutz und Schallschutz sind zudem in ähnlicher Form zu erfüllen wie bei normalen Stahlbetonplatten.

Diese Decken entsprechen im Endzustand einer bewehrten Betondecke. Die Besonderheiten liegen in der Art der Verbundwirkung, siehe 6.2. Dies führt dazu, daß in Deutschland diese Bauweise noch nicht als allgemein gebräuchlich und bewährt angesehen wird. Aus diesem Grunde sind zur Zeit noch dafür allgemeine bauaufsichtliche Zulassungen erforderlich [24]. Die Grundlagen dafür werden in der Regel über Versuche gewonnen, zu deren Verwendung Angaben in 6.3 gemacht sind.

Im allgemeinen sind folgende Gesichtspunkte zu betrachten:

1. Montagezustand
2. Biegetragfähigkeit
3. Verbundsicherung
4. Querkrafttragfähigkeit

Die Punkte 2 bis 4 sind unter rechnerischer Versagenslast zu untersuchen. Häufig werden aus formalen Gründen wegen der Analogie zu Stahlbetondecken diese Nachweise jedoch für den Gebrauchslastenzustand geführt.

5. Verformungen unter Gebrauchslast
6. Rissebeschränkung unter Gebrauchslast.

6.2 Verbundwirkung beim Flächenverbund

Die Verbundwirkung hängt von der Art des vorhandenen Schubverbundes ab. Sie kann auf folgende Arten erreicht werden:

1. Haftverbund. Die Wechselwirkung zwischen Profilblech und Beton in der Oberflächenhaftung ist komplex. Die Haftung zwischen einer ausgehärteten Betondecke und einem ebenen Stahlblech ist nicht sehr stabil und kann durch leichte Stöße oder durch Schwinden des Betons zerstört werden. Die Haftung ist außerdem nur bis zum ersten Auftreten von Rissen im Beton voll wirksam. Danach treten an den Rissen Spannungsspitzen auf, die bei zunehmender Last zur Zerstörung der Haftung führen. Bei einem Biegeträger wird sich daher ein Mittelbereich ausbilden, in dem der Beton gerissen ist (Stadium II) und ein Endbereich, in dem das nicht der Fall ist (Stadium I). Die Tragwirkung wird daher der des Bogen-Zugband-Modells entsprechen. Das Versagen tritt dann durch plötzliches Versagen des Endbereiches auf. Da die Zugfestigkeit des Betons kaum zu garantieren ist, wird ein Haftverbund allein aber als nicht zulässig angesehen.

2. Reibungsverbund. Dieser wird durch eine entsprechende Profilierung der Bleche erreicht, die so ausgebildet sein muß, daß durch die Querkontraktion eine Klemmwirkung eintritt, die Reibungskräfte aktiviert. Aus diesem Grunde sind unveränderte, nach oben hin sich öffnende Profilblechformen (siehe Nrn. 1 bis 3 im Bild 6-1) für Reibungsverbund ungeeignet, wenn nicht andere Maßnahmen nach 3 oder 4 hinzukommen.

Dagegen wird bei den Profilblechen mit hinterschnittener Sickenform (Nrn. 6 bis 9) eine zuverlässigere, wirksame Reibung erzeugt.

Für diese Konstruktionsart ist die Zuverlässigkeit der Verbundberechnungen von der Annahme der Verteilung der Schubspannung in der Berührungsfuge zwischen Blech und Beton abhängig. Die Gültigkeit einer vereinfachten Berechnungsart kann außerdem durch die Langzeitwirkung von Kriechen und Schwinden beeinträchtigt werden. Aus diesem Grund muß die Bemessung für Verbunddecken aus Profilblechen mit hinterschnittenen Sickenformen zur Zeit noch durch Versuche belegt werden.

Für den Reibungsverbund trifft weniger das Bogen-Zugband-Modell zu, es ähnelt mehr dem Modell eines Biegebalkens.

3. Kontinuierliche Verdübelung durch Nocken, Sicken, Ankerbänder oder andere mechanische Verbindungsmittel. Verbunddecken aller Art stützen sich auf den Schubverbund durch spezielle Verbindungsmittel zwischen Blech und Beton, die kontinuierlich über die Deckenlänge angeordnet sind.

Bei Profilblechen mit Nocken oder Sicken nach 7 und 5 im Bild 6-2 hängt die Verbundwirkung von der Art (z.B. schräge Rippen oder Sicken, Aussparungen in den Rippen, Nocken), von der Tiefe und Anzahl der Nocken in den Sicken und von der Spannweite der Decke ab. Unter der Voraussetzung, daß die Scherfestigkeit der Nocken und Sicken aus Versuchen oder anderweitig bekannt ist, kann die Decke unter Annahme des Versagens durch Schlupf berechnet werden.

Profilblech-Verbunddecken mit Ankerbändern, die in bestimmten Abständen über die ganze Spannweite der Decke verteilt sind, können auf derselben Grundlage wie die Verbundträger mit Bolzendübeln bemessen werden. Mit dem zu ermittelnden Wert für die zulässige Dübelkraft durch die Verankerungen kann die zulässige Belastung ermittelt werden.

4. Endverankerungen. Die Verbundwirkung zwischen dem Stahlprofilblech und dem Beton kann durch Verankerungen über den Auflagen gesichert werden. Dadurch wird der Schlupf zwischen Betondecke und Profilblech im Sinne eines Bogen-Zugband-Modells am Auflager verhindert. Derartige Verankerungen können vorgesehen werden, um eine Verbundwirkung mit einfachen Profilblechen zu erzielen oder um die Tragfähigkeit der Verbunddecke zu verbessern.

Die Verankerungen sind zur Zeit in der Regel an den Endauflagern erforderlich und bei durchlaufenden Decken über Zwischenauflagern dann, wenn dort die Profilbleche gestoßen werden.

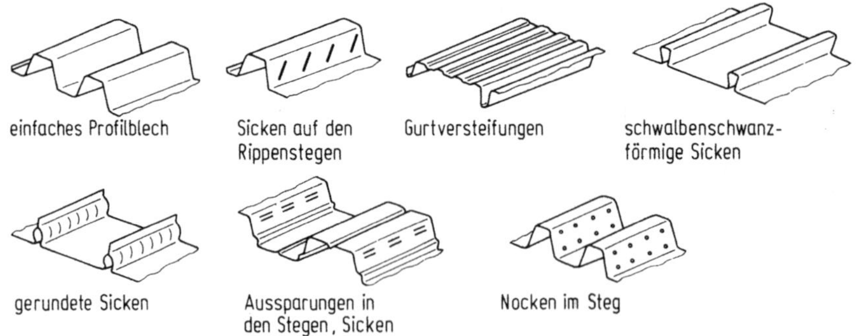

Bild 6-2. Schubverbund durch spezielle konstruktive Gestaltung.

Bei Sonderprofilen, die den Reibungsverbund ermöglichen, ist gegebenenfalls nur eine Verankerung an den Profilblechenden erforderlich.

Die Endverankerungen werden in vielen Fällen durch Kopfbolzendübel gebildet, die auf den zur Unterstützung dienenden Stahlträgern aufgeschweißt sind. Bei den üblichen dünnen Blechen kann das durch Durchschweißen durch die Bleche geschehen oder die Dübel sind bereits vorher auf die Stahlträger aufgeschweißt worden und die Bleche werden mit vorbereiteten Löchern über die Dübel gestülpt.

Es sind auch andere Endverankerungen, z.B. durch Verformen der Bleche an den Enden (sog. Hammerschlagdübel), Endwinkel, Endkopfplatten u. ä. möglich. Eine neuere Entwicklung stellen Schenkeldübel dar. Hierbei werden speziell abgekantete Bleche an einem Schenkel mit Setzbolzen auf der Unterkonstruktion befestigt. Die Tragfähigkeit der Schenkeldübel ist jedoch zur Zeit noch geringer als die der Kopfbolzendübel und sie verhalten sich auch weicher.

6.3 Verwendung von Versuchsergebnissen

Für jede der in 6.2 beschriebenen Arten von Verbundmöglichkeiten sind zwei Arten von Versuchen möglich:

- Versuche, die für eine bestimmte konstruktive Ausbildung in Anlehnung an bereits bewährte Versuchsverfahren durchgeführt werden.
- Versuche, die durchgeführt werden, um eine halbexperimentelle Basis für die allgemeine Bemessung zu finden.

Bei Versuchen der ersten Art muß der Versuch hinreichend genau die Belastungsbedingungen und die vorgegebenen Randbedingungen berücksichtigen. Die gewonnenen Ergebnisse können nicht auf andere Beanspruchungsarten übertragen werden.

Bei Versuchen der zweiten Art, die mit einer genügenden Anzahl von Parametern durchgeführt werden, erhält man Angaben über die wirksame Haftspannung, Reibung oder Verankerungskraft, die dann als Grundlage für eine Näherungsrechnung zur Bemessung dienen können.

Allgemein ist sicherzustellen, daß bei der Verwendung von Versuchsergebnissen für die konstruktive Ausbildung in der Praxis stets die üblichen Bau- und Sicherheitsvorschriften beachtet werden.

6.4 Montagezustand

Im Montagezustand trägt der Stahl-Querschnitt allein. Die Teilflächen des Querschnitts sind dadurch gekennzeichnet, daß relativ große Breiten bei sehr geringen Blechdicken (in den meisten Fällen < 1 mm) vorhanden sind. Daher tritt örtliches Beulen in der Querschnittsebene auf. Dieser Effekt kann rechnerisch dadurch erfaßt werden, daß die tatsächlichen Breiten auf verminderte wirksame Breiten reduziert werden, so daß sich in beiden Fällen die gleiche Grenztragfähigkeit ergibt, vgl. Teil G. Stahlbau.

Die Bezeichnung „wirksame Breite" wird zur Unterscheidung zur „mittragenden Breite" gewählt, die sich aufgrund von Schubverformungen einstellt, siehe Teil I. Stahlbetonbau.

Die wirksamen Breiten (wegen der Herkunft aus dem Englischen mit b_{eff} bezeichnet) sind stark abhängig von der Art der Lagerung der betrachteten Teilflächen. Verschiedene Fälle sind zu unterscheiden, siehe Bild 6-3:

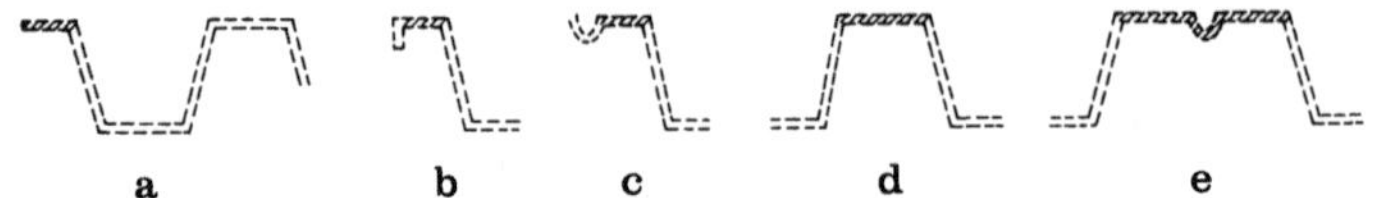

Bild 6-3a–e. Verschiedene Lagerungen von Teilflächen in bezug auf örtliches Beulen.

a) unversteiftes Druckelement,
b) durch eine einfache Lippe versteiftes Druckelement,
c) durch eine Lippe versteiftes Druckelement,
d) durch zwei Stege versteiftes Druckelement,
e) durch zwei Stege und eine Zwischenlippe versteiftes Druckelement,
f) gedrückter Stegbereich.

Rechenwerte wurden überwiegend aufgrund von umfangreichen Versuchen festgelegt, wobei das überkritische Tragverhalten berücksichtigt wird. Angaben können z.B. [V3] entnommen werden oder nach Stahlbau-Vorschriften, z.B. der DASt-Richtlinie 016 [V5] berechnet werden.

Für das schwalbenschwanzförmige Profil (Bild 6–4) nach [24] bzw. der Zulassung [V8] ergibt sich z.B.:

Obergurt $b_{\mathrm{eff}} = 34\,\mathrm{mm} \approx 36\,\mathrm{mm}$

Untergurt $b_{\mathrm{eff}} = 44\,\mathrm{mm} \ll 136\,\mathrm{mm}$ (im Druckbereich)

und damit die Querschnittswerte für den voll mittragenden Obergurt im Druckbereich

$$A = 15{,}62\,\mathrm{cm^2/m}$$

$$I = 62{,}19\,\mathrm{cm^4/m}$$

$$W_{\mathrm{o}} = 18{,}00\,\mathrm{cm^3/m}$$

$$W_{\mathrm{u}} = 37{,}80\,\mathrm{cm^3/m}$$

Aus den Querschnittswerten ergeben sich zulässige Schnittgrößen für den Montagezustand. Für das Beispiel von Bild 6-4 ergeben sich die Werte nach [V8]

$$\mathrm{zul}\ M_{\mathrm{F}} = 3{,}30\,\mathrm{kNm/m}$$

$$\mathrm{zul}\ M_{\mathrm{S}} = 3{,}65\,\mathrm{kNm/m}$$

$$\mathrm{zul}\ A = 12{,}2\,\mathrm{kN/m}$$

$$\mathrm{zul}\ B = 18{,}1\,\mathrm{kN/m}$$

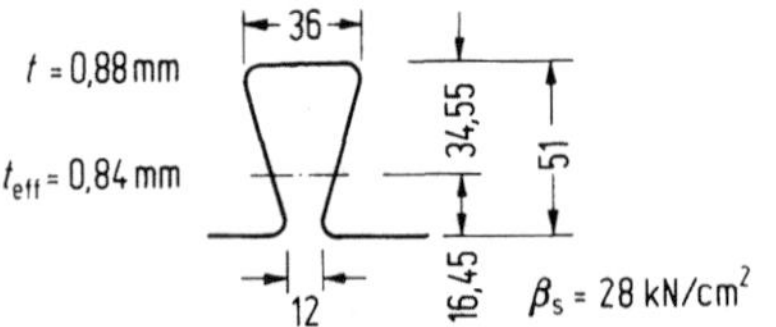

Bild 6-4. Schwalbenschwanzförmiges Profil.

Die zulässige Auflagerkraft ergibt sich aus der Auflagerkrafteinleitung in das dünne unversteifte Blech.

Da für den Montagelastfall eine Betonierlast von $p = 2\,\text{kN/m}^2$ vorgeschrieben ist, kann bei Ausnutzung der zulässigen Schnittgrößen die jeweils zulässige Stützweite errechnet werden. Für das Beispiel aus Bild 6-4:

Ermittlung der zulässigen Stützweiten (Bild 6-5)

$$g = d \cdot 26, \text{ somit z.B. für } d = 20\,\text{cm:} \ g = 5,2\,\text{kN/m}$$

Vereinfachend wird ein Vierfeldträger mit feldweise ungünstiger Anordnung der Verkehrslast betrachtet.

$$\max M_\text{F} = 0{,}0799 \cdot 5{,}2 \cdot L^2 + 0{,}1001 \cdot 2{,}0 \cdot L^2 \qquad \overset{!}{=} 3{,}30$$

$$L = \sqrt{3{,}30/(0{,}415 + 0{,}200)} \qquad = 2{,}315\,\text{m}$$

$$\max M_\text{B} = 0{,}1053 \cdot 5{,}2 \cdot L^2 + 0{,}1196 \cdot 2{,}0 \cdot L^2 \qquad \overset{!}{=} 3{,}65$$

$$L = \sqrt{3{,}65/(0{,}548 + 0{,}239)} \qquad = 2{,}154\,\text{m}$$

$$\max A = 0{,}393 \cdot 5{,}2 \cdot L + 0{,}446 \cdot 2{,}0 \cdot L \qquad = 12{,}20$$

$$L = 12{,}20/(2{,}044 + 0{,}892) \qquad = 4{,}156\,\text{m}$$

$$\max B = 1{,}143 \cdot 5{,}2 \cdot L + 1{,}224 \cdot 2{,}0 \cdot L \qquad = 18{,}10$$

$$L = 18{,}1/(5{,}944 + 2{,}448) \qquad = 2{,}157\,\text{m}$$

Als kleinster Wert ergibt sich damit zul L $\qquad = 2{,}15\,\text{m}$

Ausführliche Auswertungen der Hersteller erleichtern die Anwendung.

Die relativ kleinen zulässigen Stützweiten werden nur dadurch erreicht, daß Zwischenunterstützungen angeordnet werden. Diese können aus Baustützen aus Stahl mit Ausziehvorrichtung oder aus Hilfsträgerlagen bestehen.

6.5 Biegetragfähigkeit für Feldmomente

Diese ist für den Versagenzustand zu ermitteln (Grenztragfähigkeit), womit die Ausführungen in 2 gültig bleiben. Die Nullinie liegt praktisch immer im Betongurt, womit (2.4-1) und (2.4-2) angewendet werden können.

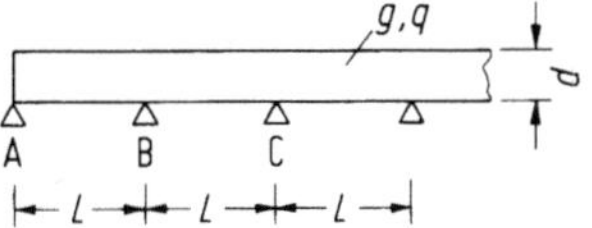

Bild 6-5. System für Grenzstützweiten.

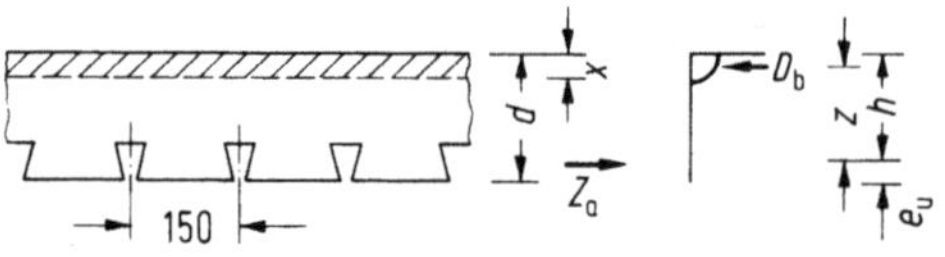

Bild 6-6. Beispiel: Biegetragfähigkeit im Feldbereich.

Für das Blech vom Bild 6-4, das in eine $d = 20$ cm dicke Decke nach Bild 6-6 eingebaut wird, ergibt sich dann:

$$B\ 25,\ d = 20\ \text{cm},\ \text{Blech}\ 51/150/0,88,\ \beta_s = 28\ \text{kN/cm}^2\ [\text{V8}]$$

$$e_u = 1,65\ \text{cm}$$

$$x = \frac{15,62 \cdot 28}{0,6 \cdot 2,5 \cdot 100} = \frac{437}{150} \qquad = 2,91\ \text{cm}$$

$$M_{pl} = 437 \cdot (0,20 - 0,0165 - 0,0146 = 73,8\ \text{kNm/m}$$

Aus formalen Gründen wird in Zulassungen statt dessen eine Bemessung unter Gebrauchslast nach DIN 1045 gefordert. DIN 1045 sieht eine Rechenfestigkeit des Betons von $0,7\ \beta_{WN}$ statt $0,6\ \beta_{WN}$, wie in [V1], vor, woraus sich jedoch nur geringfügige Unterschiede ergeben. Aus dem vorher ermittelten Wert ergibt sich mit dem Sicherheitsbeiwert 1,75 nach DIN 1045

$$\text{zul}\ M = M_{pl}/1,75 = 73,8/1,75 = 42,2\ \text{kNm/m}.$$

Die Stahlbeton-Bemessung nach DIN 1045 liefert:

$$a_s[\text{cm}^2/\text{m}] = \frac{M[\text{kNm/m}]}{h[\text{cm}]} \cdot 0,1 \cdot k_s$$

$$\text{zul}\ M \quad = \frac{A_s h}{0,1\,k_s}, \qquad\qquad k_s = 6,8\ (\text{geschätzt})$$

$$\text{zul}\ M \quad =\cdot \frac{15,62 \cdot 18,35}{6,8} \qquad = 42,2\ \text{kNm/m}$$

$$k_h \quad = \frac{h[\text{cm}]}{\sqrt{\dfrac{M_s[\text{kNm}]}{b[\text{m}]}}} = \frac{18,35}{\sqrt{42,2}} \qquad = 2,82,\ k_s = 6,83$$

6.6 Biegetragfähigkeit für Stützenmomente

Bisher liegen noch nicht genügend Versuchsresultate vor, inwieweit das im Druckbereich liegende Profilblech als Druckbewehrung voll in Rechnung gestellt werden darf. Daher untersagen das zur Zeit noch die Zulassungen. Somit verbleibt im Druckbereich nur der in den Rippen vorhandene Beton.

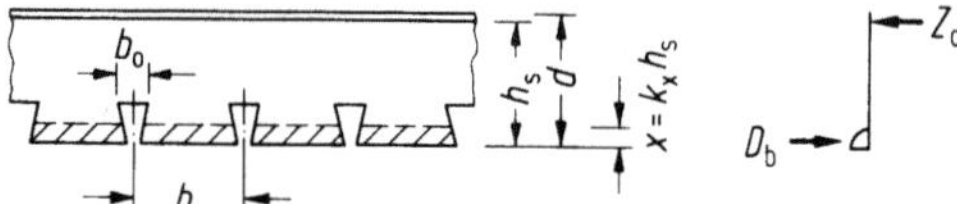

Bild 6-7. Beispiel: Biegetragfähigkeit.

Auch hier fordern die Zulassungen formal einen Nachweis unter Gebrauchslast nach DIN 1045, wobei die Zugspannungen durch eine nach DIN 1045 17.2.1 nachzuweisende Zugbewehrung aufzunehmen ist.

Da für das Beispiel nach Bild 6-4 im Druckbereich ein kammartiger Querschnitt vorliegt, muß die Breite mit einem Reduzierungsfaktor β_x abgemindert werden, Bild 6-7. Der Wert $b_{\text{eff}} = \beta_x \cdot b$ ist abhängig von der Deckendicke d und der Bewehrungslage mit

$$\beta_x \approx \frac{b_u - 0{,}5b_0}{b_u} \tag{6.6-1}$$

Genauer kann der Wert durch Iteration und aus Tabellen der Hersteller ermittelt werden.

Für das Beispiel nach Bild 6-6 und 6-7 ergibt sich:

$d = 20\,\text{cm}$, Stützenbewehrung Matte $150 \cdot 250 \cdot 6{,}5d \cdot 5{,}5$ angenommen

mit $a_s = 4{,}43\,\text{cm}^2/\text{m}$

$h_s = 20, - 1{,}0 - 0{,}65/2 = 18{,}65\,\text{cm}$,

geschätzt $k_s = 6{,}6$

$$\text{zul } M = \frac{4{,}43 \cdot 18{,}65}{6{,}6} = 12{,}5\,\text{kNm/m}$$

$$\beta_x \approx \frac{150 - 18}{150} = 0{,}88$$

$$k_h = \frac{18{,}65}{\sqrt{\dfrac{11{,}88}{0{,}88 \cdot 1}}} = 4{,}94, \text{ damit } k_s = 6{,}56, k_x = 0{,}150$$

$$x = 0{,}150 \cdot 18{,}65 = 2{,}8\,\text{cm} < 5{,}1\,\text{cm}$$

Bei der Ermittlung der vorhandenen Stützenmomente darf von der Möglichkeit der 15%igen Momentenumlagerung Gebrauch gemacht werden.

Weiterhin dürfen die Stützenmomente entsprechend der Auflagerbreite ausgerundet werden.

6.7 Verbundsicherung

Durch den Nachweis der Verbundsicherung soll die Verbundwirkung sichergestellt sein. Prinzipiell ist dabei vom Traglastzustand auszugehen. Wegen der Vielzahl der Verbundsicherungsmöglichkeiten (siehe 6.2) ergeben sich jedoch zusätzliche Schwierigkeiten des Schubnachweises in der

Verbundsicherungsebene. Die Schubflußverteilung weist im Rißbereich Verbundspannungsspitzen auf, ähnlich wie im Spannbetonbau beim Verbund von Rundstählen.

Erschwerend kommt bei Stahlblechdecken hinzu, daß bei ausbetonierten Stegen die Einleitung der Schubkräfte auch über die Querschnittshöhe verteilt erfolgt.

Weiter sind folgende konstruktive Gegebenheiten zu beachten [25]:

- Höhenlage einer Verbundsicherung innerhalb der Profilhöhe (z.B. nach Bild 6-2, Fälle 2, 5, 6, 7)
- Ausbildung, Steifigkeit und Abstand eventueller Verbundsicherungselemente
- eventuell vorhandene Zusatzbewehrung
- Form des Profilblechs
- Schubsteifigkeit des Profilblechs im Verhältnis zu der des Betonsteges
- eventuelle Klemmwirkung bei hinterschnittenen Profilen.

Prinzipiell möglich ist nach entsprechenden Versuchen die Angabe der mittleren Schubfestigkeit entlang der Profilabwicklung. Sofern keine zusätzliche Endverbundsicherung vorhanden ist, wird der Bruch mehr oder minder schlagartig erfolgen. Dagegen wäre dann mit einem erhöhten Sicherheitsbeiwert abzusichern. Noch nicht restlos geklärt sind jedoch Fragen der Dauerhaftigkeit, auch Einflüsse von Erschütterungen und Schwinden. Bei einigen Versuchen wurden diese Effekte durch pulsierende Belastungen simuliert. Aus diesem Grund wird in einigen Zulassungen erlaubt, die Flächenverbundfestigkeit τ_F zur Verbundsicherung mit heranzuziehen.

Dabei wird in der Regel von dem im Stahlbetonbau üblichen Bogen-Zugband-Modell ausgegangen.

$$D_b = Z_a = Z = \text{erf } a_s \cdot \beta_{S,s}$$

Dabei sind verschiedene Fälle für die Endverankerung zu unterscheiden, die vom Deckentyp abhängig sind und aus den Zulassungen zu entnehmen sind.

Für die Endverankerung werden oft Kopfbolzendübel nach 3.3 und Tabelle 3-1 verwendet, aber auch herstellerbedingte Spezialverankerungen sind möglich.

6.8 Querkrafttragfähigkeit

Auch hier ist der Nachweis eigentlich, wie in 6.5 bis 6.7, für den Traglastzustand zu führen. In der Regel fehlen aus den Versuchen jedoch detaillierte Kenntnisse insbesondere über die kritische Verbund-Lasteinleitungslänge, unterhalb derer das Biegetragmoment nicht erreicht werden kann, vgl. [25].

Da das Tragverhalten prinzipiell ähnlich dem vom Stahlbetonbalken ist, wird daher für die praktische Anwendung ein rechnerischer Schubnachweis nach DIN 1045, 17.5 für den Gebrauchszustand geführt.

Wegen des kammartigen Querschnitts ist ein zusätzlicher Breiten-Reduzierungsfaktor β_b zu berücksichtigen.

$$\text{vorh } \tau = Q/(\beta_b bz) \leqq \tau_{0,11} \text{ nach DIN 1045, Tabelle 13}$$

$$\beta_b \approx (0{,}75 \ldots 0{,}80)$$

$$z = \text{Hebelarm der inneren Kräfte}$$

$$z = k_z \cdot h_s$$

$$\tau_{0,11} = 0,5 \, \text{MN/m}^2 \qquad \text{B 25}$$

$$\tau_{0,11} = 0,6 \, \text{MN/m}^2 \qquad \text{B 35}$$

Bei unmittelbarer Stützung kann die Querkraft nach DIN 1045, 17.5.2 abgemindert werden.

6.9 Verformungsberechnung

Eine Verformungsberechnung dient dem Nachweis der Eignung im Gebrauchszustand.

Die Berechnung kann prinzipiell nach 4.6 mit ideellen Querschnittswerten erfolgen. Problematisch ist allerdings die Entscheidung, mit ungerissenem Querschnitt (Zustand I) oder gerissenem Betonquerschnitt (Zustand II) zu rechnen.

Für die baupraktischen Belange bieten sich an

a) Berechnung unter der Annahme des Zustandes II, pauschale Berücksichtigung des ungerissenen Bereichs

$$f \approx 0,9 f_{\text{II}} \ (\text{experimentell überprüft, [25]})$$

b) Verformungsnachweis durch Begrenzung der Biegeschlankheit nach DIN 1045, 17.7. Hierin sind die Anteile aus Kriechen und Schwinden pauschal berücksichtigt.

6.10 Rissebeschränkung

Dies ist für den Stützenbereich nachzuweisen und kann dort bei der Bemessung der Stützenbewehrung nach den Stahlbetonbestimmungen erfolgen. Im Feldbereich bietet die Stahlblechdecke eine geschlossene Untersicht, so daß keine besonderen Maßnahmen erforderlich sind.

6.11 Querbewehrung

Diese ist nach den Bemessungsregeln des Stahlbetonbaus, DIN 1045, zu ermitteln, da die Stahlblechdecke dafür ähnliches Verhalten wie eine normale Betonplatte zeigt.

6.12 Scheibenwirkung

Die Scheibenwirkung ist immer dann anzusetzen, wenn die Weiterleitung der Scheibenkräfte über Befestigungsmittel in die Unterkonstruktion sichergestellt ist. Dies ist prinzipiell sowohl für den Bauzustand als auch für den Endzustand möglich. Einzelheiten sind in den Bestimmungen der Zulassungen festgelegt. Zu diesem Problemkreis sind weitere Ausführungen im Teil G. Stahlbau gemacht.

6.13 Beispiel: Verbunddecke über 4 Felder

Das System ist im Bild 6-8 dargestellt, $d = 20$ cm.

Ständige Last $g = 6,5$ kN/m^2

Verkehrslast $p = 5,0$ kN/m^2

$$q = 11,5 \text{ kN/m}^2$$

a) Schlankheit

$$h \quad \approx 20 - 1,65 \quad = 18,35 \text{ cm}$$

$$l_i \quad = 0,80 \cdot 6,0 \quad = 4,80 \text{ m ([9], Tafel 6.1)}$$

$$l_i/h \quad = 480/18,35 \quad = 26,2 < 35$$

b) Montagezustand

$$g \quad = 20 \cdot 0,26 \quad = 5,2 \text{ kN/m}^2$$

Profilstoß alle 2 Felder, d.h., die Profiltafellänge beträgt

$$L \quad = 2 \cdot 6,0 \quad = 12,00 \text{ m.}$$

Die Profilbleche müssen wegen zu großer Spannweite pro Feld zweimal während des Betonierens unterstützt werden.
Spannweite Profilbleche

$$L \quad = 6,00/3 \quad = 2,00 \text{ m}$$

gewählt Schwalbenschwanzprofil [25] 51/150/0,88, Bild 6-4.

$L_{max} = 2,15$ m, siehe 6.4.

Durchbiegung

$$f_{1g} \quad = 6324 \cdot 0,52 \cdot 2,0^4/2100 \cdot 6219 = 0,403 \text{ cm}$$

c) Schnittkräfte im Gebrauchszustand nach [11], Tafel 10.4b

$$g/q \quad = 6,5/11,5 \qquad = 0,5652$$

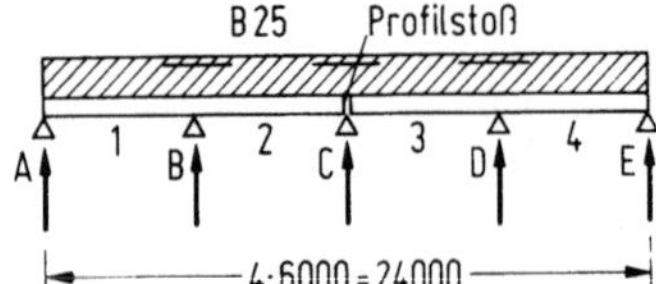

Bild 6-8. Beispiel einer Verbunddecke.

$$M_j = q \cdot L^2/m_j; \ Q_{jk} = q \cdot L/q_{jk}$$

$$m_1 = 12{,}04 + (12{,}23 - 12{,}04)0{,}652 \qquad = 12{,}16$$

$$m_B = -10{,}33 - (10{,}46 - 10{,}33)0{,}652 \qquad = -10{,}42$$

$$m_2 = 19{,}24 + (20{,}34 - 19{,}24)0{,}652 \qquad = 19{,}96$$

$$m_C = -13{,}18 - (13{,}73 - 13{,}18)0{,}652 \qquad = -13{,}54$$

$$M_1 = 11{,}5 \cdot 6{,}00^2/12{,}16 \qquad\qquad = 34{,}0 \ \text{kNm/m}$$

$$M_B = -11{,}5 \cdot 6{,}00^2/10{,}42 \qquad\qquad = -39{,}7 \ \text{kNm/m}$$

$$M_2 = 11{,}5 \cdot 6{,}00^2/19{,}96 \qquad\qquad = 20{,}7 \ \text{kNm/m}$$

$$M_C = -11{,}5 \cdot 6{,}00^2/13{,}54 \qquad\qquad = -30{,}6 \ \text{kNm/m}$$

$$q_{1B} = \qquad\qquad = -1{,}66$$

$$Q_{1B} = 11{,}5 \cdot 6{,}00/1{,}66 \qquad\qquad = 41{,}6 \ \text{kN/m}$$

d) Bemessung der Feldmomente (Flächenverbund)

$$M_1 = \qquad\qquad = 34{,}0 \ \text{kNm/m}$$

max M_s für 51/150/0,88, $\qquad\qquad d = 20 \ \text{cm und B 25}$

$$\text{max } M_s = 42{,}2 \ \text{kNm/m} \qquad M_1^* = 34{,}0 \ \text{kNm/m}$$

e) Verbundsicherung

Die Verbundsicherung erfolgt über den Flächenverbund (FV) und Endverankerung (EV) mit Kopfbolzendübel (KD) 3/4″ ohne direkte Verbindung mit dem Blech, diese erfolgt durch Setzbolzen (SB).

Auflager A. Ermittlung der erforderlichen Feldlängsbewehrung

$$M_1 = 34{,}0 \ \text{kNm/m}$$

1. Näherung $h = d = 20 \ \text{cm}$

$$k_h = 20/\sqrt{34{,}0} \qquad = 3{,}43, \text{ damit } k_s = 6{,}72$$

$$a_{s,\text{erf}} = 34{,}0/20 \cdot 6{,}72 \qquad = 11{,}4 > 7{,}73 \qquad = \text{zul } a_s \ [\text{V8}]$$

2. Näherung $e_u = 0{,}70, \ h = d - e_u = 20 - 0{,}7 = 19{,}3$

$$k_h = 19{,}3/\sqrt{34{,}0} \qquad = 3{,}31, \text{ damit } k_s = 6{,}74$$

$$a_{s,\text{erf}} = 34{,}0/19{,}3 \cdot 6{,}74 \qquad = 11{,}9 < 12{,}1 \qquad = \text{zul } a_s \ [\text{V8}]$$

$$Z_s = 11{,}9 \cdot 28{,}0 \qquad\qquad = 333 \ \text{kN/m}$$

Anrechenbares Scherkraftgebiet [V8]

$$L_t \quad = \sqrt{8M/q}/2 \qquad = \sqrt{8 \cdot 34{,}0/11{,}5}/2 = 2{,}43 \text{ m}$$

Als zusätzlicher Blechüberstand am Endlager werden 6 cm angenommen,

damit gesamtes Scherkraftgebiet   2,49 m

zul FV (gemäß Zulassung [V8]) $42{,}5 \text{ kN/m}^2$

zul Kraft/SB (bei KD)   12,0 kN/SB

zul Kraft/KD   69,9 kN/KD

gewählt

KD 3/4″ (jede 2. Rippe) $a = 300$ mm, damit   3,33 KD/m

SB (3 Stück/Rippe) $a = 50$ mm, damit   20 SB/m

vorh FV $= 42{,}5 \cdot 2{,}49$ 105,8 kN/m

vorh EF $= 12 \cdot 20$ $= 240 \text{ kN/m}$

              $= 69{,}9 \cdot 3{,}33$ $= 233 \text{ kN/m}$ $= \underline{233 \text{ kN/m}}$

gesamte aufnehmbare Zugkraft $= 338{,}8 \text{ kN/m}$

vorh $Z_s = 333$ kN/m $<$ zul Z_s $= 338{,}8 \text{ kN/m}$

Auflager C. Ermittlung der erforderlichen Feldlängsbewehrung

$$M_2 \quad = 20{,}7 \text{ kN/m} \qquad h = 20 \text{ cm}$$

$$k_h \quad = 20/\sqrt{20{,}7} \qquad = 4{,}40, \text{ damit } k_s \quad = 6{,}58$$

$$a_{s,\text{erf}} = 20{,}7/20 \cdot 6{,}58 \quad = 6{,}81 < 7{,}73 \text{ cm}^2/\text{m} = \text{zul } a_s \text{ [V8]}$$

$$Z_s \quad = 6{,}81 \cdot 28{,}0 \qquad\qquad = 191 \text{ kN/m}$$

Anrechenbares Scherkraftgebiet [V8]

$$l_t \quad = [0{,}5 \cdot 11{,}5 \cdot 6 - (39{,}7 - 30{,}6)/6]/11{,}5 \quad = 2{,}87 \text{ m}$$

gewählt

KD 3/4″ (jede Rippe) $a = 750$ mm, damit   1,$\overline{3}$ KD/m

SB (1 Stück/Rippe) $a = 150$ mm, damit   6,$\overline{6}$ SB/m

vorh FV $= 42{,}5 \cdot 2{,}87$ $= 122{,}0 \text{ kN/m}$

$$\text{vorh } EV = 12 \cdot 6,\bar{6} \qquad = 80 \text{ kN/m}$$

$$= 69,9 \cdot 1,\bar{3} \qquad = 93,2 \text{ kN/m} \qquad\qquad = \underline{80,0 \text{ kN/m}}$$

gesamte aufnehmbare Zugkraft $\qquad\qquad = 202,0 \text{ kN/m}$

$$\text{vorh } Z_s = 191 \text{ kN/m} \quad < \text{zul } Z_s \qquad\qquad = 202 \quad \text{kN/m}$$

f) Querbewehrung
Endfeld $L_0 = 0,782 \cdot 6,0 \qquad\qquad\qquad = 4,692 \text{ m}$

$$\zeta \qquad\qquad = (14,90/20)^3 = 0,745^3 \qquad = 0,413$$

$$m_{\text{quer}} \qquad = 0.025 \cdot 11,5 \cdot 4,692^2 \cdot \sqrt{0,413} \qquad = 4,07 \text{ kNm/m}$$

$$h_{\text{quer}} \qquad = 20 - 5,1 - 0,3 \qquad\qquad = 14,60 \text{ cm}$$

$$k_h \qquad\qquad = 14,60/\sqrt{4,07} \qquad\qquad = 7,24$$

$$k_s \qquad\qquad = 3,7$$

$$a_{\text{sq}} \qquad\qquad = 3,7 \cdot 4,07/14,60 = 1,03 \text{ cm}^2/\text{m} > \min a_{\text{sq}} = 1,00 \text{ cm}^2/\text{m}$$

gewählt Betonstahlmatte Q 131, $1,31 \text{ cm}^2/\text{m} > 1,03 \text{ cm}^2/\text{m}$

g) Bemessung der Stützmomente

$$M_B \qquad\qquad = -39,7 \text{ kNm/m (ohne Ausrundung)}$$

$$h \qquad\qquad = 20 - 2,0 - 0,4 \qquad = 17,60 \text{ cm} \qquad\qquad \beta_x \approx 0,84$$

$$k_h \qquad\qquad = 17,60/\sqrt{39,7/0,84} \quad = 2,56$$

$$k_s \qquad\qquad = 3,9; \, k_z = 0,90; \qquad k_x = 0,28$$

$$a_s \qquad\qquad = 3,9 \cdot 39,7/17,60 \qquad = 8,80 \text{ cm}^2/\text{m}$$

gewählt $\quad \dfrac{100 \cdot 7,5d}{250 \cdot 7,5} \qquad \begin{array}{l} a_s = 8,84 \text{ cm}^2/\text{m} \\ a_{\text{sq}} = 1,77 \text{ cm}^2/\text{m} \end{array}$

h) Schubbemessung

$$Q_{\text{BL}} \qquad\qquad = +41,6 \text{ kN} \quad \text{(ohne Abminderung)}$$

$$z \qquad\qquad = 17,60 \cdot 0,90 \qquad = 15,84 \text{ cm}$$

$$\tau_{\text{vorh}} \qquad = 41,6/0,76 \cdot 100 \cdot 15,84 \qquad = 0,0346 \text{ kN/cm}^2$$

$$= 0,346 \text{ MN/m}^2 < 0,5 \text{ MN/m}^2$$

7. Verbundstützen

7.1 Allgemeines

Stützen sind dadurch gekennzeichnet, daß sie überwiegend durch Druck-Normalkräfte beansprucht werden. Daher sind die Querschnitte im Gegensatz zu den Verbundträgern in der Regel doppeltsymmetrisch, typische Querschnittsformen sind im Bild 7-1 dargestellt. Die Stahlprofile selbst können gewalzt oder aus Einzelteilen zusammengeschweißt sein.

Der statisch gemeinsam wirkende homogene Verbund-Querschnitt zeichnet sich besonders durch folgende Vorteile aus:

a) große Steifigkeit, so daß der Einfluß des Knickens sehr viel geringer ist als bei reinen Stahlstützen,
b) als geschlossener dickwandiger Querschnitt unterliegt er nicht der Gefahr des Biegedrillknickens,
c) große Tragfähigkeit, die insbesondere bei hohen Lasten zu sehr wirtschaftlichen Konstruktionen führt, Der Platzbedarf ist dann geringer als bei reinen Stahl- oder Betonstützen, Bild 7-2.

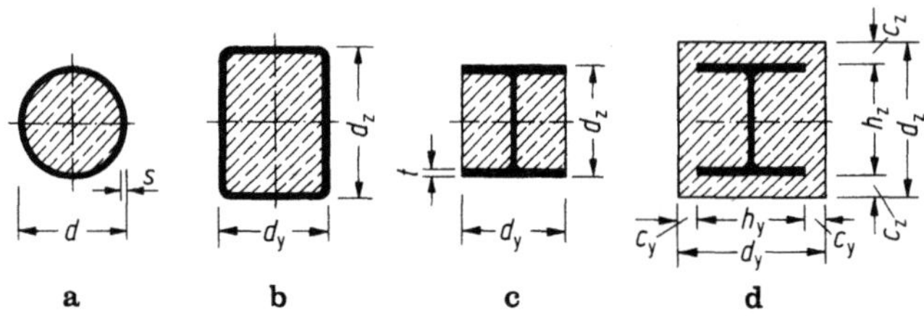

Bild 7-1a–d. Betrachtete Verbundquerschnitte.

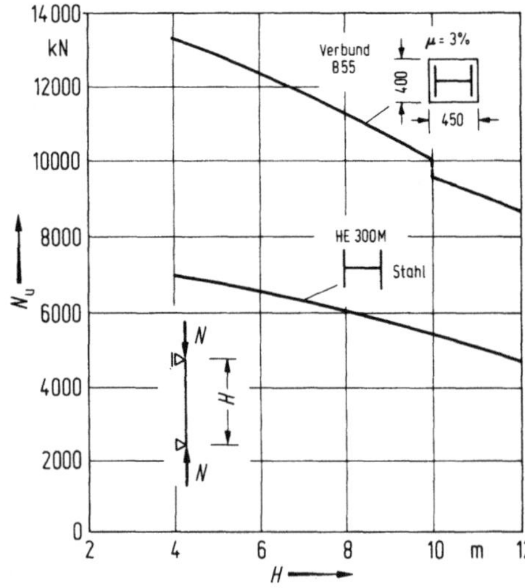

Bild 7-2. Gegenüberstellung von Traglasten N_u zu ständig wirkenden Lasten N, St 37 ($\beta_S = 240$ N/mm^2) Biegeknicken um die starke Achse.

d) günstiges Verhalten im Brandfall,
e) schnelle Montage durch Ausführung stahlbaumäßiger Anschlüsse.

Für die Anwendung von Verbundstützen liegen mit DIN 18806 Teil 1 praxisgerechte Regelungen vor, die zuvor fehlten. Sie sind ein Ergebnis umfangreicher Forschungsarbeiten in den 80er Jahren in Deutschland, die überwiegend in Bochum von Roik und Mitarbeitern durchgeführt worden sind. Die nachfolgenden Ausführungen lehnen sich daran an, z.B. [20, 27, 29].

7.2 Grenztragfähigkeit von Verbundstützen

7.2.1 Allgemeines, Werkstoffkennwerte

Es gelten die gleichen Voraussetzungen wie in 2. und 2.4. Auch bei den im Bild 7-1 dargestellten Querschnitten führt die vereinfachte Berechnung, bei der die Betonspannung im Druckbereich mit dem Wert der Rechenfestigkeit β_R konstant angesetzt wird, in der Regel zu ausreichend genauen Ergebnissen.

Der Rechenwert der Betondruckfestigkeit β_V beträgt nach DIN 18806 Teil 1

– für einbetonierte Profile $\qquad \beta_R = 0{,}6\,\beta_{WN}$

– für betongefüllte Hohlprofile $\quad \beta_R = 0{,}7\,\beta_{WN}$

Dieser erhöhte Wert für die Hohlprofile rührt aus dem Umschnürungseffekt her, er ist an die Einhaltung gewisser Abmessungsverhältnisse nach Tabelle 1 aus DIN 18806 Teil 1 gekoppelt.

Rechenwerte für den Elastizitätsmodul des Betons ergaben sich aus der Auswertung von Versuchen, sie sind geringer als diejenigen aus dem Betonbau, DIN 1045. Für kurzzeitig wirkende Lasten gilt nach DIN 18806 Teil 1

$$E_{bi} = 500\,\beta_{WN}. \qquad (7.2\text{-}1a)$$

Beim Langzeitverhalten ist der Kriecheinfluß zusätzlich zu berücksichtigen. Dieser kann nach 4.3.4 abgeschätzt werden:

$$\kappa = (1 + \varphi\psi)$$

Für konstante Schnittgrößen

$$\psi \approx 1{,}0$$

und die mittlere Fließkriechzahl von 1,5

$$\varphi \approx \varphi_f/1{,}4 \approx 1{,}0.$$

Damit ergibt sich der Faktor zu ungefähr 2,0, so daß bei lange wirkenden Lasten nur die halbe Steifigkeit anzusetzen ist. Vereinfachend darf daher für Langzeitlasten der Elastizitätsmodul entsprechend verringert werden:

$$E_{bi,\,\infty} = 250\beta_{WN}. \qquad (7.2\text{-}1b)$$

Sind sowohl ständige Lasten als auch kurzzeitig wirkende Druckkräfte vorhanden, so darf linear interpoliert werden:

$$E_{bi, \infty} = {}_{bi}(1 - 0,5 N_{ständig}/N).$$

$$(7.2\text{-}1c)$$

7.2.2 Normalkraft

Die Grenztragfähigkeit des Verbundquerschnittes ergibt sich aus der Addition der Einzelanteile Stahlprofil, Bewehrung und Beton nach (7.2-2a) bis (7.2-2c) entsprechend (7.2-2d):

$$N_{pl, a} = \beta_{S, a} A_a,$$

$$(7.2\text{-}2a)$$

$$N_{pl, s} = \beta_{S, s} A_s,$$

$$(7.2\text{-}2b)$$

$$N_{pl, b} = \beta_R A_b,$$

$$(7.2\text{-}2c)$$

$$N_{pl} = N_{pl, a} + N_{pl, s} + N_{pl, b}$$

$$(7.2\text{-}2d)$$

mit

$A_a, \beta_{S, a}$ Fläche, Streckgrenze des Stahlprofils,

$A_s, \beta_{S, s}$ Fläche, Streckgrenze der Bewehrung,

A_b, β_R Nettofläche, Rechenwert der Betondruckfestigkeit.

Für den Querschnittsparameter δ nach (7.2-3), der den Anteil der Stahltragfähigkeit zur Gesamttragfähigkeit beschreibt, muß die Bedingung (7.2-4) eingehalten sein.

$$\delta = \frac{N_{pl, a}}{N_{pl}},$$

$$(7.2\text{-}3)$$

$$0,2 \leq \delta \leq 0,9,$$

$$(7.2\text{-}4)$$

7.2.3 Normalkraft und Biegemoment

7.2.3.1 Allgemeines

Im Ausland wurde hierfür eine sehr einfache Methode angewendet, bei der statisch zulässige, im Gleichgewicht befindliche Grenztragfähigkeiten von Stahl und Beton addiert werden – „superposed strength method" von Wakabayashi, siehe Bild 7-3.

Der Vorteil dieser Methode liegt darin, daß alle Bemessungshilfen des Stahlbetonbaus und des Stahlbaus weiter benutzt werden können.

Für die Interaktionsbeziehung lassen sich folgende Gleichungen verwenden:

Beton
$$\frac{M}{bd^2 \beta_R} = \frac{1}{2} \cdot \frac{N}{N_{pl, b}} \cdot \left(1 - \frac{N}{N_{pl, b}}\right),$$

$$(7.2\text{-}5)$$

Stahl
$$\frac{M}{M_{pl}} = 1 - \frac{N}{N_{pl}}.$$

$$(7.2\text{-}6)$$

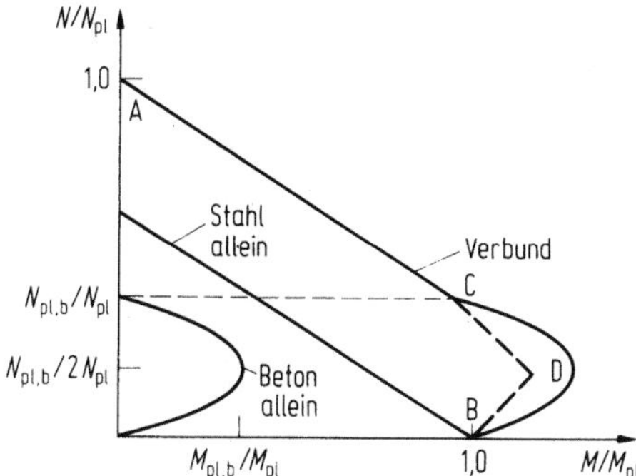

Bild 7-3. Überlagerungsmethode (Superposed strength method).

Da jedoch die plastischen Nullinien der Einzelteile nicht übereinstimmen, ergeben sich in Einzelfällen im Bereich kleinerer Normalkräfte merkbare Unterschiede.

Eine Verbesserung dieser Methode wurde von Roik vorgeschlagen [27]. Dabei wird der Punkt D im Bild 7-3 so bestimmt, daß der Versatz der plastischen Nullinien berücksichtigt wird. Für eine größere Anzahl von einbetonierten I-Profilen liegen dazu zahlenmäßige Auswertungen in [29] vor, Beispiele dort erläutern den Nachweis. Das Moment im Punkt D vom Bild 7-3 ergibt sich dann zu

$$M_{\text{pl. D}} = M_{\text{pl}} + N_{\text{pl}}e \text{ mit } e = 0,5\, d_z - z_0 \text{ bzw. } 0,5 d_y - y_0.$$

Die Werte z_0 bzw. y_0 können nach 7.2.3.2 berechnet werden.

In Deutschland hat sich das Vorgehen (entsprechend) 2.4 durchgesetzt.

7.2.3.2 Einbetonierte I-Profile

Zunächst bleibt der Einfluß von Querkräften und einer vorhandenen Betonstahlbewehrung unberücksichtigt. Dann sind je nach Beanspruchungsrichtung verschiedene Fälle, gekennzeichnet durch unterschiedliche Lagen der plastischen Nullinie, zu unterscheiden. N ist als Druckkraft negativ einzusetzen.

1. Fall: Biegung um die starke Achse, Nullinie außerhalb des Stahlprofils (Bild 7-4).

$$z_0 \leq c_z,$$

$$z_0 = \frac{A_a\beta_{S,a} - N}{d_y\beta_R}, \tag{7.2-7}$$

$$M_{\text{pl}, y} = 0,5(A_a\beta_{S,a} - N)(d_z - z_0). \tag{7.2-8}$$

2. Fall: Biegung um die starke Achse, Nullinie im oberen Stahlgurt (Bild 7-5).

$$c_z \leq z_0 \leq c_z + t,$$

$$z_0 = \frac{A_a\beta_{S,a} + bc_z(2\beta_{S,a} - \beta_R) - N}{d_y\beta_R + b(2\beta_{S,a} - \beta_R)}, \tag{7.2-9}$$

$$M_{\text{pl}, y} = 0,5(A_a\beta_{S,a} - N)(d_z - z_0) - 0,5bc_z(z_0 - c_z)\cdot(2\beta_{S,a} - \beta_R) \tag{7.2-10}$$

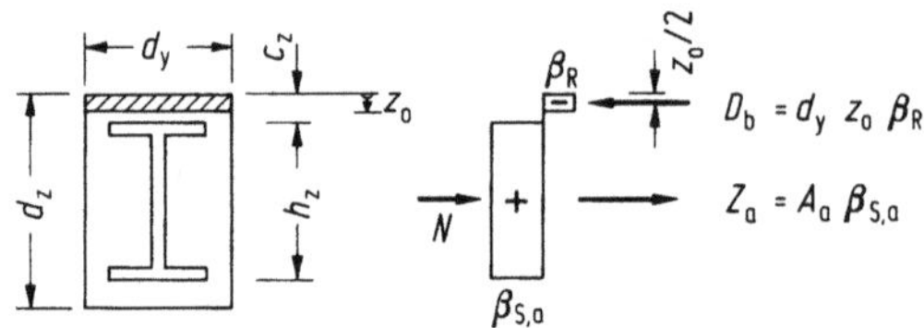

Bild 7-4. Vollplastisches Moment starke Achse,
Nullinie Beton oberhalb Stahlprofil.

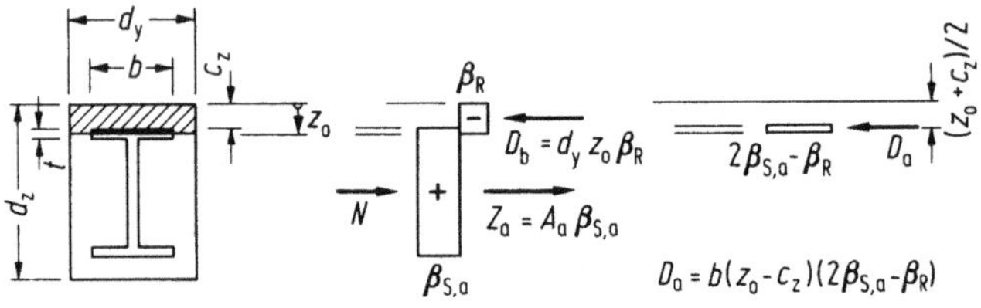

Bild 7-5. Vollplastisches Moment starke Achse, Nullinie Stahlgurt oben.

3. Fall: Biegung um die starke Achse, Nullinie im Steg des Stahlprofils (Bild 7-6)

$$c_z + t \le z_0 \le c_z + h_z - t,$$

$$z_0 = \frac{A_a\beta_{S,a} - bt(2\beta_{S,a} - \beta_R) + s(c_z + t)(2\beta_{S,a} - \beta_R) - N}{b\beta_R + s(2\beta_{S,a} - \beta_R)}, \qquad (7.2\text{-}11)$$

$$M_{pl,y} = 0{,}5(A_a\beta_{S,a} - N)(d_z - z_0) + 0{,}5bt(2\beta_{S,a} - \beta_R)\cdot(z_0 - 2c_z - t)$$
$$- 0{,}5s(z_0 - c_z - t)(2\beta_{S,a} - \beta_R)(c_z + t). \qquad (7.2\text{-}12)$$

4. Fall: Biegung um die starke Achse, Nullinie im unteren Stahlgurt (Bild 7-7).
$$c_z + h_z - t \le z_0 \le c_z + h_z,$$

$$z_0 = \frac{-N - (A_a\beta_{S,a} - \beta_R) + b(h_z + c_z)\cdot 2\beta_{S,a}}{d_y\beta_R + b2\beta_{S,a}}, \qquad (7.2\text{-}13)$$

$$M_{pl,y} = d_y(d_z - z_0)\beta_R\cdot 0{,}5(d_z - h_z + z_0 - 2c_z) + b(h_z + c_z - z_0)2\beta_{S,a}\cdot 0{,}5(z_0 - c_z). \qquad (7.2\text{-}14)$$

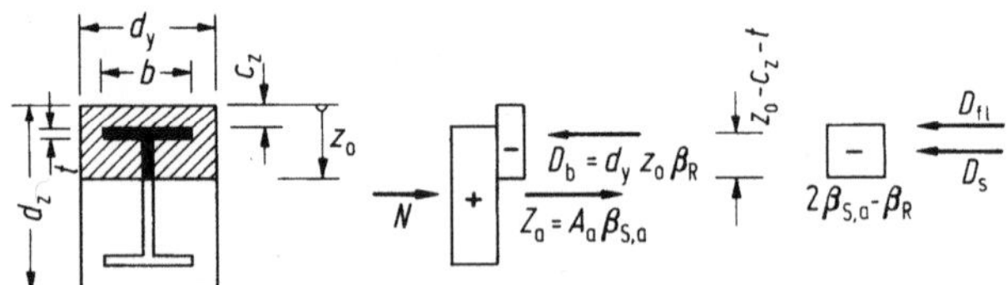

Bild 7-6. Vollplastisches Moment starke Achse, Nullinie Steg.

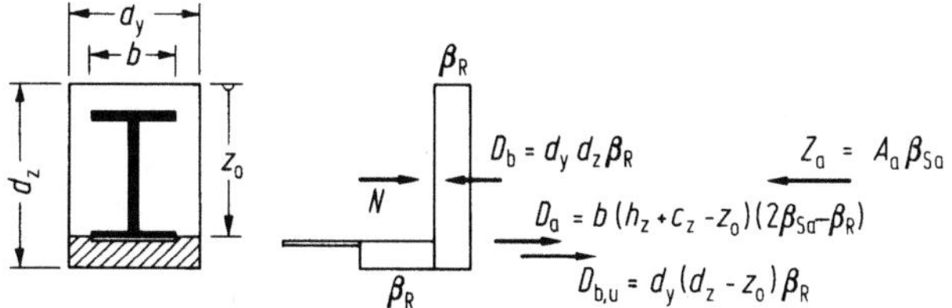

Bild 7-7. Vollplastisches Moment starke Achse, Nullinie Stahlgurt unten.

5. *Fall*: Biegung um die starke Achse, Nullinie im Betonbereich unterhalb des Stahlprofils (Bild 7-8).

$c_z + h_z \leq z_0 \leq d_z,$

$$z_0 = \frac{-N - (A_a \beta_{S.a} - \beta_R)}{d_y \beta_R}, \tag{7.2-15}$$

$$M_{pl,y} = d_y(d_z - z_0)\beta_R z_0 \cdot 0{,}5. \tag{7.2-16}$$

Für Biegung um die schwache Achse sind weitere 3 Fälle zu unterscheiden.

6. *Fall*: Biegung um die schwache Achse, Nullinie im Betonbereich oberhalb des Profils (Bild 7-9).

$y_0 \leq c_y,$

$$y_0 = \frac{A_a \beta_{S,a} - N}{d_z \beta_R}, \tag{7.2-17}$$

$$M_{pl,z} = 0{,}5(A_a \beta_{S,a} - N)(d_y - y_0). \tag{7.2-18}$$

7. *Fall*: Biegung um die schwache Achse, Nullinie im Stahlprofil oberhalb des Steges (Bild 7-10).

$c_y \leq y_0 \leq 0{,}5(d_y - s),$

$$y_0 = \frac{A_a \beta_{S,a} + 2tc_y(2\beta_{S,a} - \beta_R) - N}{d_z \beta_R + 2t(2\beta_{S,a} - \beta_R)}, \tag{7.2-19}$$

$$M_{pl,z} = 0{,}5(A_a \beta_{S,a} - N)(d_y - y_0) - t(y_0 - c_y)(2\beta_{S,a} - \beta_R)c_y. \tag{7.2-20}$$

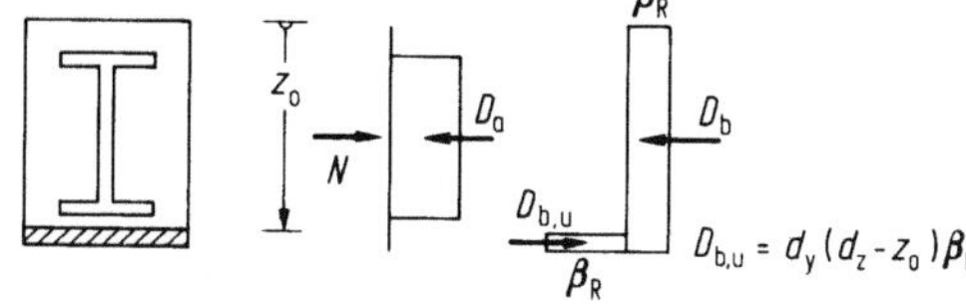

Bild 7-8. Vollplastisches Moment starke Achse, Nullinie Beton unterhalb Stahlprofil.

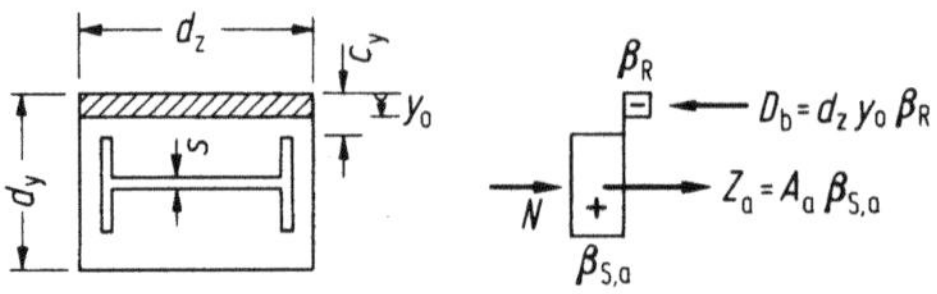

Bild 7-9. Vollplastisches Moment schwache Achse, Nullinie Beton oberhalb Stahlprofil.

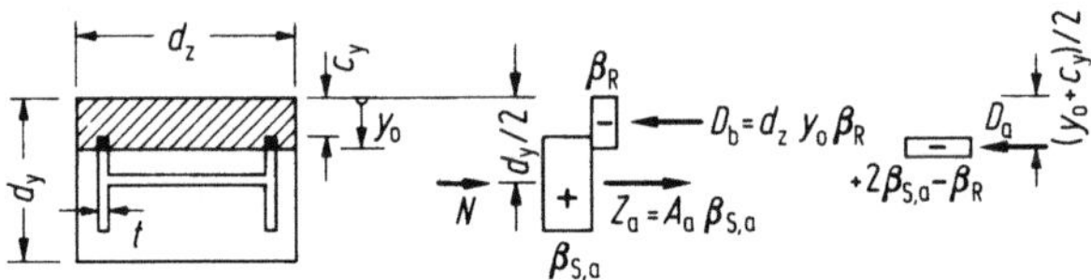

Bild 7-10. Vollplastisches Moment schwache Achse, Nullinie Stahl oberhalb Steg.

8. Fall: Biegung um die schwache Achse, Nullinie im Stahlprofil unterhalb des Steges (Bild 7-11).

$$0{,}5(d_y + s) \le y_0 \le (d_y - c_y)$$

$$y_0 = \frac{-N - A_a(\beta_{S.a} - \beta_R) + (h_y + c_y)2t(2\beta_{S.a} - \beta_R)}{d_z\beta_R + 2t(\beta_{S.a} - \beta_R)} \tag{7.2-21}$$

$$M_{pl.y} = d_y d_z \beta_z \cdot 0{,}5(d_y - y_0) + (h_y + c_y - y_0) \cdot t(y_0 - c_y)(2\beta_{S.a} - \beta_R) \tag{7.2-22}$$

9. Fall: Biegung um die schwache Achse, Nullinie im Betonbereich unterhalb des Stahlprofils (Bild 7-12).

$$d_y - c_y \le y_0 \le d_y,$$

$$y_0 = \frac{-N - A_a(\beta_{S.a} - \beta_R)}{d_z\beta_R}, \tag{7.2-23}$$

$$M_{pl.z} = y_0 d_z \cdot 0{,}5(d_y - y_0)\beta_R. \tag{7.2-24}$$

Falls die auf das Stahlprofil entfallende vorhandene Querkraft den Wert $0{,}3\,Q_{pl.a}$ überschreitet, muß sie berücksichtigt werden. Dies hat im Prinzip Auswirkungen auf die Lage der plastischen Nullinie. Das gleiche trifft auf die stets vorhandene Bewehrung zu, die auch die Lage der plastischen Nullinie verändern würde. Beides kann mit guter Näherung vernachlässigt werden. In Bezug auf das plastische Moment sollten diese beiden Einflüsse dagegen berücksichtigt werden. Dies kann durch

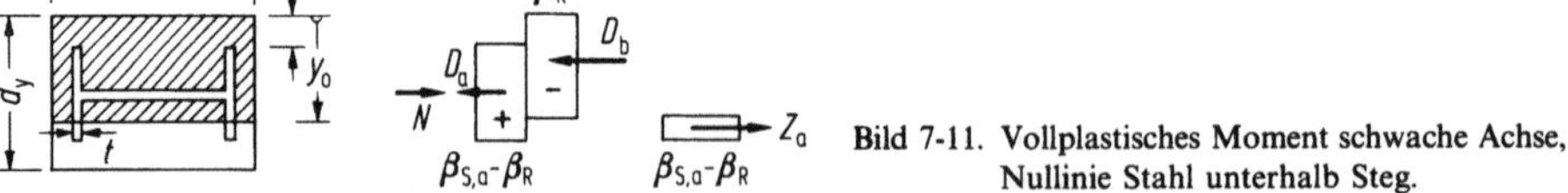

Bild 7-11. Vollplastisches Moment schwache Achse, Nullinie Stahl unterhalb Steg.

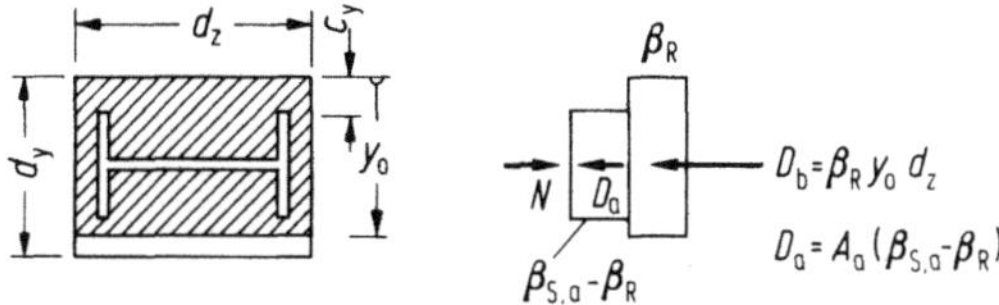

Bild 7-12. Vollplastisches Moment schwache
Achse, Nullinie Beton unterhalb Stahlprofil.

Differenzmomente erfolgen, die nach (7.2-25) bis (7.2-28) berechnet werden:

$$\Delta M_{\mathrm{pl},y\lfloor Q \rfloor} \approx - A_Q \sqrt{1 - \left(\frac{Q_\gamma}{Q_{\mathrm{pl},z}}\right)^2} \cdot \frac{h_z^2}{4}, \tag{7.2-25}$$

$$\Delta M_{\mathrm{pl},y\lfloor A, \rfloor} = \Sigma A_s (\beta_{S,s} - \beta_R) a_{s,z}, \tag{7.2-26}$$

$$\Delta M_{\mathrm{pl},z\lfloor Q \rfloor} \approx - A_Q \sqrt{1 - \left(\frac{Q_\gamma}{Q_{\mathrm{pl},y}}\right)^2} \cdot \left(\frac{h_y}{4}\right)^2, \tag{7.2-27}$$

$$\Delta M_{\mathrm{pl},z\lfloor A, \rfloor} = \Sigma A_s (\beta_{S,s} - \beta_R) a_{s,y}. \tag{7.2-28}$$

Hierbei ist A_s die Fläche der Bewehrungsstäbe und a_s der Abstand der Bewehrung von der jeweiligen Mittellinie. Die Fläche A_Q ist diejenige Fläche, die je nach Querkraftrichtung die Querkraft überträgt. Für eine Querkraft in z-Richtung ist das die Fläche nach Bild 2-10, für eine Querkraft in y-Richtung sind das die Flansche des I-Profils.

Auswertungen der Gln. (7.2-7) bis (7.2-24) führen für $N = 0$ zu den Bildern 7-13 und 7-14 (aus [29]).

7.2.3.3 Hohlprofile

Auch hierfür lassen sich ähnliche Beziehungen wie in 7.2.3.2 herleiten.

Für alleinige Momentenbeanspruchung sind Auswertungen für Rundrohre und Rechteckrohre mit 3 verschiedenen Verhältnissen von d_y/d_z in [10] enthalten.

7.2.3.4 Interaktionsgleichungen

Die allgemeinen Beziehungen von 7.2.3.2 lassen den Einfluß der Veränderung einzelner Parameter nur schwer erkennen.

Daher wurden in [34] Interaktionsgleichungen entwickelt, die die für reine Stahlprofile bekannten Interaktionsgleichungen (z.B. Teil G. Stahlbau) mit einem Faktor zur Berücksichtigung des Verbundquerschnittes verzerren.

Die Grenztragfähigkeiten einschließlich Normalkrafteinfluß ergeben sich dann aus

$$M_{\mathrm{pl},y,N} = M_{\mathrm{pl},y} k_{y,a} k_{y,v}, \tag{7.2-29}$$

$$M_{\mathrm{pl},z,N} = M_{\mathrm{pl},z} k_{z,a} k_{z,v} \tag{7.2-30}$$

mit

$M_{\mathrm{pl},y}, M_{\mathrm{pl},z}$ Momente im vollplastischen Zustand unter alleiniger Momentenbeanspruchung, z.B. nach 7.2.3.2 (ohne N), [29].

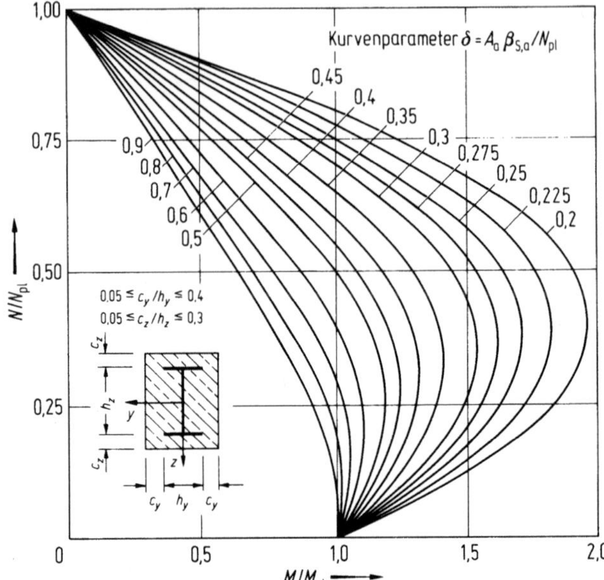

Bild 7-13. *M, N*-Interaktion bei Biegung um die starke Achse.

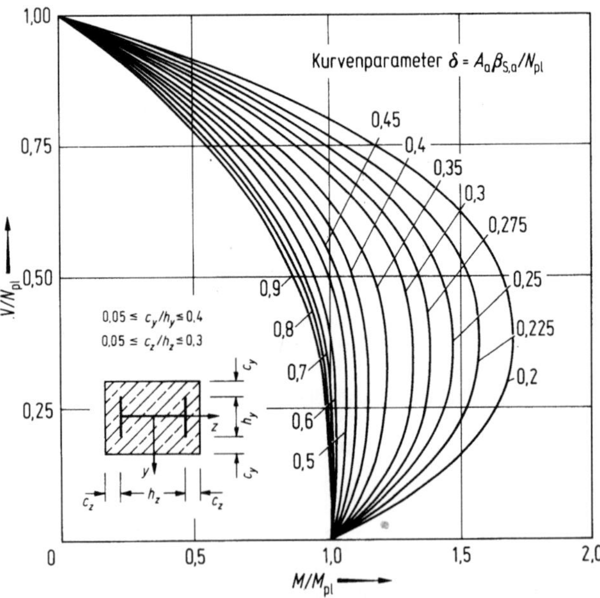

Bild 7-14. *M, N*-Interaktion bei Biegung um die schwache Achse.

$k_{y,\,a},\,k_{z,\,a}$ Faktoren zur Berücksichtigung der M, N-Interaktion beim reinen Stahlprofil, vereinfachend z.B.:

$$k_{y,\,a} = 1{,}1(1 - N/N_{\mathrm{pl}}), \tag{7.2-31}$$

$$k_{z,\,a} = 1 - (N/N_{\mathrm{pl}})^2. \tag{7.2-32}$$

$k_{y,\,v},\,k_{z,\,v}$ Faktoren zur zusätzlichen Berücksichtigung der Eigenschaften des Verbundprofils [34]:

$$k_{y,\,v} = 1 + \left[n^{(\beta^2 \gamma + \alpha)} \left(\frac{1}{\gamma}\right)^n (1 + 2\beta n - \alpha^2 n) \left(1 + \frac{\beta}{2} - n\right) \right], \tag{7.2-33}$$

$$k_{z,\,v} = 1 + \beta^2 n^{(\gamma + \alpha)}(1 + \beta n), \tag{7.2-34}$$

mit

$$\alpha = (N_{\mathrm{pl},\,a} + N_{\mathrm{pl},\,s})/N_{\mathrm{pl}}, \tag{7.2-35a}$$

$$\beta = 1 - \alpha \tag{7.2-35b}$$

$$\gamma = (M_{\mathrm{pl},\,a} + M_{\mathrm{pl},\,s})/M_{\mathrm{pl},\,b}, \tag{7.2-35c}$$

$$M_{\mathrm{pl},\,b} = (0{,}25 d_y d_z^2 - W_{\mathrm{pl},\,a} - W_{\mathrm{pl},\,s})\beta_{\mathrm{R}}, \tag{7.2-35d}$$

$$\eta = A_{\mathrm{Q}}/A_{\mathrm{a}}. \tag{7.2-35e}$$

7.2.4 Anwendungsgrenzen

Nach DIN 18 806 Teil 1 dürfen einbetonierte Stahlprofile nur bei Einhaltung bestimmter Bedingungen vereinfacht berechnet werden:

$$0{,}2 \le d_y/d_z \le 5, \tag{7.2-36}$$

$$\min c = 4 \text{ cm}, \tag{7.2-37}$$

$$\max c_z = 0{,}3 h_z, \tag{7.2-38}$$

$$\max c_y = 0{,}4 h_y, \tag{7.2-39}$$

$$\mu \approx \frac{A_{\mathrm{s}}}{A_{\mathrm{b}} + A_{\mathrm{s}}} \le 3\%. \tag{7.2-40}$$

Bei kammergefüllten I-Profilen (Bild 7-1c) muß statt (7.2-37) ein Grenzwert für die Flanschschlankheit eingehalten sein:

$$\frac{d_y}{t} \le 44 \text{ für St 37,} \tag{7.2-41a}$$

$$\frac{d_y}{t} \le 36 \text{ für St 52,} \tag{7.2-41b}$$

mit d_y, t nach (Bild 7-1c).

7.3 Planmäßig mittiger Druck

Die Berechnung erfolgt nach den Europäischen Knickspannungslinien, die auch in den neuen Stahlbau-Grundnormen das bisher noch gültige ω-Verfahren ablösen wird, siehe Teil G. Stahlbau.
Der Nachweis erfolgt nach

$$N \leq N_{kr}. \tag{7.3-1}$$

Dabei ergibt sich die kritische Last N_{kr} (Traglast) in Abhängigkeit vom bezogenen Schlankheitsgrad $\bar{\lambda}$:

$$N_{kr} = \kappa \cdot N_{pl} \tag{7.3-2}$$

mit

κ Abminderungsbeiwert nach den Europäischen Knickspannungskurven, nach (7.3-3) oder aus Tabellen zu entnehmen, siehe Teil G. Stahlbau

N_{pl} vollplastische Normalkraft, siehe 7.2.2,

$\bar{\lambda} = \sqrt{\dfrac{N_{pl}}{N_{Ki}}}$ bezogener Schlankheitsgrad,

N_{Ki} Normalkraft unter der kleinsten Verzweigungslast nach der Elastizitätstheorie, siehe (7.3-5).

$$\bar{\lambda} \leq 0{,}2 : \kappa = 1, \tag{7.3-3a}$$

$$\bar{\lambda} > 0{,}2 : \kappa = \frac{1}{k + \sqrt{k^2 - \bar{\lambda}^2}}, \tag{7.3-3b}$$

$$k = 0{,}5[1 + \alpha(\bar{\lambda} - 0{,}2) + \bar{\lambda}^2],$$

vereinfachend für $\bar{\lambda} > 3{,}0$:

$$\kappa = \frac{1}{\bar{\lambda}(\bar{\lambda} + \alpha)}, \tag{7.3-3c}$$

α Beiwert, abhängig von Knickrichtung und Profiltyp

$= 0{,}21$ Knickspannungslinie a, Hohlprofile   (7.3-4a)
$= 0{,}34$ Knickspannungslinie b, I-Profile bei Ausweichen um die starke Achse   (7.3-4b)
$= 0{,}49$ Knickspannungslinie, c, I-Profile bei Ausweichen um die schwache Achse   (7.3-4c)

Die ideale Knicklast N_{Ki} ergibt sich aus Superposition der Materialanteile Stahlprofil, Beton, Bewehrungsstahl nach:

$$N_{Ki} = \frac{\pi^2}{s_K^2}(EI)_w \tag{7.3-5}$$

mit

$$(EI)_w = E_a I_a + E_s I_s + E_b I_b, \tag{7.3-6}$$

E_a, I_s E-Modul, Trägheitsmoment (Flächenmoment 2. Grades) des Stahlprofils,
E_s, I_s E-Modul, Trägheitsmoment (Flächenmoment 2. Grades) der Bewehrung,
E_b, I_b E-Modul nach 7.2.1, Trägheitsmoment (Flächenmoment 2. Grades) des Betons.

Das Langzeitverhalten des Betons entsprechend (7.2-1c) braucht nur berücksichtigt zu werden, wenn Bedingung (7.3-7a) bzw. (7.3-7b) erfüllt ist.

Unverschiebliche Systeme:

$$\bar{\lambda} > 0,8, \tag{7.3-7a}$$

verschiebliche Systeme:

$$\bar{\lambda} > 0,5. \tag{7.3-7b}$$

Zusätzlich gilt für einbetonierte Stahlprofile:

$$\bar{\lambda} \le 2,0. \tag{7.3-8}$$

7.4 Normalkraft und einachsige Biegung

7.4.1 Allgemeines

Mit den in 7.3 ermittelten Steifigkeitswerten nach (7.3-6) kann eine Berechnung nach Theorie II. Ordnung durchgeführt werden. Dabei sind ungewollte Außermittigkeiten und die Wirkung struktureller Imperfektionen zu berücksichtigen. Dies kann durch den Ansatz repräsentativer Vorverformungen erfolgen.

7.4.2 Näherungsverfahren nach DIN 18 806 Teil 1

Nach [27, 29] und DIN 18 806 Teil 1 darf ein vereinfachter Nachweis mit Hilfe der Interaktionsdiagramme der Bilder 7-13 und 7-14 geführt werden.

Das Verfahren wird anhand Bild 7-15 erläutert. Auf der Abszisse ist das Verhältnis M/M_{pl} aufgetragen. Hierbei ist unter $M_{pl,N}$ das Biegemoment zu verstehen, das der Querschnitt (bei gleichzeitiger Wirkung einer Druckkraft N) gerade noch aufnehmen kann. Es ist abhängig vom Querschnittstyp (starke Achse, schwache Achse, Anteil Beton am Gesamtquerschnitt).

Zur Auswertung dieser Kurven kann man folgendermaßen vorgehen:

- Wenn überhaupt keine Knickgefahr besteht ($\kappa = 1$), kann die Interaktionskurve unmittelbar zur Bestimmung des aufnehmbaren Biegemomentes M benutzt werden.
- Wenn eine Traglastminderung infolge Imperfektionen usw. notwendig ist (d.h., der Faktor $\kappa < 1,0$), dann wird für den Wert $N_{kr}/N_{pl} = \kappa$ (Punkt B im Bild 7-15) der zugehörige Wert M_{kr}/M_{pl} abgelesen. Dies bedeutet, daß das Biegemoment M_H allein aus dem Biegemoment aus der Einwirkung der „Imperfektionen" bei Berücksichtigung der Theorie II. Ordnung besteht, d.h., die Stütze kann zusätzlich kein planmäßiges Biegemoment aufnehmen.
- Treten zu den unvermeidbaren (ungewollten) Imperfektionsmomenten planmäßige Biegemomente hinzu, so steht zu deren Aufnahme nur der schraffierte Bereich der Interaktionskurve zur Verfügung; in dem Fall N_y/N_{pl} also die Strecke s; hierbei wird ein gradliniger Verlauf des Imperfektionsmomentes $M_{H,N}$ zwischen Punkt A und Punkt O vorausgesetzt.

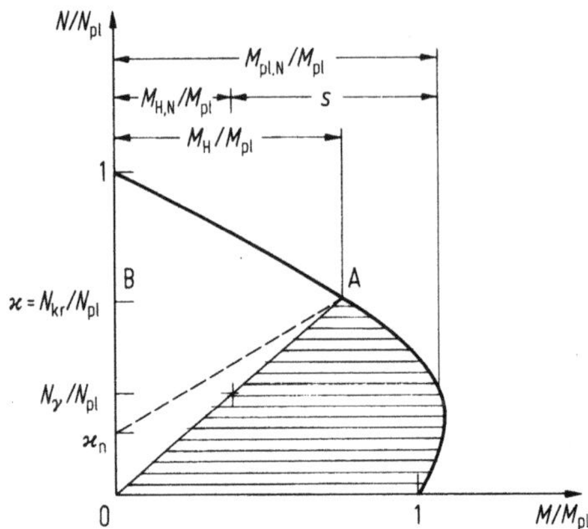

Bild 7-15. Interaktionsdiagramm für lange Stützen.

– Mit Rücksicht auf die Vereinfachung des Nachweises (vollplastisches Moment anstelle dehnungs-
begrenztes Moment, Fließgelenk anstelle Fließbereiche) muß das aufnehmbare Biegemoment
reduziert werden. Vergleichende Zahlenrechnungen haben den Abminderungsfaktor 0,9 ergeben.

Der Nachweis kann für Stützen, die an den Stabenden unverschieblich gelagert sind, unter Berücksichtigung der Bezeichnungen im Bild 7-15 folgendermaßen geführt werden:

$$M_\gamma \leqq 0{,}9\, s\, M_{pl}\,. \tag{7.4-1}$$

Hierbei kann s aus der zugehörigen Interaktionskurve mit Hilfe des Wertes $N_{kr}/N_{pl} = \kappa$ abgelesen
werden.

Für M_γ ist das größte planmäßige Biegemoment unter γ-facher Belastung nach Theorie II.
Ordnung zu bestimmen.

Für den Nachweis kann auch die volle Interaktion

$$M_\gamma \leqq 0{,}9\, M_{pl} \tag{7.4-2}$$

benutzt werden, wenn die strukturellen und geometrischen Imperfektionen durch eine repräsentati-
ve Vorverformung oder Belastung berücksichtigt und die Schnittgrößen M_γ aus Imperfektion plus
planmäßiger Biegebeanspruchung nach Theorie II. Ordnung berechnet werden. Für den Ansatz der
geometrischen Ersatzimperfektionen darf dabei auf die Werte nach DIN 18 800 Teil 2 zurückgegrif-
fen werden. Die geometrischen Ersatzimperfektionen nach DIN 18 800 Teil 2 in Form des Stichs der
Vorkrümmung sind Tabelle 7-1 zu entnehmen.

Tabelle 7-1. Stich der Vorkrümmung

	Zuordnung zu Knickspannungskurve	Profiltyp	w_0, v_0
1	a	Hohlprofile	$L/300$
2	b	I-Profile, starke Achse	$L/250$
3	c	I-Profile, schwache Achse	$L/200$

Der Nachweis (7.4-2) liegt nur für den ungünstigsten Lastfall konstanter Endexzentrizität im gedrungenen Bereich geringfügig auf der unsicheren Seite, dagegen im mittleren und großen Schlankheitsbereich stets auf der sicheren Seite.

Falls die größten Momente an den Stabenden auftreten, liegt das vereinfachte Bemessungsverfahren entsprechend Bild 7-15 und (7.4-1) weit auf der sicheren Seite. Das liegt daran, daß in solchen Fällen die Imperfektionen praktisch keinen Einfluß auf das größte Moment haben. Nach [27] kann dies vereinfacht dadurch berücksichtigt werden, daß die Gerade vom Punkt A im Bild 7-15 nicht auf den Nullpunkt, sondern auf einen oberhalb liegenden Punkt κ_n bezogen wird.

$$\kappa_n = \kappa \cdot \frac{1 - \psi}{4} \qquad (7.4\text{-}3)$$

für

$$-1 \leqq \psi \leqq 1$$

und

$$\psi = \text{Verhältnis der Randmomente}$$

Ein entsprechendes Bemessungsverfahren wurde für zweiachsige Biegung entwickelt, DIN 18 806 Teil 1, [10, 27].

7.5 Verbundsicherung

7.5.1 Allgemeines

Die folgenden Ausführungen beschränken sich auf doppeltsymmetrische Querschnitte entsprechend Bild 7-1, wobei für die betongefüllten Hohlprofile Besonderheiten gelten, siehe DIN 18 806 Teil 1.

Um das Zusammenwirken des Profils als Verbundstütze sicherzustellen, sind mindestens an den Stützenenden, in Krafteinleitungsbereichen und an Querschnittssprüngen Dübel anzuordnen. Sofern die Schubspannung in der Fuge zwischen Stahlprofil und Beton im Grenzlastzustand die Werte max τ nach Tabelle 4 in DIN 18 806 Teil 1 nicht überschreitet, dürfen die Verbundmittel für die über die Stüzenlänge integrierte Schubkraft infolge Querkraft unabhängig vom Schubkraftverlauf angeordnet werden. Dies sollte dann in den Krafteinleitungsbereichen der Fall sein, da dort in vielen Fällen sowieso Verbundmittel erforderlich sind. In den Krafteinleitungsbereichen treten örtlich hohe Schubkräfte auf, sofern nicht durch die konstruktive Ausbildung dafür gesorgt ist, daß die Einzelteile (Stahlprofil, Beton mit Bewehrung) der Verbundstütze Lastanteile entsprechend ihren Tragfähigkeiten erhalten.

Der Nachweis der Lasteinleitung ist dabei sowohl für den Grenzzustand als auch den Gebrauchszustand unter Berücksichtigung des Langzeitverhaltens zu führen.

Im Prinzip sind drei Möglichkeiten der Lasteinleitung vorhanden, Bild 7-16:

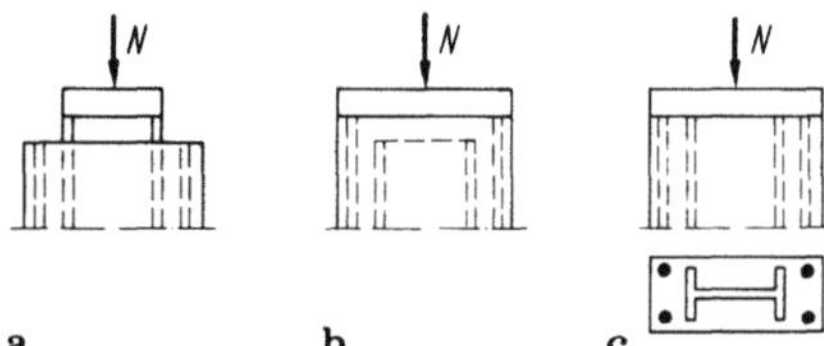

Bild 7-16a–c. Möglichkeiten der Lasteinleitung. **a** b c

a) Lasteinleitung aus angrenzenden Bauteilen, ausschließlich in das Stahlprofil – dies entspricht einem stahlbaumäßigen Anschluß,
b) Lasteinleitung ausschließlich in den Betonteil,
c) Lasteinleitung sowohl in das Stahlprofil als auch den Beton, z.B. durch Kopfplatten.

Üblich sind die Ausführungen a und c. Je nach Typ gilt für die maßgebenden Schubkräfte:

Zu a

Die größte Schubkraft T zwischen Stahlprofil und Beton entsteht zum Zeitpunkt der Krafteinleitung:

$$T = N_{b,0} + N_{s,0} \,. \tag{7.5-1}$$

Zu b

Die größte Schubkraft T zwischen Stahlprofil und Beton erhält man nach abgeschlossenem Kriechen und Schwinden:

$$T = N_{a,t} \,. \tag{7.5-2}$$

Zu c

Eine Schubkraft T zwischen Stahlprofil und Beton entsteht nur infolge Schwindens des Betons. Bei gleichzeitigem Kriechen und Schwinden tritt eine resultierende Schubkraft nur dann auf, wenn im Beton eine Zugkraft entsteht:

$$N_{b,t} \leqq 0 \ \text{(Druck)}: \qquad T = 0 \,, \tag{7.5-3a}$$

$$N_{b,t} > 0 \ \text{(Zug)}: \qquad T = N_{b,t} + N_{s,t} \,. \tag{7.5-3b}$$

7.5.2 Schubkräfte zum Zeitpunkt t = 0

Entsprechend 4.4 ergeben sich die Verteilungsgrößen bei Normalkraftbeanspruchung aus den Dehnsteifigkeiten

$$\frac{N_{a,0}}{N} = \frac{A_a}{A_a + A_b/n_0 + A_s} \,, \tag{7.5-4}$$

$$\frac{N_{b,0} + N_{s,0}}{N} = \frac{A_b/n_0 + A_s}{A_a + A_b/n_0 + A_s} \,, \tag{7.5-5}$$

mit n_0 nach 4.2.2.1, wobei E_b nach DIN 1045 einzusetzen ist.

Eine Auswertung von (7.5-4) ist im Bild 7-17 angegeben, es gilt die Kurve für $t = 0$.

Sind Biegemomente statt der Normalkräfte vorhanden, so entstehen daraus entsprechende Einleitungsschubkräfte.

7.5.3 Schubkräfte zur Zeit t ⇒ ∞

Entsprechend 4.6 ergeben sich die gesamten Schubkräfte aus den Verteilungsgrößen und den Umlagerungsgrößen. Bei Normalkraftbeanspruchung ergibt sich die Teilschnittgröße $N_{a,t} + N_{s,t}$

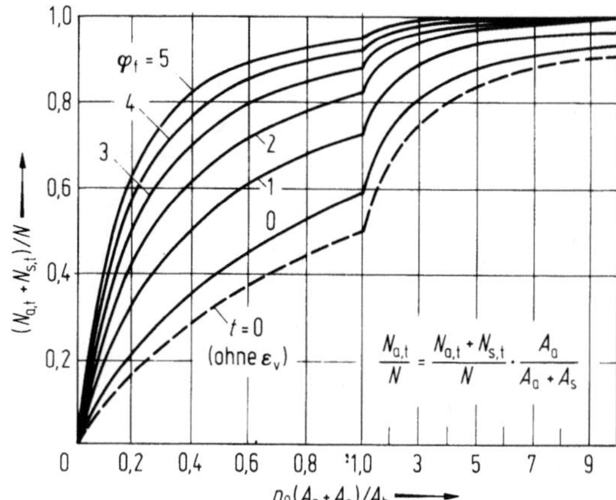

Bild 7-17. Lastkriechen. Anteil Stahlprofil und Bewehrung [29].

infolge des Kriechens für Stahl und Bewehrung aus

$$\frac{N_{a,t} + N_{s,t}}{N} = \frac{A_a + A_s}{A_a + A_s + A_b/n_{A,B}} = \frac{1}{1 + \dfrac{1}{1,4\gamma(1 + \psi_{A,B}\varphi_{f,v})}} \tag{7.5-6}$$

Die Teilschnittgröße für das Stahlprofil allein beträgt

$$N_{a,t} = [N_{a,t} + N_{s,t}] \cdot \frac{A_a}{A_a + A_s} \tag{7.5-7}$$

mit

$$n_{A,B} = 1,4 n_0 (1 + \psi_{A,B}\varphi_{f,v}) \tag{7.5-8}$$

$$\psi_{A,B} = \frac{e^{\alpha_v \varphi_{f,v}} - 1}{\alpha_v \varphi_{f,v}} \tag{7.5-9}$$

$$\alpha = \frac{A_a + A_s}{A_{i,v}} \tag{7.5-10}$$

$$\gamma = \frac{A_a + A_s}{A_b} \cdot n_0 \tag{7.5-11}$$

$$\varphi_{f,v} = \varphi_f / 1,4 \tag{7.5-12}$$

Die Auswertung von (7.5-6) in Form eines Diagrammes zeigt Bild 7-17.
    Für das Schwinden ergibt sich entsprechend

$$N_a = \frac{E_a}{n_{A,S}} \cdot A_b \varepsilon_S = \frac{E_{b,0} A_b \varepsilon_S}{1,4 \cdot (1,0 + \psi_{A,S}\varphi_{f,v})} \tag{7.5-13}$$

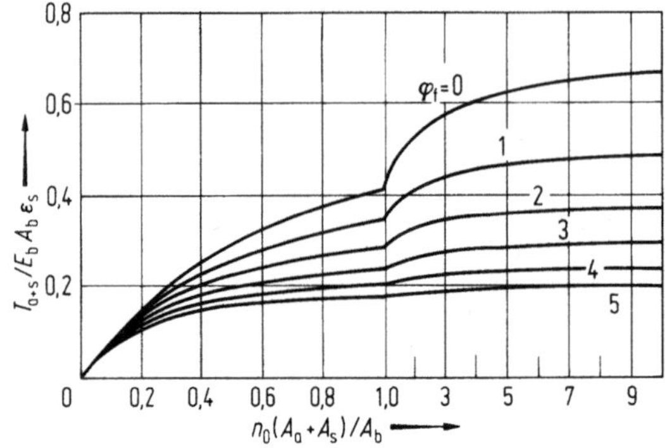

Bild 7-18. Endschubkraft T_{a+s} [29].

mit

$$n_{A,s} = 1{,}4n_0(1 + \psi_{A,s}\,\varphi_{f,v})\tag{7.5-14}$$

$$\psi_{A,s} = \frac{\alpha_v\varphi_{f,v} - (1 - e^{-\alpha_v\varphi_{f,v}})}{\alpha_v\varphi_{f,v}\cdot(1 - e^{-\alpha_v\varphi_{f,v}})}\tag{7.5-15}$$

Statt (7.5-9) und (7.5-15) kann zur Ermittlung der Kriechbeiwerte $\psi_{A,B}$ und $\psi_{A,s}$ auch die Tabelle 4-1 benutzt werden.

Die Endschubkraft zwischen Stahlprofil und Bewehrung einerseits und Beton andererseits beträgt somit:

$$\frac{T_{a+s}}{E_{b,0}A_b\varepsilon_s} = \frac{1}{1{,}4\cdot(1{,}0 + \psi_{A,s}\varphi_{f,v}) + 1/\gamma}\tag{7.5-16}$$

Die Auswertung von (7.5-16) in Form eines Diagrammes zeigt das Bild 7-18.

Die Endschubkraft zwischen Stahlprofil und Stahlbetonteil beträgt

$$T_a = T_{a+s}\cdot\frac{A_a}{A_a + A_s}\tag{7.5-17}$$

Sind statt der Normalkräfte Biegemomente vorhanden, so entstehen daraus entsprechende Schubkräfte im Einleitungsbereich.

7.6 Beispiel

7.6.1 Allgemeines

Es wird eine auf Biegung um die starke Achse und Normalkraft beanspruchte Stütze nach Bild 7-19 untersucht. Die Knicklänge um die starke Achse beträgt $s_{Ky} = 4{,}30$ m, diejenige um die schwache Achse $s_{Kz} = 2{,}15$ m. Abmessungen siehe Bild 7-19.

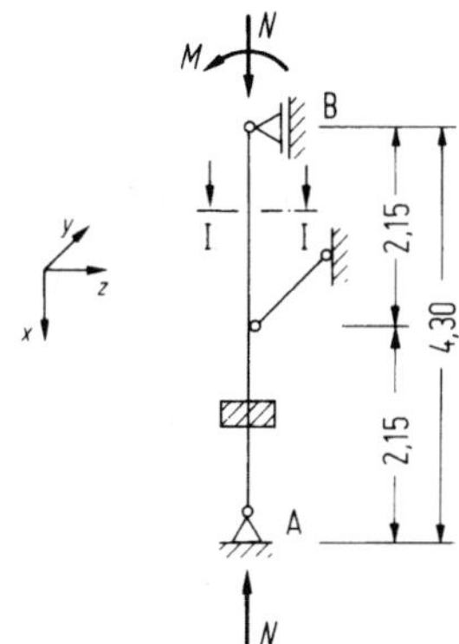

Bild 7-19. Beispiel Stütze mit Knickgefahr.

Die Krafteinleitung am Stützenkopf erfolgt über eine steife Kopfplatte unmittelbar auf das Stahlprofil und Stahlbeton. Am Stützenfuß wird die Kraft mit Hilfe von Verbundmitteln vom Stahlprofil auf den Stahlbeton übertragen, vergleiche Bild 7-20.

Belastung

ständig

$$N_1 = 0,7 \cdot 588 \text{ kN}$$

kurzzeitig

$$N_2 = 0,3 \cdot 588 \text{ kN}$$

$$N = 588 \text{ kN}$$

$$M = 40 \text{ kNm}$$

$$Q = 40/4,30 = 9,3 \text{ kN}$$

γ-fache Lasten:

$$\gamma = 1,70 \text{ LF } \mathbf{H} \quad (\text{DIN } 18\,806 \text{ Teil } 1 \text{ (7)})$$

$$N_\gamma = 588 \cdot 1,70 = 1000 \text{ kN}$$

$$M_\gamma = 40 \cdot 1,70 = 68 \text{ kNm}$$

$$Q_\gamma = 9,3 \cdot 1,70 = 15,8 \text{ kN}$$

Kriechzahl $\varphi_{f0} = 2,7$; Schwindmaß $\varepsilon_{s0} = -46 \cdot 10^{-5}$ (DIN 4227, Tabelle 8)

Baustoffe

Beton   B 45

Betonstahl   BSt 420/500

Baustahl   St 37

Kopfbolzendübel 3/4″ (19 mm)

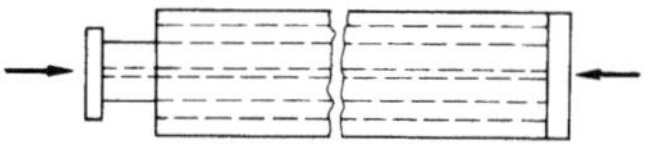

Bild 7-20. Lasteinleitung beim Beispiel.

Rechenwerte

$$\beta_R \quad = 0{,}6\,\beta_{WN} = 0{,}6 \cdot 4{,}5 \quad = \quad 2{,}7 \text{ kN/cm}^2 \qquad \text{(DIN 18\,806 Teil 1)}$$

$$\beta_{S,s} \qquad\qquad\qquad\qquad = \quad 42 \text{ kN/cm}^2$$

$$\beta_{S,a} \qquad\qquad\qquad\qquad = \quad 24 \text{ kN/cm}^2$$

$$E_b \qquad\qquad\qquad\qquad = 3700 \text{ kN/cm}^2 \qquad \text{(DIN 1045, Tabelle 11)}$$

$$n \quad = E_a/E_b = 21000/3700 = \quad 5{,}68$$

$$E_{bi} \quad = 500\,\beta_{WN} = 500 \cdot 4{,}5 \quad = 2250 \text{ kN/cm}^2 \qquad \text{(DIN 18\,806 Teil 1, Gl. (28))}$$

$$E_{bi,\infty} \quad = E_{bi}(1 - 0{,}5\,N_{\text{ständig}}/N) = 2250(1 - 0{,}5 \cdot 0{,}7) = 1460 \text{ kN/cm}^2$$

Querschnittswerte (vgl. Bild 7-21) **Begrenzung der Betondeckung**

Richtung z: $c_z = 5 \text{ cm} < 0{,}3 h_z = 0{,}3 \cdot 20 = 6 \text{ cm}$

Richtung y: $c_y = 4 \text{ cm} = 0{,}4 h_y = 0{,}4 \cdot 10 = 4 \text{ cm}$

IPE 200 $A_a = 28{,}5 \text{ cm}^2$

$$I_{a,y} = 1940 \text{ cm}^4$$

$$I_{a,z} = 142 \text{ cm}^4$$

Betonstahl $A_s \quad = \qquad\qquad\qquad = \quad 3{,}14 \text{ cm}^2$

$$I_{s,y} \quad = 4 \cdot 3{,}14/4 \cdot 11{,}7^2 \quad = 430 \text{ cm}^4$$

$$I_{s,z} \quad = 4 \cdot 3{,}14/4 \cdot 5{,}7^2 \quad = 102 \text{ cm}^4$$

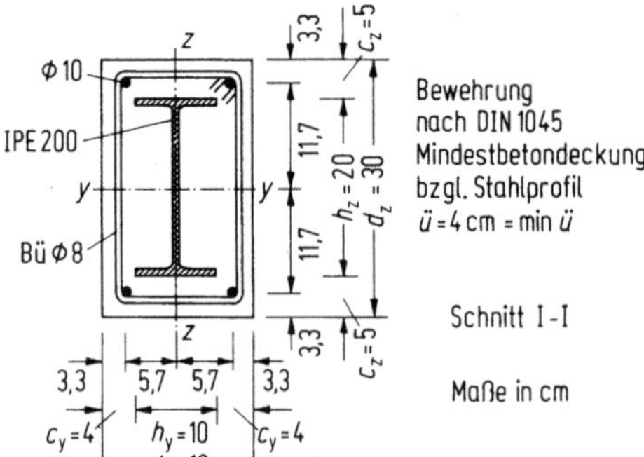

Bild 7-21. Querschnitt.

Beton $A_b = d_y d_z - A_a - A_s$

$$= 30 \cdot 18 - 28,5 - 3,14 \quad = 508 \text{ cm}^2$$

$$I_{b,y} = d_y d_z^3/12 - I_{a,y} - I_{s,y}$$

$$= 18 \cdot 30^3/12 - 1940 - 430 = 38130 \text{ cm}^4$$

$$I_{b,z} = 30 \cdot 18^3/12 - 142 - 102 = 14340 \text{ cm}^4$$

$$\mu = \frac{A_s}{A_b} \cdot 100 = 3,14/508 = 0,6\% < 3\% \quad (\text{DIN 18 806 Teil 1, Gl. (22)})$$

7.6.2 Traglast um die y-Achse

Quetschlast. Nach (7.2-2)

$$N_{pl} = N_{pl,a} + N_{pl,s} + N_{pl,b}$$

$$= 28,5 \cdot 24 + 3,14 \cdot 42 + 508 \cdot 2,7 = 684 + 132 + 1372$$

$$= 2188 \text{ kN}$$

Anteil Stahlträger $\delta = N_{pl,a}/N_{pl} = 684/2188 = 0,31$

$$0,2 < \delta = 0,31 < 0,9 \quad (\text{DIN 18 806 Teil 1, Gl. (1)})$$

Ideelle Knicklast. Nach (7.3-5) und (7.3-6)

$$N_{Ki,y} = \frac{\pi^2}{4,30}\left[2,1(1940 + 430) + 0,225 \cdot 38130\right] = 7236 \text{ kN}$$

Bezogener Schlankheitsgrad

$$\bar{\lambda}_y = \sqrt{N_{pl}/N_{Ki,y}} = \sqrt{2188/7236} = 0,550 < 0,80 \qquad (\text{DIN 18 806 Teil 1, Tabelle 3})$$

Damit darf das Langzeitverhalten unberücksichtigt bleiben.

$$\bar{\lambda}_y = 0,550 < 2,0 \qquad (\text{DIN 18 806 Teil 1, 5.1})$$

Traglast. Abminderungsfaktor für Kurve b   (DIN 18 806 Teil 1, 5.2.2)

$$\kappa_y = 0,863$$

$$N_{kr,y} = \kappa_y \cdot N_{pl} = 0,863 \cdot 2188 = 1887 \text{ kN}$$

Vollplastisches Moment

$$Q_{pl,a} = 142 \text{ kN}$$

Querkraftanteil Stahlträger

$$Q_{y,a} < 15,8 \text{ kN} < 0,3 Q_{pl,a} = 43 \text{ kN}$$

Damit ist keine Querschnittsreduktion infolge Querkraft erforderlich.

Annahme: Plastische Nullinie liegt im Steg. Die Bewehrung bleibt unberücksichtigt. Nach (7.2-11):

$$z_0 = \frac{28,5 \cdot 24 - 10 \cdot 0,85(2 \cdot 24 - 2,7) + 0,56(5 + 0,85)(2 \cdot 24 - 2,7)}{18 \cdot 2,7 + 0,56(2 \cdot 24 - 2,7)}$$

$$= 6,05 \text{ cm} > c_z + t = 5 + 0,85 = 5,85 \text{ cm}$$

Eigentlich liegt die plastische Nullinie damit im Bereich der Ausrundungsradien, was jedoch ohne Verlust an Genauigkeit unberücksichtigt bleibt. Nach (7.2-12):

$$\begin{aligned} M_{pl,y} = \; & 0,5 \cdot 28,5 \cdot 24(30 - 6,05) \\ & + 0,5 \cdot 10 \cdot 0,85(2 \cdot 24 - 2,7) \cdot (6,05 - 2 \cdot 5 - 0,85) \\ & - 0,5 \cdot 0,56(6,05 - 5 - 0,85) \cdot (2 \cdot 24 - 2,7)(5 + 0,85) = 7250 \text{ kNcm} \end{aligned}$$

Tragfähigkeitsnachweis um die y-Achse für den Grenzzustand

a) Moment nach Theorie II. Ordnung (*ohne* Ansatz von Ersatzimperfektionen). Näherungsweise gilt für Stäbe ohne Querlasten, Beanspruchung durch Randmomente und beidseitig unverschiebliche Lagerung der Stabenden

$$M^{II} = \frac{\beta_m M}{1 - \dfrac{N}{N_{Ki}}} \tag{7.6-1}$$

mit

$$\beta_m = 0,66 + 0,44\psi \qquad \text{(nach DIN 18\,800 Teil 2)}$$

$$\geq 1 - N/N_{Ki}$$

$$\geq 0,44$$

Darin ist ψ das Verhältnis der beiden Randmomente, hier also $\psi = 0$.

Daher gilt hier

$$\beta_m = 0,66 \geq 1 - 1000/7236 = 0,862$$

Somit

$$M^{II} = \frac{0,862 \cdot 68}{0,862} = M_R = 68 \text{ kNm}$$

M, N-Interaktion

Es wird das Näherungsverfahren nach 7.4.2 angewendet. Die Eingangsparameter betragen:

$$\delta = 0{,}31$$

$$\kappa = N_{kr}/N_{pl} = 1887/2188 = 0{,}863$$

$$N_\gamma/N_{pl} = 1000/2188 = 0{,}457$$

$$\kappa_n = \kappa \cdot \frac{1-\psi}{4} = 0{,}863 \cdot \frac{1}{4} = 0{,}216$$

abgelesen aus Bild 7-13: $s = 1{,}28$.

Nachweis: $M_\gamma^{II}/M_{pl} \le 0{,}9\,s$ $\qquad\qquad$ (DIN 18 806 Teil 1, Gl. (30))

$$68/72{,}5 = 0{,}94 < 0{,}9 \cdot 1{,}28 = 1{,}15$$

b) Moment nach Theorie II. Ordnung (*mit* Ansatz von Imperfektionen).

$$\varepsilon = L\sqrt{N/EI} = 4{,}30 \cdot \sqrt{1000/13556} = 1{,}17$$

Geometrische Ersatzimperfektion: $\qquad\qquad$ (DIN 18 806 Teil 1, Tabelle A3)

$$w_0 = L/250 = 4{,}30/250 = 0{,}017\,\text{m}$$

Hilfswerte:

$$M_0 = \gamma_s/\varepsilon^2(qL^2 + 8\cdot N w_0) = 1/1{,}17^2 \cdot (0 + 8\cdot 1000\cdot 0{,}017) = \quad 99{,}3\,\text{kNm}$$

$$M_A = \frac{M_k - M_i}{2\cdot\sin(\varepsilon/2)} \qquad = \frac{68}{2\cdot\sin(1{,}17/2)} \qquad = \quad 61{,}6\,\text{kNm}$$

$$M_S = \frac{M_k + M_i + 2M_0}{2\cdot\cos(\varepsilon/2)} \qquad = \frac{68 + 2\cdot 99{,}3}{2\cdot\cos(1{,}17/2)} \qquad = 159{,}9\,\text{kNm}$$

$$\rho = \arctan\frac{M_A}{M_S} \qquad = \arctan\frac{61{,}6}{159{,}9} \qquad = \quad 23{,}4°$$

$$M_C = \frac{M_S}{\cos\varrho} \qquad = \frac{159{,}9}{\cos 23{,}4°} \qquad = 171{,}3\,\text{kNm}$$

Stelle von max M^{II}:

$$\frac{x_M}{L} = \xi_M = \frac{1}{2} + \frac{\varrho}{\varepsilon} = 0{,}5 + \frac{0{,}385}{1{,}17} = 0{,}829$$

Maximalwert für M^{II}:

$$\max M^{II} = M(\xi_M) = M_C - M_0 = 171{,}3 - 99{,}3 = 72{,}0 \text{ kNm}$$

M, N-Interaktion

mit $\delta = 0{,}31$ und $\kappa = 0{,}46$

abgelesen aus Bild 7-13: $\bar{s} = 1{,}48$

Nachweis: $M_\gamma^{II}/M_{pl} \leq 0{,}9 \cdot \bar{s}$

$$72{,}0/72{,}5 = 0{,}99 < 0{,}9 \cdot 1{,}48 = 1{,}33$$

Im vorliegenden Fall würde der genauere Nachweis also zu einer sehr viel höheren Auslastung führen als nach a.

7.6.3 Traglast um die z-Achse

Ideale Knicklast nach (7.3-5) und (7.3-6)

$$N_{Ki,z} = \frac{\pi^2}{2{,}15^2}[2{,}1(142 + 102) + 0{,}225 \cdot 14340] = 7983 \text{ kN}$$

Bezogener Schlankheitsgrad

$$\bar{\lambda}_z = \sqrt{N_{pl}/N_{Ki,z}} = \sqrt{2188/7983} = 0{,}52 < 0{,}80 \qquad \text{(DIN 18 806 Teil 1, Tabelle 3)}$$

Damit darf auch hier das Langzeitverhalten (Wirkung aus Kriechen und Schwinden) unberücksichtigt bleiben.

Kurve c: $\kappa_z = 0{,}832$

$$N_{Ki,z} = 0{,}832 \cdot 2188 = 1820 \text{ kN} > \text{vorh } N_\gamma = 1000 \text{ kN}$$

7.6.4 Verbundsicherung

Querkraftschub Momententragfähigkeit Stahlbeton, siehe Bild 7-22

$$x = \frac{Z_s}{0{,}6\beta_{WN}b} = \frac{0{,}5 \cdot 3{,}14 \cdot 42}{2{,}7 \cdot 18} = \frac{65{,}9}{48{,}6} = 1{,}36 \text{ cm}$$

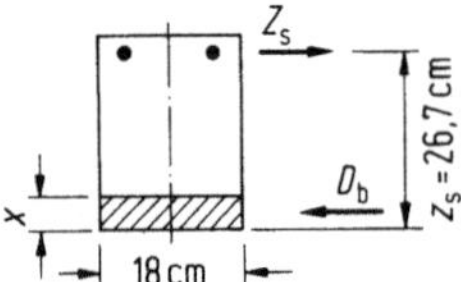

Bild 7-22. Kräftezustand für Betonmoment $M_{pl,b}$.

$$M_{\mathrm{pl,b}} = Z_{\mathrm{s}}(z_{\mathrm{s}} - x/2) = 65{,}9(0{,}267 - 0{,}0136/2) = 17{,}2\ \mathrm{kNm}$$

$$Q_{\mathrm{b}} = Q\,\frac{M_{\mathrm{pl,b}}}{M_{\mathrm{pl}}} = 9{,}3\,\frac{17{,}2}{72{,}5} = 2{,}20\ \mathrm{kN} \quad (\text{DIN } 18\,806 \text{ Teil } 1)$$

$$Q_{\mathrm{a}} = (Q - Q_{\mathrm{b}})\cdot\gamma = (9{,}3 - 2{,}20)1{,}70 = 12{,}0\ \mathrm{kN}$$

Nachweis Stahlprofil nicht erforderlich, siehe 7.6.2.

Nachweis Stahlbetonteil (DIN 1045, 17.5)

$$\tau_0 = \frac{Q_{\mathrm{b}}}{2c_y h k_z} = \frac{Q_{\mathrm{a}}}{2c_y(z_{\mathrm{s}} - x/2)} = \frac{2{,}2\cdot 10}{8(26{,}7 - 1{,}36/2)} = 0{,}11\ \mathrm{MN/m^2}$$

$$< \tau_{012} = 1{,}10\ \mathrm{MN/m^2}$$

Damit ist eine Mindestbügelbewehrung für Stützen erforderlich (DIN 1049, 25.2.2.2)

Nachweis Verbundfuge

$$I_{\mathrm{ges}} = I_{\mathrm{a,y}} + I_{\mathrm{s,y}} + \frac{1}{n} I_{\mathrm{b,y}} = 1940 + 430 + \frac{1}{5{,}68}\,38130 = 9083\ \mathrm{cm^4}$$

$$S = \frac{1}{2}\cdot 3{,}14\cdot 11{,}7 + 5\cdot 18\cdot 12{,}5\cdot\frac{1}{5{,}68} = 216\ \mathrm{cm^3}$$

$$\tau = \frac{Q_{\mathrm{s}}S}{I_{\mathrm{ges}}h_y} = \frac{12{,}0\cdot 10\cdot 216}{9083\cdot 10} = 0{,}285\ \mathrm{MN/m^2}$$

$$< \max\tau = 0{,}70\ \mathrm{MN/m^2} \quad (\text{DIN } 18\,806 \text{ Teil } 1, \text{ Tabelle } 4)$$

Über die gesamte Stützenlänge ist damit eine Schubkraft zu übertragen von

$$T = \tau h_y L = 0{,}284\cdot 0{,}10\cdot 4{,}3 = 122\ \mathrm{kN}$$

Krafteinleitung oben. Entsprechend 7.5.1 entfällt ein Nachweis für den Grenzlastzustand, da die Lasteinleitung über eine steife Kopfplatte anteilmäßig unmittelbar auf Stahlprofil und Stahlbetonteil erfolgt.

Nachweis Gebrauchszustand. Bei Kurzzeitbelastung wird die Last unmittelbar anteilig (Stahl und Beton) in die Verbundstütze eingetragen.
Schnittkräfte infolge ständig wirkender Belastung:

$$N = 0{,}7\cdot 588 = 412\ \mathrm{kN}$$

$$M = 0{,}7\cdot 40 = 28\ \mathrm{kN}$$

Schnittkräfte infolge kurzzeitig wirkender Belastung:

$$N = 0,3 \cdot 588 = 176 \, \text{kN}$$

$$M = 0,3 \cdot 40 \;\; = \;\; 12 \, \text{kN}$$

Kriechzahl für $t \to \infty$:

$$\varphi_{\text{f}} \qquad = \varphi_{\text{f},0}(k_{\text{f},t} - k_{\text{f},t_0})$$

$$d_{\text{ef}} \qquad = k_{\text{ef}} \cdot \frac{2A}{u} = 1,0 \cdot \frac{2 \cdot 18 \cdot 30}{2 \cdot (18 + 30)} = 11,25 \approx 10$$

$$k_{\text{f},t \to \infty} \quad = 1,70; \quad k_{\text{f},t=28} = 0,66; \quad k_{\text{s},t \to \infty} = 1,05$$

$$\varphi_{\text{f}} \qquad = 2,7 \cdot (1,7 - 0,66) \quad = 2,81$$

$$\varepsilon_{\text{s}(0 \to \infty)} \quad = -46 \cdot 10^{-5} \cdot 1,05 = -48,3 \cdot 10^{-5}$$

$$n_0 \qquad = E_{\text{a}}/E_{\text{b}} \qquad\qquad = 5,68$$

Die Berücksichtigung des Langzeitverhaltens erfolgt nach 7.5.3. Nach (7.5-11)

$$\gamma = \frac{(A_{\text{a}} + A_{\text{s}})}{A_{\text{b}}} \cdot n_0 = \frac{(28,5 + 3,14)}{508} \cdot 5,68 = 0,354$$

Aus Bild 7-17 $\dfrac{N_{\text{a},t} + N_{\text{s},t}}{N} = 0,66$

$$N_{\text{a},t} + N_{\text{s},t} = 0,66 \cdot 412 = 272 \, \text{kN}$$

Für das Stahlprofil ergibt sich damit nach (7.5-7) eine anteilige Schnittgröße infolge Kriechens:

$$N_{\text{a},t} = \frac{28,5}{31,64} \cdot 272 = 245 \, \text{kN}$$

Der Beton erhält damit (unter Vernachlässigung des Schubkraftanteils infolge des Moments)

$$N_{\text{b},t} = N_{\text{dü}} = 412 - 245 = -167 \, \text{kN}$$

Die anteilige Schnittgröße infolge Schwindens wird mit γ aus Bild 7-18 abgelesen:

$$\frac{T_{\text{a}+\text{s}}}{E_{\text{b}} A_{\text{b}} \varepsilon_{\text{s}}} = 0,144$$

$$T_{\text{a}+\text{s}} = -0,144 \cdot 3700 \cdot 508 \cdot 48,3 \cdot 10^{-5} = -131 \, \text{kN}$$

Für den Stahl allein

$$T_{\text{a}} = -131 \cdot 0,901 \qquad\qquad\qquad = -118 \, \text{kN}$$

Im Beton entsteht eine gleich große Zugkraft. Damit gilt aus Kriechen und Schwinden zusammen

$$N_{b,t} = -167 + 140 = -27,$$

damit

$$T = 0 .$$

Krafteinleitung unten. Da die Kraft ausschließlich in das Stahlprofil eingeleitet wird, ist eine Verstärkung des Profils erforderlich:

$$\text{erf}\,\Delta A_a = \frac{N_\gamma}{\beta_{s,a}} - A_a = \frac{1000}{24} - 28,5 = 13,2\ \text{cm}^2 ,$$

gew.: $2 \times 4\text{kt}\ \ 8 \times 100$ Stegverstärkung (siehe Bild 7-23).

Nachweis Bruchzustand. Die Aufteilung der Schnittgrößen erfolgt im Verhältnis der plastischen Grenztragfähigkeiten. Damit beträgt die in den Beton einzuleitende Schnittgröße

$$N_{b,0} + N_{s,0} = N(1 - \delta) = 1000 \cdot (1 - 0,31) = 690\ \text{kN} .$$

Die Dübeltragfähigkeit beträgt nach Tabelle 3-1 $D_s = 95$ kN. Es werden 2 Dübel in der Kammer des I-Profils nebeneinander angeordnet, siehe Bild 7-24. Damit gilt für die beiden Dübel eine übertragbare Kraft

$$D_s' = 2D_s + 2\mu \cdot 0,5D_s = 2,5D_s = 2,5 \cdot 95 = 237,5\ \text{kN} .$$

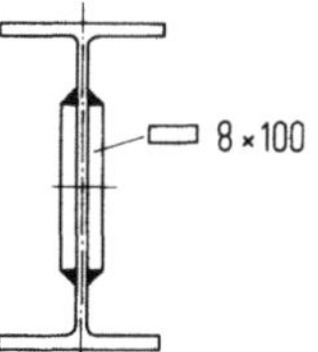

Bild 7-23. Verstärkung zur Lasteinleitung unten.

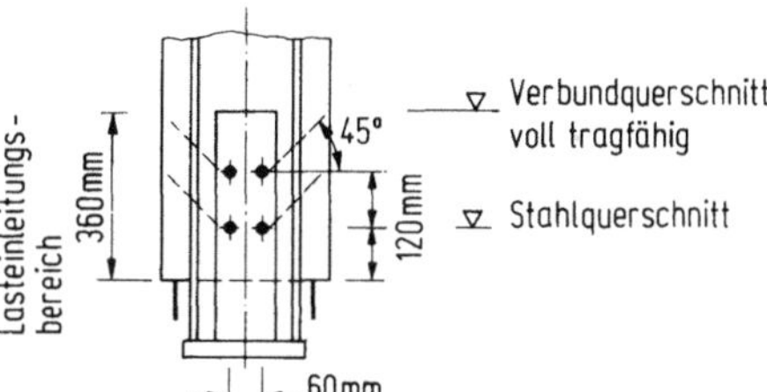

Bild 7.24 Dübel an der Lasteinleitung unten.

Unter Berücksichtigung der Schubkraft aus der Querkraft

$$n' = \frac{690 + 122}{237,5} = 3,4, \text{ gewählt } n' = 4 \text{ Reihen} .$$

Nachweis Gebrauchszustand. Krafteinleitung: Fall a nach 7.5.1.
Aus Bild 7-17: für $t = 0$ und $\gamma = 0,354$ ein Wert von

$$\frac{N_{a,0} + N_{s,0}}{N} = 0,27$$

Damit für das Stahlprofil und die Bewehrung zusammen

$$N_{a,0} + N_{s,0} \quad = 0,27 \cdot 588 \qquad\qquad = 158,8 \text{ kN}$$

und für das Stahlprofil allein

$$N_{a,0} \qquad = 158,8 \cdot 0,901 \qquad\qquad = 143 \text{ kN}$$

Über Dübel ist daher insgesamt eine Kraft von

$$N_{\text{dü}} \qquad = 588 - 143 + 122/1,7 \quad = 517 \text{ kN}$$

einzuleiten. Die erforderliche Anzahl von Dübelreihen beträgt daher

$$n' \qquad = 517 \cdot 1,7/237,5 \qquad = 3,7, \text{ gewählt } n' = 4 .$$

Es werden auf jeder Seite des Steges je 2 Dübelreihen entsprechend Bild 7-24 gewählt.

Schubnachweis im Krafteinleitungsbereich

$$A_{b,0} = d_y \cdot c_z = 18 \cdot 5 = 90 \text{ cm}^2$$

$$\frac{A_{b,0}}{A_b} = \frac{90}{508} \qquad = 0,177$$

Anteilige Kraft

$$N_{b,0} = (588 - 143)\, 0,177 = 78,8 \text{ kN}$$

Länge des Lasteinleitungsbereichs (siehe Bild 7-24)

$$L_E \qquad = 360 \text{ mm}$$

Schubspannung

$$\tau_0 = \frac{N_{b,0}}{2c_y - E} + \tau_{0,Q}$$

$$\qquad\qquad\qquad\qquad\qquad > \tau_{02} = 2,7 \text{ MN/m}^2$$

$$= \frac{0,0788}{2 \cdot 0,04 \cdot 0,36} + 0,11 = 2,85 \text{ MN/m}^2 \quad < \tau_{03} = 4,5 \text{ MN/m}^2$$

erforderliche Bügelbewehrung im Lasteinleitungsbereich (volle Schubdeckung)

$$\text{erf } \alpha_{\text{Sbü}} = \frac{\tau_0 2 c_y \gamma}{\beta_{\text{s,s}}} = \frac{2850 \cdot 2 \cdot 0{,}04 \cdot 1{,}75}{42{,}0} = 9{,}5 \text{ cm}^2/\text{m}$$

gewählt: schnittige Bügel Ø8 mm BSt 420/500 $s_{\text{bü}} = 10$ cm, vorh $\alpha_{\text{Sbü}} = 10{,}05$ cm²/m.

8. Anschlußtechnik und Brandschutz

8.1 Brandschutz

8.1.1 Allgemeines

Der Brandschutz ist allgemein als Kapitel E.6 im Teil E Bauphysik (Band V) behandelt. Bezüglich der Verbundkonstruktionen ergeben sich zur Zeit insoweit Besonderheiten, daß diese Konstruktionen noch nicht in die DIN 4102 aufgenommen worden sind, wobei jedoch eine Überarbeitung dieser Norm begonnen wurde.

Die Beurteilung des Brandschutzes von Verbundkonstruktionen ist jedoch inzwischen einwandfrei möglich, wozu insbesondere die Ergebnisse eines umfangreichen Forschungsvorhabens der Studiengesellschaft für Anwendungstechnik e.V., Düsseldorf, beigetragen haben. Daraus resultieren große Erfahrungen, die auch zur Zeit schon baupraktisch genutzt werden können und über die in der Fachliteratur (insbesondere [15, 16]) berichtet worden ist.

Auf diesen Arbeiten basiert im wesentlichen auch [41]. Mit den dort gemachten Angaben kann unmittelbar der Nachweis der Feuerwiderstandsdauer von Verbundstützen und Verbundträgern geführt werden. In 7 Bildern sind Mindestquerschnittsabmessungen angegeben, die in Verbindung mit der Ausnutzung der Bauteile vorliegen müssen, damit bestimmte Feuerwiderstandsdauern im Bereich F 30 bis F 180 erreicht werden.

Auf den Ergebnissen der zahlreichen Brandversuche bauen auch brandschutztechnische Berechnungsverfahren auf. Dies steht somit im Gegensatz zu sonstigen Ausführungen, die nicht in DIN 4102 genormt sind und dann nur über Brandversuche zuverlässig beurteilt werden können. Auf solche Brandversuche kann also bei Verbundkonstruktionen im Regelfall verzichtet werden, da sie berechenbar sind und brandschutztechnisch einwandfreie Standard-Ausführungen vorliegen.

So genügt z.B. für Verbundstützen mit vollständig einbetonierten Walzprofilen nach Bild 7-1d die Einhaltung bestimmter Bedingungen, die in Tabelle 8-1 angegeben sind [36].

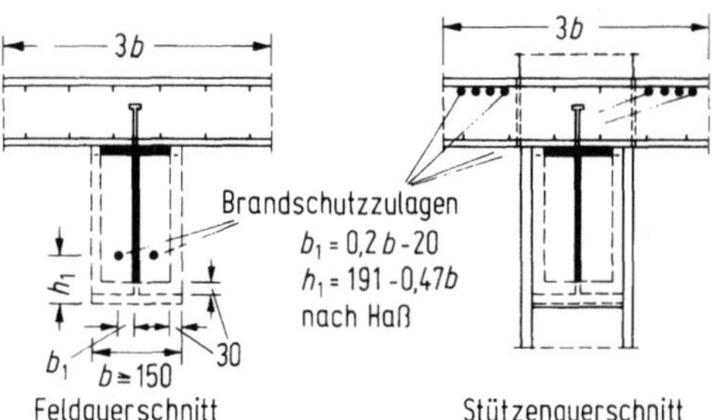

Bild 8-1. Lage der Brandschutzbewehrung in den Verbundträgerquerschnitten [37].

In [36] ist auch ein allgemeines Näherungsverfahren zur brandschutztechnischen Berechnung von Verbundstützen angegeben. Dieses kann zur Berechnung der Tragfähigkeit im Brandfall mit einer Feuerwiderstandsdauer von 90 min (F 90) auch auf die anderen Stützentypen nach Bild 7-1 angewendet werden.

Ein noch einfaches Näherungsverfahren ist in [37] für Verbundträger entwickelt worden. Es geht davon aus, daß die direkt dem Feuer ausgesetzten Teile des Stahlträgers für die Aufnahme von Kräften unwirksam sind, also ausfallen. Im Falle des Trägers nach Bild 8-1 bedeutet dies, daß der Untergurt und ein Bereich von 30 mm von der Außenkante im Brandfall nicht mitträgt.

Bei dem in [39] beschriebenen Verfahren geht man so vor, daß die Grenztragfähigkeit des Verbundträgers an einem brandreduzierten Querschnitt berechnet wird. Die Reduktionsfaktoren erfassen die unterschiedliche Erwärmung der Teile des Verbundträgers. Besonders vorteilhaft ist, daß man nach den Feuerwiderstandsklassen F 30, F 60, F 90 und F 120 unterscheiden kann.

Ausführungen mit freiliegenden Stahlteilen haben insbesondere im Industriebau große Vorteile. Sie können dabei z.B. zum Anklemmen/Befestigen von Anhängelasten benutzt werden, ebenso sind spätere Verstärkungen infolge von Nutzungsänderungen problemlos möglich. Beispiele der Anwendung des Verbundbaus unter Berücksichtigung des Brandschutzes zeigt [13].

8.1.2 Beispiel

Für das in 5.3 behandelte Beispiel, das im Prinzip auch Bild 8-1 entspricht, wird nachfolgend der Tragfähigkeitsnachweis im Brandfall für den Feldquerschnitt geführt:

- Stahlprofil IPE 450 in St 37, $b = 190$ mm > 150, $t = 14{,}6$ mm
- Betonplatte B 35, $3b = 570$ mm

Als Ersatz für den ausgefallenen Untergurt könnten im Steg zwei Verstärkungslaschen oder Rundstahl-Bewehrung angeschweißt werden. Diese sind im Brandfall durch den Kammerbeton geschützt und bleiben somit wirksam.

Tabelle 8-1. F 90-Brandschutz-Nachweis für Verbundstützen aus vollständig einbetonierten Walzprofilen. Geometrische Mindestanforderung in Abhängigkeit von der Profilhöhe bei vollständiger Ausnutzung der Gebrauchslast

L	Profilreihe in mm			
in m	HE	c_y, c_z	HD	c_y, c_z
$\leq 4{,}50$	≥ 100 B	≥ 50	$\geq 210 \cdot 210 \cdot 87$	≥ 40
	≥ 200 B	≥ 40	$\geq 260 \cdot 260 \cdot 101$	
	≥ 100 M	≥ 40	$\geq 310 \cdot 310 \cdot 130$	
			$\geq 360 \cdot 360 \cdot 148$	
$\leq 6{,}00$	≥ 200 B	≥ 50	$\geq 400 \cdot 400 \cdot 187$	
	≥ 120 M	≥ 50		
$\leq 8{,}00$	≥ 180 M	≥ 40	$\geq 210 \cdot 210 \cdot 100$	

Nach Bild 8-2:
Gurtanteil einschließlich Ausrundungsradius

$$Z_u = 0,5(98,8 - 0,94(45 - 2\cdot 1,46))24 \qquad = 711\,\text{kN}$$

Steganteil unten

$$Z_{su} = 3,0\cdot 0,94\cdot 24 \qquad = 68\,\text{kN}$$

Gurtanteil 3 cm oben

$$Z_g = 2\cdot 3,0\cdot 1,46\cdot 24 \qquad = 210\,\text{kN}$$

Damit verbleibt für den Steganteil $Z_a - 2\cdot Z_u - Z_{su}$

$$Z_s = 98,8\cdot 24 - 2\cdot 711 - 68 \qquad = 881\,\text{kN}$$

Betonplatte 57 cm breit ($= 3b$)

$$D_b = 0,6\cdot 2,5\cdot 57\cdot 10 \qquad = 855\,\text{kN}$$

Brandschutzzulagen 4 Ø20 mm

$$Z_B = 4\cdot 3,14\cdot 42 \qquad = 528\,\text{kN}$$

Die Höhenlage h_1 beträgt $h_1 = 191 - 0,47\cdot 190 \qquad = 102\,\text{mm}.$

Die Lage der Nullinie ergibt sich etwas unterhalb der Unterkante des oberen Gurtes.

$$D_{go} = 711 - 210 \qquad = 501\,\text{kN}$$

Annahme: plastische Nullinie liegt im Steg

$$-855 - 501 - x_D(2\cdot 0,94\cdot 24,0 + 12,06\cdot 0,6\cdot 2,5) + 881 + 528 = 0$$

$$x_D = \frac{53,0}{63,2} \qquad = 0,838\,\text{cm}$$

$$D_{Steg} = 0,838\cdot (0.94\cdot 24,0 + 12,06\cdot 0,6\cdot 2,5) \qquad = 34\,\text{kN}$$

$$Z'_s = 881 - 0,838\cdot 0,94\cdot 24,0 \qquad = 862\,\text{kN}$$

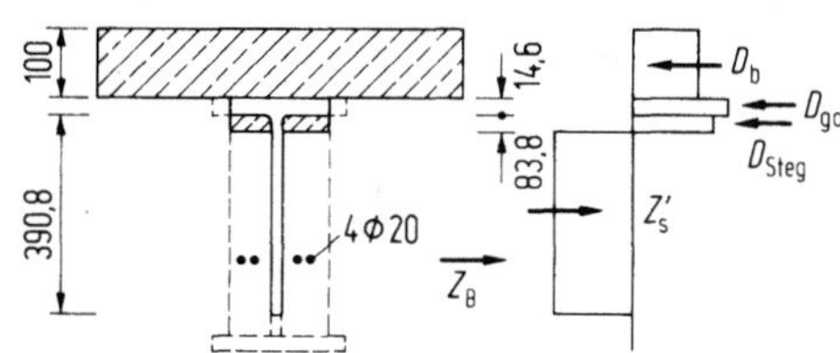

Bild 8-2. Beispiel: Reduzierter Querschnitt für den Brandfall.

Damit ergibt sich das plastische Moment

$$M_{pl} = 8824 \cdot (0{,}3908/2 + 0{,}0146 + 0{,}0500)$$

$$+ \, 528 \cdot (0{,}450 - 0{,}102 + 0{,}050)$$

$$- \, (501 + 34) \cdot (0{,}0146/2 + 0{,}05)$$

$$= 228 + 210 - 32 \qquad\qquad = 406 \ \text{kNm}$$

Vorhandenes Moment unter Gebrauchslast:

$$M = 0{,}07 \cdot 17{,}1 \cdot 11^2 + 0{,}096 \cdot 17{,}1 \cdot 11^2 \quad = 343 < 406 \ \text{kNm}$$

8.2 Anschlüsse

Wenn keine besonderen Brandschutzanforderungen gestellt werden, dann können die Anschlüsse vorteilhaft wie solche im üblichen Stahlbau ausgebildet werden. Dabei gilt auch hier, daß einfach zu fertigende und schnell zu montierende Anschlüsse zu wirtschaftlichen Konstruktionen führen. Zusätzliche Hilfsabstützungen während der Montage sind möglichst zu vermeiden.

Wenn besondere Brandschutzanforderungen, z.B. Feuerwiderstandsklasse F 90, bestehen, dann muß bei der Konstruktion der Anschlüsse darauf Rücksicht genommen werden. Man kann dann zwei Anschlußtypen unterscheiden: geschützte Anschlüsse und ungeschützte Anschlüsse.

Bei den *geschützten Anschlüssen* werden die Verbindungsmittel und die Anschlußteile durch Beton oder andere isolierende Materialien vor dem direkten Angriff des Feuers geschützt. Damit findet dann eine langsame Erwärmung statt und die erforderliche Feuerwiderstandsdauer kann erreicht werden. In der Regel genügt eine Betondeckung von 50 mm zum Erreichen von F 90.

Bei den *ungeschützten Anschlüssen* wird die langsame Erwärmung durch entsprechend dicke Anschlußteile erreicht, die ausreichende Restfestigkeit aufweisen. Da die üblichen Verbindungsmittel bei direktem Feuerangriff ausfallen würden, erfolgt eine Rückverankerung in der Regel durch Kopfbolzendübel im Beton.

Typische Beispiele für praxisgerechte Anschlüse wurden in dem erwähnten Forschungsvorhaben untersucht. Die daraus abgeleiteten feuerbeständigen Anschlüsse sind in [37] erläutert und in den Bildern 8-3 bis 8-6 dargestellt.

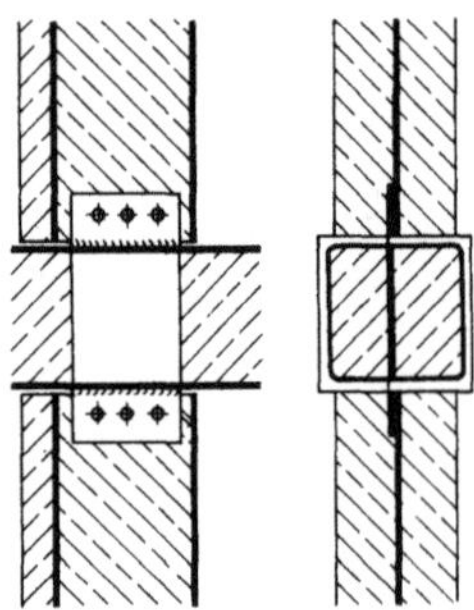

Bild 8-3. Beispiel für einen Laschenanschluß an ein betongefülltes Hohlprofil [37].

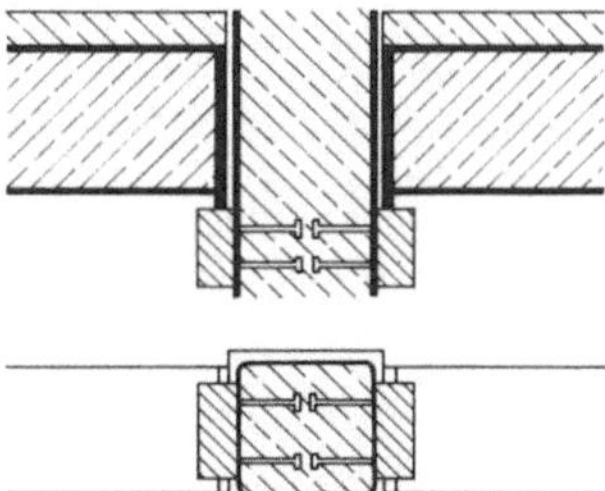

Bild 8-4. Beispiel für einen Knaggenanschluß an ein betongefülltes Hohlprofil mit Rückverankerung im Stützenbeton durch Kopfbolzendübel [37].

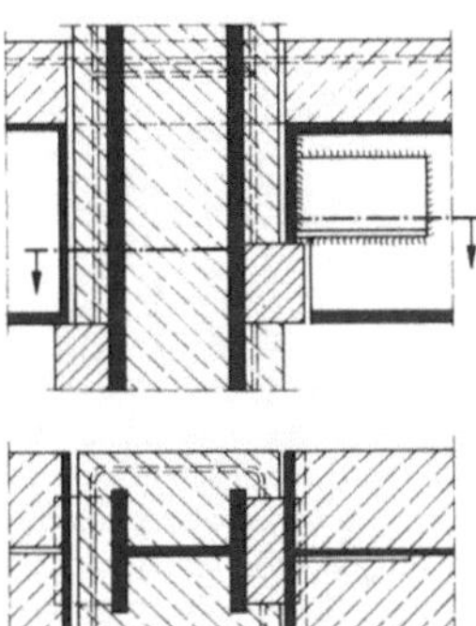

Bild 8-5. Beispiel für Knaggenanschlüsse an vollständig einbetonierte Stahlprofile [37].

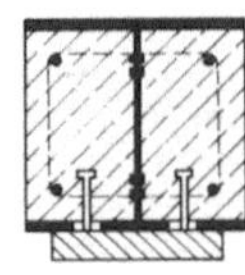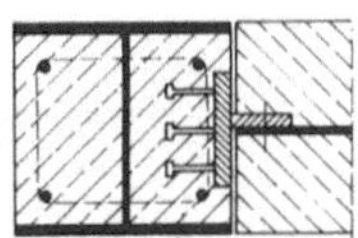

Bild 8-6. Beispiel für Knaggenanschüsse an Stahlprofile mit ausbetonierten Seitenteilen [37].

Literatur zu Teil H. Verbundbau

Normen und andere technische Regeln

DIN 1045: Beton und Stahlbeton; Bemessung und Ausführung (07.88)

DIN 1055: Lastannahmen für Bauten (Teil 1 bis 6)

DIN 4114: Stahlbau; Stabilitätsfälle (Teile 1, 2) (1952)

DIN 4227 Teil 1: Spannbeton; Bauteile aus Normalbeton mit beschränkter oder voller Vorspannung (07.88)

DIN 4421: Traggerüste; Berechnung, Konstruktion und Ausführung (08.82)

DIN 18 800 Teil 1: Stahlbauten; Bemessung und Konstruktion (03.81)

DIN 18 800 Teil 1: Stahlbauten; Bemessung und Konstruktion (11.90)

DIN 18 800 Teil 2: Stahlbauten; Stabilitätsfälle; Knicken von Stäben und Stabwerken. (11.90)

DIN 18 800 Teil 3: Stahlbauten; Stabilitätsfälle; Plattenbeulen (11.90)

DIN 18 800 Teil 4: Stahlbauten; Stabilitätsfälle; Schalenbeulen (11.90)

DIN 18 801; Stahlhochbau; Bemessung, Konstruktion, Herstellung (09.83)

DIN 18 806 Teil 1: Verbundkonstruktionen; Verbundstützen (03.84)

[V1] Richtlinien für die Bemessung und Ausführung von Stahlverbundträgern, März 1981; Ergänzende Bestimmungen, 1984

[V2] Richtlinien zur Anwendung des Traglastverfahrens im Stahlbau. DASt-Richtlinie 008. Köln 1973

[V3] Europäische Empfehlungen für die Ausbildung und Berechnung von Stahlprofil Verbunddecken, Europäische Konvention für Stahlbau, (Rotterdam). Köln: Stahlbau-Vlg. 1976

[V4] Beulsicherheitsnachweis für Platten. DASt-Richtlinie 012. 1979

[V5] Bemessung und konstruktive Gestaltung von Tragwerken aus dünnwandigen kaltgeformten Bauteilen. DASt-Richtlinie 016. (1988)

[V6] Gemeinsame einheitliche Regeln für Verbundkonstruktionen aus Stahl und Beton. Entwurf Eurocode 4, Bericht EUR 9886 DE, 1985

[V7] Zulassung Nr. Z-21.5-82 für Nelson-Kopfbolzen. Institut für Bautechnik Berlin, 1983

[V8] Zulassung Nr. Z-26.1-20 für Hoesch-Verbunddecke. Institut für Bautechnik Berlin. Einschließlich Bemessungstabelle für Hoesch-Verbunddeckenprofil

Bücher

HB3 HÜTTE, Bautechnik, Bd. III. 29. Aufl. Berlin: Springer 1977

1 *Sattler, K.*: Theorie der Verbundkonstruktionen. Band I, II. Berlin: Ernst & Sohn 1959

2 *Wippel, H.*: Berechnung von Verbundkonstruktionen aus Stahl und Beton. Berlin: Springer 1963

3 *Haensel, J.*: Praktische Berechnungsverfahren für Stahlträgerverbundkonstruktionen unter Berücksichtigung neuerer Erkenntnisse zum Betonzeitverhalten. Inst. konstruktiven Ingenieurbau, Ruhr-Universität Bochum, Mitt. 75-2

4 *Roik, K.; Bode, H.; Haensel, J.*: Erläuterungen zu den "Richtlinien für die Bemessung und Ausführung von Stahlverbundträgern", Anwendungsbeispiele. Inst. f. konstruktiven Ingenieurbau, Ruhr-Universität Bochum, Mitt. 75-11

5 *Muess, H.*: Plastische Momente für Verbundträger. Köln: Stahlbau-Vlg. 1976

6 *Roik, K.; Lindner, J.*: Einführung in die Berechnung nach dem Traglastverfahren. Ber. Nachdruck, Köln: Stahlbau-Vlg. 1979

7 *Roik, K.; Carl, J.; Lindner, J.*: Biegetorsionsprobleme gerader dünnwandiger Stäbe. Berlin: Ernst & Sohn 1972

8 *Müller, G.*: Nomogramme für die Kippuntersuchung frei aufliegender I-Träger. Köln: Stahlbau-Vlg. 1967

9 *Grasser, E.; Thielen, G.*: Hilfsmittel zur Berechnung der Schnittgrößen und Formänderungen von Stahlbetontragwerken. (DAfStb, 240). Berlin: Ernst & Sohn 1976

10 Beton-Kalender 1988, Teil J. Berlin: Ernst & Sohn 1988

11 *Bode, H.*: Verbundbau – Konstruktion, Berechnung. Düsseldorf: Werner 1987

12 *Hoffmann, B.*: Verbundkonstruktionen im Hochbau. Stahl im Hochbau, Band II/Teil 1. Düsseldorf: Vlg. Stahleisen 1987

13 *Haß, R.; Meyer-Ottens, C.; Quast, U.*: Verbundbau Brandschutz Handbuch. Berlin: Ernst & Sohn 1989

Zeitschriften

15 Stahlbau. Berlin: Ernst & Sohn

16 Bauingenieur. Berlin: Springer-Verlag

17 Bautechnik. Berlin: Ernst & Sohn

18 acier · Stahl · steel. Düsseldorf: Beratungsstelle für Stahlverwendung (bis 1983)

19 Schweizer Ingenieur und Architekt. Zürich: Verlags-AG der Akademisch-technischen Vereine

20 The Structural Engineer. London: Don Neal Kingstea Press

21 Civil Engineering. New York: American Society of Civil Engineers

Aufsätze, Beiträge

24 *Muess, H.*: Deckensysteme im elementierten Bauen. In: Elementiertes Bauen in Stahl. Köln: Stahlbau-Verband 1977

25 *Jungbluth, O.; Schäfer, H.; Gräfe, R.*: Stahlprofilblech-Beton-Verbundplatten. Deutscher Ausschuß für Stahlbau, Berichte 8/79, Köln

26 *Roik, K.; Bergmann, R.*: Zur Traglastberechnung von Verbundstützen. Stahlbau 51 (1982) 8–16

27 *Roik, K.*: Verbundkonstruktionen. In: Stahlbau-Handbuch, Bd. 1. 2 Aufl. Köln: Stahlbau-Vlg. 1982, S. 627–627 (Kap. 11)

28 *Bode, H.*: Verbundträger im Hochbau. Beratungsstelle für Stahlverwendung, Merkblatt 267

29 *Bergamann, R.; Breit, M.*: Verbundstützen aus einbetonierten Walzprofilen. Beratungsstelle für Stahlverwendung, Merkblatt 217

30 *Kobbner, M.*: Die Isarbrücke bei Großhesselohe: Eine Eisenbahnbrücke in neuartiger Verbundbauweise. Stahlbau 54 (1985) 323–326

31 *Bode, H.; Fichter, W.*; Zur Fließgelenktheorie bei Stahlverbundträgern. Stahlbau 55 (1986) 299–303

32 *Wölfel, E.*: Nachgiebiger Verbund: Eine Näherungslösung und deren Anwendungsmöglichkeiten. Stahlbau 56 (1987) 173–180

33 *Roik, K.; Hanswille, G.*: Zur Dauerfestigkeit von Kopfbolzendübeln bei Verbundträgern. Bauingenieur 62 (1987) 273–285

34 *Clenin, D.; Kuhlmann, U.*: Gleichungen zur Bestimmung der Tragfähigkeit von Verbundquerschnitten. Stahlbau 57 (1988) 81–87

35 *Lindner, J.*: Stabilisierung von Biegeträgern durch Drehbettung: eine Klarstellung. Stahlbau 56 (1987) 365–373

36 *Klingsch, W.; Muess, H.; Wittbecker, F.-W.*: Ein baupraktisches Näherungsverfahren für die brandschutztechnische Bemessung von Verbundstützen. Bauingenieur 63 (1988) 27–34

37 *Dorn, T.; Haß, R.; Quast, U.*: Brandschutzverhalten von Anschlüssen von Verbundkonstruktionen und ihre Bemessung zur Verlängerung der Feuerwiderstandsdauer. Bauingenieur 63 (1988) 35–41

38 *Roik, K.; Hanswille, G.; Kina, J.*: Zur Frage des Biegedrillknickens bei Stahlverbundträgern. Stahlbau 59 (1990) 327–333

39 *Dorn, T.; u.a.*: Ein rechnerisches Verfahren zur bandschutztechnischen Bemessung von kammerbetonierten Verbundträgern. Stahlbau 59 (1990) 359–368

40 *Nather, F.*: Verbundbrücken – Stand der Technik, Perspektiven für die Zukunft. Stahlbau 59 (1990) 289–299

41 *Dorn, T.; Haß, R.; Kordina, K.*: Brandverhalten von Verbundstützen und -trägern. Mitt. d. Instituts für Bautechnik Berlin, 1988, H.4, 104–109

Teil I. Stahlbetonbau

Von *Jürgen Roth*

1. Verbundbaustoff Stahlbeton

Stahlbeton ist ein Verbundbaustoff, der aus Beton und darin eingebetteten Stahleinlagen, der Bewehrung, besteht. Beide Bestandteile tragen, ihren unterschiedlichen Materialeigenschaften entsprechend, zur Aufnahme der auf eine Stahlbetonkonstruktion einwirkenden Belastungen bei. Der im Vergleich zum Stahl spröde Beton hat eine hohe Druckfestigkeit, reißt aber schon bei niedrigen Zugspannungen auf. Deshalb werden dem Beton Druckkräfte zugewiesen, der Bewehrung dagegen vornehmlich Zugkräfte. Die Überleitung von Kräften aus dem Beton in die Bewehrung und umgekehrt geschieht durch den zwischen beiden wirksamen Verbund.

Die Umhüllung durch den alkalischen Beton sichert nicht nur die gemeinsame Tragwirkung, sondern auch den Korrosionsschutz der Bewehrung und somit die Dauerhaftigkeit von Stahlbetonkonstruktionen.

Im folgenden werden in knapper Form zunächst einige Materialfragen behandelt, siehe z.B. auch [1, 2, 200].

1.1 Beton

Unter dem Begriff *Beton* wird, auf Grund der überwiegenden Verwendung sowohl bei Bauten in Ortbetonbauweise als auch im Fertigteilbau, i. allg. Normalbeton mit Trockenrohdichten ϱ_d zwischen 2 000 und 2 800 kg/m^3 verstanden, DIN 1045, 2.1.2.

Als *Schwerbeton* bezeichneter Beton mit höherer Rohdichte ϱ_d wird nur in Ausnahmefällen, beispielsweise als Abschirmbeton im Reaktorbau, verwendet.

Beton mit Rohdichten ϱ_d unter 2 000 kg/m^3 und geschlossenem Gefüge findet als *Konstruktionsleichtbeton* Verwendung. Er erreicht bei geringerem Gewicht gleiche Druckfestigkeiten wie Normalbeton. Weil die Herstellung mit erhöhten Kosten verbunden ist, beschränkt sich seine Anwendung aber auf weitgespannte Konstruktionen oder größere Fertigteile, bei denen der Gewichtsersparnis besondere Bedeutung zukommt. Mitunter ist auch seine geringere Wärmeleitfähigkeit erwünscht.

Nach der im Alter von 28 Tagen an 20-cm-Würfeln gemessenen Nennfestigkeit β_{WN} unterscheidet DIN 1045 die *Betonfestigkeitsklassen* nach Tabelle 1-1. Beton B I mit niedrigeren Druckfestigkeiten darf als „Rezeptbeton" nach den Angaben in DIN 1045, Tabelle 4 hergestellt werden. Für die höheren Festigkeitsklassen der Betongruppe BII ist die Zusammensetzung auf Grund von Eignungsprüfungen festzulegen. Den erhöhten Anforderungen an Beton B II tragen auch die Vorschriften zur Güteüberwachung in DIN 1084 Rechnung.

Tabelle 1-1. Festigkeitsklassen des Betons und ihre Anwendung, nach DIN 1045

Betongruppe	Festigkeitsklasse	Nennfestigkeit[a] β_{WN} N/mm^2	Serienfestigkeit[b] β_{WS} N/mm^2	Anwendung
Beton B I, auch ohne Eignungsprüfung	B 5	5	8	Nur für unbewehrten Beton
	B 10	10	15	
	B 15	15	20	Für bewehrten und unbewehrten Beton, ab B 25 auch für Spannbeton
	B 25	25	30	
Beton B II, nur mit Eignungsprüfung	B 35	35	40	
	B 45	45	50	
	B 55	55	60	

[a] Mindestwert für die Druckfestigkeit β_{W28} jedes Würfels.
[b] Mindestwert für die mittlere Druckfestigkeit β_{Wm} jeder Würfelserie.

Tabelle 1-2. Festigkeitsklassen des Leichtbetons und ihre Anwendung, nach DIN 4219 Teil 1

Betongruppe	Festigkeitsklasse des Leichtbetons	Nennfestigkeit β_{WN} N/mm^2	Serienfestigkeit β_{WS} N/mm^2	Anwendung	
Leichtbeton B I[a]	LB 8	8	11	Für unbewehrte Bauteile. Als Stahlleichtbeton nur für Wände nach DIN 1045, Ausgabe Dezember 1978, Abschnitt 25.5.1 und für Fassaden- und Brüstungselemente, die durch Eigenlasten und Wind belastet werden	Nur bei vorwiegend ruhenden Lasten
	LB 10	10	13		
	LB 15	15	18	Unbewehrter Leichtbeton und Stahlleichtbeton	
	LB 25[b]	25	29	Unbewehrter Leichtbeton, Stahlleichtbeton und Spannleichtbeton	Auch bei nicht vorwiegend ruhenden Lasten
Leichtbeton B II[a]	LB 35	35	39		
	LB 45	45	49		
	LB 55[c]	55	59		

[a] Stets mit Eignungsprüfung.
[b] LB 25 für Spannleichtbeton ist unter den Bedingungen für B II herzustellen und zu überwachen.
[c] Zustimmung im Einzelfall oder Zulassung entsprechend den bauaufsichtlichen Vorschriften erforderlich.

Konstruktionsleichtbeton wird nach DIN 4219 in gleicher Weise in Festigkeitsklassen unterteilt, Tabelle 1-2. Abweichend von Normalbeton ist hierbei auch für die Betongruppe BI eine Eignungsprüfung vorgeschrieben. Zu beachten ist weiterhin die Einschränkung hinsichtlich der Anwendung bei nicht vorwiegend ruhenden Lasten gemäß DIN 1055 Teil 3, 1.5.

1.1.1 Zement

Die für Stahlbeton zugelassenen, in DIN 1164 genormten Zemente werden nach ihrer 28-Tage-Druckfestigkeit in die Festigkeitsklassen Z 25, Z 35, Z 45 und Z 55 unterteilt. Bei Z 35 und Z 45 wird noch unterschieden nach langsamer oder schneller Anfangserhärtung, gekennzeichnet durch Hinzufügen eines L oder F zur Sortenbezeichnung. Mit zunehmenden Alter gleichen sich die Festigkeiten durch unterschiedliche Nacherhärtung an.

Von der Festigkeitsentwicklung werden beispielsweise die Ausschalfristen nach DIN 1045, Tabelle 8 und damit der Baufortschritt beeinflußt. Unter diesem Gesichtspunkt bieten, besonders bei der Herstellung von Fertigteilen, die Zemente der höheren Festigkeitsklassen mit rascher Festigkeitsentwicklung Vorteile. Allerdings ist zu beachten, daß mit dem raschen Erhärten eine höhere Abbindetemperatur verbunden ist, die das Entstehen von Eigenspannungen und die Neigung zur Rißbildung beim Abkühlen verstärkt. Geringe Wärmeentwicklung beim Abbinden gewinnt besonders bei massigen Bauteilen, die nur langsam auskühlen, an Bedeutung. Um das Temperaturgefälle vom Betoninneren zur Oberfläche klein zu halten, ist hier die Verwendung von Zementen der Festigkeitsklasse Z 25 angezeigt. Solche Zemente weisen vielfach neben niedriger Hydratationswärme (Kennzeichen NW) zusätzlich hohen Sulfatwiderstand (Kennzeichen HS) auf.

1.1.2 Betonzuschlag

Die Eigenschaften des Betonzuschlags müssen den Anforderungen der DIN 4226 genügen, Angaben zur Korngröße enthält DIN 1045, 6.2. Danach soll das Größtkorn nicht mehr als 1/3 der kleinsten Bauteilabmessung aufweisen. Weiter soll bei engliegender Bewehrung und geringer Betondeckung der überwiegende Teil des Zuschlags kleiner sein als der Abstand der Bewehrungsstäbe untereinander und von der Schalung. Diese Forderungen dienen dem einwandfreien Einbringen und Verdichten des Frischbetons und tragen dazu bei, Fehlstellen beim Betonieren, sog. „Nester", zu vermeiden. Zur Herstellung von Stahlbetonbauteilen üblicher Abmessungen wird Zuschlag mit einem Größtkorn von 32 mm, bei engliegender Bewehrung von 16 mm, verwendet.

Für die Druckfestigkeit und das Verformungsverhalten des Normalbetons sind hauptsächlich die Eigenschaften des Zementsteins bestimmend, während die höhere Kornfestigkeit des Zuschlags von geringerer Bedeutung ist. Bei Leichtbeton dagegen ist der Zuschlag, dessen Festigkeit niedriger ist als die des Zementsteins, maßgebend. Weil Rohdichte und Kornfestigkeit von Leichtzuschlägen allgemein mit wachsender Korngröße abnehmen, begrenzt DIN 4219 das Größtkorn auf 25 mm. Für die höheren Festigkeitsklassen von Leichtbeton ist zweckmäßigerweise Zuschlag mit kleinerem Größtkorn zu verwenden.

1.1.3 Zugabewasser

Sofern kein Trinkwasser verfügbar ist, kann in der Natur frei vorkommendes Wasser verwendet werden. Es ist jedoch auf seine Eignung zu untersuchen, da Verunreinigungen die Betoneigenschaften ungünstig beeinflussen können [V5].

1.1.4 Betonzusammensetzung

Die Zusammensetzung des Betons beeinflußt nicht nur seine Festigkeit und sein Verformungsverhalten, die im Hinblick auf die Konstruktion wichtigsten Eigenschaften, sondern auch die Dichtigkeit und Widerstandsfähigkeit gegenüber schädigenden Umwelteinflüssen [201]. Maßgeblich bestimmt werden die Betoneigenschaften vom Mischungsverhältnis Zement:Zuschlag:Wasser, deren

Anteile nach DIN 1045, 9.2 in der Regel nach Gewicht mit einer Genauigkeit von 3% abzumessen sind.

Zement muß in solcher Menge vorhanden sein, daß die geforderte Festigkeit erreicht und die Bewehrung zuverlässig vor Korrosion geschützt wird. Unter diesen Gesichtspunkten sind die Mindestzementgehalte in DIN 1045, 6.5.5 und 6.5.6, festgelegt.

Das Verhältnis des Wassergehaltes zum Zementgehalt, der *Wasserzementwert* w/z ist die wichtigste Einflußgröße für die Festigkeits- und Verformungseigenschaften sowie die Dichtigkeit des erhärteten Betons. Ein niedriger Wasserzementwert begünstigt die Herstellung eines Betons mit geringem Porenanteil, hoher Festigkeit, hohem Elastizitätsmodul und geringem Schwinden; ein hoher Wasserzementwert bewirkt das Gegenteil. Üblicherweise liegt der Wasserzementwert bei etwa 0,4 bis 0,6. Mit Rücksicht auf den Korrosionsschutz der Bewehrung gibt DIN 1045, 6.5.6.3 als obere Grenze $w/z = 0,65$ bei Verwendung von Zement Z 25 und $w/z = 0,75$ bei Zement Z 35 oder höher an. Für Beton von Außenbauteilen gilt zur Verbesserung der Dauerhaftigkeit generell der Wert $w/z \leqslant 0,60$ und für Einzelwerte $w/z \leqslant 0.65$.

Die Zuschläge sind, außer für Beton der niedrigen Festigkeitsklassen B 5 und B 10, stets nach Korngruppen getrennt zuzugeben, damit die vorgesehene Kornzusammensetzung auch eingehalten wird. Einzelheiten dazu nennt DIN 1045, 6.5.5 und 6.5.6. Anzustreben ist ein möglichst hohlraumarmes Korngemisch mit nicht zu hohem Sandanteil, das bei niedrigem Zementleimbedarf noch gut verarbeitbar ist und einen dichten Beton hoher Festigkeit ergibt.

1.1.5 Frischbetoneigenschaften

Ein Maß für die Verarbeitbarkeit des Frischbetons stellt die *Konsistenz* dar, die nach DIN 1048 Teil 1 mit dem Verdichtungsversuch oder dem Ausbreitversuch bestimmt wird. DIN 1045, 6.5.3 unterscheidet vier Konsistenzbereiche (Tabelle 1-3). Für Bauteile aus Stahlbeton ist die Regelkonsistenz KR, bei geringerem Bewehrungsanteil auch die Konsistenz KP, die einen höheren Verdichtungsaufwand erfordert, zweckmäßig. Fließbeton mit der Konsistenz KF wird unter Zugabe besonders wirksamer Betonverflüssiger hergestellt [V1]. Er läßt sich ohne Festigkeitseinbuße mit sehr geringem Energieaufwand verdichten und ist deshalb besonders zum Betonieren dicht bewehrter, feingliedriger Konstruktionsteile vorteilhaft [202].

1.1.6 Festbetoneigenschaften

Die *Druckfestigkeit*, die als wichtigste Festbetoneigenschaft zur Klassifizierung dient, wird nach dem in DIN 1048 Teil 1 angegebenen Verfahren an Würfeln von 20 cm Kantenlänge gemessen. Als Nennfestigkeit β_{WN} wird der Mindestwert bezeichnet, den jeder einzelne einer aus drei Würfeln bestehenden Serie im Alter von 28 Tagen aufweisen muß. Der als Serienfestigkeit β_{WS} bezeichnete Mittelwert aus einer Serie muß bei den für Stahlbeton zugelassenen Festigkeitsklassen von Normal-

Tabelle 1-3. Konsistenzbereiche des Frischbetons, nach DIN 1045

Konsistenzbereiche		Ausbreitmaß a cm	Verdichtungsmaß v
Bedeutung	Kurzzeichen		
steif	KS	—	$\geq 1,20$
plastisch	KP	35 bis 41	1,19 bis 1,08
weich	KR	42 bis 48	1,07 bis 1,02
fließfähig	KF	49 bis 60	—

beton (Tabelle 1-1) um 5 N/mm^2 und von Leichtbeton (Tabelle 1-2) um 3 bzw. 4 N/mm^2 über der Nennfestigkeit liegen. An Prüfkörpern anderer Größe werden von den Ergebnissen des 20-cm-Würfels abweichende Druckfestigkeiten gemessen. Sie sind gegebenenfalls durch Vergleichmessungen, bei Würfeln mit 15 cm Kantenlänge durch die Abhängigkeit $\beta_{W200} = 0{,}95\beta_{W150}$, auf die Druckfestigkeit des 20-cm-Würfels umzurechnen, DIN 1045, 7.4.3.5.3.

Schlanke Prüfkörper liefern geringere Druckfestigkeiten als Würfel, weil die Behinderung der Querdehnung durch Reibung zwischen Prüfkörper und Druckplatte mit zunehmendem Verhältnis von Höhe zu Seitenlänge an Einfluß verliert. Die an solchen Prüfkörpern gemessene Prismenfestigkeit β_P stimmt besser mit der tatsächlichen Festigkeit von Konstruktionen des Stahlbetonbaus überein als die Würfelfestigkeit. Sie beträgt ungefähr 85% der am 20-cm-Würfel gemessenen Druckfestigkeit β_{WN} [203].

Dauerlasten bewirken eine weitere Abminderung der im Kurzzeitversuch gemessenen Druckfestigkeit [204]. Da ein wesentlicher Teil der Bauwerkslasten dauernd wirkt, muß diese Erscheinung, die etwa 15 bis 20% der Würfeldruckfestigkeit ausmacht, berücksichtigt werden.

Für die Bemessung von Stahlbetonbauteilen ist die Nennfestigkeit auf den *Rechenwert* β_R *der Betondruckfestigkeit* abzumindern. Dieser Rechenwert ergibt sich mit den genannten Einflüssen zu $\beta_R = 0{,}85(0{,}80 \ldots 0{,}85)\beta_{WN} \approx 0{,}70\beta_{WN}$; er wird bei den höheren Betonfestigkeitsklassen noch etwas geringer angesetzt.

Unter Teilflächenbelastung (Bild 1-1) erträgt Beton weit höhere Druckspannungen als bei vollflächiger Belastung. Das beruht auf dem Vorhandensein eines mehrachsigen Spannungszustandes, der sich bei behinderter Querdehnung einstellt [205]. DIN 1045, 17.3.3 läßt als Betonpressung in der belasteten Teilfläche A_1

$$\sigma_1 = \frac{F}{A_1} \leqslant \frac{\beta_R}{2{,}1} \cdot \sqrt{\frac{A}{A_1}} \leqslant 1{,}4 \cdot \beta_R \qquad (1\text{-}1)$$

zu, sofern die in der Querrichtung auftretenden Spaltzugkräfte durch Bewehrung oder Querdruck aufgenommen werden. Die rechnerische Verteilungsfläche A muß den Bedingungen in Bild 1-1 genügen; F ist die Belastung. Wenn die Lastausbreitung nur in einer Richtung möglich ist, sollten die nach (1-1) zulässigen Spannungen nicht ausgenutzt werden [213]. Die Tragfähigkeit erhöht sich dann nicht mit $\sqrt[2]{A/A_1}$, sondern eher mit $\sqrt[3]{A/A_1}$.

Für Leichtbeton gilt nach DIN 4219 Teil 2 bei Teilflächenbelastung die zulässige Spannung [214]

$$\sigma_1 = \frac{F}{A_1} \leqslant \frac{\beta_R}{2{,}1} \cdot \sqrt[3]{\frac{A}{A_1}} \leqslant 1{,}0 \cdot \beta_R. \qquad (1\text{-}2)$$

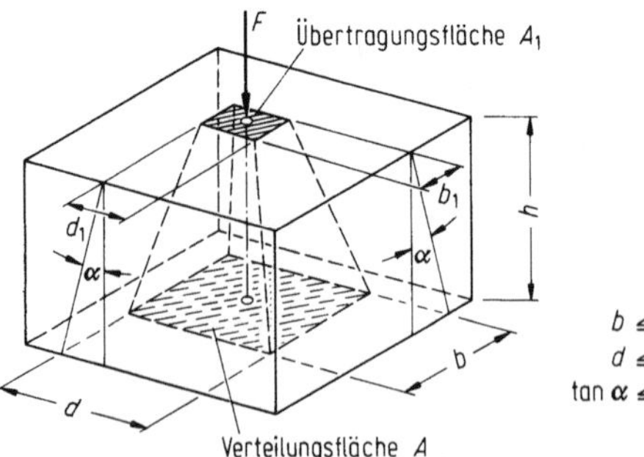

Bild 1-1. Teilflächenbelastung, nach DIN 1045.

Tabelle 1-4. Rechenwerte des Elastizitätsmoduls E_b von Beton, nach DIN 1045

Betonfestigkeitsklasse	B10	B15	B25	B35	B45	B55
Elastizitätsmodul E_b in N/mm²	22 000	26 000	30 000	34 000	37 000	39 000

Tabelle 1-5. Rechenwerte des Elastizitätsmoduls E_{lb} von Leichtbeton, nach DIN 4219

Rohdichteklasse	1,0	1,2	1,4	1,6	1,8	2,0
Elastizitätsmodul E_{lb} in N/mm²	5 000	8 000	11 000	15 000	19 000	23 000

Die *Zugfestigkeit* β_{bz} des Betons ist sehr viel kleiner als die Druckfestigkeit und streut stärker als diese. Sie bleibt bei der Bemessung unberücksichtigt, weil aus Eigenspannungszuständen herrührende Zugspannungen bereits die gleiche Größenordnung erreichen können wie die Zugfestigkeit.

Der Verlauf der *Spannungs-Dehnungs-Linie* des Betons hängt von zahlreichen Einflußgrößen ab, u.a. von der Betonzusammensetzung und -festigkeit, der Querschnittsform und der Art und Dauer der Belastung. Es gibt daher für Beton keinen allgemeingültigen Zusammenhang zwischen Spannungen und Dehnungen, jedoch ist der Verlauf der Spannungs-Dehnungs-Linie für Betone unterschiedlicher Festigkeit ähnlich. Bei der Bemessung und der Verformungsberechnung kann daher mit für alle Festigkeitsklassen einheitlichen Näherungen gearbeitet werden, die bei vertretbarem Arbeitsaufwand ausreichend genaue Ergebnisse liefern, DIN 1045, 16.3 und 17.2.

Wie alle Betoneigenschaften ist auch der *Elastizitätsmodul* E_b erheblichen Streuungen unterworfen. Nach DIN 1045, 16.2.2 können für Normalbeton die Rechenwerte E_b der Tabelle 1-4 verwendet werden; die Tabelle 1-5 enthält Rechenwerte E_{lb} des Elastizitätsmoduls von Leichtbeton mit geschlossenem Gefüge nach DIN 4219.

Die *Querdehnungszahl* von Beton beträgt etwa $\mu = 0,15 \ldots 0,25$. Sie ist gemäß DIN 1045, 15.1.2 und 16.2.2, mit dem mittleren Wert $\mu = 0,20$ einzuführen, darf vereinfachend vielfach aber auch zu $\mu = 0$ angesetzt werden.

Schwind- und Kriechverformungen sind im Stahlbetonbau von geringerer Bedeutung als im Spannbetonbau und brauchen nach DIN 1045, 16.4 i. allg. nicht nachgewiesen zu werden. Soll doch ein Nachweis geführt werden, sind die erforderlichen Grundwerte aus DIN 4227 Teil 1 zu entnehmen. Wegen der Vorgehensweise sei auf den Teil J. Spannbetonbau und die dort genannte Literatur verwiesen. Zwangbeanspruchungen, die aus einer Schwindbehinderung entstehen, sind beim Nachweis der Beschränkung der Rißbreite nach 7.2 zu berücksichtigen.

1.2 Betonstahl

Die Tabelle 1-6 gibt einen Überblick über die in DIN 488 genormten Betonstahlsorten. Zur Kennzeichnung dienen die Streckgrenze β_S in N/mm² und die Buchstaben S für Betonstabstahl sowie M für Betonstahlmatten. Alle drei Stahlsorten sind zum Schweißen geeignet. Die Staboberfläche ist zur Verbesserung der Verbundeigenschaften gerippt. Neben den genormten Sorten gibt es weitere, bauaufsichtlich zugelassene Betonstähle. Erwähnt sei der GEWI-Stahl, der durch die Anordnung gewindeförmiger Rippen die Möglichkeit bietet, ohne besondere Bearbeitung mit Schraubmuffen zug- und druckfeste Stoßverbindungen herzustellen.

Betonstahlmatten bieten besonders bei der Bewehrung ebener Flächentragwerke ausführungstechnische Vorteile. Sie können aber als Bügelmatten auch zur Rationalisierung der Bewehrung

Tabelle 1-6. Betonstahl: Sorten und Eigenschaften, nach DIN 488

Betonstahlsorte Erzeugnisform		Betonstabstahl	Betonstabstahl	Betonstahlmatten
	Kurzname	BSt 420 S	BSt 500 S	BSt 500 M
	Kurzzeichen	III S	IV S	IV M
	Werkstoffnummer	1.0428	1.0438	1.0466
Nenndurchmesser d_s	mm	6 bis 28	6 bis 28	4 bis 12
Streckgrenze β_S bzw. 0,2%-Dehngrenze $\beta_{0,2}$	N/mm²	420	500	500
Zugfestigkeit β_Z	N/mm²	500	550	550
Bruchdehnung δ_{10}	%	10	10	8

stabförmiger Bauteile dienen. Angeboten werden „Lagermatten" mit standardisierten Querschnitten und Abmessungen sowie „Listenmatten", die nach Bestellung in der gewünschten Ausführung hergestellt werden.

Unterschiedliche Betonstahlsorten dürfen, unter Beachtung ihrer jeweiligen Festigkeiten und Spannungs-Dehnungs-Linien, gemeinsam in einem Querschnitt angeordnet werden.

1.3 Zusammenwirken von Beton und Stahl

Zu der Verbundwirkung zwischen dem Betonstahl und dem umgebenden Beton tragen Haftung, Reibung und Scherwiderstand bei. Die beiden erstgenannten Einflüsse sind aber von untergeordneter Bedeutung. Es überwiegt der weit wirkungsvollere *Scherverbund*, der auf der Verzahnung zwischen den quer zur Stabachse verlaufenden Rippen und dem Beton beruht. Der Bewehrungsstab stützt sich über seine Rippen auf die dazwischen liegenden, konsolartigen Betonringe ab. In Bild 1-2 ist dieser Sachverhalt vereinfacht dargestellt.

Maßgebend für die Beurteilung des Scherverbundes [207–210] gerippter Stäbe ist f_R, die auf den Stabumfang und den Rippenabstand bezogene Rippenfläche (Bild 1-2). Wird die Stahlzugkraft gesteigert, bis der Verbund versagt, geschieht das bei zu großem f_R, indem die Betonringe zwischen den Rippen abgeschert werden; zu kleine f_R-Werte führen zur Zerstörung eines keilförmigen Betonbereichs unmittelbar vor den Rippen, ohne daß die Tragfähigkeit der Betonringe ausgenutzt wird. Der Zusammenhang zwischen der Verbundfestigkeit gerippter Betonstähle und der Betondruckfestigkeit ist nach [210] näherungsweise proportional, wird allerdings stark von der Art der Versuchsdurchführung beeinflußt.

Um *Betonabplatzungen* infolge der Wirkung des Verbundes zu vermeiden, ist für eine ausreichende Betondeckung zu sorgen, DIN 1045, 13.2, [V6]. In Verankerungsbereichen und an Bewehrungsstößen kann eine zusätzliche Querbewehrung erforderlich sein, DIN 1045, 18.5 und 18.6, weil dort besonders hohe Verbundspannungen auftreten. Bei Betonstahlmatten verbessern die angeschweißten Querstäbe den Verbund.

Von wesentlichem Einfluß auf die Güte des Verbundes ist die *Lage der Bewehrungsstäbe* in einem Bauteil. Senkrecht stehende Stäbe werden beim Betonieren ringsum gleichmäßig von Beton umhüllt. An der Unterseite flach liegender Stäbe bildet sich dagegen eine poröse Zone mit geringerer Betonfestigkeit aus. Diese Erscheinung beruht auf nachträglichem Setzen auch sorgfältig verdichteten Frischbetons und verstärkt sich mit zunehmender Höhenlage des Stabes innerhalb eines

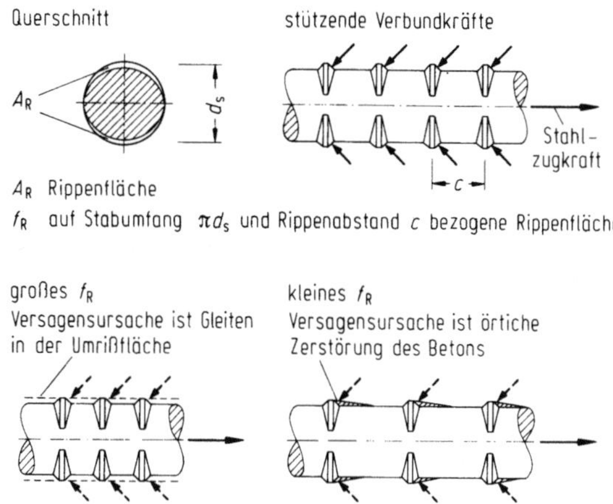

Bild 1-2. Vereinfachte Darstellung der Wirkung des Scherverbundes zwischen Beton und geripptem Betonstahl.

Bauteils oder Betonierabschnittes. DIN 1045, 18.4 trägt diesem Umstand Rechnung, indem nach den beiden Verbundbereichen I und II mit unterschiedlichen zulässigen Verbundspannungen unterschieden wird. Stäbe entsprechend Bild 1-3 gehören zum Verbundbereich I mit besseren Verbundeigenschaften, alle übrigen zum Verbundbereich II.

Die Zugfestigkeit des Betons wird bei einer Dehnung $\varepsilon_{bZ} \approx (0{,}10\ldots0{,}15)\permil$ erreicht [211]. Da der Stahl, wenn seine Festigkeit ausgenutzt werden soll, weitaus größere Dehnungen aufweist, müssen in einer Stahlbetonkonstruktion *Risse* auftreten. Es hängt von der Bewehrungsführung und der Güte des Verbundes ab, ob viele feine Risse in engem Abstand entstehen, oder ob sich wenige, weit klaffende Risse bilden. Gerippte Stäbe zeigen in dieser Hinsicht ein günstiges Verhalten, da sich zwischen den Hauptrissen von den Rippen ausgehende Sekundärrisse bilden [212], die gesamte Längenänderung mithin auf eine große Zahl feiner Risse verteilt wird. An den Rißufern treten durch Verbundstörungen kleine Verschiebungen des Betons gegenüber dem Stahl auf. Die Stahldehnung ist über die Risse hinweg nicht ganz konstant, und in den Zwischenbereichen verbleiben geringe Betonzugspannungen, die, wenngleich sie bei der Bemessung vernachlässigt werden, doch die Verformungen eines Stahlbetonbauteils beeinflussen.

Temperaturänderungen beanspruchen den Verbund zwischen Stahl und Beton normalerweise nicht nennenswert, weil beide Baustoffe etwa den gleichen Wärmedehnzahl $\alpha_T \approx 10^{-5}\,\mathrm{K}^{-1}$ aufweisen. Das ist eine wichtige Voraussetzung für das Zusammenwirken der beiden Baustoffe. Bei Bränden kann es durch das unterschiedliche Wärmeleitvermögen allerdings zu Temperaturdifferenzen und damit zur Beanspruchung des Verbundes kommen, ungünstigenfalls unter Abplatzen der Betondeckung.

Bild 1-3. Zuordnung der Bewehrungsstäbe zum Verbundbereich I, nach DIN 1045, 18.4.

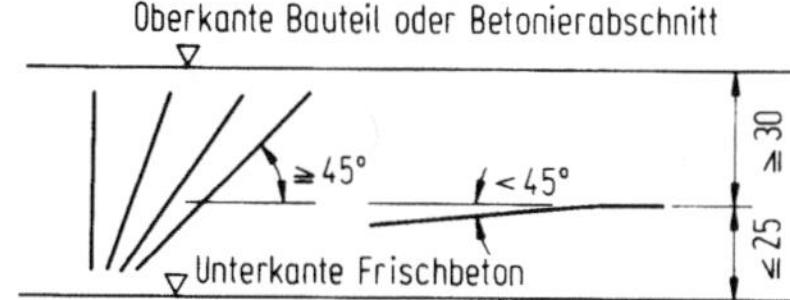

2. Bauelemente und Tragverhalten

Kennzeichnend für den Baustoff Stahlbeton sind zwei Besonderheiten; seine Anpassungsfähigkeit in der Formgebung an die unterschiedlichsten, aus der Nutzung oder Belastung eines Bauwerks sich ergebenden Anforderungen und der monolithische Zusammenhang von Stahlbetonkonstruktionen, besonders bei der Herstellung in Ortbetonbauweise. Zur Schnittgrößenermittlung und Bemessung ist es aber, um den Rechenaufwand in vertretbaren Grenzen zu halten, notwendig, ein solches monolithisches Bauwerk in einzelne *Tragelemente* zu unterteilen (Bild 2-1). Wie auch bei Bauten aus anderen Baustoffen wird unterschieden zwischen Stab- und Flächentragwerken. Stabtragwerke sind Balken, Stützen, Rahmen- und Bogenkonstruktionen, Flächentragwerke Platten, Scheiben, Faltwerke und Schalen.

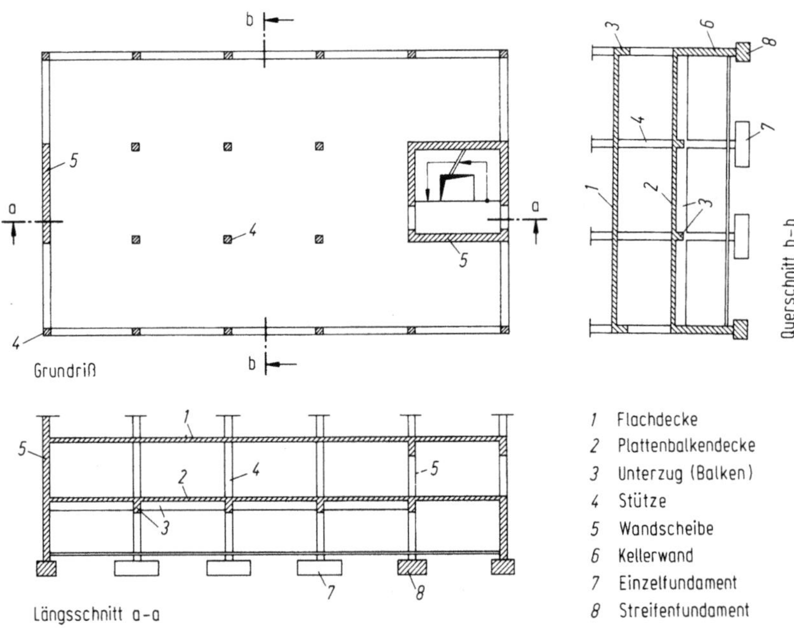

Bild 2-1. Teil einer Stahlbetonkonstruktion mit Untergliederung in einzelne Tragelemente.

2.1 Stahlbetonbalken

Unter Balken sind vorwiegend auf Biegung beanspruchte stabförmige Bauteile zu verstehen. Bild 2-2 zeigt einen Einfeldbalken mit verteilter Belastung unter zwei verschiedenen Laststufen. Sofern bei sehr geringen Lasten die Betonzugspannungen unterhalb der Zugfestigkeit bleiben, wirkt der gesamte Betonquerschnitt an der Lastaufnahme mit; man spricht von dem ungerissenen Zustand I.

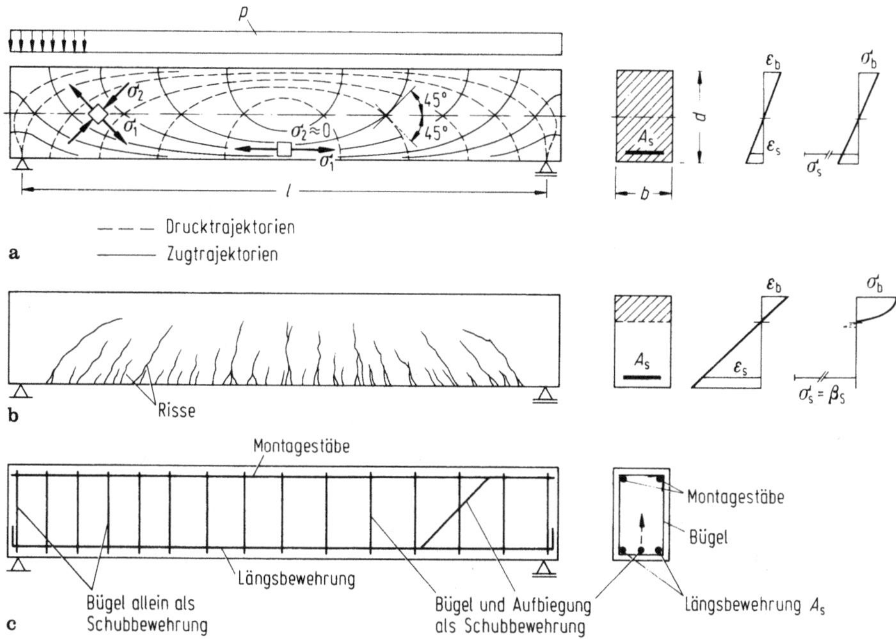

Bild 2-2a–c. Stahlbetonbalken: a) im Zustand I bei niedriger Belastung, b) im Zustand II bei hoher Belastung und c) Anordnung der Bewehrung.

Es stellt sich der von homogenen Baustoffen her bekannte Verlauf der Hauptspannungstrajektorien ein (Bild 2-2a). Bei einer Laststeigerung bilden sich im Beton Risse etwa rechtwinklig zu den Hauptzugspannungen σ_1. Der Balken geht, zunächst im Bereich der Größtmomente, bei weiterem Anwachsen der Belastung auch in den übrigen Bereichen, in den Zustand II mit gerissener Zugzone über (Bild 2-2b). Die Nullinie stellt sich so ein, daß zwischen den inneren Schnittgrößen, das sind die Betondruckkraft D_b und die Stahlzugkraft Z_s, sowie dem äußeren Biegemoment und einer eventuell vorhandenen äußeren Normalkraft Gleichgewicht herrscht. Möglicherweise noch wirksame geringe Betonzugspannungen bleiben bei der Bemessung unberücksichtigt.

Mit steigender Belastung nimmt die Verteilung der Spannungen in der Biegedruckzone einen ausgeprägt nichtlinearen Verlauf an, während die Dehnungsverteilung über die Querschnittshöhe bis zum Bruch näherungsweise linear bleibt. Im Bruchzustand ist die Verformungsfähigkeit des Betons erschöpft, die Bruchdehnung der Bewehrung wird dabei nicht erreicht. Welche Stauchung der Beton bis zum Bruch erträgt, hängt von vielerlei Einflüssen ab, u.a. von der Form eines Bauteils oder Prüfkörpers, der Art der Belastung, der Betongüte und der Bewehrung [251–254]. Rein rechnerisch gilt die Tragfähigkeit eines Stahlbetonbalkens als erschöpft, wenn am gedrücken Rand die Betonstauchung $\varepsilon_b = -3,5‰$ oder am Zugrand die Stahldehnung $\varepsilon_s = 5‰$ erreicht wird, DIN 1045, 17.2. Darüber hinaus ist keine nennenswerte Steigerung der Bruchlast mehr zu erwarten.

Da im Zustand II der wirksame Querschnitt nur aus der Betondruckzone und dem Bewehrungsquerschnitt besteht, verringert sich mit zunehmender Rißbildung die Biegesteifigkeit. Dementsprechend wachsen bei einer Laststeigerung die Verformungen nach dem Übergang in den Zustand II rascher an als zuvor. Sie müssen zur Wahrung der Gebrauchsfähigkeit eines Bauteils oder Bauwerks begrenzt werden, wenn zu große Durchbiegungen die normale Nutzung beeinträchtigen, DIN 1045, 17.7.

Weiterhin sind die *Rißbreiten* zu *begrenzen*, DIN 1045, 17.6, weil klaffende Risse sowohl das Aussehen, als auch den Korrosionschutz der Bewehrung und damit die Dauerhaftigkeit einer Konstruktion beeinträchtigen. Allerdings ist eine ausreichende Betonüberdeckung der Bewehrung für den Korrosionsschutz weit bedeutsamer als die Begrenzung der Rißbreiten [V6, V7, 563]. Diesem Sachverhalt tragen die Mindestmaße der Betondeckung, DIN 1045, Tabelle 10, Rechnung.

In den auflagernahen Bereichen mit großen Querkräften verlaufen die Risse, wie schon die Hauptspannungstrajekorien im Zustand I erwarten lassen, geneigt. Die Rißneigung hängt u.a. von der Schubbewehrung und dem Verhältnis der Druckgurtbreite zur Stegbreite ab. Bei gedrungenen Querschnitten stellen sich flachere Risse ein als bei profilierten Balken mit schlanken Stegen [255–258]. Das Tragverhalten eines Balkens im Zustand II unter Querkraftbeanspruchung läßt sich mit einem Fachwerk vergleichen. Die Biegedruckzone und die Längsbewehrung wirken als Gurte, die zwischen den Rissen verbleibenden Betonstreben und die Schubbewehrung als Füllstäbe.

Die *Bewehrung* eines Balkens ist im Bild 2-2c dargestellt. Im Hinblick auf die Beschränkung der Rißbreiten wäre eine den Zugspannungstrajektorien folgende Bewehrungsführung vorteilhaft. Andererseits ändert sich der Spannungszustand mit der Rißbildung. Diese ohnehin eintretenden Spannungsumlagerungen sowie Vorteile bei der Bauausführung rechtfertigen einfachere Biegeformen der Bewehrung.

Hinsichtlich des Bruchverhaltens unterscheidet man bei Stahlbetonbalken zwischen Biegebruch und Schubbruch, je nachdem, ob das Versagen im Bereich überwiegender Biegung oder im Bereich großer Querkräfte eintritt.

Ein *Biegebruch* wird bei normal bewehrten Balken durch das Überschreiten der Streckgrenze in der Zugbewehrung eingeleitet. Dabei verstärkt sich die Rißbildung, und die Druckzone wird zunehmend stärker eingeschnürt, bis sie schließlich versagt. Dieser sog. *Biegezugbruch* ist der Regelfall. Er geht mit großen Verformungen einher, die ihn frühzeitig ankündigen.

Möglich ist auch ein Biegezugbruch ohne Vorankündigung, wenn die Biegebewehrung zu schwach ist, um die beim Übergang in den gerissenen Zustand II „ausfallende“ Betonzugkraft zu übernehmen. Durch die Anordnung einer Mindestbewehrung läßt sich ein solches Versagen aber ausschließen.

Stark bewehrte Querschnitte können durch die Zerstörung der Druckzone versagen, ehe die Bewehrung zu fließen beginnt. Man spricht dann von einem *Biegedruckbruch*, der plötzlich eintritt, ohne sich durch Risse und große Verformungen vorher anzukündigen.

Ein *Schubbruch* kann ebenfalls entweder von der Bewehrung oder vom Beton ausgehen. Bei Balken ohne oder mit schwacher Schubbewehrung entwickeln sich im Querkraftbereich aus Biegerissen flach verlaufende Schubrisse, die bei steigender Belastung rasch in die Druckzone vordringen und sie schlagartig zerstören. Dieser plötzliche Bruch läßt sich durch die Anordnung einer Mindestschubbewehrung vermeiden.

Bei stärkerer Schubbewehrung erfolgt die Rißentwicklung langsamer. Der Bruch tritt dann, wie beim Biegebruch, i. allg. nach dem Überschreiten der Streckgrenze des Stahls durch die zunehmende Einschnürung der Druckzone ein. Analog zum Bruchverhalten unter Biegung spricht man von einem *Schubzugbruch*.

In Balken mit starker Schubbewehrung und dünnen Stegen kann sich ein Bruch einstellen, indem vor dem Fließen der Bewehrung die Druckfestigkeit des Betons in den schrägen Druckstreben überschritten wird. Ein solcher Druckstrebenbruch erfolgt schlagartig.

Als weitere Versagensursache von Stahlbetonbalken ist der *Verankerungsbruch* zu nennen. Er führt zu einem plötzlichen Versagen, wenn bei der Kraftüberleitung von der Bewehrung des Zuggurtes in die auflagernahen Druckstreben die Verbundfestigkeit überschritten wird.

Je nach Art des Versagens, ob ein Bruch sich durch große Risse und Verformungen frühzeitig ankündigt, oder ob er plötzlich erfolgt, werden beim Nachweis der Tragfähigkeit unterschiedliche Sicherheitsbeiwerte eingeführt.

2.2 Stahlbetonstützen

Stützen haben vornehmlich Längskräfte abzutragen. Zusätzlich werden sie aber infolge der meist biegesteifen Verbindung mit anderen Bauteilen auch auf Biegung beansprucht. Ungewollte Lastausmitten verursachen weitere Biegemomente.

Die Bruchstauchung von Beton liegt bei mittiger Druckbeanspruchung niedriger als bei exzentrischem Druck [251]; sie ist nach DIN 1045, 17.2 zu $\varepsilon_b = -2\text{‰}$ anzusetzen. Eine Bewehrung aus Betonstahl BSt 420 wird dabei bis zur Streckgrenze beansprucht. Um die Tragfähigkeit der hoch ausgenutzten, durch Kriechverformungen des Betons noch zusätzlich belasteten Längsbewehrung sicherzustellen, ist ihr Ausknicken durch eine sorgfältige Verbügelung zu verhindern (Bild 2-3a). In DIN 1045, 25.2 finden sich dazu Angaben über Mindestdurchmesser der Längsstäbe und zulässige Bügelabstände. Versuchsergebnisse [259] zeigen, daß diese Abstände recht vorsichtig festgelegt worden sind.

Die Tragfähigkeit einer Stütze läßt sich steigern, indem eine wendelförmige Umschnürung an Stelle von Bügeln angeordnet wird (Bild 2-3b). Innerhalb der Wendel wird die Querdehnung des Betons behindert. Es stellt sich ein räumlicher Druckspannungszustand ein, der mit gegenüber einachsiger Beanspruchung erhöhter Betondruckfestigkeit einhergeht.

Bei schlanken Stützen ist der traglastmindernde Einfluß der Stabverformungen zu berücksichtigen. Man spricht üblicherweise auch dann vom Nachweis der Knicksicherheit, wenn tatsächlich kein Stabilitätsproblem vorliegt, sondern ein Spannungsproblem.

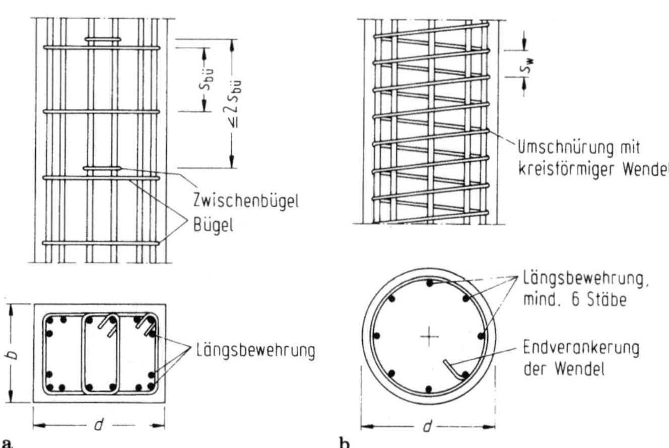

Bild 2-3a, b. Anordnung der Bewehrung: a) bügelbewehrter Stützen und b) umschnürter Stützen.

2.3 Torsionsbeanspruchte Stahlbetonstäbe

Torsionsbeanspruchung tritt i. allg. kombiniert mit gleichzeitig wirkenden Biegemomenten auf, wird für die Bemessung aber vereinfachend von der Biegebeanspruchung getrennt betrachtet.

Bei torsionsbeanspruchten Stahlbetonstäben ist zu unterscheiden zwischen Last- oder Gleichgewichtstorsion und Zwang- oder Verträglichkeitstorsion (Bild 5-1). Ein rechnerischer Nachweis der Aufnahme von Torsionsmomenten ist nur dann zu führen, wenn sie für das Gleichgewicht notwendig sind, DIN 1045, 15.5.

Torsionsmomente, die nur von einer Verformungsbehinderung, d.h. einem Zwang, herrühren, werden durch die mit der Rißbildung einhergehende Steifigkeitsminderung abgebaut. Bei Torsion ist der Steifigkeitsabfall beim Übergang vom Zustand I in den Zustand II stärker ausgeprägt als bei Biegung, und es verbleiben nur verhältnismäßig geringe Torsionsmomente. Um diese aufzunehmen und kleine Rißbreiten zu gewährleisten, reicht eine konstruktiv gewählte Bewehrung aus.

Soll bei der Schnittgrößenermittlung ausnahmsweise die Torsionssteifigkeit berücksichtigt werden, ist sie für den gerissenen Querschnitt zu ermitteln. Angaben dazu finden sich u.a. in [260].

In einem tordierten Stab bilden sich, dem Verlauf der Hauptspannungstrajektorien im Zustand I folgend, etwa unter 45° zur Stabachse geneigte Risse (Bild 2-4). Für die Beschränkung der Rißbreiten wäre eine wendelförmige Bewehrung rechtwinklig zu den Rissen am besten geeignet, jedoch hat diese den Nachteil, bei einer eventuellen Umkehrung des Momentendrehsinnes unwirksam zu werden. Man wählt deshalb als Torsionsbewehrung fast ausschließlich Längsstäbe und Bügel, die zudem einfacher auszuführen sind als eine Wendel.

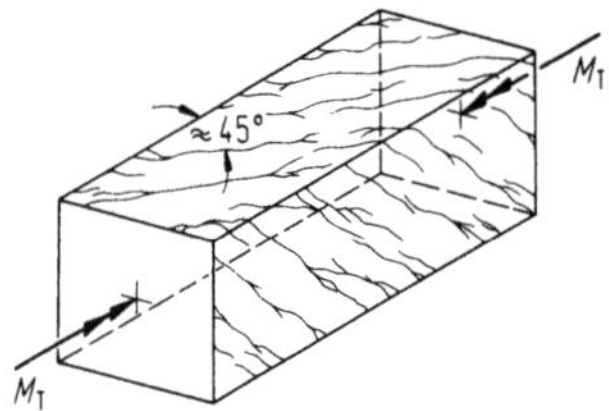

Bild 2-4. Rißbildung eines auf Torsion beanspruchten Stahlbetonstabes.

2.4 Stahlbetonplatten

Als Platten bezeichnet man ebene, senkrecht zu ihrer Mittelfläche belastete und somit auf Biegung beanspruchte Flächentragwerke. Hier werden nur rechteckige Platten, die am häufigsten vorkommende Grundrißform, behandelt.

2.4.1 Einachsig gespannte Platten

Die Tragwirkung dieses Plattentyps ist ähnlich derjenigen von Balken, jedoch ruft die Querdehnung auch Biegemomente senkrecht zur Tragrichtung hervor. Denkt man sich die Platte in Längsstreifen aufgeschnitten, verformen sich unter der Wirkung der Biegemomente m_y die einzelnen Streifen, wie in Bild 2-5 vereinfacht dargestellt, unabhängig voneinander. Unter dem Einfluß der Querdehnung verbreitert sich die Druckzone, während sich die Zugzone einschnürt. Damit diese Verformungen rückgängig gemacht werden und die Kontinuität erhalten bleibt, müssen in Querrichtung Biegemomente $m_x = \mu m_y$ wirken. Außerdem resultieren Momente m_x aus der Querverteilung ungleich-

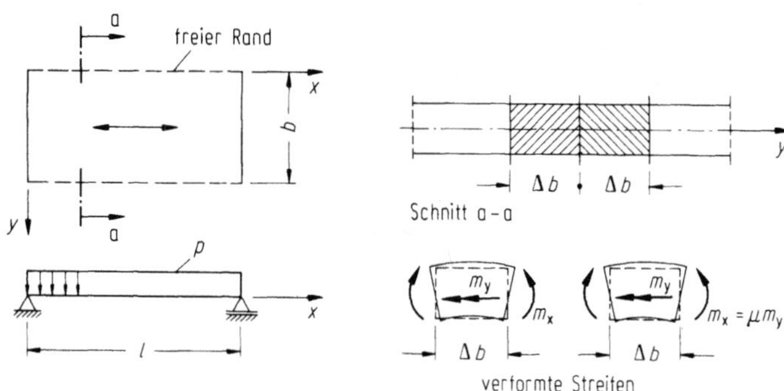

Bild 2-5. Einachsig gespannte Platte.

mäßiger Belastungen [260] oder aus rechnerisch nicht berücksichtigten Unterstützungen in Tragrichtung. Zur Aufnahme solcher Beanspruchungen ist i. allg. eine Querbewehrung von 20% der Hauptbewehrung, unter konzentrierten Lasten ein höherer Anteil, notwendig, DIN 1045, 20.1.6.

Die Schubbeanspruchung von Platten ist in der Regel so gering, daß auf eine Schubbewehrung verzichtet werden kann.

2.4.2 Vierseitig gelagerte Platten

Vierseitig gelagerte Platten tragen die Belastung nach allen vier Rändern ab, wobei die Lastanteile vom Verhältnis der Stützweiten und der Art der Lagerung, ob frei drehbar oder eingespannt,

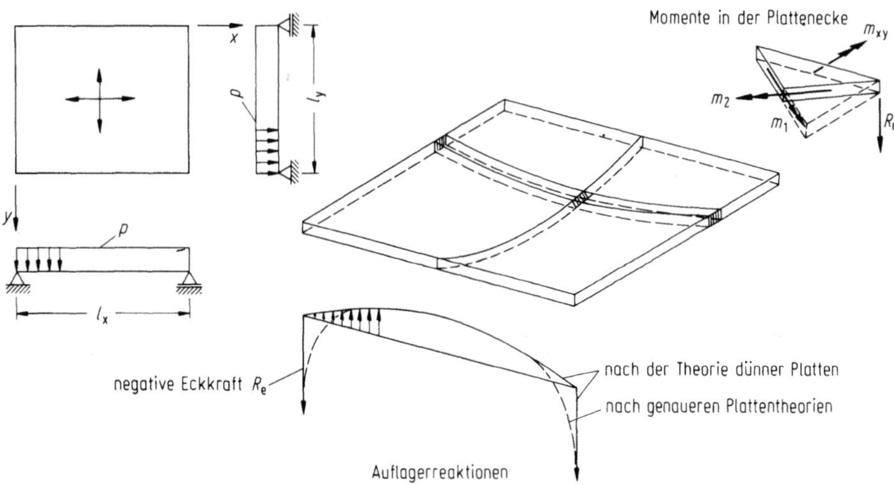

Bild 2-6. Vierseitig gelagerte Platte.

abhängen. Denkt man sich eine solche Platte kreuzweise in Streifen unterteilt, Bild 2-6, so beteiligen sich die einzelnen Streifen entsprechend ihrer Biegesteifigkeit an der Lastabtragung; an den Kreuzungspunkten müssen die Durchbiegungen übereinstimmen. Zugleich werden die Streifen, mit Ausnahme derjenigen in den Symmetrieachsen, längs ihrer Achse verwunden. Ein Teil der Last wird daher nicht über Biegung, sondern über Torsion abgetragen, bei Platten spricht man von Drillung. So betragen bei einer quadratischen Platte mit $l_x = l_y = l$ unter Gleichlast p die Momente in Plattenmitte nicht $m_x = m_y = (1/2)pl^2/8 = pl^2/16$, sondern $m_x = m_y = pl^2/27{,}2$ [261]. Durch den Drillungseinfluß wird die Plattenmitte also merklich entlastet.

Zu den Ecken hin weichen die Richtungen der Hauptmomente stark von den x- und y-Richtungen ab. Das negative Hauptmoment m_1 kommt einer Einspannung der Plattenecke gleich, Bild 2-6. Die Belastung wird hier übereck abgetragen. Damit sich diese günstige Wirkung einstellen kann, müssen die im Eckbereich negativen Auflagerkräfte durch Auflast oder Verankerung aufgenommen werden.

Werden vierseitig gelenkig gelagerte Stahlbetonplatten nicht für die Momente im Eckbereich bewehrt oder ohne Sicherung gegen Abheben der Ecken ausgeführt, sind die Bemessungsmomente in Plattenmitte zu vergrößern, DIN 1045, 20.1.5, [260]. Das gilt auch für drillweiche Platten wie zweiachsig gespannte Rippendecken, DIN 1045, 21.2.3, [262].

2.4.3 Sonstige Platten

Dreiseitig gelagerte Platten, Bild 2-7, haben einen freien Rand und drei frei drehbare oder eingespannte Ränder. Sie kommen beispielsweise in Deckenplatten mit Öffnungen für Treppen häufiger vor. Nach ihrem Tragverhalten, das wesentlich vom Verhältnis der Seitenlängen abhängt, sind sie zwischen einachsig gespannten und vierseitig gelagerten Platten einzuordnen [261].

An die Stelle der linienförmigen Stützung von Platten kann auch eine *punktförmige Unterstützung* treten, Bild 2-8. Man spricht von *Flachdecken*, wenn die Platte unmittelbar auf den Stützen ruht, und von *Pilzdecken*, wenn die Stützenköpfe verstärkt werden, Bild 4-26. Besonders die Flachdecke bietet durch eine Verringerung des Schalungsaufwandes Vorteile bei der Herstellung und ermöglicht den Einbau untergehängter Installationen ohne störende Unterzüge.

Bei punktförmig gestützten Platten mit rechteckigem, regelmäßigem Stützenraster dürfen die Schnittgrößen näherungsweise mit Hilfe von Ersatzdurchlaufträgern oder -rahmen von der Breite eines Feldes der Querrichtung ermittelt werden. Zur Verteilung der Gesamtschnittgrößen auf die Gurt- und Feldstreifen dienen Faktoren, siehe u.a. [260]. Dort werden außerdem in [263] erarbeitete, auf der Plattentheorie beruhende Hilfswerte zur Berechnung der Biegemomente von Flachdecken angegeben.

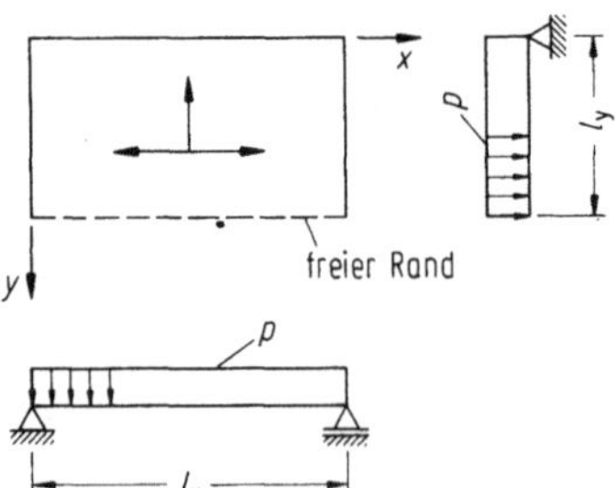

Bild 2-7. Dreiseitig gelagerte Platte.

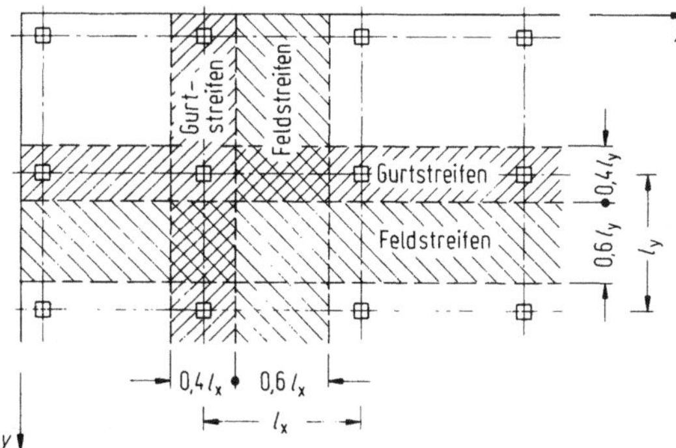

Bild 2-8. Punktförmig gestützte Platte.

Punktförmig gestützte Platten können auf Schub versagen, indem an den als Auflager dienenden Stützen ein kegelstumpfförmiger Bruchkörper herausgestanzt wird. Zur Sicherung gegen dieses *Durchstanzen* ist ein Schubspannungsnachweis zu führen und ggf. eine geeignete Bewehrung anzuordnen, DIN 1045, 22.5.

2.5 Stahlbetonscheiben

Unter Scheiben versteht man ebene, in Richtung ihrer Mittelflächen belastete Flächentragwerke. Im Stahlbetonbau werden Scheiben u.a. zur Aussteifung von Skelettbauten verwendet, Bild 2-9. Die Deckenplatten übertragen durch Scheibenwirkung Horizontallasten wie Wind zu lotrechten Scheiben, die vielfach als Wände für Treppenhäuser oder Aufzugschächte dienen. Diese lotrechten Wandscheiben leiten die Lasten in den Baugrund weiter. Nach ihren Abmessungsverhältnissen sind sie bei hohen Gebäuden, wenngleich man von Scheiben spricht, doch als Balken zu behandeln.

Scheiben, die wie Balken Öffnungen überspannen, werden als *wandartige Träger* bezeichnet (Bild 2-10). Aufgrund ihrer im Vergleich zur Stützweite großen Höhe gewinnen die Schubverformungen an Bedeutung. Solche Scheiben dürfen deshalb nicht wie Balken bemessen werden, sondern sind nach der Scheibentheorie zu untersuchen, DIN 1045, 23. Für häufiger vorkommende Fälle sind die resultierenden Zugkräfte z.B. [4, 260, 264] zu entnehmen.

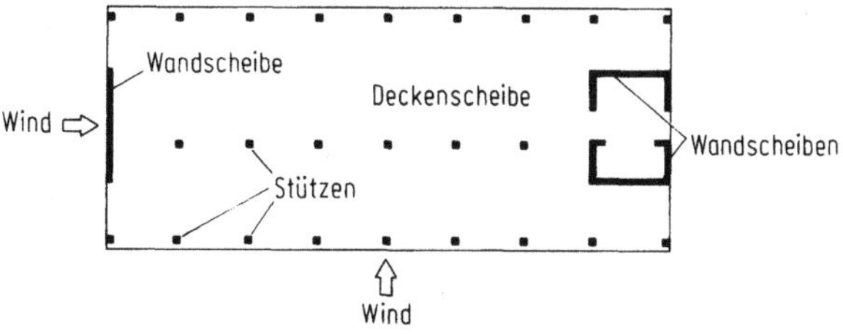

Bild 2-9. Aussteifung eines Stahlbetongebäudes durch Scheiben.

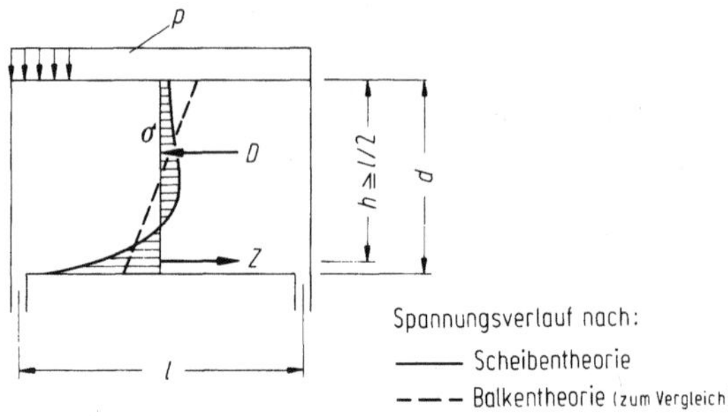

Bild 2-10. Wandartiger Träger.

2.6 Faltwerke und Schalen

Faltwerke sind aus Scheiben zusammengesetzte Flächentragwerke (Bild 2-11). Mit unterschiedlichen Formen und Abmessungen der Scheiben ergeben sich vielfältige Gestaltungsmöglichkeiten. Das Tragverhalten von Faltwerken beruht in Kantenrichtung vornehmlich auf der Scheibenwirkung, quer dazu auf der Plattenwirkung. Die Binderscheiben prismatischer Faltwerke dienen zur Aussteifung in Querrichtung.

Gekrümmte Flächentragwerke werden als *Schalen* bezeichnet. Bild 2-12 zeigt als Beispiel eine Zylinderschale, die in ihrem Tragverhalten dem Faltwerk in Bild 2-11 ähnelt.

Faltwerken und Schalen gemeinsam ist ihre räumliche Tragwirkung, wobei der Ableitung der Belastungen über Normalspannungen besondere Bedeutung zukommt. Einige Hinweise zur Berechnung und Konstruktion enthält DIN 1045, 24.

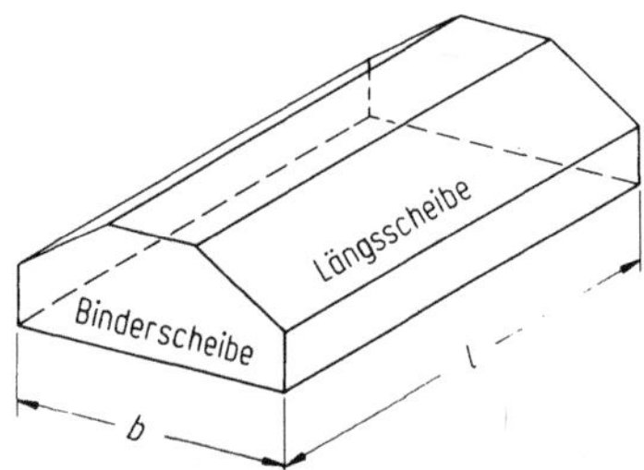

Bild 2-11. Prismatisches Faltwerk als Dachtragwerk.

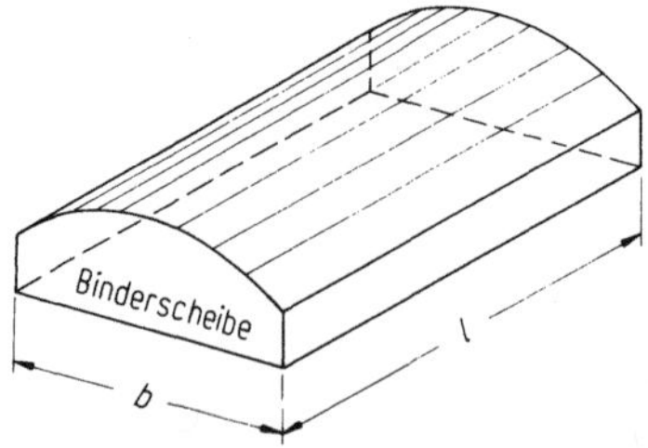

Bild 2-12. Zylinderschale als Dachtragwerk.

2.7 Ermittlung der Schnittgrößen statisch unbestimmter Stahlbetontragwerke

Die Schnittgrößen statisch unbestimmter Tragwerke des Stahlbetonbaus infolge von Lasten sind nach Verfahren zu ermitteln, die auf der Elastizitätstheorie beruhen, DIN 1045, 15.1.2. Dabei dürfen i. allg. die Steifigkeiten der ungerissenen Betonquerschnitte verwendet werden. Soll auch die Bewehrung berücksichtigt werden, ist sie, um das Verhältnis E_s/E_b der Elastizitätsmoduln von Stahl und Beton näherungsweise zu erfassen, mit dem 10fachen Stahlquerschnitt einzuführen. Auf dieser Grundlage ermittelte Schnittgrößen stellen für den tatsächlichen Gleichgewichtszustand nur eine Näherung dar, die allerdings relativ einfach nach den Methoden der linearen Baustatik zu berechnen ist. Rißbildung und plastische Verformungen bewirken Steifigkeitsänderungen, die beträchtliche Momentenumlagerungen nach sich ziehen können. Auch nach dem Erreichen der Tragfähigkeit eines Querschnittes kann die Belastung noch gesteigert werden, soweit andere Tragwerksteile Reserven aufweisen. Über die Tragreserven des gesamten Tragwerkes ist durch die Bemessung nach dem Bruchzustand einzelner Querschnitte keine Aussage möglich; darüber kann nur die Traglasttheorie Aufschluß geben [265].

Einflüsse von *Zwängungen* müssen erfaßt werden, wenn sie die Summe der Schnittgrößen wesentlich in ungünstiger Richtung verändern. Sie dürfen in diesem Fall mit den Steifigkeiten des Zustandes I oder II berechnet werden. Wirken sich Zwängungen günstig, d.h. abmindernd, auf die Summe der Schnittgrößen aus, sind sie, sofern sie berücksichtigt werden sollen, mit den durch Rißbildung verminderten wirksamen Steifigkeiten des Gebrauchszustandes zu ermitteln, DIN 1045, 15.1.3, [260].

Für Stabilitätsnachweise von Rahmensystemen nach der Theorie II. Ordnung müssen die verwendeten Stabsteifigkeiten ausreichend genau den tatsächlichen Beton- und Bewehrungsquerschnitten und den berechneten Schnittgrößen entsprechen. Anhaltswerte für die Biegesteifigkeit von Stahlbetonquerschnitten im Zustand II werden in [206] bereitgestellt. Zutreffendere Steifigkeitswerte lassen sich, wie es in [266, 267] geschieht, unter Beachtung des Zusammenhanges zwischen den Schnittgrößen und der Krümmung ableiten. Der Einfluß veränderter Steifigkeitsverhältnisse auf die Momente infolge von Lasten und von Zwang aus Stützensenkung wird in [268] am Beispiel eines Stahlbetonrahmens veranschaulicht.

3. Bemessung für Biegung und Normalkraft

Bei der Bemessung werden die Betonabmessungen und Bewehrungsquerschnitte in den maßgebenden Schnitten eines Tragwerks so festgelegt, daß zwischen der Gebrauchslast und der Tragfähigkeit im Bruchzustand ein ausreichender Sicherheitsabstand vorhanden ist. Der für homogene Baustoffe gebräuchliche Nachweis mit zulässigen Spannungen ist beim Stahlbeton, der unter steigender Belastung eine nichtlineare Spannungszunahme aufweist, nicht anwendbar. Da das Superpositionsgesetz ungültig ist, muß die Bemessung immer von den ungünstigsten Kombinationen der Schnittgrößen M und N ausgehen.

In der Regel schätzt man vorab die Betonabmessungen oder legt sie an Hand einer Vordimensionierung fest. Die Bemessung beschränkt sich dann auf die Ermittlung des erforderlichen Bewehrungsquerschnittes, wobei zugleich die Tragfähigkeit der Betondruckzone überprüft wird. Stellen sich die für die Lastermittlung angenommenen Betonabmessungen als wesentlich zu klein heraus, sind gegebenenfalls mit geänderten Querschnitten und entsprechend erhöhten Eigenlasten die Schnittgrößen erneut zu berechnen.

3.1 Grundlagen der Biegebemessung

3.1.1 Vorbemerkung

Der Biegebemessung liegen die folgenden drei Voraussetzungen zugrunde:

a) Es gilt die Bernoullische Hypothese, wonach die Querschnitte eben bleiben, die Dehnungen mithin proportional zu dem Abstand von der Nullinie zunehmen. Das bedeutet eine Beschränkung auf schlanke Bauteile, bei denen die Schubverformungen vernachlässigbar sind. Nach DIN 1045, 17.1.2 wird $l_0/h \geq 2$ vorausgesetzt, wobei l_0 der Abstand der Momentennullpunkte ist und h die Nutzhöhe. Für Kragträger mit der Länge l_K gilt $l_K/h \geq 1$.

b) Die Zugfestigkeit des Beton bleibt unberücksichtigt; alle Zugkräfte sind durch Bewehrung aufzunehmen.

c) Zwischen Bewehrung und Beton wird vollkommener Verbund vorausgesetzt, d.h., bei gleichem Abstand von der Nullinie erfahren beide Baustoffe gleiche Dehnungen.

3.1.2 Spannungs-Dehnungs-Linien von Beton und Stahl

Wie schon in 1.1.6 dargelegt, ersetzt man die je nach den Versuchsbedingungen unterschiedlichen Spannungs-Dehnungs-Linien des Betons durch eine für alle Betonfestigkeitsklassen gültige, idealisierte Linie. Bild 3-1 zeigt für Normalbeton das sogenannte Parabel-Rechteck-Diagramm. Es führt zu Ergebnissen, die gut mit denen genauerer Untersuchungen übereinstimmen [6a], und darf nach DIN 1045, 16.3 und 17.2, für die Bemessung und für Verformungsberechnungen benutzt werden. Die Verwendung eines vereinfachten, bilinearen Diagramms nach Bild 3-2 ist ebenfalls erlaubt. Eine noch weitergehende Vereinfachung stellt der rechteckige Spannungsblock [206] dar, der besonders bei der Bemessung unregelmäßiger Querschnitte den Rechenaufwand deutlich verringern kann.

Für Leichtbeton ist nach DIN 4219 mit einer bilinearen Spannungs-Dehnungs-Linie entsprechend Bild 3-3 zu rechnen. Alternativ darf auch das Parabel-Rechteck-Diagramm nach Bild 3-1 verwendet werden, wobei aber der Scheitelwert β_R, bei rechteckiger Druckzone stattdessen auch die Querschnittsbreite b, um 5% zu vermindern ist [301].

Die Rechenwerte der Betondruckfestigkeit sind für Normalbeton und Leichtbeton der Tabelle 3-1 zu entnehmen.

Für den Betonstahl ist mit den Spannungs-Dehnungs-Linien in Bild 3-4 zu rechnen. Sie gelten für warmgewalzten und kaltverformten Stahl und sind für Druck und Zug gleich. Die Steigung der Spannungs-Dehnungs-Linien im elastischen Bereich entspricht, anders als bei den stärker idealisierten Linien für Beton, dem Elastizitätsmodul.

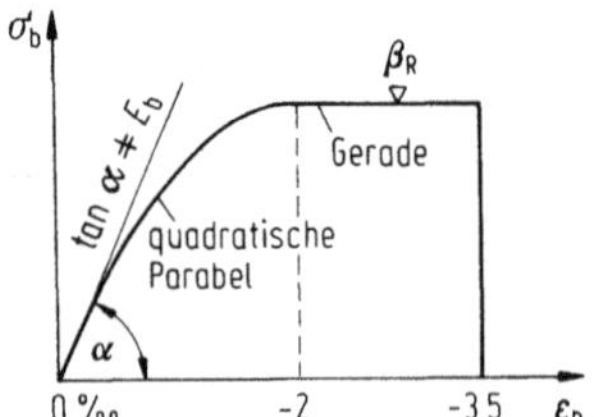

Bild 3-1. Rechnerische Spannungs-Dehnungs-Linie (Parabel-Rechteck-Diagramm) für Beton, nach DIN 1045.

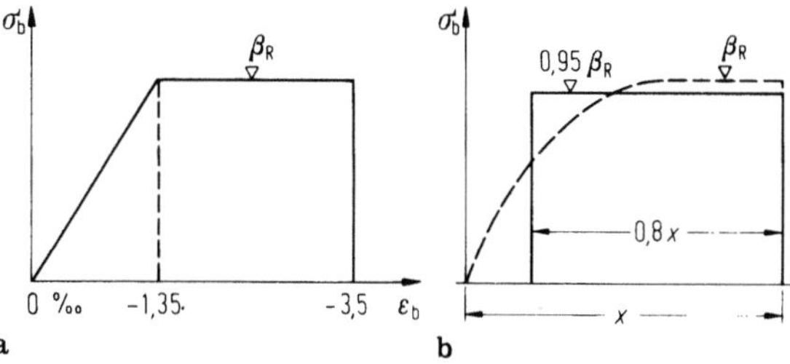

Bild 3-2a, b. Vereinfachungen der Spannungs-Dehnungs-Linie für Beton: a) bilinearer Verlauf, nach DIN 1045, und b) rechteckiger Spannungsblock, nach [206].

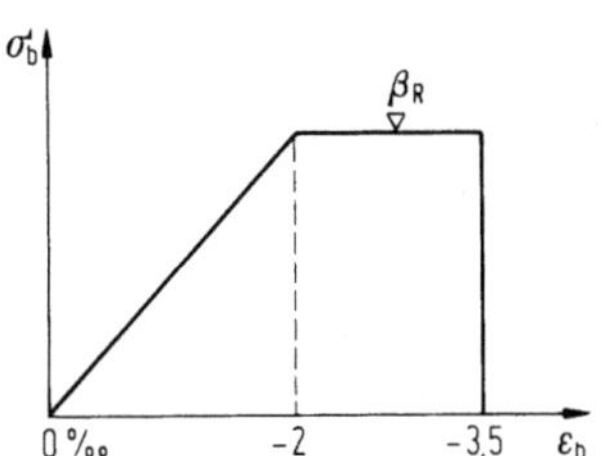

Bild 3-3. Rechnerische Spannungs-Dehnungs-Linie für Leichtbeton, nach DIN 4219 Teil 2.

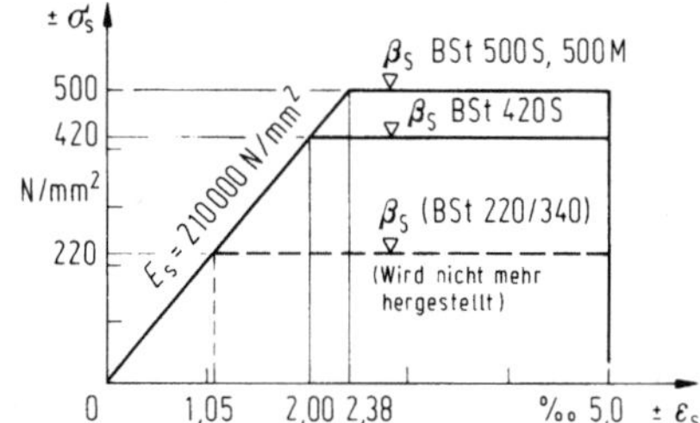

Bild 3-4. Rechenwerte für die Spannungs-Dehnungs-Linien von Betonstahl, nach DIN 1045.

Tabelle 3-1. Rechenwerte β_R für die Druckfestigkeit von Normalbeton, nach DIN 1045, und von Leichtbeton, nach DIN 4219

Betonfestigkeitsklasse	B 5		B 10	B 15	B 25	B 35	B 45	B 55
		LB 8	LB 10	LB 15	LB 25	LB 35	LB 45	LB 55
Rechenwert β_R in N/mm²	3,5	5,6	7	10,5	17,5	23	27	30

3.1.3 Dehnungen und Sicherheitsbeiwerte

Aus Bild 3-5 sind die nach DIN 1045, 17.2.1 möglichen, für alle Querschnittsformen zu verwendenden Dehnungszustände und die Sicherheitsbeiwerte zu entnehmen.

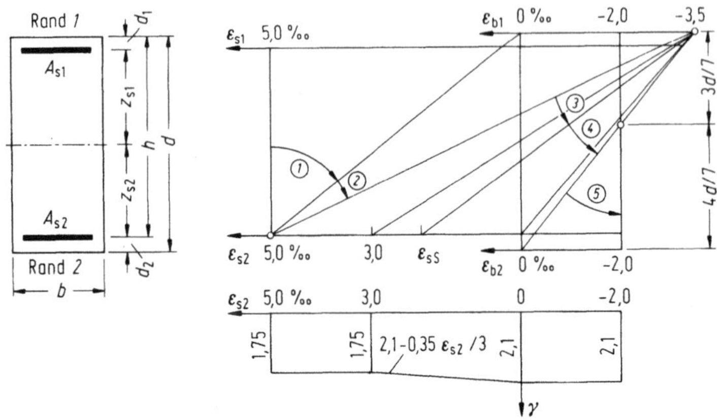

Bild 3-5. Dehnungsdiagramme und Sicherheitsbeiwert γ, nach DIN 1045.

Die Grenzwerte der Betonstauchungen betragen $\varepsilon_b = -3,5‰$ bei exzentrischer und $\varepsilon_b = -2,0‰$ bei zentrischer Belastung. Das entspricht etwa den, allerdings von der Querschnittsform und der Versuchsdurchführung abhängigen, im Bruchzustand gemessenen Stauchungen [251–254].

Die Stahldehnung wird im Hinblick auf die Verformungen und die mit großen Rißbreiten verbundene Beeinträchtigung des Aussehens auf $\varepsilon_s = 5‰$ begrenzt. Nach [V2] sind größere Stahldehnungen zulässig. Auf die erforderliche Bewehrung oder die rechnerische Bruchlast eines gegebenen Stahlbetonquerschnittes wirkt sich das aber nur unerheblich aus.

Der Sicherheitsbeiwert γ ist nach Bild 3-5 von der Dehnung der Zugbewehrung abhängig. Bei Dehnungen $\varepsilon_{s2} \geq 3‰$ wird vorausgesetzt, daß sich das Versagen durch Risse und große Durchbiegungen ankündigt. Für diesen Fall beträgt der Sicherheitsbeiwert $\gamma = 1,75$. Wenn der Bruch ohne Vorankündigung durch Risse überraschend eintritt, sind größere Schäden zu erwarten. Der Sicherheitsbeiwert wird deshalb für Stahldehnungen $\varepsilon_{s2} \leq 0$ auf $\gamma = 2,1$ erhöht. In dem Zwischenbereich mit $0 < \varepsilon_{s2} \leq 3‰$ ändert er sich linear nach der Beziehung

$$1,75 < \gamma = 2,1 - 0,35\varepsilon_{s2}/3‰ < 2,1. \tag{3-1}$$

Durch den Sicherheitsbeiwert werden u.a. folgende Einflüsse berücksichtigt:

– Ungenauigkeiten der Lastannahmen,
– Vernachlässigungen, z. B. von Temperaturänderungen,
– bei der Annahme des statischen Systems unvermeidbare Vereinfachungen gegenüber dem tatsächlichen Tragwerk,
– Abweichungen zwischen angenommenem und tatsächlichem Materialverhalten,
– Unterschreitungen der vorgesehenen Baustoffestigkeiten,
– Ungenauigkeiten der Bauausführung.

Alle genannten Einflüsse werden global erfaßt, ein Aufspalten in Teilsicherheitsbeiwerte erfolgt nicht [V2, 302]. Moment und Normalkraft sind nach DIN 1045, 17.1.1 mit dem gleichen Sicherheitsbeiwert zu belegen. Da aber je nach Beanspruchungszustand eine kleinere Normalkraft zu größeren

Bewehrungsquerschnitten führen kann, sind u.U., beispielsweise bei Stabilitätsuntersuchungen turmartiger Bauwerke, Überlegungen zur Einführung eines verminderten Sicherheitsbeiwertes für die Normalkraft anzustellen [V3, V4, 5a, 7].

Bei *Beanspruchungen infolge von Zwang* darf nach DIN 1045, 17.2.2 mit dem Sicherheitsbeiwert $\gamma = 1{,}0$ gerechnet werden, da sich Zwangschnittgrößen beim Übergang in den Zustand II durch die damit verbundene Steifigkeitsminderung abbauen. Das setzt voraus, daß sich der Zustand II auch tatsächlich einstellt. Druckglieder mit kleiner Lastausmitte können versagen, ohne daß der Querschnitt aufreißt. In solchen Fällen ist die Verminderung des Sicherheitsbeiwertes für Zwang nicht berechtigt.

Den Dehnungsbereichen nach Bild 3-5 sind unterschiedliche Beanspruchungen zugeordnet:

Der *Bereich 1* umfaßt mittigen Zug und Zug mit kleiner Ausmitte $e = M/N$, d.h. eine innerhalb der beiden Bewehrungslagen angreifende Zugkraft. Der Querschnitt ist in voller Höhe gerissen, und nur der Bewehrungsquerschnitt $A_{s1} + A_{s2}$ ist wirksam. Der Bruch erfolgt durch das Versagen der Bewehrung; der Sicherheitsbeiwert beträgt $\gamma = 1{,}75$.

Der *Bereich 2* umfaßt Zug- und Druckkraft mit mittlerer bis großer Lastausmitte und Biegung allein. Der Querschnitt befindet sich im Zustand II, wobei die Grenzstauchung der Druckzone nur am Übergang zum Bereich 3 ausgenutzt wird. Für das Versagen des Querschnittes ist wieder der Stahl maßgebend; der Sicherheitsbeiwert beträgt $\gamma = 1{,}75$.

Der *Bereich 3* umfaßt die gleichen Beanspruchungen wie der Bereich 2, jedoch wird die Druckzone voll ausgenutzt und durch Vermindern der Stahldehnung vergrößert. Die Stahldehnung erreicht mindestens die Streckgrenze. Der Querschnitt geht durch das Versagen der Betondruckzone zu Bruch. Der Sicherheitsbeiwert beträgt $\gamma = 1{,}75$ für Stahldehnungen $\varepsilon_{s2} \geq 3‰$ und folgt für kleinere Dehnungen Gl. (3-1).

Der *Bereich 4* umfaßt Druckbeanspruchungen mit kleiner bis mittlerer Ausmitte. Der Querschnitt ist noch gerissen und verbleibt nur am Übergang zum Bereich 5 im Zustand I. Durch die starke Vergrößerung der Druckzone wird die Streckgrenze der Zugbewehrung nicht mehr erreicht. Der Bruch erfolgt durch das Versagen des Betons. Für den Sicherheitsbeiwert gilt bei Dehnungen $\varepsilon_{s2} > 0$ Gl. (3-1) und darunter der Wert $\gamma = 2{,}1$.

Der *Bereich 5* umfaßt Druck mit kleiner Ausmitte bis hin zu mittigem Druck. Der Querschnitt bleibt im Zustand I und geht durch Betonversagen zu Bruch. Die Randstauchungen ändern sich mit kleiner werdender Lastausmitte gemäß $\varepsilon_{b1} = -3{,}5‰ - 0{,}75\varepsilon_{b2}$ und betragen bei zentrischem Druck $\varepsilon_{b1} = \varepsilon_{b2} = -2‰$. Beide Bewehrungslagen werden auf Druck beansprucht. Der Sicherheitsbeiwert beträgt $\gamma = 2{,}1$.

3.1.4 Äußere Schnittgrößen

Aus der statischen Berechnung sind die, i. allg. auf die Schwerachse als Systemlinie bezogenen, Schnittgrößen des Gebrauchszustandes bekannt. Sie werden üblicherweise mit den Steifigkeiten des Betonquerschnittes im Zustand I ermittelt, DIN 1045, 15.1.2. Für die Bemessung sind die Schnittgrößen des Bruchzustandes maßgebend. Sie folgen aus denen des Gebrauchszustandes durch Multiplikation mit dem Sicherheitsbeiwert γ zu

$$N_u = \gamma N; \quad M_u = \gamma M. \tag{3-2}$$

Neben dem Bezug der Schnittgrößen auf die Schwerachse ist auch die Angabe der Normalkraft mit ihrer Ausmitte üblich. Für die Bemessung erweist es sich außerdem als zweckmäßig, die Schnittgrößen auf die Bewehrungslagen zu beziehen (Bild 3-6).

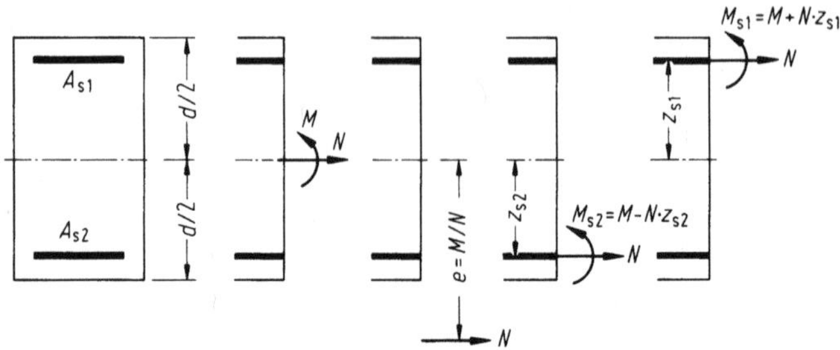

Bild 3-6. Gebräuchliche Angaben der äußeren Schnittgrößen.

3.2 Rechteckquerschnittt unter einachsiger Biegung mit Normalkraft

3.2.1 Innere Schnittgrößen

Liegt die Nullinie im Querschnitt, wie es im Zustand II mit großer bis mittlerer Lastausmitte der Fall ist, treten als innere Schnittgrößen im Bruchzustand die Betondruckkraft D_b, die Stahlzugkraft Z_{s2} und, bei doppelter Bewehrung, die Stahldruckkraft D_{s1} auf (Bild 3-7).

Liegt bei Längsdruck mit kleiner Lastausmitte die Nullinie außerhalb des Querschnittes, erfahren beide Bewehrungslagen Druckbeanspruchung. Als innere Schnittgrößen wirken dann die Betondruckkraft D_b und die beiden Stahldruckkräfte D_{s1} und D_{s2} (Bild 3-8).

Bei Zugkraft mit kleiner Ausmitte entfällt, da sich keine Druckzone einstellt, die Betondruckkraft. Es treten nur die Stahlzugkräfte Z_{s1} und Z_{s2} als innere Schnittgrößen auf.

Die inneren Schnittgrößen beziehen sich auf den Bruchzustand. Der Index u kann entfallen, wenn keine Verwechslungsgefahr besteht. Auch die Indizes 1 und 2 zur Kennzeichnung der Bewehrungslagen werden, sofern die Eindeutigkeit gewahrt bleibt, nicht immer geschrieben. Unter Z_s ist dann stets die Zugkraft in der Bewehrungslage A_{s2} und unter D_s die Druckkraft in der Bewehrungslage A_{s1} zu verstehen.

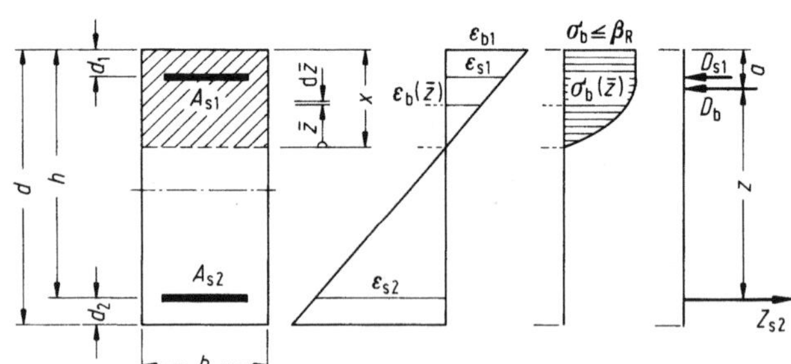

Bild 3-7. Dehnungen, Betonspannungen und innere Schnittgrößen im Bruchzustand für den Zustand II.

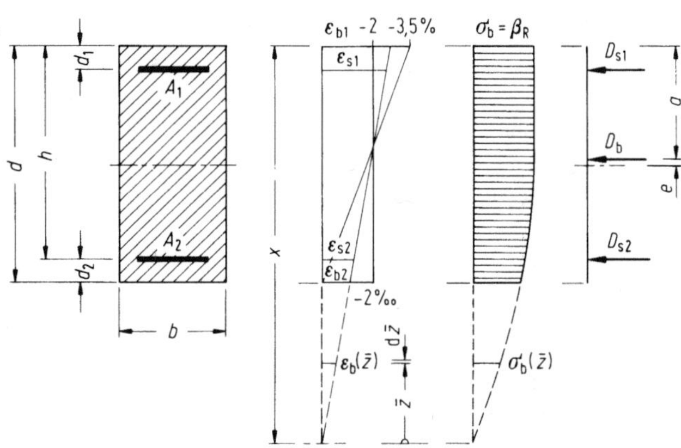

Bild 3-8. Dehnungen, Betonspannungen und innere Schnittgrößen im Bruchzustand für den Zustand I.

3.2.2 Zusammenstellung einiger Hilfswerte

Es ist zweckmäßig, die Lage der Nullinie und die inneren Schnittgrößen sowie deren Abstände untereinander und von Querschnittsrand unter Verwendung einiger Hilfswerte darzustellen, die nur von den Dehnungen abhängen.

In die nachstehenden Gleichungen der Hilfswerte sind die Beträge der in Promille ausgedrückten Dehnungen ε_b und ε_s einzusetzen. Dementsprechend wird auch die negative Betondruckspannung ohne Vorzeichen geschrieben. Da Betonzugspannungen bei der Bemessung ohnehin vernachlässigt werden, sind Verwechslungen nicht zu befürchten.

3.2.2.1 Nullinie innerhalb des Querschnittes (Zustand II)

Die Gleichung der σ, ε-Linie des Betons nach Bild 3-1 lautet

für
$$0 \le |\varepsilon_b| \le 2,0‰: \quad \sigma_b = \left(\varepsilon_b - \frac{\varepsilon_b^2}{4}\right)\beta_R, \tag{3-3a}$$

für
$$2‰ \le |\varepsilon_b| \le 3,5‰: \quad \sigma_b = \beta_R. \tag{3-3b}$$

Die Höhe der Druckzone beträgt nach Bild 3-7

$$x = \frac{\varepsilon_{b1}}{\varepsilon_{b1} + \varepsilon_{s2}}\, h = k_x h \tag{3-4}$$

mit
$$k_x = \varepsilon_{b1}/(\varepsilon_{b1} + \varepsilon_{s2}). \tag{3-5}$$

Durch Integration der Betondruckspannungen ergibt sich mit $\bar{z} = \varepsilon_b x/\varepsilon_{b1}$ und $d\bar{z} = d\varepsilon_b x/\varepsilon_{b1}$ die Betondruckkraft

$$D_b = b \cdot \int_{\bar{z}=0}^{x} \sigma_b(\bar{z})\,d\bar{z} = b \cdot \int_{\varepsilon_b=0}^{\varepsilon_{b1}} \sigma_b(\varepsilon_b)\frac{x}{\varepsilon_{b1}}\,d\varepsilon_b.$$

Nach Auswertung des Integrals läßt sich, unter Verwendung der Druckzonenhöhe x,

$$D_b = \alpha_R b x \beta_R \tag{3-6}$$

schreiben. Der Hilfswert α_R lautet

für $\qquad 0 \leq |\varepsilon_{b1}| \leq 2\text{‰}: \qquad \alpha_R = \dfrac{\varepsilon_{b1}(6 - \varepsilon_{b1})}{12}, \tag{3-7a}$

für $\qquad 2\text{‰} \leq |\varepsilon_{b1}| \leq 3{,}5\text{‰}: \qquad \alpha_R = \dfrac{3\varepsilon_{b1} - 2}{3\varepsilon_{b1}}. \tag{3-7b}$

Mit α_R wird das Verhältnis der mittleren Betondruckspannung σ_{bm} zu dem Rechenwert β_R ausgedrückt:

$$\alpha_R = \sigma_{bm}/\beta_R. \tag{3-8}$$

Das ist gleichbedeutend mit dem Anteil des Rechtecks $\beta_R x$ (Bild 3-9), den die Betonspannungsfläche ausfüllt. Man nennt α_R auch Völligkeitsbeiwert.

Wird in (3-6) die Druckzonenhöhe x mit (3-4) durch die statisch wirksame Höhe h ersetzt, gewinnt man für die Betondruckkraft die Beziehung

$$D_b = k_b b h \beta_R \tag{3-9}$$

mit $\qquad\qquad\qquad\qquad\qquad k_b = \alpha_R k_x. \tag{3-10}$

Die Nutzhöhe h, ein reiner Querschnittswert, ist bekannt, während die Druckzonenhöhe x auch vom Dehnungszustand abhängt.

Der Randabstand a der Betondruckkraft ergibt sich unter Verwendung des Schwerpunktabstandes der Betonspannungsfläche zu

$$a = x - \frac{b}{D_b} \cdot \int_{\varepsilon_b = 0}^{\varepsilon_{b1}} \sigma_b(\varepsilon_b) \cdot \left(\frac{x}{\varepsilon_{b1}}\right)^2 \cdot \varepsilon_b \, d\varepsilon_b = k_a x. \tag{3-11}$$

Darin lautet der Ausdruck für den Hilfswert k_a

für $\qquad 0 \leq |\varepsilon_{b1}| \leq 2\text{‰}: \qquad k_a = \dfrac{8 - \varepsilon_{b1}}{4 \cdot (6 - \varepsilon_{b1})}, \tag{3-12a}$

für $\qquad 2\text{‰} \leq |\varepsilon_{b1}| \leq 3{,}5\text{‰}: \qquad k_a = \dfrac{3 \cdot \varepsilon_{b1}^2 - 4 \cdot \varepsilon_{b1} + 2}{6 \cdot \varepsilon_{b1}^2 - 4 \cdot \varepsilon_{b1}}. \tag{3-12b}$

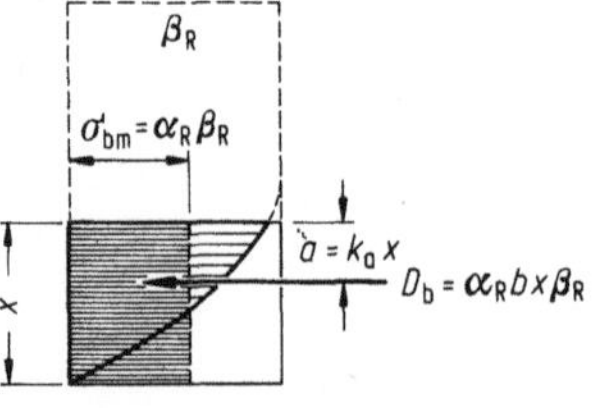

Bild 3-9. Spannungen in der Betondruckzone, Größe und Lage der Betondruckkraft.

Der Hebelarm z der inneren Kräfte D_b und Z_{s2} beträgt

$$z = h - a = h \cdot (1 - k_a k_x) = k_z h \tag{3-13}$$

mit
$$k_z = 1 - k_a k_x. \tag{3-14}$$

Zu den Stahldehnungen ε_{s2} und

$$\varepsilon_{s1} = \varepsilon_{b1} \left(1 - \frac{d_1}{k_x h} \right) \tag{3-15}$$

sind aus den σ, ε-Linien (Bild 3-4) die Stahlspannungen $\sigma_{s2,u}$ und $\sigma_{s1,u}$ im Erschöpfungszustand des Querschnittes zu entnehmen. Die Zug- und Druckkräfte in den beiden Bewehrungslagen betragen damit

$$Z_{s2} = A_{s2} \sigma_{s2,u}, \tag{3-16}$$

$$D_{s1} = A_{s1} \sigma_{s1,u}. \tag{3-17}$$

3.2.2.2 Nullinie außerhalb des Querschnittes (Zustand I)

Mit der Abhängigkeit $\varepsilon_{b2} = 4 \cdot (3{,}5 - \varepsilon_{b1})/3$ zwischen den Absolutwerten der Randdehnungen im Dehnungsbereich 5, Bild 3-5, gilt für den Abstand der Nullinie vom Rand 1 die Beziehung

$$x = \frac{\varepsilon_{b1}}{\varepsilon_{b1} - \varepsilon_{b2}} \cdot d = k_x d \tag{3-18}$$

mit
$$k_x = \frac{3}{7} \cdot \frac{\varepsilon_{b1}}{\varepsilon_{b1} - 2}. \tag{3-19}$$

Die Betondruckkraft errechnet sich aus

$$D_b = \alpha_R b d \beta_R \tag{3-20}$$

mit
$$\alpha_R = \frac{1}{189} (125 + 64\varepsilon_{b1} - 16\varepsilon_{b1}^2). \tag{3-21}$$

Von dem Rand 1 hat die Betondruckkraft den Abstand

$$a = k_a d \tag{3-22}$$

mit
$$k_a = \frac{555 + 768\varepsilon_{b1} - 192\varepsilon_{b1}^2}{14 \cdot (125 + 64\varepsilon_{b1} - 16\varepsilon_{b1}^2)} \tag{3-23}$$

und gegenüber der Querschnittsachse die Exzentrizität

$$e = d/2 - a = (1/2 - k_a)d = k_e d \tag{3-24}$$

mit
$$k_e = \frac{40}{7} \cdot \frac{(\varepsilon_{b1} - 2)^2}{125 + 64\varepsilon_{b1} - 16\varepsilon_{b1}^2}. \tag{3-25}$$

In Höhe der Bewehrungslagen betragen die Stauchungen

$$\varepsilon_{s1} = \varepsilon_{b1} \cdot \left(1 - \frac{d_1}{k_x d}\right), \tag{3-26a}$$

$$\varepsilon_{s2} = \varepsilon_{b1} \cdot \left(1 - \frac{h}{k_x d}\right). \tag{3-26b}$$

Mit den zugehörigen Stahlspannungen nach Bild 3-4 ermitteln sich die Stahldruckkräfte zu

$$D_{s1} = A_{s1}\sigma_{s1,u}, \tag{3-27a}$$

$$D_{s2} = A_{s2}\sigma_{s2,u}. \tag{3-27b}$$

3.2.2.3 Darstellung der Hilfswerte

Alle abgeleiteten Hilfswerte hängen nur von der Betonstauchung ε_{b1} und der Stahldehnung ε_{s2} bzw. der Betonstauchung ε_{b2} ab. Ihr Verlauf ist im Bild 3-10 aufgetragen.

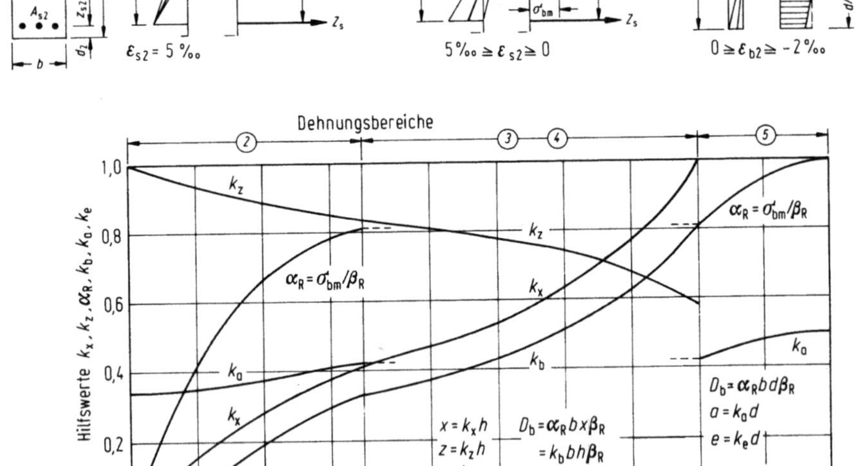

Bild 3-10. Hilfswerte für die Bemessung des Rechteckquerschnittes in Abhängigkeit von den Dehnungen.

3.2.2.4 Bezeichnung der Bewehrungsgrade

Der auf die Querschnittsfläche des Betons bezogene Bewehrungsquerschnitt wird als geometrischer Bewehrungsgrad μ bezeichnet. Multipliziert mit der Streckgrenze β_S der Bewehrung und dividiert durch den Rechenwert β_R der Betondruckfestigkeit wird daraus der mechanische Bewehrungsgrad ω. Der Bewehrungsquerschnitt kann auf die Betonfläche bd oder auf bh bezogen werden. Zur Unterscheidung wird der auf bd bezogene Bewehrungsgrad mit einer Null als Fußzeiger gekennzeichnet (Tabelle 3-2).

Tabelle 3-2. Definition und Bezeichnung von Bewehrungsgraden

Bewehrungs-strang	Bewehrungsgrad			
	geometrisch		mechanisch	
1	$\mu_1 = \dfrac{A_{s1}}{bh}$	$\mu_{01} = \dfrac{A_{s1}}{bd}$	$\omega_1 = \mu_1 \cdot \dfrac{\beta_S}{\beta_R}$	$\omega_{01} = \mu_{01} \cdot \dfrac{\beta_S}{\beta_R}$
2	$\mu_2 = \dfrac{A_{s2}}{bh}$	$\mu_{02} = \dfrac{A_{s2}}{bd}$	$\omega_2 = \mu_2 \cdot \dfrac{\beta_S}{\beta_R}$	$\omega_{02} = \mu_{02} \cdot \dfrac{\beta_S}{\beta_R}$
1 + 2	$\mathrm{tot}\,\mu = \dfrac{\mathrm{tot}\,A_s}{bh}$	$\mathrm{tot}\,\mu_0 = \dfrac{\mathrm{tot}\,A_s}{bd}$	$\mathrm{tot}\,\omega = \mathrm{tot}\,\mu \cdot \dfrac{\beta_S}{\beta_R}$	$\mathrm{tot}\,\omega_0 = \mathrm{tot}\,\mu_0 \cdot \dfrac{\beta_S}{\beta_R}$

3.2.3 Gleichgewichtsbedingungen

Durch die Gleichgewichtsbedingungen werden die äußeren und die inneren Schnittgrößen miteinander verknüpft. Weil die Bemessung für Biegung unabhängig von der Bemessung für Querkraft erfolgt, sind nur die beiden Bedingungen $\Sigma M = 0$ und $\Sigma N = 0$ zu formulieren.

3.2.3.1 Zustand II

Für die an einem Balkenelement im Bruchzustand angreifenden äußeren und inneren Schnittgrößen (Bild 3-11a) lauten mit (3-9), (3-13), (3-16) und (3-17) die Gleichgewichtsbedingungen

$$\Sigma N = 0: \quad N_u = \gamma N = -D_b + Z_{s2} - D_{s1} =$$
$$= -k_b bh\beta_R + A_{s2}\sigma_{s2,u} - A_{s1}\sigma_{s1,u}, \tag{3-28}$$

$$\Sigma M = 0: \quad M_{su} = \gamma M_s = D_b z + D_{s1}(h - d_1) =$$
$$= k_b k_z bh^2 \beta_R + A_{s1}\sigma_{s1,u}(h - d_1). \tag{3-29}$$

Sofern nur einfache Bewehrung angeordnet wird, entfällt jeweils der Term mit D_{s1} bzw. A_{s1}.

3.2.3.2 Zustand I

Nach Bild 3-11b lauten mit (3-20), (3-24) und (3-27) die Gleichgewichtsbedingungen im Bruchzustand

$$\Sigma N = 0: \qquad N_{\mathrm{u}} = \gamma N = -D_{\mathrm{b}} - D_{\mathrm{s}1} - D_{\mathrm{s}2} =$$
$$= -\alpha_{\mathrm{R}} b d \beta_{\mathrm{R}} - A_{\mathrm{s}1} \sigma_{\mathrm{s}1,\mathrm{u}} - A_{\mathrm{s}2} \sigma_{\mathrm{s}2,\mathrm{u}}, \qquad (3\text{-}30)$$

$$\Sigma M = 0: \qquad M_{\mathrm{u}} = \gamma M = D_{\mathrm{b}} e + D_{\mathrm{s}1} z_{\mathrm{s}1} - D_{\mathrm{s}2} z_{\mathrm{s}2} =$$
$$= \alpha_{\mathrm{R}} k_{\mathrm{e}} b d^2 \beta_{\mathrm{R}} + A_{\mathrm{s}1} \sigma_{\mathrm{s}1,\mathrm{u}}(d/2 - d_1) - A_{\mathrm{s}2} \sigma_{\mathrm{s}2,\mathrm{u}}(d/2 - d_2). \qquad (3\text{-}31)$$

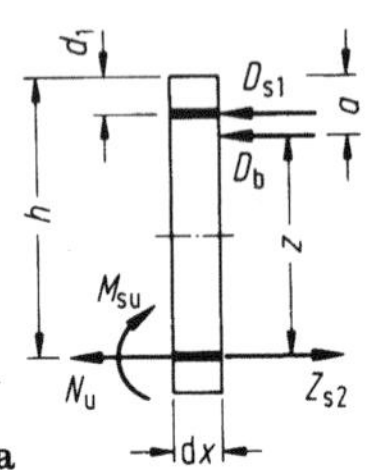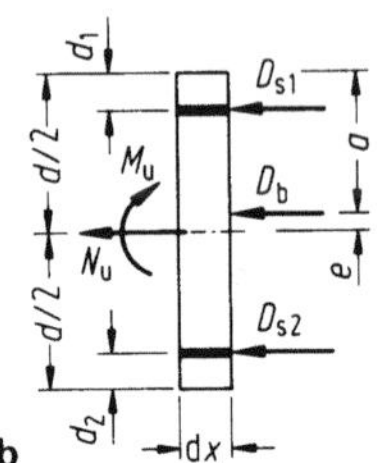

Bild 3-11a, b. An einem Stabelement im Bruchzustand angreifende Schnittgrößen: a) Zustand II und b) Zustand I.

3.2.4 Entwicklung von Bemessungshilfsmitteln

In den Gleichgewichtsbedingungen (3-28) bis (3-31) sind folgende Größen i. allg. bekannt:

- die Schnittgrößen M und N aus der statischen Berechnung,
- die Betonabmessungen b, d, h, d_1 und d_2 als Schätzwerte oder aus einer Vorbemessung,
- die Baustoffkennwerte β_{R}, β_{S} und E_{s} der gewählten Festigkeitsklassen von Beton und Betonstahl.

Die Größen γ, $\sigma_{\mathrm{s}1,\mathrm{u}}$, $\sigma_{\mathrm{s}2,\mathrm{u}}$, α_{R}, k_{b}, k_z und k_{e} werden durch die Dehnungen ausgedrückt. Unbekannt sind dann nur noch die Dehnungen $\varepsilon_{\mathrm{b}1}$ und $\varepsilon_{\mathrm{s}2}$ oder $\varepsilon_{\mathrm{b}2}$ sowie die Bewehrungsquerschnitte $A_{\mathrm{s}1}$ und $A_{\mathrm{s}2}$.

Bei Biegung mit mittlerer bis großer Ausmitte bemißt man wirtschaftlich, wenn die Stahldehnung den zulässigen Wert $\varepsilon_{\mathrm{s}2} = 5‰$ erreicht. Damit wird der Stahl ausgenutzt, und zudem nimmt der innere Hebelarm z den größtmöglichen Wert an. Setzt man außerdem einfach bewehrte Querschnitte, d.h. $A_{\mathrm{s}1} = 0$, voraus, verbleiben nur $\varepsilon_{\mathrm{b}1}$ und $A_{\mathrm{s}2}$ als Unbekannte. Diese lassen sich ohne weitere Hilfsmittel aus den Gleichgewichtsbedingungen (3-28) und (3-29) eindeutig bestimmen. Die Bemessung ist in dieser Form allerdings, wie Beispiel 3.2-1 zeigt, etwas umständlich.

Beispiel 3.2-1:
Gegeben: Rechteckquerschnitt mit $b/d/h = 20/40/35$ cm,
            Beton B 25 mit $\beta_{\mathrm{R}} = 17{,}5\,\mathrm{N/mm^2}$,
            Betonstahl BSt 500 S mit $\beta_{\mathrm{S}} = 500\,\mathrm{N/mm^2}$,
            Belastung: $N = -20\,\mathrm{kN}$, $M = 50\,\mathrm{kNm}$ (Gebrauchslast).
Gesucht: $A_{\mathrm{s}2}$ für einfache Bewehrung.

Zu der Annahme $\varepsilon_{\mathrm{s}2} = 5‰$ gehören die Stahlspannung $\sigma_{\mathrm{s}2,\mathrm{u}} = \beta_{\mathrm{S}}$ und nach Bild 3-5 der Sicherheitsbeiwert $\gamma = 1{,}75$. Mit $z_{\mathrm{s}2} = 0{,}35 - 0{,}40/2 = 0{,}15$ ergeben sich die Schnittgrößen des Bruchzustandes zu

$$N_{\mathrm{u}} = \gamma N \quad = -1{,}75 \cdot 20 \qquad\qquad\qquad = -35\,\mathrm{kN},$$
$$M_{\mathrm{su}} = \gamma M_{\mathrm{s}} \quad = \gamma(M - N z_{\mathrm{s}2}) = 1{,}75 \cdot (50 + 20 \cdot 0{,}15) = 92{,}75\,\mathrm{kNm}.$$

Die Gleichgewichtsbedingungen (3-28) und (3-29) lauten

$$\Sigma N = 0: \quad -35 \cdot 10^{-3} = -k_b \cdot 0{,}20 \cdot 0{,}35 \cdot 17{,}5 + A_{s2} \cdot 500$$

$$0{,}035 = 1{,}225 k_b - 500 A_{s2}$$

$$\Sigma M = 0: \quad 92{,}75 \cdot 10^{-3} = k_b k_z \cdot 0{,}20 \cdot 0{,}35^2 \cdot 17{,}5$$

$$0{,}2163 = k_b k_z.$$

Die Hilfswerte k_b und k_z lassen sich durch ε_{b1} und ε_{s2} ersetzen. Da zunächst aber die Größe von ε_{b1} unbekannt ist, läßt sich nicht vorhersagen, ob von den Ausdrücken (3-7) und (3-12) die Form (a) oder die Form (b) zur Substitution heranzuziehen ist. Hierüber ist eine Annahme zu treffen und gegebenenfalls zu korrigieren. Man kommt ohne zusätzliche Annahmen aus, wenn das Produkt $k_b k_z$ als Funktion von ε_{b1} und ε_{s2} bekannt ist, Bild 3-12. Für $k_b k_z = 0{,}2163$ liest man $\varepsilon_{b1} = -2{,}55‰$ ab. Dazu gehört nach Bild 3-10 der Wert $k_b = 0{,}249$. Der gesuchte Bewehrungsquerschnitt ergibt sich dann zu

$$\underline{A_{s2} = (1{,}225 \cdot 0{,}249 - 0{,}035)/500 = 5{,}41 \cdot 10^{-4} \, \text{m}^2 = 5{,}41 \, \text{cm}^2}$$

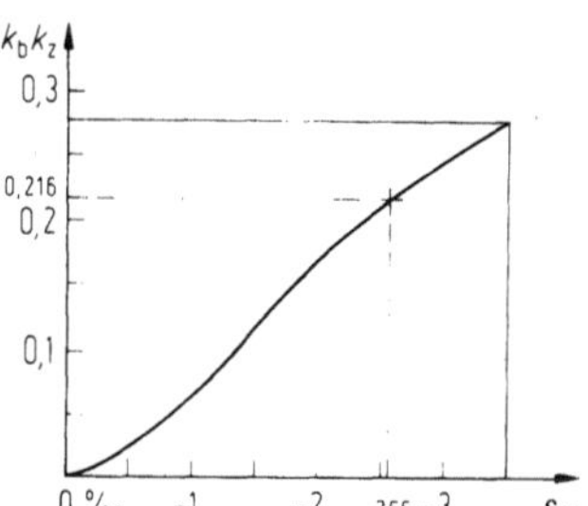

Bild 3-12. Hilfswerte $k_b \cdot k_z$ für $\varepsilon_{s2} = 5‰$ und $-3{,}5‰ \leq \varepsilon_{b1} \leq 0$.

Um Diagramme oder Zahlentafeln als Bemessungshilfen zu entwickeln, ist es zweckmäßig, den Dehnungszustand innerhalb der nach DIN 1045 zulässigen Grenzen systematisch zu variieren und die jeweils aufnehmbaren Schnittgrößen N_u und M_u zu berechnen. Für die Bemessung lassen sich dann umgekehrt zu gegebenen Schnittgrößen alle benötigten Hilfswerte entnehmen.

Der bequemeren Handhabung wegen sind die meisten Bemessungshilfen auf die Schnittgrößen des Gebrauchszustandes abgestimmt. Es sei aber darauf hingewiesen, daß sie trotzdem auf dem rechnerischen Bruchzustand basieren.

Im folgenden werden die bisher abgeleiteten Beziehungen so aufbereitet, daß sich Diagramme und Zahlentafeln entwickeln lassen, die jeweils für bestimmte Lastausmitten besonders geeignet sind. Die Ausführungen beschränken sich auf Normalbeton. Einige Bemessungstafeln für Leichtbeton sind in [303] wiedergegeben. Umfangreichere Sammlungen von Bemessungshilfen enthalten u.a. die Veröffentlichungen [12, 14–16, 206, 303, 311], formelmäßige Zusammenhänge für die Programmierung finden sich in [313].

3.2.4.1 Allgemeines Bemessungsdiagramm für mittlere bis große Lastausmitte

Schreibt man (3-29) in der Form

$$M_{su} = \gamma M_s = D_b z + D_{s1}(h - d_1) = M_{sb,u} + \Delta M_{su}, \tag{3-32}$$

so soll $M_{sb,u}$ der Anteil des Gesamtmomentes sein, der ohne Druckbewehrung aufgenommen wird, und ΔM_{su} der Anteil, den die Druckbewehrung A_{s1} und ein zugehöriger Anteil der Zugbewehrung A_{s2} aufnehmen. Daraus erhält man

$$D_{s1} = A_{s1}\,\sigma_{s1,u} = \Delta M_{su}/(h - d_1)$$

und, umgestellt nach dem Querschnitt A_{s1} der Druckbewehrung,

$$A_{s1} = \frac{1}{\sigma_{s1,u}} \cdot \frac{\Delta M_{su}}{h - d_1}. \tag{3-33}$$

Weiterhin folgt aus (3-32) mit (3-28)

$$D_b = \frac{M_{sb,u}}{z} = -N_u + Z_{s2} - D_{s1} = -N_u + A_{s2} \cdot \sigma_{s2,u} - \frac{\Delta M_{su}}{h - d_1}$$

und daraus der Bewehrungsquerschnitt

$$A_{s2} = \frac{1}{\sigma_{s2,u}} \cdot \left(\frac{M_{sb,u}}{z} + \frac{\Delta M_{su}}{h - d_1} + N_u \right). \tag{3-34}$$

Mit den Schnittgrößen des Gebrauchszustandes lauten die Ausdrücke zur Berechnung der Bewehrungsquerschnitte

$$A_{s1} = \frac{\gamma}{\sigma_{s1,u}} \cdot \frac{\Delta M_s}{h - d_1}, \tag{3-35}$$

$$A_{s2} = \frac{\gamma}{\sigma_{s2,u}} \cdot \left(\frac{M_{sb}}{z} + \frac{\Delta M_s}{h - d_1} + N \right). \tag{3-36}$$

Für einfach bewehrte Querschnitte gilt $M_{sb} = M_s$, und ΔM_s, A_{s1} sowie der dazu gehörige Anteil von A_{s2} werden zu null. Die Zugbewehrung ergibt sich dann aus

$$A_{s2} = \frac{\gamma}{\sigma_{s2,u}} \cdot \left(\frac{M_s}{z} + N \right). \tag{3-37}$$

Um Bemessungshilfen zu erhalten, die von den Querschnittsabmessungen und der Betonfestigkeit unabhängig sind, verwendet man dimensionslose, bezogene Schnittgrößen der Form

$$n = \frac{N}{bh\beta_R}; \quad m_s = \frac{M_s}{bh^2\beta_R} \tag{3-38a, 38b}$$

für den Gebrauchszustand und

$$n_u = \frac{N_u}{bh\beta_R}; \quad m_{su} = \frac{M_{su}}{bh^2\beta_R} \tag{3-39a, 39b}$$

für den Bruchzustand. Der Zusammenhang zwischen den bezogenen Schnittgrößen und dem

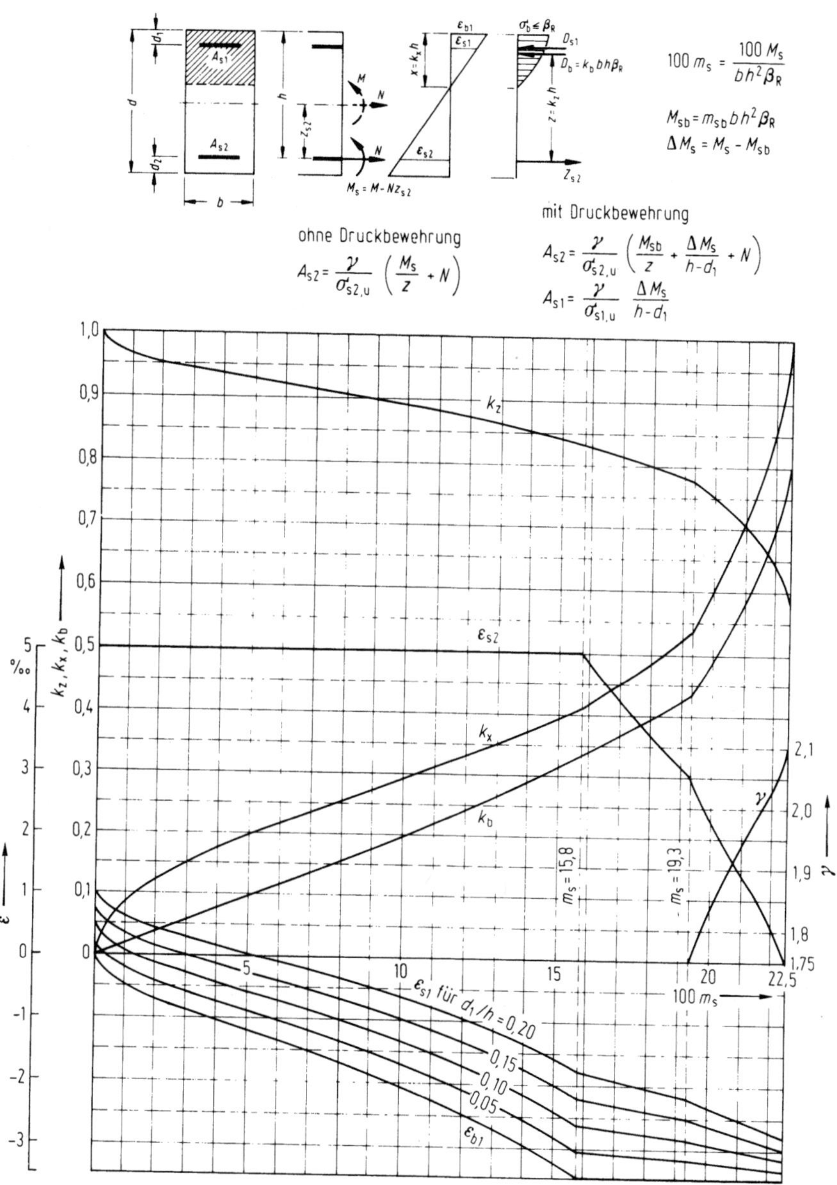

Bild 3-13. Allgemeines Bemessungsdiagramm für den Rechteckquerschnitt.

Dehnungszustand ergibt sich mit (3-29) für einfache Bewehrung zu

$$m_{su} = \gamma m_s = k_b k_z = \alpha_R k_x k_z. \tag{3-40}$$

Indem die Dehnungen und Hilfswerte über $100\,m_s$ aufgetragen werden, erhält man das *allgemeine Bemessungsdiagramm*, Bild 3-13. Es ist nicht nur für alle Betonfestigkeitsklassen gültig, sondern, da es nur die Stahldehnungen enthält und nicht die Spannungen, auch für alle Stahlfestigkeitsklassen. Das Diagramm erlaubt die Bemessung ohne und mit Druckbewehrung. Eine Druckbewehrung kann dann angeordnet werden, wenn die Betondruckzone zur Aufnahme der Biegedruckkraft nicht ausreicht. Dabei sind die in DIN 1045, 17.2.3 genannten Grenzen $A_{s1} \leq A_{s2}$ und $A_{s1} \leq 0,01 A_b$ im Bereich überwiegender Biegung zu beachten. Wird eine starke Druckbewehrung notwendig, ist es bei Biegebeanspruchung i. allg. wirtschaftlicher, statt dessen die Betonabmessungen zu vergrößern.

Bei der Bemessung mit Druckbewehrung ist die Wahl des Momentenanteils M_{sb} im Grunde beliebig, doch sollte die Zugbewehrung zumindest die Streckgrenze erreichen, d.h. $\varepsilon_{s2} \geq \varepsilon_s$ werden. Günstiger ist es, mit $\varepsilon_{s2} = 3\permil$ zu rechnen, weil dafür der Sicherheitsbeiwert noch $\gamma = 1,75$ beträgt. Aus dem Bild 3-14 ist zu ersehen, wie sich bei ausgenutzter Betondruckzone und bei jeweils gleichem äußeren Moment eine Änderung von ε_{s2} auf die inneren Schnittgrößen auswirkt. Die zu dem Dehnungszustand $\varepsilon_{b1} = -3,5\permil$; $\varepsilon_{s2} = 3\permil$ gehörenden Größen sind mit einem Stern als Kopfzeiger gekennzeichnet. Wählt man $\varepsilon_{s2} < \varepsilon_{s2}^*$, werden die Druckzone und folglich die Betondruckkraft D_b größer. Dadurch verringert sich die Stahldruckkraft D_{s1} und eventuell läßt sich, was mitunter erwünscht ist, eine Druckbewehrung A_{s1} vermeiden. Da aber zugleich der innere Hebelarm z abnimmt und der Sicherheitsbeiwert γ ansteigt, wird eine stärkere Zugbewehrung A_{s2} notwendig, die Bemessung mithin unwirtschaftlicher. Wählt man $\varepsilon_{s2} > \varepsilon_{s2}^*$, verringeren sich die Druckzonenhöhe und die Betondruckkraft D_b. Die Stahldruckkraft D_{s1} muß infolgedessen anwachsen, während die Stahlzugkraft Z_{s2} durch den vergrößerten Hebelarm z kleiner wird. Dabei überwiegt die Zunahme von D_{s1} gegenüber der Abnahme von Z_{s2}, die Bemessung wird also ebenfalls unwirtschaftlicher.

Das allgemeine Bemessungsdiagramm kann auf negative Stahldehnungen ε_{s2} erweitert werden [206]. Die Anwendung ist bei solchen Beanspruchungen aber nicht sinnvoll, weil sich wegen der Forderung $A_{s1} \leq A_{s2}$ der geringste Stahlbedarf bei symmetrischer Bewehrung ergibt. Dafür ist aber das Verfahren in 3.2.4.4 besser geeignet.

Zur Bemessung mit Sicherheitsbeiwerten, die von Bild 3-5 abweichen, ist das allgemeine Bemessungsdiagramm für Bruchschnittgrößen entwickelt werden, z.B. [206, 303]. Allerdings läßt sich auch in solchen Fällen das Diagramm für Gebrauchsschnittgrößen verwenden, indem die mit einem abweichenden Sicherheitsbeiwert behafteten, z.B. aus einer Zwangbeanspruchung herrührenden

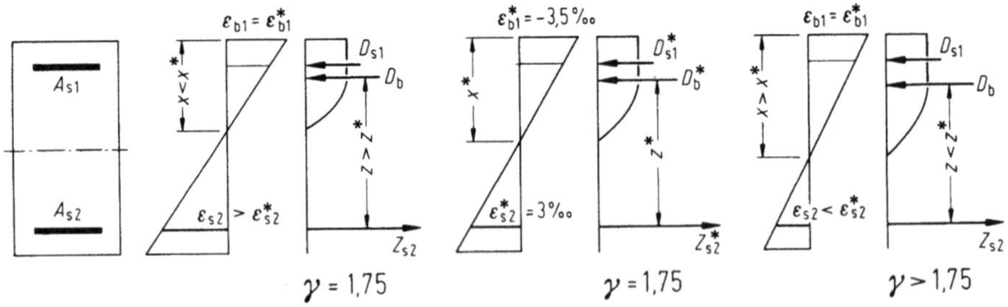

Bild 3-14. Innere Schnittgrößen bei $\varepsilon_{b1} = -3,5\permil$ und unterschiedlichem ε_{s2}, jeweils gleiches äußeres Moment.

Schnittgrößen auf den für die Bemessung maßgebenden Sicherheitsbeiwert $1,75 \leq \gamma \leq 2,1$ umgerechnet werden.

Beispiel 3.2-2:
Gegeben: Rechteckquerschnitt mit $b/d/h = 20/40/35$ cm,
Beton B 25, Betonstahl BSt 500 S,
Schnittgrößen: $N = -20$ kN, $M = 82,5$ kNm.
Gesucht: Bewehrungsquerschnitt a) ohne und b) mit Druckbewehrung.

$$M_s = 82,5 + 20 \cdot 0,15 = 85,5 \text{ kNm} = 0,0855 \text{ MNm}$$

$$100\, m_s = \frac{100 \cdot M_s}{b \cdot h^2 \cdot \beta_R} = \frac{100 \cdot 0,0855}{0,20 \cdot 0,35^2 \cdot 17,5} = 19,9$$

a) Man liest aus Bild 3-13 ab: $k_z = 0,75$; $\varepsilon_{s2} = 2,37\%_0 \approx \varepsilon_S = 2,38\%_0 \rightarrow \sigma_{s2,u} = \beta_S$
$$< 3\%_0 \qquad \rightarrow \qquad \gamma = 1,82$$

$$A_{s2} = \frac{1,82}{500} \cdot \left(\frac{0,0855}{0,75 \cdot 0,35} - 0,020 \right) \cdot 10^4 \qquad = \underline{11,13 \text{ cm}^2}.$$

b) Gewählt $100\, m_{sb} = 19,3$ entsprechend $\varepsilon_{s2} = 3\%_0$ mit $\gamma = 1,75$ und $\sigma_{s2,u} = \beta_S$

Aus Bild 3-13 für $d_1/h = 5/35 = 0,14$: $\rightarrow k_z = 0,78$; $\varepsilon_{s1} = -2,6\%_0 > \varepsilon_S \rightarrow \sigma_{s1,u} = \beta_S$

$$M_{sb} = \frac{19,3}{100} \cdot 0,20 \cdot 0,35^2 \cdot 17,5 \qquad = 0,0827 \text{ MNm}$$

$$\Delta M_s = 0,0855 - 0,0827 \qquad = 0,0028 \text{ MNm}$$

$$A_{s1} = \frac{1,75}{500} \cdot \frac{0,0028}{(0,35 - 0,05)} \cdot 10^4 \qquad = \underline{0,33 \text{ cm}^2}$$

$$A_{s2} = \frac{1,75}{500} \cdot \left(\frac{0,0827}{0,78 \cdot 0,35} + \frac{0,0028}{0,30} - 0,020 \right) \cdot 10^4 \quad = \underline{10,23 \text{ cm}^2}$$

Die Bemessung bei $100\, m_s = 19,3$ ergibt wegen $\gamma = 1,75$ statt $\gamma = 1,82$ und wegen $(h - d_1) > k_z h$ eine geringe Stahlersparnis. Für die errechnete Druckbewehrung reicht hier bereits der Querschnitt der aus konstruktiven Gründen ohnehin benötigten Montagestäbe aus.

Beispiel 3.2-3:
Gegeben: Betonquerschnitt, Schnittgrößen und Baustoffe wie Beispiel 3.2-2, jedoch soll ein Drittel
des Biegemomentes aus einer Zwangbeanspruchung herrühren,
$$\rightarrow M_{Last} = 55 \text{ kNm},$$
$$M_{Zwang} = 27,5 \text{ kNm mit } \gamma = 1,0 \text{ (DIN 1045, 17.2.2).}$$

Gesucht: Erforderliche Bewehrung.

$$M = (1,75 \cdot 55 + 1,0 \cdot 27,5)/1,75 = 70,7 \text{ kNm}$$

$$M_s = 70,7 + 20 \cdot 0,15 \qquad\qquad = 73,7 \text{ kNm} = 0,0737 \text{ MNm}$$

$$100 m_s = \frac{100 \cdot 0,0737}{0,20 \cdot 0,35^2 \cdot 17,5} = 17,2$$

Aus Bild 3-13: $k_z = 0,81$, $\varepsilon_{s2} = 4,1\text{‰} > \varepsilon_S \rightarrow \sigma_{s2,u} = \beta_S,$
$$> 3\text{‰} \rightarrow \gamma \quad = 1,75$$

$$\underline{A_{s2} = \frac{1,75}{500} \cdot \left(\frac{0,0737}{0,81 \cdot 0,35} - 0,020 \right) \cdot 10^4 = \underline{8,39 \text{ cm}^2}}$$

Hätte die Bemessung einen Sicherheitsbeiwert $\gamma > 1,75$ ergeben, wäre die Bemessung iterativ zu verbessern; i. allg. reicht in einem solchen Fall ein Iterationsschritt aus.

3.2.4.2 Zahlentafeln für mittlere bis große Lastausmitte

Vielfach werden Zahlentafeln zur Bemessung den Diagrammen vorgezogen, da sie bequemer zu handhaben sind. Um Zahlentafeln aufzustellen, sind die zuvor abgeleiteten Beziehungen in geeigneter Weise umzuformen.

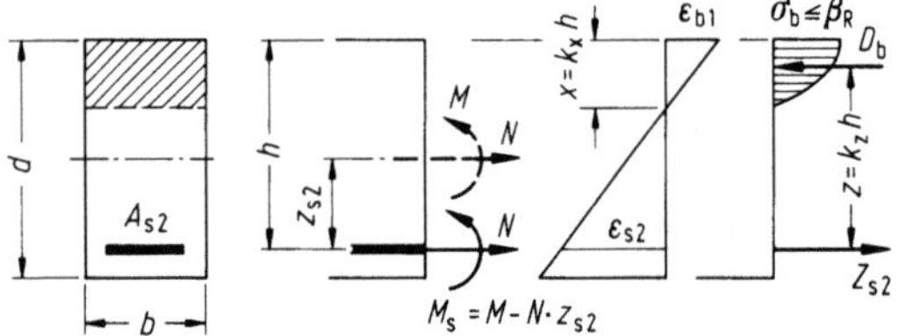

$$m_s = \frac{M_s}{bh^2 \beta_R} \qquad A_{s2} = \omega_M \frac{bh}{\beta_S/\beta_R} + \frac{N}{\beta_S/\gamma} \qquad\qquad$$ Für $m_s > m_s^{**}$ doppelte Bewehrung anordnen.

Betonstahl	β_S/β_R					β_S/γ N/mm²
	B 15	B 25	B 35	B 45	B 55	
220/340	21,0	12,6	9.6	8,1	7,3	126
420	40,0	24,0	18,3	15,6	14,0	240
500	47,6	28,6	21,7	18,5	16,7	286

Bild 3-15. (Fortsetzung)

m_s	ω_M	γ	k_x	k_z	$-\varepsilon_{b1}$	ε_{s2}
					‰	‰
0,01	0,018	1,75	0,08	0,97	0,46	5,00
0,02	0,037	1,75	0,12	0,96	0,68	5,00
0,03	0,055	1,75	0,15	0,95	0,87	5,00
0,04	0,075	1,75	0,17	0,94	1,04	5,00
0,05	0,094	1,75	0,19	0,93	1,21	5,00
0,06	0,114	1,75	0,22	0,92	1,37	5,00
0,07	0,134	1,75	0,23	0,92	1,53	5,00
0,08	0,154	1,75	0,25	0,91	1,70	5,00
0,09	0,175	1,75	0,27	0,90	1,87	5,00
0,10	0,197	1,75	0,29	0,89	2,05	5,00
0,11	0,218	1,75	0,31	0,88	2,25	5,00
0,12	0,241	1,75	0,33	0,87	2,47	5,00
0,13	0,264	1,75	0,35	0,86	2,70	5,00
0,14	0,288	1,75	0,37	0,85	2,96	5,00
0,15	0,313	1,75	0,39	0,84	3,25	5,00
0,158	0,333	1,75	0,412	0,829	3,50	5,00
0,16	0,339	1,75	0,42	0,83	3,50	4,86
0,17	0,367	1,75	0,45	0,81	3,50	4,23
0,18	0,395	1,75	0,49	0,80	3,50	3,67
0,19	0,426	1,75	0,53	0,78	3,50	3,16
0.193[a]	0,436	1,75	0,538	0,776	3,50	3,00
0,196	0,458	1,79	0,57	0,76	3,50	2,69
0,199[b]	0,482	1,82	0,595	0,752	3,50	2,381
0,201	0,499	1,85	0,62	0,74	3,50	2,18
0,203[c]	0,515	1,87	0,636	0,735	3,50	2,000
0,205	0,533	1,89	0,66	0,73	3,50	1,81
0,207	0,551	1,91	0,68	0,72	3,50	1,64
0,209	0,570	1,93	0,70	0,71	3,50	1,47
0,211	0,590	1,95	0,73	0,70	3,50	1,31
0,213	0,610	1,97	0,75	0,69	3,50	1,14
0,214[d]	0,623	1,98	0,770	0,680	3,50	1,048

[a] $m_s = m_s^* = 0{,}193$, $\varepsilon_{b1}/\varepsilon_{s2} = -\,3{,}5‰/3‰$ zugeordnet
[b] $m_s = m_s^{**} = 0{,}199$ für BSt 500, $\varepsilon_s = \varepsilon_S = 2{,}381‰$ zugeordnet
[c] $m_s = m_s^{**} = 0{,}203$ für BSt 420, $\varepsilon_s = \varepsilon_S = 2{,}000‰$ zugeordnet
[d] $m_s = m_s^{**} = 0{,}214$ für BSt 220/340, $\varepsilon_s = \varepsilon_S = 1{,}048‰$ zugeordnet

Bild 3-15. Bemessungstafel für den Rechteckquerschnitt ohne Druckbewehrung.

Als Ausgangsgleichung dient (3-36). Entsprechend den Schnittgrößenanteilen in der Klammer wird der Bewehrungsquerschnitt A_{s2} aufgespalten in

$$A_{s2} = \frac{\gamma}{\sigma_{s2,u}} \cdot \left(\frac{M_{sb}}{z} + \frac{\Delta M_s}{h - d_1} + N \right) = A_{s2,M_b} + A_{s2,\Delta M} + A_{s2,N}. \tag{3-41}$$

Das Moment M_{sb} soll, um den Sicherheitsbeiwert bei $\gamma = 1,75$ festzuhalten, dem Dehnungszustand $\varepsilon_{b1}^* = -3,5\text{‰}$, $\varepsilon_{s2}^* = 3,0\text{‰}$ zugeordnet werden. Wegen $\varepsilon_{s2} > \varepsilon_S$ gilt dann für alle Stahlsorten $\sigma_{s2,u} = \beta_S$. Die zu diesem Dehnungszustand gehörigen Größen erhalten einen Stern als Kopfzeiger.

Unter Verwendung des mechanischen Bewehrungsgrades $\omega = \mu \cdot \beta_S/\beta_R$ läßt sich schreiben

$$A_{s2,M_b} = \mu_{2,M}^* bh = \omega_M^* \cdot \frac{\beta_R}{\beta_S} \cdot bh,$$

$$A_{s2,\Delta M} = \mu_{2,\Delta M} bh = \omega_{\Delta M} \cdot \frac{\beta_R}{\beta_S} \cdot bh.$$

Damit folgt aus (3-41) mit (3-38)

$$\omega_M = \omega_M^* + \omega_{\Delta M} = \frac{\gamma \cdot m_s^*}{k_z} + \gamma \cdot \Delta m_s \frac{h}{h - d_1}. \tag{3-42}$$

Zur Ermittlung der Druckbewehrung A_{s1} ist der Beiwert $\omega_{\Delta M}$ im Verhältnis der Stahlspannungen in den beiden Bewehrungslagen umzurechnen

$$\omega_1 = \omega_{\Delta M} \cdot \frac{\sigma_{s2,u}}{\sigma_{s1,u}} = \gamma \cdot \Delta m_s \frac{h}{h - d_1} \cdot \frac{\beta_S}{\sigma_{s1,u}}.$$

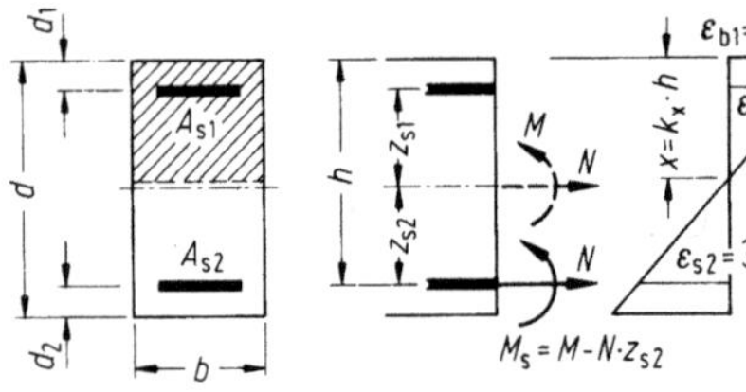

Alle Festigkeitsklassen von Beton und Betonstahl

$$m_s = \frac{M_s}{bh^2 \beta_R}$$

$$A_{s2} = \omega_M \cdot \frac{bh}{\beta_S/\beta_R} + \frac{N}{\beta_S/\gamma}$$

$$A_{s1} = \omega_1 \cdot \frac{bh}{\beta_S/\beta_R}$$

Betonstahl	β_S/β_R					β_S/γ N/mm²
	B 15	B 25	B 35	B 45	B 55	
220/340	21,0	12,6	9,6	8,1	7,3	126
420	40,0	24,0	18,3	15,6	14,0	240
500	47,6	28,6	21,7	18,5	16,7	286

Bild 3-16. (Fortsetzung)

d_1/h	0,05		0,10		0,15		0,20			0,25			
BSt	alle		alle		alle		alle	220/340 420	500	alle	220/340	420	500
m_s	ω_M	ω_1	ω_M	ω_1	ω_M	ω_1	ω_M	ω_1	ω_1	ω_M	ω_1	ω_1	ω_1
0,193[a]	0,436	0,000	0,436	0,000	0,436	0,000	0,436	0,000	0,000	0,436	0,000	0,000	0,000
0,20	0,448	0,012	0,449	0,013	0,450	0,014	0,451	0,015	0,016	0,452	0,016	0,017	0,020
0,21	0,467	0,031	0,468	0,032	0,470	0,034	0,472	0,037	0,040	0,475	0,039	0,042	0,050
0,22	0,485	0,049	0,488	0,052	0,491	0,055	0,494	0,058	0,063	0,498	0,062	0,066	0,079
0,23	0,504	0,068	0,507	0,071	0,511	0,076	0,516	0,080	0,087	0,522	0,086	0,091	0,109
0,24	0,522	0,086	0,527	0,091	0,532	0,096	0,538	0,102	0,111	0,545	0,109	0,116	0,138
0,25	0,540	0,104	0,546	0,110	0,553	0,117	0,560	0,124	0,134	0,568	0,132	0,141	0,168
0,26	0,559	0,123	0,566	0,130	0,573	0,137	0,582	0,146	0,158	0,592	0,156	0,166	0,198
0,27	0,577	0,141	0,585	0,149	0,594	0,158	0,604	0,168	0,182	0,615	0,179	0,191	0,227
0,28	0,596	0,160	0,604	0,169	0,614	0,179	0,626	0,190	0,205	0,638	0,202	0,216	0,257
0,29	0,614	0,178	0,624	0,188	0,635	0,199	0,647	0,212	0,229	0,662	0,226	0,241	0,287
0,30	0,632	0,197	0,643	0,207	0,656	0,220	0,669	0,233	0,253	0,685	0,249	0,266	0,316
0,31	0,651	0,215	0,663	0,227	0,676	0,240	0,691	0,255	0,276	0,708	0,272	0,290	0,346
0,32	0,669	0,233	0,682	0,246	0,697	0,261	0,713	0,277	0,300	0,732	0,296	0,315	0,375
0,33	0,688	0,252	0,702	0,266	0,717	0,281	0,735	0,299	0,324	0,755	0,319	0,340	0,405
0,34	0,706	0,270	0,721	0,285	0,738	0,302	0,757	0,321	0,347	0,778	0,342	0,365	0,435
0,35	0,725	0,289	0,741	0,305	0,759	0,323	0,779	0,343	0,371	0,802	0,366	0,390	0,464
0,36	0,743	0,307	0,760	0,324	0,779	0,343	0,801	0,365	0,395	0,825	0,389	0,415	0,494
0,37	0,761	0,329	0,779	0,344	0,800	0,364	0,822	0,387	0,418	0,848	0,412	0,440	0,524
0,38	0,780	0,344	0,799	0,363	0,820	0,384	0,844	0,408	0,442	0,872	0,436	0,465	0,553
0,39	0,798	0,362	0,818	0,382	0,841	0,405	0,866	0,430	0,466	0,895	0,459	0,490	0,583
0,40	0,817	0,381	0,838	0,402	0,861	0,426	0,888	0,452	0,489	0,918	0,482	0,514	0,612
0,41	0,835	0,399	0,857	0,421	0,882	0,446	0,910	0,474	0,513	0,942	0,506	0,539	0,642
0,42	0,854	0,418	0,877	0,441	0,903	0,467	0,932	0,496	0,537	0,965	0,529	0,564	0,672
0,43	0,872	0,436	0,896	0,460	0,923	0,487	0,954	0,518	0,560	0,988	0,552	0,589	0,701
0,44	0,890	0,454	0,916	0,480	0,944	0,508	0,976	0,540	0,584	1,012	0,576	0,614	0,731
0,45	0,909	0,473	0,935	0,499	0,964	0,529	0,997	0,562	0,608	1,035	0,599	0,639	0,761

[a] $m_s = m_s^* = 0{,}193$, $\varepsilon_{b1}/\varepsilon_{s2} = -\,3{,}5‰/3‰$ zugeordnet

Bild 3-16. Bemessungstafel für den Rechteckquerschnitt mit Druckbewehrung.

Für Querschnitte ohne Druckbewehrung vereinfacht sich (3-42) auf

$$\omega_M = \gamma m_s / k_z.$$

Führt man darin aus (3-40) $m_s = k_b k_z / \gamma$ ein, so zeigt sich, daß $\omega_M \equiv k_b$ ist.
Die Bewehrungsquerschnitte errechnen sich zu

$$A_{s2} = \omega_M \cdot \frac{bh}{\beta_S/\beta_R} + \frac{N}{\beta_S/\gamma},$$

$$A_{s1} = \omega_1 \cdot \frac{bh}{\beta_S/\beta_R} \cdot$$

Man entnimmt die Beiwerte ω sowie die Dehnungen und sonstigen Hilfswerte in Abhängigkeit von dem Leitwert m_s aus Bild 3-15 für einfache und aus Bild 3-16 für doppelte Bewehrung. Damit für $m_s > m_s^*$ wahlweise auch ohne Druckbewehrung bemessen werden kann, enthält die Tafel in Bild 3-15 den Dehnungsbereich $\varepsilon_S < \varepsilon_{s2} \leq \varepsilon_{s2}^* = 3\%_0$. Er wird begrenzt durch den der Streckgrenze zugeordneten Leitwert m_s^{**}. Die Bemessungstafeln gelten für alle Beton- und Stahlfestigkeitsklassen. Für eventuelle Nachrechnungen wurde auch die nicht mehr lieferbare Stahlsorte BSt 220/340 aufgenommen.

Beispiel 3.2-4:
Aufgabenstellung wie Beispiel 3.2-2.

$$m_s = \frac{0,0855}{0,20 \cdot 0,35^2 \cdot 17,5} = 0,199 > m_s^* = 0,193$$

a) Aus Bild 3-15: $\omega_M = 0,482$, $\gamma = 1,82$, $\varepsilon_{s2} = 2,38\%_0 = \varepsilon_S$

$$\underline{A_{s2}} = \left(0,482 \cdot \frac{0,20 \cdot 0,35}{28,6} - \frac{0,020}{500/1,82}\right) \cdot 10^4 = \underline{11,07 \text{ cm}^2},$$

b) Aus Bild 3-16 für $d_1/h = 0,14 \approx 0,15$: $\omega_M = 0,450$, $\omega_1 = 0,014$

$$\underline{A_{s1}} = 0,014 \cdot \frac{0,20 \cdot 0,35}{28,6} \cdot 10^4 \qquad\qquad = \underline{0,34 \text{ cm}^2}$$

$$\underline{A_{s2}} = \left(0,450 \cdot \frac{0,20 \cdot 0,35}{28,6} - \frac{0,020}{500/1,75}\right) \cdot 10^4 = \underline{10,31 \text{ cm}^2}.$$

3.2.4.3 „Dimensionsgebundene" Zahlentafeln für mittlere bis große Lastausmitte (k_h-Verfahren)

Neben den Bemessungstafeln in den Bildern 3-15 und 3-16 sind für den gleichen Anwendungsbereich sog. „dimensionsgebundene" Tafeln gebräuchlich (Bilder 3-17 und 3-18), bei deren Anwendung vorgegebene Einheiten beachtet werden müssen.

Ausgehend von (3-29) wird zunächst die Bemessung mit einfacher Bewehrung behandelt. Die Beziehung

$$M_{su} = \gamma M_s = D_b z = k_b k_z bh^2 \beta_R$$

liefert nach h aufgelöst

$$h = \sqrt{\frac{\gamma}{\beta_R k_b k_z}} \cdot \sqrt{\frac{M_s}{h}} = k_h \cdot \sqrt{\frac{M_s}{h}} \cdot$$

Daraus ergibt sich der Leitwert, nach dem das Verfahren benannt ist, zu

$$k_h = \frac{h[\text{cm}]}{\sqrt{\dfrac{M_s[\text{kNm}]}{b[\text{m}]}}}. \tag{3-43}$$

Mit k_h ist der Zusammenhang zwischen den Schnittgrößen und Querschnittsabmessungen sowie dem Dehnungszustand gegeben. Den Bewehrungsquerschnitt erhält man durch Umformen von (3-37) zu

$$A_{s2} = \frac{\gamma}{\sigma_{s2,u}} \cdot \left(\frac{M_s}{z} + N\right) = \frac{M_s}{h} \cdot \frac{\gamma}{\sigma_{s2,u} \cdot k_z} + \frac{N}{\sigma_{s2,u}/\gamma}$$

und weiter zu

$$A_{s2}[\text{cm}^2] = \frac{M_s[\text{kNm}]}{h[\text{cm}]} \cdot k_s + \frac{N[\text{kN}]}{\sigma_{s2,u}/\gamma[\text{kN/cm}^2]}.$$

Der Beiwert $k_s = \gamma/(\sigma_{s2,u} k_z)$ ist abhängig von k_h dem Bild 3-17 zu entnehmen.

Für die Bemessung von Querschnitten mit Druckbewehrung wird (3-36) so umgeformt, daß statt M_{sb} und ΔM_s nur noch M_s vorkommt.

$$A_{s2} = \frac{\gamma}{z \cdot \sigma_{s2,u}} \cdot \left(M_{sb} + \frac{z}{h - d_1} \cdot \Delta M_s\right) + \frac{\gamma \cdot N}{\sigma_{s2,u}}. \tag{3-44}$$

Aus (3-43) ergibt sich $k_h^2 M_s = h^2 b$. Geht man wieder von dem Dehnungszustand $\varepsilon_{b1}^* = -3,5\text{‰}$; $\varepsilon_{s2}^* = 3,0\text{‰}$ mit dem Sicherheitsbeiwert $\gamma = 1,75$ aus, so gehört dazu das von der unbewehrten Betondruckzone aufnehmbare Moment M_{sb} mit dem Leitwert k_h^*. Es gilt $k_h^{*2} M_{sb} = h^2 b$ und somit

$$M_{sb} = \left(\frac{k_h}{k_h^*}\right)^2 \cdot M_s$$

sowie mit $\Delta M_s = M_s - M_{sb}$

$$\Delta M_s = \left[1 - \left(\frac{k_h}{k_h^*}\right)^2\right] \cdot M_s.$$

Setzt man beides in (3-44) ein, folgt daraus nach Umformung

$$A_{s2} = \frac{M_s}{h} \cdot \frac{\gamma}{\sigma_{s2,u}} \cdot \frac{k_z + \left(\dfrac{k_h}{k_h^*}\right)^2 \cdot \left(1 - \dfrac{d_1}{h} - k_z\right)}{k_z \cdot \left(1 - \dfrac{d_1}{h}\right)} + \frac{N}{\sigma_{s2,u}/\gamma},$$

$$A_{s2}[\text{cm}^2] = \frac{M_s[\text{kNm}]}{h[\text{cm}]} \cdot k_s \cdot \varrho + \frac{N[\text{kN}]}{\sigma_{s2,u}/\gamma[\text{kN/cm}^2]}.$$

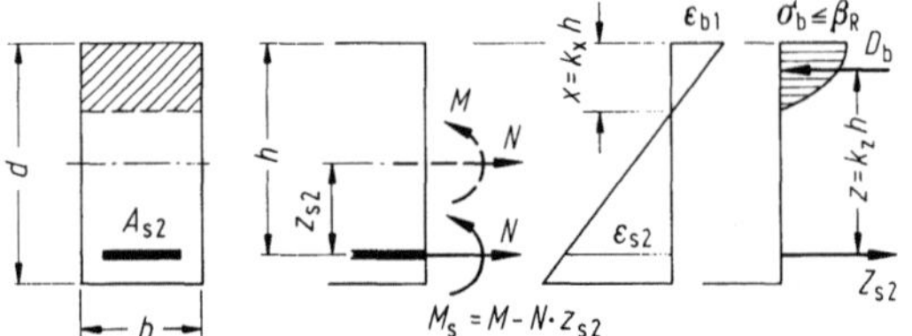

Für alle Betonfestigkeitsklassen und Betonstahl BSt 500

$$k_h = \frac{h\,[\text{cm}]}{\sqrt{\dfrac{M_s\,[\text{kNm}]}{b\,[\text{m}]}}} \qquad\qquad A_{s2}\,[\text{cm}^2] = k_s \cdot \frac{M_s\,[\text{kNm}]}{h\,[\text{cm}]} + \frac{N\,[\text{kN}]}{\sigma_{su}/\gamma\,[\text{kN/cm}^2]}$$

k_h					k_s	$\dfrac{\sigma_{su}}{\gamma}$	γ	k_x	k_z	$-\varepsilon_{b1}$	ε_{s2}
B 15	B 25	B 35	B 45	B 55		kN/cm²				‰	‰
19,59	15,17	13,24	12,22	11,59	3,55	28,6	1,75	0,042	0,986	0,22	5,00
10,09	7,82	6,82	6,29	5,97	3,6	28,6	1,75	0,082	0,972	0,44	5,00
6,95	5,39	4,70	4,34	4,11	3,65	28,6	1,75	0,119	0,959	0,68	5,00
5,40	4,19	3,65	3,37	3,20	3,7	28,6	1,75	0,155	0,946	0,92	5,00
4,49	3,48	3,04	2,80	2,66	3,75	28,6	1,75	0,189	0,933	1,16	5,00
3,91	3,02	2,64	2,44	2,31	3,8	28,6	1,75	0,220	0,921	1,41	5,00
3,50	2,71	2,37	2,18	2,07	3,85	28,6	1,75	0,249	0,909	1,66	5,00
3,22	2,49	2,18	2,01	1,90	3,9	28,6	1,75	0,276	0,897	1,90	5,00
3,02	2,34	2,04	1,88	1,78	3,95	28,6	1,75	0,300	0,886	2,14	5,00
2,86	2,22	1,93	1,78	1,69	4,0	28,6	1,75	0,323	0,875	2,38	5,00
2,74	2,12	1,85	1,71	1,62	4,05	28,6	1,75	0,344	0,864	2,62	5,00
2,64	2,05	1,78	1,65	1,56	4,1	28,6	1,75	0,365	0,854	2,87	5,00
2,56	1,98	1,73	1,59	1,51	4,15	28,6	1,75	0,384	0,843	3,12	5,00
2,49	1,93	1,68	1,55	1,47	4,2	28,6	1,75	0,403	0,833	3,38	5,00
2,43	1,88	1,64	1,51	1,44	4,25	28,6	1,75	0,424	0,824	3,50	4,75
2,38	1,84	1,61	1,48	1,41	4,3	28,6	1,75	0,447	0,814	3,50	4,32
2,33	1,81	1,58	1,46	1,38	4,35	28,6	1,75	0,470	0,805	3,50	3,95
2,29	1,78	1,55	1,43	1,36	4,4	28,6	1,75	0,492	0,795	3,50	3,62
2,26	1,75	1,53	1,41	1,34	4,45	28,6	1,75	0,513	0,786	3,50	3,32
2,23	1,72	1,50	1,39	1,32	4,5	28,6	1,75	0,534	0,778	3,50	3,05
2,220[a]	1,719[a]	1,500[a]	1,384[a]	1,313[a]	4,51	28,6	1,75	0,538	0,776	3,50	3,00
2,216	1,716	1,497	1,382	1,311	4,55	28,4	1,759	0,545	0,773	3,50	2,92
2,211	1,713	1,494	1,379	1,308	4,6	28,2	1,770	0,553	0,770	3,50	2,82
2,206	1,709	1,491	1,376	1,305	4,65	28,1	1,782	0,562	0,766	3,50	2,73
2,202	1,705	1,488	1,373	1,302	4,7	27,9	1,792	0,570	0,763	3,50	2,64
2,197	1,702	1,484	1,370	1,300	4,75	27,7	1,803	0,579	0,759	3,50	2,54
2,192	1,698	1,481	1,367	1,297	4,8	27,6	1,813	0,588	0,756	3,50	2,46
2,188[b]	1,695[b]	1,478[b]	1,364[b]	1,294[b]	4,84	27,4	1,822	0,595	0,752	3,50	2,381

[a] $k_h = k_h^*$, $\varepsilon_{b1}/\varepsilon_{s2} = -3,5‰/3‰$ zugeordnet
[b] $k_h = k_h^{**}$, $\varepsilon_{s2} = \varepsilon_S = 2,381‰$ zugeordnet

Bild 3-17. „Dimensionsgebundene" Bemessungstafel (k_h-Tafel) für den Rechteckquerschnitt ohne Druckbewehrung.

Für die Druckbewehrung erhält man aus (3-35)

$$A_{s1} = \frac{\gamma}{\sigma_{s1,u}} \cdot \frac{\Delta M_s}{h - d_1} = \frac{M_s}{h} \cdot \frac{\gamma}{\sigma_{s1,u}} \cdot \frac{h}{h - d_1} \cdot \left[1 - \left(\frac{k_h}{k_h^*}\right)^2 \right],$$

$$A_{s1}[\text{cm}^2] = \frac{M_s[\text{kNm}]}{h[\text{cm}]} \cdot k_{s1} \cdot \varrho_1$$

Den Beiwerten k_s und k_{s1} in Bild 3-18 liegt das Verhältnis $d_1/h = 0,07$ zugrunde. Die Bemessung ist für $d_1/h \leq 0,07$ zutreffend oder auf der sicheren Seite liegend. Lediglich für $d_1/h > 0,07$ ist der dann zu groß angesetzte Abstand $h - d_1$ der beiden Bewehrungslagen durch die Korrekturfaktoren ϱ und ϱ_1 der Zusatztabelle in Bild 3-18 zu berichtigen.

Mit der Bemessungstafel in Bild 3-17 läßt sich, wie auch mit derjenigen in Bild 3-15, für $k_h < k_h^*$ ohne Druckbewehrung bemessen, indem die Stahldehnung $\varepsilon_{s2} = 3\permil$ unterschritten wird. Die Grenze liegt wieder bei $\varepsilon_{s2} = \varepsilon_s$, gekennzeichnet durch $k_h = k_h^{**}$.

Die k_h-Tafeln gelten jeweils für sämtliche Betonfestigkeitsklassen, aber nur für eine Stahlfestigkeitsklasse.

Beispiel 3.2-5:
Aufgabenstellung wie Beispiel 3.2-2.

$$k_h = \frac{h[\text{cm}]}{\sqrt{\dfrac{M_s[\text{kNm}]}{b[\text{m}]}}} = \frac{35}{\sqrt{\dfrac{85,5}{0,20}}} = 1,693 \approx k_h^{**} = 1,695$$

a) Aus Bild 3-17: $k_s = 4,84$, $\gamma = 1,82$, $\sigma_{s2,u}/\gamma = 27,4\,\text{kN/cm}^2$

$$A_{s2} = \frac{85,5}{35} \cdot 4,84 - \frac{20}{27,4} = \underline{11,09\,\text{cm}^2},$$

b) Aus Bild 3-18: $k_s = 4,5$; $k_{s1} = 0,13$; $\sigma_{s2,u}/\gamma = \beta_S/1,75 = 28,6\,\text{kN/cm}^2$

$$d_1/h = 0,14 \rightarrow \varrho = 1,00; \quad \varrho_1 = 1,08$$

$$\underline{A_{s1}} = \frac{85,5}{35} \cdot 0,13 \cdot 1,08 \qquad = \underline{0,34\,\text{cm}^2}$$

$$\underline{A_{s2}} = \frac{85,5}{35} \cdot 4,5 \cdot 1,00 - \frac{20}{28,6} = \underline{10,29\,\text{cm}^2}.$$

3.2.4.4 Bemessungsdiagramme für symmetrische Bewehrung bei Druckkraft mit kleiner Ausmitte (Interaktionsdiagramme)

Wenn bei Längsdruckkraft mit kleiner Ausmitte der Querschnitt im Zustand I bleibt, ist aus konstruktiven und wirtschaftlichen Gründen symmetrische Bewehrung $A_{s1} = A_{s2}$ zweckmäßig. Die hierfür entwickelten Bemessungshilfen werden als *Interaktionsdiagramme* bezeichnet, Bild 3-19. Sie sind auch für alle übrigen Beanspruchungen anwendbar, jedoch ist bei größeren Lastausmitten zu

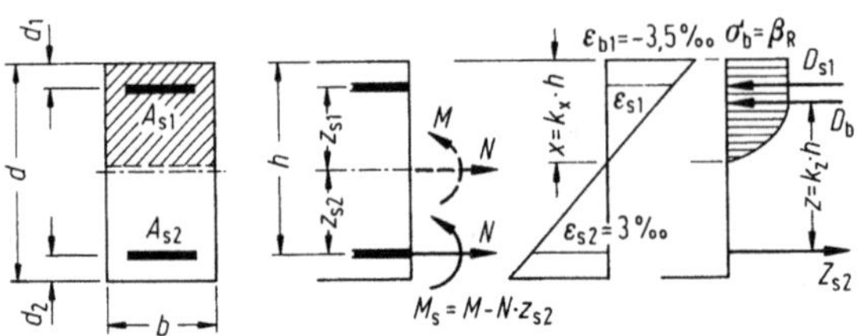

Für alle Betonfestigkeitsklassen
und Betonstahl BSt 500

$$k_h = \frac{h[\text{cm}]}{\sqrt{\dfrac{M_s[\text{kNm}]}{b[\text{m}]}}} \; ; \quad A_{s2}[\text{cm}^2] = k_s\cdot\rho\cdot\frac{M_s[\text{kNm}]}{h[\text{cm}]} + \frac{N[\text{kN}]}{28,6[\text{kN/cm}^2]}$$

$$A_{s1}[\text{cm}^2] = k_{s1}\cdot\rho_1\cdot\frac{M_s[\text{kNm}]}{h[\text{cm}]}$$

k_h					k_s	k_{s1}
B 15	B 25	B 35	B 45	B 55		
2,220[a]	1,719[a]	1,500[a]	1,384[a]	1,313[a]	4,51	0,0
2,19	1,70	1,48	1,37	1,30	4,5	0,1
2,16	1,67	1,46	1,35	1,28	4,5	0,2
2,13	1,65	1,44	1,33	1,26	4,5	0,3
2,10	1,63	1,42	1,31	1,24	4,4	0,4
2,07	1,60	1,40	1,29	1,22	4,4	0,5
2,04	1,58	1,38	1,27	1,20	4,4	0,6
2,00	1,55	1,35	1,25	1,18	4,4	0,7
1,97	1,53	1,33	1,23	1,17	4,4	0,8
1,94	1,50	1,31	1,21	1,15	4,3	0,9
1,90	1,47	1,29	1,19	1,13	4,3	1,0
1,87	1,45	1,26	1,16	1,10	4,3	1,1
1,83	1,42	1,24	1,14	1,08	4,3	1,2
1,80	1,39	1,21	1,12	1,06	4,3	1,3
1,76	1,36	1,19	1,10	1,04	4,2	1,4
1,72	1,33	1,16	1,07	1,02	4,2	1,5
1,68	1,30	1,14	1,05	1,00	4,2	1,6
1,64	1,27	1,11	1,02	0,97	4,2	1,7
1,60	1,24	1,08	1,00	0,95	4,2	1,8
1,56	1,21	1,06	0,97	0,92	4,1	1,9
1,52	1,18	1,03	0,95	0,90	4,1	2,0
1,48	1,14	1,00	0,92	0,87	4,1	2,1
1,43	1,11	0,97	0,89	0,85	4,1	2,2
1,38	1,07	0,94	0,86	0,82	4,1	2,3
1,34	1,03	0,90	0,83	0,79	4,0	2,4
1,29	1,00	0,87	0,80	0,76	4,0	2,5

[a] $k_h = k_h^*$, $\varepsilon_{b1}/\varepsilon_{s2} = -3,5\%_0/3\%_0$ zugeordnet

Bild 3-18. „Dimensionsgebundene" Bemessungstafel (k_h-Tafel) für den Rechteckquerschnitt mit Druckbewehrung.

d_1/h	ρ für $k_s =$						
	4,5	4,4	4,3	4,2	4,1	4,0	ρ_1
0,07	1,00	1,00	1,00	1,00	1,00	1,00	1,00
0,08	1,00	1,00	1,00	1,00	1,01	1.01	1.01
0,10	1,00	1,00	1,01	1,01	1,02	1,02	1,03
0,12	1,00	1,01	1,01	1,02	1,03	1,04	1,06
0,14	1,00	1,01	1,02	1,03	1,04	1,05	1,08
0,16	1,00	1,01	1,03	1,04	1,05	1,07	1,11
0,18	1,00	1,02	1,03	1,05	1,07	1,09	1,16
0,20	1,00	1,02	1,04	1,06	1,08	1,10	1,26
0,22	1,00	1,02	1,05	1,07	1,10	1,12	1,37
0,24	1,00	1,03	1,06	1,08	1,11	1,14	1,50
0,25	1,00	1,03	1,06	1,09	1,12	1,15	1,57

Bild 3-18. (Fortsetzung)

überlegen, ob die Wahl symmetrischer Bewehrung sinnvoll ist. Bei Momenten mit wechselndem Vorzeichen kann das durchaus der Fall sein.

Die Gleichgewichtsbedingungen (3-30) und (3-31) lauten unter Verwendung des mechanischen Bewehrungsgrades ω und dimensionsloser Größen n und m

$$n = \frac{N}{bd\beta_R} = -\frac{1}{\gamma}\left(\alpha_R + \omega_{01}\cdot\frac{\sigma_{s1,u}}{\beta_S} + \omega_{02}\cdot\frac{\sigma_{s2,u}}{\beta_S}\right),$$

$$m = \frac{M}{bd^2\beta_R} = \frac{1}{\gamma}\left[\alpha_R\left(\frac{1}{2} - k_\alpha\right) + \omega_{01}\cdot\frac{\sigma_{s1,u}}{\beta_S}\left(\frac{1}{2} - \frac{d_1}{d}\right) - \omega_{02}\cdot\frac{\sigma_{s2,u}}{\beta_S}\cdot\left(\frac{1}{2} - \frac{d_2}{d}\right)\right].$$

Durch Variation des Dehnungszustandes zu vorgegebenem $\omega_{01} = \omega_{02}$, $d_1/d = d_2/d$ und β_S erhält man daraus die Kurven in Bild 3-19. Ein solches Interaktionsdiagramm gilt folglich für alle Betonfestigkeitsklassen, eine Stahlfestigkeitsklasse und ein festes Verhältnis $d_1/d = d_2/d$. Diagramme für unterschiedliche Parameter stehen u.a. in [206, 303] zur Verfügung.

Man entnimmt den Diagrammen zu den Eingangswerten n und m den mechanischen Bewehrungsgrad und kann bei Bedarf außerdem die Dehnungen und den Sicherheitsbeiwert ablesen. Der Bewehrungsquerschnitt errechnet sich zu

$$A_{s1} = A_{s2} = \frac{\omega_{01}}{\beta_S/\beta_R}\cdot b\cdot d = \frac{\omega_{02}}{\beta_S/\beta_R}\cdot b\cdot d.$$

Beispiel 3.2-6:
Gegeben: Rechteckquerschnitt mit $b/d/d_1 = 20/40/5$ cm, $d_2 = d_1$,
Beton B 25, Betonstahl BSt 500 S,
Schnittgrößen: $N = -900\,\text{kN}$, $M = 60\,\text{kNm}$.
Gesucht: Symmetrische Bewehrung $A_{s1} = A_{s2}$.

$$n = -\frac{0,900}{0,20\cdot 0,40\cdot 17,5} = -0,64; \quad m = \frac{0,060}{0,20\cdot 0,40^2\cdot 17,5} = 0,107$$

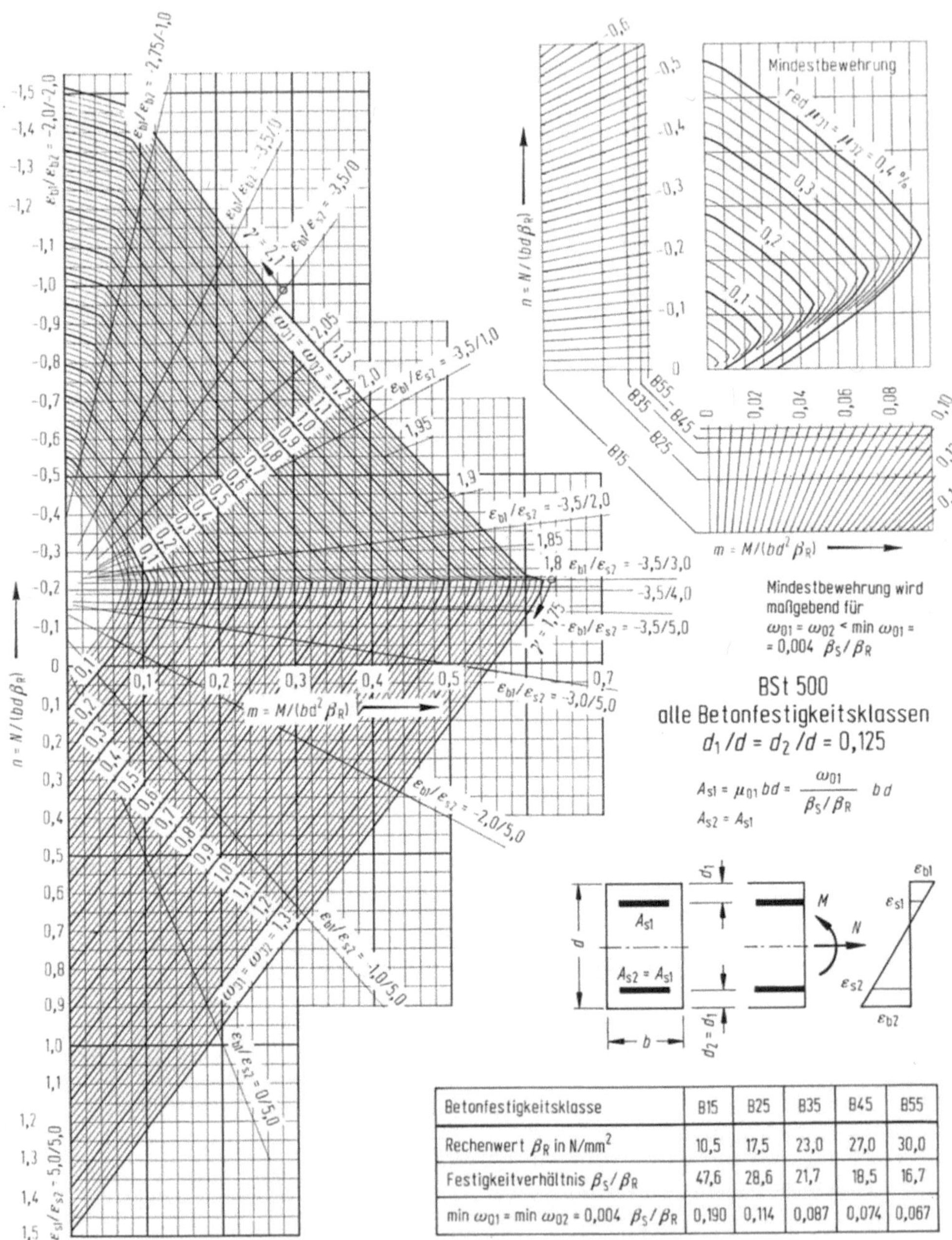

Betonfestigkeitsklasse	B15	B25	B35	B45	B55
Rechenwert β_R in N/mm^2	10,5	17,5	23,0	27,0	30,0
Festigkeitverhältnis β_S/β_R	47,6	28,6	21,7	18,5	16,7
min ω_{01} = min ω_{02} = 0,004 β_S/β_R	0,190	0,114	0,087	0,074	0,067

Bild 3-19. Bemessungsdiagramm für den symmetrisch bewehrten Rechteckquerschnitt (Interaktionsdiagramm).

Aus Bild 3-19 für $d_1/d = d_2/d = 5/40 = 0{,}125$: $\omega_{01} = \omega_{02} = 0{,}49$

$$\underline{A_{s1}} = \underline{A_{s2}} = \frac{0{,}49}{28{,}6} \cdot 20 \cdot 40 = \underline{13{,}71 \text{ cm}^2}$$

Zum Vergleich mit den in DIN 1045, 25.2.2.1 festgelegten Bewehrungsgrenzen wird noch der geometrische Bewehrungsgrad ermittelt:

$$\text{tot}\,\mu_0 = \frac{2 \cdot 0{,}49}{28{,}6} = 3{,}43\% > \min \text{tot}\,\mu_0 = 0{,}8\%$$
$$< \max \text{tot}\,\mu_0 = 9{,}0\%.$$

Werden Druckglieder mit einem größeren Querschnitt ausgeführt, als es die aufzunehmende Belastung erfordert, liefert die Bemessung Bewehrungsgrade, die unter den nach DIN 1045, 25.2.2.1 vorgeschriebenen Mindestwerten – das sind $\text{tot}\,\mu_0 = 0{,}8\%$ für Stäbe und $\text{tot}\,\mu_0 = 0{,}5\%$ für Wände – liegen. In solchen Fällen darf die Mindestbewehrung auf den statisch erforderlichen Querschnitt bezogen werden. Man bestimmt dazu oder entnimmt aus der Nebentabelle in Bild 3-19 $\min \omega_{02} = \min \mu_{02} \cdot \beta_S/\beta_R = 0{,}004\beta_S/\beta_R$ und liest unter Beibehaltung der Lastausmitte im Schnittpunkt der Kurve $\omega_{01} = \omega_{02} = \min \omega_{02}$ mit der durch $m = 0$; $n = 0$ und die Eingangswerte n; m festgelegten Geraden die für den vorhandenen Querschnitt mit Mindestbewehrung zulässige bezogene Normalkraft $\text{zul}\,n$ ab. Damit läßt sich die reduzierte Breite $\text{red}\,b = N/(\text{zul}\,n\,d\beta_R) = b \cdot n/\text{zul}\,n$ des statisch erforderlichen Querschnittes berechnen und weiter der Bewehrungsquerschnitt

$$\min A_{s1} = \min A_{s2} = 0{,}004\text{red}\,b \cdot d.$$

Ohne die Breite $\text{red}\,b$ auszurechnen, läßt sich auch schreiben

$$\min A_{s1} = \min A_{s2} = 0{,}004 n/\text{zul}\,n \cdot bd.$$

Mit dem Zusatzdiagramm in Bild 3-19 kann die Mindestbewehrung einfacher ermittelt werden. Es ist anzuwenden, wenn $\omega_{01} = \omega_{02}$ kleiner ist als die Grenzwerte der Nebentabelle und enthält geometrische Bewehrungsgrade $\text{red}\,\mu_{01} = \text{red}\,\mu_{02} \leq 0{,}4\%$, in denen die Umrechnung mit $n/\text{zul}\,n$ bereits enthalten ist [312]. Der Bewehrungsquerschnitt errechnet sich mit dem vorhandenen Betonquerschnitt zu

$$\min A_{s1} = \min A_{s2} = \text{red}\,\mu_{01} bd = \text{red}\,\mu_{02} bd.$$

Bei der Anwendung des Diagramms sind die der Betonfestigkeitsklasse zugeordneten Koordinatenachsen zu benutzen.

Beispiel 3.2-7:
Gegeben: Rechteckquerschnitt mit $b/d/d_1 = 40/40/5$ cm, $d_2 = d_1$,
             Schnittgrößen und Baustoffe wie Beispiel 3.2-6.
Gesucht: Symmetrische Bewehrung $A_{s1} = A_{s2}$ für den statisch erforderlichen Querschnitt.

$$n = -\frac{0{,}900}{0{,}40^2 \cdot 17{,}5} = -0{,}32; \quad m = \frac{0{,}060}{0{,}40^3 \cdot 17{,}5} = 0{,}054$$

Aus Bild 3-19 für $d_1/d = d_2/d = 0,125$: $\omega_{01} = \omega_{02} < 0,02$

$$\mu_{01} = \mu_{02} < \frac{0,02}{28,6} = 0,07\% < \min \mu_{02} = 0,4\% \rightarrow \text{unzulässig!}$$

Aus der Nebentabelle in Bild 3-19: $\min \omega_{01} = \min \omega_{02} = 0,114$. Dafür liest man ab: $\text{zul } n = -0,40$

$$A_{s1} = A_{s2} = 0,004 \cdot \frac{0,32}{0,40} \cdot 40^2 = 5,12 \text{ cm}^2$$

Oder man entnimmt dem Zusatzdiagramm in Bild 3-19 für Beton B 25 den geometrischen Bewehrungsgrad $\text{red } \mu_{01} = \text{red } \mu_{02} = 0,32\%$

$$A_{s1} = A_{s2} = 0,0032 \cdot 40^2 = 5,12 \text{ cm}^2.$$

3.2.4.5 Diagramme für beliebiges Bewehrungsverhältnis A_{s1}/A_{s2} für Längskraft mit kleiner, mittlerer und großer Ausmitte

Die Bemessung liefert gelegentlich Bewehrungsquerschnitte, die unerwünscht oder nach den Grenzwerten in DIN 1045 unzulässig sind. Hat sich eine zu große Druckbewehrung ergeben, so kann, wie aus Bild 3-14 hervorgeht, durch die Wahl einer kleineren Stahldehnung ε_{s2} die Druckzone vergrößert werden. Weil die Ermäßigung von ε_{s2} beliebig ist, wird die Bemessungsaufgabe vieldeutig. Mit den Diagrammen entsprechend Bild 3-20 lassen sich beliebige Bewehrungskombinationen $A_{s1} + A_{s2}$ bestimmen, die alle das Gleichgewicht sicherstellen. So läßt sich u.a. diejenige Bewehrung ermitteln, für die $\text{tot } A_s = A_{s1} + A_{s2}$ ein Minimum wird. Ebenfalls möglich ist die Bestimmung von A_{s2} zu einer vorgegebenen Druckbewehrung A_{s1}, die als Zugbewehrung für einen anderen Lastfall dient.

Um die Diagramme aufzustellen, geht man von den Momenten-Gleichgewichtsbedingungen um die beiden Bewehrungslagen aus (Bilder 3-6 und 3-11):

$$M_{s1,u} = \gamma M_{s1} = \gamma(M + N z_{s1}) = -D_b(a - d_1) + Z_s(h - d_1),$$

$$M_{s2,u} = \gamma M_{s2} = \gamma(M - N z_{s2}) = D_b z + D_s(h - d_1).$$

Mit $d_1 = d_2$ und den auf die Querschnittshöhe d bezogenen Momenten

$$m_{s1} = \frac{M_{s1}}{bd^2 \beta_R}, \qquad m_{s2} = \frac{M_{s2}}{bd^2 \beta_R} \qquad \text{(3-45a, 45b)}$$

gewinnt man daraus die Gleichungen

$$m_{s1} = \frac{1}{\gamma} \cdot \left[-\alpha_R \cdot k_x \cdot \frac{k_a \cdot k_x - d_1/h}{(1 + d_1/h)^2} + \omega_{02} \cdot \frac{\sigma_{s2,u}}{\beta_S} \cdot \frac{1 - d_1/h}{1 + d_1/h} \right],$$

$$m_{s2} = \frac{1}{\gamma} \cdot \left[\alpha_R \cdot k_x \cdot k_z \cdot \frac{1}{(1 + d_1/h)^2} + \omega_{02} \cdot \frac{\sigma_{s1,u}}{\beta_S} \cdot \frac{1 - d_1/h}{1 + d_1/h} \right].$$

Sie gestatten, unter Variation des Bewehrungsgrades und der Dehnungen Diagramme nach Bild

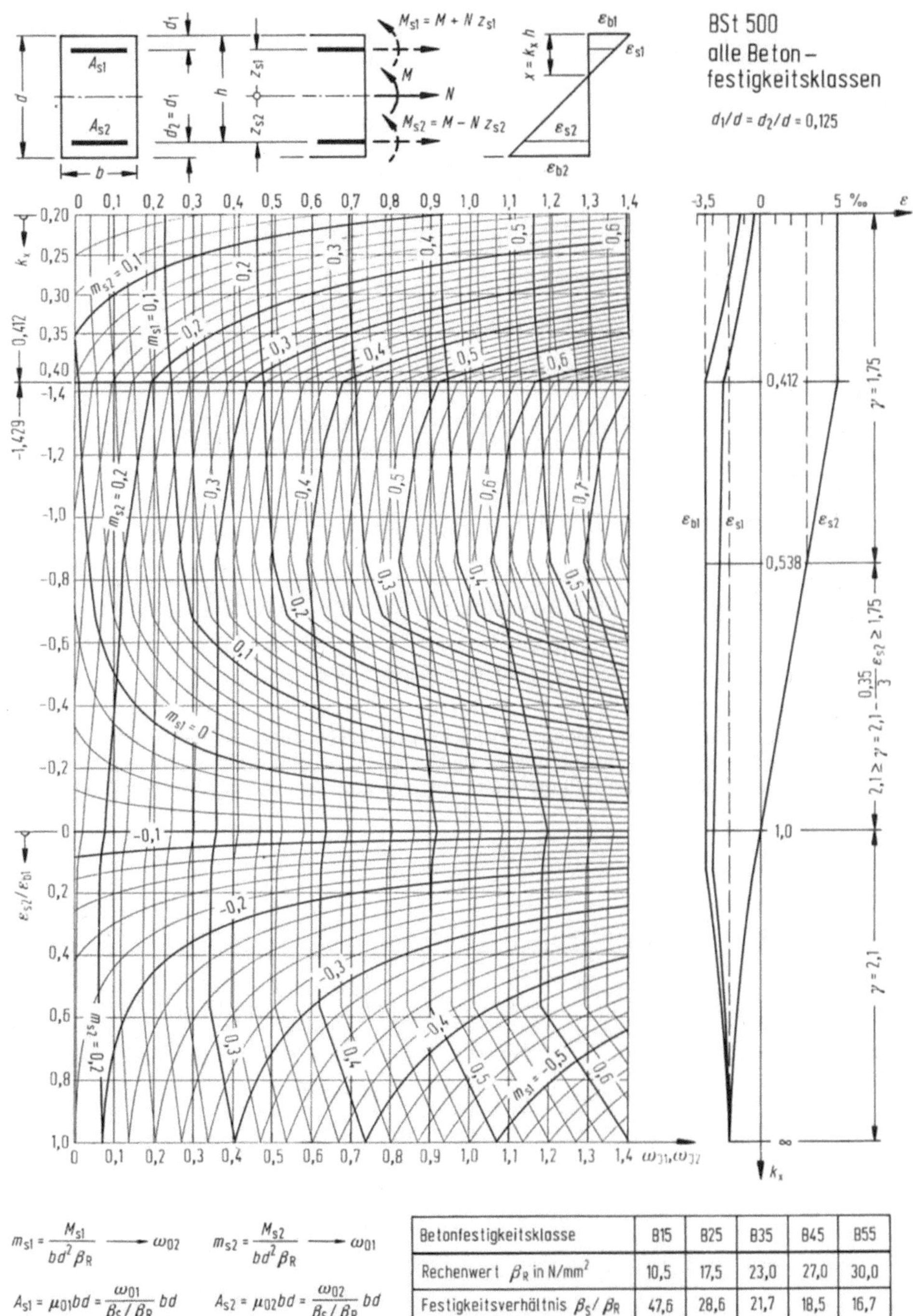

Bild 3-20. Bemessungsdiagramm für den Rechteckquerschnitt mit beliebigem Bewehrungsverhältnis A_{s1}/A_{s2}.

3-20 zu konstruieren, die jeweils für eine Stahlfestigkeitsklasse, ein festes Verhältnis $d_1/d = d_2/d$ und alle Betonfestigkeitsklassen gelten [206, 303]. Die Handhabung dieser Diagramme geht aus Bild 3-21 hervor.

Beispiel 3.2-8:

Gegeben: Rechteckquerschnitt mit $b/d/d_1 = 20/40/5$ cm, $d_2 = d_1$,

$A_{s1} = 3\emptyset16$ mit 6,0 cm² aus einem anderen Lastfall,

Beton B 25, Betonstahl BSt 500 S,

Schnittgrößen: $N = -20$ kN, $M = 82,5$ kNm.

Gesucht: Bewehrung A_{s2} zu dem gegebenen A_{s1}.

$$M_{s1} = 82,5 - 20 \cdot 0,15 = 79,5 \text{ kNm}$$

$$M_{s2} = 82,5 + 20 \cdot 0,15 = 85,5 \text{ kNm}$$

$$m_{s1} = \frac{0,0795}{0,20 \cdot 0,40^2 \cdot 17,5} = 0,142; \quad m_{s2} = \frac{0,0855}{0,20 \cdot 0,40^2 \cdot 17,5} = 0,153$$

$$\mu_{01} = \frac{6,0}{20 \cdot 40} = 0,75\% \rightarrow \omega_{01} = 0,0075 \cdot 28,6 = 0,215$$

Aus Bild 3-20 für $d_1/d = 0,125$:

Ablesegerade durch den Schnittpunkt $m_{s2} = 0,153$ mit $\omega_{01} = 0,215 \rightarrow \omega_{02} = 0,33$

$$\underline{A_{s2}} = \frac{0,33}{28,6} \cdot 20 \cdot 40 = \underline{9,23 \text{ cm}^2} > A_{s1}$$

Durch die Berücksichtigung der – hier für einen anderen Lastfall benötigten – Druckbewehrung wird gegenüber dem Beispiel 3.2-2 zwar Zugbewehrung eingespart, der gesamte Bewehrungsquerschnitt ist jedoch größer als dort, da generell die Anordnung von Druckbewehrung unwirtschaftlich ist.

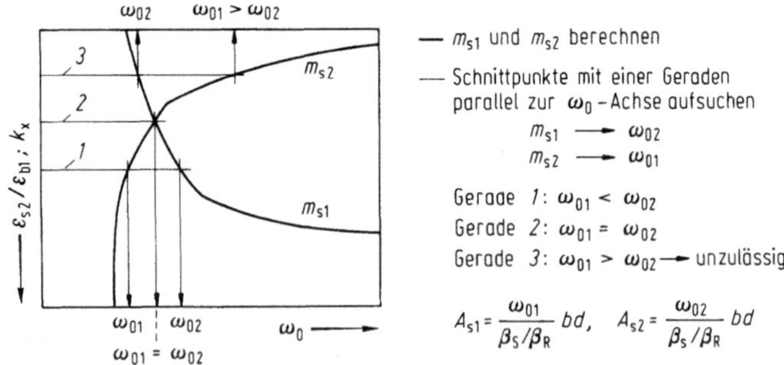

Bild 3-21. Erläuterung zum Gebrauch der Bemessungsdiagramme nach Bild 3-20.

3.2.5 Mittige Druckkraft ohne Knickgefahr

Exakt mittige Normalkraft kommt in der Praxis kaum vor, da ungewollte Ausführungsungenauigkeiten oder Lastexzentrizitäten unvermeidlich sind. Die mit diesen Imperfektionen verbundene Abnahme der Tragfähigkeit kann aber durch die in DIN 1045, 25.2.2.1 und 25.5.5.2 vorgeschriebene Mindestbewehrung, die möglichst gleichmäßig über den Umfang zu verteilen ist, und den von 1,75 auf 2,1 erhöhten Sicherheitsbeiwert als ausreichend berücksichtigt angesehen werden.

Nach DIN 1045, 15.4.2 ist es bei ausgesteiften Hochbauten erlaubt, für Innenstützen, die mit den Unterzügen biegesteif verbunden sind, die Biegemomente aus der Rahmenwirkung zu vernachlässigen, vereinfachend also mittige Druckbelastung anzunehmen.

3.2.5.1 Nachweis der Tragfähigkeit

Unter zentrischem Druck liegt die Bruchstauchung von Beton bei $\varepsilon_{b1} = \varepsilon_{b2} = -2\,‰$ (Bild 3-5). Die zugehörige Betondruckspannung beträgt $\sigma_{bu} = \beta_R$. Für den Betonstahl ist, je nach Festigkeitsklasse, mit $\sigma_{su} = \beta_S$ oder $\sigma_{su} = \varepsilon E = 420\,N/mm^2$ zu rechnen.

Die Tragfähigkeit eines gegebenen Querschnittes unter mittigem Druck ergibt sich aus der Addition der Lastanteile von Beton und Stahl zu $N_u = A_b \beta_R + \text{tot}\,A_s \sigma_{su}$, und die zulässige Belastung unter Gebrauchslast beträgt

$$N = \frac{N_u}{\gamma} = \frac{A_b}{\gamma} \cdot (\beta_R + \text{tot}\,\mu_0 \cdot \sigma_{su}). \tag{3-46}$$

Darin wird der Stahlquerschnitt durch den Bewehrungsgrad ausgedrückt. Weil die Querschnittsform ohne Einfluß ist, gilt (3-46) nicht nur für Rechteckquerschnitte, sondern ganz allgemein.

3.2.5.2 Bemessung

Vielfach ist der Betonquerschnitt vorgegeben, und die Bemessung beschränkt sich auf die Bestimmung des erforderlichen Bewehrungsquerschnittes, der sich aus (3-46) nach Umstellung zu

$$\text{tot}\,A_s = \text{tot}\,\mu_0 \cdot A_b = \frac{\gamma}{\sigma_{su}} \left(N - A_b \cdot \frac{\beta_R}{\gamma} \right)$$

ergibt. Ist auch der Betonquerschnitt zu dimensionieren, so kann das einfach und rasch durch Probieren geschehen. Auf die Möglichkeit, dazu die ideelle Spannung $\sigma_i = \sigma_b + \mu_0 \sigma_s$ zu benutzen, sei hingewiesen [8].

Die Bewehrungsgrenzwerte nach DIN 1045 sind einzuhalten. Bei überdimensioniertem Betonquerschnitt darf die Mindestbewehrung von $\text{tot}\,\mu_0 = 0,8\%$ bei stabförmigen Druckgliedern und 0,5% bei Wänden auf den statisch erforderlichen Querschnit bezogen werden,

$$\text{tot}\,A_s \geq \min \text{tot}\,\mu_0 \cdot \text{erf}\,A_b \quad \text{mit}$$

$$\text{erf}\,A_b = \frac{\gamma N}{\beta_R + \min \text{tot}\,\mu_0 \cdot \sigma_{su}} \leq \text{vorh}\,A_b.$$

3.2.6 Näherungsverfahren bei gering ausmittiger Druckkraft

Bei gering ausmittiger Belastung kann die zulässige Normalkraft N näherungsweise mit einem Abminderungsfaktor $k = 1/(1 + f \cdot e/d)$ aus derjenigen für mittigen Druck ermittelt werden [6a, 303]

$$\text{exzentr } N = k \cdot \text{zentr } N. \tag{3-47}$$

Für den Rechteckquerschnitt ist $f = 2,6$ einzusetzen; Zahlenwerte für andere Querschnittsformen sind in [303] angegeben. Das Verhältnis e/d ist die auf die Querschnittshöhe bezogene Lastausmitte $M/(Nd)$.

Bei der Anwendung des Näherungsverfahrens für den Rechteckquerschnitt sind die Gültigkeitsgrenzen

$$d_1/d \le 0,10, \quad e/d \le 1,0 \quad \text{und}$$

$$\omega_{01} = \mu_{01}\beta_S/\beta_R = \omega_{02} = \mu_{02}\beta_S/\beta_R \ge 0,3$$

einzuhalten. Die Ergebnisse liegen dann auf der sicheren Seite.

3.2.7 Mittige und gering ausmittige Zugkraft

Greift eine Zugkraft innerhalb der beiden Bewehrungslagen an, Bild 3-22, liegen die Dehnungen im Bereich 1 nach Bild 3-5. Es stellt sich keine Druckzone ein, sondern der ganze Querschnitt reißt auf; die Zugkraft ist allein von der Bewehrung aufzunehmen.

Vereinfachend kann angenommen werden, daß die Stahlspannung in beiden Bewehrungssträngen die Streckgrenze erreicht, $\sigma_{s1,u} = \sigma_{s2,u} = \beta_S$. Der Sicherheitsbeiwert wird, weil als Bruchursache nur Stahlversagen in Frage kommt, zu $\gamma = 1,75$ eingeführt. Indem man die Zugkraft nach dem Hebelgesetz auf die beiden Bewehrungsstränge aufteilt, erhält man die Bewehrungsquerschnitte

$$A_{s1} = \frac{Z_{s1}}{\sigma_{s1,u}} = \frac{\gamma N}{\beta_S} \cdot \frac{z_{s2} - e}{h - d_1}, \tag{3-48a}$$

$$A_{s2} = \frac{Z_{s2}}{\sigma_{s2,u}} = \frac{\gamma N}{\beta_S} \cdot \frac{z_{s1} + e}{h - d_1}. \tag{3-48b}$$

Wenn die Zugkraft nahe an einem der beiden Bewehrungsstränge angreift, reagiert die Gleichung für

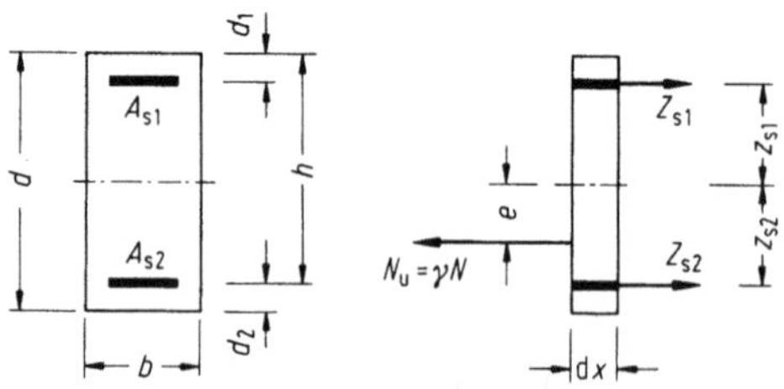

Bild 3-22. Bemessung bei Zugkraft mit kleiner Ausmitte.

die abliegende Bewehrung empfindlich auf kleine Ungenauigkeiten. Deren Querschnitt sollte dann etwas reichlich gewählt werden.

Bei mittigem Zug wird aus (3-48)

$$A_{s1} = A_{s2} = \gamma N/(2\beta_s).\tag{3-49}$$

Weil der vollständig gerissene Betonquerschnitt statisch unwirksam ist, spielt seine Form keine Rolle. Die Gleichungen (3-48) und (3-49) gelten deshalb für beliebige Querschnitte mit zwei Bewehrungssträngen.

3.3 Plattenbalkenquerschnitt

Tragglieder mit T-förmigem Querschnitt wie in Bild 3-23 bezeichnet man als Plattenbalken. Ihre Platte dient einmal als Scheibe zur Aufnahme der Biegedruckkraft und zum anderen als senkrecht zur Balkenachse gespannte Platte. Die Zugzone ist zur Gewichtsersparnis auf einen Steg reduziert, dessen Breite von der Schubbeanspruchung und der aufzunehmenden Biegebewehrung bestimmt wird.

3.3.1 Mitwirkende Plattenbreite

Durch Schubkräfte wird ein Teil der Biegedruckkraft in die seitlich des Steges liegenden Bereiche der Druckzone übertragen (Bild 3-24). Platte und Steg weisen am Anschnitt gleiche Verformungen auf.

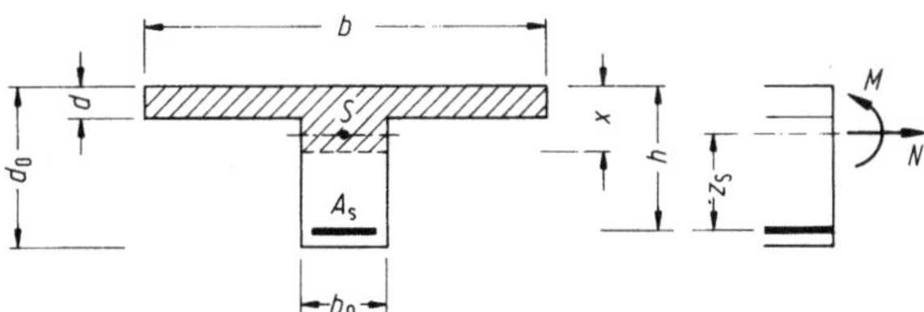

Bild 3-23. Plattenbalkenquerschnitt.

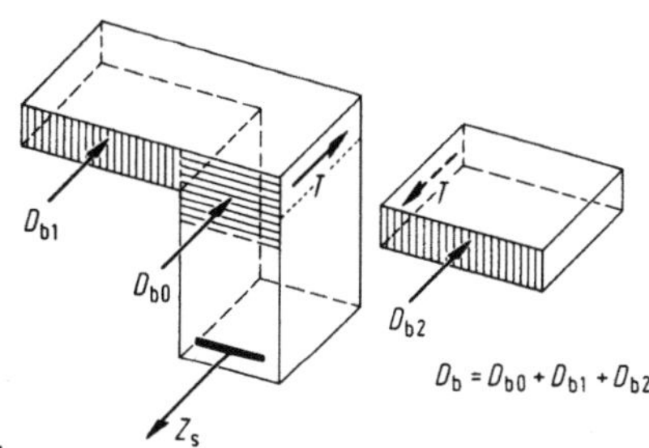

Bild 3-24. Einleitung der Biegedruckkraft in die Druckplatte.

Mit zunehmendem Abstand vom Steg vorformt sich die Platte aber weniger und entzieht sich so der Mitwirkung. Die Betondruckspannungen σ_b sind deshalb ungleichmäßig über die Plattenbreite verteilt (Bild 3-25). Ihr Verlauf wird wesentlich bestimmt von den Querschnittsabmessungen, deren Verhältnis zur Stützweite, der Art der Lagerung und der Art der Belastung.

Die Ermittlung der wirklichen Spannungsverteilung ist recht aufwendig und mit der Balkentheorie nicht durchführbar. Für die praktische Bemessung wie auch für die Schnittgrößenermittlung statisch unbestimmter Systeme benutzt man deshalb die sog. *mitwirkende Plattenbreite* b_m. Sie wird als diejenige Breite definiert, die mit der als konstant angenommenen Spannung max σ_b die gleiche Betondruckkraft liefert wie die vorhandene Breite b mit der tatsächlichen Spannungsverteilung (Bild 3-25). Auf genaueren Untersuchungen, u.a. in [10, 304–306], basierende Tabellen oder Diagramme [10, 206, 260, 303, 307, 308], DIN 1075 erlauben die rasche Bestimmung der mitwirkenden Plattenbreite mit ausreichender Genauigkeit.

Nach [206] erhält man die mitwirkende Breite vereinfachend und auf der sicheren Seite liegend für beidseitige Plattenbalken zu

$$b_m = l_0/3 \le \text{vorh}\,b$$

und für einseitige Plattenbalken zu

$$b_m = l_0/6 \le \text{vorh}\,b.$$

Darin ist l_0 der Abstand der Momentennullpunkte. Für Einfeldträger entspricht dieser der Stützweite l. Bei Durchlaufträgern darf unabhängig vom Lastfall und dem Stützweitenverhältnis benachbarter Felder

$$l_0 = 0{,}8l \quad \text{im Endfeld und}$$

$$l_0 = 0{,}6l \quad \text{in Innenfeldern}$$

angenommen werden. Bei Kragträgern mit der Kraglänge l_k gilt

$$l_0 = 1{,}5l_k.$$

Zutreffender läßt sich die mitwirkende Breite an Hand von Tabellen wie in Bild 3-26 ermitteln. Sie ergibt sich bei beidseitigen Plattenbalken zu

$$b_m = b_0 + b_{m1} + b_{m2}$$

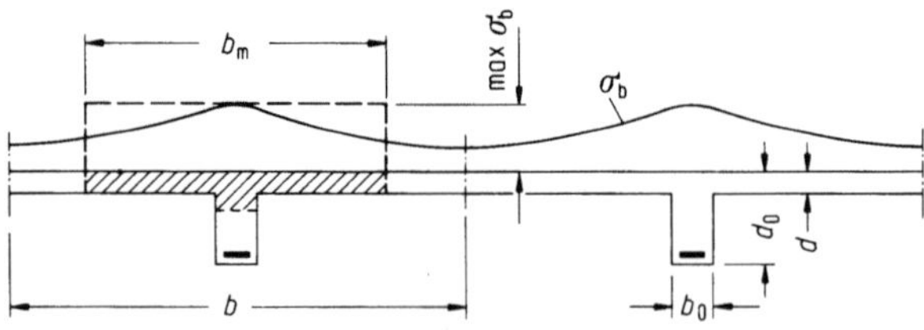

Bild 3-25. Qualitativer Verlauf der Betondruckspannungen über die Breite b und „mitwirkende Plattenbreite" b_m.

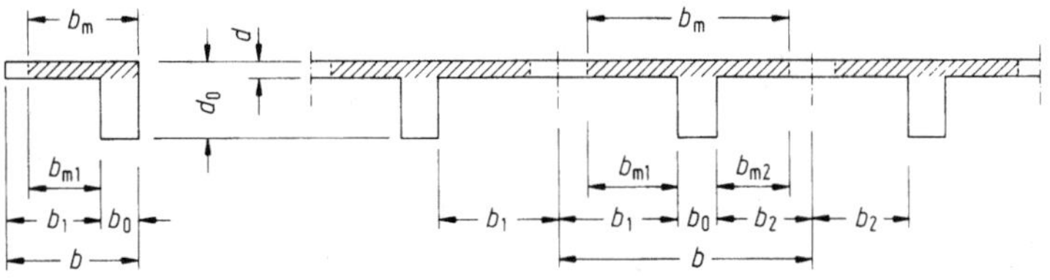

$\dfrac{d}{d_0}$	b_{mi}/b_i für $b_i/l_0 = 1{,}0;\ 0{,}9$ usw.													
	1,0	0,9	0,8	0,7	0,6	0,5	0,45	0,4	0,35	0,3	0,25	0,2	0,15	0,1
0,10	0,18	0,20	0,23	0,26	0,31	0,38	0,43	0,48	0,55	0,62	0,71	0,82	0,92	1,00
0,15	0,20	0,22	0,25	0,28	0,33	0,40	0,45	0,50	0,57	0,64	0,72	0,82	0,92	1,00
0,20	0,23	0,26	0,29	0,33	0,38	0,45	0,50	0,55	0,61	0,68	0,76	0,85	0,93	1,00
0,30	0,32	0,36	0,40	0,44	0,50	0,56	0,59	0,63	0,68	0,74	0,80	0,87	0,94	1,00

Bild 3-26. Bestimmung der mitwirkenden Plattenbreite.

und bei einseitigen Plattenbalken zu

$$b_m = b_0 + b_{m1}.$$

Längs der Balkenachse ist die mitwirkende Plattenbreite veränderlich mit Einschnürungen an den Auflagern und unter Einzellasten. Im Hochbau kann eine solche Einschnürung aber normalerweise vernachlässigt werden. Übersteigt jedoch im Bereich positiver Momente ausnahmsweise das Moment aus einer Einzellast im maßgebenden Schnitt die Momente aus allen übrigen Lasten, ist nach [303] eine Abminderung von b_m um 20% zu empfehlen.

Bei der Bemessung für negative Momente im Stützenbereich von Durchlaufträgern oder Kragträgern mit unten angeordneter Druckplatte ist auch im Hochbau eine Abminderung der mit $l_0 = 0{,}6l$ bzw. $l_0 = 1{,}5l_k$ ermittelten mitwirkenden Plattenbreiten um 40% vorzunehmen [206, 308]. Etwas genauere Werte für die mitwirkende Breite über der Stütze kann man beispielsweise nach [10, 307] erhalten.

3.3.2 Bemessung

Behandelt wird nur einfache Bewehrung, weil eine Druckbewehrung bei Plattenbalken selten erforderlich ist. Das liegt an der großen Druckzone und außerdem daran, daß Balken in der Regel keine nennenswerten Normalkräfte aufzunehmen haben. Sollte Druckbewehrung ausnahmsweise notwendig oder erwünscht sein, kann sie analog zu dem Vorgehen beim Rechteckquerschnitt durch Aufspalten des Biegemomentes gemäß (3-32) in $M_s = M_{sb} + \Delta M_s$ ermittelt werden.

Eine Erhöhung der Tragfähigkeit durch Verringern der Stahldehnung ε_s ist, anders als beim Rechteckquerschnitt, bei Plattenbalken nur sehr begrenzt möglich. Je kräftiger die Druckplatte ist, desto weniger wirkt sich eine Vergrößerung des gedrückten Stegbereiches aus.

Bei Plattenbalken – wie auch bei dünnwandigen Hohlquerschnitten – empfiehlt es sich, die unter Biegebeanspruchung zulässige Randstauchung $\varepsilon_b = -3{,}5‰$ nicht voll auszunutzen, weil der Beton bereits eher versagt, wenn ein Querschnitt, wie es bei der Druckplatte vielfach der Fall ist, vollständig überdrückt wird. Es erscheint sinnvoll, in Plattenmitte, d.h. bei $d/2$, wie es DIN 1056 vorsieht, oder bei $3d/7$ von oben, wie es für Druckbeanspruchung mit einer Randspannung gleich null gilt, die Betonstauchung auf $\varepsilon_{bm} = -2\text{‰}$ zu begrenzen.

3.3.2.1 Bemessung mit Zahlentafeln

Analog zu dem Vorgehen bei Rechteckquerschnitten lassen sich auch für Plattenbalken Bemessungstafeln aufstellen.

Nach Bild 3-27 beträgt die Querschnittsfläche der Druckzone $A_b = A_{bR} - \Delta A_b$. Damit ergibt sich die Betondruckkraft zu

$$D_b = D_{bR} - \Delta D_b.$$

Die Gleichgewichtsbedingungen (3-28), (3-29) lauten

$$\Sigma N = 0: \quad N_u = \gamma N \quad = -D_b + Z_s = -D_{bR} + \Delta D_b + Z_s,$$

$$\Sigma M = 0: \quad M_{su} = \gamma M_s \quad = D_b z \quad = D_{bR} z_R - \Delta D_b z_\Delta.$$

Mit den Hilfswerten aus 3.2.2.1 und den Querschnittsparametern d/h und b_m/b_0 läßt sich daraus eine „dimensionsgebundene" Bemessungstafel nach Bild 3-28 gewinnen. Sie ist für alle Betonfestigkeitsklassen anwendbar, weil in den Leitwert

$$k_h' = \cfrac{h}{\sqrt{\cfrac{M_s}{b_m \cdot \beta_R}}},$$

abweichend von der entsprechenden Tafel für den Rechteckquerschnitt, der Rechenwert β_R eingeht. Wegen der Beschränkung auf Stahldehnungen $\varepsilon_s \geq 3\text{‰}$ beträgt der Sicherheitsbeiwert durchgehend $\gamma = 1{,}75$. Die zu dem Dehnungsverhältnis $\varepsilon_b^* = -3{,}5\text{‰}; \varepsilon_s^* = 3\text{‰}$ gehörigen Größen $k_h'^*$ und k_s^* sind am unteren Tafelrand aufgeführt.

Mit dem Verhältnis $b_m/b_0 = 1$ umfaßt die Bemessungstafel auch den Rechteckquerschnitt. Oberhalb des gepunkteten Linienzuges fällt die Nullinie in die Platte; die Bemessung des Plattenbalkens ist dann mit der des Rechteckquerschnittes identisch. Für k_h'-Werte unterhalb der gestrichelten Treppenlinie überschreitet die Stauchung in Plattenmitte $\varepsilon_{bm} = -2\text{‰}$. Sollte dieser Fall eintreten,

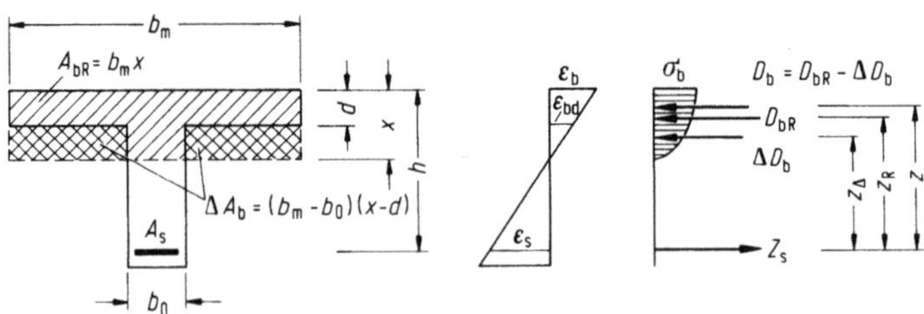

Bild 3-27. Ermittlung der Betondruckkraft beim Plattenbalken.

lassen sich, sofern es erwünscht ist, die Stauchungen unter Verwendung des letzten k_h'-Wertes über der Treppenlinie und unter Anordnung einer Druckbewehrung begrenzen. Das ohne Druckbewehrung aufnehmbare Moment errechnet sich zu

$$M_{sb} = b_m \beta_R \cdot \left(\frac{h}{k_h'}\right)^2.$$

Interpolationen zwischen den in der Tafel enthaltenen Parametern können unterbleiben, wenn jeweils der nächstgrößere der relativ fein abgestuften k_s-Werte verwendet wird. Der Bewehrungsquerschnitt folgt aus

$$A_s[\mathrm{cm}^2] = k_s \cdot \frac{M_s[\mathrm{kNm}]}{h[\mathrm{cm}]} + \frac{N[\mathrm{kN}]}{\beta_S/\gamma[\mathrm{kN/cm}^2]}.$$

Neben den „dimensionsgebundenen" Bemessungstafeln, die jeweils nur für eine Stahlfestigkeitsklasse gelten, lassen sich für den Plattenbalkenquerschnitt auch solche mit dem Leitwert m_s entwickeln [206, 303].

3.3.2.2 Bemessung nach Näherungsverfahren

Neben Tafeln entsprechend Bild 3-28 sind zur Bemessung von Plattenbalken Näherungsverfahren üblich. Dabei wird zwischen schlanken Querschnitten mit großem Verhältnis b_m/b_0 und gedrungenen Querschnitten mit kleinem b_m/b_0 unterschieden. Liegt die Nullinie im Steg, so ist bei schlanken Plattenbalken der zwischen Plattenunterkante und Nullinie vorhandene Druckspannungsanteil im Steg vernachlässigbar. Bei gedrungenen Plattenbalken mit breiterem Steg ist eine solche Vernachlässigung nicht erlaubt, weil sie einen zu großen inneren Hebelarm und folglich einen zu kleinen Bewehrungsquerschnitt A_s liefert. Als Grenze zwischen schlanken und gedrungenen Plattenbalken wird $b_m/b_0 = 5$ angenommen (Bild 3-29).

Da bei Plattenbalken nicht selten die Nullinie in der Platte verläuft und dann die Druckzone rechteckig ist (Bild 3-30), kann versuchsweise auch mit den Hilfsmitteln für den Rechteckquerschnitt bemessen werden. Nachträglich ist aber zu prüfen, ob die Voraussetzung $x = k_x h \leq d$ tatsächlich zutrifft, und gegebenenfalls auf andere Weise erneut zu bemessen.

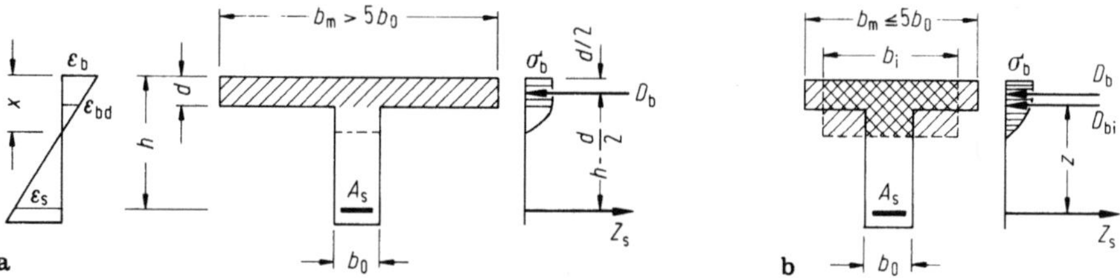

Bild 3-29a, b. a) Schlanker und b) gedrungener Plattenbalken.

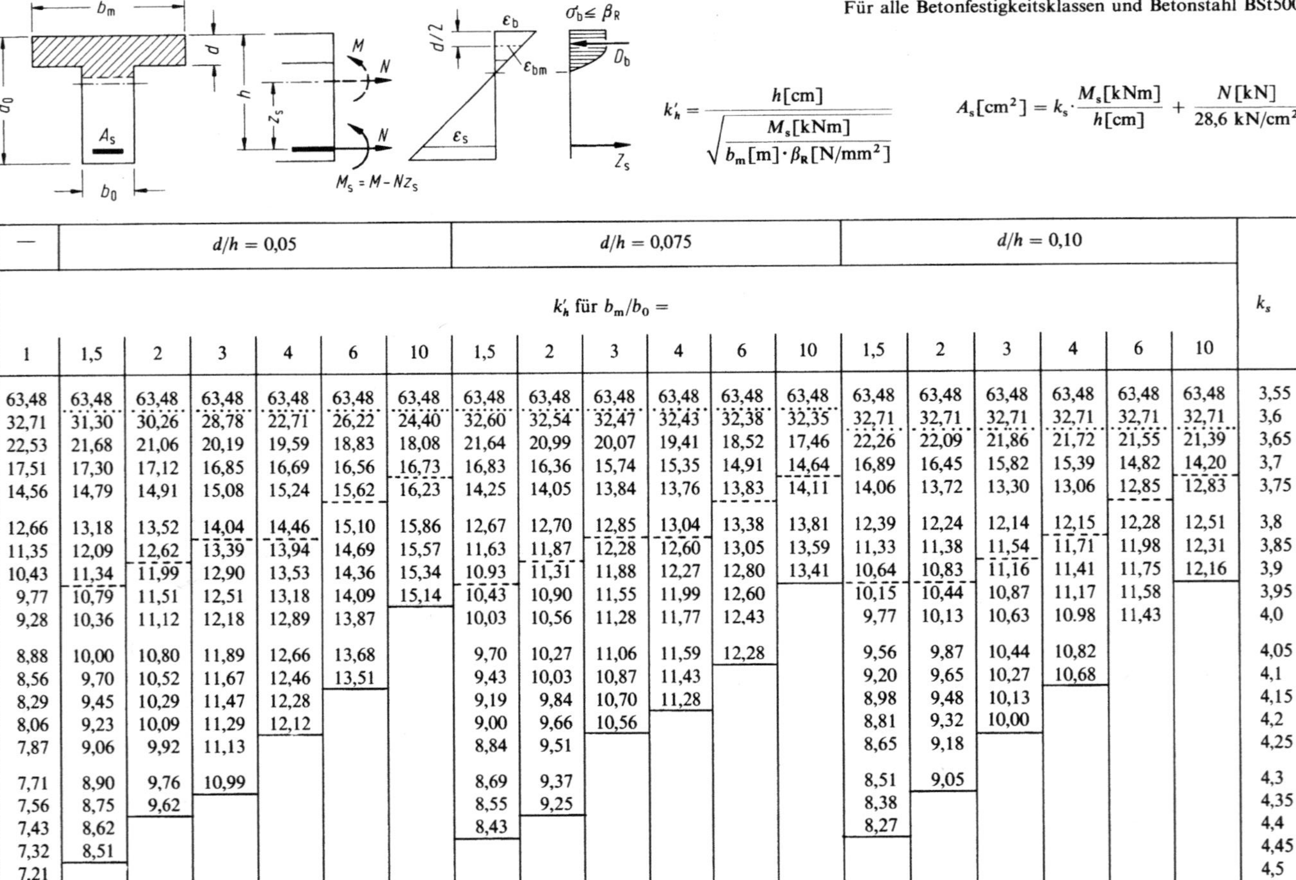

$$k'_h = \frac{h\,[\text{cm}]}{\sqrt{\dfrac{M_s\,[\text{kNm}]}{b_m\,[\text{m}] \cdot \beta_R\,[\text{N/mm}^2]}}} \qquad A_s\,[\text{cm}^2] = k_s \cdot \frac{M_s\,[\text{kNm}]}{h\,[\text{cm}]} + \frac{N\,[\text{kN}]}{28{,}6\ \text{kN/cm}^2}$$

k'_h für $b_m/b_0 =$

—	d/h = 0,05						d/h = 0,075						d/h = 0,10						k_s
1	1,5	2	3	4	6	10	1,5	2	3	4	6	10	1,5	2	3	4	6	10	
63,48	63,48	63,48	63,48	63,48	63,48	63,48	63,48	63,48	63,48	63,48	63,48	63,48	63,48	63,48	63,48	63,48	63,48	63,48	3,55
32,71	31,30	30,26	28,78	22,71	26,22	24,40	32,60	32,54	32,47	32,43	32,38	32,35	32,71	32,71	32,71	32,71	32,71	32,71	3,6
22,53	21,68	21,06	20,19	19,59	18,83	18,08	21,64	20,99	20,07	19,41	18,52	17,46	22,26	22,09	21,86	21,72	21,55	21,39	3,65
17,51	17,30	17,12	16,85	16,69	16,56	16,73	16,83	16,36	15,74	15,35	14,91	14,64	16,89	16,45	15,82	15,39	14,82	14,20	3,7
14,56	14,79	14,91	15,08	15,24	15,62	16,23	14,25	14,05	13,84	13,76	13,83	14,11	14,06	13,72	13,30	13,06	12,85	12,83	3,75
12,66	13,18	13,52	14,04	14,46	15,10	15,86	12,67	12,70	12,85	13,04	13,38	13,81	12,39	12,24	12,14	12,15	12,28	12,51	3,8
11,35	12,09	12,62	13,39	13,94	14,69	15,57	11,63	11,87	12,28	12,60	13,05	13,59	11,33	11,38	11,54	11,71	11,98	12,31	3,85
10,43	11,34	11,99	12,90	13,53	14,36	15,34	10.93	11,31	11,88	12,27	12,80	13,41	10,64	10,83	11,16	11,41	11,75	12,16	3,9
9,77	10,79	11,51	12,51	13,18	14,09	15,14	10,43	10,90	11,55	11,99	12,60		10,15	10,44	10,87	11,17	11,58		3,95
9,28	10,36	11,12	12,18	12,89	13,87		10,03	10,56	11,28	11,77	12,43		9,77	10,13	10,63	10.98	11,43		4,0
8,88	10,00	10,80	11,89	12,66	13,68		9,70	10,27	11,06	11,59	12,28		9,56	9,87	10,44	10,82			4,05
8,56	9,70	10,52	11,67	12,46	13,51		9,43	10,03	10,87	11,43			9,20	9,65	10,27	10,68			4,1
8,29	9,45	10,29	11,47	12,28			9,19	9,84	10,70	11,28			8,98	9,48	10,13				4,15
8,06	9,23	10,09	11,29	12,12			9,00	9,66	10,56				8,81	9,32	10,00				4,2
7,87	9,06	9,92	11,13				8,84	9,51					8,65	9,18					4,25
7,71	8,90	9,76	10,99				8,69	9,37					8,51	9,05					4,3
7,56	8,75	9,62					8,55	9,25					8,38						4,35
7,43	8,62						8,43						8,27						4,4
7,32	8,51																		4,45
7,21																			4,5

Bild 3-28. (Fortsetzung)

Companion values (above the table):

	$d/h=0,15$					$d/h=0,20$				$d/h=0,25$			$d/h=0,30$			$d/h=0,40$			
7,19	8,51	9,51	10,98	12,02	13,43	15,01	8,37	9,23	10,43	11,23	12,25	13,31	8,25	8,99	9,97	10,60	11,36	12,11	← k'^*_h
4,51	4,45	4,39	4,30	4,23	4,12	3,99	4,43	4,36	4,25	4,17	4,06	3,94	4,41	4,33	4,21	4,13	4,03	3,92	← k^*_s

k'_h für $b_m/b_0 =$

—	$d/h=0,15$					$d/h=0,20$				$d/h=0,25$			$d/h=0,30$			$d/h=0,40$			k_s
1	1,5	2	3	5	10	2	3	5	10	2	4	10	2	4	10	2	4	10	
63,48	63,48	63,48	63,48	63,48	63,48	63,48	63,48	63,48	63,48	63,48	63,48	63,48	63,48	63,48	63,48	63,48	63,48	63,48	3,55
32,71	32,71	32,71	32,71	32,71	32,71	32,71	32,71	32,71	32,71	32,71	32,71	32,71	32,71	32,71	32,71	32,71	32,71	32,71	3,6
22,53	22,53	22,53	22,53	22,53	22,53	22,53	22,53	22,53	22,53	22,53	22,53	22,53	22,53	22,53	22,53	22,53	22,53	22,53	3,65
17,51	17,50	17,50	17,49	17,49	17,48	17,51	17,51	17,51	17,51	17,51	17,51	17,51	17,51	17,51	17,51	17,51	17,51	17,51	3,7
14,56	14,33	14,17	13,96	13,73	13,48	14,56	14,56	14,56	14,56	14,56	14,56	14,56	14,56	14,56	14,56	14,56	14,56	14,56	3,75
12,66	12,34	12,12	11,83	11,53	11,27	12,59	12,56	12,53	12,51	12,66	12,66	12,66	12,66	12,66	12,66	12,66	12,66	12,66	3,8
11,35	11,10	10,95	10,81	10,73	10,77	11,13	11,02	10,91	10,79	11,35	11,35	11,35	11,35	11,35	11,35	11,35	11,35	11,35	3,85
10,43	10,32	10,28	10,29	10,39	10,60	10,20	10,09	9,98	9,88	10,39	10,36	10,34	10,43	10,43	10,43	10,43	10,43	10,43	3,9
9,77	9,80	9,85	9,98	10,19		9,62	9,56	9,53	9,57	9,68	9,61	9,55	9,77	9,77	9,77	9,77	9,77	9,77	3,95
9,28	9,41	9,54	9,75	10,04		9,22	9,24	9,31	9,45	9,17	9,09	9,02	9,26	9,25	9,24	9,28	9,28	9,28	4,0
8,88	9,11	9,30	9,58	9,92		8,94	9,03	9,18		8,80	8,75	8,77	8,84	8,81	8,79	8,88	8,88	8,88	4,05
8,56	8,86	9,10	9,43			8,73	8,88			8,53	8,56		8,51	8,46	8,43	8,56	8,56	8,56	4,1
8,29	8,66	8,94	9,31			8,57	8,76			8,33	8,44		8,24	8,22	8,21	8,29	8,29	8,29	4,15
8,06	8,50	8,80				8,43				8,18			8,05	8,06		8,06	8,06	8,06	4,2
7,87	8,35	8,67				8,31				8,05			7,90			7,86	7,86	7,86	4,25
7,71	8,22	8,57								7,95			7,77			7,69	7,68	7,67	4,3
7,56	8,10															7,54	7,53	7,51	4,35
7,43																7,42			4,4
7,32																			4,45
7,21																			4,5
7,19	8,02	8,57	9,23	9,90	10,50	8,22	8,67	9,09	9,45	7,93	8,39	8,71	7,69	7,97	8,16	7,35	7,44	7,49	← k'^*_h
4,51	4,39	4,30	4,18	4,06	3,94	4,29	4,19	4,09	4,00	4,31	4,17	4,07	4,34	4,24	4,17	4,43	4,38	4,36	← k^*_s

Oberhalb ...... Nullinie in der Platte
Unterhalb ------ $|\varepsilon_{bm}| < 2‰$

Bild 3-28. „Dimensionsgebundene" Bemessungstafel (k'_h-Tafel) für den Plattenbalkenquerschnitt ohne Druckbewehrung.

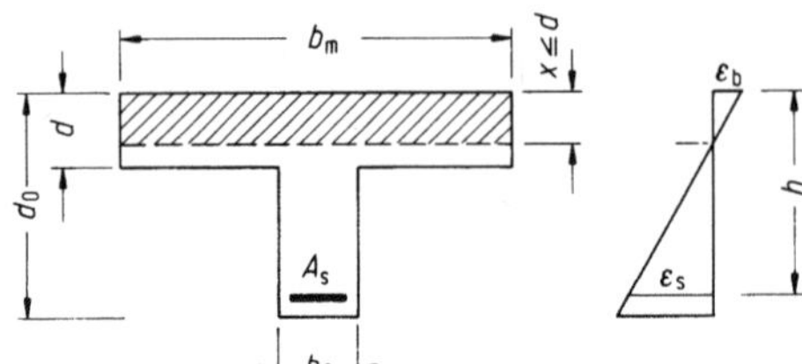

Bild 3-30. Plattenbalken mit Nullinie in der Platte,
d.h., $x \leq d$; Bemessung wie Rechteckquerschnitt.

3.3.2.2.1 Schlanke Plattenbalken

Die Druckspannungen im Steg werden vernachlässigt. Nimmt man den Angriffspunkt der Betondruckkraft in Plattenmitte an (Bild (3-29), ergibt sich als innerer Hebelarm $z = h - d/2$. Damit folgt aus den Gleichgewichtsbedingungen der Bewehrungsquerschnitt zu

$$A_\mathrm{s} = \frac{\gamma}{\sigma_\mathrm{su}} \cdot \left(\frac{M_\mathrm{s}}{h - d/2} + N \right).$$

Das Verfahren ist für Biegung ohne und mit Normalkraft großer Ausmitte geeignet. Es liegt wegen des nicht ganz zutreffend angenommenen inneren Hebelarmes mit wachsendem Verhältnis d/h zunehmend auf der sicheren Seite.

Als Stahldehnung wird $\varepsilon_\mathrm{s} \geq 3\permil$ vorausgesetzt. Der Sicherheitsbeiwert beträgt demzufolge $\gamma = 1{,}75$ und die Stahlspannung $\sigma_\mathrm{su} = \beta_\mathrm{S}$. Die Richtigkeit dieser Voraussetzung wird nachstehend zusammen mit der Tragfähigkeit der Druckzone nachgewiesen. In der Regel darf ein solcher Nachweis aber entfallen, weil die Druckplatte von Plattenbalken üblicher Abmessungen ausreichend tragfähig ist.

Aus den äußeren Schnittgrößen errechnet sich, wegen der Annahme $z = h - d/2$ ohne Bezug zum Dehnungszustand, die mittlere Betondruckspannung im Bruchzustand zu

$$\sigma_\mathrm{bm,\,u} = \frac{M_\mathrm{su}}{(h - d/2)b_\mathrm{m}d}.$$

Sie darf nicht größer sein als der Mittelwert $\sigma_\mathrm{bm} = \alpha\beta_\mathrm{R}$ der aufnehmbaren Spannungen, wobei α den vom Dehnungszustand abhängigen Völligkeitsbeiwert der Spannungsfläche darstellt. Geht man mit $\varepsilon_\mathrm{b} = -3{,}5\permil$ Betonstauchung und einer Stahldehnung von $\varepsilon_\mathrm{s} = 3\permil$ von einer ausgenutzten Betondruckzone aus, ergibt sich deren Höhe zu $x = 0{,}538h$ (Bild 3-10) und der Bereich konstanter Spannung $\sigma_\mathrm{b} = \beta_\mathrm{R}$ zu $0{,}538 \cdot h \cdot 3/7 = 0{,}231h$. Für $d \leq 0{,}231h$ gilt $\alpha = 1$ und für dickere Platten $\alpha < 1$. Der Beiwert α kann in Abhängigkeit von d/h dem Bild 3-31 entnommen werden. Wird für Gebrauchsschnittgrößen die Bedingung

$$\sigma_\mathrm{bm} = \frac{M_\mathrm{s}}{(h - d/2)b_\mathrm{m}d} \leq \alpha \frac{\beta_\mathrm{R}}{1{,}75}$$

eingehalten, ist mit der Tragfähigkeit der Betondruckzone zugleich die Gültigkeit der Voraussetzung $\varepsilon_\mathrm{s} \geq 3\permil$ nachgewiesen.

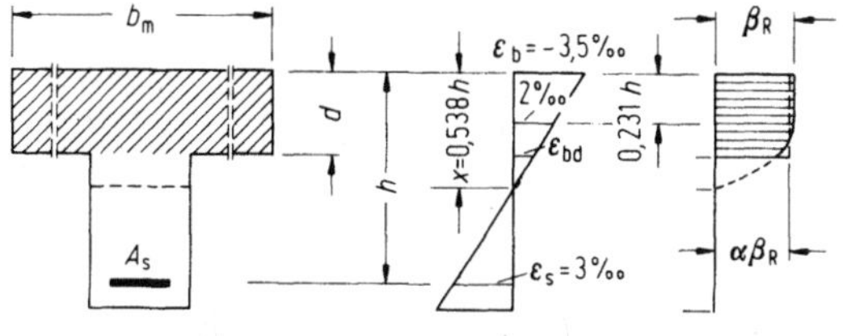

d/h	α
$\leqslant 0{,}231$	1,000
0,30	0,996
0,35	0,983
0,40	0,957
0,45	0,918
0,50	0,863
0,538	0,810

Bild 3-31. Nachweis für die Druckplatte des schlanken Plattenbalkens.

3.3.2.2.2 Gedrungene Plattenbalken

Die Bemessung des gedrungenen Plattenbalkens mit $b_m/b_0 \leq 5$ wird auf die Bemessung des Rechteckquerschnittes zurückgeführt. Man ersetzt die T-förmige Druckzone durch ein Rechteck mit der Ersatzbreite $b_i = \lambda_b b_m$, das bei gleicher Nullinienlage die gleiche Betondruckkraft aufnehmen kann wie die wirkliche Druckzone. Da die Betondruckkraft D_{bi} des Ersatzquerschnittes geringfügig tiefer angreift als die Druckkraft D_b des tatsächlichen Querschnittes (Bild 3-29), liegt die Bemessung auf der sicheren Seite.

Der Beiwert λ_b folgt aus dem Gleichsetzen der für den Ersatzquerschnitt und den tatsächlichen Querschnitt formulierten Ausdrücke für die Betondruckkraft zu

$$\lambda_b = \frac{1}{\alpha_R k_x} \cdot \left[\alpha_R \cdot k_x - \alpha_{Rd} \left(1 - \frac{b_0}{b_m} \right) \cdot \left(k_x - \frac{d}{h} \right) \right].$$

Darin ist der Hilfswert α_{Rd} entsprechend α_R nach (3-7) einzusetzen, jedoch mit der Stauchung ε_{bd} an Plattenunterkante anstelle der Randstauchung ε_{b1}. Um die λ_b-Werte tabellarisch darzustellen, sind geringfügige Rundungen notwendig. Der Tabelle in Bild 3-32 ist λ_b in Abhängigkeit von d/h, b_m/b_0 und k_x zu entnehmen.

Bei der Bemessung wird zu einem geschätzten Wert k_x für die Nullinienlage die ideelle Breite b_i bestimmt. Der so gewonnene Rechteckquerschnitt kann beispielsweise nach dem k_h-Verfahren (Bild 3-17) bemessen werden, wobei der Schätzwert für k_x zu überprüfen und gegebenenfalls iterativ zu verbessern ist. Wurde k_x zu groß angenommen, darf eine Verbesserung unterbleiben, denn der Bewehrungsquerschnitt liegt auf der sicheren Seite. Somit ist es möglich, auf die schrittweise Verbesserung des Ergebnisses zu verzichten, wenn man jeweils den größten k_x-Wert benutzt und dafür eine etwas reichlich bemessene Bewehrung in Kauf nimmt.

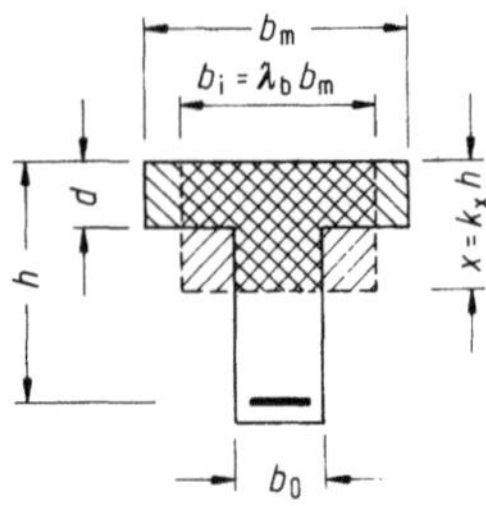

d/h										b_m/b_0						
0,50	0,45	0,40	0,35	0,30	0,25	0,20	0,15	0,10	0,05	1,5	2,0	2,5	3,0	3,5	4,0	5,0
k_x										$100 \cdot \lambda_b$						
0,50	0,45	0,40	0,35	0,30	0,25	0,20	0,15	0,10	0,05	100	100	100	100	100	100	100
	0,50	0,44	0,39	0,34	0,28	0,23	0,17	0,12	0,06	99	99	99	99	99	98	98
		0,50	0,44	0,38	0,32	0,26	0,20	0,14	0,07	97	96	95	95	95	94	94
			0,50	0,43	0,36	0,30	0,24	0,16	0,08	95	92	90	89	89	88	87
				0,50	0,42	0,35	0,28	0,19	0,10	91	87	84	82	81	80	79
					0,50	0,40	0,33	0,24	0,12	87	81	77	75	73	71	70
						0,50	0,38	0,29	0,16	83	75	70	66	64	62	60
							0,50	0,35	0,21	79	69	62	58	55	53	50
								0,50	0,29	75	62	55	50	46	44	40
									0,50	71	56	47	42	37	34	30

Bild 3-32. Bestimmung der Ersatzbreite $b_i = \lambda_b b_m$ des gedrungenen Plattenbalkens.

Beispiel 3.3-1:

Gegeben: Plattenbalken nach Skizze,
Länge: $l_0 = 8{,}00$ m,
Beton B 25, Betonstahl BSt 500 S,
Biegemoment: $M = 500$ kNm.

Gesucht: Mitwirkende Breite b_m,
Bemessung der Bewehrung A_s a) mittels Tafel und b) nach Näherungsverfahren,
Nachweis der Betondruckzone.

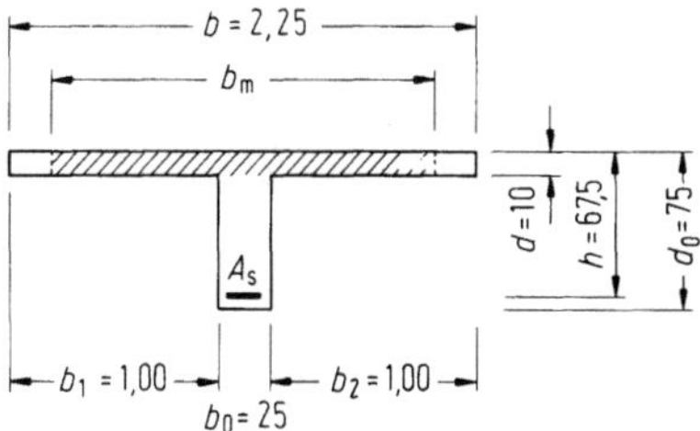

Mitwirkende Breite:

$$\left.\begin{array}{l} \dfrac{d}{d_0} = \dfrac{0,10}{0,75} = 0,133 \\[3mm] \dfrac{b_1}{l_0} = \dfrac{b_2}{l_0} = \dfrac{1,00}{8,00} = 0,125 \end{array}\right\} \rightarrow \text{nach Bild 3-26:}\ \ \dfrac{b_{m1}}{b_1} = \dfrac{b_{m2}}{b_2} = 0,96$$

$$\underline{b_m} = b_0 + b_{m1} + b_{m2} = 0,25 + 2 \cdot 0,96 \cdot 1,00 = 2,17\ \text{m}.$$

a) **Bemessung mittels Tafel, Bild 3-28:**

$$\left.\begin{array}{l} \dfrac{d}{h} = \dfrac{0,10}{0,675} = 0,15 \\[4mm] \dfrac{b_m}{b_0} = \dfrac{2,17}{0,25} = 8,7 \\[4mm] k_h' = \dfrac{67,5}{\sqrt{\dfrac{500}{2,17 \cdot 17,5}}} = 18,60 \end{array}\right\} \rightarrow k_s = 3,7$$

$$\underline{A_s} = \dfrac{500}{67,5} \cdot 3,7 = \underline{27,4\ \text{cm}^2}.$$

b) **Bemessung nach Näherungsverfahren:**

$$\dfrac{b_m}{b_0} = 8,7 > 5 \rightarrow \text{schlanker Plattenbalken}$$

$$\underline{\mathbf{A_s}} = \dfrac{1,75}{500} \cdot \dfrac{0,500 \cdot 10^4}{0,675 - 0,10/2} = \underline{28,0\ \text{cm}^2}.$$

Nachweis der Betondruckzone:

$$\frac{d}{h} = \frac{0,10}{0,675} = 0,15 < 0,231 \rightarrow \text{aus Bild 3-31: } \alpha = 1,0$$

$$\sigma_{bm} = \frac{0,500}{0,625 \cdot 2,17 \cdot 0,10} = 3,69 \text{ MN/m}^2 < 1,0 \cdot \frac{17,5}{1,75} = 10,0 \text{ MN/m}^2 \, .$$

Beispiel 3.3-2:
Gegeben: Plattenbalken wie in Beispiel 3.3-1, aber mit $b = b_m = 0,75$ m.

Gesucht: Bemessung der Bewehrung A_s a) mittels Tafel und b) nach Näherungsverfahren.

a) Bemessung mittels Tafel, Bild 3-28:

$$\frac{d}{h} = \frac{0,10}{0,675} = 0,15$$

$$\frac{b_m}{b_0} = \frac{0,75}{0,25} = 3,0 \qquad\qquad\qquad\qquad \rightarrow k_s = 3,85$$

$$k_h' = \frac{67,5}{\sqrt{\dfrac{500}{0,75 \cdot 17,5}}} = 10,94$$

$$A_s = \frac{500}{67,5} \cdot 3,85 = 28,5 \text{ cm}^2$$

b) Bemessung nach Näherungsverfahren:

$$\frac{b_m}{b_0} = 3,0 < 5 \rightarrow \text{gedrungener Plattenbalken}$$

$$\frac{d}{h} = 0,15, \text{ geschätzt: } k_x = 0,33 \rightarrow \text{aus Bild 3-32: } \lambda_b = 0,75$$

$$b_i = 0,75 \cdot 0,75 = 0,56 \text{ m}$$

$$k_h = \frac{67,5}{\sqrt{\dfrac{500}{0,56}}} = 2,26 \rightarrow \text{aus Bild 3-17: } k_x = 0,32 \approx 0,33$$

$$k_s = 4,0$$

$$A_s = \frac{500}{67,5} \cdot 4,0 = 29,6 \text{ cm}^2 \, .$$

Es ist ersichtlich, daß in beiden Beispielen die Bemessung nach dem Näherungsverfahren auf der sicheren Seite liegt.

3.3.3 Plattenbalken mit schief verlaufender Nullinie

Im allgemeinen erzwingt auch bei einseitigen oder stark unsymmetrischen Plattenbalken die monolithische Verbindung mit der Deckenplatte und quer verlaufenden Unterzügen, daß sich die Nullinie horizontal einstellt. Dabei müssen zusätzlich zu dem Moment M_y aus der Belastung Biegemomente M_z und Torsionsmomente M_x infolge von Zwang auftreten (Bild 3-33). Ein rechnerischer Nachweis für diese Momente erübrigt sich jedoch.

Fehlt der Zusammenhang mit einer Deckenkonstruktion, kann sich der unsymmetrische Plattenbalken auch seitlich verformen, und die Nullinie stellt sich schief ein. Unter Biegung allein liegen die Angriffspunkte der Druckkraft D_b und der Zugkraft Z_s auf einer Geraden senkrecht zum Momentenvektor M_y (Bild 3-34). Bei Biegung mit Normalkraft muß diese Gerade durch den Angriffspunkt der Längskraft N verlaufen. Die Bemessung vereinfacht sich, wenn anstelle des Parabel-Rechteck-Diagramms der Spannungsblock nach Bild 3-2 benutzt wird.

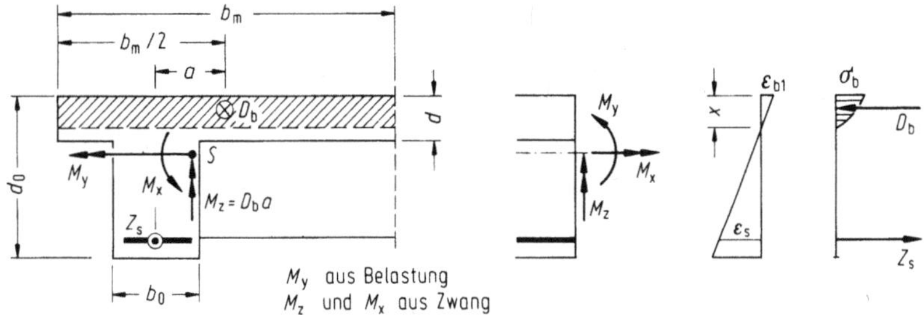

Bild 3-33. Unsymmetrischer Plattenbalken, horizontal verlaufende Nullinie.

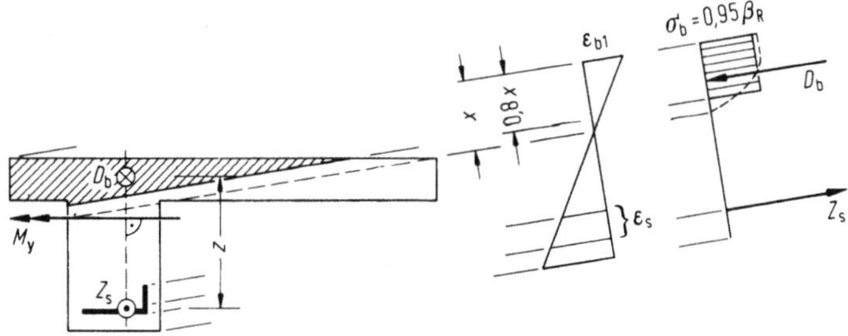

Bild 3-34. Unsymmetrischer Plattenbalken, schief verlaufende Nullinie.

Beispiel 3.3-3: Bemessung eines Plattenbalkens mit schief verlaufender Nullinie für Biegung ohne Normalkraft (allgemeinere Fälle siehe z.B. [5a, 6a]).
Gegeben: Unsymmetrischer Plattenbalken nach Skizze,
          Beton B 25, Betonstahl BSt 500 S,
          Biegemoment: $M = 300 \text{ kNm}$.

Gesucht: Erforderliche Bewehrung A_s. Aus konstruktiven Gründen anzuordnende weitere Bewehrungsstäbe werden hier vernachlässigt.
Von dem iterativen Vorgehen werden nur der erste und der letzte Rechenschritt wiedergegeben.

Es werden 7 Bewehrungsstäbe mit vorerst unbekanntem Durchmesser angeordnet. Ihr Schwerpunkt, wegen $\varepsilon_s \geq \varepsilon_S$ zugleich Angriffspunkt von Z_s, ist eingetragen. Da D_b und Z_s auf einer Senkrechten zum Momentenvektor angreifen müssen, liegt die Breite b_D der zunächst dreieckig angenommenen Druckzone fest. Wenngleich die zugehörige Höhe der dreieckigen Druckzone unmittelbar berechnet werden kann, wird sie hier mit Rücksicht auf die Allgemeingültigkeit der Vorgehensweise geschätzt.

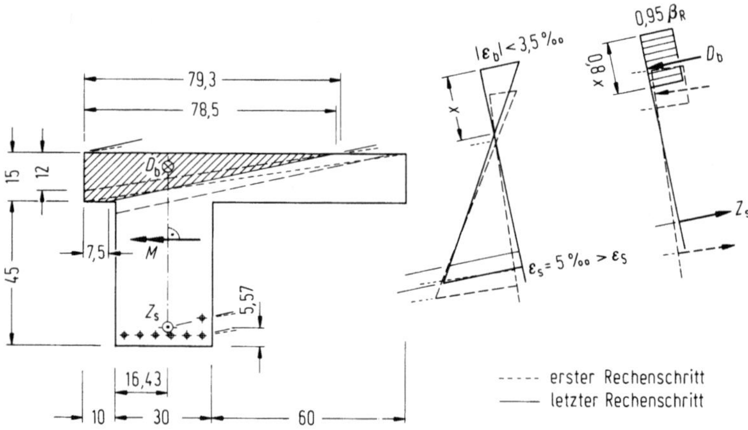

Erster Rechenschritt:

$$b_D = 3 \cdot (0,10 + 0,1643) = 0,793 \text{ m}$$

$$\text{geschätzte Höhe:} \quad d_D = 0,12 \text{ m}$$

Mit dieser Fläche der Druckzone und dem rechteckigen Spannungsblock nach Bild 3-2 errechnet sich die Betondruckkraft zu

$$D_b = \tfrac{1}{2} \cdot 0,12 \cdot 0,793 \cdot 0,95 \cdot 17,5 = 0,791 \text{ MN}$$

Der innere Hebelarm beträgt $z = 0{,}60 - 0{,}0557 - \dfrac{0{,}12}{3} = 0{,}504$ m

$$\text{Aus } \Sigma M = 0 \text{ folgt: } D_b = \frac{1{,}75 \cdot 0{,}300}{0{,}504} = 1{,}042 \text{ MN} \doteq 0{,}791 \text{ m}$$

Die angenommene Größe der Druckzone ist zu korrigieren.

Letzter Rechenschritt:

Annahme: $\qquad\qquad b_{Do} = 0{,}785$ m; $\quad b_{Du} = 0{,}075$ m

Lage des Schwerpunktes der Druckzone

von links: $s_l = \dfrac{0{,}15 \cdot 0{,}075^2/2 + 0{,}15/2 \cdot (0{,}785 - 0{,}075) \cdot (0{,}075 + 0{,}71/3)}{0{,}15 \cdot 0{,}075 + 0{,}15/2 \cdot 0{,}71}$

$\qquad = \dfrac{0{,}0170}{0{,}0645} = 0{,}2638$ m $\approx 0{,}1643 + 0{,}10 = 0{,}2643$ m

von oben: $\quad s_o = \dfrac{0{,}15^2/2 \cdot 0{,}075 + 0{,}15/2 \cdot 0{,}71 \cdot 0{,}15/3}{0{,}15 \cdot 0{,}075 + 0{,}15/2 \cdot 0{,}71} = 0{,}0544$ m

$$D_b = 0{,}0645 \cdot 0{,}95 \cdot 17{,}5 = 1{,}072 \text{ MN}$$

$$z = 0{,}60 - 0{,}0557 - 0{,}0544 = 0{,}490 \text{ m}$$

$$D_b = Z_s = \frac{1{,}75 \cdot 0{,}300}{0{,}490} = 1{,}071 \text{ MN} \approx 1{,}072 \text{ MN}$$

$$A_s = \frac{1{,}072}{500} \cdot 10^4 = 21{,}4 \text{ cm}^2$$

gewählt: $7\,\varnothing\,20$ mit $A_s = 22{,}0$ cm^2 > $21{,}4$ cm^2.

3.4 Beliebige Form der Betondruckzone

Für die Bemessung einiger regelmäßiger Querschnitte wie Kreis, Kreisring, Dreieck, Trapez und Plattenbalken mit veränderlicher Plattendicke existieren Hilfsmittel u.a. in [11, 206, 303, 310, 311].

Die Bemessung unregelmäßiger Querschnitte, die nicht zu stark von Rechteck oder Plattenbalken abweichen, läßt sich an einem dieser Querschnitte als Ersatzquerschnitt durchführen (Bild 3-35). Zur Umwandlung in ein Rechteck wird die Höhe x der Druckzone geschätzt und dazu eine mittlere Ersatzbreite bestimmt. Die Bemessung liefert einen neuen Wert für x, mit dem der Schätzwert überprüft und eventuell verbessert wird. Für Querschnitte mit einer Druckplatte veränderlicher Dicke ist der Ersatz durch einen Plattenbalken mit konstanter Plattendicke möglich.

Bei stärkeren Abweichungen von regelmäßigen Querschnittsformen kann, wie schon bei dem unsymmetrischen Plattenbalken in 3.3.3, eine Bemessung ohne aufbereitete Hilfsmittel erforderlich

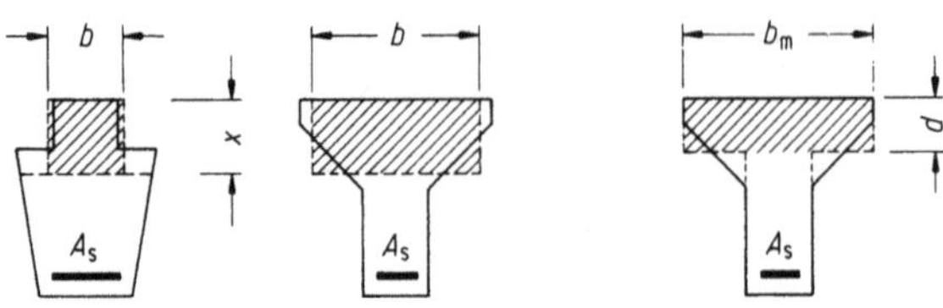

Bild 3-35. Ersatzquerschnitte bei unregelmäßiger Druckzone.

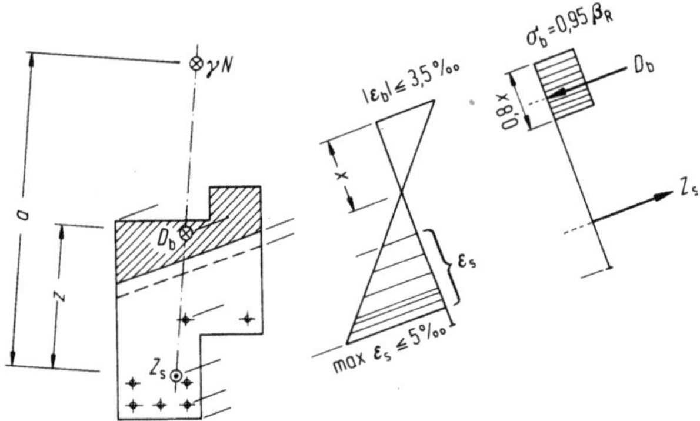

Bild 3-36. Bemessung bei beliebiger Querschnittsform.

werden (Bild 3-36). Es ist zweckmäßig, den Dehnungszustand zunächst zu schätzen und iterativ zu verbessern. Liegt Normalkraft mit großer Ausmitte vor, geht man von $\varepsilon_s = 5‰$ aus, bei kleiner Ausmitte von $\varepsilon_b = -3,5‰$. Unter Verwendung des rechteckigen Spannungsblocks, Bild 3-2, errechnet sich die Betondruckkraft zu $D_b = 0,95\,\beta_R\,A_{bD}$. Sie muß mit $D_b z = \gamma N a$ das Momentengleichgewicht um den Angriffspunkt der Stahlzugkraft erfüllen. Die Zugkraft folgt dann aus $\Sigma N = 0$ zu $Z_s = D_b + \gamma N$, und daraus ergibt sich der Bewehrungsquerschnitt $A_s = Z_s/\sigma_{su}$ mit σ_{su} entsprechend ε_s aus Bild 3-4. Sofern nicht alle Bewehrungsstäbe die Streckgrenze erreichen, ist das bei der Ermittlung des Angriffspunktes von Z_s und der Bemessung der Bewehrung zu berücksichtigen.

3.5 Rechteckquerschnitt unter schiefer Biegung

Zur Bemessung der häufiger vorkommenden Rechteckquerschnitte unter schiefer Biegung mit oder ohne Normalkraft wurden Zahlentafeln und Diagramme für unterschiedliche Bewehrungsanordnungen entwickelt [12, 13, 206, 303]. Bild 3-37 enthält ein solches Bemessungsdiagramm, dessen

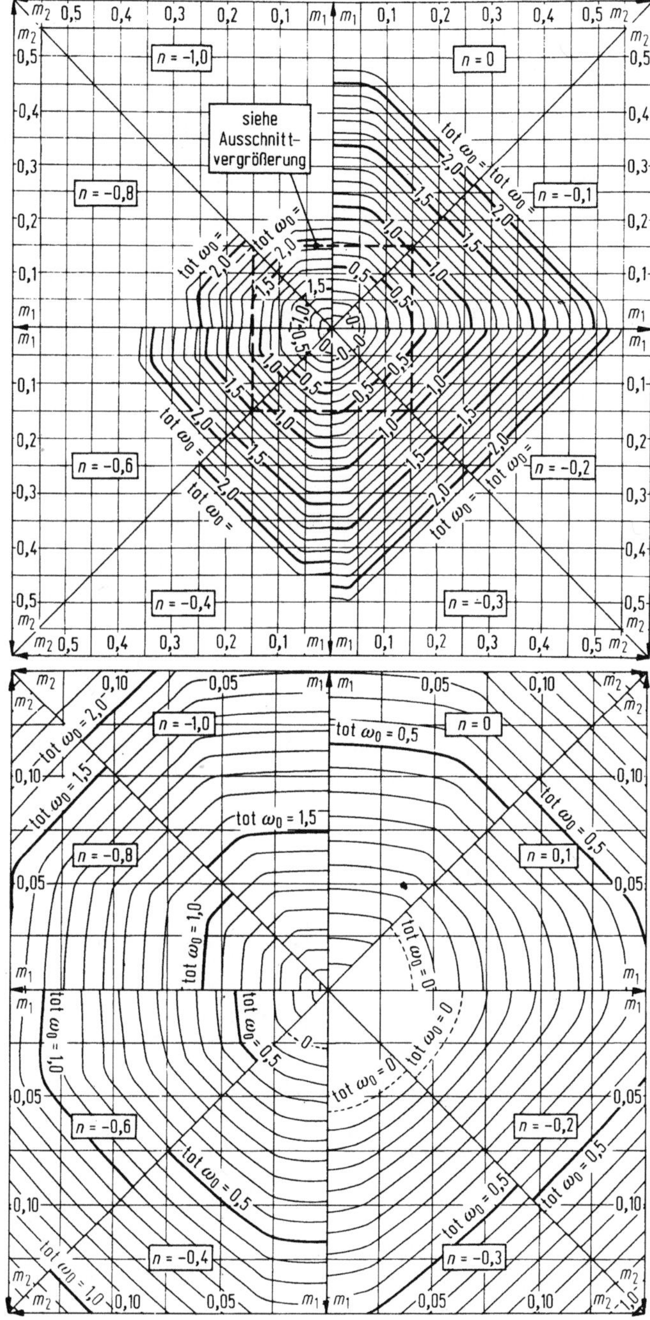

Bild 3-37. (Fortsetzung)

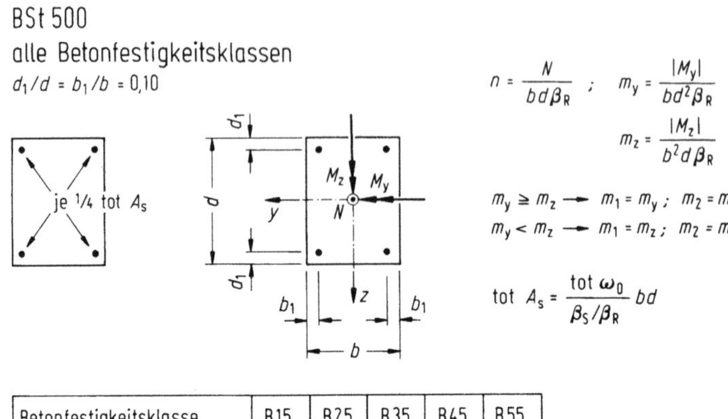

Betonfestigkeitsklasse	B15	B25	B35	B45	B55
Rechenwert β_R N/mm²	10,5	17,5	23,0	27,0	30,0
Festigkeitsverhältnis β_s/β_R	47,6	28,6	21,7	18,5	16,7

Bild 3-37. Bemessungsdiagramm für den Rechteckquerschnitt unter schiefer Biegung mit Normalkraft, nach [206].

Anwendung an Hand von Beispiel 3.5-1 gezeigt werden soll. Das Diagramm gilt für BSt 500 S und alle Betonfestigkeitsklassen.

Beispiel 3.5-1:

Gegeben: Rechteckquerschnitt nach Skizze mit 1/4 tot A_s in jeder Ecke,
Beton B 25, Betonstahl BSt 500 S,
Schnittgrößen: $N = -500\,\text{kN}$, $M_y = 100\,\text{kNm}$, $M_z = 75\,\text{kNm}$.

Gesucht: Erforderliche Bewehrung tot A_s.

$$\frac{d_1}{d} = \frac{b_1}{b} = \frac{4{,}5}{40} = 0{,}11 \approx 0{,}10$$

$$n = \frac{-0{,}500}{0{,}40^2 \cdot 17{,}5} = -0{,}18$$

$$m_y = \frac{0{,}100}{0{,}40^3 \cdot 17{,}5} = 0{,}089 \, \hat{=} \, m_1, \quad m_z = \frac{0{,}075}{0{,}40^3 \cdot 17{,}5} = 0{,}067 \, \hat{=} \, m_2$$

Aus Bild 3-37 liest man ab für: $n = -0,1$: tot $\omega_0 = 0,38$

$$n = -0,2:\quad \text{tot } \omega_0 = 0,33$$

interpoliert für $n = -0,18$: tot $\omega_0 = 0,38 - 0,05 \cdot \dfrac{0,08}{0,10} = 0,34$

tot $\mu_0 = \dfrac{0,34}{28,6} = 1,19\%$ $\qquad > \min \mu_0 = 0,8\%$

$$< \max \mu_0 = 9,0\%$$

tot $A_s = 0,0119 \cdot 40^2 = 19,0 \text{ cm}^2$.

3.6 Umschnürte Druckglieder

Als umschnürt bezeichnet man Druckglieder, deren Längsbewehrung von einer kreisförmigen Wendelbewehrung umschlossen wird, Bild 3-38. Die Wirkung der Wendel beruht auf der Behinderung der unter einer Belastung in Längsrichtung auftretenden Querdehnung. Dabei stellt sich ein dreiachsiger Spannungszustand ein, der die Tragfähigkeit des Querschnittes erhöht. Dieser günstige Einfluß beschränkt sich auf den Kernquerschnitt und ist mit verhältnismäßig großen Längsstauchungen verbunden. Weil dabei die Gefahr besteht, daß der Beton außerhalb der Wendel abplatzt, darf diese äußere Schale bei der Ermittlung der Bruchlast nicht angesetzt werden. Außerdem ist sicherzustellen, daß ein solches Abplatzen nicht schon unter Gebrauchslast eintritt. Über Versuche zum Tragverhalten umschnürter Stützen wird in [314–318] berichtet.

Unter exzentrischem Lastangriff wird der räumliche Spannungszustand im Kernquerschnitt gestört. Die zulässige Lastausmitte $e = M/N$ umschnürter Stützen ist deshalb auf die Kernweite $d_k/8$, bei der eine Randspannung gerade gleich null wird, begrenzt.

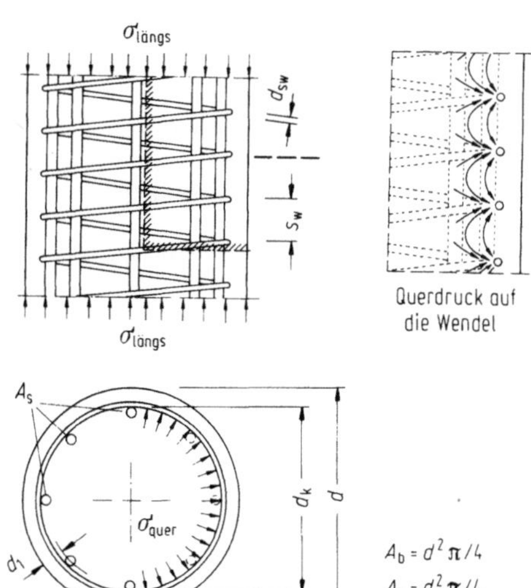

Bild 3-38. Umschnürte Stütze.

Die rechnerische Bruchlast umschnürter Druckglieder beträgt

$$N_\mathrm{u} = \gamma N = N_\mathrm{u,b\ddot{u}} + \Delta N_\mathrm{u} \qquad (3\text{-}50)$$

mit $\gamma = 2{,}1$. Der Anteil $N_\mathrm{u,b\ddot{u}}$ stellt die Tragfähigkeit einer bügelbewehrten Vergleichsstütze des Durchmessers d dar und ΔN_u die Traglaststeigerung infolge der Umschnürung. Letztere darf nur bei Beton der Festigkeitsklassen B 25 und höher berücksichtigt werden und ist nach DIN 1045, 17.3.2 anzusetzen mit

$$\Delta N_\mathrm{u} = [v A_\mathrm{w} \beta_\mathrm{SW} - (A_\mathrm{b} - A_\mathrm{k}) \beta_\mathrm{R}] \cdot \left(1 - \frac{8M}{d_\mathrm{k} N}\right) \geq 0 . \qquad (3\text{-}51)$$

Darin ist $A_\mathrm{w} = \pi d_\mathrm{k} A_\mathrm{SW} / s_\mathrm{W}$

> mit A_SW Stabquerschnitt der Wendel,
> s_W Ganghöhe der Wendel,
> β_SW Streckgrenze der Wendel,
> v Beiwert nach Tabelle 3-3, abhängig von der Schlankheit λ (siehe 6.7.1).

Der zweite Klammerausdruck in (3-51) bewirkt eine lineare Abnahme des traglaststeigernden Einflusses der Umschnürung mit zunehmender Lastausmitte.

Mit dem nach DIN 1045 außerdem zu führenden Nachweis

$$A_\mathrm{w} \beta_\mathrm{SW} \leq \delta [(2{,}3 A_\mathrm{b} - 1{,}4 A_\mathrm{k}) \beta_\mathrm{R} + A_\mathrm{s} \beta_\mathrm{s}], \qquad (3\text{-}52)$$

δ nach Tabelle 3-3, wird etwa 1,25fache Sicherheit gegen vorzeitiges Abplatzen der Außenschale gewährleistet. Als β_S soll dabei nach DIN 1045 die zu $\varepsilon_s = 2\text{‰}$ gehörige Stahlspannung eingesetzt werden.

Zur Ermittlung des Tragfähigkeitsanteils $N_\mathrm{u,b\ddot{u}}$ der verbügelt gedachten Stütze ist die Exzentrizität der Belastung zu berücksichtigen. Da ohnehin nur geringe Exzentrizitäten erlaubt sind, kann der Näherungsausdruck (3-47) – exzentr $N_\mathrm{u,b\ddot{u}} = k \cdot$ zentr $N_\mathrm{u,b\ddot{u}}$ – mit dem Abminderungsfaktor $k = 1/(1 + 3{,}2 \cdot e/d)$ für Kreisquerschnitte benutzt werden. Die Gültigkeitsgrenzen

> $e/d \leq 0{,}7$ (wegen $e \leq d_\mathrm{k}/8$ ohnehin erfüllt),
> tot $\omega_0 = $ tot $\mu_0 \cdot \beta_\mathrm{s}/\beta_\mathrm{R} \geq 0{,}6$ sowie
> $d_1/d \leq 0{,}10$

sind zu beachten [303]. Selbstverständlich sind statt dessen auch Bemessungsdiagramme für Kreisquerschnitte anwendbar.

Bei der konstruktiven Ausbildung umschnürter Stützen sind die Angaben in DIN 1045, 17.3.2 und 25.3, zu beachten. Ein Zahlenbeispiel folgt in 6.7.1.

Tabelle 3-3. Beiwerte zur Bemessung umschnürter Stützen, nach DIN 1045

	Beton	B25	B35	B45	B55
	$\lambda \leqslant 10$	1,6	1,7	1,8	1,9
v	$10 < \lambda < 20$		linear interpolieren		
	$20 \leqslant \lambda \leqslant 50$	0,8	0,85	0,9	0,95
	δ	0,42	0,39	0,37	0,36

3.7 Unbewehrte Betonquerschnitte

Für den Nachweis der Tragfähigkeit unbewehrter Betonquerschnitte gelten nach DIN 1045, 17.9 wie für Bauteile aus Stahlbeton das Parabel-Rechteck-Diagramm (Bild 3-1) und die Dehnungsverteilungen entsprechend Bild 3-5. Letztere werden dadurch eingeschränkt, daß unter Gebrauchslast eine klaffende Fuge nur bis zum Schwerpunkt des Querschnittes zulässig ist. Der Sicherheitsbeiwert ist zu $\gamma = 2{,}1$ einzuführen. Betonfestigkeiten über B 35 dürfen rechnerisch nicht ausgenutzt werden, DIN 1045.

Das Bild 3-39 zeigt die zulässigen Dehnungsgrenzlinien mit der zugehörigen Verteilung der Betondruckspannungen und dazu für die im Bruchzustand aufnehmbare Normalkraft eines Rechteckquerschnittes den Beiwert $\alpha_R = N_u/bd\beta_R$ und die Ausmitte e. Trägt man den Beiwert α_R über der bezogenen Ausmitte e/d auf, ergibt sich der Verlauf nach Bild 3-40. Er läßt sich durch die Gerade $(1 - 2e/d)$ annähern [206, 303], die geringfügig auf der unsicheren Seite liegt. Mit dieser Näherung errechnet sich die Tragfähigkeit des unbewehrten Rechteckquerschnittes zu

$$N_u = \alpha_R bd\beta_R \approx (1 - 2e/d)bd\beta_R \ .$$

Schlankheitsbedingte Abminderungen der Tragfähigkeit werden in 6.7.3 behandelt.

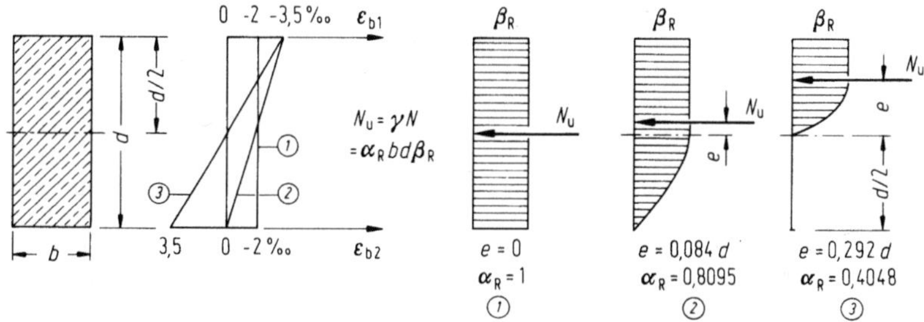

Bild 3-39. Unbewehrter Rechteckquerschnitt; Dehnungsgrenzlinien mit zugehörigen Spannungen und Normalkräften.

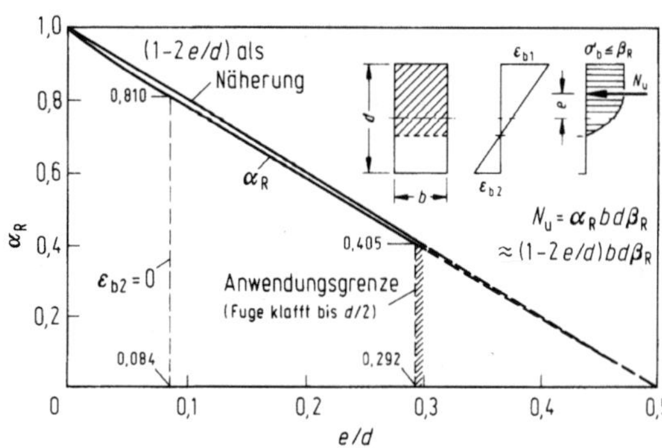

Bild 3-40. Tragfähigkeit des unbewehrten Rechteckquerschnittes als Funktion der bezogenen Ausmitte e/d.

Um das zulässige Maß der klaffenden Fuge einzuhalten, ist die Lastausmitte auf $e = 0{,}292d$ zu begrenzen. Das entspricht bei der Anwendung des Parabel-Rechteck-Diagramms einem bis $d/2$ aufgerissenen Querschnitt (Bilder 3-39 und 3-40).

Die aufnehmbaren Schnittgrößen des unbewehrten Betonquerschnittes lassen sich auch in einem n, m-Interaktionsdiagramm darstellen [319, 320]. In [321] werden Druckglieder aus Leichtbeton mit der Spannungs-Dehnungs-Linie nach Bild 3-3 behandelt.

Sind unbewehrte Betonquerschnitte unregelmäßiger Form nachzuweisen, empfiehlt sich die Anwendung des rechteckigen Spannungsblocks (Bild 3-2). Einige Hilfsmittel für solche Fälle finden sich in [17, 303].

4. Bemessung für Querkraft

4.1 Grundlagen

Das Tragverhalten eines Stahlbetonbalkens unter Querkraftbeanspruchung kann, wie schon in 2.1 ausgeführt, mit einem Fachwerkmodell erklärt werden (Bild 4-1). Die Biegedruckzone und die Zugbewehrung bilden die Gurte, die zwischen den Schubrissen verbleibenden Betonstäbe dienen als Druckstreben und die Stäbe der Schubbewehrung als Zugstreben.

Die klassische Fachwerkanalogie setzte ursprünglich parallele Gurte und unter 45° geneigte Druckstreben voraus, wie es den Spannungstrajektorien in Höhe der Nullinie im Zustand I entspricht, Bild 2-2 [18]. In neueren Schubversuchen [255–258, 351–353, 409] wurden aber auch flachere, zwischen 30° und 45° geneigte Schubrisse beobachtet. Das führte zu einer Erweiterung der klassischen Theorie durch das Einbeziehen flacherer Druckstreben und geneigter Druckgurte [354–356], Bild 4-2. Die Neigung der Zugstreben wird durch die Schubbewehrung vorgegeben und liegt bei der klassischen wie bei der erweiterten Fachwerkanalogie i. allg. zwischen 45° und 90°.

Neben der Fachwerkwirkung leisten noch einige andere Einflüsse einen Beitrag zur Schubtragfähigkeit, so die Wirkung als Bogen oder Sprengwerk, bei der die Biegebewehrung als Zugband dient. Sie stellt sich bei gedrungenen Bauteilen und bei schwacher oder fehlender Schubbewehrung ein, verliert mit zunehmender Schlankheit und Schubbeanspruchung aber an Bedeutung. Die Neigung des Druckgurtes in der erweiterten Fachwerkanalogie weist auf diesen Einfluß hin. Weiterhin leisten die Dübelwirkung der Längsbewehrung, die Kornverzahnung in den Schubrissen und die Biegesteifigkeit der Druckstreben Beiträge zum Schubtragvermögen. Diese Einflüsse sind von untergeordneter Bedeutung und nur bei genaueren Untersuchungen zum Tragverhalten schubbeanspruchter Stahlbetonbauteile [357–359] im einzelnen zu erfassen. Sie können aber dazu dienen, die Schubtragfähigkeit von Balken ohne Schubbewehrung zu ermitteln und von der aufzunehmenden Schubbelastung abzuziehen, um, anders als es nach DIN 1045 geschieht, mit dem verbleibenden Tragfähigkeitsanteil der Schubbewehrung deren Querschnitt zu bemessen [360, 361, 374].

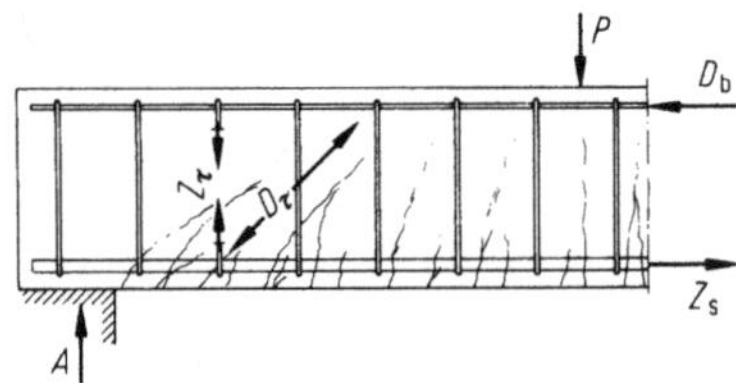

Bild 4-1. Fachwerk als Tragmodell im Auflagerbereich eines Balkens.

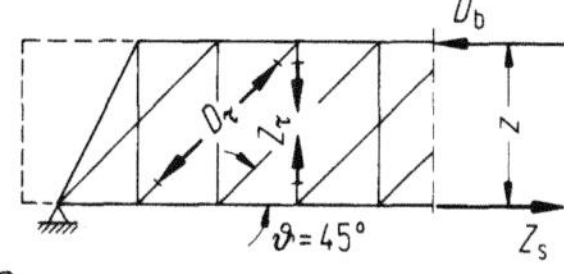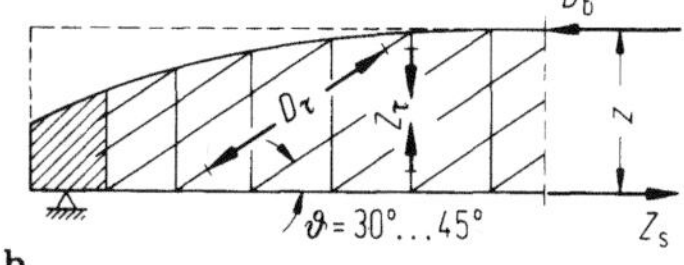

Bild 4-2. a) Klassische und b) erweiterte Fachwerkanalogie.

Als *Schubbewehrung* können Bügel, aus der Biegebewehrung aufgebogene Schrägstäbe und Schubzulagen dienen. In Balken sind stets Bügel anzuordnen, DIN 1045, 18.8.2.2, während eine eventuell erforderliche Schubbewehrung von Platten auch ohne Bügel ausgeführt werden darf.

Unter einem Winkel von 45° bis 60° gegen die Balkenachse geführte *Aufbiegungen* kreuzen die Schubrisse annähernd rechtwinklig. Das ist für die Beschränkung der Rißbreiten an sich vorteilhaft, jedoch liegen solche Aufbiegungen zu weit im Balkeninnern, um an der Betonoberfläche tatsächlich eine feine Rißverteilung gewährleisten zu können. Ordnet man die Aufbiegungen nahe den Balkenaußenseiten an, besteht infolge der schneidenförmigen, Spaltbrüche begünstigenden Abstützung der Betondruckstreben die Gefahr von Abplatzungen (Bild 4-3). Abgesehen von diesen Nachteilen wird vielfach schon deshalb auf Schrägaufbiegungen verzichtet, weil der Biegeaufwand verhältnismäßig groß ist.

Senkrechte *Bügel* kreuzen die Schubrisse zwar unter einem ungünstigeren Winkel als Aufbiegungen, eignen sich wegen der geringeren Betonüberdeckung und der Wahl dünner Stäbe in kleinen Abständen aber doch besser zur Rissebeschränkung. Für die Abstützung der Druckstreben sind Bügel in Verbindung mit der Längsbewehrung ebenfalls besser geeignet als Aufbiegungen, Bild 4-4. Der Abstützung der Druckstreben dient auch die Begrenzung des Abstandes der Bügelschenkel quer zur Balkenachse nach DIN 1045, Tabelle 26. Schräge Bügel vereinigen die Vorteile von Schrägaufbiegungen und Bügeln, werden der aufwendigeren Ausführung wegen aber nur bei sehr hoher Schubbeanspruchung verwendet.

Schubzulagen nach DIN 1045, 18.8.4 umschließen die Längsbewehrung nicht, sondern werden wie Aufbiegungen innerhalb der Bügel angeordnet. Sie haben Korb-, Leiter- oder Girlandenform und sind möglichst gleichmäßig über den Querschnitt zu verteilen, Bild 4-5 [362].

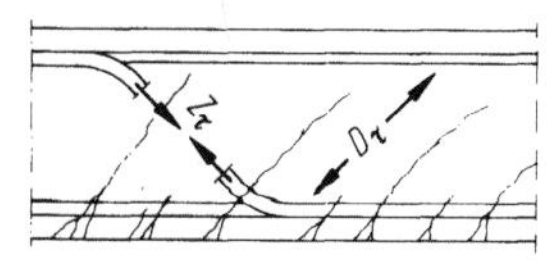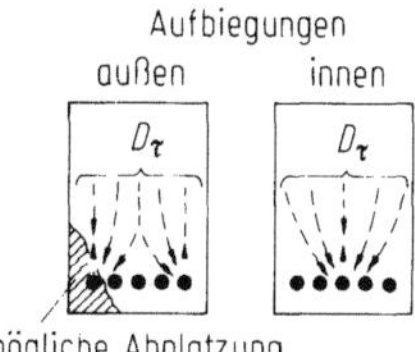

Bild 4-3. Abstützung der Druckstreben durch aufgebogene Bewehrungsstäbe.

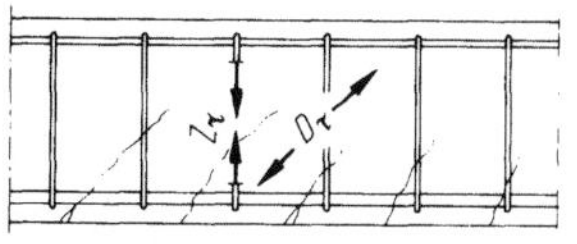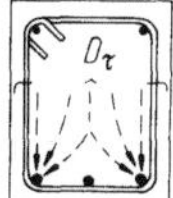

Bild 4-4. Abstützung der Druckstreben durch Bügel.

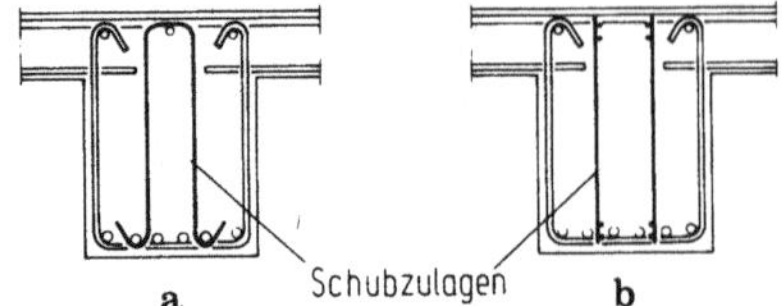

Bild 4-5a, b. Schubzulagen: a) aus Einzelstäben und b) aus geschweißten Leitern.

4.2 Maßgebende Querkraft

Nach DIN 1045, 15.6 dürfen die Querkräfte in vielen Fällen für Vollast ermittelt werden, wobei die Durchlaufwirkung zu berücksichtigen ist. Für den Nachweis der Schubbeanspruchung ist bei mittelbarer oder indirekter Stützung [363] die Querkraft am Auflagerrand maßgebend, weil sich der größere Wert an der theoretischen Auflagerlinie durch die verteilt wirkende Auflagerkraft abbaut (Bild 4-6a). Bei unmittelbarer oder direkter Stützung gilt die Querkraft im Abstand $0,5h$ vom Auflagerrand als maßgebend. Auflagernahe Lasten werden über Druckstreben in das Auflager eingeleitet, ohne daß Schubbewehrung notwendig wird (Bild 4-6b). Daher ist es bei direkter Auflagerung möglich, zur Bemessung der Schubbewehrung den Querkraftanteil, der aus einer Einzellast in Auflagernähe herrührt, abzumindern (Bild 4-6c). Vom maßgebenden Größtwert Q_s zur rechnerischen Auflagerlinie kann die Querkraft geradlinig abnehmend angenommen werden.

Bei mittelbarer Lagerung fehlen quergerichtete Druckspannungen als Auflagerreaktionen. Die Auflagerkräfte von Platten oder Nebenträgern werden durch Druckstreben in die Zugzone des Hauptträgers eingetragen (Bild 4-7). Zu ihrer Weiterleitung in die Druckzone ist, wie ein Fachwerk als Tragmodell leicht erkennen läßt, eine besondere Aufhängebewehrung erforderlich [364, 365]. Diese kann aus Bügeln oder Schrägstäben bestehen und ist für die volle Auflagerkraft zu bemessen, DIN 1045, 18.10.2.

Wird ein Teil der Aufhängebewehrung im Nebenträger angeordnet, sind zur Wahrung des Gleichgewichts bei der Abstützung der Druckstreben horizontale Steckbügel zu empfehlen. Die im Kreuzungsbereich zweier Balken vorhandene Schubbewehrung darf unter bestimmten Voraussetzungen auf die Aufhängebewehrung angerechnet werden [362].

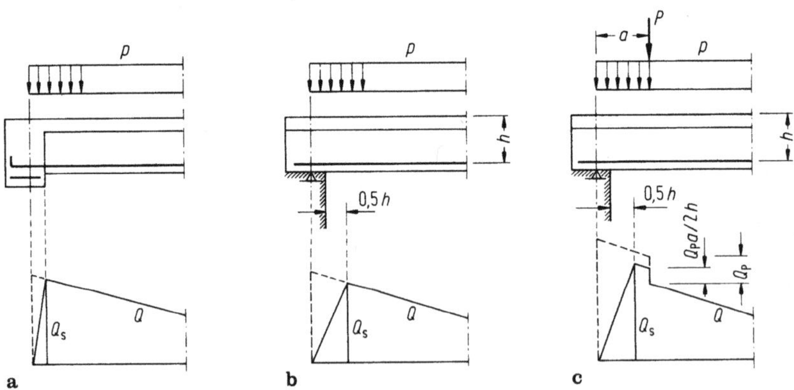

Bild 4-6a–c. Maßgebende Querkraft bei: a) mittelbarer Lagerung, b) unmittelbarer Lagerung, c) auflagernaher Einzellast und unmittelbarer Lagerung.

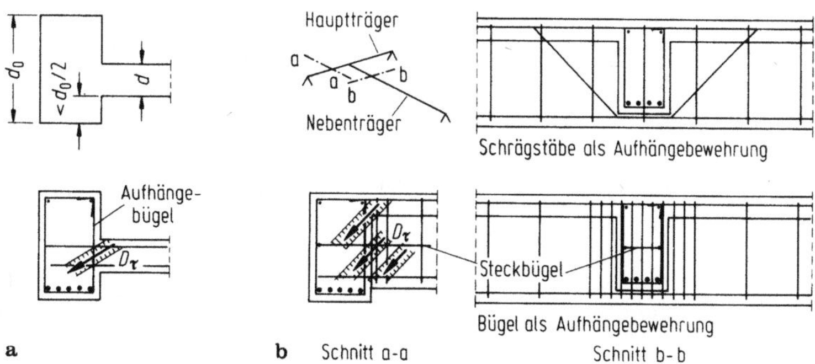

Bild 4-7a, b. Aufhängebewehrung bei mittelbarer Lagerung: a) einer Deckenplatte und b) eines Balkens.

Bei veränderlicher Querschnittshöhe beeinflußt die Neigung der Druck- und Zuggurtkräfte die Größe der maßgebenden Querkraft. Wie die beiden Kraftecke in Bild 4-8 zeigen, kann sich die maßgebende Querkraft sowohl vergrößern als auch verringern. Im ersten Fall muß, im zweiten Fall darf dieser Einfluß berücksichtigt werden, DIN 1045, 17.5.2.

Im Bild 4-8 sind an einem Balkenelement mit veränderlicher Höhe die inneren und äußeren Schnittgrößen eingetragen. Mit

$$D_b \cdot \cos\gamma_D = \frac{M_s}{z}, \quad Z_s \cdot \cos\gamma_Z = \frac{M_s}{z} + N \quad \text{und} \quad M_s = M - N \cdot z_s$$

folgt aus der Gleichgewichtsbedingung

$$\Sigma V = 0: \quad Q = Q_s + D_b \sin\gamma_D + Z_s \sin\gamma_Z$$

die maßgebende Querkraft zu

$$Q_s = Q - \frac{M_s}{z}(\tan\gamma_D + \tan\gamma_Z) - N \tan\gamma_Z \,.$$

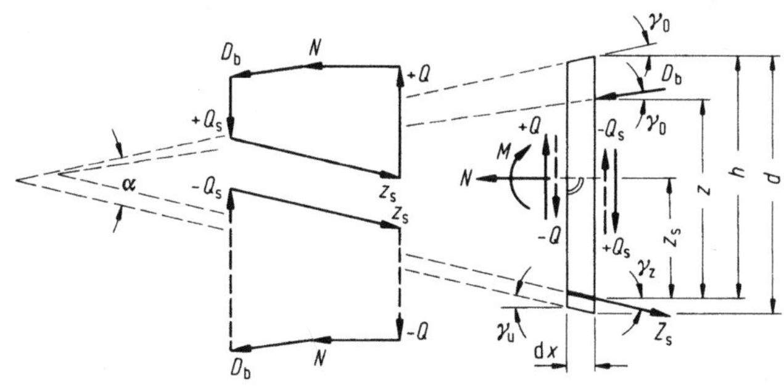

Bild 4-8. Maßgebende Querkraft bei veränderlicher Querschnittshöhe.

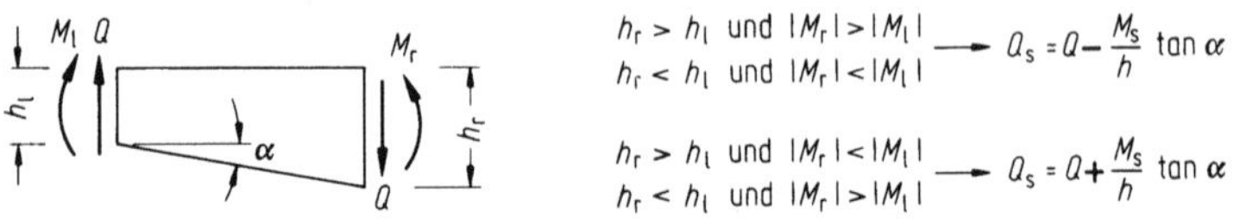

$$h_r > h_l \text{ und } |M_r| > |M_l|$$
$$h_r < h_l \text{ und } |M_r| < |M_l|$$
$$\longrightarrow \quad Q_s = Q - \frac{M_s}{h}\tan\alpha$$

$$h_r > h_l \text{ und } |M_r| < |M_l|$$
$$h_r < h_l \text{ und } |M_r| > |M_l|$$
$$\longrightarrow \quad Q_s = Q + \frac{M_s}{h}\tan\alpha$$

Bild 4-9. Vorzeichenregelung für den Einfluß veränderlicher Querschnittshöhe.

Mit den Näherungen

$$\tan\gamma_D + \tan\gamma_Z \approx \tan(\gamma_D + \gamma_Z), \quad \gamma_D \approx \gamma_0,\ \gamma_Z \approx \gamma_u,$$

$$\frac{1}{z}\cdot(\tan\gamma_D + \tan\gamma_Z) \approx \frac{1}{h}\cdot\tan(\gamma_0 + \gamma_u) \approx \frac{1}{h}\tan\alpha$$

erhält man daraus

$$Q_s = Q - \frac{M_s}{h}\tan\alpha - N\tan\gamma_u. \tag{4-1}$$

Häufig ist die Normalkraft gleich null oder vernachlässigbar klein, und der Ausdruck für die maßgebende Querkraft vereinfacht sich auf

$$Q_s = Q - \frac{M_s}{h}\tan\alpha. \tag{4-2}$$

Eine Verringerung der maßgebenden Querkraft tritt dann ein, wenn sich die Querschnittshöhe und der Absolutwert des Momentes gleichsinnig ändern, eine Vergrößerung bei gegensinniger Änderung (Bild 4-9).

4.3 Stabkräfte nach der Fachwerkanalogie

Für die Ermittlung der Schubbewehrung werden die Stabkräfte eines mehrfachen Fachwerks nach der klassischen Fachwerkanalogie betrachtet. Die günstigen Einflüsse der erweiterten Fachwerkanalogie kommen in der sog. verminderten Schubdeckung, d.h. einer Abminderung der zur Bemessung der Schubbewehrung dienenden Stegzugkräfte, zum Ausdruck.

An Schnitten parallel zu den Druck- und Zugstreben des Fachwerkmodells lassen sich die auf die Länge bezogenen Strebenkräfte und die Gurtkräfte aus Gleichgewichtsbetrachtungen bestimmen (Bild 4-10):

$$Z'_\tau = \frac{Z_\tau}{\Delta l} = \frac{Q}{\sin\beta \cdot z \cdot (\cot\vartheta + \cot\beta)}, \tag{4-3}$$

$$D'_\tau = \frac{D_\tau}{\Delta l} = \frac{Q}{\sin\vartheta \cdot z \cdot (\cot\vartheta + \cot\beta)},$$

$$Z_s = \frac{M}{z} + \frac{Q}{2}(\cot\vartheta - \cot\beta),$$

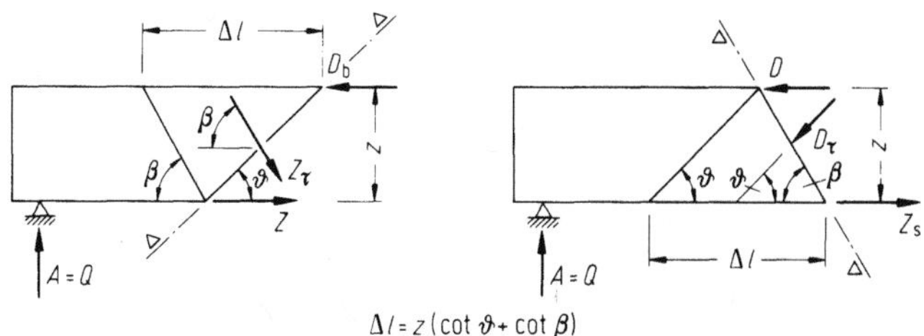

Bild 4-10. Stabkräfte am Fachwerkmodell.

$$D_{\rm b} = \frac{M}{z} - \frac{Q}{2}\,(\cot\vartheta - \cot\beta)\,.$$

Von den Stabkräften dient die Zugstrebenkraft Z'_τ zur Ermittlung der erforderlichen Schubbewehrung. Die Druckstrebenkraft D'_τ ist nicht weiter zu verfolgen, da ein Druckstrebenbruch durch die Begrenzung der zulässigen Schubspannungen gemäß DIN 1045, 17.5.3 ausgeschlossen wird. Die Biegedruckkraft $D_{\rm b}$ wird durch die Wirkung von Querkräften verringert, was ebenfalls keinen Nachweis erfordert. Dagegen wird die Biegezugkraft $Z_{\rm s}$ vergrößert und insbesondere verbleibt am Auflager, obgleich dort kein Biegemoment wirkt, im Zuggurt eine Zugkraft von der Größe

$$Z_{\rm s,A} = \frac{Q_{\rm A}}{2}\,(\cot\vartheta - \cot\beta)\,. \tag{4-4}$$

Bei der Bewehrungsführung ist $Z_{\rm s,A}$ durch das sogenannte Versatzmaß zu berücksichtigen. Aus (4-4) erhält man nach Bild 4-11 als Steigung der Zugkraftlinie

$$\tan\varphi = \frac{Z_{\rm s,A}}{v} = \frac{Q_{\rm A}}{2v}\cdot(\cot\vartheta - \cot\beta)\,.$$

Weiterhin gilt am Auflager A

$$\tan\varphi = \left(\frac{{\rm d}Z_{\rm s}}{{\rm d}x}\right)_{\rm A} \approx \frac{1}{z}\cdot\left(\frac{{\rm d}M}{{\rm d}x}\right)_{\rm A} = \frac{Q_{\rm A}}{z}\,.$$

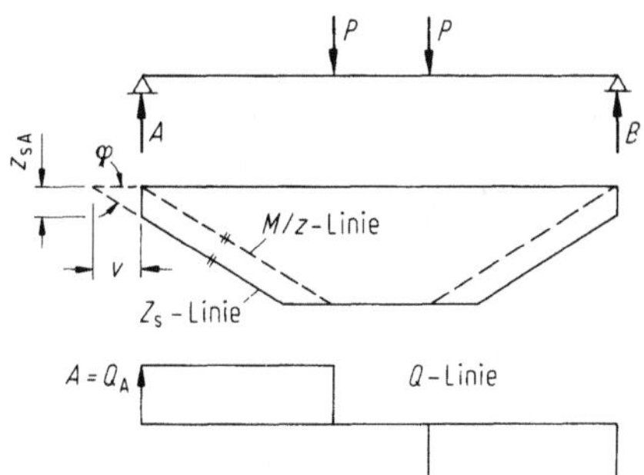

Bild 4-11. Zugkraft am Auflager und Versatzmaß v.

Aus dem Gleichsetzen folgt das Versatzmaß

$$v = \frac{z}{2}(\cot \vartheta - \cot \beta) \approx \frac{h}{2}(\cot \vartheta - \cot \beta).$$

Es ist von der Neigung der Druck- und Zugstreben und damit von der Schubbeanspruchung und der Anordnung der Schubbewehrung abhängig. DIN 1045, Tabelle 25, enthält Angaben über die Größe des zu verwendenden Versatzmaßes.

Mit der Druckstrebenneigung $\vartheta = 45°$ nach der klassischen Fachwerkanalogie lautet (4-3) für die Zugstrebenkraft

$$Z'_{\tau,45°} = \frac{Q}{\sin \beta \cdot z \cdot (1 + \cot \beta)}.$$

Flacher geneigte Druckstreben unter $\vartheta < 45°$ haben kleinere Zugstrebenkräfte zur Folge. Das kommt in dem Verhältnis

$$\frac{Z'_{\tau,\vartheta}}{Z'_{\tau,45°}} = \frac{1 + \cot \beta}{\cot \vartheta + \cot \beta} = \eta \,,$$

das als Schubdeckungsgrad bezeichnet wird, zum Ausdruck. Bei $\vartheta = 45°$ wird $\eta = 1$, man spricht von voller Schubdeckung. Die Anwendung der erweiterten Fachwerkanalogie mit Druckstrebenneigungen $\vartheta < 45°$ führt zur verminderten Schubdeckung mit $\eta < 1$.

4.4 Ermittlung der Schubspannungen

4.4.1 Homogene Querschnitte

In homogenen Querschnitten gilt zur Berechnung der Schubspannungen die bekannte Beziehung

$$\tau = \frac{QS}{bI}.$$

Sie liefert für den Rechteckquerschnitt einen parabelförmigen Verlauf mit dem Größtwert $\max \tau = 1{,}5Q/(bd) = Q/(bz)$ in Höhe der Schwerachse (Bild 4-12). Weil dabei linear verteilte

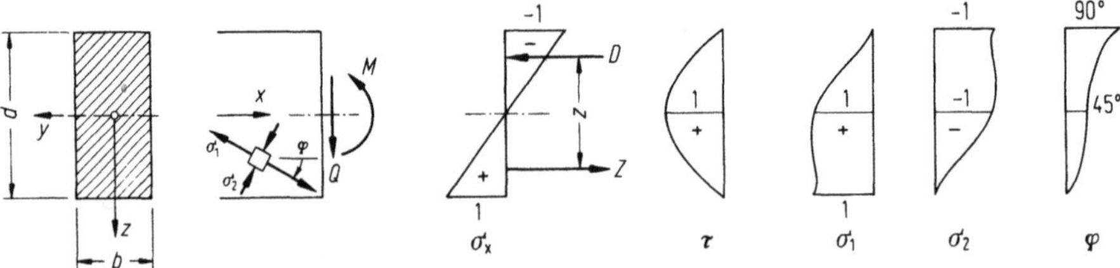

Bild 4-12. Spannungen in homogenen Querschnitten.

Längsspannungen vorausgesetzt werden, gilt die Beziehung für Stahlbeton, auch im nicht gerissenen Zustand I, allenfalls näherungsweise.

Aus den Normal- und Schubspannungen ermitteln sich mit $\sigma_z \approx 0$ die Hauptspannungen zu

$$\sigma_{1,2} = \frac{\sigma_x}{2} \pm \sqrt{\left(\frac{\sigma_x}{2}\right)^2 + \tau^2} \, . \tag{4-5}$$

Ihre Richtung gegenüber der positiven x-Achse folgt aus

$$\tan 2\varphi = \frac{2\tau}{\sigma_x} \, . \tag{4-6}$$

4.4.2 Stahlbetonquerschnitte im Zustand II

Betrachtet wird der häufig vorkommende Fall eines Balkens mit konstanten Querschnittsabmessungen längs der Stabachse. Für ein Balkenelement nach Bild 4-13 lautet das Gleichgewicht in x-Richtung $\tau b\,\mathrm{d}x = \mathrm{d}Z_s$. Durch Einsetzen von $\mathrm{d}Z_s = \mathrm{d}M/z$ folgt daraus bei konstanter oder fehlender Normalkraft

$$\tau = \frac{1}{b} \cdot \frac{\mathrm{d}Z_s}{\mathrm{d}x} = \frac{1}{bz} \cdot \frac{\mathrm{d}M}{\mathrm{d}x} = \frac{Q}{bz} \, . \tag{4-7}$$

Der Größtwert $\max \tau$ der Schubspannung gehört zur kleinsten Breite b zwischen Nullinie und Bewehrung (Bild 4-14). Beim Rechteckquerschnitt ist die Schubspannung in diesem Bereich konstant.

Der innere Hebelarm z kann aus der Biegebemessung übernommen oder näherungsweise zu

$z \approx (0{,}85 \ldots 0{,}9)$ für Rechteckquerschnitte und gedrungene Plattenbalken,
$z \approx h - d/2$ für schlanke Plattenbalken

angesetzt werden.

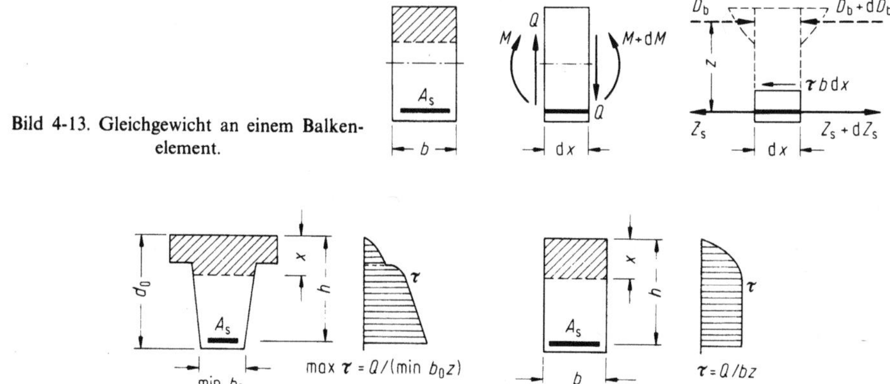

Bild 4-13. Gleichgewicht an einem Balken-element.

Bild 4-14. Schubspannungen in Stahlbetonquerschnitten im Zustand II.

Zur Bemessung der Schubbewehrung wird häufig die auf die Länge bezogene Schubkraft

$$T' = \tau b \tag{4-8}$$

verwendet. Sie ist auch bei veränderlicher Balkenbreite über die Höhe der Zugzone konstant. Für einen Balkenabschnitt der Länge $\Delta x = (x_2 - x_1)$ erhält man durch Integration von (4-8) die gesamte Schubkraft

$$T = \int_{x_1}^{x_2} T'\,dx = b \int_{x_1}^{x_2} \tau\,dx. \tag{4-9}$$

4.5 Grundwert der Schubspannung

Nach DIN 1045, 17.5.3 ist der Grundwert τ_0 der Schubspannung, für den die Grenzen in Tabelle 4-1 gelten, je nach Beanspruchung des Querschnittes und Lage der Nullinie unterschiedlich definiert.

Bei Bauteilen unter Biegung mit oder ohne Längskraft gilt, solange die Nullinie im Querschnitt liegt, als Grundwert τ_0 die größte innerhalb der Zugzone auftretende Schubspannung im Zustand II (4-7)

$$\tau_0 = \frac{Q}{bz}. \tag{4-10}$$

Für die Schubmessung ist das der Regelfall. Zu dem Grundwert τ_0 gehört die bezogene Schubkraft $T'_0 = \tau_0 b = Q/z$.

Weist ein Querschnitt unter Biegung und Längsdruckkraft nur Druckspannungen auf, liegt die Nullinie also außerhalb des Querschnittes, darf nach DIN 1045 die größte Hauptzugspannung $\sigma_{1,1}$ nach Zustand I unter Gebrauchslast als Grundwert τ_0 angenommen werden, $\tau_0 = \max \sigma_{1,1}$. Tatsächlich erreicht die Hauptzugspannung $\sigma_{1,1}$ nur bei einer Druckstrebenneigung $\vartheta = 45°$ den

Tabelle 4-1. Grenzen der Grundwerte τ_0 der Schubspannungen in N/mm², nach DIN 1045

| Bauteil | Schubbereich | Schubspannung max τ_0 | Grenzen der Grundwerte τ_0 der Schubspannung in N/mm² für Beton | | | | | | Schub-deckung | Schub-deckungs-grad η |
				B15	B25	B35	B45	B55		
Platten[a]	1	$\leqslant k_i \cdot \tau_{011}$ [b]	τ_{011} [b]	0,25 / 0,35	0,35 / 0,50	0,40 / 0,60	0,50 / 0,70	0,55 / 0,80	keine	0
	2	$> k_i \cdot \tau_{011}; \leqslant \tau_{02}$	τ_{02}	1,20	1,80	2,40	2,70	3,00	vermindert	$\tau_0/\tau_{02} \geqslant 0,4$
Balken	1	$\leqslant \tau_{012}$	τ_{012}	0,50	0,75	1,00	1,10	1,25		0,4
	2	$> \tau_{012}; \leqslant \tau_{02}$	τ_{02}	1,20	1,80	2,40	2,70	3,00	vermindert	$\tau_0/\tau_{02} \geqslant 0,4$
	3[c]	$> \tau_{02}; \leqslant \tau_{03}$	τ_{03}	2,00	3,00	4,00	4,50	5,00	voll	1,0

[a] $k_i = k_1 = 0,2/d + 0,33 \geqslant 0,5$ und $\leqslant 1,0$ allgemein; $k_i = k_2 = 0,12/d + 0,6 \geqslant 0,7$ und $\leqslant 1,0$ für Bereiche, in denen die Größtwerte von M und Q nicht zusammentreffen; für $d \leqslant 30$ cm gilt stets $k_i = 1,0$.

[b] Die obere Zeile gilt bei gestaffelter, teilweise im Zugbereich verankerter Feldbewehrung.

[c] Der Schubbereich 3 darf nur bei Balkenhöhen d bzw. $d_0 \geqslant 30$ cm ausgenutzt werden.

Wert τ_0. Im allgemeinen sind die Druckstreben sehr viel flacher geneigt. Für Bügel unter $\beta = 90°$ als Schubbewehrung mit dem zugehörigen Schubdeckungsgrad $\eta = \tan\vartheta$ ist dann die Hauptzugspannung im Zustand I gleich der auf den Bemessungswert τ abgeminderten Schubspannung

$$\sigma_{1,\mathrm{I}} = \tau_0 \tan\vartheta = \tau.$$

Die Hauptzugspannung ist mit

$$\sigma_x \approx \frac{N}{A_\mathrm{b}} \pm \frac{M}{W_\mathrm{b}} \quad \text{und} \quad \tau_0 \approx \frac{QS_\mathrm{b}}{bI_\mathrm{b}}$$

nach (4-5) zu ermitteln und die Neigung der Druckstreben zu $\tan 2\vartheta = -2\tau_0/\sigma_x$. Als Querschnittswerte können die des unbewehrten Betonquerschnittes verwendet werden, sofern nicht der günstige Einfluß des n-fachen Bewehrungsquerschnittes mit $n = E_\mathrm{s}/E_\mathrm{b} \approx 10$ einbezogen wird. Es erscheint ausreichend genau, die Spannungen in der Schwerlinie des Querschnittes – dort beträgt $\sigma_x = N/A_\mathrm{b}$ – zu betrachten. Für den Schubdeckungsgrad ist als Mindestwert $\eta = \tan\vartheta = 0,4$ entsprechend einem Neigungswinkel der Druckstreben von $\vartheta = 21,8°$ einzuführen.

Die Schubbeanspruchung gedrungener überdrückter Querschnitte ist normalerweise unbedeutend, dünne Stege profilierter Querschnitte können jedoch gegen Druckstrebenbruch gefährdet sein. Deshalb ist zusätzlich nachzuweisen, daß die schiefe Hauptdruckspannung im Zustand II nicht größer wird als $\sigma_{2,\mathrm{II}} = 2\tau_{03}$ nach Tabelle 4-1. Für die Druckstreben des zugehörigen Fachwerkmodells ist die Neigung der Hauptdruckspannung im Zustand I zu übernehmen. Die schiefe Hauptdruckspannung kann aus

$$\sigma_{2,\mathrm{II}} = -\frac{\tau_0}{\sin\vartheta \cdot \cos\vartheta}$$

oder noch einfacher aus dem Zusammenhang

$$|\sigma_{2,\mathrm{II}}| = |\sigma_{2,\mathrm{I}}| + |\sigma_{1,\mathrm{I}}|$$

berechnet werden [410, 583].

Bei Biegung mit Längszugkraft und Nullinie außerhalb des Querschnittes ist die allein aus der Querkraft nach Zustand II ermittelte Schubspannung als Grundwert τ_0 maßgebend. Sie darf den Grenzwert τ_{02} der Tabelle 4-1 nicht überschreiten und zur Bemessung der Schubbewehrung nicht abgemindert werden. Der innere Hebelarm kann zu $z = h - d_1$, d.h. gleich dem Abstand der beiden Bewehrungslagen, angesetzt werden. Für Platten unter Biegung mit Längszug ist die Hauptzugspannung σ_1 nach Zustand I zu ermitteln. Wenn diese den Grenzwert τ_{011} nach Tabelle 4-1 nicht überschreitet, darf auf eine Schubbewehrung verzichtet werden.

Die Grenzwerte der Tabelle 4-1 gelten mit Ausnahme des Wertes τ_{011}, der mit dem Faktor 0,6 abzumindern ist, auch für Konstruktionsleichtbeton. Ergänzende Angaben für die Festigkeitsklassen LB 8 und LB 10 enthält die Tabelle 3 von DIN 4219.

4.6 Schubbereiche und Bemessungswert der Schubspannungen

DIN 1045 schreibt für die nach der Höhe des Grundwertes τ_0 der Schubspannung unterschiedenen drei Schubbereiche unterschiedliche Nachweise der Schubdeckung vor, Tabelle 4-1.

Im *Schubbereich 1* mit

$$\max \tau_0 \le k_1 \tau_{011} \quad \text{bzw.} \quad k_2 \tau_{011} \quad \text{für Platten und}$$

$$\max \tau_0 \le \tau_{012} \quad \text{für Balken}$$

ist die Schubbeanspruchung gering, und Einflüsse wie die Gewölbewirkung leisten noch einen nennenswerten Beitrag zur Schubtragfähigkeit. Bei Platten darf auf eine Schubbewehrung verzichtet werden. Wegen der Zugbandwirkung der Biegebewehrung wird bei τ_{011} hinsichtlich der Bewehrungsführung, ob durchlaufend oder gestaffelt, unterschieden. Die Beiwerte

$$k_1 = \frac{0,2}{d} + 0,33 \quad \begin{matrix} \ge 0,5 \\ \le 1,0 \end{matrix}, \quad k_2 = \frac{0,12}{d} + 0,6 \quad \begin{matrix} \ge 0,7 \\ \le 1,0 \end{matrix}, \quad d \text{ in m,}$$

bewirken bei Plattendicken $d > 30$ cm eine Abminderung der Grenzwerte. Dabei gilt k_1 allgemein und k_2 in den Bereichen von Platten, in denen – wie an Endauflagern – die Größtwerte von Biegemoment und Querkraft nicht zusammentreffen.

In Balken, mit Ausnahme kleinerer Tür- und Fensterstürze, ist stets eine für den Bemessungswert $\tau = 0,4\tau_0$ zu ermittelnde Schubbewehrung anzuordnen. Davon muß ein für $\tau_{bü} = 0,25\tau_0$ bemessener Mindestanteil aus Bügeln bestehen, DIN 1045, 18.8.2.2 [362].

Für Stahlleichtbeton gilt der Bemessungswert $\tau = 0,5\tau_0$, und der Mindestquerschnitt der Bügel ist für $\tau_{bü} = 0,3\tau_0$ zu bemessen.

Im *Schubbereich 2* mit

$$k_1 \cdot \tau_{011} \quad \text{bzw.} \quad k_2 \cdot \tau_{011} < \max \tau_0 \le \tau_{02} \quad \text{für Platten und}$$

$$\tau_{012} < \max \tau_0 \le \tau_{02} \quad \text{für Balken}$$

ist verminderte Schubdeckung mit dem Schubdeckungsgrad

$$\eta = \frac{\tau_0}{\tau_{02}} \ge 0,4$$

nachzuweisen. Der Grundwert τ_0 der Schubspannung wird auf den Bemessungswert

$$\tau = \eta \tau_0 = \frac{\tau_0^2}{\tau_{02}} \ge 0,4\tau_0$$

abgemindert und damit die erforderliche Schubbewehrung an Hand der klassischen Fachwerkanalogie ermittelt. Rein rechnerisch geht man zur Vereinfachung der Nachweise also immer von Druckstreben unter einem Winkel $\vartheta = 45°$ aus und erfaßt die Verminderung der Zugstrebenkräfte infolge flacher geneigter Druckstreben durch die Abminderung des Grundwertes τ_0 der Schubspannung auf den Bemessungswert $\tau = \eta \tau_0$.

Der Bemessungswert für Stahlleichtbeton beträgt

$$\tau = 1,15 \cdot \frac{\tau_0^2}{\tau_{02}} \left. \begin{matrix} \\ \end{matrix} \right\} \quad \begin{matrix} \ge 0,5 \cdot \tau_0 \\ \le \tau_0 \end{matrix} \ .$$

Eine eventuell erforderliche Schubbewehrung von Platten muß nur in den Bereichen angeordnet werden, in denen die Schubspannung τ_0 die Grenzen des Schubbereiches 1 überschreitet.

Im *Schubbereich 3* mit

$$\tau_{02} < \max \tau_0 \le \tau_{03}$$

ist volle Schubdeckung nachzuweisen. Der Bemessungswert $\tau = \tau_0$ ist für den gesamten zugehörigen Querkraftbereich gleichen Vorzeichens maßgebend, also auch dort, wo die Schubspannung mit $\tau_0 \le \tau_{02}$ die Grenze zum Schubbereich 2 unterschreitet.

Der Schubbereich 3 darf nur für Balken ausgenutzt werden. Voraussetzung ist, daß die Querschnittshöhe mindestens 30 cm beträgt. Diese Forderung hängt mit dem bei niedrigen Balken besonders nachteiligen Einfluß eines Schlupfes der Schubbewehrung zusammen [367].

Die Grenzwerte τ_{03} stellen die obere Grenze der Schubspannungen dar. Werden sie überschritten, sind die Betonabmessungen zu vergrößern und dafür die Schubspannungen erneut nachzuweisen.

4.7 Erforderliche Schubbewehrung

4.7.1 Ermittlung aus der bezogenen Schubkraft

Führt man in (4-3) die Neigungswinkel der Fachwerkstreben zu $\vartheta = 45°$ und $\beta = 45° + \delta$ ein, so erhält man durch Umformen die auf die Länge bezogene Zugstrebenkraft $Z'_\tau = Q/(z\sqrt{2}\cos\delta)$. Mit der Definition $\tau = \eta\tau_0$ für den Bemessungswert der Schubspannung und demgemäß $T' = \eta T'_0 = \eta Q/z$, $\eta \le 1$, gilt für verminderte wie für volle Schubdeckung

$$Z'_\tau = \frac{\eta Q}{z\sqrt{2}\cos\delta} = \frac{T'}{\sqrt{2}\cos\delta} = \frac{\tau b}{\sqrt{2}\cos\delta} \tag{4-11}$$

Die Zerlegung der bezogenen Schubkraft T' in die Druck- und Zugstrebenkräfte ist in Bild 4-15 dargestellt.

Besteht die Schubbewehrung aus senkrechten Bügeln, beträgt der Winkel $\delta = 45°$. Mit $\cos\delta = 1/\sqrt{2}$ geht (4-11) über in

$$Z'_\tau = T' = \tau b. \tag{4-12}$$

Werden unter $\beta = 45°$ geneigte Bügel oder Schrägaufbiegungen als Schubbewehrung gewählt, ergibt sich mit $\delta = 0$ und $\cos\delta = 1$

$$Z'_\tau = \frac{T'}{\sqrt{2}} = \frac{\tau b}{\sqrt{2}}. \tag{4-13}$$

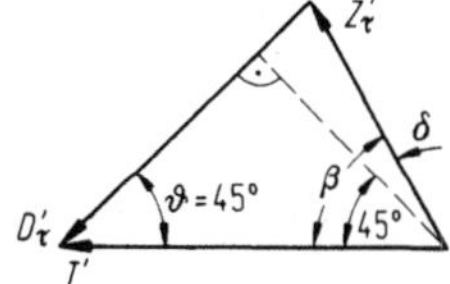

Bild 4-15. Zerlegung der Schubkraft.

Die zulässige Stahlspannung der Schubbewehrung beträgt nach DIN 1045, 17.5.4 $\sigma_{\mathrm{st}} = \beta_{\mathrm{S}}/1{,}75$. Sie ist bei Bauteilen aus Stahlleichtbeton auf $\sigma_{\mathrm{st}} \leq 240 \ \mathrm{N/mm^2}$ zu beschränken.

Der auf die Längeneinheit bezogene Querschnitt der Schubbewehrung folgt aus (4-11) mit der Stahlspannung σ_{st} zu

$$a_{\mathrm{s}} = Z'_{\tau}/\sigma_{\mathrm{st}} \, .$$

Dieser Querschnitt ist auf die Bügel und etwaige Aufbiegungen oder Schubzulagen aufzuteilen.

Zur Bemessung senkrechter *Bügel* wird ein horizontaler Längsschnitt durch einen Balken betrachtet (Bild 4-16). Bei einem Bügelabstand $s_{\mathrm{b\ddot{u}}}$ entfällt auf die t Schenkel eines t-schnittigen Bügels die Schubkraft $T_{\mathrm{b\ddot{u}}} = T'_{\mathrm{b\ddot{u}}} s_{\mathrm{b\ddot{u}}}$. Nach (4-12) ergibt sich die Bügelzugkraft in gleicher Größe, d.h., $Z_{\mathrm{s,b\ddot{u}}} = T'_{\mathrm{b\ddot{u}}}$. Es gilt

$$Z_{\mathrm{s,b\ddot{u}}} = T'_{\mathrm{b\ddot{u}}} s_{\mathrm{b\ddot{u}}} = A_{\mathrm{s,b\ddot{u}}} \sigma_{\mathrm{st}} = a_{\mathrm{s,b\ddot{u}}} s_{\mathrm{b\ddot{u}}} \sigma_{\mathrm{st}} \, . \tag{4-14}$$

Je nachdem, welche Größe gesucht wird, liefert (4-14) den Bügelquerschnitt bezogen auf die Länge zu

$$a_{\mathrm{s,b\ddot{u}}} = T'_{\mathrm{b\ddot{u}}}/\sigma_{\mathrm{st}} \, ,$$

den Querschnitt eines t-schnittigen Bügels oder eines einzelnen Bügelschenkels zu

$$A_{\mathrm{s,b\ddot{u}}} = T'_{\mathrm{b\ddot{u}}} \cdot s_{\mathrm{b\ddot{u}}}/\sigma_{\mathrm{st}} \quad \text{oder} \quad A_{\mathrm{s,b\ddot{u}}}/t = T'_{\mathrm{b\ddot{u}}} \cdot s_{\mathrm{b\ddot{u}}}/(t\sigma_{\mathrm{st}}),$$

den Bügelabstand zu

$$s_{\mathrm{b\ddot{u}}} = A_{\mathrm{s,b\ddot{u}}} \cdot \sigma_{\mathrm{st}}/T'_{\mathrm{b\ddot{u}}}$$

oder den Anteil der Bügel an der bezogenen Schubkraft zu

$$T'_{\mathrm{b\ddot{u}}} = A_{\mathrm{s,b\ddot{u}}} \cdot \sigma_{\mathrm{st}}/s_{\mathrm{b\ddot{u}}} \, .$$

Sofern *Schrägaufbiegungen* verwendet werden, decken sie den Anteil $T'_{\mathrm{s}} = T' - T'_{\mathrm{b\ddot{u}}}$ der bezogenen Schubkraft ab (Bild 4-17). Mit (4-9) oder durch näherungsweise Berechnung der T'_{s}-Fläche erhält man die Schubkraft T_{s} und entsprechend (4-11) die Zugkraft

$$Z_{\mathrm{s,s}} = T_{\mathrm{s}}/(\sqrt{2}\cos\delta) \, .$$

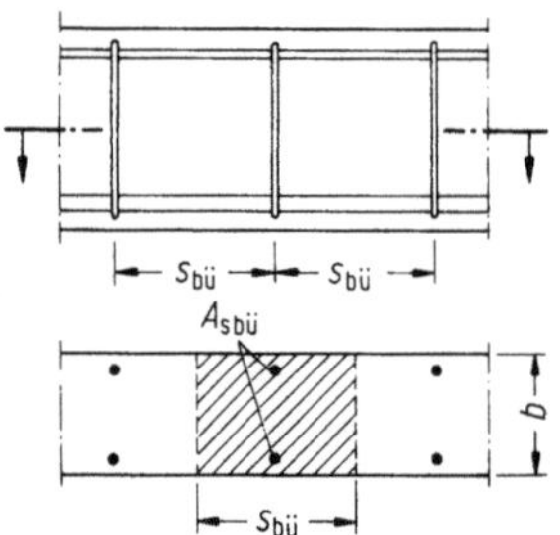

Bild 4-16. Längsschnitt durch einen Balkensteg mit zweischnittigen Bügeln.

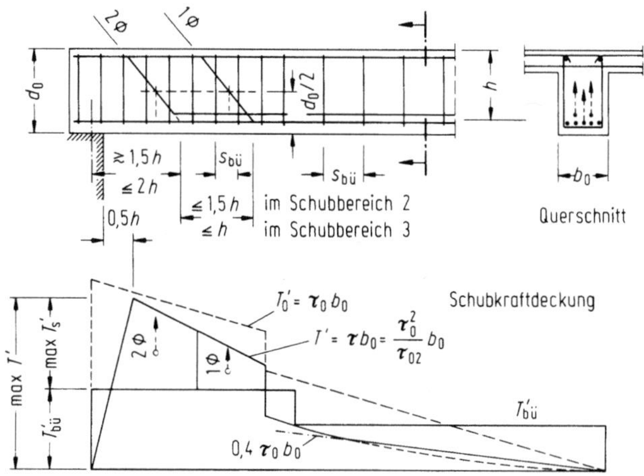

Bild 4-17. Schubbewehrung aus Bügeln und aufgebogenen Schrägstäben für einen Balken.

Für die übliche Neigung der Aufbiegungen, $\beta = 45°$, beträgt der erforderliche Stahlquerschnitt

$$A_{s,s} = Z_{s,s}/\sigma_{st} = T_s/(\sqrt{2}\,\sigma_{st}).$$

Die Schrägaufbiegungen sollen, wie in Bild 4-17 dargestellt, die Mittellinie des Balkens annähernd im Schwerpunkt der zugehörigen T'_s-Fläche schneiden. Mit Rücksicht auf die Einleitung der Druckstreben in das Auflager dürfen die Aufbiegungen nicht zu nahe am Balkenende liegen, und sie dürfen, damit jeder Riß von mehreren Stäben gekreuzt wird, voneinander nicht zu weiten Abstand haben. In schwierigen Fällen kann die Aufteilung nach der Summenlinie erfolgen [8, 20].

Schubzulagen sind, entsprechend ihrer Richtung, entweder wie senkrechte Bügel oder wie Schrägstäbe zu bemessen.

4.7.2 Vereinfachter Nachweis der Schubbewehrung

In einfacher Weise läßt sich die gesamte Schubbewehrung A_{st} eines Querkraftbereiches gleichen Vorzeichens mit der Länge x_m aus der Zugkraftdifferenz und damit der Biegebewehrung des betrachteten Balkenabschnittes berechnen (Bild 4-18) [206, 303, 368–370]. Zunächst sei volle Schubdeckung mit $\eta = 1$ vorausgesetzt.

Die gesamte Schubkraft des Balkenabschnittes zwischen $x = 0$ und $x = x_m$ wird mit

$$T = \int T'\,dx = \int \frac{Q}{z}\,dx$$

$$= \frac{1}{z}(|M_F| + |M_S|) = (Z_{s,F} + Z_{s,S}) = \sigma_s(A_{s,F} + A_{s,S})$$

durch die Biegebewehrung im Feld und über der Stütze ausgedrückt. Aus der vorangegangenen

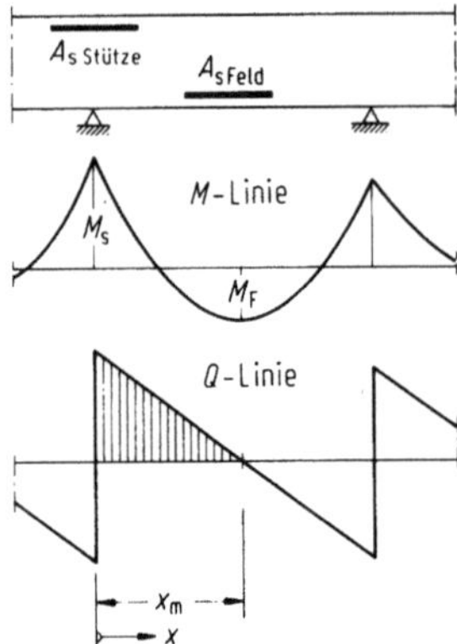

Bild 4-18. Vereinfachter Nachweis der Schubbewehrung aus der Biegebewehrung.

Biegebemessung ist diese bereits bekannt. Damit ergibt sich der Querschnitt der Schubbewehrung zu

$$A_{s\tau} = \frac{T}{\sigma_{s\tau}} = \frac{\sigma_s}{\sigma_{s\tau}} \cdot (A_{s,F} + A_{s,s}), \tag{4-15}$$

wobei meistens $\sigma_s = \sigma_{s\tau}$ sein wird. Für einen Einfeldbalken oder das Endauflager eines Durchlaufträgers wird daraus $A_{s\tau} = A_{s,F} \cdot \sigma_s/\sigma_{s\tau}$. Die Gleichung (4-15) stellt die gesamte Schubbewehrung für den betrachteten Balkenabschnitt dar, die gemäß

$$A_{s\tau} = A_{s,bü} + A_{s,s} \cdot \sqrt{2} \cdot \cos \delta$$

auf lotrechte Bügel und Schrägstäbe aufzuteilen und etwa dem Verlauf der Bemessungswerte τ entsprechend anzuordnen ist [370].

Der Einfluß verminderter Schubdeckung $\eta < 1$ wird durch Abminderung von (4-15) auf

$$A_{s\tau} = \kappa \cdot \sigma_s/\sigma_{s\tau} \cdot (A_{s,F} + A_{s,s})$$

berücksichtigt. Der Beiwert κ ist dem Diagramm oder der Tabelle in Bild 4-19 zu entnehmen.

Das Verfahren gilt für Platten und Balken unter beliebiger Belastung bei Biegung ohne Normalkraft und ist auch für Bauteile mit veränderlicher Höhe anwendbar [371]. Es setzt voraus, daß die Biegebemessung und die Schubbemessung für den gleichen Lastfall erfolgen. Im allgemeinen trifft das zwar nicht zu, jedoch ist die Abweichung unerheblich und liegt auf der sicheren Seite.

4.8 Sonderfälle der Schubbemessung

4.8.1 Anschluß von Druck- und Zuggurten

Die Einleitung von Kräften in die Zug- oder Druckgurte profilierter Träger geschieht über Schubkräfte (Bild 3-24) und erfordert eine über dem Steg durchlaufende Querbewehrung, DIN 1045, 18.8.5

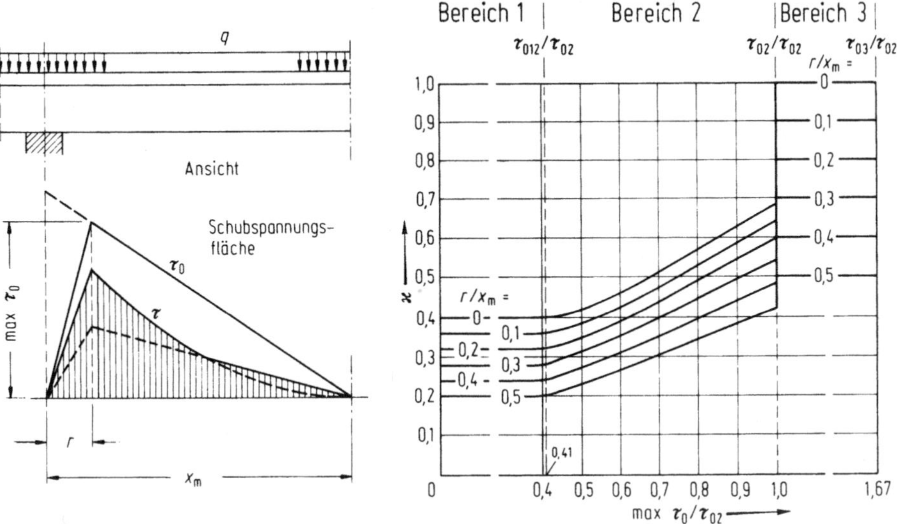

Schubbereich	$\dfrac{\max \tau_0}{\tau_{02}}$	κ für $r/x_m =$										
		0	0,05	0,1	0,15	0,2	0,25	0,3	0,35	0,4	0,45	0,5
1	$\leqslant 0,4$	0,400	0,380	0,360	0,340	0,320	0,300	0,280	0,260	0,240	0,220	0,200
	0,5	0,419	0,402	0,384	0,366	0,348	0,329	0,310	0,291	0,271	0,250	0,230
	0,6	0,459	0,443	0,426	0,408	0,390	0,371	0,351	0,331	0,309	0,287	0,265
	0,7	0,510	0,494	0,476	0,458	0,439	0,418	0,397	0,375	0,352	0,328	0,303
2	0,8	0,567	0,549	0,531	0,511	0,491	0,469	0,446	0,421	0,396	0,369	0,342
	0,9	0,626	0,608	0,588	0,567	0,545	0,521	0,496	0,469	0,442	0,412	0,382
	1,0	0,688	0,668	0,647	0,625	0,600	0,574	0,547	0,518	0,488	0,456	0,422
3	$> 1,0$	1,000	0,950	0,900	0,850	0,800	0,750	0,700	0,650	0,600	0,550	0,500

Bild 4-19. Diagramm und Zahlentafel für die Beiwerte κ zum vereinfachten Nachweis der Schubbewehrung.

[362], zu deren Bemessung die Fachwerkanalogie mit Druckstreben unter $\vartheta \leq 45°$ dient. Bei gleichzeitiger Querbiegung in der Platte überlagern sich die Druckstrebenkräfte mit den Biegedruckkräften. Um ein Versagen des Betons auf Druck auszuschließen, darf deshalb die Schubspannung τ_{0a} am Anschnitt (Bild 4-20) den Grenzwert τ_{02} nach Tabelle 4-1 nicht überschreiten.

Zur Ermittlung der Schubspannung τ_{0a} am Anschnitt des *Druckgurtes* wird ein Gurtelement von der Länge dx betrachtet (Bild 4-21). Die Bedingung für das Gleichgewicht in Längsrichtung lautet

$$\tau_{0a} d_a \cdot \mathrm{d}x = \mathrm{d}D_{ba} = D_{ba} \cdot \frac{\mathrm{d}D_b}{D_b} = \frac{D_{ba}}{D_b} \cdot \frac{\mathrm{d}M}{z} = \frac{D_{ba}}{D_b} \cdot \frac{Q\,\mathrm{d}x}{z}.$$

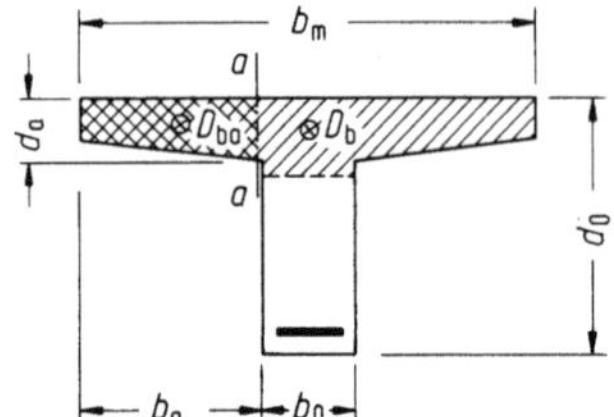

Bild 4-20. Anschluß eines Druckgurtes.

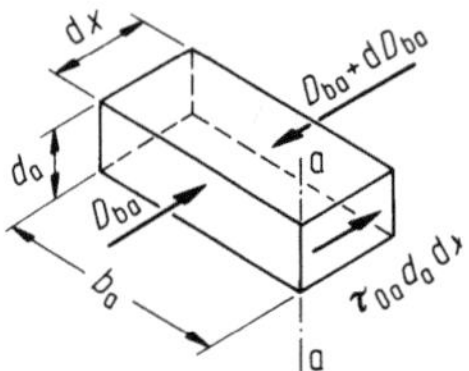

Bild 4-21. Element eines Druckgurtes mit angreifenden Kräften.

Daraus folgt mit $\tau_0 = Q/(b_0 z)$ durch Umformen

$$\tau_{0a} = \tau_0 \cdot \frac{b_0}{d_a} \cdot \frac{D_{ba}}{D_b}. \tag{4-16}$$

Die Schubspannung im Gurtanschnitt läßt sich damit aus derjenigen im Steg ermitteln. Vernachlässigt man die auf den Steg entfallenden Druckspannungen und setzt den häufigsten Fall konstanter Plattendicke $d_a = d$ voraus, vereinfacht sich (4-16) auf

$$\tau_{0a} = \tau_0 \frac{b_0}{d} \frac{b_a}{b_m}.$$

Bei einem *Zuggurt* (Bild 4-22) ist der außerhalb der Bügel angeordnete Anteil $A_{s,a}$ der Gesamtbewehrung A_s anzuschließen. Analog zum Druckgurt errechnet sich die Schubspannung im Anschnitt des Zuggurtes zu

$$\tau_{0a} = \tau_0 \frac{b_0}{d_a} \cdot \frac{A_{s,a}}{A_s}.$$

Zur Dimensionierung der Querbewehrung von Druck- und Zuggurten dient der Bemessungswert

$$\tau = \tau_{0a}^2/\tau_{02} \geq 0{,}4\tau_{0a}$$

für verminderte Schubdeckung. Er liefert den auf die Länge bezogenen Bewehrungsquerschnitt

$$a_s = T'/\sigma_s = \tau d_a/\sigma_s. \tag{4-17}$$

Diese Bewehrung ist etwa gleichmäßig auf die Ober- und Unterseite des Gurtes zu verteilen. Bei gleichzeitiger Querbiegung der Platte genügt es, die Hälfte der Bewehrung nach (4-17) zusätzlich zur

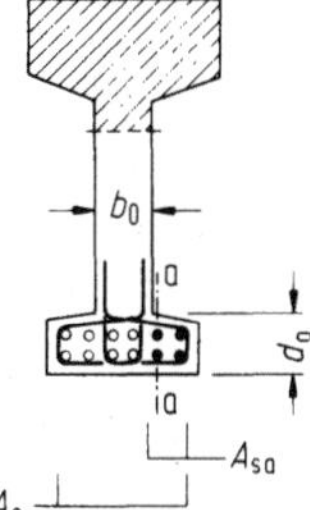

Bild 4-22. Anschluß eines Zuggurtes.

Biegebewehrung der Platte anzuordnen. Auf der Druckseite, wo die Biegedruckkraft die erforderliche Anschlußbewehrung verringert, reicht nach [362] die bis zum Auflager geführte Feldbewehrung der Platte aus. Genauere Untersuchungen der kombinierten Beanspruchung durch Querbiegung und Schub werden beispielsweise in [372, 373] angestellt.

Bei Bauteilen des üblichen Hochbaus, DIN 1045, 2.2.4, mit beidseitigen Gurten darf auf den rechnerischen Nachweis der Anschlußbewehrung verzichtet werden, wenn ihr Querschnitt mindestens gleich der Hälfte der im Steg erforderlichen Schubbewehrung gewählt wird. Bei Druckgurten darf außerdem der Nachweis der Schubspannung τ_{0a} entfallen.

4.8.2 Durchstanzen von Platten

Als Durchstanzen wird das Bruchverhalten von Platten unter der Wirkung hoher Einzellasten, wie es sich beispielsweise bei Flachdecken oder Fundamentplatten einstellen kann, bezeichnet [403, 404], Bild 4-23. Es bilden sich von ringförmigen Biegerissen ausgehende schräge Schubrisse, die einen kegelstumpfförmigen Bruchkörper begrenzen. Bei kleinen Rißbreiten können durch die Kornverzahnung an den Rißufern noch Querkräfte übertragen werden. Das erklärt den günstigen Einfluß einer kräftigen oberen Biegebewehrung auf die Schubtragfähigkeit von Flachdecken [401]. DIN 1045, 22.4 schreibt deshalb eine Mindestbewehrung von $\mu = 0,5\%$ je Bewehrungsrichtung vor, um vorzeitiges Fließen der Bewehrung zu verhindern. Für Fundamente, bei denen ein wesentlicher Teil der Stützenlast unmittelbar über den Bereich des beim Bruch entstehenden Stanzkegels in den Baugrund übertragen wird, gilt diese Forderung nicht.

Nach DIN 1045, 22.5.1 ist in einem gedachten Rundschnitt, Bild 4-24, die rechnerische Schubspannung

$$\tau_r = \max Q_r/(u h_m)$$

zu bestimmen. Die Querkraft max Q_r entspricht bei Deckenplatten etwa der gesamten Stützenlast. Bei Fundamentplatten kann der auf den Bruchkegel entfallende Anteil der Bodenpressung, die

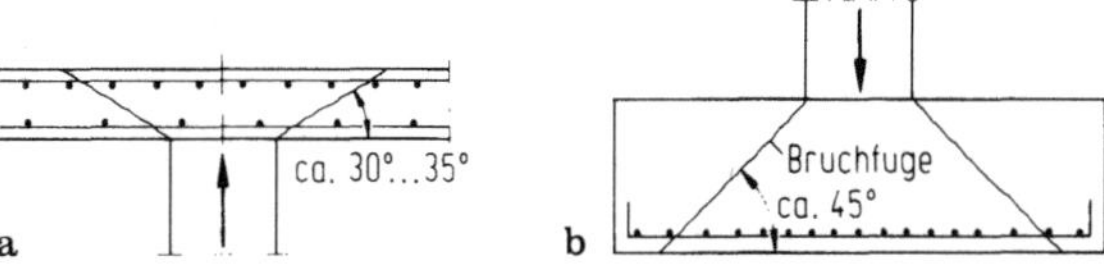

Bild 4-23a, b. Durchstanzen von Platten: a) Flachdecke und b) Fundamentplatte.

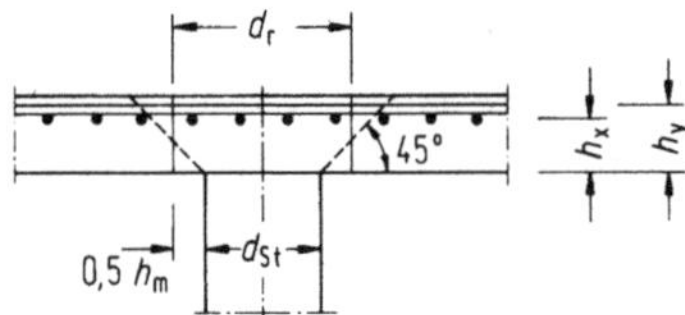

$$h_m = \tfrac{1}{2}(h_x + h_y) \qquad u = \pi d_r = \pi(d_{St} + h_m)$$

Bild 4-24. Rundschnitt für den Durchstanznachweis.

erheblich größer ist als die übliche Belastung von Decken, abgezogen werden, Bild 4-25. Aussparungen in Stützennähe und nicht rotationssymmetrische Belastung sind zu berücksichtigen, siehe auch DIN 1045, 22, und [260].

Die Sicherheit gegen Durchstanzen wird nachgewiesen durch Vergleich von τ_r mit den Grenzwerten der Tabelle 4-1, die gemäß DIN 1045, 22.5.2 allerdings noch mit den von der Bewehrung abhängigen Beiwerten κ_1 und κ_2 abzumindern sind. Als obere Grenze der rechnerischen Schubspannung ist

$$\tau_r \leq \kappa_2 \tau_{02}$$

einzuhalten. Im Falle einer Überschreitung kann eine Verstärkung des Stützenkopfes vorgenommen werden, Bild 4-26. In begrenztem Umfang läßt sich auch durch eine verstärkte Biegebewehrung über der Stütze der Beiwert κ_2 und damit die Tragfähigkeit auf Durchstanzen vergrößern.

Bei Schubspannungen

$$\tau_r \leq \kappa_1 \tau_{011}$$

kann eine Schubbewehrung entfallen. Für

$$\kappa_1 \tau_{011} < \tau_r \leq \kappa_2 \tau_{02}$$

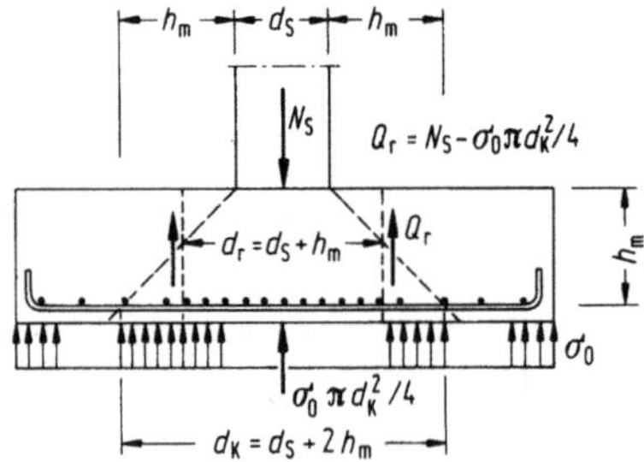

Bild 4-25. Fundamentplatte; Querkraft für den Durchstanznachweis.

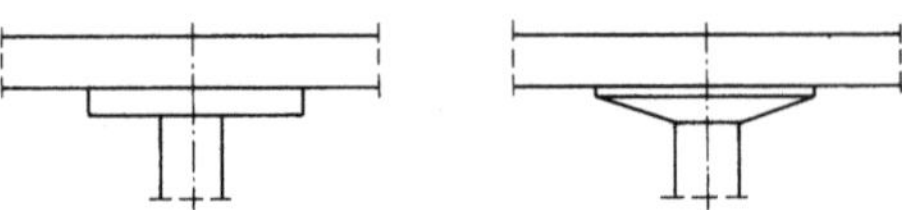

Bild 4-26. Verstärkung der Stützenköpfe von Flachdecken.

muß ein rechnerischer Nachweis der Schubsicherung geführt werden. Nach DIN 1045 ist die Schubbewehrung für 0,75 max Q_r zu bemessen. Es wird also vorausgesetzt, daß auch im Bruchzustand Druckstreben noch einen Teil der Querkraft abtragen können.

Als Schubbewehrung sind Einzelbügel, Bügelleitern aus Betonstahlmatten und Aufbiegungen, die im Bereich des Bruchkegels über den Umfang verteilt werden, möglich (Bild 4-27). Ihrer sorgfältigen Verankerung kommt wegen der gegenüber Balken meist geringen Konstruktionshöhe besondere Bedeutung zu. Bügel müssen mindestens eine Lage der Biegebewehrung umfassen, was ihren Einbau erschwert. Ein sehr günstiges Tragverhalten weisen Kopfbolzen auf, die mit Flachstahlleisten oder zwei Bewehrungsstäben zu kammartigen Bewehrungselementen verschweißt und sternförmig angeordnet werden [401, 402, 405]. Empfehlenswert und insbesondere bei Fundamenten in der Regel problemlos zu verwirklichen ist es, die Konstruktionshöhe so groß zu wählen, daß auf eine Schubbewehrung verzichtet werden kann.

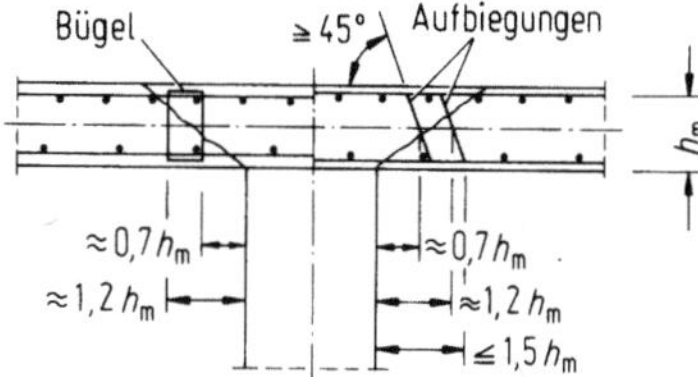

Bild 4-27. Durchstanzbewehrung aus Bügeln und Aufbiegungen.

4.8.3 Konsolen

Konsolen sind kurze Kragarme, bei denen der Abstand a der Last vom Einspannquerschnitt kleiner ist als der innere Hebelarm z (Bild 4-28). Ihr Tragverhalten kann, wie Versuche zeigen [407, 408], mit einem Fachwerkmodell erklärt werden. Die annähernd horizontal verlaufende Zugkraft ergibt sich aus der Zerlegung der Vertikalbelastung zu Pz/a; eine eventuell vorhandene Horizontallast wird addiert. Der innere Hebelarm kann bei Verhältnissen $a/h \approx 0,5$, d.h. bei hohen Konsolen, zu $z \approx 0,8h$ und bei niedrigeren Konsolen zu $z \approx 0,85h$ angenommen werden. Mit dem Sicherheitsbeiwert $\gamma = 1,75$ folgt daraus die erforderliche Bewehrung

$$A_s = \frac{Z_P + Z_H}{\sigma_s} = \frac{\gamma}{\beta_s}\left(P\frac{a}{z} + H\right).$$

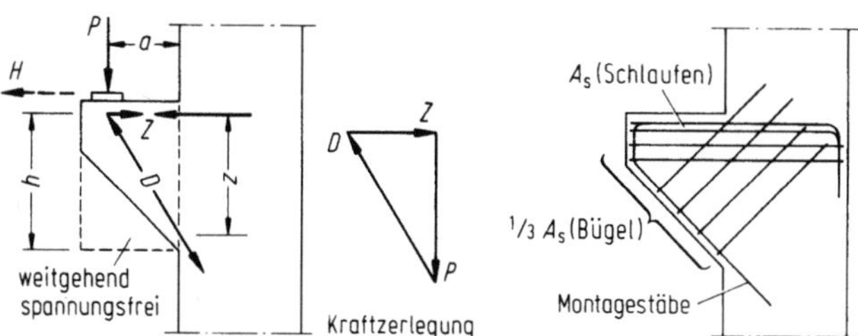

Bild 4-28. Unmittelbar von oben belastete Konsole; Tragmodell und Bewehrung.

Die Bewehrung des Zugbandes darf nicht abgestuft werden und ist sorgfältig zu verankern. Zweckmäßigerweise werden unter der Belastung P am Konsolenende Schlaufen angeordnet. Zusätzlich sind über die Konsolenhöhe für $Z_{s,\text{bü}} \approx Z_s/3$ bemessene Bügel zu verteilen. Sie dienen als Spaltzugbewehrung zur Sicherung der Betondruckstrebe. In Bild 4-28 ist die Bewehrungsführung im Prinzip dargestellt, siehe auch [364, 365].

Bei hoch beanspruchten Konsolen ist auch ein Nachweis für die Betondruckstrebe erforderlich. Nach [364] kann die Dicke der Druckstrebe zu $0,2h$ angenommen werden. Unter $\gamma = 2,1$ facher Belastung soll dann die Betondruckspannung den Wert $0,95\beta_R$ nicht überschreiten,

$$\sigma_b = D_{\text{bu}}/(0{,}2hb) \le 0{,}95\beta_R \,.$$

Wegen der Schwierigkeit, den Querschnitt der Druckstrebe zutreffend zu erfassen, wird nach [206, 303] statt dessen ein Schubspannungsnachweis für $Q = P$ geführt. Mit $a/h \le 1$ und den Grenzwerten nach Tabelle 4-1 gilt für die Schubspannung

$$\tau_0 = Q/(bz) \le \tau_{03} - (\tau_{03} - \tau_{02}) \cdot a/(2h) \,.$$

Wird die Belastung durch einen Balken über die Konsolenhöhe verteilt eingeleitet (Bild 4-29) oder an der Unterseite angehängt, ist die wie vor ermittelte Bewehrung durch eine für die volle Last P bemessene Aufhängebewehrung zu ergänzen. Alternativ kann der Lastabtrag auch über eine schräge Zugstrebe mit einer horizontalen Druckstrebe oder eine Kombination der beiden Tragsysteme erfolgen. Da letzteres bei einer angenommenen Lastaufteilung mit Unsicherheiten verbunden ist, sollten vorsichtshalber beide Fachwerke etwas reichlich bemessen werden [364].

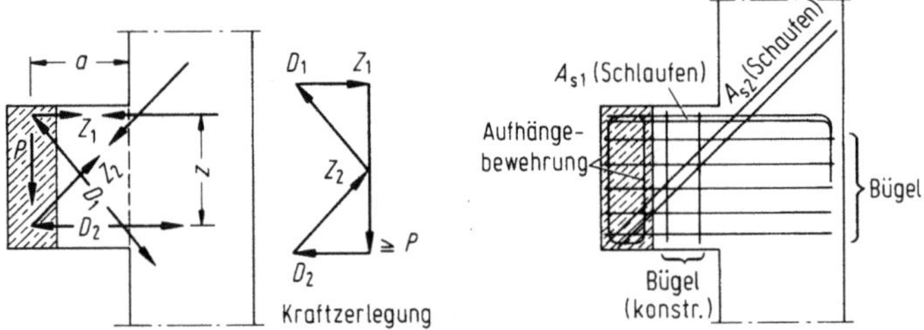

Bild 4-29. Mittelbar belastete Konsole.

5. Bemessung für Torsion

5.1 Grundlagen

Bei torsionsbeanspruchten Bauteilen aus Stahlbeton ist zu unterscheiden, ob die Torsionsmomente notwendig sind, um das Gleichgewicht herzustellen, oder ob sie lediglich aus der monolithischen Verbindung mit anderen Bauteilen herrühren.

Im Bild 5-1a ist für die Kragplatte Gleichgewicht nur möglich, wenn der Balken das Kragmoment über Torsion abtragen kann. Die Aufnahme der Torsionsmomente ist in einem solchen Fall rechnerisch nachzuweisen. Man spricht von Last- oder Gleichgewichtstorsion.

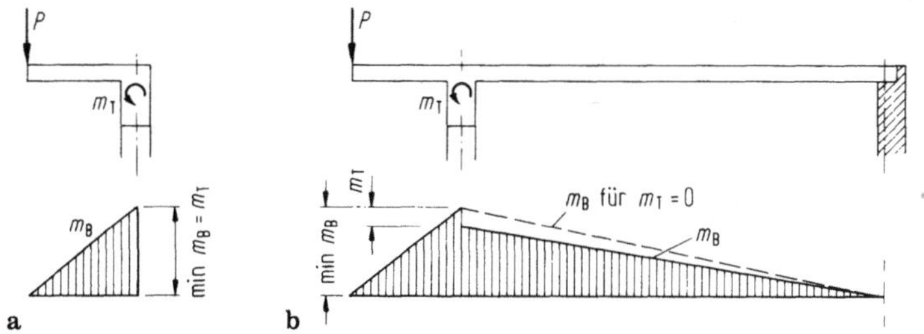

Bild 5-1. a) Last- oder Gleichgewichtstorsion und b) Zwang-oder Verträglichkeitstorsion.

Wird die Kragplatte dagegen mit einer anschließenden Platte verbunden (Bild 5-1b), überträgt sich das Kragmoment im wesentlichen über Biegung in die Nachbarplatte. Der Balken wird zwar einen seiner Verdrehungssteifigkeit entsprechenden Anteil des Kragmomentes über Torsion abtragen, für das Gleichgewicht ist das aber nicht erforderlich. Es liegt Zwang- oder Verträglichkeitstorsion vor. Diese Torsionsbeanspruchung ist von untergeordneter Bedeutung, weil die Verdrehungssteifigkeit beim Übergang vom Zustand I in den gerissenen Zustand II stärker abfällt als die Biegesteifigkeit. Die Torsionsmomente und deren Weiterleitung müssen in solchen Fällen nicht rechnerisch nachgewiesen werden, sind aber, um breite Risse zu vermeiden, bei der Bewehrungsführung konstruktiv zu berücksichtigen.

Soll bei der Schnittgrößenermittlung ausnahmsweise die Verdrehungssteifigkeit berücksichtigt werden, ist sie für den Zustand II anzusetzen, DIN 1045, 15.5, [260].

Aus Versuchen ist bekannt [451–454], daß sich Vollquerschnitte unter der Wirkung von Torsionsmomenten hinsichtlich der Verwindung und der Stahlspannungen im Zustand II ähnlich verhalten wie gleich bewehrte Hohlquerschnitte. An der Aufnahme von Torsionsmomenten wirkt offensichtlich nur eine dünne äußere Zone mit. Man kann daher Vollquerschnitte rechnerisch wie Hohlquerschnitte behandeln.

Entsprechend den Ausführungen in 2.3 verwendet man als Torsionsbewehrung fast ausschließlich Bügel und Längsstäbe. Zur Beschränkung der Rißbreiten sind insbesondere kleine Bügelabstände zu wählen; die Längsstäbe werden gleichmäßig über den Umfang verteilt oder, zumindest bei kleineren Querschnitten, in den Ecken konzentriert [451, 453]. Angaben über die zulässigen Stababstände enthält DIN 1045, 18.10.4.

Zugspannungen, die aus einer Wölbbehinderung herrühren, bauen sich im Zustand II ab und können vernachlässigt werden. Eher verdienen bei hoher Torsionsbeanspruchung die Druckspannungen aus Wölbbehinderung Beachtung, sofern sie mit gleichzeitig wirkenden Biegedruckspannungen zu überlagern sind [454]. Mit den Grenzen der zulässigen Torsionsschubspannungen nach DIN 1045 sind aber auch solche Lastkombinationen als abgedeckt anzusehen. Die oberen Spannungsgrenzen für Torsion allein oder zusammen mit Querkraft liegen niedriger als für Querkraft allein. Damit wird berücksichtigt, daß die Betondruckstreben des gedachten Fachwerks durch die Verwindung der Seitenflächen tordierter Stäbe zusätzliche Biegebeanspruchung erfahren [5a, 451] und außerdem die Gefahr besteht, daß der Beton durch das Umlenken der Druckstreben an den Kanten abgesprengt wird (Bild 5-2).

Das Tragverhalten eines Stahlbetonstabes unter Torsionsbeanspruchung kann mit einem räumlichen Fachwerk in Form eines Hohlkastens verglichen werden, dessen Druckstreben wie die Risse unter 45° verlaufen [5a] (Bild 5-3). Als Zugstäbe dienen die Bewehrungstäbe in Längsrichtung und die Bügel. Damit jeder Riß von mehreren Bügeln gekreuzt wird, müssen die Fachwerke, wie auch bei Querkraft, mehrfache Strebenzüge aufweisen, Bild 5-3 zeigt also ein vereinfachtes Fach-

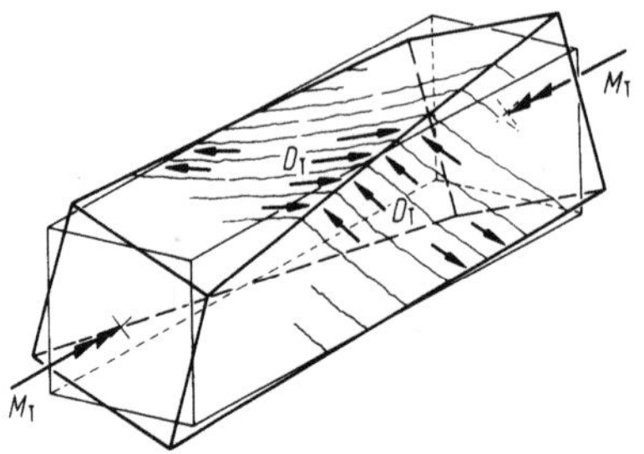

Bild 5-2. Verlauf der Risse und Betondruckstreben eines auf Torsion beanspruchten Rechteckquerschnittes.

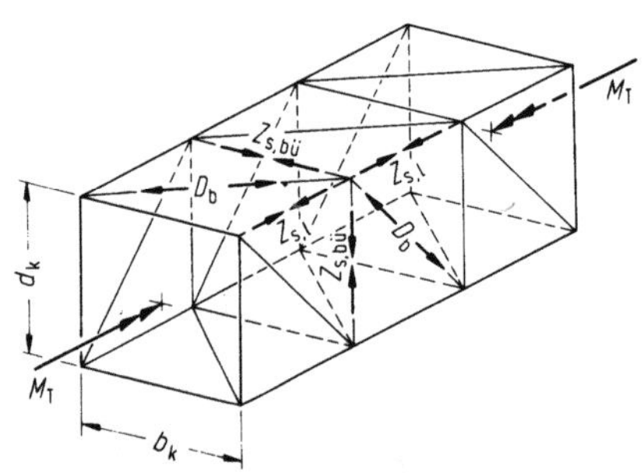

Bild 5-3. Räumlicher Fachwerk-Hohlkasten als Tragmodell bei Torsion, nach [5a].

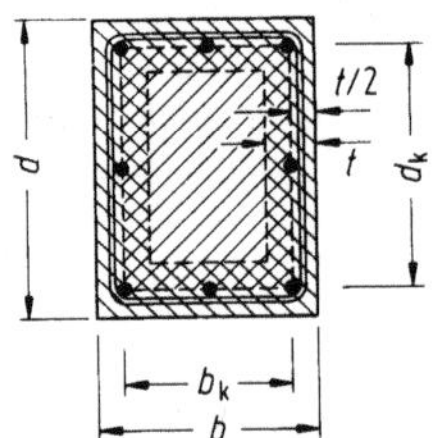

$$A_k = b_k d_k$$
$$u_k = 2(b_k + d_k)$$

Bild 5-4. Rechteckiger Vollquerschnitt; Ersatz durch Hohlquerschnitt bei Torsion.

werkmodell. Die Mittellinien des Fachwerkkastens, die den Kernquerschnitt A_k einschließen, werden nach DIN 1045 durch die Stabachsen der Längsbewehrung in den Ecken festgelegt (Bild 5-4).

Die Bemessung für Torsion erfolgt, wie die für Querkraft, ohne Berücksichtigung gleichzeitig wirkender Biegemomente. Zunächst werden die unter Gebrauchslast auftretenden Schubspannungen berechnet und zulässigen Werten gegenübergestellt. Die in dem Fachwerkmodell wirkenden Zugkräfte dienen dann zur Dimensionierung der Bewehrung.

5.2 Schubspannungen unter Gebrauchslast

Die Schubspannungen infolge Torsion werden vereinfachend für den Zustand I ermittelt. Mit dem auf den Schubmittelpunkt bezogenen Torsionsmoment M_T und dem Widerstandsmoment W_T gegen

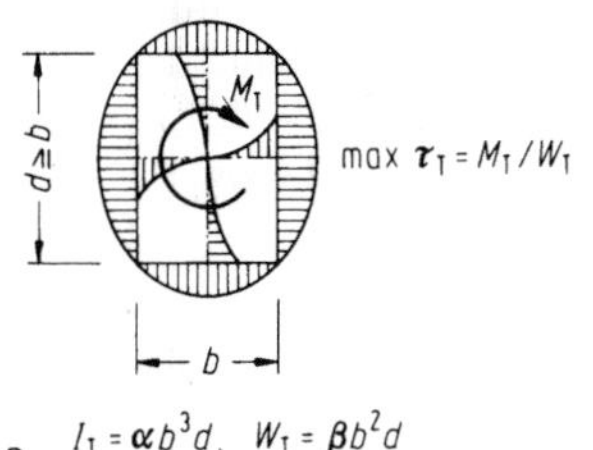

d/b	α	β
1,0	0,140	0,208
1,5	0,196	0,231
2,0	0,229	0,246
3,0	0,263	0,267
4,0	0,281	0,282
6,0	0,299	0,299
10,0	0,313	0,313
∞	0,333	0,333

Bild 5-5a, b. Rechteckquerschnitt im Zustand I: a) Torsionsschubspannungen und b) Beiwerte α für die Trägheitsmomente I_T sowie β für die Widerstandsmomente W_T.

Verdrehen erhält man den Grundwert der Schubspannung

$$\tau_T = M_T / W_T.$$

Für den häufig vorkommenden Rechteckquerschnitt kann W_T dem Bild 5-5 entnommen werden. Wegen weiterer Querschnittsformen sei z.B. auf [206, 303] verwiesen.

Für die Grundwerte τ_T gilt nach DIN 1045, 17.5.6 bei Torsion allein als obere Grenze

$$\tau_T \leq \tau_{02} \tag{5-1}$$

mit τ_{02} nach Tabelle 4-1. Ein Nachweis der Torsionsbewehrung ist nur für $\tau > 0,25\,\tau_{02}$ erforderlich. Er ist für volle Schubdeckung zu führen. Eine Abminderung der Schubspannung τ_T entsprechend der verminderten Schubdeckung bei Querkraft ist bei Torsion nicht zulässig.

Wirken Querkraft und Torsion in einem Querschnitt gleichzeitig, müssen die Grundwerte τ_0 und τ_T der Schubspannungen jeder für sich die zulässigen Grenzen einhalten und gemeinsam der Überlagerungsvorschrift

$$\frac{\tau_0}{\tau_{03}} + \frac{\tau_T}{\tau_{02}} \leq 1,3 \tag{5-2}$$

genügen. Für Balken mit d oder $d_0 < 30$ cm ist darin τ_{03} durch τ_{02} zu ersetzen. Durch die Begrenzung der Schubspannungen wird ein ausreichender Sicherheitsabstand gegen das Versagen der Betondruckstreben erreicht.

Die erforderlichen Querschnitte der Schubbewehrung sind für Querkraft und Torsion getrennt zu bemessen, für Querkraft mit der Abminderung im Schubbereich 2, und zu addieren.

5.3 Erforderlicher Bewehrungsquerschnitt

In der als Fachwerk-Hohlkasten gemäß Bild 5-3 aufzufassenden äußeren Schale eines Vollquerschnitts aus Stahlbeton im Zustand II stellen sich infolge von M_T die auf die Länge bezogenen Zugkräfte

$$Z'_{s,b\ddot{u}} = Z'_{s,1} = \frac{M_T}{2 \cdot A_k} = T'_T \tag{5-3}$$

ein. Darin ist $A_k = b_k \cdot d_k$ der Kernquerschnitt (Bild 5-4). Die Zugkräfte sind, wie auch aus Bild 5-6 abzulesen ist, gleich dem über den Umfang konstanten Schubfluß T'_T in dünnwandigen Querschnitten unter Torsion. Mit der zulässigen Stahlspannung $\sigma_{st} = \beta_s/1{,}75$ entsprechend DIN 1045, 17.5.4 ergibt sich der Bewehrungsquerschnitt bezogen auf die Länge zu

$$a_{s,\,b\ddot{u}} = a_{s,\,1} = M_T/(2A_k\,\sigma_{st}).$$

Mit dem Bügelabstand $s_{b\ddot{u}}$ folgt daraus der Stabquerschnitt eines einzelnen, bei Torsion einschnittig wirkenden Bügels zu

$$A_{s,\,b\ddot{u}} = M_T\,s_{b\ddot{u}}/(2A_k\,\sigma_{st}). \tag{5-4}$$

Setzt man statt $s_{b\ddot{u}}$ den Umfang des Kernquerschnittes $u_k = 2(b_k + d_k)$ ein, erhält man den Querschnitt der gesamten Torsionslängsbewehrung

$$\text{tot}\,A_{s,\,1} = M_T\,u_k/(2A_k\,\sigma_{st}). \tag{5-5}$$

Auf eine sorgfältige Verankerung der Längsstäbe und das Schließen der Bügel mit ausreichender Übergreifungslänge ist zu achten [362]; DIN 1045, 18.10.4 gibt einige Konstruktionshinweise.

In Querschnitten, die durch Querkraft und Torsion beansprucht werden, addieren sich die Schubkräfte aus den beiden Einflüssen an der einen Querschnittsseite, während sie sich an der anderen Seite subtrahieren (Bild 5-7). Bei der Bemessung der Bügel ist zu beachten, daß sie für die Aufnahme der Querkraft mehrschnittig wirken, für Torsion jedoch nur einschnittig. Mit (4-12) und

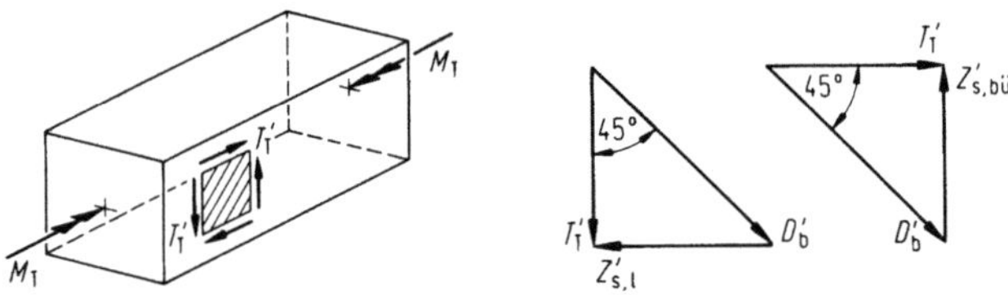

Bild 5-6. Zerlegung der bezogenen Schubkraft T'_T.

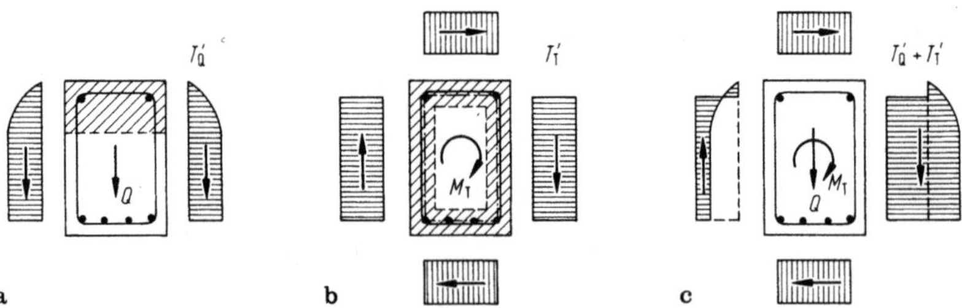

Bild 5-7a–c. Schubkraft T' für den Zustand II bei: a) Querkraft allein, b) Torsion allein und c) Querkraft mit Torsion.

(5-3) ist daher für t-schnittige Bügel (4-14) in der Form

$$(T'_{\mathrm{Q}}/t + T'_{\mathrm{T}}) \cdot s_{\mathrm{bü}} = A_{\mathrm{s,bü}} \cdot \sigma_{\mathrm{st}} \tag{5-6}$$

anzuschreiben und nach der gesuchten Größe, dem Bügelabstand $s_{\mathrm{bü}}$ oder dem Querschnitt $A_{\mathrm{s,bü}}$ eines einzelnen Bügelschenkels, aufzulösen. Die nach (5-6) bemessenen Bügel sollten auch an der geringer beanspruchten Querschnittsseite angeordnet werden, einmal um Verwechslungen vorzubeugen, zum andern, weil die getrennte Bemessung für Biegung, Querkraft und Torsion das tatsächliche Tragverhalten von Stahlbetonbauteilen doch nur unzulänglich erfaßt. Außerdem sollte, wenngleich die Biegedruckkraft die Längszugkraft infolge Torsion verringert [451], die nach (5-5) ermittelte Längsbewehrung auch in der Biegedruckzone ohne Abminderung eingelegt werden.

5.4 Zusammengesetzte Querschnitte

Werden Querschnitte, die sich, wie der in Bild 5-8 dargestellte, aus Rechtecken zusammensetzen lassen, auf Torsion beansprucht, kann das Torsionsmoment M_{T} näherungsweise unter der Annahme gleichmäßiger Verwindung des gesamten Querschnittes auf die Teilquerschnitte entsprechend ihren Trägheitsmomenten I_{T} gegen Verdrehen aufgeteilt werden. Auf den Teilquerschnitt i entfällt das anteilige Torsionsmoment

$$M_{\mathrm{T}i} = M_{\mathrm{T}} \cdot I_{\mathrm{T}i}/\Sigma I_{\mathrm{T}i} \, ,$$

das zum Nachweis der Schubspannungen und zur Bemessung der Bewehrung dient.

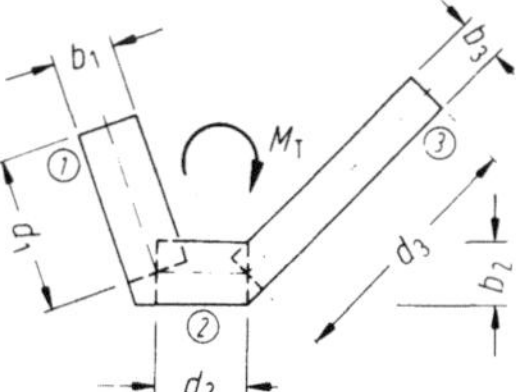

Bild 5-8. Torsion zusammengesetzter Querschnitte.

6. Bemessung schlanker Druckglieder

6.1 Grundlagen

Während bei überwiegend auf Biegung beanspruchten Tragwerken die Ermittlung der Schnittgrößen am unverformten System ausreichend genaue Ergebnisse liefert, gewinnt bei Vorhandensein großer Normalkräfte der Einfluß der Verformungen an Bedeutung. Wie Bild 6-1 zeigt, folgt aus der Berechnung am verformten System, d.h. nach der Theorie II. Ordnung, bei Längszugkräften eine Verkleinerung und bei Druckkräften eine Vergrößerung der gleichzeitig wirksamen Biegemomente.

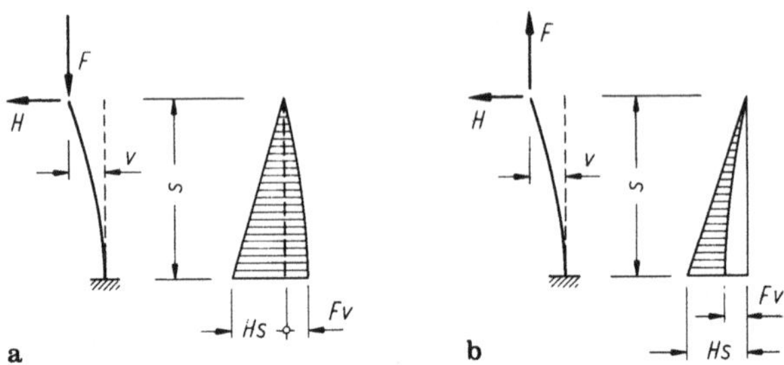

Bild 6-1a, b. Einfluß der Theorie II. Ordnung bei: a) Druckstäben und b) Zugstäben.

Die Berechnung nach der Theorie II. Ordnung ist demnach bei Zuggliedern nur eine Frage der Wirtschaftlichkeit, bei den hier behandelten Druckgliedern dagegen ein Gebot der Sicherheit.

6.1.1 Verhalten rein elastischer Stäbe

Unter der Voraussetzung exakt mittiger Belastung F (Bild 6-2) und idealelastischen Materialverhaltens stellt die unverformte Stabachse für Lasten unterhalb der kritischen ideellen Belastung $F_{Ki} = EI \cdot \pi^2/s^2$, der sog. Eulerlast, eine stabile Gleichgewichtslage dar. Bei Laststeigerung wird mit dem Erreichen der kritischen Last $F = F_{Ki}$ das Gleichgewicht im Verzweigungspunkt indifferent. Es sind dann auch Gleichgewichtslagen mit ausgebogener Stabachse möglich (Bild 6-4, Gerade ⓐ). Über die Größe der Auslenkung sind bei Verwendung der linearisierten Krümmungsbeziehung $1/r = v''$ keine Aussagen möglich.

In Wirklichkeit kommt eine exakt mittige Belastung kaum vor. Betrachtet man einen Stab mit exzentrischer Belastung (Bild 6-3), so wächst die Stabausbiegung bei steigender Belastung unter der Wirkung der Biegemomente

$$M = M_0 + Fv = F(e + v)$$

an und nähert sich, wieder idealelastisches Material vorausgesetzt, asymptotisch der Verzweigungslast (Bild 6-4, Kurve ⓑ). Tatsächlich wird es vorher zum Bruch kommen, sobald die Spannung die Materialfestigkeit erreicht. Da für jede Laststufe stabiles Gleichgewicht vorhanden ist, liegt ein Spannungsproblem vor und kein Stabilitätsproblem wie bei mittiger Belastung.

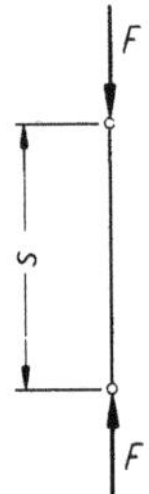

Bild 6-2. Mittig belasteter Knickstab.

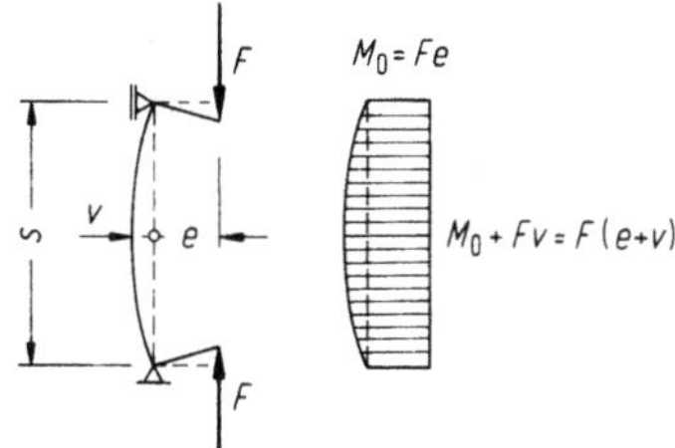

Bild 6-3. Exzentrisch belasteter Druckstab.

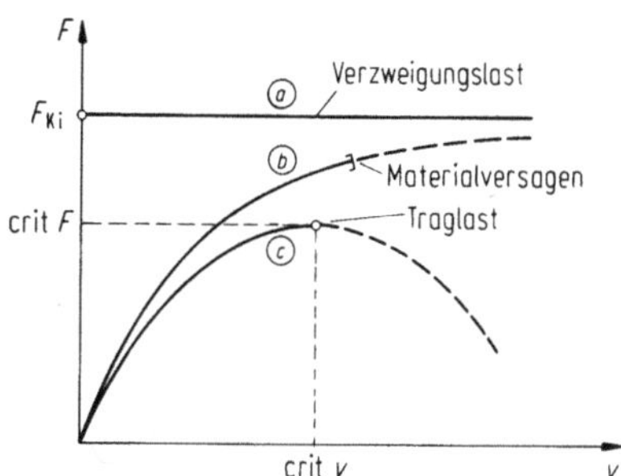

Bild 6-4a–c. Last-Verformungs-Kurven für: a) ideal-elastische Stäbe mit zentrischer Belastung, b) ideal-elastische Stäbe mit exzentrischer Belastung und c) elastisch-plastische Stäbe mit exzentrischer Belastung.

6.1.2 Verhalten von Stahlbetonstäben

Geht man von der Annahme unbegrenzt elastischen Materialverhaltens ab und berücksichtigt für den Stab nach Bild 6-3 elastisch-plastisches Materialverhalten, so verläuft die Last-Verformungs-Kurve entsprechend Kurve ⓒ in Bild 6-4. Den Größtwert der Last F bezeichnet man als Traglast crit F. Darüber hinaus ist Gleichgewicht nicht mehr möglich, weil mit steigender Belastung durch die rasch zunehmende Stabauslenkung das äußere Moment stärker anwächst als das innere Moment infolge der gleichfalls zunehmenden Krümmung. Man spricht von einem Stabilitätsfall ohne Gleichgewichtsverzweigung.

Für Druckglieder aus Stahlbeton sind auf Grund des nichtlinearen Materialverhaltens und des lastabhängigen wirksamen Querschnittes Last-Verformungs-Kurven gemäß Linie ⓒ in Bild 6-4 kennzeichnend. Die Grundlagen für Stabilitätsnachweise im Stahlbetonbau werden u.a. in [302, 501–503] behandelt.

Im Bild 6-5 sind für einen schlanken, exzentrisch belasteten Stahlbetonstab die inneren Momente M_i und äußeren Momente M_a in Stabmitte für zwei verschieden große Belastungen F über der Durchbiegung v aufgetragen. Weil die Krümmung des Stabes lastabhängig ist – je nach Beanspruchungszustand vergrößert oder verkleinert sie sich mit zunehmender Längsdruckkraft – gehören zu den beiden unterschiedlichen Belastungen F auch unterschiedliche M_i-Linien.

Für F_1 stellt sich bei der Durchbiegung v_1 ein Gleichgewichtszustand ein. Lenkt man den Stab weiter aus, wird er sich wegen $M_{i1} > M_{a1}$ nach Entfernen der Störung wieder bis v_1 strecken. Erst wenn die erzwungene Auslenkung die Größe v'_1 erreicht, tritt mit $M_{i1} = M_{a1}$ Gleichgewicht und darüber hinaus Versagen ein. Dieser, dem abfallenden Ast der Kurve ⓒ in Bild 6-4 zugehörige, labile Gleichgewichtszustand ist für baupraktische Belange ohne Bedeutung.

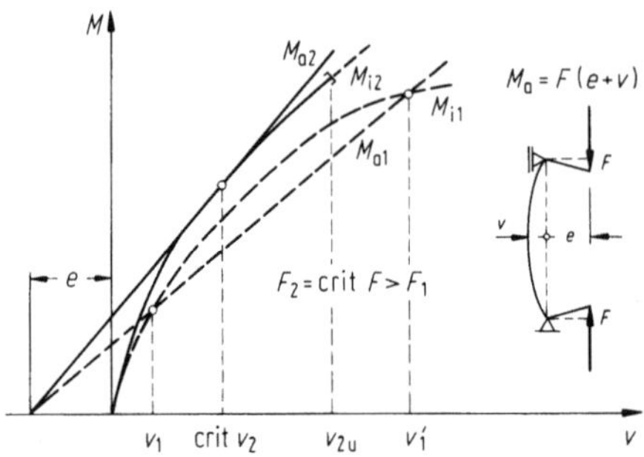

Bild 6-5. Innere und äußere Momente eines exzentrisch gedrückten Stabes bei zwei Normalkraftstufen.

Unter der Belastung F_2 tangiert die M_{a2}-Linie die M_{i2}-Linie nur noch. Der Berührungspunkt mit labilem Gleichgewicht entspricht dem Scheitelpunkt der Kurve ⓒ im Bild 6-4, die Last F_2 ist gleich der kritischen Last.

Statt durch das Vergrößern der Belastung F kann das Versagen des Stabes auch durch eine zunehmende Lastausmitte e eingeleitet werden. In Bild 6-6 ist zu gegebenem F diejenige Exzentrizität crit e eingetragen, für die der Stab die Grenze seiner Tragfähigkeit erreicht. Das innere Moment $M_i(v)$ bleibt davon unberührt.

Auch die Vergrößerung der Stabschlankheit führt zu einer Abminderung der Tragfähigkeit. Aus Bild 6-7 ist zu ersehen, daß eine gegebene Last F bei dem gedrungenen Stab 1 zu einem stabilen Gleichgewichtszustand führt, während die gleiche Last für den Stab 2, der sich nur durch seine größere Schlankheit von Stab 1 unterscheiden soll, die kritische Last darstellt. Die Kurven der inneren Momente weichen voneinander ab, weil die beiden Stäbe bei gleicher Durchbiegung unterschiedliche Krümmungen aufweisen.

Nur bei sehr schlanken Stäben wird die kritische Last erreicht. Die Mehrzahl aller im Stahlbetonbau vorkommenden Druckglieder ist als Spannungsproblem zu behandeln. Das Versagen tritt hier, wie bei dem gedrungenen Stab ⓑ und dem mäßig schlanken Stab ⓒ in Bild 6-8, durch Überschreiten der Querschnittstragfähigkeit ein und nicht, wie bei dem sehr schlanken Stab ⓓ des gleichen Bildes, durch den Verlust der Stabilität.

Als Schlankheit wird das Verhältnis der Knicklänge s_K zum Trägheitsradius $i = \sqrt{I_b/A_b}$, der mit den reinen Betonquerschnittswerten berechnet werden kann, bezeichnet:

$$\lambda = s_K/i \ . \tag{6-1}$$

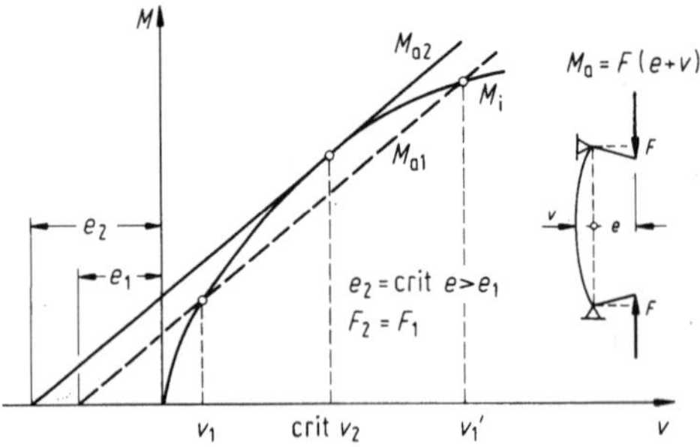

Bild 6-6. Innere und äußere Momente eines exzentrisch gedrückten Stabes bei zwei unterschiedlichen Lastexzentrizitäten.

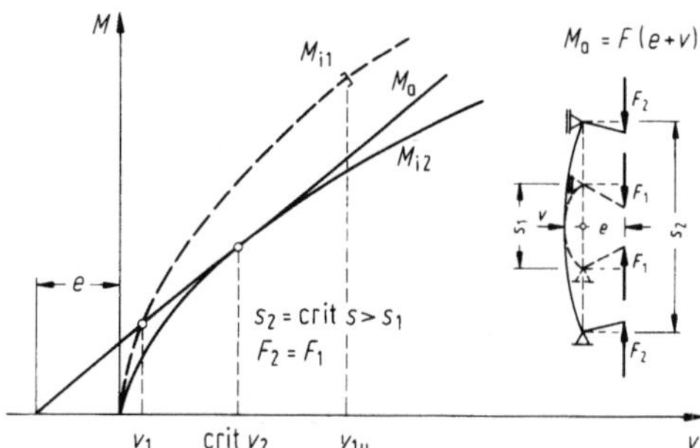

Bild 6-7. Innere und äußere Momente eines exzentrisch gedrückten Stabes bei zwei unterschiedlichen Schlankheiten.

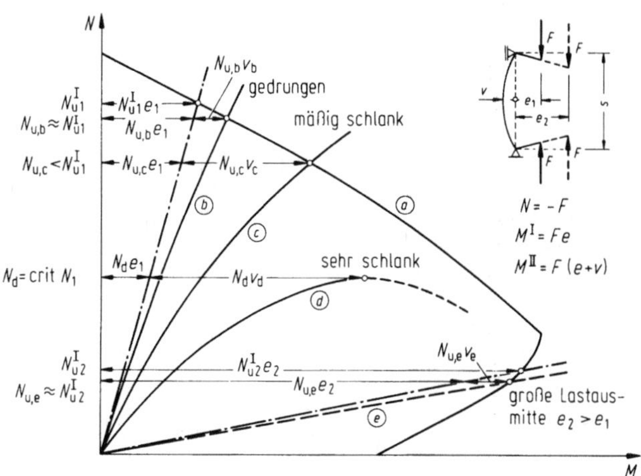

Bild 6-8. Momenten-Normalkraft-Interaktionsdiagramm. Linie a: Bruchschnittgrößen des Querschnittes, Linien b bis d: unterschiedlich schlanke Stäbe mit kleiner Lastausmitte, Linie e: Stab mit großer Lastausmitte.

Häufig wird auch das Verhältnis s_K/d als Maß für die Schlankheit benutzt. Für den Rechteckquerschnitt mit der Höhe d beträgt $i = d/\sqrt{12} \approx 0{,}289d$, und für die Schlankheit gilt $\lambda = \sqrt{12}\,s_K/d$.

Unabhängig davon, ob tatsächlich ein Stabilitätsproblem vorliegt oder aber ein Spannungsproblem, ist es üblich, vom Nachweis der Knicksicherheit zu sprechen. Für mäßig schlanke Stäbe, die auch bei Berücksichtigung der Theorie II. Ordnung durch Querschnittsversagen zu Bruch gehen, kann die Knicksicherheit in einfacher Weise durch das Bemessen für Normalkraft und ein vergrößertes Biegemoment nachgewiesen werden; sehr schlanke Stäbe erfordern eine genauere Untersuchung.

Durch die Kurve (e) in Bild 6-8 wird das Verhalten eines Stabes mit großer Lastexzentrizität wiedergegeben. Hier überwiegt die Biegebeanspruchung; der Einfluß der Theorie II. Ordnung ist gering und kann vernachlässigt werden.

Die Kurve (a) in Bild 6-8 stellt die vom Querschnitt aufnehmbaren, unterschiedlichen Dehnungsverteilungen zugeordneten Wertepaare der Bruchschnittgrößen M_u, N_u dar.

6.1.3 Ermittlung der Knicklänge

Zur Ermittlung der Schlankheit eines Druckgliedes, die ein Maß für die Knickgefährdung darstellt, wird die Knicklänge s_K benötigt. Üblicherweise wird diese mit $s_K = \beta s$ auf die Stablänge s bezogen und darf nach DIN 1045, 17.4.2 mit Hilfe der Elastizitätstheorie als Abstand der Wendepunkte der Knickfigur ermittelt werden. Der Faktor β ist der *Knicklängenbeiwert*.

Die Knicklänge hängt wesentlich von der Lagerung der Stabenden ab. Wie aus Bild 6-9 hervorgeht, ist sie bei beidseitig gelenkiger Lagerung doppelt so groß wie bei voller Einspannung, und sie vergrößert sich, wenn, wie im Falle des oben frei beweglichen und unten eingespannten Stabes, an einer Einspannstelle eine Verdrehung möglich ist. Sofern starre Einspannung angenommen werden soll, ist daher abzuwägen, ob diese konstruktiv auch zu verwirklichen ist.

Von noch größerem Einfluß als die Verdrehbarkeit ist die Verschieblichkeit der Stabenden. Bild 6-10 veranschaulicht das an unverschieblichen und verschieblichen Einfeldrahmen mit fest eingespannten und gelenkig gelagerten Stielen für zwei Grenzfälle, einmal für einen sehr steifen und zum anderen für einen sehr weichen Riegel. Bei unverschieblichen Systemen wird die Knicklänge in dem ungünstigsten Fall mit biegeweichem Riegel und Fußgelenken gleich der Stiellänge; der Knicklängenbeiwert beträgt dann $\beta = 1$. Für verschiebliche Rahmen ergibt sich dieser Wert schon unter der Annahme, daß der Riegel starr ist und volle Fußeinspannung vorliegt. Mit den wirklichen Steifigkeitswerten kann der Knicklängenbeiwert β für die Stiele verschieblicher Rahmen erheblich größer werden.

Die Stabilität verschieblicher Tragwerke hängt maßgeblich von der Tragfähigkeit der einspannenden Bauteile, der Riegel und Fundamente, ab. Diese sind daher auch für die Zusatzmomente aus der Berechnung am verformten System zu bemessen. Der Einfluß der Zusatzmomente auf die Bodenpressungen darf dagegen vernachlässigt werden [206]. Bei unverschieblichen Tragwerken ergeben sich an den Stielenden keine oder allenfalls geringe Zusatzmomente, ein Nachweis dafür kann entfallen.

Für Druckglieder regelmäßiger Rahmentragwerke läßt sich in vielen Fällen die Knicklänge mit Hilfe der Nomogramme in Bild 6-11 bestimmen [27, 206, 512]. Dabei wird die Einspannung der Stabenden durch das Steifigkeitsverhältnis

$$k = \frac{\Sigma(EI_S/s)}{\Sigma(EI_R/l)} \tag{6-2}$$

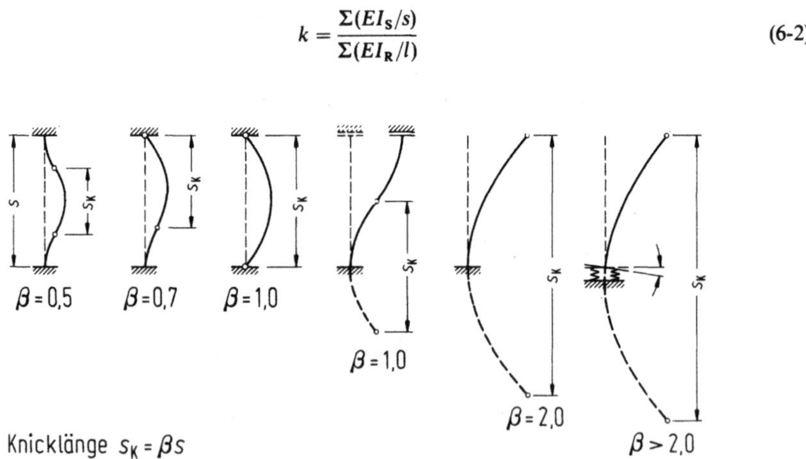

Bild 6-9. Knicklängen von Stäben mit unterschiedlichen Lagerungsbedingungen.

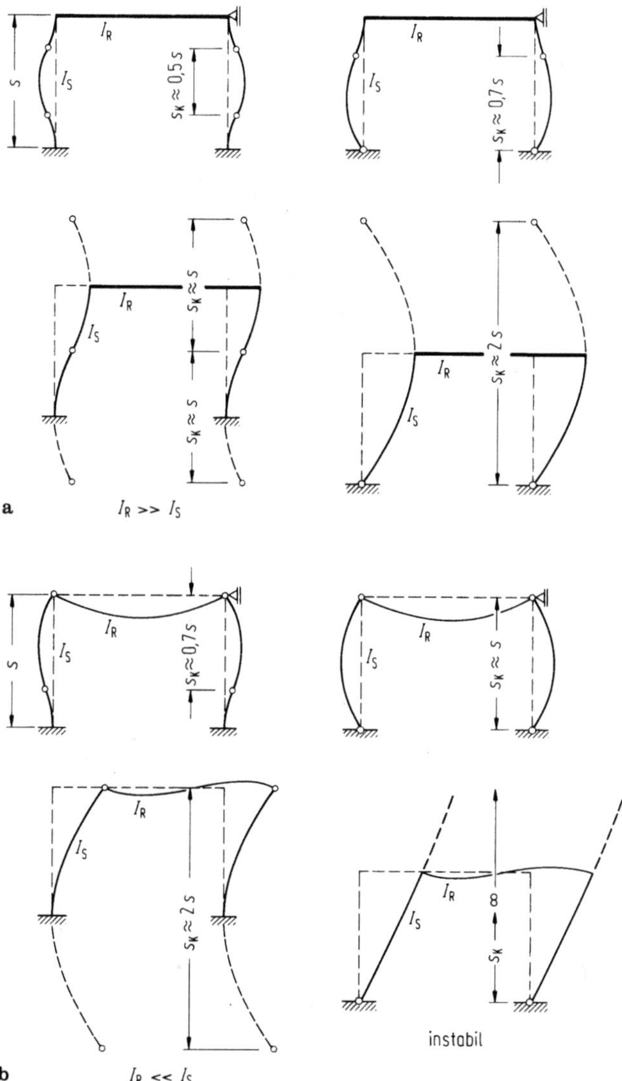

Bild 6-10a, b. Knicklängen von Rahmenstielen für die Grenzfälle a) sehr steifer Riegel und b) sehr weicher Riegel.

erfaßt, der Einfluß der Belastung auf die Knicklänge bleibt unberücksichtigt. Ein Verhältnis $k = \infty$ bedeutet gelenkige Lagerung und $k = 0$ Volleinspannung. Wegen der Schwierigkeit, starre Einspannung zu realisieren, sollten keine Werte $k < 0,4$ verwendet werden [206]. Das Bild 6-12 zeigt ein Beispiel zur Benutzung der Nomogramme.

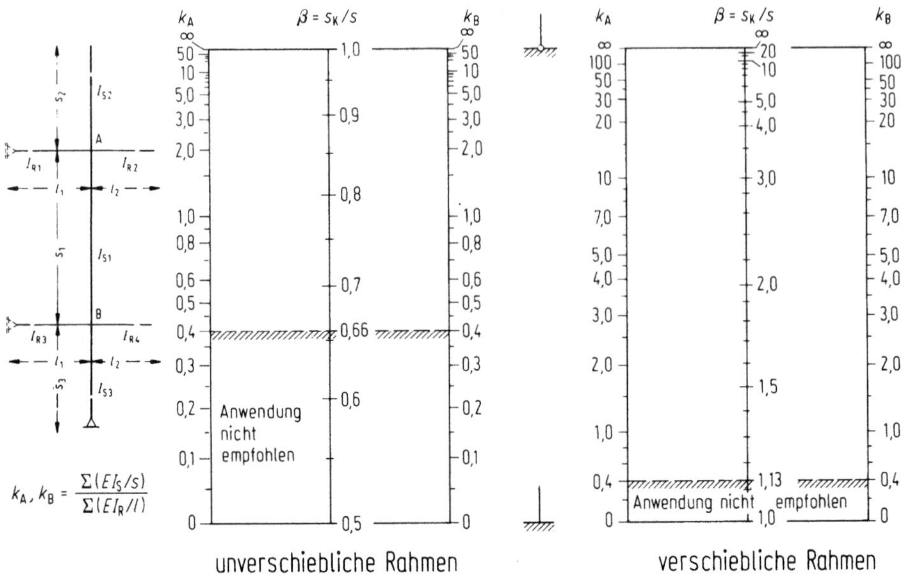

Bild 6-11. Nomogramme zur Knicklängenbestimmung, nach [27, 206, 512].

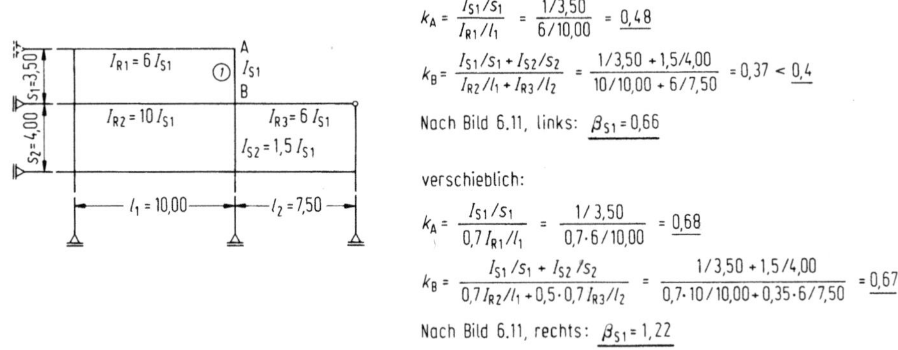

unverschieblich:

$$k_A = \frac{I_{S1}/s_1}{I_{R1}/l_1} = \frac{1/3{,}50}{6/10{,}00} = \underline{0{,}48}$$

$$k_B = \frac{I_{S1}/s_1 + I_{S2}/s_2}{I_{R2}/l_1 + I_{R3}/l_2} = \frac{1/3{,}50 + 1{,}5/4{,}00}{10/10{,}00 + 6/7{,}50} = 0{,}37 < \underline{0{,}4}$$

Nach Bild 6.11, links: $\underline{\beta_{S1} = 0{,}66}$

verschieblich:

$$k_A = \frac{I_{S1}/s_1}{0{,}7\,I_{R1}/l_1} = \frac{1/3{,}50}{0{,}7 \cdot 6/10{,}00} = \underline{0{,}68}$$

$$k_B = \frac{I_{S1}/s_1 + I_{S2}/s_2}{0{,}7\,I_{R2}/l_1 + 0{,}5 \cdot 0{,}7\,I_{R3}/l_2} = \frac{1/3{,}50 + 1{,}5/4{,}00}{0{,}7 \cdot 10/10{,}00 + 0{,}35 \cdot 6/7{,}50} = \underline{0{,}67}$$

Nach Bild 6.11, rechts: $\underline{\beta_{S1} = 1{,}22}$

Bild 6-12. Anwendungsbeispiel zu den Knicklängen-Nomogrammen.

In unverschieblichen Tragwerken ist der Einfluß der Riegelsteifigkeit auf die Knicklänge der Stiele verhältnismäßig gering. Es ist ausreichend genau, in (6-2) die Trägheitsmomente der ungerissenen Betonquerschnitte ohne Bewehrung einzuführen. Dagegen muß bei verschieblichen Rahmen, deren Stabilität sehr viel stärker von der einspannenden Wirkung der Riegel beeinflußt wird, die Steifigkeitsabnahme durch Rißbildung berücksichtigt werden. Näherungsweise kann das durch eine

Abminderung der Riegelsteifigkeit auf 70% geschehen [206, 302]. Wenn das abliegende Riegelende gelenkig gelagert ist, wird eine weitere Abminderung um 50%, insgesamt also auf 35%, empfohlen. Die Rahmenstiele bleiben vielfach im Zustand I und erfahren keinen oder nur einen geringen Steifigkeitsabfall.

Die Nomogramme wurden für regelmäßige Rahmensysteme mit vielen Stockwerken und Feldern unter vereinfachenden Annahmen abgeleitet [27,206] und dürfen daher nicht auf unregelmäßige Systeme angewandt werden. Wegen der Ermittlung der Knicklängen von Druckgliedern in unregelmäßigen verschieblichen Tragwerken sei auf die Literatur, z.B. [21, 206, 504–506], verwiesen.

6.1.4 Abgrenzung zwischen verschieblichen und unverschieblichen Systemen

Da vollständig unverschiebliche Tragwerke kaum vorkommen, die Verschieblichkeit aber von maßgeblicher Bedeutung für die Stabilität von Druckgliedern ist, muß eine Abgrenzung zwischen verschieblichen und unverschieblichen Systemen getroffen werden. DIN 1045, 15.8.1 legt fest, daß Tragwerke, deren lotrechte aussteifende Bauteile in beiden Achsenrichtungen des Gebäudes der Bedingung

$$\alpha = h \cdot \sqrt{\frac{N}{E_b I_I}} \quad \begin{array}{ll} \leq 0{,}6 & \text{für} \quad n \geq 4 \\ \leq 0{,}2 + 0{,}1\,n & \text{für} \quad 1 \leq n \leq 4 \end{array} \tag{6-3a}$$

genügen, als unverschieblich anzusehen sind. Ihre Schnittgrößen unter 1,75facher Gebrauchslast wachsen bei Anwendung der Theorie II. Ordnung um nicht mehr als etwa 10% an [507, 508]. In (6-3) bedeutet:

h die Gebäudehöhe über der Einspannebene für die lotrechten aussteifenden Bauteile,
N die Summe aller lotrechten Lasten des Gebäudes,
$E_b I_I$ die Biegesteifigkeit aller lotrechten aussteifenden Bauteile im Zustand I mit E_b nach Tabelle 1-4,
n die Anzahl der Geschosse.

Ein Bauwerk, dessen lotrechte aussteifende Bauteile im Grundriß unsymmetrisch angeordnet sind, erfährt außer Verschiebungen auch Verdrehungen; (6-3a) sagt jedoch nichts über die Verdrehungssteifigkeit aus. Die Verdrehungen bleiben klein, wenn die Resultierenden der Horizontal- und Vertikallasten in der Nähe des Schubmittelpunktes M aller, zu einem Gesamtstab zusammengefaßten, lotrechten aussteifenden Bauteile angreifen, und diese Bauteile einen großen Abstand vom gemeinsamen Schubmittelpunkt haben. Sofern nicht von vornherein erkennbar ist, daß die Verdrehungssteifigkeit ausreichend groß ist, sollte sie an Hand der Gleichung

$$\alpha_T = \varphi h \cdot \sqrt{\frac{N\left(\dfrac{d^2}{12} + c^2\right)}{E_b I_w}} \quad \begin{array}{ll} \leq 0{,}6 & \text{für} \quad n \geq 4 \\ \leq 0{,}2 + 0{,}1\,n & \text{für} \quad 1 \leq n \leq 4 \end{array} \tag{6-3b}$$

nach [521, 522] überprüft werden. Zusätzlich zu den Bezeichnungen wie in (6-3a) bedeutet darin:

d die Länge der Grundrißdiagonalen des Gebäudes,
c den Abstand des Grundrißmittelpunktes des Gebäudes vom Gesamtschubmittelpunkt,

$E_b I_W$ $= E_b \cdot \Sigma(I_{yi} y_{Mmi}^2 + I_{zi} z_{Mmi}^2)$ die Wölbsteifigkeit aller lotrechten aussteifenden Bauteile im Zustand I nach der Elastizitätstheorie,

$I_{yi}; I_{zi}$ die Trägheitsmomente des aussteifenden Bauteils i,

$y_{Mmi}; z_{Mmi}$ die Abstände des Schubmittelpunktes m_i des aussteifenden Bauteils i vom Gesamtschubmittelpunkt M,

φ einen von der Torsionskonstanten $\kappa = h \cdot \sqrt{(G_b I_T)/(E_b I_w)}$ abhängigen, nachstehender Tabelle zu entnehmenden Beiwert,

κ	0,00	0,25	0,50	0,75	1,00	1,25	1,50	1,75	2,00
φ	1,000	0,988	0,956	0,908	0,854	0,797	0,742	0,691	0,645

κ	2,50	3,00	3,50	4,00	5,00	6,00	7,00	8,00	10,00
φ	0,566	0,504	0,454	0,413	0,350	0,304	0,269	0,241	0,200

G_b $= E_b/[2 \cdot (1 + \mu)]$ den Schubmodul des Betons,

$G_b I_T$ die Saint-Venantsche Torsionssteifigkeit aller lotrechten aussteifenden Bauteile im Zustand I nach der Elastizitätstheorie.

Für Werte $\kappa > 10$ kann statt (6-3b) die für $\kappa \to \infty$ geltende, etwas einfachere Gleichung

$$\alpha_T = 2{,}28 \cdot \sqrt{\frac{N \cdot \left(\dfrac{d^2}{12} + c^2\right)}{G_b I_T}} \quad \begin{array}{ll} \le 0{,}6 & \text{für} \quad n \ge 4 \\ \le 0{,}2 + 0{,}1\,n & \text{für} \quad 1 \le n \le 4 \end{array} \tag{6-3c}$$

benutzt werden. Ein vollständig durchgerechnetes Zahlenbeispiel zur Untersuchung der Stabilität gegen Verdrehen enthält [14].

6.1.5 Ungewollte Ausmitte

Eine Änderung der Lastexzentrizität wirkt sich bei Druckgliedern sehr viel stärker auf die Tragfähigkeit aus als bei überwiegend auf Biegung beanspruchten Bauteilen [509]. Bild 6-13 veranschaulicht den Zusammenhang anhand der von einem Querschnitt aufnehmbaren bezogenen Normalkraft n_u, die als Funktion der bezogenen Lastausmitte $e/d = m_u/n_u$ aufgetragen ist. Der traglastmindernde Einfluß eines Fehlers $\Delta e/d$ ist bei kleinen Lastexzentrizitäten mit dem normalen Sicherheitsbeiwert nicht ausreichend abgedeckt. Nach DIN 1045, 17.4.6 wird deshalb eine auf die Knicklänge bezogene, ungewollte Lastausmitte der Größe

$$e_v = s_K/300 \tag{6-4}$$

eingeführt. Sie berücksichtigt

- mit der Bauausführung verbundene Ungenauigkeiten wie Lotabweichung, ungerade Stabachse, Abweichung der Bewehrung von der Sollage,
- Unsicherheiten hinsichtlich Größe, Richtung und Angriffspunkt der Belastung,
- Abweichungen vom vorausgesetzten Bewehrungsverhältnis A_{s1}/A_{s2}, z.B. durch rechnerisch nicht berücksichtigte konstruktive Bewehrung,

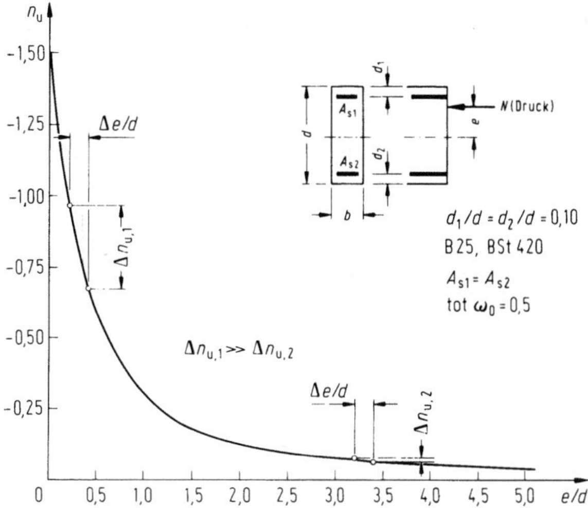

Bild 6-13. Abhängigkeit der bezogenen Normalkraft n_u von der bezogenen Lastausmitte e/d.

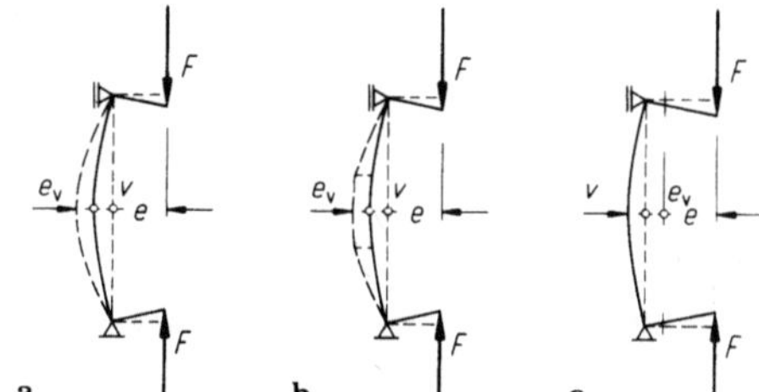

Bild 6-14a–c. Ansatz der ungewollten Ausmitte: a) affin zur Knickfigur, b) abschnittsweise gerade und c) als zusätzliche Lastausmitte.

– Vernachlässigung des Kriechens,
– Vernachlässigung von Zwangschnittgrößen, wie im Hochbau vielfach üblich.

Die ungewollte Ausmitte e_v ist als Vorverformung affin zur Knickfigur anzusetzen, darf vereinfachend aber auch abschnittsweise gerade oder als zusätzliche Lastausmitte eingeführt werden (Bild 6-14). DIN 1045 gestattet bei Sonderbauwerken mit mehr als 50 m Höhe unter bestimmten Voraussetzungen Abminderungen. Für freistehende Schornsteine verlangt DIN 1056, eine Schiefstellung von 1/500 an Stelle der Lastausmitte nach (6-4) zu berücksichtigen. Dazu ist allerdings zu bemerken, daß mit dem Bemessungskonzept der DIN 1056 mit Teilsicherheitsbeiwerten das Tragverhalten von Druckgliedern zutreffender behandelt wird als nach DIN 1045.

6.1.6 Einfluß der Verteilung der Biegemomente

Für einen Stab ohne Querlasten läßt sich die lineare Verteilung der Biegemomente nach der Theorie I. Ordnung durch das Verhältnis der Endausmitten angeben (Bild 6-15).

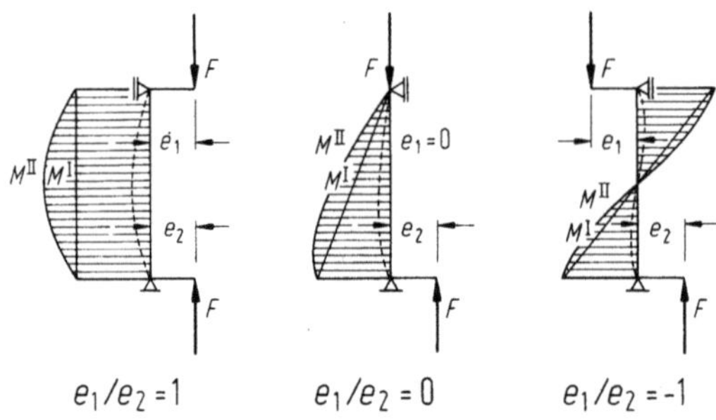

$$e_1/e_2 = 1 \qquad\qquad e_1/e_2 = 0 \qquad\qquad e_1/e_2 = -1$$

Bild 6-15. Momentenverlauf bei unterschiedlichen Endausmitten ohne Querlasten.

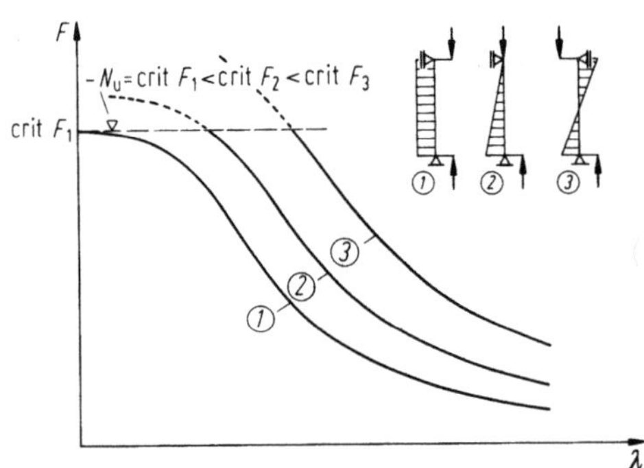

Bild 6-16. Traglast bei unterschiedlichem Momentenverlauf in Abhängigkeit von der Schlankheit, nach [503].

Bei gleichen Endausmitten bewirkt jede Stabausbiegung eine Vergrößerung der maßgebenden Momente und damit eine Verringerung der Tragkraft. Bei veränderlichem Moment mit dem Größtwert am Stabende bedarf es einer größeren Verformung, ehe die Momente im mittleren Bereich über das Endmoment hinaus anwachsen. Bei solchen Stäben versagt vielfach der Querschnitt, ehe die kritische Last erreicht wird. Eine Traglastminderung tritt erst jenseits einer bestimmten Grenzschlankheit ein. Das Bild 6-16 veranschaulicht diesen Sachverhalt [503].

6.1.7 Einfluß des Kriechens

Das Kriechen vergrößert die Stabauslenkungen und führt, insbesondere bei Stäben mit beidseitig gleichen Endausmitten, zu einem Anwachsen der maßgebenden Biegemomente, das bei kleinen Lastausmitten und großen Schlankheiten berücksichtigt werden muß. Nach DIN 1045, 17.4.7 ist der Kriecheinfluß zu verfolgen, wenn im mittleren Drittel der Knicklänge die bezogene Lastausmitte $e/d < 2$ beträgt und zugleich Schlankheiten $\lambda > 45$ bei verschieblichen oder $\lambda > 70$ bei unverschieblichen Tragwerken vorliegen.

Für das Kriechen sind die unter Gebrauchslast ständig vorhandenen Lasten maßgebend. Die Lastausmitte nach Theorie I. Ordnung ist um die Kriechausmitte

$$e_k \approx (e_d + e_v) \cdot \left(\exp\left(\frac{0{,}8\varphi}{\nu - 1} \right) - 1 \right), \tag{6-5}$$

die vereinfachend, aber hinreichend genau auch zu

$$e_k \approx (e_d + e_v) \cdot \frac{0,8\varphi}{v - 1 - 0,4\varphi}$$

(6-6)

ermittelt werden kann, zu vergrößern [6b, 206, 302]. In (6-5) und (6-6) bedeuten

e_d die größte Lastausmitte im mittleren Drittel der Knicklänge unter der kriecherzeugenden Dauerlast F_d, die in der Regel zu 70% der Gebrauchslast, mindestens aber gleich der ständigen Last, angesetzt werden kann,

e_v die ungewollte Ausmitte nach (6-4),

φ die Kriechzahl φ_t nach DIN 4227,

$v =$ ef $EI \cdot \pi^2/(s_K^2 \cdot F_d) = F_{Ki}/F_d$ die Knicksicherheit gegenüber der Eulerlast, wobei die wirksame Biegesteifigkeit zu ef $EI = (0,6 + 20 \text{ tot } \mu_0) \cdot E_b I_b$ anzusetzen ist [302].

Für die Auswertung von (6-5) kann ein Diagramm in [206] nützlich sein.

6.2 Durchführung des Knicksicherheitsnachweises nach dem Ersatzstabverfahren

In DIN 1045, 17.4.1 wird für Druckglieder gefordert, zusätzlich zur Bemessung für die Schnittgrößen am unverformten System die Tragfähigkeit unter Berücksichtigung der Stabauslenkungen nachzuweisen. Wegen des nicht unerheblichen Aufwandes einer Berechnung nach der Theorie II. Ordnung wird für Einzelstäbe wie für regelmäßige Rahmentragwerke, d.h. für die meisten Anwendungsfälle, das Erstazstabverfahren zugelassen. Dabei untersucht man die Knicksicherheit einzelner Druckglieder eines Tragwerkes losgelöst vom Gesamtsystem an Hand von Ersatzstäben, die an beiden Enden gelenkig gelagert sind, gleichen Querschnitt haben wie der betrachtete Stab und deren Länge gleich der Knick- oder Ersatzlänge ist. Die Normalkraft des Ersatzstabes entspricht der des wirklichen Stabes, die konstant angesetzte Lastausmitte dem Größtwert im mittleren Drittel der Knicklänge.

An Stelle eines Nachweises nach dem Ersatzstabverfahren kann auch das Gesamtsystem nach der Theorie II. Ordnung untersucht werden. Bei unregelmäßigen Rahmensystemen ist ein solcher Nachweis zu bevorzugen.

6.2.1 Kriterien für den Verzicht auf einen Knicksicherheitsnachweis

Maßgebend für die Notwendigkeit eines Knicksicherheitsnachweises sind die Schlankheit λ und die bezogene Lastausmitte e/d eines Druckgliedes.

Im Hinblick auf die *bezogene Ausmitte* kann ein Knicksicherheitsnachweis bei

$$e/d \geq 3,5 \qquad \text{für} \qquad \lambda \leq 70 \text{ und bei}$$

$$e/d \geq 3,5 \cdot \lambda/70 \qquad \text{für} \quad 70 < \lambda \leq 200$$

entfallen. Solche Stäbe werden durch die Linie ⓔ in Bild 6-8 charakterisiert. Die Zusatzmomente infolge der Verformungen sind gegenüber den Momenten nach der Theorie I. Ordnung vernachlässigbar klein.

Hinsichtlich der *Schlankheit* darf bei gedrungenen Stäben mit $\lambda \leq 20$ generell auf einen Knicksicherheitsnachweis verzichtet werden; der Verformungseinfluß ist in solchen Fällen unbedeutend. Bei

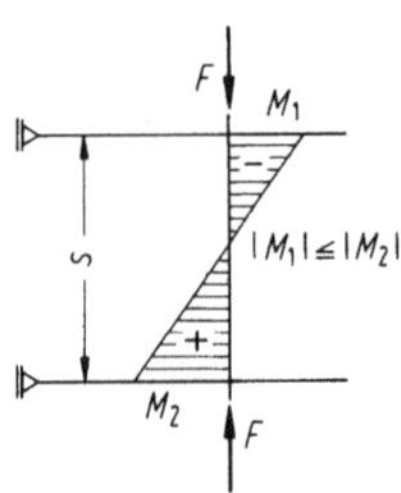

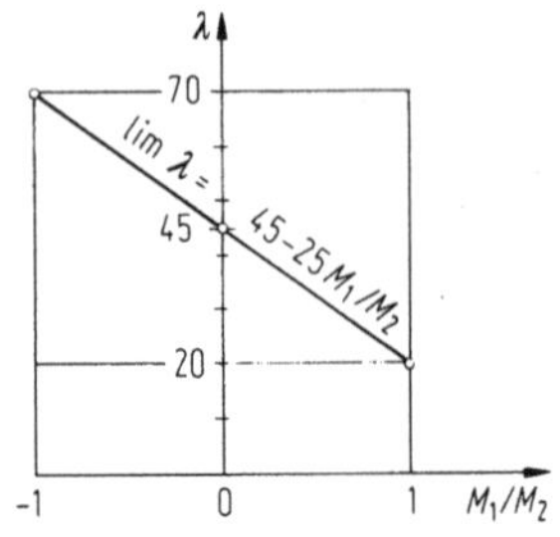

Bild 6-17. Grenzschlankheiten elastisch eingespannter, unverschieblich gelagerter Druckstäbe bei unterschiedlichem Momentenverlauf.

schlankeren Stäben hängt es zusätzlich von der Lagerung der Stabenden und dem Verlauf der Biegemomente ab, ob die Knicksicherheit nachzuweisen ist. Bei unverschieblich gehaltenen, elastisch eingespannten Stäben ohne Querbelastung gilt als Grenzschlankheit

$$\lim \lambda = 45 - 25 M_1/M_2 \text{ mit } |M_2| \geq |M_1|$$

[206], (Bild 6-17). Daraus ergibt sich für Stäbe mit gleichen Ausmitten an beiden Enden $\lim \lambda = 20$ als Grenzwert. Bei entgegengesetzt gleichen Endausmitten genügt bis zu $\lim \lambda = 70$ die Regelbemessung für die Stabendmomente, der Nachweis der Knicksicherheit erübrigt sich. Allerdings darf der Bereich $45 < \lambda \leq 70$ nur ausgenutzt werden, wenn an den Stabenden mindestens für $|M| \geq$ $0,1\,Nd$ bemessen und die Weiterleitung dieser Momente in die einspannenden Bauteile sichergestellt wird. Anderenfalls ist die Knicksicherheit mit der Geschoßhöhe als Knicklänge nachzuweisen.

Werden Innenstützen regelmäßiger unverschieblicher Rahmen näherungsweise als mittig belastet angenommen, DIN 1045, 15.4.2, ist der Grenzwert $\lim \lambda = 45$ einzuhalten. Die Knicklänge ist gleich der Geschoßhöhe anzusetzen. Sofern für mittig belastete Stützen ein Knicksicherheitsnachweis erforderlich wird, reicht die Untersuchung für einachsiges Knicken aus [206].

6.2.2 Mäßig schlanke Stäbe mit Schlankheiten $20 < \lambda \leq 70$

Bei mäßig schlanken Stäben tritt das Versagen durch Erreichen der Querschnittstragfähigkeit ein (Bild 6-8). Der Knicksicherheitsnachweis darf deshalb bei Schlankheiten $20 < \lambda \leq 70$ in vereinfachter Form durch die Bemessung unter Einschluß einer Zusatzausmitte f geführt werden. Voraussetzung dafür ist ein gleichbleibender Querschnitt längs der Stabachse. Die zusätzliche Ausmitte enthält neben der Stabauslenkung v die ungewollte Ausmitte e_v. Sie ist in Abhängigkeit von der bezogenen Lastausmitte e/d und der Schlankheit λ wie folgt zu ermitteln, DIN 1045, 17.4.3:

$$0,00 \leq e/d < 0,30: \quad f = d(\lambda - 20)/100 \cdot \sqrt{0,10 + e/d} \geq 0, \tag{6-7a}$$

$$0,30 \leq e/d < 2,50: \quad f = d(\lambda - 20)/160 \geq 0, \tag{6-7b}$$

$$2,50 \leq e/d < 3,50: \quad f = d(\lambda - 20)/160 \cdot (3,50 - e/d) \geq 0. \tag{6-7c}$$

Zur Bestimmung des größten Momentes im mittleren Drittel der Knicklänge müssen die Wendepunkte der Knickbiegelinie bekannt sein. Sie genau zu ermitteln, lohnt bei elastischer Einspannung i. allg. nicht. Bei unverschieblichen Systemen kann, sofern keine Querlasten angreifen, das maßgebende Moment mit ausreichender Genauigkeit zu

$$M_0 \approx 0{,}65 M_2 + 0{,}35 M_1 \quad \text{mit} \; |M_2| \geq |M_1| \; \text{bzw.} \tag{6-8a}$$

$$M_0 \approx 0{,}60 M_2 \qquad\qquad \text{für } M_1 = 0 \tag{6-8b}$$

ermittelt werden [302], (Bild 6-18). Mit $N = -F$ ist zu bemessen für

$$N, M = M_0 - Nf \quad \text{im mittleren Drittel der Knicklänge,}$$

$$N, M_1 \qquad\qquad \text{am Stützenkopf und}$$

$$N, M_2 \qquad\qquad \text{am Stützenfuß.}$$

Bei verschieblichen Systemen liegen immer die Rahmenecken im mittleren Drittel der Knicklänge (Bild 6-19). Es ist deshalb, wieder mit $N = -F$, für

$$N, M = M_1 - Nf_1 \quad \text{am Stützenkopf und}$$

$$N, M = M_2 - Nf_2 \quad \text{am Stützenfuß}$$

zu bemessen. Die Zusatzmomente Nf sind auch bei der Bemessung der einspannenden Bauteile zu berücksichtigen.

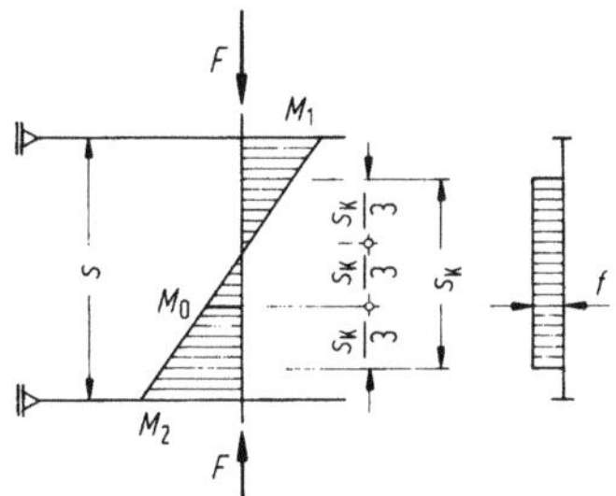

Bild 6-18. Maßgebendes Moment M_0 und Zusatzausmitte f für ein unverschiebliches System.

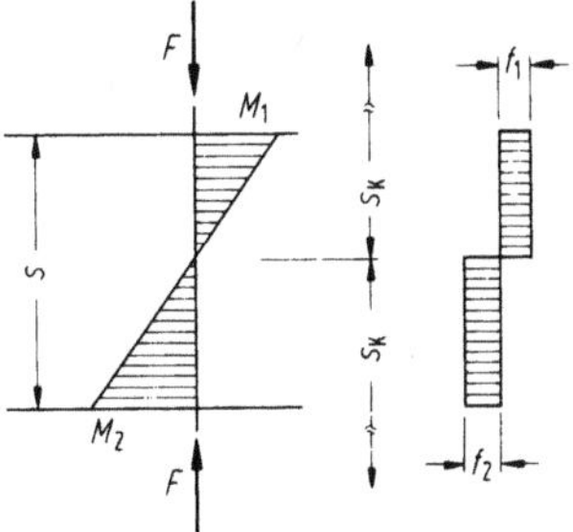

Bild 6-19. Maßgebende Momente M_1, M_2 und Zusatzausmitten f_1, f_2 für ein verschiebliches System.

Für mäßig schlanke Druckglieder aus Leichtbeton gelten nach DIN 4219 Teil 2 zur Durchführung des Knicksicherheitsnachweises unter Einbeziehen einer zusätzlichen Ausmitte f die gleichen Rechengrundlagen wie für die Biegebemessung.

6.2.3 Sehr schlanke Stäbe mit Schlankheiten $70 < \lambda \leq 200$

Stahlbetondruckstäbe mit großer Schlankheit, die sich entsprechend der Linie ⓓ in Bild 6-8 verhalten und vor dem Erreichen der Bruchschnittgrößen des Querschnittes instabil werden, erfordern einen genaueren Tragfähigkeitsnachweis als gedrungenere Stäbe. Nach DIN 1045, 17.4.4 ist nachzuweisen, daß unter 1,75fachen Gebrauchslasten in ungünstigster Anordnung und unter Berücksichtigung der Stabverformungen ein stabiler Gleichgewichtszustand möglich ist. Neben der planmäßig vorhandenen Lastausmitte ist die ungewollte Ausmitte nach (6-4), gegebenenfalls auch eine Kriechverformung, anzusetzen.

Für die Berechnung der Verformungen, die von den gleichen Voraussetzungen wie die Biegebemessung ausgeht, siehe 3.1, ist zunächst eine Bewehrung zu schätzen. Der endgültig gewählte Bewehrungsquerschnitt darf nicht nennenswert kleiner sein als der Schätzwert, weil sich sonst bei verminderter Steifigkeit größere Stabauslenkungen einstellen. Gegebenenfalls ist die Berechnung mit einem verbesserten Bewehrungsquerschnitt zu wiederholen.

Da genauere Traglastberechnungen sehr aufwendig sind, wurden, unter gewissen vereinfachenden Voraussetzungen, für die praktische Anwendung Hilfsmittel ausgearbeitet, mit denen sich unmittelbar die erforderliche Bewehrung bestimmen läßt. In [206, 302] sind auf dem Ersatzstabverfahren basierende, ursprünglich in [510, 511] vorgeschlagene Nomogramme zur Bemessung schlanker Druckstäbe mit Rechteck- und Kreisquerschnitten zusammengestellt. Die ungewollte Lastausmitte ist bereits eingearbeitet, Kriechverformungen sind in die Schnittgrößen nach der Theorie I. Ordnung einzubeziehen. Bild 6-20 zeigt ein solches Nomogramm. Seine Anwendung wird am Beispiel 6-1 erläutert.

Beispiel 6-1:
Gegeben: Unverschieblicher Rahmen nach Skizze,
         Beton B 35 mit $E_b = 34000$ N/mm^2, Betonstahl BSt 500 S.
Gesucht: Bemessung der Rahmenstiele mit Nachweis der Knicksicherheit.

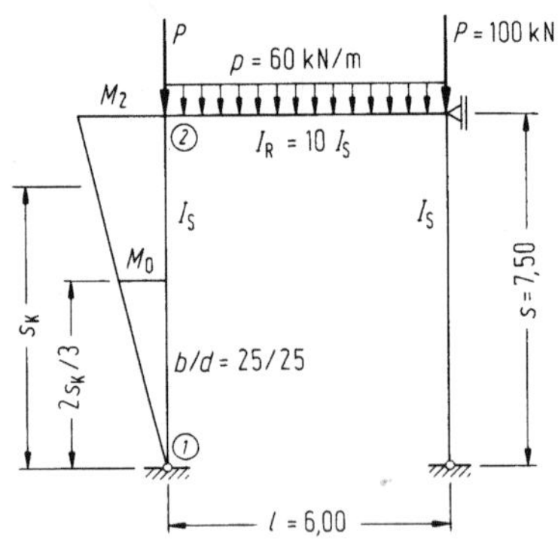

$$N = -(100 + 60 \cdot 3,00) = -280 \text{ kN}$$

$$M_2 = -19,3 \text{ kNm}$$

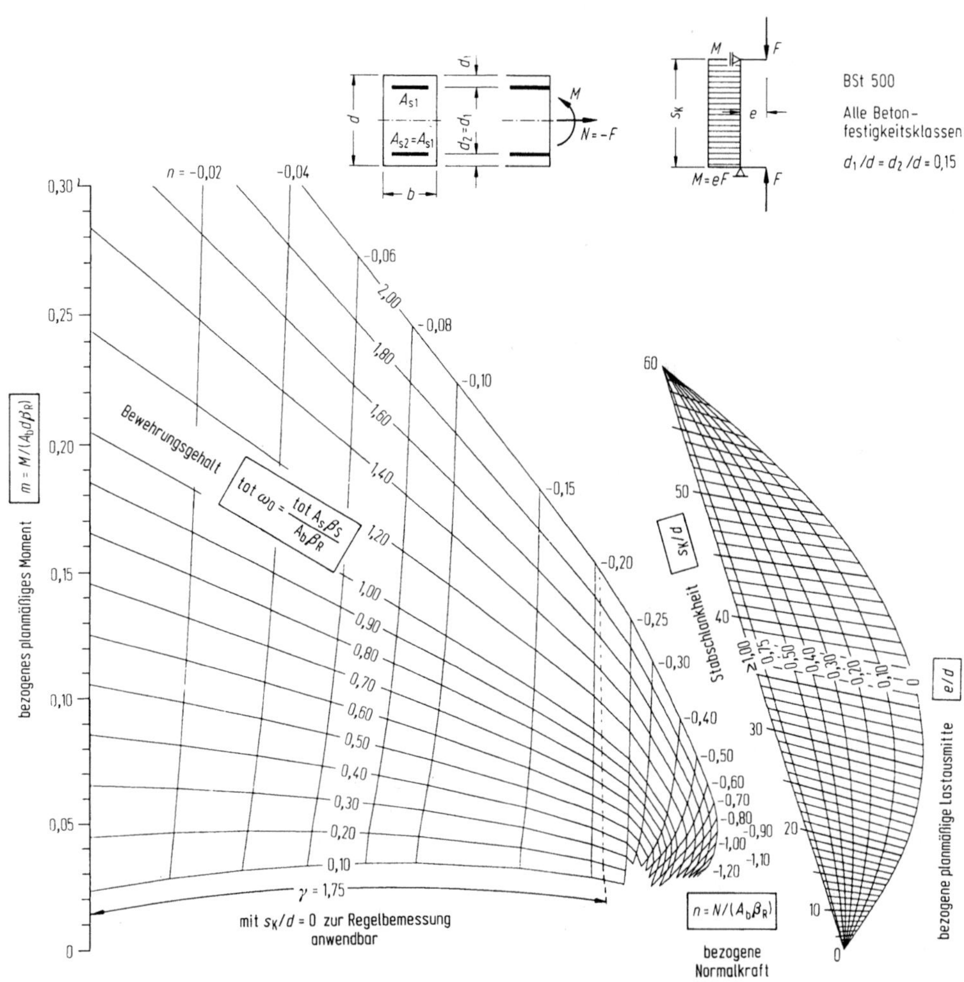

Die Auswirkung der Vorverformung e_v nach DIN 1045, Abschn. 17.4.6 ist im Nomogramm berücksichtigt

$$tot\,A_s = tot\,\mu_0\,bd = \frac{tot\,\omega_0}{\beta_s/\beta_R}\,bd$$

$$A_{s1} = A_{s2} = 1/2\;tot\,A_s$$

Betonfestigkeitsklasse	B 15	B 25	B 35	B 45	B 55
Rechenwert β_R in N/mm²	10,5	17,5	23,0	27,0	30,0
Festigkeitsverhältnis β_s/β_R	47,6	28,6	21,7	18,5	16,7

Bild 6-20. Nomogramm zur Bemessung von Druckstäben mit großer Schlankheit, nach [206].

Nach Bild 6-11: $k_1 = \infty$ (gelenkig)

$$k_2 = \frac{I_s \cdot 6,00}{7,50 \cdot 10 \cdot I_s} = 0,08 \rightarrow k_2 = 0,4 \left.\right\} \rightarrow \beta = 0,8$$

$$s_K = 0,8 \cdot 7,50 = 6,00 \text{ m}, \quad \lambda = \frac{6,00}{0,289 \cdot 0,25} = 83,1 > 70$$

$$M_0 = |M_2| \cdot \frac{2}{3} \cdot \frac{s_K}{s} = 19,3 \cdot \frac{4,00}{7,50} = 10,3 \text{ kNm}$$

(Oder Näherung nach (6-8b):

$$M_0 = 0,6 \cdot M_2 = 0,6 \cdot 19,3 = 11,6 \text{ kNm} \rightarrow \text{liegt auf der sicheren Seite.})$$

$$\frac{e}{d} = \frac{10,3}{280 \cdot 0,25} = 0,15 < 3,5 \cdot \lambda/70 \qquad \rightarrow \text{Knicksicherheit nachweisen,}$$

$$< 2,0 \qquad \rightarrow \text{Kriechen berücksichtigen.}$$

Annahme für die Schnittgrößen unter kriecherzeugender Dauerlast:

$$N_d = -(0,8 \cdot 100 + 0,7 \cdot 180) = -206 \text{ kN,}$$

$$M_d = 0,7 \cdot 10,3 \qquad\qquad = 7,2 \text{ kNm.}$$

$$e_d = \frac{7,2}{206} = 0,035 \text{ m}$$

$$e_v = \frac{6,00}{300} = 0,020 \text{ m} \quad (\text{nach } (6\text{-}4)) \left.\right\} \rightarrow e_d + e_v = 0,055 \text{ m}$$

Geschätzt: tot $\mu_0 = 2,0\%$

$$\text{ef } EI = (0,6 + 20 \cdot \text{tot } \mu_0) E_b I_b =$$

$$= (0,6 + 20 \cdot 0,02) \cdot 3,4 \cdot 10^7 \cdot 0,25^4/12 = 11068$$

$$v = \frac{\text{ef } EI \cdot \pi^2}{s_K^2 \cdot N_d} = \frac{11068 \cdot \pi^2}{6,00^2 \cdot 206} = 14,7$$

Nach DIN 4227: $\varphi = 2,5$

Kriechausmitte nach (6-5): $e_k = (e_d + e_v) \cdot \left(\exp\left(\frac{0,8 \cdot \varphi}{v - 1} \right) - 1 \right)$

$$= 0,055 \cdot \left(\exp\left(\frac{0,8 \cdot 2,5}{14,7 - 1} \right) - 1 \right) = 0,01 \text{ m}$$

$$M = M_0 - Ne_k = 10,3 + 280 \cdot 0,01 = 13,1 \text{ kNm.}$$

Bemessung mittels Nomogramm entsprechend Bild 6-20.

$$d_1/d = d_2/d = 4{,}5/25 = 0{,}18$$

Die Bemessung könnte für das nächst ungünstigere Verhältnis $d_1/d = d_2/d = 0{,}20$ erfolgen. Im Rahmen dieses Beispiels soll aber zwischen den Diagrammen für $d_1/d = d_2/d = 0{,}15$ und $0{,}20$ interpoliert werden.

$$n = -\frac{0{,}280}{0{,}25^2 \cdot 23} = -0{,}195, \qquad \frac{s_\mathrm{K}}{d} = \frac{6{,}00}{0{,}25} = 24$$

$$m = \frac{0{,}0131}{0{,}25^3 \cdot 23} = 0{,}036, \qquad \frac{e}{d} = \frac{13{,}1}{280 \cdot 0{,}25} = 0{,}19$$

$$\frac{d_1}{d} = \frac{d_2}{d} = 0{,}15 \quad \rightarrow \text{tot } \omega_0 = 0{,}38$$

$$\rightarrow \text{interpoliert: tot } \omega_0 = 0{,}452$$

$$\frac{d_1}{d} = \frac{d_2}{d} = 0{,}20 \quad \rightarrow \text{tot } \omega_0 = 0{,}50$$

$$\text{tot } \mu_0 = \frac{0{,}452}{21{,}7} \cdot 100 = 2{,}08\% \approx 2{,}0\% \text{ wie für ef } EI \text{ geschätzt}$$

$$> \text{min tot } \mu_0 = 0{,}8\%$$

$$< \text{max tot } \mu_0 = 9{,}0\%$$

$$\underline{A_{s1} = A_{s2}} = 0{,}5 \cdot 0{,}0208 \cdot 25^2 = \underline{6{,}51 \text{ cm}^2}$$

Bei dem vorliegenden unverschieblichen Rahmen ist zwar nicht die Aufnahme des Zusatzmomentes ΔM nach der Theorie II. Ordnung durch den Riegel nachzuweisen, seine Ermittlung mit Hilfe des Nomogramms soll jedoch gezeigt werden.

$$\text{Zu } n = -0{,}195; \quad \frac{s_\mathrm{K}}{d} = 0 \text{ und}$$

$$\frac{d_1}{d} = \frac{d_2}{d} = 0{,}15 \quad \text{mit tot } \omega_0 = 0{,}38 \text{ gehört} \quad m = 0{,}137$$

$$\frac{d_1}{d} = \frac{d_2}{d} = 0{,}20 \quad \text{mit tot } \omega_0 = 0{,}50 \text{ gehört} \quad m = 0{,}142$$

$$\text{interpoliert für } \frac{d_1}{d} = \frac{d_2}{d} = 0{,}18: \qquad m = m^{\mathrm{II}} = 0{,}140$$

$$M^{\mathrm{II}} = 0{,}140 \cdot 0{,}25^3 \cdot 23 \cdot 10^3 = 50{,}3 \text{ kNm}$$

$$\underline{\Delta M} = M^{\mathrm{II}} - M = 50{,}3 - 13{,}1 = \underline{37{,}2 \text{ kNm}}$$

Für den Knicksicherheitsnachweis sehr schlanker Stützen aus Stahlleichtbeton mit Schlankheiten $\lambda > 70$ ist stets von dem bilinearen Spannungs-Dehnungs-Diagramm nach Bild 3-3 und den Rechenfestigkeiten β_R der Tabelle 3-1 auszugehen. Verformungsberechnungen von Druckgliedern aus Leichtbeton stimmen bei Verwendung des Parabel-Rechteck-Diagramms weniger gut mit Versuchsergebnissen überein [518, 519]. Schlankheiten $\lambda > 100$ bedürfen einer Genehmigung im Einzelfall.

6.3 Direkter Stabilitätsnachweis

Stabilitätsnachweise, bei denen nicht ein Ersatzstab, sondern das tatsächliche Tragwerk mit seinen Schnittgrößen und Verformungen betrachtet wird, sind in der Literatur als „direkte" Lösungsverfahren bekannt.

Die für einen Nachweis nach der Theorie II. Ordnung benötigten Stabauslenkungen v folgen wegen $k \approx v''$ aus der zweimaligen Integration der Krümmungen k über die Stablänge. Bei der Integration sind die Lagerungsbedingungen, der Verlauf der Querschnittsgrößen von Beton und Stahl sowie der Verlauf der Normalkraft hinsichtlich Größe und Ausmitte längs der Stabachse zu beachten. Auf die Bedeutung dieser Einflüsse wurde bereits hingewiesen.

Der Zusammenhang zwischen der Krümmung und den Schnittgrößen wird durch die Momenten-Krümmungs-Linie wiedergegeben.

6.3.1 Momenten-Krümmungs-Linien

Es gelten die gleichen Voraussetzungen wie bei der Bemessung für Biegung und Längskraft, d.h.,

- die Dehnungen bewegen sich innerhalb der Grenzen nach Bild 3-5,
- als Spannungs-Dehnungs-Linie des Betons wird das Parabel-Rechteck-Diagramm nach Bild 3-1 oder vereinfachend der bilineare Verlauf nach Bild 3-2a verwendet,
- die Spannungs-Dehnungs-Linien des Stahls verlaufen bilinear wie in Bild 3-4,
- Betonzugspannungen bleiben unberücksichtigt, DIN 1045, 17.4.4.

Weil die zwischen den Rissen verbleibenden Betonzugspannungen versteifend wirken, werden mit der letztgenannten Voraussetzung, der Annahme des Zustandes II für die gesamte Länge des Druckgliedes, die Verformungen in der Regel überschätzt. Besonders bei turmartigen Bauwerken führt die Berücksichtigung von Betonzugspannungen zu deutlich kleineren rechnerischen Durchbiegungen und damit zu einer Verminderung der Zusatzmomente [555, 556]. DIN 1056 erlaubt für Stahlbetonschornsteine den Ansatz der Betonzugfestigkeit zu $\beta_{bZ} \leq 0{,}3 \cdot \sqrt[3]{\beta_{WN}^2}$ mit einem zugehörigen Teilsicherheitsbeiwert $\gamma_{bZ} = 1{,}5$.

Nach DIN 1045, 16.2.3 darf nur unter Gebrauchslast das Mitwirken des Betons auf Zug zur Ermittlung der Formänderungen von Stahlbetonbauteilen erfaßt werden, und zwar näherungsweise durch die Annahme eines um 10% vergrößerten Bewehrungsquerschnittes. Für Sonderbauwerke können aber auch bei Tragfähigkeitsnachweisen zutreffende Verformungsberechnungen zweckmäßig sein. Zur Bemessung ist jedoch stets das Vorhandensein eines Risses im maßgebenden Querschnitt, d.h. der völlige Ausfall der Betonzugspannungen, zu unterstellen. Für übliche Druckglieder sind auch die Verformungen unter dieser Voraussetzung zu berechnen.

Mit den Bezeichnungen nach Bild 6-21 ist die Längenänderung eines Stabelementes dx am Rand 1 gleich $\varepsilon_{b1}\,dx$ und am Rand 2 gleich $\varepsilon_{b2}\,dx$. Daraus folgt die Winkeländerung über die Länge dx zu

$$d\alpha = \frac{\varepsilon_{b2} - \varepsilon_{b1}}{d} \cdot dx.$$

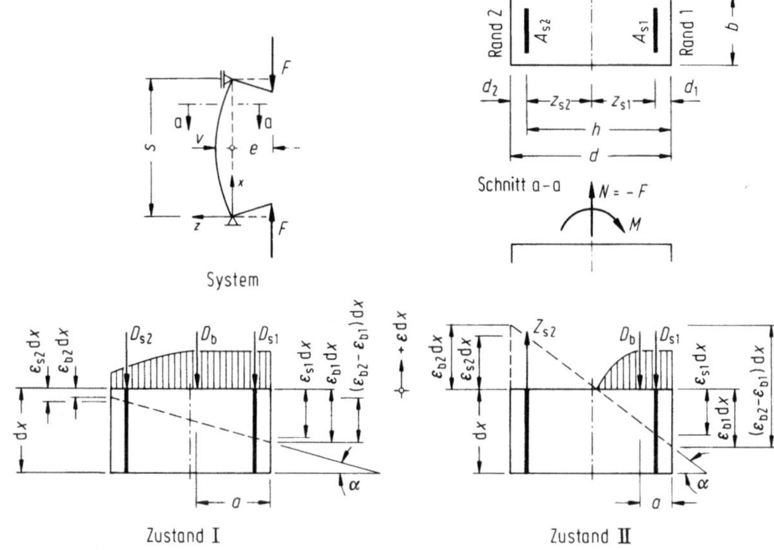

Bild 6-21. Stabelement zur Ableitung der Momenten-Krümmungs-Beziehung.

Die Krümmung ergibt sich als auf die Länge bezogene Winkeländerung

$$k = \frac{d\alpha}{dx} = \frac{\varepsilon_{b2} - \varepsilon_{b1}}{d} = \frac{\varepsilon_{s2} - \varepsilon_{s1}}{h}. \tag{6-9}$$

Statt dessen wird als Krümmung vielfach auch die dimensionslose Größe $K = kd = \varepsilon_{b2} - \varepsilon_{b1}$ verwendet.

Zu gegebener Belastung läßt sich ein Dehnungsverhältnis bestimmen, für das die inneren und die äußeren Schnittgrößen im Gleichgewicht stehen. Die Gleichgewichtsbedingungen lauten für den Zustand II

$$\gamma N = -D_b - D_{s1} + Z_{s2}, \tag{6-10a}$$

$$\gamma M = D_b \cdot \left(\frac{d}{2} - a\right) + D_{s1} \cdot \left(\frac{d}{2} - d_1\right) + Z_{s2} \cdot \left(\frac{d}{2} - d_2\right) \tag{6-11a}$$

und für den Zustand I

$$\gamma N = -D_b - D_{s1} - D_{s2}, \tag{6-10b}$$

$$\gamma M = D_b \cdot \left(\frac{d}{2} - a\right) + D_{s1} \cdot \left(\frac{d}{2} - d_1\right) - D_{s2} \cdot \left(\frac{d}{2} - d_2\right). \tag{6-11b}$$

Variiert man für einen gegebenen Querschnitt und gegebene Beton- und Stahlfestigkeiten den

Dehnungszustand derart, daß die Normalkraft N konstant bleibt, so erhält man einander zugeordnete Wertepaare des Momentes M und der Krümmung k. Der grundsätzliche Verlauf solcher Momenten-Krümmungs-Linien ist für zwei unterschiedliche Normalkräfte in Bild 6-22 dargestellt.

Die Krümmung hat das Vorzeichen des Momentes, worauf bei längs der Stabachse wechselndem Momentenvorzeichen zu achten ist. Für positive und negative Momente gelten nur dann, abgesehen vom Vorzeichen, gleiche Momenten-Krümmungs-Linien, wenn die Querschnittsabmessungen und die Bewehrung symmetrisch sind.

Berechnungen unter Verwendung nichtlinearer Momenten-Krümmungs-Linien sind recht aufwendig. Der Rechenaufwand läßt sich verringern, indem man linearisierte Näherungen einführt. Aus den Kurven des Bildes 6-22 ist zu erkennen, daß nach dem Erreichen der Streckgrenze in einer der beiden Bewehrungslagen das Biegemoment nur noch geringfügig zunimmt. Für die üblicherweise benutzten Betonstahlsorten BSt420 S und BSt500 S kann daher die jeweilige Momenten-Krümmungs-Linie durch eine Gerade angenähert werden. Nach [206, 302] stellt die in Bild 6-23 eingetragene Ersatzgerade eine geeignete Näherung dar. Sie verläuft durch die Punkte a und b, die

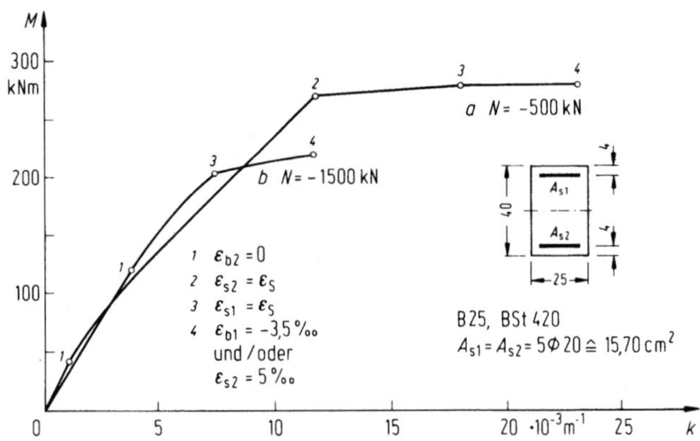

Bild 6-22. Momenten-Krümmungs-Linien für (a) kleine und (b) große Längsdruckkraft.

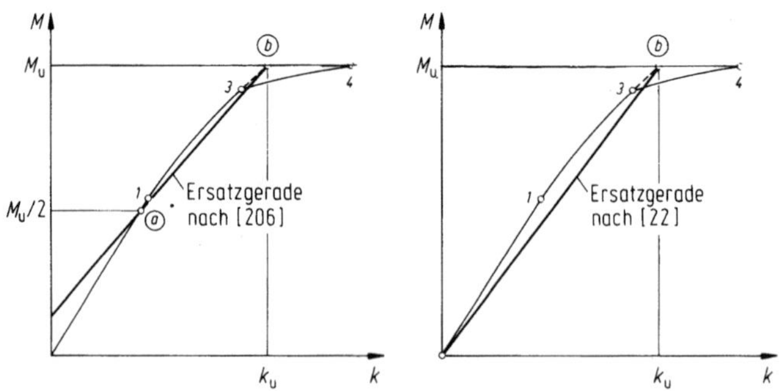

Bild 6-23. Ersatzgeraden für die Momenten-Krümmungs-Linie, nach [206] und [22].

wie folgt festgelegt sind:

- Punkt b liegt in Höhe des Bruchmomentes M_u im Verlauf der Kurve, die aus der Annahme elastischen Verhaltens der Bewehrung auch oberhalb der Streckgrenze folgt,
- Punkt a liegt bei $0,5\,M_u$ auf der Momenten-Krümmungs-Linie.

Die Gleichung der so festgelegten Ersatzgeraden – genau genommen handelt es sich um zwei Geraden, weil für Krümmungen $k \le 0$ der untere Abschnitt der Momentenachse mit $k = 0$ maßgebend ist – lautet [206]

$$k(M) = \mathrm{sgn}(M) \cdot \max\left(0, k_u - \frac{M_u - \mathrm{abs}(M)}{B_{II}}\right). \tag{6-12}$$

Darin ist B_{II} die Steigung der Ersatzgeraden im Zustand II. $B_{II} = dM/dk$ entspricht der Biegesteifigkeit $B_I = EI = M/k$ im Zustand I nach der Elastizitätstheorie. Aus Zahlentafeln, wie sie Bild 6-24

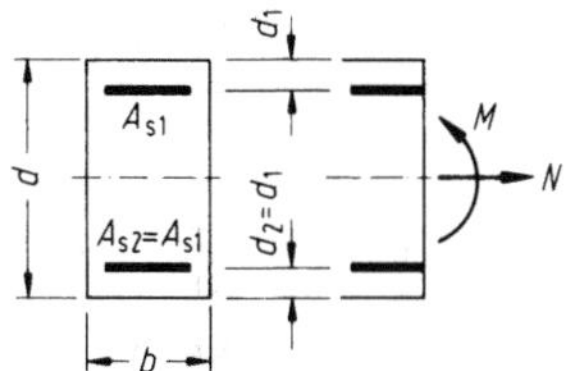

Zeile 1:	Bezogenes Moment	$10^4 m = 10^4 M_u/(1,75 A_b d \beta_R)$
Zeile 2:	Bezogene Krümmung	$10^3 K_u = 10^3 k_u d$
Zeile 3:	Bezogene Steifigkeit	$10\, b_{II} = 10 B_{II}/(1,75 A_b d^2 \beta_R)$

$\dfrac{N}{A_b\,\beta_R}$	Mechanischer Bewehrungsgrad tot $\omega_0 = \mathrm{tot}\dfrac{A_s}{A_b}\cdot\dfrac{\beta_s}{\beta_R}$														
	0,10	0,20	0,30	0,40	0,50	0,60	0,70	0,80	0,90	1,00	1,20	1,40	1,60	1,80	2,00
0,00	243	475	703	929	1154	1379	1604	1828	2053	2278	2728	3180	3632	4085	4539
	3,34	3,62	3,83	4,00	4,15	4,28	4,39	4,49	4,58	4,66	4,80	4,91	5,01	5,09	5,16
	72	130	180	227	271	313	354	394	433	472	548	624	699	775	850
− 0,02	327	555	781	1005	1229	1453	1677	1902	2126	2351	2802	3254	3707	4160	4614
	3,63	3,85	4,03	4,19	4,32	4,44	4,54	4,63	4,72	4,79	4,92	5,02	5,11	5,18	5,24
	72	128	178	224	268	310	350	390	429	467	544	620	695	770	846
− 0,04	406	631	855	1079	1302	1526	1750	1974	2199	2424	2875	3328	3781	4234	4689
	3,91	4,08	4,23	4,37	4,49	4,60	4,69	4,78	4,85	4,92	5,03	5,13	5,21	5,27	5,33
	73	127	176	221	264	306	346	385	424	463	539	615	690	766	842
− 0,06	482	705	927	1150	1373	1597	1821	2046	2271	2496	2948	3401	3855	4309	4763
	4,19	4,31	4,44	4,56	4,66	4,76	4,85	4,92	4,99	5,05	5,16	5,24	5,31	5,36	5,41
	75	126	173	218	260	301	341	381	420	458	534	610	686	762	838
− 0,08	554	775	997	1219	1443	1667	1891	2116	2342	2568	3020	3474	3928	4383	4838
	4,47	4,54	4,65	4,75	4,85	4,93	5,01	5,08	5,14	5,19	5,28	5,35	5,41	5,46	5,50
	79	126	171	215	257	297	337	376	415	453	529	606	682	758	834

Bild 6-24. (Fortsetzung)

6. Bemessung schlanker Druckglieder

	1	2	3	4	5	6	7	8	9	10	11	12	13	14	15
− 0,10	621	842	1064	1287	1511	1736	1961	2186	2413	2639	3092	3547	4002	4457	4912
	4,74	4,77	4,86	4,95	5,04	5,11	5,18	5,24	5,29	5,33	5,40	5,46	5,51	5,55	5,58
	82	125	169	211	253	293	332	371	410	448	525	601	677	753	830
− 0,15	769	995	1222	1448	1676	1903	2131	2359	2587	2815	3271	3728	4184	4641	5098
	5,46	5,44	5,48	5,53	5,57	5,60	5,63	5,65	5,68	5,69	5,73	5,75	5,77	5,79	5,80
	87	123	162	202	241	280	320	358	397	436	513	590	667	744	820
− 0,20	869	1097	1326	1555	1783	2012	2240	2469	2697	2926	3383	3840	4297	4755	5212
	5,99	5,93	5,92	5,91	5,91	5,91	5,91	5,92	5,92	5,92	5,92	5,93	5,93	5,93	5,93
	89	122	157	195	233	271	310	349	388	427	504	581	659	736	813
− 0,25	914	1141	1369	1596	1824	2051	2279	2507	2735	2963	3419	3875	4332	4788	5245
	6,05	6,02	6,01	6,00	5,99	5,99	5,98	5,98	5,98	5,97	5,97	5,97	5,96	5,96	5,96
	94	124	157	192	229	266	305	343	382	421	498	576	653	731	808
− 0,30	881	1082	1290	1503	1719	1938	2158	2380	2602	2826	3275	3726	4178	4631	5085
	5,02	5,13	5,23	5,32	5,39	5,45	5,50	5,53	5,57	5,60	5,64	5,68	5,71	5,73	5,75
	116	143	172	203	237	272	308	345	383	421	498	575	652	729	807
− 0,40	741	924	1111	1304	1503	1705	1912	2122	2334	2548	2982	3421	3864	4309	4756
	3,62	3,76	3,95	4,13	4,30	4,45	4,57	4,68	4,77	4,85	4,99	5,09	5,18	5,24	5,31
	155	189	217	243	270	299	330	362	396	431	503	578	653	731	807
− 0,50	469	674	871	1066	1261	1457	1656	1858	2063	2270	2690	3118	3551	3988	4428
	2,79	2,91	3,05	3,22	3,41	3,58	3,75	3,90	4,03	4,16	4,36	4,53	4,67	4,78	4,88
	135	196	246	285	317	346	373	400	428	458	522	590	661	735	810
− 0,60	107	322	538	755	966	1171	1373	1575	1778	1981	2394	2813	3238	3668	4102
	1,27	1,92	2,30	2,57	2,75	2,91	3,07	3,23	3,38	3,52	3,78	3,99	4,17	4,32	4,45
	73	146	209	267	323	371	410	443	473	502	559	617	681	749	819
− 0,70			157	385	603	822	1041	1256	1465	1672	2086	2502	2922	3347	3775
			1,05	1,67	2,03	2,30	2,52	2,69	2,83	2,97	3,24	3,49	3,70	3,88	4,04
			149	218	281	337	391	444	492	532	599	658	717	776	839
− 0,80						445	665	885	1106	1327	1757	2178	2598	3020	3446
						1,51	1,84	2,11	2,32	2,50	2,78	3,03	3,26	3,46	3,65
						292	351	407	461	513	611	689	754	814	874
− 0,90							505	726	948		1391	1831	2260	2685	3111
							1,39	1,70	1,95		2,34	2,63	2,86	3,07	3,27
							365	423	478		582	682	771	844	908
− 1,00									564		1009	1453	1898	2335	2766
									1,30		1,83	2,20	2,49	2,72	2,92
									438		549	653	751	846	928
− 1,10									622		1069	1515	1961	2405	
									1,24		1,72	2,08	2,36	2,60	
									510		621	723	821	917	
− 1,20											680	1128	1575	2022	
											1,18	1,63	1,98	2,25	
											584	693	794	892	
− 1,30											686	1187	1635		
											1,06	1,56	1,89		
											656	765	866		

Bild 6-24. Zahlentafel zur Ermittlung der Ersatzgeraden für die Momenten-Krümmungs-Linie, nach [206] (Ausschnitt).

ausschnittsweise zeigt, können als Bestimmungsgrößen für die Ersatzgerade das bezogene Bruchmoment

$$m = M_u/(1{,}75 A_b d \beta_R), \tag{6-13}$$

die bezogene Krümmung im Bruchzustand

$$K_u = k_u d \tag{6-14}$$

und die bezogene Steifigkeit

$$b_{II} = B_{II}/(1{,}75 A_b d^2 \beta_R) \tag{6-15}$$

in Abhängigkeit von der bezogenen Normalkraft $n = N/(A_b \beta_R)$ und dem mechanischen Bewehrungsverhältnis tot $\omega_0 = $ tot $A_s/A_b \cdot \beta_S/\beta_R$ entnommen werden. Die Interpolation zwischen den Tafelwerten ist etwas mühsam. Zur Erleichterung können einige Interpolationsformeln in [22] dienen.

Ebenfalls in Bild 6-23 eingetragen ist ein Vorschlag nach [22], die Momenten-Krümmungs-Linie mit einer Ersatzgeraden durch den Koordinatenursprung anzunähern. Diese Näherung kann zu geringfügig größeren Abweichungen gegenüber Ergebnissen mit der tatsächlichen Momenten-Krümmungs-Linie führen als die Ersatzgerade nach [206]. Für baupraktische Aufgaben sind die Unterschiede aber i. allg. unbedeutend.

6.3.2 Iterative Ermittlung der Stabausbiegungen und Momente

Die endgültigen Momente nach der Theorie II. Ordnung unter 1,75facher Gebrauchslast werden iterativ ermittelt. Ausgehend von dem Moment nach Theorie I. Ordnung

$$1{,}75 M^I(x) = -1{,}75 N e(x)$$

mit $N = -F$, eventuell unter Einbeziehen einer geschätzten Ausbiegung $v(x)$, lautet der Ausdruck für das Moment im $(v + 1)$-ten Iterationsschritt, Bild 6-25,

$$1{,}75 M^{(v+1)}(x) = -1{,}75 N [e(x) + v^{(v)}(x)].$$

In der planmäßigen Lastausmitte $e(x)$ sind die ungewollte Lastausmitte e_v nach (6-4) und gegebenen-

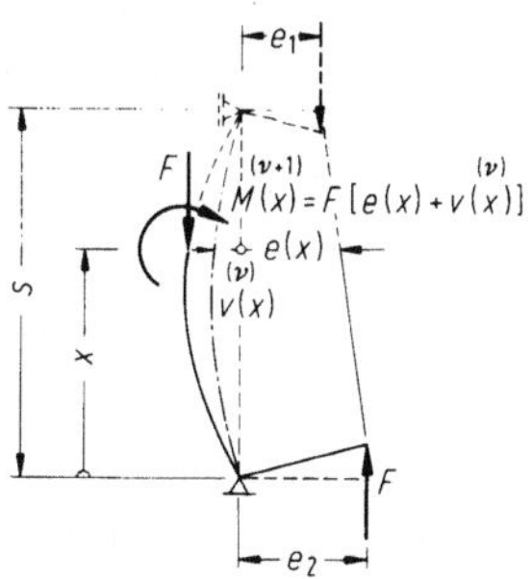

Bild 6-25. Moment am verformten Druckstab.

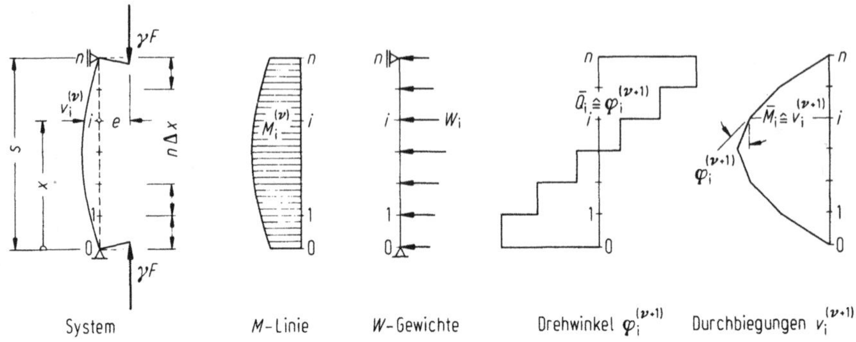

Bild 6-26. Ermittlung der Stabauslenkung mit elastischen W-Gewichten.

falls sonstige Einflüsse, wie Kriechen oder Fundamentverdrehung infolge unterschiedlicher Setzungen, zu berücksichtigen.

Die Krümmungen eines Stabes lassen sich für die so berechneten Momente der, mit einem geschätzten Bewehrungsgrad ermittelten, Momenten-Krümmungs-Linie entnehmen. Sind die Krümmungen bekannt, läßt sich die Biegelinie vorteilhaft nach dem Verfahren der W-Gewichte ermitteln [5a, 28], Bild 6-26. Einzeldurchbiegungen ergeben sich nach dem Arbeitssatz zu

$$v = \int k\overline{M}\,dx.$$

Der Iterationsprozeß wird abgebrochen, wenn die Änderung aus zwei aufeinanderfolgenden Rechenschritten ausreichend klein bleibt. Mit den nun bekannten Momenten liefert die Bemessung den erforderlichen Bewehrungsquerschnitt. Soll dieser gegenüber dem anfänglichen Schätzwert merklich verringert werden, ist eine neue Momenten-Krümmungs-Linie zu ermitteln und die gesamte Berechnung zu wiederholen.

Eine Möglichkeit, den Rechenprozeß abzukürzen, besteht darin, von einer angenommenen oder mit Hilfe der Nomogramme gemäß Bild 6-20 abgeschätzten Biegelinie auszugehen. Ergibt die Berechnung kleinere Verformungen als angenommen, ist die Stabilität gewährleistet. Die Berechnung kann dann unter Verzicht auf eine mögliche Verringerung des Bewehrungsquerschnittes abgebrochen werden.

Beispiel 6-2: Stabilitätsuntersuchung als „direkter" Nachweis.
Gegeben: Brückenpfeiler nach Skizze,
     Beton B 35, Betonstahl BSt 500 S.
Gesucht: Nachweis der Stabilität in Richtung der z-Achse.

Auf Grund einer Vorbemessung gewählt:

$$A_{s1} = A_{s2} = 142{,}4\,\mathrm{cm}^2$$

entsprechend 29 Bewehrungsstäben mit $d_s = 25$ mm Durchmesser. Der Bewehrungsquerschnitt könnte nach oben abgestuft werden, wird hier jedoch über die Pfeilerhöhe konstant angenommen.

Ermittlung der Momenten-Krümmungs-Linie:

Es werden verschiedene Dehnungszustände ε_{b1}; ε_{s2} so bestimmt, daß nach (6-10) die Summe der

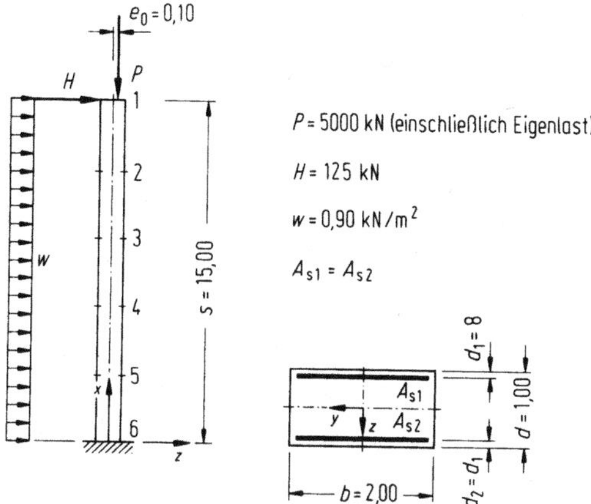

inneren Kräfte mit der vorhandenen Normalkraft unter 1,75 facher Belastung,

$$1,75\,N = -1,75P = -1,75 \cdot 5000 = -8750\ \text{kN},$$

übereinstimmt. Die Zahlenrechnung, die sich leicht mit einem programmierbaren Tischrechner erledigen läßt, wird nur für ein Dehnungsverhältnis wiedergegeben.

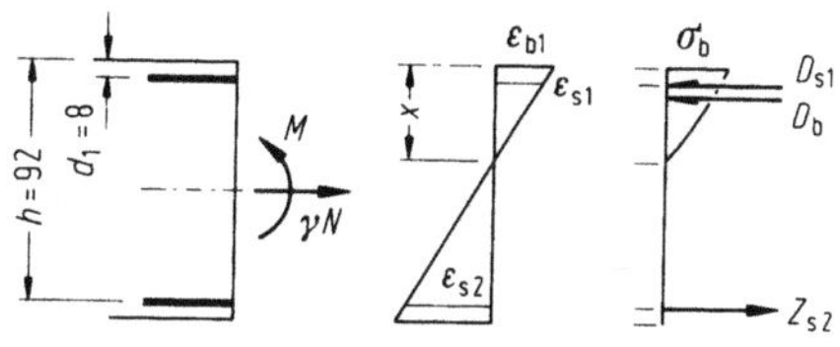

Gewählt: $\varepsilon_{s2} = \varepsilon_s = 2,3810\%_0$ und dazu
geschätzt: $\varepsilon_{b1} = -1,8\%_0$

$$\varepsilon_{s1} = -(2,3810 + 1,8) \cdot \frac{0,92 - 0,08}{0,92} + 2,3810 = -1,436\%_0 < \varepsilon_s$$

$$x = \frac{1,8}{2,3810 + 1,8} \cdot 0,92 = 0,396\ \text{m}$$

$$D_b = 1,8/12 \cdot (6 - 1,8) \cdot 2,00 \cdot 0,396 \cdot 23000 = 11481\ \text{kN}$$

$$D_{s1} = 1,436 \cdot 10^{-3} \cdot 2,1 \cdot 10^8 \cdot 142,4 \cdot 10^{-4} = 4296\ \text{kN}$$

$$Z_{s2} = 500 \cdot 10^3 \cdot 142,4 \cdot 10^{-4} = 7120\ \text{kN}$$

$$N = -11481 - 4296 + 7120 = -8657\ \text{kN} \neq -8\,750\ \text{kN}$$

Die Verbesserung des Schätzwertes führt auf $\varepsilon_{b1} = -1{,}8096\text{‰}$ mit $x = 0{,}3973$ m und

$$N = -11548{,}2 - 4321{,}8 + 7120 = 8750{,}0 \text{ kN}.$$

Der Randabstand der Betondruckkraft beträgt 0,1467 m, und das innere Moment ergibt sich zu

$$M = 11548{,}2 \cdot (0{,}50 - 0{,}1467) + 4321{,}8 \cdot (0{,}50 - 0{,}08) + 7120 \cdot (0{,}50 - 0{,}08)$$

$$= 8885 \text{ kNm}.$$

Dazu gehört die Krümmung

$$k = \frac{(1{,}8096 + 2{,}3810) \cdot 10^{-3}}{0{,}92} = 4{,}555 \cdot 10^{-3} \text{ m}^{-1}.$$

Damit ist ein Punkt der Momenten-Krümmungs-Linie bekannt. Nach der Berechnung einiger weiterer Wertepaare M und k kann sie aufgetragen werden. Die Darstellung enthält zum Vergleich auch die Ersatzgerade nach [206], die nachstehend ermittelt wird.

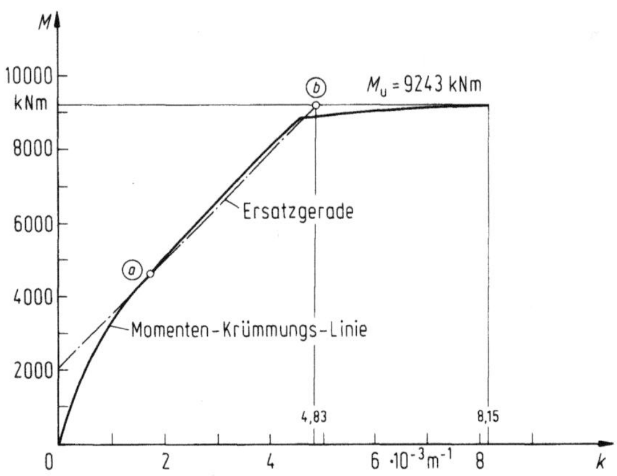

$$n = -5000/(2{,}00 \cdot 1{,}00 \cdot 23) = -0{,}109$$

$$\text{tot } \omega_0 = 2 \cdot 142{,}4 \cdot 10^{-4}/(2{,}00 \cdot 1{,}00) \cdot 500/23 = 0{,}310$$

$\dfrac{d_1}{d} = \dfrac{d_2}{d} = 0{,}08$ wird zwischen 0,05 und 0,10 interpoliert:

$$0{,}05 \rightarrow 10^4 m = 1200{,}5, \quad 10^3 K_u = 4{,}6089, \quad 10 b_{II} = 206{,}01$$

$$0{,}10 \rightarrow 10^4 m = 1113{,}0, \quad 10^3 K_u = 4{,}9759, \quad 10 b_{II} = 171{,}78$$

$$0{,}08 \rightarrow 10^4 m = 1148{,}0, \quad 10^3 K_u = 4{,}829, \quad 10 b_{II} = 185{,}5$$

$$M_u = 1,75 \cdot 1148,0 \cdot 10^{-4} \cdot 2,00 \cdot 1,00 \cdot 23 = 9,241 \text{ MNm}$$

$$k_u = 4,829 \cdot 10^{-3}/1,00 \qquad\qquad = 4,829 \cdot 10^{-3} \text{ m}^{-1}$$

$$B_{II} = 1,75 \cdot 18,55 \cdot 2,00.1,00^2 \cdot 23 \qquad = 1493 \text{ MNm}^2$$

$$k(M) = 4,829 \cdot 10^{-3} - (9,241 - M)/1493 = -1,361 \cdot 10^{-3} + M/1493$$

Ermittlung der Kopfauslenkung:

Ungewollte Ausmitte, nach (6-4): $e_v = 2 \cdot 15,00/300 = 0,100 \text{ m}$

Kriechausmitte, nach (6-5): $e_k = 0,025 \text{ m}$

Für beide Anteile und die Biegelinie wird näherungsweise parabelförmiger Verlauf angenommen.

Geschätzte Kopfauslenkung: $v = 0,35 \text{ m}$

Die Momente aus der 1,75fachen Belastung errechnen sich nach der Theorie I. Ordnung zu

$$M^I = 1,75 \cdot (5000 \cdot 0,10 + 125(s - x) + 0,90 \cdot 2,00(s - x)^2/2).$$

Aus der Verformung folgen die Zusatzmomente

$$\Delta M = 1,75 \cdot 5000 \cdot ([v + e_v + e_k]_1 - [v + e_v + e_k]_x).$$

Die Momente $M^{II} = M^I + \Delta M$ nach der Theorie II. Ordnung sowie die Krümmungen werden tabellarisch ermittelt.

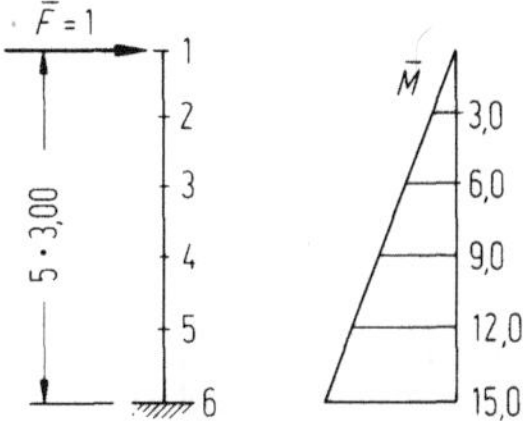

Pkt. i	$\gamma \cdot M^I$	$\bar{v} = v + e_v + e_k$	$\bar{v}_1 - \bar{v}(i)$	$\gamma \cdot N \cdot (\bar{v}_1 - \bar{v}(i))$	$\gamma \cdot M^{II}$	$10^3 \cdot K$	$\bar{M}$
	kNm	m	m	kNm	kNm	m^{-1}	m
1	875,0	0,4750	0	0	875,0	0,15	0
2	1545,4	0,3040	0,1710	1496,2	3041,6	0,85	3,0
3	2244,2	0,1710	0,3040	2660,0	4904,2	1,91	6,0
4	2971,3	0,0760	0,3990	3491,2	6462,5	2,85	9,0
5	3726,8	0,0190	0,4560	3990,0	7716,8	3,73	12,0
6	4510,6	0	0,4750	4156,2	8666,8	4,40	15,0

Zur Berechnung der Kopfauslenkung wird der Arbeitssatz verwendet.

$$v = \int k\bar{M}\,\mathrm{d}s = 3{,}00/6 \cdot [3{,}0 \cdot (0{,}15 + 4 \cdot 0{,}85 + 1{,}91)$$

$$+ 6{,}0 \cdot (0{,}85 + 4 \cdot 1{,}91 + 2{,}85) + 9{,}0 \cdot (1{,}91 + 4 \cdot 2{,}85 + 3{,}73)$$

$$+ 12{,}0 \cdot (2{,}85 + 4 \cdot 3{,}73 + 4{,}40) + 15{,}0 \cdot (3{,}73 + 2 \cdot 4{,}40)] \cdot 10^{-3}$$

$$= 0{,}346 \text{ m} < 0{,}35 \text{ m, wie geschätzt.}$$

Die errechnete Kopfauslenkung ist kleiner als der Schätzwert und die Stabilität somit gewährleistet. Generell kann die Berechnung in einem solchen Fall abgebrochen werden, wenn die eingangs angenommene Bewehrung auch eingelegt wird. Das ist besonders dann berechtigt, wenn – wie hier – die errechnete Kopfauslenkung mit der geschätzten praktisch identisch ist. Bei iterativer Verbesserung verringert sich die Auslenkung des Stützenkopfes nur noch geringfügig auf $v = 0{,}342$ m. Das Moment nach Theorie II. Ordnung an der Einspannstelle beträgt damit, umgerechnet auf Gebrauchslast,

$$\underline{M_6^{II} = 8596{,}8/1{,}75 = 4912{,}4 \text{ kNm.}}$$

Geringfügig abweichende Ergebnisse erhält man bei genauerer Ermittlung der Biegelinie oder bei Verwendung der Ersatzgeraden für die Momenten-Krümmungs-Linie.

6.3.3 Ermittlung der Stabausbiegungen und Momente ohne Iteration für die Biegelinie

Der Iterationsprozeß zur Ermittlung der Stabausbiegungen und Momente nach der Theorie II. Ordnung läßt sich umgehen, indem eine Annahme über den Verlauf der Krümmungen getroffen wird. Mit guter Näherung kann der Krümmungszuwachs infolge der aus den Stabverformungen herrührenden Zusatzmomente parabelförmig angesetzt werden. Damit ist nach [24, 513] eine bessere Genauigkeit zu erzielen als beispielsweise mit einer sinusförmig angenommenen Biegelinie.

Zur Erläuterung des Vorgehens wird eine Kragstütze mit konstantem Querschnitt betrachtet (Bild 6-27), deren Kopfauslenkung bei parabelförmigem Krümmungsverlauf

$$v = \int\limits_0^s k(x)\,\bar{M}(x)\,\mathrm{d}x = \frac{s^2}{12} \cdot (5k_a^{II} - k_a^I + 2k_b^I) \tag{6-16}$$

beträgt. Eine Vereinfachung der Zahlenwerte wie in [302] ist möglich, bringt aber keine nennenswerten Rechenvorteile. Nach (6-12), in etwas veränderter Schreibweise, da hier kein wechselndes Momentenvorzeichen zu beachten ist, betragen die Krümmungen unter 1,75facher Gebrauchslast

$$k = k_u - (M_u - 1{,}75M)/B_{II}.$$

Damit lautet (6-16)

$$v = \frac{s^2}{12} \cdot \left[6k_u - \frac{1}{B_{II}} \cdot (6M_u - 1{,}75 \cdot \{5M_a^{II} - M_a^I + 2M_a^I\}) \right]. \tag{6-17}$$

Unter M_a^{II} ist das auf Gebrauchslast umgerechnete Moment nach der Theorie II. Ordnung unter 1,75-facher Belastung zu verstehen. Durch Einsetzen von (6-17) in den Ausdruck für das Moment

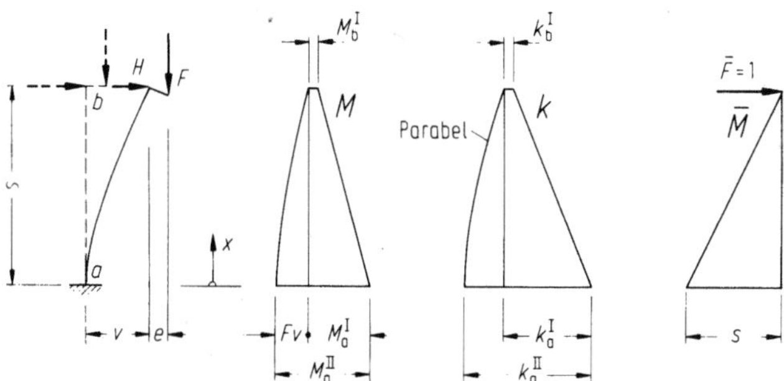

Bild 6-27. Kragstütze: Stabauslenkung, Momente und Krümmungen.

nach der Theorie II. Ordnung,

$$M_a^{II} = M_a^I - Nv, \qquad (6\text{-}18)$$

mit $N = -F$ erhält man nach Umformen

$$M_a^{II} = \frac{M_a^I - N \cdot \dfrac{s^2}{12}\left[6k_u - \dfrac{6M_u/1{,}75 + M_a^I - 2M_b^I}{B_{II}/1{,}75} \right]}{1 + N\,\dfrac{s^2}{12}\,\dfrac{5}{B_{II}/1{,}75}}. \qquad (6\text{-}19)$$

Aus (6-19) läßt sich bei bekanntem Bewehrungsquerschnitt das Moment M_a^{II} ohne Iteration berechnen. Die Größen M_u, k_u und B_{II} nach (6-13) bis (6-15) können mit Hilfe von Zahlentafeln entsprechend Bild 6-24 bestimmt werden [206, 302]. Wenn auf Grund der nachfolgenden Bemessung der zuvor geschätzte Bewehrungsgrad vermindert werden soll, ist allerdings eine erneute Berechnung mit korrigierten Werten für M_u, k_u und B_{II} notwendig; im umgekehrten Fall liegt das ermittelte Moment M_a^{II} auf der sicheren Seite.

Die Gl. (6-19) läßt sich um die Einflüsse aus Kriechen, Fundamentverdrehung und die Kopplung auszusteifender Stützen erweitern, hierzu sei auf [22, 302] verwiesen.

Wird die Bewehrung gleich dem an der Einspannstelle erforderlichen Querschnitt gewählt, entspricht das Moment nach der Theorie II. Ordnung gerade dem Bruchmoment des Querschnittes, d.h., $1{,}75M_a^{II} = M_u$. Aus (6-19) folgt dann der etwas einfachere Ausdruck

$$M_a^{II} = \frac{M_a^I - N\,\dfrac{s^2}{12}\left[6k_u - \dfrac{M_a^I - 2M_b^I}{B_{II}/1{,}75} \right]}{1 - N\,\dfrac{s^2}{12}\,\dfrac{1}{B_{II}/1{,}75}},$$

woraus sich wieder das Bemessungsmoment M_a^{II} bestimmen läßt, wenn zu einem zunächst geschätzten und bei Bedarf verbesserten Bewehrungsgrad die Größen k_u und B_{II} aus Zahlentafeln wie in Bild 6-24 entnommen werden.

Beispiel 6-3:
Gegeben: Brückenpfeiler gemäß Beispiel 6-2.
Gesucht: Moment nach der Theorie II. Ordnung an der Einspannstelle.

$$N = -5\,000 \text{ kN}$$

$$M_1^I = 5000 \cdot 0{,}10 = 500 \text{ kNm}$$

$$M_6^I = 5000 \cdot (0{,}10 + 0{,}100 + 0{,}025) + 125 \cdot 15{,}00 + 0{,}90 \cdot 2{,}00 \cdot 15{,}00^2/2 =$$

$$= 3202{,}5 \text{ kNm}$$

Aus Zahlentafeln entsprechend Bild 6-24, hier von Beispiel 6-2 übernommen:

$$M_u = 9{,}241 \text{ MNm}; \quad k_u = 4{,}829 \cdot 10^{-3} \text{ m}^{-1}; \quad B_{II} = 1493 \text{ MNm}^2.$$

$$k(M) = -1{,}361 \cdot 10^{-3} + M/1493$$

Nach (6-19):

$$\underline{M_6^{II}} = \cfrac{3{,}2025 + 5{,}0 \cdot \dfrac{15{,}00^2}{12} \cdot \left[6 \cdot 4{,}829 \cdot 10^{-3} - \dfrac{6 \cdot 9{,}241/1.75 + 3{,}2025 - 2 \cdot 0{,}500}{1493/1{,}75} \right]}{1 - 5{,}0 \cdot \dfrac{15{,}00^2}{12} \cdot \dfrac{5}{1493/1{,}75}} \cdot 10^{-3} =$$

$$= \underline{4872 \text{ kNm}} \approx 4912 \text{ kNm, wie im Beispiel 6-2.}$$

Der Unterschied gegenüber dem Ergebnis des Beispiels 6-2 beruht im wesentlichen darauf, daß dort der Bereich kleiner Momente zutreffender erfaßt wird als nach (6-19).

6.4 Bemessung mit Hilfe von Traglastdiagrammen

Für den Knicksicherheitsnachweis von Druckstäben unverschieblicher Systeme werden in [26] Traglastdiagramme ähnlich der Darstellung in Bild 6-16 bereitgestellt. Sie gelten für symmetrisch bewehrte Rechteckquerschnitte und gestatten, in Abhängigkeit von der Schlankheit, der auf die Kernweite bezogenen Lastausmitte, dem Biegemomentenverlauf längs der Stabachse, dem Bewehrungsgrad und der Stahlsorte die kritische Spannung crit σ = crit N/A_b zu entnehmen. Durch Vergleich zwischen der vorhandenen Spannung und den kritischen Spannungen, die einigen festen Bewehrungsgraden zugeordnet sind, läßt sich der gesuchte Bewehrungsgrad interpolieren. Die ungewollte Ausmitte und gegebenenfalls der Kriecheinfluß sind gesondert zu berücksichtigen.

Die Handhabung der Diagramme wird durch Bild 6-28 und Beispiel 6-4 erläutert.

Beispiel 6-4:
Gegeben: Rahmen gemäß Beispiel 6-1, aber Betonstahl BSt 420 S.
Gesucht: Knicksicherheitsnachweis der Rahmenstiele.

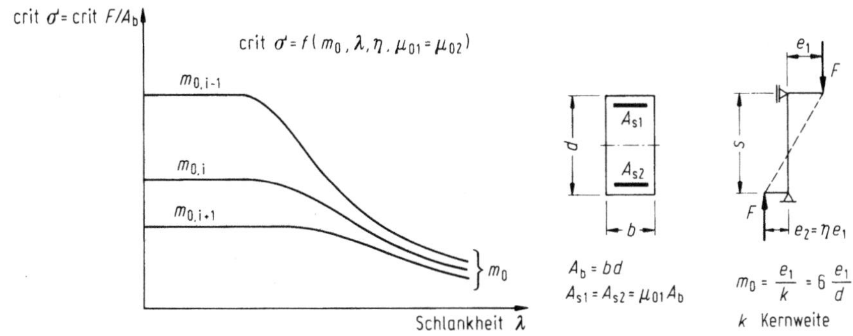

Bild 6-28. Traglastdiagramm für den Stabilitätsnachweis, nach [26].

Hier wird teilweise die Einheit kp verwendet, weil die benutzte Literatur noch darauf beruht ($1\ \text{kp/cm}^2 = 0,1\ \text{N/mm}^2$, $100\ \text{kp} = 1\ \text{kN}$).

$$N = -280\ \text{kN}$$

$$M_2 \approx 19,3 + 280 \cdot (6,00/300 + 0,009) = 27,4\ \text{kNm} \stackrel{\wedge}{=} M_1 = Fe_1 \text{ nach Bild 6-28}$$

vorh $\sigma = N/A_b = 280 \cdot 10^2/25^2 = 44,8\ \text{kp/cm}^2$

$m_0 = e_1/k = (M_1/N)/(d/6) = (27,4/280)/(0,25/6) = 2,35$

Korrekturfaktoren (nach [26]): B25 $\rightarrow$ $\qquad \beta = 1,18$

$$d_1/d = 0,18 \quad \rightarrow \alpha = 0,80$$

crit $\sigma = (\beta/\alpha)\gamma \cdot$ vorh $\sigma = (1,18/0,80) \cdot 1,75 \cdot 44,8 = 115,6\ \text{kp/cm}^2$

$\eta = e_2/e_1 = 0$ (vgl. Bild 6-28)

$$\text{nach [26]: } \mu_{01} = \mu_{02} = 0,4\%: \text{crit } \sigma = 78\ \text{kp/cm}^2$$

$$\mu_{01} = \mu_{02} = 2,0\%: \text{crit } \sigma = 166\ \text{kp/cm}^2$$

$$\mu_{01} = \mu_{02} = 0,4 + (115,6 - 78)/(166 - 78) \cdot (2,0 - 0,4) = 1,08\%$$

$\underline{A_{s1}} = \underline{A_{s2}} = 0,0108 \cdot 25^2 = \underline{6,75\ \text{cm}^2} \approx 6,51\ \text{cm}^2$ wie im Beispiel 6-1 für BSt 500 S

Die erforderliche Bewehrung für BSt 420 und BSt 500 unterscheidet sich hier nur geringfügig. Das liegt daran, daß bei Druckgliedern die höhere Streckgrenze von BSt 500, die bei $\varepsilon_S = 2,38‰$ liegt, häufig nicht ausgenutzt werden kann.

6.5 Nachweis am Gesamtsystem

Bei unregelmäßigen verschieblichen Rahmensystemen kann das Ersatzstabverfahren zu unsicheren Ergebnissen führen. Der Stabilitätsnachweis wird in solchen Fällen besser unter 1,75 fachen Lasten am Gesamtsystem geführt, DIN 1045, 17.4.9.

An Stelle der ungewollten Ausmitte e_v können Vorverformungen als Schiefstellung α_v des ganzen Systems berücksichtigt werden (Bild 6-29). Für eine Kragstütze ergibt sich mit (6-4) und der Knicklänge $s_k = 2s$ die Schiefstellung

$$\alpha_v = \frac{e_v}{s} = \frac{s_K}{300 s_K/2} = 1/150,$$

die nach [206] allgemein für eingeschossige Rahmen anwendbar ist. Bei mehrgeschossigen Rahmen erlaubt die aussteifende Wirkung der Riegel eine Abminderung auf $\alpha_v = 1/200$.

Rechnerisch wird die Schiefstellung zweckmäßigerweise durch den Ansatz der Horizontallasten $H = F\alpha_v$ zusätzlich zu der sonstigen Horizontalbelastung berücksichtigt.

Schwierigkeiten bereitet bei dem Nachweis am Gesamtsystem die zutreffende Ermittlung der wirksamen Stabsteifigkeiten ef EI, die ausreichend genau mit den vorhandenen Querschnittswerten und mit dem Beanspruchungszustand übereinstimmen müssen. Bei bekannten Steifigkeiten lassen sich die Rechenverfahren der linearen Baustatik anwenden.

Weil die Stabsteifigkeiten von der Bewehrung abhängen, ist deren Querschnitt zunächst zu schätzen. Näherungswerte für die wirksame Steifigkeit gerissener Stahlbetonstäbe unter Einschluß der Bewehrung werden in [206] angegeben. Sie gelten nur für vielgliedrige Systeme, nicht aber für Einzelstäbe, und sind im Verlauf einer iterativen, nichtlinearen Berechnung zu verbessern. Das kann, nachdem die Bewehrungsquerschnitte auf Grund der berechneten Schnittgrößen korrigiert wurden, über den Momenten-Krümmungs-Zusammenhang erfolgen. Bei bekanntem Krümmungszustand und Momentenverlauf eines Stabes ergibt sich aus der Forderung nach gleicher Endtangentenverdrehung ein verbesserter Wert für die wirksame Stabsteifigkeit. Der Ablauf einer solchen Berechnung ist u.a. aus [267] zu ersehen.

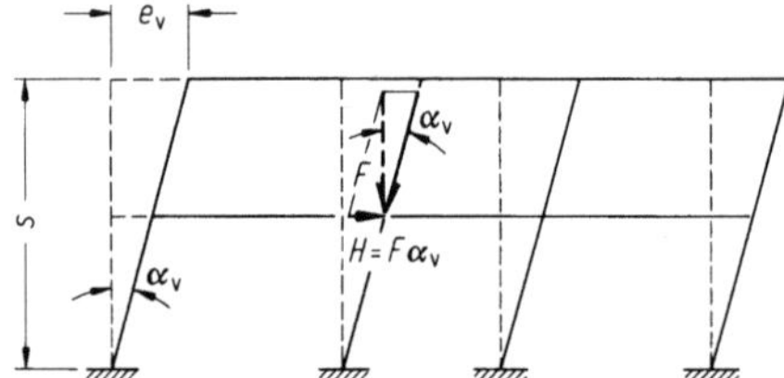

Bild 6-29. Schiefstellung des Gesamtsystems als Ersatz für die ungewollte Ausmitte.

6.6 Knicken nach zwei Richtungen

Für Druckglieder, deren Knickrichtung nicht eindeutig in Richtung einer Hauptachse vorgegeben ist, schreibt DIN 1045, 17.4.8 generell einen Knicksicherheitsnachweis für schiefe Biegung mit Längskraft vor. Dabei sind die ungewollten Ausmitten e_{vy} und e_{vz} getrennt für die Hauptachsenrichtungen y und z nach (6-3) zu ermitteln und den planmäßigen Lastausmitten e_y und e_z zu überlagern.

Eine Ausnahme bilden Druckglieder mit Rechteckquerschnitt, für die das Verhältnis der kleineren bezogenen Lastausmitte zur größeren den Wert 0,2 nicht übersteigt. Die Normalkraft greift dann innerhalb der achsennahen schraffierten Bereiche von Bild 6-30 an. Weil die Abweichungen von den Hauptachsenrichtungen gering sind, dürfen vereinfachend getrennte Knicksicherheitsnachweise für beide Richtungen geführt werden. Für Nachweise in Richtung der kürzeren Querschnittsseite b gilt aber einschränkend, daß in Richtung der längeren Seite d die bezogene Lastausmitte $e/d \leq 0,2$ sein muß. Anderenfalls ist der durch das Aufreißen des Querschnittes bedingte Steifigkeitsabfall zu berücksichtigen [302, 516, 520]. Nach DIN 1045 geschieht das durch die Abminderung der Seitenlänge d auf die Höhe der Druckzone im Gebrauchszustand infolge der Normalkraft N mit der Ausmitte $e_z + e_{vz}$ [206, 303].

Ist für mäßig schlanke Stützen mit λ_y und $\lambda_z \leq 70$ die Knicksicherheit nachzuweisen, wird derjenige Schnitt im mittleren Drittel der Ersatzlänge maßgebend, der den Größtwert der resultierenden Lastausmitte $e = \sqrt{e_y^2 + e_z^2}$ aufweist. Die Zusatzausmitten f_y und f_z sind mit den Schlankheiten λ_y und λ_z sowie den Lastausmitten e_y und e_z nach (6-7) zu ermitteln. Für die Schnittgrößen

$$N = -F,$$

$$M_y = M_{0y} + Nf_z,$$

$$M_z = M_{0z} - Nf_y$$

ist dann mit Diagrammen entsprechend Bild 3-37 für schiefe Biegung mit Längskraft zu bemessen.

Stützen mit Rechteckquerschnitt und großer Schlankheit $\lambda > 70$ können nach einem auf [517] zurückgehenden Näherungsverfahren in [206] bemessen werden. Dabei wird der Nachweis für schiefes Knicken durch das Einführen von Rechengrößen s_{Kr} für die Knicklänge und M_r für die Momentenwirkung auf einachsiges Knicken zurückgeführt. Das Verfahren gilt für Knicklängen $s_{Ky} = s_{Kz}$. Bei ungleichen Knicklängen wird vorgeschlagen, mit der größeren Länge zu rechnen [206].

Die Gesamtbewehrung muß zunächst geschätzt werden und ist gleichmäßig auf die vier Ecken oder Seiten zu verteilen. Mit den Bezeichnungen und Angaben in Bild 6-32 lassen sich die Rechengrößen M_r und s_{Kr} ermitteln, für die anschließend nach den Nomogrammen entsprechend Bild 6-20 bemessen wird. Dabei ist die Richtung der kleineren Querschnittsseite maßgebend. Weicht der ermittelte Bewehrungsquerschnitt von dem Schätzwert zu stark ab, kann in einem zweiten Rechenschritt eine Verbesserung erfolgen. Zusätzlich ist zu überprüfen, ob ein Nachweis für

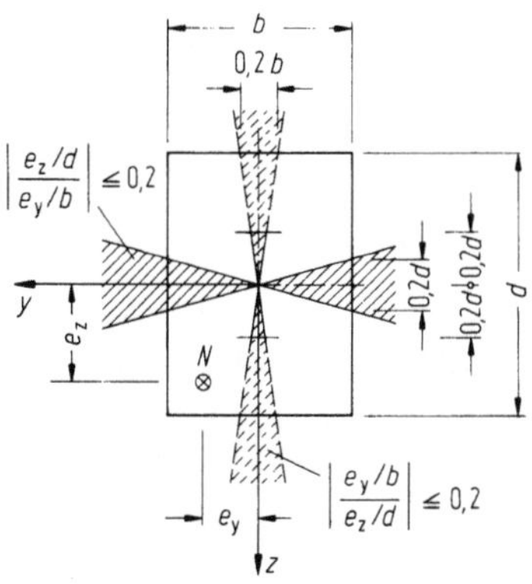

Bild 6-30. Abgrenzung der Nachweise für einachsiges und zweiachsiges Knicken.

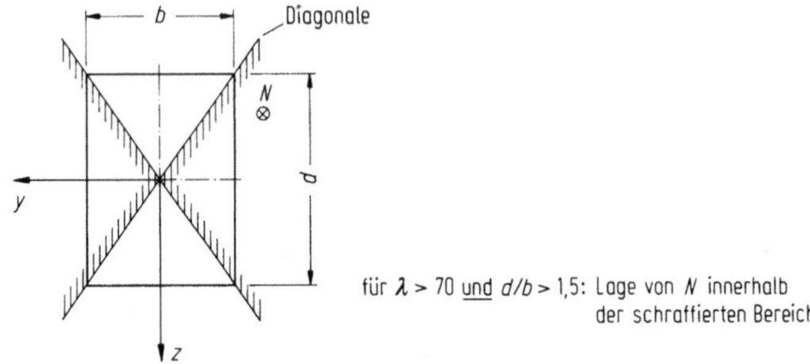

Bild 6-31. Zweiachsiges Knicken von Stäben mit Rechteckquerschnitt – Anwendungsgrenzen für das Näherungsverfahren nach [206].

einachsiges Knicken in Richtung der kleineren Querschnittsseite einen größeren Bewehrungsquerschnitt liefert [206, 520].

Das Verfahren darf nur bei Druckgliedern mit einem Seitenverhältnis $d/b \leq 1{,}5$ ohne Einschränkung benutzt werden. Für Seitenverhältnisse $d/b > 1{,}5$ muß der Angriffspunkt der Normalkraft innerhalb der schraffierten Bereiche des Bildes 6-31 liegen, da sich sonst unsichere Ergebnisse einstellen können.

Beispiel 6-5: Knicksicherheitsnachweis nach dem geschilderten Näherungsverfahren.
Gegeben: Knickstab mit Querschnitt nach Skizze und den Knicklängen $s_{Ky} = s_{Kz} = 12{,}00$ m,
Beton B 25, Betonstahl BSt 500 S,
Schnittgrößen $N = -300$ kN,
$\qquad\qquad M_y = 100$ kNm,
$\qquad\qquad M_z = 50$ kNm.

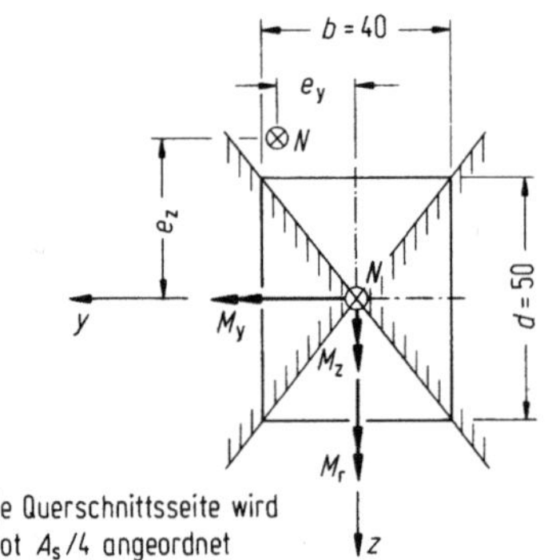

Gesucht: Erforderliche Bewehrung.

$$\lambda_y = 12{,}00/(0{,}289 \cdot 0{,}40) = 104$$
$$\lambda_z = 12{,}00/(0{,}289 \cdot 0{,}50) = 83 \quad \rightarrow \text{beide} > 70 \text{ und} < 200$$

$$e_y = M_z/|N| = 50/300 = 0{,}167$$
$$e_z = -M_y/|N| = -100/300 = -0{,}333, \qquad d/b = 0{,}50/0{,}40 = 1{,}25$$

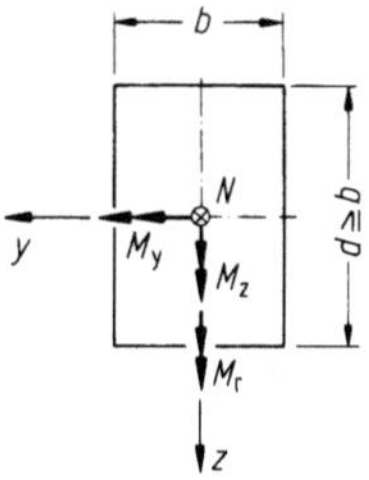

$$k = \left| \frac{M_y/d}{M_z/b} \right| \qquad M_r = k_1 \cdot M_z$$

$$s_{Kr} = \sqrt{\frac{1 + k^2 \cdot \left(\dfrac{b}{d}\right)^2}{1 + k^2}} \cdot s_K$$

				k_1 für tot μ_0 in %					
k		$\geqslant 8$	6	4	2	1,5	1	0,8	0,5[a]
	$\geqslant 6$	4	3	2	1	0,8	0,5[a]		
0,2	1,20	1,18	1,15	1,12	1,09	1,08	1,07	1,07	1,06
0,4	1,40	1,36	1,33	1,27	1,23	1,21	1,19	1,18	1,16
0,6	1,60	1,55	1,51	1,43	1,38	1,35	1,33	1,31	1,29
0,8	1,80	1,74	1,69	1,61	1,54	1,51	1,48	1,46	1,43
1,0	2,00	1,94	1,88	1,78	1,70	1,67	1,64	1,61	1,59
1,2	2,20	2,13	2,07	1,96	1,88	1,84	1,81	1,78	1,75
1,4	2,40	2,32	2,26	2,14	2,05	2,02	1,98	1,95	1,92
1,6	2,60	2,52	2,45	2,33	2,23	2,19	2,16	2,12	2,09
1,8	2,80	2,71	2,64	2,52	2,42	2,37	2,33	2,30	2,27
2,0	3,00	2,91	2,83	2,70	2,60	2,56	2,52	2,48	2,45
2,2	3,20	3,11	3,03	2,89	2,79	2,74	2,70	2,66	2,63
2,4	3,40	3,30	3,22	3,08	2,97	2,93	2,88	2,85	2,81
2,6	3,60	3,50	3,41	3,27	3,16	3,11	3,07	3,03	3,00
2,8	3,80	3,70	3,61	3,46	3,35	3,30	3,26	3,22	3,19
3,0	4,00	3,90	3,80	3,66	3,54	3,49	3,45	3,41	3,37
3,2	4,20	4,09	4,00	3,85	3,73	3,68	3,64	3,60	3,56
3,4	4,40	4,29	4,20	4,04	3,92	3,87	3,83	3,79	3,75
3,6	4,60	4,49	4,39	4,23	4,11	4,06	4,02	3,98	3,94
3,8	4,80	4,69	4,59	4,43	4,31	4,26	4,21	4,17	4,13
4,0	5,00	4,88	4,78	4,62	4,50	4,45	4,40	4,36	4,33
4,2	5,20	5,08	4,98	4,82	4,69	4,64	4,60	4,56	4,52
4,4	5,40	5,28	5,18	5,01	4,89	4,83	4,79	4,75	4,71
4,6	5,60	5,48	5,37	5,21	5,08	5,03	4,98	4,94	4,91
4,8	5,80	5,68	5,57	5,40	5,27	5,22	5,18	5,14	5,10
5,0	6,00	5,88	5,77	5,60	5,47	5,42	5,37	5,33	5,29

[a] Die obere Zeile gilt für Beton B 35 und höher, die untere für Beton B 25 und geringer.

Bild 6-32. Zahlentafel zum Nachweis bei zweiachsigem Knicken, nach [206].

Der Angriffspunkt der Normalkraft liegt zwar außerhalb des schraffierten Bereiches nach Bild 6-31, wegen des Seitenverhältnisses $d/b < 1,5$ darf das Näherungsverfahren aber doch angewandt werden.

$$k = (M_y/d)/(M_z/b) = (100/0,50)/(50/0,40) = 1,60$$

geschätzt: $\text{tot}\,\mu_0 = 2\%$

aus Bild 6-32 für B 25; $\text{tot}\,\mu_0 = 2\%$; $k = 1,6$: $\rightarrow k_1 = 2,33$

$$M_r = k_1 \cdot M_z = 2,33 \cdot 50 = 116,5 \text{ kNm}$$

$$s_{Kr} = s_K \cdot \sqrt{\frac{1 + k^2 \cdot \left(\dfrac{b}{d}\right)^2}{1 + k^2}} =$$

$$= 12,00 \sqrt{\frac{1 + 1,60^2 \cdot \left(\dfrac{40}{50}\right)^2}{1 + 1,60^2}} = 12,00 \cdot 0,861 = 10,33 \text{ m}$$

$s_{Kr}/d = 10,33/0,40 = 25,8$; $e_r/d = 116,5/(300 \cdot 0,40) = 0,97$;

$d_1/d = b_1/b \approx 0,10$

$n = -0,300/(0,40 \cdot 0,50 \cdot 17,5) = -0,086$

$m = 0,1165/(0,40^2 \cdot 0,50 \cdot 17,5) = 0,083$

$\rightarrow \text{tot}\,\omega_0 = 0,56$ (nach [206], Tafel 4.20a)

$\text{tot}\,\mu_0 = 0,56/28,6 = 1,96\% \approx 2\%$, wie geschätzt

$\underline{\text{tot}\,A_s} = 0,0196 \cdot 40 \cdot 50 = \underline{39,2 \text{ cm}^2}$

Ebenes Knicken: $e/d = 50/(300 \cdot 0,40) = 0,42$

$n = -0,086$; $m = 0,050/(0,40^2 \cdot 0,50 \cdot 17,5) = 0,036$

$\rightarrow \text{tot}\,\omega_0 \ll 0,56$ nicht maßgebend.

6.7 Sonderfälle des Knicksicherheitsnachweises

6.7.1 Umschnürte Stützen

Nach DIN 1045, 17.3.2 darf der traglaststeigernde Einfluß der Umschnürung nur für Schlankheiten $\lambda = s_K/i \leq 50$ mit $i = \sqrt{I_b/A_b}$ und Lastausmitten $e \leq d_k/8$, Bild 3-38, in Rechnung gestellt werden. Der Verformungseinfluß ist bei schlanken umschnürten Stützen auf die zulässige Lastausmitte anzurechnen. Er kann durch die zusätzliche Ausmitte f nach (6-7) erfaßt werden,

$$f = d \cdot \frac{\lambda\text{-}20}{100} \cdot \sqrt{0,10 + e/d} \geq 0.$$

Bei der Grenze $\lambda = 50$ für die Schlankheit und einem Außendurchmesser $d \approx 1{,}10 d_k$ erreicht die zusätzliche Ausmitte mit $f = 0{,}111 d_k$ bereits nahezu den zulässigen Wert $0{,}125 d_k$ für die gesamte Lastausmitte. Dadurch wird die Verwendung umschnürter Stützen bei größeren Schlankheiten stark eingeschränkt.

Können umschnürte Druckglieder in unverschieblichen Tragwerken als mittig gedrückte Innenstützen angesehen werden, DIN 1045, 15.4.2, darf bei beidseitiger Einspannung und $h_s/d \leq 5$ der Nachweis der Knicksicherheit entfallen. Mit $s_K = h_s$ und $i = d/4$ beträgt demnach die Grenzschlankheit nur $\lim \lambda = 20$ gegenüber $\lim \lambda = 45$ für bügelbewehrte Innenstützen.

Beispiel 6-6:

Gegeben: Umschnürte Stütze, $d = 40$ cm, $c = 2$ cm, $s_K = 3{,}50$ m,
Beton B 25, Betonstahl BSt 500 S,
Normalkraft $N = -1500$ kN (mittig wirkend).

Gesucht: Erforderliche Längsbewehrung.

Gewählt: $d_{sw} = 12$ mm $> \min d_{sw} = 5$ mm

$$d_k = 40 - 2 \cdot (2 + 1{,}2/2) = 34{,}8 \text{ cm} > \min d_k = 20 \text{ cm}$$

gewählt: $s_w = 5$ cm $< \max s_w = 8$ cm
$\qquad\qquad < d_k/5 \quad = 34{,}8/5 \approx 7$ cm

$$A_w = \pi \cdot 34{,}8 \cdot 1{,}13/5 = 24{,}7 \text{ cm}^2$$

$$A_b = 0{,}40^2 \cdot \pi/4 \qquad = 0{,}1257 \text{ m}^2$$

$$A_k = 0{,}348^2 \cdot \pi/4 \quad = 0{,}0951 \text{ m}^2$$

$$i = d/4 = 0{,}40/4 = 0{,}10 \text{ m}$$

$$\lambda = 3{,}50/0{,}10 = 35 > 20 \text{ und } < 50$$

$$f = 0{,}40 \cdot (35 - 20)/100 \sqrt{0{,}10 + 0} = 0{,}019 \text{ m} \quad < d_k/8 = 0{,}348/8 = 0{,}044 \text{ m}$$

Beiwerte nach Tabelle 3-3: $v = 0{,}8$; $\quad \delta = 0{,}42$

$$\Delta N = 1/2{,}1 \cdot [0{,}8 \cdot 24{,}7 \cdot 10^{-4} \cdot 500 - (0{,}1257 - 0{,}0951) \cdot 17{,}5] \cdot (1 - 8 \cdot 0{,}019/0{,}348) = 0{,}121 \text{ MN}$$

Die Tragfähigkeit der bügelbewehrt gedachten Stütze wird nach dem Näherungsverfahren für gering ausmittig beanspruchte Druckglieder (3.2.6) bestimmt.

$$N_{b\ddot{u}} = 1/k \cdot (N - \Delta N) = 1/\gamma \cdot (A_b \beta_R + A_{s1} \sigma_{s1,u})$$

$$1/k = 1 + 3{,}2 \cdot 0{,}019/0{,}40 = 1{,}152$$

$$\sigma_{s1,u} = 2 \cdot 10^{-3} \cdot 2{,}1 \cdot 10^5 \quad = 420 \text{ N/mm}^2$$

$$N_{b\ddot{u}} = 1{,}152 \cdot (1{,}500 - 0{,}121) = 1{,}589 \text{ MN}$$

$$\underline{A_{s1}} = (2{,}1 \cdot 1{,}589 - 0{,}1257 \cdot 17{,}5) \cdot 10^4/420 = \underline{27{,}0 \text{ cm}^2}.$$

Zum Vergleich soll die Längsbewehrung auch mit einem Diagramm für den Kreisquerschnitt bemessen werden.

$$N_{b\ddot{u}} = -1,500 + 0,121 = -1,379 \text{ MN}$$

$$M = 1,379 \cdot 0,019 = 0,026 \text{ MNm}$$

$$d_1/d \approx 0,10$$

$$n = -1,379/(0,1257 \cdot 17,5) = -0,63$$

$$m = 0,026/(0,1257 \cdot 0,40 \cdot 17,5) = 0,030$$

$$\rightarrow \text{tot}\,\omega_0 = 0,54 \text{ (nach [206], Tafel 1.28)}$$

$$\underline{A_{s1} = (0,54/28,6) \cdot 1257 = \underline{23,7 \text{ cm}^2}.}$$

Die Bemessung mit Hilfe des Nährerungsverfahrens liegt hier deutlich auf der sicheren Seite.

gewählt: 8Ø20 mit: $n = 8 > \min n = 6$

$$A_{s1} = 25,1 \text{ cm}^2 > 23,7 \text{ cm}^2$$

$$\mu = 25,1/951 = 2,64\% > \min\mu = 2\%$$

$$< \max\mu = 9\%$$

$$c_{\varnothing 20} = 2 + 1,2 = 3,2 \text{ cm} > \min c = 3 \text{ cm}$$

Sicherheit gegen Abplatzen der äußeren Betonschale:

$$24,7 \cdot 10^{-4} \cdot 500 = \underline{1,235} < 0,42 \cdot [(2,3 \cdot 0,1257 - 1,4 \cdot 0,0951) \cdot 17,5 + 25,1 \cdot 10^{-4} \cdot 420] = \underline{1,589 \text{ MN}}.$$

6.7.2 Stahlbetonwände

Nach DIN 1045, 25.5.4 sind für den Nachweis der Knicksicherheit von Stahlbetonwänden die in Bild 6-33 zusammengestellten, von der Art der Aussteifung abhängigen Knicklängenbeiwerte β zu

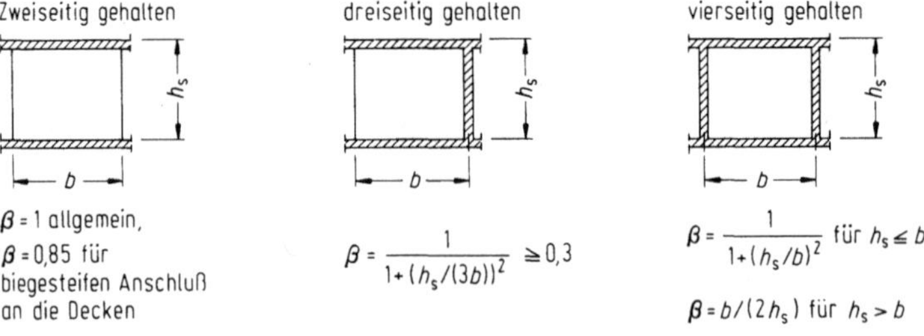

Bild 6-33. Knicklängenbeiwerte $\beta = h_K/h_s$ für Stahlbetonwände, nach DIN 1045.

verwenden. Die Abminderung der Knicklänge bei drei- und vierseitig gehaltenen Wänden setzt eine horizontale Tragwirkung voraus. Nach [206] ist dafür bis $h_K/d = 10$ die übliche Querbewehrung von 20% des Querschnittes der Längsbewehrung ausreichend. Für größere Schlankheiten soll die Querbewehrung bis auf 50% der Längsbewehrung verstärkt werden.

Die Belastung darf bei Innenwänden unter beidseitig anschließenden Decken als mittig wirkend vorausgesetzt werden. Bei Wänden, die Lasten aus einseitig anschließenden Decken erhalten, ist dagegen die Lastausmitte zu berücksichtigen, sofern nicht durch besondere Maßnahmen eine zentrische Lasteinleitung gewährleistet wird. Am unteren Wandende darf in der Mitte der Aufstandsfläche ein Gelenk angenommen werden.

6.7.3 Druckglieder aus unbewehrtem Beton

Der traglastmindernde Einfluß der seitlichen Ausbiegung unbewehrter Druckglieder ist schon bei Schlankheiten $\lambda < 20$ zu berücksichtigen. Näherungsweise darf die Tragfähigkeit mit dem Beiwert $\kappa = 1 - \lambda/140 \cdot (1 + m/3)$, der die Stabverformungen und die ungewollte Ausmitte e_v berücksichtigt, abgemindert werden auf

$$N = \frac{\kappa}{2,1} \cdot (1 - 2e/d) b d \beta_R.$$

Darin ist $m = M/(Nk)$ die auf die Kernweite des Querschnittes bezogene größte Lastausmitte unter Gebrauchslast im mittleren Drittel der Knicklänge. Die Kernweite $k = W_D/A_b$ ist auf den Druckrand bezogen, für Rechteckquerschnitte gilt $k = d/6$ und für Kreisquerschnitte $k = d/8$. Die Anwendungsgrenze dieses Näherungsverfahrens liegt für $m \leq 1,20$ bei $\lambda \leq 70$, für $m \leq 1,50$ bei $\lambda \leq 40$ und für $m \leq 1,80$ bei $\lambda = 20$; Zwischenwerte sind zu interpolieren.

Der Knicksicherheitsnachweis für unbewehrte Druckglieder mit $\lambda \leq 70$ kann auch mit Hilfe von Interaktionsdiagrammen [319], in die der Abminderungsbeiwert κ eingearbeitet ist, oder mit Hilfe von Traglastdiagrammen [206], (Bild 6-34) geführt werden. Schlankheiten $\lambda > 70$ sind nur dann

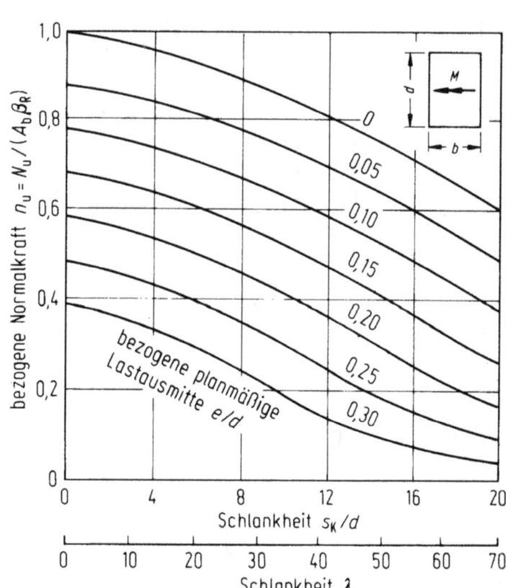

Bild 6-34. Bemessungsdiagramm für unbewehrte Rechteckquerschnitte unter Berücksichtigung der Schlankheit, nach [206].

zulässig, wenn ein genauerer Nachweis der Tragfähigkeit mit Berücksichtigung des Kriechens geführt wird. In [30, 320, 321] werden für unbewehrten Normal- und Leichtbeton Traglasttafeln bereitgestellt, die allerdings nur mit großer Vorsicht angewandt werden sollten [322]. Die Rechengrundlagen für unbewehrten Leichtbeton sind die gleichen wie für Stahlleichtbeton.

7. Nachweise unter Gebrauchslast

Neben ausreichender Tragfähigkeit ist für Stahlbetonkonstruktionen einwandfreies Verhalten unter Gebrauchslast nachzuweisen, weil zu große Verformungen oder Risse die Gebrauchsfähigkeit und Dauerhaftigkeit beeinträchtigen können.

7.1 Durchbiegungen von Stahlbetonbauteilen

7.1.1 Allgemeines

Besonders bei weit gespannten Stahlbetonkonstruktionen besteht die Gefahr, daß übermäßige Verformungen die vorgesehene Nutzung einschränken. Mögliche Folgen zu großer Durchbiegungen sind beispielsweise

- Gefälleänderungen mit Störung der Entwässerung bei Dachdecken,
- Risse in Trennwänden, die zu steif sind, um den Durchbiegungen der tragenden Decken zu folgen,
- Risse und Putzschäden durch die Verdrehung der Endauflager von Platten und Balken.

Um Schäden zu vermeiden, können die Verformungen durch die Wahl steiferer Konstruktionen verringert oder auch durch die Ausführung mit Überhöhung ausgeglichen werden.

Die zutreffende Berechnung von Durchbiegungen wird erschwert durch die Vielzahl von Einflußgrößen, wie Materialeigenschaften, Querschnittswerte, Lastwechsel und Lastintensitäten, die jeweils streuen und zudem zeitlich veränderlich sind. Berechnet man die Durchbiegungen einmal unter der Annahme des Zustandes I für das gesamte Tragwerk und zum andern für den Zustand II, so erhält man einen unteren und einen oberen Grenzwert. Die tatsächlichen Durchbiegungen werden dazwischen liegen, weil ein Tragwerk in der Regel nur bereichsweise in den Zustand II übergeht und zudem zwischen den Rissen noch verbleibende geringe Betonzugspannungen versteifend wirken [551–556]. Nach DIN 1045, 16.2.3 darf unter Gebrauchslast das Mitwirken des Betons auf Zug näherungsweise durch die Annahme eines um 10% vergrößerten Querschnittes der Zugbewehrung berücksichtigt werden.

7.1.2 Ermittlung von Durchbiegungen

Grundsätzlich lassen sich die Durchbiegungen mit Hilfe von Momenten-Krümmungs-Beziehungen ermitteln. Für die praktische Anwendung wird aber in [260] ein einfacheres Verfahren zur Berechnung der anfänglichen und nachträglichen Durchbiegungen unter Gebrauchslast angegeben. Es geht von Grundwerten der Durchbiegung aus, die nach der Elastizitätstheorie unter Einführung der Biegesteifigkeit des unbewehrten Betonquerschnittes im Zustand I ohne den Einfluß der Bewehrung ermittelt werden. Zur Berücksichtigung des Bewehrungsquerschnittes und des Kriechens und Schwindens dienen Beiwerte, mit deren Hilfe sich obere und untere Grenzwerte sowie ein wahrscheinlicher Wert der Durchbiegung berechnen lassen. Wegen weiterer Einzelheiten sei auf [260] verwiesen.

7.1.3 Begrenzung der Biegeschlankheit

In vielen Fällen darf der Nachweis der Durchbiegung durch den Nachweis der Begrenzung der Biegeschlankheit ersetzt werden, DIN 1045, 17.7.2. Erfahrungsgemäß lassen sich Schäden vermeiden, wenn die Schlankheit mit Überhöhung hergestellter, biegebeanspruchter Bauteile $l_i/h = 35$ oder, sofern in Trennwänden störende Risse entstehen können, $l_i/h = 150/l_i$, mit l_i und h in m, nicht überschreitet. Für die Nutzhöhe h ist folglich

$$h \geq l_i/35 \text{ bzw. } h \geq l_i^2/150$$

einzuhalten. Darin ist die Ersatzstützweite $l_i = \alpha l$ gleich der Stützweite eines frei drehbar gelagerten Balkens auf zwei Stützen mit konstantem Trägheitsmoment, der das gleiche Verhältnis von Mittendurchbiegung zu Stützweite und die gleiche Krümmung in Feldmitte aufweist wie das zu untersuchende Bauteil. Voraussetzung ist, daß die Durchbiegung vorwiegend durch die Belastung des betrachteten Feldes verursacht wird. Bei Kragträgern sind die Durchbiegung am Kragende und die Krümmung am Einspannquerschnitt maßgebend.

Für Einfeldträger und für Durchlaufträger mit annähernd gleichen Stützweiten min $l \geq 0{,}8$ max l kann der Beiwert α aus Bild 7-1 entnommen werden. Beiwerte für Durchlaufträger mit beliebigem Stützweitenverhältnis und Hinweise auf die Anwendungsgrenzen des Verfahrens enthält [260].

Einachsig gespannte Platten sind wie Balken zu behandeln; bei zweiachsig gespannten Platten ist die kürzere der beiden Ersatzstützweiten für die Begrenzung der Biegeschlankheit maßgebend.

7.2 Beschränkung der Rißbreite

7.2.1 Allgemeines

Die geringe Zugfestigkeit des Betons bedingt, daß Risse in Stahlbetonkonstruktionen schon bei Belastungen unterhalb der Gebrauchslast auftreten können, zumal sich den Zugspannungen infolge von Lasten solche aus äußerem Zwang und Eigenspannungen, beispielsweise aus dem Abfließen der Hydratationswärme, überlagern. Wenngleich Risse zur Stahlbetonbauweise gehören und nicht zu vermeiden sind, gilt es doch, die Rißbreiten durch die Wahl einer geeigneten Bewehrung so zu beschränken, daß die Dauerhaftigkeit und das äußere Aussehen einer Konstruktion nicht beeinträchtigt werden. Für den Korrosionsschutz ist eine ausreichend dicke und dichte Betondeckung der Bewehrung allerdings von größerer Bedeutung als die Rißbreite, solange die Streckgrenze nicht überschritten wird und die Rißbreiten über 0,4 bis 0,5 mm nicht hinausgehen [581]. Um diese Forderung zu erfüllen, ist eine Mindestbewehrung anzuordnen, die beim Aufreißen der Zugzone des Betonquerschnittes die freiwerdende Zugkraft aufnehmen kann.

Von der umfangreichen Literatur zu den Fragen der Rißbildung und Rißbegrenzung seien [5d, 6a, 575–585] genannt. Eine Darstellung der chemischen und physikalischen Vorgänge, die bei der Korrosion der Bewehrung von Stahlbetonbauteilen ablaufen, wird beispielsweise in [586, 587] gegeben.

Nach Bild 7-2 ergibt sich der auf die Betonzugzone im Zustand I bezogene Mindestbewehrungsgrad bei mittiger Zugbeanspruchung zu min $\mu_z = \beta_{bz}/\beta_S$ und bei Biegung zu min μ_z

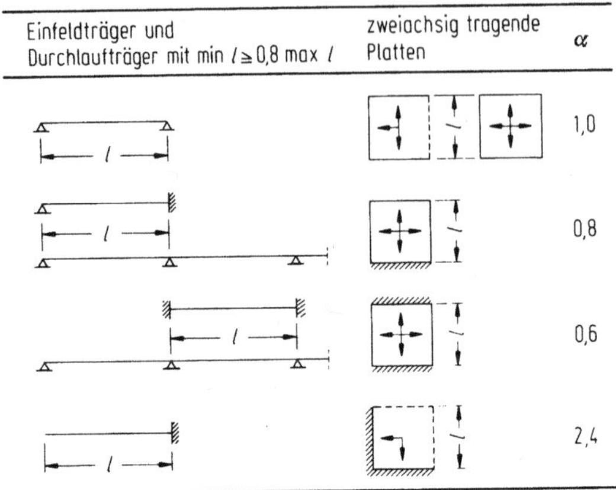

Bild 7-1. Ersatzstützweiten $l_i = \alpha \cdot l$, nach [260].

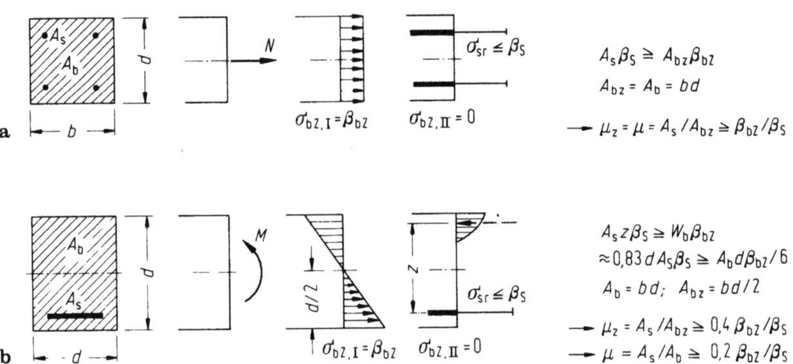

Bild 7-2a, b. Mindestbewehrung zur Aufnahme der Betonzugkraft beim Auftreten a) eines Trennrisses unter mittigem Zug, b) eines Biegerisses.

$= 0{,}4\beta_{bz}/\beta_S$. Dabei ist für den inneren Hebelarm berücksichtigt, daß er beim Übergang in den Zustand II gegenüber dem Wert im Zustand I anwächst.

In zahlreichen Arbeiten sind Rißformeln angegeben, die auf theoretischen Überlegungen und Versuchsergebnissen basieren. Sie gestatten, die unter bestimmten Voraussetzungen zu erwartenden Rißbreiten näherungsweise zu berechnen. Umgekehrt ist es möglich, eine Bewehrung zu ermitteln, mit der sich vorgegebene Rißbreiten in etwa einhalten lassen. Dazu dienen die Tabellen 7-1 und 7-2 mit Grenzwerten für die Stabdurchmesser und -abstände, bei deren Anwendung von etwa 0,25 mm Rißbreite für Umweltbedingungen gemäß DIN 1045, Tabelle 10, Zeilen 2 bis 4 und 0,4 mm für Innenbauteile auszugehen ist; ihnen liegt die [581] entnommene Gl. (7-1) zugrunde:

$$\text{cal } w = k_4 \left(k_1 + 0{,}25 k_2 k_3 \frac{d_s}{\mu_w} \right) \cdot \frac{\sigma_s}{E_s} \cdot \left(1 - \beta_1 \beta_2 \left(\frac{\sigma_{sr}}{\sigma_s} \right)^2 \right). \tag{7-1}$$

Tabelle 7-1. Grenzdurchmesser d_s in mm zur Beschränkung der Rißbreite, nach DIN 1045

Betonstahlspannung σ_s in N/mm^2		160	200	240	280	350	400
Grenzdurchmesser in mm[a] bei Umweltbedingungen nach DIN 1045, Tabelle 10,	Zeile 1	36	36	28	25	16	10
	Zeilen 2 bis 4	28	20	16	12	8	5

Die Grenzdurchmesser dürfen im Verhältnis $d/[10(d-h)] \geqslant 1$ vergrößert werden.

d Bauteildicke
h statische Nutzhöhe $\Big\}$ jeweils rechtwinklig zur betrachteten Bewehrung.

[a] Nur einzuhalten, wenn die Werte der Tabelle 7-2 nicht eingehalten sind und stets einzuhalten bei Ermittlung der Mindestbewehrung. Zwischenwerte dürfen linear interpoliert werden.

Tabelle 7-2. Größtwerte der Stababstände s in cm zur Beschränkung der Rißbreite, nach DIN 1045

Betonstahlspannung σ_s in N/mm^2		160	200	240	280	350
Höchstwerte der Stababstände[a] in cm bei Umweltbedingungen nach DIN 1045, Tabelle 10,	Zeile 1	25	25	25	20	15
	Zeilen 2 bis 4	25	20	15	10	7

[a] Nur einzuhalten, wenn die Werte der Tabelle 7-1 nicht eingehalten sind. Zwischenwerte dürfen linear interpoliert werden.

Darin bedeutet:

cal w	einen Rechenwert der kritischen Rißbreite in mm, der in der Wirklichkeit nur selten überschritten wird,
k_4	einen Faktor zur Berücksichtigung von Streuungen, mit dem die zu erwartende mittlere Rißbreite auf die für die Rissebeschränkung maßgebende kritische Rißbreite umgerechnet wird; für Lastbeanspruchungen kann $k_4 = 1{,}7$ und für Zwangbeanspruchungen $k_4 = 1{,}3 \ldots 1{,}7$, nach [584] $k_4 = 1{,}7$, eingeführt werden,
k_1	eine von der Betondeckung abhängige Größe; näherungsweise gilt $k_1 = 50$ mm,
$k_1 = \beta_{bZm}/\tau_{1m}$	einen Faktor, der mit den mittleren Werten der Betonzugfestigkeit und der Verbundspannungen die Verbundeigenschaften der Bewehrung beschreibt; für gerippte Betonstähle ist mit $k_1 = 0{,}8$ zu rechnen,
k_3	einen von der Verteilung der Zugspannungen abhängigen Beiwert; für Biegung gilt $k_3 = 0{,}5$ und für mittigen Zug $k_3 = 1{,}0$,
d_s	den Stabdurchmesser der Bewehrung in mm,
$\mu_w = A_s/(bh_w)$	den auf die wirksame Betonzugzone bezogenen Bewehrungsgrad; die unterschiedliche Definition der wirksamen Zugzonenhöhe h_w

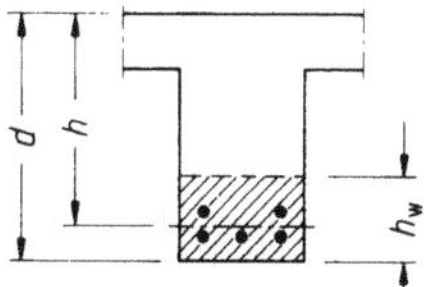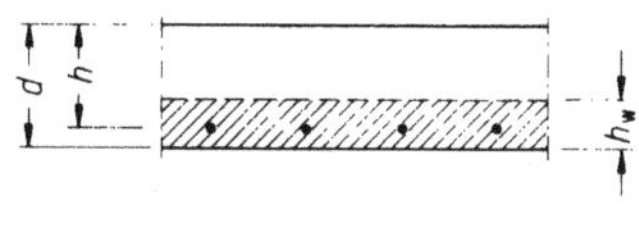

$$h_{\mathrm{w}} = 2,5 \cdot (d - h) \le (d - x)/3 \quad \text{für Biegung [584],}$$
$$\le d/2 \quad \text{für mittigen Zug,}$$

hat eine Abhängigkeit von der Konstruktionshöhe d zur Folge, die auch in der Tabelle 7-1 zum Ausdruck kommt,

σ_{s}　die Stahlspannung an der Rißstelle im Zustand II in N/mm^2,

E_{s}　den Elastizitätsmodul der Bewehrung in N/mm^2,

β_1　einen Beiwert zur Berücksichtigung der Verbundeigenschaften, der für gerippte Stäbe $\beta_1 = 1$ beträgt,

β_2　einen Beiwert für den Einfluß der Lastdauer; für dauernd wirkende Lasten kann $\beta_2 = 0,5$ angesetzt werden,

σ_{sr}　die zur Rißschnittgröße gehörige Stahlspannung in N/mm^2 nach Zustand II im Rißquerschnitt, $\sigma_{\mathrm{sr}} = \beta_{\mathrm{bz}}/\mu$ für Zug und $\sigma_{\mathrm{sr}} = 0,2\beta_{\mathrm{bz}}/\mu$ für Biegung. Für Zwangbeanspruchung nimmt der zweite Klammerausdruck in (7-1) mit $\sigma_{\mathrm{s}} = \sigma_{\mathrm{sr}}$ den Wert 0,5 an,

β_{bZ}　die Betonzugfestigkeit, die zur Berücksichtigung der Schwächung durch Eigenspannungen oder sonstige Einflüsse nur mit $\beta_{\mathrm{bz}} = 0,25\beta_{\mathrm{WN}}^{2/3}$ angesetzt wird; [584] enthält genauere Angaben.

Im Normalfall kann mit den einfachen Konstruktionsregeln von DIN 1045, 17.6 gearbeitet werden, und die unmittelbare Anwendung der Gl. (7-1) bleibt auf Ausnahmefälle beschränkt. Es lassen sich aber auch Bemessungsdiagramme entwickeln, aus denen die zur Beschränkung der Rißbreiten erforderliche Bewehrung abgelesen werden kann [34]. Die Kurven im Bild 7-3 dienen zur Bemessung für mittigen Zwang, beispielsweise aus behindertem Schwinden, bei erhärtetem Beton und diejenigen im Bild 7-4 für mittigen Zwang infolge des Abfließens der Hydratationswärme während der Erhärtungsphase. Sie gelten für Umweltbedingungen entsprechend DIN 1045, Tabelle 10, Zeilen 2 bis 4, Stababstände 5 cm $\le s \le$ 25 cm und die Beiwerte nach [584]. Die dort angegebene sprunghafte Änderung des von der Bauteildicke abhängigen Beiwertes für die zeitliche Entwicklung der Betonfestigkeit verursacht die Sprünge in den Kurven des Bildes 7-4; gegen eine Glättung des Verlaufes bestehen keine Bedenken.

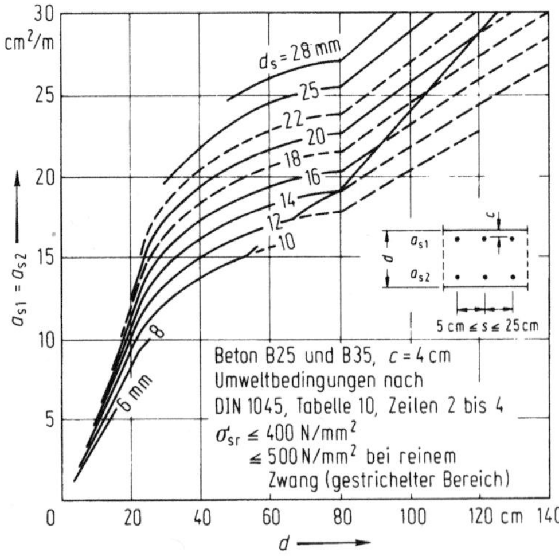

Bild 7-3. Bemessungsdiagramm für mittige Zwangbeanspruchung, nach [34].

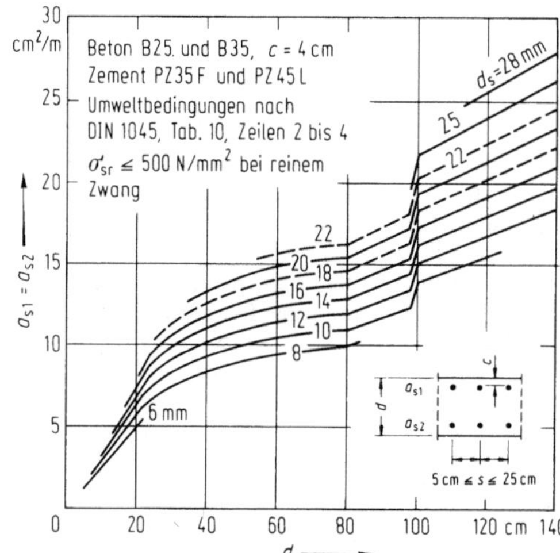

Bild 7-4. Bemessungsdiagramm für mittige Zwangbeanspruchung infolge Abfließens der Hydratationswärme, nach [34].

7.2.2 Nachweis nach DIN 1045

7.2.2.1 Mindestbewehrung

In Stahlbetonbauteilen ist i. allg. eine Mindestbewehrung vorzusehen, die in der Lage ist, die der Rißschnittgröße zugeordnete Zugkraft aufzunehmen. Dabei gilt als Rißschnittgröße diejenige Kombination von Biegemoment M und Normalkraft N, die zu einer Randspannung gleich der Betonzugfestigkeit führt. Auf die Mindestbewehrung darf nur dann verzichtet werden, wenn keine Zwangbeanspruchungen auftreten können oder schädliche Auswirkungen breiterer Risse nicht zu erwarten sind.

Der Bewehrungsgehalt muß, bezogen auf die Betonzugzone A_{bz}, mindestens $\mu_z = k_0 \beta_{bz}/\sigma_s$ betragen mit $k_0 = 0,4$ bei Biegezwang und $k_0 = 1,0$ bei zentrischem Zwang.

Die Betonzugfestigkeit ist mit $\beta_{bz} = 0,25\beta_{WN}^{2/3}$ anzusetzen, wobei auch für Beton B 25 mindestens mit einer Nennfestigkeit $\beta_{WN} = 35$ N/mm² zu rechnen ist, weil eventuelle Überschreitungen der vorgesehenen Zugfestigkeit eine stärkere Mindestbewehrung erforderlich machen.

Die Stahlspannung σ_s im Zustand II kann in Abhängigkeit von dem gewählten Stabdurchmesser der Tabelle 7-1 entnommen werden, soll $\sigma_s = 0,8\beta_s$ aber nicht überschreiten. Nur wenn sichergestellt ist, daß reine Zwangbeanspruchung ohne zusätzliche Lastspannungen vorliegt, darf $\sigma_s = \beta_s$ ausgenutzt werden [583]. Für große Bauteilhöhen sind gegenüber der Zuordnung in der Tabelle vergrößerte Stabdurchmesser zulässig. Ist beispielsweise ein Betonquerschnitt mit $d = 50$ cm und $h = 46$ cm gegeben und die Stahlspannung σ_s wird für $d_s = 16$ mm abgelesen, dürfen gemäß dem angegebenen Umrechnungsverhältnis Bewehrungsstäbe mit $d_s = 16 \cdot 50/[10(50 - 46)] = 20$ mm eingelegt werden.

7.2.2.2 Regeln für die statisch erforderliche Bewehrung

Für die statisch erforderliche Bewehrung sind, abhängig von der Stahlspannung σ_s, entweder die Grenzdurchmesser d_s nach Tabelle 7-1 oder die Größtwerte der Stababstände s nach Tabelle 7-2 einzuhalten. Bei Platten sind außerdem die Stababstände in DIN 1045, 20.1.6.2 zu beachten.

Die Stahlspannung σ_s ist nach Zustand II für den häufig wirkenden Lastanteil gemäß

$$\sigma_s = \frac{1}{A_s}\left(\frac{M_s}{z} + N\right) \tag{7-2}$$

zu berechnen. Der innere Hebelarm z kann ausreichend genau von der Biegebemessung übernommen werden; als häufig wirkender Lastanteil können i. allg. 70% der Gebrauchslast, mindestens aber die ständige Last, angesetzt werden, sofern nicht größere Anteile der Verkehrslast ständig vorhanden sind.

Wenn sich mit der Stahlspannung nach (7-2) unzweckmäßig kleine Stabdurchmesser oder -abstände ergeben, kann der Bewehrungsquerschnitt gegenüber dem statisch erforderlichen Wert vergrößert werden.

Beispiel 7-1:
Gegeben: Plattenbalken nach Beispiel 3.3-1,
        Beton B 25, Betonstahl BSt 500 S,
        Biegemoment $M = 500$ kNm, erf $A_s = 27,4$ cm^2,
        Umweltbedingungen nach DIN 1045, Tabelle 10, Zeile 2.

Gesucht: Nachweis zur Beschränkung der Rißbreiten unter Gebrauchslast für den Steg. Der Nachweis soll hier beispielhaft geführt werden, obgleich nach DIN 1045, 21.1.2 eine Steglängsbewehrung erst ab Balkenhöhen $d \geq 1,00$ m anzuordnen ist.

Biegezugbewehrung: Gewählt: $6\varnothing20 + 2\varnothing25 = 28,7$ cm$^2 > 27,4$ cm^2

$$d_2 \approx 3,0 + 1,0 + 2,5/2 + 5,0 \cdot 12,6/28,7 \approx 7,5 \text{ cm}$$

Häufig wirkender Momentenanteil: $M = 0,7 \cdot 500 = 350$ kNm

$$\sigma_s = \frac{0,350}{(0,675 - 0,10/2) \cdot 28,7 \cdot 10^{-4}} = 195 \text{ MN/m}^2$$

nach Tabelle 7-1: $\lim d_s = 21,0 \cdot \dfrac{0,75}{10 \cdot 0,075} = 21,0$ mm $\approx$ vorh d_s oder alternativ
nach Tabelle 7-2: $\lim s = 20,6$ cm $\gg$ vorh s

Stegbewehrung für Zwang (zum Vermeiden von Sammelrissen):

Gewählt: $d_s = 10$ mm

nach Tabelle 7-1: $\sigma_s = 315$ N/mm$^2 < 0,8\beta_S = 400$ N/mm^2

$$k = 1,0 \quad \text{(für mittigen Zwang)}$$

$$\beta_{bZ} = 0,25 \cdot 35^{2/3} = 2,68 \text{ N/mm}^2 \quad (\min \beta_{WN} = 35 \text{ N/mm}^2)$$

$$\mu_z = \frac{1,0 \cdot 2,68}{315} = 0,85\%$$

$$\underline{a_s} = 0,0085 \cdot \frac{25}{2} \cdot 100 = \underline{10,6 \text{ cm}^2/\text{m}} \text{ je Seite}$$

gewählt: ø10, $s = 7,5$ cm $\hat{=} 10,5$ cm²/m $\approx 10,6$ cm²/m

Nach [584] kann die Betonzugfestigkeit für den Stegbereich genauer zu

$$\beta_{bz} = 0,6 \cdot 0,3 \cdot 35^{2/3} = 1,93 \text{ N/mm}^2$$

angesetzt werden. Damit vergrößert sich rein rechnerisch der Stabdurchmesser, und die zugehörige Stahlspannung vermindert sich.

$$d_s = 10 \cdot \frac{21}{1,93} = 10,9 \text{ mm} \rightarrow \sigma_s = 299 \text{ N/mm}^2$$

$$\mu_z = \frac{1,0 \cdot 1,93}{299} = 0,65\%$$

$$\underline{a_s} = 0,0065 \cdot \frac{25}{2} \cdot 100 = \underline{8,13 \text{ cm}^2/\text{m}} \text{ je Seite} < 10,6 \text{ cm}^2/\text{m}.$$

Die Bewehrung zum Vermeiden von Sammelrissen wird entsprechend [5d] oberhalb der Biegezugbewehrung im unteren Bereich der Zugzone angeordnet.

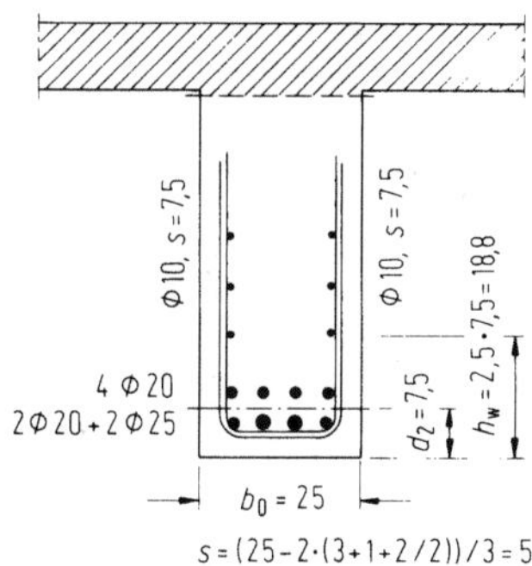

7.2.3 Wasserundurchlässige Betonkonstruktionen

Wenn besondere Anforderungen an die Dichtigkeit von Bauwerken zu stellen sind, beispielsweise bei Flüssigkeitsbehältern oder Bauten im Grundwasser, sind nach DIN 1045, 17.6.1 „weitergehende Maßnahmen" erforderlich. Solche Maßnahmen können sich auf die Betonzusammensetzung, die Bauausführung und die konstruktive Durchbildung beziehen, siehe z.B. [V8, 35, 584, 588–590].

Hinweise zur *Betonzusammensetzung* für wasserundurchlässige Bauteile werden in DIN 1045, 6.5.7.2 gegeben. Danach darf der Wasserzementwert bis zu 40 cm Dicke $w/z = 0,60$ und bei dickeren Bauteilen $w/z = 0,70$ nicht überschreiten, um den für die Dichtigkeit maßgeblichen Porenanteil des Zementsteins gering zu halten. Abweichend von DIN 1045 sollte der Beton immer nach den Regeln für Beton B II hergestellt werden, weil der sonst vorgeschriebene höhere Zementgehalt die Entwicklung von Hydratationswärme, die zu Eigenspannungen und häufig auch Zwangspannungen führt, verstärkt. Zumindest bei dicken Bauteilen ist die Verwendung von NW-Zementen mit geringer Wärmeentwicklung zweckmäßig. Im Hinblick auf einen niedrigen Zementleimbedarf ist ein möglichst hohlraumarmes Zuschlaggemisch vorteilhaft, das, um einen verdichtungswilligen Frischbeton zu erzielen, vorwiegend Körner von gedrungener Form enthalten sollte. Gegebenenfalls kann die Verarbeitbarkeit durch den Zusatz von Betonverflüssiger verbessert werden.

Bei der *Bauausführung* ist besonders auf die sorgfältige Verdichtung des Betons, die saubere Ausführung von Arbeitsfugen und eine geeignete Nachbehandlung [V9] zu achten. Durch die Nachbehandlung des erhärtenden Betons lassen sich Oberflächenrisse infolge zu raschen Austrocknens und Abfließens der Hydratationswärme vermeiden. Man erzielt damit eine dichte Betondeckung der Bewehrung und guten Verbund zwischen Beton und Stahl. Bei nicht sachgemäßer Nachbehandlung muß mit sog. Frühschwindrissen gerechnet werden, die wegen der noch unzureichenden Verbundwirkung große Rißbreiten aufweisen.

Eine konstruktive Maßnahme zur Einschränkung der Rißgefährdung ist die Anordnung von *Bewegungsfugen* in ausreichend kleinen Abständen. Weil Fugen jedoch immer Schwachstellen darstellen und häufig zu Schäden führen, werden heute vielfach fugenlose Konstruktionen bevorzugt. Dabei sind Risse allerdings nicht zu vermeiden, und der Beschränkung der Rißbreiten kommt erhöhte Bedeutung zu. Auch über die ganze Dicke durchgehende Trennrisse müssen nicht grundsätzlich zu auf Dauer undichten Konstruktionen führen, da in gewissem Umfang, abhängig u.a. von der Beschaffenheit und dem Druck des durchtretenden Wassers, eine sogenannte Selbstheilung möglich ist [591]. Voraussetzung sind kleine Rißbreiten von höchstens 0,10 bis 0,15 mm und die Vermeidung von Bewegungen der Rißufer. Stahlbetonkonstruktionen lassen sich daher trotz durchgehender Risse wasserundurchlässig herstellen, sofern nur die rißbegrenzende Bewehrung für genügend kleine Rißbreiten bemessen wird. In [583] sind zu diesem Zweck Grenzwerte der Stabdurchmesser und -abstände gemäß den Tabellen 7-1 und 7-2 auch für rechnerische Rißbreiten cal $w = 0{,}15$ mm und $0{,}20$ mm aufgeführt.

In biegebeanspruchten Bauteilen läßt sich die Dichtigkeit durch eine Mindestdicke der Betondruckzone im Zustand II erreichen. Nach [V8] ist $x \geq 5$ cm oder $2d_K$ einzuhalten, wobei d_K das Größtkorn des Zuschlags ist; für Tunnelbauwerke gelten größere Werte [V10, V11].

Konstruktionen aus wasserundurchlässigem Beton haben gegenüber solchen mit einer Dichtungshaut den Vorteil, daß sich eventuell doch undichte Stellen eindeutig lokalisieren lassen. Deren nachträgliche Abdichtung bereitet keine Schwierigkeiten, da einzelne breitere Risse durch Verpressen mit Zementmilch oder Kunstharzen zuverlässig geschlossen werden können.

7.3 Stahlspannungen unter nicht vorwiegend ruhender Belastung

Unter Schwell- und Wechselbeanspruchung sinkt die Festigkeit des Betons ebenso ab wie die des Stahls [208, 625–631]. Der Festigkeitsverlust ist um so ausgeprägter, je höher die Schwingbreite, der Unterschied zwischen Ober- und Unterspannung, ist. Im Stahlbetonbau tritt Wechselbeanspruchung verhältnismäßig selten auf, da im Vergleich zu anderen Baustoffen der Anteil der ständigen Last an der Gesamtlast hoch ist. Beim Beton wird daher unter nicht vorwiegend ruhender Belastung über die in β_R berücksichtigte Festigkeitsminderung unter konstanter Dauerlast hinaus i. allg. keine weitere Einschränkung notwendig. Bei Betonstahl dagegen muß, besonders an Krümmungen, der Einfluß nicht vorwiegend ruhender Belastung berücksichtigt werden. DIN 1045, 17.8 begrenzt deshalb in Abhängigkeit vom Biegerollendurchmesser d_{br} die zulässige Schwingbreite der Stahlspannungen unter nicht vorwiegend ruhender Belastung.

Die *Spannungen unter Gebrauchslast* können nach DIN 1045, 17.1.3 unter der Annahme linear elastischen Verhaltens von Stahl und Beton berechnet werden. Für die Stahlspannung infolge Biegebeanspruchung gilt näherungsweise (7-2). Die Spannungen in der Schubbewehrung sind nach

Tabelle 7-3. Stahlspannungen und zulässige Verhältniswerte $\Delta M/M$ unter nicht vorwiegend ruhender Belastung, nach DIN 1045 und [583]

Biegerollendurchmesser	zul $\Delta\sigma_s$	zul ΔM/max M	
		BSt 420	BSt 500
$d_{br} \geqslant 25\, d_s$	180	0,75	$\approx 0,65$
$10\, d_s < d_{br} < 25\, d_s$	140	$\approx 0,60$	$\approx 0,50$
$d_{br} \leqslant 10\, d_s$	100	$\approx 0,45$	0,35
Betonstahlmatten und geschweißte Stöße	80	$\approx 0,35$	$\approx 0,30$

Tabelle 7-4. Stahlspannungen und zulässige Verhältniswerte $\Delta Q/Q$ für Bügel unter nicht vorwiegend ruhender Belastung, nach DIN 1045 und [583]

Stahl	zul $\Delta\sigma_s$	zul ΔQ/max Q für τ/τ_{02}			
		$\leqslant 0,4$	0,6	0,8	$\geqslant 1,0$
BSt 420 S	100	0,28	0,42	0,56	$\approx 0,7$
BSt 500 S	100	0,23	0,35	0,47	$\approx 0,6$
BSt 500 M	80[a]	0,19	0,28	0,37	$\approx 0,45$
		0,13	0,20	0,26	0,33

[a] Obere Zeile mit Abminderungsfaktor 0,6 nach DIN 1045, 17.8(2); untere Zeile mit Abminderungsfaktor 0,85 nach [583], S.93–97.

der Fachwerkanalogie zu ermitteln, wobei die Neigung der Druckstreben, auch wenn mit verminderter Schubdeckung gearbeitet wird, mit 45° anzunehmen ist. Dabei darf der Anteil aus nicht vorwiegend ruhender Belastung mit dem Faktor 0,60 abgemindert werden, da bei Bügeln, bedingt durch den Verbund und die in Wirklichkeit flachere Druckstrebenneigung, die an den Krümmungen gemessenen, maßgebenden Spannungen durchweg kleiner sind als die Rechenwerte. Für geschweißte Bügelmatten wird in [583] empfohlen, mit Rücksicht auf die geringere Dauerschwingfestigkeit den Abminderungsfaktor zu 0,85 zu wählen.

Zur Vereinfachung darf bei Biegung ohne Längskraft der Nachweis zur Beschränkung der Stahlspannung ersetzt werden durch den Nachweis, daß der durch häufige Lastwechsel verursachte Momentenanteil ΔM die Verhältniswerte nach Tabelle 7-3 nicht übersteigt. Liegt Biegung mit Längskraft vor, gilt dieser Nachweis ebenfalls, sofern der Momentenanteil ΔM auf den Angriffspunkt der Biegedruckkraft bezogen wird. Entsprechend darf bei Querkraft der durch häufige Lastwechsel verursachte Anteil ΔQ die Verhältniswerte nach Tabelle 7-4 nicht überschreiten. Ist der vorhandene Bewehrungsquerschnitt größer als der erforderliche, darf bei Biegung und bei Querkraft der zulässige Verhältniswert mit vorh A_s/erf A_s vergrößert werden [583].

Für *Kranbahnen* aus Stahlbeton mit ihrem verhältnismäßig hohen, ständig wechselnden Verkehrslastanteil sind mit DIN 4212 Vorschriften für den Nachweis der Betriebsfestigkeit, der auch veränderliche Lastamplituden berücksichtigt, eingeführt [630, 631].

Formelzeichen, Größen und Einheiten

Zeichen	Größe	SI-Einheit	sonstige Einheiten
Hauptzeichen			
A	Flächeninhalt	m^2	cm^2, mm^2
B	Biegesteifigkeit	Nm^2	MNm^2
D	Druckkraft	N	kN, MN
E	Elastizitätsmodul	N/m^2	kN/cm^2, MN/m^2
F	Kraft	N	kN, MN
H	Horizontalkraft	N	kN, MN
I	Flächenträgheitsmoment	m^4	cm^4
K	bezogene Krümmung	$-$	
M	Moment	Nm	kNm, MNm
N	Normalkraft	N	kN, MN
P	Verkehrslast	N	kN, MN
Q	Querkraft	N	kN, MN
Q_s	maßgebende Querkraft	N	kN, MN
S	statisches Moment	m^3	cm^3
T	Schubkraft	N	kN, MN
T'	bezogene Schubkraft	N/m	kN/m, MN/m
W	Widerstandsmoment	m^3	cm^3
Z	Zugkraft	N	kN, MN
Z'	bezogene Zugkraft	N/m	kN/m, MN/m
a	Querschnitt pro Längeneinheit	m^2/m	cm^2/m
a	Randabstand der Betondruckkraft	m	cm
b, b_0	Breite, Stegbreite	m	cm
b	bezogene Steifigkeit	$-$	
c	Betondeckung	m	cm
d, d_0	Dicke, Höhe, Steghöhe	m	cm
d	Durchmesser	m	cm
d_1, d_2	Randabstand der Bewehrung	m	cm
e	Lastausmitte, Exzentrizität	m	cm
e_v	ungewollte Ausmitte	m	cm
f	zusätzliche Ausmitte	m	cm
h	statische Nutzhöhe	m	cm
i	Trägheitsradius	m	cm
k	Krümmung	$1/m$	
k	Kernweite	m	cm
k	Einspannungsverhältnis	$-$	
l	Länge, Stützweite	m	
l_0	Abstand der Momentennullpunkte	m	
m	bezogenes Moment	$-$	
m	auf Kernweite bezogene Lastausmitte	$-$	
n	bezogene Normalkraft	$-$	
r	Krümmungsradius	m	
s	Stablänge, Systemlänge	m	
s	Stababstand der Bewehrung	m	cm

Zeichen	Größe	SI-Einheit	sonstige Einheiten
t	Wandstärke (bei Torsion)	m	cm
t	Schnittigkeit der Bügel	–	
u	Umfang	m	cm
v	Durchbiegung, Verschiebung	m	cm
v	Versatzmaß	m	cm
w	Rißbreite	m	mm
x, y, z	kartesische Koordinaten	m	
x	Druckzonenhöhe	m	cm
z	innerer Hebelarm	m	cm
Δ	Differenz	–	
α_R	Völligkeitsbeiwert	–	
α_T	Wärmedehnzahl	1/K	
β	Winkelgröße (Zugstrebenneigung)	rad	°
β	Festigkeit	N/m²	N/mm², kN/cm²
β	Knicklängenbeiwert	–	
γ	Sicherheitsbeiwert	–	
δ	Winkelgröße	rad	°
ε	Dehnung, Stauchung	m/m	‰, mm/m
η	Schubdeckungsgrad	–	
ϑ	Winkelgröße (Druckstrebenneigung)	rad	°
κ	Beiwert für den Schubnachweis	–	
κ	Beiwert für unbewehrte Knickstäbe	–	
κ	Beiwert für den Durchstanznachweis	–	
λ	Schlankheitsgrad	–	
λ_b	Beiwert für ideelle Druckplattenbreite	–	
μ	geometrischer Bewehrungsgrad	–	%
μ	Querdehnungszahl	–	
σ	Normalspannung	N/m²	MN/m², N/mm², kN/cm²
τ	Schubspannung	N/m²	MN/m², N/mm², kN/cm²
τ_1	Verbundspannung	N/m²	MN/m², N/mm², kN/cm²
φ	Kriechzahl	–	
ω	mechanischer Bewehrungsgrad	–	

Fußzeiger

D	Druck
F	Feld
K	Knicken
N	Nennfestigkeit
P	Prismenfestigkeit
R	Rechenwert
R	Riegel
S	Streckgrenze
S	Serienfestigkeit
S	Stütze, Stiel
T	Torsion
W	Würfelfestigkeit

Fußzeiger (Fortsetzung)

Z	Zug
a	äußeres
a	Anschnitt
b	Beton
bü	Bügel
d	Dauerlast
i	ideell
i	inneres
k	Kriechen
k	Kern
l	Längsstab
m	mitwirkend
m	Mittelwert
r	rechnerisch
s	Stahl
s	Schrägstab
u	Bruchzustand
v	Vorverformung
w	Wendel
0	Grundwert
1, 2	Querschnittsränder
1, 2	Hauptspannungen (1 Zug, 2 Druck)
I, II	Zustand (I nicht gerissen, II gerissen)

Kopfzeiger

I, II	Theorie I., II. Ordnung
*	Dehnungsverhältnis $\varepsilon_{b1} = -3,5\unicode{x2030}$; $\varepsilon_{s2} = 3,0\unicode{x2030}$
v	Iterationsschritt

Abkürzungen als Nebenzeichen

abs	absolut
crit	kritisch
ef	wirksam
lim	Grenzwert
max	maximal
min	minimal
red	reduziert
tot	gesamt
zul	zulässig

Literatur zu Teil I. Stahlbetonbau

Normen und andere technische Regeln

DIN 488: Betonstahl (Teile 1 bis 6)

DIN 1045: Beton und Stahlbeton; Bemessung und Ausführung (07.88)

DIN 1048: Prüfverfahren für Beton (Teile 1, 2 und 4)

DIN 1055: Lastannahmen für Bauten (Teile 1 bis 6)

DIN 1056: Freistehende Schornsteine in Massivbauart;

Berechnung und Ausführung (10.84)

DIN 1075: Betonbrücken; Bemessung und Ausführung (04.81)

DIN 1084: Güteüberwachung im Beton- und Stahlbetonbau (12.78)

DIN 1164: Portland-, Eisenportland-, Hochofen- und Traßzement (12.86)

DIN 4212: Kranbahnen aus Stahlbeton und Spannbeton; Berechnung und Ausführung (01.86)

DIN 4219: Leichtbeton und Stahlleichtbeton mit geschlossenem Gefüge (2 Teile)

DIN 4226: Zuschlag für Beton (04.83)

DIN 4227: Teil 1 Spannbeton; Bauteile aus Normalbeton mit beschränkter oder voller Vorspannung (07.88)

V1 Dt. Ausschuß f. Stahlbeton: Richtlinie für Beton mit Fließmittel und für Fließbeton. Berlin: Beuth 1986

V2 EUROCODE 2: Gemeinsame einheitliche Regeln für Beton-, Stahlbeton und Spannbetonbauten. Luxemburg: Kommission der Europäischen Gemeinschaften 1988

V3 Int. Ausschuß f. Industrieschornsteine (CICIND): Model Code for Concrete Chimneys. 1984

V4 DIN (Hrsg.) Grundlagen zur Festlegung von Sicherheitsanforderungen für bauliche Anlagen. Berlin: Beuth 1981

V5 Zugabewasser für Beton. Merkblatt für die Vorabprüfung und Beurteilung vor Baubeginn sowie die Prüfungswiederholung während der Bauausführung. Fassung Jan. 1982. [31], S. 96–105

V6 Merkblatt Betondeckung. Fassung Okt. 1982. [31], S. 266–269; Erläuterungen, S. 270–273; Ergänzungen, S. 329

V7 Merkblatt Begrenzung der Rißbildung im Stahlbeton- und Spannbetonbau. Fassung Apr. 1986. [31], S. 220–265; Ergänzungen, S. 329

V8 Dt. Beton-Verein: Merkblatt Wasserundurchlässige Baukörper aus Beton. Fassung Aug. 1989

V9 Deutscher Ausschuß für Stahlbeton: Richtlinie zur Nachbehandlung von Beton. Fassung Febr. 1984

V10 Dt. Ges. f. Erd- und Grundbau: Empfehlungen zur Berechnung und Konstruktion von Tunnelbauten. Ausg. Sept. 1978. Bautechnik 55 (1978) 300–304

V11 Dt. Ges. f. Erd- und Grundbau: Empfehlungen für den Tunnelausbau in Ortbeton bei geschlossener Bauweise im Lockergestein. Ausgabe 1986. Bautechnik 63 (1986) 331–338

Bücher

1 HÜTTE Bautechnik I. 29. Aufl. Berlin: Springer 1974, S. 444–546 (Pilny, F.: Mörtel und Beton.)

2 *Wesche, K.*: Baustoffe für tragende Bauteile. Wiesbaden: Bauverlag.
Bd.1: Baustoffkenngrößen, Meßtechnik, Statistik. 2. Aufl. 1977;
Bd.2: Beton, Mörtel und Mauerwerk, 2. Aufl. 1981;
Bd.3: Stahl, Aluminium. 2. Aufl. 1985

3 Stahlbetonbau: Berichte aus Forschung und Praxis (Festschrift Herbert Rüsch). Hrsg. Knittel, G.; Kupfer, H.: Berlin: Ernst & Sohn 1969

4 *Theimer, O.F.; Theimer, U.*: Hilfstafeln zur Berechnung wandartiger Stahlbetonträger. 5. Aufl. Berlin: Ernst & Sohn 1975

5 *Leonhardt, F.*: Vorlesungen über Massivbau. Berlin: Springer. (Teile 1 bis 3 gemeinsam mit E. Mönnig). 1. Teil: Grundlagen zur Bemessung im Stahlbetonbau. 3. Aufl. 1984; 2. Teil: Sonderfälle der Bemessung im Stahlbetonbau. 3. Aufl. 1986; 3. Teil: Grundlagen zum Bewehren im Stahlbetonbau. 3. Aufl. 1977; 4. Teil: Nachweis der Gebrauchsfähigkeit. 2. Aufl. 1978

6 *Rüsch, H.*: Stahlbeton-Spannbeton. Düsseldorf: Werner. Bd. 1: Werkstoffeigenschaften und Bemessungsverfahren. 1972; Bd. 2: Rüsch, H.: Jungwirth, J.: Berücksichtigung der Einflüsse von Kriechen und Schwinden auf das Verhalten der Tragwerke. 1976

7 *König, G.; Heunisch, M.*: Zur statistischen Sicherheitstheorie im Stahlbetonbau. (Mitt. a. d. Inst. f. Massivbau TH Darmstadt, 16). Berlin: Ernst & Sohn 1972

8 *Wommelsdorff, O.*: Stahlbetonbau. Bemessung und Konstruktion. Düsseldorf: Werner. Teil 1: Biegebeanspruchte Bauteile. 5. Aufl. 1982; Teil 2: Stützen und Sondergebiete des Stahlbetonbaus. 4. Aufl. 1986

9 *Schleicher, F.* (Hrsg.): Taschenbuch für Bauingenieure, 1. Bd., 2. Aufl. Berlin: Springer 1955

10 *Schmidt, H.; Peil, U.*: Berechnung von Balken mit breiten Gurten. Berlin: Springer 1976

11 *Sennewald, R.; Linse, D.*: Bemessungstafeln für profilierte Spannbeton- und Stahlbetonträger unter rechnerischer Bruchlast. Düsseldorf: Werner 1976

12 *Grasser, E.; Linse, D.*: Bemessungstafeln für Stahlbetonquerschnitte. 2. Aufl. Düsseldorf: Werner 1984

13 *Ouvrier, E.*: Die Bemessung von gedrückten Stahlbetonsäulen. 6. Aufl. Düsseldorf: Werner 1975

14 *Schneider, K.-J.* (Hrsg.): Bautabellen – mit Berechnungshinweisen und Beispielen. 8. Aufl. Düsseldorf: Werner 1988

15 *Wendehorst, R; Muth, H.:* Bautechnische Zahlentafeln. 23. Aufl. Stuttgart: Teubner 1987

16 *Opladen, K.:* Zahlentafeln zur Bemessung mit und ohne Längskraft nach DIN 1045. Düsseldorf: Werner 1975

17 *Opladen, K.:* DIN 1045 – Unbewehrte Querschnitte aus Beton und Leichtbeton. Stuttgart: Deutsche Verlags-Anstalt 1974

18 *Mörsch, E.:* Der Eisenbetonbau, I. Bd., 5. Aufl. Stuttgart: Wittwer 1920

19 Festschrift Ferdinand Campus. Lüttich: Georges Thone 1964

20 *Pucher, A.:* Lehrbuch des Stahlbetonbaues. 3. Aufl. Wien: Springer 1961

21 *Petersen, Ch.:* Statik und Stabilität der Baukonstruktionen. 2. Aufl. Braunschweig: Vieweg 1982

22 *Lohse, G.:* Stabilitätsberechnungen im Stahlbetonbau. 2. Aufl. Düsseldorf: Werner 1978

23 Aus Theorie und Praxis des Stahlbetonbaues (Festschrift Gotthard Franz). (Hrsg.: Hehn, K.-H.; u.a.) Berlin: Ernst & Sohn 1969

24 *Quast, U.:* Geeignete Vereinfachungen für die Lösung des Traglastproblems der ausmittig gedrückten prismatischen Stahlbetonstütze mit Rechteckquerschnitt. Diss. TU Braunschweig 1970

25 Forschungsbeiträge für die Baupraxis (Festschrift Karl Kordina). Berlin: Ernst & Sohn 1979

26 *Kasparek, K.-H.; Hailer, W.:* Nachweis- und Bemessungsverfahren zum Stabilitätsnachweis nach DIN 1045. Düsseldorf: Werner 1973

27 *Grier, W.G.:* Essays on the effective length of framed columns. Kingston, Canada: Jacklin 1966

28 *Hirschfeld, K.:* Baustatik. Ber. Nachdruck der 3. Aufl. 1969. Berlin: Springer 1984

29 *Franz, G.:* Konstruktionslehre des Stahlbetons. Berlin: Springer, Band I: Grundlagen und Bauelemente. 4. Aufl. Teil A: Baustoffe. 1980. Teil B: Die Bauelemente und ihre Bemessung. 1983. Band II: Tragwerke. 2. Aufl. Teil A: Typische Tragwerke. 1988

30 *Rubert, A.; Schot, H.:* Traglast-Tafeln für unbewehrte Betondruckglieder aus Normal- und Leichtbeton. Berlin: Ernst & Sohn 1983

31 DBV-Merkblattsammlung. 2. Ausg. Wiesbaden: Deutscher Beton-Verein 1987

32 Deutscher Beton-Verein: Beton-Handbuch. 2. Aufl. Wiesbaden: Bauverlag 1984

33 *Grzeschkowitz, R.:* Zum Trag- und Verformungsverhalten schlanker Stahlbetonstützen unter besonderer Berücksichtigung der schiefen Biegung. Diss. TU Braunschweig 1988

34 *Hamfler, H.:* Nachweise zur Beschränkung der Rißbreite. In: Arbeitsseminar DIN 1045 – DIN 4227: Neue Regelungen im Stahlbetonbau. Hochschule Bremen; Fachhochschule Hildesheim/ Holzminden; VBI, Eigenverlag 1989

35 *Lohmeyer, G.:* Weiße Wanne, einfach und sicher. Düsseldorf: Beton-Vlg. 1985

Zeitschriften, Serien

100 Beton- und Stahlbetonbau. Berlin: Ernst & Sohn

101 Bauingenieur. Berlin: Springer

102 Bautechnik. Berlin: Ernst & Sohn

103 Beton. Düsseldorf: Beton-Vlg.

104 Bauplanung – Bautechnik. Berlin: Vlg. f. Bauwesen

105 Deutscher Ausschuß für Stahlbeton. (Vertrieb der Schriftenreihe durch: Beuth-Vlg., Berlin)

106 Vorträge auf dem Deutschen Betontag. Wiesbaden: Deutscher Beton-Verein

107 Beton-Kalender. Berlin: Ernst & Sohn (jährlich)

108 ACI Journal. Detroit USA: American Concrete Institute

109 Konstruktiver Ingenieurbau. Berichte aus dem Institut für Konstruktiven Ingenieurbau der Ruhr-Universität Bochum. Essen: Vulkan-Vlg.

110 CEB Bulletin d'Information. Euro-Internationales Betonkomitee, Paris

111 Berichte der Bundesvereinigung der Prüfingenieure für Baustatik. Stuttgart

112 Berichte des Instituts für Baustatik der ETH Zürich, Zürich

113 Kurzberichte aus der Bauforschung. Stuttgart: Informationszentrum Raum und Bau der Fraunhofer-Gesellschaft

Aufsätze, Beiträge in Serien und Handbüchern

200 *Bonzel, J.:* Beton. In: Beton-Kalender 1989, Teil I, S. 1–105

201 Unterausschuß „Dauerhaftigkeit von Beton" des Rilem Komitees 4-CDC: Anleitung für die Herstellung von dauerhaftem Beton. Beton 24 (1974) 261–264

202 *Kern, E.; Koch, H.-J.:* Anwendung von Fließbeton. Beton-Stahlbetonbau 71 (1976) 285–289

203 *Bonzel, J.:* Zur Gestaltabhängigkeit der Betondruckfestigkeit. Beton-Stahlbetonbau 54 (1959) 223–228, 247–248

204 *Rüsch, H.:* u.a.: Festigkeit und Verformung von unbewehrtem Beton unter konstanter Dauerlast. (DAfStb, 198). 1968

205 *Wurm, P.:* Daschner, F.: Versuche über Teilflächenbelastung von Normalbeton. (DAfStb, 286). 1977

206 *Grasser, E.: Kordina, K.; Quast, U.:* Bemessung von Beton- und Stahlbetonbauteilen nach DIN 1045, Ausgabe Dez. 1978. DAfStb, 220). 2. Aufl. 1979

207 *Rehm, G.:* Über die Grundlagen des Verbundes zwischen Stahl und Beton. (DAfStb, 138). 1961

208 *Rehm, G.:* Kriterien zur Beurteilung von Bewehrungsstäben mit hochwertigem Verbund. In [3], S. 79–96

209 *Martin, H.:* Zusammenhang zwischen Oberflächenbeschaffenheit, Verbund und Sprengwirkung von Bewehrungsstählen unter Kurzzeitbelastung. (DAfStb, 228). 1973

210 *Martin, H.; Noakowski, P.:* Verbundverhalten von Betonstählen. In: DAfStb, 319. 1981

211 *Heilmann, H.G.; Hilsdorf, H.; Finsterwalder, K.:* Festigkeit und Verformung von Beton unter Zugspannungen. (DAfStb, 203). 1969

212 *Goto, Y.:* Cracks formed in concrete around deformed tension bars. ACI J. 68 (1971) 244–251

213 *Wurm, P.; Daschner, F.:* Teilflächenbelastung von Normalbeton – Versuche an unbewehrten Scheiben. In: DAfStb, 344. 1983

214 *Heilmann, H.G.:* Versuche zur Teilflächenbelastung von Leichtbeton für tragende Konstruktionen. In: DAfStb, 344. 1983

251 *Rüsch, H.:* Versuche zur Festigkeit der Biegedruckzone. (DAfStb, 120). 1955

252 *Scholz, G.:* Festigkeit der Biegedruckzone. (DAfStb, 139). 1960

253 *Rasch, C.:* Spannungs-Dehnungs-Linien des Betons und Spannungsverteilung in der Biegedruckzone bei konstanter Dehngeschwindigkeit. (DAfStb, 154). 1962

254 *Rüsch, H.; Stöckl, S.:* Der Einfluß von Bügeln und Druckstäben auf das Verhalten der Biegedruckzone von Stahlbetonbalken. (DAfStb, 148). 1963

255 *Leonhardt, F.; Walther, R.:* Versuche an einfeldrigen Stahlbetonbalken mit und ohne Schubbewehrung. (DAfStb. 151). 1962

256 *Leonhardt, F.; Walther, R.:* Versuche an Plattenbalken mit hoher Schubbeanspruchung. (DAfStb, 152). 1962

257 *Leonhardt, F.; Walther, R.:* Schubversuche an Plattenbalken mit unterschiedlicher Schubbewehrung. (DAfStb, 156). 1963

258 *Leonhardt, F.; Walther, R.:* Schubversuche an Durchlaufträgern. (DAfStb, 163). 1964

259 *Neuner, J.; Stöckl, S.:* Versuche zur Knicksicherung von druckbeanspruchten Bewehrungsstäben. (DAfStb, 327). 1981

260 *Grasser, E.; Thielen, G.:* Hilfsmittel zur Berechnung der Schnittgrößen und Formänderungen von Stahlbetontragwerken. (DAfStb, 240). 1976

261 *Czerny, F.:* Tafeln für Rechteckplatten. In: Beton-Kalender 1987, Teil I, S. 311–373

262 *Stiglat, K.; Wippel, H.:* Massive Platten. In: Beton-Kalender 1989, Teil I, S. 281–360

263 *Glahn, H.; Trost, H.:* Zur Berechnung von Pilzdecken. Bauingenieur 49 (1974) 122–132

264 *Schleeh, W.:* Bauteile mit zweiachsigem Spannungszustand (Scheiben). Beton-Kalender 1983. Teil II. S. 713–848

265 *Duddeck, H.:* Traglasttheorie der Stabwerke. In: Beton-Kalender 1972, Teil II, S. 621–676

266 *Beck, H.; Bubenheim, H.-J.:* Ein Verfahren zur optimalen Bemessung ebener Stahlbetonrahmen. Bauingenieur 47 (1972) 194–200

267 *Janko, B.:* Verfahren zum Nachweis der Stabilität ebener Stahlbetonrahmen mit Hilfe von elektronischen Rechenautomaten. Bautechnik 51 (1974) 344–351

268 *Ahrens, H.; Duddeck, H.:* Berechnung von Stabtragwerken. In: Beton-Kalender 1980, Teil II, S. 511–618

301 *Grasser, E.; Probst, P.:* Biegebemessung von Stahlleichtbeton, Ableitung der Spannungsverteilung in der Biegedruckzone aus Prismenversuchen als Grundlage für DIN 4219. In: DAfStb, 322. 1981

302 *Kordina, K.; Quast, U.:* Bemessung von schlanken Bauteilen – Knicksicherheitsnachweis. In: Beton-Kalender 1989, Teil I, S. 477–572

303 *Grasser, E.:* Bemessung für Biegung mit Längskraft, Schub und Torsion. In: Beton-Kalender 1989, Teil I, S. 361–476

304 *Brendel, G.:* Die mitwirkende Plattenbreite nach Theorie und Versuch. Beton-Stahlbetonbau 55 (1960) 177–185

305 *Dischinger, F.:* Mehmel, A.: Massivbau. In: [9], S. 761–904

306 *Koepcke, W.; Denecke, G.:* Die mitwirkende Breite der Gurte von Plattenbalken. (DAfStb, 192). 1967

307 CEB: Design of sections under axial action effects at the ultimate limit state. [110], Nr. 135 (1980)

308 *Grasser, E.; Moosecker, W.:* Hilfsmittel zur näherungsweisen Bestimmung der mitwirkenden Breite von Plattenbalken im Stahlbetonbau. Beton-Stahlbetonbau 77 (1982) 164–167

309 *Stöckl, S.; Rüsch, H.:* Versuche zur Festigkeit der mitwirkenden Breite von Plattenbalken im Stahlbetonbau. Beton-Stahlbtonbau 77 (1982) 164–167

309 *Stöckl, S.; Rüsch, H.:* Versuche zur Festigkeit der

Biegedruckzone – Einflüsse der Querschnittsform. In: DAfStb, 207. 1969

310 *Tompert, K.*: Bemessung von Kreisquerschnitten und Kreisringquerschnitten nach dem Traglastverfahren. Bauingenieur 46 (1971) 90–97

311 *Hofbauer, E.*: Bemessungstafeln. [109], H. 8, (1971)

312 *Kuhn, R.; Schmid, E.*: Bemessung gering beanspruchter Stahlbetondruckglieder. Bautechnik 50 (1973) 247

313 *Linse, D.; Thielen, G.*: Die Grundlagen der Biegebemessung der DIN 1045 aufbereitet für den Gebrauch an Rechenanlagen. Beton-Stahlbetonbau 67 (1972) 199–208

314 *Rüsch, H.; Stöckl, S.*: Versuche an wendelbewehrten Stahlbetonsäulen unter kurz- und langzeitig wirkenden zentrischen Lasten. (DAfStb, 205), 1969

315 *Stöckl, S.; Menne, B.*: Versuche an wendelbewehrten Stahlbetonsäulen unter exzentrischer Belastung. (DAfStb, 251). 1975

316 *Menne, B.*: Zur Traglast der ausmittig gedrückten Stahlbetonstütze mit Umschnürungsbewehrung. (DAfStb, 285). 1977

317 *Müller, K.F.*: Tragfähigkeit und Verformung wendelbewehrter Stahlbetonstützen unter mittiger Belastung. Beton-Stahlbetonbau 73 (1978) 124–128

318 *Menne, B.; Stöckl, S.*: Tragfähigkeit und Verformung wendelbewehrter Stahlbetonstützen unter ausmittiger Belastung. Beton-Stahlbetonbau 76 (1981) 264–270

319 *Ramm, W.*: Interaktionsdiagramm für Bauteile mit Rechteckquerschnitt aus unbewehrtem Normal- und Leichtbeton. Beton-Stahlbetonbau 69 (1974) 187–190, 224

320 *Rubert, A.; Schot, H.*: Traglastnachweis für unbewehrte Betondruckglieder nach der Theorie II. Ordnung auf der Grundlage von DIN 1045. Beton-Stahlbetonbau 77 (1982) 145–150

321 *Rubert, A.; Schot, H.*: Traglastnachweis für Stützen und Wände aus unbewehrtem Leichtbeton. Beton-Stahlbetonbau 77 (1982) 182–184

322 *Quast, U.*: Zuschrift zu [320, 30]. Beton-Stahlbetonbau 80 (1985) 171–172; Buchbesprechung zu [30], Beton-Stahlbetonbau (1985) 224

351 *Rüsch, H.; Haugli, F.R.; Mayer, H.*: Schubversuche an Stahlbeton-Rechteckbalken mit gleichmäßig verteilter Belastung. In: DAfStb, 145. 1962

352 *Leonhardt, F.; Walther, R.; Dilger, W.*: Schubversuche an indirekt gelagerten, einfeldrigen und durchlaufenden Stahlbetonbalken. (DAfStb, 201). 1968

353 *Kupfer, H.; Baumann, T.*: Versuche zur Schubsicherung und Momentendeckung profilierter Stahlbetonbalken. (DAfStb, 218). 1972

354 *Kupfer, H.*: Erweiterung der Mörsch'schen Fachwerkanalogie mit Hilfe des Prinzips vom Minimum der Formänderungsarbeit. [110], Nr. 40 (1964)

355 *Leonhardt, F.*: Die verminderte Schubdeckung bei Stahlbetontragwerken. Bauingenieur 40 (1965) 1–15

356 *Leonhardt, F.*: Schub bei Stahlbeton und Spannbeton. Beton-Stahlbetonbau 72 (1977) 270–277, 295–302

357 *Jungwirth, D.*: Elektronische Berechnung des in einem Stahlbetonbalken im gerissenen Zustand auftretenden Kräftezustandes unter besonderer Berücksichtigung des Querkraftbereiches. (DAfStb, 211). 1970

358 *Moosecker, W.*: Zur Bemessung der Schubbewehrung von Stahlbetonbalken mit möglichst gleichmäßiger Zuverlässigkeit. (DAfStb, 307). 1979

359 *Mallée, R.*: Zum Schubtragverhalten stabförmiger Stahlbetonelemente. (DAfStb, 323). 1981

360 *Specht, M.*: Modellstudie zur Querkrafttragfähigkeit von Stahlbetonbiegegliedern ohne Schubbewehrung im Bruchzustand. Bautechnik 63 (1986) 339–350

361 *Specht, M.*: Ingenieurmodelle zur Beschreibung der Querkrafttragfähigkeit von Stahlbetonträgern im Bruchzustand. Bautechnik 64 (1987) 371–378

362 *Rehm, G.; Eligehausen, R.; Neubert, B.*: Erläuterung der Bewehrungsrichtlinien. In: DAfStb, 300. 1979

363 *Bertram, D.; Deutschmann, H.*: Hinweise zu DIN 1045, Ausgabe Dez. 1978. In: DAfStb, 300. 1979

364 *Leonhardt, F.*: Das Bewehren von Stahlbetontragwerken. In: Beton-Kalender 1979, Teil II, S. 613–776

365 *Schlaich, J.; Schäfer, K.*: Konstruieren im Stahlbetonbau. In: Beton-Kalender 1989, Teil II, S. 563–715

366 *Leonhardt, F.*: Schubversuche an einfeldrigen und zweifeldrigen Stahlbetonbalken mit indirekter Lagerung. Beton-Stahlbetonbau 63 (1968) 83–89

367 *Rüsch, H.*: Über die Grenzen der Anwendbarkeit der Fachwerkanalogie bei der Berechnung der Schubfestigkeit von Stahlbetonbalken. [19], S. 281–300

368 *Graudenz, H.*: Vereinfachter Schubnachweis bei verminderter Schubdeckung. Beton-Stahlbetonbau 66 (1971) 253–254

369 *Neubauer, P.*: „Verkürzte Methode" zur Ermittlung der Schubbewehrung bei verminderter Schubdeckung nach DIN 1045 neu. Bautechnik 49 (1972) 28–31

370 *Eichstaedt, H.-J.*: fe_t-Verfahren: Bewehrungskurve und Schubbewehrungslinie für den Zugkraft- und Schubsicherheitsnachweis. Beton-Stahlbetonbau 69 (1974) 12–16

371 *Sager, J.*: Bemessung von Stahlbetonbalken mit veränderlicher Höhe. Beton-Stahlbetonbau 54 (1959) 252–253

372 *Hochreither, H.*; Pratsch, G.: Bemessung von Querschnittsteilen profilierter Stahlbeton- und Spannbetonträger für Schub und Plattenbiegung. Bauingenieur 61 (1986) 347–352

373 *Eibl. J.*: Die Flanschbemessung von Plattenbalken bei Schub und Querbiegung. Beton-Stahlbetonbau 83 (1988) 127–132

374 *Kordina, K.*; *Blume, F.*: Empirische Zusammenhänge zur Ermittlung der Schubtragfähigkeit stabförmiger Stahlbetonelemente. (DAfStb, 364). 1985

401 *Andrä, H.-P.*; *Dilger, W.H.*; *Ghali, A.*: Durchstanzbewehrung für Flachdecken. Beton-Stahlbetonbau 74 (1979) 129–132

402 *Andrä, H.-P.*: Zum Tragverhalten von Flachdecken mit Dübelleisten-Bewehrung im Auflagerbereich. Beton-Stahlbetonbau 76 (1981) 53–57, 100–104

403 *Stiglat, K.*: Statische und konstruktive Probleme mit Lösungsmöglichkeiten bei Flachdecken im Stützenbereich. [111], Arbeitstagungen 3 (1979)

404 *Kordina, K.*; *Nölting, D.*: Tragfähigkeit durchstanzgefährdeter Stahlbetonplatten. (DAfStb, 371). 1986

405 *Andrä, H.P.*; *Baur, H.*: Stiglat, K.: Zum Tragverhalten, Konstruieren und Bemessen von Flachdecken. Beton-Stahlbetonbau 79 (1984) 258–263, 303–310. 328–334

406 *Dieterle, H.*; *Rostásy, F.S.*: Tragverhalten quadratischer Einzelfundamente aus Stahlbeton. (DAfStb, 387). 1987

407 *Franz, G.*; *Niedenhoff, H.*: Die Bewehrung von Konsolen und gedrungenen Balken. Beton-Stahlbetonbau 58 (1963) 112–120

408 *Mehmel, A.*; *Becker, G.*: Zur Schubbemessung des kurzen Kragarms. Bauingenieur 40 (1965) 224–231

409 *Kirmair, H.*: Schubsicherung bei Bauteilen aus Stahlleichtbeton. [113], Ber. 9/81–132, S. 791–796

410 *Nölting, D.*: Vorschlag für den Schubsicherheitsnachweis nach DIN 1045 bei überdrückten Bauteilen. Beton-Stahlbetonbau 84 (1989) 273–274

451 *Lampert, P.*; *Thürlimann, B.*: Torsionsversuche an Stahlbetonbalken. [112], Nr. 6506-2 (1968)

452 *Lampert, P.*; *Lüchinger, P.*; *Thürlimann, B.*: Torsionsversuche an Stahl- und Spannbetonbalken. [112], Nr. 6506-4 (1971)

453 *Leonhardt, F.*; *Schelling, G.*: Torsionsversuche an Stahlbetonbalken. (DAfStb, 239). 1974

454 *Leonhardt, F.*; *Walther, R.*; *Vogler, O.*: Torsions- und Schubversuche an vorgespannten Hohlkastenträgern. In: DAfStb, 202. 1968

501 *Schwarz, H.*; *Kasparek, K.-H.*: Ein Beitrag zur Klärung des Tragverhaltens exzentrisch beanspruchter Stahlbetonstützen. Bauingenieur 42 (1967) 84–90

502 *Kordina, K.*: Die Grundlagen des Knicksicherheitsnachweises im Stahlbetonbau. Vortr. Dt. Betontag 1967, S. 245–274

503 *Schwarz, H.*: Einfluß von Randbedingungen, Querschnitt und Schnittkraftverlauf auf die Traglasten ausmittig belasteter Stahlbetondruckglieder. Vortr. Dt. Betontag 1967, S. 297–316

504 *Sahmel, P.*: Einfache baustatische Methode zur näherungsweisen Ermittlung der Knicklängen von Rahmentragwerken. Bautechnik 48 (1971) 206–212

505 *Petersen, Ch.*: Knicklängen biegesteifer Stabtragwerke. Bautechnik 48 (1971) 387–392; 49 (1972) 14–20; Berichtigung 288

506 *Kupfer, H.*; *Kirmair, H.*: Eine anschauliche Methode zur Bestimmung der Knicklängen bei gekoppelten Systemen. Bauingenieur 56 (1981) 335–342

507 *König, G.*; *Liphardt, S.*: Hochhäuser aus Stahlbeton. In: Beton-Kalender 1985, Teil, S.II 675–819

508 *Beck, H.*; *König, G.*: Haltekräfte im Skelettbau. Beton-Stahlbetonbau 62 (1967) 7–15; 37–42

509 *Kordina, K.*: Zur Anwendung der Sicherheitstheorie bei Stabilitätsuntersuchungen im Stahlbetonbau. In: [23], S. 41–49

510 *Windels, R.*: Knicksicherheit rechteckiger Stahlbetonsäulen mit symmetrischer Bewehrung unter ausmittiger Last. Beton-Stahlbetonbau 62 (1967) 133–139

511 *Windels, R*: Graphische Hilfsmittel zur Bemessung von Stahlbetonstützen bei Knickgefahr. Beton-Stahlbetonbau 63 (1968) 102–110

512 *MacGregor, J.G.*; *Breen, J.E.*; *Pfrang, E.*: Design of slender concrete columns. ACI J. 67 (1970) 6–28

513 *Quast, U.*: Traglastnachweis für Stahlbetonstützen nach der Theorie II. Ordnung mit Hilfe einer vereinfachten Moment-Krümmungsbeziehung. Beton-Stahlbetonbau 65 (1970) 265–271

514 *Grasser, E.*; *Galgoul, N.S.*: Zur Bemessung von schlanken Stahlbetonstützen für schiefe Biegung mit Achsdruck. In: [25], S. 213–224

515 *Grasser, E.*; *Galgoul, N.S.*: Praktisches Verfahren zur Bemessung schlanker Stahlbetonstützen unter Berücksichtigung zweiachsiger Biegung. Beton-Stahlbetonbau 81 (1986) 173–177

516 *Galgoul, N.S.*: Beitrag zur Bemessung von schlanken Stahlbetonstützen für schiefe Biegung mit Achsdruck unter Kurzzeit- und Dauerbelastung. (DAfStb, 361). 1985

517 *Rafla, K.*: Praktisches Verfahren zur Bemessung schlanker Stahlbetonstützen mit Rechteckquerschnitt bei schiefer Biegung mit Achsdruck.

Bauingenieur 49 (1974) 429–436

518 Knicksicherheitsnachweis von Bauteilen aus Konstruktionsleichtbeton. TU Braunschweig, Inst. f. Baustoffe, Massivbau und Brandschutz. [113] Ber. 3/82–37, S. 253–255

519 *Molzahn, R.*: Grundlagen und Verfahren für den Knicksicherheitsnachweis von Druckgliedern aus Konstruktionsleichtbeton. (DAfStb, 375). 1986

520 *Olsen, P.C.; Quast, U.*: Anwendungsgrenzen von vereinfachten Bemessungsverfahren für schlanke, zweiachsig ausmittig beanspruchte Stahlbetondruckglieder. In: DAfStb, 332. 1982

521 *Brandt, B.*: Zur Beurteilung der Gebäudestabilität nach DIN 1045. Beton- und Stahlbetonbau 71 (1976) 177–178

522 *Brandt, B.; Schwing, H.*: Kriterien zur Vernachlässigung des Windnachweises für Gebäude mit Wänden aus Ortbeton, Fertigteilen oder Mauerwerk. Beton- und Stahlbetonbau 72 (1977) 53–59

551 *Leonhardt, F.*: Anfängliche und nachträgliche Durchbiegung von Stahlbetonbalken im Zustand II. Beton- und Stahlbetonbau 62 (1967) 240–247

552 *Mayer, H.*: Die Berechnung der Kurzzeit- und Langzeitdurchbiegung von Stahlbeton-Bauteilen. (DAfStb, 194). 1967

553 *Trost, H.; Mainz, B.*: Zweckmäßige Ermittlung der Durchbiegung von Stahlbetonträgern. Beton-Stahlbetonbau 64 (1969) 142–146

554 *Kraemer, U.; Thielen, G.; Grasser, E.*: Berechnung der Durchbiegung von biegebeanspruchten Stahlbetonbauteilen unter Gebrauchslast. Beton-Stahlbetonbau 70 (1975) 87–95

555 *Noakowski, P.; Kupfer, H.*: Versteifende Mitwirkung des Betons im Zugbereich von turmartigen Bauwerken. Beton-Stahlbetonbau 76 (1981) 241–246

556 *Quast, U.*: Zur Mitwirkung des Betons in der Zugzone. Beton-Stahlbetonbau 76 (1981) 247–250

575 *Rehm, G.; Martin, H.*: Zur Frage der Rißbegrenzung im Stahlbetonbau. Beton- Stahlbetonbau 63 (1968) 175–182

576 *Falkner, H.*: Zur Frage der Rißbildung durch Eigen- und Zwängspannungen infolge Temperatur in Stahlbetonbauteilen. (DAfStb, 208). 1969

577 *Noakowski, P.*: Die Bewehrung von Stahlbetonbauteilen bei Zwangbeanspruchung infolge Temperatur. (DAfStb, 296). 1978

578 *Jungwirth, D.*: Begrenzung der Rißbreite im Stahlbeton- und Spannbetonbau aus der Sicht der Praxis. Beton-Stahlbetonbau 80 (1985) 173–178, 204–208

579 *Leonhardt, F.*: Zur Behandlung von Rissen in den deutschen Vorschriften. Beton-Stahlbetonbau 80 (1985) 179–184, 209–215

580 *Noakowski, P.*: Verbundorientierte, kontinuierliche Theorie zur Ermittlung der Rißbreite. Beton-Stahlbetonbau 80 (1985) 185–190, 215–221

581 *Schießl, P.; Wölfel, E.*: Konstruktionsregeln zur Beschränkung der Rißbreite. Beton-Stahlbetonbau 81 (1986) 8–15

582 *König, G.; Fehling, F.*: Zur Rißbreitenbeschränkung im Stahlbetonbau. Beton-Stahlbetonbau 83 (1988) 161–167, 199–204

583 *Bertram, D.; u.a.*: Erläuterungen zu DIN 1045 „Beton und Stahlbeton", Ausgabe 07.88. (DAfStb, 400). 1989, S. 3–143

584 *Schießl, P.*: Grundlagen der Neuregelung zur Beschränkung der Rißbreite. In: DAfStb, 400. 1989, S. 157–175

585 *Eligehausen, R.; Kreller, H.*: Querschnittsbericht zur Rißbildung in Stahl- und Spannbetonkonstruktionen. In: DAfStb, 393. 1988, S. 3–57

586 *Schießl, P.*: Einfluß von Rissen auf die Dauerhaftigkeit von Stahlbeton- und Spannbetonbauteilen. In: DAfStb, 370. 1986, S. 9–52

587 *Nürnberger, U.; u.a.*: Korrosion von Stahl in Beton. In: DAfStb, 393. 1988, S. 59–109

588 *Falkner, H.*: Fugenlose und wasserundurchlässige Stahlbetonbauten ohne zusätzliche Abdichtung. Vortr. Dt. Betontag 1983, S. 548–573

589 *Cziesielski, E.; Friedmann, M.*: Gründungsbauwerke aus wasserundurchlässigem Beton. Bautechnik 62 (1985) 113–123

590 *Linder, R.*: Baukörper aus wasserundurchlässigem Beton. In: Beton-Kalender 1986, Teil II, S. 487–549

591 *Trost, H.; Cordes, H.; Ripphausen, B.*: Zur Wasserdurchlässigkeit von Stahlbetonbauteilen mit Trennrissen. Beton-Stahlbetonbau 84 (1989) 60–63

625 *Gaede, K.*: Versuche über die Festigkeit und die Verformung von Beton bei Druck-Schwellbeanspruchung. (DAfStb, 144). 1962

626 *Mehmel, A.; Kern, E.*: Elastische und plastische Stauchungen von Beton infolge Druckschwell- und Standbelastung. (DAfStb, 153). 1962

627 *Wascheidt, H.*: Dauerschwingfestigkeit von Betonstählen im einbetonierten Zustand. (DAfStb, 200). 1968

628 *Rehm, G.; Harre, W.; Beul, W.*: Schwingfestigkeitsverhalten von Betonstählen unter wirklichkeitsnahen Beanspruchungs- und Umgebungsbedingungen. (DAfStb, 374). 1986

629 *Weigler, H.; Rings, K.-H.*: Unbewehrter und bewehrter Beton unter Wechselbeanspruchung. (DAfStb, 383). 1987

630 *König, G.; Gerhardt, H.-Ch.*: Nachweis der Betriebsfestigkeit gemäß DIN 4212. Beton-Stahlbetonbau 77 (1982) 12–19

631 *Nötzold, F.; Kolmar, W.*: Bemessungshilfen für den Betriebsfestigkeits-Nachweis nach DIN 4212. Beton-Stahlbetonbau 77 (1982) 209–211

Teil J. Spannbeton

Von *Klaus-Wolfgang Bieger*

1. Einführung

1.1 Vor- und Nachteile des Spannbetons

Der Gedanke, durch Vordehnen von Zuggliedern vor oder nach dem Erhärten des Betons die Rissebildung weitestgehend zu vermeiden, ist nahezu so alt wie die Erfindung des Stahlbetons [1, 2]. Bereits 1886 ließ sich Jackson in San Francisco das Anspannen von Stahlstäben mittels Gewindemuttern zur Aufnahme des Horizontalschubs von Gewölben patentieren, um so die Zugbeanspruchung zu kompensieren. Doehring aus Berlin schlug 1888 vor, in Betondielen einzubettende Drähte vor dem Betonieren mit einer Spannvorrichtung zu dehnen und nach dem Erhärten abzuschneiden. Diese beiden Grundgedanken der Vorspannung ohne Verbund sowie der Spannbettvorspannung konnten sich jedoch damals noch nicht durchsetzen, da die geringe mögliche Vordehnung der Stähle durch das *Schwinden und Kriechen* des Betons im Laufe der Zeit weitgehend aufgezehrt wurde (vgl. auch 3.3).

Dies ist einer der wesentlichsten *Nachteile* im Spannbetonbau, der erst durch die Einführung hochfester Stähle und kriecharmer Betone in den 20er Jahren so weit gemildert werden konnte, daß eine wirtschaftliche Verwertung des Vorspanngedankens möglich wurde. Es soll aber betont werden, daß das Kriechen des Betons auch Vorteile bringt, insbesondere durch die Abminderung der Zwangbeanspruchungen (vgl. 3.3.8) infolge Temperatur, Stützensenkungen und abschnittsweiser Herstellung.

Ein weiterer Nachteil ist das lohnintensive Verlegen und *Anspannen der Zugglieder*, vor allem bei den Spannverfahren mit nachträglichem Verbund, bei denen das besonders sorgfältig vorzunehmende Jnjizieren von Zementmörtel in die Hüllrohre noch hinzukommt. Die *Verankerungselemente* sind teuer. Die Erzeugung der Vorspannkräfte, die in Deutschland derzeit je Spannglied bis zu 3,0 MN zugelassen sind, ist aufwendig. Die Vorspannung erfolgt bei nachträglichem Verbund meist kurzfristig nach dem Betonieren, wenn die Betonfestigkeiten noch gering sind.

Sowohl Planung, Entwurf und Konstruktion wie auch die Ausführung von Spannbetontragwerken erfordern eine gründliche Kenntnis und Erfahrung in dieser Bauart.

Die Höhenlage der Spannbewehrung und die Größe der Vorspannkräfte müssen genau eingehalten werden. Mit den zusätzlich eingetragenen Beanspruchungen aus der Vorspannung sollen die im Stahlbeton sonst auftretenden Zugspannungen abgebaut oder sogar überdrückt werden. Damit ergeben sich die *Betonbeanspruchungen* fast immer als Differenz von etwa gleich großen Spannungszuständen.

Diesen wenigen Nachteilen stehen aber eine Vielzahl von *Vorteilen* gegenüber:

a) Spannbetontragwerke sind im Gebrauchszustand weitgehend *rissefrei*, der beste Korrosionsschutz auch der Betonstahlbewehrung (vgl. aber auch 1.2). Somit sind sie sehr *dauerhaft* und auch *wasserdicht* (Behälter). Durch die Wahl des Vorspanngrads (1.2) kann die theoretische Rißlast beliebig festgelegt werden.

b) Nach *Überlastungen*, vor allem infolge nicht berechenbarer oder nicht berücksichtigter Zwangbeanspruchungen, wie z. B. Temperatur und Stützensenkungen, schließen sich infolge der Vorspannung die Risse wieder, sofern auch die Betonstahlbewehrung nicht über die Streckgrenze beansprucht worden war.

c) Die Spannstahlfestigkeiten können voll ausgenutzt werden, da der größte Teil der Stahldehnung vor Herstellung des Verbundes mit dem Beton beim Spannvorgang entsteht (vgl. 2 und 5.1). *Hochfeste Spannstähle* (vgl. Abschn. 4.9.3.3 in [HB 1]) sind aber im Verhältnis zur Festigkeit wesentlich billiger als Betonstahl. Zusätzlich ergibt sich ein geringerer *Platzbedarf.* Auch die Spannungsschwankungen infolge Verkehrslast werden im ungerissenen Zustand wesentlich geringer als beim Stahlbeton (vgl. 3.2.1).

d) Materialersparnis ist zusätzlich durch *hochfeste Betone* möglich, denn diese können erst beim Spannbeton im ganzen Querschnitt voll ausgenutzt werden.

e) Nicht nur die Biegemomente, sondern auch die Querkräfte und evtl. Torsionsmomente aus Eigenlast können durch die Vorspannung reduziert, aufgehoben oder sogar im Vorzeichen umgekehrt werden. Die *Abmessungen* und damit die *Eigenlasten* der Spannbetontragwerke werden geringer.

f) Die *Verformungen* aus Nutzlasten sind wegen der vollen Mitwirkung des Betons im Zugbereich sehr gering. Die Tragwerke werden schlanker, Zugbänder und Hängestangen werden steifer.

g) Unter Eigenlast und Vorspannung können sich die Tragwerke heben, somit werden *Abfangekonstruktionen* auch bei setzungsempfindlichen Bauwerken möglich.

h) Mit Hilfe der Vorspannung können *Fertigteile* mit Preßfugen zu monolithischen Tragwerken verbunden werden (Segmentbauart DIN 4227 Teil 3).

i) Bei statisch unbestimmt gelagerten Systemen können außer den Schnittgrößen auch die *Auflagerkräfte* durch die Vorspannung beeinflußt werden (3.1.2.2 und 3.5).

k) Die Einhaltung bestimmter *Randbedingungen* kann durch die Vorspannung erzwungen werden. So ist es möglich, daß z.B. die gesamte Fläche eines Schalentragwerks unter Eigenlast und Vorspannung im Membranspannungszustand verbleibt.

1.2 Abgrenzung zum Stahlbeton

Die Unterteilung der Betonbauwerke in solche aus Stahlbeton und solche aus Spannbeton ist historisch bedingt. In der Anfangszeit des Spannbetons ging man davon aus, daß die Dauerhaftigkeit durch die Vermeidung von Rissen wesentlich verbessert werde. Man glaubte dies zu erreichen, indem man unter den rechnerisch größten Gebrauchslasten im Beton keine Zugspannungen zuließ: die sogenannte *volle Vorspannung.* Freyssinet sprach sogar von einem neuen (homogenen) Baustoff. In Deutschland hatte man sehr frühzeitig erkannt, daß keine Beeinträchtigung zu erwarten ist, wenn auch geringe rechnerische Zugspannungen im Beton auftreten. Diese müssen bei der sog. *beschränkten Vorspannung* im ungünstigsten Gebrauchszustand mit einem Sicherheitsabstand unter der Zugfestigkeit bleiben. Zusätzlich ist eine ausreichende (schlaffe) Betonstahlbewehrung einzulegen (vgl. 4).

Es zeigte sich, daß durch diese Begrenzung Risse nicht immer vermieden werden können. Zusätzlich zu den Rechnungslasten treten stets noch Beanspruchungen aus linearer oder nichtlinearer Temperaturverteilung auf, insbesondere durch das Abfließen der Hydratationswärme beim noch jungen Beton, aber auch aus unbeabsichtigten Einspannungen oder Setzungen. Diese führen bei der geringen Spannungsreserve (vgl. Bild 1-3) bald zu einem Überschreiten der Biegezugfestigkeit des

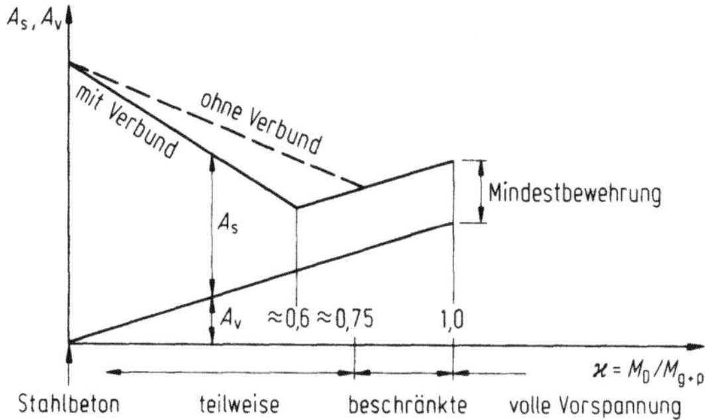

Bild 1-1. Erforderliche Gesamtbewehrungsmenge in Abhängigkeit vom Vorspanngrad $\varkappa$ (nach [116, 120]).

Betons und somit zu sichtbaren Rissen, wenn nicht eine ausreichend bemessene Betonstahlbewehrung die Rißbreiten begrenzt.

Für den Korrosionsschutz der empfindlichen Spannbewehrung ist weniger die Größe der Rißbreite maßgebend, solange diese unter etwa 0,25 mm liegt, als vielmehr die Dicke und Dichtigkeit der Betonüberdeckung [111]. Dann ist aber eine Begrenzung der Zugspannungen im Beton nicht mehr erforderlich, zumindest bei Spannbetonbauwerken, die nicht durch ungünstige Umgebungsbedingungen, wie z. B. Chloridangriff durch Tausalz, besonders gefährdet sind. Mit DIN 4227 Teil 2 ist seit 1984 auch in Deutschland diese sog. *teilweise Vorspannung* als Vornorm eingeführt. Somit ist fast der gesamte Bereich von unbewehrtem bis zum voll vorgespannten Beton jetzt in Deutschland durch Vorschriften geregelt. Lediglich sehr geringe Vorspanngrade, wenn nämlich bereits bei 10% der maximalen Gebrauchslast Zugspannungen im Beton auftreten, sind vorerst noch ausgespart, ebenso wie die teilweise Vorspannung für Spannbettträger.

In den Vorschriften einiger Länder (Schweiz, Frankreich, Österreich und Niederlande) wird noch der Spannungszuwachs im Spannstahl nach der Rißbildung (vgl. Bild 1-3) z. B. auf $\Delta\sigma_v = 150$ N/mm^2 begrenzt [112].

Der Entwurf des Eurocode 2 (EC 2) sieht keine Unterteilung in Stahlbeton und Spannbeton mehr vor. Die Vorspannung wird nur noch als ein zusätzlicher Lastfall behandelt; die Nachweise für die Grenzzustände der Gebrauchs- und Tragfähigkeit werden nach gleichen Regeln geführt, wobei die Besonderheiten bei der Vorspannung selbstverständlich berücksichtigt sind.

Wird die für eine Risseverteilung ohnehin erforderliche Mindestbewehrung aus Betonstahl beim Nachweis der Tragfähigkeit mit herangezogen, dann ermöglicht die teilweise Vorspannung eine *Reduzierung der Gesamtstahlmenge* aus Spannstahl und Betonstahl, ohne daß im Gebrauchszustand wesentliche Nachteile (z. B. Rißbreiten) zu erwarten sind [112–115]. Nach [116] liegt die geringste Gesamtbewehrungsmenge (Bild 1-1) bei einem Vorspanngrad von etwa $\varkappa = 0{,}6$. Als *Vorspanngrad* ist das Verhältnis von Dekompressionsmoment M_D zu Gebrauchslastmoment M_{g+p} festgelegt:

$$\varkappa = \frac{M_D}{M_{g+p}} \quad \text{oder genauer:} \quad \varkappa = \frac{M_D + N_D \cdot k_0}{M_{g+p} + N_{g+p} \cdot k_0}$$

Die *Dekompressions-Schnittgrößen* M_D und N_D sind so definiert, daß sie in der vorgedrückten Zugzone (unterer Rand, Bild 1-2) gerade die Betondruckspannung aus Vorspannung (einschließlich Abfall aus Schwinden und Kriechen) $\sigma_{bu, v+\varphi}$ zu null werden läßt, wobei bei gleichzeitig wirkender äußerer Normalkraft N_{g+p} noch $N_D/M_D = N_{g+p}/M_{g+p}$ angenommen wird. Die Gebrauchslast-Schnittgrößen M_{g+p} und N_{g+p} folgen aus den Eigen- und Nutzlasten sowie evtl. aus den Zwangbeanspruchungen infolge Schwinden, Wärmewirkung und Baugrundverformung.

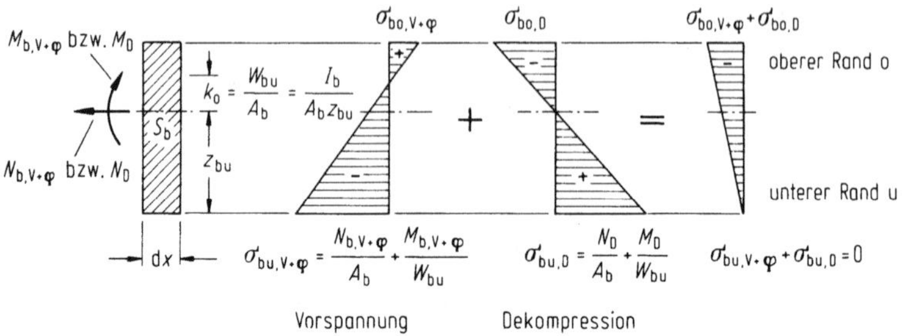

Bild 1-2. Definition der Dekompressions-Schnittgrößen M_D und N_D.

Der Vorspanngrad sollte in Abhängigkeit von den Umweltbedingungen und der Gebrauchsfähigkeit unter Berücksichtigung der Wirtschaftlichkeit festgelegt werden, wobei kleinere Werte größere Rißbreiten erwarten lassen. Man wird also unter der Dauerlast oder unter häufig vorkommenden Beanspruchungen die Betonzugspannung zu null wählen (vgl. DIN 4427 Teil 2, 10.1).

Dann bedeutet

$\varkappa = 1$	volle Vorspannung,
$\varkappa \gtrsim 0{,}75$	beschränkte Vorspannung,
$\varkappa \lesssim 0{,}75$	teilweise Vorspannung,
$\varkappa = 0$	Stahlbeton.

Die Unterschiede im *Biegetragverhalten* lassen sich am besten durch die Veränderung der Spannungen im Beton σ_b und im Spannstahl σ_v bzw. im Betonstahl σ_s bei steigender äußerer Last $g + p$, d.h. Vergrößerung von $M_{\text{g}+\text{p}}$, darstellen [2–5]. Gewählt wird der Feldquerschnitt eines Einfeldbalkens (Bild 1-3), bei dem die zulässigen „Bruchspannungen" im Beton, β_R, und die Streckgrenzen von Betonstahl und Spannstahl etwa gleichzeitig beim „Bruchmoment" $M_\text{u} = \gamma$ zul $M_{\text{g}+\text{p}}$ erreicht sein sollen, wobei der globale Sicherheitsbeiwert γ nach DIN 4227 zu $\gamma = 1{,}75$ anzusetzen ist.

Man erkennt folgendes:

a) Die *Rißlast* (mit β_{bz}) liegt beim Spannbeton – insbesondere bei voller und beschränkter Vorspannung – entschieden höher als beim Stahlbeton. Die Rißbreiten müssen jedoch auch hier nachgewiesen werden, damit nicht bei geringer Überlastung größere Risse auftreten. Im Stahlbeton ist also der Bereich des Zustands I (ungerissener Beton) sehr klein, im Spannbeton sehr groß.

b) Während beim Stahlbeton alle Spannungen – außer σ_{bu} – mit steigender Belastung bis zum Bruch zunehmen, hat die Betondruckspannung in der vorgedrückten Zugzone ($\sigma_{\text{bu}} \leq$ zul σ_{bu}) beim Spannbeton den größten Wert bei *kleinster Last* (M_g). Bei fehlender Belastung ($g + p = 0$) kann diese fiktive Spannung sogar über der Bruchfestigkeit liegen. Beim Spannbeton muß also neben der Bruchsicherheit im Druckbereich ($\sigma_{\text{bo}} \leq \beta_\text{R}$) wie beim Stahlbeton zusätzlich noch die kleinste Gebrauchslast untersucht werden. Dies kann auch als Bruchsicherheitsnachweis für die vorgedrückte Zugzone (σ_{bu}) mit Erhöhung der Vorspannung ($\gamma_\text{v} = 1{,}5$) und Verringerung des globalen Sicherheitsbeiwerts der Eigenlast ($\gamma_\text{g} = 1{,}25$) erfolgen (vgl. DIN 4227 Teil 2 und Teil 6, 11.2).

c) Sollen die maximalen *Betonzugspannungen* σ_{bz} unter Gebrauchslast beschränkt werden, dann sind sie sowohl für die vorgedrückte Zugzone ($\sigma_{\text{bu}} \leq$ zul σ_{bz} bei $M_{\text{g}+\text{p}}$) als auch für die Druckzone (σ_{bo} bei M_g) nachzuweisen.

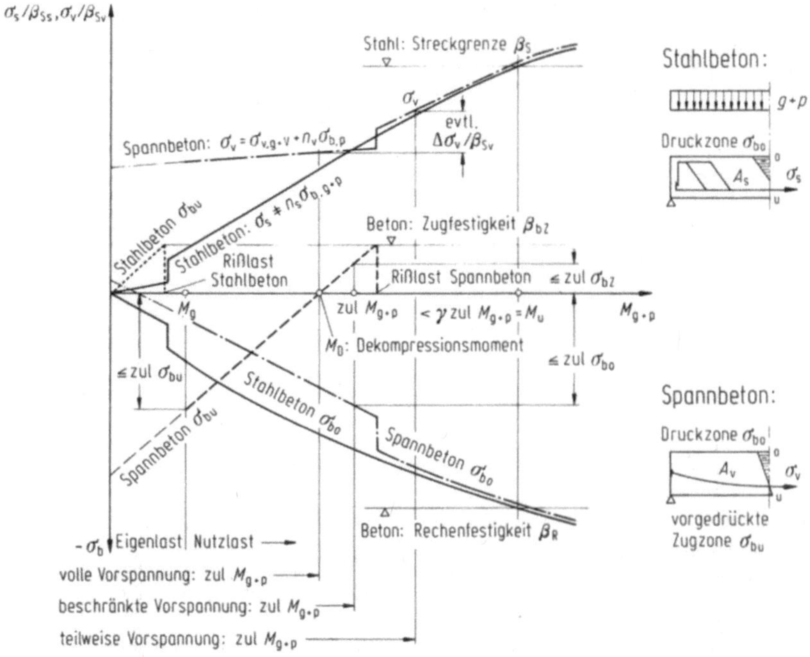

Bild 1-3. Tragverhalten im Stahlbeton- bzw. Spannbeton-Querschnitt.

d) Werden die Betonzugspannungen, wie bei der teilweisen Vorspannung, nicht begrenzt, dann können die Spannungsnachweise unter Gebrauchslast entfallen. Wichtiger sind dann die Nachweise der Rißbreiten und Durchbiegungen im Grenzzustand der Gebrauchsfähigkeit.

e) Im *Versagenszustand* unterscheiden sich die Beanspruchungen eines Querschnitts aus Stahlbeton oder Spannbeton praktisch nicht, der Nachweis ist daher im wesentlichen gleich.

2. Die Erzeugung der Vorspannung

2.1 Spannbettvorspannung

Die Spannbettvorspannung, auch *Vorspannung mit sofortigem Verbund* oder *Vorspannung vor dem Erhärten des Betons* genannt, eignet sich hauptsächlich zur Herstellung von Fertigteilen, z. B. Balken, Plattenbalken (auch sogenannten TT-Platten), Dachplatten, Eisenbahnschwellen aber auch mit ortsgebundenen Spannbetten bis zu 4 km Länge für Startbahnen oder Straßen. Bereits 1919 wurden in Böhmen „Wettstein-Bretter", mit Klaviersaiten vorgespannte etwa 4 cm dicke Betondielen, als Ersatz für Holzbretter hergestellt.

Möglichst dünne hochfeste Spanndrähte oder Litzen werden zwischen Ankerböcken in einem Spannbett gespannt und in der Regel einseitig mittels Keilen verankert (Bild 2-1). Die Spannstähle liegen also fast immer parallel zur Unterkante der Fertigteile. Sie können jedoch auch umgelenkt

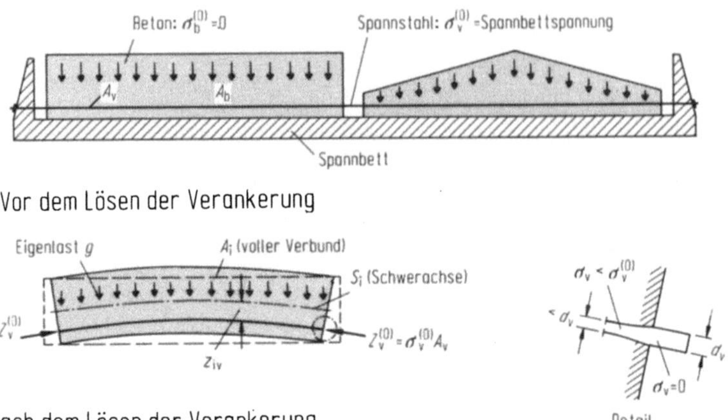

Bild 2-1. Spannbettvorspannung vor und nach dem Lösen der Verankerung.
(Mit Detail zur Erklärung des Hoyer-Effektes.)

(teures Spannbett), zwischenverankert oder durch Anstriche bzw. Rohre am späteren Verbund gehindert werden, um sich so besser der erforderlichen Momentenverteilung (3.5) anzupassen. Nach dem Erhärten des Betons wird die Vorspannung auf die Bauteile übertragen, indem die vorgespannten Stähle an den Ankerböcken gelöst und zwischen den Fertigteilen durchgetrennt werden.

Die vorher eingetragene Vorspannkraft $Z_v^{(0)} = \sigma_v^{(0)} A_v$ wirkt somit als äußere Last auf den Verbundquerschnitt A_i, bestehend aus Beton A_b und Spannstahl A_v sowie Betonstahl A_s. Das so entstehende Vorspannmoment $M_{i,v} = - Z_v^{(0)} z_{iv}$ ist meist größer als das Moment aus der Eigenlast des Bauteils $M_{i,g}$ in Feldmitte, der Balken hebt sich. Am vorgespannten Bauteil wirken daher immer Eigenlast und Vorspannung gleichzeitig. Die Nutzlasten werden dann wie bei einer monolithischen Verbundkonstruktion aufgenommen.

Die Einleitung der Vorspannkraft in den Beton erfolgt meist durch Verbund (7.3), wobei die Keilwirkung aus der Änderung der Querdehnung des Stahls (Hoyer-Effekt nach Bild 2-1) die Verbundspannung nur kurzfristig reduziert, die Sprengwirkung jedoch erhöht. Deshalb dürfen nur profilierte Drähte (Scherverbund) oder Litzen (Korkenzieherwirkung) in dieser Weise verankert werden. Je ausgeprägter die Profilierung (Rippen) und je höher die Betongüte desto kürzer wird die Übertragungslänge. Die durch die Druckausbreitung auftretenden Querzugkräfte sind durch zusätzliche Bewehrung (z. B. Wendel) aufzunehmen.

2.2 Vorspannung ohne Verbund

Bei der *Vorspannung ohne Verbund* handelt es sich vom Tragverhalten her um einen unterspannten Balken mit weichem Zuggurt (Bild 2-2). Deshalb wird hier die Rißbreite gegenüber dem Verbundträger vergrößert und die Tragfähigkeit verschlechtert. Die Spannstahlspannungen wachsen nämlich auch nach der Rißlast im Gegensatz zu Bild 1-3 nur unwesentlich an, so daß die Mehrbelastung von der Biegetragfähigkeit des Betontragwerks allein getragen werden muß. Eine größere zusätzliche Betonstahlbewehrung ist erforderlich. Auch muß der Korrosionsschutz der Bewehrung durch besondere Maßnahmen sichergestellt werden. Deshalb wurde diese Vorspannart nur selten benutzt, obwohl die erste Spannbetonbrücke (Dischingers Bahnhofsbrücke in Aue 1935–37 [117]) hierzu zählt.

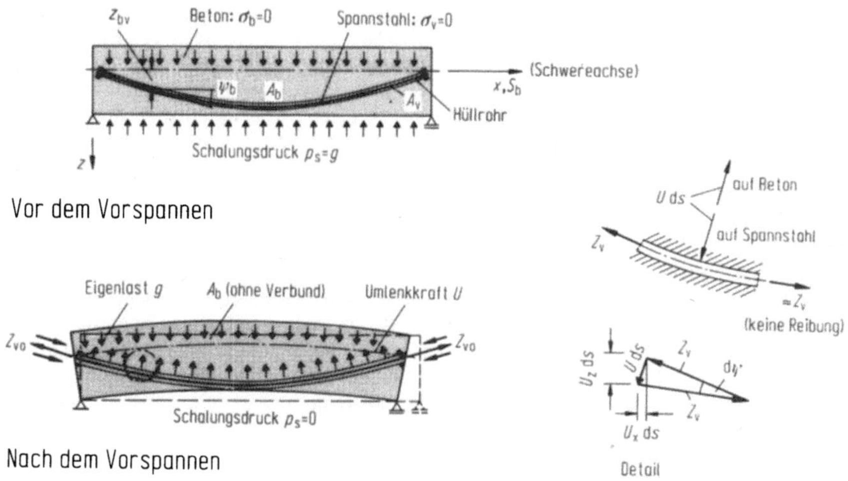

Bild 2-2. Vorspannung ohne Verbund vor und nach dem Vorspannen.

Neuerdings wird diese Bauweise als sog. *externe Vorspannung* vor allem in Frankreich [118] wieder vermehrt ausgeführt, da eine Kontrolle sowie evtl. ein Austauschen der Spannstränge (wegen Korrosion) und ein Nachspannen (zur Kompensation der Schwind- und Kriechverformungen des Betons) jederzeit möglich ist. Dischinger hat in seiner Patentschrift bereits 1934 hierauf hingewiesen. Bei dieser Bauweise kann selbst im Brückenbau die teilweise Vorspannung mit Erfolg angewendet werden, evtl. in Verbindung mit Glasfaser-Spanngliedern [119].

Auch mit sog. *Monolitzen* wird die Vorspannung ohne Verbund insbesondere bei Flachdecken zunehmend eingesetzt, da die Wirtschaftlichkeit durch im Werk hergestellten permanenten Korrosionsschutz und durch Vergrößerung des Hebelarms (ovale Hüllrohre) trotz der meist vergrößerten Betonstahlbewehrung gegeben ist [120–122].

Die gleichen theoretischen Ableitungen wie für Vorspannung ohne Verbund gelten aber auch für die häufig vorkommende Vorspannung mit *nachträglichem Verbund*, hier jedoch nur für die Lastfälle Vorspannung und erste Eigenlast (g bzw. g_1).

Im eingeschalten Bauteil werden dann Hohlräume, sog. Gleit- oder Spannkanäle, meist in Form von gewellten *Stahlhüllrohren* (DIN 18 553) vorgesehen, in die die Spannglieder eingelegt oder nachträglich eingezogen bzw. eingeschossen werden. Neuere Versuche [123] haben gezeigt, daß bei starken Krümmungen in dynamisch beanspruchten Bauwerken Kunststoffhüllrohre Vorteile bieten, da die Reduzierung der Ermüdungsfestigkeit der Spannstähle durch Reibkräfte und auch die Reibkorrosion gemindert werden.

Bei der Vorspannung ohne oder mit nachträglichem Verbund liegt die Eigenlast der Konstruktion vorerst noch auf der Schalung (Bild 2-2: $p_s = g$). Nach ausreichender Erhärtung des Betons werden die Spannglieder mit einer hydraulischen Presse angespannt. Die eingeleitete Spannkraft Z_{v0} kann am Manometer oder Dynamometer direkt abgelesen werden. Sie wird am Ende des Spannvorgangs durch besondere Verankerungselemente (2.3) von der Spannpresse auf den Ankerkörper und somit auf den Betonquerschnitt A_b (einschließlich Betonstahlbewehrung) abgesetzt.

Bei gekrümmter Führung der Spannglieder wirkt zusätzlich eine *Umlenkkraft* (3.1.3), deren vertikale Komponente U_z in den meisten Bereichen der Eigenlast g entgegenwirkt. Wird die Größe der Spannkraft und die Lage der Spannglieder so gewählt, daß an jeder Stelle diese Umlenkkraft-Komponente gerade gleich groß aber entgegengesetzt der Eigenlast ist ($U_z = -g$), dann wird bei nicht nachgiebigem Lehrgerüst (vgl. 3.6 und [124]) der vertikale Schalungsdruck an jeder Stelle gerade aufgehoben ($p_s = 0$). Das Tragwerk bleibt in der Betonierlage auch bei Entfernung des Lehrgerüsts. Man spricht dann von *formtreuer Vorspannung.*

Wird die Spannkraft weiter erhöht, wie es in der Praxis meist der Fall ist, dann wird sich der Träger von dem Lehrgerüst abheben. Aber auch bei geringerer Spannkraft muß durch geeignete Baumaßnahmen – z. B. Absenken des Lehrgerüsts – dafür gesorgt werden, daß sich am Ende des Spannvorgangs alle Formänderungen infolge der Verankerungskräfte Z_{v0} und der Umlenkkräfte U sowie der Eigenlast g ohne Zwängungen voll einstellen können.

Wie bei der Spannbettvorspannung wirken auch bei der Vorspannung ohne Verbund die Lastfälle Eigenlast und Vorspannung immer gleichzeitig [4a, 6, 125]. Die eingeleitete Spannkraft ist aber jetzt V und g zugehörig, d.h., $Z_v \equiv Z_{v,g+v}$.

Ein äußerlich statisch bestimmtes Tragwerk bleibt selbst bei mehreren verschiedenen Spannsträngen statisch bestimmt, sofern man alle Spannkräfte am Ende des gesamten Spannvorgangs als bekannt voraussetzt (3.6). Lediglich für Lastfälle nach dem Aufbringen der Vorspannung, d.h. für die zweite Eigenlast g_2 und Nutzlasten p, haben wir es bei der Vorspannung ohne Verbund mit einem unterspannten Tragwerk zu tun, bei dem jeder Spannstrang eine weitere statisch unbestimmte Größe liefert (3.2.2).

Die Einleitung der Vorspannkraft in den Beton erfolgt fast immer über Ankerkörper (vgl. aber 2.4). Da es sich meist um große Einzelkräfte (bis 3,0 MN) handelt, sind die hierdurch auftretenden Beanspruchungen sorgfältig zu verfolgen (7.1 und 7.2).

2.3 Vorspannung mit nachträglichem Verbund

Diese Vorspannart vereinigt die Vorteile der Vorspannung ohne Verbund – nämlich Vermeidung des teuren Spannbetts und Einleitung großer Spannkräfte – mit denen der Spannbettvorspannung: verbessertes Rißverhalten, Erhöhung der Bruchlast und einfacher Korrosionsschutz. Die Einleitung der Vorspannung erfolgt wie bei der Vorspannung ohne Verbund mit Spannpressen über Ankerkörper. Anschließend werden die verbliebenen Hohlräume in den Hüllrohren mit Zementmörtel verpreßt, der *Korrosionsschutz* und *Verbund* für alle Belastungen nach dem Vorspannen gewährleistet (DIN 4277 Teil 5). Somit folgt:

Lastfall Vorspannung und erste Eigenlast wird berechnet entsprechend Vorspannung ohne Verbund;
Lastfälle zweite Eigenlast, Nutzlasten, Schwinden und Kriechen, Zwang aus Temperatur und Widerlagerausweichen werden behandelt wie bei der Spannbettvorspannung.

Es ist nicht möglich, alle gebräuchlichen Systeme der *Vorspannung mit nachträglichem Verbund* vorzustellen. Allein in der Bundesrepublik Deutschland waren 1989 etwa 35 verschiedene Spannverfahren zugelassen [126]. Den nach DIN 4227 Teil 1, 2.1 erforderlichen Zulassungen können der konstruktive Aufbau und die Verankerungsmöglichkeiten, die zugelassenen Spannstahlsorten und Durchmesser, die minimalen Abstände der Ankerkörper usw. wie auch die Reibungsbeiwerte und der Keilschlupf oder der Umsetzweg (3.1.4) entnommen werden.

Die Verfahren unterscheiden sich im wesentlichen nur durch die gewählten Spannstahlsorten und deren Durchmesser (vgl. 4.9.3.3. in [H27]) sowie die Verankerungsarten [1–3, 7–11, 127], wobei oft eine Zuordnung festzustellen ist. Anhand einiger Beispiele soll dies erläutert werden (Bild 2-3):

a) Die *Gewindeverankerung* erfordert einen möglichst dicken Spannstab, $d_v = (10 \ldots 36)$ mm, der jedoch weniger hohe Festigkeiten hat (St 835/1030 bis St 1420/1570). Der Spannvorgang und die Spanngliedkoppelungen sind einfach, die Spannkräfte meist gering.

Verankerung		Verfahren z.B.	Skizze	Vorteile	Anwendung
Art	**Material**				
Gewinde (aufgeroll., eingeschnitten oder Gewindestahl)	Stahl	Dywidag St 835/1030 St 1080/1230 St 1420/1570 $d_v = (10 \ldots 36)$ mm $Z_v = (0,06 \ldots 0,69)$ MN	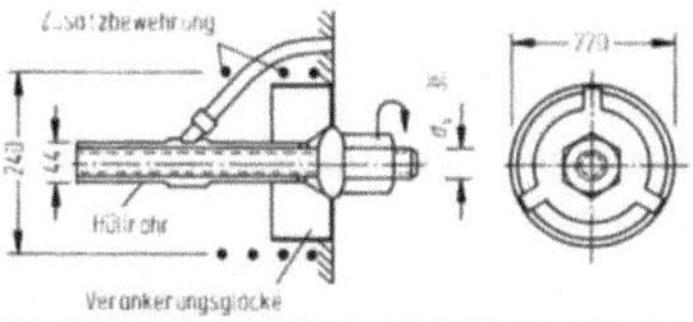	– billige Verankerung, – kein Schlupf, – einfaches Vorspannen, – einfacher Muffenstoß	– für kurze Spannglieder, – kleine Z_v, – Koppelung
Keil (Innen- oder Außenkeil)	Stahl oder Beton	Hochtief St 1375/1570 St 1420/1570 $d_v = 8$ und $12,2$ mm $Z_v = (0,13 \ldots 1,21)$ MN	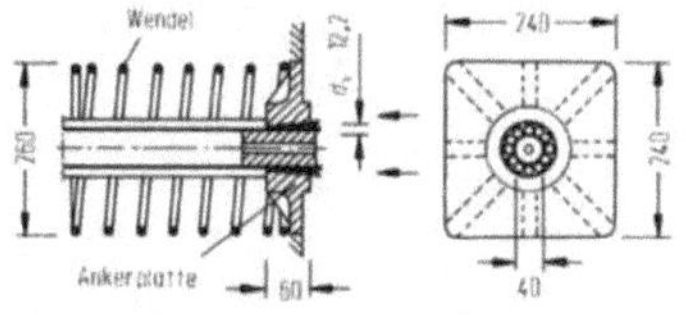	– billige Verankerung, – beliebige Z_v, – σ_v groß, – $\sigma_{v,q}$ klein	– für mittellange bis lange Spannglieder, – mittlere bis große Z_v
Klemmen (mit Schrauben oder Keil)	Stahl	KA St 1420/1570 Ovaldraht 4,5/11 mm $Z_v = (0,07 \ldots 1,52)$ MN	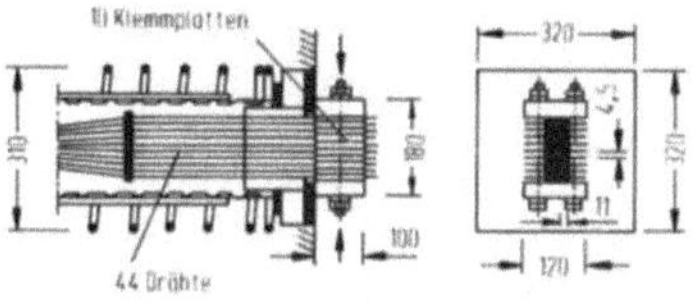	– kein Schlupf, – beliebige Z_v, – σ_v groß, – $\sigma_{v,q}$ klein	– für lange Spannglieder, – große Z_v
Stauchköpfe	Stahl	BBRV – SUSPA St 1470/1670 $d_v = 7$ mm $Z_v = (0,22 \ldots 1,49)$ MN	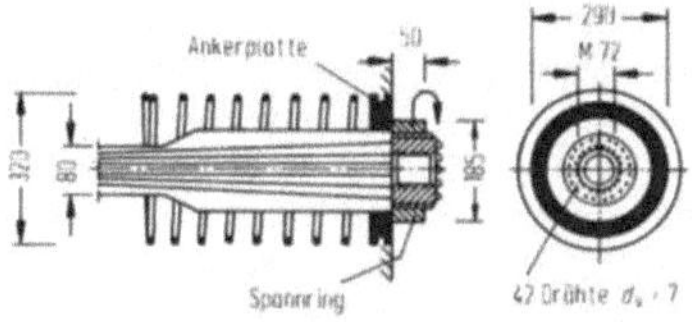	– kein Schlupf, – beliebige Z_v, – σ_v groß, – $\sigma_{v,q}$ klein – einfaches Vorspannen	– für mittellange bis lange Spannglieder, – mittlere bis große Z_v
Haftreibung	Stahl oder Beton	Heilit St 1470/1670 $d_v = 6$ und $7,5$ mm $Z_v = (0,32 \ldots 1,22)$ MN	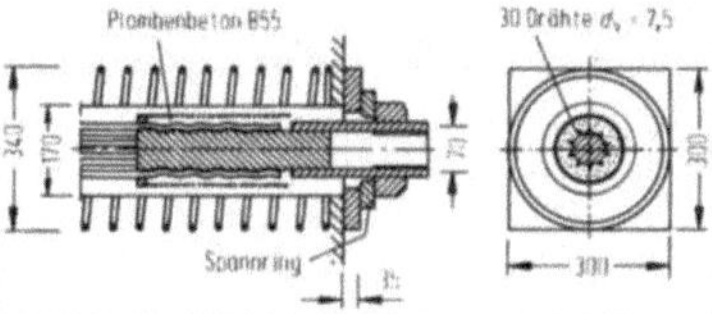	– kein Schlupf, – σ_v groß, – $\sigma_{v,q}$ klein, – einfaches Vorspannen	– für mittellange bis lange Spannglieder, – mittlere bis große Z_v
Schlaufen	Stahl oder Beton	Baur – Leonhardt St 1570/1770 12,5 mm Litzen à $7 \times d_v (= 4,1$ mm$)$ $Z_v > 3$ MN	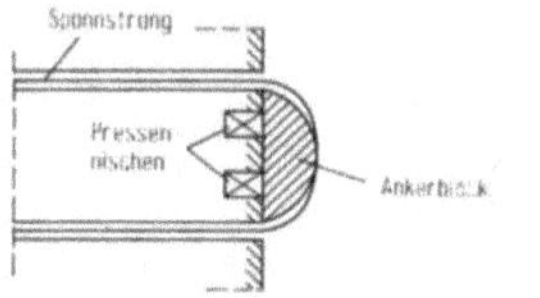	– kein Schlupf, – große Z_v, – σ_v groß, – $\sigma_{v,q}$ klein, – schnelles Vorspannen	– für lange Spannglieder, – sehr große Z_v
Verbund	Beton	VSL Festanker St 1570/1770 12,9 mm Litzen à $7 \times d_v (= 4,25$ mm$)$ $Z_v = (0,10 \ldots 2,14)$ MN	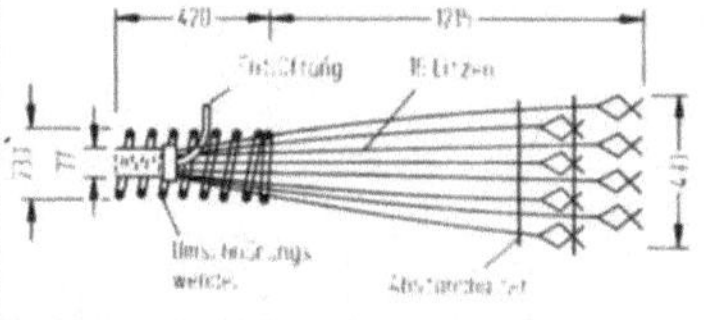	– billig, – kontinuierliche Krafteinleitung	– nur für Endverankerung

Bild 2-3. Beispiele für Spannverfahren mit nachträglichem Verbund.

b) Die *Keilverankerung* (Stahl- aber auch Betonkeil) ermöglicht die Zusammenfassung mehrerer dünner Drähte ($d_v = (7 \ldots 14)$ mm) oder Litzen. Man unterscheidet entsprechend der Richtung der Keilwirkung zwischen Radial- und Tangentialkeil oder in Abhängigkeit von der Lage zwischen Innen- und Außenkeil. Zur Reduzierung des Keilschlupfs werden die Keile oft mit einer doppelt wirkenden Spannpresse eingedrückt. Auch können die so verankerten Draht- oder Litzenbündel evtl. mittels Zugspindel vorgespannt und auf eine Gewindemutter abgestützt werden. Wegen der hohen Festigkeit benutzt man aus wirtschaftlichen Gründen auch in Deutschland zunehmend siebendrähtige Litzen aus St 1570/1770, die meist mit einem dreiteiligen Kreisringkeil einzeln verankert werden.

c) Die *Klemmverankerung* benutzt Ovaldrähte (St 1420/1570, $A_v = 40$ mm² oder 114 mm²) deren Querrippen sich in weichere Klemmplatten (St 37) eindrücken, wenn das Paket aus Spanndrähten und Klemmplatten durch HV-Schrauben oder Keile zusammengepreßt wird. Da die Ovaldrähte sehr empfindlich gegen Spannungsrißkorrosion sind [128], werden sie nicht mehr hergestellt, die Klemmverankerung wird somit nicht mehr benutzt.

d) Die *Stauchkopfkverankerung* faßt die Einzeldrähte, $d_v = (5 \ldots 8)$ mm, mit Stauchköpfen ($\approx 1{,}4\, d_v$), die durch Bohrlöcher in einer Stahlplatte gesteckt werden, in verhältnismäßig kleinen Ankerkörpern zu beliebig großen Spanngliedern zusammen.

e) Die Verankerung durch *Haft-* und *Gleitreibung* ist wie bei den Seilköpfen der Drahtseile durch Vergußmetall, Zementmörtelverguß, Ziehhülse, Preßhülse oder Preßbetonplombe möglich. Die Vorspannung erfolgt meist über Zugspindeln, die Aufnahme der Spannkraft über eine Gewindemutter.

f) Die *Schlaufenverankerung* umschließt (wie bei den Seilkauschen) ein rundes Ankerstück aus Stahl ($> 5d_v$) oder einen Spannblock ($> 30d_v$) aus Stahlbeton.

g) Der *Verbundanker* im Beton benötigt beachtliche Abmessungen. Deshalb werden gerippte oder gewellte Drähte benutzt, Haken gebogen oder Umschnürungsbewehrung eingelegt. Von der Verbundwirkung wird auch bei einigen der vorgenannten Verfahren Gebrauch gemacht, indem Gewindemuttern oder Zugspindeln entfernt oder auch die Klemmvorrichtung (bei c) nach Erhärten des Einpreßmörtels ausgebaut wird. Als Festanker am nicht zu spannenden Ende des Spannglieds hat sich die Fächerverankerung als preisgünstige Lösung bewährt.

h) Die *Spanngliedkopplung* wird erforderlich bei abschnittsweiser Herstellung eines Bauwerks oder bei Verlängerung kurzer Spannglieder. Man unterscheidet daher zwischen fester Kopplung, wenn an der Koppelfuge Spannkräfte aufgebracht werden sollen, und der beweglichen Kopplung, wenn nur eine Verlängerung nötig ist. Bei der Gewindeverankerung ist beides mittels einer mit hälftigem Rechts- und Linksgewinde versehenen Muffe besonders einfach. Nahezu alle Verfahren haben besondere Koppelanker. Die Ermüdungsfestigkeit an den Spanngliedkopplungen ist kleiner als im Spannstrang, deshalb sollen diese immer in wenig beanspruchten Tragwerksteilen liegen.

2.4 Besondere Vorspannarten

Für besondere Bauvorhaben, wie Behälter, Rohre oder Startbahnen sowie Verbundträger, werden außer den genannten auch spezielle Spannverfahren benutzt. Zusätzlich sollen ungewöhnliche Methoden erwähnt werden, mit denen Druckspannungen im Beton erzielt werden können:

a) Für die Vorspannung von kreiszylindrischen Behältern hat sich außer der Vorspannung mit nachträglichem Verbund, bei dem die Spannglieder z.B. an 4 bis 8 senkrechten *Lisenen* (vgl. Bild 8-2a) übergreifend gestoßen, vorgespannt und verankert werden, vor allem das *Wickelverfahren* bewährt. Die Spanndrähte von 4 bis 6 mm Durchmesser werden unter Spannung mittels einer umlaufenden Wickelmaschine aufgebracht. Die Vorspannung wird erzeugt entweder, indem der Draht durch das etwas kleinere Loch einer Ziehdüse (Preload) gezwängt wird oder dadurch, daß die Vorschubgeschwindigkeit der Maschine etwas größer gewählt wird als die Abwickelgeschwindigkeit des Drahtes (BBRV). Nach dem Erhärten einer Spritzbetonschicht als Korrosionsschutz wird die nächste Lage Spanndraht aufgewickelt. Der nicht vorgespannte Spritzbeton liefert aber einen wesentlich schlechteren Korrosionsschutz des empfindlichen Spanndrahts als die vorgedrückte Betonüberdeckung im Zusammenwirken mit dem verpreßten Hüllrohr bei der Lisenenvorspannung.

b) Für kleine Behälter bis 20 m Durchmesser kann auch nach dem *Faßreifenprinzip* (Bauer) vorgespannt werden (Bild 2-4). Durch Herunterklopfen von straff aber spannungslos aufgewickelten Spanndrähten an geneigten Gleitstäben wird deren Durchmesser von $2r_0$ auf $2r_1$ vergrößert, wodurch eine Vorspannung von

$$\sigma_\mathrm{v} = \varepsilon_\mathrm{v} E_\mathrm{v} = \frac{2\pi(r_1 - r_0)}{2\pi r_0} E_\mathrm{v} = \left(\frac{r_1}{r_0} - 1\right) E_\mathrm{v}$$

erzwungen wird. Die Spannbewehrung muß auch hier mit Spritzbeton gegen Korrosion geschützt werden.

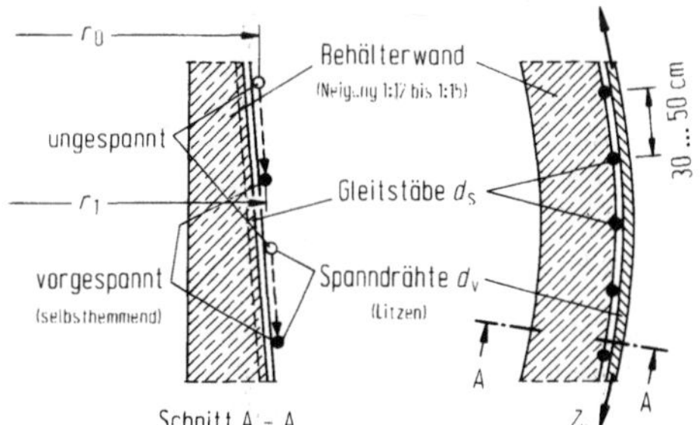

Bild 2-4. Faßreifenprinzip nach W. Bauer.

c) Die *Vorspannung gegen feste Widerlager* wird außer bei Druckstollen und beim Scheitelauspressen zum leichteren Ausrüsten von Bogenbrücken auch bei Startbahnen und Straßen benutzt. Die Vorspannung erfolgt meist von Spannfugen aus mittels verlorener oder wiederbenutzbarer Pressen oder durch Keilplatten. Der große Abfall der Betonspannung durch Schwinden und Kriechen (3.3.8) bei der aufgezwungenen Verformung (Relaxation) erfordert eine hohe Anfangsvorspannung oder ein mehrmaliges Nachspannen. Bei dieser äußeren Druckbeanspruchung (ohne Spannglieder) ist bei dünnen langen Betonplatten (Startbahnen) die Knickgefahr besonders zu beachten, denn hier entstehen bei einer Auslenkung keine entlastenden Umlenkkräfte aus der Krümmung der Spannglieder.

d) Bei Verbundträgern läßt sich eine Druckvorspannung in den oberen Betonflansch durch *Absenken* der Mittelstützen eines Durchlaufträgers einbringen. Bei Fertigteilen (Preflex, Prebeam) kann der Absenkvorgang durch vor Herstellung des Flanschbetons erfolgte *Vorverformung* (Bild 2–5) ersetzt werden. Nach dem Abbinden des Flanschbetons erhält dieser Druckspannungen durch das Entfernen der Pressen und somit Rückfedern der Verbundträger [129].

e) Das *Vorspannen durch Eigenlast*, bei dem ein unterspannter Gelenkbalken erst durch das Gewicht Druckspannungen erhält (System Finsterwalder) oder bei der die hochfeste Bewehrung der Zugglieder eines Fachwerkträgers erst nach dem Ausrüsten einbetoniert wird, ist eigentlich keine Vorspannung, denn bei fehlender Belastung (vgl. Bild 1-3; $M_{\mathrm{g+p}} = 0$) wird auch die „Vorspannung" zu null.

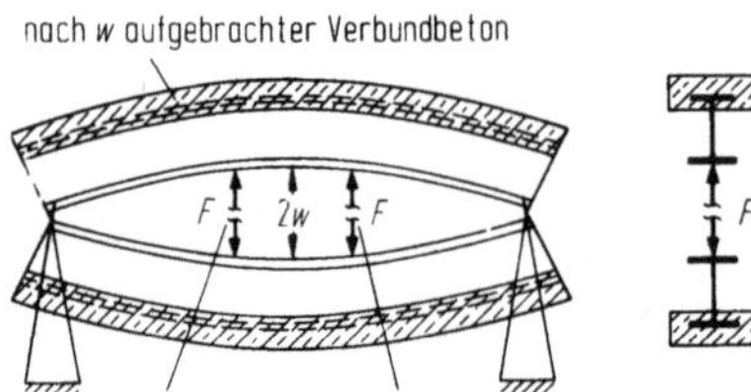

Bild 2-5. Vorspannung durch Vorverformung von Verbundträgern.

f) Das *Anspannen* von Drähten *gegen* einen *flexiblen Kernstab* oder eine Gelenkkette ist eine
Spannbettvorspannung, bei der der Kernstab das Spannbett ersetzt. Jedoch können jetzt die im
sofortigen Verbund liegenden Spanndrähte beliebig – auch gekrümmt – im Tragwerk angeordnet
werden.

g) Das *Vorspannen durch Spreizen* der Spannglieder (vgl. Bild 2-6 und [130]) in vertikaler oder
horizontaler Richtung benötigt geringere Spannkräfte ($F < Z_v$), hat keine Reibung, braucht aber
viel Platz, so daß ein nachträglicher Verbund schwierig ist.

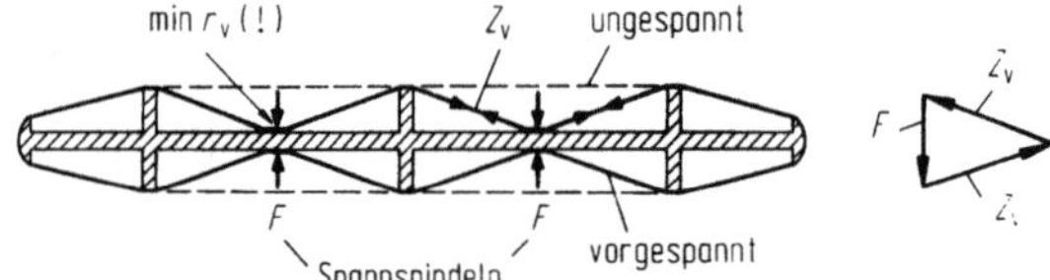

Bild 2-6. Vorspannung durch Spreizen.

h) Das *Anspannen* der Drähte *durch Erwärmen*, insbesondere durch elektrischen Strom geringer
Spannung (bis 30 V) und hoher Stromstärke (über 1000 A), wird u.a. in Rußland bei der
Spannbettvorspannung benutzt. Mit Temperaturen von 400 °C lassen sich beim Abkühlen auf
Raumtemperatur (etwa 20 °C) Drahtspannungen von

$$\sigma_v^{(0)} = \varepsilon_v^{(0)} E_v = \alpha_T \Delta T E_v \approx 10^{-5}(400 - 20)2 \cdot 10^5 = 760 \text{ MN/m}^2$$

erreichen.

i) Am einfachsten wäre das Anspannen der im Verbund liegenden Stahleinlagen durch eine
Dehnung des Betons beim Abbinden. Mit *Quellzementen*, die jedoch ständig feucht gehalten
werden müssen, sollen sich Werte bis $\varepsilon = 50 \cdot 10^{-3}$ erreichen lassen [1], so daß nur kurze
Bereiche aus Quellbeton hergestellt werden müssen. Wegen der nicht vorausbestimmbaren und
streuenden Einflußfaktoren läßt sich mit diesem Verfahren kaum die gewünschte Vorspannung
genau erzielen.

k) Es sollte noch festgestellt werden, daß (außer bei Vorspannung gegen feste Widerlager) selbstverständlich nicht nur Stahlstäbe, Stahldrähte oder Litzen zur Erzeugung einer Vorspannung
benutzt werden können. So wären *Nylonfäden* oder *Kohlefasern* eine Alternative. Große Kriechverformungen und hohe Kosten führten noch zu keiner Anwendung. Dagegen ist die schon 1938
patentierte Glasbewehrung [1] in Form von *Glasfaserverbund*-Spanngliedern (Polystal der Bayer
AG) selbst bei Straßenbrücken eingesetzt worden, nachdem das Verankerungsproblem gelöst
war [131]. Diese Spannglieder sind unempfindlich gegen Korrosion, haben wegen des kleinen
Elastizitätsmoduls ($E \approx 51\,000$ N/mm²) kaum einen Spannkraftverlust durch Kriechen und
Schwinden, sind leider noch etwas teurer als Stahllitzen und benötigen einen speziellen Kunst-
harz-Einpreßmörtel.

3. Der Gebrauchszustand

3.1 Lastfall Vorspannung

3.1.1 Spannbettvorspannung

Aus Gründen der Übersichtlichkeit soll der *Eigenspannungszustand* Vorspannung getrennt von der Eigenlast behandelt werden (vgl. 2.1).

Zur Ermittlung der Spannungen im Verbundquerschnitt benötigt man die *ideellen Querschnittswerte* (Index i), wobei zu beachten ist, daß die Flächen des Spannstahls A_v und des Betonstahls A_s — jeweils konzentriert in ihrem Schwerpunkt gedacht — wegen der größeren Steifigkeit n_v-($= E_v/E_b$-) bzw. n_s-($= E_s/E_b$-)fach einzusetzen sind. Wird mit tot A die Umrißfläche des Querschnitts bezeichnet, dann ist (Bild 3-1):

$$A_i = \text{tot } A - A_v - A_s + n_v A_v + n_s A_s \tag{3-1}$$

$$= \text{tot } A + (n_v - 1)A_v + (n_s - 1)A_s,$$

$$\Delta z = [(n_v - 1)A_v \cdot z_v + (n_s - 1)A_s \cdot z_s]/A_i, \tag{3-2}$$

$$z_i = z - \Delta z, \tag{3-3}$$

$$I_i = \text{tot } I + \text{tot } A \cdot \Delta z^2 + (n_v - 1)A_v \cdot z_{iv}^2 + (n_s - 1)A_s \cdot z_{is}^2 \tag{3-4}$$

$$= \text{tot } I + (n_v - 1)A_v \cdot z_v \cdot z_{iv} + (n_s - 1)A_s \cdot z_s \cdot z_{is}.$$

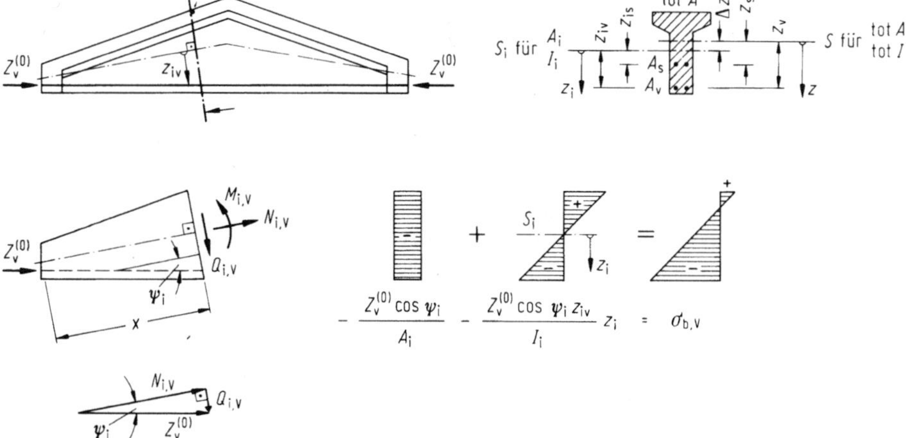

Bild 3-1. Querschnittswerte und Spannungen bei der Spannbettvorspannung.

Bereits hier muß erwähnt werden, daß die Größe der *mitwirkenden Plattenbreite* beim Plattenbalken von der Form der Momentenfläche abhängig ist. Ferner ist diese Breite für den Normalkraftanteil $N_{i,v}$ außer im Verankerungsbereich größer als für den Biegeanteil $M_{i,v}$ (vgl. [12, 132–134] und DIN 1075) und liefert daher oft kleinere Betondruckspannungen aus $N_{i,v}/A_i$ bzw. $N_{b,v}/A_b$ (vgl. 3.1.2) als erwartet. Bei großen Unterschieden sollten die Betonspannungen aus M_V und N_V mit verschiedenen mitwirkenden Plattenbreiten ermittelt werden.

Aus den Gleichgewichtsbedingungen am abgeschnittenen Teil (Bild 3-1) folgen sofort die *Schnittgrößen des Verbundquerschnitts*:

$$N_{i,v} = -Z_v^{(0)} \cos \psi_i, \tag{3-5}$$

$$Q_{i,v} = -Z_v^{(0)} \sin \psi_i, \tag{3-6}$$

$$M_{i,v} = -Z_v^{(0)} \cos \psi_i \cdot z_{iv} = N_{i,v} \cdot z_{iv}. \tag{3-7}$$

Bei *mehreren Spanngliedlagen* ist die Summation der einzelnen Stränge mit ihren Neigungen und Abständen zur Schwerachse S_i vorzunehmen.

Die *Betonspannungen* ergeben sich im Verbundquerschnitt zu

$$\sigma_{b,v} = \frac{N_{i,v}}{A_i} + \frac{M_{i,v}}{I_i} z_i = -Z_v^{(0)} \cos \psi_i \left(\frac{1}{A_i} + \frac{z_{iv} \cdot z_i}{I_i} \right). \tag{3-8}$$

Die Stahlspannung im *Spannstahl* ist die Summe aus der Spannbettspannung und der n_v-fachen Betonspannung in Höhe des Spannglieds

$$\sigma_{v,v} = \sigma_v^{(0)} + n_v \sigma_{bv,v} = \frac{Z_v^{(0)}}{A_v} - n_v Z_v^{(0)} \cos \psi_i \left(\frac{1}{A_i} + \frac{z_{iv}^2}{I_i} \right). \tag{3-9}$$

Die Spannbettspannung wird also durch die Betonverkürzung reduziert; deshalb werden auch in DIN 4227 Teil 1, Tabelle 9 die zulässigen Spannungen im Spannbett mit

$$\text{zul } \sigma_v^{(0)} = 0{,}80\,\beta_{Sv} \quad \text{bzw.} \quad 0{,}65\,\beta_{Zv} \tag{3-10}$$

größer angegeben als im Gebrauchszustand:

$$\text{zul } \sigma_{v,g+V+\varphi+p} = 0{,}75\,\beta_{Sv} \quad \text{bzw.} \quad 0{,}55\,\beta_{Zv}. \tag{3-10a}$$

Diese Werte gelten auch für die Vorspannung mit nachträglichem Verbund (vgl. Beispiel 4 und 2), während sie für innenliegende Spannglieder bei Vorspannung ohne Verbund (Monolitzen) wegen des geringen Spannungszuwachses infolge Verkehrslasten größer sind (3.2.2). Mit Einführung des EC 2 werden die zulässigen Spannstahlspannungen für alle Vorspannarten einheitlich und z.T. wesentlich erhöht werden:

$$\text{zul } \sigma_v^{(0)} = 0{,}9\,\beta_{Sv} \text{ bzw. } 0{,}8\,\beta_{Zv} \text{ und zul } \sigma_{v,g+V+\varphi+p} = 0{,}85\,\beta_{Sv} \text{ bzw. } 0{,}75\,\beta_{Zv}$$

sind vorgesehen.

Werden Spannglieder mit einem negativen z_{iv} zusätzlich (oben) eingelegt – was bei parallelgurtigen Fertigteilträgern oft getan wird, um die Zugspannungen im Auflagerbereich zu reduzieren – dann erhalten diese evtl. größere Spannungen *nach* dem Übertragen der Spannbettspannung auf den Verbundquerschnitt. Der Gebrauchszustand wird auch für $\sigma_v^{(0)}$ maßgebend.

Der *Betonstahl* erhält aus dem Eigenspannungszustand

$$\sigma_{s,\,v} = n_s \sigma_{bs,\,v} = -\,n_s Z_v^{(0)} \cos \psi_i \left(\frac{1}{A_i} + \frac{z_{iv} \cdot z_{is}}{I_i} \right). \qquad (3\text{-}11)$$

Beispiel 1: Der in Bild 3-2 dargestellte Spannbett-Fertigteilträger (aus „Typenprogramm Skelett-bau") soll für den Lastfall Vorspannung berechnet werden:

Gewählt: *Spannstahl:* St 1420/1570 rund, gerippt mit $d_v = 10$ mm;
$E_v = 2,05 \cdot 10^5$ N/mm²
Beton: Güteklasse B 45; $E_b = 0,37 \cdot 10^5$ N/mm²

$$A_{v1} = 2 \cdot 0,79 = 1,6 \text{ cm}^2 \text{ mit } \sigma_{v1}^{(0)} = 500 \text{ MN/m}^2$$
$$A_{v2} = 14 \cdot 0,79 = 11,1 \text{ cm}^2 \text{ mit } \sigma_{v2}^{(0)} = 930 \text{ MN/m}^2$$

(3-10)
•

$$\begin{cases} (\,< 0,80 \cdot 1420 = 1136 \text{ MN/m}^2) \\ < 0,65 \cdot 1570 = 1021 \text{ MN/m}^2 \end{cases}$$

(Bild 2-1)

$$Z_{v1}^{(0)} = 500 \cdot 1,6 \cdot 10^{-4} = +0,080 \text{ MN}$$
$$Z_{v2}^{(0)} = 930 \cdot 11,1 \cdot 10^{-4} = +1,032 \text{ MN}$$

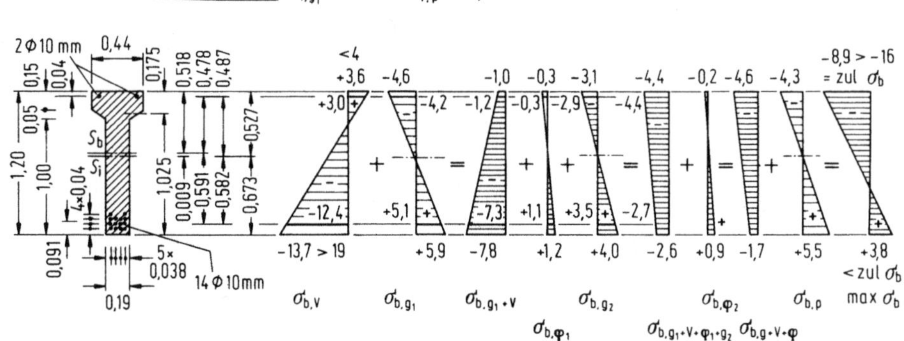

Bild 3-2. Fertigteilträger mit Spannbettvorspannung.

Querschnittswerte:
([108] Teil I 1987, S. 404)

$$n_v = 2,05/0,37 = 5,5; \; n_v - 1 = 4,5$$

$$\text{tot } A = 0,44 \cdot 0,175 + 0,19 \cdot 1,025 = 0,077 + 0,195 = 0,272 \text{ m}^2$$

$$e_0 = 0,60 \cdot 0,195/0,272 + 0,175/2 = 0,518 \text{ m}$$

$$\text{tot } I = 0,077 \cdot 0,175^2/12 + 0,195 \cdot 1,025^2/12$$
$$+ 0,077 \cdot 0,195 \cdot 0,60^2/0,272 = 0,0371 \text{ m}^4$$

(3-1)

$$A_i = 0,272 + 4,5 \cdot (1,6 + 11,1)10^{-4} = 0,272 + 0,006 = 0,278 \text{ m}^2$$

(3-2)

$$\Delta z = 4,5[1,6(-0,478) + 11,1 \cdot 0,591]10^{-4}/0,278 = 0,009 \text{ m}$$

(3-4)

$$I_i = 0,0371 + 4,5[1,6(-0,478)(-0,487) + 11,1 \cdot 0,591 \cdot 0,582]10^4$$
$$= 0,0390 \text{ m}^4$$

Schnittgrößen:
(3-5)

Mit $\psi_1 = \psi_2 = 0$ wird für alle Querschnitte des Trägers:

$$N_{i,v} = -0,080 \cdot 1,0 - 1,032 \cdot 1,0 = -1,11 \text{ MN}$$

(3-7)

$$M_{i,v} = -0,080(-0,487) - 1,032 \cdot 0,582 = -0,562 \text{ MNm}$$

Spannungen:

$$\sigma_{bo,v} = -1,11/0,278 - 0,562(-0,527)/0,039 = +3,6 \text{ MN/m}^2$$
$$< +4,0 \text{ MN/m}^2 \text{ (DIN 4227 Teil 1, Tabelle 9, Zeile 19)}$$

(3-8)

$$\sigma_{bu,v} = -1,11/0,278 - 0,562 \cdot 0,673/0,039 = -13,7 \text{ MN/m}^2$$
$$> -19 \text{ MN/m}^2 \text{ (wie vor, Zeile 6)}$$

$$\sigma_{v1,v} = 500 + 5,5[-1,11/0,278 - 0,562(-0,487)/0,039]$$
$$= 517 \text{ MN/m}^2$$

(3-9)
(3-10a)

$$\sigma_{v2,v} = 930 + 5,5(-1,11/0,278 - 0,562 \cdot 0,582/0,039) = 862 \text{ MN/m}^2$$
$$< 0,55 \cdot 1570 = 864 \text{ MN/m}^2 \text{ (bzw. } < 0,75 \cdot 1420 = 1065 \text{ MN/m}^2)$$

Die ungünstigsten Werte ergeben sich bis auf $\sigma_{v2,v}$ im Auflagerbereich, da hier $M_g \approx 0$ (Bild 3-2).

3.1.2 Vorspannung ohne Verbund

3.1.2.1 Statisch bestimmte Systeme

Bei den *Querschnittswerten* sind jetzt die Hohlräume durch die Hüllrohre der Spannkanäle A_h abzuziehen, falls die Spannglieder innerhalb des Querschnitts liegen. Der Betonstahl kann zusätzlich berücksichtigt werden (Bild 3-3):

$$A_b = \text{tot } A - A_h + (n_s - 1)A_s, \tag{3-12}$$

$$\Delta z = [-A_h \cdot z_h + (n_s - 1)A_s \cdot z_s]/A_b, \tag{3-13}$$

$$z_b = z - \Delta z, \tag{3-14}$$

$$I_b = \text{tot } I - A_h \cdot z_h \cdot z_{bh} + (n_s - 1)A_s \cdot z_s \cdot z_{bs}. \tag{3-15}$$

Da die Vorspannung allein, die auch hier getrennt vom Eigengewicht behandelt werden soll (vgl. 2.2 und 3.2.2), nur einen Eigenspannungszustand erzeugt, sind in einem statisch bestimmten System alle Auflagerkräfte gleich null ($V_v = H_v = 0$). Somit folgen die *Schnittgrößen des Betonquerschnitts*

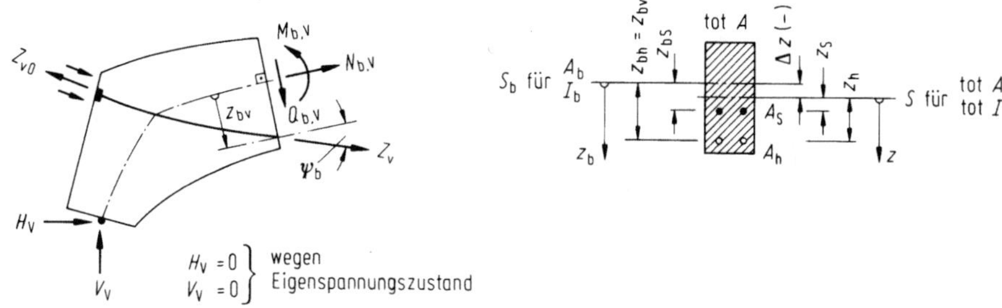

Bild 3-3. Querschnittswerte und Schnittgrößen bei Vorspannung ohne Verbund.

(einschließlich Betonstahl) nur aus der Vorspannkraft Z_v an der betreffenden Stelle (Bild 3-3):

$$N_{b.\,v} = -Z_v \cos\psi_b, \qquad (3\text{-}16)$$

$$Q_{b.\,v} = -Z_v \sin\psi_b, \qquad (3\text{-}17)$$

$$M_{b.\,v} = -Z_v \cos\psi_b \cdot z_{bv} = N_{b.\,v} \cdot z_{bv}. \qquad (3\text{-}18)$$

Bei den im Spannbetonbau üblichen schlanken Trägern wird ψ_b sehr klein, so daß $\cos\psi_b \approx 1$ gesetzt werden kann. Dann ist die Normalkraft im Betonquerschnitt (bei vernachlässigter Reibung) eine längs des Trägers konstante Druckkraft von der Größe der eingeleiteten Vorspannkraft. Das Biegemoment wird affin zum Abstand des Spannglieds von der Schwerachse.

Bei *mehreren Spanngliedlagen* sind wiederum die Einzelanteile zu überlagern (vgl. 3.1.1).

Daraus folgen die *Betonspannungen* im Betonquerschnitt:

$$\sigma_{b.\,v} = \frac{N_{b.\,v}}{A_b} + \frac{M_{b.\,v}}{I_b} z_b = -Z_v \cos\psi_b \left(\frac{1}{A_b} + \frac{z_{bv} \cdot z_b}{I_b} \right). \qquad (3\text{-}19)$$

Im *Spannstahl* ist nur die Vorspannung vorhanden:

$$\sigma_{v.\,v} = Z_v / A_v. \qquad (3\text{-}20)$$

Der im Verbund liegende *Betonstahl* erhält wieder:

$$\sigma_{s.\,v} = n_s \sigma_{bs.\,v} = -n_s Z_v \cos\psi_b \left(\frac{1}{A_b} + \frac{z_{bv} \cdot z_{bs}}{I_b} \right). \qquad (3\text{-}21)$$

Beispiel 2: Ein Einfeldträger (Bild 3-4) erhält Vorspannung mit nachträglichem Verbund.

Gewählt: 2 *Spannglieder* LZS 11-6, Spannverfahren Züblin (je 11 Litzen aus 7 Drähten mit $0{,}6'' = 15{,}3$ mm Durchmesser und mit $1{,}4$ cm^2 Nennquerschnitt je Litze), St 1570/1770.

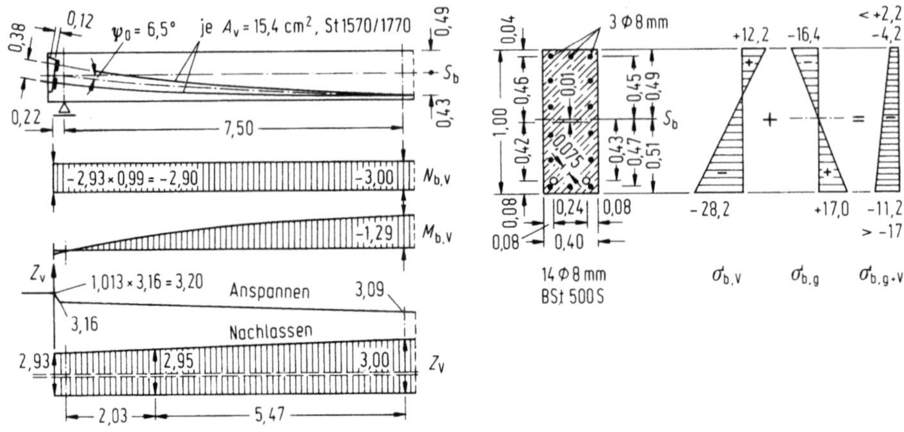

Bild 3-4. Einfeldbalken bei Vorspannung mit nachträglichem Verbund.

Sehr ähnlich sind die Spannverfahren Bilfinger-Berger (B + B L 11), CONA-Multi (CONA-1106), Dywidag, (Typ 6811), Held & Franke (HF 11), Hochtief (L VI/11) und Holzmann (LH 11 × 0,6″).

$$A_v = 2 \cdot 11 \cdot 1,4 = 30,8 \ \text{cm}^2; \quad E_v = 1,95 \cdot 10^5 \ \text{N/mm}^2$$

Betonstahl: 14 ⌀ 8 mm, BSt 500 S; $E_s = 2,1 \cdot 10^5 \ \text{N/mm}^2$
(Mindestbewehrung nach DIN 4227 Teil 1, 6.7)
Beton: Güteklasse B 35; $E_b = 0,34 \cdot 10^5 \ \text{N/mm}^2$

Querschnittswerte   in Feldmitte; Hüllrohrdurchmesser $d_h = 7,5$ cm
$n_s = 2,1/0,34 = 6,2; \ n_s - 1 = 5,2$

(3-12) $A_b = 0,40 \cdot 1,00 - 2 \cdot \pi \cdot 0,075^2/4 + 5,2 \cdot 14 \cdot 0,5 \cdot 10^{-4}$
$= 0,400 - 0,009 + 0,004 = 0,395 \ \text{m}^2$

(3-13) $\Delta z = [-0,009 \cdot 0,42 + 5,2 \cdot 0,004 \cdot 0]/0,395 = -0,010 \ \text{m}$

Nur die äußeren je 3 ⌀ 8 mm mit $z_s = \pm 0,46$ m werden berücksichtigt:

(3-15) $I_b = 0,40 \cdot 1,0^3/12 - 0,009 \cdot 0,42 \cdot 0,43$
$+ 5,2 \cdot 3 \cdot 0,5 \cdot 10^{-4}(0,46 \cdot 0,47 + 0,46 \cdot 0,45)$
$= 0,0333 - 0,0016 + 0,0003 = 0,032 \ \text{m}^4$

Der Einfluß der Hohlräume und der Betonstahlbewehrung ist gering.

Schnittgrößen   in Feldmitte: Gewählt wird die zulässige Spannstahlspannung (vgl. auch Beispiel 4):

(3-10a) $\sigma_{v,v} = \text{zul} \ \sigma_v = 973 \ \text{MN/m}^2$
$= 0,55 \cdot 1770 \ (< 0,75 \cdot 1570 = 1178 \ \text{MN/m}^2)$

(3-20) $Z_v = 973 \cdot 30,8 \cdot 10^{-4} = 3,00 \ \text{MN}$. Mit $\psi = 0$:

(3-16) $N_{b,v} = -3,00 \cdot 1,0 = -3,00 \ \text{MN}$
(3-17) $Q_{b,v} = -3,00 \cdot 0 = 0$
(3-18) $M_{b,v} = -3,00 \cdot 1,0 \cdot 0,43 = -1,29 \ \text{MNm}$

Spannungen
(3-19)

nur infolge Vorspannung (wobei $\sigma_{v,g} = 0$ angenommen):

$\sigma_{bo,v} = -3{,}00/0{,}395 - 1{,}29(-0{,}49)/0{,}032 = +12{,}2\ \text{MN/m}^2$

$\sigma_{bu,v} = -3{,}00/0{,}395 - 1{,}29 \cdot 0{,}51/0{,}032 = -28{,}2\ \text{MN/m}^2$

(3-21)

$\max \sigma_{so,v} = -6{,}2 \cdot 3{,}00 \cdot 1{,}0[1/0{,}395 + 0{,}43(-0{,}45)/0{,}032]$
$\qquad = +65\ \text{MN/m}^2$

$\min \sigma_{su,v} = -6{,}2 \cdot 3{,}00 \cdot 1{,}0[1/0{,}395 + 0{,}43 \cdot 0{,}47/0{,}032]$
$\qquad = -165\ \text{MN/m}^2$

3.1.2.2 Statisch unbestimmte Systeme

Im Spannbett sind die Träger immer statisch bestimmt gelagert, so daß die *Ermittlung der Schnittgrößen* statisch unbestimmt gelagerter Systeme nur für Vorspannung ohne Verbund, insbesondere für Vorspannung mit nachträglichem Verbund, erfolgen muß. Die *Spannungen* im Beton, Spannstahl und Betonstahl ergeben sich in gleicher Weise wie in 3.1.2.1.

Grundsätzlich sind alle bekannten Berechnungsverfahren für statisch unbestimmte Systeme anwendbar. Hier sollen jedoch nur die Besonderheiten bei dem üblichen Kraftgrößenverfahren und bei dem Momentenausgleichsverfahren nach Cross oder Kani – als spezielles Verschiebungsgrößenverfahren – hervorgehoben werden. Wird von der Umlenkkraftmethode (3.1.3) Gebrauch gemacht, ergeben sich keine Besonderheiten, da hierbei die „äußeren" auf die Betonkonstruktion einwirkenden Belastungen aus dem Eigenspannungszustand ermittelt werden.

Beim *Kraftgrößenverfahren* wird das unter Vorspannung stehende Tragwerk durch nachträgliches Einführen von Gelenken (als Momenten-, Querkraft- oder Normalkraft-„Gelenk") oder Vollschnitten statisch bestimmt gemacht. Selbstverständlich darf durch die Schnittführung nicht die Vorspannung aufgehoben werden. Deshalb ist es ratsam, sich Ankerkörper der Spannglieder an beiden Schnittufern vorzustellen und dann die Spannglieder mit durchzutrennen (Bild 3-5a). Führt

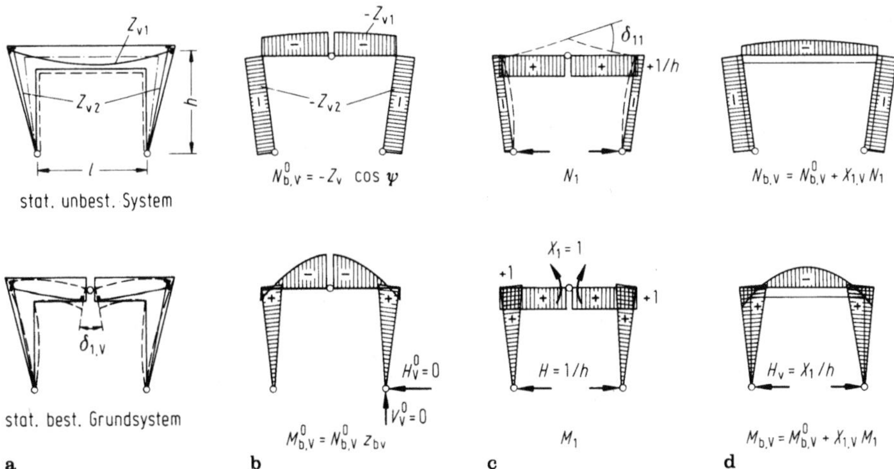

Bild 3-5a–d. Systeme und Schnittgrößen infolge Vorspannung am einfach statisch unbestimmten Rahmen nach der Kraftgrößenmethode. a) Systeme, b) Lastspannungszustand, c) Zustand $X_1 = 1$, d) endgültige Schnittgrößen.

man keine Ankerkörper ein, kann man bereits im statisch bestimmten Grundsystem Auflagerkräfte erhalten [13–15]. Die Berechnung würde umfangreicher und unübersichtlicher werden.

Die Schnittgrößen am statisch bestimmten *Grundsystem* ergeben sich bei Einführung der Ankerkörper nach (3-16) bis (3-18), wobei diese hier zur Unterscheidung von den endgültigen Werten mit dem Kopfzeiger 0 versehen werden.

Bei den *Verschiebungsgrößen* (Inkompatibilitäten) δ_{ik} können (außer in Sonderfällen) die Querkraftverformungen vernachlässigt werden. Die Längskraftverformungen sind wegen der großen $N_{b,v}^{0}$ in $\delta_{i,v}$ zu berücksichtigen; insbesondere dann, wenn die Momentenanteile wegen des Vorzeichenwechsels von $M_{b,v}^{0}$ klein werden (Bild 3-5b). Mit den Schnittgrößen M_i und N_i aus dem virtuellen Hilfszustand werden die Verschiebungssprünge allgemein:

$$\delta_{i,v} = \int M_i M_{b,v}^{0} \frac{dx}{E_b I_b} + \int N_i N_{b,v}^{0} \frac{dx}{E_b A_b}, \tag{3-22}$$

$$\delta_{i,k} = \int M_i M_k \frac{dx}{E_b I_b}. \tag{3-23}$$

Nach den üblichen Regeln der Statik statisch unbestimmter Systeme (vgl. B.2.10 in [HB4]) folgen aus den Kompatibilitätsbedingungen $Ax = a$ (Elastizitätsgleichung für jede Verformungsbedingung $k = 1$ bis $k = n$: $\sum_{i=1}^{n} X_{i,v}\delta_{ik} = -\delta_{k,v}$) die unbekannten Kraftgrößen mit der Kehrmatrix $x = A^{-1}a$, einem Eliminationsverfahren oder mit Determinanten zu

$$X_{i,v} = \frac{1}{|\delta_{ik}|} \begin{vmatrix} \delta_{11} & \delta_{12} & \cdots & \delta_{1,i-1} & -\delta_{1,v} & \delta_{1,i+1} & \cdots & \delta_{1n} \\ \delta_{21} & \delta_{22} & \cdots & \delta_{2,i-1} & -\delta_{2,v} & \delta_{2,i+1} & \cdots & \delta_{2n} \\ \cdots & \cdots & \cdots & \cdots & \cdots & \cdots & \cdots & \cdots \\ \delta_{n1} & \delta_{n2} & \cdots & \delta_{n,i-1} & -\delta_{n,v} & \delta_{n,i+1} & \cdots & \delta_{nn} \end{vmatrix}. \tag{3-24}$$

Die *Schnittgrößen* im n-fach statisch unbestimmten System (Bild 3-5d) sind

$$N_{b,v} = N_{b,v}^{0} + \sum_{i=1}^{n} X_{i,v} N_i = -Z_v \cos\psi_b + N_{b,v}', \tag{3-25}$$

$$Q_{b,v} = Q_{b,v}^{0} + \sum_{i=1}^{n} X_{i,v} Q_i = -Z_v \sin\psi_b + Q_{b,v}', \tag{3-26}$$

$$M_{b,v} = M_{b,v}^{0} + \sum_{i=1}^{n} X_{i,v} M_i = -Z_v \cos\psi_b \cdot z_{bv} + M_{b,v}'. \tag{3-27}$$

Werden die $X_{i,v} = 0$, dann spricht man von einer *zwängungsfreien* oder konkordanten *Vorspannung*. Diese kann sich nur einstellen, wenn alle $\delta_{i,v} = 0$ werden. Dies ist – bei vernachlässigter Normalkraftverformung und $\cos\psi_b = 1$ – der Fall, wenn die $M_{b,v}^{0}$-Linie und damit die Spanngliedkurve z_{bv} affin (konkordant) zu einer beliebigen Momentenlinie am statisch unbestimmten System wird.

Eine große Zwängung (statisch Unbestimmte) kann erwünscht sein, um bestimmte Schnittgrößen oder Randbedingungen zu erhalten oder um die Größe von Auflagerkräften zu beeinflussen. So kann z. B. der Horizontalschub H_v in Bild 3-5 bei entsprechender Wahl der Spanngliedkurven z_{v1} und z_{v2} auch $H_v = -H_g$ werden; d.h., unter Dauerlast wäre die Reibungskraft zwischen Boden und Fundament sehr klein (vorteilhaft bei schlechtem Baugrund).

Im Bruchzustand (vgl. 5.1) können große $M'_{b,v}$ nachteilig sein, da einmal die Größe der statisch Unbestimmten durch die Rißbildung beeinflußt wird (Momentenumlagerung) und zum anderen der Bruchsicherheitsnachweis erschwert werden kann (vgl. [135] und 3.5).

Bei den *Momentenausgleichsverfahren* (vgl. B.2.11.4 und B.2.11.5 in [HB 4]) werden die Normalkraftverformungen vernachlässigt. Wenn diese aber von Einfluß sind, wie es bei Rahmen mit biegesteifen Stützen gegeben ist, dann sollte ein gesonderter Ausgleich – ähnlich dem bei Temperaturbeanspruchung – durchgeführt werden.

Die *Volleinspannmomente* am einseitig oder beidseitig eingespannten Balken M'_v (M^0_{ik} nach [HB 4]) können wie vor mit der Kraftgrößenmethode (als X_1 und evtl. X_2 nach Bild 3-6a) oder mittels der Umlenkkraftmethode (3.1.3) — wobei jedoch noch $M'_v = M'_{b,v} = M_{b,v} - M^0_{b,v}$ zu berechnen ist — bestimmt werden. Für übliche, mathematisch formulierbare Spanngliedkurven z_{bv} sind sie — teilweise sogar unter Berücksichtigung der Reibung (vgl. 3.1.4) und veränderlicher Trägerhöhe — vielfach tabellarisch zusammengestellt [2, 5, 9, 16, 17, 136–138].

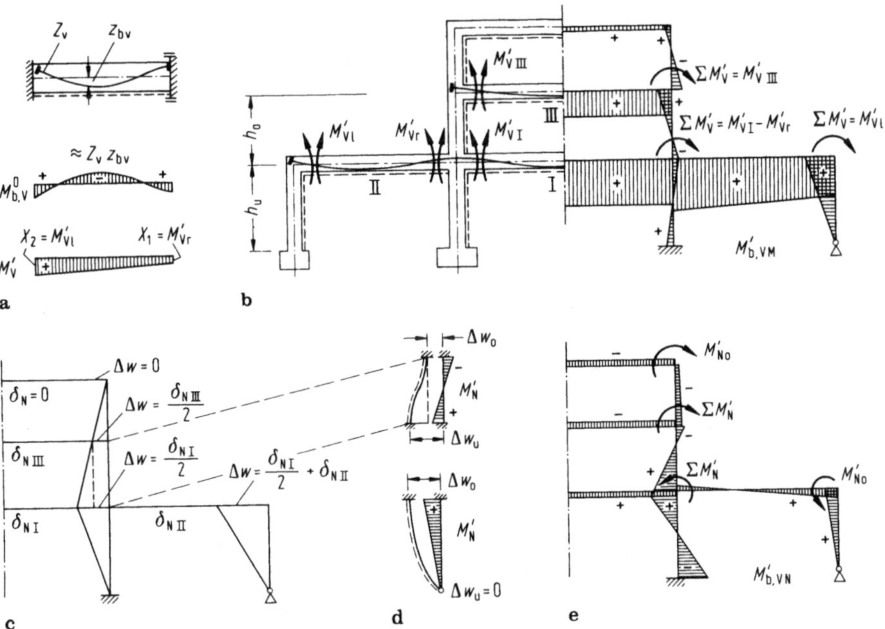

Bild 3-6a e. Volleinspann- und Ausgleichsmomente beim Momentenausgleichsverfahren.
a) Volleinspannmomente aus Biegeverformung b) Momentenausgleich aus Biegeverformung, c) Verschiebungsplan, d) Volleinspannmomente aus Normalkraftverformung, e) Momentenausgleich aus Nomalkraftverformung.

Die Summe dieser Volleinspannmomente (nicht auch der $M^0_{b,v}$-Momente, vgl. Bild 3-6a) eines Knotens $\sum M'_v$ wird entsprechend dem gewählten Verfahren ausgeglichen (vgl. B.2.11.4 und B.2.11.5 in [HB 4]). Die daraus resultierenden *Stabendmomente* sind die $M'_{b,VM}$ (M_{ik} nach [HB 4]) infolge der Biegeverformungen (Bild 3-6b).

Die *Normalkraftverformung* wird für die Stäbe (Riegel) ermittelt, die zusätzliche Zwängungen liefern (z. B. I,II und III im Bild 3-6b):

$$\delta_{\mathrm{N}} = \int N^0_{\mathrm{b,\,V}}\frac{\mathrm{d}x}{E_{\mathrm{b}}A_{\mathrm{b}}} \approx N^0_{\mathrm{b,\,V}}\frac{l}{E_{\mathrm{b}}A_{\mathrm{b}}}. \tag{3-28}$$

Die „Stützensenkungen" Δw eines Stabes (Stütze) folgen aus dem Verschiebungsplan (Bild 3-6c) unter Berücksichtigung des „Ruhepunkts" (z. B. in $l/2$ wegen Symmetrie). Dann können die Volleinspannmomente der Stützen M'_{N} (Bild 3-6d) bei beidseitiger bzw. einseitiger Einspannung bestimmt

$$M'_{\mathrm{N}} = \pm\, 6E_{\mathrm{b}}I_{\mathrm{b}}(\Delta w_0 - \Delta w_{\mathrm{u}})/h^2 \text{ bzw. } \pm 3E_{\mathrm{b}}I_{\mathrm{b}}(\Delta w_0 - \Delta w_{\mathrm{u}})/h^2 \tag{3-29}$$

und ausgeglichen werden. Die Stabendmomente infolge der Normalkraftverformung sind die $M'_{\mathrm{b,\,VN}}$ (Bild 3-6e).

Eigentlich müßten zu den $N^0_{\mathrm{b,\,V}}$ in (3-28) noch die Normalkräfte aus den beiden Ausgleichen addiert werden. Außer bei sehr biegesteifen Stützen in Verbindung mit normalkraftweichen Riegeln – auch hier beträgt ihr Anteil nur etwa $-0{,}05N^0_{\mathrm{b,\,V}}$ bis $-0{,}20N^0_{\mathrm{b,\,V}}$ — ist eine Kontrolle und iterative Berechnung nicht erforderlich.

Selbstverständlich sind bei *verschieblichen Rahmen* die Zusatzbeanspruchungen aus der horizontalen Verschiebung bei beiden Ausgleichen entsprechend dem gewählten Verfahren (z. B. Festhaltekräfte) zu berücksichtigen. Die endgültigen Schnittgrößen infolge Vorspannung ergeben sich zu

$$M_{\mathrm{b,\,V}} = M^0_{\mathrm{b,\,V}} + M'_{\mathrm{b,\,VM}} + M'_{\mathrm{b,\,VN}}, \tag{3-30}$$

$$Q_{\mathrm{b,\,V}} = Q^0_{\mathrm{b,\,V}} + Q'_{\mathrm{b,\,VM}} + Q'_{\mathrm{b,\,VN}}, \tag{3-31}$$

$$N_{\mathrm{b,\,V}} = N^0_{\mathrm{b,\,V}} + N'_{\mathrm{b,\,VM}} + N'_{\mathrm{b,\,VN}}, \tag{3-32}$$

wobei z. B. $Q'_{\mathrm{b,\,Vl}} = (M'_{\mathrm{b,\,Vr}} - M'_{\mathrm{b,\,Vl}})/l$ für jeden Stab aus der Momentendifferenz und $N'_{\mathrm{b,\,Vo}} = N'_{\mathrm{b,\,Vu}} + Q'_{\mathrm{b,\,Vr}} - Q'_{\mathrm{b,\,Vl}}$ aus dem Gleichgewicht beim rechtwinkligen Knoten für jede Richtung und jeden Ausgleich (Bild 3-7) schnell bestimmt werden kann.

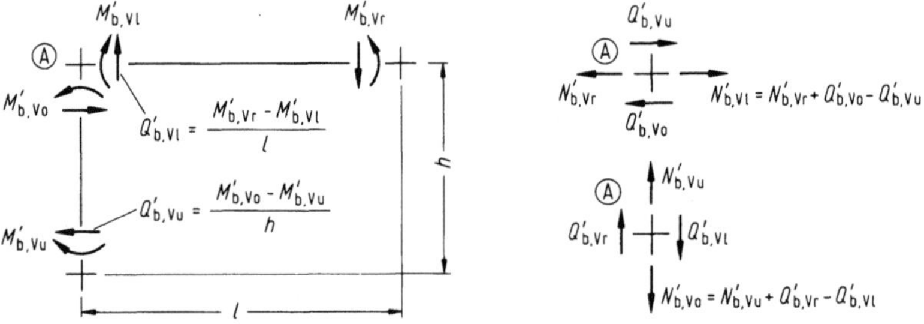

Bild 3-7. Ermittlung der Quer- und Normalkräfte über Ausgleichsmomente.

Beispiel 3: Um den Rechengang und den Einfluß der Normalkraftverformung bei großen statisch Unbestimmten aus Vorspannung sowie denjenigen der Betonstahlbewehrung bei Schwinden und Kriechen zu zeigen, soll der Zweigelenkrahmen nach Bild 3-8 untersucht werden. Ähnliche Systeme kommen bei Stockwerkrahmen [127] vor, sie werden heute jedoch meist mit Riegelfertigteilen als Einfeldbalken erstellt.

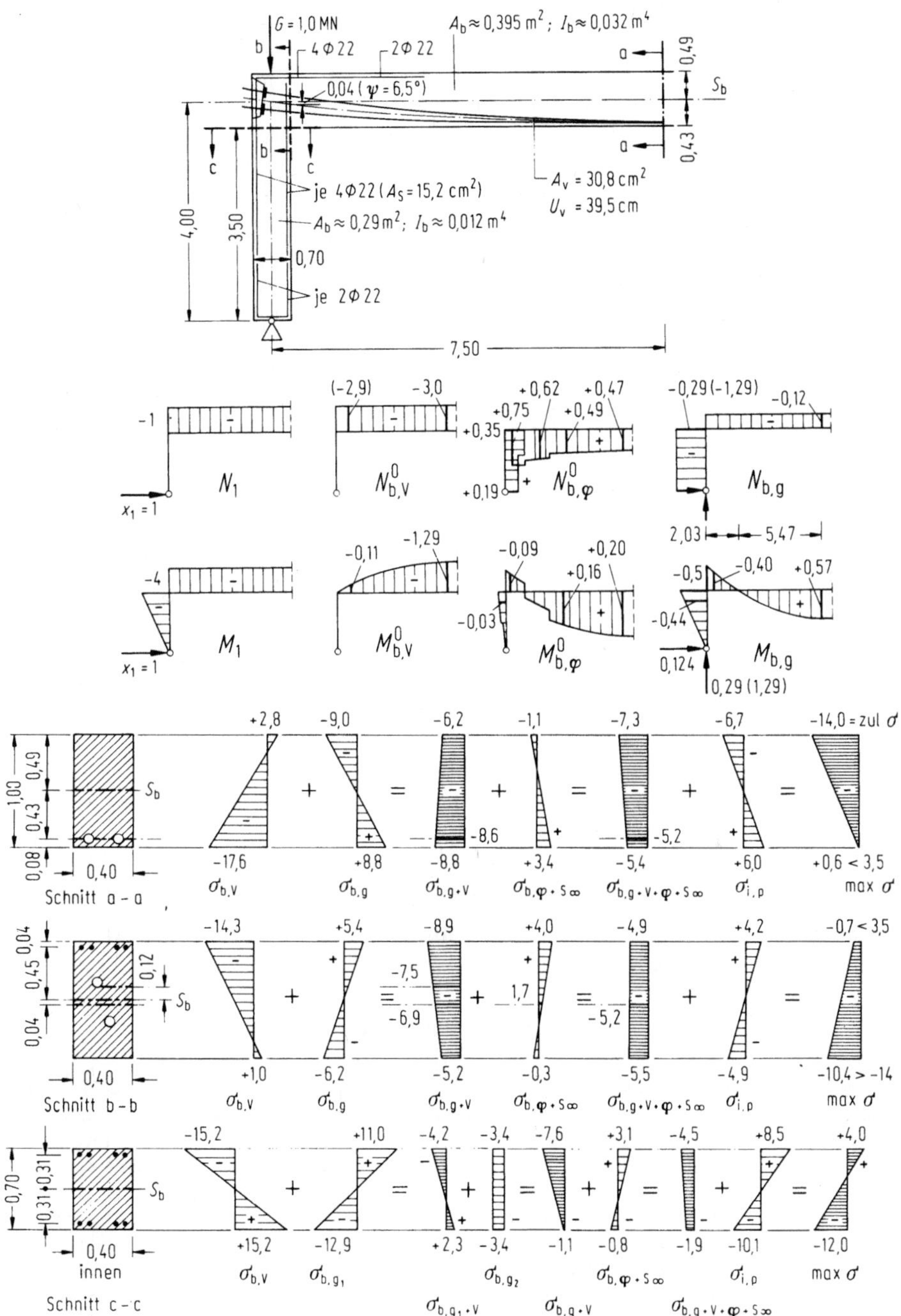

Bild 3-8. Zweigelenkrahmen bei Vorspannung mit nachträglichem Verbund.

Wegen der Auflast aus den oberen Stockwerken (hier sind $G = 1{,}0$ MN je Stiel als Dauerlast angenommen) verbleiben im ungünstigsten Gebrauchslastzustand die Stiele im ungerissenen Zustand I, so daß auch hier mit den vollen Querschnittswerten gerechnet werden kann.

Zur Vereinfachung der Berechnung wird angenommen, daß die Vorspannung des Riegels (bei gleichen Annahmen wie im Beispiel 2) erst nach Verlegen der statisch nicht mittragenden Fertigteilplatten aber vor Entfernen des Lehrgerüsts vorgenommen wird.

Die mittlere Spanngliedkurve sei parabelförmig und die Neigung so klein, daß für die statisch unbestimmte Rechnung $\cos\psi \approx 1$ gesetzt werden kann. Die Querschnittswerte für den Riegel ($A_{bR} \approx 0{,}395$ m^2; $I_{bR} \approx 0{,}032$ m^4) und den Stiel ($A_{bS} \approx 0{,}29$ m^2; $I_{bS} \approx 0{,}012$ m^4 bei Berücksichtigung der Betonstahlbewehrung) werden näherungsweise als konstant angenommen.

Schnittgrößen: Mit Beispiel 2, Bild 3-8 und [136, S. 338] folgt:

$$(3\text{-}22) \qquad E_b \delta_{1,v} = \frac{l}{I_{bR}}\frac{2}{3} M^0_{bR,v} M_{R1} + \frac{l}{A_{bR}} N^0_{bR,v} N_{R1}$$

$$= \frac{15{,}00}{0{,}032}\frac{2}{3}\,1{,}29\cdot 4{,}0 + \frac{15{,}00}{0{,}395}\,3{,}00\cdot 1{,}0 = 1613 + 114 = 1727$$

$$(3\text{-}23) \qquad E_b \delta_{11} = \frac{l}{I_{bR}} M^2_{R1} + 2\frac{h}{I_{bS}}\frac{1}{3} M^2_{S1}$$

$$= \frac{15{,}00}{0{,}032}\,4{,}0^2 + 2\frac{4{,}00}{0{,}012}\cdot\frac{1}{3}\,4{,}0^2 \qquad = 7500 + 3556 = 11056$$

$$(3\text{-}24) \qquad X_{1,v} = -\,1727/11056 = -\,0{,}16$$

In Feldmitte bleibt die Querkraft null, aber

$$(3\text{-}25) \qquad N_{b,v} = -\,3{,}00 + 0{,}16\cdot 1{,}0 = -\,3{,}00 + 0{,}16 = -\,2{,}84\ \text{MN}$$

$$(3\text{-}27) \qquad M_{b,v} = -\,1{,}29 + 0{,}16\cdot 4{,}0 = -\,1{,}29 + 0{,}64 = -\,0{,}65\ \text{MN}$$

Das Vorspannmoment wird durch die statisch Unbestimmte halbiert.

Spannungen: $\sigma_{bo,v} = -\,2{,}84/0{,}395 + 0{,}65\cdot 0{,}49/0{,}032 = +\,2{,}8\ \text{MN/m}^2$

$(3\text{-}19) \qquad\ \ \sigma_{bu,v} = -\,2{,}84/0{,}395 - 0{,}65\cdot 0{,}51/0{,}032 = -\,17{,}6\ \text{MN/m}^2$

3.1.3 Umlenkkraftmethode

Bei speziellen Systemen, insbesondere aber bei Flächentragwerken wie Platten, Scheiben und Schalen, führt allein die Umlenkkraftmethode zum Ziel. Auch bei vielen EDV-Programmen (z. B. für Trägerroste, räumliche Rahmen usw.) ist nur die Eingabe äußerer Lasten möglich. Liegen Einflußlinien oder Einflußflächen vor, so ist oft deren Auswertung einfacher als die allgemeine Lösung des Lastfalls Vorspannung.

Im Gegensatz zum bisherigen Vorgehen, bei dem immer das Gleichgewicht eines abgeschnittenen Trägerteils gebildet wurde (vgl. 3.1.1 und 3.1.2.1), ist die Berechnung der Umlenk- und Verankerungskräfte (vgl. Bild 2-2) vom Tragsystem, insbesondere dem Verlauf der Schwerachse, unabhängig. Diese Methode gilt somit für alle Vorspannarten und selbstverständlich auch für statisch unbestimmte Systeme. Bei der Ermittlung der Schnittgrößen muß dann jedoch der Angriffspunkt der Umlenk- bzw. Verankerungskräfte berücksichtigt werden.

Der selten vorkommende Fall der räumlich gekrümmten Spanngliedkurve [18, 139] wird hier nicht behandelt.

Nach Bild 3-9 ergeben sich die *Komponenten der Umlenkkräfte* (normal U_n, tangential U_t) aus den Gleichgewichtsbedingungen an einem Spanngliedelement, wenn man annimmt, daß sich die Vorspannkraft infolge der Reibung (3.1.4) von $Z_v + dZ_v$ auf Z_v verringert:

$$U_t \cdot r \cdot d\psi - dZ_v \cdot \cos(d\psi/2) = 0 \quad \rightarrow \qquad U_t = dZ_v/(r\,d\psi), \tag{3-33}$$

$$U_n \cdot r \cdot d\psi - 2Z_v \cdot \sin(d\psi/2) - dZ_v \sin(d\psi/2) = 0 \rightarrow U_n = Z_v/r. \tag{3-34}$$

Bei kleinem Winkel $d\psi$ wird $\cos(d\psi/2) \approx 1$, $\sin(d\psi/2) \approx d\psi/2$ und $dZ_v \sin(d\psi/2)$ klein von zweiter Ordnung, so daß dieser Term vernachlässigt werden kann.

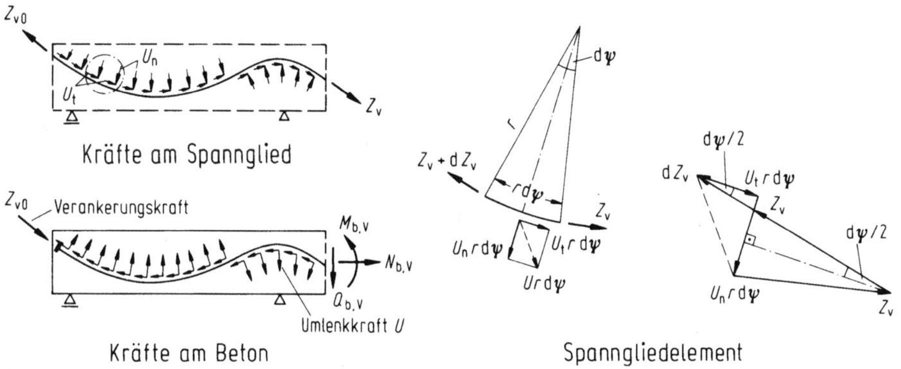

Bild 3-9. Umlenk- und Verankerungskräfte.

Aus (3-34) folgt, daß bei *kreisringförmiger* Vorspannung die Umlenkkraft U_n proportional Z_v ist. Wird zusätzlich noch die Reibung zu null, wie z. B. beim Wickelverfahren (vgl. 2.4,a), dann ist mit $dZ_v = 0$ nach (3-33) $U_t = 0$ und die auf den Beton (z. B. die Behälterwandung) wirkende resultierende Umlenkkraft $U = U_n = $ const und senkrecht zur Spanngliedachse gerichtet; und somit bei kreisförmigem Behälter genau entgegengesetzt der Belastung z. B. aus Flüssigkeitsfüllung.

Bei *geradem* Spannglied, d.h. $r = \infty$, verschwinden die normal und bei vernachlässigter Reibung auch die tangential wirkenden Umlenkkräfte – unabhängig von der Neigung oder Krümmung der Systemachse. Nur die Verankerungskräfte bleiben erhalten.

Soll die Wirkung der *Umlenkkräfte auf das Tragwerk* untersucht werden, dann sind die Reaktionskräfte auf den Beton in ausgezeichneten Richtungen – meist in und senkrecht zur Stabachse bzw. Mittelfläche – zu bestimmen. Dabei ist die Linienlast U auf die x-Achse zu projizieren. Mit $r\,d\psi/dx = 1/\cos\psi$ sowie (3-33) und (3-34) wird nach Bild 3-10a:

$$U_x = \frac{r \cdot d\psi}{dx}(U_n \cdot \sin\psi - U_t \cdot \cos\psi) = \frac{Z_v}{r}\tan\psi - \frac{1}{r}\frac{dZ_v}{d\psi}, \tag{3-35}$$

$$U_z = \frac{r \cdot d\psi}{dx}(-U_n \cdot \cos\psi - U_t \cdot \sin\psi) = -\frac{Z_v}{r} - \frac{1}{r}\frac{dZ_v}{d\psi}\tan\psi. \tag{3-36}$$

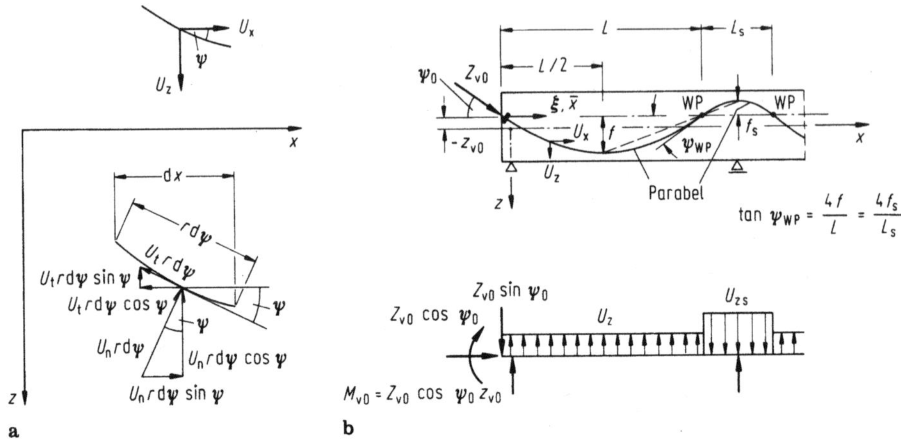

Bild 3-10a, b. Umlenkkräfte auf den Betonquerschnitt;
a) am Element, b) am Durchlaufträger (U_x und $m = U_x z_{bv}$ vernachlässigt).

Die Umlenkkräfte müssen mit den Verankerungskräften im Gleichgewicht stehen (Kontrolle) – auch bei statisch unbestimmten Systemen, da hier wiederum die Summe der sich ergebenden Auflagerkräfte null sein muß:

$$\sum Z_{v0} \cdot \cos\psi_0 + \int U_x \cdot dx = 0, \tag{3-37}$$

$$\sum Z_{v0} \cdot \sin\psi_0 + \int U_z \cdot dx = 0. \tag{3-38}$$

In der praktischen Berechnung werden die Werte $\tan\psi$, $1/r$ und $dZ_v/(r \cdot d\psi)$ aus den Differenzen bei möglichst eng liegenden Punkten $n-1$ und n bestimmt (sofern man nicht die Spanngliedkurve stückweise durch Parabeln ersetzt [140,141]):

$$\tan\psi \approx \frac{\Delta z}{\Delta x} = \frac{z_n - z_{n-1}}{x_n - x_{n-1}},$$

$$\frac{1}{r} = -\frac{z''}{(1 + z'^2)^{3/2}} \approx -\frac{d^2 z}{dx^2} \approx -\frac{\Delta\tan\psi}{\Delta x} \approx \frac{\tan\psi_{n-1} - \tan\psi_{n+1}}{2(x_n - x_{n-1})}, \tag{3-39}$$

$$\frac{dZ_v}{r\,d\psi} \approx \frac{\Delta Z_v}{\Delta x}\cos\psi \approx \frac{Z_{v(n-1)} - Z_{v(n)}}{x_n - x_{n-1}}\cos\psi.$$

Es soll noch darauf hingewiesen werden, daß U_x nicht nur Normalkräfte, sondern mit $z_{bv} \neq 0$ auch äußere Streckenmomente $m = U_x z_{bv}$ liefert. Dieser Einfluß ist jedoch bei den üblichen schlanken Tragwerken vernachlässigbar klein (vgl. [140], aber das folgende Beispiel).

Für gebräuchliche, mathematisch formulierbare Spanngliedkurven sind die Umlenkkräfte, auch für $dZ_v \neq 0$, vertafelt [7, 140, 141]. Bei der *quadratischen Parabel* mit $z = 4f(\xi - \xi^2)$, worin

$\xi = x/L$, wird nach Bild 3-10b und (3-39):

$$\frac{1}{r} \approx -z'' = -\frac{1}{L^2}\frac{\mathrm{d}^2 z}{\mathrm{d}\xi^2} = +\frac{8f}{L^2} \tag{3-40}$$

und aus (3-36) für $\mathrm{d}Z_v = 0$, d.h. bei vernachlässigter Reibung,

$$U_z = -Z_v/r \approx -8fZ_v/L^2. \tag{3-41}$$

Hierin ist L die Länge der Parabel zwischen den Ankerkörpern oder Wendepunkten (WP) und f der maximale Stich.

Bei aneinandergereihten Parabeln, wie in Bild 3-10b, müssen die Neigungen am Wendepunkt übereinstimmen ($4f/L = 4f_s/L_s$), da sonst Einzellasten entstehen würden. Dies ist gegeben, wenn der Wendepunkt auf der Verbindungslinie der Hoch-bzw. Tiefpunkte liegt (vgl. Bild 3-10b).

Selbstverständlich können – insbesondere bei den Ausrundungen über den Mittelstützen – auch kubische Parabeln oder solche höherer Ordnung gewählt werden [136, 138], dann sind die Umlenkkräfte (auch bei $\mathrm{d}Z_v = 0$) nicht mehr konstant und es werden die Verfahren nach 3.1.2.2 günstiger.

Das mit den Umlenk- und Verankerungskräften belastete Tragwerk kann nun nach den üblichen Regeln der Statik berechnet werden. Bei statisch unbestimmten Systemen werden die *Zwangschnittgrößen* nicht gesondert erhalten. Braucht man sie, wie beim Momentenausgleichsverfahren (3.1.2.2) oder beim Nachweis für den rechnerischen Bruchzustand (5.1), dann müssen sie nach (3-25) und (3-27) aus

$$N'_{b,v} = N_{b,v} + Z_v \cos\psi_b, \tag{3-42}$$

$$M'_{b,v} = M_{b,v} + Z_v \cos\psi_b \cdot z_{bv} \tag{3-43}$$

berechnet werden.

Bei der Spannbettvorspannung sind die Werte des Verbundquerschnitts z_{iv} bzw. ψ_i und i statt b einzusetzen (vgl. 3.1.1).

Sollen *Einflußlinien* oder -flächen ausgewertet werden, dann müssen noch die äußeren Momente M_{v0} (z. B. aus Verankerungskräften, vgl. Bild 3-10b) in senkrechte Lasten „umgewandelt" werden. Aber ein Kräftepaar mit $F = \pm M_{v0}/\Delta x = \pm Z_{v0}\cos\psi_0 \cdot z_{v0}/\Delta x$ liefert gleiche Werte wie das M_{v0} mit der Tangentenneigung α der Einflußlinie oder-fläche (vgl. [136, 141]). Wird mit $\eta(x)$ die Einflußordinate bezeichnet, dann ist nämlich

$$F\eta(x) - F\eta(x + \Delta x) = M_{v0}(\eta(x) - \eta(x + \Delta x))/\Delta x = M_{v0}\tan\alpha.$$

Zur Bestimmung einer Schnittgröße infolge des Verankerungsmoments M_{v0} wird die Tangentenneigung der betreffenden Einflußlinie α an der Stelle von M_{v0} bestimmt. $M_{v0}\tan\alpha$ liefert dann den gesuchten Wert.

Bei Knicken oder Sprüngen in der Schwerachse ergeben sich zusätzliche Momente aus der Längskraftkomponente der Verankerungskraft $Z_{v0}\cos\psi_0$. Diese Einflüsse müssen wegen der großen Normalkraft immer berücksichtigt werden. Somit gibt es z. B. bei Voutenträgern Knicke in der Momentenlinie infolge Vorspannung, auch wenn die Spanngliedkurve stetig ist.

Beispiel: Um den Einfluß der horizontalen Umlenkkräfte zu zeigen, soll der Fundamentbalken (vgl. auch [13]) von Bild 3-11 nur von oben vorgespannt werden können. Zur einfacheren Berechnung wird die Reibungsbehinderung vernachlässigt.

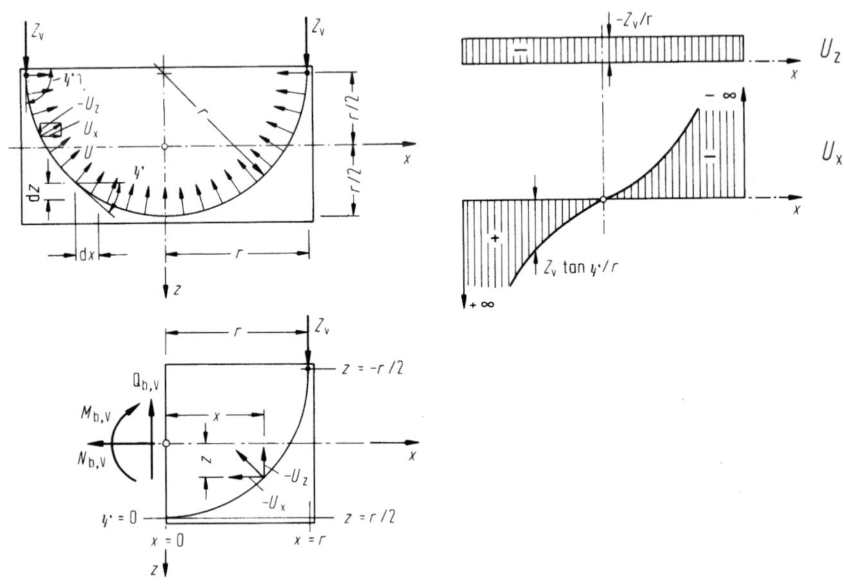

Bild 3-11. Hoher Fundamentbalken mit Umlenk- und Verankerungskräften.

(Bild 3-11) $\mathrm{d}Z_\mathrm{v} = 0$ (keine Reibung); $\quad Z_\mathrm{v0} = Z_\mathrm{v};\quad \tan\psi = \mathrm{d}z/\mathrm{d}x$

(3.35) $U_x = (Z_\mathrm{v}/r)(\mathrm{d}z/\mathrm{d}x)$

(3-36) $U_z = -Z_\mathrm{v}/r$

Mit $\psi_0 = 90°$; $\cos\psi_0 = 0$; $\sin\psi_0 = 1{,}0$:

(3-37) $2Z_\mathrm{v}\cdot 0 + \displaystyle\int_{x=-r}^{+r} (Z_\mathrm{v}/r)(\mathrm{d}z/\mathrm{d}x)\,\mathrm{d}x = \dfrac{Z_\mathrm{v}}{r}\int_{z=-r/2}^{-r/2}\mathrm{d}z = \dfrac{Z_\mathrm{v}}{r}\left(-\dfrac{r}{2}+\dfrac{r}{2}\right) = 0$

(3-38) $2Z_\mathrm{v}\cdot 1{,}0 - \displaystyle\int_{x=-r}^{+r} (Z_\mathrm{v}/r)\,\mathrm{d}x = 2Z_\mathrm{v} - \dfrac{Z_\mathrm{v}}{r}(r+r) = 2Z_\mathrm{v} - 2Z_\mathrm{v} = 0.$

Mögliche Auflagerkräfte (Bodenpressung) eines statisch bestimmten Systems verschwinden also (Eigenspannungszustand). Mit den Gleichgewichtsbedingungen werden die Schnittgrößen z. B. für die Systemmitte $x = 0$ (Bild 3-11):

$$N_{b,v} = + \int_{x=0}^{+r} U_x \, dx = \frac{Z_v}{r} \int_{z=+r/2}^{-r/2} dz = \frac{Z_v}{r}\left(-\frac{r}{2} - \frac{r}{2} \right) = -Z_v,$$

$$Q_{b,v} = + \int_{x=0}^{+r} U_z \, dx + Z_v = -\frac{Z_v}{r} \int_{x=0}^{+r} dx + Z_v = -\frac{Z_v}{r} r + Z_v = 0,$$

$$M_{b,v} = \int_{x=0}^{+r} U_x z \, dx - \int_{x=0}^{+r} U_z x \, dx - Z_v r$$

$$= +\frac{Z_v}{r} \int_{z=+r/2}^{-r/2} z \, dz + \frac{Z_v}{r} \int_{x=0}^{+r} x \, dx - Z_v r$$

$$= \frac{Z_v}{r}\left(+\frac{r^2}{2 \cdot 4} - \frac{r^2}{2 \cdot 4} \right) + \frac{Z_v}{r}\frac{r^2}{2} - Z_v r = -Z_v \frac{r}{2}.$$

In diesem ungewöhnlichen Beispiel liefert gerade U_x allein die Drucknormalkraft in Balkenmitte. Der Anteil der horizontalen Umlenkkraft zu $M_{b,v}$ in Balkenmitte ist zwar null, aber bei Vernachlässigung von $U_x z$ würde für alle $x > 0$ ein Fehler entstehen, der z. B. bei $x = r/2$ das Moment um 18% vergrößert ($- 0,375 Z_v r$ statt richtig $- 0,317 Z_v r$).

Einfacher wird die Berechnung nach 3.1.2.1:

$$(3\text{-}16) \qquad N_{b,v} = -Z_v \cos 0 = -Z_v,$$

$$(3\text{-}17) \qquad Q_{b,v} = -Z_v \sin 0 = 0,$$

$$(3\text{-}18) \qquad M_{b,v} = -Z_v \cos 0 \cdot r/2 = -Z_v \cdot r/2.$$

3.1.4 Reibungsbehinderung

Beim Spannvorgang der Vorspannung ohne Verbund reibt der Spannstahl am Hüllrohr und bewirkt entsprechend dem Anpreßdruck U_n (vgl. Bild 3-9) die Reibungskraft

$$U_t = \pm \mu U_n, \tag{3-44}$$

worin μ der *Reibungsbeiwert* (z. B. nach Zulassung: $\mu = 0,10$ bis $0,30$, vgl. auch [142–144]) entsprechend dem Hüllrohr, dessen Unterstützung, dem Spannstahl und der Anordnung der Drähte aus Versuchen bestimmt werden muß.

Werden (3-33) und (3-34) in (3-44) eingesetzt, folgt

$$\frac{dZ_v}{r \, d\psi} = \pm \mu \frac{Z_v}{r}$$

und nach Integration als Lösung die Eulersche Seilreibungsgleichung:

$$Z_v = C \, e^{\pm \mu \Sigma \psi}.$$

Hierin ist $\Sigma\psi$ die Summation der Umlenkwinkel im Bogenmaß und positiv einzusetzen, wenn mit wachsendem $\Sigma\psi$ die Änderung der Spannkraft dZ_v positiv ist, d.h. die Vorspannung Z_v anwächst (Bild 3-12), also nur beim Nachlassen der Spannpressenkraft. Für den ersten Spannvorgang vermindert sich jedoch die Spannkraft und das Vorzeichen wird negativ.

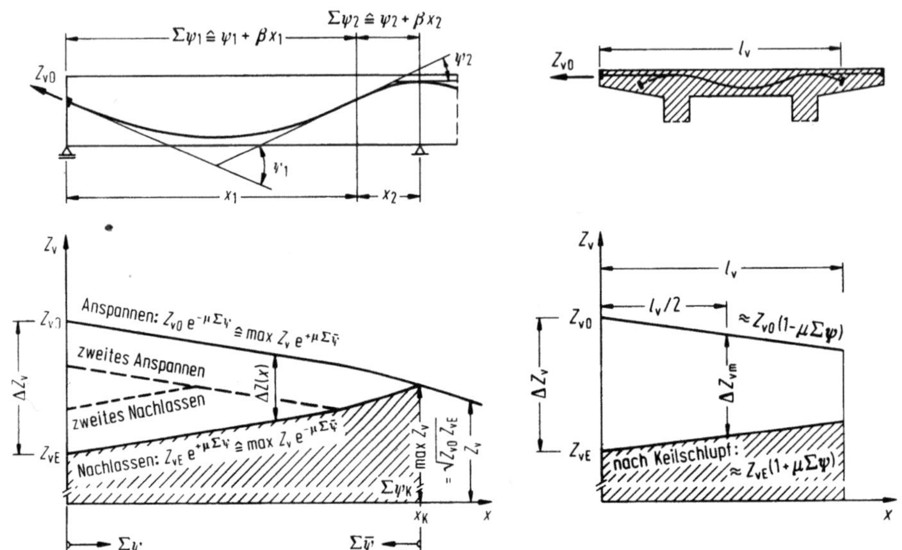

Bild 3-12. Spannkräfte beim Vorspannen und Nachlassen von langen und kurzen Spanngliedern.

Bei großen Abständen der Unterstützungen des Spannstrangs muß noch wegen der Welligkeit des Hüllrohrs ein *ungewollter längenbezogener Umlenkwinkel* β des Spannglieds (z. B. nach Zulassung: $\beta = 0$ bis $0{,}01$ rad/m, vgl. aber [143]) zum planmäßigen hinzugefügt werden:

$$\Sigma\psi = \psi + \beta x.$$

Bei räumlich gekrümmten Spanngliedern sind die horizontalen $\Sigma\psi_H$ und vertikalen Umlenkwinkel $\Sigma\psi_V$ geometrisch zu addieren:

$$\Sigma\psi = \sqrt{\Sigma\psi_H^2 + \Sigma\psi_V^2}.$$

Die Konstante C bestimmt sich aus der Randbedingung, daß $Z_v = Z_{v0}$ für $\Sigma\psi = 0$ sein muß. Somit ist $C = Z_{v0}$ und die *Spannkraft* an beliebiger Stelle wird für das Anspannen

$$Z_v = Z_{v0}\, e^{-\mu\Sigma\psi} \approx Z_{v0}\,(1 - \mu\,\Sigma\psi). \tag{3-45}$$

Die ersten zwei Glieder der Reihenentwicklung von $e^{-\mu\Sigma\psi}$ liefern ausreichende Genauigkeit (Abweichungen $< 5\%$) bis etwa $\mu\Sigma\psi = 0{,}1$.

Durch *Nachlassen* um ΔZ_v sowie evtl. zweites Anspannen und zweites Nachlassen entsprechend Bild 3-12 können die verbleibenden Spannkräfte den Erfordernissen angepaßt werden, denn vorübergehend sind – wie im Spannbett (3-10) – höhere Spannstahlspannungen zulässig. Es wird dann bei gewünschtem max Z_v in $x_K(\;\hat{=}\;\Sigma\psi_K)$ nach Bild 3-12:

$$\Delta Z_v = Z_{v0} - Z_{vE} = \max Z_v\,(e^{+\mu\Sigma\psi_K} - e^{-\mu\Sigma\psi_K}). \tag{3-46}$$

Der gleiche Effekt tritt auch ungewollt bei vielen Spannverfahren durch den *Keilschlupf* Δl_K auf (vgl. auch 2.3). Dieser entspricht bei Vernachlässigung des Betonanteils (vgl. 3.6) der Längenänderung des Spannglieds infolge $\Delta Z(x)$ in x_K:

$$\Delta l_K = \int\limits_{x=0}^{x_K} \frac{\Delta Z(x)}{E_v A_v}\,\mathrm{d}x = \frac{1}{E_v A_v}\int\limits_{x=0}^{x_K}\Delta Z(x)\,\mathrm{d}x. \tag{3-47}$$

Aus Bild 3-12 wird für $x = x_K\;(\hat{=}\;\Sigma\psi_K)$:

$$\max Z_v = Z_{v0}\,e^{-\mu\Sigma\psi_K} = Z_{vE}\,e^{+\mu\Sigma\psi_K} = (Z_{v0} - \Delta Z_v)e^{+\mu\Sigma\psi_K}$$

oder:

$$\Sigma\psi_K = \psi_K + \beta x_K = \frac{1}{2\mu}\ln\frac{Z_{v0}}{Z_{v0} - \Delta Z_v}. \tag{3-48}$$

Im allgemeinen Fall müssen (3-47) und (3-48) iterativ gelöst werden, da sowohl ΔZ_v als auch $\Sigma\psi_K$ – woraus wiederum x_K folgt – unbekannt sind.

Meist kann jedoch mit guter Näherung ein *linearer Verlauf* von $\Delta Z(x)$ angenommen werden (vgl. (3-45) und [145]). Dann wird aus (3-47) mit

$$\int\limits_{x=0}^{x_K}\Delta Z(x)\,\mathrm{d}x \approx 0{,}5\Delta Z_v x_K \quad\text{und}\quad \Delta Z_v = Z_{v0}(1 - e^{-2\mu\Sigma\psi_K}) \approx Z_{v0}2\mu\Sigma\psi_K:$$

$$\Sigma\psi_K \approx \frac{\Delta Z_v}{2\mu Z_{v0}} = \frac{E_v A_v \Delta l_K}{0{,}5 x_K 2\mu Z_{v0}} = \frac{E_v \Delta l_K}{\mu x_K \sigma_{v0}}. \tag{3-49}$$

Bei linearem Verlauf von $\Delta Z(x)$ müssen die Neigungen der Spannkraftkurven ψ' etwa konstant sein. Mit $\psi' \approx \Sigma\psi_K/x_K$ folgt aus (3-49) direkt die „*Nachlaßlänge*"

$$x_K \approx \sqrt{\frac{E_v \Delta l_K}{\mu\psi'\sigma_{v0}}}. \tag{3-50}$$

Wird x_K größer als die Spanngliedlänge l_v, dann ist sofort aus Bild 3-12 und (3-47) mit $\int_{x=0}^{x_K}\Delta Z(x)\,\mathrm{d}x \approx \Delta Z_{vm} l_v$ abzulesen:

$$\Delta Z_{vm} \approx E_v A_v \Delta l_K/l_v$$

$$\approx Z_{v0}(1 - \mu\psi' l_v/2) - Z_{vE}(1 + \mu\psi' l_v/2), \tag{3-51}$$

$$Z_{vE} = \frac{Z_{v0}(1 - 0{,}5\mu\psi' l_v) - E_v A_v \Delta l_K/l_v}{1 + 0{,}5\mu\psi' l_v} = \frac{Z_{v0}(1 - 0{,}5\mu\Sigma\psi) - E_v A_v \Delta l_K/l_v}{1 + 0{,}5\mu\Sigma\psi}. \tag{3-52}$$

Soll für das Nachlassen mit einem größeren Reibungsbeiwert μ_N gerechnet werden (vgl. [2]), so ist statt μ in (3-50) und (3-52) nur $0,5(\mu + \mu_N)$ einzusetzen.

Beispiel 4: Es soll der Verlauf der endgültigen Vorspannkraft unter Berücksichtigung der Reibung und des Keilschlupfs beim Beispiel 2 bzw. 3 ermittelt werden (vgl. Bild 3-4), wobei davon ausgegangen wird, daß von beiden Seiten gleichzeitig vorgespannt und auch verkeilt wird.

Gegeben: nach Zulassung: $\mu = 0,20$; $\beta = 0,3°/m = 0,005$ rad/m bei Unterstützungsabständen 0,8 bis 2,0 m; $\Delta l_K = 2$ mm und $\Delta V_s = 1,3\%$ Abfall der Spannkraft durch Dehnungsbehinderung im Spannanker.

(Bild 3-4)   Für die mittlere Spanngliedkurve wird der Umlenkwinkel bis Feldmitte:

(Bild 3-10b) $\Sigma\psi = \psi_0 + \beta \cdot l/2 = 4f/l + \beta \cdot l/2 = 4 \cdot 0,43/15,0 + 0,005 \cdot 15,0/2 = 0,12$

Gewählt: $Z_{v0} = 3,16$ MN (am Spannanker)

$\sigma_{v0} = 3,16/(30,8 \cdot 10^{-4}) = 1025$ MN/m² (am Spannanker)

Unter Berücksichtigung von ΔV_s:
$\max \sigma_{v0} = 1,013 \cdot 3,16/(30,8 \cdot 10^{-4}) = 1039$ MN/m² (an Spannpresse)
$< 0,65 \cdot 1770 = 1151$ MN/m² (bzw. $< 0,80 \cdot 1570 = 1256$ MN/m²)

(3-45) $Z_{vm} = 3,16 \cdot e^{-0,20 \cdot 0,12} = 3,09$ MN (in Feldmitte beim Vorspannen)

Keilschlupf: liefert mit $\psi' \approx \Sigma\psi/(0,5l) = 0,12/(0,5 \cdot 15,0) = 0,016$ rad/m

(3-50) $x_K = \sqrt{1,95 \cdot 10^5 \cdot 0,002/(0,20 \cdot 0,016 \cdot 1025)} = 10,9$ m $> 7,50$ m
d.h., Spannkraftabfall im gesamten Spannstrang:

(3-52) $Z_{vE} = \dfrac{3,16(1 - 0,5 \cdot 0,2 \cdot 0,12) - 1,95 \cdot 10^5 \cdot 30,8 \cdot 10^{-4} \cdot 0,002/7,50}{1 + 0,5 \cdot 0,2 \cdot 0,12} = 2,93$ MN

(Bild 3-12) $Z_{vm} = 2,93 (1 + 0,2 \cdot 0,12) = 3,00$ MN (in Feldmitte nach Keilschlupf, vgl. Beispiel 2).

Der geringe Abfall der Vorspannkraft (gegenüber den Annahmen im Beispiel 3) führt zu keiner Änderung der statisch unbestimmten Rechnung.

3.2 Lastfälle Eigen- und Nutzlasten

3.2.1 Vorspannung mit Verbund

Wie bereits in 2.3 ausgeführt, gelten die nachfolgenden Ableitungen auch bei Vorspannung mit nachträglichem Verbund für alle Lastfälle nach Herstellung des Verbundes, also für zweite Eigenlast g_2 und Nutzlasten p einschließlich Temperatur T bzw. ΔT und Stützensenkung Δw.

Mit den am statisch bestimmt oder unbestimmt gelagerten Verbundsystem ermittelten Schnittgrößen aus beliebiger Last q (g_1, g_2, p, T, ΔT oder Δw) — also $N_{i,q}$ und $M_{i,q}$ — folgen mit (3-1) bis (3-4) die *Betonspannungen* entsprechend (3-8):

$$\sigma_{b,q} = \frac{N_{i,q}}{A_i} + \frac{M_{i,q}}{I_i} z_i, \qquad (3\text{-}53)$$

die *Spannstahl*-Spannungen nach (3-9), jedoch ohne Spannbettspannung:

$$\sigma_{v,q} = n_v \sigma_{bv,q} = n_v \left(\frac{N_{i,q}}{A_i} + \frac{M_{i,q}}{I_i} z_{iv} \right) \qquad (3\text{-}54)$$

und die *Betonstahl*-Spannungen wie (3-11):

$$\sigma_{s,q} = n_s \sigma_{bs,q} = n_s \left(\frac{N_{i,q}}{A_i} + \frac{M_{i,q}}{I_i} z_{is} \right). \qquad (3\text{-}55)$$

Bei Vorspannung mit *nachträglichem Verbund* sind die zusätzlichen *Spannungen im Spannstahl* aus den Nutzlasten sehr klein (vgl. Bild 1-3), wie ein Nachweis mit den größten zulässigen Betonspannungen bei beschränkter Vorspannung nach DIN 4227 Teil 1, Tabelle 9 (z. B. für einen Rechteckquerschnitt in B 35 mit $n_v = 2{,}05 \cdot 10^5 / 34000 = 6$) in Bild 3-13 zeigt.

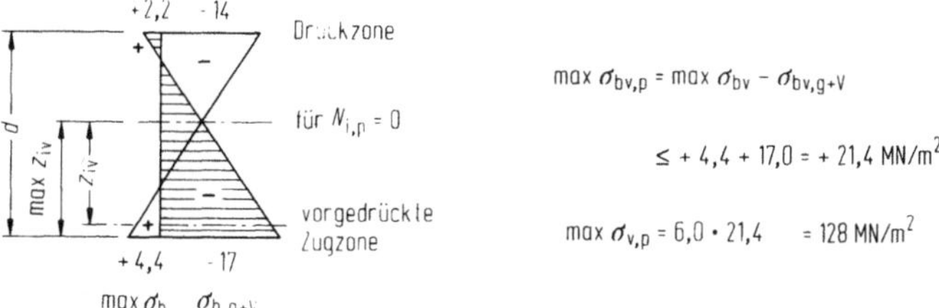

Bild 3-13. Maximale Spannungen im Spannstahl aus Nutzlasten bei größtmöglicher Ausmittigkeit (für B 35).

Diese betragen bei hochfesten Stählen nur etwa 15% und auch bei Einzelstäben nur etwa 23% der zulässigen endgültigen Spannung im Spannstahl nach (3-10a). In der Praxis sind die Zugspannungen bedeutend niedriger und erreichen meist nicht die Werte des Spannungsabfalls (im Bereich größter Verkehrslastmomente) infolge Reibung (3.1.4) und Schwinden und Kriechen (3.3) bis zur Zeit der Verkehrsübergabe. Die ungünstigsten Spannstahl-Spannungen ergeben sich dann im Bauzustand unter $g_1 + V + g_2$.

Somit sind auch die Spannungsänderungen bei *voller oder beschränkter Vorspannung* wesentlich kleiner als die Dauerschwingfestigkeiten der freien Spannglieder (vgl. aber 2.3, h).

Bei *teilweiser Vorspannung* sind nach DIN 4227 Teil 2, 9.1 die Spannstahl-Spannungen auch im Gebrauchszustand nach Zustand II (gerissen) wie in 3.2.3 zu bestimmen und damit meist wesentlich größer.

3.2.2 Vorspannung ohne Verbund

Wie in 2.2 dargelegt, kann die Spannung im Spannstahl infolge Eigenlast zu null angesetzt werden, wenn bei dem Lastfall Vorspannung $Z_v = Z_{v,g+V}$ eingesetzt wird, d.h. die am Ende des Spannvorgangs eingetragene und am Manometer abgelesene – also einschließlich Eigenlast vorhandene – Vorspannkraft im Spannstrang. Sollte es in besonderen Fällen erforderlich sein, die der Eigenlast allein zugehörige Zugkraft im Spannstahl $Z_{v,g}$ zu berechnen, so kann diese am unterspannten Balken entsprechend nachfolgender Gl. (3-61) berechnet werden, wenn g statt p eingesetzt wird. Bei üblichen Spannbetonkonstruktionen beträgt dieser Anteil von Z_v jedoch meist weniger als 8%.

Für den Lastfall *Eigenlast g* folgen bei $Z_{v,g} = 0$ mit den Schnittgrößen $M_{b,g}$ und $N_{b,g}$ des statisch bestimmt oder unbestimmt gelagerten Betontragwerks sowie den Querschnittswerten des Betonquerschnitts nach (3-12) bis (3-15) die *Betonspannungen* entsprechend (3-19):

$$\sigma_{b,g} = \frac{N_{b,g}}{A_b} + \frac{M_{b,g}}{I_b} z_b, \qquad (3\text{-}56)$$

die *Spannstahl*-Spannungen wegen $Z_v = Z_{v,g+v}$:

$$\sigma_{v,g} = 0, \qquad (3\text{-}57)$$

und die *Betonstahl*-Spannungen nach (3-21):

$$\sigma_{s,g} = n_s\sigma_{bs,g} = n_s\left(\frac{N_{b,g}}{A_b} + \frac{M_{b,g}}{I_b} z_{bs}\right). \qquad (3\text{-}58)$$

Für die *Verkehrslasten* p einschließlich Temperatur, Widerlagerausweichen usw. wird das n-fach äußerlich statisch unbestimmte System wegen der freien Verschieblichkeit der Spannglieder $(n + s)$-fach unbestimmt. Hierin ist s die Anzahl der verschiedenen Spannstränge, wobei möglichst viele Spannglieder gleicher Länge rechnerisch zu einem Spannstrang im gemeinsamen Schwerpunkt zusammengefaßt sind. Die Berechnung erfolgt am einfachsten nach der Kraftgrößenmethode. Ratsamerweise wird als Grundsystem (evtl. statisch unbestimmtes Grundsystem nach B.2.10.2.5 in [HB 4]) das reine Betontragwerk ohne Spannstränge gewählt. Dann sind die überzähligen Kraftgrößen gleichzeitig die Zugkräfte in den jeweiligen Spannsträngen.

Die *Schnittgrößen* infolge p, z. B. $M_{b,p}^{(1)}$ (Bild 3-14), können auch für statisch unbestimmte Grundsysteme leicht berechnet oder Handbüchern entnommen werden. Diejenigen infolge $X_i = 1$ sind in 3.1.2.1 für statisch bestimmte und in 3.1.2.2 für statisch unbestimmte Grundsysteme (mit $Z_{vi} = 1$) bereits mitgeteilt, sie müssen jedoch für jeden Spannstrang i gesondert bestimmt werden.

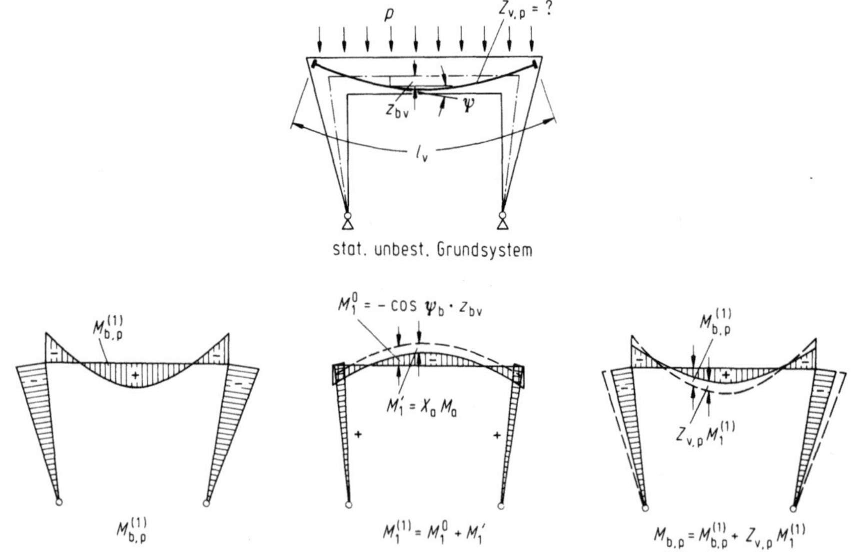

Bild 3-14. Momente infolge Nutzlasten bei Vorspannung ohne Verbund.

Mit $Z_{v1} = 1$ und $Z_{v2} = 0$ folgt z. B. aus Bild 3-5d die in Bild 3-14 als $M_1^{(1)} = M_1^0 + M_1'$ eingetragene Momentenlinie. $M_{b,v}^0$ wird jetzt wegen $Z_{v1} = 1$ mit M_1^0 bezeichnet. Da die Zugkraft im Spannglied $Z_{v,p}$ als neue Unbekannte $X_1 = Z_{v,p}$ gewählt wird, muß diejenige aus dem statisch unbestimmten Hauptsystem mit X_a statt X_1 angegeben werden. Daher ist $M_1' = X_a M_a$ und nicht $X_{1,v} M_1$ in Bild 3-14 eingetragen.

In den Verschiebungsgrößen $\delta_{i,p}$ brauchen – außer bei aufgelösten Konstruktionen wie Fachwerken usw. – nur die Momentenanteile und bei den δ_{ii} zusätzlich noch die Normalkraftanteile infolge $Z_{vi} = 1$ des Spannstrangs i berücksichtigt zu werden. Dann wird z.B. bei einem Spannstrang ($s = 1$) unter Berücksichtigung des Reduktionssatzes (vgl. B.2.9.2.1 in |HB4|) nach Bild 3-14:

$$\delta_{1,p}^{(1)} = \int M_1^{(1)} M_{b,p}^{(1)} \frac{dx}{E_b I_b} = \int M_1^0 M_{b,p}^{(1)} \frac{dx}{E_b I_b} = - \int \cos \psi_b z_{bv} M_{b,p}^{(1)} \frac{dx}{E_b I_b}, \tag{3-59}$$

$$\delta_{11}^{(1)} = \delta_{b1,1}^{(1)} + \delta_{v1,1}^{(1)} = \int N_1^0 N_1^{(1)} \frac{dx}{E_b A_b} + \int M_1^0 M_1^{(1)} \frac{dx}{E_b I_b} + \int \frac{ds}{E_v A_v}$$

$$= - \int \cos \psi_b N_1^{(1)} \frac{dx}{E_b A_b} - \int \cos \psi_b z_{bv} M_1^{(1)} \frac{dx}{E_b I_b} + \frac{l_v}{E_v A_v}. \tag{3-60}$$

Analog zu (3-24) bis (3-27) wird dann

$$Z_{v,p} = - \frac{\delta_{1,p}^{(1)}}{\delta_{11}^{(1)}}, \tag{3-61}$$

$$N_{b,p} = N_{b,p}^{(1)} + Z_{v,p} N_1^{(1)}, \tag{3-62}$$

$$Q_{b,p} = Q_{b,p}^{(1)} + Z_{v,p} Q_1^{(1)}, \tag{3-63}$$

$$M_{b,p} = M_{b,p}^{(1)} + Z_{v,p} M_1^{(1)}. \tag{3-64}$$

Die *Spannungen* errechnen sich nach (3-56) und (3-58) aus den obigen Schnittgrößen sowie nach (3-20) mit $Z_{v,p}$ statt Z_v. Die zulässigen Spannungen im Spannstahl sind jedoch nach DIN 4227 Teil 6, 9.1 bei innen liegenden Spanngliedern mit

$$\text{zul } \sigma_{v,g+v} = 0,85\beta_{Sv} \qquad\qquad \text{bzw. } 0,75\beta_{Zv}$$

und $\qquad\qquad$ zul $\sigma_{v,g+v+\varphi+p} = 0,80\beta_{Sv}, \qquad\qquad$ bzw. $0,70\beta_{Zv}$

größer als nach (3-10) bzw. (3-10a).

3.2.3 Teilweise Vorspannung

Treten bereits im Grenzzustand der Gebrauchsfähigkeit Risse in vorgespannten Konstruktionen auf, dann bezeichnet man diese Tragwerke als *teilweise vorgespannt* (vgl. 1.2 und Bild 1-3). Aufgrund der reduzierten Steifigkeiten in den Rißbereichen lagern sich in statisch unbestimmten Systemen die Momente zu den ungerissenen Bereichen hin um. Auch muß die Spannungsermittlung in den gerissenen Querschnitten nach Zustand II erfolgen.

Nach den deutschen Normen soll jedoch die Berechnung der Schnittgrößen statisch unbestimmter Tragwerke nach Verfahren erfolgen, die auf der Elastizitätstheorie beruhen. Entsprechend

DIN 4227 Teil 2, 7.1 brauchen im Gebrauchszustand nur die Spannungen im Spannstahl und bei nicht vorwiegend ruhender Belastung zusätzlich diejenigen im Betonstahl nachgewiesen zu werden. Für die Baustoffe ist die Annahme linear-elastischen Verhaltens auch im Zustand II zulässig. Bei *Vorspannung ohne Verbund* soll nach DIN 4227 Teil 6, 3.2 der Korrosionsschutz werkmäßig aufgebracht werden. Da hierbei auch die Risse zu keiner wesentlichen Steigerung der Spannstahlspannungen führen, gelten die weiteren Ausführungen nicht für Vorspannung ohne Verbund.

Wegen der Korrosionsempfindlichkeit der nicht in Hüllrohren liegenden Spanndrähte bei der Spannbettvorspannung wird hier die teilweise Vorspannung nur für Innenbauteile zugelassen werden (vgl. [125]).

Zur Sicherung der Gebrauchsfähigkeit und Dauerhaftigkeit müssen bei Vorspannung mit nachträglichem Verbund die Spannglieder einschließlich der Hüllrohre nach DIN 4227 Teil 2, 10.1 bereits bei Bauteilen im Freien im überdrückten Bereich (unter Dauerlasten) liegen.

Der gegen Spannungsrißkorrosion und Wasserstoffversprödung besonders empfindliche Spannstahl erhält infolge der Nutzlasten bereits im Gebrauchszustand durch Rißbildung größere Spannungsschwankungen (Bild 1-3), die die *Ermüdungsfestigkeit* der Spannglieder in dynamisch beanspruchten Tragwerken herabsetzen können. Bei engen Krümmungsradien entstehen zusätzlich Reibdauerbeanspruchungen [146]. Da Chloride (Tausalznebel) zu Kerbwirkungen infolge Lochfraß führen, dürfen z.B. Fahrbahnplatten von Straßenbrücken nur dann in teilweiser Vorspannung ausgeführt werden, wenn die Spannglieder dauerhaft gegen Korrosion geschützt sind.

Die *Spannungsermittlung im gerissenen Zustand II* wird immer dann erforderlich, wenn die Betonzugspannungen (nach Zustand I) größer als die für beschränkte Vorspannung zulässigen werden. Wegen der Nichtlinearität ist das Superpositionsgesetz nicht mehr gültig, jede Lastfallkombination (einschließlich Vorspannung) ist gesondert zu berechnen. Zusätzlich müssen bei der Vorspannung mit nachträglichem Verbund die Normalkräfte aus den Lastfällen vor und nach Herstellung des Verbundes auf eine *gemeinsame Schwerachse* – hier S_b gewählt – bezogen werden. So folgt mit $\Delta z = z_b - z_i = z_{bv} - z_{iv}$ bei Rahmen und ähnlichen Systemen ein Zusatzmoment

$$\Delta M_N = (N_{i,g_2} + N_{i,p} + N_{i,s_\alpha} + T + \Delta w)(z_{bv} - z_{iv}). \tag{3-65}$$

Da vom *spannungslosen Beton* (Spannbettzustand) auszugehen ist, müßte bei nachträglichem Verbund die Änderung der Spannstahlspannung durch die Betonstauchung infolge Vorspannung und Eigengewicht $\varepsilon_{bv,g+v}$ nach (3-9) berücksichtigt werden:

$$\Delta\sigma_{v,g} = n_v \sigma_{bv,g+V+\varphi}.$$

Die Betonschnittgrößen sind dann entsprechend zu vergrößern:

$$\Delta N_v = \Delta\sigma_{v,g} A_v \cos\psi \approx n_v A_v \sigma_{bv,g+V+\varphi}, \tag{3-66}$$

$$\Delta M_v = \Delta N_v z_{bv} \approx n_v A_v z_{bv} \sigma_{bv,g+V+\varphi}. \tag{3-67}$$

Als äußere Schnittgrößen sind daher bei teilweiser Vorspannung mit nachträglichem Verbund anzusetzen (Bild 3-15):

$$N_q = N_{b,g+V+\varphi} + N_{i,p} + N_{i,S_\alpha} + T + \Delta w + \Delta N_v, \tag{3-68}$$

$$M_q = M_{b,g+V+\varphi} + M_{i,p} + M_{i,S_\alpha} + T + \Delta w + \Delta M_N + \Delta M_v. \tag{3-69}$$

Diese stehen mit den inneren Schnittgrößen D_b und Z_{s+v} im Gleichgewicht. Da E_v etwa gleich E_s ist,

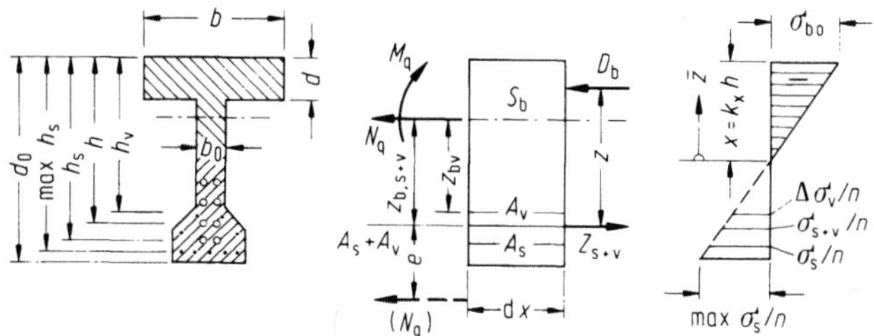

Bild 3-15. Spannungen im Gebrauchszustand bei teilweiser Vorspannung.

können bei geradlinigem Dehnungszustand die Flächen aus Spannstahl und Betonstahl im gemeinsamen Schwerpunkt konzentriert gedacht werden:

$$h = \frac{A_s h_s + A_v h_v}{A_s + A_v}. \tag{3-70}$$

Sind die Betonspannungen σ_{b0} (Bild 3-15) kleiner als etwa ein Drittel der Bruchspannungen, dann kann auch näherungsweise mit einem geradlinigen Betonspannungsverlauf gerechnet werden. Die Summation der Betonspannungen in der Druckzone liefert die Betondruckkraft

$$D_b = \int_{\bar{z}=0}^{x} \sigma_b b(\bar{z})\, d\bar{z}. \tag{3-71}$$

Die Stahlzugkraft folgt aus der Änderung der Spannstahlspannung (gegenüber der Spannbettspannung) und aus der Betonstahlspannung:

$$Z_{s+v} = \Delta\sigma_v A_v + \sigma_s A_s = \sigma_{s+v}(A_s + A_v). \tag{3-72}$$

Die beiden Gleichgewichtsbedingungen (Normalkraft und Moment um Z_{s+v}) sowie die Annahme eines geradlinigen Spannungsverlaufs liefern die Bestimmungsgleichungen für die Unbekannten σ_{b0}, $x = k_x h$ und σ_{s+v}:

$$N_q + D_b + Z_{s+v} = 0, \tag{3-73}$$

$$D_b z = M_q - N_q z_{b,\,s+v} = N_q e, \tag{3-74}$$

$$\sigma_{s+v} = n\sigma_{b0}(h - x)/x. \tag{3-75}$$

Bei beliebigen Querschnitten muß ein Spannungsverlauf angenommen und dafür D_b, z und Z_{s+v} ermittelt werden. Die richtigen Werte von σ_{b0} und x, womit auch σ_{s+v} gefunden ist, werden durch Iteration bestimmt (vgl. auch 5.1.2.1).

Bei *Rechteck- und Plattenbalkenquerschnitten* führen die Bedingungen (3-73) bis (3-75) auf eine kubische Gleichung für die Druckzonenhöhe $x = k_x h$. Da die Betonspannungen in der Zugzone vernachlässigt werden, gelten diese Überlegungen auch für Stegverbreiterungen im Zugbereich oder für Hohlkastenquerschnitte. Die umständliche Lösung der kubischen Gleichung kann mit den Stahlton-Tabellen [19] (aber hier $n = 10$ angenommen) oder besser mit dem *Nomogramm* von Bild 3-16 [147] umgangen werden (vgl. Beispiele 8 und 9).

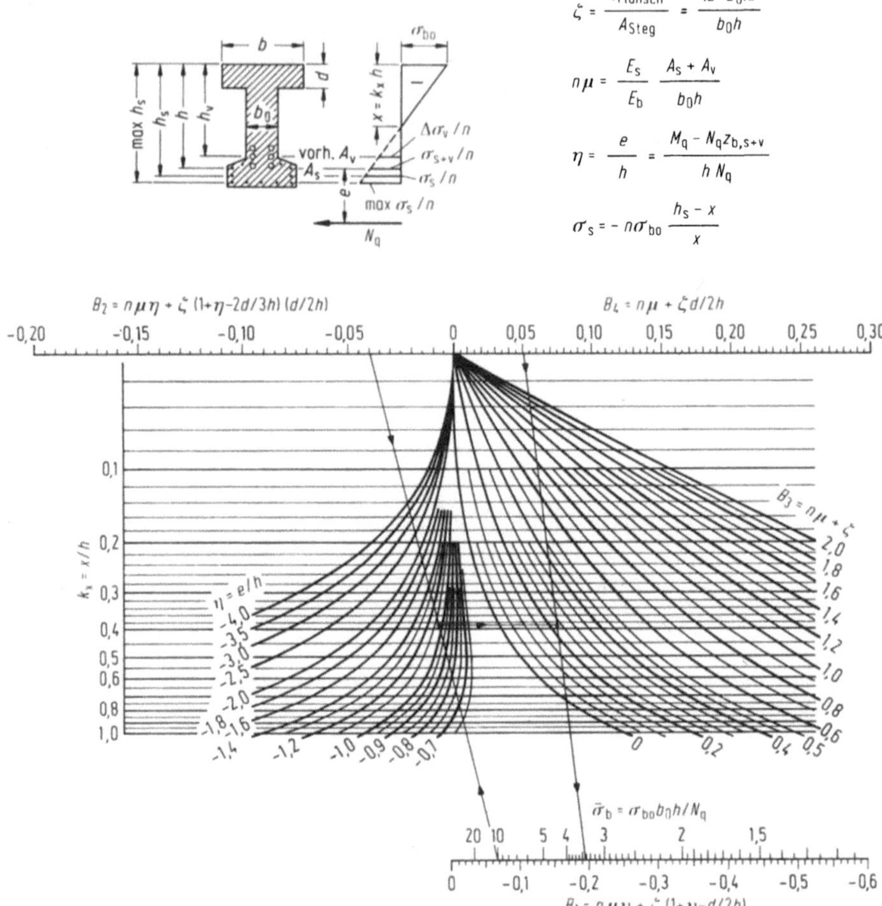

Bild 3-16. Doppelnomogramm zur Berechnung gerissener Rechteck- und Plattenbalkenquerschnitte.

Nach Berechnung von B_1 und B_2 liefert deren Verbindungslinie im Schnittpunkt von $\eta = e/h$ auf der Waagerechten den Wert $k_x = x/h$. Es muß kontrolliert werden, ob die Nullfaser nicht innerhalb des Druckflansches liegt.

Bei $k_x \leq d/h$ ergibt sich praktisch ein *Rechteckquerschnitt* mit $b = b_0$. Dann wird

$$\zeta = \frac{(b - b_0)d}{b_0 h} = 0$$

und
$$B_1 = B_2 = n\mu\eta = \frac{E_s}{E_b} \frac{A_s + A_v}{h^2 b_0 N_q}(M_q - N_q z_{b,\,s+v}), \tag{3-76}$$

$$B_3 = B_4 = n\mu = \frac{E_s}{E_b} \frac{A_s + A_v}{b_0 h}. \tag{3-77}$$

Eine weitere Gerade von B_4 zum Schnittpunkt von k_x mit B_3 liefert schließlich $\bar{\sigma}_b$ und somit die maximale Betonspannung

$$\sigma_{b0} = \frac{\bar{\sigma}_b N_q}{b_0 h}. \tag{3-78}$$

Aus dem Spannungsverlauf (Bild 3-15) können nun die interessierenden Stahlspannungen abgelesen werden:

$$\Delta\sigma_v = -n\sigma_{b0}(h_v - x)/x, \tag{3-79}$$

$$\max \sigma_s = -n\sigma_{b0}(\max h - x)/x. \tag{3-80}$$

Nach DIN 4227 Teil 2, 9 sind die zulässigen Spannungen im Spannstahl wie bei beschränkter und voller Vorspannung nach (3-10a) einzuhalten:

$$\sigma_{v,\,g+V+\varphi+p} = \sigma_{v,\,g+V+\varphi} + n_v \sigma_{bv,\,g+V+\varphi} + \Delta\sigma_v \tag{3-81}$$

$$\leq \text{zul } \sigma_{v,\,g+V+\varphi+p}.$$

Bei *nicht vorwiegend ruhender Belastung* muß zusätzlich die Schwingbreite an Ankerkörpern und Kopplungen kleiner als die 0,7fache zulässige Schwingbreite und im freien Spannglied kleiner als die 0,4fache zulässige Dauerschwingfestigkeit sein bzw. kleiner als 140 N/mm^2 bei Einzelspanngliedern mit geripptem Spannstahl (sonst nur 110 N/mm^2), wobei in (3-69) noch ein Zusatzmoment (ähnlich wie beim Rießsicherheitsnachweis, vgl. 4.1) zu berücksichtigen ist.

Die ertragbaren Schwingbreiten bzw. die Dauerschwingfestigkeit können den Zulassungen für das Spannverfahren bzw. für den Spannstahl entnommen werden. Zur Ermittlung der vorhandenen Schwingbreite muß die Spannung im Spannstahl mit und ohne Schnittgrößen aus den häufigen Lastwechseln berechnet und die Differenz gebildet werden.

Für die zulässige Schwingbreite des Betonstahls gelten die gleichen Überlegungen wie beim Stahlbeton (vgl. auch Teil I, 7.3). Die vorhandene Schwingbreite wird analog der des Spannstahls berechnet.

3.3 Lastfall Schwinden und Kriechen

3.3.1 Grundlagen

In letzter Zeit ist die Kenntnis über das zeitabhängige Verhalten der Betonkonstruktionen aufgrund von Versuchen wesentlich erweitert [4b, 148–150], weshalb die in 4.3.4.2.6 in [HB 1] enthaltenen Angaben in Anlehnung an die DIN 4227 Teil 1 ergänzt werden.

Die *Schwindverkürzung* des Betons liefert Beanspruchungen erst nach dem Beginn der Zwängung (meist $t = t_0$, vgl. Bild 3-17a):

$$\varepsilon_{\mathrm{S},t} = \varepsilon_{\mathrm{S}0}(k_{\mathrm{S},t} - k_{\mathrm{S},t_0}). \tag{3-82}$$

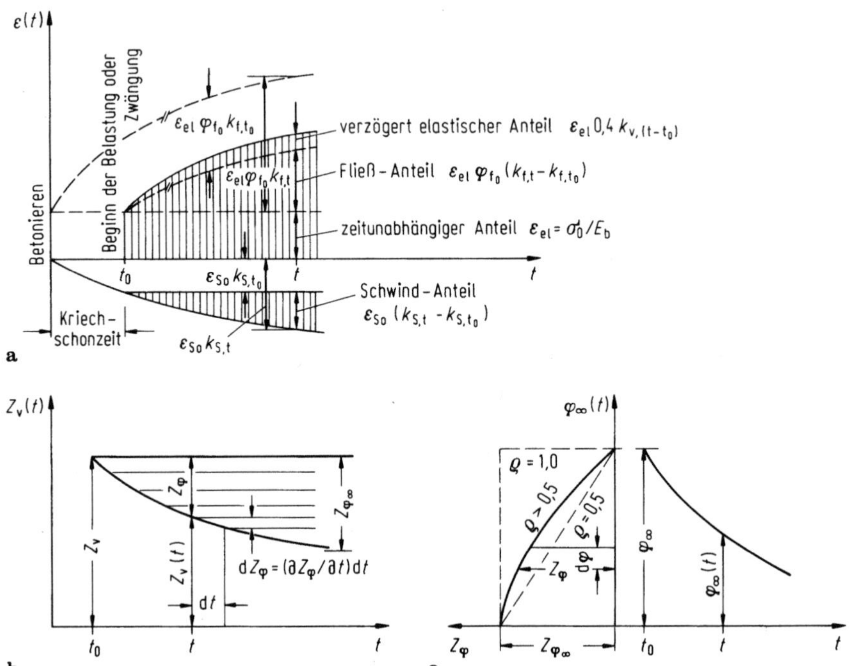

Bild 3-17a‑c. Grundlagen zur Ermittlung des Einflusses von Schwinden und Kriechen.
a) Zeitabhängige Verformung bei konstanter Belastung ab $t = t_0$, b) Änderung der Vorspannkraft $Z_{\mathrm{V}}(t)$ mit der Zeit, c) Spannkraftabfall Z_φ und Kriechbeiwert $\varphi_\infty(t)$.

Bei dauernd wirkender konstanter Spannung σ_0 kann die *Kriechverformung* mit der Kriechzahl φ_t beschrieben werden. Sie setzt sich aus einem irreversiblen Fließanteil und einem verzögert elastischen Anteil (reversibel) zusammen (Bild 3-17a):

$$\varepsilon_{\mathrm{k}} = \varepsilon_{\mathrm{el}}\varphi_t = \frac{\sigma_0}{E_{\mathrm{b}}}\left[\varphi_{\mathrm{f}0}(k_{\mathrm{f},t} - k_{\mathrm{f},t_0}) + 0{,}4\,k_{\mathrm{v},(t-t_0)}\right]. \tag{3-83}$$

Das Grundschwindmaß $\varepsilon_{\mathrm{S}0}$ ($\approx +10\cdot10^{-5}$ bis $-46\cdot10^{-5}$) und die Grundfließzahl $\varphi_{\mathrm{f}0}$ ($\approx 0{,}8$ bis 2,7) sind hauptsächlich von der umgebenden Luftfeuchtigkeit und der Konsistenz des Betons abhängig. Mit den Zeitfunktionen $k_{\mathrm{f},t}(\leq 1{,}85)$, $k_{\mathrm{S},t}(\leq 1{.}20)$ und $k_{\mathrm{v},(t-t_0)}(\leq 1{,}0)$ werden außer der

Einwirkungsdauer die Einflüsse der wirksamen Körperdicke, der Betontemperatur und der Zementart berücksichtigt. Die Kriechschonzeit t_0, d.h. die Zeitspanne zwischen dem Betonieren und dem Vorspannen, liefert den Beginn der Belastung und beim Schwinden meist den der Zwängung (vgl. aber Systemschwinden, Beispiel 6).

Wie (3-83) zeigt, können *Belastungsänderungen* durch Superposition der einzelnen Lastzustände, natürlich mit den zugehörigen t_0- und t-Werten, erfaßt werden. Bei Entlastungen, d.h. einer zusätzlichen negativen Belastung, ist nach Bild 3-17a der elastische und der verzögert elastische Anteil umzukehren und von der Ursprungskurve abzuziehen.

Im EC2 sind Produktansätze für $\varepsilon_{s,t}$ und φ_t gewählt, die die zeitabhängigen Einflüsse für $t \rightarrow \infty$ etwes besser approximieren.

Die Verläufe der Schwind- und Kriechverformung sind näherungsweise affin, zumal der verzögert elastische meist klein gegenüber dem Fließanteil ist (DIN 4227 Teil 1, 8.7.1).

Aufgrund des zeitabhängigen Verhaltens des Betons ändert sich aber auch die Betonspannung im Laufe der Zeit, wenn dem Bauteil eine Verformung, z. B. durch Vorspannung oder Stützensenkung, aufgezwungen wird. Diese als *Relaxation* bezeichnete Spannungsreduzierung kann auch im Spannstahl bei hohen Spannungen auftreten [3, 150]. Hierfür wird die Kriechzahl φ_v eingeführt, die man aus der Relaxationszahl ψ_v erhält:

$$\varphi_v = \psi_v / (1 - \psi_v). \tag{3-84}$$

Die Relaxationszahl kann der Zulassung des verwendeten Spannstahls entnommen werden und liegt bei den nach DIN 4227 Teil 1 und 2 zulässigen maximalen Spannstahlspannungen (3-10a) im Normalfall unter 5%.

3.3.2 Einführung eines Relaxationskennwerts

Die Verkürzung des Betons infolge Schwinden und Kriechen (bei Druckbeanspruchung) führt zu einer zeitlich ansteigenden Verringerung der Vorspannkraft (Bild 3-17b). Die größte Verformung zur Zeit $t = \infty$ infolge dieser Spannkraftänderung Z_{φ_∞} kann bei Berücksichtigung des Superpositionsprinzips aus der Summation der Wirkung der Lastanteile dZ_φ, multipliziert mit dem zu diesem Zeitpunkt t (Kriechschonzeit t statt t_0) gültigen Kriechbeiwert $\varphi_\infty(t)$, bestimmt werden (Bild 3-17b):

$$\delta_{b,Z_\varphi} = \delta_{b,1} \int\limits_{t=t_0}^{\infty} \frac{\partial Z_\varphi}{\partial t} \left[\varphi_{f0}(k_{f,\infty} - k_{f,t}) + 0,4 \, k_{v,(\infty-t)} \right] dt. \tag{3-85}$$

Es läßt sich zeigen [14, 20], daß die Verformung auch als Integration über die – jetzt von der Kriechschonzeit t abhängigen – Kriechbeiwerte $\varphi_\infty(t)$ gefunden werden kann (Bild 3-17c):

$$\delta_{b,Z_\varphi} = \delta_{b,1} \int\limits_{\varphi=0}^{\varphi_\infty} Z_\varphi \, d\varphi = \delta_{b,1} \varrho Z_{\varphi_\infty} \varphi_\infty. \tag{3-86}$$

Bei Einführung des Relaxations- oder Alterungskennwerts ϱ wird also praktisch mit einem mittleren Spannkraftabfall $\varrho Z_{\varphi_\infty}$ im gesamten Kriechbereich gerechnet. So liefert z. B. ein linearer Verlauf von Z_φ mit $\varphi_\infty(t)$ einen Wert $\varrho = 0,5$, eine Näherung, die nach DIN 4227 Teil 1, 8.7.2 zulässig ist, wenn $Z_{\varphi_\infty} \leq 0,3 Z_v$.

Die Berechnung mit (3-86) hat vor allem den Vorteil, daß ϱ für alle statisch bestimmten und unbestimmten Betonkonstruktionen nahezu unabhängig vom System und von φ_∞ ist, sofern alle Tragwerksteile etwa gleich kriechwillig sind (also z. B. keine Stahlzugbänder enthalten) und keine Änderung des Systems oder der Belastung eintritt.

Trost [151], Schade [152] und EC 2 geben ϱ mit ausreichender Genauigkeit zu $\varrho = 0,8$ an. Nach der Alterungstheorie von Dischinger [153], bei der das Rückkriechen oder die verzögert elastische Verformung bei der Relaxation der Betonspannungen vernachlässigt wird, ergibt sich $\varrho = 0,5$. Rüsch u. Jungwirth [4b,148] erhalten bei der Annahme einer sofort eintretenden verzögert elastischen Verformung mit einer erweiterten Dischinger-Gleichung für $\varphi_\infty \geq 1,5$ etwa $\varrho = 0,7$. Eine große Genauigkeit ist nicht erforderlich, da ϱ immer als Multiplikator der Kriechzahl auftritt, die ohnehin mit vielen Unsicherheiten behaftet ist.

Näherungsweise kann mit $\varrho = 0,8$ auch dann gerechnet werden, wenn der Spannkraftabfall zu einem früheren Zeitpunkt als $t = \infty$ gesucht wird. Das wirksame Betonalter $t - t_0$ sollte nach Schade [152] aber größer als etwa 180 Tage sein.

3.3.3 Spannkraftabfall bei Vorspannung ohne Verbund in statisch bestimmten Systemen

Bei *Vorspannung ohne Verbund* läßt sich der Abfall der Vorspannkraft, also die Druckkraft im Spannglied, am leichtesten herleiten. Die Kontinuitätsbedingung, nach der die gesamte Verformung $\delta_{i,\varphi}$ infolge Schwinden und Kriechen in jedem aufgetrennten Spannstrang i zu null wird, soll näherungsweise nur für den Endzeitpunkt $t = \infty$ bzw. $\varphi = \varphi_\infty$ erfüllt werden. Mit den Relaxationskennwerten ϱ für den Beton und ϱ_v für den Spannstahl kann dann die Anpassung für jeden Zeitpunkt erfolgen.

Bei der *einsträngigen Vorspannung* setzt sich die gegenseitige Verschiebung $\delta_{1,\varphi}$ bei Wahl der statisch Überzähligen $X_1 = Z_{\varphi_x}$ nach Bild 3-18a aus folgenden Anteilen zusammen:

Schwindverformung des Betons nach (3-82):	$\delta_{b1,s_x} = \varepsilon_{s_x} \int N_{b,1} \, dx$
Kriechverformung des Betons infolge *Dauerlast* $(g + V)$ nach (3-83):	$\delta_{b1,g+v} \, \varphi_\infty$
Kriechverformung des Spannstahls infolge Dauerlast Z_v:	$Z_v \delta_{v1,1} \, \varphi_v$
Elastische Verformung des Betons und des Spannstahls infolge *Spannkraftabfall* Z_φ:	$Z_{\varphi_x}(\delta_{b1,1} + \delta_{v1,1})$
Kriechverformung des Betons und des Spannstahls infolge *Spannkraftabfall* nach (3-86):	$Z_{\varphi_x}(\delta_{b1,1}\varrho\varphi_\infty + \delta_{v1,1}\varrho_v\varphi_v)$

Die Verformungen infolge der Unbekannten $X_1 = Z_{\varphi_x} = 1$ wurden wie in (3-60) in den Anteil für Beton

$$\delta_{b1,1} = \int N_{b,1}^2 \frac{dx}{E_b A_b} + \int M_{b,1}^2 \frac{dx}{E_b I_b}$$

und für Spannstahl

$$\delta_{v1,1} = \int \frac{ds}{E_v A_v}$$

aufgespalten, da der Spannstahl mit einer anderen Kriechzahl φ_v (meist $< 0,05$ nach [3]) und einem anderen Relaxationskennwert ($\varrho_v \approx 1,0$) berücksichtigt werden muß.

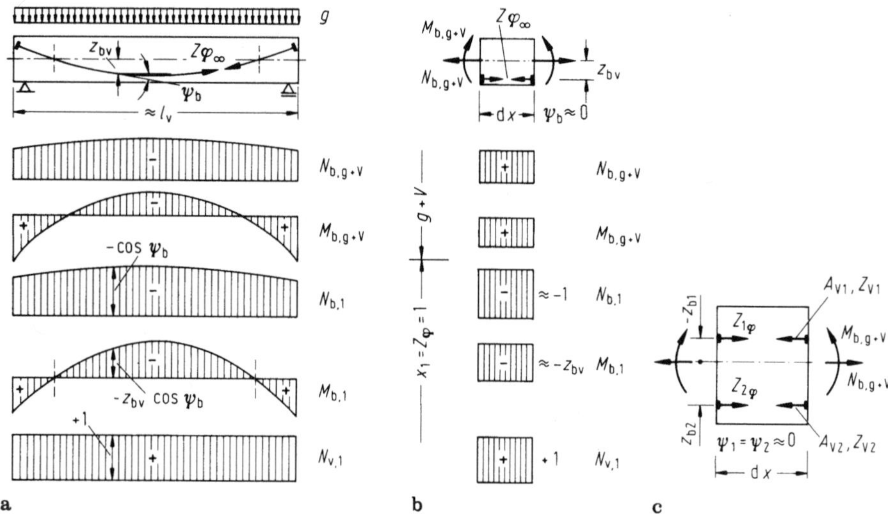

Bild 3-18a–c. Bestimmung des Spannkraftabfalls infolge Schwinden, Kriechen und Relaxation. a) Vorspannung ohne Verbund; b) Vorspannung mit Verbund, c) Zweisträngige Vorspannung.

Für die einsträngige Vorspannung folgt der Abfall der Vorspannung somit aus der Kontinuitätsbedingung:

$$\delta_{b1,S_x} + \delta_{b1,g+v}\,\varphi_\infty + Z_v\delta_{v1,1}\,\varphi_v + Z_{\varphi_x}[\delta_{b1,1}(1 + \varrho\varphi_\infty) + \delta_{v1,1}(1 + \varrho_v\varphi_v)] = 0,$$

$$Z_{\varphi_x} = -\frac{\delta_{b1,S_,} + \delta_{b1,g+v}\,\varphi_\infty + Z_v\delta_{v1,1}\,\varphi_v}{\delta_{v1,1}(1 + \varrho_v\varphi_v) + \delta_{b1,1}(1 + \varrho\varphi_\infty)}. \tag{3-87}$$

Wegen $\varphi_v < 0{,}05$, d.h., $1 \gg \varrho_v\varphi_v$, kann die Spannstahlrelaxation im Nenner vernachlässigt werden:

$$Z_{\varphi_x} = -\frac{\delta_{b1,S,}/\delta_{v1,1} + \delta_{b1,g+v}\,\varphi_\infty/\delta_{v1,1} + Z_v\varphi_v}{1 + (1 + \varrho\varphi_\infty)\delta_{b1,1}/\delta_{v1,1}}. \tag{3-88}$$

3.3.4 Spannkraftabfall bei Vorspannung mit Verbund in statisch bestimmten Systemen

Bei *Vorspannung mit nachträglichem Verbund* und bei *Spannbettvorspannung* kann der Verbund nach Bild 3-18b durch eng liegende Ankerkörper ($dx \to 0$) simuliert werden. Hierbei ist es im Gegensatz zu 3.1.1 und 3.1.2.1 richtiger, mit den reinen Betonquerschnittswerten – also ohne $n_v A_v$, jedoch einschließlich Einpreßmörtelfläche – zu rechnen. Die Betonstahlfläche kann wegen $n_s \approx n_v$ zu A_v addiert werden, wenn die Schwerpunkte etwa zusammenfallen ($z_{bs} \approx z_{bv}$). Z_{φ_x} ist dann entsprechend den Stahlanteilen auf den Beton- und Spannstahl zu verteilen (vgl. Beispiel 6: Riegelanschnitt). Soll der auf der gegenüberliegenden Seite vorhandene Betonstahl (also $z_{bs} \neq z_{bv}$) auch berücksichtigt werden, dann liefert (3-98) ausreichend genaue Werte, wenn die gesamte Betonstahlbewehrung in zwei Stränge aufgeteilt wird. Der im Schwerpunkt von A_{v2} zu konzentrierende Anteil A_{s2} wird zu A_{v2} addiert und der Rest A_{s1} als A_{v1} im zweiten frei zu wählenden Strang eingesetzt.

Unter Annahme gleichen Zeitpunkts (t_0) für Belastung, Zwängungsbeginn und Verbundherstellung wird bei vernachlässigter Neigung des Spannglieds ($\psi_b \approx 0$) und konstanten Schnittgrößen in dx nach Bild 3-18b:

$$\delta_{b1,S_x} = \varepsilon_{S_x} \int N_{b,1} \, dx \approx -\varepsilon_{S_x} \int dx, \qquad (3\text{-}89)$$

$$\delta_{b1,g+v} = \int N_{b,1} N_{b,g+v} \frac{dx}{E_b A_b} + \int M_{b,1} M_{b,g+v} \frac{dx}{E_b I_b}$$

$$\approx -\left(\frac{N_{b,g+v}}{A_b} + \frac{M_{b,g+v}}{I_b} z_{bv}\right) \frac{\int dx}{E_b} = -\sigma_{bv,g+v} \frac{\int dx}{E_b}, \qquad (3\text{-}90)$$

$$\delta_{b1,1} = \int N_{b,1}^2 \frac{dx}{E_b A_b} + \int M_{b,1}^2 \frac{dx}{E_b I_b} \approx \left(1 + \frac{A_b}{I_b} z_{bv}^2\right) \frac{\int dx}{E_b A_b}, \qquad (3.91)$$

$$\delta_{v1,1} = \int \frac{ds}{E_v A_v} \approx \frac{\int dx}{E_v A_v}. \qquad (3\text{-}92)$$

Aus (3-88) folgt der Spannkraftabfall durch Schwinden (ε_{S_x}) und Kriechen (φ_∞) des Betons sowie durch Relaxation bzw. Kriechen (φ_v) des Spannstahls:

$$Z_{\varphi_x} = \frac{\varepsilon_{S_x} E_v A_v + n_v A_v \varphi_\infty \, \sigma_{bv,g+v} - \varphi_v Z_v}{1 + (1 + \varrho\varphi_\infty)(1 + z_{bv}^2/i_b^2)n_v A_v/A_b}. \qquad (3\text{-}93)$$

Mit $Z_{\varphi_x}/A_v = \sigma_{v,\varphi_x}$ und $Z_v/A_v = \sigma_{v,g+v}$ nach (3-20) kann die *Spannungsänderung im Spannstahl* direkt angeschrieben werden:

$$\sigma_{v,\varphi_x} = \frac{\varepsilon_{S_x} E_v + n_v \varphi_\infty \, \sigma_{bv,g+v} - \varphi_v \sigma_{v,g+v}}{1 + (1 + \varrho\varphi_\infty)(1 + z_{bv}^2/i_b^2)n_v A_v/A_b}. \qquad (3\text{-}94)$$

Aus (3-16) bis (3-19) und (3-21) folgen die Änderungen der *Betonspannungen* und die zusätzliche Beanspruchung des *Betonstahls*, wenn statt Z_v nur Z_{φ_x} gesetzt wird. Deshalb kann bei statisch bestimmten Systemen auch geschrieben werden:

$$\sigma_{b,\varphi_x} = \sigma_{b,v} \, \sigma_{v,\varphi_x}/\sigma_{v,g+v}, \qquad (3\text{-}95)$$

$$\sigma_{s,\varphi_x} = \sigma_{s,v} \, \sigma_{v,\varphi_x}/\sigma_{v,g+v}. \qquad (3\text{-}96)$$

In üblichen Spannbetonkonstruktionen wird als grober Anhalt

$$\varepsilon_{S_x} E_v = \varepsilon_{S0}(k_{S,\infty} - k_{S,t_0})E_v \approx -46 \cdot 10^{-5}(0{,}80 - 0{,}05)2{,}05 \cdot 10^5 \approx -70 \, \text{N/mm}^2,$$

$$n_v \varphi_\infty \sigma_{bv,g+v} = \frac{E_v}{E_b}[\varphi_{f0}(k_{f,\infty} - k_{f,t_0}) + 0{,}4 k_{v,(\infty-t_0)}]\sigma_{bv,g+v}$$

$$\approx 6[2{,}7(1{,}40 - 0{,}45) + 0{,}4 \cdot 1{,}0](-8) \approx -140 \, \text{N/mm}^2$$

(wobei die Dauerspannung im Beton in Höhe des Spannglieds $\sigma_{bv,\,g+v}$ je nach Bauwerk, Querschnitt und Ausnutzungsgrad entsprechend Bild 3-13 großen Schwankungen unterworfen ist) und

$$- \varphi_v \sigma_{v,\,g+v} \approx - \left[\psi_v/(1 - \psi_v)\right] \text{ zul } \sigma_{v,\,g+v} \approx - (0{,}02/0{,}98)1000 = - 20 \text{ N/mm}^2.$$

Alle Anteile addieren sich und liefern eine zusätzliche Druckspannung – oder besser eine Reduzierung der Zugspannung – im Spannstahl. Bei Berücksichtigung des Nenners, der etwa 1,1 bis 1,5 beträgt, wird $\sigma_{v,\,\varphi_x} = (- 100$ bis $- 200)\text{N/mm}^2$, d.h, bei einem $\sigma_{v,\,g+v}$ von 1000 N/mm^2 beträgt der prozentuale Spannungsabfall etwa 10% bis 20%.

Liegen die Spannglieder, Spanndrähte und Betonstähle im Querschnitt weit auseinander, dann würden insbesondere die Beanspruchungen der vom gemeinsamen Schwerpunkt am weitesten entfernt liegenden Spannstähle bei Zusammenfassung zu einem Spannstrang zu ungenau ermittelt werden (vgl. [21, 154, 155]). Man faßt sie dann zu *zwei Spannsträngen* zusammen und ermittelt für das zweifach unbestimmte System zwei Kontinuitätsbedingungen (vgl. 3.3.3), deren Lösung nach Bild 3-18c bei Annahme von affinem Verlauf der $Z_{1\varphi}$ und $Z_{2\varphi}$ (d.h., $\varrho_1 = \varrho_2$, vgl. [22, 23, 156, 157]) zu folgenden Änderungen der Spannkräfte führt:

$$Z_{1\varphi_x} = \frac{\delta_{1L}\delta_{22} - \delta_{2L}\delta_{12}}{\delta_{12}^2 - \delta_{11}\delta_{22}}$$

$$Z_{2\varphi_x} = \frac{\delta_{2L}\delta_{11} - \delta_{1L}\delta_{12}}{\delta_{12}^2 - \delta_{11}\delta_{22}}$$

(3-97)

mit:
$$\delta_{1L} = \delta_{b1,s_x} + \delta_{b1,g+v}\,\varphi_\infty + Z_{1v}\delta_{v1,1}\,\varphi_{v1}$$
$$\delta_{2L} = \delta_{b2,s_x} + \delta_{b2,g+v}\,\varphi_\infty + Z_{2v}\delta_{v2,2}\,\varphi_{v2}$$
$$\delta_{11} = \delta_{b1,1}(1 + \varrho\varphi_\infty) + \delta_{v1,1}(1 + \varrho_v\varphi_{v1})$$
$$\delta_{22} = \delta_{b2,2}(1 + \varrho\varphi_\infty) + \delta_{v2,2}(1 + \varrho_v\varphi_{v2})$$
$$\delta_{12} = \delta_{b1,2}(1 + \varrho\varphi_\infty)$$

Wird wieder $\varrho_v\,\varphi_v \ll 1$ gesetzt, und werden die Verformungsgrößen – wie in (3-89) bis (3-92) – durch die Querschnittswerte ausgedrückt, so finden sich mit den Bezeichnungen von Bild 3-18c für die Vorspannung mit Verbund:

$$Z_{1\varphi_x} = \frac{n_v\varphi_\infty}{C_N}\left[(z_{b2}^2 + i_b^2 + C_v A_{v1})\sigma_{b1,\,g+v+s} - (z_{b1}z_{b2} + i_b^2)\sigma_{b2,\,g+v+s}\right],$$

(3-98)

$$Z_{2\varphi_x} = \frac{n_v\varphi_\infty}{C_N}\left[(z_{b1}^2 + i_b^2 + C_v A_{v2})\sigma_{b2,\,g+v+s} - (z_{b1}z_{b2} + i_b^2)\sigma_{b1,\,g+v+s}\right],$$

worin:
$$C_V = I_b/[n_v A_{v1} A_{v2}(1 + \varrho\varphi_\infty)],$$

$$C_N = C_V + n_v(z_{b1} - z_{b2})^2(1 + \varrho\varphi_\infty)/A_b + (z_{b1}^2 + i_b^2)/A_{v2} + (z_{b2}^2 + i_b^2)/A_{v1},$$

$$\sigma_{b1,\,g+V+s} = \frac{N_{b,\,g+v}}{A_b} + \frac{M_{b,\,g+v}}{I_b}z_{b1} + \frac{E_b\varepsilon_{s\infty}}{\varphi_\infty} - \frac{\sigma_{v1,\,g+v}\,\varphi_{v1}}{n_v\varphi_\infty},$$

$$\sigma_{b2,\,g+V+s} = \frac{N_{b,\,g+v}}{A_b} + \frac{M_{b,\,g+v}}{I_b}z_{b2} + \frac{E_b\varepsilon_{s\infty}}{\varphi_\infty} - \frac{\sigma_{v2,\,g+v}\,\varphi_{v2}}{n_v\varphi_\infty}.$$

3.3.5 Methode der Kriechintervalle

Treten – solange der Beton noch kriechwillig ist – wesentliche Änderungen der Dauerlasten ein, z. B. bei Fertigteilträgern durch den Endausbau (vgl. Beispiel 5) oder beim Freivorbau von Brücken, dann kann nicht mehr der gesamte Kriechbereich betrachtet werden. Das gleiche gilt auch bei Systemänderungen des Tragwerks, z.B. bei abschnittsweise hergestellten Brücken [158] oder wenn das Bauteil aus sehr unterschiedlich kriechfähigen Elementen besteht, z.B. bei Stahlzugbändern bzw. Schrägseilen. In diesen Fällen muß zur Berechnung des Spannkraftabfalls oder der Änderung einer statisch unbestimmten Größe (vgl. 3.3.6 bis 3.3.8) infolge Schwinden und Kriechen die gesamte Kriechzeit ($t = t_0$ bis $t = \infty$) entsprechend den Terminen der Änderungen unterteilt werden [15, 20, 125, 159]. Dieses Verfahren läßt sich auch gut für die EDV aufbereiten [160].

Sind die Zeitintervalle, vor allem kurz nach dem Betonieren, klein genug, dann ist der Fehler durch den genäherten Relaxationskennwert und das Rückkriechen vernachlässigbar. Mit diesen Überlegungen kann auch der Relaxationsbeiwert ϱ kontrolliert werden.

Bei der Methode der Kriechintervalle wird die Schwind- und Kriechverformung und die sich daraus ergebende Spannungsänderung $\Delta\sigma_{v,i}$, z. B. für den Spannkraftabfall bei Vorspannung mit Verbund, für jeden Zeitabschnitt Δt_i gesondert berechnet, wobei in dieser Zeit die Dauerspannung $\sigma_{bv,\,g+v}^{i-1}$ näherungsweise konstant angenommen wird (Bild 3-19). Die aus der Spannungsänderung $\Delta\sigma_{v,i}$ und eventuell aus Zusatzlasten sich ergebenden zusätzlichen Betonspannungen $\Delta\sigma_{bv,i}$ werden zu denen des vorhergehenden Kriechintervalls addiert. Die verzögert elastische Verformung und das Spannstahlkriechen werden vereinfachend nur im letzten Zeitabschnitt $\Delta t_E = \infty - t_E$ berücksichtigt [20, 125].

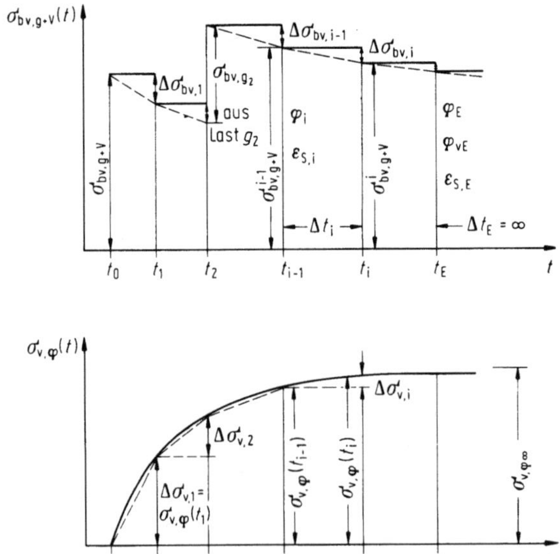

Bild 3-19. Spannungsänderungen bei der Methode der Kriechintervalle (Vorspannung mit Verbund).

Für jedes Kriech- oder Zeitintervall sind die Schwindwerte $\varepsilon_{\mathrm{S},i}$ und $\varepsilon_{\mathrm{S},\mathrm{E}}$ sowie die Kriechzahlen φ_i, φ_{E} und φ_{vE} neu zu berechnen:

$$\varepsilon_{\mathrm{S},i} = \varepsilon_{\mathrm{S0}}(k_{\mathrm{S},i} - k_{\mathrm{S},i-1}), \tag{3-99}$$

$$\varepsilon_{\mathrm{S},\mathrm{E}} = \varepsilon_{\mathrm{S0}}(k_{\mathrm{S},\infty} - k_{\mathrm{S},\mathrm{E}}), \tag{3-100}$$

$$\varphi_i = \varphi_{\mathrm{f0}}(k_{\mathrm{f},i} - k_{\mathrm{f},i-1}), \tag{3-101}$$

$$\varphi_{\mathrm{E}} = \varphi_{\mathrm{f0}}(k_{\mathrm{f},\infty} - k_{\mathrm{f},\mathrm{E}}) + 0{,}4, \tag{3-102}$$

$$\varphi_{\mathrm{vi}} = 0 \qquad \varphi_{\mathrm{vE}} = \psi_{\mathrm{v}}/(1 - \psi_{\mathrm{v}}). \tag{3-103}$$

Der gesuchte Spannungsabfall bei z.B. einem Spannstrang folgt dann aus (3-94), wobei das Stahlkriechen nur im letzten Zeitintervall (Δt_{E}) auftritt,

$$\Delta\sigma_{\mathrm{v},i} = \frac{\varepsilon_{\mathrm{S},i}E_{\mathrm{v}} + n_{\mathrm{v}}\varphi_i\,\sigma_{\mathrm{bv},\mathrm{g+v}}^{i-1}(-\varphi_{\mathrm{vE}}\,\sigma_{\mathrm{v},\mathrm{g+v}}^{\mathrm{E}})}{1 + (1 + \varrho\varphi_i)(1 + z_{\mathrm{bv}}^2/i_{\mathrm{b}}^2)n_{\mathrm{v}}A_{\mathrm{v}}/A_{\mathrm{b}}} \tag{3-104}$$

und aus (3-95) die Änderung der Betonspannung:

$$\Delta\sigma_{\mathrm{bv},i} = \sigma_{\mathrm{bv},\mathrm{v}}\,\Delta\sigma_{\mathrm{v},i}/\sigma_{\mathrm{v},\mathrm{g+v}}. \tag{3-105}$$

Bei etwa gleichen Zeitintervallen werden die Spannungsänderungen immer kleiner. Lediglich im letzten Zeitabschnitt können wegen der zusätzlich zu berücksichtigenden Anteile aus der verzögerten elastischen Verformung und dem Spannstahlkriechen bei $t_{\mathrm{E}} \lesssim 1$ Jahr und wirksamen Körperdicken über $d_{\mathrm{ef}} \approx 20$ cm größere Werte auftreten. Man sollte daher, wenn nicht Last- oder Systemänderungen berücksichtigt werden müssen, zu Anfang kleinere Kriechintervalle wählen.

Beispiel 5: Um die Berechnung mit Kriechintervallen bei zweisträngiger Vorspannung zu zeigen, soll für Beispiel 1 die Spannkraftänderung infolge Schwinden und Kriechen in Feldmitte bestimmt werden.

1. Kriechabschnitt: Vorspannung erfolgt nach 3 Tagen bei Normaltemperatur oder nach 1 Tag bei Wärmebehandlung mit 80 °C. Nach DIN 4227 Teil 1, 8.6 wird

$$t = \sum_i \frac{T_i + 10\,°\mathrm{C}}{30\,°\mathrm{C}}\,\Delta t_i = \frac{80\,°\mathrm{C} + 10\,°\mathrm{C}}{30\,°\mathrm{C}} \cdot 1\mathrm{d} = 3\ \text{Tage}.$$

Die Lagerung, d.h. Belastung mit $g_1 + V$, soll 180 Tage (DIN 4227 Teil 1, 8.7.3) betragen. Damit werden die ungünstigsten Werte erreicht.
Wirksame Körperdicke bei Lagerung im Freien (DIN 4227 Teil 1, 8.5):

$$d_{\mathrm{ef1}} = k_{\mathrm{ef1}}\,2A/u \approx 1{,}5 \cdot 2 \cdot 0{,}272/(2(1{,}20 + 0{,}44)) = 0{,}25\ \mathrm{m}.$$

Bei Zement Z45F, $t_0 = 3$ Tage und $t_1 = 180$ Tage wird mit DIN 4227 Teil 1, Bild 1 bis 3:

(3-99)
$$\varepsilon_{\mathrm{S},1} = -32 \cdot 10^{-5}(0{,}42 - 0{,}03) = -12{,}5 \cdot 10^{-5}$$

(3-101)
$$\varphi_1 = 2{,}0\,(1{,}07 - 0{,}28) = 1{,}58$$

Mit den Querschnittswerten von Beispiel 1 – wobei $A_b \approx \mathrm{tot}\, A$ und $I_b \approx \mathrm{tot}\, I$ – und den Spannungen von Bild 3-2 folgt:

$$i_b^2 = I_b/A_b = 0{,}0371/0{,}272 = 0{,}136\ \mathrm{m}^2$$

(3-98)
$$C_V = 0{,}0371/[5{,}5 \cdot 1{,}6 \cdot 11{,}1 \cdot 10^{-8}(1 + 0{,}8 \cdot 1{,}58)] = 16800$$
$$\begin{aligned}
C_N &= 16800 + 5{,}5(-0{,}478 - 0{,}591)^2(1 + 0{,}8 \cdot 1{,}58)/0{,}272 \\
&\quad + (0{,}478^2 + 0{,}136)/(11{,}1 \cdot 10^{-4}) + (0{,}591^2 + 0{,}136)/(1{,}6 \cdot 10^{-4}) \\
&= 16800 + 52 + 328 + 3033 = 20\,200
\end{aligned}$$

(Bild 3-2)
$$\sigma_{b1,\,g_1 + V + S} = -1{,}2 - 0{,}37 \cdot 10^5 \cdot 12{,}5 \cdot 10^{-5}/1{,}58 = -4{,}1\ \mathrm{MN/m}^2$$
u. (3-98)
$$\sigma_{b2,\,g_1 + V + S} = -7{,}3 - 0{,}37 \cdot 10^5 \cdot 12{,}5 \cdot 10^{-5}/1{,}58 = -10{,}2\ \mathrm{MN/m}^2$$

$$Z_{1\varphi_1} = \frac{5{,}5 \cdot 1{,}58}{20200}\left[(0{,}591^2 + 0{,}136 + 16800 \cdot 1{,}6 \cdot 10^{-4})(-4{,}1)\right.$$

(3-98)
$$\left. - (-0{,}478 \cdot 0{,}591 + 0{,}136)(-10{,}2)\right] = -0{,}005\ \mathrm{MN}$$

$$Z_{2\varphi_1} = \frac{5{,}5 \cdot 1{,}58}{20200}\left[(0{,}478^2 + 0{,}136 + 16800 \cdot 11{,}1 \cdot 10^{-4})(-10{,}2)\right.$$

$$\left. - (-0{,}478 \cdot 0{,}591 + 0{,}136)(-4{,}1)\right] = -0{,}083\ \mathrm{MN}$$

(3-16)
$$N_{b,\,\varphi_1} = +0{,}005 \cdot 1{,}0 + 0{,}083 \cdot 1{,}0 = +0{,}088\ \mathrm{MN}$$

(3-18)
$$M_{b,\,\varphi_1} = +0{,}005(-0{,}478) + 0{,}083 \cdot 0{,}591 = +0{,}047\ \mathrm{MNm}$$

(3-19)
$$\sigma_{bo,\,\varphi_1} = +0{,}088/0{,}272 + 0{,}047(-0{,}518)/0{,}0371 = -0{,}3\ \mathrm{MN/m}^2$$
$$\sigma_{bu,\,\varphi_1} = +0{,}088/0{,}272 + 0{,}047 \cdot 0{,}682/0{,}0371 = +1{,}2\ \mathrm{MN/m}^2$$

2. Kriechabschnitt: $t_1 = t_E = 180$ Tage, $t = \infty$, Lagerung im Innenraum, sonst wie im 1. Kriechabschnitt. Nach DIN 4227 Teil 1, 8.4 bis 8.7:

$$d_{ef2} = k_{ef2}\, d_{ef1}/k_{ef1} = 1{,}0 \cdot 0{,}25/1{,}5 = 0{,}17\ \mathrm{m}$$
(3-100)
$$\varepsilon_{S,\,E} = -46 \cdot 10^{-5}(0{,}95 - 0{,}56) = -17{,}9 \cdot 10^{-5}$$

(3-102)
$$\varphi_E = 2{,}7(1{,}60 - 1{,}20) + 0{,}4 = 1{,}48$$

(Zahlenbeispiel 1)
(3-103)

Bei $\sigma_{v2,\,V} = 862\ \mathrm{MN/m}^2 = 0{,}55\,\beta_{Zv}$ beträgt $\psi_{v2} = 0{,}012$ nach Zulassung;
bei $\sigma_{v1,\,V} = 517\ \mathrm{MN/m}^2$ ist $\psi_{v1} = 0$:
$$\varphi_{vE2} = 0{,}012/0{,}99 = 0{,}012$$

(3-98)
$$C_V = 0{,}0371/[5{,}5 \cdot 1{,}6 \cdot 11{,}1 \cdot 10^{-8}(1 + 0{,}8 \cdot 1{,}48)] = 17400$$
$$\begin{aligned}
C_N &= 17400 + 5{,}5(-0{,}478 - 0{,}591)^2(1 + 0{,}8 \cdot 1{,}48)/0{,}272 \\
&\quad + 328 + 3033 = 20800
\end{aligned}$$

(Bild 3-2)
$$\sigma_{b1,\,g_1 + V + \varphi_1 + g_2 + S} = -4{,}4 - 0{,}37 \cdot 10^5 \cdot 17{,}9 \cdot 10^{-5}/1{,}48 = -8{,}9\ \mathrm{MN/m}^2$$
u. (3-98)
$$\begin{aligned}
\sigma_{b2,\,g_1 + V + \varphi_1 + g_2 + S} &= -2{,}7 - 0{,}37 \cdot 10^5 \cdot 17{,}9 \cdot 10^{-5}/1{,}48 \\
&\quad - 835 \cdot 0{,}012/(5{,}5 \cdot 1{,}48) = -8{,}4\ \mathrm{MN/m}^2,
\end{aligned}$$

(Bild 3-2) u.
(1. Kriechab.)

worin die Spannstahlspannung berücksichtigt ist mit:
$$\begin{aligned}
\sigma_{v2,\,g_1 + V + \varphi + g_2 + S} &= 862 + 5{,}5\,(5{,}1 + 3{,}5) - 0{,}083/(11{,}1 \cdot 10^{-4}) \\
&= 835\ \mathrm{MN/m}^2
\end{aligned}$$

$$Z_{1\varphi_2} = \frac{5,5 \cdot 1,48}{20800} \left[(0,591^2 + 0,136 + 17400 \cdot 1,6 \cdot 10^{-4})(- 8,9) \right.$$

(3-98)

$$\left. - (- 0,591 \cdot 0,478 + 0,136)(- 8,4) \right] = - 0,012 \text{ MN}$$

$$Z_{2\varphi_2} = \frac{5,5 \cdot 1,48}{20800} \left[(0,478^2 + 0,136 + 17400 \cdot 11,1 \cdot 10^{-4})(- 8,4) \right.$$

$$\left. - (- 0,591 \cdot 0,478 + 0,136)(- 8,9) \right] = - 0,065 \text{ MN}$$

(3-16) $\qquad N_{b,\varphi_2} = + 0,012 \cdot 1,0 + 0,065 \cdot 1,0 = + 0,077 \text{ MN}$

(3-18) $\qquad M_{b,\varphi_2} = + 0,012 (- 0,478) + 0,065 \cdot 0,591 = + 0,033 \text{ MNm}$

(3-19) $\qquad \sigma_{bo,\varphi_2} = + 0,077/0,272 + 0,033 (- 0,518)/0,0371 = - 0,2 \text{ MN/m}^2$

$\qquad \sigma_{bu,\varphi_2} = + 0,077/0,272 + 0,033 \cdot 0,682/0,0371 = - 0,9 \text{ MN/m}^2$

3.3.6 Systemschwinden

Bei *statisch unbestimmt gelagerten Spannbetontragwerken* werden (außer bei Durchlaufträgern) – genau wie im Stahlbetonbau – durch die Schwindverkürzung Zwangschnittgrößen geweckt. Diese werden jedoch durch das gleichzeitig einsetzende Kriechen stark abgebaut. In Abgrenzung zum Einfluß des Schwindens beim Spannkraftabfall soll dieser als Systemschwinden bezeichnet werden.

Während beim Spannkraftabfall nach (3-93) meist nur die Betonstahlbewehrung vernachlässigt wird, wirkt jetzt (beim Schwinden entlastend) zusätzlich der im Verbund liegende Spannstahlquerschnitt. Nach Habel [161] ist dieser Fehler bei üblicher Anordnung der Bewehrung minimal. Sattler [21, 154, 155] dagegen empfiehlt die Berücksichtigung der Betonstahl- und im Verbund liegenden Spannbewehrung, wenn deren Eigenträgheitsmoment I_{s+v} in bezug auf ihren gemeinsamen Schwerpunkt größer als etwa ein dreihundertstel des Betonträgheitsmomentes I_b ist. Da bei symmetrischer Bewehrung sowohl $\varepsilon_{S\infty}$ [2] als auch φ_∞ kleiner wird, jedoch der Einfluß von $\varepsilon_{S\infty}$ überwiegt, liegt eine Vernachlässigung der Bewehrung meist auf der sicheren Seite.

Wird der zeitliche Verlauf der Zwangschnittgrößen und damit der Unbekannten (nach Bild 3-20c: $X_{1,S\infty}$) mit einem neuen Relaxationskennwert $\bar{\varrho}$ beschrieben, dann läßt sich z. B. für ein einfach statisch unbestimmtes System bei $t = \infty$ mit $\delta_{v1,1} = \delta_{b1,g+v} = 0$ nach (3-87), jedoch mit $X_{1,S\infty}$ statt $Z_{\varphi\infty}$, folgende Kompatibilitätsbedingung anschreiben:

$$\delta_{b1,S\infty} + X_{1,S\infty}\delta_{b1,1}(1 + \bar{\varrho}\varphi_\infty) = 0, \tag{3-106}$$

$$X_{1,S\infty} = - \frac{\delta_{b1,S\infty}}{\delta_{b1,1}} \frac{1}{1 + \bar{\varrho}\varphi_\infty} = \text{el}\, X_{1,S\infty}/(1 + \bar{\varrho}\varphi_\infty). \tag{3-107}$$

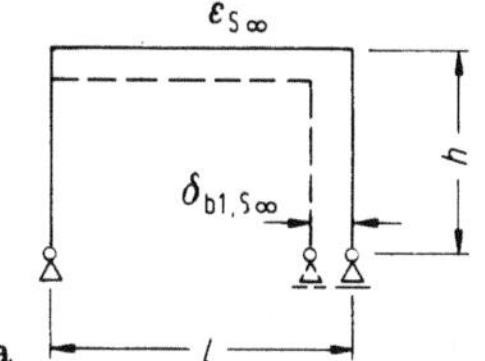

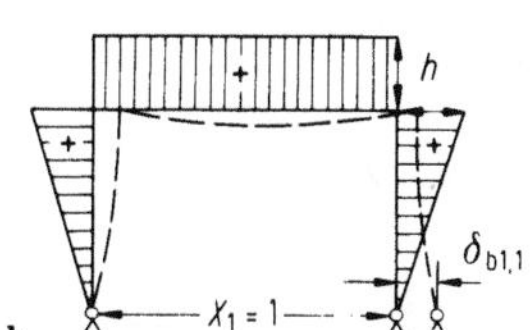

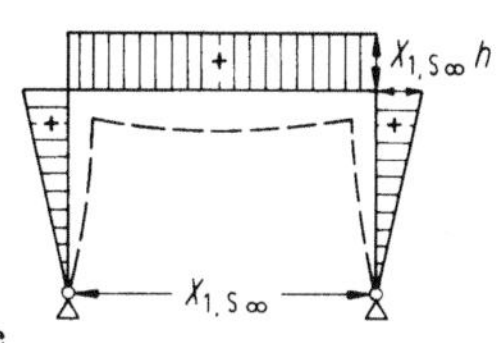

Bild 3-20a–c. Systemschwinden bei einem Zweigelenkrahmen.
a) Statisch bestimmtes Grundsystem, b) Hilfszustand $X_1 = 1$, c) endgültige Momente.

Da el $X_{1,s\infty}$ diejenige statische Überzählige ist, die sich ergeben würde, wenn die gesamte Schwindverkürzung $\delta_{b1,s\infty} = \int N_1 \varepsilon_{s\infty}\,dx$ ohne Kriecheinfluß vorhanden wäre, gelten (3-107) und die daraus resultierenden Schnittgrößen (Bild 3-20c) für beliebige Systeme, sofern alle Stäbe gleich kriechwillig sind. Bei Zugbändern, Schrägseilen usw. muß aber entsprechend 3.3.5 ratsamerweise mit Kriechintervallen gerechnet werden.

Der *Relaxationskennwert* liegt nach Trost [149] bei $\bar{\varrho} = 0{,}8$, nach Dischinger [153] und nach Rüsch u. Jungwirth [4b] bei 0,7. Damit beträgt die Reduzierung der Schwindbeanspruchung durch das Kriechen bei $\varphi_\infty = 2$ bereits rund 60%: $1/(1 + 0{,}8\varphi_\infty) = 1/(1 + 1{,}6) = 0{,}4$.

3.3.7 Zwängungen infolge Spannkraftabfall

Vorerst soll das statisch unbestimmte System – z. B. der Zweigelenkrahmen nach Bild 3-20 – nur unter der Einwirkung der *konstanten Dauerlasten* (Eigengewicht und Vorspannung) betrachtet werden. Die Verformungen aus dem elastischen und Kriechanteil werden dann nach 3.3.1 an beliebiger Stelle x zu $\delta_{bx,g+v}(1 + \varphi)$, worin $\delta_{bx,g+v}$ die elastische Verformung an der Stelle x des n-fach statisch unbestimmten Systems infolge Eigenlast und Vorspannung sein soll. Insbesondere an der Stelle und in Richtung der überzähligen Kraftgröße X_1 wird beim einfach statisch unbestimmten System die Verformung am nachträglich aufgetrennt gedachten Hauptsystem (in Bild 3-20: die Horizontalverschiebung des rechten Auflagers):

$$\delta_{b1,g+v}(1 + \varphi) = \{\delta^0_{b1,g+v} + X_{1,g+v}\,\delta_{b1,1}\}(1 + \varphi) = 0.$$

Der Ausdruck in der geschweiften Klammer ist nämlich die Verformungsbedingung nach 3.1.2.2 bzw. 3.2.2 und somit identisch null. Da also die Verschiebung $\delta_{b1,g+v} = 0$ ist, können durch das Kriechen des Systems auch *keine zusätzlichen überzähligen Kraftgrößen* (und somit keine zusätzlichen Zwängungen) geweckt werden, obgleich die Durchbiegungen auf den $(1 + \varphi)$-fachen Wert anwachsen. Dies gilt jedoch nur dann, wenn das statische System nicht nachträglich geändert wird (3.3.8) und wenn alle Tragwerksteile gleich kriechwillig sind (angedeutet durch den Index b).

Beim *Spannkraftabfall* dagegen ist meist die Verformung infolge Z_φ am nachträglich aufgetrennt gedachten System nicht null ($\delta_{b1,\varphi} \neq 0$). Es wird also zusätzliche Zwängungen geben, die wieder aus den Kontinuitätsbedingungen ermittelt werden können, wenn man außer für Z_φ nach Bild 3-17b auch für die zeitlich anwachsenden überzähligen Kraftgrößen $X_{i,\varphi}$ die vorerst unbekannten Verläufe durch Relaxationskennwerte ϱ_i berücksichtigt. Nun hat aber Quast [23] gezeigt, daß selbst für Schrägseilbrücken bei guter Näherung mit einem einheitlichen ϱ-Wert gerechnet werden kann. Mit dieser Vereinfachung ergibt sich die Kompatibilitätsbedingung, z. B. für die Horizontalverschiebung des Rahmens nach Bild 3-20, unter alleiniger Berücksichtigung des Spannkraftabfalls Z_φ für den Endzustand:

$$\delta_{b1,\varphi}(1 + \varrho\varphi_\infty) + X_{1,\varphi}\,\delta_{b1,1}(1 + \varrho\varphi_\infty) = 0. \tag{3-108}$$

Die überzählige Kräftgröße – z.B. der Horizontalschub des Rahmens – wird wie bei einem normalen elastischen System

$$X_{1,\varphi} = -\delta_{b1,\varphi}/\delta_{b1,1}. \tag{3-109}$$

Bei der Spannbettvorspannung und bei Vorspannung mit nachträglichem Verbund müßten eigentlich die Spannungsumlagerungen infolge $X_{1,\varphi}$ auf Beton- und Stahlquerschnitt [9, 21, 22, 162] ermittelt werden. Bei genügender Genauigkeit reicht es jedoch aus, die Verformungsgrößen mit den Verbundquerschnittswerten nach (3-1) bis (3-4) zu bestimmen.

Im allgemeinen Fall berechnet man sich mit (3-93) – wobei natürlich $\sigma_{bv,\,g+v}$ die Betonspannung in Höhe der Spanngliedfaser v infolge der Dauerlasten am statisch *unbestimmten System* ist – im nachträglich wieder statisch bestimmt gemachten Grundsystem die Schnittgrößen infolge $Z_{\varphi\infty}$ und daraus die Verformungsgrößen:

$$N^0_{b,\varphi} = -Z_{\varphi_x}\cos\psi_b, \tag{3-110}$$

$$M^0_{b,\varphi} = -Z_{\varphi_x}\cos\psi_b \cdot z_{bv}, \tag{3-111}$$

$$\delta_{bi,\varphi} \approx \int M_i M^0_{b,\varphi}\frac{\mathrm{d}x}{E_b I_i} + \int N_i N^0_{b,\varphi}\frac{\mathrm{d}x}{E_b A_i}, \tag{3-112}$$

$$\delta_{bi,k} \approx \int M_i M_k \frac{\mathrm{d}x}{E_b I_i}. \tag{3-113}$$

Aus den überzähligen Kraftgrößen entsprechend (3-109) folgen die *endgültigen Schnittgrößen*, wenn man wieder die Spannungsumlagerung im Querschnitt vernachlässigt:

$$N_{b,\varphi} \approx N^0_{b,\varphi} + \Sigma X_{i,\varphi} N_i = N^0_{b,\varphi} + N'_\varphi, \tag{3-114}$$

$$Q_{b,\varphi} \approx Q^0_{b,\varphi} + \Sigma X_{i,\varphi} Q_i = Q^0_{b,\varphi} + Q'_\varphi, \tag{3-115}$$

$$M_{b,\varphi} \approx M^0_{b,\varphi} + \Sigma X_{i,\varphi} M_i = M^0_{b,\varphi} + M'_\varphi. \tag{3-116}$$

Die endgültigen *Betonspannungen* ergeben sich noch einigermaßen genau, sofern man die Zwangschnittgrößen auf den Verbundquerschnitt aufbringt; die *Spannstahlspannung* aus $X_{i,\varphi}$ muß jedoch nach [162] zumindest mit dem zeitabhängigen Faktor $(1 + \varrho\varphi_\infty)/C_\varphi$ multipliziert werden, worin C_φ der Nenner aus (3-93) ist:

$$\sigma_{b,\varphi_x} \approx \frac{N^0_{b,\varphi}}{A_b} + \frac{M^0_{b,\varphi}}{I_b}z_b + \frac{N'_\varphi}{A_i} + \frac{M'_\varphi}{I_i}z_i \approx \frac{N_{b,\varphi}}{\mathrm{tot}\,A} + \frac{M_{b,\varphi}}{\mathrm{tot}\,I}z, \tag{3-117}$$

$$\sigma_{v,\varphi_x} \approx \frac{Z_{\varphi_x}}{A_v} + n_v\frac{1+\varrho\varphi_\infty}{C_\varphi}\left(\frac{N'_\varphi}{A_i} + \frac{M'_\varphi}{I_i}z_{iv}\right), \tag{3-118}$$

mit:
$$C_\varphi = 1 + (1 + \rho\varphi_\infty)(1 + z^2_{bv}/i^2_b)n_v A_v/A_b. \tag{3-119}$$

Für den Sonderfall, daß der Spannkraftabfall bezogen auf die Vorspannkraft *an jeder Stelle* des Systems *gleich groß* ist, d.h.,

$$Z_{\varphi_x}/Z_v = \mathrm{const}, \tag{3-120}$$

kann in (3-112) Z_{φ_x}/Z_v aus der Integration herausgenommen werden, wenn man $M^0_{b,\varphi} = M_{b,v}Z_{\varphi_x}/Z_v$ und $N^0_{b,\varphi} = N_{b,v}Z_{\varphi_x}/Z_v$ berücksichtigt. Mit (3-109) und (3-114) bis

(3-116) sowie (3-25) bis (3-27) werden die Schnittgrößen jetzt:

$$N_{b,\varphi} \approx \frac{Z_{\varphi_x}}{Z_v}(N^0_{b,v} + N'_{b,v}) = \frac{Z_{\varphi_x}}{Z_v}N_{b,v}, \tag{3-121}$$

$$Q_{b,\varphi} \approx \frac{Z_{\varphi_x}}{Z_v}(Q^0_{b,v} + Q'_{b,v}) = \frac{Z_{\varphi_x}}{Z_v}Q_{b,v}, \tag{3-122}$$

$$M_{b,\varphi} \approx \frac{Z_{\varphi_x}}{Z_v}(M^0_{b,v} + M'_{b,v}) = \frac{Z_{\varphi_x}}{Z_v}M_{b,v}. \tag{3-123}$$

Vernachlässigt man weiter den Unterschied von A_b und A_i bzw. I_b und I_i sowie zusätzlich die Änderung der Spannung der im Verbund liegenden Spannglieder durch die $X_{i,\varphi}$, dann sind (3-94) bis (3-96) auch für statisch unbestimmte Systeme näherungsweise gültig [5,7, 14, 21].

Beispiel 6: Für Beispiel 3 (Bild 3-8) soll der Einfluß von Systemschwinden und Spannkraftabfall infolge Kriechen und Schwinden bestimmt werden. Dabei kann wegen der verhältnismäßig großen Betonstahlbewehrung im Stiel und in der Rahmenecke, die für die Bruchsicherheit erforderlich ist, von der Näherung nach (3-121) bis (3-123) kein Gebrauch gemacht werden.

Systemschwinden: Mit $d_{ef} = 0,28\text{ m}$, $\varepsilon_{S0} = -46 \cdot 10^{-5}$ und $\varphi_{f0} = 2,7$ (Innenräume) wird bei Z45F für $t_0 = 2\text{ Tage}$ (Erhärtungsdauer) und $t = \infty$ nach DIN 4227 Teil 1, 8:

(3-99) $\varepsilon_{S,t} = \varepsilon_{S_x} = -46 \cdot 10^{-5}(0,87 - 0,01) = -40 \cdot 10^{-5}$

(3-101) $\varphi_\infty = 2,7(1,50 - 0,23) + 0,4 \cdot 1,0 = 3,8$

Mit $\delta_{b1,1} \approx \delta_{11}$ folgt aus Beispiel 3
$$\delta_{11} = E_b\delta_{11}/E_b = 11056/(0,34 \cdot 10^5) = 0,325$$

(3-89) $\delta_{b1,S_x} = \varepsilon_{S_x}\int N_{b,1}\,dx = +40 \cdot 10^{-5} \cdot 15,00 = +0,006$

(3-107) $X_{1,S_x} = -\dfrac{0,006}{0,325}\dfrac{1}{1 + 0,8 \cdot 3,8} = -0,005$

Spannkraftabfall: Die Vorspannung erfolgt erst nach $t_0 = 15\text{ Tagen}$,   deshalb:

(3-99) $\varepsilon_{S,t} = \varepsilon_{S\infty} = -46 \cdot 10^{-5}(0,87 - 0,12) = -35 \cdot 10^{-5}$

(3-101) $\varphi_\infty = 2,7(1,50 - 0,56) + 0,4 \cdot 1,0 = 2,9$

(Beispiel 5)   Bei sehr niedriger Relaxation ist $\psi_v = 0,012$ (bei $\sigma_v = 0,55\beta_{z_v}$), d.h., $\varphi_v \approx 0,01$;   für Litzen ist $n_v = 1,95/0,34 = 5,7$

(Beispiel 2) $i_b^2 = I_b/A_b = 0,032/0,395 = 0,081\text{ m}^2$

(Bild 3-8)   *Feldmitte:* $\sigma_{bv,g+v} = -8,6\text{ MN/m}^2$; $z_{bv} = 0,43\text{ m}$; $Z_v = 3,0\text{ MN}$

(3-93) $Z_{\varphi_x} = \dfrac{-35 \cdot 10^{-5} \cdot 1,95 \cdot 10^5 \cdot 30,8 \cdot 10^{-4} - 5,7 \cdot 30,8 \cdot 10^{-4} \cdot 2,9 \cdot 8,6 - 0,01 \cdot 3,0}{1 + (1 + 0,8 \cdot 2,9)(1 + 0,43^2/0,081)5,7 \cdot 30,8 \cdot 10^{-4}/0,395}$

$$= -0,68/1,46 = -0,47\text{ MN}$$

(3-120) $Z_{\varphi_x}/Z_v = -0,47/3,0 = -0,16;$

Mit $\psi = 0$, $\cos\psi = 1{,}0$:

(3-110) $N^0_{b,\varphi} = +0{,}47 \cdot 1{,}0 = +0{,}47\ \mathrm{MN}$

(3-111) $M^0_{b,\varphi} = +0{,}47 \cdot 1{,}0 \cdot 0{,}43 = +0{,}20\ \mathrm{MNm}$

Riegelanschnitt: Näherungsweise Betonstahl ($4\varnothing 22$, $A_s = 15{,}2\ \mathrm{cm}^2$) und Spannstahl ($A_v = 30{,}8\ \mathrm{cm}^2$) im gemeinsamen Schwerpunkt:

(Bild 3-8) $A_v = 30{,}8 + 15{,}2 = 46{,}0\ \mathrm{cm}^2$

$z_{bv} = (30{,}8 \cdot 0{,}04 - 15{,}2 \cdot 0{,}45)/46{,}0 = -0{,}12\ \mathrm{m};\qquad \sigma_{bv,g+v} = -7{,}5\ \mathrm{MN/m}^2$

$n_v = 5{,}9$ und $E_v = 2{,}0 \cdot 10^5\ \mathrm{MN/m}^2$ als Mittelwert angenommen.

(Beispiel 4) $Z_{vE} = 2.93\ \mathrm{MN}$

(3-93) $Z_{\varphi,} = \dfrac{-35 \cdot 10^{-5} \cdot 2{,}0 \cdot 10^5 \cdot 46 \cdot 10^{-4} - 5{,}9 \cdot 46 \cdot 10^{-4} \cdot 2{,}9 \cdot 7{,}5 - 0{,}01 \cdot 2{,}93}{1 + (1 + 0{,}8 \cdot 2{,}9)(1 + 0{,}12^2/0{,}081)5{,}9 \cdot 46 \cdot 10^{-4}/0{,}395}$

$= -0{,}94/1{,}24 = -0{,}76$

(3-120) $Z_{\varphi,}/Z_v = -0{,}76/2{,}93 = -0{,}26 \neq -0{,}16$

Mit $\psi = 6{,}5°$, $\cos 6{,}5° = 0{,}99$:

(3-110) $N^0_{b,\varphi} = +0{,}76 \cdot 0{,}99 = +0{,}75\ \mathrm{MN}$

(3-111) $M^0_{b,\varphi} = +0{,}76 \cdot 0{,}99\,(-0{,}12) = -0{,}09\ \mathrm{MNm}$

Nach (3-98) würden bei zweisträngiger Vorspannung die genauen Werte:
$N^0_{b,\varphi} = +0{,}76\ \mathrm{MN}$ und $M^0_{b,\varphi} = -0{,}09\ \mathrm{MNm}$.

Mit den in Bild 3-8 eingetragenen Schnittgrößen $N^0_{b,\varphi}$ und $M^0_{b,\varphi}$
ergibt sich analog Beispiel 3 der statisch unbestimmte Horizontalschub:

(3-109) $X_{1,\varphi} = +190/11056 = +0{,}017 < X_{1,v} \cdot Z_{\varphi,}/Z_v = 0{,}16 \cdot 0{,}16 = 0{,}026$
mit $X_{1,v} = -0{,}16$ von Beispiel 3.

Schnittgrößen: infolge Systemschwinden, sowie Spannkraftabfall aus Schwinden und Kriechen:
Feldmitte: mit $\psi = 0$, $\cos\psi = 1{,}0$:

(3-114) $N_{b,\varphi+S\infty} = +0{,}47 + (0{,}017 - 0{,}005)(-1{,}0) = +0{,}47 - 0{,}01$
$= +0{,}46\ \mathrm{MN}$

(3-116) $M_{b,\varphi+S\infty} = +0{,}20 + (0{,}017 - 0{,}005)(-4{,}0) = +0{,}20 - 0{,}05$
$= +0{,}15\ \mathrm{MN}$

Riegelanschnitt: mit $\psi = 6{,}5°$, $\sin 6{,}5° = 0{,}11$, $\cos 6{,}5° = 0{,}99$:

(3-114) $N_{b,\varphi+S\infty} = +0{,}75 + (0{,}017 - 0{,}005)(-1{,}0) = +0{,}75 - 0{,}01$
$= +0{,}74\ \mathrm{MN}$

(3-115) $Q_{b,\varphi+S\infty} = +0{,}76 \cdot 0{,}11 + 0 = +0{,}08\ \mathrm{MN}$

(3-116) $M_{b,\varphi+S\infty} = -0{,}09 + (0{,}017 - 0{,}005)(-4{,}0) = -0{,}09 - 0{,}05$
$= -0{,}14\ \mathrm{MNm}$

Spannungen: am Riegelanschnitt mit $A_i \approx \mathrm{tot}\ A$, $I_i \approx \mathrm{tot}\ I$
und $z_o = -z_u = -0{,}50\ \mathrm{m}$

(3-117) $\sigma_{bo,\varphi+S\infty} = +0{,}74/0{,}40 - 0{,}14(-0{,}50)/0{,}033 = +4{,}0\ \mathrm{MN/m}^2$

$\sigma_{bu,\varphi+S\infty} = +0{,}74/0{,}40 - 0{,}14 \cdot 0{,}50/0{,}033 = -0{,}3\ \mathrm{MN/m}^2$

$$(3\text{-}118) \qquad \sigma_{\mathrm{v},\,\varphi+\mathrm{S}\infty} = -\frac{0,76}{46\cdot10^{-4}} + 5,7\,\frac{1+0,8\cdot2,9}{1,24}\left(-\frac{0,01}{0,40}-\frac{0,05}{0,033}\,0,04\right)$$

$$= -165 - 1 = -166\,\mathrm{MN/m^2}$$

mit $\quad C_\varphi = 1,24 \quad$ von Z_{φ}-Berechnung.

3.3.8 Stützensenkungen und Systemänderungen

Anhand von zwei einfachen Beispielen soll noch der Einfluß des Kriechens auf plötzlich eingetragene Verformungen, wie bei Stützensenkungen oder bei Vorspannung gegen feste Widerlager (vgl. 2.4,c), und auf Änderung des statischen Systems, wie bei abschnittsweise hergestellten Bauwerken oder bei Koppelung von Fertigteilträgern, untersucht werden.

Tritt zur Zeit $t = t_0$ bei dem Zweifeldträger von Bild 3-21a eine *plötzliche Setzung* der Mittelstütze um Δw ein, dann wird ein zusätzliches Biegemoment $M_{\mathrm{b},\Delta w} = X_{1,\Delta w}M_1$ geweckt. Im statisch bestimmten Grundsystem würde nach (3-83) im Laufe der Zeit durch Kriechen ein Winkelsprung an der Mittelstütze von $\delta_{\mathrm{b1},\Delta w}\varphi_\infty$ entstehen, worin

$$\delta_{\mathrm{b1},\Delta w} = \int M_1 M_{\mathrm{b},\Delta w}\,\frac{\mathrm{d}x}{E_\mathrm{b}I_\mathrm{b}} = X_{1,\Delta w}\int M_1^2\,\frac{\mathrm{d}x}{E_\mathrm{b}I_\mathrm{b}} = X_{1,\Delta w}\delta_{\mathrm{b1},1}$$

ist. Dieser Winkelsprung müßte durch ein stetig anwachsendes Moment $X_{1,\varphi}M_1$ aufgehoben werden. Wird wieder der Verlauf von $X_{1,\varphi}$ mit $\bar{\varrho}$ beschrieben (3.3.2), so folgt aus der Kompatibi-

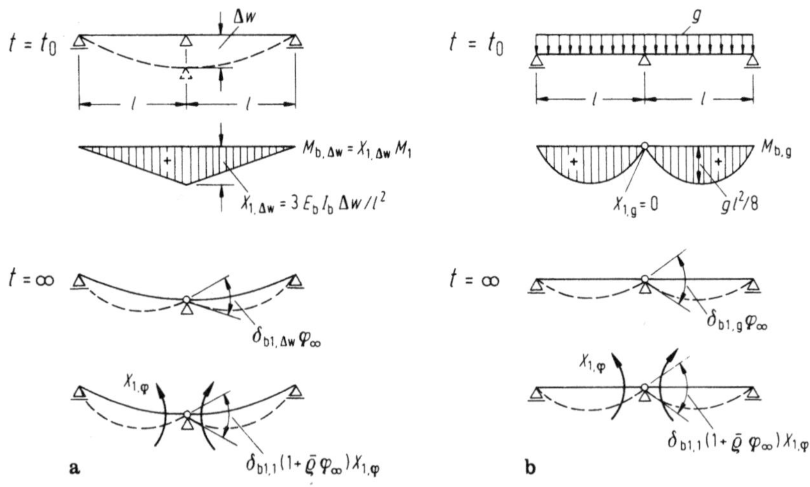

Bild 3-21a, b. Kriecheinfluß bei plötzlicher Verformung und bei Änderung des Systems.
a) Stützensenkung um Δw, b) Zweifeldträger aus Fertigteilen.

litätsbedingung analog (3-106):

$$\delta_{b1,\Delta w}\,\varphi_\infty + X_{1,\varphi}\delta_{b1,1}(1 + \bar{\varrho}\varphi_\infty) = 0, \tag{3-124}$$

$$X_{1,\varphi} = -\frac{\delta_{b1,\Delta w}}{\delta_{b1,1}}\,\frac{\varphi_\infty}{1 + \bar{\varrho}\varphi_\infty} = -X_{1,\Delta w}\frac{\varphi_\infty}{1 + \bar{\varrho}\varphi_\infty}. \tag{3-125}$$

Das endgültige Moment zur Zeit $t = \infty$ wird also mit (3-125) und $X_{1,\Delta w}M_1 = M_{b,\Delta w}$:

$$M_{b,\Delta w\infty} = M_{b,\Delta w} + X_{1,\varphi}M_1 = M_{b,\Delta w}[1 - \varphi_\infty/(1 + \bar{\varrho}\varphi_\infty)]. \tag{3-126}$$

Die für $t = t_0$ ermittelten Schnittgrößen infolge plötzlicher Verformung werden durch das Kriechen bereits bei $\varphi_\infty = 2$ um 77% abgebaut: $1 - 2/(1 + 0,8 \cdot 2) = 0,23$.

Wie beim Systemschwinden gilt (3-126) analog für alle Schnittgrößen in statisch unbestimmten Systemen, sofern nur kriechwillige Stäbe vorhanden sind.

Werden zur Zeit $t = t_0$ zwei Einfeldträger (Fertigteile) zu einem Durchlaufträger zusammengekoppelt (Bild 3-21b), dann wirkt das Kriechen an einem *anderen statischen System* als die ursprüngliche Belastung (Eigenlast und evtl. Vorspannung). Die Kompatibilitätsbedingung zur Zeit $t = \infty$ und damit die überzählige Kraftgröße $X_{1,\varphi}$ werden in gleicher Weise erhalten wie bei der Stützensenkung, lediglich die Verformungsgröße aus Dauerlast ist mit

$$\delta_{b1,g} = \int M_1 M_{b,g}\,\frac{dx}{E_b I_b}$$

einzusetzen. Wäre das System von vornherein als Durchlaufträger (Eingußsystem) hergestellt worden, dann hätte sich das Stützmoment ergeben zu

$$M_{St,g} = X_{1,g} = -\delta_{b1,g}/\delta_{b1,1}. \tag{3-127}$$

Somit wird aus dem ersten Teil von (3-125) jetzt

$$X_{1,\varphi} = -\frac{\delta_{b1,g}}{\delta_{b1,1}} \cdot \frac{\varphi_\infty}{1 + \bar{\varrho}\varphi_\infty} = +X_{1,g}\frac{\varphi_\infty}{1 + \bar{\varrho}\varphi_\infty} \tag{3-128}$$

und die Schnittgrößen, z. B. das Biegemoment

$$M_{b,g\infty} = M_{b,g} + X_{1,\varphi}M_1 = M_{b,g} + X_{1,g}M_1\varphi_\infty/(1 + \bar{\varrho}\varphi_\infty) \tag{3-129}$$

$$= \frac{\varphi_\infty}{1 + \bar{\varrho}\varphi_\infty}(M_{b,g} + X_{1,g}M_1) + \left(1 - \frac{\varphi_\infty}{1 + \bar{\varrho}\varphi_\infty}\right)M_{b,g}.$$

In dem Fall *beliebig geänderter Systeme*, z. B. abschnittsweise hergestellter Tragwerke [160, 158], bezeichnet man $M_{b,g}$ als Schnittgröße aus der *Summe der Bauzustände* und $M_{b,g} + X_{1,g}M_1$ als Schnittgröße aus dem *Eingußsystem*. Das Kriechen bewirkt, daß die endgültigen Schnittgrößen zwischen der Summe der Bauzustände (wenn $\varphi_\infty/(1 + \bar{\varrho}\varphi_\infty) \approx 0$; d.h., $\varphi_\infty = 0$) und dem Eingußsystem ($\varphi_\infty/(1 + \bar{\varrho}\varphi_\infty) \approx 1$) liegen. Bereits für $\varphi_\infty = 2$ wird $\varphi_\infty/(1 + \bar{\varrho}\varphi_\infty) = 0,77$. Man kann daher als Näherung, sofern die Kriechschonzeit nicht zu groß ist (also $\varphi_\infty \to 0$), die Schnittgrößen für $t = \infty$ bestimmen aus

$$M_{b,g\infty} \approx 0,8(M_{b,g} + X_{1,g}M_1) + 0,2M_{b,g}, \tag{3-130}$$

d.h. 80% aus dem Eingußsystem und 20% aus der Summe der Bauzustände.

3.4 Hauptspannungen infolge Gebrauchslasten

In den bisherigen Ausführungen wurden die Betonspannungen in Längsrichtung des Stabes infolge Normalkraft und Biegemoment angegeben. Die Querkräfte und Torsionsmomente liefern aber zusätzliche Beanspruchungen des Betons.

Torsionsmomente (M_T) aus äußeren Lasten (g und p) können nach den üblichen Regeln der Statik (vgl. 3.10 in [HB4]) ermittelt werden. Aus Vorspannung ergeben sich lediglich Torsionsmomente, wenn die Ebene des Spannstrangs (Schwerpunktlage aller Spannglieder) nicht durch den Schubmittelpunkt des Querschnitts geht, d.h., wenn bei üblichen Rechteck-, T- oder I-Querschnitten z. B. die Spannglieder nicht symmetrisch zur z-Achse eingelegt werden – oder wenn räumlich gekrümmte bzw. geknickte Stäbe statisch unbestimmt gelagert sind [163]. In diesen Fällen ermittelt man ratsamerweise die Komponenten der Umlenkkräfte in z- und evtl. x-Richtung (vgl. 3.1.3 und [18, 139]) sowie die Verankerungskräfte und daraus die vertikale und horizontale variable Streckenlast sowie das äußere Streckentorsionsmoment. Außer $N_{b,v}$, $Q_{b,v}$ und $M_{bx,v}$ folgt dann noch ein $M_{T,v}$ und $M_{by,v}$.

Bei Trägern mit *veränderlichem Querschnitt* entstehen zusätzliche Schubspannungen durch Moment und Normalkraft [2, 9, 22, 125, 164, 165]. Die sehr umständliche Rechnung kann bei den üblichen Voutenträgern nach [4, 125] näherungsweise durch eine *Verminderung der Querkraft* (wenn d_0 und M sich mit x in gleichem Sinn ändern, vgl. Teil I, Abschn. 4.2) umgangen werden. Die Betonspannungen müssen nämlich nach Bild 3-22 an den Rändern parallel zu diesen verlaufen. Die Resultierenden dieser Spannungen im Druck- und im Zugbereich werden

$$D_b \tan \gamma_D + Z_b \tan \gamma_Z = - \tan \gamma_D \int_x \sigma_{bD}\, dA_b + \tan \gamma_Z \int_{d_0-x} \sigma_{bZ}\, dA_b.$$

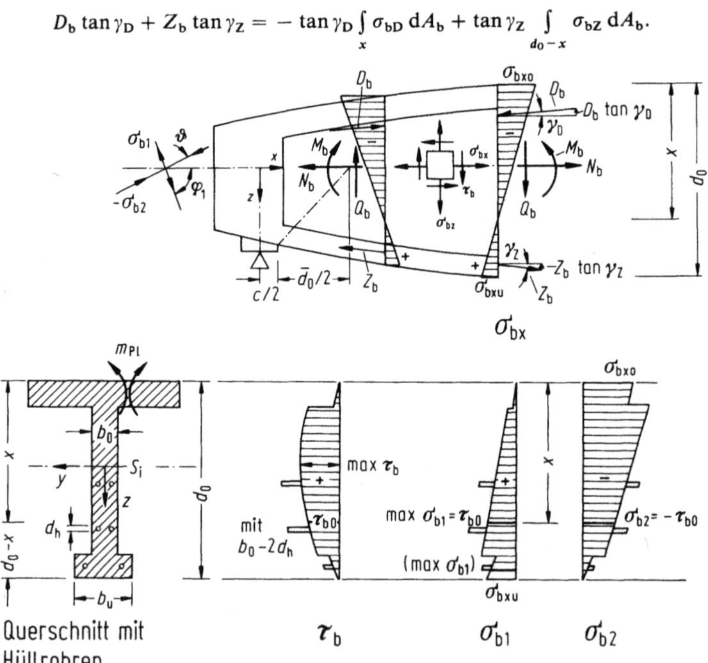

Bild 3-22. Ermittlung der Hauptspannungen im Gebrauchszustand.

Somit liefern die Schnittgrößen bei Vorspannung mit Verbund

$$Q_b = Q_{i,g+p} + Q_{i,V+\varphi} + Q_{i,S+T+\Delta W} - D_b \tan\gamma_D - Z_b \tan\gamma_Z \qquad (3\text{-}131)$$

$$M_T = M_{T,g+p} + M_{T,V+\varphi} + M_{T,S+T+\Delta W} \qquad (3\text{-}132)$$

die *Schubspannungen* (Abschnitt B.2.3.2 und B.10 in [HB4])

$$\tau_b = \tau_Q + \tau_{MT} = \frac{Q_b S_i}{I_i b} + \frac{M_T}{W_T} \qquad (3\text{-}133)$$

worin: S_i das statische Moment des abgeschnittenen Teils und W_T das Widerstandsmoment der Saint-Venantschen Torsion ist (vgl. Abschnitt 5.4 D in [HP1]). Bei gegliederten Querschnitten sind ratsamerweise die anteiligen Torsionsmomente $M_{Ti} = M_T I_{Ti}/\Sigma I_{Ti}$ (vgl. Teil I, Abschnitt 5.4) zu bestimmen.

Bei Vorspannung ohne Verbund und bei den Lastfällen vor Herstellen des Verbundes bei Vorspannung mit nachträglichem Verbund ist der Index b statt i zu verwenden.

Im betrachteten Querschnitt wirken gleichzeitig Normalspannungen σ_{bx} (aus M_i und N_i) und evtl. horizontale Querspannungen σ_{by} (aus Quervorspannung) sowie vertikale Querspannungen σ_{bz} (aus Umlenkkräften der Spannglieder, aus Auflagerkräften und angehängten Lasten oder aus vorgespannter Schubbewehrung). Diese sind für denselben Lastfall zu ermitteln, der der Bestimmung der Schubspannungen zugrunde gelegt ist.

Die allein interessierenden *Hauptzugspannungen* σ_{b1} sowie deren Neigung gegenüber der Schwerachse φ_1 und die *Hauptdruckspannungen* σ_{b2} ergeben sich aus (Bild 3-22):

$$\sigma_{b\frac{1}{2}} = \frac{\sigma_{bx} + \sigma_{bz}}{2} \pm \sqrt{\left(\frac{\sigma_{bx} - \sigma_{bz}}{2}\right)^2 + \tau_b^2} \qquad (3\text{-}134)$$

$$\tan 2\varphi_1 = \frac{2\tau_b}{\sigma_{bx} - \sigma_{bz}} \quad \text{bzw.} \quad \tan\varphi_1 = \frac{\sigma_{b1} - \sigma_{bx}}{\tau_b} = \frac{\sigma_{bz} - \sigma_{b2}}{\tau_b} \qquad (3\text{-}135)$$

$$\text{oder für} \quad \vartheta = 90° - \varphi_1: \qquad \tan\vartheta = \frac{\sigma_{b1} - \sigma_{bz}}{\tau_b} = \frac{\sigma_{bx} - \sigma_{b2}}{\tau_b} \qquad (3\text{-}135a)$$

Bei $\sigma_{bx} - \sigma_{bz} < 0$ gilt: $-\tan 2\varphi_1 = \tan 2(90° - \varphi_1) = \tan 2\vartheta$ (vgl. auch Abschn. 5.3 A2 von [HP1]). In (3-134) und (3-135) kann σ_{bz} durch σ_{by} ersetzt werden.

Die Stelle der größten Hauptzugspannung im Querschnitt ist insbesondere bei fehlenden Normalzugspannungen ($\sigma_{bx} < 0$) nur durch Probieren zu finden. Hier können Beispiele verschiedener Querschnittsausbildungen und σ_{bx}- sowie τ_b-Verläufe (vgl. [22, 125]) sehr hilfreich sein.

Die zulässigen Hauptzugspannungen nach DIN 4227 Teil 1 betragen bei voller etwa 40% und bei beschränkter Vorspannung etwa 90% der zentrischen Zugfestigkeit. Diese Werte gelten für Kompaktquerschnitte, da hier die Größtwerte der Torsionsschubspannungen nur an den Rändern auftreten. Bei Hohlquerschnitten sind kleinere Hauptzugspannungen einzuhalten. Bei teilweiser Vorspannung und bei Vorspannung ohne Verbund ist nach DIN 4227 Teil 2 und Teil 6 dieser Nachweis nicht erforderlich, denn er soll nur Schubrisse vermeiden helfen (vgl. 1.2).

Nach DIN 4227 Teil 1, 12.1 braucht die Hauptzugspannung σ_{b1} nur im Bereich von Biegedruckspannungen und in der Mittelfläche von Gurten nachgewiesen zu werden, da der Zugbereich bereits durch den Nachweis der maximalen Biegezugspannung abgesichert ist. Wegen der starken

Reduzierung durch die Querdruckspannungen σ_{bz} im Bereich direkter Auflagerungen (vgl. (3-134)) ist σ_{b1} erst ab $x \geqslant 0{,}5(c + d_0)$ von Interesse (Bild 3-22). Der Nachweis der Hauptdruckspannungen erübrigt sich, da diese kleiner als die Biegedruckspannungen sind. Bei zusätzlich vorhandenen Zugspannungen σ_{by} aus Querbiegung (z. B. Plattenmomente m_y) müssen die Hauptzugspannungsgrenzen wenigstens für Dauerlasten $(g + V)$ eingehalten werden.

3.5 Querschnittswahl und Spanngliedführung

Es gibt eine Vielzahl von Formeln und Hilfsmitteln [2, 6, 9, 16, 22, 24, 125] zur *Vorberechnung* der Beton- und Spannstahlquerschnitte. Meist jedoch ist die Bauhöhe bereits vorgegeben, z. B. durch Lichtraumprofile und Rampenneigung bei Brücken, Stockwerks- und Raumhöhen im Hochbau. Es sollen daher nur die allgemein gültigen Richtlinien für einen wirtschaftlichen Querschnitt aufgezeigt werden.

Bei voller und beschränkter Vorspannung sind meist die Normalspannungen unter Gebrauchslast nach DIN 4227 Teil 1 für die *Wahl des Querschnitts* maßgebend, wobei darauf geachtet werden muß, daß auch der Spannstahl bzw. die Hüllrohre unter Berücksichtigung einfachen Einbringens und guter Verdichtung des Betons ausreichend Platz zur Verfügung haben.

Die Betonspannungen werden aus einem Normalkraft- und einem Biegemomentenanteil gebildet (vgl. (3-19) und (3-56)). Die Normalkraft aus Eigen- und Nutzlast ist meist klein gegenüber derjenigen aus Vorspannung, und letztere liefert immer die gewünschten Druckspannungen. Man wird also versuchen, $N_{b,v}/A_b$ möglichst groß zu machen, d.h. die *Betonquerschnittsfläche* A_b möglichst *klein*. Andererseits verbleiben aus $M_{b,g+v+p}$ meist Biegemomente wechselnden Vorzeichens (Bild 3-23b), so daß $M_b z_b / I_b$ klein werden muß, d.h., das Trägheitsmoment oder besser das *Widerstandsmoment* der äußeren Fasern sollte möglichst *groß* werden. Diese beiden Forderungen sind nur mit einem aufgelösten Querschnitt, also einem T-, I-Querschnitt oder Hohlkasten zu erreichen (Bild 3-23a).

Bei Annahme kleiner Zwangmomente aus Vorspannung $(M'_{b,v} \ll M^0_{b,v})$ wird das negative Vorspannmoment $M_{b,v}$ bei gleicher Vorspannkraft- und somit gleichem Spannstahlbedarf – am größten, wenn z_{bv}, d.h. der Abstand zwischen Spannstrang und Schwerachse, ebenfalls recht groß

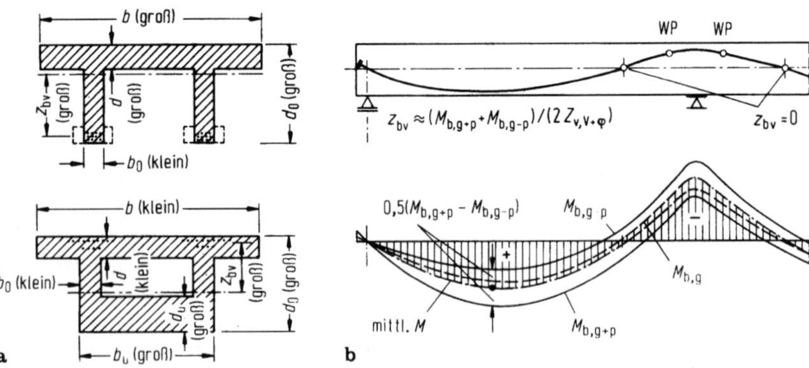

Bild 3-23a, b. Wirtschaftliche Querschnittsausbildung und Spanngliedführung.
a) Feld- bzw. Stützenquerschnitt, b) „ideale" Spanngliedführung.

wird (vgl. (3-18)). Da aber $M_{b,v}$ das positive Eigenlastmoment und einen Teil des positiven Verkehrslastmoments aufheben soll, muß der Spannstrang möglichst tief und die Schwerachse möglichst hoch (bei negativem M_g und M_p umgekehrt) gewählt werden. Man kommt also zu einem Querschnitt nach Bild 3-23a.

Die *„ideale" Spanngliedführung* wäre nun diejenige, die die Betonrandspannungen, insbesondere die Zugspannungen, die wegen der positiven und negativen Verkehrslastmomente i. allg. wechselnde Vorzeichen haben, möglichst oben und unten gleich groß werden läßt. Die verbleibenden Betonzugspannungen werden dann durch den Normalkraftanteil überdrückt oder müssen durch Betonstahl, wie bei der Rissebeschränkung (Kap. 4) gefordert, aufgenommen werden. Beim symmetrischen Querschnitt deckt man also etwa das „mittlere" Moment mittl M (Bild 3-23b) durch das nach Schwinden und Kriechen verbleibende Vorspannmoment $M_{b,V+\varphi}$ ab. Wegen der unterschiedlichen Randspannungen infolge eines Momentes müßte beim unsymmetrischen Querschnitt lediglich der Spannstrang einen etwas größeren Hebelarm erhalten.

Für den symmetrischen Querschnitt wird nach Bild 3-23b:

$$\text{mittl } M = M_{b,g+p} - 0{,}5(M_{b,g+p} - M_{b,g-p}) = 0{,}5(M_{b,g+p} + M_{b,g-p}).$$

Da in statisch bestimmten Systemen und mit guter Näherung auch bei statisch unbestimmten Tragwerken mit geringen Zwangmomenten $M_{b,V+\varphi} \approx -Z_{v,g+V+\varphi}\, z_{bv}$ ist (vgl. 3.1.2.1), muß also

$$z_{bv} \approx \text{mittl } M/Z_{v,g+V+\varphi} = 0{,}5(M_{b,g+p} + M_{b,g-p})/Z_{v,g+V+\varphi} \tag{3-136}$$

werden. Wenn man vom Reibungseinfluß absieht, d.h. $Z_{v,g+V+\varphi} = \text{const}$ annimmt, wäre bei einsträngiger Vorspannung die *Spanngliedkurve* etwa *affin* zur mittleren *Momentenlinie* mittl M zu wählen.

Diese Momentenlinie mittl M hat über den Mittelauflagern durchlaufender Träger bei Schneidenlagerung einen Knick und auch bei breiteren Auflagerflächen nur eine kurze Ausrundung. Die Spanngliedkurve müßte also an diesen Stellen eine möglichst große Krümmung, d.h. den kleinst möglichen Krümmungsradius, aufweisen – auch wenn der Spannkraftabfall infolge Reibung dadurch vergrößert wird. Andernfalls ergeben sich evtl. kurz neben den Auflagern unten Risse; meist am Ende des Spannvorgangs, denn dann ist das positive $M_{b,g+V}$ am größten.

Da aber bei der einsträngigen Vorspannung $Z_{v,g+V+\varphi}$ – und damit der Spannstahlbedarf – von dem möglichen z_{bv} an der ungünstigsten Stelle abhängig ist, wäre diese Lösung nur bei etwa gleichgroßem Verhältnis $z_{bv}/\text{mittl } M$ für Feld- und Stützenquerschnitt (bzw. Eckquerschnitt bei Rahmen) wirtschaftlich.

Bei statisch bestimmten Systemen und bei unbestimmten, wenn die Zwangmomente klein bleiben sollen, sind im allgemeinen Fall mehrere *verschieden lange Spannstränge* mit unterschiedlich großen Vorspannkräften erforderlich (Bild 3-24a). Ratsamerweise berechnet man für jeden Strang gesondert mit einer Einheitslast (z. B. $Z_{v0} = 10\,\text{MN}$) den Reibungsabfall (vgl. 3.1.4), die Schnittgrößen und die Betonspannungen. Erst beim Spannungsnachweis werden die Vorspannkräfte der einzelnen Stränge so gewählt, daß die zulässigen Zug- und Druckspannungen an allen Stellen und Fasern und gleichzeitig minimaler Spannstahlbedarf eingehalten werden.

In statisch unbestimmten Systemen ergeben sich aber bei einsträngiger Vorspannung (Bild 3-24b) aufgrund der Verträglichkeitsbedingungen oft größere *Zwangschnittgrößen* und damit automatisch eine Angleichung an die Ideallösung (vgl. Beispiel 3).

Wegen des verhältnismäßig geringen Spannstahlquerschnitts über der Stütze kann hier jedoch der Bruchsicherheitsnachweis für die Bemessung entscheidend werden. Beim Rahmen nach Bild 3-24c rechts muß z. B. im Versagenszustand das Eckmoment durch zusätzliche Betonstahlbewehrung allein aufgenommen werden, auch wenn im Gebrauchszustand keine Zugspannungen im Beton auftreten.

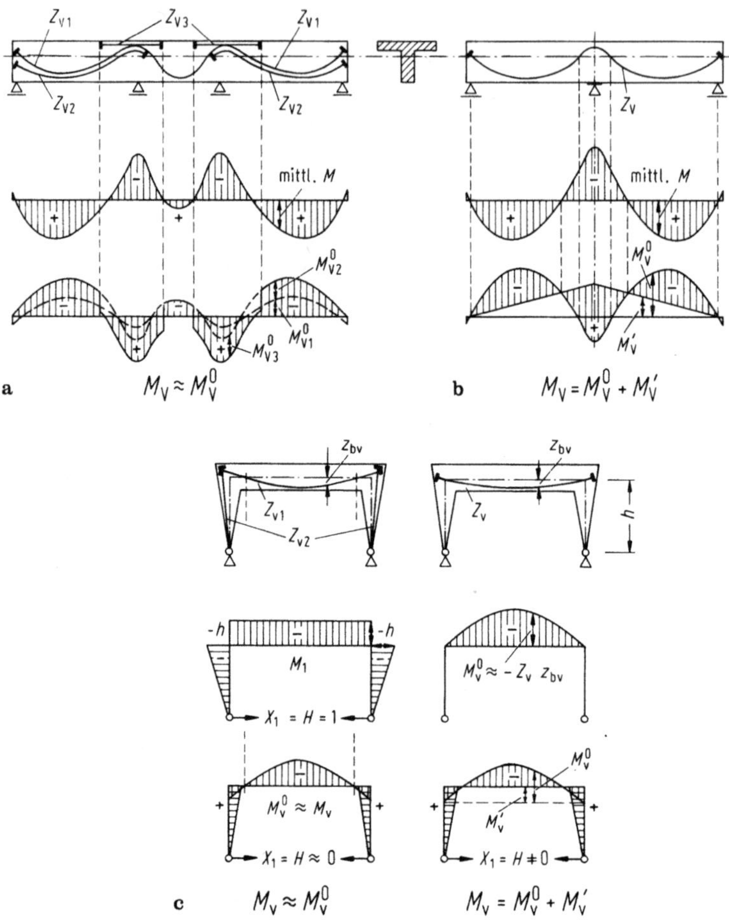

Bild 3-24a–c. Möglichkeiten der Spanngliedführung bei statisch unbestimmten Systemen.
a) Addition verschiedener Spannstränge bei kleinen Zwangmomenten, b) erwünschte Zwangmomente beim Zweifeldträger, c) Beeinflussung des Horizontalschubs.

Will man bewußt große Zwangschnittgrößen und damit *Auflagerkräfte* aus Vorspannung erhalten (Bild 3-24c), muß man eine M_V^0-Linie, d.h. Spanngliedkurve, wählen, die große $\delta_{i,V}$-Werte liefert, also weit von einer beliebigen statisch unbestimmten Momentenlinie entfernt ist (vgl. 3.1.2.2).

3.6 Ermittlung der Spannwege

Eine Kontrolle der Spannwege, d.h. der Ausziehwege der Spannpressen, ist insbesondere bei der Vorspannung ohne und mit nachträglichem Verbund zusätzlich zur Registrierung der Pressenkraft erforderlich, um einmal ein *Blockieren* der Spanndrähte durch evtl. in das Hüllrohr beim Betonieren eingedrungenen Zementleim frühzeitig zu erkennen und um zum anderen die bei der Spannungsermittlung angenommenen Werte für die *Reibungsbehinderung* (vgl. 3.1.4) zu kontrollieren. Dabei dürfen natürlich nur die planmäßigen aus der Vorspannung herrührenden Wege gemessen werden. Durch das Geradeziehen des Spannglieds im Hüllrohr und das zusätzliche Zusammenpressen bei Litzen und Seilen (Seilreck) ist meist zu Anfang des Vorspannens ein nichtlinearer Verlauf der Spannkraft-Spannweg-Kurve $Z_{v0}(\Delta l)$ festzustellen. Den richtigen Ausgangswert ($Z_{v0} = 0$) ermittelt man am einfachsten durch geradlinige Extrapolation der $Z_{v0}(\Delta l)$-Werte bei höheren Laststufen.

Bei der *Spannbettvorspannung* ist wegen der fehlenden Reibung der Spannweg gleich der Summation der konstanten Dehnung des Spanndrahts $\varepsilon_v^{(0)}$ zwischen den Verankerungen an der Presse und dem gegenüberliegenden Ankerbock (tot l), wobei eine Verformung des steifen Spannbetts selbst meist vernachlässigt werden kann (Bild 2-1):

$$\Delta l = \int_{x=0}^{\text{tot } l} \varepsilon_v^{(0)} \, dx = \frac{\sigma_v^{(0)}}{E_v} \, \text{tot } l = \frac{Z_v^{(0)}}{E_v A_v} \, \text{tot } l. \tag{3-137}$$

Bei der *Vorspannung ohne* und mit nachträglichem *Verbund* verkürzt sich während des Spannvorgangs der Beton (Δl_b in Bild 3-25), so daß es ratsam ist, diesen Anteil und denjenigen aus dem

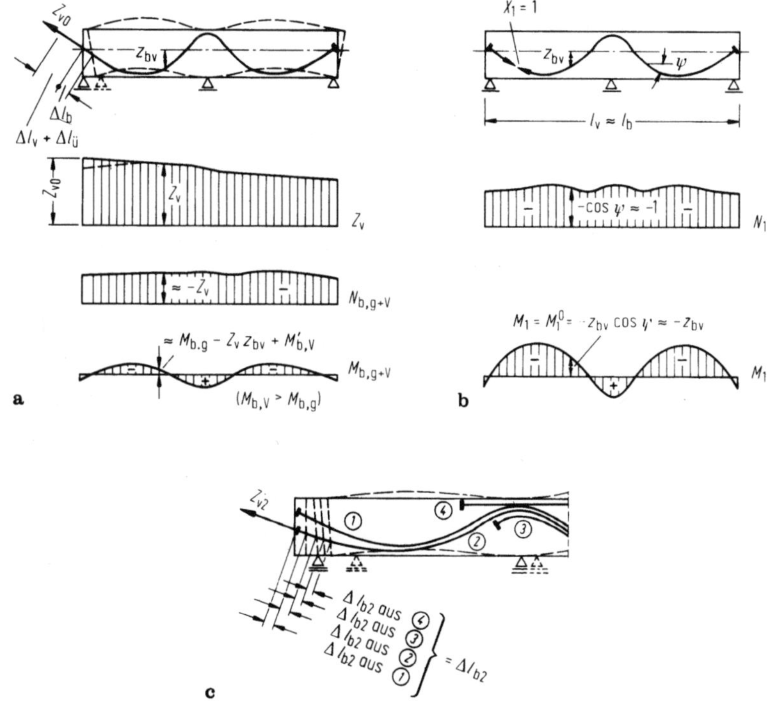

Bild 3-25a–c. Ermittlung der Spannwege bei ein- und mehrsträngiger Vorspannung.
a) Spannkraft und Betonschnittgrößen, b) virtueller Hilfszustand, c) mehrsträngige Vospannung.

Spannstahlüberstand $\ddot{u}$ – dem Abstand zwischen Ankerkörper und Spanndrahtverankerung an der Spannpresse – gesondert zu behandeln. Mit der Annahme, daß alle Spannglieder zur gleichen Zeit gespannt werden, ergibt sich aus den einzelnen Einflüssen:

Längung des Spannstrangs bei variabler Spannkraft $Z_v = Z_{v,g+v}$ und $l_v = l_b$:

$$\Delta l_v = \int\limits_{s=0}^{l_v} \varepsilon_v \, ds \approx \int\limits_{x=0}^{l_b} \frac{Z_v}{E_v A_v} \, dx. \tag{3-138}$$

Bei $Z_v/A_v = \sigma_v \approx 1000 \text{ N/mm}^2$ wird etwa:

$$\Delta l_v/\Delta x \approx 1000/(2{,}0 \cdot 10^5) = 5 \text{ mm/m}.$$

Längung des Überstands mit maximaler Spannkraft $Z_v = Z_{v0}$:

$$\Delta l_{\ddot{u}} = \varepsilon_{v0} \ddot{u} = \frac{Z_{v0}}{E_v A_v} \ddot{u}. \tag{3-139}$$

Bei $\ddot{u} \approx 500 \text{ mm}$ und $\sigma_{v0} \approx 1100 \text{ N/mm}^2$ wird etwa: $\Delta l_{\ddot{u}} \approx 3 \text{ mm}$.

Betonverkürzung längs des Spannstrangs nach Bild 3-25a und b:

$$\Delta l_b = -\int\limits_{x=0}^{l_b} \varepsilon_{bv,g+v} \, dx = -\int \frac{\sigma_{bv,g+v}}{E_b} \, dx = \int M_1 M_{b,g+v} \frac{dx}{E_b I_b} + \int N_1 N_{b,g+v} \frac{dx}{E_b A_b}. \tag{3-140}$$

Bei $\sigma_{bv,g+v}/E_b \approx -8/(3{,}4 \cdot 10^4) \approx -2 \cdot 10^{-4}$ wird etwa $\Delta l_b/\Delta x \approx 0{,}2 \text{ mm/m}$ und somit kleiner als 10% der Spannstahldehnung.

Der gesamte *Spannweg beim ersten Spannvorgang* beträgt somit

$$\Delta l = \Delta l_v + \Delta l_{\ddot{u}} + \Delta l_b. \tag{3-141}$$

Tritt Keilschlupf auf oder wird die Spannkraft nachgelassen, so sind die in 3.1.4 ermittelten oder angenommenen Δl_K beim Nachlassen zu kontrollieren.

Bei der *mehrsträngigen Vorspannung* tritt beim Spannen des Spannglieds j eine Betonverkürzung ein, welche die zuvor gespannten entlastet. Das Spannglied j muß also zusätzlich zu Δl_{bj} um die Betonverkürzungen gedehnt werden, die durch das Anspannen aller nachfolgenden hervorgerufen werden ($\Delta l_{b\Sigma k}$). Bezeichnet man mit s die Gesamtzahl der Spannglieder, dann wird

$$\Delta l_{b\Sigma k} = \sum_{k=j+1}^{s} \Delta l_{bk}.$$

Wegen des kleinen Einflusses von Δl_b auf Δl, insbesondere aber wegen des schwer bestimmbaren Anteils $M_{b,(g+v)k}$ vom Gesamtmoment $M_{b,g+v}$ in (3-140), der bei der Vorspannung des beliebigen Spannglieds k geweckt wird, reicht eine Abschätzung aus:

$$\sum \Delta l_{bj} = \Delta l_{bj} + \sum_{k=j+1}^{s} \Delta l_{bk} = \sum_{k=j}^{s} \Delta l_{bk}$$

$$= \sum_{k=j}^{s} \left[\int M_k M_{b,(g+v)k} \frac{dx}{E_b I_b} + \int N_b N_{b,(g+v)k} \frac{dx}{E_b A_b} \right]. \tag{3-142}$$

Während die Normalkraftverkürzung durch konstruktive Maßnahmen immer ermöglicht werden muß, so daß wegen $N_{\mathrm{b,g}} \ll N_{\mathrm{b,v}}$ der Anteil $N_{\mathrm{b,(g+v)}k} \approx Z_{vk}$ wird (vgl. 2.2), ist die *Nachgiebigkeit des Lehrgerüsts* in vertikaler Richtung (Federkonstante) für $M_{\mathrm{b,(g+v)}k}$ von großer Bedeutung [25, 124]. Bei steifem Gerüst ist bis $U_z = g$ das $M_{\mathrm{b,(g+v)}k} = 0$ (vgl. 2.2 und 3.1.3), bei weichem dagegen etwa $M_{\mathrm{b,(g+v)}k} \approx M_{\mathrm{b,g+v}} Z_{vk}/\Sigma Z_v$. Diese Überlegungen zeigen, daß es besonders wichtig ist, in einer Spannanweisung außer dem Pressendruck und dem Spannweg – auch bei Teilvorspannung – die Reihenfolge des Spannvorgangs in Längs- und Querrichtung sowie die Lehrgerüstabsenkungen anzugeben.

Beispiel 7:   Die Spannwege der gleichzeitig von beiden Rahmenecken aus gespannten Spannglieder von Bild 3-8 sollen bestimmt werden.

(Bild 3-4)	mittl $Z_v = (Z_{v0} + Z_{vm0})/2 = (3,16 + 3,09)/2 = 3,13$ MN
	$l_v = 7,50 + 0,22 = 7,72$ m; $A_v = 30,8$ cm^2, $E_v = 1,95 \cdot 10^5$ N/mm^2
(3-138)	$\Delta l_v = $ mittl $Z_v l_v/(E_v A_v) = 3,13 \cdot 7,72/(1,95 \cdot 10^5 \cdot 30,8 \cdot 10^{-4})$
	$= 0,040$ m $= 40$ mm

(Bild 3-4)	Mit max $Z_{v0} = 3,20$ MN und dem besonders kurzen Spannstahlüberstand von
	$\ddot{u} = 0,20$ m (nach Spannpressenhersteller)
(3-139)	$\Delta l_{\ddot{u}} = 3,20 \cdot 0,20/[1,95 \cdot 10^5 \cdot 30,8 \cdot 10^{-4}] = 0,001$ m $= 1$ mm

(Bild 3-8)	mittl $\sigma_{\mathrm{bv,g+v}} = (-8,6 - 6,9)/2 = -7,8$ MN/m^2
(3-140)	$\Delta l_{\mathrm{b}} = -$ mittl $\sigma_{\mathrm{bv,g+v}} \cdot l_v/E_{\mathrm{b}} = +7,8 \cdot 7,72/(0,34 \cdot 10^5) = 0,002$ m $= 2$ mm

Spannweg beim Anspannen:

(3-141) $\Delta l = 40 + 1 + 2 = 43$ mm

Beim Nachlassen wird der Ausziehweg um den Keilschlupf von 2 mm reduziert.

3.7 Berechnung der Verformungen

Verformungsberechnungen werden erforderlich, um die *Überhöhungen* des Lehrgerüsts festzulegen, die *Bewegungen der Lager* und damit die Voreinstellwerte zu bestimmen und schließlich, um den *Spannvorgang* und die Lehrgerüstabsenkungen vorplanen zu können. Da meist nur Einzelwerte und keine Biegelinien gewünscht sind, werden die Verformungen ratsamerweise mit dem Arbeitssatz (virtueller Hilfszustand) ermittelt. Für den Gebrauchszustand können die Steifigkeitswerte $E_{\mathrm{b}} I_{\mathrm{i}}$ und $E_{\mathrm{b}} A_{\mathrm{i}}$ für den vollen Querschnitt einschließlich der Stahleinlagen unter Berücksichtigung des Verbundzeitpunkts benutzt werden. Für die teilweise Vorspannung gilt dies meist nur für die Dauerlasten $g + V$, da unter Nutzlasten bereits Risse auftreten können. Es ist dann in den gerissenen Bereichen mit den verringerten Steifigkeiten des Zustands II (vgl. z. B. [166, 167]) zu rechnen.

Zu beachten ist noch, daß das Kriechen auch bei statisch unbestimmten Systemen, in denen nach 3.3.7 im Normalfall keine zusätzlichen Schnittgrößen geweckt werden, die Verformungen auf das $(1 + \varphi)$-fache vergrößert. Ebenso ist die Schwindverformung wie in 3.3.3 immer zu berücksichtigen.

Werden die Einflüsse der *mit der Zeit anwachsenden Spannungen* $\sigma_{\mathrm{b.}\varphi}$ nach (3-95) sowie bei statisch unbestimmten Systemen diejenigen aus Zwangbeanspruchungen durch Systemschwinden (3.3.6), Spannkraftabfall (3.3.7), Stützensenkung oder Systemänderung (3.3.8) in $\delta_{\mathrm{bx.}\varphi}$ zusammengefaßt, dann wird die Verformung an der Stelle x zu einem beliebigen Zeitpunkt t, d.h. φ_t, für die Vorspannung mit nachträglichem Verbund:

$$\delta_x(t) = \delta_{\mathrm{bx,g+v}}(1 + \varphi_t) + \delta_{\mathrm{bx,S}x} + \delta_{\mathrm{bx,}\varphi}(1 + \bar{\varrho}\varphi_t) + \delta_{\mathrm{ix,p}}. \tag{3-143}$$

Die *elastischen Verformungen* δ_{bx} des Beton- bzw. δ_{ix} des Verbundquerschnitts sind aus Momenten- und bei Vorspannung sowie bei Vorspannungsabfall aus zusätzlichen Normalkraftanteilen zusammenzusetzen (vgl. 3.1.2.2), wobei in statisch unbestimmten Systemen zweckmäßigerweise vom Reduktionssatz (vgl. 3.2.2) Gebrauch gemacht wird. In $\delta_{ix,p}$ sind auch die Temperaturschwankungen T und Temperaturunterschiede ΔT zu berücksichtigen:

$$\delta_{ix,p} = \int M_x M_p \frac{dx}{E_b I_i} + \alpha_T \int M_x \frac{\Delta T}{d_0} dx + \alpha_T \int N_x T \, dx, \qquad (3\text{-}144)$$

d_0 ist hierin die gesamte Bauteilhöhe und N_x bzw. M_x sind die aus dem zugehörigen virtuellen Hilfszustand resultierenden Schnittgrößen.

Sind in einem System auch Bauteile mit wesentlich geringeren Kriechfähigkeiten (z. B. Zugbänder aus Stahl) vorhanden, so sind selbstverständlich deren Verformungsanteile (ohne φ_t) zu addieren. Daß dann die ϱ- bzw. $\bar{\varrho}$-Werte nicht mehr gültig sind, wurde bereits in 3.3.1 erwähnt.

4. Die Beschränkung der Rißbreite

4.1 Grundlagen

Wie bereits in 1.2 festgestellt, verhindert die *Begrenzung der Betonzugspannungen* nicht zuverlässig das Auftreten von Rissen. Bei dynamisch beanspruchten Bauwerken führen diese zu ständigen Spannungsschwankungen der Spannbewehrung (Bild 1-3), die insbesondere bei ungünstigen Umweltbedingungen auch zum Reißen der Spannstähle und somit zu weiteren Schäden bis hin zum Einsturz führen können (vgl. 3.2.3 und [26, 168]). Während bei Stahlbetontragwerken eine dauerhafte Passivierung des Betonstahls nicht erforderlich ist, muß bei der empfindlichen Spannbewehrung eine Depassivierung während der gesamten Lebensdauer vermieden werden. Nach [111] ist dafür außer einer Betondeckung der ordnungsgemäß verpreßten Hüllrohre von mehr als 5 cm zusätzlich eine rechnerische Rißbreite unter 0,2 mm erforderlich. Im EC 2 wird für die nicht in Hüllrohren liegenden Spannstähle der Spannbettvorspannung bereits bei feuchter Lagerung (z. B. im Freien) eine Anordnung von 2,5 cm innerhalb des überdrückten Bereichs gefordert.

Zusätzlich ist zur Abdeckung nicht berücksichtigter oder nicht berechenbarer Beanspruchungen – z. B. aus Zwang oder nichtlinearer Temperaturverteilung – grundsätzlich eine eng liegende ausreichend bemessene *Mindestbewehrung* nach DIN 4227 Teil 1, 6.7 an den Außenflächen des Querschnitts anzuordnen [169, 170]. Diese muß an Arbeitsfugen verstärkt werden, weil hier bei geringerer Zugfestigkeit des Betons zusätzlich Zugbeanspruchungen durch die verschieden alten Betone im Hinblick auf unterschiedliches Schwinden und Kriechen sowie durch das Abfließen der Hydratationswärme im anbetonierten Teil entstehen (vgl. DIN 4227 Teil 1, 10.3). Besonders kritisch wird dies, wenn an den Arbeitsfugen zusätzlich große Vorspannkräfte eingeleitet werden (Koppelfugen [171–179]), wodurch weitere örtliche Zugspannungen in Längs- und Querrichtung auftreten (vgl. DIN 4227 Teil 1, 10.4).

Bei den empfindlichen Spanngliedern muß also die zu erwartende *größte Rißbreite* – nicht nur bei der teilweisen Vorspannung – zusätzlich zu den Betonzugspannungen immer ermittelt werden. Gerade in letzter Zeit sind auf Grund von Schäden viele Veröffentlichungen zu diesem Thema erschienen [111, 170, 180–185]. Nun ergibt sich aber immer die Rißbreite aus dem Produkt von Rißabstand und mittlerer Dehnung. Die hieraus entwickelten verschiedenen *Rißbreitenformeln* unterscheiden sich einmal durch die immer empirisch zu bestimmenden Vorfaktoren sowie durch das Weglassen weniger bestimmender Einflüsse. Die im EC 2 angegebene auch für den Spannbeton gültige Rißbreitenformel sowie die für Vorspannung erweiterten Durchmesser- und Abstandstabellen entspechen den Angaben in Abschnitt I.7.2.1. In der Praxis haben sich auch die Falkner-Diagramme [3, 186, 187] bewährt.

Alle deutschen Spannbetonvorschriften geben eine von Rehm-Martin aus der Rißbreitenformel entwickelte vereinfachte *Grenzdurchmesser-Formel* an, die etwa im Bereich zwischen $\mu_z = 1,0\%$ und $2,5\%$ nahezu gleiche Werte liefert wie die genaueren Formeln [180, 188, 189]:

$$d_s \leq r\mu_z \cdot 10^4/\sigma_s^2. \tag{4-1}$$

In dieser nicht dimensionsreinen Formel wird der Grenzdurchmesser d_s in mm nur von der Stahlspannung unter der in 4.2 angegebenen Schnittgrößenkombination σ_s in N/mm^2 und dem *Bewehrungsgehalt* der Betonzugzone μ_z in % abhängig gemacht,

$$\mu_z = \frac{100(A_s + \bar{A}_v)}{A_{bz}} = \frac{100(A_s + \bar{A}_v)}{\int\limits_{\bar{z}=0}^{-(d_0-x)} b(\bar{z})\,d\bar{z}} \approx \frac{100(A_s + \bar{A}_v)}{\text{mittl } b\,(d_0 - x)} \quad [\text{in }\%]. \tag{4-2}$$

An Bewehrung dürfen nur gerippte und profilierte Betonstähle A_s sowie im sofortigen Verbund (Spannbettvorspannung) liegende gerippte und profilierte Spannstähle und Litzen $\bar{A}_v$ angerechnet werden. Die Spannbewehrung der Vorspannung mit nachträglichem Verbund beteiligt sich nur in geringem Umfang an der Rißverteilung und wird in 4.3 gesondert behandelt. Liegt mittige Zugbeanspruchung vor – wie bei Flanschen von Plattenbalken und Hohlkästen – dann ist μ_z für jeden Bewehrungsstrang auf die gesamte Zugzone zu beziehen. Die Zugzonenhöhe $(d_0 - x)$ braucht nur mit maximal 80 cm angesetzt zu werden, im Gegensatz zu EC 2, wo z. B. für Balken $2,5\,(d_0 - h_s)$ (vgl. Bild 3-15) gilt, sofern die Rißbreitenformel benutzt wird (vgl. [3, 187]).

Die entsprechend den Umweltbedingungen einzuhaltende Rißbreite und die unterschiedliche Verbundwirkung wird gleichzeitig mit dem Verbundbeiwert r gesteuert, der nach DIN 4227 Teil 1, Tabelle 8.1 für Betonrippenstahl zwischen $r = 200$ (bei trockener Luft) und $r = 100$ liegt (bei Bauteilen im Freien und solchen, die Tausalznebeln ausgesetzt sind). Die Werte r betragen für profilierten Spannstahl und Litzen (Spannbettvorspannung) 75% der oben angegebenen.

4.2 Schnittgrößen und Stahlspannungen

Bei voll und beschränkt vorgespannten Tragwerken sollen im Gebrauchszustand rechnerisch keine Risse auftreten. Auch bei der teilweisen Vorspannung wird unter Dauerlasten meist die Betonzugspannung unterhalb der Zugfestigkeit gewählt. Um nun gegenüber den *nicht erfaßbaren Zusatzbeanspruchungen* – insbesondere aus linearen und nichtlinearen Temperaturverläufen über die Querschnittshöhe sowie aus Zwangschnittkräften infolge ungleichmäßigen Abfließens der Hydratationswärme – einen gewissen Sicherheitsabstand zu gewährleisten, müssen die Schnittgrößen im Grenzzustand der Gebrauchsfähigkeit vergrößert werden. Dies kann linear durch eine Multiplikation mit einem „Sicherheitsbeiwert" erfolgen, dann werden aber im Bereich der Momentennullpunkte nur unwesentliche Spannungserhöhungen entstehen. Deshalb ist es richtiger, ein additives Glied bei den Momenten hinzuzufügen. Hierfür reicht im Bereich größerer Momente aus äußeren Lasten ein Wert aus, der einer Zugspannung im Beton von etwa $\sigma_b = 0,8$ N/mm^2 entspricht. Bei einem symmetrischen Querschnitt wird das *Zusatzmoment* dann

$$\Delta M = \sigma_b W_b = \frac{\sigma_b}{E_b} \cdot \frac{E_b I_b}{0,5 d_0} \approx \frac{2 \cdot 0,8}{34000} \cdot \frac{E_b I_b}{d_0} \approx \pm \frac{5}{10^5} \cdot \frac{E_b I_b}{d_0}.$$

Den gleichen Wert erhält man bei einem beidseits fest eingespannten Balken mit konstantem Trägheitsmoment infolge eines Temperaturunterschieds von $\Delta T = \pm 5$ K:

$$\Delta M = \alpha_\mathrm{T}\, \frac{\Delta T}{d_0}\, E_\mathrm{b} I_\mathrm{b} = \pm\, \frac{5}{10^5}\, \frac{E_\mathrm{b} I_\mathrm{b}}{d_0}. \tag{4-3}$$

Berücksichtigt man, daß die Betonzugfestigkeit um 2,4 N/mm² liegt und ein Temperaturunterschied von $\Delta T = \pm 15$ K nicht ungewöhnlich ist [27, 176], dann sollten im Bereich des Momentennullpunkts (Bild 4-1) etwa dreifache Werte angesetzt werden [190]. Da sich bereits eine geringe Änderung der Vorspannung bei der Gesamtwirkung stark auswirkt, ist hier noch eine zusätzliche Schwankungsbreite (von 10%) zu berücksichtigen. Somit erhält man die in DIN 4227 Teil 1, Teil 2 und Teil 6, 10.2 angegebenen *rechnerischen Schnittgrößen* für den Rißbreitennachweis (Bild 4-1):

$$N_\mathrm{r} = N_\mathrm{i,g+p} + \{0,9 \text{ bzw } 1,1\}\, N_\mathrm{b,v+\varphi} + N_\mathrm{i,S\varkappa\,+\,T\,+\,\Delta w}, \tag{4-4}$$

$$M_\mathrm{r} = M_\mathrm{i,g+p} + \{0,9 \text{ bzw } 1,1\}\, M_\mathrm{b,v+\varphi} + M_\mathrm{i,S\varkappa\,+\,T\,+\,\Delta w} \pm \Delta M, \tag{4-5}$$

bzw. $\qquad M_\mathrm{r} = M_\mathrm{i,g+p} + \{0,9 \text{ bzw } 1,1\}\, M_\mathrm{b,v+\varphi} + M_\mathrm{i,S\varkappa\,+\,T\,+\,\Delta w} \pm 3\Delta M, \tag{4-5a}$

wenn: $\qquad M_\mathrm{i,g+p} + \{0,9 \text{ bzw } 1,1\}\, M'_\mathrm{b,v+\varphi} + M_\mathrm{i,S\varkappa\,+\,T\,+\,\Delta w} \pm \Delta M \le 3\Delta M.$

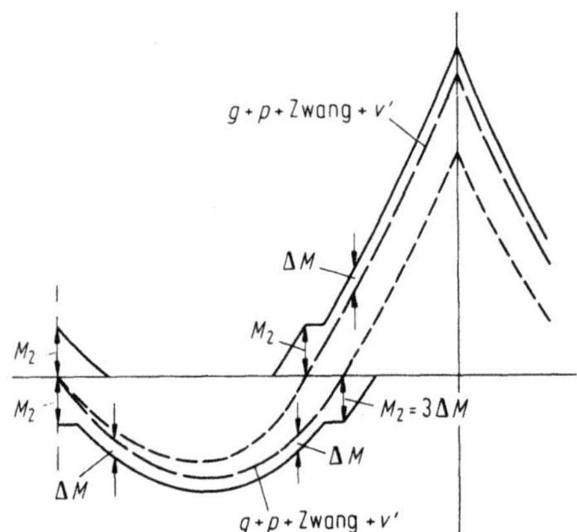

Bild 4-1. Momentengrenzlinie ohne $M^0_\mathrm{b,v+\varphi}$ für den Nachweis zur Beschränkung der Rißbreite.

Bei Vorspannung mit nachträglichem Verbund sind entsprechend den Überlegungen in 3.2.3 eigentlich noch die Zusatzschnittgrößen aus der Änderung der Schwerlinie und infolge der Spannstahlspannung beim spannungslosen Beton zu berücksichtigen. Diese sind jedoch meist sehr klein (vgl. Beispiele 8 und 9) und im Hinblick auf die ohnehin nur grob festgelegten Schnittgrößen für den Rißbreitennachweis vernachlässigbar.

Die für die *Ermittlung des Grenzdurchmessers* nach (4-1) erforderliche Größe der Betonstahlspannung σ_s und Höhe der Betonzugzone $(d_0 - x)$ lassen sich bei Rechteck- und üblichen aufgelösten Querschnitten im gerissenen Zustand II nach 3.2.3 mit dem *Doppelnomogramm* bestimmen. Wegen der meist größeren Betondruckspannungen durch ΔM und $0{,}9\,M_{\mathrm{i,v}+\varphi}$ in (4-5) und damit einer nicht mehr linearen Spannungsverteilung in der Druckzone, sollte ratsamerweise mit einem vergrößerten n (z.B. $n = n_{\mathrm{DIN}} + 1$) gerechnet werden.

Die Betonstahlspannung $\max\sigma_\mathrm{s}$ nach (3-80) und auch die Änderung der Spannstahlspannung $\Delta\sigma_\mathrm{s}$ nach (3-79) dürfen die Streckgrenze des verwendeten Betonstahls β_{Ss} nicht überschreiten.

In dieser Berechnungsweise kann die Betonzugzone beliebig unterteilt werden, was besonders dann von Vorteil ist (vgl. Beispiel 9), wenn die Spannstahlbewehrung bei Vorspannung mit nachträglichem Verbund berücksichtigt werden soll (vgl. 4.3).

Obgleich der Nachweis der Rißbreitenbegrenzung gerade den gerissenen Zustand erfassen soll, ist auch eine grob *näherungsweise Bestimmung* der Stahlspannung aus der ausgefallenen Betonzugkraft im Zustand I möglich. Die Näherungsberechnung kann außer für die *vorgedrückte Zugzone* mit den Schnittgrößen nach (4-3) bis (4-5) auch für die evtl. vorhandenen Betonzugspannungen in der *Druckzone* angewendet werden.

Dieses schnelle und einfache Berechnungsverfahren liegt für die Spannungsermittlung der Bewehrung immer auf der sicheren Seite, da der Hebelarm der inneren Kräfte beim Übergang zum gerissenen Querschnitt, insbesondere bei Druckflanschen, vergrößert wird. Es ergeben sich jedoch nach [191] bereits beim Rechteckquerschnitt etwa 35% höhere Stahlspannungen und (bei gleichen Flächen der Zugzone) kleinere Stabdurchmesser. Bei Querschnitten mit Flanschen im Zugbereich (Hohlkasten oder Plattenbalken mit negativem Moment) sind die Ergebnisse noch ungünstiger (vgl. auch Beispiele 8 und 9 sowie [147]).

Nun wird aber immer die Höhe der Zugzone im Zustand I kleiner als im Rißquerschnitt, so daß sich wieder eine gewisse Vergrößerung des Grenzstabdurchmessers ergibt. Im ungünstigsten Fall könnte diese Berechungsweise auch mal auf der unsicheren Seite liegen (Beispiel 9, wegen A_{bz} vgl. aber auch 4.1). Daher sollte man im Zweifelsfall immer vom Zustand II ausgehen (DIN 4227 Teil 1, 10.2).

Die gesuchte *Betonstahlspannung* σ_s in N/mm² oder auch die Änderung der Spannung im Spannstahl mit sofortigem oder nachträglichem Verbund $\Delta\sigma_\mathrm{v}$ wird dann aus der näherungsweisen Bedingung erhalten, daß die ausgefallene Betonzugkraft Z_b von der Zugkraft im gesamten Stahl $\sigma_\mathrm{s}(A_\mathrm{s}+A_\mathrm{v})$ aufgenommen wird, wobei die unterschiedliche Höhenlage vernachlässigt ist (Bild 4-2):

$$\sigma_\mathrm{s} \approx \Delta\sigma_\mathrm{v} \approx \frac{Z_\mathrm{b}}{A_\mathrm{s}+A_\mathrm{v}} = \frac{1}{A_\mathrm{s}+A_\mathrm{v}} \int\limits_{\bar z=0}^{-(d_0-x)} \sigma_\mathrm{b}(\bar z)\, b(\bar z)\, \mathrm{d}\bar z \le \beta_{\mathrm{Ss}}. \tag{4-6}$$

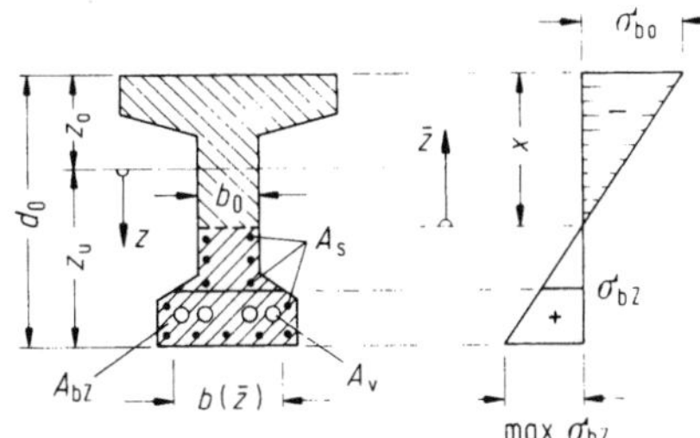

Bild 4-2. Näherungsberechnung der Stahlspannung im ungerissenen Zustand.

Bei etwa gleichbleibender Breite b_0 der Zugzone wird aus (4-6), (4-2) und (4-1)

$$\sigma_s \approx \Delta\sigma_v \approx \frac{\max \sigma_{bZ}\; b_0(d_0 - x)}{2(A_s + A_v)} \leq \beta_{Ss}, \tag{4-7}$$

$$\mu_z = \frac{100(A_s + \bar{A}_v)}{b_0(d_0 - x)}\; [\text{in}\%]\quad (d_0 - x \leq 80\,\text{cm}), \tag{4-8}$$

$$d_s \leq r\,\frac{10^6(A_s + \bar{A}_v)}{b_0(d_0 - x)\sigma_s^2}\quad \text{in mm}, \tag{4-9}$$

worin

A_s	Betonstahlbewehrung im Zugbereich in cm^2	
A_v	gesamte im Verbund (sofort oder nachträglich) liegende Spannbewehrung in cm^2	
$\bar{A}_v$	Spannbewehrung nur bei Spannbettvorspannung in cm^2	
b_0, d_0	Abmessungen in cm	
x	Betondruckzonenhöhe in cm	

4.3 Spannglieder mit nachträglichem Verbund

Die *Verbundfestigkeit* der Spannstähle im Einpreßmörtel τ_v ist – wie Versuche zeigen – wesentlich kleiner als die der Betonstahlbewehrung τ_s. Das Verhältnis $\tau_v/\tau_s = \zeta$ liegt zwischen 0,2 und 0,6 entsprechend der Oberflächenbeschaffenheit der Spannstähle (vgl. DIN 4227 Teil 1, 10.2 und [180, 181]). Auch können diese Spannglieder die Rißbreiten nur in einem *Wirkungsbereich* von etwa 30 cm Seitenlänge beeinflussen.

Diese Spannstahlbewehrung mit einem Umfang u_v entspricht also nur einer *Betonstahlbewehrung* mit einer Fläche ΔA_s, die durch Gleichsetzen der Verbundkräfte

$$\tau_v u_v l_v = \tau_s u_s l_s$$

des gegebenen Spannstahls (mit τ_v und u_v) und des ersetzten Betonstahls mit dem Umfang $u_s = 4\Delta A_s/d_s$ gefunden werden kann. Bei Annahme einer gleichen Eintragungslänge $l_v = l_s$ folgt:

$$\Delta A_s = u_s\frac{d_s}{4} = \frac{\tau_v}{\tau_s}u_v\frac{d_s}{4} = \zeta\, u_v\frac{d_s}{4}. \tag{4-10}$$

Bei Bündelspanngliedern und Litzen kann wegen des Aneinanderliegens der einzelnen Spannstähle (Anzahl z) nicht der volle *Umfang* berücksichtigt werden. Statt $u_v = z\pi d_v$ ist nach DIN 4227 Teil 1, 10.2 daher in (4-10) nur anzusetzen:

$$u_v = 1{,}6\,\pi\,\sqrt{A_v} \approx 1{,}4\,\sqrt{z}\,\pi\,d_v. \tag{4-11}$$

Ist die Dehnungsverteilung im Zustand II bekannt, wie z. B. beim Verfahren nach 3.2.3, dann kann man die zusätzlich zur Spannbewehrung mit nachträglichem Verbund noch erforderliche Betonstahlbewehrung direkt bestimmen, wenn man den Wirkungsbereich der Spannglieder gesondert betrachtet. Im (meist höherliegenden) *Restbereich* wird mit der dort (meist kleineren) vorhandenen Betonstahlspannung und der immer geringeren Restzugzone und Restbewehrung mit (4-2) und (4-1) der Mindeststabdurchmesser kontrolliert.

Im *Spanngliedbereich* wird die Betonstahlspannung nach (3-79) $\sigma_s = \Delta\sigma_v$. Der Bewehrungsgehalt beträgt in diesem Bereich bei einer angenommenen Fläche A_s der erforderlichen Betonstahlbewehrung

$$\mu_z = 100 \cdot A_s / A_{bz} \quad [\text{in}\%],$$

worin A_{bz} nur die Betonfläche im Wirkungsbereich der Spannglieder mit nachträglichem Verbund ist.

Wird jetzt der Grenzdurchmesser d_s in mm vorab (möglichst klein) gewählt, dann liefert (4-1) und (4-2) mit $\bar{A}_v = 0$ die erforderliche Betonstahlbewehrung

$$A_s = \frac{\mu_z A_{bz}}{100} = \frac{d_s \sigma_s^2 A_{bz}}{100\, r \cdot 10^4} = \frac{d_s \Delta\sigma_v^2 A_{bz}}{10^6\, r}, \tag{4-12}$$

die um ΔA_s nach (4-10) reduziert werden kann. Die noch *einzulegende Betonstahlbewehrung* (in cm^2) im Spanngliedbereich beträgt dann

$$\text{erf } A_s = A_s - \Delta A_s = d_s \left(\frac{A_{bz} \Delta\sigma_v^2}{10^6\, r} - \frac{\zeta u_v}{40} \right), \tag{4-13}$$

mit d_s in mm, u_v in cm, A_{bz} in cm^2 und $\Delta\sigma_v$ in N/mm^2.

Wird erf A_s negativ, dann reicht die vorhandene Spannbewehrung im Wirkungsbereich allein für die Rißbreitenbegrenzung aus. Es ist lediglich die Mindestbewehrung einzulegen.

Beispiel 8: Für den Fertigteilträger von Beispiel 1 soll der Nachweis zur Beschränkung der Rißbreite für die Feldmitte erbracht werden.

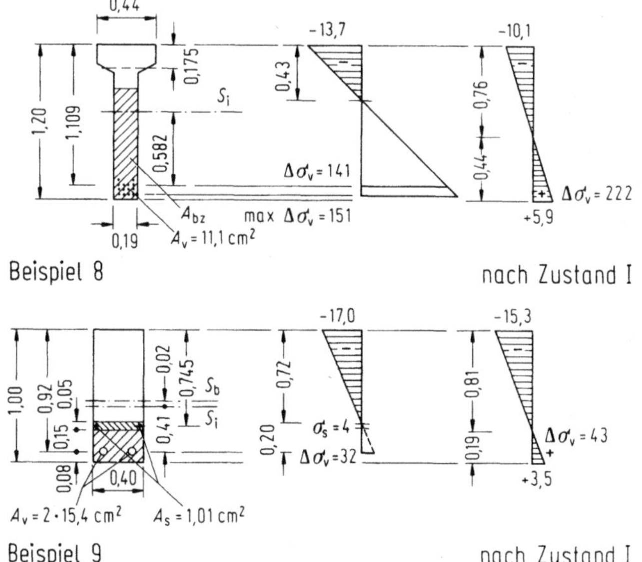

Bild 4-3. Spannungen für den Nachweis zur Beschränkung der Rißbreite bei den Beispielen.

Die Mindestbewehrung aus Betonstahl und die geringe Spannstahlbewehrung im Druckflansch werden vernachlässigt. Somit ist nach Bild 3-2 und 4-3 anzusetzen:

$$h = h_v = 1{,}200 - 0{,}091 = 1{,}109 \text{ m}; \quad z_{i,s+v} = 0{,}582 \text{ m}.$$

Die auf die Betonschwerachse bezogenen Momente aus Kriechen und Schwinden können beibehalten werden, denn mit Beispiel 5 und Bild 3-2 wird

(3-65) $\qquad \Delta M_N = (+0{,}088 + 0{,}077) \cdot (0{,}582 - 0{,}591) = -0{,}001 \text{ MNm} \approx 0.$

Schnittgrößen mit Beispiel 1 und 5 sowie Bild 3-2:

(4-3) $\qquad \Delta M = 5 \cdot 0{,}37 \cdot 10^5 \cdot 0{,}0390/(10^5 \cdot 1{,}20) = 0{,}06 \text{ MNm}$

(4-4) $\qquad N_r = 0 + 0{,}9(-1{,}11 + 0{,}088 + 0{,}077) = -0{,}85 \text{ MN}$

(4-5) $\qquad M_r = (+0{,}34 + 0{,}23 + 0{,}32) + 0{,}9(-0{,}562 + 0{,}047 + 0{,}033) + 0{,}06$
$\qquad\qquad = 0{,}89 - 0{,}43 + 0{,}06 = +0{,}52 \text{ MNm}$

(4-5a) $\qquad$ da: $\quad +0{,}89 + 0 + 0{,}06 = +0{,}95 \text{ MNm} > 3 \cdot 0{,}06 = +0{,}18 \text{ MNm}$

Spannungsermittlung im Zustand II: mit $n = n_{DIN} + 1 = 5{,}5 + 1 = 6{,}5$:

(Bild 3-16) $\qquad \zeta = (44\text{-}19) \cdot 17{,}5/(19 \cdot 110{,}9) = 0{,}21$
$\qquad\qquad n \cdot \mu = 6{,}5 \cdot 11{,}1/(19 \cdot 110{,}9) = 0{,}034$
$\qquad\qquad \eta = (0{,}52 + 0{,}85 \cdot 0{,}582)/[1{,}109(-0{,}85)] = -1{,}07$

$\qquad\qquad B_1 = 0{,}034(-1{,}07) + 0{,}21(1 - 1{,}07 - 17{,}5/[2 \cdot 110{,}9]) = -0{,}067$
$\qquad\qquad B_2 = 0{,}034(-1{,}07) + 0{,}21(1 - 1{,}07 - 2 \cdot 17{,}5/[3 \cdot 110{,}9]) \, 17{,}5/[2 \cdot 110{,}9]$
$\qquad\qquad\quad = -0{,}039$
$\qquad\qquad B_3 = 0{,}034 + 0{,}21 = 0{,}244$
$\qquad\qquad B_4 = 0{,}034 + 0{,}21 \cdot 17{,}5/[2 \cdot 110{,}9] = 0{,}051$

(Bild 3-16) $\qquad k_x = 0{,}39$ und $\bar\sigma_b = 3{,}4$ abgelesen.
$\qquad\qquad x = 0{,}39 \cdot 110{,}9 = 43 \text{ cm} > d = 17{,}5 \text{ cm}$
(3-78) $\qquad \sigma_{bo} = 3{,}4(-0{,}85)/[0{,}19 \cdot 1{,}109] = -13{,}7 \text{ MN/m}^2$
(3-79) $\qquad \Delta\sigma_v = +6{,}5 \cdot 13{,}7(110{,}9 - 43)/43 = 141 \text{ MN/m}^2 < \beta_{Ss}$

Grenzdurchmesser der Spanndrähte:
(4-8) $\qquad d_0 - x = 120 - 43 = 77 \text{ cm} < 80 \text{ cm}$

$\qquad$ Mit $r = 200$ für Innenbauteil (DIN 4227 Teil 1, Tabelle 8.1)
$\qquad$ und $\sigma_s = \Delta\sigma_v = 141 \text{ MN/m}^2$ sowie $A_s = 0$; $A_v = 11{,}1 \text{ cm}^2$:
(4-9) $\qquad d_s \leq 200 \cdot 10^6 \cdot 11{,}1/[19 \cdot 77 \cdot 141^2] = 76 \text{ mm} > 10 \text{ mm}$

Näherungsberechnung nach Zustand I: Mit Beispiel 1
(3-8) $\qquad \sigma_{bo} = -0{,}85/0{,}278 - 0{,}52 \cdot 0{,}527/0{,}039 = -10{,}1 \text{ MN/m}^2$
$\qquad$ max $\sigma_{bz} = -0{,}85/0{,}278 + 0{,}52 \cdot 0{,}673/0{,}039 = +5{,}9 \text{ MN/m}^2$

(Bild 4-2) $\qquad d_0 - x = d_0 \max \sigma_{bz}/(\max \sigma_{bz} - \sigma_{bo}) = 120 \cdot 5{,}9/(5{,}9 + 10{,}1) = 44 \text{ cm} < 77 \text{ cm}$
(4-7) $\qquad \Delta\sigma_v \approx 5{,}9 \cdot 19 \cdot 44/[2 \cdot 11{,}1] = 222 \text{ MN/m}^2 > 141 \text{ MN/m}^2$
(4-9) $\qquad d_s \leq 200 \cdot 10^6 \cdot 11{,}1/[19 \cdot 44 \cdot 222^2] = 54 \text{ mm} < 76 \text{ mm}$

Beispiel 9: Um den Einfluß der Spannglieder mit nachträglichem Verbund zu zeigen, wird für den Rahmen nach Bild 3-8 die für den Rißbreitennachweis erforderliche Bewehrung und deren Größtdurchmesser in Riegelmitte bestimmt.

Zusatzschnittgrößen: nach Bild 3-8, Beispiel 2 und 6 folgt mit

$$N_{i,p} = -0,10 \text{ MN}, \quad M_{i,p} = +0,45 \text{ MNm} \quad \text{und}$$

(Bild 3-8) $\qquad z_{bv} = 0,43 \text{ m}; \quad z_{iv} = 0,41 \text{ m} \quad \text{sowie} \quad \sigma_{bv,g+v+\varphi+S\infty} = -5,2 \text{ MN/m}^2$

(3-65) $\qquad \Delta M_N = (0 - 0,10 + 0,005)(0,43 - 0,41) = -0,002 \text{ MNm}$

(3-66) $\qquad \Delta N_v = 5,7 \cdot 30,8 \cdot 10^{-4}(-5,2) = -0,09 \text{ MN}$

(3-67) $\qquad \Delta M_v = 5,7 \cdot 30,8 \cdot 10^{-4} \cdot 0,43(-5,2) = -0,04 \text{ MNm}$

Beide Einflüsse zusammen machen weniger als 7% aus und liegen auf der sicheren Seite. Sie werden vernachlässigt.

Schnittgrößen: mit Bild 3-8, Beispiel 2, 3 und 6:

(4-3) $\qquad \Delta M = 5 \cdot 0,34 \cdot 10^5 \cdot 0,033/[10^5 \cdot 1,00] = 0,06 \text{ MNm}$

(4-4) $\qquad N_r = (-0,12 - 0,10) + 0,9(-2,84 + 0,46) = -2,36 \text{ MN}$

(4-5) $\qquad M_r = (+0,57 + 0,45) + 0,9(-0,65 + 0,15) + 0,06 = +1,02 - 0,45 + 0,06$
$\qquad\qquad = +0,63 \text{ MNm}$

(4-5a) $\qquad$ da: $1,02 + 0,9(+0,64 - 0,05) + 0,06 = +1,61 > 3 \cdot 0,06 = 0,18 \text{ MNm}$

Spannungsermittlung im Zustand II: mit $n = 5,7 + 1 = 6,7$ und
$\qquad\qquad h = h_v = 0,92 \text{ m}$ (Betonstahl vernachlässigt)

(Bild 3-16) $\qquad \zeta = 0$ (Rechteckquerschnitt)
$\qquad\qquad \eta = (+0,63 + 2,36 \cdot 0,43)/[0,92(-2,36)] = -0,76$

(3-77) $\qquad B_3 = B_4 = 6,7 \cdot 30,8/[40 \cdot 92] = 0,056$

(3-76) $\qquad B_1 = B_2 = B_3 \cdot \eta = 0,056(-0,76) = -0,043$

(Bild 3-16) $\qquad k_x = 0,78$ und $\bar{\sigma}_b = 2,65$ abgelesen.
$\qquad\qquad x = 0,78 \cdot 92 = 72 \text{ cm}$
$\qquad\qquad h_v - x = 92 - 72 = 20 \text{ cm} > 15 \text{ cm}$ (Spanngliedbereich)

(3-78) $\qquad \sigma_{bo} = 2,65(-2,36)/[0,40 \cdot 0,92] = -17,0 \text{ MN/m}^2$

(3-79) $\qquad \Delta\sigma_v = -6,7(-17,0)20/72 = +32 \text{ MN/m}^2 < \beta_{Ss}$
(Bild 4-3) $\qquad \sigma_s = -6,7(-17,0)(74,5 - 72)/72 = +4 \text{ MN/m}^2 \ll \beta_{Ss}$

Spannstahlbereich: für 2 Spannglieder mit je $A_v = 15,4 \text{ cm}^2$

(4-11) $\qquad u_v = 2 \cdot 1,6 \cdot \pi\sqrt{15,4} = 39,5 \text{ cm}$ Gesamtumfang

Mit $r = 200$ (Innenbauteil, gerippter Betonstahl)
$\qquad\qquad \zeta = 0,4$ (Litzenspannglieder) nach DIN 4227 Teil 1, 10.2

(Bild 4-3) $\qquad A_{bz} = 40 \cdot 23 = 920 \text{ cm}^2$ (da Randabstand < 15 cm)

Betonstahlbewehrung gewählt: $d_s = 8 \text{ mm}$

(4-13) $\qquad \text{erf } A_s = 8\left(\dfrac{920 \cdot 32^2}{10^6 \cdot 200} - \dfrac{0,4 \cdot 39,5}{40}\right) = 8(0,005 - 0,395) < 0$

Im Spannstahlbereich von $8 + 15 = 23 \text{ cm}$ ist keine zusätzliche Betonstahlbewehrung erforderlich.

Stegbereich: oberhalb von 23 cm ist nur die Mindestbewehrung von je $5\varnothing 8 \text{ mm/m}$
(DIN 4227 Teil 1, 6.7), d.h., bei $20 - 15 = 5 \text{ cm}$
$\qquad\qquad A_s = 0,2 \text{ cm}^2$ erforderlich:

(4-9) $\qquad d_s \leq 200 \cdot 10^6 \cdot 0,2/(40 \cdot 5 \cdot 4^2) = 12000 \text{ mm} \gg 8 \text{ mm}$

Näherungsberechnung nach Zustand I: Mit Beispiel 2 und $A_i \approx$ tot A; $I_i \approx$ tot I sowie $A_s = 0$:

(3-8) $\sigma_{bo} = -\,2{,}36/0{,}40 - 0{,}63 \cdot 0{,}50/0{,}0333 = -\,15{,}3\ \mathrm{MN/m^2}$

$\max \sigma_{bz} = -\,2{,}36/0{,}40 + 0{,}63 \cdot 0{,}50/0{,}0333 = +\,3{,}5\ \mathrm{MN/m^2}$

(Bild 4-2) $d_0 - x = d_0 \max \sigma_{bz}/(\max \sigma_{bz} - \sigma_{bo}) = 100 \cdot 3{,}5/(3{,}5 + 15{,}3) = 19\ \mathrm{cm} < 28\ \mathrm{cm}$

(4-7) $\Delta\sigma_v = 3{,}5 \cdot 40 \cdot 19/[2 \cdot 30{,}8] = 43\ \mathrm{MN/m^2} > 32\ \mathrm{MN/m^2}$

Da $d_0 - x = 19\ \mathrm{cm} < 8 + 15 = 23\ \mathrm{cm}$ ist jetzt nur Spannstahlbereich vorhanden. Daher entsprechend Zustand II:

(4-13) $\mathrm{erf}\ A_s = 8\left(\dfrac{40 \cdot 19 \cdot 43^2}{10^6 \cdot 200} - \dfrac{0{,}4 \cdot 39{,}5}{40}\right) = 8(0{,}007 - 0{,}395) < 0$

5. Der rechnerische Bruchzustand

5.1 Versagen infolge Biegung mit Längskraft

5.1.1 Grundlagen und Schnittgrößen

Während die Nachweise im Gebrauchszustand und die Beschränkung der Rißbreite vor allem die *Gebrauchsfähigkeit* und Dauerhaftigkeit sichern sollen, muß bei vorgespannten Bauteilen wie im Stahlbeton selbstverständlich auch der Grenzzustand der Tragfähigkeit untersucht werden (vgl. 1.2). Die Beanspruchungen in diesem „rechnerischen Bruchzustand" werden allen derzeit gültigen deutschen Spannbetonvorschriften mit Schnittgrößen ermittelt, die sich aus den um *globale Sicherheitsbeiwerte* γ erhöhten Werten des Gebrauchszustandes ergeben. Diese Berechnungsweise ist bei statisch bestimmten Systemen richtig, bei statisch unbestimmten dagegen zumindest ungenau, wenn nicht sogar falsch (vgl. auch 3.2.3 und [2, 3, 6, 122]). Deshalb darf nach DIN 4227 Teil 1, 11.1 (dgl. Teil 2 und Teil 6) wenigstens die *Schnittkraftumlagerung* infolge der veränderten Steifigkeiten durch die Rißbildung erfaßt werden. Dann sind aber die Zwangbeanspruchungen aus Systemschwinden, Temperatur und Baugrundbewegungen mit dem gleichen Sicherheitsbeiwert zu vergrößern wie die Nutzlasten ($\gamma = 1{,}75$).

Im EC 2 wird entsprechend dem semiprobabilistischen Sicherheitskonzept mit *Teilsicherheitsbeiwerten* gearbeitet, die auf der Lastseite vergrößernd und auf der Seite der Querschnittstragfähigkeit (Baustoffe) vermindernd wirken. Beide zusammen ergeben etwa die verschiedenen globalen Sicherheitsbeiwerte der DIN 4227. Zusätzlich kann die *Schnittkraftermittlung* außer nach der Elastizitätstheorie (ohne oder mit begrenzter Umlagerung, ähnlich wie DIN 1045, 15.1.2) auch mit einer physikalisch nichtlinearen Theorie (wie DIN 4227, 11.1) oder sogar mit einem auf der Plastizitätstheorie basierenden Traglastverfahren erfolgen. Hierdurch werden insbesondere die oben genannten Zwangbeanspruchungen (meist wesentlich kleiner) aber auch der statisch unbestimmte Anteil aus der Vorspannung (V') richtiger ermittelt.

Im Gegensatz zum Gebrauchszustand werden im rechnerischen Bruchzustand nicht die ungünstigsten Betonspannungen in ausgewählten Querschnittsfasern nachgewiesen und den zulässigen gegenübergestellt; es wird wie beim Stahlbeton die gesamte *Querschnittstragfähigkeit* für zulässige Dehnungszustände ermittelt. Diese muß größer sein als die mit den globalen Sicherheitsbeiwerten multiplizierte (äußere) Lastschnittgrößenkombination. Es gelten die gleichen Arbeitslinien und Dehnungsdiagramme wie im Stahlbeton (vgl. Abschnitt I 3.1). Lediglich die *Rechenfestigkeit* β_R wird beim Spannbeton grundsätzlich mit $\beta_R = 0{,}85^2\ \beta_{WN} \cdot 1{,}75/2{,}1 \approx 0{,}6\ \beta_{WN}$ angenommen, da auch der Sicherheitsbeiwert, für alle Stahldehnungen gleich, mit $\gamma = 1{,}75$ festgelegt ist. Im EC 2 ist eine

Vergrößerung der zulässigen maximalen Stahldehnung auf 20‰ (statt 5‰) vorgesehen, da die Rißbreiten gesondert nachgewiesen werden.

Wegen der Ungültigkeit des Superpositionsprinzips müssen hier wie bei der teilweisen Vorspannung (3.2.3) die Schnittgrößen auf eine gemeinsame Schwerachse (z. B. S_b) bezogen werden. Auch ist der Spannbettzustand zugrunde zu legen.

Wegen der nicht mehr linearen Spannungs-Dehnungs-Beziehungen ist es hier – im Gegensatz zur Ermittlung der Gebrauchslastspannungen bei der teilweisen Vorspannung – einfacher, den statisch bestimmten Anteil der Vorspannung, d.h. den Eigenspannungszustand, in die inneren Kräfte mit einzubeziehen. Es wird dann die Gesamtspannung $\sigma_{v,u}$ und nicht nur die Änderung $\Delta\sigma_v$ im Spannstahl bestimmt.

Mit den globalen Sicherheitsbeiwerten der DIN 4227 Teil 1 werden für die *beschränkte und volle Vorspannung* mit sofortigem oder mit nachträglichem Verbund die äußeren Gesamtschnittgrößen im Schwerpunkt S_b (vgl. Bild 5-1):

$$N_u = 1{,}75(N_{b,g} + N_{i,g_2+p}) + N'_{b,V+\varphi} + N_{i,S\infty+T+\Delta w}, \qquad (5\text{-}1)$$

$$M_u = 1{,}75(M_{b,g} + M_{i,g_2+p}) + M'_{b,V+\varphi} + M_{i,S\infty+T+\Delta w} + \Delta M_N, \qquad (5\text{-}2)$$

mit $\qquad \Delta M_N = (1{,}75\,N_{i,g_2+p} + N_{i,S\infty+T+\Delta w})(z_{bv} - z_{iv}). \qquad (5\text{-}3)$

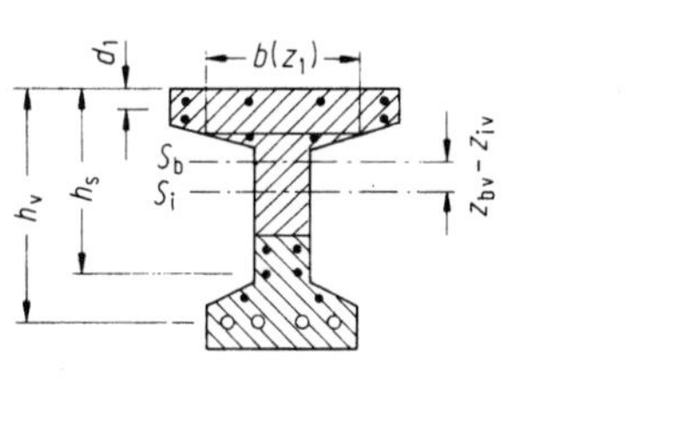

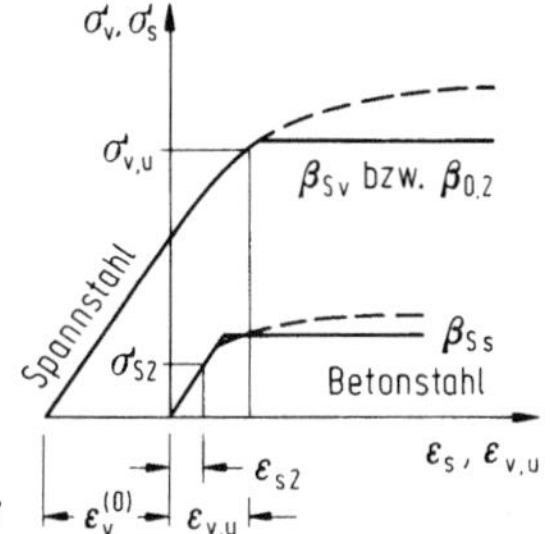

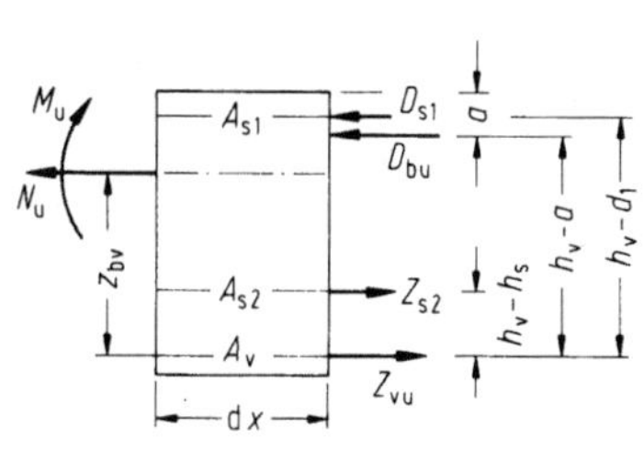

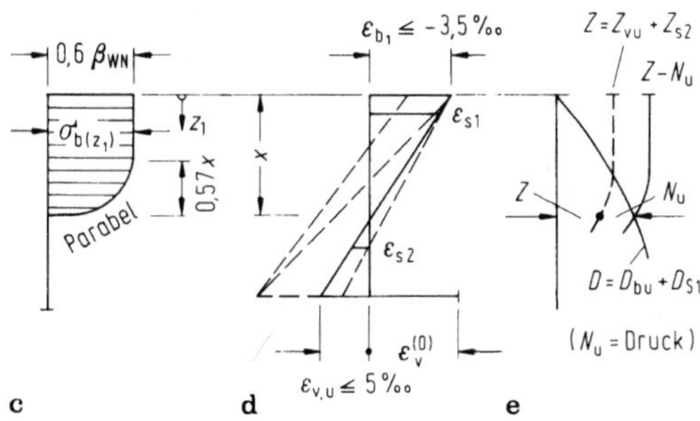

Bild 5-1a f. Bruchsicherheitsnachweis für Biegung mit Längskraft bei beliebigem Querschnitt.
a) Querschnitt; b) äußere und innere Schnittgrößen, c) Betonspannungen bei $\varepsilon_b = -3{,}5‰$, d) Beton-und Stahldehnungen, e) Gleichgewicht der Normalkräfte, f) Spannungs-Dehnungs-Diagramme der Stähle.

Da bei der *teilweisen Vorspannung* mit nachträglichem Verbund ein Nachweis der Betonzugspannungen auch in der Druckzone entfallen kann, muß zusätzlich der ungünstige Fall vergrößerter Vorspannkraft und verringertem Eigenlastanteil untersucht werden (vgl. 1.2, b). Das führt (entsprechend den Teilsicherheitsbeiwerten des EC 2) zu folgenden Schnittgrößenkombinationen (DIN 4227 Teil 2, 11.2):

$$N_\mathrm{u} = \{1{,}75 \text{ bzw } 1{,}25\}\,(N_\mathrm{b,g} + N_\mathrm{i,g_2}) + 1{,}75\,N_\mathrm{i,p} + \{1{,}0 \text{ bzw } 1{,}5\}\,N'_\mathrm{b,V+\varphi} + N_\mathrm{i,S\infty + T + \Delta w}, \tag{5-1a}$$

$$M_\mathrm{u} = \{1{,}75 \text{ bzw } 1{,}25\}\,(M_\mathrm{b,g} + M_\mathrm{i,g_2}) + 1{,}75\,M_\mathrm{i,p} + \{1{,}0 \text{ bzw } 1{,}5\}\,M'_\mathrm{b,V+\varphi} + M_\mathrm{i,S\infty + T + \Delta w} + \Delta M_\mathrm{N}, \tag{5-2a}$$

mit:

$$\Delta M_\mathrm{N} = (\{1{,}75 \text{ bzw } 1{,}25\}\,N_\mathrm{i,g_2} + 1{,}75\,N_\mathrm{i,p} + N_\mathrm{i,S\infty + T + \Delta w})\,(z_\mathrm{bv} - z_\mathrm{iv}). \tag{5-3a}$$

Die Schnittgrößen bei Vorspannung ohne Verbund und infolge der Lastfälle vor Herstellung des Verbundes bei der Vorspannung mit nachträglichem Verbund werden in 5.1.3 zusammenhängend behandelt.

5.1.2 Vorspannung mit Verbund

5.1.2.1 Halbgraphisches Verfahren (Mörsch)

Grundsätzlich gelten im rechnerischen Bruchzustand die gleichen Überlegungen und auch Rechenhilfsmittel wie beim Stahlbeton. Es müssen aber die Bruchschnittgrößen und zusätzlich der Spannbettzustand berücksichtigt werden. Der Spannstahl erfährt bei spannungslosem Beton eine *Vordehnung* (Spannbettdehnung $\varepsilon_\mathrm{v}^{(0)}$, vgl. Bild 5-1 f). Für die *Spannbettvorspannung* folgt diese, z. B. nach Kriechen und Schwinden, aus (3-9):

$$\varepsilon_\mathrm{v}^{(0)} = \frac{\sigma_\mathrm{v,V+\varphi}^{(0)}}{E_\mathrm{v}} = \frac{Z_\mathrm{v}^{(0)} + Z_{\varphi\infty}}{E_\mathrm{v} A_\mathrm{v}}. \tag{5-4}$$

Bei der *Vorspannung mit nachträglichem Verbund* ist noch die Betonstauchung in Höhe des Spannglieds zu berücksichtigen (vgl. 3.2.3):

$$\varepsilon_\mathrm{v}^{(0)} = \frac{\sigma_\mathrm{v,V+\varphi} - n_\mathrm{v}\,\sigma_\mathrm{bv,g+V+\varphi}}{E_\mathrm{v}} = \frac{Z_\mathrm{v} + Z_{\varphi\infty}}{E_\mathrm{v} A_\mathrm{v}} - \frac{\sigma_\mathrm{bv,g+V+\varphi}}{E_\mathrm{b}}. \tag{5-5}$$

Spannbetonkonstruktionen haben oft aufgelöste Querschnitte, so daß die Breite der Druckzone nicht konstant ist. Soll zusätzlich noch eine Zug- oder Druckbewehrung berücksichtigt werden, wobei diese auch vorgespannt sein kann, dann ermittelt man ratsamerweise das vom Querschnitt maximal aufnehmbare Moment um die Spannbewehrung und vergleicht dies mit dem vorhandenen äußeren rechnerischen Bruchmoment. Die richtige *Dehnungsverteilung* wird aus der Gleichgewichtsbedingung in Normalkraftrichtung gefunden. Da hier die äußere Normalkraft eingeht, die jedoch nur bei Rahmen und ähnlichen Systemen auftritt, ist diese Berechnungsweise exakt nur dann richtig, wenn damit auch die äußeren und inneren Momente übereinstimmen.

Mit einer nach DIN 4227 Teil 1, 11.2.4 angenommenen *Dehnungsverteilung* werden die Betondruckkraft D_bu, die Stahldruckkraft D_s1, die Zugkraft im Spannstahl Z_vu und im Betonstahl Z_s2 (vgl. Bild 5-1b) mit den Spannungs-Dehnungs-Beziehungen für Beton, Betonstahl und Spannstahl (vgl. DIN 4227 Teil 1, 11.2 und Abschmitt I 3.1.2) bestimmt. Ratsamerweise beginnt man mit den Maximaldehnungen $\varepsilon_{b1} = -3,5\permil$ und $\varepsilon_{v,u} + 5\permil$.

$$D_{bu} = -\int\limits_{z_1=0}^{x} \sigma_b(z_1)\, b(z_1)\, dz_1 \tag{5-6}$$

$$\hat{=} k_b b h_v \cdot 0,6\, \beta_{WN} \quad \text{bei} \quad b = \text{const} \quad \text{nach Teil I, Bild 3-10,}$$

$$D_{s1} = \sigma_{s1} A_{s1}. \tag{5-7}$$

Die Stahlspannung σ_{s1} wird bei der Stauchung ε_{s1} abgegriffen, sie darf nur $\beta_{Ss} \cdot 1,75/2,1 = 0,83\, \beta_{Ss}$ erreichen. Entspricht A_{s1} einer vorgespannten Bewehrung A_{v1}, dann muß analog σ_{v1} mit $\varepsilon_v = \varepsilon_v^{(0)} + \varepsilon_{v1} < \varepsilon_v^{(0)}$ des Spannstahls bestimmt werden, wobei wegen der geringeren Verbundfestigkeit der Spannstähle die Stauchung ε_{v1} kleiner als $1,5\permil$ bleiben sollte (nach DIN 4227 Teil 2, 11.2 vorgeschrieben). Bei teilweiser Vorspannung ist zusätzlich $\varepsilon_v = 1,5\, \varepsilon_v^{(0)} + \varepsilon_{v1}$ gefordert.

$$Z_{vu} = \sigma_{v,u} A_v, \tag{5-8}$$

$$\text{mit } \sigma_{v,u} \leq \beta_{Sv} \quad \text{für} \quad \varepsilon_v = \varepsilon_v^{(0)} + \varepsilon_{v,u} \quad \text{nach Bild 5-1f,}$$

$$Z_{s2} = \sigma_{s2} A_{s2}, \tag{5-9}$$

$$\text{mit } \sigma_{s2} \leq \beta_{Ss} \quad \text{für } \varepsilon_{s2} \text{ nach Bild 5-1f.}$$

Wird die *Gleichgewichtsbedingung der Normalkräfte,*

$$N_u + D_{bu} + D_{s1} - Z_{vu} - Z_{s2} = N_u + D - Z = 0, \tag{5-10}$$

nicht erfüllt, muß ein neuer Dehnungszustand angenommen werden. Trägt man die Gesamtdruckkraft D und die um N_u verminderte Gesamtzugkraft $Z - N_u$ bei x auf, dann läßt sich meist schnell ein verbesserter Wert durch deren geschätzten Schnittpunkt (Bild 5-1e) finden [192]. Ist (5-10) erfüllt, wird der Angriffspunkt von D_{bu},

$$a = \frac{1}{D_{bu}} \int\limits_{z_1=0}^{x} \sigma_b(z_1)\, b(z_1)\, z_1\, dz_1 \tag{5-11}$$

$$\hat{=} k_a x \quad \text{bei} \quad b = \text{const} \quad \text{nach Teil I, Bild 3-10,}$$

bestimmt. Die *Gleichgewichtsbedingung der Momente* um die Spannstahleinlage liefert dann *ausreichende Bruchsicherheit,* wenn

$$M_{vu} = D_{bu}(h_v - a) + D_{s1}(h_v - d_1) - Z_{s2}(h_v - h_s) \tag{5-12}$$

$$\geq M_u - N_u z_{bv}$$

erfüllt ist. Wird D_{bu} mit (5-10) ausgedrückt und (5-8) berücksichtigt, dann folgt aus (5-12) die *erforderliche Spannstahlfläche* zu

$$\text{erf } A_v = \frac{1}{\sigma_{v,u}} \left[\frac{M_u - N_u z_{bv}}{h_v - a} - Z_{s2} \frac{h_s - a}{h_v - a} + D_{s1} \frac{d_1 - a}{h_v - a} + N_u \right]. \tag{5-12a}$$

Bei statisch bestimmten Systemen und Annahme von $z_{bv} = z_{iv}$ läßt sich die *vorhandene Sicherheit* vorh γ direkt ermitteln. Mit (5-1) und (5-2) wird dann $N_u \approx$ vorh $\gamma \cdot N_{b,g+p}$ und $M_u \approx$ vorh $\gamma \cdot M_{b,g+p}$ und aus (5-12) bei Gleichheit:

$$\text{vorh } \gamma = \frac{M_{vu}}{M_{b,g+p} - N_{b,g+p} z_{bv}}$$

$$= \frac{D_{bu}(h_v - a) + D_{s1}(h_v - d_1) - Z_{s2}(h_v - h_s)}{M_{b,g+p} - N_{b,g+p} z_{bv}}.$$

Der richtige Dehnungszustand muß mit (5-10) vorab bestimmt werden, wobei nur im seltenen Fall vorhandener äußerer Normalkraft (Rahmen) vorh γ zu schätzen ist.

5.1.2.2 Rechnerisches Verfahren (Rüsch)

Bei annähernd konstanter Breite der Betondruckzone und unter Vernachlässigung der Betonstahlbewehrung A_{s2} sowie der Bewehrung in der Druckzone A_{s1} kann der Nachweis des *erforderlichen Spannstahlquerschnitts* wie im Stahlbeton mit dem allgemeinen Bemessungsdiagramm (Teil I, Bild 3-13) geführt werden (vgl. auch Tafel 3 in [105], Heft 220).

Da nach DIN 4227 Teil 1, 11.2.3 die Rechenfestigkeit des Betons $\beta_R = 0,6\,\beta_{WN}$ und der Sicherheitsbeiwert $\gamma = 1,75 =$ const anders als in DIN 1045, 17.2 festgelegt sind, wird

$$100\,m_s = 100\,\frac{M_u - N_u z_{bv}}{\gamma b h_v^2 \cdot 0,6\,\beta_{WN}} \tag{5-13}$$

als Abzissenwert eingegeben. Man schätzt $\gamma = 1,75$ und braucht nur für $100\,m_s \geq 19,3$ mit dem aus Teil I, Bild 3-13 entnommenen verbesserten γ neu zu rechnen.

Der *erforderliche Spannstahlquerschnitt* wird aus (5-12a)

mit $\qquad D_{s1} = Z_{s2} = 0 \qquad$ und $\qquad h_v - a = z = k_z h_v$

$$\text{erf } A_v = \frac{Z_{vu}}{\sigma_{v,u}} = \frac{1}{\sigma_{v,u}}\left(\frac{M_u - N_u z_{bv}}{z} + N_u\right) \leq \text{vorh } A_v, \tag{5-14}$$

worin $\sigma_{v,u} \leq \beta_{Sv}$ wieder aus dem Spannungs-Dehnnungs-Diagramm für $\varepsilon_v = \varepsilon_v^{(0)} + \varepsilon_{v,u}$ abzugreifen ist (Bild 5-1f).

Wird erf $A_v >$ vorh A_v, kann bei $h_s \approx h_v$ oder $N_u \approx 0$ der zusätzlich *erforderliche Betonstahlquerschnitt* A_{s2} näherungsweise aus dem Differenzmoment um D_b bestimmt werden:

$$\text{erf } A_{s2} = (\text{erf } A_v - \text{vorh } A_v)\frac{\sigma_{v,u}(h_v - a)}{\sigma_{s2}(h_s - a)}, \tag{5-15}$$

worin $a = h_v - z = h_v(1 - k_z)$ einzusetzen und σ_{s2} bei ε_{s2} abzugreifen ist.

5.1.3 Vorspannung ohne Verbund

Ratsamerweise wird unterschieden zwischen *Spannbetonkonstruktionen mit nachträglichem Verbund* und solchen mit Vorspannung ohne Verbund nach DIN 4227 Teil 6 (z. B. mit Monolitzen, vgl. 2.2).

Bei den ersteren sind nur die Lastfälle vor Herstellung des Verbundes zu untersuchen, für die sich wegen $M_{i,p}=0$ in (5-2) nur geringe „Bruchmomente" ergeben (vgl. auch DIN 4227 Teil 1, 11.3 (1) und [193]). Hierfür reicht meist die Spannbewehrung oder eine geringe zusätzliche Betonstahlbewehrung nach (5-15) aus. Nun zeigen aber Nachrechnungen und Versuche [194, 195], daß wegen der auf ganzer Länge nahezu konstanten Spannung im Spannstahl diese beim Übergang zum Bruchzustand nur wenig zunimmt. Es darf deshalb nach DIN 4227 Teil 1, 11.3 vereinfachend mit

$$\sigma_{v,u} \approx \sigma_{v,g+V(+\varphi)} + \Delta\sigma_v \leq \beta_{Sv} \tag{5-16}$$

gerechnet werden, worin die Zusatzspannung

$\Delta\sigma_v = 110\ \text{N/mm}^2$ beim annähernd gleichmäßig belasteten Träger auf zwei Stützen,
$\Delta\sigma_v = 50\ \text{N/mm}^2$ beim Kragträger aber
$\Delta\sigma_v = 0$ beim Durchlaufträger betragen darf.

Näherungsweise kann dann der Bruchnachweis wie in 5.1.2.1 oder 5.1.2.2 geführt werden, wobei nur in (5-8) und (5-12a) sowie in (5-14) und (5-15) $\sigma_{v,u}$ als bekannt anzunehmen ist.

Bei der *Vorspannung ohne Verbund* soll nach DIN 4227 Teil 6, 11.2 von folgender äußeren Schnittgrößenkombination ausgegangen werden:

$$S_{b,u} = \{1{,}75\ \text{bzw.}\ 1{,}25\}\ S_g + 1{,}75\ S_p + \{1{,}0\ \text{bzw.}\ 1{,}5\}\ S_{V(+\varphi)} + 1{,}75\ S_{S_x+T+\Delta w}. \tag{5-17}$$

Die Schnittgrößen aus der γ-fachen Vorspannung sind mit der im Grenzzustand der Tragfähigkeit aus einer statisch unbestimmten Rechnung ermittelten Spannstahlkraft Z_{vu} – auch bei äußerlich statisch bestimmten Systemen – zu berechnen [4a, 6, 14]. Eine Ermittlung entsprechend 3.2.2 macht wegen der sich ändernden Steifigkeiten in den gerissenen Bereichen eine iterative Vorgehensweise erforderlich. Diese aufwendige Berechnung kann umgangen werden, wenn es gelingt, die Spannkräfte aller Spannglieder für die oben genannte Lastfallkombination direkt zu bestimmen. Dann können die daraus resultierenden statisch bestimmten und unbestimmten Schnittgrößen auf der Last- (wie im Gebrauchszustand bei der teilweisen Vorspannung) oder auf der Widerstandsseite (wie bei Vorspannung mit Verbund) berücksichtigt werden.

Da bei *ohne Verbund* vorgespannten Konstruktionen die Sicherheit gegen Querschnittsversagen fast immer nur durch eine zusätzliche – z.T. recht große – Betonstahlbewehrung erreicht wird, ist eine möglichst genaue Berechnung ratsam. Hilfsmittel findet man in [28, 197, 198].

Für *plattenartige Bauteile* sind auch in DIN 4227 Teil 6, 14.2 Angaben zur näherungsweisen Ermittlung von $\Delta\sigma_v$ enthalten (vgl. [196]).

Beispiel 10: Der Nachweis für den Grenzzustand der Tragfähigkeit soll für die Riegelmitte des Rahmens nach Bild 3-8 geführt werden. Es wird die erforderliche Spannbewehrung bei Vernachlässigung der Mindestbewehrung aus Betonstahl nach 5.1.2.2 ermittelt.

Schnittgrößen   nach Bild 3-8 und Beispielen 3, 6 und 9:

(5-3) $\Delta M_N = [1{,}75(-0{,}10) + 0{,}005](0{,}43 - 0{,}41)$ $= -0{,}003\ \text{MNm}$

(5-1) $N_u = 1{,}75(-0{,}12 - 0{,}10) + (0{,}16 - 0{,}017) + 0{,}005$ $= -0{,}24\ \text{MN}$

(5-2) $M_u = 1{,}75(0{,}57 + 0{,}45) + (0{,}64 - 0{,}068) + 0{,}020 - 0{,}003 = +2{,}37\ \text{MNm}$

Erforderlicher Spannstahlquerschnitt, vorerst mit $\gamma = 1,75$:

(5-13)
$$100\, m_s = 100\,\frac{2,37 - (-0,24)\,0,43}{1,75 \cdot 0,40 \cdot 0,92^2 \cdot 0,6 \cdot 35} = 19,9 > 19,3$$

Mit neu geschätztem $\gamma = \tfrac{1}{2}(1,83 + 1,75) = 1,79$ nach Bild 3-13 von Teil I wird $100\, m_s = 1,75 \cdot 19,9/1,79 = 19,5$ und $\gamma = 1,79(!)$; $k_z = 0,77$ und $\varepsilon_{s2} = \varepsilon_{v,u} = 2,8\permil$ abgelesen.

(5-5)
$$\varepsilon_v^{(0)} = (3,00 - 0,47)/[30,8 \cdot 10^{-4} \cdot 195] - (-5,2)/34 = 4,4\permil$$

(5-8)
$$\varepsilon_v = 4,4 + 2,8 = 7,2\permil, \text{ d.h., da } \varepsilon_v < 7,5\permil \text{ (Zulassung)},$$
$$\sigma_{v,u} = 7,2 \cdot 195 = 1404\,\text{N/mm}^2 < \beta_{Sv} = 1570\,\text{N/nm}^2$$

(5-14)
$$\text{erf } A_v = \frac{10^4}{1404}\left(\frac{2,37 - (-0,24)\cdot 0,43}{0,77 \cdot 0,92} - 0,24\right) = 23,2\,\text{cm}^2 < 30,8\,\text{cm}^2$$

Beispiel 11: Wegen der ungünstigen Lage der Spannglieder soll die Bruchsicherheit auch für den Riegelanschnitt des Rahmens ermittelt werden. Obgleich die Betonstahlbewehrung von 4 ø22 aus BSt 500S, die aufgrund des Bruchsicherheitsnachweises des oberen Stützenanschnitts erforderlich ist, allein in der Lage wäre, die „Bruchschnittgrößen" aufzunehmen, soll die nahezu mittig liegende Spannbewehrung zusätzlich nach 5.1.2.1 berücksichtigt werden.

Schnittgrößen   nach Bild 3-8 und Beispielen 3, 6 und 9:

Mit $z_{bv} \approx z_{iv}$ und $N_{i,p} = -0,10\,\text{MN}$ sowie $M_{i,p} = -0,32\,\text{MNm}$:

(5-1)
$$N_u = 1,75(-0,12 - 0,10) + (0,16 - 0,017) + 0,005 = -0,24\,\text{MN}$$

(5-2)
$$M_u = 1,75(-0,40 - 0,32) + (0,64 - 0,068) + 0,020 = -0,67\,\text{MNm}$$

Gleichgewicht der Normalkräfte wurde durch Probieren für $x = 0,50\,\text{m}$ und $\varepsilon_{b1} = -3,5\permil$ gefunden. Nach Bild 5-1d folgt mit

$$h_s = 1,00 - 0,04 = 0,96\,\text{m} \quad \text{und} \quad h_v = 0,51 - 0,04 = 0,47\,\text{m}$$

$$\varepsilon_{s2} = 3,5(0,96 - 0,50)/0,50 = 3,2\permil > 2,4\permil \to \beta_{Ss}$$

$$\varepsilon_{v,u} = 3,5(0,47 - 0,50)/0,50 = -0,2\permil$$

Die Spannbettdehnung infolge Spannkraftabfall muß nach Beispiel 6 auf die Gesamtstahlfläche bezogen werden:

(5-5)
$$\varepsilon_v^{(0)} = [Z_v + Z_\varphi A_v/(A_v + A_s)]/[E_v A_v] - \sigma_{bv,g+v+\varphi}/E_b$$
$$= (2,93 - 0,76 \cdot 30,8/46,0)/[195 \cdot 30,8 \cdot 10^{-4}] - (-5,2)/34 = 4,2\permil$$

(5-8)
$$\varepsilon_v = 4,2 - 0,2 = 4,0\permil$$

$$\sigma_{v,u} = \varepsilon_v E_v = 4,0 \cdot 195 = 780\,\text{N/mm}^2 < 1570\,\text{N/mm}^2$$

Bild 3-10 von Teil I liefert für $\varepsilon_{b1}/\varepsilon_{s2} = -3,5\permil/+3,2\permil$ $k_b = 0,42$ und $k_a = 0,42$. Mit $h = h_s = 0,96\,\text{m}$ folgt

(5-6)
$$D_{bu} = 0,42 \cdot 0,40 \cdot 0,96 \cdot 0,6 \cdot 35 = 3,39\,\text{MN}$$

(5-8)
$$Z_{vu} = 780 \cdot 30,8 \cdot 10^{-4} \qquad\qquad = 2,40\,\text{MN}$$

(5-9)
$$Z_{s2} = \beta_{Ss} A_{s2} = 500 \cdot 15,2 \cdot 10^{-4} = 0,76\,\text{MN}$$

(5-10)
$$\text{Kontrolle:} \; -0,24 + 3,39 - 2,40 - 0,76 = -0,01 \approx 0$$

(5-11)
$$a = 0,42 \cdot 0,50 = 0,21\,\text{m}$$

$$(5\text{-}12a) \qquad \mathrm{erf}\ A_v = \frac{10^4}{780}\left(\frac{0,67-(-0,24)(-0,04)}{0,47-0,21} - 0,76\,\frac{0,96-0,21}{0,47-0,21} - 0,24\right)$$

$$= \frac{10^4}{780}(2,54-2,19-0,24) = 1,4\,\mathrm{cm}^2 \ll 30,8\,\mathrm{cm}^2$$

Man sieht, daß die Betonstahlbewehrung nahezu die gesamte äußere Beanspruchung aufnimmt.

5.2 Versagen infolge Querkraft und Torsion

5.2.1 Hauptspannungen im rechnerischen Bruchzustand

5.2.1.1 Grundlagen und Schnittgrößen

Es wäre logisch und folgerichtig, auch für die Beanspruchung aus Querkraft und Torsion im Grenzzustand der Tragfähigkeit die äußeren Schnittgrößen den inneren aufnehmbaren gegenüberzustellen. Diese Berechnungsweise ist im EC 2 vorgesehen, wobei wieder die Teilsicherheitsbeiwerte auf beiden Seiten zu berücksichtigen sind. Nach den deutschen Spannbetonvorschriften sollen aber – historisch bedingt – die sich im rechnerischen Bruchzustand ergebenden maximalen Betonspannungen, das sind hier die Hauptzug- und Hauptdruckspannungen, zulässigen gegenübergestellt werden. Diese sind so gewählt, daß wieder eine etwa 1,75fache *Querschnittssicherheit* gewährleistet ist.

Da sich aber die Hauptspannungen aus Längs- und Schubspannungen zusammensetzen, ergeben sich verschiedene Betrachtungsweisen in Bereichen mit und ohne Biegerisse. Im Gegensatz zum Stahlbeton treten bei Spannbetonkonstruktionen wegen der Druckvorspannung auch im Bruchzustand größere Bereiche auf, die keine Biegerisse haben. Vor allem in Stegen von aufgelösten Querschnitten können aber Schubrisse auftreten. Diese Bereiche werden als *Zone a* bezeichnet, sie liegen am Endauflager und in der Gegend der Momenten-Nullpunkte aus äußeren Lasten (Bild 5-2).

Wird die maximale im Zustand I ermittelte Randzugspannung des Betons, wobei die Schnittgrößen (5-21) und (5-22) im rechnerischen Bruchzustand für den betrachteten Lastfall heranzuziehen

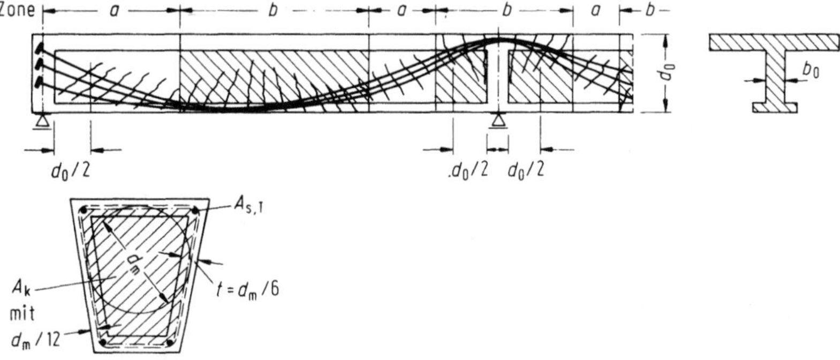

Bild 5-2. Zoneneinteilung zur Kennzeichnung des Schubtragverhaltens und Ersatzhohlquerschnitt für Torsion.

sind, größer als die minimale Biegezugfestigkeit (zul $\sigma_{bZ} \approx 0{,}25\,\beta_{WN}^{2/3}$), dann liegt *Zone b* vor:

$$\text{vorh } \sigma_{bZ} = \frac{N_{b,u}}{A_b} + \frac{M_{b,u}}{I_b}\, z_b \geq \text{zul } \sigma_{bZ} \rightarrow \text{Zone b.} \tag{5-18}$$

Bezüglich der *wirklichen Schnittgrößen* im Grenzzustand der Tragfähigkeit gelten die Überlegungen von 3.2.3 und 5.1.1. Jedoch sind die Bereiche mit Biegerissen jetzt kürzer, da der maßgebende Lastfall meist bei maximalem Torsionsmoment $M_{T,u}$ und zugehörigem $Q_{b,u}$, $M_{b,u}$ und $N_{b,u}$ oder bei maximaler Querkraft $Q_{b,u}$ mit zugehörigem $M_{T,u}$, $M_{b,u}$ und $N_{b,u}$ eintritt. Auch wird der Anteil der Querkräfte und Torsionsmomente infolge der statisch Unbestimmten im Gegensatz zu den Biegemomenten kleiner, so daß näherungsweise mit den γ-fachen Gebrauchsschnittgrößen gerechnet werden kann.

Wegen der großen Reduzierung der Hauptzugspannungen durch die vertikale Querdruckspannung bei direkter Auflagerung braucht wie im Gebrauchszustand (3.4) der Nachweis erst für einen Schnitt $0{,}5\,d_0$ vom Auflagerrand entfernt geführt zu werden (DIN 4227 Teil 1, 12.1).

Bei den Querkräften dürfen wieder die *Vertikalkomponente* der geneigten Druckkraft ($D_{bu}\tan\gamma_D$) und im ungerissenen Bereich diejenige der schrägen Zugkraft ($Z_{bu}\tan\gamma_Z$) wie in 3.4 berücksichtigt werden, wobei die Kräfte D_{bu} und Z_{bu} und deren Neigungen γ_D und γ_Z für die maßgebende Schnittgrößenkombination im Bruchzustand neu zu bestimmen sind (vgl. Bild 3-22).

Für die Vorspannung mit nachträglichem Verbund werden nach DIN 4227 Teil 1, 11.1 sowie Teil 2 und Teil 6, 12(2) die für die Nachweise im rechnerischen Bruchzustand zugrunde zu legenden *Schnittgrößen*:

$$Q_{b,u} = 1{,}75(Q_{b,g} + Q_{i,p}) + Q_{b,V+\varphi} + Q_{i,S\infty+T+\Delta w} - D_{bu}\tan\gamma_D - Z_{bu}\tan\gamma_Z, \tag{5-19}$$

$$M_{T,u} = 1{,}75(M_{T,g} + M_{T,p}) + M_{T,V+\varphi} + M_{T,S\infty+T+\Delta w}, \tag{5-20}$$

$$M_{b,u} = 1{,}75(M_{b,g} + M_{i,p}) + M_{b,V+\varphi} + M_{i,S\infty+T+\Delta w}, \tag{5-21}$$

$$N_{b,u} = 1{,}75(N_{b,g} + N_{i,p}) + N_{b,V+\varphi} + N_{i,S\infty+T+\Delta w}. \tag{5-22}$$

Man erkennt, daß der Einfluß der Vorspannung wie im Gebrauchszustand angesetzt werden soll, d.h., eine *Vergrößerung der Spannung im Spannstahl* infolge Laststeigerung wird auch bei Vorspannung mit Verbund vernachlässigt. Dies trifft sicher in weiten Bereichen des Tragwerkes zu, so vor allem in der ungerissenen Zone a (vgl. Bild 1-3). In den Feldbereichen, wo die Spanngliedneigung gering ist, ergibt sich auch fast keine Querkraft aus Vorspannung. Der Querschnitt im Abstand $0{,}5\,d_0$ vom Rand des Mittelauflagers im Durchlaufträger ist aber sicher gerissen und die Spannglieder haben hier bereits eine gewisse Neigung, so daß zumindest der statisch bestimmte Anteil der Querkräfte vergrößert wird:

$$Q^0_{b,V+\varphi} = -Z_{v,u}\sin\psi \approx -\sigma_{v,u}A_v\sin\psi \tag{5-23}$$

Soll dieser Einfluß berücksichtigt werden, dann kann man näherungsweise $\sigma_{v,u} = \sigma^{(0)}_{v+\varphi} + \Delta\sigma_v$ wie bei der teilweisen Vorspannung (3.2.3) für die betreffende Lastfallkombination (5-21) und (5-22) ermitteln.

Bei der *teilweisen Vorspannung* (DIN 4227 Teil 2, 12(2)) und bei der Vorspannung ohne Verbund (DIN 4227 Teil 6, 12(2)) ist mit 1,5fachen Schnittgrößen aus Vorspannung in (5-19) bis (5-22) zu rechnen, wenn $Q_{b,v}$ wie $Q_{b,g+p}$ gerichtet ist.

Bei der Ermittlung der Schubbewehrung bei den Lastfällen vor Herstellung des Verbundes gelten nach DIN 4227 Teil 1, 12.1(7) vereinfachend die Spannungszunahmen nach 5.1.3.

Die Querkräfte infolge einer *vorgespannten Schubbewehrung* dürfen dagegen in (5-19) nicht eingesetzt werden (DIN 4227 Teil 1, 12.3.3), da die daraus resultierenden Schubspannungen über die Querschnittshöhe konstant sind. Sie müssen jedoch bei der Neigung der Hauptdruckspannungen in Zone a berücksichtigt werden [199].

5.2.1.2 Hauptspannungen in Zone a

Vorerst muß nachgewiesen werden, ob schräge Schubrisse zu erwarten sind, d.h., ob eine *Schubbewehrung erfoderlich* wird. Für den ungerissen Querschnitt ergeben sich die *Hauptzugspannungen* und deren Richtung wie in 3.4. Bei Vernachlässigung von σ_{bz} und $I_i = I_b$ usw. wird

$$\tau_u = \tau_{Q,u} + \tau_{T,u} = \frac{Q_{b,u} S_b}{I_b b} + \frac{M_{T,u}}{W_T}, \tag{5-24}$$

$$\sigma_{bx} = \frac{N_{b,u}}{A_b} + \frac{M_{b,u}}{I_b} z_b, \tag{5-25}$$

$$\sigma_{b1,u} = \frac{\sigma_{bx}}{2} + \sqrt{\left(\frac{\sigma_{bx}}{2}\right)^2 + \tau_u^2}. \tag{5-26}$$

Nur die Mindestbewehrung ist erforderlich, wenn nach DIN 4227 Teil 1, Tabelle 9: $\sigma_{b1,u} \leq$ zul $\sigma_{1,0}$ (z. B. $\approx 0{,}8$ zul σ_{bz} bei Vollquerschnitten), wobei noch zwischen den Einzelanteilen aus Q und M_T und der Gesamtwirkung unterschieden wird.

Ansonsten ist die Schubbewehrung nach 5.2.2 nachzuweisen. Eine obere Begrenzung der Hauptzugspannung ist nicht vorgesehen, da die Schubrißbreiten bereits durch den Gebrauchszustand beschränkt werden.

Zusätzlich muß untersucht werden, ob die *Hauptdruckspannung* aufgenommen werden kann. Bei Vorhandensein von Schubrissen, d.h. nach Ausfall der Hauptzugspannungen, können die Hauptdruckspannungen nur näherungsweise mit Hilfe eines Fachwerkmodells ermittelt werden. Bei beliebiger Neigung β der Zugbewehrung wird aus dem schiefwinkligen Krafteck von Bild 5-3 abgelesen:

$$\sigma_{b2,u} = -\frac{D_\tau}{b_0 \Delta l \sin \vartheta_u} = -\frac{\tau b_0 \Delta l \sin \beta}{b_0 \Delta l \sin \vartheta_u \sin(\vartheta_u + \beta)}$$

$$= -\frac{\tau}{\sin^2 \vartheta_u (\cot \vartheta_u + \cot \beta)}. \tag{5-27}$$

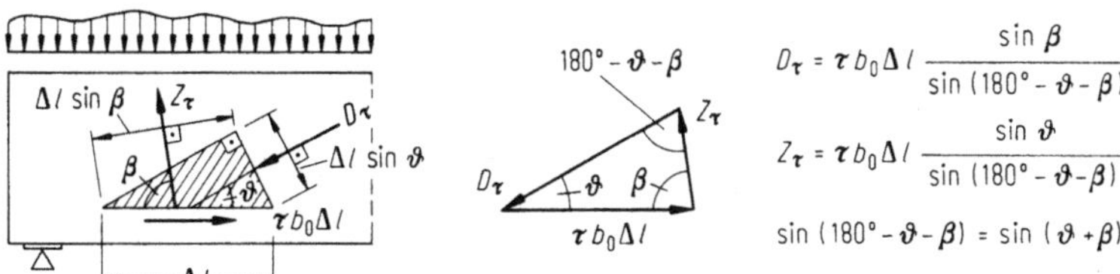

Bild 5-3. Beanspruchungen nach Ausfall der Hauptzugspannungen (nach [199]).

Der Winkel der Druckstrebe ϑ kann bei der Schubbeanspruchung infolge *Querkraft* $Q_{b,u}$ nach DIN 4227 Teil 1, 12.3.2(3) wegen der Rißverzahnung kleiner als die Neigung der Hauptdruckspannung ϑ_I im ungerissenen Zustand angenommen werden ([200], vgl. auch 5.2.2 und [199]):

$$\tan \vartheta_u = \tan \vartheta_I \left(1 - 0{,}6 \, \frac{\text{zul} \, \sigma_{1,1}}{\tau_{Q,u}} \right) \geq 0{,}4, \tag{5-28}$$

worin nach (3-135a) mit $\sigma_{bz} = 0$ die Neigung im ungerissenen Zustand $\tan \vartheta_I = \sigma_{1,Q}/\tau_{Q,u}$ wird und nach DIN 4227 Teil 1, Tabelle 9 zul $\sigma_{1,1} \approx 0{,}6$ zul σ_{bz} beträgt.

Der *Querkraftanteil* der Hauptdruckspannung errechnet sich aus (5-27) mit $\tau_{Q,u}$ nach (5-24) in der Schwerlinie bzw. am Anschnitt von Gurtplatten:

$$\sigma_{2,Q} = -\frac{\tau_{Q,u} \sin \beta}{\sin \vartheta_u \sin(\vartheta_u + \beta)} = -\frac{\tau_{Q,u}}{\sin^2 \vartheta_u (\cot \vartheta_u + \cot \beta)}. \tag{5-29}$$

Da bei der *Torsionsbeanspruchung* die Schubspannungen von Vollquerschnitten im Randbereich konzentriert sind, sollen diese für einen Ersatzhohlquerschnitt nach Bild 5-2 bei Annahme einer Druckstrebenneigung von $\vartheta = 45°$ bestimmt werden. Mit der Bredtschen Formel ([HB 4], B.10.4) wird für die übliche Anordnung mit 90°-Bügeln und Längsbewehrung, d.h. für $\beta = 90°$ bei $\vartheta = 45°$, aus der auch für Schubspannungen infolge Torsion gültigen Formel (5-27):

$$\sigma_{2,M_T} = -\frac{\tau_{T,u}}{(1/\sqrt{2})^2 (1+0)} = -2\tau_{T,u} = -2\frac{M_{T,u}}{2A_k t} = -\frac{M_{T,u}}{A_k t}. \tag{5-30}$$

A_k ist der in Bild 5-2 schraffierte Kernquerschnitt und $t = d_m/6$ die Ersatzwandstärke. Die Hauptdruckspannung infolge Torsion wird also bei Ausfall der Zugspannungen doppelt so groß wie im Zustand I.

Bei gleichzeitiger Wirkung von *Querkraft und Torsion* können trotz verschiedener Neigung der Hauptdruckspannungen (ϑ_u bzw. 45°) die Einzelanteile mit guter Näherung addiert werden [125].

Wird die Schubbewehrung, die zwischen 45° und 90° geneigt sein soll, auch für die Querkraft nur durch senkrechte Bügel gebildet, dann folgt aus (5-29) mit $\beta = 90°$ und aus (5-30):

$$\sigma_{2,u} = -\frac{\tau_{Q,u}}{\sin \vartheta_u \cos \vartheta_u} - \frac{M_{T,u}}{A_k t} = -\frac{2Q_{b,u} S_b}{I_b b_0 \sin 2\vartheta_u} - \frac{M_{T,u}}{A_k t}. \tag{5-31}$$

Zur Vermeidung eines Schubdruckbruches muß die vorhandene *Hauptdruckspannung in Gurten* auch bei Berücksichtigung nicht verpreßter Hüllrohre kleiner als

$$\text{zul} \, \sigma_{2,u} \approx 0{,}6 \, \beta_{WN} \text{ sein.}$$

In den *Stegen* ist wegen der Störungen durch den unregelmäßigen Schrägrißverlauf sowie durch die kreuzenden Bügel und Spannglieder nur mit

$$\text{zul} \, \sigma_{2,u} \approx 0{,}45 \, \beta_{WN} \text{ zu rechnen (DIN 4227 Teil 1, Tabelle 9).}$$

Bei nicht verpreßten Hüllrohren sollte sicherheitshalber diese Spannung auch dann nicht überschritten werden, wenn mit der reduzierten Breite $b = b_0 - \Sigma d_h$ gerechnet wird.

Diese aufwendigen Nachweise in Zone a können umgangen werden, wenn bereits der Rechenwert der Schubspannung τ_R entsprechend der Regelung für Zone *b* unter dem zulässigen Wert liegt

(DIN 4227 Teil 1, 12.3.2(1)). Dann wird aber mit der einfacheren Berechnung nach Zone *b* eine größere Schubbewehrung erforderlich.

5.2.1.3 Rechenwert der Schubspannung in Zone b

Bei den Querschnitten der Zone b wird in dem Bereich von Rissen, d.h. unterhalb der Nullfaser, die Normalspannung $\sigma_{bx} = 0$. Formal folgt dann aus (3-134) bei $\sigma_{bz} = 0$, daß sowohl die Hauptzug- als auch die Hauptdruckspannung gleich der Schubspannung ist.

Dieser *Rechenwert der Schubspannung* τ_R nach DIN 4227 Teil 1, 12.3.3 entspricht dem mit dem Sicherheitsbeiwert $\gamma = 1{,}75$ multiplizierten *Grundwert der Schubspannung* des Stahlbetons nach DIN 1045, 17.5.3 und 17.5.6 (vgl. Abschnitt I. 4.5 und I. 5.2):

$$\tau_R = \frac{Q_{b,u}}{b_0 z} + \frac{M_{T,u}}{W_T}. \tag{5-32}$$

Den Hebelarm der inneren Kräfte $z = h_v - a$ entnimmt man einem Biegebruchnachweis (5.1.2.2) für den betrachteten Querschnitt infolge der für Schub maßgebenden Lastfallkombination. Bei großen Betonstahlquerschnitten und geneigten Spanngliedern darf auch h_s statt h_v angesetzt werden (vgl. Beispiel 11 und [199]).

Die Torsionsschubspannung soll nach Zustand I wie im Stahlbeton berechnet werden (DIN 4227 Teil 1, 12.3.3). Richtiger wäre es, auch hier den Ersatzhohlquerschnitt von Zone a zugrunde zu legen [199], dann wird aber im Gegensatz zur Hauptdruckspannung in Zone a

$$\tau_R = \frac{Q_{b,u}}{b_0 z} + \frac{M_{T,u}}{2 A_k t}. \tag{5-32a}$$

Wie in Zone a ist auch hier für

$$\tau_R > \text{zul } \sigma_{1,0}$$

die *erforderliche Schubbewehrung* nachzuweisen. Bei Überschreiten der Maximalwerte (d.h., $\tau_R > \text{zul } \tau_R = 1{,}75\,\tau_{03}$ vom Stahlbeton DIN 1045, Tabelle 13) – hier wieder unterschieden zwischen den Einzelanteilen aus Q und M_T sowie der Gesamtwirkung – muß entweder der Querschnitt vergrößert oder die Spannbewehrung verstärkt bzw. steiler angeordnet werden.

5.2.2 Nachweis der Schubbewehrung

Schon wegen der unterschiedlichen Druckstrebenneigung muß die erforderliche Schubbewehrung getrennt für Querkraft und Torsion nachgewiesen und die Summe der Einzelanteile eingelegt werden. In Bereichen, in denen kein Nachweis erforderlich wird, ist selbstverständlich die Mindestschubbewehrung nach DIN 4227 Teil 1, 6.7 vorzusehen.

Die richtige Ermittlung der *Schubbewehrung infolge Querkraft* ist umstritten [3, 200–204]. Unbestritten ist jedoch, daß die Stegzugkräfte, wie sie sich mit der klassischen Fachwerkanalogie nach Mörsch bei 45°-Druckstreben ergeben würden, durch eine flachere Druckstrebenneigung ($\vartheta < 45°$) bzw. durch die Rißverzahnung der Schubrisse und durch die Querkraftaufnahme des Biegedruckgurts reduziert werden. In der Standardmethode nach EC 2 werden beide Einflüsse durch Erhöhung der aufnehmbaren Querkraft, in der DIN 4227 Teil 1, 12.4.2 dagegen nur durch eine Verminderung der Druckstrebenneigung ϑ berücksichtigt. In [199] wird nachgewiesen, daß bei lotrechter Schubbewehrung ($\beta = 90°$) beide Verfahren zum selben Ergebnis führen. Eine schräge

Schubbewehrung, die etwa bei $\beta = 70°$ am wirtschaftlichsten ist, wird nach der EC 2-Standardmethode um maximal 30% geringer.

Es soll hier nur die auf der sicheren Seite liegende Methode nach DIN 4227 behandelt werden, bei der die fiktive *Neigung der Druckstrebe* nicht die Schubrißrichtung angibt. In *Zone b* wird mit $\vartheta_\mathrm{l} = 45°$, d.h. $\tan \vartheta_\mathrm{l} = 1{,}0$, aus (5-28):

$$\tan \vartheta_\mathrm{u} = 1 - 0{,}6 \, \frac{\text{zul} \, \sigma_{1,1}}{\tau_\mathrm{Q,R}} \geq 0{,}4. \tag{5-28a}$$

Durch die Verminderung der Druckstrebenneigung ergibt sich im Gegensatz zum Stahlbeton immer eine Reduzierung der Schubbewehrung gegenüber der Fachwerktheorie von Mörsch. Beim Spannbeton wird sozusagen nur mit Schubbereich 2 (verminderte Schubdeckung) gerechnet (vgl. Abschnitt I. 4.6). Die Änderung erfolgt hier durch einen Abzugswert und nicht durch Multiplikation mit einem Deckungsgrad.

Die sich aus der *Querkraft* ergebende *Zugkraft je Längeneinheit*, die durch Schubbewehrung aufzunehmen ist, wird für Zone a und Zone b formal gleich, jedoch sind die Schubspannungen $\tau_\mathrm{Q}(\tau_\mathrm{Q,u}$ bzw. $\tau_\mathrm{Q,R})$ und der Neigungswinkel ϑ_u unterschiedlich. Sie ergibt sich aus Bild 5-3 oder aus der Fachwerkanalogie wie beim Stahlbeton nach Abschnitt I. 4.3:

$$Z'_\tau = \frac{Z_\tau}{\Delta l} = \frac{\tau_\mathrm{Q} b_0 \sin \vartheta_\mathrm{u}}{\sin(\vartheta_\mathrm{u} + \beta)} = \frac{\tau_\mathrm{Q} b_0}{\sin \beta (\cot \vartheta_\mathrm{u} + \cot \beta)}. \tag{5-33}$$

Die *Zugkraft* kann durch folgende Bewehrungselemente aufgenommen werden (vgl. Bild 5-4):

a) *Bügel* ($\beta = 90°$), die mit zul $\sigma_\mathrm{s} = \beta_\mathrm{Ss}$ beansprucht werden können:

$$\text{erf} \, a_\mathrm{s,bü} = \frac{Z'_\tau}{\beta_\mathrm{Ss}} = \frac{\tau_\mathrm{Q} b_0 \, \tan \vartheta_\mathrm{u}}{\beta_\mathrm{Ss}} \tag{5-34}$$

b) *Schrägstäbe* oder *Schrägbügel*, z.B. bei $\beta = 45°$:

$$\text{erf} \, a_\mathrm{s,s} = \frac{Z'_\tau}{\beta_\mathrm{Ss}} = \frac{\sqrt{2} \, \tau_\mathrm{Q} b_0}{\beta_\mathrm{Ss}(1 + \cot \vartheta_\mathrm{u})} \tag{5-35}$$

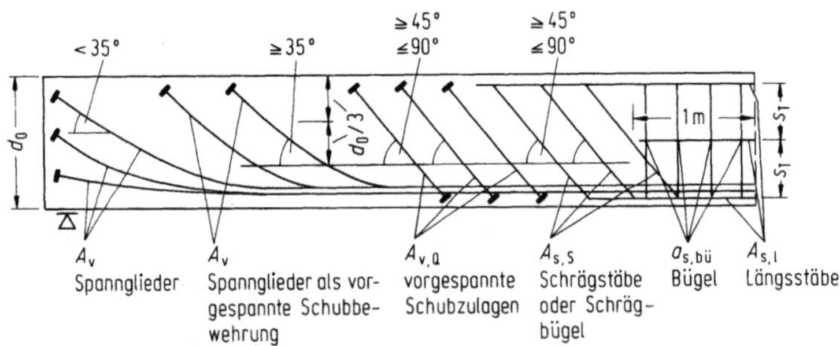

Bild 5-4. Mögliche Schubbewehrungen für Querkräfte und Torsionsmomente.

c) *Vorgespannte Schubzulagen* (Schubnadeln) mit $\beta = 45°$ bis $90°$. Sie dürfen nur mit zul $\sigma_{v,u}$ = zul $\sigma_v + \beta_{Ss} \leq \beta_{Sv}$ ausgenutzt werden, wenn mit zul σ_v vorgespannt wurde. Auch bei Nachweisen vor Herstellung des Verbundes und bei Vorspannung ohne Verbund ist eine volle Berücksichtigung zulässig. Eine Querkraftabminderung erfolgt jedoch nicht: $Q_{b,v+\varphi} = 0$.

$$\text{erf } a_{v,Q} = \frac{Z'_t}{\text{zul } \sigma_{v,u}} \tag{5-36}$$

d) *Vorgespannte Schubbewehrung* aus Spanngliedern mit nachträglichem Verbund, die jedoch steiler als $35°$ geneigt sein müssen und auch bei Q_u nicht berücksichtigt werden dürfen:

$$\sigma_{v,Q} = \frac{Z'_t \Delta x}{A_v} \leq \text{zul } \sigma_v + \beta_{Ss} \leq \beta_{Sv} \tag{5-37}$$

e) *Kombination* verschiedener Bewehrungen. Es muß dann z.B. bei Bügeln, 45°-Schrägstäben und Schubnadeln sein:

$$\tau_Q b_0 = a_{s,b\ddot{u}} \beta_{Ss} \cot \vartheta_u + a_{s,s} \beta_{Ss} \frac{1 + \cot \vartheta_u}{\sqrt{2}} + a_{v,Q} \text{ zul } \sigma_{v,u} \sin \beta (\cot \vartheta_u + \cot \beta) \tag{5-38}$$

Die Fachwerkanalogie liefert grundsätzlich eine erhöhte Zugbeanspruchung ΔZ im Zuggurt, die bei gestaffelter Anordnung der Spannglieder wie im Stahlbeton durch das *Versatzmaß v* zu berücksichtigen ist (vgl. DIN 4227 Teil 1, 14.3 und [3, 199, 202] sowie Bild 7-3 und Abschn. I. 4.3). Rüsch [4a] empfiehlt, beim Bruchsicherheitsnachweis statt $\Delta M_u/z$ ein

$$\Delta N_u = Q_{b,u} (\cot \vartheta - \cot \beta) \stackrel{\wedge}{=} \Delta M_{b,u}/(0{,}5\,z) = 2Q_{b,u}\,v/z$$

in (5-1) einzusetzen. Für $\Delta Z \approx \Delta N_{b,u}/2$ deckt sich dies mit der aus der Fachwerkanalogie ermittelten Zunahme der Zugkraft [199].

Die erforderliche *Schubbewehrung infolge Torsion* ist wegen der Druckstrebenneigung von $\vartheta_u = 45°$ in Zone *a* und *b* gleich und kann wie im Stahlbeton (vgl. Abschnitt I. 5.3) bestimmt werden. Da M_T meist wechselnde Vorzeichen hat und eine Wendelbewehrung richtungsabhängig ist (Verwechslungsgefahr), werden nur die erforderlichen Querschnittswerte für (geschlossene) Bügel und zugehörige Längsstäbe angegeben (Bild 5-2):

$$\text{erf } a_{s,b\ddot{u}} = \frac{\tau_T t}{\beta_{Ss}} = \frac{M_{T,u}}{2A_k \beta_{Ss}} \tag{5-39}$$

$$\text{erf } a_{s,1} = \frac{\tau_T t}{\beta_{Ss}} = \frac{M_{T,u}}{2A_k \beta_{Ss}} \tag{5-40}$$

In Querschnittsbereichen, die beim maßgebenden Lastfall $M_{T,u}$ aus M_b und N_b Druckspannungen $\sigma_{b,u}$ erhalten, kann die Längsbewehrung reduziert werden um (Bild 5-4):

$$\Delta A_{s,1} = \sigma_{b,u}\, t\, s_T/\beta_{Ss}.$$

Beispiel 12: Für die größte Querkraft am Riegelanschnitt des Rahmens nach Bild 3-8 werden die Hauptspannungen im Bruchzustand ermittelt.

Gegeben: $Q_{b,g} = +0,29\,\text{MN}, \quad Q_{i,p} = +0,24\,\text{MN}, \quad Q_{b,\varphi+s_\infty} = +0,08\,\text{MN}$

(3-26) $Q_{b,v} = -2,93 \cdot 0,11 + 0 = -0,32\,\text{MN} \quad (\text{da } \psi = 6,5° < 35°)$

(5-19) $Q_{b,u} = 1,75(0,29 + 0,24) - 0,32 + 0,08 = 0,69\,\text{MN}$

Zonenabgrenzung: Mit den Betonspannungen von Bild 3-8 wird im Bruchzustand

(5-18)   vorh $\sigma_{bZ} = \max \sigma_b + 0,75\,\sigma_{b,g+p} = -0,7 + 0,75(5,4 + 4,2) = +6,5\,\text{MN/m}^2$
$> 2.8\,\text{MN/m}^2$ (DIN 4227 Teil 1, 12.3.1), d.h. Zone *b*

Rechenwert der Schubspannung: Mit $z = z_s = h_s - a = 0,96 - 0,21 = 0,75\,\text{m}$ (Beispiel 1) wird

(5-32) $\tau_{Q,R} = 0,69/(0,40 \cdot 0,75) = 2,3\,\text{MN/m}^2 < 7,0\,\text{MN/m}^2$
$> 1,8\,\text{MN/m}^2$, d.h., Schubdeckungsnachweis erforderlich
(DIN 4227 Teil 1, 12.3.3 und 12.4.1)

Schubbewehrung aus Bügeln BSt 500 S

(5-28a) $\tan \vartheta_u = 1 - 0,6 \cdot 1,8/2,3 = 0,53 > 0,4$

(5-34)   erf $a_{s,bü} = 2,3 \cdot 0,4 \cdot 0,53 \cdot 10^4/500 = 9,8\,\text{cm}^2/\text{m}$
$> 2 \cdot 0,08 \cdot 40 = 6,4\,\text{cm}^2/\text{m}$ (Mindestbewehrung nach DIN 4227 Teil 1, 6.7.5)

gewählt: Bügel, zweischnittig, 5ø12/m ($s_{bü} = 20\,\text{cm}$)
vorh $a_{s,bü} = 2 \cdot 5 \cdot 1,13 = 11,3\,\text{cm}^2/\text{m} > 9,8\,\text{cm}^2/\text{m}$

6. Der Verbund zwischen Spannglied und Beton

Die *Verbund-* oder *Haftspannung* τ_1 ergibt sich aus der Bedingung, daß die Änderung der Vorspannkraft ΔZ_v in Δx durch $\tau_1 u_v \Delta x$ aufgenommen werden muß (Bild 6-1):

$$\tau_1 = \frac{\Delta Z_v}{u_v \Delta x} = \frac{A_v}{u_v} \frac{\Delta \sigma_v}{\Delta x}. \tag{6-1}$$

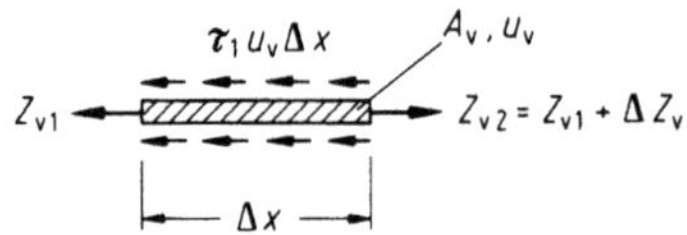

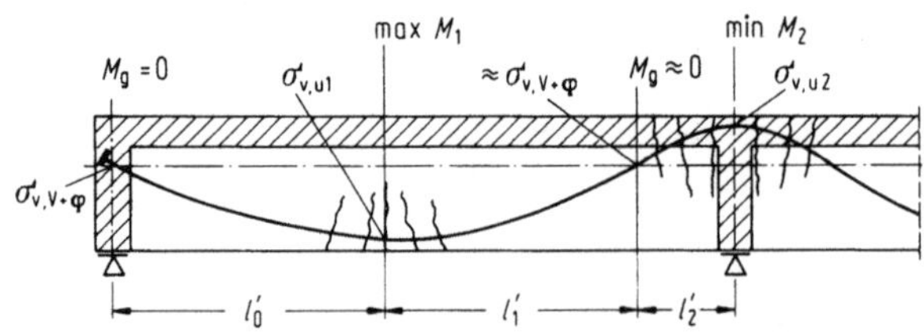

Bild 6-1. Verbundspannungen im rechnerischen Bruchzustand.

Hierin ist $u_v = \pi d_v$ der Umfang von Einzelstäben. Bei Litzen oder Bündelspanngliedern ist—wie in Kap. 4 erläutert — nur mit einem Gesamtumfang von $u_v = 1{,}6\,\pi\sqrt{A_v}$ zu rechnen.

Da im *ungerissenen Zustand* I die Änderung der Vorspannung nur aus den Lastfällen nach Herstellung des Verbundes herrührt ($\Delta\sigma_v = n_v\Delta\sigma_{bv} \approx n_v\sigma_{bv,p}$), wird diese sehr klein (3.2.1). Die Verbundspannung braucht daher nur im Grenzzustand der Tragfähigkeit nachgewiesen zu werden.

Im *gerissenen Zustand* II sind die Verbundspannungen entsprechend den Rißabständen, der Querschnittsausbildung und der Verbundfestigkeit unterschiedlich groß und kaum genau zu bestimmen [2, 4, 125, 205]. Deshalb wird in DIN 4227 Teil 1,13 eine Näherungslösung für die mittlere Verbundspannung des halben Zugbereichs eines Trägers angegeben (Bild 6-1).

Bekannt ist die Spannstahlspannung mit $\sigma_{v,u}$ für den Bruchzustand (Bild 5-1) beim jeweils größten Moment (Feld bzw. Stützung) und mit $\sigma_{v,V+\varphi}$ an der Stelle, bei der im Bruchzustand keine zusätzliche Betonspannung ($\sigma_{bv,p}$) aus äußerer Belastung entsteht. Diese Stelle liegt in erster Näherung bei $M_g = 0$. Dann wird aus (6-1) mit Bild 6-1:

$$\text{mittl } \tau_1 = \frac{A_v}{u_v}\,\frac{\sigma_{v,u} - \sigma_{v,V+\varphi}}{l'} \approx \frac{A_v}{u_v}\,\frac{\sigma_{v,u} - \text{zul }\sigma_v}{l'} \leq \text{zul }\tau_1. \tag{6-2}$$

Wird mittl $\tau_1 >$ zul τ_1, dann bedeutet dies, daß sich im rechnerischen Bruchzustand $\sigma_{v,u}$ nicht einstellen kann.

Es ergibt sich dann eine Spannstahlspannung, die zwischen derjenigen bei Vorspannung mit vollem Verbund (Bild 5-1f) und ohne Verbund (5-16) liegt. Näherungsweise folgt diese aus (6-2):

$$\sigma_{v,u} = \text{zul }\sigma_v + \text{zul }\tau_1\,l'\,u_v/A_v.$$

Beispiel 13: Für die Spannglieder des Rahmens (Bild 3-8) soll die Verbundspannung im Versagenszustand ermittelt werden.

Feldbereich:	Aus dem Bruchsicherheitsnachweis für die Feldmitte (Beispiel 10) folgt:
	$\sigma_{v,u} \quad = 1404\,\text{N/mm}^2.$
(Bild 3-4)	$\sigma_{v,V+\varphi} \approx (2{,}95 - 0{,}62)/(30{,}8\cdot 10^{-4}) = 756\,\text{MN/mm}^2;$
	$l'_1 \quad \approx 5{,}47\,\text{m},$
(Bild 3-8)	$u_v \quad = 39{,}5\,\text{cm}, \; A_v = 30{,}8\,\text{cm}^2$ nach Beispiel 9.
(6-2)	$\text{mittl } \tau_1 = \dfrac{30{,}8\cdot 10^{-4}}{0{,}395}\cdot\dfrac{1404 - 756}{5{,}47} = 0{,}9\,\text{MN/m}^2 < 1{,}8\,\text{MN/m}^2$
	(DIN 4227 Teil 1, 13)
Riegelanschnitt:	Hier sind im Bruchzustand die Spannglieder wegen der Betonstahlbewehrung nur mit $\varepsilon_v = 4{,}0\text{‰}$ gedehnt.
	Mit $\sigma_{v,u} = 780\,\text{N/mm}^2$ von Beispiel 11 und
(Bild 3-8)	$l'_2 = 2{,}03 - 0{,}35 = 1{,}68\,\text{m}$ wird
(6-2)	$\text{mittl } \tau_1 = \dfrac{30{,}8\cdot 10^{-4}}{0{,}395}\,\dfrac{780 - 756}{1{,}68} = 0{,}1\,\text{MN/m}^2 < 1{,}8\,\text{MN/m}^2$

7. Die Einleitung der Vorspannkräfte

7.1 Ankerkörper am Trägerende

Bei den einzuleitenden großen Vorspannkräften, in Deutschland sind derzeit Einzelspannglieder bis etwa 3,0 MN zugelassen, können erhebliche Zugspannungen insbesondere quer zur Trägerlängsachse auftreten. Die hier für die *vertikale Richtung* ermittelten Zugkräfte, die die senkrechten Bügelschenkel liefern, gelten auch für die horizontale Richtung (waagerechte Bügel); so z.B. beim mehrstegigen Plattenbalken durch Krafteinleitung der konzentrierten Stegvorspannung in den Flansch (mitwirkende Plattenbreite) [9, 22].

Im *Einleitungsbereich* kann man nach Ruhnau u. Kupfer [206] drei Einwirkungen unterscheiden:

- Die *Sprengwirkung*, die hauptsächlich bei Verankerung durch Verbund (7.2) auftritt und bei Ankerkörpern durch die in der Zulassung festgelegte, meist durch Versuche bestimmte, zusätzliche Bewehrung abgedeckt ist.
- Die *Spaltzugkräfte*, die bei jeder Ausbreitung konzentriert eingeleiteter Druckspannungen entstehen, sind bereits von Mörsch [207] für die Berechnung der Gelenkquader näherungsweise ermittelt worden.
- Die *Stirnzugspannungen*, die durch Scheibenwirkung, insbesondere bei nicht gleichmäßig über den Querschnitt angeordneten Ankerkörpern, zusätzlich zu den Spaltzugspannungen auftreten.

Durch die meist gleichzeitig vorhandene *Auflagerkraft* reduzieren sich die Querzugspannungen hauptsächlich im unteren Trägerbereich [208]. Da bei der üblichen Anordnung mehrerer Spannanker übereinander die Spaltzugkräfte der oberen Quader kaum beeinflußt werden, sollte diese Abminderung unberücksichtigt bleiben.

Die *Störungslänge s*, die das Ende des Einleitungsbereichs und somit des geradlinigen Spannungsverlaufs σ_{bx} angibt, wird entsprechend dem Prinzip von de Saint-Venant nach Versuchen etwa gleich der Höhe des die Vorspannkraft aufnehmenden Spannungstrapezes d (Bild 7-1a). Bei gleicher Trägerbreite b, Spannkraft Z_v und Verteilung der Ankerkörper über die Höhe ist s so groß wie der Abstand der Spannglieder.

Die *Spaltzugkraft* kann aus dem Krafteck der einfachen Fachwerkanalogie nach Bild 7-1a abgelesen werden (vgl auch [210]):

$$Z_b = 0,5\,Z_v\,\tan\alpha \approx 0,5\,Z_v\,\frac{(d - d_1)/4}{d/2} = 0,25\,Z_v(1 - d_1/d). \qquad (7\text{-}1)$$

Danach liegt die resultierende Zugkraft etwa in $x = 0,6\,d$. Wird genauer mit der elastischen Halbscheibe gerechnet, dann ist nach Iyengar [29] die Zugkraft bei kleinen Aufstandsflächen d_1 etwas größer und liegt näher zur Stirnseite (Bild 7-1b).

Die *Stirnzugkraft*, die bei großen Randabständen d_2 der Ankerkörper auch außerhalb des Stirnbereichs auftreten kann, läßt sich näherungsweise am unendlich hohen wandartigen Träger (vgl. z. B. [30, 209]) bestimmen. Hierbei ist die Spannweite die Ankerkörperentfernung und die Auflagerkraft so groß wie die Vorspannkraft. Für einen Randabstand d_2 gleich der halben Ankerkörperentfernung (Bild 7-1a: $d_2 \approx d_0/4$) wird demach $Z_{b1} \approx 0$, während Guyon [31] hierfür geringe Zugspannungen angibt.

Die maximal mögliche Zugkraft senkrecht zur Verankerungskraft ergibt sich aus der Einfeldscheibe, wenn die zwei Ankerkörper jeweils am äußersten Querschnittsrand liegen, nach [209] zu

$$\max Z_{b1} \le 0,2\,P = 0,2 \cdot 2\,Z_v = 0,4\,Z_v. \qquad (7\text{-}2)$$

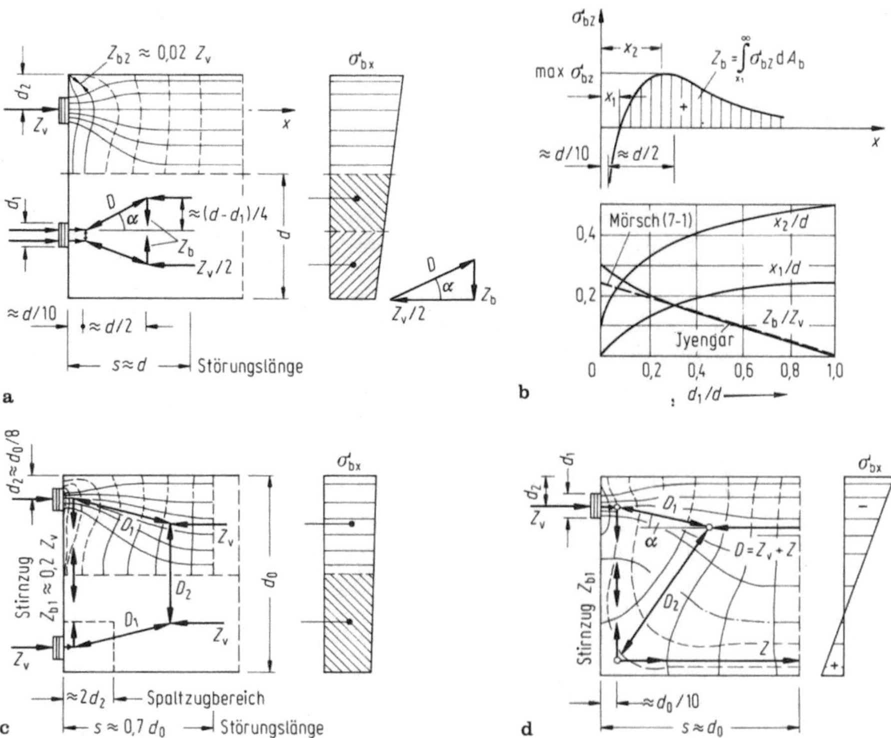

Bild 7-1a–d. Spaltzug- und Stirnzugkräfte.
a) Spaltzugkräfte, b) Querspannungsverteilung, c) Stirnzugkraft bei kleinem Randabstand, d) Stirnzugkraft bei ausmittiger Anordnung.

Bereits für einen Randabstand von $d_2 \approx d_0/8$ (Bild 7-1c) reduziert sich dieser Wert nach [30] und [211] auf etwa

$$Z_{b1} \approx 0{,}2\,Z_v. \tag{7-3}$$

Die vorgenannte Berechnung der Stirnzugkraft versagt lediglich, wenn entsprechend Bild 7-1d ein einzelner Ankerkörper – oder die resultierende Spannkraft eng beieinanderliegender Spannglieder – nahezu an einem Querschnittsrand angeordnet ist. Nach [209] wird dann die *Eckzugkraft* näherungsweise

$$Z_{b1} \approx Z_v(0{,}33 - d_2/d_0). \tag{7-4}$$

Wird der Spannungsverlauf im Zustand I zugrunde gelegt, dann ergibt sich nach [32] genauer:

$$Z_{b1} \approx 0{,}015\,Z_v/(1 - \sqrt{1 - 2d_2/d_0}). \tag{7-4a}$$

Die zur Aufnahme der Zugkräfte *erforderliche Bewehrung* beträgt jeweils

$$\text{erf } A_s = Z_b/\text{zul } \sigma_s = Z_b\, 1{,}75/\beta_{Ss}. \tag{7-5}$$

Beispiel 14: Die Spaltzugbewehrung an der Rahmenecke von Beispiel 3 (Bild 3-8) wird für die vertikale und horizontale Richtung ermittelt.

Vertikalbügel (Bild 3-4)	werden erforderlich direkt hinter jedem Ankerkörper: $d \approx 0{,}38$ m; $d_1 = 0{,}32$ m (aus Zulassung)

(7-1) $\qquad Z_b = 0{,}25(3{,}2/2)\,(1 - 0{,}32/0{,}38) = 0{,}06\text{ MN}$

(7-5) $\qquad \text{erf } A_s = 0{,}06 \cdot 1{,}75/(500 \cdot 10^{-4}) = 1{,}9\text{ cm}^2 < 2{,}0\text{ cm}^2$
$\qquad$ gewählt: 2ø8 BSt500 S, zweischnittig bei
(Bild 7-1b) $\qquad x_2 \approx 0{,}48 \cdot 0{,}38 = 0{,}18\text{ m}$

Zusatzbügel (Bild 3-4) $\qquad$ wegen enger Anordnung der Ankerkörper. Näherungsweise:
$\qquad d \approx d_0 = 1{,}00$ m; $d_1 \approx 0{,}38 + 0{,}32 = 0{,}70\text{ m}$

(7-1) $\qquad Z_b = 0{,}25 \cdot 2\,(3{,}2/2)\,(1 - 0{,}70/1{,}00) = 0{,}24\text{ MN}$

(7-5) $\qquad \text{erf } A_s = 0{,}24 \cdot 1{,}75/(500 \cdot 10^{-4}) = 8{,}4\text{ cm}^2 < 9{,}2\text{ cm}^2$
$\qquad$ gewählt: 3ø14 BSt 500 S, zweischnittig bei
(Bild 7-1b) $\qquad x_2 \approx 0{,}47 \cdot 1{,}00 = 0{,}47\text{ m}$

Horizontalbügel (Bild 3-8) $\qquad$ sind erforderlich für jeden Ankerkörper:
$\qquad d = b = 0{,}40\text{ m}$; $d_1 = 0{,}32$ m; $Z_b = 0{,}08\text{ MN}$
$\qquad$ gewählt: je 3ø8 BSt 500 S, zweischnittig bei
$\qquad x_2 \approx 0{,}19\text{ m} \approx 0{,}18\text{ m}$

7.2 Verankerungen innerhalb des Trägers

Bei der Einleitung der Verankerungskraft im Mittelbereich eines Trägers treten neben der Sprengwirkung und der Spaltzugkraft (7.1) zusätzliche *Längszugspannungen* hinter dem Ankerkörper auf. Diese werden im Sonderfall der unendlich ausgedehnten Scheibe bei homogenen isotropen Baustoffen wegen der Symmetriebedingung gleich groß den Druckspannungen vor der Verankerung sein. Die Rückverankerungskraft würde also $Z_b = 0{,}5\,Z_v$ werden.

Wegen der gleichzeitig wirkenden Betondruckkraft vor und der Rißbildung über dem Ankerkörper sowie der Verringerung der Betonsteifigkeit im Zugbereich wird nach [212, 213] die wirkliche *Rückverankerungskraft* entschieden kleiner (Bild 7-2). Dabei darf natürlich eine bereits beim Spannvorgang vorhandene Druckspannung σ_b im Bereich der Ankerplatte (nach DIN 4227 Teil 1, 14.4 etwa 5fache Aufstandsfläche A_1 des Ankerkörpers) abmindernd berücksichtigt werden:

$$Z_b \approx 0{,}25\,Z_v + 5\,A_1\,\sigma_b \leq \text{vorh } A_s\,\beta_{Ss}\,/\,1{,}75. \tag{7-6}$$

Mehrere nebeneinander liegende Spannglieder (z. B. in Fahrbahnplatten) sind immer versetzt anzuordnen, wobei der Ankerabstand größer als der 1,5fache Querabstand der Spannglieder sein sollte. Auch bei Öffnungen hinter Ankerkörpern, z. B. für die Spannpressen, ist die erforderliche Bewehrung (Bild 7-2) mit gut verteilten gerippten Stäben neben der Aussparung vorzusehen.

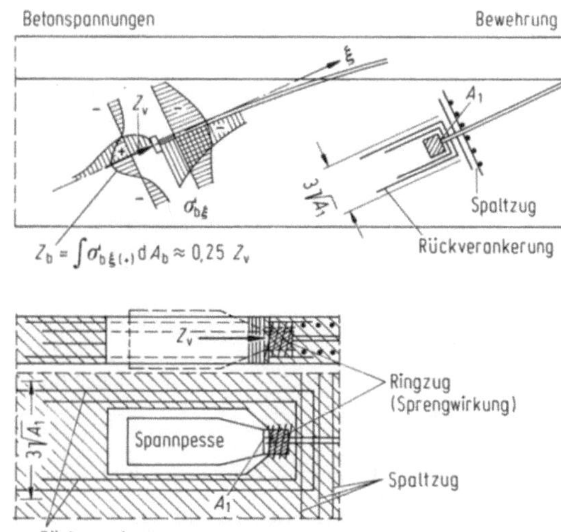

Bild 7-2. Innenverankerung ohne und mit Spannöffnung.

7.3 Verankerung durch Verbund

Bei der Spannbettvorspannung wird die Verankerung meist allein durch Verbund (Scherverbund) vorgenommen. Zu der Störungslänge s nach 7.1 muß noch ein Teil der *Übertragungslänge* $l_{\ddot{u}}$, d.h. der Bereich der allmählichen Lasteinleitung durch Verbund, addiert werden. Die Übertragungslänge ist von der Verbundoberfläche und der Betongüte abhängig und durch die Zulassung des Spannstahls festgelegt. Nach DIN 4227 Teil 1, 12.6 (vgl. aber [214, 215]) wird dann die gesamte *Eintragungslänge* e, in der die Betonspannung noch nicht geradlinig verteilt ist,

$$e = \sqrt{s^2 + (0{,}6\, l_{\ddot{u}})^2} \geq l_{\ddot{u}}. \tag{7-7}$$

Die Spaltzug- und Stirnzugbewehrung kann wie in 7.1 oder über das Gleichgewicht des über der Spanngliedlage liegenden Querschnittsteils nach [125] ermittelt werden.

Auch im *Bruchzustand* sollte der Verankerungsbereich der Spanndrähte frei von Biegerissen (also Zone a nach 5.2.1) und Schubrissen (also vorh $\sigma_1 \leq$ zul σ_1) sein, wobei wegen der günstig wirkenden Auflagerpressungen (vgl. 3.4 und Bild 7-3) der maßgebende Querschnitt bei $x = 0{,}5(c + d_0)$ liegt. Die erforderliche *Verankerungslänge* l folgt dann aus der Überlegung [216], daß l gegenüber $l_{\ddot{u}}$ im Verhältnis der Zugkraft im Bruchzustand Z_u zu derjenigen im Gebrauchszustand (etwa zul $\sigma_v A_v$) ansteigt. Bei Berücksichtigung des Versatzmaßes v wird mit Bild 7-3

$$l \approx l_{\ddot{u}} \frac{Z_u}{\text{zul}\,\sigma_v A_v} = \frac{l_{\ddot{u}}}{\text{zul}\,\sigma_v A_v}\left(\frac{M_u}{z} + Q_u \frac{v}{h}\right). \tag{7-8}$$

Kann diese Bedingung nicht eingehalten werden, dann muß die Verankerung durch einen ausreichenden Überstand l_1 über die Auflagervorderkante (Bild 7-3) gewährleistet werden. Dieser folgt aus (7-8) für $M_u \approx 0$, wobei wegen der Querpressung eine Reduzierung um 33% bei direkter Lagerung zulässig ist (vgl. DIN 4227 Teil 1, 14.2).

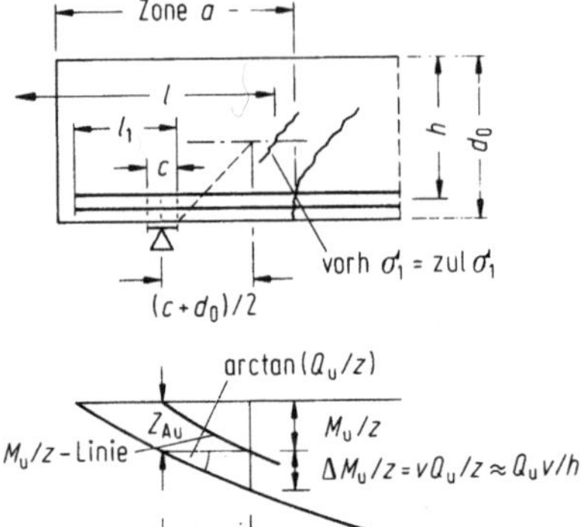

Bild 7-3. Verankerungslängen im Bruchzustand.

Beispiel 15: Für den Spannbett-Träger nach Bild 3-2 soll die Verankerungslänge bestimmt werden.

Eintragungslänge für den genauen Spannungsnachweis am Auflager.

$$l''_ü = k_1 d_v = 65 \cdot 1{,}0 = 65 \text{ cm (Übertragungslänge nach Zulassung des Spann-}$$
stahls)

(Bild 7-1a) $s \approx d_0 = 120 \text{ cm (Störungslänge)}$

(7-7) $e = \sqrt{120^2 + (0{,}6 \cdot 65)^2} = 126 \text{ cm} > 65 \text{ cm}$

Verankerungslänge hinter Auflagervorderkante bei direkter Lagerung ($\frac{2}{3}l$). Als Querkraft im rechnerischen Bruchzustand wird angesetzt:

$$Q_u = 1{,}75\,(Q_{b,g1} + Q_{b,g2} + Q_{b,p}) + 0 = 1{,}75\,(0{,}068 + 0{,}046 + 0{,}064)$$
$$= 0{,}31 \text{ MN}$$
$$v = 1{,}0\,h \text{ (DIN 1045, 18.7.2 bei Bügeln)}$$

(Beispiel 1) $\text{zul}\,\sigma_v A_v = 864 \cdot 11{,}1 \cdot 10^{-4} = 0{,}96 \text{ MN (Betonstahlbewehrung vernachlässigt)}$

(7-8) $l_1 = \dfrac{2}{3}\dfrac{65}{0{,}96}\,(0 + 0{,}31 \cdot 1{,}0) = 14 \text{ cm.}$

8. Einige Konstruktionshinweise

8.1 Spannglieder im Querschnitt

Die Hüllrohre der Spannglieder mit nachträglichem Verbund müssen so im Querschnitt angeordnet werden, daß ein einwandfreies Einbringen und Verdichten des Betons möglich ist und bei Krümmungen die Umlenkkräfte nicht zu Spaltrissen führen. Nach DIN 4227 Teil 1, 6.2 sollte daher deren lichter *Abstand* das 0,8fache des Hüllrohr-Innendurchmessers d_h oder 2,5 cm und die *Betondeckung* 4,0 cm nicht unterschreiten (vgl. aber DIN 4227 Teil 6, 6.2). Bei Brücken und vergleichbaren Bauwerken muß nach ZTV-K88 die *obere Betondeckung* der Hüllrohre in der Fahrbahnplatte mindestens 10 cm für die Längsspannglieder und 8 cm für die Querspannglieder betragen. Bei vielen neben- und übereinanderliegenden Spanngliedern sind *Rüttelgassen* von mindestens 10 bis 12 cm Weite (je nach Verdichtungsgeräten und evtl. Schüttrohren) offen zu lassen (Bild 8-1a).

Leere Hüllrohre müssen gegen Aufschwimmen gesichert und gegen Lageänderung beim Betonieren evtl. durch eingezogene Stahl- oder Kunststoffrohre geschützt werden. Bei kleinen Krümmungsradien sollten an den Auflagerpunkten unter den Spanngliedern Halbschalen untergelegt werden. Die Spaltzugspannungen aus den radialen Umlenkkräften sind hier durch zusätzliche horizontale Querbewehrung (liegende Bügel) aufzunehmen.

Die oft großen Lasten der nebeneinander liegenden Spannglieder sind ohne große Durchbiegung der Querstäbe und Ausknicken der *Standbügel* in ausreichend engen Abständen (wegen des ungewollten Umlenkwinkels) auf Schalung und Lehrgerüst zu leiten. Bei kleinen Höhen reichen Betonabstandshalter aus, bei größeren können die Lasten mittels Schalungsanker direkt auf die Schalung oder besser von Rundstäben auf die Standbügel bzw. Stahleinbauten (Bild 8-1b) abgegeben werden. Bei großen Höhen haben sich Doppelbügel mit angeschweißten Traversen (Bild 8-1c) bewährt.

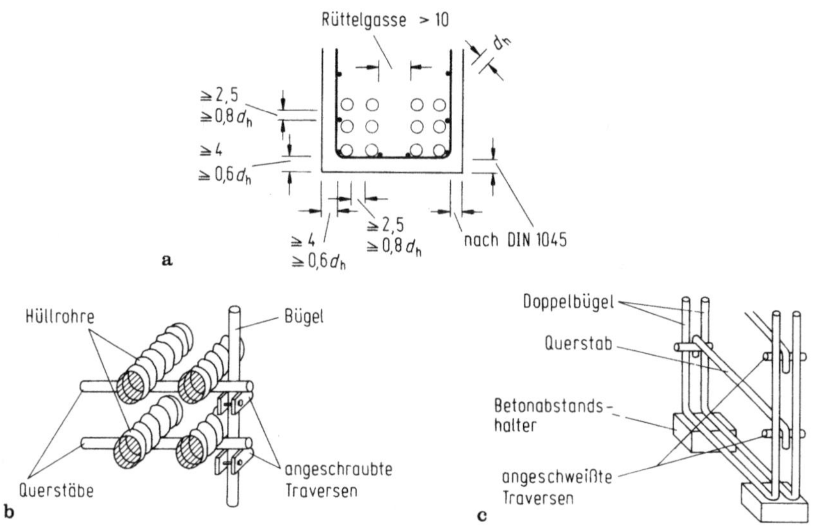

Bild 8-1a–c. Anordnung und Auflagerung der Spannglieder.
a) Spanngliedanordnung, b) Standbügel, c) Doppelbügel.

8.2 Aufnahme der Umlenkkräfte

Bei großen Spannkräften und Krümmungen der Spannglieder ergeben sich z.T. beachtliche Umlenkkräfte, die bei fehlender Betonüberdeckung vor den Spanngliedern und nicht ausreichender *Rückverankerungsbewehrung* [4] zum Abplatzen der äußeren Betonschale führen können [217].

Bei *Behältern* mit Lisenenvorspannung (Bild 8-2a) sind deshalb die Spannglieder im äußeren Querschnittsdrittel unterzubringen, auch wenn dadurch der Radius r vergrößert und somit die Umlenkkraft U_n verkleinert wird (vgl. 3.1.3). Trotz der exzentrischen Lage der Spannglieder im Querschnitt entstehen keine Biegemomente, da bei rotationssymmetrischen Tragwerken und Lasten keine zusätzliche Krümmung entstehen kann [33].

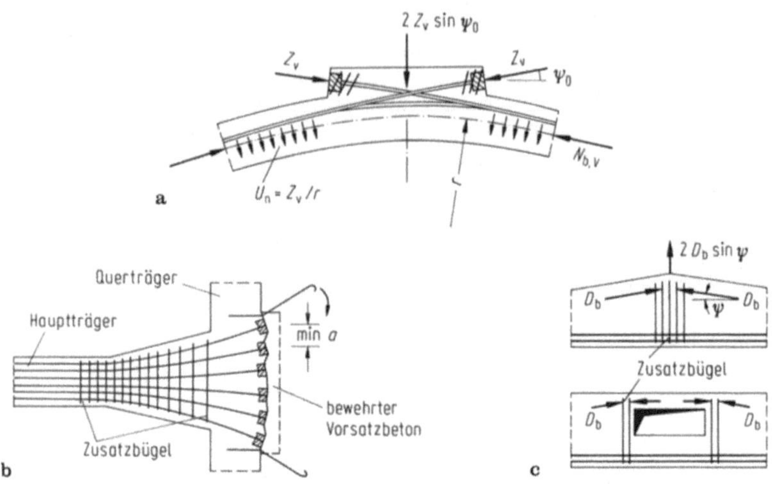

Bild 8-2a–c. Berücksichtigung der Umlenkkräfte.
a) Lisenenvorspannung, b) Spreizen der Spannglieder, c) Umlenkung der Betondruckkraft.

Auch beim *Spreizen der Spannbewehrung* (Bild 8-2b) führen die Umlenkkräfte oft zu zusätzlichen Zugspannungen im Betonquerschnitt und müssen durch Quervorspannung oder Betonstahlbewehrung aufgenommen werden, da sonst mit größeren Rissen zu rechnen ist [218].

Selbstverständlich muß auch die „Umlenkung" einer *Betondruckkraft* (Bild 8-2c) verfolgt werden. Sie führt meist zu zusätzlicher Betonstahlbewehrung (vgl. [210]).

8.3 Zwischenverankerungen

Werden Spannglieder nicht über die gesamte Trägerlänge durchgeführt, wie z. B. die Kontinuitätsspannglieder abschnittsweise hergestellter Brückenhauptträger, dann sind Zwischenverankerungen erforderlich. Bei kleinen Spannkräften kann man *Spannöffnungen* in den Flanschen der Träger vorsehen (Bild 7-2), bei großem Z_v ist die Anordnung eines *Querträgers*, der auch die Umlenkkraft aufnimmt, vorteilhaft (Bild 8-3). Nach ZTV-K88 sind aber Öffnungen in Fahrbahnplatten von Brücken nicht zulässig (vgl. auch Teil K, Abschn. 4.4.2).

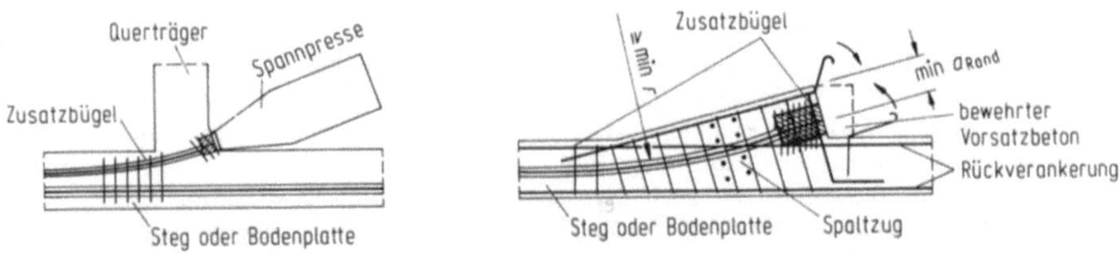

Bild 8-3. Zwischenverankerungen.

Muß von einer Betonnase oder Verankerungslisene aus vorgespannt werden, dann ist ein nahe der Betonoberfläche liegendes Spannkabel mit konkaver Krümmung nicht zu vermeiden. Es sollte dann die ungünstigste Umlenkkraft $U_n = Z_v/\min r$ durch eng liegende Steckbügel voll rückverankert werden (Bild 8-3). Besonders gefährdet ist auch der Beton an der einspringenden Ecke (Kerbspannungen), der zudem noch wegen der Ankerkörper und der dahinter liegenden Bewehrung schwer zu verdichten ist.

Formelzeichen, Größen und Einheiten

Zeichen	Größe	SI-Einheit	weitere Einheiten
A	Flächeninhalt	m^2	cm^2
tot A	Gesamtfläche (Umrißfläche)	m^2	cm^2
B	Beiwert im Doppelnomogramm	—	
C	Konstante (allgemein)	—	
C	Beiwert für Schwind- u. Kriecheinfluß	—	
D	Druckkraft	N	MN
E	Elastizitätsmodul	N/m^2	$MN/m^2 = N/mm^2$
F	Kraft, Pressenkraft	N	MN
I	Flächenträgheitsmoment	m^4	cm^4
L	Länge des Spannstrangs zwischen den Wendepunkten	m	cm
M	Biegemoment	Nm	MNm
M_D	Dekompressionsmoment	Nm	MNm
M_T	Torsionsmoment, Drillmoment	Nm	MNm
N	Normalkraft	N	MN
Q	Querkraft	N	MN
S	Schwerpunkt, Schwerachse		
S	Statisches Moment um Achse $S - S$	m^3	cm^3
T	Temperaturschwankung	K	°C
ΔT	Temperaturunterschied	K	°C
U	längenbezogene Umlenkkraft	N/m	MN/m
W	Widerstandsmoment	m^3	cm^3
X	Statisch Unbestimmte, Überzählige		
Z	Zugkraft im Spannglied oder Beton	N	MN
ΔZ	Spannkraftänderung durch Nachlassen oder Keilschlupf	N	MN
a_s	längenbezogener Betonstahlquerschnitt	m^2/m	cm^2/m
b, b_0	Breite von Flansch oder Steg	m	cm
d, d_0	Höhe von Flansch oder Steg	m	cm
d_v, d_s	Durchmesser von Spann- oder Betonstahl	m	cm
e	Exzentrizität der Normalkraft	m	cm
f	Stich der Spanngliedkurve	m	cm
g	Eigenlast des Stabes	N/m	MN/m
d_1	Abstand der Bewehrung vom Druckrand	m	cm

Zeichen	Größe	SI-Einheit	weitere Einheiten
i	$= \sqrt{I/A}$, Trägheitsradius	m	cm
k	Zeitfunktion für Kriechen und Schwinden	—	
k	$= W/A$, Kernweite	m	cm
l	Länge, Spannweite	m	cm
$\Delta l, \Delta l_K$	Spannweg bzw. Keilschlupf	m	cm
n_s, n_v	$= E_s/E_b$ bzw. E_v/E_b, Verhältnis der Elastizitätsmoduln von Stahl (s) bzw. Spannstahl (v) und Beton (b)	—	
p	Nutzlast (bei Stabtragwerken)	N/m	MN/m
p_s	Schalungsdruck (als Linienlast)	N/m	MN/m
q	Last allgemein (g, p) (vgl. letzter Fußzeiger)	N/m	MN/m
r	Radius, Krümmungsradius des Spannstrangs	m	cm
s	Weglänge, Kurvenlänge des Spannstrangs	m	cm
s	Anzahl verschiedener Spannstränge	—	
t	Zeit (nach dem Betonieren)	s	d (Tage)
t	Wandstärke bei Hohlquerschnitten	m	cm
u	Umfang (des Betonstahls oder der Spannstäbe)	m	cm
w	Verschiebungsweg, Vorverformung	m	cm
Δw	Stützensenkung	m	cm
x, y, z	Längenkoordinaten	m	cm
x	Druckzonenhöhe für Riß- und Bruchnachweis	m	cm
z	Hebelarm der inneren Kräfte	m	cm
α_T	Wärmeausdehnungskoeffizient	K^{-1}	
β_Z, β_S	Festigkeit (Z) bzw. Streckgrenze (S) des Stahls	N/m^2	$MN/m^2 = N/mm^2$
β_{bZ}	Zugfestigkeit des Betons	N/m^2	$MN/m^2 = N/mm^2$
β	ungewollter Umlenkwinkel	rad/m	°/m
β	Neigung der Zugstrebe im Bruchzustand	rad	°
γ	Sicherheitsbeiwert	—	
γ_D bzw. γ_Z	Neigung der resultierenden Druck- bzw. Zugkraft	rad	°
δ	Verformungsgröße, allgemein		
ε	Dehnung	—	‰
ζ	Verbundbeiwert	—	
ζ	$= A_{\text{Flansch}}/A_{\text{Steg}}$ im Doppelnomogramm	—	
ϑ	Neigung der Druckstrebe	rad	°
$\varkappa$	Grad der Vorspannung	—	
μ	Reibungsbeiwert für das Spannglied	—	
μ	Bewehrungsgehalt	—	%
ξ	$= x/l$, Längenverhältnis, Koordinate	—	
ρ bzw. ρ_v	Relaxationskennwert für Beton bzw. Spannstahl	—	
σ	Normalspannung	N/m^2	$MN/m^2 = N/mm^2$
zul σ	zulässige Normalspannung	N/m^2	$MN/m^2 = N/mm^2$
τ	Schubspannung	N/m^2	$MN/m^2 = N/mm^2$
φ bzw. φ_v	Kriechzahl für Beton bzw. Spannstahl	—	

Zeichen	Größe	SI-Einheit	weitere Einheiten
φ_1	Neigungswinkel der Hauptzugspannung	rad	°
ψ	Neigungswinkel des Spannstrangs	rad	°
ψ_v	Relaxationszahl des Spannstahls	—	%
$\Sigma\psi$	Gesamtumlenkwinkel des Spannstrangs	rad	°

Erster Fußzeiger: Querschnittsteil bzw. Baustoff

b	Beton
h	Hüllrohr
i	Verbundquerschnitt
i	Zählindex
s	Betonstahl
v	Spannstahl, Spannglied

Zweiter Fußzeiger: Querschnittsfaser bzw. Richtung (wenn erforderlich)

s	Betonstahlfaser
v	Spanngliedfaser
o, u	oben bzw. unten
n, t	normal bzw. tangential
x, y	Richtung der Normalspannung
1, 2	Richtung der Hauptspannung
0	Anfangswert

Letzter Fußzeiger: Ursache bzw. Lastfall (meist durch Komma getrennt)

g	Eigenlast
p	Nutzlast
V	Vorspannung
g + V	Dauerlast
S	Schwinden
φ	Schwinden, Kriechen und Relaxation
Δw	Stützensenkung
T	Temperaturänderung (T und ΔT)
K	Keilschlupf
r	Rißlast
u	Bruchlast (Grenztragfähigkeit)

(Ausnahmen: δ_{ik}, s_K, M_r, M_u usw.;
Vereinfachungen: $Z_v = Z_{v,g+v}$, $Z_\varphi = Z_{v,\varphi}$, $D_{bu} = D_{b,u}$ usw.)

Kopfzeiger:

0	im statisch bestimmten Grundsystem
(0)	im Spannbett (spannungsloser Beton)
(*n*)	im *n*-fach statisch unbestimmten System
'	statisch unbestimmter Anteil bei Schnittgrößen

Literatur zu Teil J. Spannbeton

Normen und andere technische Regeln

DIN 488: Betonstahl, Teil 1 bis 6 (09.84 u. 06.86)

DIN 1045: Beton- und Stahlbeton (07.88)

DIN 1048: Prüfverfahren für Beton, Teile 1, 2 und 4 (12.78 u. 02.76)

DIN 1075: Betonbrücken (04.81)

DIN 1084: Überwachung (Güteüberwachung) im Beton- und Stahlbetonbau, Teil 1 bis 3 (12.78)

DIN 4219: Leichtbeton und Stahlleichtbeton mit geschlossenem Gefüge, Teil 1 und 2 (12.79)

DIN 4226: Zuschlag für Beton, Teil 1 bis 4 (04.83)

DIN 4227: Spannbeton

– Teil 1: Bauteile aus Normalbeton mit beschränkter oder voller Vorspannung (07.88)

– Teil 2: Bauteile mit teilweiser Vorspannung (Vornorm 05.84)

– Teil 3: Bauteile in Segmentbauart; Bemessung und Ausführung der Fugen (Vornorm 12.83)

– Teil 4: Bauteile aus Spannleichtbeton (02.86)

– Teil 5: Einpressen von Zementmörtel in Spannkanäle (12.79)

– Teil 6: Bauteile mit Vorspannung ohne Verbund (Vornorm 05.82)

DIN 4235: Verdichten von Beton durch Rütteln, Teil 1 bis 5 (12.78)

DIN 18 553: Hüllrohre aus Stahlband für Spannglieder (Vornorm 02.80)

EC 2, Eurocode No. 2: Design of Concrete Structures, Part 1. (Final Draft 12.88)

ZTV-K 88: Zusätzliche Technische Vertragsbedingungen für Kunstbauten. Bundesminister für Verkehr, Deutsche Bundesbahn (Ausgabe 1989)

Bücher

HP1 Hütte. Physikhütte, Bd. I: Mechanik. 29. Aufl. Berlin: Ernst & Sohn 1971

HB1 Hütte. Bautechnik, Bd. I: 29. Aufl. Berlin: Springer 1974

HB4 Hütte. Bautechnik, Bd. IV. 29. Aufl. Berlin: Springer 1988

1 *Möll, H.*: Spannbeton. Stuttgart: Berliner Union 1954

2 *Leonhardt, F.*: Spannbeton für die Praxis. 3. Aufl. Berlin: Ernst & Sohn 1973

3 *Leonhardt, F.*: Vorlesungen über Massivbau, Teil 5: Spannbeton. Berlin: Springer 1980

4a *Rüsch, H.*: Stahlbeton – Spannbeton, Bd. 1. Düsseldorf: Werner 1972

4b *Rüsch, H.; Jungwirth, D.*: Stahlbeton – Spannbeton, Bd. 2. Düsseldorf: Werner 1976

5 *Kammenhuber, J.; Schneider, J.*: Arbeitsunterlagen für die Berechnung vorgespannter Konstruktionen. Rapperswil: Ra-Verlag 1974

6 *Mehmel, A.*: Vorgespannter Beton. 2. Aufl. Berlin: Springer 1963

7 *Kirchner, H.*: Spannbeton, Teil 1. 3. Aufl. Düsseldorf: Werner 1985

8 *Herberg, W.*: Spannbetonbau, Teil 1 und 2. 2. Aufl. Leipzig: Teubner 1960

9 *Hampe, E.*: Vorgespannte Konstruktionen, Bd. 1 und 2. Berlin: Vlg. f. Bauwesen 1964

10 *Kurt, E.; Martinek, F.*: Grundlagen des Spannbetonbaus. Berlin: Vlg. f. Bauwesen 1964

11 *Magnel, G.*: Theorie und Praxis des Spannbetons. Wiesbaden: Bauverlag 1956

12 *Schmidt, H.; Peil, U.*: Berechnung von Balken mit breiten Gurten. Berlin: Springer 1976

13 *Zerna, W.*: Spannbeton. Düsseldorf: Werner 1953

14 *Zerna, W.; Stangenberg, F.*: Spannbetonträger. Berlin: Springer 1987

15 *Bieger, K.W.*: Design of prestressed concrete structures. 2nd ed. New Delhi: Sahu Cement Service 1964

16 *Hahn, J.*: Spannbeton. 2. Aufl. Düsseldorf: Werner 1963

17 *Baum G.*: Grundwerte am Einfeldbalken. Berlin: Springer 1965

18 *Hansen, H.*: Vorgespannte zylindrische Tonnendächer. Düsseldorf: Werner 1974

19 Stahlton AG: Tabellen zur Spannungsermittlung in teilweise vorgespannten Stahlbetonquerschnitten. Zürich: Stahlton AG 1967

20 *Birkenmaier, M.*: Berücksichtigung der Einflüsse Kriechen und Schwinden bei der Berechnung von Betonkonstruktionen. Basel: Birkhäuser 1976

21 *Sattler, K.*: Theorie der Verbundkonstruktionen, Bd. 1 u. 2. 2. Aufl. Berlin: Ernst & Sohn 1959

22 *Hampe, E.*: Spannbeton. Berlin: Vlg. f. Bauwesen 1978

23 *Quast, J.*: Zeitabhängige Spannungsumlagerungen bei seilabgespannten Massivbrücken. Düsseldorf: Werner 1980

24 *Mattheiß, J.*: Stahlbeton, Stahlleichtbeton, Spannbeton. Düsseldorf: Werner 1977

25 *Bauer, F.*: Spannbetonbauten. Wien: Springer 1971

26 *Ruhrberg, R.; Schumann, H.*: Schäden an Brücken und anderen Ingenieurbauwerken. Dokumentation 1982 vom Bundesmin. f. Verkehr. Dortmund: Verkehrsblatt-Vlg. 1982

27 *Kehlbeck, F.*: Einfluß der Sonnenstrahlung bei Brückenbauwerken. Düsseldorf: Werner 1975

28 *Vielhaber, J.*: Vorspannung ohne Verbund im Segmentbrückenbau. Diss. TU Berlin 1989

29 *Iyengar, S.R.*: Der Spannungszustand in einem elastischen Halbstreifen und seine technischen Anwendungen. Diss. TH Hannover 1960

30 *Theimer, O.*: Hilfstafeln zur Berechnung wandartiger Stahlbetonträger. 5. Aufl. Berlin: Ernst & Sohn 1975

31 *Guyon, Y.*: Béton precontrait. 2. Aufl. Paris: Eyrolles 1975

32 *Leonhardt, F.; Mönnig, E.*: Vorlesungen über Massivbau, Teil 2: Sonderfälle der Bemessung im Stahlbetonbau. 3. Aufl. Berlin: Springer 1986

33 *Franz, G.*: Konstruktionslehre des Stahlbetons. Bd. I A. 4. Aufl. Berlin: Springer 1980

Zeitschriften und Serien

100 Beton- und Stahlbetonbau. Berlin: Ernst & Sohn

101 Bauingenieur. Berlin: Springer

102 Bautechnik. Berlin: Ernst & Sohn

103 Beton. Düsseldorf: Beton-Verlag

104 Bauplanung-Bautechnik. Berlin: Vlg. f. Bauwesen

105 Deutscher Ausschuß für Stahlbeton (DAfStb). Schriftenreihe, Vertrieb durch: Beuth-Verlag, Berlin

106 Internationale Vereinigung für Brückenbau und Hochbau (IVBH): Berichte. Zürich: Eigenverlag

107 Vorträge auf dem Deutschen Betontag. Wiesbaden: Deutscher Beton-Verein

108 Beton-Kalender. Berlin: Ernst & Sohn (jährlich)

109 Mitteilungen des Instituts für Bautechnik, Berlin

110 Straße und Autobahn. Bonn-Bad Godesberg: Kirschbaum

Aufsätze

111 *Schießl, P.*: Einfluß von Rissen auf die Dauerhaftigkeit von Stahlbeton- und Spannbetonbauteilen. In: DAfStb, 370. 1986, S. 9–52

112 *Walter, R.; Bhal, N.S.*: Teilweise Vorspannung. In: DAfStb, 223. 1973, S. 42–77

113 *Caflisch, R.*: Teilweise vorgespannter Beton: Versuche, Auswertungen und Schlußfolgerungen. Schweiz. Bauztg. 89 (1971) 561–568

114 *Trost, H.*: Teilweise Vorspannung: Generalbericht und allgemeine Probleme. In: Vortr. Betontag 1979. Wiesbaden: Deutscher Beton-Verein, S. 146–159

115 *Kupfer, H.*: Bemessungskonzept und Hilfsmittel. In: Teilweise Vorspannung. (Hrsg. VBI). Berlin: Ernst & Sohn 1986, S. 1 88

116 *Bachmann, H.*: Teilweise Vorspannung. Erfahrungen in der Schweiz und Fragen der Bemessung. In: Vortr. Betontag 1979. Wiesbaden: Deutscher Beton-Verein, S. 160–173

117 *Hofmann, G.; Thürmer, E.*: Erfahrungen bei der Sanierung der Bahnhofsbrücke Aue. Die Straße 26 (1986) 174–180

118 *Virlogeux, M.*: Die externe Vorspannung. Beton-Stahlbetonbau 83 (1988) 121–126

119 *Specht, M.; Rösler, M.*: Forschungsbrücke Berlin. Beton-Stahlbetonbau 84 (1989) 319–323

120 *Wölfel, E.*: Vorspannung ohne Verbund. Besonderheiten der Bemessung. In: Vortr. Betontag 1981. Wiesbaden: Deutscher Beton-Verein 1982, S. 164–173

121 *Gerber, Ch.; Özgen, E.*: Flachdecke mit teilweiser Vorspannung ohne Verbund. Beton-Stahlbetonbau 75 (1980) 129–132

122 *Ritz, P.*: u. a. Vorgespannte Decken. (Firmenschrift) Bern: Losinger AG 1/1981

123 *Oertle, J.*: Reibermüdung einbetonierter Spannkabel. (Inst. f. Baustatik u. Konstr. ETH Zürich, Nr. 166). Basel: Birkhäuser 1988

124 *Krätzig, W.; Meyer-Jens, R.*: Zur Ermittlung der Spannungszustände in einem auf elastischer Lehrgerüstbettung vorgespannten Tragwerk. Beton-Stahlbetonbau 58 (1963) 11 16

125 *Kupfer, H.*: Bemessung von Spannbetonbauteilen. In: Belon-Kalender 1989, Teil I, S. 573–654

126 *Goffin, H.*: Verzeichnis der zugelassenen Spannverfahren. In: Beton-Kalender 1990, Teil II, S. 241–248

127 *Kupfer, H.; Hochreither, H.*: Anwendung des Spannbetons. In: Beton-Kalender 1985, Teil II, S. 821–904

128 *Hundt, J.; Tzschätzsch, M.:* Die Kongreßhalle in Berlin-Tiergarten. Schlußfolgerungen aus einem Schadensfall. Bautechnik 60 (1983) 185–189

129 *Frey, J.; Hölkermann, H.J.:* Erste Anwendung der Preflex-Bauart bei Eisenbahnbrücken in der Bundesrepublik Deutschland. Beton-Stahlbetonbau 82 (1987) 234–238

130 *Kammüller, K.:* Vorspannung durch Spreizen. Bauingenieur 28 (1953) 128–130

131 *Waaser, E.; Wolff, R.:* Ein neuer Werkstoff für Spannbeton. Beton 36 (1986) 245–250

132 *Bechert, H.:* Die voll mittragende Breite bei Plattenbalken. Beton-Stahlbetonbau 50 (1955) 307–313

133 *Schleeh, W.:* Die Mitwirkung der Gurtscheibe bei vorgespannten Plattenbalken. Beton-Stahlbetonbau 52 (1957) 112–117

134 *Koepcke, W.; Denecke, G.:* Die mitwirkende Breite der Gurte von Plattenbalken. (DAfStb, 192). 1967

135 *Huber, A.:* Zur Frage der Zwangschnittkräfte aus Vorspannung und deren Einfluß auf die Sicherheit der Tragwerke. Beton-Stahlbetonbau 78 (1983) 69–73

136 *Duddeck, H.; Ahrens, H.:* Statik der Stabtragwerke. In: Beton-Kalender 1988, Teil I, S. 295–428

137 *Kammenhuber, H.; Wegmann, H.:* Belastungsglieder für Biegestäbe mit Einschluß von Balken mit veränderlichem Trägheitsmoment und vorgespannten Stäben. Beton-Stahlbetonbau 55 (1960) 7–20

138 *Hofmeister, G.:* Praktische Hinweise zur Berechnung des Lastfalles Vorspannung mit Momentenausgleichsverfahren. Beton-Stahlbetonbau 57 (1962) 85–93

139 *Diettrich, W.:* Schnittgrößen aus Vorspannung für Balken mit räumlicher Krümmung von Spannglied und Tragwerksachse nach der Umlenkkraftmethode. In: Forschungsbeiträge für die Baupraxis. Berlin: Ernst & Sohn 1979, S. 173–182

140 *Rose, E.A.:* Die Berechnung der Vorspannmomente nach der Umlenkkraftmethode. Bautechnik 39 (1962) 153–160; Zuschrift: Hees, G. 40 (1963) 144

141 *Hees, G.; Stein, E.:* Beitrag zur Auswertung von Einflußlinien für konstante und veränderliche Vorspannung. Bautechnik 40 (1963) 117–123

142 *Mühe, L.:* Kraftverlauf im Spannglied bei veränderlicher Reibungszahl. Beton-Stahlbetonbau 50 (1955) 251–255

143 *Walter, R.; Utescher, G.; Schreck, D.:* Vorausbestimmung der Spannkraftverluste infolge Dehnungsbehinderung. (DAfStb, 282). 1977

144 *Cordes, H.; Schütt, K.; Trost, H.:* Großmodellversuche zur Spanngliedreibung. (DAfStb, 325). 1981

145 Dehnwegberechnung. (Firmenschrift) Ratingen: Vorspanntechnik GmbH. 1974

146 *Cordes, H.:* Dauerhaftigkeit von Spanngliedern unter zyklischen Beanspruchungen. (DAfStb, 370). 1986

147 *Bieger, K.W.; Bertram G.:* Rißbreitenbeschränkung im Spannbetonbau. Beton-Stahlbetonbau 76 (1981) 118–123

148 *Rüsch, H.; Jungwirth, D.; Hilsdorf, H.:* Kritische Sichtung der Verfahren zur Berücksichtigung der Einflüsse von Kriechen und Schwinden des Betons auf das Verhalten der Tragwerke. Beton-Stahlbetonbau 68 (1973) 49–60, 76–86, 152–158

149 *Trost, H.:* Erläuterung zu DIN 4227 Teil 1, Abschnitt 8. In: DAfStb, 320. 1980, S. 17–18

150 *Frey, J.; Thormählen, U.:* Zur Ermittlung von Spannungsumlagerungen unter Berücksichtigung der Spannstahlrelaxation. Beton-Stahlbetonbau 75 (1980) 118–120

151 *Trost, H.; Cordes, H.; Abele, G.:* Kriech-und Relaxationsversuche an sehr altem Beton. In: DAfStb, 295. 1978, S. 1–27

152 *Schade, D.:* Alterungsbeiwerte für das Kriechen von Beton nach den Spannbetonrichtlinien. Beton-Stahlbetonbau 72 (1977) 113–117

153 *Dischinger, F.:* Untersuchungen über die Knicksicherheit, die elastische Verformung und das Kriechen des Betons bei Bogenbrücken. Bauingenieur 12 (1937) 487–520, 539–552, 595–621

154 *Sattler, K.:* Kriechen und Schwinden bei vorgespannten Verbund-Stahlbetonkonstruktionen und beliebigen Stahlträger-Verbundkonstruktionen. Beton-Stahlbetonbau 49 (1954) 8–13, 38–41

155 *Sattler, K.:* Beitrag zur Berechnung von Spannbeton-Konstruktionen. Bauingenieur 31 (1956) 444–457

156 *Vik, B.:* Zur Spannungsumlagerung durch Schwinden und Kriechen bei mehrsträngiger Vorspannung. Beton-Stahlbetonbau 55 (1960) 185–187

157 *Abelein, W.:* Ein einfaches Verfahren zur Berechnung von Verbundkonstruktionen. Bauingenieur 62 (1987) 127–132; Zuschrift: Haensel, J. 62 (1987) 565

158 *Trost, H.; Wolff, H.J.:* Zur wirklichkeitsnahen Ermittlung der Beanspruchungen in abschnittsweise hergestellten Spannbetontragwerken. Bauingenieur 45 (1970) 155–169

159 *Bieger, K.W.:* Shrinkage and creep in prestressed concrete structures. J. Civil Eng. Soc. 5, (1961) 1–14

160 *Schade, D.; Haas, W.:* Elektronische Berechnung der Auswirkungen von Kriechen und Schwinden bei abschnittsweise hergestellten Verbundstabtragwerken. (DAfStb, 244). 1975

161 *Habel, A.:* Der Einfluß des Kriechens und Schwindens auf die statisch unbestimmten Größen vorge-

spannter Durchlaufträger und Zweigelenkrahmen. Beton- Stahlbetonbau 50 (1955) 99–106

162 *Trost, H.; Mainz, B.; Wolff, H.J.:* Zur Berechnung von Spannbetontragwerken im Gebrauchszustand unter Berücksichtigung des zeitabhängigen Betonverhaltens. Beton-Stahlbetonbau 66 (1971) 220–225, 241–244

163 *Bachmann, H.:* Vorspannung für Biegung, Querkraft und Torsion in ausmittig belasteten, gekrümmten und schief gelagerten Stabtragwerken. Beton-Stahlbetonbau 77 (1982) 169–174, 212–218

164 *Bay, H.:* Berechnung der Schubspannungen in vorgespannten Trägern mit veränderlicher Höhe. Beton-Stahlbetonbau 47 (1952) 185–186

165 *Weiss, W.:* Berechnung der Schubspannungen bei Balken mit veränderlicher Querschnittshöhe. Bauplanung-Bautechnik 14 (1960) 498–500

166 *Trost, H.; Mainz, B.:* Zweckmäßige Ermittlung der Durchbiegungen von Stahlbetonträgern. Beton-Stahlbetonbau 64 (1969) 142–146

167 *Grasser, E.; Thielen, G.:* Hilfsmittel zur Berechnung der Schnittgrößen und Formänderungen von Stahlbetontragwerken nach DIN 1045. (DAfStb, 240). 2. Aufl. 1978

168 *Schlaich, J.; Kordina, K.; Engell, H-J.:* Teileinsturz der Kongreßhalle Berlin – Schadensursachen. Zusammenfassendes Gutachten. Beton-Stahlbetonbau 75 (1980) 281–294

169 *Noakowski, P.:* Die Bewehrung von Stahlbetonbauteilen bei Zwangbeanspruchung infolge Temperatur. (DAfStb, 296). 1978

170 *König, G.; Fehling, E.:* Grundlagen zur Rißbreitenbeschränkung im Spannbetonbau. Beton- Stahlbetonbau 83 (1988) 317–323. Zuschrift: Leonhardt, F.: 84 (1989) 189–192

171 *Bauer, W.; Göhler, B.:* Beitrag zur Ermittlung der Spannungen in Koppelfugen feldweise aus Ortbeton hergestellter durchlaufender Spannbetonbrücken. Beton-Stahlbetonbau 67 (1972) 282–284

172 *Mehlorn, G.; Hoshino, M.:* Zum Spannungszustand an Arbeitsfugen mit Spanngliedkopplungen bei abschnittsweise hergestellten Spannbetonbrücken. Techn. Beitrag zum VII. FIP-Kongreß, New York, 1974

173 *Pfohl, H.:* Risse an Koppelfugen von Spannbetonbrücken. Mitt. d. Instituts f. Bautechnik, Heft 6/1973

174 *Wölfel, E.:* Bemessung von Koppelungen an Spannbetonbrücken. Mitt. d. Instituts f. Bautechnik, Heft 2/1977

175 *König, G.; Griegold, J.:* Zur Bemessung von Koppelfugen bei Massivbrücken. Beton-Stahlbetonbau 79 (1984) 141–147, 191–197

176 *Leonhardt, F.:* Rißschäden an Betonbrücken. Beton- Stahlbetonbau 74 (1979) 36–44

177 *Kordina, K.:* Schäden an Koppelfugen. Beton-Stahlbetonbau 74 (1979) 95–100

178 *Pfohl, H.:* Erfassung von Rissen im Bereich der Koppelfugen von Spannbetonbrücken. Straße u. Autobahn 30 (1979) 541–542

179 *Pauser, A.:* Betrachtungen über die Konstruktion und Berechnung weitgespannter Talbrücken. Zement u. Beton 25 (1980) 30–47

180 *Cordes, H.; Thormählen, U.; Trost, H.:* Zum Nachweis der Rißbreitenbeschränkung nach DIN 4227. Beton-Stahlbetonbau 75 (1980) 169–172

181 *Trost, H.; u. a.:* Teilweise Vorspannung – Verbundfestigkeiten von Spanngliedern und ihre Bedeutung für Rißbildung und Rißbreitenbeschränkung. (DAfStb, 310). 1980

182 *Janovic, K.; Kupfer, H.:* Beschränkung der Rißbreite bei teilweiser Vorspannung. Bauingenieur 57 (1982) 109–114

183 *Deutscher Beton-Verein e.V.:* Begrenzung der Rißbildung im Stahlbeton- und Spannbetonbau. (Merkblatt 04.86)

184 *Ryzynski, A.; Ratajcak, G.:* Praktische Berechnung der Rißbreite von Stahlbetonbrücken. Bautechnik 64 (1987) 188–194

185 *König, G.; Fehling, E.:* Zur Rißbreitenbeschränkung bei voll oder beschränkt vorgespannten Betonbrücken. Beton-Stahlbetonbau 84 (1989) 161–166; 203–207; 238–241

186 *Falkner, H.:* Zur Frage der Rißbildung durch Eigen- und Zwängspannungen infolge Temperatur in Stahlbetonbauteilen. (DAfStb, 208). 1969

187 *Leonhardt, F.:* Rissebeschränkung. Beton-Stahlbetonbau 71 (1976) 14–20

188 *Rehm, G.; Martin, H.:* Zur Frage der Rißbegrenzung im Stahlbetonbau. Beton-Stahlbetonbau 63 (1968) 175–182

189 *Rehm, G.; Eligehausen, R.:* Erläuterungen zur DIN 4227 Teil 1, Abschnitt 10. In: DAfStb, 320. 1980, S. 20–26

190 *Kupfer, H.:* Teilweise Vorspannung; Rißbreitenbeschränkung und Dauerfestigkeit. In: Vortr. Betontag 1979 Wiesbaden: Deutscher Beton-Verein, S. 191–204

191 *Rickenstorf, G.; Gerstner, H.:* Rißsicherung im Spannbeton. Bauplanung–Bautechnik 15 (1961) 595–599

192 *Mörsch, E.:* Die Ermittlung des Bruchmomentes von Spannbetonbalken. Beton-Stahlbetonbau 45 (1950) 149–157

193 *Kupfer, H.; Hochreither, H.:* Erläuterungen zu DIN 4227 Teil 1, Abschnitt 11. In: DAfStb, 320, 1980, S. 26–30

194 *Rüsch, H.; Kordina, K.; Zelger, C.:* Bruchsicherheit bei Vorspannung ohne Verbund. (DAfSb, 130). 1959

195 *Ritz, P.:* Biegeverhalten von Platten mit Vorspannung ohne Verbund. (Bericht No. 80. der ETH

Zürich: Inst. f. Baustatik u. Konstruktion). Zürich 1978

196 *Trost, H.; Cordes, H.; Weller B.*: Untersuchungen zur Vorspannung ohne Verbund. In: DAfStb, 355. 1984, S. 7–69

197 *Kordina, K.; Hegger, J.*: Zur Ermittlung der Biegebruch-Tragfähigkeit bei Vorspannung ohne Verbund. Beton-Stahlbetonbau 82 (1987) 85–90

198 *Zerna, W.; Köpper, H.-D.*: Spannstahlspannungen im Grenzzustand der Tragfähigkeit bei Trägern mit Vorspannung ohne Verbund. Beton-Stahlbetonbau 84 (1989) 11–16

199 *Lippoth, W.; Rahlwes, U.*: Erläuterungen zu DIN 4227 Teil 1, Abschnitt 12. In: DAfStb, 320. 1980, S. 31–49

200 *Kupfer, H.; Mang, R.; Karavesyroglou, M.*: Bruchzustand der Schubzone von Stahlbeton- und Spannbetonträgern. Eine Analyse unter Berücksichtigung der Rißverzahnung. Bauingenieur 58 (1983) 143–149

201 *Kupfer, H.; Moosecker, W.*: Beanspruchung und Verformung der Schubzone des schlanken profilierten Stahlbetonbalkens. In: Forschungsbeiträge für die Baupraxis. Berlin: Ernst & Sohn 1979, S. 225–236

202 *Leonhardt, F.*: Schub bei Stahlbeton und Spannbeton. Beton-Stahlbetonbau 72 (1977) 270–277; 295–302

203 *Specht, M.*: Mindestbügelbewehrung, Abzugswert und Festigkeit des schrägen Druckfelds eines querkraftbeanspruchten Biegeträgers aus Stahlbeton. Beton-Stahlbetonbau 83 (1988) 23–28

204 *Specht, M.*: Die Abhängigkeit der Querkraft-Tragfähigkeit eines Stahlbetonträgers von seiner Querschnittsform. Beton-Stahlbetonbau 84 (1989) 88–90

205 *Kupfer, H.*: Die Beanspruchung des Verbundes zwischen Spannglied und Beton. (DAfStb, 159). 1964

206 *Ruhnau, J.; Kupfer, H.*: Spaltzug-, Stirnzug- und Schubbewehrung im Eintragungsbereich von Spannbett-Trägern. Beton-Stahlbetonbau 72 (1977) 175–179, 204–208

207 *Mörsch, E.*: Über die Berechnung der Gelenkquader. Beton und Eisen 23 (1924) 156–161

208 *Sargious, M.*: Hauptzugkräfte am Endauflager vorgespannter Betonbalken. Bautechnik 38 (1961) 91–97

209 *Grasser, E.; Thielen, G.*: Hilfsmittel zur Berechnung der Schnittgrößen und Formänderungen von Stahlbetontragwerken. (DAfSb, 240). 1976

210 *Schlaich, J.; Schäfer, K.*: Konstruieren im Stahlbetonbau. In: Beton-Kalender 1989, Teil II, S. 563–715

211 *Sievers, H.*: Berechnung von Auflagerbänken. Bauingenieur 27 (1952) 209–213

212 *Eibl, J.; Iványi, G.*: Innenverankerungen im Spannbetonbau. In: DAfStb, 223. 1973, S. 1–46

213 *Eibl, J.; Iványi, G.*: Innenverankerung von Spanngliedern. Beton-Stahlbetonbau 68 (1973) 35–39

214 *Plähn, J.; Kröll, K.*: Spannungsverteilung im Eintragungsbereich des Spannbetonbalkens mit unmittelbarem Verbund. Beton-Stahlbetonbau 70 (1975) 170–175, 188–194

215 *Plähn, J.; Kröll, K.*: Zur Mechanik der Verbundverankerungen von Spannstählen durch Haftung und Reibung bei Spannbeton mit sofortigem Verbund. Bauingenieur 55 (1980) 449–454

216 *Wölfel, E.*: Erläuterungen zu DIN 4227 Teil 1, Abschnitt 14. In: DAfStb, 320. 1980, S. 49–51

217 *Butzer, H.*: Verstärkte Stege als Gegenmittel beim Bruch von Spanngliedern. Beton-Stahlbetonbau 75 (1980) 25

218 *Franz, A.*: Schäden am Kreuzungsbauwerk Schmargendorf und ihre Bewertung. Beton-Stahlbetonbau 75 (1980) 45–51

Teil K. Anwendungen des Stahl- und Spannbetons

Von Jürgen Lierse

1. Bewehren von Stahlbetonbauwerken

1.1 Vorbemerkungen

Beton ist wegen seiner nahezu beliebigen *Gestaltungsmöglichkeiten, Dauerhaftigkeit* und *Wirtschaftlichkeit* heute der bevorzugte Baustoff [1, 201]. Fachgerecht ausgeführte Stahlbetonbauwerke können erfahrungsgemäß der Witterung auch ohne konservierende Maßnahmen auf Dauer widerstehen [2, 3, 202].

Wegen seiner hohen Druckfestigkeit fällt dem Beton innerhalb eines Stahlbetontragwerkes die Aufgabe zu, vorwiegend die Druckkräfte aufzunehmen. Dagegen ist seine Zugfestigkeit gering, häufig sogar kleiner als die Eigen- und Zwangspannungen während des Erhärtens. Infolgedessen bilden sich bereits im jungen Beton erste Risse, meist Mikrorisse. Ferner streuen die Zugfestigkeitswerte erheblich. Aus diesen Gründen bleibt bei der Bemessung für Biegung und Längskraft sicherheitshalber ein Mitwirken des Betons auf Zug unberücksichtigt, siehe DIN 1045, 17.2.1 sowie die Teile I und J.

Zur Sicherung des inneren Gleichgewichts einer Stahlbetonkonstruktion und damit zur Gewährleistung der Standsicherheit sind die *Zugkräfte infolge äußerer Lasten in der Regel durch Bewehrungen* aufzunehmen, z. B. durch Betonstahl gem. DIN 488 oder durch allgemein zugelassene Spannstähle [V50, 203]. Außerdem wird versucht, auch Formstahl [204] oder faserverstärkte Kunststoffe [205] einzusetzen.

Die meisten Stahlbetonbauwerke sind komplexe räumliche Tragwerke, für deren statische Festigkeitsnachweise das Gesamttragwerk in einzelne Bauteile zerlegt wird, für die die Standsicherheit jeweils getrennt nachgewiesen wird. An den angenommenen Schnittstellen muß die Kontinuität durch geeignete Bewehrungsführung konstruktiv hergestellt werden, vgl. Abschnitt I, 2.

Nach ihrer Geometrie und Funktion unterscheidet man:

- stabförmige Bauelemente (Stützen, Zugstäbe, Balken),
- flächenhafte Bauelemente (Platten, Scheiben, Faltwerke, Schalen), bei denen mit der tragenden in der Regel auch eine raumbegrenzende Funktion verbunden ist, und
- massive oder räumliche Blockelemente mit vergleichbaren Abmessungen in allen Richtungen (Gründungen, Talsperren, dickwandige Behälter u. a.).

1.2 Allgemeine Bewehrungsregeln

Zur Aufnahme der Zugkräfte wären dünne Bewehrungseinlagen am wirksamsten, die den Zugspannungstrajektorien folgen würden und entsprechend dem Spannungsgradienten über die Zugzone verteilt wären. Aus Kostengründen kann man diese Konstruktionsregel jedoch nur in Ausnahmefällen befolgen. Üblicherweise wird die Bewehrung parallel zu den Rändern des Bauteils und möglichst nahe am Zugrand verlegt, so daß ein Bewehrungsnetz mit zwei, höchstens drei Richtungen entsteht. Die Hauptbewehrung soll möglichst den Hauptzugspannungsrichtungen folgen, weil Richtungsabweichungen von mehr als 20° beim Übergang in den Zustand II schon zu deutlich größeren Verformungen führen [4d, 206, 207].

Risse im Beton können, wenn überhaupt, nur durch Fugen oder eine ausreichend hohe und frühzeitig aufgebrachte Vorspannung vermieden werden. Durch eine normale Stahlbetonbewehrung läßt sich das Entstehen feiner Risse i. allg. nicht verhindern. Die Risse können aber durch eine zweckmäßig angeordnete Bewehrung besser verteilt und die Rißbreiten so gering gehalten werden, daß die Dauerhaftigkeit der Bauwerke nicht beeinträchtigt ist [202].

Mit Rücksicht auf die Verbundwirkung und zur Begrenzung der Spaltzugspannungen sowie zur Beschränkung der Rißbreiten sind in DIN 1045, 6.6 die *Durchmesser von Stabstahl* auf $d_s \leq 28$ mm und bei Betonstahlmatten auf $d_s \leq 12$ mm begrenzt. Bei geringen Bauteildicken d, z. B. bei dünnen Platten, wird ein Stahldurchmesser von $d_s \leq d/8$ empfohlen [4c].

Die *Abstände der Stahleinlagen* müssen überall so groß sein, daß das Einbringen und Verdichten des Betons nicht behindert wird. Läßt sich bei hoch beanspruchten Bauteilen eine Konzentration der Bewehrungseinlagen nicht vermeiden, sind Rüttellücken vorzusehen. Das gilt besonders für Kreuzungsbereiche engliegender Bewehrungen. Hier können Detailzeichnungen in vergrößertem Maßstab und Anweisungen für die Baustelle die Verlegearbeiten erheblich erleichtern. Als Mindestmaß für den lichten Abstand gleichlaufender Bewehrungsstähle sieht DIN 1045, 18.2 $a_s = 2{,}0$ cm vor, aber nicht weniger als den Stabdurchmesser d_s. Zur Vermeidung von Kiesnestern sind die Abstände ferner auf den Durchmesser des Größtkorns D der Betonzuschläge abzustimmen: $a_s \geq 1{,}5 D$ [4c, 207].

Bei mehrlagiger Bewehrung gelten auch vertikal dieselben Mindestabstände. Dabei sollten die Stahleinlagen genau übereinander angeordnet werden, um eine Siebwirkung zu vermeiden. Zur Einhaltung der vertikalen Abstände werden zwischen den Bewehrungslagen Querstäbe mit demselben Durchmesser eingelegt.

Bei sehr starker Bewehrung sind *Stabbündel* zweckmäßig, die aus zwei oder drei sich berührenden Einzelstäben bestehen. Für deren Mindestabstände ist nach DIN 1045, 18.11 der Vergleichsdurchmesser d_{sV} maßgebend. Bild 1-1 zeigt den Querschnitt eines stark bewehrten Plattenbalkensteges mit normaler sowie gebündelter Bewehrung [208].

Der maximale Stababstand s soll in zugbeanspruchten Bereichen 25 cm, in druckbeanspruchten

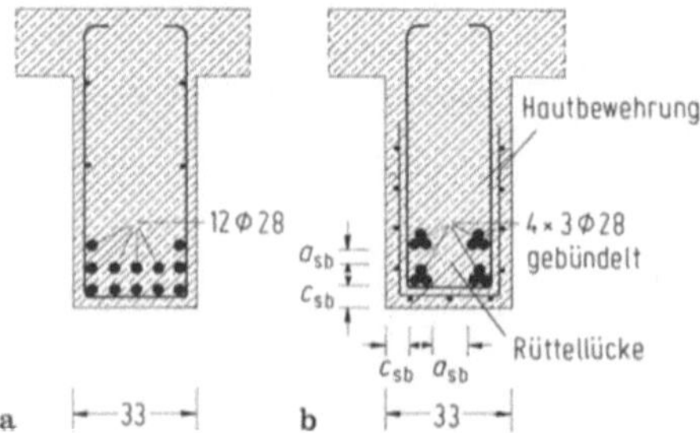

Bild 1-1a, b. Anordnung der Stahlbewehrung in einem Balken, a) mit Einzelstäben, b) als Stabbündel [208].

30 cm nicht überschreiten. Für viele Bauteile sind jedoch die größten Stababstände auch durch die Forderung einer konstruktiven Mindestbewehrung vorgegeben.

In den Krümmungsbereichen von Bewehrungsstäben entstehen infolge der Kraftumlenkung Betonpressungen, die abhängig vom Biegerollendurchmesser Querzugspannungen zur Folge haben. Diese sind durch Druckspannungen, reichliche Betonüberdeckung oder eine besondere Bewehrung aufzunehmen. DIN 1045, 18.3.1 sieht Mindestwerte für den *Biegerollendurchmesser* vor, der im Bereich von Abbiegungen durch die vom Beton aufnehmbaren Pressungen, bei Haken, Schlaufen und Bügeln aber auch von der Verformbarkeit des Stahles begrenzt ist.

Durch einfache, vorzugsweise gerade Stabformen und den Einsatz industrieller Fertigungsmethoden kann der Aufwand für das Verlegen der Bewehrung erheblich reduziert werden, z. B. durch Verwendung von Betonstahlmatten, vorgefertigten Bewehrungselementen oder Bewehrungskörben aus Bügelmatten für Balken und Stützen, siehe Bild 1-2 und [207, 209]. Voraussetzung für die *Rationalisierung* ist die Standardisierung der Biegeformen. Sie vereinfacht die Verlegung und begünstigt den EDV-Einsatz bei der Anfertigung der Bewehrungszeichnungen sowie der Stahllisten und ermöglicht eine automatische Steuerung von Schneide- und Biegemaschinen [210].

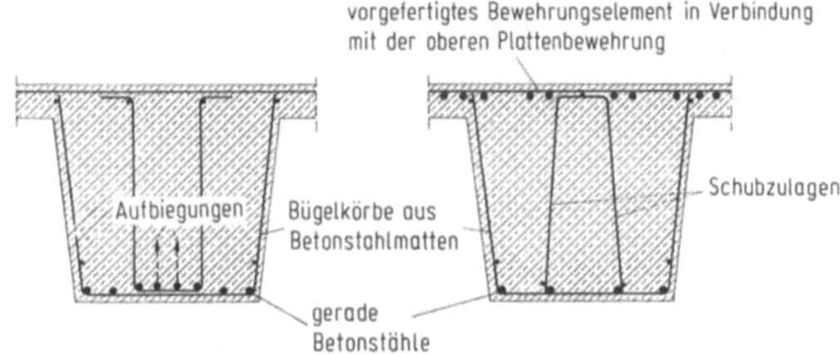

Bild 1-2. Rationalisierung der Bewehrungstechnik [209].

1.3 Mindestbewehrung

Wird in Stahlbetonbauteilen infolge von Last- und Zwangspannungen örtlich die Zugfestigkeit des Betons überschritten, so entstehen Risse; damit geht der Beton in den Zustand II über, und der in der Zugzone eingelegte Bewehrungsstahl erhält die ihm zugedachte Zugkraft. Insofern gehören Risse zum Prinzip des Stahlbetons.

Bei *schwach bewehrten Querschnitten* besteht jedoch die Gefahr, daß die zunächst durch Betonzugspannungen übertragenen Schnittkräfte nach der Rißbildung zu einer Überschreitung der Streckgrenze im Bewehrungsstahl führen und dann breite, klaffende Risse entstehen. Es kann dabei sogar auch zu einem schlagartigen Bruch der Bewehrung kommen. Diese Versagensart wird durch Verwendung hoher Betongüten und gerippter Betonstähle mit verbessertem Verbund, aber geringerer Bruchdehnung begünstigt.

Einem solchen Bruchverhalten begegnet man am wirksamsten durch Einlegen einer Mindestbewehrung, abhängig von der Betonzugfestigkeit und Stahlqualität, vgl. Abschnitt I.7.2.2.1. Durch zweckmäßige Wahl von Stabdurchmesser und -abstand lassen sich die zu erwartenden Rißbreiten so begrenzen, daß die *Gebrauchsfähigkeit* von Massivbauwerken auch auf Dauer gewährleistet bleibt [211].

Für Normalfälle enthält DIN 1045, 17.6.3 in Abhängigkeit von der Stahlspannung *Konstruktionsregeln*, einmal für den größten Durchmesser der einzulegenden Bewehrung, bzw. für den

Vergleichsdurchmesser bei Stabbündeln, zum anderen für die einzuhaltenden Stababstände, siehe auch Abschnitt I.7.2.2.2, Tabellen I.7-1 und I.7-2. Werden besondere Anforderungen, z. B. bei Flüssigkeitsbehältern an die Wasserundurchlässigkeit, gestellt, sind weitergehende Maßnahmen erforderlich [V51, 202, 211, 212].

Für viele Bauteile sind ohnehin konstruktive Mindestbewehrungen vorgeschrieben, z. B. für wandartige Träger in DIN 1045, 23.3, für Schalen und Faltwerke in DIN 1045, 24.5, für Spannbetontragwerke allgemein in DIN 4227 Teil 1, 6.7 und darüber hinaus für Brücken in DIN 1075, 10.1 sowie in [V52]. Schließlich sei auch auf die Teile I und J verwiesen.

1.4 Verankerung der Bewehrung

Bewehrungseinlagen können nur dann Zugkräfte übertragen, wenn diese entweder über Verbundspannungen oder *Verankerungselemente*, wie Haken, Schlaufen, angeschweißte Anker oder Ankerplatten, eingeleitet werden. Bei der Krafteinleitung entstehen im Beton Zug- und Druckspannungen, deren Verlauf Bild 1-3 zeigt. In der Summe betragen die quergerichteten Zugspannungen etwa $0,3 F_s$. Bei Verwendung von Ankerplatten ist die Spaltzugkraft geringer und abhängig vom Verhältnis a/d, vgl. Abschnitt J.7.1.

Die *Verbundverankerung* ist die einfachste Verankerungsart und beim heute gebräuchlichen Betonrippenstahl im Stahlbetonbau auch üblich. Bei der Festlegung des Grundmaßes l_0 der

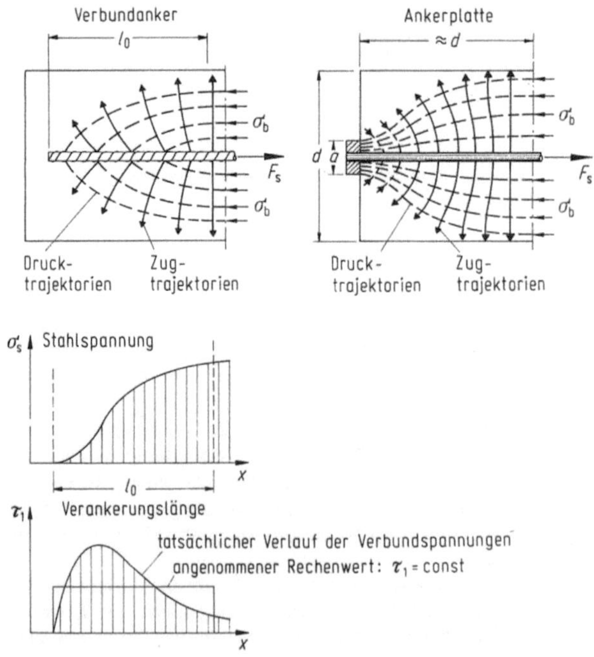

Bild 1-3. Verlauf der Hauptspannungstrajektorien, Stahlspannungen und Verbundspannungen im Verankerungsbereich nach [4c].

Verankerungslänge geht man von einem voll ausgenutzten Bewehrungsstab aus, vgl. DIN 1045, 18.5.2.1.

$$l_0 = \frac{F_s}{\gamma \cdot u \cdot \text{zul } \tau_1} = \frac{\beta_S}{7 \cdot \text{zul } \tau_1}\, d_S$$

F_s Kraft im Bewehrungsstab bei $\sigma_s = \beta_S$

$u = \pi d_s$ Umfang des Bewehrungsstabes

β_S Streckgrenze des Betonstahles

$\gamma = 1,75$ rechnerischer Sicherheitsbeiwert

zul τ_1 zulässiger Grundwert der Verbundspannung nach Tabelle 1-1.

Tabelle 1-1. Zulässige Grundwerte der Verbundspannung zul τ_1 in N/mm^2 (DIN 1045, 18.4, Tabelle 19).

1	2	3	4	5	6
Verbundbereich	Zulässige Grundwerte der Verbundspannung zul τ_1 in N/mm^2 für Beton der Festigkeitsklasse				
	B 15	B 25	B 35	B 45	B 55
1 I[a]	1,4	1,8	2,2	2,6	3,0
2 II	0,7	0,9	1,1	1,3	1,5

[a] Zuordnung der Bewehrungsstäbe zum Verbundbereich I vgl. DIN 1045, 18.4(3) bzw. Abschnitt I.1.3, Bild I.1-3

Die erforderliche Verankerungslänge l_1 errechnet sich für gerippte Einzelstäbe unter Berücksichtigung der tatsächlichen Beanspruchung zu:

$$l_1 = \alpha_1 \alpha_A l_0 \geq 10 d_s \qquad \text{bei geraden Stabenden}$$

$$\geq \frac{d_{br}}{2} + d_s \quad \text{bei Haken, Winkelhaken, Schlaufen}$$

α_1 Beiwert zur Berücksichtigung der Verankerungsart nach Tabelle 1-2

α_A Grad der Auslastung (erf A_s/vorh A_s)

d_{br} vorhandener Biegerollendurchmesser.

Mit dem Mindestwert $10 d_s$ sollen mögliche Verlegeungenauigkeiten abgedeckt werden.

Wie Bild 1-3 zeigt, verlaufen die Verbundspannungen τ_1 nicht gleichmäßig; als Rechenwert wird aber vereinfachend τ_1 über der Verankerungslänge konstant angenommen. Im letzten Drittel treten die größten Verbundspannungen und damit auch die größten Querzugspannungen auf, die abhängig vom Stabdurchmesser und -abstand entweder durch eine ausreichende Betondeckung, nach [207] $c \geq 2,4 d_s$ bei geringen Stababständen bzw. $c \geq 1,2\, d_s$ bei Stababständen $s_s \geq 6 d_s$, oder bei großen Stabdurchmessern ($d_s \geq 16$ mm) durch quergerichtete Druckspannungen, z. B. im Auflagerbereich, oder durch außenliegende Querbewehrung aufzunehmen sind.

Bei Doppelstäben von Betonstahlmatten ist anstelle von d_s der Vergleichsdurchmesser d_{sV} eines flächengleichen Einzelstabes zugrunde zu legen. Für eine Verankerung von Stabbündeln gilt nach DIN 1045, 18.11.4 Entsprechendes.

Steht keine ausreichende Krafteinleitungslänge zur Verfügung, z. B. bei Fertigteilen mit sehr geringen Auflagertiefen, und läßt sich eine ausreichende Verankerung auch nicht durch Anordnung

Tabelle 1-2. Beiwerte α_1 zur Berücksichtigung der Art und Ausbildung der Verankerung (DIN 1045, 18.5.2.2, Tabelle 20).

	1	2	3
	Art und Ausbildung der Verankerung	Beiwert α_1 Zugstäbe	Beiwert α_1 Druckstäbe
1	a) Gerade Stabenden 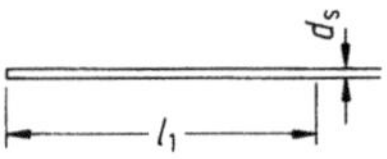	1,0	1,0
2	b) Haken c) Winkelhaken d) Schlaufen 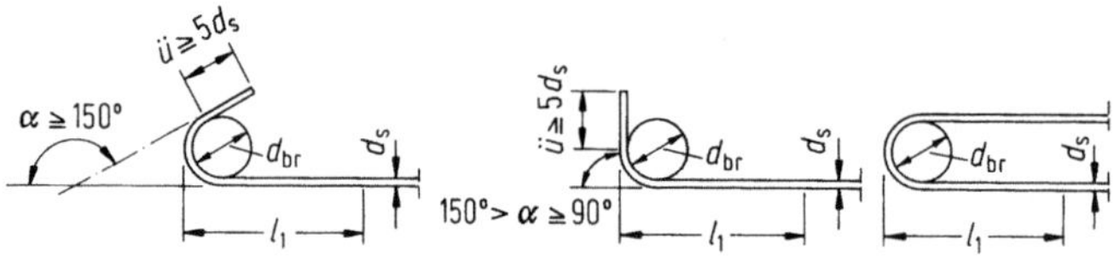	0,7 (1,0)[a]	1,0
3	e) Gerade Stabenden mit mindestens einem angeschweißten Stab[b] innerhalb von l_1 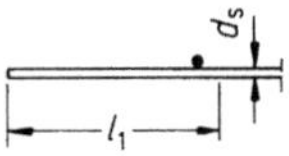	0,7	0,7
4	f) Haken g) Winkelhaken h) Schlaufen (Draufsicht) 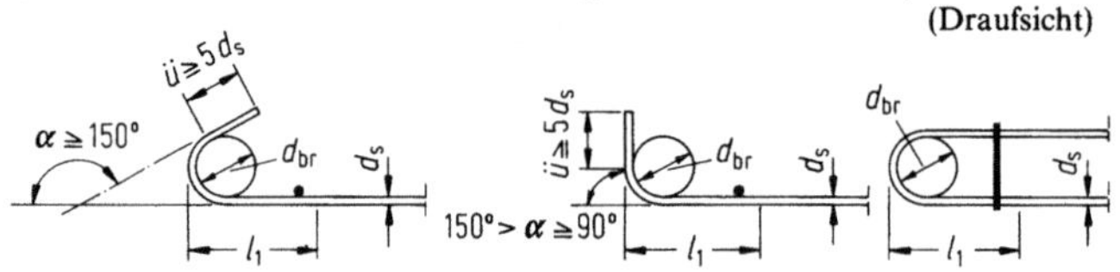 mit jeweils mindestens einem angeschweißten Stab[b] innerhalb l_1 vor dem Krümmungsbeginn	0,5[c] (0,7)[a]	1,0
5	i) Gerade Stabenden mit mindestens zwei angeschweißten Stäben[b] innerhalb l_1 (Stababstand s_q < 10 cm bzw. ≥ 5 d_s und ≥ 5 cm) nur zulässig bei Einzelstäben mit $d_s \leq$ 16 mm bzw. Doppelstäben mit $d_s \leq$ 12 mm 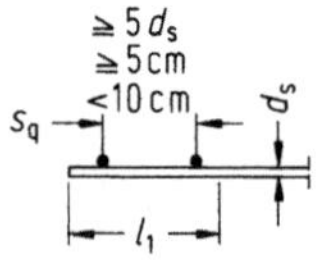	0,5[c]	0,5

[a] Die in Spalte 2 in Klammern angegebenen Werte gelten, wenn im Krümmungsbereich rechtwinklig zur Krümmungsebene die Betondeckung weniger als $3d_s$ beträgt bzw. kein Querdruck oder keine enge Verbügelung vorhanden ist.

[b] Die zur Verankerung vorgesehene Fläche des Querstabes muß für jeden zu verankernden Stab mindestens 5 d_s^2 betragen, vgl. DIN 1045, 18.5.1.

[c] Bei der Berechnung der Übergreifungslänge eines Zugstoßes muß der Beiwert $\alpha_1 \geq 0{,}7$ angesetzt werden, vgl. DIN 1045, 18.6.3.2.

einfacher Verankerungselemente wie Winkelhaken erreichen, dann sind *Ankerkörper* vorzusehen, deren Tragfähigkeit in der Regel durch Versuche nachzuweisen ist, siehe Bild 1-4. Sind besonders große Kräfte, z.B. bei Bewehrungsstäben mit großen Durchmessern, oder nichtschweißbare Stähle hoher Festigkeit, wie die Spannstähle, zu verankern, dann sind Ankerplatten oder Ankerkörper erforderlich [V50, 213], siehe auch Abschnitt J. 2.3.

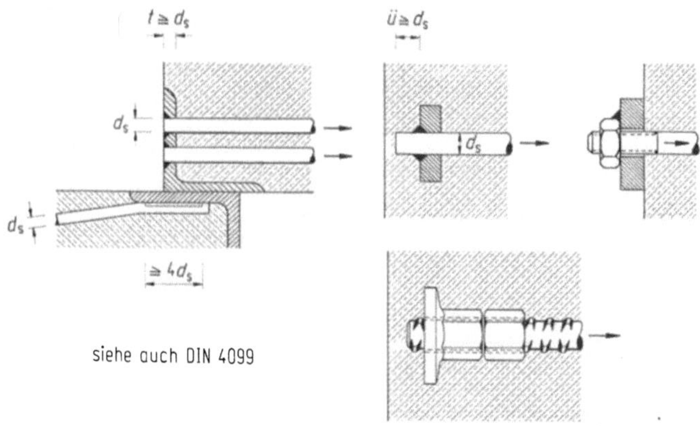

Bild 1-4. Verankerungen durch angeschweißte oder angeschraubte Ankerplatten.

1.5 Bewehrungsstöße

Bild 1-5 zeigt mögliche Ausbildungen von Bewehrungsstößen. Am einfachsten werden Bewehrungsstäbe durch *Übergreifen* gestoßen. Bei dieser indirekten Stoßverbindung wirkt der Beton über Verbund und damit auch auf Zug mit. Daher sind Übergreifungsstöße an Stellen maximaler Beanspruchung gegeneinander zu versetzen, besser ganz zu vermeiden.

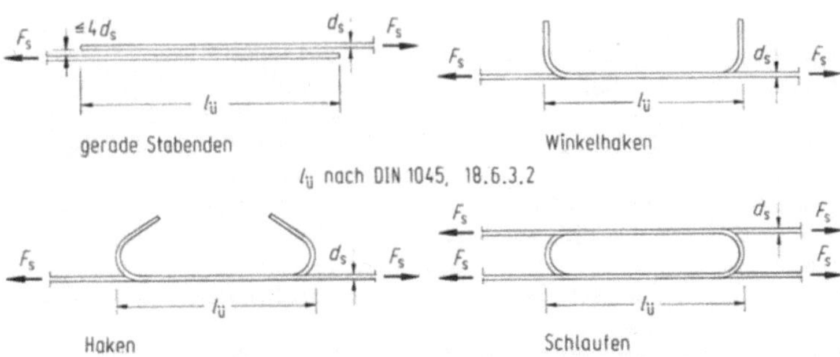

Bild 1-5. Beispiele zugbeanspruchter Übergreifungsstöße.

Die *Übergreifungslänge* $l_{\ddot{u}}$ errechnet sich nach DIN 1045, 18.6.3.2 zu:

$l_{\ddot{u}} = \alpha_{\ddot{u}} l_1$ $\geq 20\ \text{cm}$ in allen Fällen
    $\geq 15 d_s$ bei geraden Stabenden
    $\geq 1{,}5 d_{br}$ bei Haken, Winkelhaken, Schlaufen

l_1 Verankerungslänge nach 1.4

$\alpha_{\ddot{u}}$ Beiwert, abhängig vom Verbundbereich, dem Stabdurchmesser d_s und dem Anteil der an gleicher Stelle gestoßenen Tragstäbe, siehe Tabelle 1-3.

Tabelle 1-3. Beiwerte $\alpha_{\ddot{u}}$ zur Ermittlung der Übergreifungslänge $l_{\ddot{u}}$ bei Zugstößen (DIN 1045, 18.6.3.2, Tabelle 21).

	1	2	3[a]	4[a]	5[a]	6
	Verbundbereich	d_s	Anteil der ohne Längsversatz gestoßenen Tragstäbe am Querschnitt einer Bewehrungslage			Querbewehrung[b]
		mm	$\leq 20\%$	$> 20\%$ $\leq 50\%$	$> 50\%$	
1	I[c]	< 16	1,2	1,4	1,6	1,0
2		≥ 16	1,4	1,8	2,2	
3	II	75% der Werte von Verbundbereich I				1,0

[a] Die Beiwerte $\alpha_{\ddot{u}}$ der Spalten 3 bis 5 dürfen mit 0,7 multipliziert werden, wenn der gegenseitige Achsabstand nicht längsversetzter Stöße $\geq 10 d_s$ und bei stabförmigen Bauteilen der Randabstand $\geq 5 d_s$ betragen, siehe DIN 1045, Bild 17.

[b] Querbewehrung nach DIN 1045, 20.1.6.3 und 25.5.5.2.

[c] Zuordnung der Bewehrungsstäbe zum Verbundbereich I vgl. Abschnitt I.1.3, Bild I.1-3 bzw. DIN 1045, 18.4(3)

Die zu stoßenden Stäbe sollen dicht nebeneinander liegen; ihr lichter Abstand darf $4 d_s$ nicht überschreiten. Im *Stoßbereich* entstehen wie bei der einfachen Verankerung Querzugkräfte, welche durch eine entsprechende Bewehrung, vorzugsweise in den äußeren Dritteln, aufzunehmen sind; weiteres siehe DIN 1045, 18.6.3.4.

Stabbündel mit nur zwei Stäben und $d_{sV} \leq 28\ \text{mm}$ werden wie Einzelstäbe behandelt. Bei größeren Stabbündeln sind die einzelnen Stahlstäbe versetzt zu stoßen, siehe DIN 1045, 18.11.5.

Beim Stoß von *Betonstahlmatten* erhält man in der Regel wegen der verschweißten Querstäbe sog. *Zwei-Ebenen-Stöße*, siehe Bild 1-6a. Bis zu einem Bewehrungsquerschnitt von $a_s = 12\ \text{cm}^2/\text{m}$ dürfen Betonstahlmatten in einem Querschnitt gestoßen werden. Bei mehrlagiger Bewehrung sind aber die Stöße der einzelnen Lagen gegeneinander mindestens um die 1,3fache Übergreifungslänge zu versetzen. Auch soll man bei mehrlagiger Bewehrung darauf achten, daß die Stöße paralleler Matten gegeneinander versetzt werden. Bei nicht vorwiegend ruhender Belastung und Mattenquerschnitten $a_s > 6\ \text{cm}^2/\text{m}$ sind die zu stoßenden Tragstäbe bügelartig zu umfassen.

Werden die Matten aber jeweils gedreht, wie Bild 1-6b zeigt, so daß die Querstäbe von Matte zu Matte abwechselnd oben und unten liegen, oder werden Spezialmatten verwandt, bei denen die Querstäbe an einem Ende fehlen, siehe Bild 1-6c, dann liegen die zu stoßenden Tragstäbe in einer Ebene. Diese sog. *Ein-Ebenen-Stöße* weisen ein erheblich günstigeres Tragverhalten auf. Infolgedessen genügt hier auch unter nicht vorwiegend ruhender Belastung in der Regel eine konstruktive

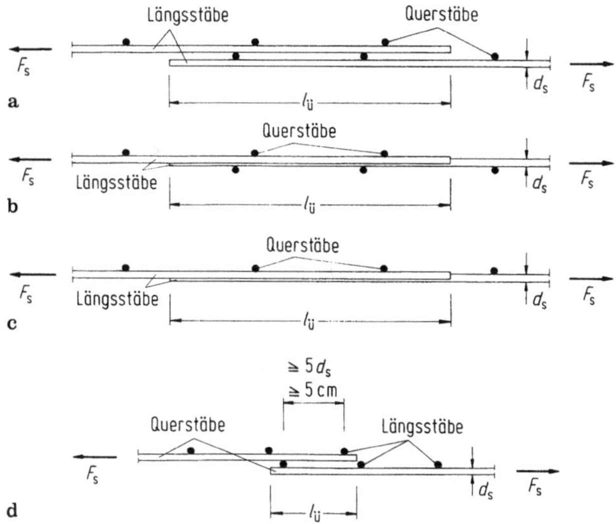

Bild 1-6a–d. Übergreifungsstöße geschweißter Betonstahlmatten.
a) Zwei-Ebenen-Stoß, b) Ein-Ebenen-Stoß durch Drehen der Bewehrungsmatten, c) Ein-Ebenen-Stoß bei Son-
dermatten, d) Übergreifungsstoß der Querbewehrung.

Querbewehrung, vgl. DIN 1045, 18.6.3.4. Die Stoßausbildung von Betonstahlmatten in *Querrichtung*
erfolgt nach Bild 1-6d einfach durch Übergreifung. Nach DIN 1045, 18.6.4.4 beträgt die erforderliche
Übergreifungslänge abhängig vom Querstabdurchmesser 15 bis 35 cm.

Bei *direkten Stoßverbindungen* durch Verschrauben oder Schweißen darf stets die gesamte
Bewehrung in einem Schnitt gestoßen werden. Beispiele zeigt Bild 1-7.

Geschweißte Stöße sind gem. DIN 1045, 18.6.6 nach DIN 4099 auszuführen [203]. Zugelassen
sind verschiedene Schweißverfahren, wobei auf dem Biegeplatz der Stumpfstoß mit der Wider-
stands-Abbrennstumpfschweißung bevorzugt wird. Hingegen werden auf den Baustellen die Stähle
überwiegend mit Übergreifungs- oder Laschenstößen verschweißt. Nachteilig erweist sich für die
Baustelle, daß Schweißarbeiten nur von geprüften Schweißern und unter entsprechender Aufsicht
durchgeführt werden dürfen. Weiteres zu geschweißten Betonstahlverbindungen findet sich in [4c,
203, 214]. Schließlich sei auch auf die bauaufsichtlichen Zulassungen verwiesen [V50].

Bei der Bemessung von *Gewindestößen* ist im Normalfall der Kernquerschnitt maßgebend.
Ferner reduzieren die Kerbspannungen, besonders bei geschnittenen Gewinden, die Tragfähigkeit.
Nach DIN 1045, 18.6.5 darf deshalb der Kernquerschnitt bei geschnittenem Gewinde nur mit 80%,
bei aufgerolltem hingegen voll in Rechnung gestellt werden.

Um den Bewehrungsstahl auch im Bereich von Stößen voll ausnutzen zu können, sind mehrere
Spezialschraubverbindungen entwickelt worden. Bei der WD-Schraubverbindung [V50, 203] werden
zunächst die Rippen an der Oberfläche des Bewehrungsstabes abgeschält und anschließend das
Gewinde aufgerollt. Die zulässige Beanspruchung dieser Verbindung beträgt 100% der des unge-
stoßenen Stabes. Bei anderen Verbindungen werden die Stabenden aufgestaucht und dadurch
verstärkt, z. B. bei der Lenton-Schraubmuffenverbindung [V50, 203].

Eine weitere bauaufsichtlich zugelassene Schraubverbindung ist der Muffenstoß für GEWI-
Stähle mit durchgehend aufgewalztem Gewinde [V50]. Bei Verwendung dieser Stähle kann der Stoß

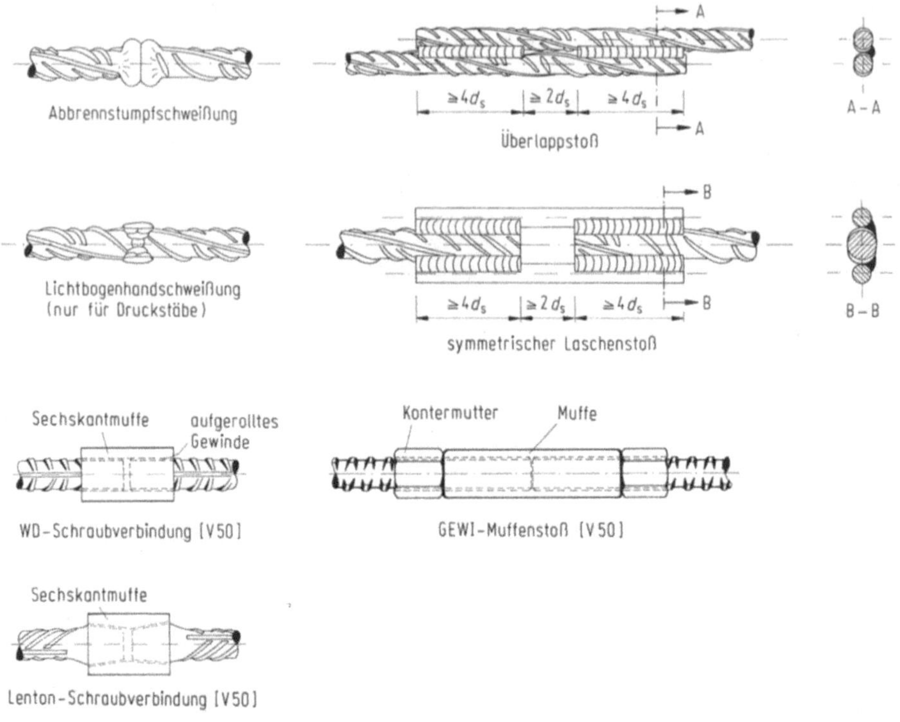

Bild 1-7. Geschweißte und geschraubte Betonstahlstöße.

an beliebiger Stelle erfolgen, wegen des groben Gewindes muß diese Verbindung jedoch stets gekontert werden [V50, 203, 213]. Mit solchen Schraubverbindungen lassen sich auch an Arbeitsfugen kraftschlüssige Verbindungen herstellen, siehe 1.6.

1.6 Verlegen der Bewehrung

Als Bewehrung darf nur einwandfreier, sauberer Betonstahl verwendet werden. Eine leicht angerostete Oberfläche ist dabei jedoch nicht zu beanstanden. Ggf. muß der Stahl vor dem Verlegen von losem Rost oder Schmutz gereinigt werden, um den Verbund nicht zu beeinträchtigen.

Bei den außerordentlich korrosionsempfindlichen Spannstählen sind jedoch höhere Anforderungen zu stellen. Hier wird nach DIN 4227 Teil 1, 6.5.1, lediglich leichter Flugrost toleriert, d. i. ein gleichmäßiger Rostansatz, noch ohne Bildung von Korrosionsnarben, die man bereits mit bloßem Auge erkennt.

Die wichtigste Voraussetzung für die Dauerhaftigkeit von Stahlbetonbauteilen ist eine ausreichende *Betondeckung* [V53, 2]. Nur sie gewährleistet den notwendigen Verbund zwischen Beton und Bewehrung, schützt die Stahleinlagen dauerhaft gegen Korrosion und bewirkt schließlich im Brandfall einen hinreichenden Schutz gegen ein zu schnelles Versagen der Bewehrung. Tabelle 1-4

Tabelle 1-4. Betondeckungsmaße in cm, bezogen auf die Umweltbedingungen (Korrosionsschutz) und Sicherung des Verbundes nach DIN 1045, 13.2, Tabelle 10 und ZTV-K 88, 6.3.5 [V52].

	1	2	3	4
	Umweltbedingungem	Stabdurchmesser d_s mm	Mindestmaße für Beton $\geq$ B 25 min c cm	Nennmaße für Beton $\geq$ B 25 nom c cm
1	Bauteile in geschlossenen Räumen, z.B. in Wohnungen (einschl. Küche, Bad und Waschküche), Büroräumen, Schulen, Krankenhäusern, Kaüfhäusern, Verkaufsstätten soweit nicht im folgen den etwas anderes gesagt ist. Bauteile, die ständig trocken sind.	bis 12 14,16 20 25 28	1,0 1,5 2,0 2,5 3,0	2,0 2,5 3,0 3,5 4,0
2	Bauteile, zu denen die Außenluft häufig oder ständig Zugang hat, z.B. offene Hallen und Garagen. Bauteile, die ständig unter Wasser oder im Boden verbleiben, soweit nicht Zeile 3 oder Zeile 4 oder andere Gründe maßgebend sind. Dächer mit einer wasserdichten Dachhaut für die Seite, auf der die Dachhaut liegt.	bis 20 25 28	2,0 2,5 3,0	3,0 3,5 4,0
3	Bauteile im Freien. Bauteile in geschlossenen Räumen mit oft auftretender, sehr hoher Luftfeuchte bei normaler Raumtemperatur, z.B. in gewerblichen Küchen, Bädern, Wäschereien, in Feuchträumen von Hallenbädern und in Viehställen. Bauteile, die wechselnder Durchfeuchtung ausgesetzt sind, z.B. durch häufige starke Tauwasserbildung oder in der Wasserwechselzone. Bauteile, die „schwachem" chemischem Angriff nach DIN 4030 Teil 1 ausgesetzt sind.	bis 25 28	2,5 3,0	3,5 4,0
4	Bauteile, die besonders korrosionsfördernden Einflüssen auf Stahl oder Beton ausgesetzt sind, z.B. durch häufige Einwirkung angreifender Gase oder Tausalze (Sprühnebel- oder Spritzwasserbereich) oder „starkem" chemischem Angriff nach DIN 4030 Teil 1 (siehe DIN 1045, 13.3).	bis 28	4,0	5,0
5a	Straßen- und Eisenbahnbrücken, Stützwände und andere Kunstbauten für Straßen und Eisenbahnen, allgemein nach ZTV-K 88.	bis 28	4,0	4,5
5b	Bei erdberührten Bauteilen von Straßen- und Eisenbahnbrücken nach ZTV-K 88.	bis 28	5,0	5,5

enthält *Mindestwerte* für die Betondeckung je nach Stabdurchmesser und Umweltbedingungen zwischen 1,0 und 5,0 cm, siehe auch Bild 1-8. Um die Mindestwerte auf der Baustelle auch einzuhalten, sind dem Entwurf sowie der Ausführung die um ein Vorhaltemaß von $\Delta c = 1{,}0(0{,}5)$ cm vergrößerten *Nennmaße* zugrunde zu legen.

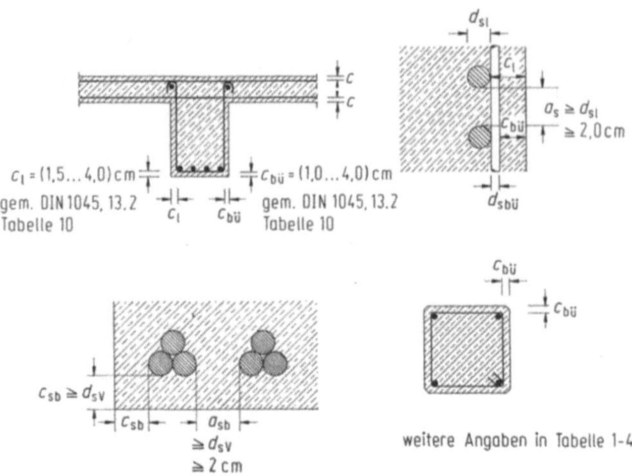

Bild 1-8. Mindestmaße für die Betondeckung und Stababstände nach DIN 1045
(Nennmaße sind i. allg. 1,0 cm größer).

Zur Sicherung der Betondeckung ist eine ausreichende Anzahl von *Abstandhaltern* notwendig [V53], die hinsichtlich ihres Werkstoffs sowie ihrer Alkalibeständigkeit die korrosionsschützende Funktion der Betondeckung nicht beeinträchtigen dürfen [V54]. Beispiele zeigt Bild 1-9. Bei erhöhter Korrosionsgefahr sind Abstandhalter aus mineralischen Werkstoffen vorzusehen.

Die Haupttragbewehrung, die man zur Ausnutzung des statisch wirksamen Hebelarmes möglichst weit nach außen legt, muß mit der Querbewehrung, bzw. mit Bügeln, durch Bindedraht so verknüpft werden, daß ein ausreichend steifes Bewehrungsgerippe entsteht und die Stahleinlagen ihre Lage beim Betonieren nicht verändern. Besonderes Augenmerk verlangt eine obenliegende Plattenbewehrung, zu deren Lagesicherung genügend stabile Unterstützungen erforderlich sind. Anzahl und Anordnung von Abstandhaltern richten sich nach der Steifigkeit, d. h. nach dem Stabdurchmesser der Tragbewehrung. Bild 1-10 zeigt einige Richtwerte. Wegen weiterer Einzelheiten wird auf das DBV-Merkblatt „Betondeckung" [V53] verwiesen.

Bei Wänden sind die außenliegenden Bewehrungsstäbe in der Regel durch S-Haken oder Steckbügel, 4 Stück je m² Wandfläche, zu sichern. Bei Tragstäben mit $d_s \leq 16$ mm kann auf sie verzichtet werden, wenn die Betondeckung mindestens das Zweifache des Stabdurchmessers beträgt. Ferner sind zur Sicherung der Bewehrungslage zwischen die beiden Bewehrungsnetze in Abständen von 1,0 m U-förmige Abstandhalter einzubauen. Sie sollen übereinander angeordnet werden, um das Betonieren möglichst wenig zu behindern.

Zur Ausführung muß ein Stahlbetonbauwerk in Abschnitte aufgeteilt werden. Bei der Festlegung der Betonierabschnitte und damit der *Arbeitsfugen* sind gestalterische, ausführungstechnische und statische Gesichtspunkte zu berücksichtigen. Arbeitsfugen sind immer Schwachstellen und erfordern besondere Aufmerksamkeit. Die eine Fuge kreuzende Bewehrung ist sorgfältig zu verlegen und ggf. zu verstärken. Das u. U. mühsame und zeitaufwendige Durchstecken einzelner Bewehrungsstäbe durch die Schalung ist bei der heutigen Verwendung von hochwertigem und mehrfach einsetzbarem Schalungsmaterial unerwünscht. Man verwendet daher zunehmend schraubbare Anschlußverbindungen, vgl. 1.5. Ferner zeigt Bild 1-11a den „HBS"-Bewehrungs-Schraubanschluß, bauaufsichtlich zugelassen für Betonstahldurchmesser von 12 mm bis 28 mm, der auch bei nicht vorwiegend

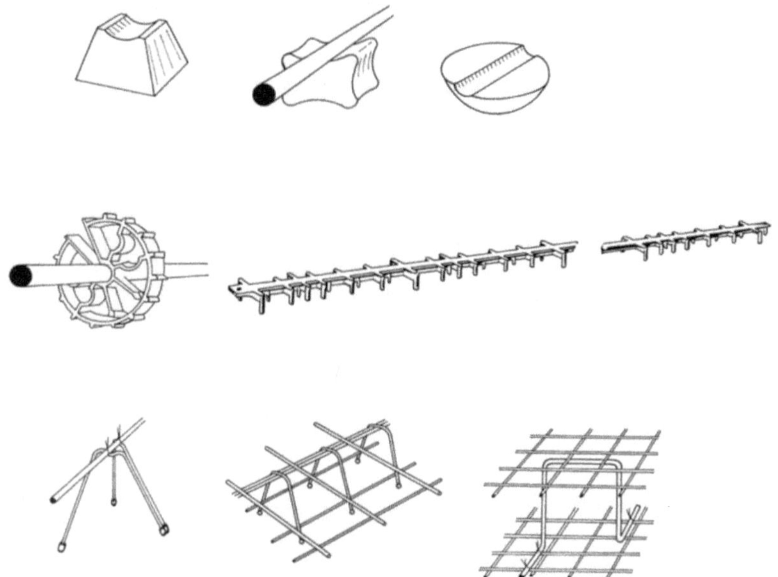

Bild 1-9. Abstandhalter zur Lagesicherung der Bewehrung und Einhaltung der vorgesehenen Betondeckung.

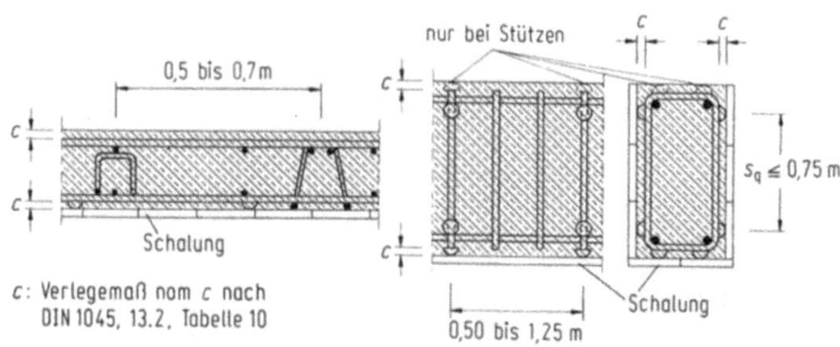

Bild 1-10. Anordnung von Abstandhaltern [V53].

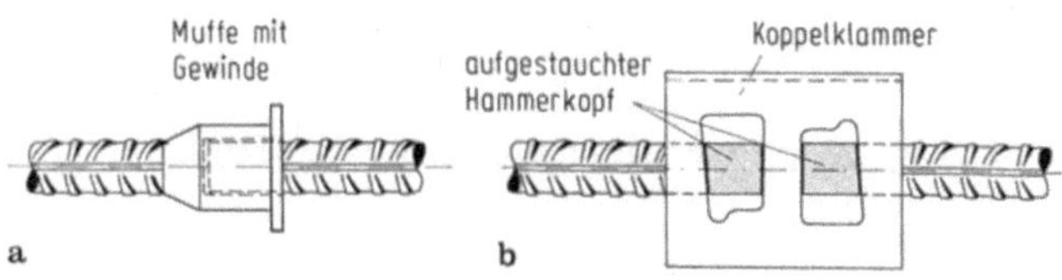

Bild 1-11a, b. Beispiele für Bewehrungsanschlüsse an Betonierfugen.
a) HBS-Schraubanschluß, b) JBW-Bewehrungsanschluß.

ruhender Beanspruchung verwendet werden darf [V50]. Die zulässige Belastung beträgt 100% des ungestoßnen Bewehrungstabes. Mit Hilfe der werkseitig angeformten Befestigungsflansche wird das Muffenende zunächst an die Schalung oder eine Absperrung genagelt. Nach dem Ausschalen des vorangegangenen Betonierabschnittes werden die Anschlußstäbe mit ihrem aufgestauchten Gewinde in die einbetonierten Muffen geschraubt und mit einem vorgegebenen Anzugmoment verspannt.

Mit der „JBW"-Muffenverbindung, Bild 1-11b, können Betonstähle von 10 mm bis 16 mm Durchmesser gestoßen werden [V50]. Dabei greifen die Stabenden mit ihren werkseitig aufgestauchten Hammerköpfen in eine Koppelklammer.

Als sehr wirtschaftlich haben sich vorgefertigte *Bewehrungsanschlußleisten* mit zunächst abgewinkelter Anschlußbewehrung erwiesen, siehe Bild 1-12. Die einzelnen Bewehrungsstäbe liegen in mit Hartschaum ausgefüllten Verwahrkästen. Diese Blechkästen werden dort an der Schalung befestigt, wo später eine Wand oder Deckenplatte anschließt. Nach dem Ausschalen des zunächst fertiggestellten Betonierabschnitts lassen sich die einzelnen Bewehrungsstäbe richten. Beim dabei notwendigen Rückbiegen von Betonstahl sind die Bestimmungen in DIN 1045, 18.3.3 und das DBV-Merkblatt „Rückbiegen von Betonstahl und Anforderungen an Verwahrkästen" [V55] zu beachten.

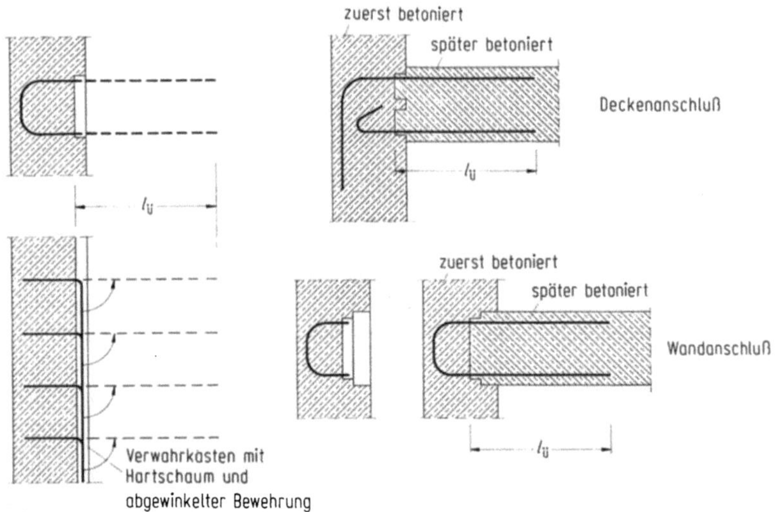

Bild 1-12. Abgewinkelte Anschlußbewehrung in Verwahrkästen für Decken- und Wandanschlüsse.

2. Stahlbetonbauteile

2.1 Druck- oder zugkraftbeanspruchte Bauelemente

Hier werden unbewehrte und bewehrte Betonbauteile behandelt, die durch Druck- oder Zugkräfte beansprucht sind und bei denen nur geringe Biegemomente auftreten. Hinsichtlich ihrer Bemessung wird auf Teil I, bezüglich der konstruktiven Durchbildung auf [4c, 5b, 6, 206, 207] verwiesen.

2.1.1 Stahlbetonstützen

Stützen sind stabförmige, in ihrer Achse vorwiegend auf Druck belastete Tragelemente. Bei reiner Druckbeanspruchung kann auf eine tragende Bewehrung verzichtet werden. Man sollte deshalb bei gedrungenen Druckgliedern stets prüfen, ob diese nach DIN 1045, 17.9 bemessen und unbewehrt oder mit nur einer konstruktiven Bewehrung versehen ausgeführt werden können. Eine Bewehrung ist jedoch erforderlich, wenn auch Biegemomente eingeleitet werden, z. B. bei biegesteifen Verbindungen mit Balken oder Decken. Ferner können aus Baugrundsetzungen, Temperaturänderungen sowie aus Schwind- und Kriechverformungen Zwangmomente entstehen, die ebenfalls durch Bewehrung aufgenommen werden müssen. Wird beim Standsicherheitsnachweis die *Längsbewehrung* rechnerisch berücksichtigt, so muß deren Querschnitt auf der Zugseite, bzw. am weniger gedrückten Rand, mindestens 0,4% und insgesamt mindestens 0,8% des statisch erforderlichen Betonquerschnittes betragen. Andererseits darf der Bewehrungsgrad auch im Bereich von Übergreifungsstößen 9% des vorhandenen Betonquerschnittes nicht überschreiten. Bei schlanken, knickgefährdeten Druckgliedern sind außerdem die Biegemomente nach der Theorie II. Ordnung sowie die Langzeiteinflüsse zu berücksichtigen, vgl. Abschnitt I.6.

Für Stahlbetonstützen enthält DIN 1045, 25.2 alle wesentlichen Konstruktionsregeln. Die Querschnittsform unterliegt keinen Einschränkungen, solange die *Mindestabmessungen* nach DIN 1045, 25.2.1 eingehalten werden, d. h. für normale Ortbetonstützen eine Dicke von $d \geq 20$ cm. Bei Fertigteilstützen oder aufgelösten Querschnitten sind auch geringere Abmessungen möglich. Druckglieder, deren Breite mehr als das 5fache der Dicke beträgt, gelten nach DIN 1045, 25.1 als Wände, siehe 2.1.2.

Im Hochbau sind einfache, rechteckige Querschnitte üblich, siehe Bild 2-1. Wegen des gleichen Tragverhaltens in beiden Hauptrichtungen bieten quadratische, achteckige oder runde Querschnitte

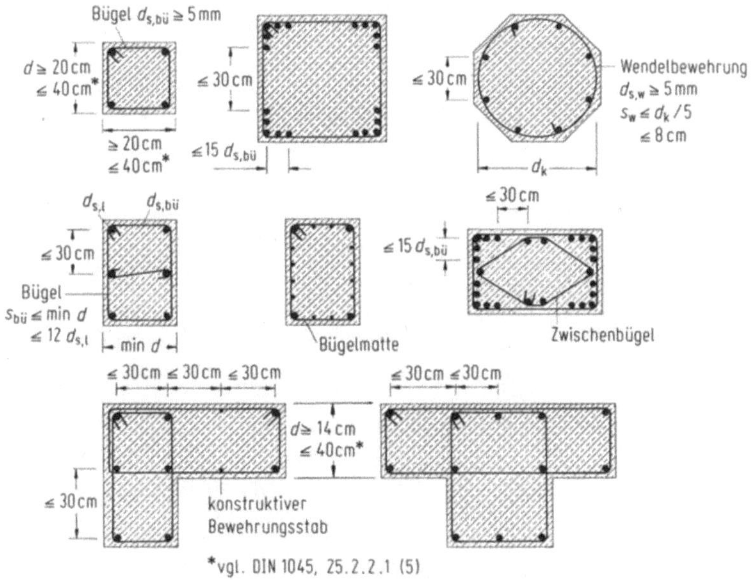

Bild 2-1. Übliche Querschnitte von Stahlbetonstützen.

statische Vorteile. Bei letzteren läßt sich auch durch Anordnung einer Wendelbewehrung und damit Behinderung der Querdehnung die Traglast erheblich steigern, vgl. Abschnitte I.2.2 und I.3.6.

Der *Mindestdurchmesser der Längsbewehrung* beträgt nach DIN 1045, Tabelle 32 bei üblichen Stützenabmessungen ($d \geq 20$ cm) $d_{sl} = 12$ mm. Der Abstand der Längsstäbe darf 30 cm nicht überschreiten, jedoch genügt für Querschnitte mit $b \leq 40$ cm jeweils ein Eckstab, siehe Bild 2-1.

Da quer zur Druckrichtung immer Zugbeanspruchungen auftreten, kommt einer *Bügelbewehrung* besondere Bedeutung zu. Die Bügel sollen einmal die druckbeanspruchten Längsstäbe gegen Ausknicken sichern, zum anderen möglichen Spaltrissen entgegenwirken. Zudem müssen sie im Bereich von Übergreifungsstößen die zusätzlich entstehenden Querzugspannungen aufnehmen. Der Mindestbügeldurchmesser beträgt allgemein $d_{s,bü} = 5$ mm, bei Längsstäben $d_{sl} > 20$ mm jedoch 8 mm. Die Bügelabstände $s_{bü}$ dürfen nicht größer als die kleinste Dicke d des Betonquerschnitts sein und den 12fachen Längsstabdurchmesser ($12 d_{sl}$) nicht überschreiten. Bei einer Umschnürung, d. h. Wendelbewehrung, sind nach DIN 1045, 25.3.4 aber erheblich geringere Abstände einzuhalten, siehe Bild 2-1.

Mit Bügeln lassen sich in jeder Querschnittsecke bis zu fünf Längsstäbe gegen Ausknicken sichern, solange deren Abstand vom Eckstab nicht mehr als das 15fache des Bügeldurchmessers beträgt, siehe Bild 2-1. Bei größeren Abständen sind Zwischenbügel erforderlich. Hierbei genügt aber der doppelte Bügelabstand.

Im allgemeinen werden Bügel durch einfache Haken geschlossen. Sind mehr als drei Längsstäbe in einer Querschnittsecke zu halten, dann müssen die Bügel kraftschlüssig, d. h. mit voller Übergreifungslänge $l_{ü}$, geschlossen und die Haken versetzt werden.

Gehen Stützen über mehrere Stockwerke durch, wird die *Längsbewehrung* am einfachsten oberhalb der Geschoßdecken *durch Übergreifen gestoßen*, vgl. Bild 2-15a. Dabei werden die zu stoßenden Eckstäbe nach innen abgekröpft. Soweit die im Bereich der Abkröpfungen entstehenden Umlenkkräfte nicht ohnehin durch die Deckenkonstruktion aufgenommen werden, sind zusätzliche Bügel einzulegen. Mit zunehmendem Bewehrungsgrad und bei großen Stabdurchmessern werden Kontakt-, Schraub- oder Schweißstöße, siehe 1.5, günstiger, nicht zuletzt, um die erheblichen Übergreifungslängen zu vermeiden. Ist ein Gebäude durch Windscheiben oder Treppenhauskerne

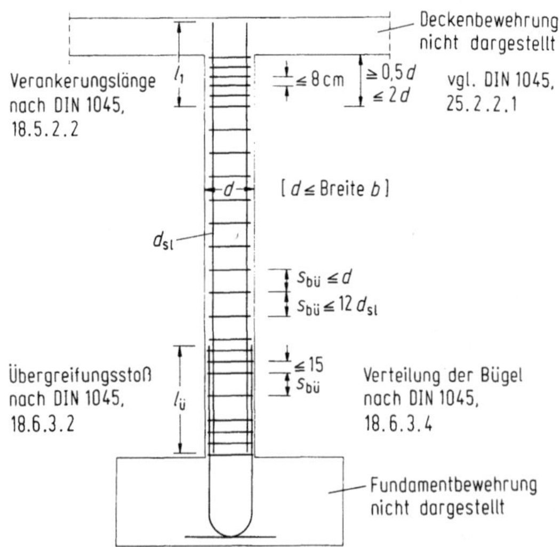

Bild 2-2. Bewehrung einer Stahlbetonstütze.

horizontal hinreichend ausgesteift, kann nach [4c, 206, 207] auf eine durchgehende Stützenbeweh-rung verzichtet werden. Es muß aber sichergestellt sein, daß die obere Stütze jeweils genau über der unteren weitergeführt wird. Dieses Prinzip wirkt sich besonders kostengünstig bei Verwendung von Fertigteilstützen aus, denn diese können einfach auf Mörtelfugen [215] oder Elastomerlagern abgesetzt werden [4c, 207, 216]. Zur Lagesicherung genügen Zentrierbolzen.

Zu berücksichtigen ist, daß gerade endende Bewehrungsstäbe erst nach einer *Verankerungslänge* l_1 rechnerisch als tragend angesehen werden dürfen. Ist diese Verankerungslänge abzüglich der Hälfte der kleineren Stützenseite d im anschließenden Bauteil (Platte oder Balken) nicht unterzu-bringen, dann darf für die Krafteinleitung ein über $0{,}5d$ hinausgehender, höchstens $2d$ langer Abschnitt der Stütze bei der Verankerungslänge in Anspruch genommen werden, wenn die Ver-bundwirkung in diesem Bereich durch engliegende Bügel ($s_{b\ddot{u}} \leq 8$ cm) sichergestellt wird, siehe Bild 2-2. Gerade endende Längsstäbe sollen wegen ihres Spitzendruckes mindestens $4d_s$ unter einer freien Oberfläche enden [207].

2.1.2 Betonwände

Wände im Sinne von DIN 1045, 25.5 sind überwiegend auf Druck beanspruchte, scheibenartige Bauteile. Sie werden unbewehrt oder bewehrt ausgeführt. DIN 1045 spricht von Wänden im Gegensatz zu stabförmigen Druckgliedern, wenn die Breite b, d. h. hier die Wandlänge, das Fünffache der Wanddicke überschreitet, siehe 2.1.1. Die *Mindestwanddicken* ergeben sich nach DIN 1045, 25.5.3, soweit nicht aus Gründen des Wärme-, Schall-, Feuchte- oder Brandschutzes oder aus Herstellungsgründen dickere Wände erforderlich sind. Mit Rücksicht auf die Wirtschaftlichkeit sollte bei Wänden immer geprüft werden, ob eine Bewehrung erforderlich ist, oder ob sie nach DIN 1045, 17.9 bemessen werden können, vgl. Abschnitt I.3.7.

Bei längeren, insbesondere unbewehrten Wänden besteht, ab etwa 3 m, zunehmend die Gefahr sichtbarer lotrechter Risse infolge von Temperatur- und Schwindspannungen. Die Risse werden um so breiter, je älter und steifer der vorangegangene Betonierabschnitt ist. Durch eine horizontale Bewehrung mit engen Stababständen kann die Rißbildung zwar nicht verhindert werden, jedoch läßt sich die Rißbreite auf ein vertretbares Maß begrenzen [5b, 211].

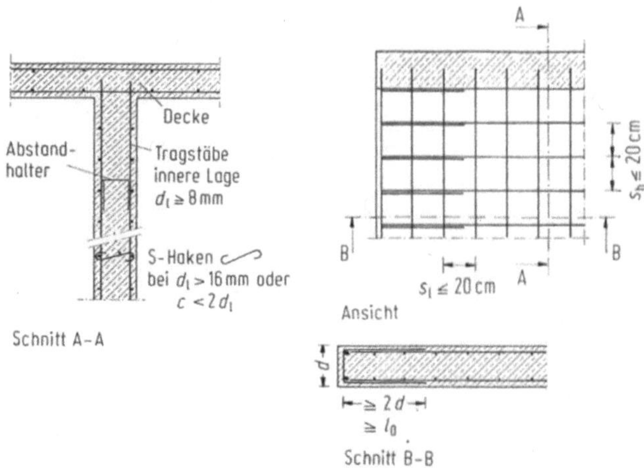

Bild 2-3. Bewehrung von Stahlbetonwänden.

Die konstruktive Durchbildung von Wänden und deren *Bewehrung* ist in DIN 1045, 25.5.5 ausführlich behandelt. Am einfachsten werden Wände mit Betonstahlmatten bewehrt. Die Durchmesser der Tragstäbe müssen $d_1 \geq 5$ mm und deren Abstände $s_1 \leq 20$ cm betragen. Diese Forderungen sind bei den handelsüblichen Betonstahl-Lagermatten erfüllt. Wird Stabstahl verwendet, dann muß der Stabdurchmesser $d_1 \geq 8$ mm betragen. Als Querbewehrung ist mindestens 1/5 der Tragbewehrung einzubauen. Da aber zur Begrenzung der Rißbildung vor allem eine horizontale Bewehrung erforderlich ist, legt man häufig gleiche Stahlquerschnitte in Quer- und Längsrichtung ein. Die Tragstäbe sollen innen angeordnet werden, weil eine größere Betondeckung die Gefahr des Stabausknickens verringert, siehe Bild 2-3. Die außenliegenden Bewehrungstäbe beider Wandseiten sind durch mindestens 4 S-Haken/m² zu verbinden. Diese dürfen jedoch bei Tragstäben $d_1 \leq 16$ mm entfallen, wenn deren Betondeckung $c \geq 2d_1$ ist, vgl. 1.6. Freie Ränder werden mit Eckstäben versehen und durch Steckbügel eingefaßt. Stark bewehrte Wände, mit $\mu > 1\%$ je Wandseite, sind wie Stützen zu behandeln und zu verbügeln.

Auch sog. *unbewehrte Wände*, mit einem Bewehrungsgehalt $\mu \leq 0,5\%$, müssen bei hoher örtlicher Beanspruchung und zur Vermeidung klaffender Schwindrisse eine konstruktive Bewehrung erhalten. Außerdem sind in Außen-, sowie Haus- und Wohnungstrennwänden etwa in Höhe jeder Decke mindestens 2ø12 mm als Ringanker einzulegen, vgl. DIN 1045, 25.5.5.1.

2.1.3 Zugglieder

Nur auf Zug beanspruchte Bauelemente sind im Stahlbetonbau selten und auch nicht typisch, denn wegen der geringen Zugfestigkeit des Betons muß ohnehin die gesamte Zugkraft einer Bewehrung zugewiesen werden. Der umhüllende Beton hat dann im wesentlichen nur die Aufgabe, den Korrosions- und Brandschutz für die statisch erforderliche Stahlbewehrung sicherzustellen.

Zugbeanspruchte Bauelemente treten in Fachwerken oder bei anderen aufgelösten Konstruktionen auf, z. B. als Zugbänder zur Aufnahme horizontaler Gewölbekräfte, bei Hängestützen in Hängehochhäusern [217], bei weitgespannten Hängedächern [7, 218], bei abgespannten Brücken [219] oder Spannbandbrücken [220], siehe Bild 2-4.

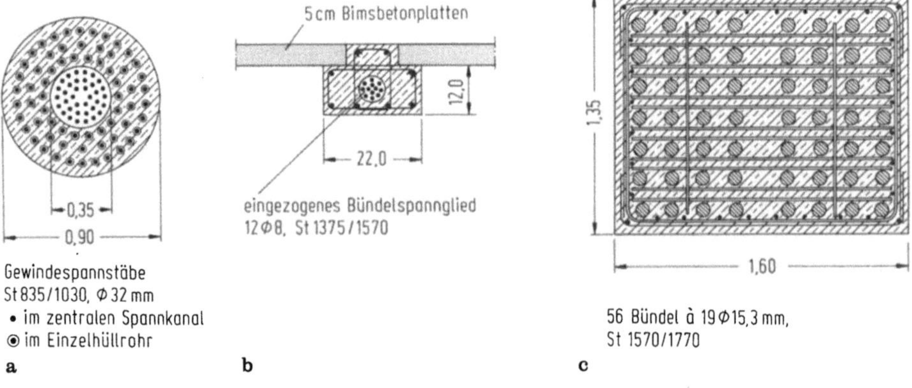

Bild 2-4a–c. Zugglieder.
a) Ausbildung einer Hängestütze [217], b) Ausschnitt aus einem Hängedach [218], c) Zügelgurt der Donaubrücke Metten [219].

Bei geringen Zugkräften genügt normaler Betonstahl. Er wird meistens symmetrisch angeordnet und verbügelt. Da sich der Beton infolge der Rißbildung einer Mitwirkung bei der Lastübertragung entzieht, werden die Verformungen und die Steifigkeiten von Stahlbetonzuggliedern im wesentlichen durch den eingelegten Stahlquerschnitt bestimmt. Bei verformungsempfindlichen Tragkonstruktionen und bei größeren Kräften ist es daher zweckmäßig, die Zugglieder vorzuspannen, um sowohl die hohe Zugfestigkeit des Spannstahls als auch die größere Steifigkeit und damit die geringeren Verformungen des Verbundquerschnitts zu nutzen [217–220]. Bei einer *Vorspannung* von etwa dem 1,2fachen der Gebrauchslasten verbleibt auch nach dem Abklingen von Schwinden und Kriechen noch eine Restdruckkraft, so daß infolge äußerer Lasten keine Risse zu erwarten sind. Dennoch ist stets, vor allem zur Begrenzung möglicher zwangbedingter Rißbildungen, auch eine konstruktive Betonstahlbewehrung erforderlich. In [5b] wird sogar empfohlen, nicht voll, sondern ggf. nur teilweise vorzuspannen, aber dafür den Anteil der Betonstahlbewehrung zu erhöhen, siehe auch Abschnitt J.1.2.

2.2 Stahlbetonbalken und -plattenbalken

2.2.1 Allgemeines

Balken sind ebenfalls stabförmige Tragelemente, die aber im Gegensatz zu Stützen vorwiegend auf Biegung beansprucht werden. Ihre Querschnittsgestaltung unterliegt kaum Einschränkungen und kann deshalb weitgehend auf die Tragfunktion sowie auf das Herstellungsverfahren abgestimmt werden. Bild 2-5 zeigt übliche Querschnitte.

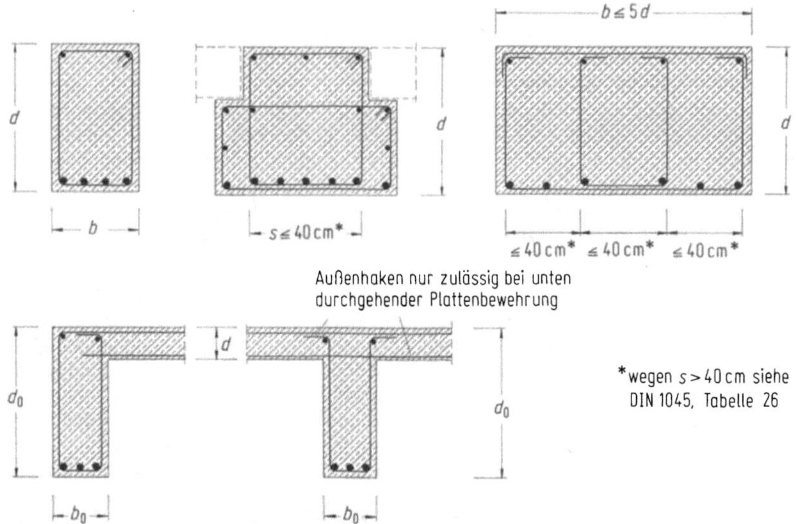

Bild 2-5. Stahlbetonbalken- und -plattenbalkenquerschnitte.

Wird eine Platte monolithisch, d. h. schubfest, mit dem Balken verbunden, so daß sich Platte und Balken gemeinsam an der Schnittkraftübertragung beteiligen, spricht man von einem *Plattenbalken*, siehe Bilder 2-5 bis 2-8. Gegenüber einfachen Rechteckquerschnitten sind Plattenbalken statisch besonders günstig, wenn die Platte in der Druckzone liegt. Die Zugbewehrung wird in dem relativ schmalen Steg konzentriert, siehe Bild 2-6a, und der weit größere Teil der rechnerisch ohnehin nicht wirksamen Betonzugzone und damit ein großer Teil der Eigenlasten entfallen. Plattenbalken sind daher wirtschaftliche, im Stahlbetonbau bevorzugte Tragelemente.

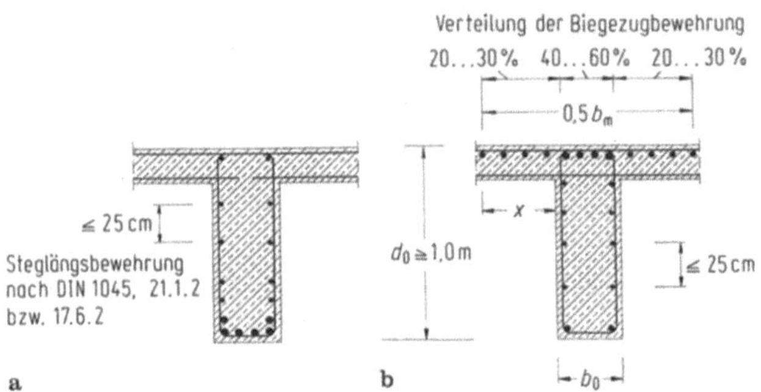

Bild 2-6a, b. Bewehrung hoher Plattenbalken,
a) im Feld, b) über der Stütze.

Konstruktiv günstige *Querschnittshöhen* liegen zwischen 1/10 und 1/15 der Stützweite. Bei größeren Spannweiten, ab etwa 10 m, kann – insbesondere bei Fertigteilkonstruktionen – eine Vorspannung wirtschaftlicher werden, weil sich damit größere Schlankheiten, mithin kleinere Querschnitte und Montagelasten erreichen lassen, siehe auch Abschnitt J.1.1.

Während man im üblichen Hochbau Plattenbalkendecken aus Ortbeton in einem Arbeitsgang betoniert, werden bei *Fertigteilkonstruktionen* Balkenstege und Plattenelemente häufig getrennt im Werk hergestellt, auf die Baustelle transportiert, verlegt und dann erst durch Ortbeton oder Fugenverguß zu einem Plattenbalkensystem ergänzt, vgl. 2.2.7 und Bild 2-17. Wenn es die Kapazität der Hebezeuge erlaubt, werden aber auch vollständige Plattenbalkenelemente werkmäßig hergestellt, die auf der Baustelle nur noch zu verlegen und miteinander zu verbinden sind, siehe Bild 2-18.

2.2.2 Biegezugbewehrung

Zur Aufnahme von Biegemomenten und Zugkräften erhalten Balken eine Längsbewehrung, die nach DIN 1045, 18.7 für $M_s/z + N$ zu bemessen ist, vgl. Abschnitt I.3. Sie kann entsprechend der *Zugkraftlinie* durch gerade endende oder auf- bzw. abgebogene Stahleinlagen abgestuft werden, siehe Bild 2-8. Die Zugkraftlinie entsteht durch Verschieben der $(M_s/z + N)$-Linie um das Versatzmaß v in Richtung der Bauteilachse, und zwar immer so, daß jeweils die $(M_s/z + N)$-Flächen vergrößert werden, vgl. Bild 2-8. Das Versatzmaß v ist von der Querschnittshöhe sowie von Art und Deckungsgrad der Schubbewehrung abhängig und ergibt sich nach Tabelle 2-1.

Bei Balken mit geringen Schlankheiten, $l/d < 8$, oder niedrigen Beanspruchungen, bei denen zur Aufnahme der Biegemomente im Zuggurt nur wenige Bewehrungsstäbe erforderlich sind, ist eine Abstufung der Biegezugbewehrung in der Regel nicht sinnvoll, häufig sogar unmöglich, denn die nicht weiter benötigten Stahleinlagen sind wegen der erforderlichen Verankerungslängen meist

Tabelle 2-1. Versatzmaß zur Ermittlung der Zugkraftlinie
(DIN 1045, 18.7.2, Tabelle 25).

	1	2	3
	Anordnung der Schubbewehrung	Versatzmaß v bei voller Schubdeckung[a]	verminderter Schubdeckung[a]
1	schräg[b] Abstand $\leq 0{,}25\,h$	$0{,}25\,h$	$0{,}5\,h$
2	schräg[b] Abstand $> 0{,}25\,h$	$0{,}5\,h$	$0{,}75\,h$
3	schräg[b] und annähernd rechtwinklig zur Bauteilachse	$0{,}5\,h$	$0{,}75\,h$
4	annähernd rechtwinklig zur Bauteilachse	$0{,}75\,h$	$1{,}0\,h$

[a] Siehe DIN 1045, 17.5.4 und 17.5.5.

[b] „schräg" bedeutet: Neigungswinkel zwischen Bauteilachse und Schubbewehrung 45° bis 60°; „annähernd rechtwinklig" bedeutet: Neigungswinkel zwischen Bauteilachse und Schubbewehrung $> 60°$.

ohnehin bis nahe an das Auflager zu führen, siehe Bild 2-7. Ferner stellt sich bei Balken mit geringer Schlankheit eine ausgeprägte und von der Belastungsart abhängige *Sprengwerk- oder Bogentragwirkung* ein, so daß es ratsam ist, die Zugbewehrung ungeschwächt von Auflager zu Auflager durchzuführen und wie ein Zugband zu verankern.

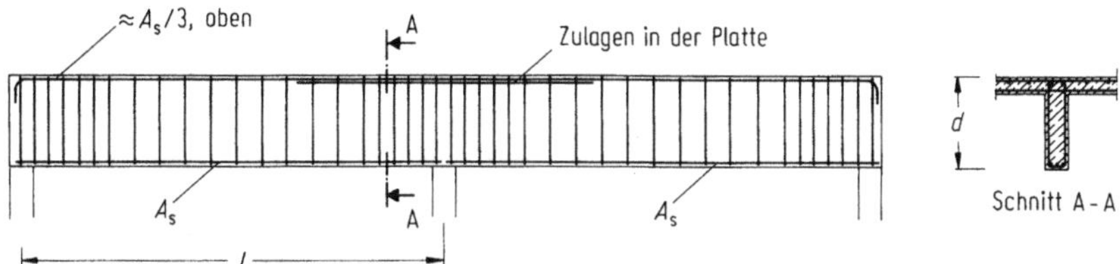

Bild 2-7. Bewehrung von Stahlbetonbalken mit geringer Schlankheit, $l/d < 8$.

Als *Schubbewehrung* genügen in diesen Fällen immer Bügel, deren Abstände ggf. in den Auflagerbereichen zu verringern sind. Aufbiegungen würden nämlich wegen der erforderlichen Zugkraftdeckung so dicht am Auflager liegen, daß sie für die Übertragung von Querkräften unwirksam wären. Kostengünstig sind wenige einfache und vorwiegend gerade Stabformen, denn dieses Konstruktionsprinzip erlaubt eine weitgehende Rationalisierung der Bewehrungstechnik [209].

Die *Zugbewehrung* soll, besonders bei niedrigen Balken, höchstens in zwei Lagen, in größeren Querschnitten maximal dreilagig angeordnet werden. Bei mehrlagiger Bewehrung ist durch besonders sorgfältige Verdichtung für den notwendigen Verbund und eine auf Dauer dichte Betondeckung zu sorgen. Die Stahleinlagen können auch konzentriert als Stabbündel verlegt werden, siehe Bild 1-1.

In *hohen Stegen* entstehen aus den in Höhe der Biegezugbewehrung fein verteilten Rissen breitere, sog. Sammelrisse [V51, 4d, 211]. Um einer solchen Rißbildung vorzubeugen, ist in Balken und Plattenbalkenstegen mit mehr als 1 m Höhe nach DIN 1045, 21.1.2 an den Seitenflächen eine Steglängsbewehrung von insgesamt 8% der Biegezugbewehrung anzuordnen und über die Höhe der Zugzone zu verteilen, siehe Bild 2-6a. Diese Bewehrung darf auf die Zugbewehrung angerechnet werden, wenn die jeweiligen Abstände zur Nullinie berücksichtigt werden. Zur besseren *Rißbreitenbeschränkung* wird empfohlen, die Steglängsbewehrung zu verstärken und nach DIN 1045, 17.6.2 zu bemessen.

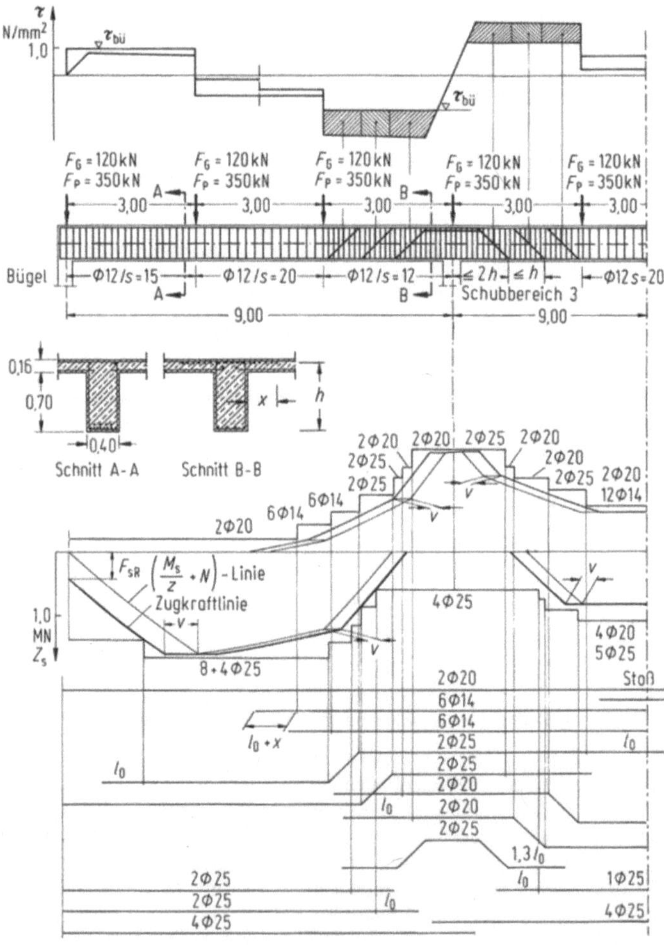

Bild 2-8. Dreifeldträger unter hohen Einzellasten mit Schubspannungsdiagramm, Zugkraftdeckung und Ermittlung der Bewehrungsführung.

Liegt die *Platte* eines Plattenbalkens *in der Zugzone*, wird die Rißbildung günstig beeinflußt, wenn man die Biegezugbewehrung nicht allein im Stegbereich anordnet, sondern etwa gleichmäßig über die halbe mitwirkende Breite verteilt, siehe Bild 2-6b und [4c, 6, 207, 208]. Dabei sollten im Bereich der Platte nicht zu dicke Stäbe mit $d_s \leq d/8$ eingelegt werden. Für die Zugkraftdeckung ist jedoch bei den in der Platte liegenden Bewehrungsstäben das Versatzmaß v um deren Abstand x zum Stegrand zu vergrößern, siehe Bilder 2-6b und 2-8.

Bild 2-8 zeigt an einem Beispiel die Ermittlung der *Bewehrungsführung*. Ein über drei Felder durchlaufender Plattenbalken ist durch seine Eigenlast, im wesentlichen aber in den Drittelpunkten durch Einzellasten $F_G + F_P$ belastet. Die Gurtbewehrung wird in den Feldbereichen sowie über den Stützungen abgestuft. Als Schubbewehrung dienen Schrägstäbe und Bügel mit bereichsweise unterschiedlichen Abständen, wobei der größere Teil der Querkräfte wegen des nach DIN 1045 geforderten Mindestquerschnitts den Bügeln zugewiesen wird, vgl. 2.2.3. Die Lage der Schrägaufbiegungen ergibt sich aus dem Schubspannungsdiagramm, siehe Bild 2-8 oben. Damit liegt auch fest, wo Längsstäbe abgebogen werden müssen und somit für die Zugkraftdeckung nicht weiter zur Verfügung stehen. Da die Zugkraftdeckung in jedem Querschnitt gewährleistet sein muß, darf die Zugkraftlinie an keiner Stelle eingeschnitten werden, siehe Bild 2-8. Hingegen sind bei den Schubspannungen unter bestimmten Voraussetzungen nach DIN 1045, 18.8.1 Einschnitte zulässig. Ferner liefert das Zugkraftdeckungsdiagramm auch jene Stellen, von denen an gerade Bewehrungsstäbe für die Aufnahme von Zugkräften nicht mehr benötigt werden und nach DIN 1045, 18.7.3 mit einer Verankerungslänge $\alpha_1 l_0$ in der Zugzone enden dürfen, siehe 1.4.

2.2.3 Schubbewehrung

In Stahlbetonbalken ist zur Aufnahme von Querkräften und den sich daraus ergebenden schiefen Hauptzugspannungen nach DIN 1045, 17.5.5.2 eine Schubbewehrung anzuordnen; ausgenommen sind lediglich Tür- und Fensterstürze mit Stützweiten $l \leq 2{,}0$ m, bei denen sich im Mauerwerk darüber eine Gewölbewirkung einstellen kann.

Durch die Schubbewehrung soll in biegebeanspruchten Balken zusammen mit den *Betondruckstreben* eine schubfeste Verbindung zwischen der Zug- und Druckzone erzielt werden. Als Schubbewehrung können

- rechtwinklige oder schräge *Bügel*,
- *Aufbiegungen* der Biegezugbewehrung (Schrägstäbe) und
- rechtwinklige oder schräge *Schubzulagen*

vorgesehen werden.

Balken und Plattenbalken sind immer, auch bei geringer Schubbeanspruchung, mit Bügeln zu bewehren, deren *Mindestquerschnitt* unabhängig vom Schubdeckungsgrad mit dem Bemessungswert $\tau_{b\ddot{u}} = 0{,}25\tau_0$ zu ermitteln ist, vgl. DIN 1045, 18.8.2.2. Damit soll sichergestellt werden, daß ein großer Teil der Schubbeanspruchungen durch Bügel abgedeckt wird. Wegen der Ermittlung von τ_0, dem Grundwert der Schubspannung, siehe Abschnitt I.4.5.

Obwohl zur Aufnahme von Querkräften Umschließungsbügel nicht unbedingt erforderlich wären, werden mit Rücksicht auf ungewollte Torsionsbeanspruchungen sowie zur Erhöhung der Feuerwiderstandsdauer dennoch nach DIN 1045, 18.8.2.1 *Bügel* verlangt, die die Zugbewehrung sowie die Druckzone umschließen und wirksam durch Haken, Winkelhaken oder angeschweißte Querstäbe zu verankern sind, siehe Bild 2-9. Die Verankerung mit angeschweißten Stäben setzt eine ausreichende Sicherheit gegen Abplatzen der seitlichen Betondeckung voraus [208]. Deshalb muß letztere im Verankerungsbereich mindestens $3d_s$, aber wenigstens 5 cm betragen. Diese Verankerungsart ist daher eigentlich nur bei Plattenbalken möglich, weil dort die Querzugspannungen durch

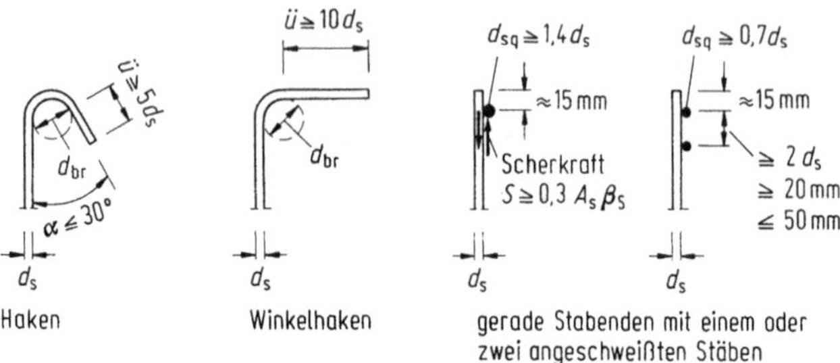

Bild 2-9. Verankerungselemente der Bügel nach DIN 1045.

die Platte aufgenommen werden und damit ein örtliches Absprengen der Betondeckung verhindert wird.

Als Schubbewehrung wären *schräg liegende Bügel* am wirkungsvollsten, weil sich diese am besten dem Trajektorienverlauf anpassen [4c, 221–223]. Die Verlegekosten sind aber relativ hoch, so daß diese Schubbewehrungsart nur in Sonderfällen angewendet wird. Üblich sind *rechtwinklig* zur Balkenachse *eingelegte Bügel*.

Unter Hinweis auf [4c, 207, 208] wird empfohlen, auf Schrägstäbe möglichst zu verzichten, weil die *Aufbiegungen*, vor allem bei großen Stabdurchmessern, im Steg örtlich hohe Spaltzugspannungen verursachen, die durch entsprechende Verbügelung oder zusätzliche Bewehrung aufzunehmen sind. In DIN 1045, Tabelle 18 werden zulässige Biegerollendurchmesser in Abhängigkeit von der seitlichen Betondeckung angegeben. Aufbiegungen sollen daher immer nach innen gelegt werden. Zudem sind Schrägstäbe wegen möglicher Gleitungen im Krümmungsbereich als Schubbewehrung weniger wirksam als eine enge Verbügelung. Werden dennoch zur Schubsicherung Aufbiegungen angeordnet, so sollte deren Abstand $s_s \leq h$ betragen und außerdem der gesamte Bereich mit $s_{bü} \leq 0{,}5h$ gut verbügelt sein, so daß auftretende Schubrisse stets mehrere Stahleinlagen kreuzen, siehe auch Bild 2-8.

Die Schubbewehrung kann durch *korb- leiter- oder girlandenartige Schubzulagen* verstärkt werden, die die Biegebewehrung nicht umschließen müssen, vgl. Bild 1-2, Abschnitt I.4.1, Bild I.4-5 sowie DIN 1045, 18.8.4 und [209]. Sie sind möglichst gleichmäßig über die Querschnittsbreite zu verteilen und in der Druckzone wie in der Zugzone bis nahe an den Querschnittsrand zu führen und dort zu verankern. Bei Fertigteilkonstruktionen, wo man bevorzugt geschweißte Bügelkörbe mit gleichbleibendem Stahlquerschnitt verwendet, wird die Schubbewehrung durch Schubzulagen gestaffelt, vgl. Bild 1-2.

Um das Verlegen der Biegezugbewehrung zu erleichtern, baut man meist zunächst *offene Bügel* ein. Nach dem Einlegen der Längsbewehrung werden die abstehenden Bügelschenkel abgebogen oder die Bügel durch sog. Kappenbügel geschlossen. Bei Plattenbalken genügt auch die querverlaufende Plattenbewehrung, wenn deren Querschnitt dem erforderlichen Mindestbügelquerschnitt entspricht. Ferner können die zur Verankerung der Bügel notwendigen Winkelhaken auch nach außen in die Platte abgebogen werden, wenn die untere Plattenbewehrung durchgeführt und die auftretenden Umlenkkräfte aufgenommen werden, vgl. Bild 2-5 und [6, 202, 224].

Bei Plattenbalken oder Hohlquerschnitten sind die Platten mit einer quer zum Steg verlaufenden Schubbewehrung an die Stege anzuschließen. Zur Bemessung siehe Abschnitt I.4.8.1 sowie DIN 1045, 18.8.5. Dabei darf die für die Plattenbiegemomente erforderliche Bewehrung angerechnet werden. Da sich bei Plattenbalken und Hohlquerschnitten die Auflagerkräfte und somit auch die Querkräfte zunächst im Steg und erst dann in der Platte ausbreiten, ist eine nach der Querkraftlinie allein bemessene *Plattenanschlußbewehrung* im Auflagerbereich nicht ausreichend. Sie wird daher besser unter Zuhilfenahme von Stabwerkmodellen ermittelt [207].

2.2.4 Torsionsbeanspruchte Balken

Reine Torsionsbeanspruchung bewirkt bei Balken über den Umfang verteilte, unter 45° geneigte Hauptzug- und -druckspannungen, vgl. Abschnitt I.2.3. Eine diesem Trajektorienverlauf angepaßte Bewehrung läßt sich jedoch nur schwer verwirklichen. Üblich sind *rechtwinklige Bewehrungsnetze.* Ferner haben Versuche ergeben, daß sich unter Torsion im gerissenen Zustand auch bei Vollquerschnitten nur noch der äußere Bereich an der Schnittkraftaufnahme beteiligt, so daß normalerweise ein oberflächennahes Bewehrungsnetz aus Längsstäben und Bügeln mit gleichem Bewehrungsquerschnitt in beiden Richtungen genügt [225].

Die *Längsstäbe* können entweder gleichmäßig über den Umfang verteilt oder in den Ecken konzentriert werden. Ihr Abstand darf jedoch 35 cm nicht überschreiten, siehe DIN 1045, 18.10.4 und Bild 2-10. An der Einspannstelle, also im Bereich der Auflagerung, sind sie ausreichend zu verankern.

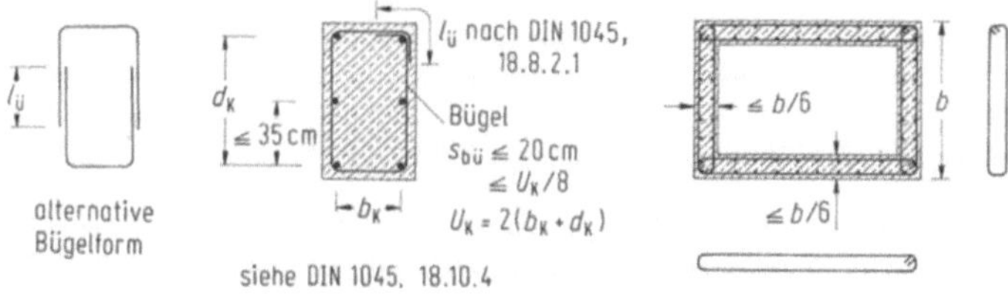

Bild 2-10. Bewehrung torsionsbeanspruchter Bauteile.

Bei torsionsbeanspruchten Bauteilen müssen die *Bügel* kraftschlüssig, d. h. mit der vollen Übergreifungslänge $l_{ü}$, geschlossen werden. Bei sehr hohen Torsionsbeanspruchungen sind engliegende Bügel mit versetzten Stößen und einer Endverankerung durch ins Querschnittsinnere abgewinkelte Haken zu empfehlen, weil infolge der Umlenkung der geneigten Druckstreben anderenfalls die Betondeckung an den Querschnittsecken vorzeitig abgesprengt werden und dadurch im Übergreifungsbereich der Verbund verlorengehen könnte [225].

Bei dünnwandigen *Hohlquerschnitten* werden die Bügel- und die Längsbewehrungen zweckmäßigerweise auf die Außen- und Innenflächen der Wandungen verteilt, siehe Bild 2-10 [4c, 207]. Sind die Wände aber dicker als 1/6 der kleineren Querschnittsseite, dann ist die innenliegende Bewehrung bei der Aufnahme von Torsionsmomenten kaum noch wirksam und darf rechnerisch nicht mehr angesetzt werden. Hingegen beteiligen sich bei der Querkraftaufnahme auch die inneren Bewehrungslagen.

Bei beliebig *zusammengesetzten Querschnitten* werden die Einzelquerschnitte mit je einem eigenen rechtwinkligen Bewehrungsnetz versehen, das jeweils für den der Steifigkeit entsprechenden Anteil am gesamten Torsionsmoment bemessen werden muß, vgl. Abschnitt I.5.4.

2.2.5 Balkenauflagerung

Auflager dienen der Übertragung vertikaler sowie horizontaler Lasten. Sie sollen Verdrehungen und ggf. auch Verschiebungen weitgehend zwängungsfrei ermöglichen.

Sofern nicht die Einhaltung zulässiger Pressungen in der Auflagerfläche oder die Verankerung der Bewehrung größere Auflagertiefen erfordern, reicht nach DIN 1045, 21.1.1 für Balken und

Plattenbalken eine *Auflagertiefe* von 10 cm aus. Bei Fertigteilkonstruktionen mit nachträglicher Ortbetonergänzung genügen während der Montage 3,5 cm; mögliche Maßabweichungen nach DIN 18 203 Teil 1 sind dabei jedoch zu berücksichtigen.

Im Hochbau werden Stahlbetonbalken oder -plattenbalken im Regelfall unmittelbar auf Mauerwerk, Betonwände oder Stahlbetonstützen betoniert. Der Frischbeton gleicht Unebenheiten in der Lagerfläche aus und gewährleistet damit eine vollflächige Auflagerung, solange die späteren Winkelverdrehungen im Auflagerbereich klein bleiben.

Vorgefertigte Träger müssen dagegen zum Ausgleich von Unebenheiten und Toleranzen sowie zur Erzielung einer gleichmäßigen Auflagerpressung auf Zementmörtel- oder Betonfugen, bzw. besser auf geeignete Lagerkörper abgesetzt werden. Hiervon ausgenommen sind lediglich Bauteile mit kleinen Abmessungen und geringen Auflagerkräften, z. B. Füllkörper von Fertigteildecken, vgl. Bild 2-20.

Eine Auflagerung auf einer *Beton- oder Mörtelfuge* ist bei Bauteilen mit geringen Stützweiten, bis etwa 8 m, vertretbar, soweit nicht mit nennenswerten Temperaturänderungen zu rechnen ist. Die Auflagerbewegungen bleiben dann auf wenige Zehntelmillimeter beschränkt, so daß keine schädlichen Auswirkungen zu erwarten sind.

Bei größeren Bauteilen, bei denen die Temperaturänderungen und Schwindverformungen des Betons erhebliche Längenänderungen verursachen oder beachtliche Zwangbeanspruchungen bewirken können, wird nach DIN 1045, 14.4.1 auch im Hochbau eine geeignete Lagerung gefordert, beispielsweise *Gleitfolien* bei Stahlbetonflachdächern oder *Elastomerlager* bei weitgespannten Dachbindern [V50, 8, 226].

Die Vorstellung, daß Stahlbetonbalken im Auflagerbereich ihre Lasten – wie ein Strebenfachwerk – vorwiegend über „Druckstreben" abtragen, vgl. Abschnitt I.4.1 sowie [4c, 207], bedingt im Auflagerbereich eine ausreichende *Verankerung der Zugbewehrung*. An frei drehbaren Endauflagern, d. h. ohne nennenswerte Einspannung, ergibt sich die Verankerungskraft F_{sR} aus der rechnerischen Querkraft Q_R am theoretischen Auflagerpunkt, dem Versatzmaß v, der statischen Höhe h sowie einer evtl. vorhandenen Normalkraft N, siehe auch Bild 2-8, mit: $F_{sR} = Q_R v/h + N$. Die vorhandene Bewehrung, mindestens ein Drittel der größten Feldbewehrung, ist bis über die theoretische Auflagerlinie zu führen und nach DIN 1045, 18.7.4 für F_{sR} bei direkter Stützung mit $l_2 = \frac{2}{3}l_1 \geq 6d_s$ bzw. bei indirekter Stützung mit $l_3 = l_1 \geq 10d_s$ zu verankern, jeweils von der Auflagervorderkante aus gemessen, siehe Bild 2-11. In der Regel genügen gerade Stabenden. Reicht jedoch die vorhandene Auflagertiefe zur Verankerung nicht aus, sind Winkelhaken o. ä. erforderlich, wobei wegen des im Auflagerbereich vorhandenen Querdruckes liegende Haken vorteilhafter sind [4c, 207]. Sie können jedoch in schmalen Stegen konstruktiv nicht immer untergebracht werden. Außerdem besteht bei kurzen Auflagern und dicken Bewehrungsstäben mit großen Biegeradien die Gefahr, daß am Balkenende eine unzureichend bewehrte Ecke entsteht und abscheren kann. Deshalb sollten die

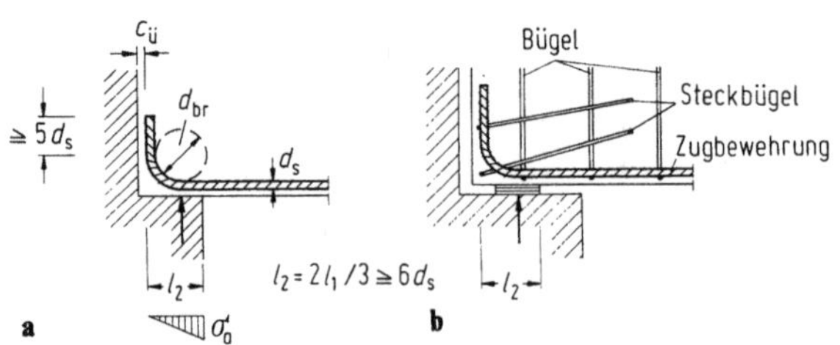

Bild 2-11a, b. Bewehrungsführung bei geringen Auflagertiefen.
a) Einfaches Endauflager mit kleiner Auflagertiefe, b) Sicherung des Endbereichs durch Steckbügel.

Krümmungen nicht vor dem rechnerischen Auflager beginnen [208]. Der Auflagerbereich ist ggf. nach Bild 2-11b durch zusätzliche Steckbügel zu sichern.

Bei *indirekter Stützung* gibt der Nebenträger seine Last mittelbar an einen anderen Stahlbetonträger, den stützenden Hauptträger, ab. Damit entfällt die für den Verbund günstig wirkende, quergerichtete Auflagerpressung am unteren Balkenrand. Die Auflagerkraft, hier die Vertikalkomponente der im unteren Bereich einmündenden Druckstrebenkraft, muß durch geeignete Bewehrung „aufgehängt" werden, vgl. Abschnitt I.4.2 und Bild I.4-7. Am besten eignen sich Bügel im Hauptträger, die möglichst nahe am Nebenträger eingelegt werden, die Längsbewehrung umschließen und oben gut verankert sind. Die im Kreuzungsbereich vorhandene Schubbewehrung darf u. U. auf diese *Aufhängebewehrung* angerechnet werden, vgl. DIN 1045, 18.10.2 und [4c, 202, 206–208].

Im Fertigteilbau werden die Trägerenden häufig ausgeklinkt und auf Konsolen aufgelagert, um die Gesamtkonstruktionshöhe niedrig zu halten, siehe auch 2.3. Bei solchen *abgesetzten Auflagern* werden die inneren Kräfte durch das Verhältnis d_k/d sowie die Bewehrungsführung bestimmt [4c, 207, 227, 228]. Wesentlich ist auch hier, daß die Vertikalkomponente der Druckstrebenkraft (Querkraft) durch Bewehrung nach oben aufgehängt wird, siehe Bild 2-12.

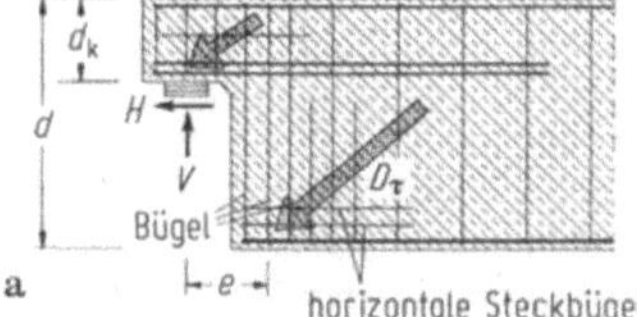
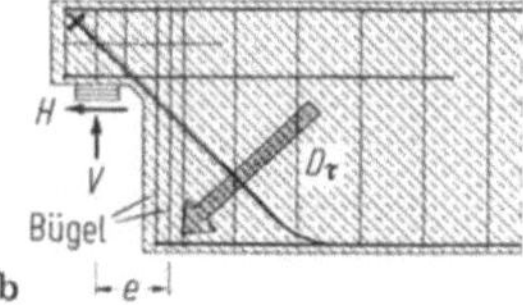

Bild 2-12a, b. Bewehrungsführung bei abgesetzter Auflagerung.
a) Aufhängung durch vertikale Bügel, b) kombinierte Bewehrung.

Versuche haben gezeigt [227], daß ein vertikales Aufbiegen der unteren Zugbewehrung als Aufhängebewehrung ungeeignet ist. Günstiger sind engliegende Bügel nahe an der einspringenden Ecke, siehe Bild 2-12a. Nachteilig ist hierbei aber der kurze Verankerungsbereich für die untere Biegezugbewehrung. Empfohlen wird eine geringe Neigung der Aufhängebügel, um den Verankerungsbereich etwas zu vergrößern [228]. Ggf. sind horizontale Steckbügel zur Verankerung der Biegezugbewehrung zweckmäßig. Untersuchungen mit verfeinerten Stabwerkmodellen haben ergeben, daß im unteren Eckbereich zusätzlich horizontale und vertikale Steckbügel eingelegt werden sollten [207].

Die Biegezugbewehrung kann am Auflager aber auch schräg nach oben bis in die Konsole abgewinkelt werden, siehe Bild 2-12b. Eine solche Schrägbewehrung nahe der einspringenden Ecke hat sich als sehr wirkungsvoll erwiesen [227], um einer Rißbildung infolge hoher Kerbspannungen im Ansatz zu begegnen. Schwierigkeiten bereitet jedoch fast immer die Verankerung im Konsolbereich, die häufig nur durch Schlaufen oder Ankerplatten zu erreichen ist.

Versuche haben ferner ergeben [227], daß eine Kombination von vertikaler Verbügelung am Trägerende gemeinsam mit Schrägstäben am günstigsten ist. Darüber hinaus lassen sich die Kerbspannungen im Bereich der einspringenden Ecke durch eine voutenartige Abschrägung reduzieren, womit der Bildung eines einzigen klaffenden Risses wirksam begegnet werden kann.

Die untere Konsolbewehrung ist weit genug bis hinter die Betondruckstrebe zu führen und dort zu verankern, siehe Bild 2-12.

2.2.6 Rahmenecken und Rahmenknoten

Rahmentragwerke entstehen, wenn Balken und Stützen biegesteif miteinander verbunden werden. In den Knotenpunkten sind neben horizontalen und vertikalen Auflagerkräften dann auch Biegemomente zu übertragen. Durch die Richtungsänderungen von Biegezug- und -druckkräften entstehen im Knotenbereich *Umlenkkräfte*, die durch geeignete Bewehrungen aufgenommen werden müssen.

Als maßgebende Bemessungsschnitte gelten i. allg. die Anschnitte unmittelbar neben dem Knotenpunkt. Eine Bemessung in der Diagonalen ist nicht üblich. In [229] wird jedoch empfohlen, durchgehende Stiele in Höhe der oberen sowie unteren Riegelbewehrung zu bemessen. Für den Riegelanschluß soll nach [202, 229] sogar der Schnitt $0,3d_{St}$ neben dem theoretischen Knotenpunkt, also innerhalb der Stütze, zugrunde gelegt werden, siehe Bild 2-15b.

Die *Tragfähigkeit* von Rahmenecken und -knoten hängt von der Aufnahme der Umlenkkräfte, dem einwandfreien Biegen und Verlegen der Bewehrung sowie von der Sorgfalt beim Betonverdichten ab. Zu niedrige Betonfestigkeit und unzureichender Verbund führen zu erhöhtem Schlupf der Bewehrung, frühzeitig klaffenden Rissen und damit zu verminderten Traglasten [206, 229]. Deshalb fordert DIN 1045, 18.9.3 mindestens einen Beton B 25, oder die Bemessungsschnittgrößen sind um den Faktor 1,5 zu erhöhen.

Bei *Rahmenecken mit negativem Moment* ist das Verlegen der Zugbewehrung nahe am Außenrand zweckmäßig, wie Bild 2-13 zeigt, um einen möglichst großen Hebelarm der inneren Kräfte zu erzielen. Dieser statisch günstigen Bewehrungsführung sind jedoch wegen der einzuhaltenden Biegerollendurchmesser ($d_{br} \geq 15d_s$) Grenzen gesetzt. Wenn sich in Rahmenecken rechtwinklig zur Krümmungsebene geringere Betondeckungen als 5 cm oder $3d_s$ nicht vermeiden lassen, ist nach DIN 1045, Tabelle 18 mindestens ein Biegerollendurchmesser von $20d_s$ einzuhalten. In [206] werden bei dicken Bewehrungsstäben und geringer seitlicher Betondeckung aber noch größere Biegeradien empfohlen. Sind aus konstruktiven Gründen dennoch kleine Biegeradien notwendig, so ist eine besondere Spaltzugbewehrung erforderlich.

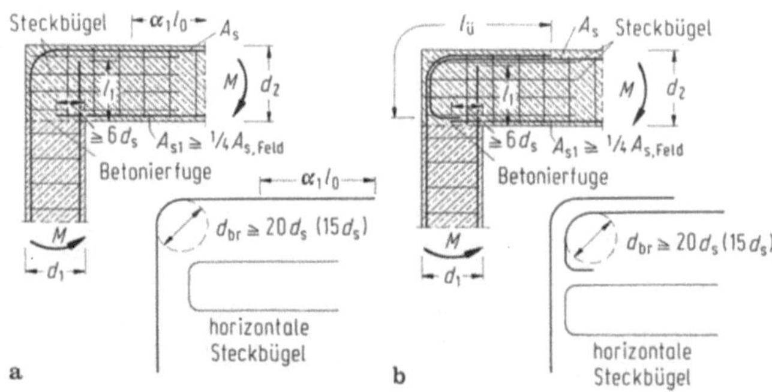

Bild 2-13a, b. Bewehrung von Rahmenecken mit negativem Biegemoment.
a) Zugbewehrung aus der Stütze in den Riegel geführt, b) Zugbewehrung im Eckbereich gestoßen.

Da sich bei Rahmenecken mit negativem Biegemoment die neutrale Faser zur einspringenden Ecke hin verschiebt, ist eine Steglängsbewehrung nach DIN 1045, 21.1.2 schon bei Querschnittshöhen von $d \geq 70$ cm erforderlich [202].

Von der unteren Riegelbewehrung ist wenigstens ein Viertel bis zur Rahmenecke durchzuführen und dort nach DIN 1045, 18.7.5 mit $l_2 \geq 6d_s$ zu verankern. Eine statisch erforderliche Bewehrung muß aber mindestens mit der Länge l_1 verankert werden, siehe Bilder 2-13a und 2-13b.

Bei der Bauausführung ordnet man in der Stütze zweckmäßigerweise unterhalb des Riegels eine *Arbeitsfuge* an und stößt die Zugbewehrung im Eckbereich. Die dafür in DIN 1045 vorgeschlagene Stoßausbildung, siehe Bild 2-13b, ist nur bei mäßig bewehrten Querschnitten zu empfehlen. Bei hohen Bewehrungsgraden tritt durch den Stoß in der Ecke eine Häufung der Bewehrung ein, so daß wegen der erschwerten Verdichtung ein Beton minderer Qualität gerade dort entstehen kann, wo er besonders hoch beansprucht wird. Besser verlegt man den Bewehrungsstoß in den Riegelbereich oder vermeidet ihn ganz, indem die aus dem Rahmenstiel abgewinkelten Bewehrungsstäbe bis zum Momentennullpunkt des Riegels geführt und dort mit $\alpha_1 l_0$ verankert werden, siehe Bild 2-13a.

Bei *Rahmenecken mit positivem Moment* entstehen durch die Umlenkung der Betondruckkräfte in der Diagonalen erhebliche Zugkräfte, die durch Bewehrung aufgenommen werden müssen. Experimentelle Untersuchungen haben ergeben [229], daß nahezu bei allen bisher gebräuchlichen Bewehrungsführungen und besonders bei höheren Bewehrungsgehalten die rechnerischen Bruchlasten nicht erreicht werden. Ausreichende Traglasten erhält man bei einer schlaufenartigen Bewehrungsführung, wie Bild 2-14a zeigt, siehe auch [202, 229, 230]. Eine Schrägbewehrung verringert ferner die Breite eines von der einspringenden Ecke ausgehenden Risses. Deshalb wird nach DIN 1045, 18.9.3 bei Knickwinkeln $\alpha \geq 45°$ und einem Bewehrungsgehalt von $\mu \geq 0,4\%$ stets eine Schrägbewehrung A_{ss} verlangt, siehe Bilder 2-14a und 2-14b.

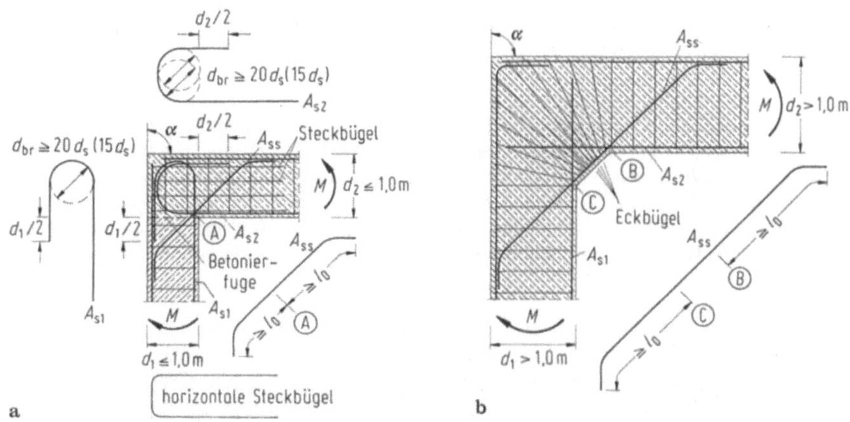

Bild 2-14a, b. Bewehrung von Rahmenecken mit positivem Biegemoment.
a) Schlaufenartige Bewehrungsführung nach DIN 1045, b) Bewehrungsführung bei dicken Bauteilen, $d > 1,0$ m.

Bei Knickwinkeln $\alpha > 100°$ wird unabhängig von der Größe der Biegezugbewehrung nach DIN 1045, 18.9.3 neben einer Schrägbewehrung, die für das gesamte überzuleitende Moment zu bemessen ist, stets auch eine Voute gefordert [208].

Bei dicken Bauteilen, $d > 1,0$ m, genügt eine schlaufenartige Bewehrung nicht mehr; die Umlenkkräfte sind durch Eckbügel aufzunehmen, siehe Bild 2-14b. Wegen weiterer konstruktiver Einzelheiten vgl. DIN 1045, 18.9.3 und [4c, 202, 207, 229, 230].

An den *Innenstützen mehrstieliger Rahmen* entstehen bei Riegeleinspannmomenten von etwa gleicher Größe nur geringe Stützenanschnittsmomente, so daß i. allg. keine Stäbe abzubiegen sind.

Werden die Stützen im oberen Geschoß weitergeführt, dann stößt man die Stützenbewehrung zweckmäßig oberhalb des Riegels mit $l_{ü}$ bzw. l_0, siehe 2.1.1 und Bild 2-15a.

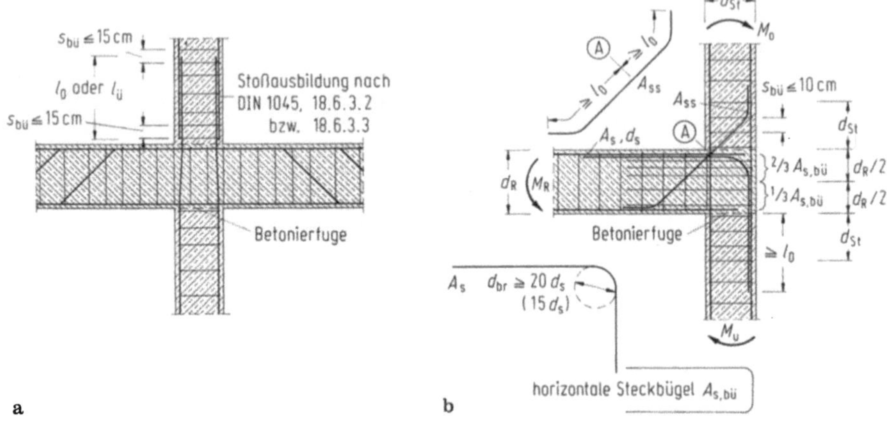

Bild 2-15a, b. Bewehrung von Rahmenknoten,
a) an einer Innenstütze, b) an einer Randstütze.

Bei *Rahmenendknoten* hingegen entstehen große Stützenanschnittsmomente, so daß die obere Bewehrung aus dem Riegel in die Stütze abgebogen werden muß. Dabei ist die Biegezugbewehrung des Riegels möglichst weit, jedoch unter Einhaltung des zulässigen Biegerollendurchmessers wie bei einer einfachen Rahmenecke in Bild 2-13a an die Außenseite des Stiels heranzuführen. Der Krümmungsbeginn sollte stets im Knotenbereich und erst deutlich hinter der vertikalen Stützenbewehrung beginnen. In [229] werden als Mindestmaß 5 bis 8 cm oder mehr als $3d_s$ hinter dem Riegelanschnitt empfohlen.

Ferner haben Versuche ergeben [229], daß sich die Riegeleinspannmomente nicht im Verhältnis der Steifigkeiten in einen durchgehenden Rahmenstiel einleiten lassen, weil sich mit den üblichen Bewehrungsstabformen für die Stielanschnitte keine gleichwertigern Anschlüsse ausbilden lassen. Nach [229, 230] kann durch Anordnung einer Schrägbewehrung die Überleitung von Biegemomenten in den oberen Stiel und damit das Tragverhalten verbessert werden.

Schließlich wird die Tragfähigkeit eines Rahmenendknotens auch durch Steckbügel im Knotenbereich gesteigert. Der Gesamtquerschnitt dieser Bügel sollte etwa dem der Schrägbewehrung entsprechen und zu 2/3 in der oberen Hälfte eingelegt werden, siehe Bild 2-15b.

Große Riegeleinspannmomente verursachen in den angrenzenden Stielquerschnitten entsprechende Biegemomente, aber mit entgegengesetztem Vorzeichen. Dadurch entstehen erhebliche Stahlspannungsdifferenzen, die im Extremfall so hohe *Verbundspannungen* verursachen, daß die zulässigen Werte nach Tabelle 1-1 überschritten werden und die auf der Druckseite liegenden Bewehrungsstäbe zur Schnittkraftübertragung nicht herangezogen werden können [229, 230]. Durch eine engere Verbügelung unterhalb und oberhalb des Knotens werden die Verbundlängen vergrößert, die Spannungsspitzen im Stahl vermindert und die Rißbreiten verringert, so daß gewissermaßen durch eine Umschnürung der Stütze das Tragverhalten im Knotenbereich insgesamt verbessert wird, siehe Bild 2-15b.

2.2.7 Balken und Plattenbalken aus Fertigteilen

Mit der Wiederholung gleicher Bauelemente erweisen sich Fertigteilkonstruktionen zunehmend wirtschaftlicher. Durch Einschränkung der Typenvielfalt [9] ist man bestrebt, die Wirtschaftlichkeit weiter zu erhöhen. Wegen der geringeren Montagelasten werden dabei gegliederte Querschnitte trotz des höheren Schalungaufwands bevorzugt.

Besondere Aufmerksamkeit verlangen die Fugen; das gilt sowohl für die Auflagerung als auch für die Koppelung einzelner Fertigteile. Bild 2-16 zeigt einige im Hoch- und Industriebau gebräuchliche *Balkenquerschnitte*. Bei kleinen Spannweiten und geringen Belastungen genügt normale Betonstahlbewehrung. Für größere Spannweiten, ab etwa 10 m, erhalten Fertigteile eine Vorspannung. Sie werden dann meist im Spannbett hergestellt; siehe Bild 2-16d und Abschnitte J.2.1 und J.3.1.1.

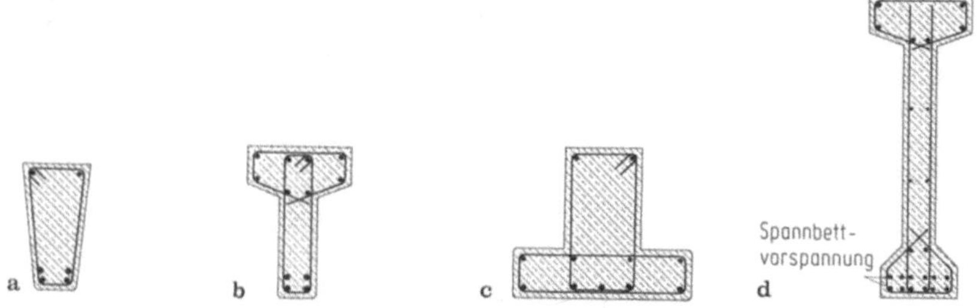

Bild 2-16a d. Typische Fertigteil-Balkenquerschnitte [9], für Pfetten a) und b), für Balken a) bis d) und für Dachbinder b) und d).

Dach- oder Deckenplatten verlegt man am einfachsten unmittelbar auf Pfetten bzw. Balken und vergießt die Fugen, siehe Bild 2-17a. Diese müssen so breit sein, daß ein einwandfreies Einbringen und Verdichten des Vergußmörtels möglich und damit ein dauerhafter Korrosionsschutz für die Stahlbewehrung gewährleistet ist. Aus den vorgefertigten Balken stehen vertikale Bewehrungsschlaufen heraus, die zur Lagesicherung der aufgelegten Platten dienen. Dadurch wird eine Plattenbalken-Tragwirkung nur unvollkommen erreicht und darf rechnerisch nicht angesetzt werden [10a, 228].

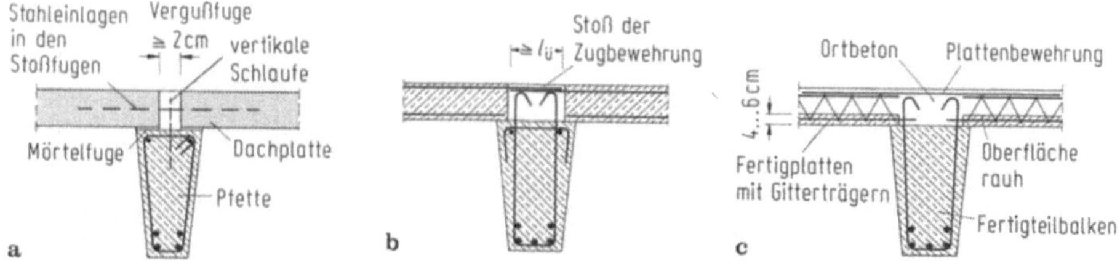

Bild 2-17a–c. Plattenbalkenkonstruktionen aus Fertigteilelementen.
a) Einfache Auflagerung von Dach- oder Deckenplatten, b) Kraftschlüssiger Verbund durch Ortbetonfuge, c) Plattenbalkensystem aus Fertigbalken, Gitterträgerdecke und Ortbetonergänzung.

Wird die Fuge so verbreitert, wie Bild 2-17b zeigt, daß die obere Plattenbewehrung gestoßen werden kann, und ist die aus dem Balken herausstehende Bügelbewehrung für die Aufnahme der Schubkräfte bemessen, dann ergibt sich nach dem Fugenverguß eine *Plattenbalken-Tragwirkung*, vorausgesetzt, die Fugen zwischen den einzelnen Plattenelementen, also senkrecht zum Hauptträger, sind kraftschlüssig verbunden und können die Scheibenkräfte übertragen.

Nach DIN 1045, 19.4 dürfen nachträglich durch Ortbeton ergänzte Fertigteilquerschnitte so bemessen werden, als ob sie monolithisch hergestellt seien, jedoch nur, wenn die Fuge zwischen Fertigteil und Ortbeton ausreichend rauh oder profiliert ist und die in der Fuge wirkenden Schubkräfte durch Bewehrung aufgenommen werden. Hierbei wird angenommen, daß die Eigenspannungen infolge des unterschiedlichen Betonalters im wesentlichen durch Kriechumlagerungen abgebaut werden.

Besonders günstig sind Konstruktionen nach Bild 2-17c, denn hier ergänzen sich die Vorteile der Fertigteil- und Ortbetonbauweise. Bei den sog. *Gitterträgerdecken*, auch Elementdecken genannt, wird die Platte im Werk nur teilweise vorgefertigt; siehe auch 2.4.5. Die 4 bis 6 cm dicken Fertigteilplatten enthalten bereits die gesamte statisch erforderliche untere Bewehrung und dienen als Schalung für den Aufbeton. Die obere Bewehrung wird nach der Montage der Deckenelemente, wie bei einer Ortbetonkonstruktion, auf der Baustelle verlegt. Sie muß daher über den Stegen nicht mehr gestoßen werden. Nach dem Aufbringen des Ortbetons entsteht ein *nahezu vollständig monolithischer Plattenbalken*; vgl. 3.2.4.4. Die Ermittlung der Schub- und Verbundbewehrung zwischen Fertigteil und Ortbeton ist in DIN 1045, 19.4 und 19.7.2 geregelt. Eine verminderte Schubdeckung wäre danach nur in engen Grenzen zulässig; jedoch wird auf die abweichenden Empfehlungen in [202] hingewiesen.

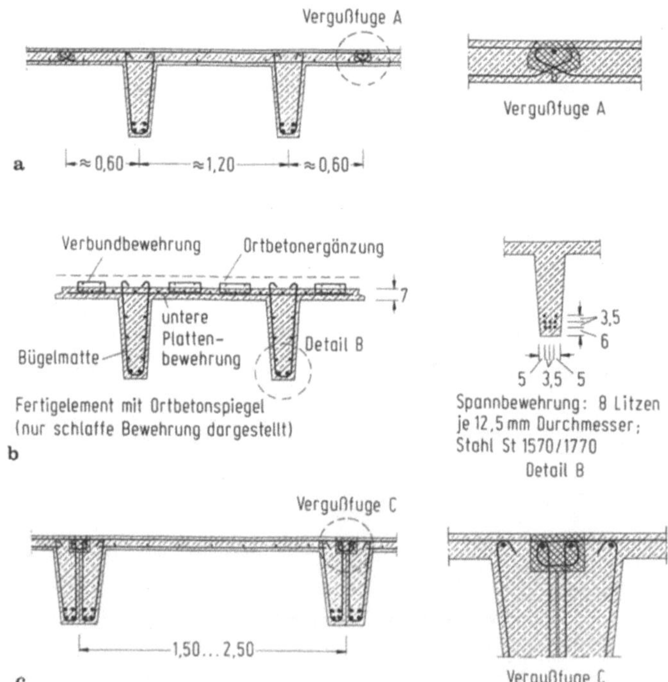

Bild 2-18a–c. **Vorgefertigte zweistegige Plattenbalken.**
a) TT-Doppelstegplatte mit Vergußfuge, b) TT-Doppelstegplatte mit Ortbetonergänzung, c) Trogquerschnitt.

Auf Großbaustellen werden zur Reduzierung der Bauzeit auch Plattenbalkenelemente vorgefertigt und als ganzes versetzt [9, 10a, 228]. Weit verbreitet sind die TT-Doppelstegplatten, die sog. π-Platten, die bei großen Spannweiten und hohen Lasten auch vorgespannt werden. Da man einen ausgewogenen Querschnitt anstrebt, beträgt der Stegabstand etwa 1,20 m, siehe Bild 2-18a.

Zur Verringerung der Montagelasten sowie zur Verbesserung des Quertragverhaltens im Endzustand werden, ähnlich wie bei den Gitterträgerdecken, die Plattenspiegel der Doppelsteg-Fertigteile im Werk nur teilweise, mindestens aber mit einer Dicke von 5 cm vorgefertigt und nach dem Versetzen durch Ortbeton ergänzt, siehe Bild 2-18b und [9, 228].

Neben der Aufnahme von Schubbeanspruchungen in Fugenlängsrichtung (Deckenscheibenwirkung) müssen die *Fugen* bei den TT-Platten unterschiedliche Durchbiegungen verhindern sowie Querkräfte aus ungleichen Verkehrslasten übertragen, vgl. DIN 1045, 19.7.5. Wenn die Anforderungen nach DIN 1045, Tabelle 27 erfüllt sind, darf von einer ausreichenden Querverteilung ausgegangen werden. Anderenfalls ist die Querkraftübertragung nachzuweisen.

Versuche haben gezeigt [231, 232], daß sowohl mit bewehrten als auch mit unbewehrten Fugen die erforderliche Tragfähigkeit erreicht werden kann. Wesentliche Parameter sind Fugengeometrie und Fugenbreite; diese sollte möglichst schmal sein, siehe Vergußfuge in Bild 2-18a. Durch Fugenbewehrung in Form von Schlaufen, Scherbolzen und Betonstahl-Mattenstreifen läßt sich die Belastbarkeit dieser Fugen deutlich steigern [231–233].

Bei *Trogplatten*, siehe Bild 2-18c, werden die Stege praktisch halbiert. Die Vergußfuge dient hier nur der Verhinderung unterschiedlicher Durchbiegungen. Sie wird daher, abgesehen von den Querkräften, geringer beansprucht als die Fuge im Bereich der Platte. Nachteilig bei diesen Querschnitten sind aber die größeren Plattenspannweiten und damit die höheren Plattenbeanspruchungen.

Die Auflagerung dieser Fertigteile erfolgt in der Regel durch ausgeklinkte Trägerenden, vgl. 2.2.5.

Vorgefertigte Balkenelemente können nachträglich zu durchlaufenden Tragwerken oder mit Stützen zu Rahmentragwerken gekoppelt werden. Das erfolgt mit Hilfe kraftschlüssiger Verbindungen der Stoßfugen sowie der Bewehrungstäbe, siehe 3.2.4.4 und [10b, 11, 228].

2.2.8 Stahlbetonrippendecken

Rippendecken sind Plattenbalkenkonstruktionen mit relativ engem Stegabstand, $l_w \leq 70$ cm, siehe Bild 2-19. Für sie gilt DIN 1045, 21.2. Diese Deckensysteme sind gegenüber Vollplatten mit gleicher statischer Nutzhöhe – vor allem wegen ihrer geringeren Eigenlasten – für Spannweiten zwischen 7 und 12 m wirtschaftlicher. Die Schlankheiten betragen $l/h \approx 15$ bis 25. Rippendecken sind nach DIN 1045, 21.2.1 auch in Fabriken und Werkstätten mit leichtem Betrieb für Verkehrslasten bis 5,0 kN/m² zulässig. Einzellasten über 7,5 kN müssen aber durch konstruktive Maßnahmen direkt in die Rippen geleitet werden.

Für die *Druckplatte* ist nach DIN 1045, 21.2.2.1 kein statischer Nachweis erforderlich, wenn die Bedingungen hinsichtlich Plattendicke und Rippenabstand erfüllt sind, siehe Bild 2-19, eine *Mindestquerbewehrung* eingelegt wird und die nach DIN 1045, 19.7.5 in Verbindung mit 21.2.2.3 geforderten Querrippen zur Lastverteilung vorgesehen werden. Die *Breite der Rippen* richtet sich nach der erforderlichen Betondeckung sowie nach der Längs- und Bügelbewehrung. Sie beträgt üblicherweise 7 bis 14 cm, mindestens aber 5 cm. Zur Aufnahme negativer Momente muß ggf. die Biegedruckzone vergrößert werden, entweder durch Verbreiterung der Rippen oder durch einen Vollbetonstreifen.

Werden Rippendecken *zweiachsig* gespannt, dann gelten die Höchstabstände der Rippen und die Mindestbreiten der Rippenstege für beide Richtungen. Man nennt diese Decken auch *Kassettendecken*.

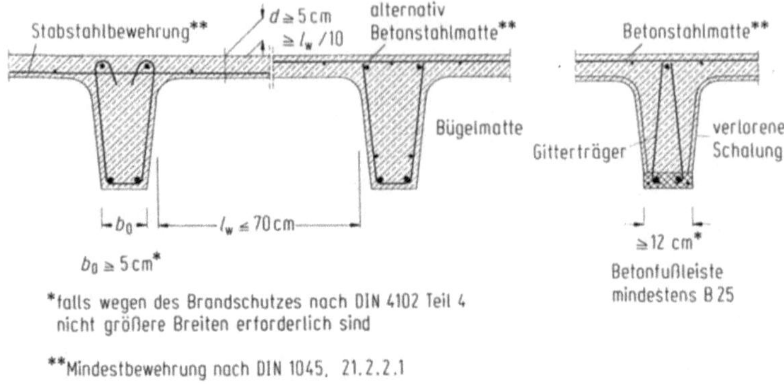

Bild 2-19. Stahlbetonrippendecke.

Die Ermittlung der *Bemessungsschnittgrößen* erfolgt wie für Platten, und zwar bei einachsig gespannten Systemen für einen 1 m breiten Ersatzstreifen nach den Regeln der Stabstatik und bei kreuzweise gespannten Systemen nach der Plattentheorie, jedoch für *drillweiche isotrope Platten*, z. B. nach [12, 234]. Die auf die Plattenschnittgrößen günstig wirkenden Drillmomente dürfen hierbei nicht in Rechnung gestellt werden.

Hergestellt werden Rippendecken mit besonderen Stahlschalungen oder unter Verwendung verlorener Schalungselemente, die gleichzeitig der Verbesserung des Wärme- und Schallschutzes dienen [235].

Verbreitet sind auch Stahlbetonrippendecken mit *teilweise vorgefertigten Rippen* und *Zwischenbauteilen* aus Beton nach DIN 4158 oder unter Verwendung von Ziegeln nach DIN 4159 bzw. DIN 4160, siehe Bild 2-20. Zu beachten sind DIN 1045, 19.7.8 sowie die einzelnen bauaufsichtlichen Zulassungen [V50]. Wichtig ist, daß bei statisch mitwirkenden Zwischenbauteilen die Stoßfugen sorgfältig ausgefüllt und mit den Längsrippen zusammen in einem Arbeitsgang betoniert werden.

Bild 2-20. Stahlbetonrippendecken aus Gitterträgern, mit Betonfußleiste und unterschiedlichen Füllkörpern.

2.3 Konsolen

Konsolen sind kurze Kragträger, die in der Regel der Stützung anderer Bauteile dienen und daher meist hoch belastet sind. Man spricht von Konsolen, wenn der Abstand a der Last von der Einspannstelle kleiner als der Hebelarm z der inneren Kräfte ist, siehe auch Abschnitt I.4.8.3 und Bild I.4-28.

Das Trajektorienbild [236] zeigt, daß Konsolen ihre Last vorwiegend über einen oberen *Zuggurt* und eine *geneigte Druckstrebe* abtragen, deren Kräfte zutreffend mit Hilfe von *Stabwerkmodellen* ermittelt werden [4b, 5b, 207, 237, 238]. Dabei sind auch Horizontalkräfte zu berücksichtigen, sowohl in der Ebene der Konsole als auch senkrecht dazu. Letztere Kräfte bewirken eine ungleiche und insofern ungünstigere Beanspruchung der Zugbewehrung wie der Druckzone [239].

Bild 2-21 zeigt die übliche Bewehrung einer Konsole; weitere Beispiele finden sich in [4c, 5b, 6, 206, 207, 228, 239]. Da der Zuggurt von der Einspannstelle bis zum Lastangriff nahezu gleichmäßig belastet ist, muß die Zugbewehrung vom Lageranfang bis zum Konsolenende, also auf kurzer Länge, mit l_2 nach 2.2.5 verankert werden. Bewährt hat sich eine *horizontale, schlaufenartige Bewehrungsführung*, welche die Auflagerfläche umschließt. Da die Auflagerpressungen die lotrecht gerichteten Spaltzugkräfte überdrücken, sind nach [5b, 228] auch kleinere Biegeradien möglich als DIN 1045 fordert.

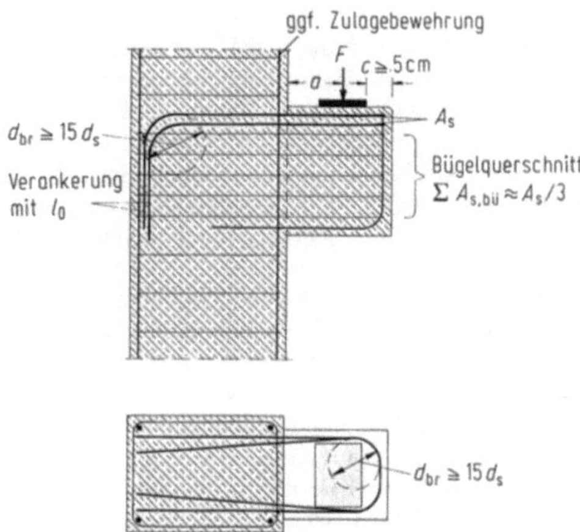

Bild 2-21. Bewehrung einer Konsole.

Weitgespannte Bauteile mit großen Lasten werden stets auf *Lagerkörpern* aus Elastomeren o. ä. aufgelagert, um Herstellungstoleranzen auszugleichen und trotz Auflagerbewegungen eine in etwa zentrische Lasteinleitung sicherzustellen.

Der *Abstand* zwischen einem hochbeanspruchten Lager und der Betonaußenkante sollte mindestens 5 cm betragen, so daß die obere Bewehrung bei einer Lastausbreitung von 1:2 noch getroffen wird oder besser außerhalb der druckbeanspruchten Zone liegt, um ein Abplatzen der Betonkanten zu vermeiden.

Die bauchig verlaufenden Drucktrajektorien verursachen Querzugspannungen [5b, 207] und erfordern daher eine *horizontale Verbügelung*, nach [237] etwa ein Drittel der Zuggurtbewehrung über die Höhe verteilt. Dagegen sind vertikale Bügel für den Lastabtrag weniger wirksam, sie dienen im wesentlichen der Aussteifung des Bewehrungskorbes [4c].

Bei geringen Lasten, beispielsweise für das Endlager einer Deckenplatte, genügt in einem *Konsolstreifen* eine vertikale Bügelbewehrung. Der Lagerkörper, ein Elastomerstreifen oder eine Gleitfolie, sollte zum Schutz der Betonkante erst $\geq d_s$ vor der Krümmung der Bügelbewehrung beginnen, siehe Bild 2-22a und [4c, 207].

Bei sog. *hängenden Konsolen*, siehe Bild 2-22b, bei denen die Lasten nach oben weitergeleitet werden müssen, ist stets eine Aufhängebewehrung erforderlich, wobei auch eine unsymmetrische Belastung, $F_1 \neq F_2$, zu berücksichtigen ist [240].

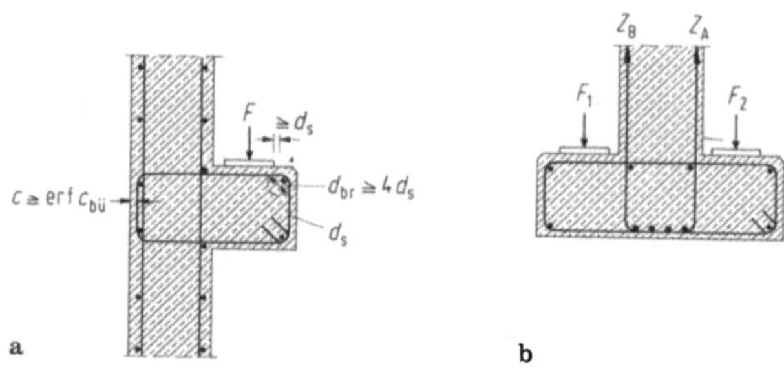

Bild 2-22a, b. Bewehrungsführung
a) in normalen Konsolstreifen, b) in angehängten Konsolstreifen.

Unmittelbare Auflagerungen von Beton auf Beton sind nur bei untergeordneten Bauteilen mit geringen Lasten und kleinen Stützweiten möglich, denn infolge von Auflagerverdrehungen könnten so große Kantenpressungen auftreten, daß örtlich die Kanten abplatzen und dann der Korrosionsschutz der Bewehrung nicht mehr gewährleistet wäre.

In einer Stütze erzeugt eine Konsole einen Beanspruchungszustand ähnlich dem eines Rahmenendknotens, siehe 2.2.6. Infolgedessen kann bei geringen Stützennormalkräften und ggf. großen Anschnittsmomenten oberhalb der Konsole eine Verstärkung der Stützenbewehrung erforderlich werden [5b, 207].

Wird die *Last am unteren Rand* einer Konsole oder *mittelbar* über einen mit der Konsole monolithisch verbundenen Balken eingeleitet, dann muß die Last aufgehängt und in der Regel über eine Schrägbewehrung abgetragen werden, siehe Abschnitt I.4.8.3, Bild I.4-29 und [4b]. Kranbahnträger sollten aber wegen ihrer hohen wechselnden Verkehrslasten und der sich ständig ändernden Auflagerdrehwinkel immer direkt gestützt und drehbar gelagert werden.

Bei vielen gleichen Konsolen bietet sich zur Reduzierung der Schalungskosten eine Vorfertigung an. Die Konsolkörper werden mit der herausstehenden Bewehrung vor dem Betonieren einer Stütze oder Wand in deren Schalung eingesetzt, siehe Bild 2-23a. Bei guter Verzahnung erreicht man nahezu die gleiche Tragwirkung wie bei einer monolithisch hergestellten Konsole.

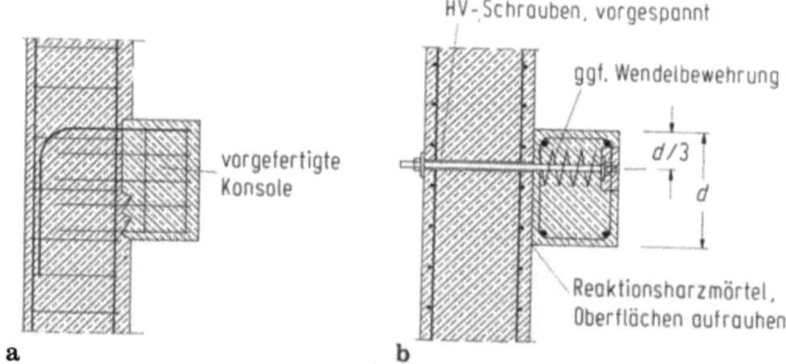

Bild 2-23a, b. Sonderformen von Konsolen.
a) Vorgefertigte Konsolkörper, b) nachträglich angebrachte Konsole.

Anders ist das bei nachträglich angebrachten Konsolen, siehe Bild 2-23b. Sie tragen vorwiegend über Reibung. Die Montage solcher Konsolen ist aber einfach. Sie werden vor allem bei Instandsetzungs- oder Verstärkungsmaßnahmen verwendet [241].

2.4 Stahlbetonplatten

2.4.1 Allgemeines

Platten erfüllen tragende und gleichzeitig raumabschließende Funktionen. Sie kommen im Stahlbetonhochbau sehr häufig vor, z. B. als Geschoß- oder Dachdecken. Platten sind *ebene Flächentragwerke*, die senkrecht zu ihrer Ebene belastet werden. Je nach ihrer Geometrie und statischen Wirkung unterscheidet man einfeldrige und über mehrere Felder durchlaufende sowie einachsig und zweiachsig gespannte Platten. Sie können linienförmig, z. B. auf Mauerwerk oder Unterzügen, oder punktförmig auf Einzelstützen (sog. Flachdecken) gelagert sein.

Die *Auflagertiefen* sind unter Berücksichtigung der Auflagerpressungen und der erforderlichen Verankerungslängen für die Bewehrung sowie auch nach DIN 1045, 20.1.2 festzulegen.

Die *Mindestdicke* von Stahlbetonplatten beträgt nach DIN 1045, 20.1.3 i. allg. $d = 7$ cm. Bei Dachplatten, die nur gelegentlich begangen werden, genügen 5 cm. Handelt es sich dagegen um befahrbare Platten (Hofkellerdecken), dann muß die Dicke ≥ 10 cm betragen. In der Regel wird die Plattendicke durch die Schlankheit $l_i/h \leq 35$ begrenzt, wobei l_i die Ersatzstützweite und h die statische Nutzhöhe bedeuten. Bei Stahlbetonbauteilen, die Trennwände zu tragen haben, ist zur Vermeidung schädlicher Durchbiegungen $l_i/h \leq 150/l_i$ (l_i und h in m) einzuhalten, vgl. Abschnitt I.7.1.3 und DIN 1045, 17.7.2. Wegen des Brandschutzes sind nach DIN 4102 Teil 4, abhängig von der Feuerwiderstandklasse, ggf. größere Mindestdicken erforderlich.

Neben ihren Eigenlasten werden Platten auch durch weitere ständig wirkende *Lasten*, z. B. aus dem Decken- oder Dachaufbau, sowie durch Verkehrslasten nach DIN 1055 Teil 3 beansprucht. Übliche Verkehrslasten sind

- für Wohngebäude $p = (1{,}5 \ldots 3{,}5)\,\text{kN/m}^2$,
- für Büro- und öffentliche Gebäude $p = (2{,}0 \ldots 7{,}5)\,\text{kN/m}^2$ (der obere Wert für Tribünen) und
- für Werkstätten $p = (5{,}0 \ldots 30{,}0)\,\text{kN/m}^2$, abhängig von deren Nutzung.

DIN 1055 Teil 3 enthält außerdem Lastansätze für Decken in Garagen, Parkhäusern und bei Gabelstaplerbetrieb sowie für Dachdecken, die auch als Hubschrauberlandeplätze dienen. Decken, die von Kraftfahrzeugen befahren werden, sind mindestens für Brückenklasse 6 nach DIN 1072 zu bemessen, wobei aber der Ansatz eines Lastkraftwagens in ungünstigster Laststellung genügt. Auf der gesamten übrigen Fläche ist als gleichmäßig verteilte Flächenlast $p = 4{,}0\,\text{kN/m}^2$ anzusetzen. Beide Lastanteile sind mit einem Schwingbeiwert zu vervielfachen.

Belastung sowie Form und Art der stützenden Ränder bestimmen Größe und Richtung der *Plattenschnittgrößen*, die nach DIN 1045, 15.1.2 auf der Grundlage der Elastizitätstheorie zu ermitteln sind. Die Querdehnzahl ist dabei mit $\mu = 0{,}2$ anzusetzen; es darf aber vereinfachend auch mit $\mu = 0$ gerechnet werden, zumal die Wirkung der Querdehnung im gerissenen Zustand nahezu völlig verlorengeht [13]. Der Querdehnungseinfluß läßt sich näherungsweise auch nachträglich berücksichtigen [234, 242]. Für die Schnittgrößenermittlung stehen Hilfsmittel zur Verfügung [12, 14–19, 234, 242, 243]. Genauere Berechnungen, z. B. nach [13] oder unter Berücksichtigung des gerissenen Zustandes und Einsatz von Rechenanlagen, sind meist aufwendig und für baupraktische Aufgaben nicht erforderlich [207].

Im Ausland und im Gebiet der ehemaligen DDR sowie nach dem Eurocode EC 2 [V56] dürfen die Plattenschnittgrößen auch nach dem *Traglastverfahren* (Fließgelenklinientheorie) berechnet werden [V57, V58, 20, 21, 244, 245]. In den übrigen Bundesländern ist eine Berücksichtigung von Schnittgrößenumlagerungen bisher nur nach DIN 1045, 15.1.2 in sehr begrenztem Umfang gestattet.

2.4.2 Einachsig gespannte Platten

Bei einachsig gespannten Platten werden die Lasten im wesentlichen in Spannrichtung abgetragen, so daß man sich zur Schnittgrößenermittlung einen Plattenstreifen herausgeschnitten denken und statisch wie ein Stabtragwerk behandeln kann, vgl. Abschnitt I.2.4.1. Beanspruchungen quer zur Spannrichtung, z. B. infolge hoher Einzel- oder Linienlasten oder aus rechnerisch nicht berücksichtigten Auflagerungen parallel zur Spannrichtung dürfen nach DIN 1045, 20.1.1 rechnerisch vernachlässigt werden, sind jedoch konstruktiv durch Querbewehrungen zu berücksichtigen, siehe DIN 1045, 20.1.6.3.

Die Plattendicke wird i. allg. so gewählt, daß die rechnerischen *Schubspannungen* τ_{011} gering und weit unter den Grenzwerten nach DIN 1045, 17.5.3 bleiben, so daß in der Regel auf eine Schubbewehrung verzichtet werden kann, siehe auch Abschnitt I.4.5 sowie Tabelle I.4-1. Diese Regelung geht davon aus, daß Platten im gerissenen Zustand wie flache Gewölbe oder Sprengwerke tragen. Dafür muß aber das Zugband, d. h. die Biegezugbewehrung, nahezu ungeschwächt von Auflager zu Auflager durchgeführt und dort ausreichend verankert sein. Deshalb darf in Platten ohne Schubbewehrung nach DIN 1045, 20.1.6.2 die *Feldbewehrung* auch nur *bis zur Hälfte* ihres Größtwertes *gestaffelt* werden, siehe Bild 2-24.

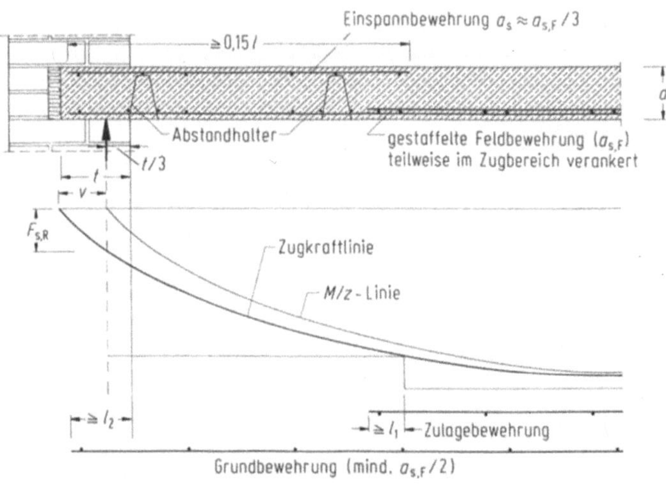

Bild 2-24. Stahlbetonplatte mit gestaffelter Betonstahl-Mattenbewehrung.

Aus wirtschaftlichen Gründen werden Stahlbetonplatten vorwiegend mit *Betonstahlmatten* bewehrt. In Bereichen höherer Beanspruchung können örtlich Einzelstäbe zugelegt werden, z. B. neben Deckenaussparungen oder im Bereich unterbrochener Stützungen. Bei sehr unregelmäßigen Platten, größeren Stützweiten, zahlreichen Deckenöffnungen und Einbauten oder hohen Einzellasten ist eine Stabstahlbewehrung sinnvoller und wirtschaftlicher, weil sie sich besser der Plattengeometrie und den unterschiedlichen statischen Erfordernissen anpassen läßt.

Zur Aufnahme von Einspannmomenten und Übertragung größerer Querkräfte darf man in den Stützbereichen einen Teil der nicht mehr benötigten Feldbewehrung aufbiegen. Wegen der Aufnahme rechnerisch vernachlässigter oder schwer erfaßbarer Beanspruchungen muß aber nach

DIN 1045, 18.7.5 mindestens ein Viertel der größten Feldbewehrung bis zum Auflager durchgeführt werden. Bei rechnerisch nicht berücksichtigten Einspannmomenten sollte konstruktiv eine obere Bewehrung von etwa einem Drittel der größten Feldbewehrung eingelegt werden, siehe Bilder 2-24 und 2-25.

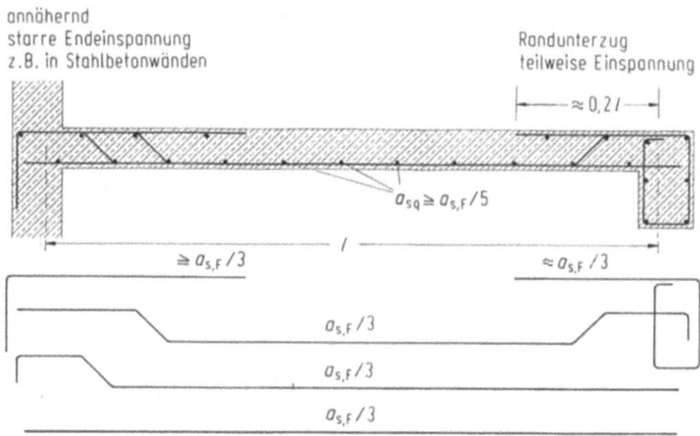

Bild 2-25. Bewehrung einer Stahlbetonplatte unter Verwendung von Betonstabstahl.

Der *Einspanngrad* an einem Randunterzug ist von dessen Torsionssteifigkeit abhängig, er nimmt aber, besonders im gerissenen Zustand, mit wachsendem Drehwinkel, d. h. mit zunehmender Entfernung von der Einspannstelle des Balkens, deutlich ab. Infolgedessen wird bei der Bemessung der Feldmomente eine entlastende Einspannwirkung i. allg. nicht berücksichtigt [206, 207, 242].

Werden einachsig gespannte Platten durch *Punkt-*, *Linien- oder Rechtecklasten* beansprucht, so dürfen deren Einflüsse in Querrichtung vereinfachend nach DIN 1045, 20.1.4 gleichmäßig auf einen mitwirkenden Plattenstreifen mit der Breite b_m verteilt werden. Angaben zur Ermittlung der rechnerischen Lastverteilungsbreite b_m häufig vorkommender Fälle enthält [242]. Die so errechnete zusäzliche Hauptbewehrung Δa_{sl} ist nach DIN 1045 auf $0{,}5 b_m$ zu verteilen, siehe auch Bild 2-26. Im Hinblick auf eine bessere Rißbreitenbeschränkung empfiehlt [207] aber eine Verteilung auf b_m. Unter Einzel- oder Streckenlasten ist, sofern kein genauer Nachweis, z. B. nach [12, 22, 23, 24], geführt wird, eine *zusätzliche untere Querbewehrung* einzulegen, deren Querschnitt Δa_{sq} nach DIN 1045, 20.1.6.3 mindestens $0{,}6 \Delta a_{sl}$ betragen muß. Eine solche unten liegende Querbewehrung ist auch bei Kragplatten erforderlich, wenn diese durch Einzellasten beansprucht werden, siehe Bild 2-26. Freie Ränder erhalten außerdem Randzulagen und sind nach DIN 1045, 18.9.1 bügelartig einzufassen. Diese Bewehrung soll neben möglichen randnahen Lasten auch Beanspruchungen aus Temperaturdifferenzen und Schwinden aufnehmen, siehe Bilder 2-26 und 2-28.

Im Hochbau sind nicht Einfeldplatten, sondern über mehrere Felder *durchlaufende Stahlbetondecken* die Regel. Für deren *Schnittgrößenermittlung* kann i. allg. angenommen werden, daß die Platten über den Innenstützen frei drehbar gelagert sind. Bei der Bemessung darf dann die Momentenfläche über den Unterstützungen nach DIN 1045, 15.4.1.2 parabelförmig ausgerundet werden. Ist die Platte mit dem stützenden Stahlbetonbalken monolithisch verbunden, wird für die Bemessung das jeweils größte Moment am Rand der Unterstützung maßgebend, wobei aber nach DIN 1045, 15.4.1.2 Mindestmomente einzuhalten sind.

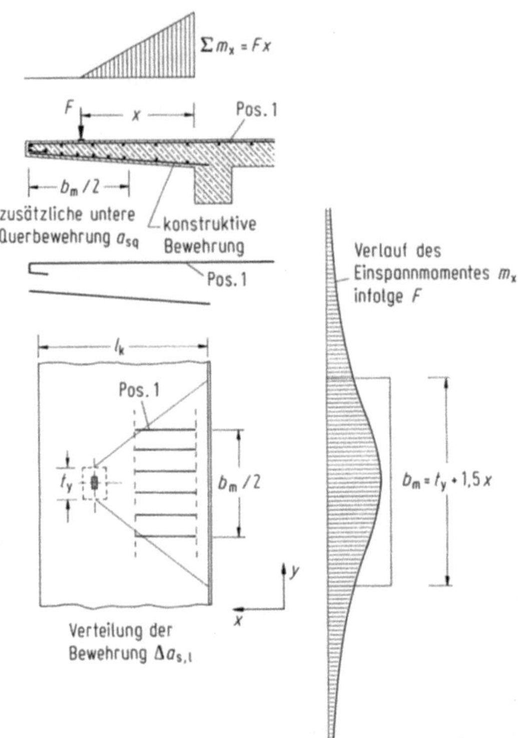

Bild 2-26. Kragplatte unter Einzellast, Lastverteilung und Anordnung der Bewehrung
bei einer Last F.

Bei größeren Plattenstützweiten erweist sich oft eine zweilagige Betonstahl-Mattenbewehrung
als wirtschaftlich, vor allem dann, wenn für die Bewehrung im Feld und in den Stützbereichen die
gleichen Mattentypen gewählt werden. Weitere Bewehrung wird entsprechend der Zugkraftdek-
kung zugelegt, siehe Bild 2-27. An den Zwischenstützen durchlaufender Platten ist die untere
Bewehrung um das Maß $l_2 \geq 6d_s$ über den Auflagerrand zu führen. Zur Aufnahme unvorhergesehe-
ner Beanspruchungen wird jedoch empfohlen, die Mattenenden zu überdecken, vgl. DIN 1045,
18.7.5.

Bei *Deckenaussparungen* mit Abmessungen kleiner als ein Fünftel der Stützweite werden die auf
die Öffnungen entfallenden Tragbewehrungen einfach durch Zulagen am Rand ersetzt. Zur Vermeidung von Kerbrissen in den Ecken sind aber auch in Querrichtung unmittelbar neben den
Öffnungen Zulagen zweckmäßig und bei größeren Aussparungen sogar erforderlich, siehe Bild 2-28.
Die Ränder sollen oben und unten bewehrt und durch Steckbügel eingefaßt sein. Bei größeren
Öffnungen ist ein genauerer statischer Nachweis unter Annahme eines möglichst wirklichkeitsnahen
statischen Ersatzsystems erforderlich, z. B. nach [12, 25, 234, 246].

Für Stahlbetonplatten des üblichen Hochbaus, die ständig trocken bleiben, wird für die *Haupttragbewehrung* kein Mindestquerschnitt vorgeschrieben. Jedoch dürfen nach DIN 1045, 20.1.6.2 die
Abstände der Bewehrungsstäbe in Haupttragrichtung, abhängig von der Plattendicke d, im Bereich

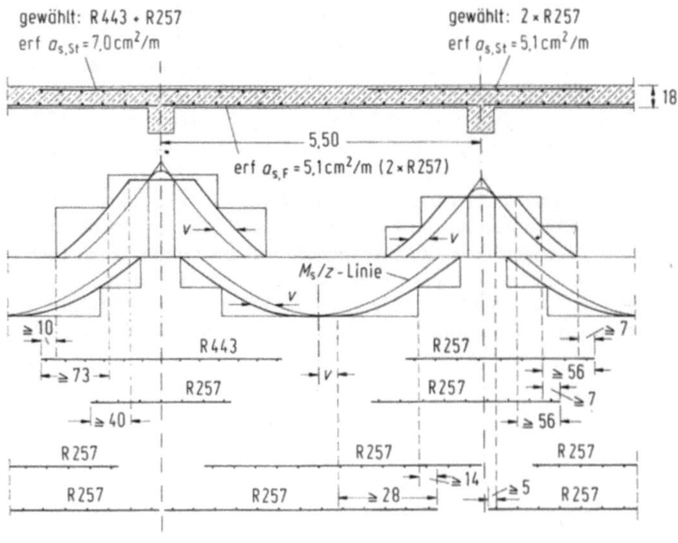

Bild 2-27. Bewehrung durchlaufender Platten mit möglichst gleichen Betonstahlmattentypen.

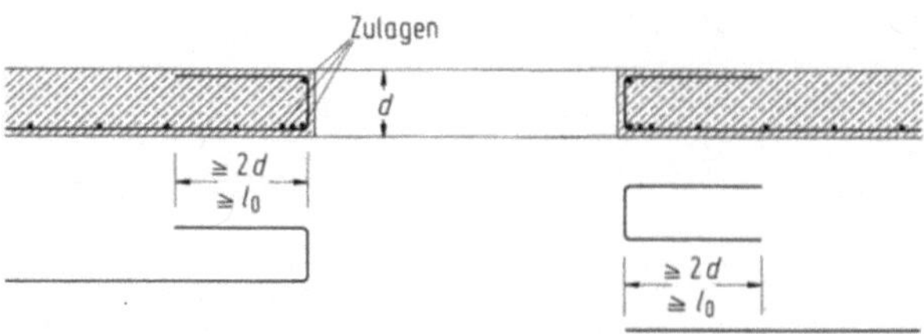

Bild 2-28. Bewehrungsführung bei Deckenöffnungen und an freien Rändern.

der größten Biegemomente

$$s = 25 \text{ cm} \quad \text{für } d \geq 25 \text{ cm und}$$

$$s = 15 \text{ cm} \quad \text{für } d \leq 15 \text{ cm}$$

nicht überschreiten. Zwischenwerte können linear eingeschaltet werden. Als *Querbewehrung* ist bei gleichmäßig verteilter Belastung mindestens 20% der im Feld erforderlichen Hauptbewehrung einzulegen. Nach DIN 1045, 20.1.6.3 sind hierfür bei Verwendung von Betonstabstahl mindestens 3 ø 6 mm je Meter und bei Betonstahlmatten 3 ø 4,5 mm je Meter oder eine größere Anzahl von dünneren Stäben mit gleichem Gesamtquerschnitt vorzusehen.

Im übrigen sind die Forderungen nach einer Mindestbewehrung gem. DIN 1045, 17.6.2 zu beachten, vgl. Abschnitte 1.3, I.7.2.2 und [202, 211].

2.4.3 Zweiachsig gespannte Platten

Stahlbetonplatten tragen immer in beiden Richtungen. Die *zweiachsige Tragwirkung* hängt aber entscheidend vom Seitenverhältnis l_y/l_x sowie einer evtl. Lastkonzentration ab, vgl. Abschnitt I.2.4.2 und Bild I.2-6. Platten mit einem Seitenverhältnis $l_y/l_x \geq 2{,}0$ weisen bei gleichmäßig verteilter Belastung einen mittleren Bereich auf, in dem nahezu die gesamte Last über die kürzere Stützweite, also einachsig, abgetragen wird. Zu den Enden hin stellt sich jedoch auch bei diesen Seitenverhältnissen deutlich eine zweiachsige Tragwirkung ein. Dieser ist konstruktiv Rechnung zu tragen, auch wenn bei der Schnittgrößenermittlung der zweiachsige Lastabtrag vernachlässigt wird.

Die *Hauptmomente* liniengelagerter Rechteckplatten verlaufen im mittleren Bereich orthogonal zu den Hauptachsen X und Y, in den Eckbereichen dagegen etwa in Richtung der Winkelhalbierenden und senkrecht dazu. Als Folge dieses diagonalen Lastabtrages entstehen in Richtung der Winkelhalbierenden negative Plattenmomente, die durch geeignete Bewehrung aufzunehmen sind, siehe Bild 2-29.

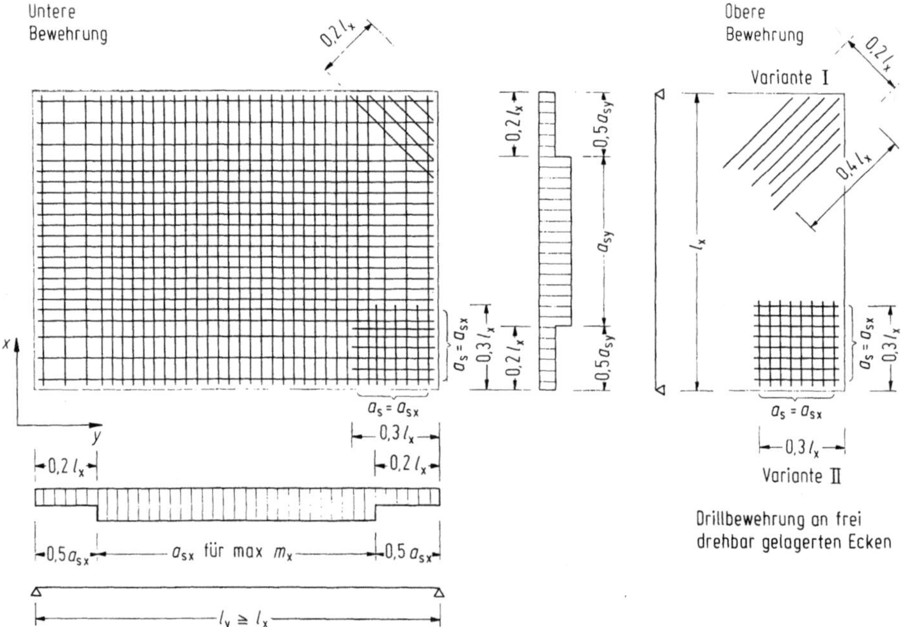

Bild 2-29. Bewehrung einer allseitig frei drehbar gelagerten Rechteckplatte unter gleichmäßig verteilter Belastung.

Infolge dieser Tragwirkung haben die *Plattenecken* das Bestreben, sich abzuheben. Können die Ecken gegen *Abheben* nicht gesichert werden, z. B. durch genügend Auflast, konstruktive Verankerung oder biegesteife Verbindung mit den Nachbarplatten, dann verringert sich die Plattendrillsteifigkeit und die nach der Plattentheorie ermittelten Feldmomente sind zu erhöhen, vgl. [234, 242].

Die für die Bemessung von zweiachsig gespannten Einfeldplatten erforderlichen *Schnittgrößen* können der Literatur entnommen werden [12, 17, 19, 234, 243], siehe auch 2.4.1. Bei durchlaufenden

Plattensystemen mit Stützweiten etwa gleicher Größenordnung wird nach DIN 1045, 20.1.5 als Näherung das Verfahren der Belastungsumordnung empfohlen. Weichen die Stützweiten stärker voneinander ab, d. h., ist in einer Durchlaufrichtung min l/max $l < 0{,}75$, dann können die Schnittgrößen z. B. nach [26, 247] ermittelt werden. Ferner werden die Plattenschnittkräfte auch erheblich durch eine elastische Stützung infolge nachgiebiger Unterzüge beeinflußt, was ggf. zu berücksichtigen ist.

Bild 2-29 zeigt die Bewehrung für eine allseits frei drehbar gelagerte Rechteckplatte. Die *Feldbewehrung* in X- und Y-Richtung ergibt sich aufgrund der maximalen Momente in Feldmitte. Entlang der Ränder, in einem Bereich von $0{,}2 l_x$ (für $l_x \leq l_y$), genügt die Hälfte der erforderlichen größten Feldbewehrung. Eine solche Abstufung ist aber bei Verwendung von Betonstahlmatten kaum zu verwirklichen. Ferner muß in den freien Ecken, d. h. bei zwei aneinanderstoßenden gelenkig gelagerten Rändern, eine *Drillbewehrung* angeordnet werden, die nach DIN 1045, 20.1.6.4 schräg oder rechtwinklig eingelegt werden kann, deren Querschnitt aber in jeder Richtung dem der größten Feldbewehrung entsprechen muß, siehe Bild 2-29, Variante I oder II. Stoßen an einer Ecke ein frei aufliegender und ein eingespannter Rand zusammen, ist die Hälfte der Eckbewehrung rechtwinklig zum freien Rand einzulegen.

Wird die linienförmige Unterstützung von Platten unterbrochen, z. B. durch eine Öffnung in einer Wand, dann dürfen die in Richtung der *unterbrochenen Stützung* wirkenden Biegemomente nach [242] einem Ersatzbalken (deckengleicher Unterzug) zugewiesen werden, solange die Länge der fehlenden Stützung nicht das 15fache der Plattendicke überschreitet. Ist das Verhältnis $l/d \geq 15$, dann müssen die veränderte Tragwirkung nach der Plattentheorie erfaßt und die betroffenen Plattenbereiche entsprechend bemessen werden [12, 234]. Das gilt besonders, wenn Stützungen auf ganzer Seitenlänge fehlen, z. B. bei dreiseitig oder nur zweiseitig über Eck gelagerten Platten, bei denen die diagonale Tragwirkung in den Eckbereichen stets von besonderer Bedeutung ist [12, 17, 243].

2.4.4 Punktförmig gestützte Platten

Punktförmig gestützte Platten sind unterzuglose Decken, die zweiachsig gespannt, unmittelbar auf Stützen gelagert und mit diesen meistens monolithisch, also biegefest verbunden sind. Wegen ihrer *niedrigen Bauhöhe* und der dadurch bedingten optimalen Ausnutzung des umbauten Raumes, der geringen Einschränkungen bei der Nutzung sowie der Freizügigkeit beim Verlegen von Installationsleitungen und nicht zuletzt wegen der niedrigen Schalungskosten sind diese Platten im Hoch- und Industriebau verbreitete Deckensysteme bei mittleren bis großen Spannweiten.

Ausschlaggebend für die Tragfähigkeit dieser Deckenkonstruktion ist immer der hochbeanspruchte Stützenbereich, denn hier müssen neben großen negativen Plattenbiegemomenten auch große, hyperbolisch zur Stütze hin ansteigende Querkräfte übertragen werden. In der Vergangenheit hat man daher in der Regel die *Stützenköpfe verstärkt*, d. h. sog. Pilzdecken ausgeführt, siehe Bilder 2-32a und b. Heute wird dagegen wegen der einfacheren Schalung fast ausschließlich die Flachdecke ohne Stützenkopfverstärkung ausgeführt.

Bei schlaff bewehrten Decken beträgt die *Plattendicke d* etwa 1/25 der mittleren Stützweite l. Sie soll nach [27] $l/30$ und darf nach DIN 1045, 22.2 eine Mindestdicke von 15 cm nicht unterschreiten. Mit Rücksicht auf den Brandschutz nach DIN 4102 Teil 4 können die Mindestdicken auch größer sein. Die statisch erforderliche Plattendicke läßt sich aufgrund der maximalen Stützenlast F und dem daraus folgenden minimalen Plattenmoment abschätzen, min $m = -F/\mu$. Der Beiwert μ hängt vom Verhältnis d_{st}/l ab und liegt nach [27, 248] zwischen 4,0 und 6,0, siehe auch Bild 2-30.

Über den *Innenstützen* stellt sich für die Momente sowie bei den Querkräften abhängig von den geometrischen Randbedingungen ein annähernd rotationssymmetrischer Zustand ein. Die negativen Radialmomente reichen bei Innenstützen regelmäßiger Flachdecken unter Gleichlast bis zu

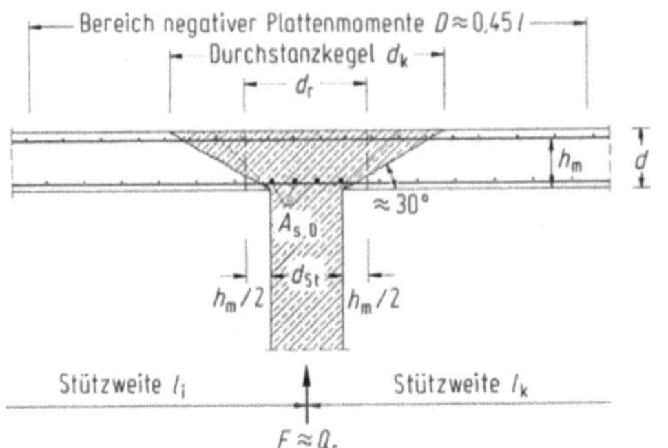

d_{St} Durchmesser der Rundstütze oder eines flächengleichen Kreises, bei rechteckiger Stütze $d \leq 1,5b$, wobei b die kleinere Seite ist,

h_m mittlere statische Nutzhöhe,

d_r Durchmesser des Rundschnittes,

d_k Durchmesser des Durchstanzkegels,

$A_{s,D}$ $\geq \max Q_r/\beta_S$ nach DIN 1045, 22.4 (2)

Bild 2-30. Punktförmig gestützte Platte (Flachdecke).

einem Kreis mit dem Durchmesser $D \approx 0,45l$ [249]. Trotz *radialsymmetrischer Momente* wird aber der Einfachheit halber fast immer ein rechtwinkliges Bewehrungsnetz parallel zu den Stützenachsen eingelegt.

Für die *Schnittgrößenermittlung* dürfen punktförmig gestützte Platten mit rechteckigem Stützenraster nach DIN 1045, 22.3.1 näherungsweise durch zwei sich kreuzende Scharen von Längs- und Querstreifen ersetzt werden, vgl. Abschnitt I.2.4.3 und Bild I.2-8. Die Plattenschnittkräfte ergeben sich, für beide Richtungen getrennt, an einem durchlaufenden Ersatzbalken oder -rahmen mit der Breite gleich dem Achsabstand der Stützenreihe und unter jeweils der gesamten Belastung in ungünstigster Laststellung. Dabei wird angenommen, daß die Plattenstreifen senkrecht zur betrachteten Richtung stetig unterstützt sind [4c, 242]. Der versteifende Einfluß von Stützenkopfverstärkungen auf die Schnittgrößen ist ggf. nach DIN 1045, 22.3.2 zu berücksichtigen. Die Verteilung der Stütz- und Feldmomente in Querrichtung ergibt sich schließlich in Anlehnung an die Plattentheorie, siehe Bild 2-31 [242].

Wirklichkeitsnäher werden die Bemessungsschnittgrößen, besonders im Bereich der punktförmigen Stützungen, mit Hilfe von Beiwerten ermittelt, die unmittelbar aus der Plattentheorie abgeleitet sind, [12, 14, 27, 242, 250]. Weiterführende Angaben zur Schnittgrößenermittlung auch unter Berücksichtigung des gerissenen Zustandes sowie zum Einsatz von Rechenanlagen enthalten [5c, 251, 252]. Verkehrslasten aus Gabelstaplerbetrieb lassen sich nach [253] erfassen, aber auch andere Einflüsse, wie Stützensteifigkeiten oder Stüzenkopfverstärkungen, können berücksichtigt werden [254, 255].

Von der statisch erforderlichen *Feldbewehrung* ist in beiden Richtungen mindestens die Hälfte bis zu den Stützenachsen durchzuführen. Die obere *Gurtstreifenbewehrung* muß an den freien Rändern kraftschlüssig verankert sein. Bei Rand- und Eckstützen ist wegen der Rahmentragwirkung eine ausreichende Einspannbewehrung erforderlich [242]. In Platten ohne Schubbewehrung muß nach DIN 1045, 22.4 über den inneren Stützen eine durchgehende untere Bewehrung $A_{s,D}$ in beiden Richtungen eingelegt werden, siehe Bild 2-30. Durch diese soll bei einem örtlichen Durchstanzen ein fortschreitendes Versagen des Gesamtsystems verhindert werden [202].

Bei der *oberen Bewehrung* muß im Bereich des Rundschnittes d_r, vgl. Bild 2-30, der Bewehrungsgrad in jeder der sich kreuzenden Bewehrungsrichtungen $\mu_r \geq 0,5\%$ betragen, vgl. Abschnitt I.4.8.2. Damit soll ein frühzeitiges Klaffen von Rissen vermieden und die Duktilität sowie das Vermögen zur Schnittkraftumlagerung in der Platte verbessert werden [248]. Im Hinblick auf die Durchstanzgefahr kann innerhalb eines Durchmessers von $D \approx d_{St} + 4h_m$ die obere Bewehrung weder abgebogen noch gestaffelt werden. Vielmehr muß diese Bewehrung bis $0,2l$ durchgeführt und dann verankert werden [27, 249]. Der Rand ist, wie in Bild 2-28 gezeigt, durch Steckbügel einzufassen.

Bei hohen Querkraftbeanspruchungen können sich unmittelbar neben den Stützen Schubrisse bilden, die von den ringförmig verlaufenden Biegerissen ausgehen und unter einem Winkel von 30°

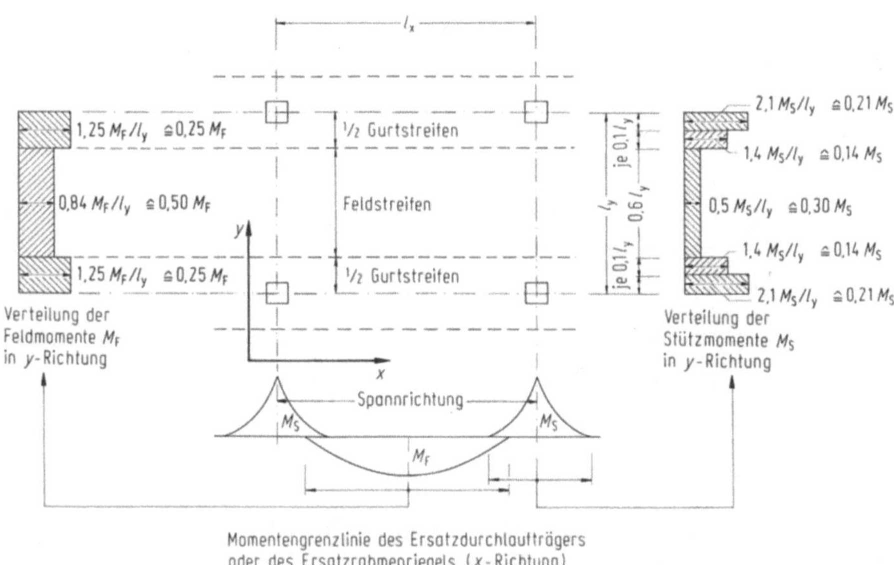

Bild 2-31. Verteilung der Momente für eine Flachdecke aufgrund des Näherungsverfahrens gem. DIN 1045 nach [242].

bis 35° bis in die Druckzone reichen. Infolge zunehmender Rißbreiten wird die Biegedruckzone schließlich so weit reduziert, bis ein Biegedruckbruch mit vertikaler Verschiebung, das sog. *Durchstanzen*, eintritt [257]. Nach DIN 1045, 22.5 wird deshalb ein Nachweis der Sicherheit gegen Durchstanzen gefordert, vgl. Abschnitt I.4.8.2. Dabei sind ggf. auch Abweichungen von einer rotationssymmetrischen Beanspruchung, z. B. bei Rand- oder Eckstützen sowie infolge von Deckendurchbrüchen innerhalb des Durchstanzbereichs, zu berücksichtigen [28, 29, 258].

Bild 2-32 zeigt einige konstruktive Möglichkeiten, die Sicherheit gegen Durchstanzen zu erhöhen, wenn im Rundschnitt die rechnerischen Schubspannungen $\tau_r = \max Q/(\pi d_r h_m)$ den zulässigen Wert von $\varkappa_1 \tau_{011}$ für Platten ohne Schubbewehrung überschreiten. Bei geringer Überschreitung reicht meist eine Verstärkung der Längsbewehrung, um $\varkappa_1$ auf den erforderlichen Wert anzuheben. Ferner lassen sich die statische Nutzhöhe durch *Stützenkopfverstärkungen* und damit sowohl die Biegetragfähigkeit als auch der Durchstanzwiderstand vergrößern, siehe Bilder 2-32a und b. Es ist sinnvoll, Stützenkopfverstärkungen so auszubilden, daß keine Schubbewehrung erforderlich ist.

Auch durch geeignete *Schubbewehrungen*, am wirkungsvollsten am Außenrand des Bruchkegels, kann der Schubrißbildung begegnet werden, siehe Bild 2-32c. Unabhängig von ihrer Neigung wird die Bewehrung für 0,75 max$Q$ bemessen. Schräg aufgebogene, dicke Stäbe sind nicht zu empfehlen. Bewährt haben sich geschweißte, ringförmig angeordnete Bügelleitern oder bei dickeren Platten auch Bügelkörbe [4c, 207]. Die Bügel müssen jedoch mindestens eine der unteren sowie der oberen Bewehrungslagen umgreifen. Bei dünnen Platten, $d \leq 25$ cm, wird deshalb von einer solchen Schubbewehrung abgeraten, denn deren Einbau ist schwierig [4b]. Mit Bewehrungen nach DIN 1045, 22.5.2 läßt sich der Durchstanzwiderstand auch nur um etwa ein Drittel erhöhen [256].

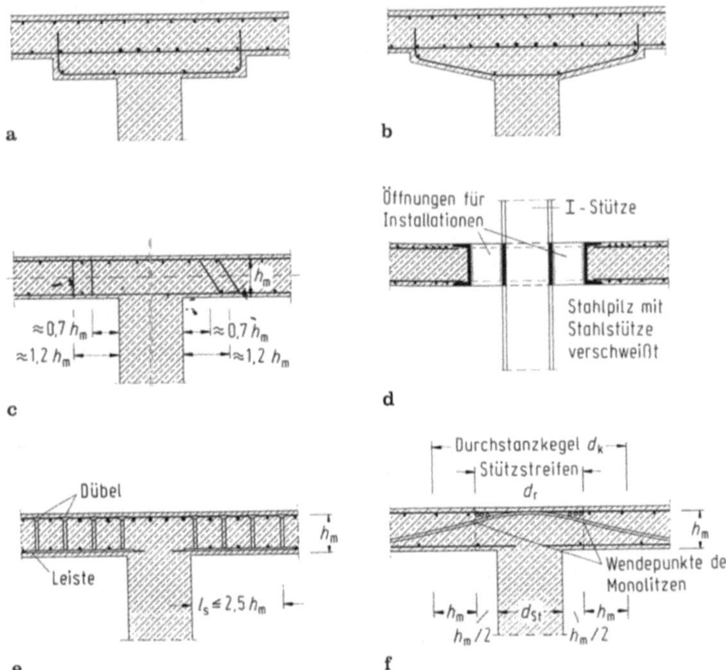

Bild 2-32a–f. Mögliche Ausbildungen des Platten-Stützen-Knotens bei hoher Beanspruchung.
a) Plattenartige Verstärkung des Stützenkopfes, b) pilzkopfartige Verstärkung des Stützenkopfes, c) Anordnung von Schubbewehrung nach DIN 1045, d) Verwendung sog. Stahlpilze, e) Kopfbolzen-Dübelleisten als Schubbewehrung, f) Vorspannung der Flachdecken mit sog. Monolitzen.

Über kragenförmige Stahlkonstruktionen, sog. *Stahlpilze* [V50], siehe Bild 2-32d, werden die Deckenlasten mittelbar in eine Stütze geleitet. Diese meist quadratischen Konstruktionen sind besonders vorteilhaft, wenn direkt neben den Stützen größere Deckendurchbrüche vorgesehen sind [248, 259] oder auch bei Fertigteilkonstruktionen, siehe 3.2.4.5.

Flachdecken mit Stahlkragen gelten nicht als punktförmig gestützte Platten im Sinne der DIN 1045, sondern sind *lochrandgestützte Platten*, eine spezielle Art von Flachdecken, die zusammen mit dem Hubdecken-Verfahren entwickelt worden sind [260]. Kennzeichnend für diese Plattensysteme ist, daß sie im Bereich der Stützung ein Loch haben, d. h. eine quadratische, rechteckige oder runde Aussparung, und am Rand dieses Loches, in der Regel auf Konsolen, aufliegen. Die Schnittgrößenermittlung kann nach [30], näherungsweise auch nach [242] erfolgen.

Eine besondere Form der Schubbewehrung sind „*Kopfbolzen-Dübelleisten*" [V50], siehe Bild 2-32e. Diese Dübelleisten bestehen aus Flachstählen mit werkseitig aufgeschweißten Kopfbolzen. Sie werden radial zur Stütze verlegt und behindern die Bewehrungsarbeiten kaum. Der Abstand l_s des äußersten Dübels darf nicht mehr als $2,5\,h_m$ vom Rand der Stütze betragen. Mit diesen Dübelleisten läßt sich der Durchstanzwiderstand so weit erhöhen, daß die Biegetragfähigkeit einer punktförmig sowie auch einer lochrandgestützten Stahlbetonplatte voll genutzt werden kann [207, 248, 256]. Die Bemessung von Kopfbolzen-Dübelleisten als Schubbewehrung ist in einer bauaufsichtlichen Zulassung festgelegt [V50, 203].

Seit etwa 1980 werden auch in Deutschland *vorgespannte Flachdecken* ausgeführt. Für Spannweiten zwischen 6 und 12 m bietet die *teilweise Vorspannung* nach DIN 4227 Teil 2 mit Spannverfahren ohne Verbund nach DIN 4227 Teil 6 wirtschaftliche Lösungen, siehe auch Abschnitt J.2.2 und [31, 261–263]. Diese Bauart erlaubt größere Schlankheiten bis $l/d = 40$ und damit kleinere Bauhöhen und geringere Eigenlasten. Bei vorgespannten Pilzdecken sind nach [31] sogar noch größere Schlankheiten ausführbar. Ferner läßt sich bei der teilweisen Vorspannung der Vorspanngrad so festlegen, daß unter dauernd einwirkenden Lasten nur geringe Durchbiegungen auftreten und die Decken weitgehend frei von Rissen bleiben [262]. Als Spannglieder werden sog. *Monolitzen*, aus 7 Drähten von 5 mm Durchmesser und mit einer zulässigen Spannkraft von $F = 173$ kN, eingebaut, die im Werk abgelängt, mit Ankerkörpern ausgerüstet und mit dauerhaftem Korrosionsschutz versehen werden. Dieser besteht aus einem Schutzfett und einer 1 mm dicken Polyethylen-Ummantelung. Damit entfällt das aufwendige Verpressen vieler kleiner Spannglieder. Das Verlegen kann ohne besondere Hilfsmittel und zur Einsparung von Unterstüzungen in Gruppen von bis zu vier Spanngliedern nebeneinander erfolgen. Vorteilhaft ist, daß die Monolitzen noch in nur 16 cm dicken Bauteilen verankert und mit kleinen Krümmungsradien bis $r = 2,5$ m verlegt werden dürfen [V50].

Die Ermittlung der *Schnittkräfte* für den *Lastfall „Vorspannung"* erfolgt zweckmäßigerweise über Umlenkkräfte, siehe Abschnitt J.3.1.3 sowie [32, 234, 264, 265]. Eine annähernd gleichförmige Verteilung der Umlenkpressungen erreicht man, wenn die Hälfte der Spannglieder im Stützstreifen konzentriert und die übrigen gleichmäßig über die Plattenbreite verteilt werden [32, 265]. Durch Wahl eines günstigen Vorspanngrades und einer zweckmäßigen Spanngliedführung wird ein wesentlicher Teil der Querkräfte durch die Spanngliedneigung im Rundschnitt aufgenommen und unmittelbar durch Umlenkkräfte in die Stützen weitergeleitet, siehe Bild 2-32f. Der Durchstanznachweis ist nach DIN 4227 Teil 1, 12.9 zu führen.

2.4.5 Platten aus Fertigteilen

Aus terminlichen oder wirtschaftlichen Gründen werden zunehmend Fertigteile eingesetzt [235]. *Vollplatten* aus Betonfertigteilen, siehe Bild 2-33a, werden wie Ortbetonplatten nach DIN 1045 bemessen und bewehrt. Sie sind auch bei nicht vorwiegend ruhender Belastung zulässig. Ggf. ist die Querverteilung großer Einzel- oder Linienlasten und damit der Lastabtrag über die Fugen nachzuweisen, vgl. 2.2.7. Stahlbetonplatten aus Fertigteilen sind i. allg. einachsig gespannte und frei aufliegende Deckensysteme. Die Größe der Fertigteile richtet sich nach den Transportmöglichkeiten und den verfügbaren Hebezeugen. Bei Straßentransport ist die Breite in der Regel auf 2,5 m begrenzt.

Die Plattenelemente werden in ein Mörtelbett oder auf geeignete Lagerstreifen abgesetzt, um Unebenheiten sowie Toleranzen auszugleichen und eine gleichmäßige Auflagerkraftübertragung sicherzustellen.

Soll zur Aufnahme horizontaler Lasten eine tragfähige *Deckenscheibe* entstehen, dann sind die Fertigteile über die Fugen druckfest zu verbinden und mit einem bewehrten Ringbalken zu versehen. Zur Verbesserung ihrer Tragfähigkeit werden die Fugen zwischen den Fertigteilen profiliert. Sie sollen nach DIN 1045, 19.7.5 mindestens 2 cm breit sein, damit sie sich vollständig mit Mörtel oder Beton verfüllen lassen; siehe auch 2.6.3 und [266].

Die Eigen- und damit die Montagelasten lassen sich durch Anordnung von Hohlräumen reduzieren, siehe Bild 2-33b. *Stahlbetonhohldielen* können mit Betonstahl bewehrt und nach DIN 1045 bemessen, aber auch im Spannbett vorgespannt werden. Für letztere sind bauaufsichtliche Zulassungen [V50] erforderlich, weil das Tragverhalten vorgespannter Hohlplattendecken aufgrund ihrer Besonderheiten nach den Bemessungs- und Konstruktionsregeln in DIN 4227 und DIN 1045 nicht ausreichend beurteilt werden kann.

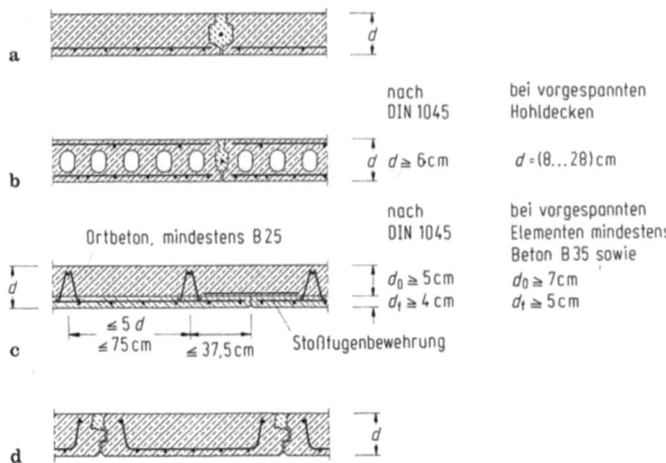

Bild 2-33a–d. Beispiele von Stahlbetondecken unter Verwendung von Fertigteilen.
a) Vollplatten-Deckenteile, b) Hohlplatten-Deckenteile [V50], c) Gitterträgerdecken [V50], d) Gasbeton-Deckenplatten [V50].

Die Dicke der Hohlplatten ist wie die der Vollplatten von der Beanspruchung sowie von der Durchbiegungsbeschränkung abhängig. Für Stahlbetonhohldielen ist in DIN 1045, 19.3 eine Mindestdicke von 6 cm festgelegt. Bei *vorgespannten Hohlplattendecken* liegt die Dicke abhängig vom jeweiligen System und von der Belastung zwischen 8 und 28 cm. Bei vorgespannten Hohlplatten kann bis zu einer Breite von 1,2 m auf eine Querbewehrung verzichtet werden [V50]. Hinsichtlich Montage und Fugenausbildung bestehen gegenüber Vollplatten keine Unterschiede.

Weit verbreitet sind die sog. *Gitterträgerdecken*, siehe Bild 2-33c. Sie bestehen nach DIN 1045, 19.3 aus mindestens 4 cm dicken Fertigteilplatten, die auf der Baustelle verlegt, unterstützt und durch mindestens 5 cm Ortbeton ergänzt werden; siehe auch 2.2.7. Die Deckenelemente enthalten bereits die untere Bewehrung einschließlich der Querbewehrung. Die Querbewehrung darf aber auch im Ortbeton angeordnet werden, vgl. DIN 1045, 19.7.6. Aus den Fertigplatten stehen oben Gitterträger heraus, die die Montagesteifigkeit erheblich vergrößern, der Querkraftaufnahme dienen und den Verbund zwischen Fertigteil und Ortbeton sicherstellen. Zur Ermittlung der Verbundbewehrung siehe DIN 1045, 19.7.2 und 19.7.3 [202, 267]. Unter bestimmten Voraussetzungen darf auf eine Verbundbewehrung verzichtet werden [202, 228].

Einige Fertigteilwerke bieten auch *vorgespannte Deckenelemente* an, für die jedoch eine bauaufsichtliche Zulassung [V50] erforderlich ist. Diese Platten müssen mindestens 5 cm dick sein und aus Beton B 35 bestehen. Die Mindestdicke der Ortbetonergänzung beträgt hier 7 cm, vgl. Bild 2-33c.

Nach der Montage der Platten werden die Querbewehrung ergänzt bzw. im Bereich der Fugen gestoßen, die obere Bewehrung eingebaut und danach der Ortbeton aufgebracht.

Die Gitterträger und Deckenelemente werden so bemessen, daß im Bauzustand nur wenige Unterstützungen erforderlich sind. Gitterträgerdecken verbinden die wesentlichen Vorteile von Fertigteilkonstruktionen (keine Schalungsarbeiten auf der Baustelle, kurze Bauzeiten, ebene Unterfläche) mit denen der monolithischen Bauweise (durchlaufendes biege- und schubfestes Deckensystem als Platte und Scheibe).

Schließlich können die Montagelasten durch leichtere Baustoffe reduziert werden, z. B. durch Leichtbeton nach DIN 4219 oder mit haufwerksporigem Gefüge nach DIN 4028 oder aus dampfgehärtetem Gasbeton nach DIN 4223, siehe Bild 2-33d. Ein weiterer Vorteil ist deren verbesserte Wärmedämmung. Jedoch dürfen Fertigteile aus Leichtbeton nach DIN 4028 und Gasbeton nach DIN 4223 nur bei Dachdecken sowie für Decken unter gleichmäßig verteilten und vorwiegend ruhenden Verkehrslasten bis 3,5 kN/m² verwendet werden [V50].

2.4.6 Sonderfälle

Der Gebäudegrundriß oder Deckenöffnungen erfordern nicht selten *unregelmäßig begrenzte Platten.* Die Schnittkräfte solcher Platten lassen sich mit finiten Elementen berechnen, dabei genügt meist schon eine verhältnismäßig grobe Struktur. Man wird sich aber oft auch mit einer auf der sicheren Seite liegenden Näherungslösung begnügen können oder künftig ggf. von der Bruchlinientheorie Gebrauch machen, siehe DIN 18 932 Teil 1 bzw. [V56].

Zahlreiche regelmäßige *Platten mit Öffnungen* sind in [234] zusammengestellt. Näherungsweise kann man sich mit der Streifenmethode oder mit einer Aufteilung der Gesamtplatte in zwei- und dreiseitig gelagerte Einzelplatten helfen [25, 234, 246]. Bei Ansatz wirklichkeitsnaher Randbedingungen erhält man eine hinsichtlich der Traglast ausreichende Bewehrung, die aber durch konstruktive Bewehrung an den Schnittstellen und in den Ecken zu ergänzen ist [207].

Ferner stehen für *Dreieckplatten* Tabellenwerke zur Verfügung [12, 15, 17, 268]. Bei größeren Platten empfiehlt sich hier eine dreibahnige Bewehrung, parallel zu den Rändern [4c, 206]. Für *Trapezplatten* finden sich Hilfswerte in [15, 269], ebenso für *schiefwinklige Platten* in [15], siehe auch 4.3.4.

Die Schnittgrößenermittlung von *Kreisring- sowie Kreisplatten* ist in [33–36] behandelt, einige Fälle auch in [12, 15]. Kreisringplatten werden zweckmäßigerweise durch ein Bewehrungsnetz in radialer und tangentialer Richtung bewehrt. Bei stark gekrümmten Stäben nahe der Oberfläche, z. B. bei der ringförmigen Bewehrung auskragender Kreisplatten, besteht wegen der großen Umlenkkräfte die Gefahr, daß die Betondeckung abgesprengt wird. Deshalb soll die Ringbewehrung innen liegen [207]. Bei Kreisplatten würde sich eine streng radial verlegte Bewehrung im Mittelpunkt kreuzen. Um diese Bewehrungskonzentration zu vermeiden, zieht man im mittleren Bereich die Stäbe etwas auseinander und verlegt sie gruppenweise in drei, bei dicken Platten evtl. auch in vier verschiedenen Richtungen [4c, 207].

2.5 Treppen

Treppen bestehen entweder aus Kragstufen oder aus Plattentragwerken, nämlich Podestplatten und geneigten Treppenläufen. Die anzusetzenden *Verkehrslasten* sind in DIN 1055 Teil 3 festgelegt, für Wohngebäude 3,5 kN/m² und für öffentliche Gebäude 5,0 kN/m². Diese Lastannahmen setzen voraus, daß durch die Konstruktion der Treppe eine hinreichende Verteilung von Einzellasten gewährleistet ist. Bei auskragenden Einzelstufen, siehe Bild 2-34a, ist diese Voraussetzung nicht erfüllt, so daß auf den Stufen alternativ eine Einzellast F von 1,5 kN, in öffentlichen Gebäuden von 2,0 kN, in ungünstigster Stellung angesetzt werden muß.

Zweckmäßigerweise werden die *Kragstufen* vorgefertigt und in die Wandschalung eingefügt. Nach dem Betonieren der Stahlbetonwand ist durch die vorhandene Einspannung die erforderliche Standsicherheit gegeben. Wegen der großen Einspannmomente werden Treppen mit Kragstufen nur bis zu einer Breite von etwa 1,2 m ausgeführt.

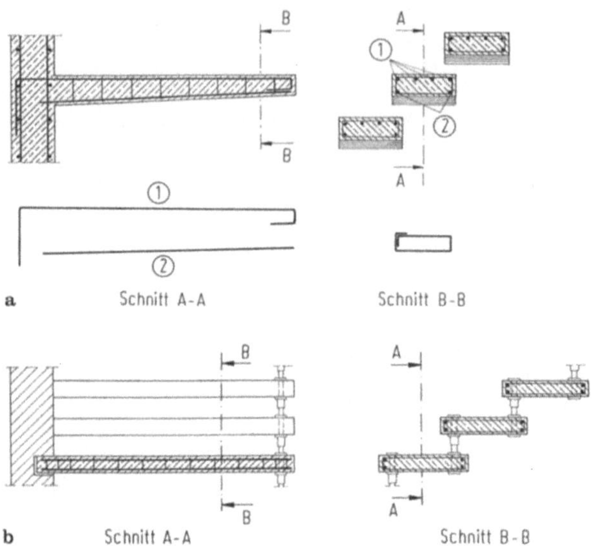

Bild 2-34a, b. Treppen aus einzelnen, selbsttragenden Stufen.
a) Auskragende Einzelstufen, b) Fertigteilstufen mit Tragbolzenverbindung [V50].

Bild 2-34b zeigt einen Treppenlauf aus werkmäßig hergestellten Stahlbeton-Trittstufen, die an einer Seite in eine Mauerwerkwand einbinden und an der anderen durch Tragbolzen miteinander verbunden und gestützt sind. Diese Treppe wird wegen ihrer Transparenz häufig in Einfamilienhäusern verwendet, bedarf aber einer bauaufsichtlichen Zulassung [V50].

Üblicherweise besteht eine Treppe aus *geneigten Laufplatten* mit gleichzeitig aufbetonierten Rohtrittstufen, siehe Bild 2-35. Bei gegenläufigen Treppenanlagen binden die Laufplatten immer wechselseitig in eine Geschoßdecke oder in eine *Podestplatte* ein. Letztere ist i. allg. durch die Treppenhauswände zwei- oder dreiseitig gestützt. Eine Stützung allein am Podestplattenende ist statisch ungünstig, weil die Lasten bis dort übertragen werden müssen. Die Schnittkraftermittlung kann vereinfachend für ein abgewinkeltes System, bestehend aus Treppenlauf und den anschließenden Podestplatten, erfolgen.

Nach [208, 229, 230] bestehen gegen die in Bild 2-35 skizzierte *Bewehrungsführung* an der oberen Knickstelle keine Bedenken, wenn dort der Bewehrungsgrad $\mu \leq 0{,}4\%$ beträgt und noch Tragreserven aus einer nicht berücksichtigten Faltwerkwirkung sowie aus möglichen Schnittkraftumlagerungen vorhanden sind. Die Kraftumlenkung erfolgt dann allein durch Betonzugspannungen, die daher deutlich unter der Betonzugfestigkeit liegen müssen [207]. Tatsächlich handelt es sich bei gegenläufigen Treppenanlagen aber um *Faltwerke*. Infolgedessen wirken die Knickstellen wie Auflager. Wegen der Durchlaufwirkung entstehen dort negative Plattenmomente und damit in den anschließenden Podestplatten sowie in den Treppenläufen erheblich verringerte positive Biegemomente. Voraussetzung ist jedoch, daß die Scheibenkräfte von den Podestplatten und anschließenden Wänden aufgenommen werden [270, 271]. Hinweise zur Untersuchung als Faltwerk enthalten [5c, 272]. Im allgemeinen lohnt sich dieser Aufwand jedoch nicht, und in [271] wird ein einfaches Näherungsverfahren vorgeschlagen. Um Podeste sowie Treppenläufe konstruktiv richtig zu bewehren, sollte man sich aber stets das wirkliche Tragverhalten vorstellen [5c].

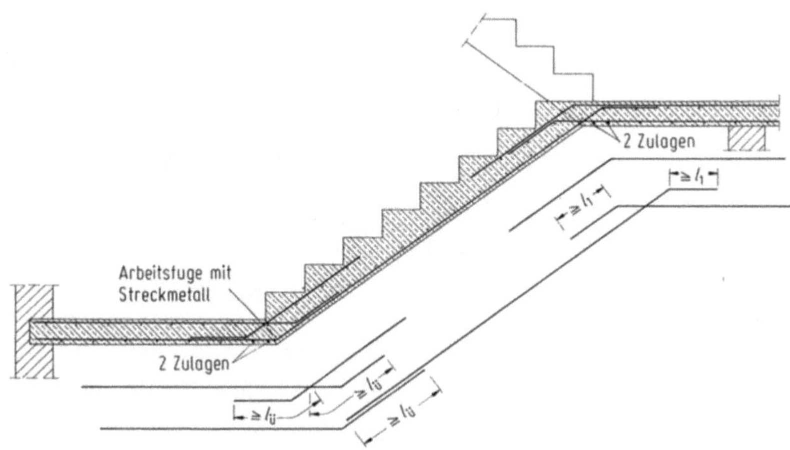

Bild 2-35. Bewehrungsführung in einer Stahlbetontreppe einschließlich der Podestplatten.

Zur Repräsentation erhalten Eingangshallen oder Geschäftshäuser manchmal freitragende *Wendeltreppen*, wobei entweder die Treppenplatte räumlich gekrümmt ist, siehe Bild 2-36, oder es werden vorgefertigte Stufen auf entsprechend gekrümmte, biege- und torsionssteife Balken aufgesetzt. Für den statischen Nachweis von Treppen mit konstanter Krümmung enthält [270] fertige Formeln.

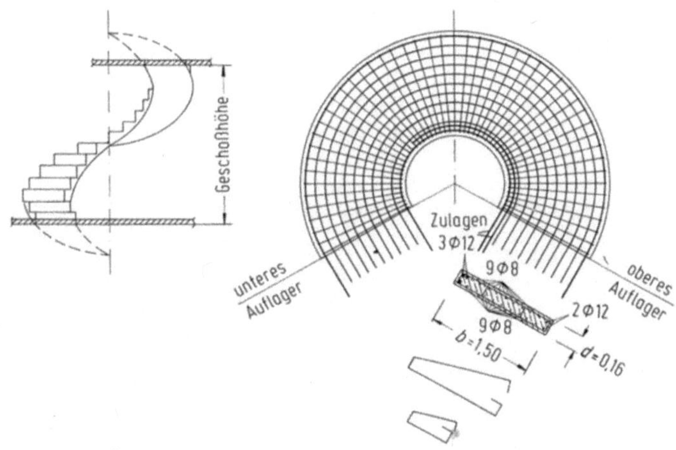

Bild 2-36. Freitragende Wendeltreppe nach [270].

2.6 Scheibentragwerke

2.6.1 Allgemeines

Scheiben sind ebene Flächentragwerke, die im Gegensatz zu Platten in Richtung ihrer Mittelfläche belastet werden. Scheiben, die wie Balken gelagert sind, nennt man wandartige Träger.

Im Gegensatz zu stabförmigen Balken sind in wandartigen Trägern und Scheiben mit Schlankheiten $l_0/d < 2$ die Dehnungen unter Belastung nicht mehr linear über die Höhe d verteilt, so daß diese Tragwerke nach der Scheibentheorie zu untersuchen sind [33, 37, 38, 273, 274].

2.6.2 Wandartige Träger

Wandscheiben kommen im Hochbau, vor allem aber bei Silobauten vor. Sie sind in der Höhe nicht begrenzt; jedoch muß ihre Dicke nach DIN 1045, 23.3 mindestens $b = 10$ cm betragen.

Versuche [273] haben bestätigt, daß die Scheibentheorie das *Trag- und Verformungsverhalten* von wandartigen Stahlbetonträgern nur im ungerissenen Zustand zuverlässig beschreibt. Nach der Rißbildung, also oft schon unter Gebrauchslasten, wird das Tragverhalten zutreffender mit Hilfe von Stabwerkmodellen erfaßt. Dennoch zeigen nach der Elastizitätstheorie bemessene wandartige Träger ein relativ günstiges Rißverhalten [207].

Für einfache Fälle enthält [242] Hilfswerte zur Ermittlung der *Bemessungsschnittgrößen*. Bei mehrfeldrigen wandartigen Trägern dürfen die Biegemomente näherungsweise mit Hilfe der üblichen Balkenstatik ermittelt werden. Dabei ist zu berücksichtigen, daß in Wirklichkeit die Stützmomente geringer und die Feldmomente größer sind. Infolgedessen müssen die nach der Balkentheorie ermittelten Endauflagerkräfte abhängig vom Verhältnis d/l um bis 15% vergrößert werden, vgl. [242].

Bei hohen Wandscheiben $l/d < 1$ ist nur der untere Teil an der Übertragung von Biegemomenten beteiligt. Zu Scheibentragwerken siehe besonders [4b, 19, 33, 37, 38, 207, 274].

Bild 2-37 zeigt für einen wandartigen *Einfeldträger* mit einer Schlankheit $l/d = 1$ und unter gleichmäßig verteilter Streckenlast am oberen Rand den Trajektorienverlauf, die Spannungen σ_x in Feldmitte, ein zweckmäßiges Stabwerkmodell und schließlich die Bewehrung. Wandartige Träger sind mit einer *Oberflächen-Netzbewehrung* zu versehen, deren Querschnitt nach DIN 1045, 23.3 sowohl in vertikaler als auch in horizontaler Richtung 1,5 cm²/m sowie 0,05% des Betonquerschnittes nicht unterschreiten darf. Dabei ist ein Bewehrungsabstand von $s \leq 2b$ und ≤ 30 cm einzuhalten.

Die *Bewehrungsführung* in wandartigen Trägern wird wesentlich durch die Art der Belastung und der Auflagerung beeinflußt [4b]. Bei von oben belasteten wandartigen Einfeldträgern verlaufen die Zugtrajektorien auch in Auflagernähe sehr flach, so daß die Feldbewehrung am unteren Rand etwa auf $0{,}10d$ bis $0{,}15d$ — bzw. auf $0{,}1l$, wenn $l < d$ — zu verteilen und im wesentlichen horizontal zu verlegen ist. Sie ist ferner ungeschwächt von Auflager zu Auflager zu führen und dort zu verankern [4c, 206, 207]. Geeignet sind liegende Haken, denn die hochbeanspruchte Auflagerzone darf nicht durch zu eng oder unzweckmäßig verlegte Bewehrung geschwächt werden.

Wie das Stabwerkmodell zeigt, werden die Betondruckkräfte unmittelbar ins Auflager geleitet. Wegen der damit verbundenen Querzugbeanspruchung ist vor allem die Randzone im Auflagerbereich durch Steckbügel zu bewehren. Bügelartig müssen auch die Zugbewehrung am unteren Rand sowie alle lotrechten Ränder eingefaßt werden, siehe Bild 2-37c.

Die Aufnahme der Druckkräfte im inneren Bereich bereitet in der Regel keine Schwierigkeiten, solange der Druckgurt seitlich nicht ausweichen, d. h. die Wandscheibe nicht kippen kann.

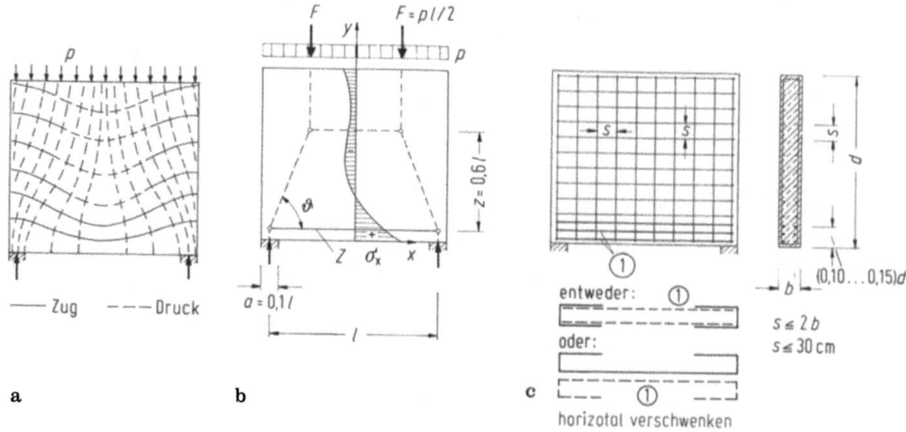

Bild 2-37a–c. Wandartiger Einfeldträger.
a) Verlauf der Trajektorien, b) Stabwerkmodell, c) Bewehrungsführung.

Bei *angehängten Lasten*, z. B. bei einer unten einbindenden Deckenplatte, ist eine verstärkte horizontale Netzbewehrung, vor allem aber eine enge lotrechte Aufhängebewehrung erforderlich, die den Lasteinleitungsbereich bügelartig umschließt und weit genug nach oben geführt wird, siehe Bild 2-38.

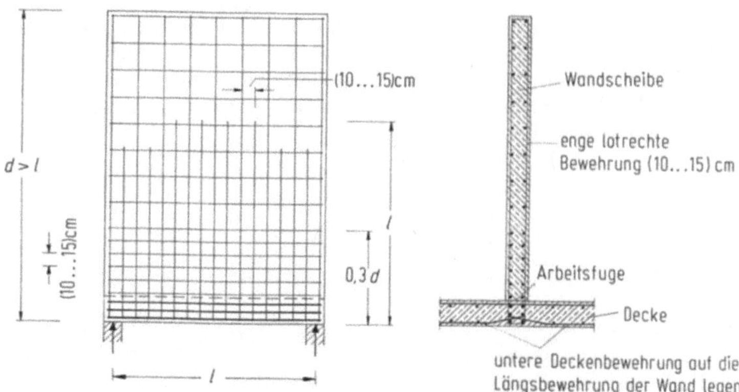

Bild 2-38. Bewehrung einer Wandscheibe mit unten einbindender Decke.

Bei *mittelbarer Stützung* durch eine Querscheibe oder eine Lisene erfolgt die Kraftübertragung vorwiegend im unteren Bereich, über eine größere Höhe. Deshalb muß in diesem Falle die Netzbewehrung in Auflagernähe verstärkt werden, siehe Bild 2-39 und [242]. Bei sehr großen Lasten kann zusätzlich eine schräge Bügelbewehrung zweckmäßig sein. In der belasteten Querscheibe (Wandscheibe II) muß die gesamte Last durch eine entsprechende Bewehrung im Bereich $3b_1$

aufgehängt werden. Die in der Wandscheibe I in der Nähe der Einspannstelle etwa bis b_2 vorhandenen Bügel dürfen dabei angerechnet werden, siehe Bild 2-39.

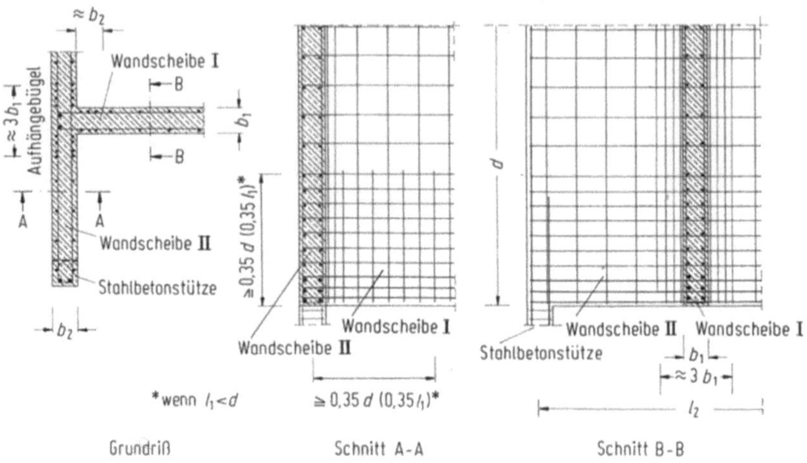

Bild 2-39. Mittelbar gestützte Wandscheibe [4c].

Mehrfeldrige wandartige Träger werden ebenfalls näherungsweise nach [242] oder mit Stabwerkmodellen bemessen. Die Biegezugbewehrung im Feld sollte wie bei Einfeldscheiben ohne Abstufung und auch über den Zwischenstützungen durchgeführt oder dort übergreifend gestoßen werden. Die Zuggurtbewehrung über den Innenstützen soll gleichmäßig auf eine Höhe von etwa 0,6l verteilt werden. Mindestens die Hälfte ist über die gesamte Scheibenlänge als Teil der Netzbewehrung durchzuführen [242]. Die andere Hälfte kann mit einer Länge von etwa 0,8l in den Stützenbereichen zugelegt werden, siehe Bild 2-40.

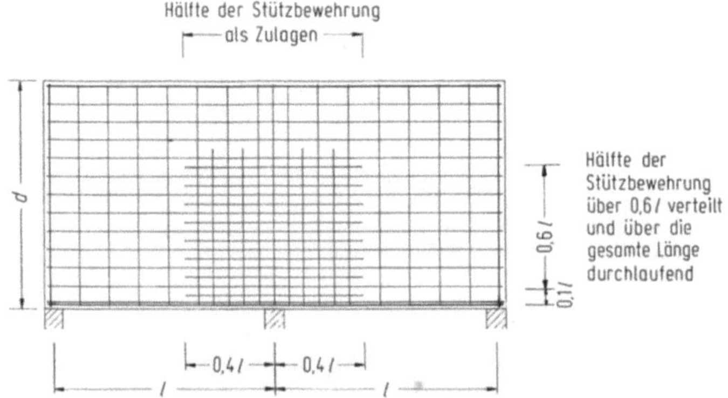

Bild 2-40. Wandscheibe über zwei Felder, Anordnung der Feld- und Stützbewehrung.

Zu beachten ist, daß bei den steifen Wandscheiben schon geringe, auch elastische Stützennachgiebigkeiten zu erheblichen Schnittgrößenumlagerungen führen. Infolgedessen ist bei durchlaufenden Systemen die Netzbewehrung so zu bemessen, daß bei möglicherweise auftretenden Zwangbeanspruchungen die Rißbreiten hinreichend begrenzt werden. Zweckmäßig ist auch eine durchlaufende Bewehrung am oberen Rand.

Weitere Hinweise zur konstruktiven Ausbildung von Wandscheiben enthält [4c, 6] sowie zur Behandlung von Scheiben mit Öffnungen [207].

2.6.3 Decken- und Wandscheiben zur Gebäudeaussteifung

Horizontale Lasten aus Wind oder infolge von Schiefstellungen der Stützen müssen in der Regel durch Deckenscheiben aufgenommen und über vertikale Wandscheiben oder Treppenhauskerne abgeleitet werden, siehe Bild 2-41. Zur Gebäudestabilisierung sind mindestens drei Wandscheiben aus Mauerwerk, Beton oder Stahlbeton erforderlich, deren Wirkungslinien sich nicht in einem Punkte schneiden dürfen.

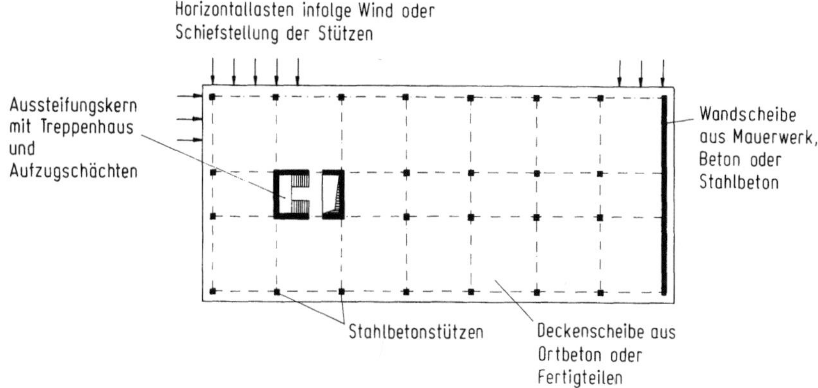

Bild 2-41. Gebäudeaussteifung durch Decken- und Wandscheiben.

Während bei monolithisch und fugenlos hergestellten Decken die zusätzlichen Scheibenbeanspruchungen meistens problemlos durch Bewehrungszulagen abgedeckt werden können, erfordert das Herstellen biegesteifer *Scheiben aus Fertigteilen* besondere Maßnahmen. Eine aus vorgefertigten Teilen bestehende Decke gilt nach DIN 1045, 19.7.4.1 erst dann als tragfähige Scheibe, wenn sie im endgültigen Zustand eine zusammenhängende Fläche bildet und wenn die in der Scheibenebene wirkenden Lasten durch Bogen- oder Fachwerkwirkung zusammen mit den dafür bewehrten Randgliedern und Zugpfosten aufgenommen werden können. Druckkräfte werden direkt über die Fugen geleitet, die deshalb druckfest miteinander verbunden und vollständig mit Fugenmörtel verfüllt sein müssen. Die Fugenränder sollen ausreichend rauh ausgebildet oder profiliert sein, um eine hinreichende Haftung des Vergußmörtels sicherzustellen, damit Schubkräfte übertragen werden können [266]. Zugkräfte müssen durch Ringbalken, d. h. durch die Deckenscheibe umschließende bewehrte Randglieder, sowie durch Stahleinlagen in den Fugen zwischen den Fertigteilen aufgenommen werden.

Die Ableitung von Horizontalkräften in die Gründung erfolgt über Wandscheiben, die entsprechend zu bemessen und auszubilden sind. Bei unbewehrten Wänden wird auf DIN 1045, 17.9 sowie 25.5.5.1, verwiesen. Im Normalfall werden aber Wandscheiben, die erhebliche Horizontalkräfte zu übertragen haben, aus Stahlbeton hergestellt, wie Treppenhauskerne, die man oft in Gleit- oder Kletterschalung und vorab, z. B. vor der Montage der übrigen Fertigteile, errichtet. Bei der Verwendung von Fertigteilen gilt für das Zusammenfügen einzelner Elemente zu Wänden ähnliches wie für die Deckenscheiben, siehe 3.2.4.3 sowie DIN 1045, 19.8 und [266]. Die Stoßverbindungen senkrechter Stahleinlagen und das Verfüllen vertikaler Fugen erfordern wegen der beengten Verhältnisse stets besondere Sorgfalt.

3. Anwendungen des Stahl- und Spannbetons im Hoch- und Industriebau

3.1 Einführung

Erst seit Ende des 19. Jahrhunderts verwendet man im Bauwesen *Stahlbeton* [301, 302]. Wegen seiner beliebigen Formbarkeit, hohen Tragfähigkeit und Dauerhaftigkeit bei relativ geringem Erhaltungsaufwand, seiner großen Widerstandsfähigkeit gegen Feuer, mechanische Angriffe und Witterungseinflüsse sowie aus wirtschaftlichen Gründen fand dieser Baustoff schnell weite Verbreitung [39–41, 302]. Heute werden in allen Bereichen des Bauwesens die tragenden Konstruktionen vorwiegend aus Stahlbeton erstellt [42–45, 303].

Obwohl das Prinzip des *Spannbetons* ebenfalls schon seit Ende des 19. Jahrhunderts bekannt war, hat die eigentliche Entwicklung erst nach dem 2. Weltkrieg eingesetzt; vor allem im Brückenbau, aber auch im Fertigteilbau und bei hochbelasteten oder weitgespannten Hochbaukonstruktionen [5c, 7, 10, 46, 47, 228, 263].

Im folgenden werden einzelne Anwendungsbeispiele des Stahl- und Spannbetons vorgestellt.

3.2 Stockwerkbauten

3.2.1 Vorbemerkungen

Im Wohnungsbau, bei Geschäftshäusern, Schulen und Bürogebäuden, bei Lagerhäusern, Werkstätten und Parkhäusern stapelt man zweckmäßigerweise mehrere, möglichst gleichartige Geschosse übereinander und errichtet sog. Stockwerkbauten. Der Zu- und Abgangsverkehr sowie die Versorgung erfolgt über vertikale Treppenhäuser, Aufzug- und Installationsschächte.

Bei der Planung ist die Wahl der Baustoffe und der Bauverfahren abzuwägen, denn nicht immer ergeben reine Stahlbetonkonstruktionen die kostengünstigste Lösung. Oft sind Mischbauweisen wirtschaftlicher. So werden vielfach Gründung, Decken und Treppen aus Beton oder Stahlbeton, die Wände aber aus Mauerwerk erstellt, siehe Bild 3-1.

Alle tragenden Wände sollen möglichst übereinanderstehen, vor allem die Außen-, Wohnungstrenn- und Treppenhauswände, um die vertikalen Lasten ohne Umwege in die Fundamente abzuleiten.

Unbelastete leichte Trennwände nach DIN 4103 dienen der flexiblen Raumgestaltung und können beliebig angeordnet sein, wenn bei der Bemessung der Stahlbetondecken ein entsprechender

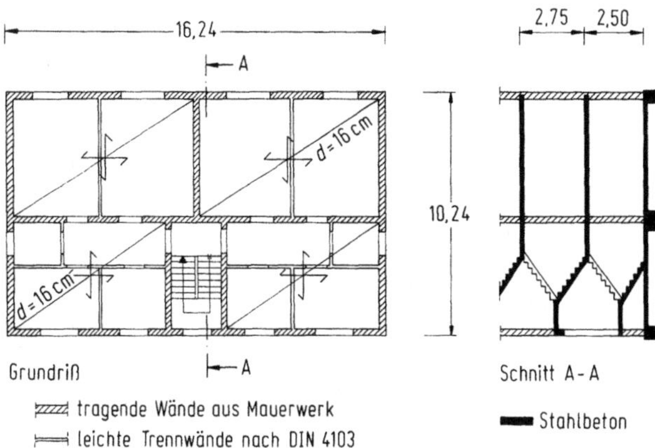

Bild 3-1. Mehrgeschossiges Wohnhaus in Mischbauweise, Fundamente, Decken und Treppen aus Stahlbeton, Wände in Mauerwerk.

Leichtwandzuschlag nach DIN 1055 Teil 3 berücksichtigt worden ist. Falls Wände nicht durchgehend unterstützt werden können oder mehrere Geschosse abgefangen werden müssen, dann sind wandartige Träger zu empfehlen, vgl. 2.6.2.

3.2.2 Einwirkungen, Lastannahmen

3.2.2.1 Vertikale Lasten

Für die beim Standsicherheitsnachweis von Bauten anzusetzenden Lasten ist allgemein DIN 1055 maßgebend. Diese Vorschrift enthält in Teil 1 Angaben zu den Eigenlasten der Baustoffe und Bauteile, in Teil 2 Bodenkenngrößen, in Teil 3 die von der Gebäudenutzung abhängigen Verkehrslasten und schließlich in Teil 5 Angaben zu Schnee- und Eislasten.

Bei *Stahlbetonbauwerken* sind die *ständig wirkenden Lasten* i. allg. relativ groß. Diese Lasten werden während des Bauvorgangs allmählich auf das Tragwerk, dessen System sich mit dem Baufortschritt zudem ständig ändert, aufgebracht. Dadurch entstehen Zwangbeanspruchungen, die jedoch zum großen Teil im Laufe der Zeit durch plastische Verformungen des Betons und Rißbildung beim Übergang in den Zustand II, vor allem aber durch das Kriechen des Betons abgebaut werden, so daß sich schließlich ein Beanspruchungszustand einstellt, der sich auch ergeben würde, wenn man alle Lasten nach Fertigstellung des Bauwerkes gleichzeitig aufbrächte, vgl. Abschnitt J.3.3.8.

Die *Verkehrslasten* bestehen aus einer Vielzahl von Einzellasten, deren Größe und räumliche Zuordnung zufällig und mit der Zeit veränderlich sind. Ersatzweise wird daher in der Regel mit gleichmäßig verteilten Lasten gerechnet, die jeweils feldweise in ungünstigster Stellung angesetzt werden. Örtliche Lastkonzentrationen sowie langsame Lastwechsel sind darin bereits berücksichtigt. Statistische und wahrscheinlichkeitstheoretische Untersuchungen haben in den Geschoßebenen eine ausgeprägte Flächenabhängigkeit der Verkehrslasten und weniger eine Abminderung der Stützenlasten ergeben. Ferner hat sich herausgestellt, daß die Verkehrslastannahmen nach DIN 1055 Teil 3 nicht immer auf der sicheren Seite liegen. Es wird daher empfohlen, ggf., zumindest in Teilbereichen, größere Ersatzlasten zugrunde zu legen [304]. Außerdem ist ein reichlicher Verkehrslastansatz bei späteren Nutzungsänderungen vorteilhaft. In Technikgeschossen treten durch die Ausrüstungen häufig große Einzellasten auf, die in der Planungsphase oft noch nicht bekannt sind. Es empfiehlt sich daher, hier großzügig eine gleichmäßig verteilte Ersatzlast von $p \geq 10,0 \text{ kN/m}^2$ anzusetzen.

Bei Verkehrslasten, die Stöße oder Schwingungen verursachen, müssen zur Abdeckung dynamischer Einflüsse die Lasten noch mit entsprechenden Schwing- oder Stoßbeiwerten vervielfacht werden. Bei Maschinenbetrieb sind die dynamischen Wirkungen in der Regel gesondert zu untersuchen.

DIN 1055 Teil 5 enthält je nach geographischer Lage des Gebäudestandortes bzw. je nach Schneelastzone *Regelschneelasten* $s_0 \geq 0,75 \text{ kN/m}^2$, die bei Dachflächen bis zu 30° voll und darüber abgemindert anzusetzen sind. Mögliche Schneeanhäufungen müssen zusätzlich berücksichtigt werden. Ein gleichzeitiger Ansatz voller Schnee- und Windlasten ist jedoch allgemein nicht erforderlich, siehe DIN 1055 Teil 5,5.

Abhängig von den geographischen bzw. meteorologischen Gegebenheiten ist in Sonderfällen auch mit Vereisungen zu rechnen. Hinweise für entsprechende Lastansätze enthält ebenfalls DIN 1055 Teil 5.

3.2.2.2 Horizontale Lasten

An Brüstungen und Geländern sowie bei Tribünen oder Gerüsten sind nach DIN 1055 Teil 3 auch horizontale Verkehrslasten anzusetzen.

Ferner werden natürlich alle Gebäude durch *Windlasten* beansprucht. Für nicht schwingungsanfällige Bauwerke enthält DIN 1055 Teil 4, abhängig von der Höhe über Gelände, Staudrücke, welche mit einem von der Form des Baukörpers abhängigen Beiwert vervielfacht und auf die jeweilige Windangriffsfläche wirkend anzusetzen sind. Darüber hinaus müssen an den Rändern von Wand- und Dachflächen erhöhte Soglasten zugrunde gelegt werden.

Handelt es sich jedoch um schwingungsanfällige, also schlanke Bauwerke, sind weitergehende Untersuchungen erforderlich [304, 305].

Schließlich werden auch durch herstellungsbedingte Maßabweichungen, ungewollte Lastausmitten und bei größeren Nachgiebigkeiten aussteifender Bauteile infolge von Verformungen horizontal wirkende Beanspruchungen verursacht, für die die gebäudestabilisierenden Bauteile zu bemessen sind, vgl. DIN 1045, 15.8.

3.2.2.3 Weitere Einwirkungen

Bauwerke haben ferner Eigen- und Zwangspannungen, z. B. infolge *Temperaturänderungen* oder ungleichmäßigen *Baugrundsetzungen* zu ertragen.

Im übrigen ist im Hochbau *Feuer* die wesentlichste Schadensursache, so daß dem baulichen Brandschutz sowie den örtlichen Ausdehnungen einzelner Bauteile im Brandfalle besondere Aufmerksamkeit gilt, vgl. DIN 18 230 Teil 1 und DIN 4102 sowie [306].

An erdbebengefährdeten Standorten müssen *Erdbebenkräfte* berücksichtigt werden. Dazu werden bei üblichen Hochbauten, anstelle der bei Erdbeben wirkenden Massenkräfte, horizontale Ersatzlasten angesetzt, vgl. DIN 4149 Teil 1; weiteres siehe [48, 304, 305],.

Betonbauteile können schließlich auch *chemischen Angriffen* ausgesetzt sein, wie Außenbauteile in der Atmosphäre oder Bauwerke im aggressiven Grundwasser. Der Beton muß dann die erforderlichen Widerstandsfähigkeiten nach DIN 1045, 6.5.7 aufweisen, damit die Tragfähigkeit und Dichtigkeit, vor allem aber der Korrosionsschutz der Stahlbewehrung auf Dauer erhalten bleiben.

3.2.3 Wandbauten

3.2.3.1 Mischbauweise

Bei Wohnbauten und Bürohäusern dienen die Wände in aller Regel nicht nur als Raumabschluß, sondern auch zur Lastabtragung. In der Mehrzahl der heutigen Stockwerkbauten bis zu etwa 6 Geschossen bestehen die *Wände aus Mauerwerk* nach DIN 1053 Teil 1 und nur die Gründungen, Decken, Unterzüge und Treppen aus Beton oder Stahlbeton. Aus Kostengründen werden für die Wände häufig verschiedenartige Baustoffe nebeneinander eingesetzt, z. B. Leichtziegel oder Normalziegel neben Kalksandstein und Beton. Hierbei sind die Unterschiede der bauphysikalischen und mechanischen Eigenschaften sowie die Belastungszustände zu berücksichtigen. Beides kann beachtliche Verformungsdifferenzen und damit Zwangbeanspruchungen verursachen und zu Rissen führen [49a, 307].

Nach DIN 1053 Teil 1 ist die Aufnahme horizontaler Lasten sowie die *räumliche Steifigkeit* und *Stabilität* gemauerter Bauwerke durch eine ausreichende Anzahl aussteifender Wand- und Deckenscheiben sicherzustellen. Ferner müssen in alle Außenwände sowie in die Querwände, soweit sie als Scheiben auch horizontale Lasten abzutragen haben, in jedem Geschoß Stahlbetonringanker eingelegt werden, falls nicht durch Stahlbetondecken diese Ringankerfunktion erfüllt wird. Neben Deckenplatten aus Ortbeton können auch Fertigteildecken zur Aussteifung herangezogen werden. Diese müssen dann im Endzustand ebenfalls eine tragfähige Deckenscheibe bilden, vgl. 2.6.3.

3.2.3.2 Betonbauweise

Bei der Betonbauweise werden auch die *tragenden Wände in Beton* erstellt. Diese bietet vor allem dann Kostenvorteile, wenn man Großflächenschalungen wiederholt einsetzen kann oder viele gleiche Fertigteile verwendet werden.

Die Wandscheiben reiner Betonbauwerke erhalten in der Regel nur eine konstruktive Bewehrung. Sie gelten dann nach DIN 1045, 17.9 als unbewehrt. Da aber bei späteren Zwangbeanspruchungen, z. B. als Folge des unterschiedlichen Schwindens der Betondecken, vorwiegend an einspringenden Ecken, Risse auftreten, wird an Öffnungen und größeren Aussparungen eine konstruktive Bewehrung empfohlen.

Zur Einhaltung der Wärmeschutzvorschriften müssen Außenwände aus Normalbeton eine *Wärmedämmung* erhalten [308]. Um den Wärmeschutz gegenüber Normalbeton zu verbessern, verwendet man bei Außenwänden Leichtbeton nach DIN 4219, d. h. Zuschläge mit porigem Gefüge. Durch Verwendung von *Leichtbeton mit haufwerksporigem Gefüge* nach DIN 4232 läßt sich die Wärmedämmung weiter erhöhen. Die Herstellung von Leichtbeton nach DIN 4232 ist jedoch auf werkmäßige Fertigung und geschoßhohe sowie großformatige Wandtafeln beschränkt. Dem Leichtbeton wird hierbei nur soviel Feinmörtel zugegeben, daß die Zuschlagkörner umhüllt sind, jedoch zwischen den Körnern nach dem Verdichten noch Hohlräume verbleiben. Die Wandtafeln sind unbewehrt, müssen jedoch untereinander und mit den Decken durch Bewehrungsstäbe verbunden werden, siehe DIN 4232. Bei Außenwänden aus Leichtbeton mit haufwerksporigem Gefüge ist immer ein Feuchteschutz notwendig, z. B. eine separate Wetterschutzschicht aus Normalbeton, Putz oder Verblendmauerwerk.

Bei der *Zellenbauweise* ergibt sich die Standsicherheit durch Aneinanderreihen von Raumzellen aus Wand- und Deckenscheiben. Die Übertragung lotrechter Lasten erfolgt über quer- wie längsgerichtete Wände. Dagegen stehen bei der *Schottenbauweise* für die Aufnahme lotrechter Lasten in der Regel nur Querwände zur Verfügung, siehe Bild 3-2. Die Aufnahme von Windkräften und die Sicherstellung der erforderlichen Gebäudesteifigkeit bereiten in Querrichtung auch hier statisch keine Schwierigkeiten. Dagegen fehlen häufig die zur Aufnahme von Windkräften auf die

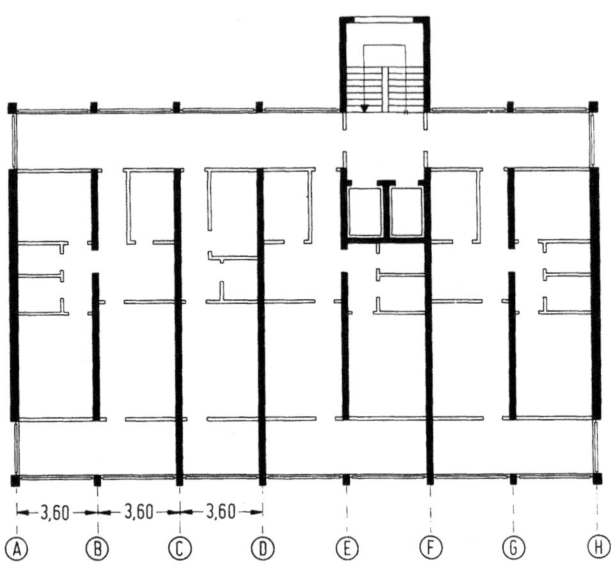

Bild 3-2. Grundriß eines Wohngebäudes in „Schottenbauweise".

Giebelwände erforderlichen Längsscheiben, so daß die Standsicherheit in Gebäudelängsrichtung notfalls durch die Rahmenwirkung der Querwand-Decken-Verbindungen erreicht werden muß.

Eine wirtschaftliche Ortbetonbauweise setzt den Einsatz *großflächiger Schalungselemente*, z. B. raumhoher Wandschalungen oder Schalungstische für die Decken, voraus [309]. Besonders kostengünstig ist die Tunnelschalung, bei der Seitenwände und Decken eines ganzen Raumes jeweils gleichzeitig eingeschalt und betoniert werden. Nach dem Erhärten des Betons klappt man die Schalung teilweise ab, senkt die Schalwagen, verfährt sie seitlich nach außen und versetzt sie mit dem Baukran in die nächste Position, meistens in das folgende Geschoß. Dieses Bauverfahren läßt in der Fassade keine Randunter- oder -überzüge zu und verlangt von Geschoß zu Geschoß einen gleichbleibenden Abstand der Querwände. Der Grundriß- und Fassadengestaltung sind somit enge Grenzen gesetzt. Die Fassadenelemente werden später vorgesetzt. Ein Beispiel für dieses Verfahren ist das etwa 120 m hohe Plaza-Hotel in Hamburg [310].

3.2.3.3 Tafelbauweise

Durch Verwendung industriell gefertigter Wand- und Deckentafeln aus Beton oder Leichtbeton wird versucht, neben wirtschaftlichen auch zeitliche Vorteile zu erzielen. Um eine möglichst große *Wirtschaftlichkeit* zu erreichen, muß man bei einem Fertigteilbau Grundrißgestaltung und Höhenentwicklung ebenso wie die Festlegung der tragenden und stabilisierenden Konstruktion auf die Vorfertigung und Montage abstimmen. Dabei versucht man, mit möglichst wenigen Elementtypen auszukommen, um die Kosten für Schalung und Lagerhaltung niedrig zu halten. Ferner werden große Fertigteile angestrebt, um die Montageleistungen zu erhöhen und die Zahl der Fugen zu verringern. Die Größe der Fertigteile wird durch die Tragfähigkeit der Hebezeuge sowie beim Straßentransport durch die Durchfahrtshöhen und zulässigen Fahrzeugbreiten begrenzt.

Wenn man Wände und Decken aus 1,5 bis 3,0 m breiten Elementen zusammensetzt, dann wird die Größe der Räume durch den Transport der Fertigteile kaum beschränkt. Die Deckenspannweiten können ziemlich flexibel gehalten werden, weil sich die Länge der Deckentafeln im Fertigteilwerk leicht verändern und dem Entwurf anpassen läßt. Nachteilig ist nur die größere Zahl der Fugen.

Nach dem 2. Weltkrieg wurde die *Großtafelbauweise* entwickelt, weil viele Wohnungen in kurzer Zeit errichtet werden mußten. Bei dieser besonders in den osteuropäischen Ländern verbreiteten Methode werden geschoßhohe, meist raumgroße Wand- und Deckenplatten verwendet, siehe Bild 3-3, [10c, 50]. Durch Fertigteilwerke mit guter Geräteausstattung sind bei sorgfältiger Planung, einfacher und schneller Montage sowie bei großen Serien gegenüber konventionellen Bauweisen erhebliche Kostenvorteile zu erzielen. Wenn die vorgefertigten Platten im Werk bereits mit Putz oder Fliesen sowie Innenausbauelementen, wie Fenstern und Türrahmen sowie sanitären und elektrischen Installationen, versehen werden, sind an die Maßhaltigkeit und Qualität der Fertigung sehr hohe Anforderungen zu stellen. Nachträgliche Änderungen sind nicht oder nur mit hohen Kosten möglich.

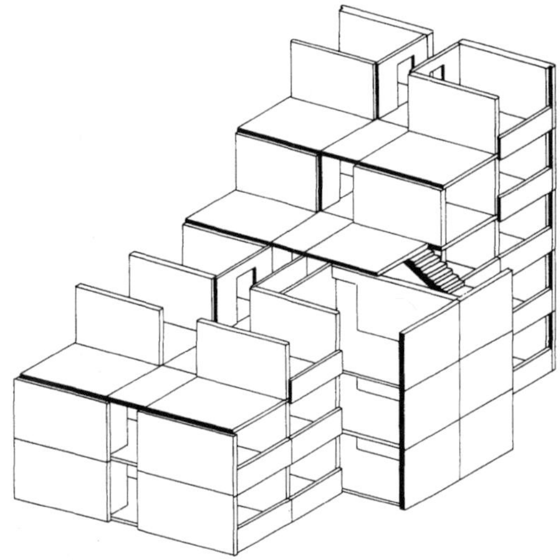

Bild 3-3. Großtafelbauweise im Wohnungsbau.

Tragende Betonwände müssen nach DIN 1045, 25.5.3.2 und 19.8.2, mindestens 10 cm dick sein. Mit Rücksicht auf den Schallschutz wird eine *Mindestdicke* von 14 cm empfohlen. Zur Einhaltung eines erhöhten Schallschutzes nach DIN 4109 können bei Wohnungstrennwänden sogar Wanddicken $d \geq 22$ cm erforderlich sein [311]. Bei nichttragenden Wänden genügen 7 bis 14 cm.

Die Wandtafeln werden häufig nur an ihren Rändern *konstruktiv bewehrt*, gelten also als unbewehrt. Um die Betonerhärtung zu beschleunigen, werden die Fertigteile im Werk beheizt. Infolge dieser Wärmebehandlung sowie auch bei späteren Zwangbeanspruchungen treten häufig, vor allem an einspringenden Ecken, Risse auf, so daß es zweckmäßig ist, Öffnungen und Aussparungen durch eine konstruktive Bewehrung einzufassen, siehe auch 3.2.3.2.

Außenwandtafeln sind i. allg. sandwichartig aufgebaut, siehe Bild 3-4. Sie bestehen im Normalfall aus 3 Schichten [10c, 50, 51, 228]:

– aus der inneren, der *tragenden Normal- oder Leichtbetonschale*, die 10 bis 16 cm dick ist und meist mittig mit einer Betonstahlmatte konstruktiv bewehrt wird,

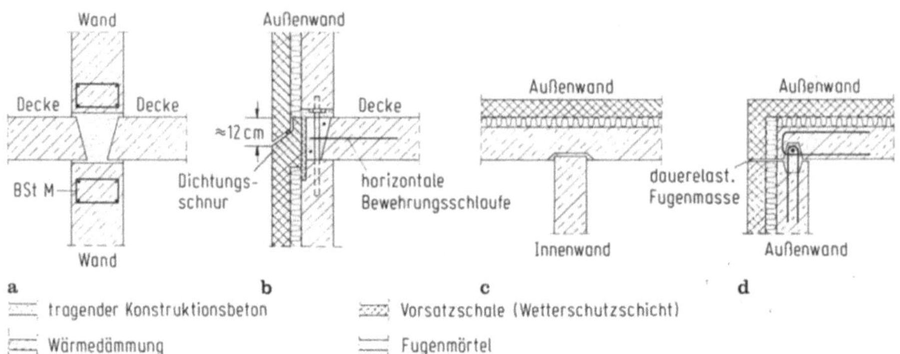

Bild 3-4a–d. Beispiele für Verbindungen zwischen Wand- und Deckentafeln, bzw. Wand- und Wandtafeln.

– aus einer 3 bis 6 cm dicken *Wärmedämmschicht* und
– aus der 6 bis 9 cm dicken *Vorsatzschale* in Sichtbeton oder zur Erhöhung der Witterungsbeständigkeit und Dauerhaftigkeit mit Putz, Kunststoffbeschichtung oder Keramikbelag versehen.

Die tragende Innenschale und die Vorsatzschale werden durch *Anker aus nichtrostendem Stahl* miteinander verbunden. Zur Verminderung der Rißbildung muß dabei der Vorsatzschale eine weitgehende zwängungsfreie Temperaturdehnung ermöglicht werden. Die zur Abtragung der Eigenlasten notwendigen Traganker sollten deshalb im Plattenschwerpunkt (Bewegungsruhepunkt) angeordnet sein. Biegeweiche Verbundanker in der Nähe der Plattenränder dienen zur Stabilisierung und sollen ein Verwölben der Vorsatzschale verhindern sowie die Windkräfte überleiten [228]. Starre bewehrte Betonstege entlang der Ränder haben sich nur bedingt bewährt. Bei hohen thermischen Belastungen kommt es hierbei leicht zu Rißbildungen und Betonabplatzungen, so daß der Korrosionsschutz des Betonstahls verlorengeht [2, 49b].

Die *Standsicherheit* von Großtafelbauten beruht wie bei der Zellenbauweise auf der Aneinanderreihung stabiler Raumzellen, siehe Bild 3-3. Die Verbindung der Einzeltafeln an den Kanten kann gewöhnlich als gelenkig angesehen werden. Anders aber als monolithisch hergestellte und statisch unbestimmte Tragsysteme verfügen Großtafelbauten wegen der vielen Fugen über geringere Tragreserven. Deshalb ist den Verbindungen von Wand- und Deckenplatten besondere Aufmerksamkeit zu widmen, damit trotz geringen Montageaufwandes letztlich ein der monolithischen Bauweise weitgehend gleichwertiges Bauwerk entsteht, siehe DIN 1045, 19.7 und 19.8, [5c, 10c, 11, 50–52, 228, 312, 313].

Decken- und Wandtafeln werden durch *Zementmörtel- oder Betonfugen* miteinander verbunden, wobei das Verfüllen und Verdichten besonders sorgfältig erfolgen muß. Durch eine Schubverzahnung (Profilierung der Fugen) und eine seitlich herausstehende, die Fuge kreuzende Querbewehrung wird die Schubkraftübertragung und damit die Scheibenwirkung deutlich verbessert; jedoch erschweren diese Stähle die Fertigteilherstellung und -montage.

Zur gleichmäßigeren Lasteinleitung werden Deckenplatten auf einer Mörtelschicht oder einem äquivalenten Lagerstreifen abgesetzt. Dabei gelten im Endzustand die gleichen Auflagertiefen wie bei Ortbeton. Wegen der Unsicherheiten im Lasteinleitungsbereich und wegen möglicher Auflagerverdrehungen der Deckenplatten darf der tragende Wandquerschnitt nach DIN 1045, 19.8.4 über dem Stoß zweier Deckenplatten nur zur Hälfte, bei Anordnung einer horizontalen Spaltzugbewehrung, siehe Bild 3-4a, bis zu 60% in Rechnung gestellt werden, sofern nicht durch Versuche eine höhere Lastaufnahme nachgewiesen werden kann [312]. Die Bilder 3-4a bis 3-4d zeigen Beispiele für die Verbindung von Wandplatten untereinander sowie von *Wand-Decken-Knoten*. Fugen in Außenwandplatten werden zur Verbesserung des Feuchteschutzes zusätzlich mit PVC-Profilen oder ähnlichem gedichtet [9, 314].

3.2.4 Stahlbetonskelettbauten

3.2.4.1 Allgemeines

Bei vielen Gebäuden ist eine möglichst freie Raumgestaltung erwünscht. Außerdem sollen Umbauten infolge geänderter Nutzungsanforderungen leicht und mit geringem Aufwand möglich sein. Diesen Forderungen kommt die Skelettbauweise entgegen, bei der die tragende Funktion von den übrigen Gebäudefunktionen weitgehend getrennt ist.

Wegen ihrer *Flexibilität* bei der Nutzung ist die *Skelettbauweise* bei Bürohäusern, im Industriebau, bei Lagergebäuden und Werkstätten sowie im Krankenhaus- und Schulbau weit verbreitet, wobei großenteils Betonfertigteile, häufig sogar typisierte Systeme verwendet werden.

Bei den Skelettbauten sind die tragenden Wände durch Einzelstützen und Unterzüge ersetzt und diese zusammen mit den Deckenplatten zu einem gemeinsam wirkenden, meist auch biegesteifen Rahmensystem verbunden, siehe Bild 3-5a und Bild I.2-1. Hinsichtlich der Berechnung und Konstruktion einzelner Bauteile wird auf Abschnitt 2 verwiesen.

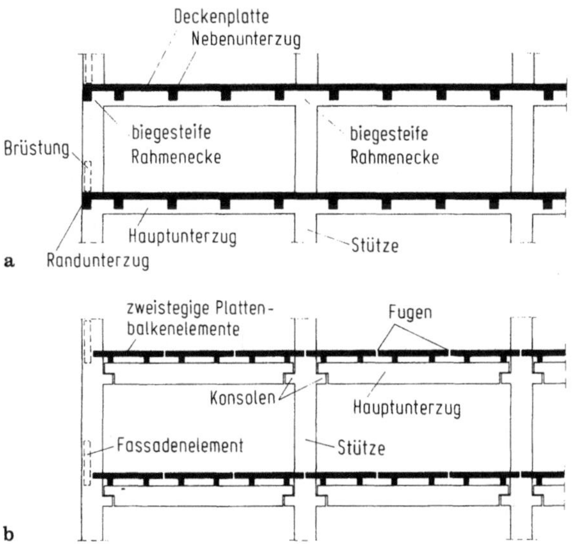

Bild 3-5a, b. Gegenüberstellung von Stahlbetonskelettbauten.
a) Ortbetonbauweise, b) Fertigteilbauweise.

Die *Fassadenelemente* werden zwischen die Randstützen gestellt oder vor die tragende Konstruktion gehängt. Bei einer Vorhangfassade bleibt die gesamte Stahlbetonkonstruktion verdeckt. Von Vorteil hierbei ist, daß die nach unten wegen zunehmender Lasten breiter werdenden Stützen etwas zurückgesetzt sind und somit die Fassadengestaltung nicht beeinflussen.

Üblich sind sandwichartig aufgebaute Fassadenelemente aus Wetterschutzschicht (Vorsatzschale), Wärmedämmung und tragender Innenschale, deren Aufbau und Verbindungselemente die gleichen wie bei Tafelbauten sind, siehe 3.2.3.3. Bei hohen Häusern bevorzugt man zur Gewichtsersparnis mehrschichtige Leichtfassaden, siehe [217, 315]. Die Befestigung der Fassadenplatten muß sorgfältig und in der Regel durch *Verankerungselemente* aus nichtrostendem Stahl erfolgen. Nicht ausreichend witterungsbeständig verankerte Fassadenplatten stellen eine erhebliche Gefährdung dar, und Überprüfungen, Reparaturen oder notwendige Erneuerungen sind sehr aufwendig. Ferner ist eine gewisse Beweglichkeit (Nachgiebigkeit) bei thermischer Beanspruchung erforderlich. Wegen der Beurteilungsgrundlagen für Fassadenverankerungen siehe [53].

Die Raumeinteilung erfolgt durch leichte nichttragende Trennwände nach DIN 4103, die entsprechend den Bedürfnissen des Nutzers beliebig angeordnet werden können, zur Gebäudeaussteifung aber nicht herangezogen werden dürfen.

3.2.4.2 Deckenkonstruktionen

Die Decken verursachen einen erheblichen Teil der Rohbaukosten. Das gewählte Deckensystem bestimmt daher weitgehend die Wirtschaftlichkeit einer Baumaßnahme.

Die *konventionelle Skelettbauweise*, mit Haupt- und Nebenunterzügen und einer in beiden Richtungen mitwirkenden Deckenplatte, siehe Bild 3-5a, erfordert einen hohen Schalungsaufwand und entsprechende Bauzeiten. Aus wirtschaftlichen sowie aus zeitlichen Gründen setzen sich daher zunehmend die teilweise Vorfertigung wie auch vollständige Fertigteillösungen durch, siehe 3.2.4.4.

Das Verlegen von *Installationsleitungen* verlangt bei Plattenbalkendecken in den Stegen unmittelbar unter der Deckenplatte viele und oft große Aussparungen. Die Größe der Zu- und Abluftkanäle hat daher erheblichen Einfluß auf die gesamte Deckenkonstruktion.

Bei Bürobauten mit einem Flur in der Gebäudemitte versucht man, die Innenstützen im Bereich der Flurwände unterzubringen. Für die quer verlaufenden Unterzüge ergeben sich dadurch jedoch sehr ungleiche Feldweiten. Vorteilhaft ist dabei, daß im Flurbereich die Konstruktionshöhe dieser Unterzüge erheblich niedriger gehalten werden kann oder daß die Stege ganz entfallen können. Man erhält so entlang der Flure Raum für die Haupttrasse der Installationsleitungen. Für die weitere Verteilung steht der Raum zwischen den quer verlaufenden Unterzugstegen zur Verfügung. Wegen der vom Nutzer meist gewünschten glatten Deckenuntersicht werden die Decken ohnehin abgehängt und damit die Leitungen verdeckt.

Bei Stahlbetonskelettbauten verzichtet man zunehmend auf Balken und lagert die Decken unmittelbar auf den Stahlbetonstützen (*Flachdecken*). Durch Verzicht auf Unterzüge ergeben sich bei gleicher Nutzung geringere Geschoßhöhen und somit eine bessere Ausnutzung des umbauten Raumes. Neben der freien Raumgestaltung erlauben Flachdecken ferner eine nahezu unbehinderte Führung von Installationsleitungen; vgl. 2.4.4. Bei der Wahl des Deckensystems sind diese Vorteile oft ausschlaggebend gegenüber dem etwas größeren Materialaufwand, besonders beim Bewehrungsstahl. Die seit etwa 1980 auch in Deutschland angewandte teilweise Vorspannung ohne Verbund nach DIN 4227 Teile 2 und 6 gestattet größere Stützweiten bei geringeren Verformungen und bietet darüber hinaus auch wirtschaftliche Vorteile [31, 261, 265, 316].

3.2.4.3 Gebäudeaussteifung

Horizontalkräfte aus *Wind*, ungewollten *Schiefstellungen* der Stützen sowie infolge von *Baugrundsetzungen* oder *Temperaturänderungen* müssen durch lotrechte, aussteifende Bauteile, wie Wandscheiben, in den Baugrund abgeleitet werden. Nur in seltenen Fällen, wie beispielsweise bei eingeschossigen Industriehallen, wird man eine hinreichende Horizontalsteifigkeit allein über die Fundamenteinspannungen der Stützen erreichen.

Um Horizontallasten in jeder Richtung aufnehmen zu können, sind mindestens drei *Wandscheiben* nötig, siehe 2.6.3. Stoßen Wände aneinander, dann nutzt man die steifigkeitserhöhende Faltwerkwirkung durch schubfeste Kantenverbindungen, beispielsweise bei Treppenhäusern. Scheiben können auch elastisch miteinander gekoppelt sein, z. B. durch die Stürze oder Deckenstreifen zwischen übereinander angeordneten Öffnungen. Es entstehen dann *gegliederte Scheiben*, oft mit regelmäßigen Öffnungsreihen, deren rechnerische Untersuchung nach [5c, 54, 304, 317, 318] erfolgen kann, für Hochhäuser siehe auch 3.2.5.1. Bei hohen Gebäuden lohnt sich die biegesteife Koppelung von Wandscheiben eigentlich immer, selbst wenn als „Riegel" nur die Deckenstreifen zwischen raumhohen Öffnungen zur Verfügung stehen [304].

Treppenhauswände, Aufzug- und Installationsschächte werden meist zu biege- und torsionssteifen Kernen zusammengefaßt. Solche *Treppenhauskerne* gewährleisten bei entsprechender Dimensionierung eine hinreichende Aussteifung. Statisch gesehen sind Aussteifungselemente daher in die Gründung eingespannte vertikale Kragträger [319]. Sind mehrere aussteifende Tragelemente vorhanden, werden sie in der Regel durch die Decken geschoßweise miteinander gekoppelt, so daß sich ein hochgradig statisch unbestimmtes räumliches Tragwerk ergibt. Die Geschoßdecken müssen dabei als starre Scheiben die Horizontallasten auf die vorhandenen Wandscheiben und Aussteifungskerne entsprechend der jeweiligen Steifigkeiten verteilen [319]. Bei Ortbetondecken oder Fertigteildecken mit Ortbetonergänzung bereitet die Ausbildung einer tragfähigen Deckenscheibe keine Schwierigkeiten. Jedoch sind bei reinen Fertigteilkonstruktionen besondere Maßnahmen notwendig, um die erforderliche horizontale Scheibentragwirkung zu erhalten, siehe 2.4.5 und 2.6.3.

3.2.4.4 Fertigteilbauweise

Im Industriebau werden Skelettbauten überwiegend aus Fertigteilen erstellt [9, 228]. Vorteilhaft sind neben der kurzen Bauzeit die gleichmäßigere Betonqualität, größere Maßhaltigkeit und die bessere Qualitätskontrolle. Es werden zahlreiche variable Fertigteilsysteme angeboten, aus denen sich Skelettbauwerke zusammensetzen lassen [9, 320].

Während sich bei der Ortbetonbauweise, wie in Bild 3-5a gezeigt, Haupt- und Nebenträger durchdringen und die Stöße sowie Verankerungen der Bewehrung an den Kreuzungspunkten und in der gemeinsamen Platte konstruktiv keine Schwierigkeiten bereiten, gelingt es bei einer Fertigteillösung nicht immer, die Biegesteifigkeiten und Duktilität einer in einem Guß hergestellten Konstruktion zu erreichen. Bild 3-5b zeigt eine häufig ausgeführte Fertigteillösung, bei der aber zum großen Teil auf *biegesteife Verbindungen* und *Durchlaufwirkungen* verzichtet wird. Bei diesem Beispiel werden jeweils zwei Nebenträger gemeinsam mit der Deckenplatte als zweistegige Plattenbalken vorgefertigt, siehe auch Bild 2-18, und einfach oben auf die Hauptträger gelegt, die ihrerseits als Einfeldbalken mit üblichem Rechteckquerschnitt beiderseits auf Stützenkonsolen aufliegen. Zur konstruktiven Durchbildung siehe 2.2.7. Nachteilig ist, daß die Hauptträgerdurchlaufwirkung verlorengeht und außerdem eine größere Gesamtkonstruktionshöhe als bei der Ortbetonlösung erforderlich ist. Durch Absetzen der Lager kann der zweite Nachteil etwas gemindert werden. Allgemein werden Fertigteile auf einem Mörtelbett abgesetzt, üblich sind auch Zwischenlagen aus Pappe, Holz oder Teflon. Bei größeren Lasten oder großen Spannweiten sind Elastomerlager notwendig und zweckmäßig. Dadurch erzielt man etwa gleichmäßige Auflagerpressungen und eine horizontale Verschieblichkeit. Ausschließlich aus Fertigteilen bestehende Konstruktionen verfügen aber gegenüber Ausführungen in Ortbeton über deutlich geringere Tragreserven, und die räumliche Gebäudestabilität erfordert stets besondere Beachtung.

Bei einer nur *teilweisen Vorfertigung* hingegen, z. B. bei Verwendung von Fertigteilen mit seitlich herausstehenden Bewehrungsstäben, die in angrenzenden Ortbetonabschnitten kraftschlüssig verankert oder gestoßen werden können, entstehen Tragwerke, die denen aus Ortbeton nicht nachstehen. Verbreitet sind Deckensysteme, bei denen man die Balkenstege bis zur Unterkante Deckenplatte vorfertigt, darauf in Querrichtung 4 bis 6 cm dicke Deckenelemente verlegt, beides durch eine statisch mitwirkende Ortbetonschicht und über herausstehende Schub- und Verbundbewehrung kraftschlüssig miteinander verbindet und schließlich ein nahezu völlig monolithisches Tragwerk erhält, vgl. 2.2.7.

Bild 3-6 zeigt den Querschnitt einer weitgehend aus Fertigteilen hergestellten *zweigeschossigen Produktionshalle* [321]. Wegen der kurzen zur Verfügung stehenden Bauzeit und der relativ großen Geschoßhöhen entschied man sich für eine Fertigteillösung. Während der Herstellung der Fundamente und der Bodenplatte auf der Baustelle wurde gleichzeitig in mehreren Fertigteilwerken mit der Vorfertigung von Stützen, Balkenstegen, Fachwerkträgern, Deckenelementen und Fassadenplatten begonnen. Nach dem Aufstellen der Stützen und dem Verlegen der jeweils 10,8 m weit gespannten Haupt- und Nebenunterzüge, der Gitterträger-Deckenelemente sowie der oberen Bewehrung wurde die Zwischendecke durch Ortbeton ergänzt und damit die Fertigteile zu einer in beiden Richtungen wirkenden Plattenbalkendecke verbunden. Die Dachdecke wurde ebenfalls nach diesem Prinzip hergestellt. Wegen der zur Verfügung stehenden Höhe wählte man für die vorgespannten Fachwerkbinder die doppelte Stützweite. Durch die Transparenz der Dachbinder ist der Dachraum für Instalationen nutzbar. Die etwa 100 m lange, zweigeschossige Halle ist in der Mitte durch eine Dehnungsfuge unterteilt und an allen vier Ecken durch Treppenhäuser ausgesteift.

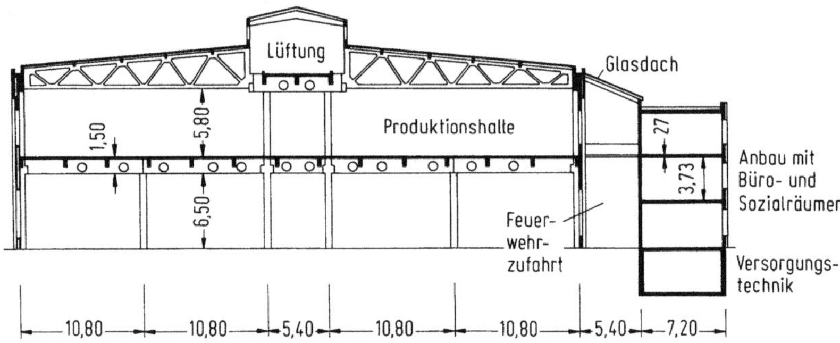

Bild 3-6. Schnitt durch eine Produktionshalle aus Fertigteilen mit Ortbetonergänzung [321].

Mit diesem Deckensystem wird die volle *Durchlaufwirkung* jedoch nur dann erreicht, wenn sich die Nebenträgerstirnfugen vollständig mit Fugenbeton verfüllen lassen. Das gelingt oft nur unzureichend, so daß man besser die Hauptträger konventionell herstellt. Nach dem Verlegen der unteren Hauptträgerbewehrung werden die vorgefertigten Nebenträgerstege mit der herausstehenden Anschlußbewehrung in die Seitenschalung der Hauptträger eingehängt. Sie binden nur wenige Zentimeter in die Hauptträgerstege ein. Nach dem Verlegen der Deckenelemente sowie der oberen Bewehrung werden die Hauptträger gleichzeitig mit der Deckenplatte betoniert, so daß ein in beiden Richtungen durchlaufendes und *quasi monolithisches Plattenbalkensystem* entsteht, siehe z. B. [322].

3.2.4.5 Besondere Bauverfahren

Die *Hubdecken-Bauweise* (Lift-Slab-Verfahren) ist ein Sonderfall der Vorfertigung. Hierbei hebt man die am Boden vorgefertigten Decken als ganzes nach oben. Nach der Fertigstellung der Gründung, der Bodenplatte und der aussteifenden Kernbauwerke in konventioneller Weise werden die Stützen aufgestellt; Stahlstützen über viele Geschosse, Stahlbeton-Fertigteilstützen nur über 2 bis höchstens 4 Stockwerke. Die Geschoßdecken betoniert man dann nacheinander als Flachdecke auf der Bodenplatte, jeweils durch eine Folie oder Sprühmittelschicht getrennt. An den Stützen und entlang der Kernwände erhalten die Decken ausreichend große Aussparungen, um sie später heben zu können. Dazu werden auf allen Stützen sowie rund um die Kerne, d. h. an allen Deckenauflagerpunkten, Hubeinrichtungen (*Heber*) installiert, die Decken einzeln oder paketweise hydraulisch gehoben und in ihrer endgültigen Lage durch einrastende Stahlstelzen oder -keile arretiert, siehe Bild 3-7. Bei hohen und knickgefährdeten Stützen müssen die Decken abschnittsweise gehoben und zwischengelagert werden [7, 323]. Statisch handelt es sich um lochrandgestützte Flachdecken; weiteres in 2.4.4.

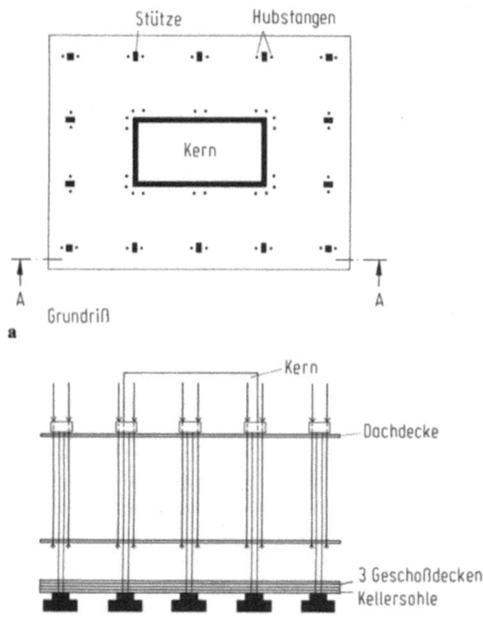

Bild 3-7a, b. Hubdecken-Verfahren.
a) Grundriß, b) Schnitt A-A.

Während beim Hubdeckenverfahren einzelne Decken nach oben gezogen werden, wird beim *Jackblock-Verfahren* der jeweils fertiggestellte Gebäudeteil insgesamt geschoßweise hydraulisch nach oben gedrückt und das nächst tiefere Stockwerk angefügt. Wände und Decken werden daher zu ebener Erde in einer ortsfesten Schalung erstellt. Dieses Verfahren ist für beengte Baustellenverhältnisse entwickelt und mehrfach, auch bei Gebäuden bis zu 20 Geschossen eingesetzt worden [324].

Bei der *Deckelbauweise* errichtet man den unteren Teil eines Gebäudes ebenfalls von oben nach unten. Bei diesem, im unterirdischen Verkehrsbau entwickelten Verfahren werden im Schutz eines Deckels, meist der ebenerdigen Geschoßdecke, die Baugrube abschnittsweise ausgehoben und die Untergeschoßdecken nacheinander eingezogen, die gleichzeitig der Baugrubensicherung dienen [325]. Dieses Verfahren hat sich besonders bei engen Baulücken im Innenstadtbereich bewährt [326, 327]. Zur Sicherung der bestehenden Bebauung werden zunächst Schlitzwände errichtet und an den Stellen der späteren Stützen Stahlrohre bis in den tragfähigen Baugrund gebohrt, siehe Bild 3-8. Den Pfahlfuß bildet man wie bei üblichen Großbohrpfählen mit Fußverbreiterung aus. In den noch

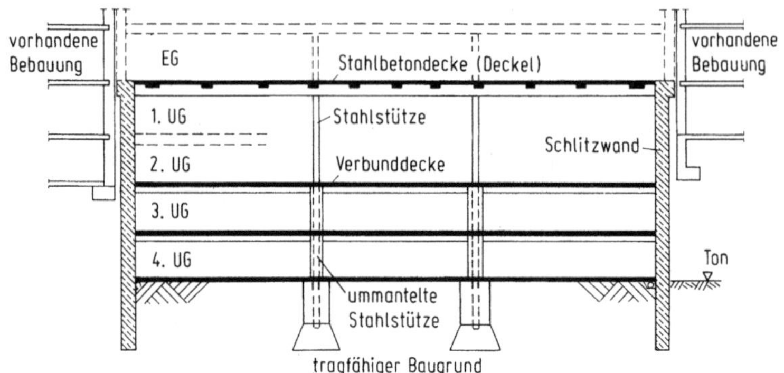

Bild 3-8. Deckelbauweise.
3. und 4. UG fertiggestellt, Decke über 2. UG wird noch eingezogen.

frischen Beton werden Stahlstützen gestellt und das Bohrloch mit Kies verfüllt, bevor das Mantelrohr wieder gezogen wird. Danach wird die Baugrube durch eine Stahlbetondecke, den sog. Deckel, abgedeckt. Dieser liegt auf den Schlitzwänden und den inneren Stahlstützen auf. Ggf. wird die Abdeckung so bemessen, daß sie durch Baufahrzeuge oder sogar den örtlichen Verkehr genutzt werden kann. Für den Bodenaushub unter dem Deckel sind niedrige Radlader erforderlich, die das Erdreich zunächst in die Nähe der Deckenöffnungen transportieren. Greifer befördern von dort das Aushubmaterial nach oben. Nach dem Aushub eines, höchstens zweier Stockwerke muß eine Zwischendecke eingezogen werden, um die unverankerten seitlichen Schlitzwände abzustützen. Für die rechtwinklig zu den Schlitzwänden gespannten Träger werden wegen ihrer einfacheren Anschlußmöglichkeiten und geringeren Eigenlasten auch Stahlprofile (Verbundträger) eingesetzt [327].

Wenn die unterste Sohle erreicht ist, wird die Bodenplatte eingezogen. Zur Erhöhung der Tragfähigkeit und als Brandschutz werden die nach dem Aushub freistehenden Stahlstützen mit Beton ummantelt (Verbundstützen). Zuletzt zieht man die noch fehlenden Zwischendecken ein, siehe Decke zwischen dem 1. und 2. Untergeschoß in Bild 3-8. Die Treppenhäuser und Aufzugschächte werden dann in gewohnter Weise von unten nach oben errichtet und mit den Decken kraftschlüssig verbunden.

3.2.4.6 Dehnungsfugen

Verformungen sind Folge äußerer Lasten, von Temperaturänderungen und von Baugrundsetzungen sowie bei Stahlbetonbauwerken auch von Schwinden und Kriechen des Betons. Wenn dadurch bedingte Bewegungen behindert werden, entstehen *Zwangbeanspruchungen*. Diese hängen sowohl von der Größe der Verformungen als auch von deren Behinderung, d. h. von der Verformbarkeit des Bauwerks ab. Ist zu befürchten, daß ein Tragwerk den zu erwartenden Verformungen nicht mehr schadensfrei folgen kann, dann müssen Bewegungsfugen vorgesehen werden, die das Gebäude in einzelne Abschnitte teilen [55, 56, 328]. Nachteilig ist, daß die Abschnitte zwangsläufig schlanker und gegenüber horizontalen Lasten empfindlicher sind. Außerdem muß jeder Gebäudeteil für sich standsicher sein. Dies kann bei Stahlbetonskelettbauten zu erheblichen Schwierigkeiten führen [329].

Stoßen Gebäude mit sehr unterschiedlichen Höhen aneinander, so daß größere Setzungsdifferenzen zu erwarten sind, dann ist eine Trennung der Gebäudeteile durch eine bis in die Gründung durchgehende *Setzungsfuge* zweckmäßig [304, 315, 330]. Diese Fugen verlaufen meist vertikal und ohne Verzahnungen, damit unterschiedliche Setzungen nicht behindert werden. Entstehende Absätze müssen hingenommen oder durch Übergangskonstruktionen ausgeglichen werden.

Bewegungsfugen, die horizontale Verschiebungen ermöglichen sollen, sind teure und anfällige Bauteile, die ständiger Wartung bedürfen. In der Praxis sind Bewegungsfugen wegen ihrer Schadensanfälligkeit Schwachstellen, deren Anzahl man gering zu halten versucht. Seit den sechziger Jahren werden daher zunehmend auch größere Gebäude ohne Dehnungsfugen ausgeführt [57, 331]. Die Konzeption eines Bauwerkes sowie die einzelnen Bauteile müssen dabei sorgfältig auf die möglichen Verformungen und die Zwangbeanspruchungen abgestimmt sein, um klaffende Risse zu vermeiden [211].

Bei *Stahlbetonskelettbauten* verursachen horizontale Deckenverformungen Auslenkungen der vertikalen Bauteile. Wird auf Dehnungsfugen verzichtet, dann müssen Stützen und Aussteifungskerne die nun größeren Verformungen und Zwangbeanspruchungen aufnehmen können. Kritisch sind hierbei immer die am weitesten vom Bewegungsruhepunkt entfernten Stützen, die selbst bei einer großen, z. B. durch einen Brand verursachten Kopfauslenkung nicht versagen dürfen. [329] enthält Hinweise zur Abschätzung der aufnehmbaren Zwangverformungen in Decken, Stützen und Kernen von Stahlbetonskelettbauten und [332] bestätigende Versuche hierzu. Danach reicht die Verformbarkeit üblicher bügelbewehrter Stützen auch im Brandfall und bei den dabei örtlich auftretenden Deckenverformungen aus, solange der Dehnungsfugenabstand, wie ihn DIN 1045, 14.4.2 vorsieht, 30 m nicht überschreitet. Es sind aber auch größere Fugenabstände möglich, wenn man die Bauteile so bewehrt, daß sie den Verformungen schadensfrei folgen und die Zwangschnittgrößen aufnehmen können. So haben Versuche ergeben, daß sich die Duktilität der Betondruckzone und damit die Verformbarkeit der Stützen durch eine enge Verbügelung bis zum 5fachen steigern läßt [332].

3.2.5 Hochhäuser

3.2.5.1 Allgemeines

Bei knappem Bauland und hohen Grundstückspreisen wird vor allem in den Geschäftsvierteln der Städte versucht, Baugrundstücke optimal auszunutzen. Die Stapelung vieler Geschosse mit gleicher Nutzung übereinander, die durch vertikale Verkehrskerne auf kürzestem Wege miteinander verbunden und über leistungsfähige Aufzüge schnell erreichbar sind, führt zum Hochhaus.

Die ersten Hochhäuser hatten Skelette aus Stahl. Heute werden wegen des einfacheren Brandschutzes Hochhäuser zwischen 100 und 200 m überwiegend in Stahlbeton erstellt. Das derzeit höchste Bürohaus in Europa, der Messeturm in Frankfurt a. M., ist 1991 fertiggestellt worden [333] und gehört mit seiner Höhe von 256,5 m weltweit zu den höchsten Stahlbetonhochhäusern, die fast 300 m erreichen [304].

Hochhäuser im Sinne unserer Bauordnungen sind Gebäude, bei denen der Fußboden des obersten Geschosses mindestens 22 m über Gelände liegt. Sie haben also in der Regel mehr als 8 Stockwerke. Da die Windbeanspruchungen mit zunehmender Gebäudehöhe stark ansteigen, muß bei Hochhäusern das Tragwerk unter besonderer Berücksichtigung der Horizontalbelastungen aus Wind, Schiefstellung und ggf. auch Erdbebenwirkung entworfen werden [333]. Üblicherweise werden Stahlbetonhochhäuser durch *Aussteifungskerne* stabilisiert, die man möglichst zentral in das Innere des Gebäudes legt. Da mit den Aufzug- und Versorgungsschächten die Abmessungen der Aussteifungskerne vorgegeben sind, ist die mit diesem Konstruktionsprinzip und bei Einhaltung vertretbarer Wanddicken erreichbare Gebäudehöhe begrenzt. Die Bauwerkssteifigkeit läßt sich jedoch vergrößern, wenn man die ohnehin meist vorhandenen biegesteifen Verbindungen zwischen Stützen und Deckenunterzügen, d. h. die Rahmenwirkung, nutzt und mit den Kernen koppelt [304, 333]. Ferner werden auch durch steife Zwischengeschosse, in denen die Haustechnik untergebracht wird, die Biegemomente und damit die horizontalen Verformungen der Aussteifungeselemente verringert [5c, 304].

Mehrere Kerne sind jeweils durch Deckenscheiben miteinander verbunden. Die Decken müssen dann die auftretenden *Koppelkräfte* aufnehmen und in die Aussteifungskerne übertragen können. In die Kernwände, die man gern vorab in Gleitbauweise erstellt, sind daher meistens besondere Konstruktionen, i. allg. stahlbaumäßige Verbindungen, einzubauen. Sie dürfen den Gleitvorgang nicht stören. Steifigkeitssprünge in den aussteifenden Bauteilen verursachen zusätzliche Koppelkräfte, für deren Aufnahme und Weiterleitung die Decken ebenfalls bemessen sein müssen [5c, 304].

Bei unsymmetrischer Anordnung der Aussteifungselemente im Grundriß treten neben den Biege- auch Torsionsbeanspruchungen auf. Die Kernwände sollen daher möglichst wenige Öffnungen und Durchbrüche erhalten. Zur rechnerischen Untersuchung aussteifender Bauteile siehe [58, 334, 335].

Stützen werden naturgemäß nach unten zunehmend belastet. Da ein häufiger Wechsel der Stützenabmessungen unerwünscht ist, muß durch Variation des Bewehrungsgehaltes sowie der Betongüte die Tragfähigkeit auf die jeweiligen Lasten abgestimmt werden. Wenn die Stützenabmessungen in den unteren Geschossen zu groß werden, sind Stahl- oder Stahlverbundstützen neben hochfestem Beton alternative Möglichkeiten [5c, 304, 315].

Im Hochhausbau wird die Wahl der *Deckensysteme* neben statischen und wirtschaftlichen Gesichtspunkten auch durch die Bauzeit und den Bauablauf beeinflußt. Decken werden in der Regel so gespannt, daß die aussteifenden Kerne möglichst hoch belastet sind, denn die Vertikallasten wirken wie eine Vorspannung und daher günstig bei der Aufnahme horizontaler Lasten. Allgemein lassen sich aber ungleiche Ausnutzungsgrade zwischen Stützen und Kernwänden und damit unterschiedliche Verformungen nicht vermeiden. Da sich diese nach oben summieren, können bei hohen Gebäuden Werte bis zu mehreren Zentimetern auftreten. Die Auswirkungen elastischer und plastischer Stützensenkungen auf das Tragwerk und besonders auf die Deckensysteme sind deshalb rechnerisch zu verfolgen.

Bei *Wohnhochhäusern* wird ferner empfohlen, die Wanddicken auch bei einer Ausführung in Beton auf das Normziegelmaß abzustimmen, damit die Grundrisse der unteren Betongeschosse oben in Ziegelmauerwerk weitergeführt und überall die gleichen Innenausbauelemente verwendet werden können.

Als *Gründung* wählt man meist dicke Stahlbetonplatten [304, 315, 333]. Durch schubfeste Verbindungen mit den Wänden, manchmal sogar über mehrere Untergeschosse, entsteht ein sehr biegesteifer Kellerkasten, gleichsam ein starrer Gründungskörper. Zur Vermeidung von Gebäudeschiefstellungen soll der Lastschwerpunkt nahe bei dem geometrischen Schwerpunkt der Gründungsfläche liegen, damit sich eine möglichst gleichmäßige Bodenpressung und somit keine ungleichen Setzungen einstellen.

3.2.5.2 Hochhäuser mit durchgängigem Traggerüst

Das Prinzip, vertikale Lasten möglichst unmittelbar in die Gründung zu leiten, führt zu kostengünstigen Tragwerksformen. Bild 3-9a zeigt den Querschnitt eines Verwaltungshochhauses mit einer statisch sehr günstigen Tragwerkskonzeption [315]. Die unteren vier Geschosse sind um etwa 9 m bis zur Straßenfront vorgezogen. Der rückwärtig angrenzende größere Flachbau wird durch eine vertikale Fuge vom Hochhaus getrennt, vgl. 3.2.4.6. Jedoch wird dieser über eine gelenkige Verbindung durch das Hochhaus horizontal gestützt.

Als Aussteifung hat dieses 32geschossige Hochhaus einen *zentralen Kern*, der sich aus vollen und gekoppelten Scheiben zusammensetzt. Die beiden Treppenhausscheiben sind zur Erhöhung der Biegesteifigkeit in Querrichtung bis zur Fassade vorgezogen, siehe Bild 3-9b. Die Labilitätszahl, der α-Wert nach DIN 1045, 15.8.1, ist in beiden Richtungen so gering, daß kein Nachweis nach der Theorie II. Ordnung erforderlich war. Die Geschoßdecken bestehen aus 1,86 m breiten und bis zu

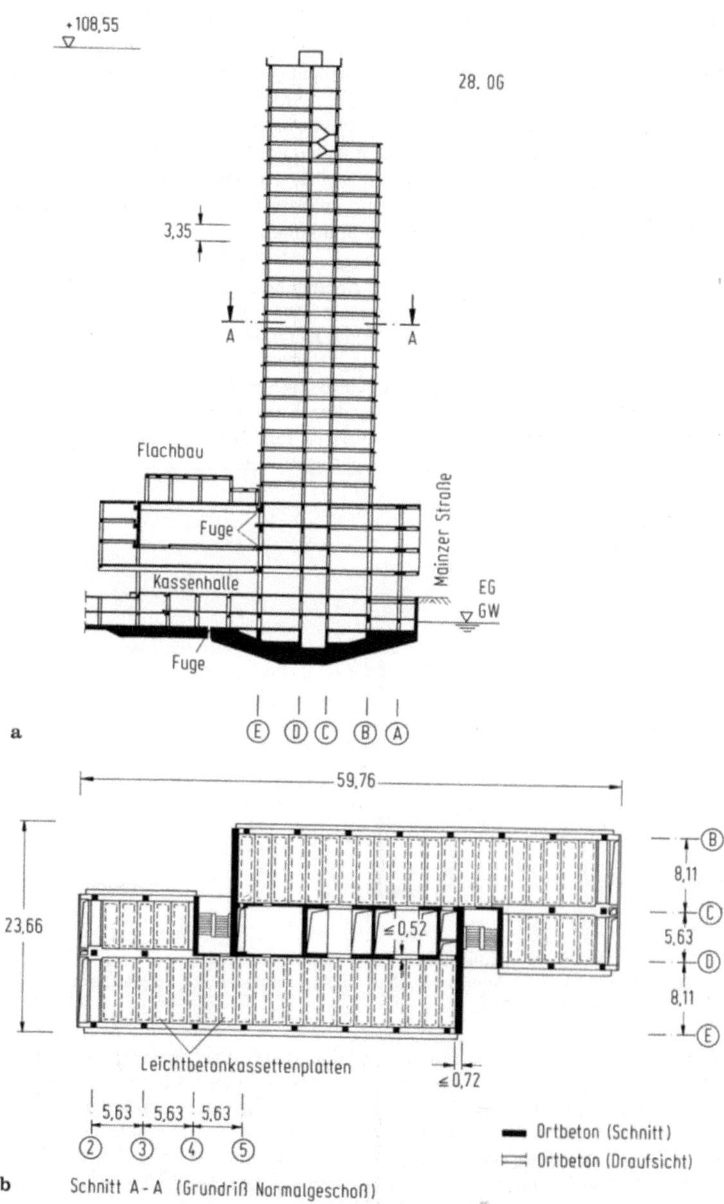

Bild 3-9a, b. Verwaltungshochhaus [315].
a) Querschnitt, b) Grundriß eines Normalgeschosses (Schnitt A-A).

7,50 m langen Kassettenfertigteilen, die zur Verminderung ihrer Eigenlast aus Leichtbeton herge-
stellt sind, siehe Bild 3-9b. Die Fertigteile liegen auf Längsträgern bzw. Kernwänden in den Achsen
B bis E auf. Die obere, seitlich aus den Fertigteilen herausstehende Bewehrung wird an den
Auflagerstellen im Ortbetonbereich gestoßen oder abgewinkelt, so daß für die Kassettenplatten im
Endzustand eine statisch günstige Einspannwirkung erzielt wird.

Um in der Kassenhalle im Erdgeschoß eine möglichst großzügige Raumwirkung zu erzielen, sind
die Stützenabmessungen klein gehalten. Für die Stützen waren deshalb Beton hoher Festigkeit und
Bewehrungsgehalte bis zu 8% erforderlich. An einigen Stellen wurden in den unteren Geschossen
dickwandige Stahlhohlprofile als Stützen eingebaut, um größere Betonquerschnitte zu vermeiden.
Wegen des Brandschutzes mußten sie mit Spritzbeton ummantelt werden.

3.2.5.3 Hochhäuser mit Abfangungen

Die Etagen der Hochhäuser werden selten in gleicher Weise genutzt. Da die Obergeschosse meistens
als Wohnungen, Büroräume oder Hotelzimmer dienen, bietet ein enges Stützenraster hinsichtlich
der Anordnung von Trennwänden Vorteile. Im Erdgeschoß dagegen mit Ladenräumen, Empfangs-
oder Schalterhallen ist eine Vielzahl von Stützen in der Regel unerwünscht.

Einzeln frei *auskragende Geschoßdecken* nach Bild 3-10a führen bei größeren Kragweiten zu
unwirtschaftlich dicken Decken und kommen nur bei geringen Auskragungen in Betracht.

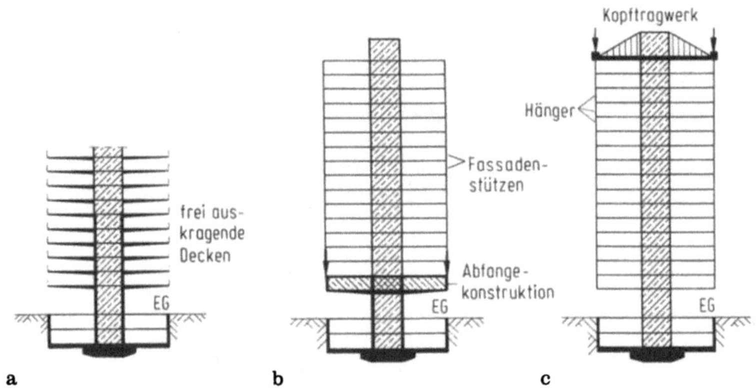

Bild 3-10a–c. Stützenfreie Erdgeschoßebene durch
a) einzeln auskragende Geschoßdecken, b) Anordnung eines Abfangegeschosses, c) Ausbildung als Hängehaus.

Allgemein werden die Stützenlasten aus den oberen Geschossen abgefangen. Diese *Abfangungen*
sind sehr hoch belastete Bauteile, für die sich *Spannbetonkonstruktionen* besonders eignen [263].
Solche Stützkonstruktionen können unter oder über den abzufangenden Geschossen angeordnet
sein, siehe Bilder 3-10b oder 3-10c. Letztlich werden in beiden Fällen die Geschoßlasten in den Kern
übertragen und von dort in den Baugrund geleitet, der natürlich für die hohen Bodenpressungen
geeignet sein muß. Befindet sich die Abfangekonstruktion am Kopf des Gebäudes, dann spricht man
von Hängehäusern, weil die Lasten aus den Geschossen angehängt sind.

Bei hohen Gebäuden werden auch mehrere Traggeschosse übereinander angeordnet, wie beispielsweise bei den bis zu 121 m hohen Hochhäusern der UNO-City in Wien [336].

Werden in den unteren Geschossen vom Nutzer so große stützenfreie Räume verlangt, daß es unwirtschaftlich ist, dasselbe Stützenraster auch in den darüberliegenden Stockwerken beizubehalten, dann sieht man ebenfalls Abfangungen vor, am einfachsten wandartige Träger [337], vgl. 2.6.2, oder dicke vorgespannte Deckenkonstruktionen [338].

Bilder 3-11a und 3-11b zeigen die *Abfangekonstruktion* der HNO-Klinik in Essen [43, 339]. Über einem dreigeschossigen Flachbau mit Behandlungs- und Laborräumen ist ein mehrgeschossiges

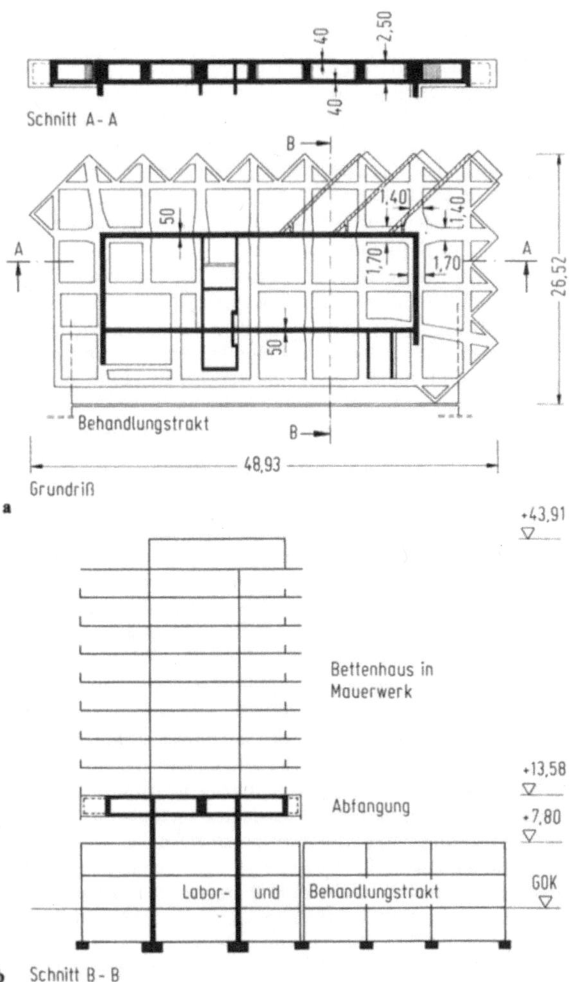

Bild 3-11a, b. Krankenhaus mit einer Abfangung unter dem Bettentrakt [339].
a) Grundriß, b) Schnitt B-B.

Bettenhaus abgefangen worden, weil sich die Grundrisse, d. h. Stützenstellungen, beider Gebäudeteile nicht aufeinander abstimmen ließen. Gewählt wurde eine 2,50 m dicke *Hohlplatte*, die nach allen Seiten, teilweise bis zu 8,2 m, auskragt. Die obere wie die untere Platte ist gleichbleibend 0,40 m dick. An den maximal beanspruchten Schnitten betragen die Stegbreiten b_0 bis zu 1,40 m. Das Hohlplattentragwerk ist in beiden Richtungen beschränkt vorgespannt. Die Vorspannung dient hier nicht nur der Aufnahme von Biegemomenten, sondern muß auch die schiefen Hauptzugspannungen in den Stegen so reduzieren, daß die zulässigen Werte nach DIN 4227 Teil 1 eingehalten werden. An manchen Kreuzungsstellen liegen daher bis zu 80 Spannglieder in 8 Lagen übereinander.

3.2.5.4 Hängehochhäuser

Bei Hängehochhäusern wird die Wirtschaftlichkeit wesentlich durch Art und Herstellung der Abfangekonstruktion bestimmt. Die Rathäuser in Marl [340] wurden wie bei der herkömmlichen Bauweise von unten nach oben errichtet und die Geschoßlasten über die Innenkerne sowie außen über die späteren Hängestützen, zunächst auf Druck, abgeleitet. Im Bereich des freizuhaltenden Erdgeschosses hatte man unter den Fassadenstützen vorübergehend Hilfsstützen aufgestellt. Erst nach Fertigstellung der Abfangekonstruktionen auf den Gebäuden wurden in die Fassadenstützen Spannglieder eingezogen, die Lasten durch Spannen an die Kopftragwerke angehängt und die provisorischen Stützen im Erdgeschoß entfernt.

Heute hingegen wird der Kern allgemein mit Gleit- oder Kletterschalung und das *Kopftragwerk* zur Aufnahme der späteren Deckenlasten vorab errichtet [43]. Beim Bettenhochhaus für die Universität Köln ist die Abfangekonstruktion auf dem Gebäudekern im *Taktschiebeverfahren* hergestellt worden. Die Decken hat man wie beim Hubdeckenverfahren am Boden aufeinanderliegend betoniert, vorgespannt und später in die entsprechende Höhe gezogen, vgl. 3.2.4.5. Die Kapazität der Heber war so bemessen, daß jeweils 2 Normaldecken in einem Abstand von 3,10 m (Geschoßhöhe) gehoben werden konnten. Unmittelbar nach dem Heben der Decken wurden die vorgefertigten Bewehrungskörbe einschließlich der Hüllrohre aufgestellt, die Spannstähle zur Aufhängung eingezogen, die Stützen eingeschalt und der Beton mit einer Pumpe bis unter die nächste Decke eingebracht [341].

Entscheidet man sich bei der Errichtung des Kopftragwerkes für eine schwere *Rüstung*, dann liegt es nahe, diese nach Fertigstellung der Abfangung wie beim Deutschlandfunk-Hochhaus in Köln geschoßweise abzulassen und von oben nach unten auch als Schalung für die einzelnen Geschoßdecken zu verwenden [342]. Die Hänger werden wie bei der vorigen Variante geschoßweise hergestellt und wiederum jeweils durch eingezogenen Spannstahl gekoppelt.

Besondere Aufmerksamkeit erfordern die mit steigender Last größer werdenden Verformungen der Hänger sowie deren Auswirkungen auf die Deckensysteme. Mit den bisher beschriebenen Bauverfahren sind deshalb nur selten Hängehäuser mit mehr als 15 Geschossen errichtet worden.

Bei dem BMW-Hochhaus in München mit 19 Geschossen konnten durch Abstimmung von Tragwerksplanung und Bauverfahren hohe Wirtschaftlichkeit und kurze Bauzeit erzielt werden [217]. Bild 3-12 zeigt das Gebäude mit seinem kleeblattartigen Grundriß. Über vier zentrale Hänger werden die Vertikallasten der 18 Bürogeschosse sowie des Technikgeschosses in das vorgespannte Konsolkreuz am Kopf des Gebäudes und von dort in den Kern geleitet. Die aus architektonischen Gründen gewünschte optische Zäsur der Fassade ist als Technikgeschoß genutzt. Durch eine Fachwerkkonstruktion werden hier die Lasten der Fassadenstützen aus den oberen Geschossen sowie der Hängesäulen aus den unteren 11 Geschossen in die vier zentralen Hänger übergeleitet. Dadurch ließ sich die Auskragung der Abfangekonstruktion erheblich verringern.

Der Kern mit Treppenhäusern, Aufzug- und Installationsschächten wurde vorab in Gleitbauweise hergestellt. Gleichzeitig begann man zu ebener Erde mit der Errichtung des Technikgeschosses mit seinen fachwerkartigen Abfangungen und den sieben darauf stehenden Geschossen. Nach Fertigstellung des Kopftragwerkes wurden in die Hänger Gewindespannstangen eingezogen und der

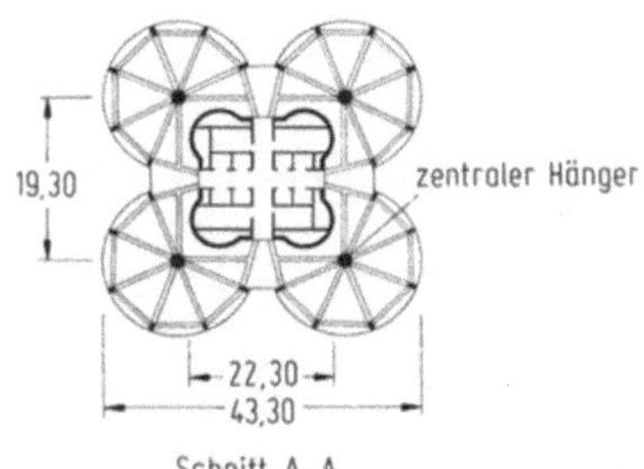

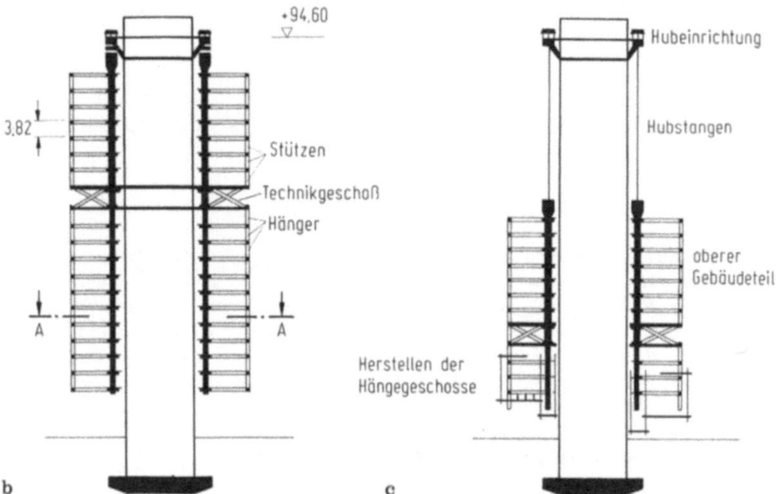

Bild 3-12a c. BMW-Hochhaus in München [217].
a) Grundriß eines Normalgeschosses, b) Längsschnitt, c) Bauphase während der Herstellung der Hängege-
schosse.

gesamte Baukörper geschoßweise angehoben und jeweils ein weiteres Stockwerk auf der am Boden verbleibenden Baustelle angefügt. In den oberen Geschossen konnten währenddessen die Ausbauarbeiten, nahezu ungestört durch die Rohbauarbeiten, durchgeführt werden.

Die endgültige Verbindung der Geschoßdecken mit dem Kern erfolgte erst nach Abschluß des Hubvorganges, d. h. nachdem bereits ein großer Teil der unterschiedlichen Verformungen zwischen Hänger und Kern eingetreten war [217].

3.2.5.5 Hochhäuser aus Fertigteilen

Auch bei Hochhäusern versucht man, durch weitgehende Vorfertigung die Baukosten zu senken. Mit der Großtafelbauweise wurden zahlreiche Hochhäuser, auch mit mehr als 20 Geschossen, errichtet, siehe 3.2.3.3. Davon abgesehen hat sich bei Hochhäusern bisher eine vollständige Vorfertigung wegen der vielen und komplizierten Anschlüsse nicht durchsetzen können. Bewährt hat sich dagegen die *Halbfertigteilbauweise*, d. h. die Verwendung vorgefertigter Elemente mit Ortbetonergänzung, siehe 2.2.7, 3.2.4.4 und 3.2.5.2.

Nach diesem Verfahren ist beispielsweise auch das 88 m hohe Verwaltungshochhaus G1 im Olympischen Dorf in München bei weitgehender Verwendung vorfertigter Teile erbaut worden [343]. Der außerhalb des eigentlichen Gebäudes angeordnete Treppenhauskern wurde vorab in Kletterschalung errichtet. Die Fertigteilstützen gehen jeweils über zwei Stockwerke durch und sind über Stahlplatten und Schraubenverbindungen gestoßen. Die ebenfalls vorgefertigten Unterzüge hat man gabelartig auf Stützenkonsolen gelagert. Nach dem Verlegen der vorgefertigten Deckenelementplatten wurde schließlich jede Decke durch eine 11 cm dicke, statisch mitwirkende Ortbetonschicht ergänzt. Auf diese Weise entstanden ausreichend steife Deckenscheiben, die zur Gebäudestabilisierung mit dem Treppenhaus verbunden sind. Dank dieser Fertigteillösung konnte das 16geschossige Stahlbetonskelett in nur 3 Monaten fertiggestellt werden [343].

3.3 Hallenbauten und weitgespannte Dachkonstruktionen

3.3.1 Allgemeines

Hallen dienen unterschiedlichsten Zwecken. Gemeinsames und wesentliches Merkmal dieser Bauten ist eine möglichst *stützenfreie Überdachung großer Flächen* [344]. Bei sehr hohen Anforderungen an den Entwurf wird man häufig ganz auf Stützen verzichten müssen und freitragende, weitgespannte Dachkonstruktionen ausführen, siehe 3.3.3.3 und 3.3.3.4. Die wesentlichen Entwurfselemente, wie Grundriß, Raumgestaltung und die tragende Konstruktion, werden besonders bei Hallen weitgehend durch die Nutzung bestimmt; außerdem beeinflussen sie sich wechselseitig. Wegen dieser engen Verflechtung von Entwurf und Konstruktion ist zur Erzielung einer ästhetisch und bautechnisch befriedigenden Lösung gerade bei solchen Bauwerken eine frühzeitige Zusammenarbeit von Architekt und Ingenieur unerläßlich [344].

Insgesamt wird von einem Hallentragwerk Zweckmäßigkeit, Standsicherheit sowie Dauerhaftigkeit und Wirtschaftlichkeit gefordert, d. h. möglichst niedrige Baukosten bei geringem Erhaltungsaufwand. Die Anforderungen an den Ausbau, wie Belüftung, Klimatisierung und Akustik, ergeben sich ebenfalls aus der vorgesehenen Nutzung.

Anstelle der einfachen, klassischen Bauweise mit Bindern, Pfetten und Dachplatten findet man bei der Überdachung repräsentativer Gebäude, wie Kirchen, Sport- oder Mehrzweckhallen, Ausstellungspavillons o. ä., vielfach ebene oder räumlich gekrümmte Flächentragwerke: weitgespannte Faltwerke oder Schalen. Diese Tragwerke sind wegen ihrer räumlichen Tragwirkung relativ leicht, denn ihre Dicke ist im Verhältnis zu den Stützweiten gering. Sofern nicht aus Gründen der Beulsicherheit größere Querschnitte erforderlich sind, genügt oft schon die konstruktive *Mindestdicke* von 6 bis 8 cm, um die notwendige Bewehrung unter Einhaltung der erforderlichen Betondeckung unterzubringen.

Bei Schalen müssen die *Randbedingungen* sorgfältig auf die Schalengeometrie abgestimmt werden, damit sich die statisch günstige Membranwirkung auch einstellen kann, denn Stützkräfte rechtwinklig zur Schalenfläche bewirken Biegemomente in der Randzone, sog. Randstörungen. Wenn bei dünnen Schalen diese Biegemomente nicht aufgenommen werden können, sind Randverstärkungen oder Randträger erforderlich. Ferner kann man durch Vorspannen der Schalenrandglieder auch die Auflagerbedingungen beeinflussen und damit nahezu biegemomentenfreie Beanspruchngen in der Schale schaffen, vgl. Abschnitt J.1.1 und [263]. Zur Ermittlung der Schnittkräfte sowie zur Bemessung von Flächentragwerken siehe u. a. [5c, 33, 59–64, 345, 346].

3.3.2 Flachdachhallen

3.3.2.1 Klassische Bauweise

Üblicherweise besteht eine Hallenüberdachung aus gelenkig auf Stützen gelagerten Bindern, den Pfetten sowie der Dachdecke [65, 228, 344]. Reine Ortbetonkonstruktionen werden heute wegen der hohen Kosten für Schalung und Rüstung kaum noch ausgeführt. Stattdessen haben sich *Fertigteilkonstruktionen* durchgesetzt [10b, 228, 347]. Bild 3-13 zeigt eine solche eingeschossige Halle, die bis zu Binderspannweiten von etwa 30 m weitgehend typisiert sind [9, 65]. Dachplatten, Pfetten und Binder bis zu etwa 12 m Stützweite werden i. allg. mit normalem Betonstahl bewehrt. Bereits ab etwa 10 m wird eine Ausführung in Spannbeton zunehmend wirtschaftlicher, vgl. Teil J, Beispiele 1 und 2.

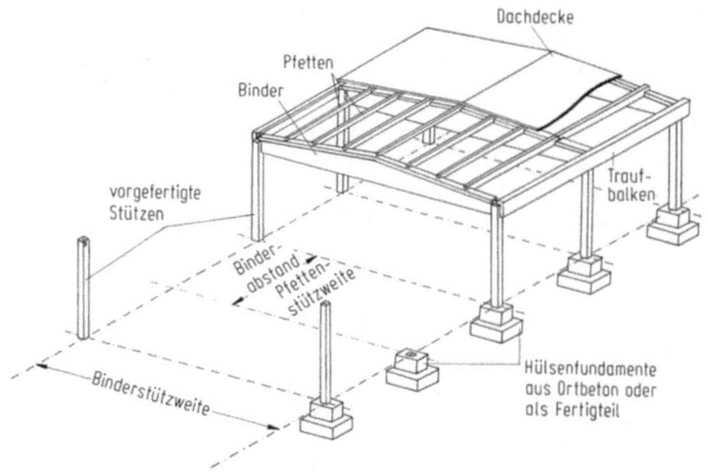

Bild 3-13. Eingeschossige Halle aus Stahlbetonfertigteilen.

Auf der Baustelle setzt man die Fertigteilstützen in Ortbeton- oder ebenfalls vorgefertigte *Hülsenfundamente*, richtet sie aus und vergießt die Fuge in den Fundamenten [228, 348, 349]. Bei eingeschossigen Hallen sind aber auch schon vorgefertigte Stützen mit im Werk anbetonierten Fundamenten verwendet worden.

Auf die in den Fundamenten eingespannten Stützen werden dann die *Binder* im Normalfall auf Elastomerlagern abgesetzt. Da die Binder mit den Stützen in der Regel nicht biegesteif verbunden werden, sind geringfügige Auflagerverdrehungen und Horizontalverschiebungen ohne nennenswerte Zwangbeanspruchungen möglich. Durch diese Auflagerung entsteht ein einfach statisch unbestimmtes System mit an den Fußpunkten eingespannten Stielen und oben beidseits gelenkig gelagertem Riegel. Zwangbeanspruchungen treten in einem solchen System nur bei Längenänderungen des Riegels auf. Diese sind aber bei gleichbleibenden Temperaturen klein und können nicht zuletzt wegen der Nachgiebigkeiten bei den Elastomerlagern sowie in der Gründungsfuge vernachlässigt werden. Durch Gabellagerung oder eine horizontale Stützung werden die Binder gegen Kippen gesichert [349].

Die Binderabstände liegen üblicherweise zwischen 5 und 10 m, wodurch gleichzeitig die Pfettenstützweiten festgelegt sind. *Pfetten* werden heute fast immer vorgefertigt und meist gelenkig auf den Binderobergurten aufgelagert, siehe Bild 3-14. Der Pfettenabstand wird durch die Tragfähigkeit der Dachdecke bestimmt und liegt im Normalfall zwischen 2 und 4 m. Bei großen Hallen ergeben sich daher für die Pfetten und Dachplatten erhebliche Stückzahlen, so daß es sich immer lohnt, die beiden gegenläufigen Forderungen nach minimalem Materialverbrauch sowie geringen Montage- und Transportgewichten einerseits und möglichst glatter Schalung sowie einfacher Herstellung der Pfetten andererseits, zu optimieren. Die Pfetten dienen in der Regel auch der seitlichen Aussteifung der Binderobergurte. Insofern genügt eine einfache Auflagerung, z. B. nur ein Mörtelbett, meist nicht. Zur Aufnahme horizontaler Lasten aus dem Binderobergurt sind dann abgesetzte Pfettenauflager, Dollen, o. a. notwendig, siehe Bilder 3-14, 3-15c und [228, 349, 350].

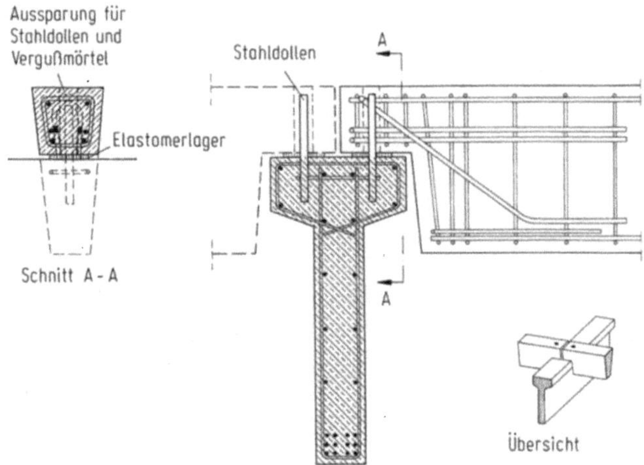

Bild 3-14. Auflagerung von Fertigteilpfetten [349].

Die *Dachdecke* liegt auf den Pfetten und spannt daher parallel zu den Bindern. Die Eindeckung mit Betonplatten, wegen der Wärmedämmung vorwiegend aus Leichtbeton, hat seit der Entwicklung leichter Trapezbleche, die werkseitig auch mit einer Wärmedämmung beschichtet sein können, an Bedeutung verloren, siehe Bild 3-15c und [V50].

Produktionshallen sind häufig mit *Krananlagen* auszurüsten. Unmittelbar an Bindern lassen sich nur leichtere Anlagen, wie Laufkatzenträger, anhängen. Üblich sind Kranbahnträger aus Stahl, aber auch aus Stahl- oder Spannbeton, die an den Stützen auf Konsolen aufgelagert werden, siehe auch Bild 3-17. Kranbahnen zählen wegen ihrer hohen und ständig wechselnden Verkehrslasten zu den Bauteilen mit nicht vorwiegend ruhender Belastung. Kranbahnträger aus Stahl- oder Spannbeton sind nach DIN 4212 zu bemessen und auszubilden, wobei dem Betriebsfestigkeitsnachweis besondere Bedeutung zukommt [351]. Zur Erzielung guter Kranlaufeigenschaften ist besonders auf die Ebenheit der Kranschienen zu achten. Ein unmittelbares Einbetonieren der Schienenbefestigungen in den Kranbahnträger verbietet sich wegen der geringen, für eine Baustelle unzumutbaren Toleranzen. Zweckmäßigerweise werden für die Befestigungselemente Aussparungen vorgesehen, die nach dem Montieren und Ausrichten der Kranschienen mit Vergußmaterial verfüllt werden.

3.3.2.2 Hallen aus Großfertigteilen

Die Entwicklung leistungsfähiger Hebetechnik und die Anwendung von Spannleichtbeton ermöglichen den Einsatz immer größerer Fertigteile. Zur Vermeidung teurer Lehrgerüste werden heute *Dachbinder weitgespannter Hallen* in ihrer planmäßigen Grundrißlage am Boden hergestellt und dann *hydraulisch* in die endgültige Position *gehoben* [338, 352, 353]. Die Flugzeugwerfthalle Nordholz ist dafür ein eindrucksvolles Beispiel, siehe Bild 3-15 und [350].

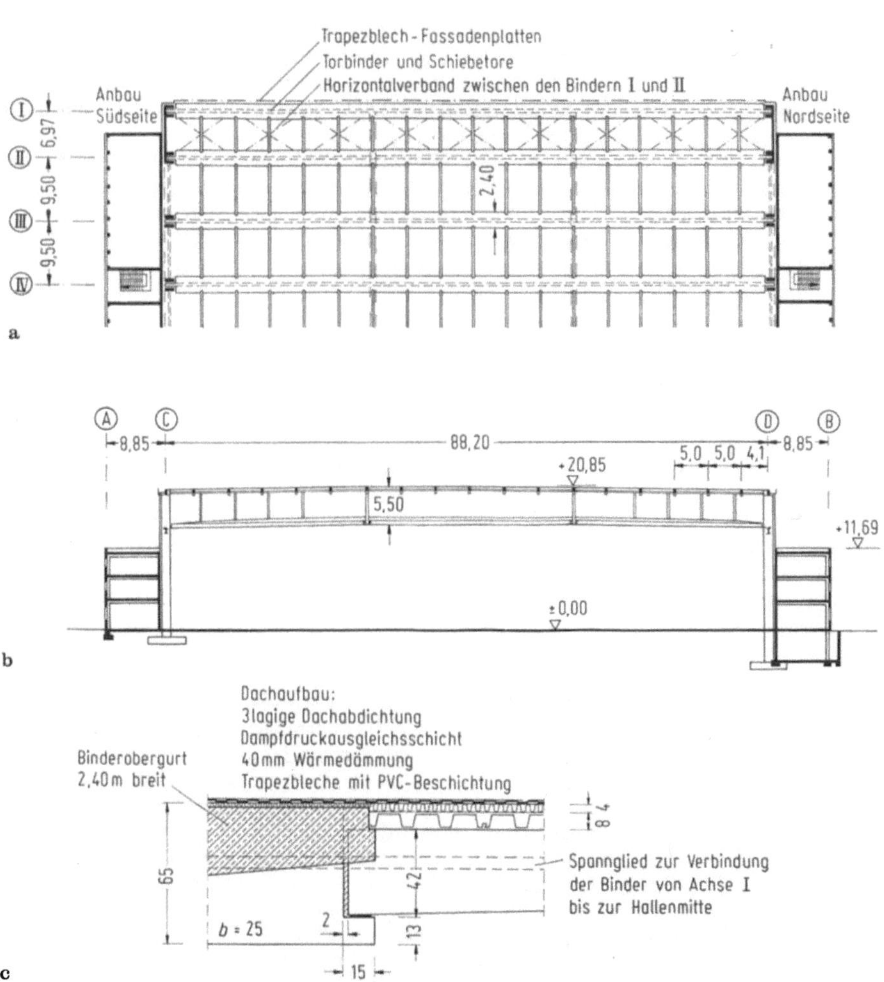

Bild 3-15a–c. Flugzeugwerfthalle Nordholz [350].
a) Grundriß, b) Schnitt, c) Pfettenanschluß am Binderobergurt.

Die Halle überspannt eine Fläche von etwa 90 m × 90 m mit Toren an der Ost- und Westseite. In den Achsen C und D befinden sich die Hallenstützen mit aussteifenden Wandscheiben, daneben dreigeschossige Anbauten mit Werkstätten, Verwaltungs- und Nebenräumen. Die *Hallenbinder aus Spannleichtbeton* LB 45 in Regelabständen von 9,5 m spannen frei über 88,2 m und liegen beidseits auf bewehrten Elastomerlagern. Die Binder haben eine gleichbleibende Höhe von 5,50 m und sind durch 12 Spannglieder mit je 1212 kN zulässiger Vorspannkraft vorgespannt. Die 2,40 m breiten Obergurte gewährleisten eine ausreichende Seitenstabilität. Die Stege sind schmal gehalten und in Feldmitte nur 0,18 m breit. An den Auflagern sind sie wegen der Spanngliedverankerungen auf 0,60 m verbreitert [350].

Die Binder wurden am Boden zwischen den Doppelstützen hergestellt, anschließend um etwa 15 m gehoben und auf eingeschobenen Stahltraversen abgesetzt. Wegen der Kippstabilität hat man die schlanken Binder jeweils paarweise gehoben und vorübergehend durch Stahlverbände ausgesteift. Der Hubvorgang für ein 8,0 MN schweres Binderpaar dauerte etwa 10 Stunden.

Um Zwängungen zu vermeiden, ist das etwa 90 m breite Gebäude in der Mitte durch eine Fuge geteilt. Zur Aufnahme von Windkräften sowie zur *Kippstabilisierung* erhielten die beiden Torbinderpaare räumliche Verbände, durch die auch die inneren Binder seitlich gestützt werden. Die Binderobergurte sind deshalb über die Pfetten durch Spannstahl untereinander sowie mit den Stahlfachwerk-Verbänden der Torbinderpaare kraftschlüssig verbunden, siehe Bild 3-15c.

Der *Dachaufbau* besteht aus Trapezblechen, Wärmedämmung und Abdichtung. Die Pfetten liegen auf Konsolen, so daß die Dachhaut in einer Ebene über die Binderobergurte hinweggeführt werden konnte.

3.3.2.3 Rahmenkonstruktionen

Bei einem Rahmentragwerk sind Binder und Stützen biegesteif miteinander verbunden. Durch die Einspannmomente an den Rahmenecken werden die Feldmomente im Riegel vermindert. In der Literatur finden sich verschiedene Vorschläge, um auch bei Verwendung von Fertigteilen eine *Rahmentragwirkung* zu erzeugen, z. B. durch Einfädeln von Spannbewehrung, vgl. Teil J, Beispiel 3, oder durch stahlbaumäßige Verbindungen [10b]. Allgemein sind aber nachträgliche Verbindungen schwierig und selten wirtschaftlich. Außerdem muß für das Entstehen von Momenten in den Rahmenecken gewährleistet sein, daß die Gründung die auftretenden Horizontalkräfte aufnimmt und nicht nachgibt. Bei unsicheren Baugrundverhältnissen werden deshalb Zugbänder angeordnet. Wegen der statischen Berechnung und Spanngliedführung in vorgespannten Rahmentragwerken siehe Teil J.

Bild 3-16 zeigt den Querschnitt der 150 m langen Halle 25 am Berliner Funkturm mit einer lichten Spannweite von etwa 50,0 m. Der Binderabstand beträgt 12,50 m. Aus gestalterischen und konstruktiven Gründen wurden die Fassadenlängswände von den Binderstielen nach innen abgerückt, so daß die vorgesetzten Stiele der Hallenfassade das äußere Gepräge geben und der Innenraum besonders großzügig wirkt [354]. Nachteilig sind aber die Temperaturdifferenzen zwischen Stütze und Riegel.

Die Pfetten und Dachplatten sind vorgefertigt, die 11 Zweigelenkrahmen jedoch in drei Bauabschnitten auf Lehrgerüsten in Ortbeton hergestellt worden. Die Rahmenriegel haben eine gleichbleibende Höhe von 3,50 m. Ihre Stegbreite beträgt 0,25 m, nimmt aber zu den Rahmenecken hin auf 0,80 m zu. Der Obergurt des Riegels ist 0,50 m hoch und 1,10 m breit. Der Dachaufbau besteht aus 7,5 cm dicken Leichtbetonplatten, einer Wärmedämmung und doppelter Papplage. Die Binderobergurte und Dachplatten schließen oben bündig ab, so daß die Dachfläche im Endzustand eine Ebene bildet. Die an den Enden herausstehende Bewehrung der 0,40 m hohen, vorgefertigten Pfetten bindet in die Obergurte der angrenzenden Binder ein. Dadurch wird eine kraftschlüssige Aussteifung der Riegelobergurte erreicht. Die Rahmenriegel sind jeweils durch 14 Spannglieder mit je 500 kN zulässiger Spannkraft vorgespannt.

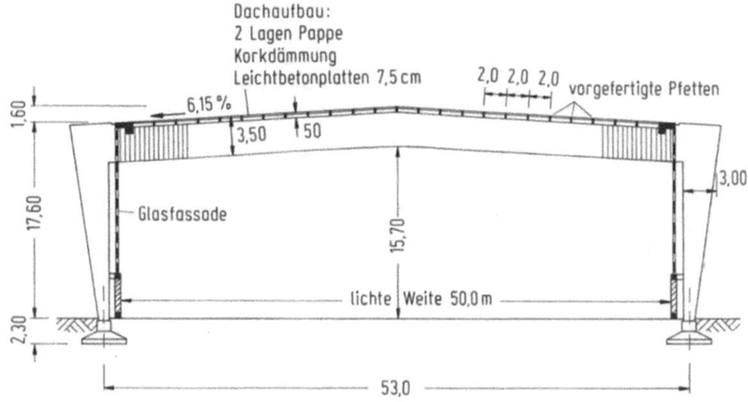

Bild 3-16. Querschnitt der Halle 25 am Berliner Funkturm [354].

3.3.3 Hallen mit geneigten Dachflächen

3.3.3.1 Shedhallen

Sollen Hallen natürlich und blendungsfrei belichtet werden, dann bieten Shedhallen – nach Norden ausgerichtet – besondere Vorteile, weil eine gleichmäßige und selbst bei einer Fensterneigung von 60° blendungsfreie Belichtung ohne unmittelbare Sonneneinstrahlung erzielt wird. Wenn an Stützenfreiheit bzw. Spannweiten keine besonderen Anforderungen gestellt werden, bevorzugt man nicht zuletzt wegen der kurzen Bauzeit und geringeren Baukosten *Fertigteilkonstruktionen* [10b]. Bild 3-17 zeigt eine typisierte Shedhalle mit einem Stützenraster von 12,5 m × 15,0 m, wie sie in

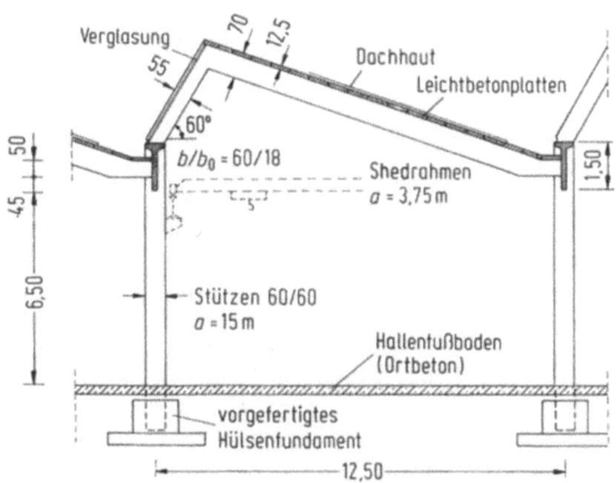

Bild 3-17. Shedhalle aus typisierten Stahlbeton-Fertigteilen.

ähnlicher Form von verschiedenen Bauunternehmen katalogmäßig angeboten werden. Die tragende Konstruktion besteht aus eingespannten Stützen, Spannbetonrinnenträgern und aufgesetzten Shedrahmen, hier im Abstand von 3,75 m. Als Dacheindeckung dienen Leichtbetonplatten mit Dachpappe oder einer Kunststoffabdichtung. Bei Bedarf kann eine zusätzliche Wärmedämmung vorgesehen werden. Ferner lassen sich diese Hallen mit einer Krananlage ausrüsten, siehe Bild 3-17.

Bei größeren Stützweiten verwendet man *freitragende Faltwerk- oder Schalensheds*, die in der Regel ebenfalls vorgefertigt werden [10b, 47, 60, 228, 344]. Die Shedelemente sind bis etwa 30 m in beliebiger Länge herstellbar und werden durch Rand- oder Mittelträger auf einer Seite fest, auf der anderen gleitend gestützt. Bild 3-18 zeigt zwei Beispiele für diesen Hallentyp [10b, 228].

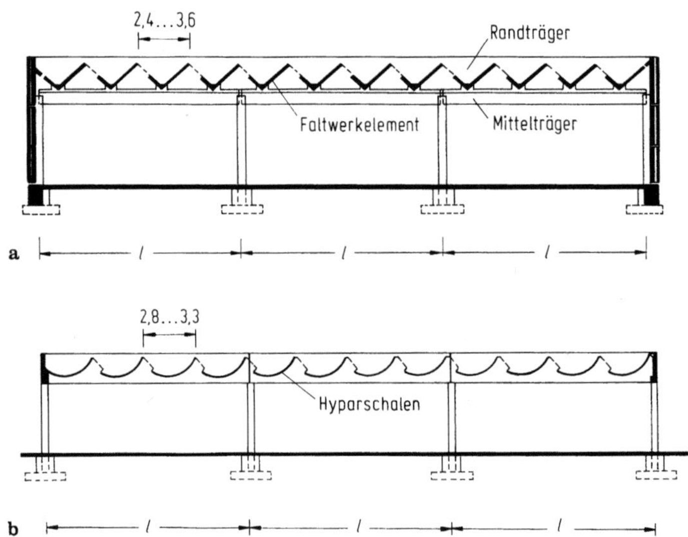

Bild 3-18a, b. Shedhallen
a) mit V-förmigen Faltwerkselementen, b) mit quergeneigt verlegten HP-Schalen („System Silberkuhl").

HP-Schalen sind Teil eines Rotationshyperboloids und entstehen durch zwei sich kreuzende Scharen von Geraden. Diese geometrische Form erlaubt eine einfache Herstellung und Vorspannung im Spannbett („System Silberkuhl"). Diese HP-Schalen zeigen statisch ein besonders günstiges Verhalten und tragen ohne Randbalken, Binderscheiben oder Verstärkungen fast ausschließlich über Normal- und Schubkräfte in der Schalenfläche. Zur Sicherung ihrer Querschnittsform lagert man sie an beiden Enden auf ihrer gesamten Abwicklungsbreite auf. Wie in Bild 3-18b gezeigt, lassen sich die HP-Schalen auch quergeneigt verlegen und sind daher zur Shedeindachung gut geeignet. In Längsrichtung erhalten die HP-Schalen eine Krümmung mit $R = 180$ m und haben dann genügend Gefälle, um das Regenwasser zu den Schalentiefpunkten an den Auflagern abzuleiten.

Bei großen Spannweiten ab etwa 25 m werden *Shedhallen in Ortbeton* wirtschaftlicher. Hallen mit vorgespannten Zylindershedschalen sind schon für Spannweiten bis 40 m in Längsrichtung und 10,5 m in Querrichtung ausgeführt worden [46, 60, 355]. Bild 3-19 zeigt den Querschnitt einer solchen Shedschale mit einer Spannweite von rund 27 m, einer Dicke von 7 cm und einem Radius von $R = 7,50$ m. Die Schalen werden am unteren Rand durch die faltwerkartigen Rinnenträger, am

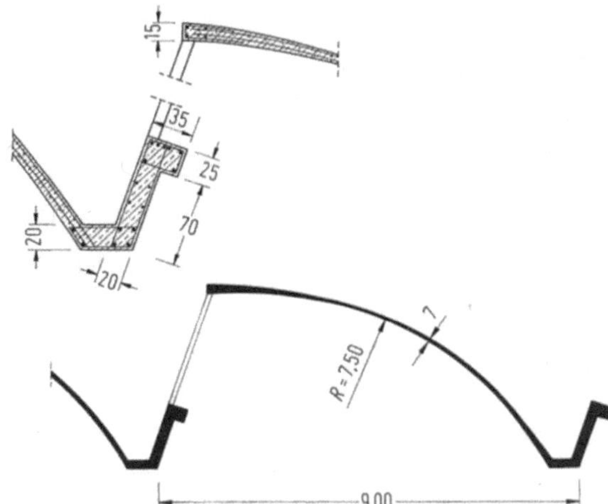

Bild 3-19. Querschnitt eines vorgespannten Kreiszylinder-Sheddaches in Ortbeton
für ca.27 m Spannweite, Bewehrung des
Rinnenträgers und des oberen Randgliedes
(Spannbewehrung ist nicht dargestellt).

oberen durch die schrägen Fenstersprossen gestützt [46, 60]. Wegen der randnahen Einzellasten
und Randstörungsmomente erhalten sie dort geringe Randverstärkungen, siehe Bild 3-19. Zur
Aufnahme von Biegemomenten werden diese Schalen beidseitig mit einer Oberflächennetzbewehrung versehen. Dazwischen liegen die Spannglieder, weitgehend in Richtung der Hauptzugbean-
spruchungen geführt [46].

3.3.3.2 Faltwerkdächer

Faltwerke sind *räumliche Tragkonstruktionen aus ebenen,* schubfest miteinander verbundenen
Flächen, deren Platten- und Scheibensteifigkeit gleichzeitig zum Lastabtrag genutzt wird. Sie
wurden mehrfach auch zur Überdachung von Hallen verwendet. Bis zu einer Stützweite von 25 m
bevorzugt man wiederum Fertigteile [10b], siehe auch Bild 3-18a. Bei größeren Spannweiten wird
die konventionelle Ausführung mit Lehrgerüst und Ortbeton kostengünstiger.

Bild 3-20 zeigt das Dach der Universitätssporthalle in Mainz [356]. Das Faltwerk überspannt
stützenfrei eine Grundrißfläche von 42,0 m × 84,6 m. Der Querschnitt besteht aus 11 jeweils 2,4 m
hohen Falten. Das Faltwerk hat Wandstärken von 12 cm mit Verstärkungen bis 20 cm im First und
in der Kehle. Zur Vermeidung einer Konterschalung mußte die Neigung der Scheiben unter 35°
bleiben, so daß sich für jedes Element eine Breite von 7,7 m ergab.

Jede Scheibe ist mit 4 parabolisch geführten Spanngliedern zu je 700 kN vorgespannt. Gestützt
wird das Dach an jedem Tiefpunkt durch 0,5 m breite Stützen entlang der Außenwände. Diese sind
in ihren Fundamenten eingespannt und mit dem Faltwerk gelenkig verbunden. Quer zur Haupt-
richtung ist das Faltwerk gegen Längenänderungen weniger empfindlich, so daß trotz einer Hallen-
länge von etwa 85 m auf eine Dehnungsfuge verzichtet werden konnte.

Die Paketumschlaghalle in München, siehe Bild 3-21, gehört mit einer Stützweite von 146,8 m zu
den weitestgespannten Hallen der Welt [357]. Das tragende System bilden *Zweigelenk-Faltwerk-
bögen.* Die 124 m lange Halle besteht aus 24 Normalbögen und zwei dreizelligen Stirnbögen, d. h.
aus 28 Falten zu je 4,37 m Breite, die sich einzeln auf Streifenfundamenten abstützen. Auf Zugbänder
mußte aus betrieblichen Gründen verzichtet werden. Die Fundamente sind deshalb im Bereich der
hochbelasteten Stirnbögen verstärkt und haben zusätzlich Schleppplatten erhalten.

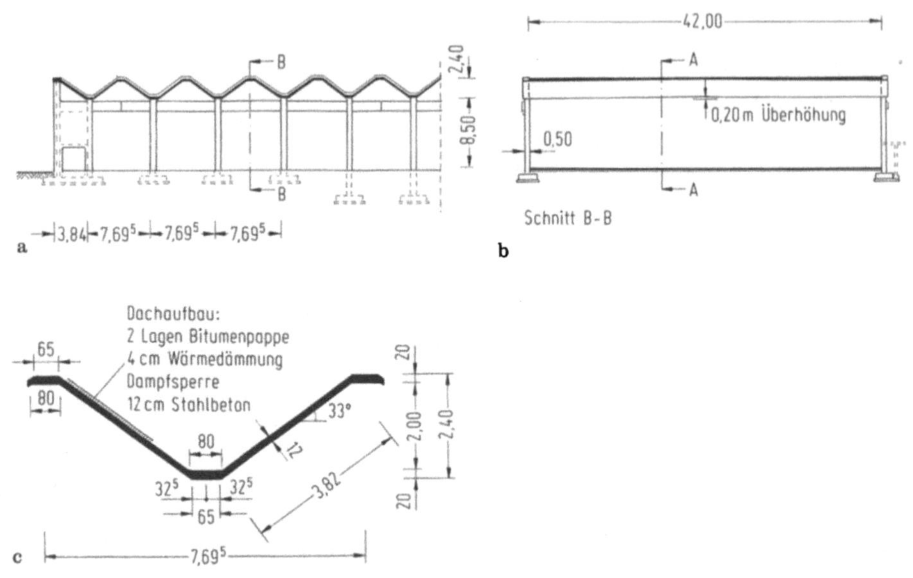

Bild 3-20a–c. Sporthalle für die UniversitätMainz [356].
a) Querschnitt A-A, b) Längschnitt B-B, c) Faltwerkelement.

Das Bogentragwerk ist nach der Stützlinie für ständige Lasten geformt. Da die Zweigelenkbögen in ihrer Ebene sowie das Faltwerk rechtwinklig dazu auf Längenänderungen unempfindlich reagieren, ließen sich 18200 m² Hallenfläche fugenlos überdachen.

Die Faltung sowie die verstärkten Betonquerschnitte in den Grat- und Rinnenknoten vergrößern die Biegesteifigkeit so, daß die notwendige Knickstabilität erreicht wird.

Bei den beiden Stirnbögen an den Hallenenden sind jeweils zwei Falten zu einem dreizelligen Hohlquerschnitt zusammengefaßt, um die schweren Glasstirnwände am Gewölbe aufhängen und auch die Windlasten in Hallenlängsrichtung aufnehmen zu können, siehe Bild 3-21c.

Die Bögen wurden aus plattenartigen Fertigteilen abschnittsweise auf einem verschiebbaren Lehrgerüst zusammengefügt, beginnend mit einem dreizelligen Stirnbogen und daran anschließend immer drei Normalbögen gleichzeitig, siehe Bild 3-21c. Die vorgefertigten Elemente haben im Normalbereich eine Dicke von nur 8,5 cm, im Stirnbogenbereich jedoch von 12 cm. Die geraden, etwa 4,5 m langen Fertigteile sind in Bogenrichtung polygonartig verlegt. Dabei ist die aus den Fertigteilen herausstehende Bewehrung in den Knotenbereichen sowie in den Querfugen übergreifend gestoßen, so daß letztlich ein monolithisch wirkendes Tragwerk entstand. Durch die Querstöße, besonders durch die Abwinkelungen werden ferner die dünnen Faltwerkflächen ausgesteift. Das Bogentragwerk erhielt in den Grat- und Rinnenknoten Spannbewehrung, die so bemessen ist, daß unter der häufig zu erwartenden Lastkombination (ständige Lasten, volle Schneelast, ein Drittel der größten Windlast und die Hälfte der ungünstigsten Temperatureinwirkungen) keine Zugspannungen auftreten.

Die Verbindung mit dem schon fertigen Hallenteil erfolgte durch den Ortbetonstoß im Rinnenknoten, siehe Bilder 3-21c und 3-21d, aber immer erst nach dem Ausrüsten des jeweils zuletzt hergestellten Abschnitts, also nach dem Einstellen der durch Eigenlast bedingten Verformungen.

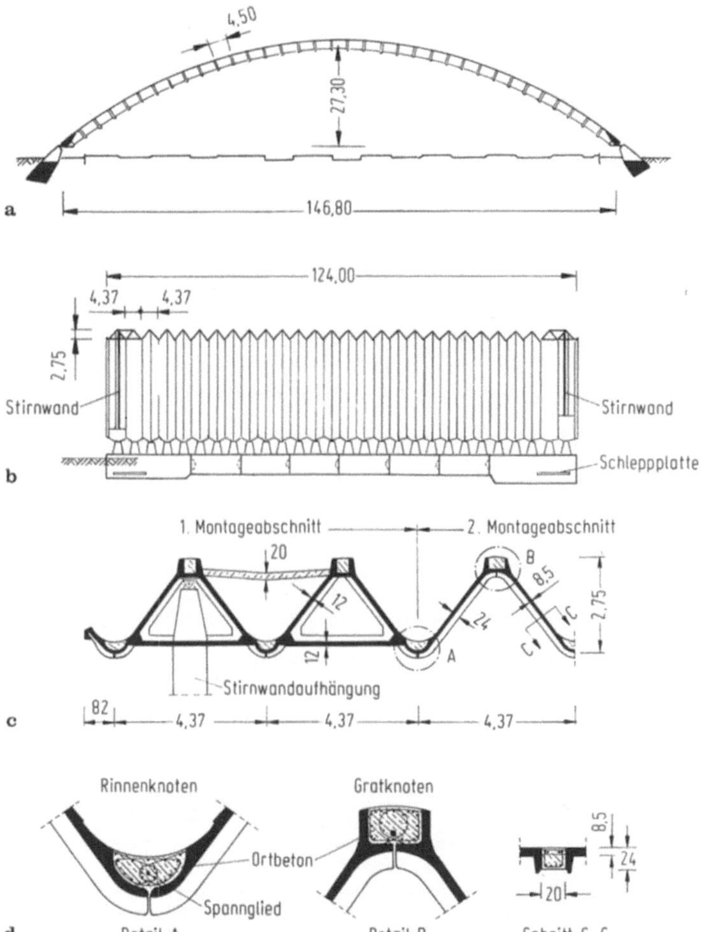

Bild 3-21a–d. Paketumschlaghalle in München [357].
a) Zweigelenk-Faltwerkbogen, b) Längsschnitt der 124 m langen Halle, c) Querschnitt des Stirnbogens sowie des anschließenden Normalbogens, d) Verbindungen der Fertigteile.

Auf eine besondere Dachhaut ist verzichtet worden, weil die Fertigteile aus wasserundurchlässigem Beton hergestellt und außerdem mit einem Epoxidharzanstrich versehen worden sind. Die Ortbetonbereiche hat man mit einem mehrlagigen Kunststoffanstrich abgedichtet.

3.3.3.3 Weitgespannte Schalendächer

Bei der stützenfreien Überdachung großer Hallenflächen sind doppelt gekrümmte Flächentragwerke statisch besonders vorteilhaft. Für solche Tragwerke ist Beton wegen seiner beliebigen Formbar-

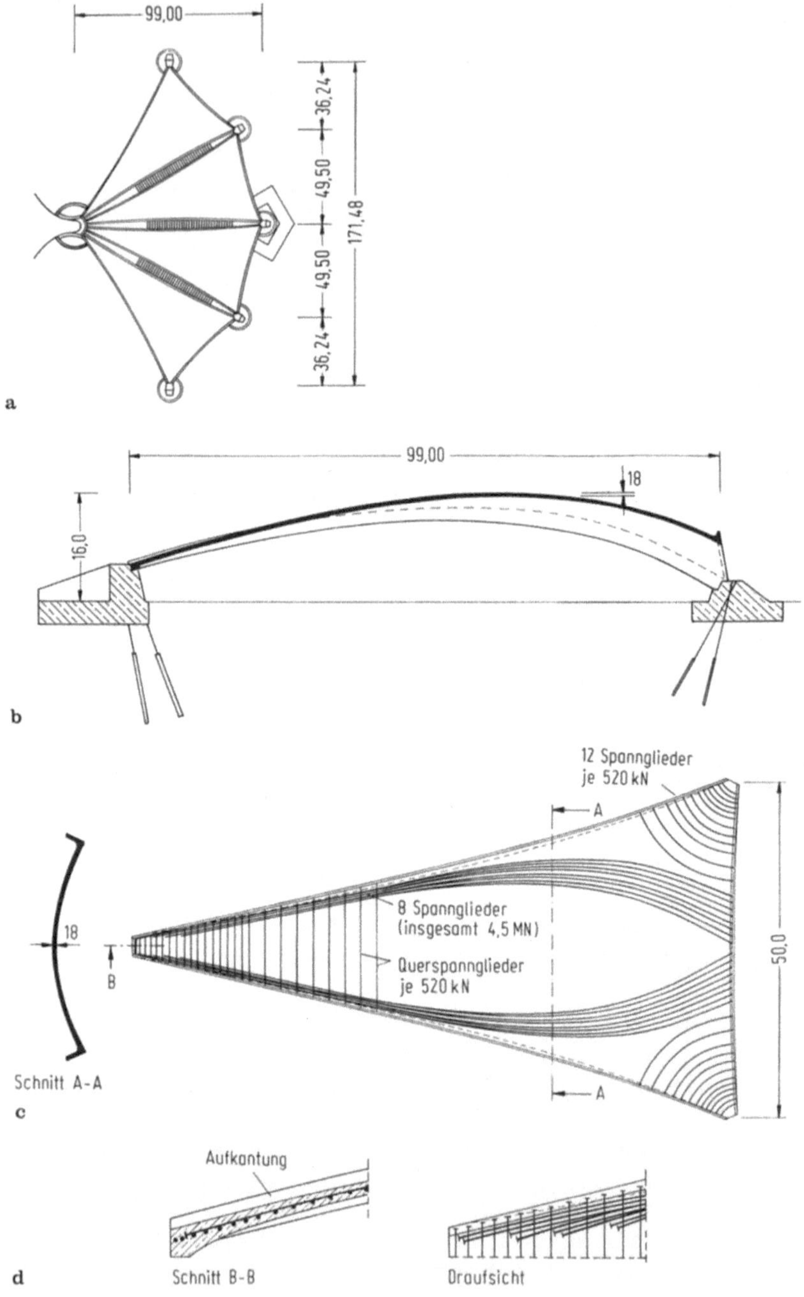

Bild 3-22a–d Überdachung des Hallenbades Luxemburg-Kirchberg [359].
a) Grundriß, b) Längsschnitt, c) Gewölbeschale mit Spannbewehrung, d) Spanngliedführung in der spitzen Ecke.

keit sehr gut geeignet. Da die Rüstungs- und Schalungskosten aber relativ hoch sind, werden weitgespannte Schalendächer allgemein nur dann ausgeführt, wenn vor allem gestalterische Gesichtspunkte im Vordergrund stehen [60].

Statisch versteht man unter *Schalen gekrümmte Flächentragwerke*, welche die gleichmäßig verteilten Lasten vorwiegend durch Membranwirkung, d. h. durch Normal- und Schubkräfte in der Schalenfläche aufnehmen. Die Schalendicke kann deshalb auch bei großen Spannweiten sehr gering gehalten werden, vgl. 3.3.1.

Nach ihrer Geometrie unterscheidet man Rotationsflächen, Translationsflächen und physikalisch definierte Schalenflächen [5c]. *Rotationsflächen* entstehen durch Drehen einer beliebigen Meridiankurve um eine Achse, z. B. Kugelschalen oder Paraboloide [60, 66a]. Solche Schalen, besonders mit positiver Gaußscher Krümmung, d. h. wenn beide Hauptkrümmungsradien auf derselben Seite liegen, sind sehr steif. Sie besitzen trotz geringer Dicke bei membrangerechter Stützung eine hohe Tragfähigkeit. Spannweiten bis 100 m sind mehrfach ausgeführt worden [60, 358, 359].

Translationsflächen entstehen durch Verschieben einer erzeugenden Kurve entlang einer (siehe Bild 3-22) oder zweier Leitlinien, z. B. bei den weit verbreiteten *Hyparschalen*, die durch gerade Erzeugende gebildet werden [60, 66, 360]. Translationsflächen mit negativer Gaußscher Krümmung haben Hoch- und Tiefpunkte und werden auch *Sattelflächen* genannt. Die beiden Hauptkrümmungsradien liegen nicht auf derselben Seite. Die Hyparschalen sind weniger steif und erfordern deshalb Randglieder zur Stabilisierung ihrer Form. Diese Schalentragwerke mit planmäßig erheblichen Zugbeanspruchungen sind durch den Einsatz von Vorspannung auch für beachtliche Spannweiten ausführbar geworden [360].

Bild 3-22 zeigt die stützenfreie Überdachung des Hallenbades Luxemburg. Sie besteht aus vier dreieckförmigen, vorgespannten *Gewölbeschalen*, die jeweils nur an den Ecken aufgelagert sind [359]. In Längsrichtung spannen diese Schalen rund 100 m, sind parabolisch geformt und tragen als Bogen. In Querrichtung haben die Schalen die Form von Ellipsenabschnitten mit bis zu 50 m Stützweite. Die Schalendicke beträgt im Scheitel 18 cm, nimmt aber zu den Rändern auf etwa den zweifachen Wert und an den Auflagerpunkten sogar bis 1,20 m zu. Aus ständigen Lasten und Schnee entstehen im Gewölbe nur Druckkräfte. Zugspannungen aus Wind, Temperaturänderungen, Schwinden und Widerlagerverschiebungen werden durch Vorspannung in den Ecken und etwa entlang der Längsränder überdrückt, siehe Bilder 3-22c und 3-22d. Da das Schalengewölbe auf Lagernachgiebigkeiten empfindlich reagiert, erhielten die Widerlager Daueranker, die etwa 25 m tief bis in den felsigen Baugrund geführt wurden, siehe Bild 3-22b. Die Spanngliedführung und -verankerung in der spitzen Ecke ist in Bild 3-22d dargestellt.

Während mit einschaligen Flächentragwerken Spannweiten bis etwa 100 m überdacht werden können, sind bei größeren Spannweiten vor allem zur Gewährleistung der Beulsicherheit steifere Systeme notwendig, z. B. gefaltete oder zweischalige Flächentragwerke, siehe 3.3.3.2 und [361]. Der CNIT-Ausstellungspalast in Paris beispielsweise wird durch ein doppelschaliges Flächentragwerk von 205,5 m Spannweite überdacht [362].

3.3.3.4 Hängedächer

Hängedächer gestatten die Überdachung sehr großer Flächen [352]. Bei diesen Dächern werden die Eigenlasten sowie die auf das Dach wirkenden Nutzlasten durch die Umlenkkräfte unter Spannung stehender „Seile" getragen [67]. Diese verankert man entweder an festen Widerlagerkonstruktionen, oder die Dachränder sind so auszubilden, daß sich die horizontalen Komponenten der Spannkräfte gegenseitig das Gleichgewicht halten und nur die vertikalen Komponenten in die Gründung abgeleitet werden müssen.

Bild 3-23 zeigt das Hängedach der zweischiffigen Wartungshalle V des Flughafens Frankfurt a. M. mit einer nutzbaren Grundfläche von 270 m Länge und 100 m Breite, in der gleichzeitig

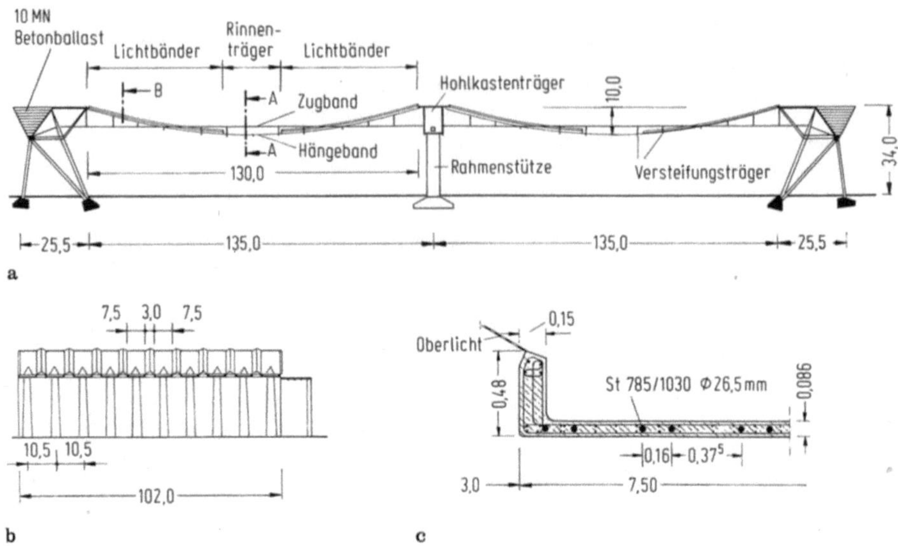

Bild 3-23a–c. Hängedach der Wartungshalle V auf dem Flughafen Frankfurt/Main [363].
a) Längsschnitt, b) Querschnitt A-A, c) Bewehrung eines Hängebandes, Schnitt B-B.

6 Großraumflugzeuge des Typs Boeing 747 Platz finden [47, 339, 352, 363]. Eine Längsseite ist auf 270 m als Torfront mit einer Durchfahrtshöhe von 21,5 m ausgebildet. An der Rückfront befinden sich Anbauten für Wartungsarbeiten an den Flugzeugleitwerken.

Da aus Gründen der Flugsicherheit die Gebäudehöhe auf 34,0 m begrenzt war, standen für die Dachkonstruktion nur etwa 10,0 m zur Verfügung. Als technisch und wirtschaftlich günstigste Lösung erwies sich eine Hängedachkonstruktion aus Spannleichtbeton.

Die Dachfläche besteht aus zehn je 7,5 m breiten, über beide Hallenschiffe von 130 m Länge gespannten Hängebändern, dazwischen 3 m breite Lichtbänder, siehe Bild 3-23b. Die Hängebänder sind in ihren Tiefpunkten durch 22 m breite horizontale Rinnen zusammengefaßt und in Querrichtung durch Versteifungsträger sowie in Längsrichtung durch Zugbänder ausgesteift. Die Versteifungsträger dienen ferner der Einleitung hoher Einzellasten aus dem Kranbetrieb und erhöhen die Durchschlagsicherheit des relativ leichten Daches beim Auftreten örtlich hoher Windsoglasten. Sie sind außerdem zur Aufnahme von Windlasten auf die Torwand notwendig und vermindern auch unterschiedliche Durchbiegungen der Hängebänder.

Wegen der Mindestbetonüberdeckung von 3,0 cm sind die Hängebänder im Normalbereich 8,6 cm dick. An beiden Rändern haben sie bis auf den Bereich des Rinnenträgers versteifende Aufkantungen, die gleichzeitig als Auflagerung für die Lichtbänder dienen.

Die tragenden Elemente des Daches bilden beschränkt vorgespannte Hängebänder (LB 25) mit je 28 Gewindespannstählen ø26,5 mm (St 785/1030). Durch die Vorspannung konnten die Dehnungsverformungen des Daches gering gehalten werden. In Querrichtung ist das Dach schlaff bewehrt, siehe Bild 3-23c.

Mit den beiden äußeren Verankerungsböcken sowie mit dem Mittelträger sind die Hängebänder monolithisch verbunden. Die 34 m hohen Fachwerkböcke hat man mit rund 10 MN schweren Gegengewichten versehen, so daß die Resultierenden aus Ballast und Verankerungskräften durch die geneigten Druckstreben in die Gründung abgeleitet werden. Die äußeren Stützen dienen nur der

Stabilisierung und erhalten lediglich bei sehr unwahrscheinlicher Lastkombination geringe Zugkräfte. Da die Hängedachkonstruktion gegen Baugrundsetzungen relativ unempfindlich ist, genügte
eine einfache Flachgründung.

Die Mittelunterstützung wird durch eine Rahmenkonstruktion gebildet. Die beiden Stützen
(2,5 m × 5,0 m) sind vorab mit Kletterschalung errichtet worden. Der Riegel besteht aus einem 7,6 m
breiten und 10,5 m hohen Hohlquerschnitt, den man am Boden abschnittsweise betoniert und
vorgespannt hat. Anschließend ist der 45 MN schwere Spannbetonträger an den Stützen in seine
Endlage gehoben und mit diesen biegesteif verbunden worden [363].

3.4 Behälter und Türme

3.4.1 Allgemeines

Im Behälterbau ist die *Spannbetonbauweise* weit verbreitet [47, 263]. Hinsichtlich der Nutzung wird
unterschieden zwischen Silos und Bunkern für die Speicherung von Massengütern, d. h. von
Schüttgütern mit innerer Reibung, und Flüssigkeitsbehältern sowie Sicherheitsbehältern. Die Behälterwände werden durch Innendruck vorwiegend auf Zug oder auf Zug mit Biegung beansprucht.
Bei größeren Behältern ist daher eine Vorspannung nicht nur zweckmäßig, sondern auch immer
wirtschaftlich.

Bei Behältertragwerken und Türmen sind *Rotationsschalen* bevorzugte statische Systeme und
hier vor allem aus schalungstechnischen Gründen Kreiszylinderschalen, die in aller Regel im Gleit-
oder Kletterverfahren hergestellt werden. Die Spannbewehrung wird auch bei nahezu zentrischer
Zugbeanspruchung möglichst weit nach außen gelegt, damit die durch die gekrümmten Spannglieder verursachten Umlenkkräfte in Radialrichtung möglichst geringe Zugkräfte im Beton erzeugen,
siehe Bild 3-24a.

Die *Vorspannung* erfolgt fast immer durch Spannglieder mit nachträglichem Verbund. Sie
werden an gleichmäßig über den Umfang verteilten *Lisenen* übergreifend gespannt und verankert,
siehe Bild 3-24c. Mit der Einführung der Litzenspannverfahren, bei denen die Spannstahllitzen erst
nachträglich in die bereits einbetonierten Hüllrohre eingeschoben werden, hat das Wickelverfahren,
siehe Abschnitt J.2.4 und [46, 47, 83b], an Bedeutung verloren. Wenn auf Lisenen verzichtet werden
soll, verwendet man ringförmige Spannglieder mit Zwischenverankerungen, die von Nischen aus mit
Spezialzylindern übergreifend gespannt werden, siehe Bild 3-27b und [263].

Zur *Schnittgrößenermittlung* rotationssymmetrischer Flächentragwerke, insbesondere für Kreiszylinderschalen, siehe u. a. [5c, 33–35, 63, 64, 68–72, 346, 364]. Nach [73] läßt sich auch der Einfluß
von radial wirkenden Einzellasten erfassen. Hinsichtlich der Untersuchungen zur Stabilität von
Rotationsschalen siehe [63, 74].

3.4.2 Silobauwerke

Silos dienen der Lagerung und dem Umschlag *schüttbarer Massengüter*. Sie sind dort erforderlich,
wo Schwankungen zwischen Erzeugung und Verbrauch auszugleichen sind. Man findet sie vor allem
in Industriegebieten oder an Umschlagplätzen, wie Güterbahnhöfen oder Häfen [75, 76, 365].

Typische Silogüter sind

- landwirtschaftliche Erzeugnisse, wie Getreide, Hülsenfrüchte, Ölsaaten oder bereits bearbeitete
  landwirtschaftliche Produkte, wie Mehl, Futtermittel, Zucker,
- anorganische Rohstoffe, wie Kies, Sand, Kalk, oder
- Industrieprodukte, u. a. Zementklinker, Zement, Asche, Düngemittel.

Literatur zu Entwurf, Berechnung und Konstruktion von Silos siehe 3.4.1 und [6, 75–78, 365]. Für die *Lastannahmen* gilt allgemein DIN 1055, für die Lastansätze in den Silozellen insbesondere Teil 6. Danach sind Silos solche Behälter, deren Höhe h im Verhältnis zum Durchmesser d des einbeschriebenen Kreises größer als 0,8 ist. Ein erheblicher Teil der vertikalen Lasten wird dann über Reibung in die Zellenwände abgeleitet. Bei Verhältnissen $h/d < 0,8$ ist dieser Einfluß gering, man spricht dann von Bunkern oder Lagern, die mit den einfachen Ansätzen der Erddrucktheorie bemessen werden [366]. Wegen der großen Masse gefüllter Silozellen und der meist hohen Silogebäude sind ggf. auch Einwirkungen aus Erdbebenlasten gem. DIN 4149 Teil 1 zu berücksichtigen.

Siloanlagen bestehen entweder aus einzelnen *Silozellen*, siehe Bild 3-24, oder es werden mehrere Zellen zu einer *Silogruppe* zusammengefaßt, siehe Bild 3-25. Während in der Zement- und Zuckerindustrie freistehende kreiszylindrische und hier vor allem Großraumsilos bis zu 40 m Durchmesser bzw. bis zu 60 m Höhe bevorzugt werden, sind in der Getreide- und Futtermittelindustrie mehrzellige Siloanlagen zweckmäßiger [367]. Die Zellen erhalten runde oder vieleckige Querschnitte mit Durchmessern von 4 bis 8 m oder sind rechteckig mit Seitenlängen bis etwa 6 m. Mehrfach hat man auch kombinierte Querschnitte ausgeführt [75, 365].

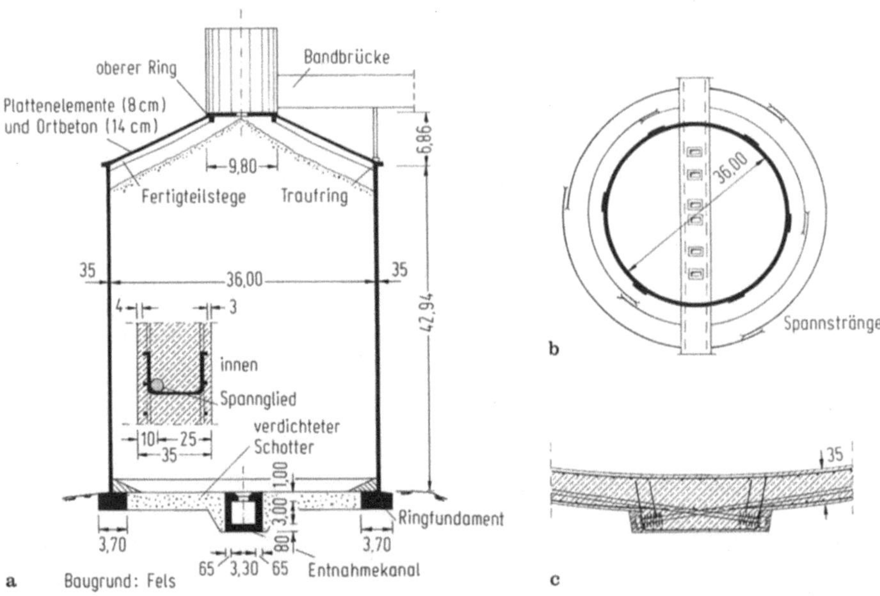

Bild 3-24a–c. Zementklinkersilo [75, 369].
a) Querschnitt, b) Grundriß, c) Verankerung der Spannglieder an Lisenen.

Die Gestaltung von Siloanlagen wird nicht nur durch das Schüttgut sondern auch durch die *Fördereinrichtungen* bestimmt. Für die Förderung und Behandlung des Silogutes sind aufwendige maschinentechnische Anlagen erforderlich, siehe [79].

Silozellen bis zu etwa 12 m Durchmesser erhalten meist eine Stahlbetonplatte als *Silodach*. Bei größeren Durchmessern sind Plattenbalkenkonstruktionen kostengünstiger. Diese werden zunehmend unter Verwendung vorgefertigter Balken- und Plattenelemente mit nachträglich ergänzter

Ortbetonschicht hergestellt. Bei sehr großen Durchmessern können auch Kegelschalen, siehe Bild 3-24a, wirtschaftlich sein.

Die *Silowände* bilden lotrechte Zylinder oder Prismen, die horizontal – abhängig vom Zellenquerschnitt – überwiegend durch Zugkräfte oder durch Biegemomente beansprucht werden. Sie werden in der Regel im Gleitbauverfahren hergestellt. Diese Bauweise setzt jedoch einen kontinuierlichen Bauablauf „rund um die Uhr" und besondere Sorgfalt bei der Wahl der Betonzusammensetzung sowie bei der Herstellung, Verdichtung und Nachbehandlung des Betons voraus [V67, V68]. Die Mindestdicke von Wänden im Gleitbauverfahren beträgt 18 cm [V67].

Die verhältnismäßig dünnen Wände kreiszylindrischer Silos sind am *oberen Rand* durch das Silodach oder zumindest durch einen Ring *auszusteifen*, um sog. Ovalisierungen, beispielsweise infolge Brückenbildung des Silogutes, unsymmetrischer Belastungen oder Baugrundsetzungen, entgegenzuwirken. Bei Ringsilos, zwei ineinandergestellten Zylindern, ist eine solche Aussteifung besonders wichtig, weil sich bei diesem Silotyp unterschiedliche Schütthöhen und damit auch sehr ungleiche Silodrücke nicht vermeiden lassen [368].

Für Kreiszylindersilos mit Durchmessern bis 16 m, höchstens 20 m, genügt eine Bewehrung mit Betonstahl. Bei Verwendung von Gleitschalung wird die Ringbewehrung immer nach außen gelegt. Sog. Gleithaken gewährleisten dabei die vorgesehene Betondeckung [V67]. Bei größeren Silodurchmessern oder Schütthöhen über 40 m ist Spannbewehrung erforderlich. *Zementklinkersilos* sind beim Einfüllen von bis zu 160 °C heißem Klinker sehr hohen Temperaturbeanspruchungen ausgesetzt. Für sie wird eine teilweise Vorspannung nach DIN 4227 Teil 2 mit Vorspanngraden zwischen $\kappa_v = 0{,}50$ und $0{,}70$ empfohlen, siehe Teil J und [75, 369].

Die Zellenwände sollen das Silogut auch gegen *Witterungseinflüsse* schützen. Um das Eindringen von Feuchtigkeit zu verhindern, genügt i. allg. eine Beschränkung der Rißbreiten gem. DIN 1045, 17.6. Bei hygroskopischem oder aggressivem Füllgut sind wasserundurchlässiger Beton oder Beschichtungen erforderlich.

Um bei der Zementherstellung einen reibungslosen Produktionsablauf sicherzustellen, muß der gebrannte *Zementklinker* oft in sehr großen Mengen vorgehalten werden [369]. Bild 3-24a zeigt einen *Großraumsilo* mit 42000 m³ Lagerkapazität [75]. Der felsige Baugrund gestattete eine Flachgründung auf einem Ringfundament. Im wesentlichen ruht der Zementklinker unmittelbar auf dem Baugrund, d. h. auf verdichtetem Schotter, in dem auch der Entnahmekanal eingebettet ist.

Das *kegelschalenförmige Silodach* besteht aus 30 radialen Fertigteilstegen mit dazwischen verlegten, 8 cm dicken Stahlbeton-Trapezplatten, die durch 14 cm Ortbeton quasi monolithisch verbunden sind. Der obere Ring mit der Druckplatte sowie der vorgespannte Traufring sind aus Ortbeton.

Die *Silowand* ist 35 cm dick und in Gleitbauweise hergestellt worden. Sie ist mit dem Ringfundament sowie mit dem Silodach biegesteif verbunden. Um die großen Momente an der Fundamenteinspannung zu vermindern, hat man im Siloinneren entlang der Wand einen unbewehrten Betonkeil eingebracht, so daß der untere Wandbereich horizontal nicht belastet wird. Die Silowand ist in Ringrichtung vorgespannt. An den 6 Lisenen sind jeweils die Hälfte aller Spannglieder gestoßen, siehe Bild 3-24b.

Bild 3-25a zeigt den Längsschnitt einer Mischfutter-*Siloanlage*. Das Untergeschoß enthält zu ebener Erde Gleis- und Straßenzufahrten für den An- und Abtransport der verschiedenen Silogüter, darunter Waagen und Einrichtungen zur Tiefenentladung. Im Zwischengeschoß sind Anlagen zum Abzug, zur horizontalen Förderung sowie zum Aufbereiten und Mischen der eingelagerten Futtermittel untergebracht. Darüber erstreckt sich der eigentliche Siloteil *mit 42 Zellen* von unterschiedlichem Querschnitt und Fassungsvermögen zur Speicherung der einzelnen Komponenten, Bild 3-25b. Durch die Anordnung quadratischer Zellen konnten die bei Kreiszylinderzellen unvermeidlichen und betrieblich ungünstigen kleinen Zwickelzellen vermieden werden. Die 0,20 m dicken Silowände sind im Gleitschalverfahren hergestellt. Die stählernen Abzugstrichter hat man vor dem Betonieren unmittelbar in den Siloboden eingesetzt.

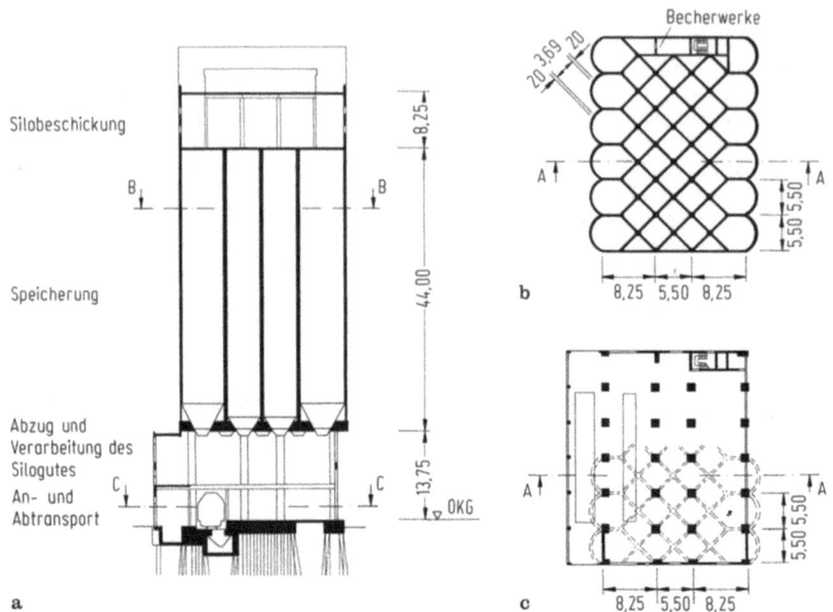

Bild 3-25a–c. Mischfutter-Komponentensilo.
a) Längsschnitt A-A, b) Schnitt B-B durch die Silozellen, c) Schnitt C-C durch das Untergeschoß.

Der Raum über der Speicherung dient der Beschickung, d. h. ist mit Anlagen zur horizontalen Verteilung und zum Einfüllen des Silogutes ausgerüstet. Neben dem Treppenhaus befinden sich die Vertikalförderanlagen (*Becherwerke*) sowie die Schächte für die Versorgungsleitungen und Feuerwehraufzüge.

Wegen der hohen Lasten sowie des schlechten Baugrunds ist die Siloanlage 14 m tief auf Ortbeton-Rammpfählen gegründet. Die Silozellen stehen in den Untergeschossen auf relativ dicken Stahlbetonstützen sowie aussteifenden Wandscheiben in Abständen von 5,50 bzw. 8,25 m, siehe Bild 3-25c.

Weitere ausgeführte Beispiele finden sich in [75, 80, 263].

3.4.3 Wasserbehälter

Reinwasserbehälter sind für eine störungsfreie *Wasserversorgung* unentbehrlich, denn sie müssen die Schwankungen von Wasserzulauf und -verbrauch der Gemeinden sowie der Industrie ausgleichen und einen Notvorrat zur Überbrückung von Betriebsstörungen sowie zur Brandbekämpfung bereithalten. Mindestens zwei Wasserkammern sind erforderlich, um Reinigungs- und Wartungsarbeiten ohne Unterbrechung der Wasserversorgung durchführen zu können [81–83].

In Deutschland werden Wasserbehälter fast ausschließlich aus Stahlbeton oder Spannbeton erstellt. Verbreitet sind *rechteckige Grundrisse*, weil diese Form bautechnisch einfach ist. Sie wird vor allem bei kleineren Wasserkammern gewählt. Bei größeren Behältern bevorzugt man den statisch günstigeren Kreiszylinder, Bild 3-26, und sieht oft zwei gleiche, aber völlig getrennte Wasserkammern vor [83b]. Die Einzelbehälter werden meist brillenförmig zu beiden Seiten des Betriebsgebäudes errichtet. Möglich ist aber auch eine konzentrische Anordnung, wie bei Wassertürmen, siehe Bild 3-27a.

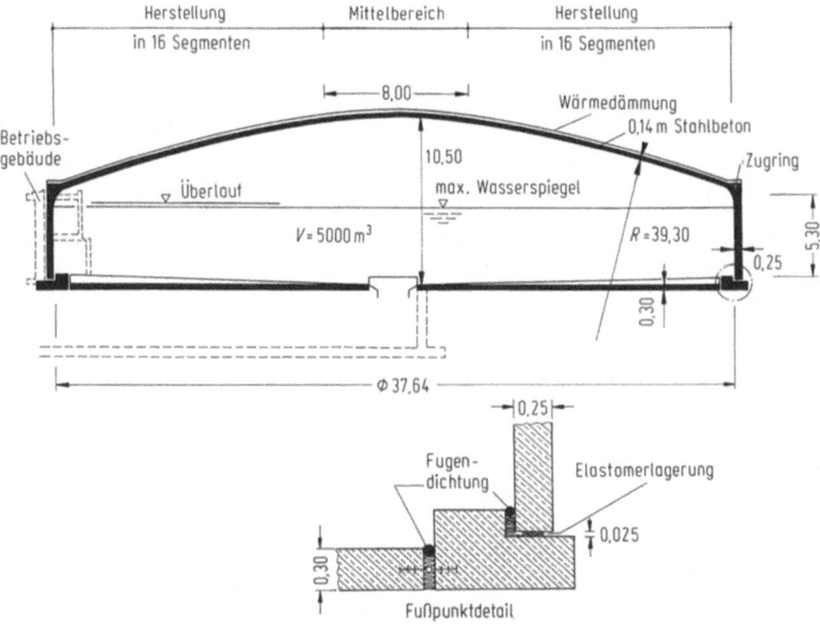

Bild 3-26. Schnitt durch einen Trinkwasserbehälter [371].

Während kleinere Behälter durch eine freitragende Stahlbetonplatte abgedeckt werden, sind bei den Flachdecken größerer Behälter Zwischenstützen im Raster von 6 bis 10 m erforderlich, siehe z. B. [80, 83b, 84, 331, 370]. Den nötigen Wärmeschutz erreicht man bei Tiefbehältern am einfachsten durch eine Erdüberdeckung von etwa 1,0 m.

Literatur zur Schnittgrößenermittlung siehe 3.4.1.

Mittlere Behälter können auch stützenfrei durch eine *Kugelkalotte* überdacht werden. Bild 3-26 zeigt einen solchen Trinkwasserbehälter mit 5000 m³ Speicherinhalt [371]. Die Kugelschale hat einen Krümmungsradius von 39,3 m. Zur Verminderung der Auflasten sind hier leichte Dämmstoffe als Wärmeschutz aufgebracht. Die zylindrische Behälterwand mit einem Innendurchmesser von 37,64 m und einer Höhe von 5,30 m hat man horizontal durch 30 Monolitzen, Spannglieder ohne Verbund mit jeweils 173 kN zulässiger Spannkraft, in Abständen von 15 bis 20 cm und an nur zwei Lisenen vorgespannt. Sohlplatte und Ringwand sind durch eine Bewegungsfuge getrennt, siehe Detaildarstellung in Bild 3-26.

Ungewöhnlich war die Herstellung der Kalotte. Der Mittelbereich bis zu einem Durchmesser von 8,0 m wurde vorab auf einem Lehrgerüst betoniert. Die restliche Schalenfläche hatte man in 16 gleiche Segmente unterteilt, wobei immer zwei gegenüberliegende Segmente gleichzeitig auf verfahrbaren Lehrgerüsten hergestellt worden waren. Während des Ausrüstens der einzelnen Abschnitte hatte man Hilfsstützen untergestellt. In der Ringwand waren zu diesem Zeitpunkt noch nicht alle Spannglieder vorgespannt. Erst nach Fertigstellung der gesamten Kugelkalotte wurden die restlichen Spannglieder in Wand und Zugring vorgespannt und die Rüstung in der Mitte sowie die Hilfsunterstützungen abgelassen [371].

Bewegungsfugen in Flüssigkeitsbehältern sind immer konstruktive Schwachstellen. Sie sollten daher nur dann vorgesehen werden, wenn sie für die ungestörte Funktion und den Bestand des Behälters unentbehrlich sind. Voraussetzung für ein einwandfreies Funktionieren der Fugen auf Dauer ist ihre sorgfältige Konstruktion und Ausführung [55, 56]. In der Praxis haben sich aber auch Behälter ohne Bewegungsfugen bewährt, selbst bei großen Abmessungen [V69, V70, 331].

Aus Gründen der Reinhaltung und damit zur Gewährleistung einer hohen Wasserqualität sind Sohlplatte und Wände in Sichtbeton, d. h. mit möglichst glatter und porenfreier Oberfläche herzustellen. Außerdem muß der Behälter wasserundurchlässig sein, weitere Hinweise in [V69, V70]. *Nachweise zur Gebrauchsfähigkeit*, d. h. eine rechnerische und konstruktive Begrenzung der Rißbreiten, sind hier von entscheidender Bedeutung. Neben den Beanspruchungen aus äußeren Lasten sind auch die Zwangbeanspruchungen aus Temperaturänderungen, Hydratationswärmewirkung, Schwinden, Kriechen sowie aus wahrscheinlichen Baugrundsetzungen möglichst wirklichkeitsnah zu erfassen. Zwang als Rißursache ist nach [V69] entweder durch konstruktive Maßnahmen zu vermeiden, bzw. gering zu halten, oder die dadurch hervorgerufenen Beanspruchungen sind unter Einhaltung einer im Hinblick auf die geforderte Wasserundurchlässigkeit unbedenklichen Rißbreite (etwa 0,10 mm) durch Bewehrung aufzunehmen [V51, V69].

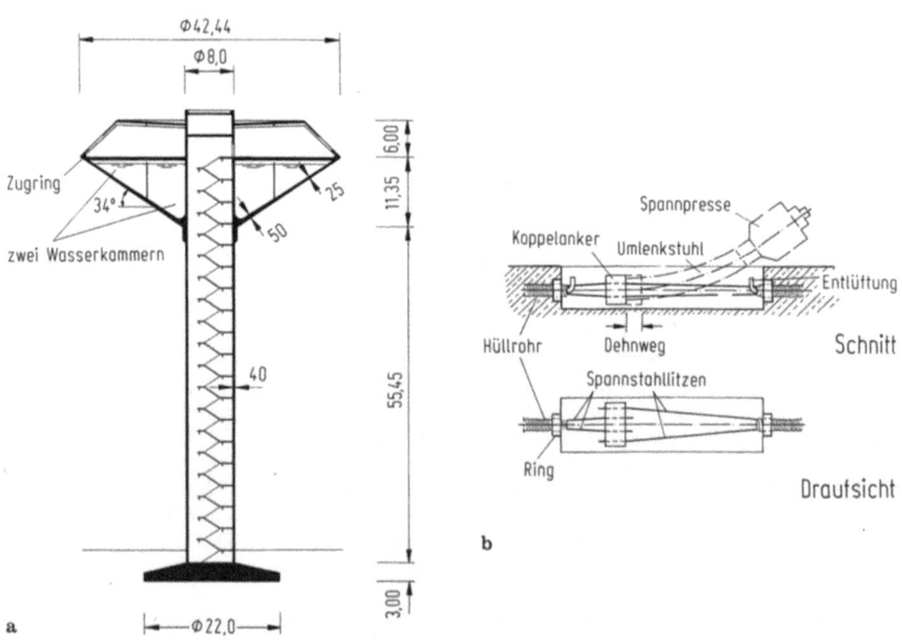

Bild 3-27a, b. Wasserturm [372].
a) Schnitt, b) Spannen der Ringspannglieder.

Für jeden Wasserbehälter wird eine *Dichtheitsprüfung* verlangt. Dabei darf kein sichtbarer Wasseraustritt feststellbar sein, keine Durchfeuchtung auftreten und während 48 Stunden der Wasserspiegel im Behälter nicht meßbar absinken [V70]. Die Erfahrung zeigt, daß sich trotz großer Sorgfalt bei Planung und Ausführung wasserundurchlässiger Baukörper örtliche Fehlstellen im Betongefüge nie ganz vermeiden lassen oder daß einzelne breitere Risse auftreten. Sie können aber nachträglich und dauerhaft wirksam verpreßt werden. Wasserundurchlässiger und weitest porenfreier Beton bedarf keiner besonderen Oberflächenbehandlung oder Innenauskleidung [V70].

Wassertürme dienen nicht nur dem Ausgleich von Wasserangebot und -bedarf, sondern sie erhöhen auch den Druck, bzw. vermindern die Druckschwankungen, im Leitungsnetz. Sie werden notwendig, wenn keine kostengünstigeren Erdhochbehälter errichtet werden können [V71].

Bild 3-27 zeigt einen Wasserturm, bei dem der *kegelige Behälter* in rund 60 m Höhe eingerüstet und betoniert wurde [372]. Der Schaft mit 8,0 m Außendurchmesser und 0,40 m Wanddicke ist vorab gemeinsam mit dem Aufzugschacht im Gleitbauverfahren errichtet worden. Danach hat man die Kegelschale durch 46 radial verlegte Fachwerkbinder eingerüstet. Sie waren am Schaft auf einem absenkbaren Ring gelagert, am Außenrand mit Spannstählen an der Turmspitze abgehängt und zusätzlich zur Stabilisierung noch mit dem Fundament verspannt. Da die Herstellung der Kegelschale möglichst gleichmäßig erfolgen sollte, wurde am Schaft begonnen und spiralförmig bis zum Behälterrand betoniert. Lisenen zur Spanngliedverankerung waren nicht gestattet. Deshalb wurden die Ringspannglieder von inneren Spannischen aus gespannt und zu einem geschlossenen Ring gekoppelt, siehe Bild 3-27b. Durch das versetzte Anordnen der Spannstellen konnte eine nahezu gleichmäßige Vorspannung erreicht werden [80, 372].

Um Schalungsarbeiten in großer Höhe zu vermeiden, wird häufig der *Wasserbehälter als Großfertigteil* nach der Herstellung des Turmschaftes am Boden betoniert, hydraulisch nach oben gezogen und mit dem Schaft verbunden, siehe u. a. [80, 84, 373].

3.4.4 Faulbehälter

Bei der heute allgemein geforderten biologischen Abwasserreinigung fallen sehr große Klärschlammengen an, die eine weitere Schlammbehandlung, vorzugsweise in Faulräumen, erfordern [85–87].

Faulbehälter werden fast ausschließlich in Stahlbeton, entweder in zylindrischer Form mit Sohlkegel und Kegeldach (*klassische Form*) oder mit stetig gekrümmter Meridianlinie (*Eiform*) gebaut [87, 374, 375]. Vorteilhaft ist in beiden Fällen der untere Kegel, weil sich der ausgefaulte Schlamm in der Spitze sammelt und so unerwünschte Schlammablagerungen vermieden werden. Der obere Bereich des Behälters in Form einer Spitzkuppel reduziert die Größe der sich stets bildenden, aber den Faulprozeß störenden Schwimmschlammdecke. Im übrigen sollte der Innenraum von Installationen möglichst freigehalten werden.

Bei größeren Behältern wird heute fast immer die *Ei- oder Tropfenform* gewählt, weil diese nahezu ideal die verfahrenstechnischen Anforderungen der anaeroben Schlammbehandlung erfüllt und der klassischen Form mit geknicktem Meridian auch bautechnisch und wirtschaftlich überlegen ist [374, 375]. Da mit zunehmender Behältergröße sowohl die volumenbezogenen Herstellungs- als auch Betriebskosten sinken, geht die Entwicklung zu immer größeren Einheiten [80, 84, 374, 375].

Literatur zur Schnittgrößenermittlung siehe 3.4.1 und insbesondere für die klassische Form [87].

Bild 3-28 zeigt den Schnitt durch einen Faulbehälter mit 15000 m³ Inhalt. Der größte Innendurchmesser beträgt 27,16 m, die gesamte Bauwerkshöhe 47,47 m. Der Schlamm wird unten eingepumpt. Oben befinden sich der Gasdom sowie der Überlauf. Zur Schlammumwälzung ist im unteren Bereich auf einem Dreibock ein Schraubenschaufler installiert.

Ein Stahlbetonbehälter mit *Kegelspitze* bedarf bei einem gleichmäßigen Boden dank seines biegesteifen Mantels keines Gründungskörpers [374], jedoch ist der Behälter in Bild 3-28 wegen der ungünstigen Baugrundverhältnisse in einem Bergschadensgebiet auf größerer Fläche gegründet.

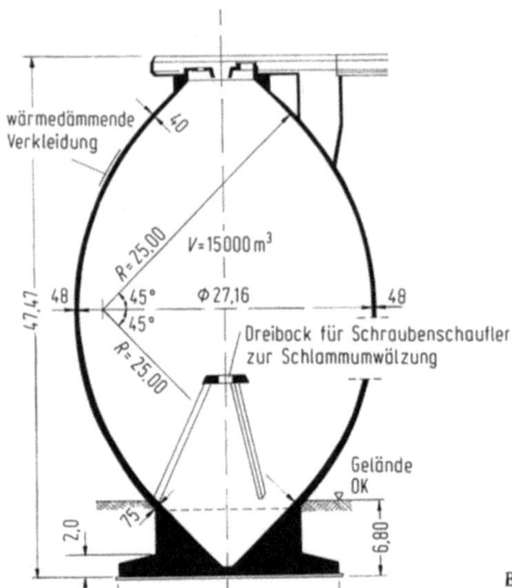

Bild 3-28. Schnitt durch einen Faulbehälter mit 15000 m³ Fassungsvermögen [375].

Oberhalb des massiven Kegels beginnt die eigentliche Schalenkonstruktion. Die Form entsteht durch Rotation eines mit einem Radius von $R = 25,0$ m gekrümmten Meridians. Im oberen Bereich geht die doppelt gekrümmte Schale in die Kegelschale des Gasdoms über. Am Gründungskörperanschnitt beträgt die Wanddicke 0,75 m; sie nimmt nach oben hin allmählich bis auf das im oberen Drittel konstante Maß von 0,40 m ab [375]. Die gewählte rotationssymmetrische Schalenform mit stetiger Mittelfläche sowie stetig veränderlicher bzw. gleichbleibender Wanddicke ist statisch und konstruktiv besonders günstig.

Der Faulbehälter ist in Ring- und Meridianrichtung vorgespannt. Litzenspannglieder bis maximal 1,64 MN zulässiger Spannkraft liegen, entsprechend der Beanspruchung abgestuft, in Abständen zwischen 0,20 und 0,50 m. Der wirtschaftlichste *Vorspanngrad* wird erreicht, wenn die Mindestbewehrung auf die notwendige Rißbreitenbeschränkung abgestimmt ist, aber die wesentlichen Zugkräfte durch Spannstahl aufgenommen werden.

Da Spannlisenen unzweckmäßig sind, wurden die *Ringspannglieder* um den gesamten Behälterumfang geführt und in Nischen übergreifend gespannt und verankert, vgl. Bild 3-27b. Danach hat man die Nischen mit Spritzbeton geschlossen. Durch Versetzen der Ankerstellen konnte ein über den Umfang annähernd gleichförmiger Vorspannungszustand erzielt werden. Seit Mitte der 80er Jahre werden Faulbehälter mittlerer Größe auch zunehmend mit *Vorspannung ohne Verbund* ausgeführt [376].

Hergestellt sind die Faulbehälter in Bild 3-28 mit einer *Spezialkletterschalung* und aus wasserundurchlässigem Beton B 35 nach DIN 1045, 6.5.7.2. Im Hinblick auf die Dichtheit ist die Zahl der Arbeitsfugen verringert worden. Außerdem hat man vorsorglich Injektionsschläuche eingelegt, um ggf. undichte Fugenbereiche unmittelbar verpressen zu können [375].

Die Behälter sind außen wärmedämmend verkleidet und mit einer wetterfesten Außenhaut versehen. Im Innenraum ist im Füllstandbereich des Schlammes kein Schutz der Betonoberfläche notwendig. Nur im Gasraum, d. h. oberhalb des Schlammspiegels, wo sich aus dem Faulgas Schwefelsäure und Sulfate bilden können, ist der Beton korrosionsbeständig beschichtet [374, 375].

3.4.5 Sicherheitsbehälter

In einem *Reaktorgebäude* sind der Kernreaktor mit dem nuklearen Dampferzeugungssystem, die erforderlichen Hilfs- und Sicherheitssysteme sowie das Brennstofflagerbecken untergebracht, siehe Bild 3-29. Die bei der Kernspaltung entstehende radioaktive Strahlung muß durch bauliche Maßnahmen so weit abgeschirmt werden, daß das Betriebspersonal und die Umwelt auch bei Störfällen keiner unzulässigen Strahlung ausgesetzt sind [377]. Beton ist zur Strahlenabschirmung gut geeignet, weil er die Gamma- und Neutronenstrahlung wirksam abschwächt. Ferner besitzt er gute mechanische Eigenschaften und läßt sich wirtschaftlich herstellen.

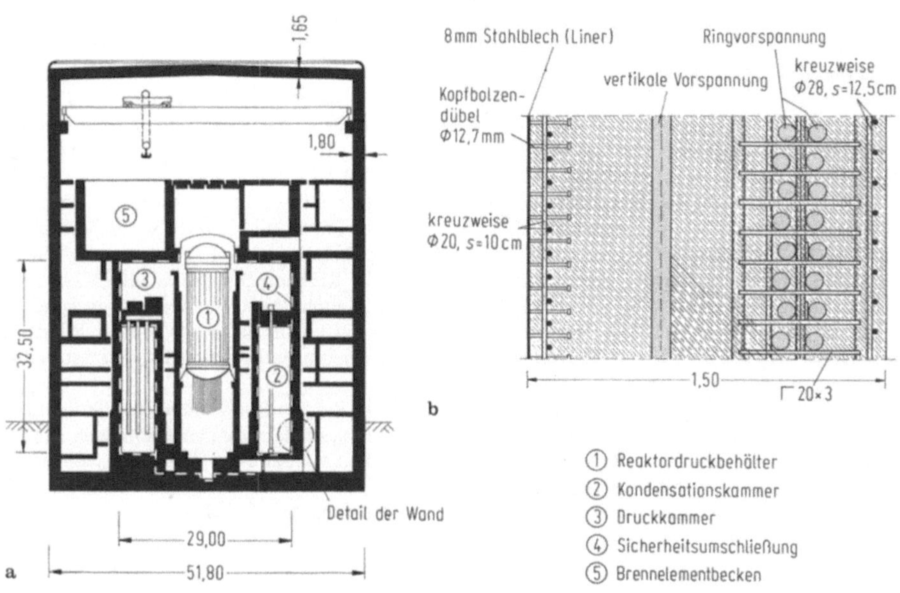

Bild 3-29a, b. Reaktorgebäude.
a) Schnitt durch Reaktorgebäude mit Sicherheitsbehälter [379], b) Querschnitt der Sicherheitsbehälterwand.

1984 ist das *Kernkraftwerk Gundremmingen* durch zwei Kernreaktorblöcke mit je 1300 MW erweitert worden. Wegen der höheren Sicherheitsanforderungen ist die bis dahin übliche kugelförmige Sicherheitsumschließung aus Stahl durch einen *Sicherheitsbehälter aus Spannbeton* ersetzt worden [377–379]. In Bild 3-29a ist das Reaktorgebäude im Schnitt dargestellt. Der zentral angeordnete Sicherheitsbehälter hat einen Innendurchmesser von 29,0 m und eine lichte Höhe von 32,5 m. Er umschließt den stählernen Reaktordruckbehälter (*1*) und das konzentrisch darum angeordnete Druckabbausystem.

Bei normalem *Reaktorbetrieb* wird der Sicherheitsbehälter nur durch Eigenlasten, Vorspannung und geringfügige betriebsbedingte Lasten beansprucht. Wenn jedoch beim Bruch einer Kühlmittelleitung das heiße Wasser-Dampf-Gemisch austritt und sich ein entsprechender Druck im Sicherheitsbehälter (*3*) aufgebaut hat, strömt der Dampf in die Wasserbecken der Kondensationskammern

(*2*) und kondensiert. Dabei erfährt der Behälter neben hohen Temperatur- und Druckbeanspruchungen auch erhebliche dynamische Belastungen, für die er gem. DIN 25 449 und DIN 25 459 ausgelegt sein muß. Wirtschaftlich sind diese Belastungen nur durch eine Spannbetonkonstruktion aufzunehmen.

Die *Wanddicke* des zylindrischen Spannbetonsicherheitsbehälters beträgt 1,10 m, ist aber im Bereich des Wasserfüllstandes in der ringförmigen Kondensationskammer auf 1,50 m verstärkt. Da Beton nicht als gasdicht angesehen werden kann, erhielt die Sicherheitsumschließung (*4*) eine Dichthaut (*Liner*) aus 8 mm Feinkornstahl mit hoher Bruchdehnung. Die stählerne Dichthaut wurde abschnittsweise montiert, mit den Stahlauskleidungen für die Öffnungen und Rohrdurchführungen verschweißt und diente danach auf der Innenseite gleichzeitig als Schalung. Durch eine Vielzahl von Kopfbolzendübeln ist der Liner kraft- und verformungsschlüssig mit dem Beton verbunden, siehe Bild 3-29b. Vorgespannt wurden nur die Behälterwände, während die untere Kreisplatte und obere Kreisringplatte in Stahlbeton ausgeführt sind [379]. Die Wände hat man senkrecht durch 249 gerade Spannglieder mit einer im Störfall zulässigen Spannkraft von je 1,43 MN vorgespannt. Die 432 Ringspannglieder sind jeweils über zwei Drittel des Umfangs geführt und beidseitig von Lisenen aus gespannt. Die *Vorspannung* ist so bemessen, daß beim Lastfall „Druckprüfung" sowie beim größten Kühlmittelverlust-Störfall in der Zylinderwand noch keine Betonzugspannungen auftreten. Außerdem ist durch eine Beschränkung der Rißbreiten sichergestellt, daß die Stahlauskleidung auch im Störfall örtlich nicht überdehnt wird und somit dicht bleibt.

Alle sicherheitstechnisch relevanten Gebäude und Bauteile müssen bei Kernkraftwerken nicht nur für die üblichen Lastannahmen nach DIN 1055 sowie für Einwirkungen aus inneren Störfällen, sondern auch für außergewöhnliche äußere Belastungen (Erdbeben, äußere Explosionen und Flugzeugabsturz) bemessen werden, siehe [V72]. Die Wände des Reaktorgebäudes in Bild 3-29a sind deshalb 1,80 m dick und u. a. mit hochduktilem, für kerntechnische Anlagen zugelassenen Sonderbetonstahl BSt 1100 bewehrt. Die Dicke der Dachdecke beträgt 1,65 m. Sie wurde von den Rändern aus im freien Vorbau erstellt, um die gleichzeitige Montage der Innenausrüstungen möglichst wenig zu behindern [380].

Bei gasgekühlten Hochtemperaturreaktoren werden die *Reaktordruckbehälter* aus fertigungstechnischen und wirtschaftlichen Gründen nicht mehr aus Stahl, sondern zunehmend in Spannbeton ausgeführt [47, 377, 381, 382]. Wegen der klaren Trennung von radioaktivem Teil einschließlich der Wärmetauscher im Inneren des Reaktordruckbehälters und nichtradioaktiven Komponenten außerhalb des Behälters ist eine weitere Sicherheitsumschließung entbehrlich.

3.4.6 Kühltürme

Zur Gewinnung elektrischer Energie treibt der im Kessel oder Wärmetauscher erzeugte Dampf eine Turbine mit Generator. In einem nachgeschalteten Kondensator wird der entspannte Dampf abgekühlt und kondensiert sowie danach erneut dem Dampferzeuger zugeführt. Dieser Kondensationsvorgang erfordert erhebliche Kühlleistungen, vor allem bei den heute üblichen Großkraftwerken, denn nur etwa 40% der erzeugten Wärmeenergie kann in elektrische Energie umgewandelt werden. Als Kühler sind *Naturzugkühltürme* besonders wirtschaftlich, die allgemein im Naßkühlverfahren betrieben werden [88, 378, 383, 384].

In Bild 3-30a ist der Schnitt durch einen *Naßkühlturm* gezeigt [383]. In ihm wird das erwärmte Kühlwasser verrieselt, fällt als Regen durch eine etwa 15 m hohe Kühlzone und kühlt sich im Gegenluftstrom durch Konvektion und Verdunstung um höchstens 5 K ab. Das Kühlwasser wird in der Wassertasse gesammelt, um die verdunstete Menge ergänzt und wieder in den Kühlkreislauf zurückgepumpt.

Die in der Kühlzone erwärmte Luft steigt nach oben und saugt unten Frischluft nach. Die *Kühlturmschale* dient also nur der Abschirmung der inneren Thermik [88, 383, 384]. Mit den

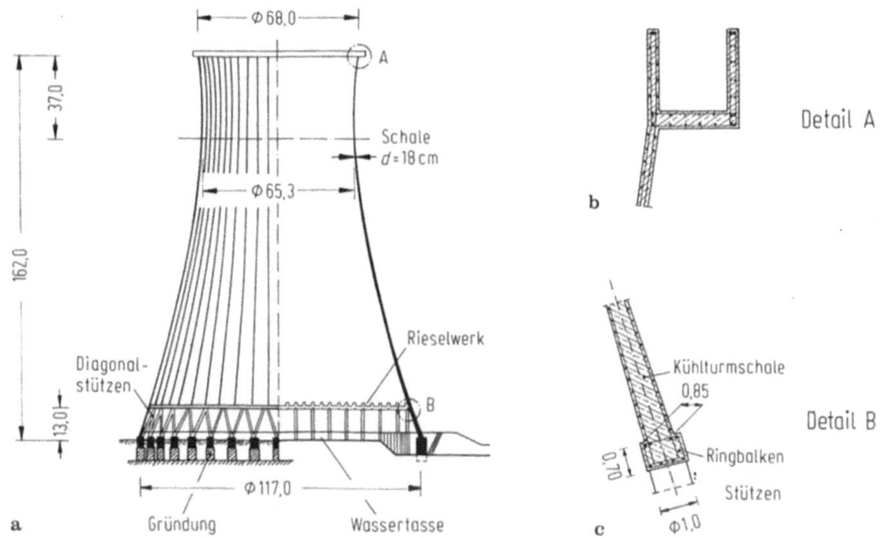

Bild 3-30a–c. Naturzugkühlturm [383].
a) Schnitt durch den Kühlturm, b) obere Schalenrandaussteifung, c) unterer Schalenrand.

Kraftwerksblöcken sind auch die Kühltürme gewachsen. Insofern gehören heute Naturzug-kühltürme, große Rotationshyperboloid-Schalentragwerke aus Stahlbeton, bis zu Höhen von 170 m bei Basisdurchmessern von nahezu 150 m zum Bild moderner Kraftwerke.

Um die Schwadenbildung infolge der Kühlwasserverdunstung zu vermindern, wurde 1988 bei Neckarwestheim ein *Hybridkühlturm* in Betrieb genommen, der wahlweise im Naß- oder Trocken-verfahren gefahren werden kann und bei gleicher Kühlleistung im Gegensatz zu einem Naturzug-kühlturm mit 160 m Höhe nur 51 m hoch ist [385].

Erstellt werden die Naturzugkühltürme fast ausnahmslos in Stahlbeton mit Kletterschalung. Ihre Schalendicke beträgt dabei in weiten Bereichen weniger als 0,20 m, siehe Bild 3-30a. Beim *Standsicherheitsnachweis* stehen zwei Probleme im Vordergrund: die Wirkung des natürlichen Windes und der Nachweis ausreichender Beulstabilität. Bei der Ermittlung der kritischen Beullasten sind auch die Einflüsse aus Rißbildung sowie herstellungsbedingten Formabweichungen zu be-rücksichtigen. Die meisten Kühlturmschalen sind nur an ihren Rändern ausgesteift, siehe Bilder 3-30b und 3-30c. Jedoch erhalten sehr große Kühltürme zur Erhöhung der Beulsicherheit weitere Ringaussteifungen [384].

Literatur zur Schnittgrößenermittlung siehe 3.4.1 sowie [V73, 71e, 74, 383, 384, 386]. Die Bemessung erfolgt gem. [V73] bzw. nach DIN 1045. [V73] enthält auch Hinweise zur Konstruktion und Bewehrungsführung.

Bei der *Bauausführung* treten zwei herstellungstechnisch schwierige Phasen auf. Zunächst sind bei Erstellung des ringförmigen Stützenfachwerks die Stützen, die über 20 m lang sein können, wegen ihrer Neigung nicht standsicher, solange der untere Ring der Kühlturmschale fehlt. Montage, maßgenaue Ausrichtung und Abstützung erfordern erhebliche Bauhilfsmaßnahmen. Nach der Fertigstellung des unteren Ringes wird dann die Kletterschalung montiert und die

Kühlerschale in Abschnitten von 1,0 bis 1,5 m je Tag betoniert. Die dabei unvermeidliche frühe und konzentrierte Belastung des noch jungen Betons sowie die hohen Anforderungen an die Formgenauigkeit von wenigen Zentimetern erfordern große Sorgfalt.

3.4.7 Schornsteine und Fernmeldetürme

Die Forderungen der derzeitigen Immissionsschutzbestimmungen lassen sich am leichtesten durch sehr *hohe Schornsteine* erfüllen, die nahezu ausnahmslos in *Stahlbeton* erstellt werden. Höhen von 300 m sind bereits mehrfach erreicht oder überschritten worden [387–389]. Bei den erforderlichen großen Querschnitten ist es zweckmäßig, tragenden Schaft und Futter zu trennen, bzw. letzteres durch ein Rauchrohr im Schornstein zu ersetzen. Zwischen Rauchrohr und Schaftwand entsteht dann ein begehbarer Raum, der Inspektionen und Wartung auch während des Betriebes erlaubt.

Wegen des günstigen aerodynamischen Verhaltens wird für den Schaft meist ein Kreisringquerschnitt gewählt. Die zweckmäßigste vertikale *Schaftform* ist von der Höhe abhängig; bis etwa 150 m wird die zylindrische, darüber die konische oder parabelförmige bevorzugt. Maßgebend für die Standsicherheit sind die Windlasten. Die Bemessung erfolgt nach DIN 1056, deren Anhang auch ein Verfahren zum Ansatz der Windlasten und zur Berücksichtigung von Böen enthält.

In der modernen Kommunikationstechnik werden neben Glasfaserkabeln zunehmend Richtfunkeinrichtungen eingesetzt. Zur Aufstellung der erforderlichen Parabolspiegelantennen eignen sich besonders hohe *Stahlbetontürme*. In Deutschland begann deren Entwicklung mit dem Stuttgarter Fernsehturm und hat mit dem Hamburger Fernmeldeturm einen gewissen Abschluß erreicht [390]. Die zur Zeit weltweit höchsten Türme stehen in Moskau und Toronto und sind über 500 m hoch [89].

Fernmeldetürme sind wie Schornsteine hohe schlanke Bauwerke, deren Standsicherheit vorwiegend durch die aufzunehmenden Windlasten bestimmt wird. Sie werden ebenfalls nach DIN 1056 bemessen. Bei Verformungsberechnungen wird ein Mitwirken des Betons in der Zugzone berücksichtigt [391].

Bild 3-31a zeigt den Schnitt durch den *Fernmeldeturm Kiel* mit einer Gesamthöhe von fast 230 m [392]. Der Turmkopf in einer Höhe von ca. 110 m hat einen Durchmesser von 40 m. Er dient als Betriebs- und Maschinenraum und trägt die Hauptantennenplattform. Darüber befinden sich noch drei weitere Nebenplattformen mit geringeren Durchmessern. Die eigentliche Spitze wird durch die 19,4 m hohe stählerne Fernsehantenne gebildet.

Der schlanke Turmschaft ist auf einer flachen Kegelschale mit vorgespanntem Fundamentring gegründet. Die *Wanddicke* am Fuß beträgt 0,80 m bei einem Außenschaftdurchmesser von etwa 13,5 m und nimmt bei gleichzeitiger Verringerung des Durchmessers rasch auf 0,50 m ab, beträgt im Bereich des Turmkopfes 0,70 m und darüber nur noch 0,30 m. Hergestellt wurde der Stahlbetonschaft mit Gleitschalung. Die späteren, nahezu gleichen Türme in Bremen und Münster sind jedoch wegen der glatteren Betonoberfläche mit *Kletterschalung* erstellt worden.

Die tragende Konstruktion des *Turmkopfes* wird durch ein ringförmiges Hohlkastensystem gebildet. Es besteht aus einer 18° geneigten Kegelschale, der oberen Deckenscheibe und dem äußeren vorgespannten Ring. Die Kegelschale kragt 15,4 m aus, ist 0,35 bis 0,40 m dick und aus 48 Fertigteilsegmenten zusammengesetzt. Diese wurden am Schaft in Stahlkippgelenke eingehängt und außen mit schrägen Spannstählen am Turm abgespannt. Die Ringbewehrung mußte durch relativ zeitaufwendige Schweißverbindungen gestoßen werden. Immer nach der Montage von vier Segmenten wurden die Radialfugen und der jeweilige Teil der Ringfuge am Schaft bewehrt und mit Beton verfüllt. Für die obere Deckenscheibe wurden ebenfalls Fertigteile verwendet, für den äußeren Ringbalken hingegen Ortbeton.

Aus wirtschaftlichen Gründen und um vor allem die wochenlangen Schweißarbeiten zu vermeiden, hat man beim Turm in Bremen anstelle dieser Fertigteillösung die Kegelschale am Boden

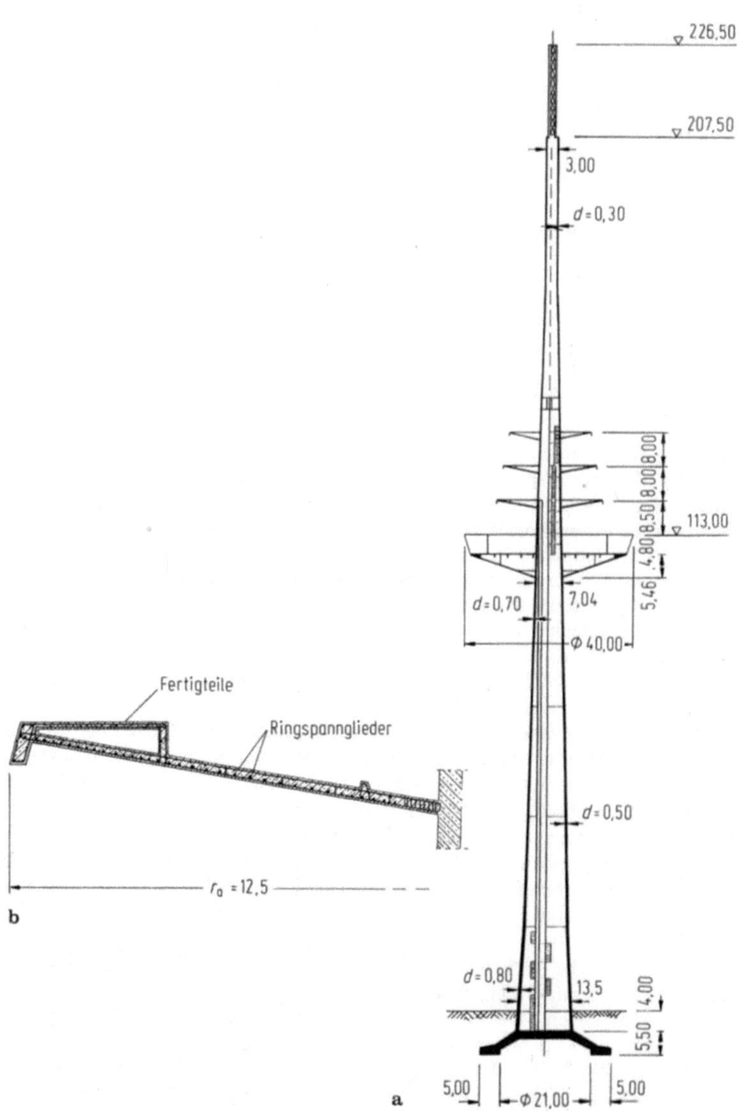

Bild 3-31a, b. Fernmeldeturm Kiel [392].
a) Längsschnitt, b) Kegelschale für die untere Nebenplattform.

hergestellt, als 12 MN schweres *Großfertigteil* nach oben gezogen und dort mit einem am Schaft zuvor anbetonierten Kragen monolithisch verbunden [393].

Die *Nebenplattformen* bestehen aus *flachen*, nur 10° geneigten *Kegelschalen*, die am Schaft in einer etwa 3 cm tiefen Rille quasi gelenkig aufgelagert sind. Diese Konstruktion hat sich als besonders wirtschaftlich erwiesen. Die Schalen sind 15 bis 25 cm dick und ringförmig vorgespannt. Sie haben außen sowie etwa im Abstand von 3 m dazu ringförmige Rippen, die durch Fertigteile abgedeckt sind. Auf dem dadurch entstehenden kreisförmigen Hohlträger wurden später die Antennen montiert, siehe Bild 3-31b [394].

4. Brücken aus Stahl- und Spannbeton

4.1 Einführung

4.1.1 Entwicklung des Massivbrückenbaus

Die ersten Brücken aus Beton im heutigen Sinne entstanden am Ende des 19. Jahrhunderts. Nach dem Vorbild bewährter Mauerwerksgewölbe waren es zunächst *Bogenbrücken*, mit denen schon um die Jahrhundertwende Spannweiten bis zu 100 m erreicht worden sind [101–108, 401, 402]. Zur Zeit beträgt der Spannweitenrekord bei Bogenbrücken 390 m [403] und bei seilabgespannten Konstruktionen sogar 440 m [105]. Jedoch scheinen mit Seilabspannungen und bei Verwendung von Stahlleichtbeton derzeit auch Stützweiten über 600 m wirtschaftlich realisierbar [4f, 404–406].

Obwohl mit der Entwicklung der Massivbauweise insbesondere des Spannbetons der Biegebalken auch im Brückenbau zunehmend an Bedeutung gewann, blieb die Ausführung von *Balken- oder Rahmenbrücken* aus Stahlbeton bis in die Mitte unseres Jahrhunderts zunächst auf Stützweiten bis etwa 30 m beschränkt [101, 102, 401], zumal Stahlüberbauten leichter und bei größeren Spannweiten seinerzeit auch kostengünstiger waren.

Mit der *Einführung des Spannbetons* setzte dann aber im Massivbrückenbau eine sprunghafte Entwicklung ein. In Deutschland entstanden die ersten Spannbetonbrücken 1936, die extern vorgespannte Bahnhofsbrücke in Aue mit Stützweiten bis 69,0 m, sowie 1938 die Überführung über die Autobahn bei Oelde aus Spannbeton mit sofortigem Verbund und 33,0 m Stützweite. Der eigentliche Durchbruch des Spannbetons gelang jedoch erst nach dem 2. Weltkrieg, denn mit der neuen Bauweise konnten auch weitgespannte Balkenbrücken wirtschaftlich hergestellt werden, die bis dahin dem Stahlbrückenbau vorbehalten waren [104]. Den Spannweitenrekord bei den Balkenbrücken hält gegenwärtig die Gateway Bridge über den Brisbane River (Australien) mit $l = 260$ m [407].

Bedeutende Brückenbauwerke [106] haben stets im Mittelpunkt öffentlichen Interesses gestanden. Es darf aber nicht übersehen werden, daß in Deutschland dreiviertel aller Straßenbrücken im Stützweitenbereich $l \leq 30$ m liegen [408, 409] und daß sogar 90% aller Eisenbahnüberführungen eine Stützweite von weniger als 25 m haben [410]. Infolgedessen bestimmen nach wie vor besonders die kleineren bis mittleren Stützweiten den Alltag des Bauingenieurs.

Trotz mancher Rückschläge [411–413] hat sich aber zweifellos die Stahlbetonbauweise auch im Brückenbau durchgesetzt. Außerdem haben Untersuchungen an alten Brücken, auch an vorgespannten Konstruktionen, mehrfach deren *Dauerhaftigkeit* bestätigt [3, 414–416]. Heute werden aus wirtschaftlichen Gründen, aber auch im Hinblick auf die Dauerhaftigkeit mehr als 80% aller Massivbrücken mit Spannweiten über 10 m in Spannbeton ausgeführt. Das gilt ebenso für Länder mit annähernd gleichem Entwicklungsstand. Sowohl das Verlegen vorgefertigter Spannglieder als auch das nachträgliche Einschieben von Litzen in zuvor eingebaute Hüllrohre ist dabei üblich. Vorgespannt wird i. allg. gegen den erhärteten Beton. Spannbeton-Fertigteilträger hingegen erhalten ihre Vorspannung in der Regel im Spannbett. Hinsichtlich weiterer Einzelheiten zu den Spannverfahren, zur Spanngliedherstellung und Spannkrafteinleitung wird auf die jeweiligen Zulassungen [V50], Teil J und [46, 263] verwiesen.

4.1.2 Begriffsbestimmungen

Brücken sind *Ingenieurbauwerke*, die Verkehrswege über Hindernisse hinwegführen. Je nach der Verkehrsart spricht man daher u. a. von Fußgänger-, Straßen- oder Eisenbahnbrücken oder hinsichtlich der zu überwindenden Hindernisse von Tal-, Hang- oder Flußbrücken [417]. Hinzu kommen Kreuzungsbauwerke, die bei der Beseitigung von Verkehrsengpässen erforderlich werden, zur Entflechtung stark belasteter Verkehrsknoten, bei Kreuzungen von Autobahnen und Schnellstraßen sowie bei Hochstraßen, d. h. Straßenüberführungen mit zügiger und kreuzungsfreier Linienführung im innerstädtischen Bereich.

Brückenbauwerke bestehen aus dem *Überbau*, der eigentlichen Brückenkonstruktion, bei der nach Form und Tragwirkung unterschieden wird zwischen Platten-, Balken-, Rahmen-, Bogen- oder Schrägkabelbrücken, und den *Unterbauten*, den Gründungen, Fundamenten, Widerlagern, Pfeilern oder Stützen. Hinsichtlich des tragenden Baustoffs spricht man von Beton-, Stahlbeton-, Spannbeton- oder auch von Spannleichtbetonbrücken.

Weiter unterteilt man nach der Gestaltung im Grundriß in gerade, schiefe, gekrümmte oder unregelmäßige Brücken. Schließlich kann auch nach der Herstellung zwischen Ortbeton- und Fertigteilkonstruktionen unterschieden werden.

4.1.3 Allgemeine Grundsätze für Entwurf und Gestaltung

Beim Entwurf einer Brücke muß der Ingenieur eine möglichst kostengünstige Konstruktion unter Berücksichtigung der örtlichen Gegebenheiten und des Herstellungsverfahrens finden. Dabei sind auch die Kosten für die Bauwerkserhaltung zu bedenken [418]. Ein optimaler Entwurf kann daher immer nur einen *Kompromiß* zwischen den Anforderungen an die Standsicherheit, Qualität, Ästhetik und Lebensdauer einerseits und den notwendigen Kosten für Herstellung und Erhaltung andererseits darstellen.

Im Regelfall legen *übergeordnete Verkehrsplanungen* die Linienführung im Grundriß sowie bezüglich der Gradiente fest. Aus diesen Vorplanungen, den zu überbrückenden Verkehrswegen und den dafür freizuhaltenden Lichtraumprofilen, sowie aufgrund der vorhandenen Baugrundverhältnisse im Bereich der geplanten Brücke ergeben sich die möglichen Unterstützungspunkte für die Überbauten und damit letztlich die einzelnen Stützweiten.

Die Summe der erforderlichen Fahr-, Kriech- und Standspuren sowie der Leit-, Rand- und Mittelstreifen bestimmen die Gesamtbreite einer *Straßenbrücke*. In [V59] sind für Autobahnen sowie für Bundesfern-, Land- und Kreisstraßen einheitliche Regelquerschnitte enthalten, die auch über oder unter Brücken in voller Breite durchgeführt werden müssen.

Die Höhe des freizuhaltenden *Lichtraums* unter einer Brücke sollte bei Neubauten mindestens 4,70 m betragen, um auch nach einer etwaigen Erneuerung der Straßendecke mit größerem Deckenaufbau eine lichte Durchfahrtshöhe $\geq$ 4,50 m sicherzustellen [V60].

Die Breite von *Eisenbahnbrücken* richtet sich nach Anzahl und Lichtraumprofil der zu überführenden Gleise, hinzu kommen seitliche Stege zu Kontroll- und Wartungszwecken [V61].

Stützweiten und Fahrbahnbreite einer Brücke sowie die zur Verfügung stehende *Konstruktionshöhe*, d. h. die Differenz zwischen der Fahrbahngradiente und dem freizuhaltenden Lichtraum, aber auch die Wahl des zweckmäßigsten Bauverfahrens sind zusammen für die Festlegung des Überbauquerschnitts einer Brücke maßgebend. Alle übrigen Bauteile, wie Widerlager und Pfeiler, lassen sich dann darauf abstimmen [419].

Günstig sind *Querschnitte*, die einfach und kostengünstig hergestellt werden können. Aus gestalterischen Gründen sowie mit Rücksicht auf die anschließenden Brückenrampen sollte die Bauhöhe aber möglichst gering gehalten werden. Wirtschaftlich ist ein Querschnitt i. allg. dann, wenn alle seine Bereiche bei der Aufnahme und Übertragung der Lasten mitwirken. Die optimale Querschnittsform wird dabei nicht nur durch Planungsvorgaben und statische Gesichtspunkte, sondern ganz wesentlich von der Bauausführung bestimmt. Über die Wirtschaftlichkeit eines Bauverfahrens sind kaum allgemein gültige Angaben möglich, denn zu sehr wird die Bauausführung durch die örtlichen Gegebenheiten, die Zugänglichkeit der Baustelle, die zur Verfügung stehende Bauzeit und nicht zuletzt durch die Erfahrung sowie Geräteausstattung des Bauunternehmens beeinflußt [419].

Schließlich werden sowohl an die *Bauwerksgestaltung* als auch an die Umweltverträglichkeit zunehmend höhere Anforderungen gestellt [106, 107].

In Deutschland sind bei der Abgabe von Kostenangeboten meist auch *Sondervorschläge* zugelassen. Diese Art der Ausschreibung dient dem freien Wettbewerb und wird daneben in nahezu idealer Weise den baubetrieblichen Belangen sowie dem verfügbaren Gerätepark der anbietenden Baufirmen gerecht [4f, 404, 417]. Anerkanntermaßen hat gerade dieses Ausschreibungsverfahren in den letzten Jahrzehnten die Entwicklung im Massivbrückenbau außerordentlich gefördert, einen hohen Mechanisierungsgrad bewirkt und letztlich dazu beigetragen, daß im Brückenbau die Kostenentwicklung weit hinter der allgemeinen Kostensteigerung zurückgeblieben ist.

Von diesem Ausschreibungsverfahren ist die Deutsche Bundesbahn bei ihren *Neubaustrecken* durch eine *Rahmenplanung* mit sehr weitreichenden Planungsvorgaben abgewichen. Ziel dieser ständig fortzuschreibenden Rahmenplanung ist das Bestreben, durch Typisierung und verbindliche Vorgaben ständig wiederkehrender Details die Bauplanung zu vereinfachen sowie zu beschleunigen und wartungsfreundliche, dauerhafte und dennoch kostengünstige Bauwerke zu erhalten [420, 421].

Weiteres zum Entwurf von Brücken siehe [4f, 107, 109–112, 417].

4.1.4 Vorschriften, Normen und Richtlinien für den Brückenbau

Einzelheiten zum Entwurf und zur konstruktiven Gestaltung einer Brücke, wie Quergefälle, Entwässerung, Ausbildung der Gehwege, Leit- und Schutzeinrichtungen, Geländer sind – weitgehend als *Richtzeichnungen* – in Loseblattsammlungen enthalten [V59–V61, V65, V66]. Ferner gelten bei Straßen- und Eisenbahnbrücken auch die allgemeinen Technischen Baubestimmungen, besonders die *DIN-Normen*, sofern sie für den Bereich des Straßenbaus bzw. der Deutschen Bundesbahn eingeführt sind [V60, V61]. In besonderen Fällen, z. B. bei Großbrücken oder beim Einsatz neuartiger Bauverfahren, kann hiervon im Einzelfall mit Zustimmung der obersten Baubehörde abgewichen werden.

Da die Überarbeitung der DIN-Normen und damit die Aufnahme neuer Erkenntnisse und Erfahrungen in das Normenwerk längere Zeit in Anspruch nimmt, geben der Bundesminister für Verkehr (BMV) sowie auch die Straßenverwaltungen der Länder *zusätzliche Technische Vorschriften* und *Richtlinien* heraus, um damit möglichst schnell dem veränderten Stand der Technik gerecht zu werden [V52, V60]. So hat der BMV auch Richtzeichnungen eingeführt, mit denen bewährte Detailkonstruktionen typisiert und Ausschreibung, Vergabe sowie Ausführung von Baumaßnahmen vereinheitlicht werden sollen [V65, 417].

4.1.5 Einwirkungen, Lastannahmen

Für Straßen- und Wegbrücken gelten in Deutschland die Lastannahmen gem. DIN 1072. Danach wird unterschieden zwischen Haupt-, Zusatz- und Sonderlasten.

Zu den *Hauptlasten* zählen:

- alle ständig wirkenden Lasten, wie Eigenlasten der tragenden Konstruktion, der Randkappen, des Fahrbahnbelages, etwaiger Versorgungsleitungen und anderer ruhender Lasten (vgl. DIN 1055 Teil 1),
- Erdlasten (DIN 1055 Teil 2),
- Wirkungen aus Vorspannung, Schwinden und Kriechen,
- Verkehrslasten (Regelfahrzeug, Flächenlasten),
- Zwängungen aus wahrscheinlichen Baugrundbewegungen,
- Anheben des Überbaus um mindestens 1 cm zum Auswechseln von Lagern oder Lagerteilen und
- Sonderlasten aus Bauzuständen.

Die *Straßen- und Wegbrücken* werden entsprechend ihrer Belastbarkeit in Brückenklassen eingeteilt. Neubauten im Zuge von Bundesautobahnen, Bundesfern-, Land-, Kreis- und Stadtstraßen sind für Brückenklasse 60/30 zu bemessen; bei untergeordneten Kreisstraßen sowie für Gemeinde- oder Wirtschaftswege genügt Brückenklasse 30/30. Danach ist auf der Fahrbahn neben einer 3,0 m breiten Hauptspur mit einem Schwerlastwagen SLW 60 in ungünstigster Stellung eine ebenfalls 3,0 m breite Nebenspur mit einem SLW 30 auf gleicher Höhe und im übrigen eine gleichmäßig verteilte Flächenlast anzusetzen, siehe Bild 4-1. Die Hauptspurlasten müssen zur Berücksichtigung des dynamischen Einflusses mit einem Schwingbeiwert φ vervielfacht werden. Ggf. sind Brücken auch für militärische Lasten zu bemessen [113].

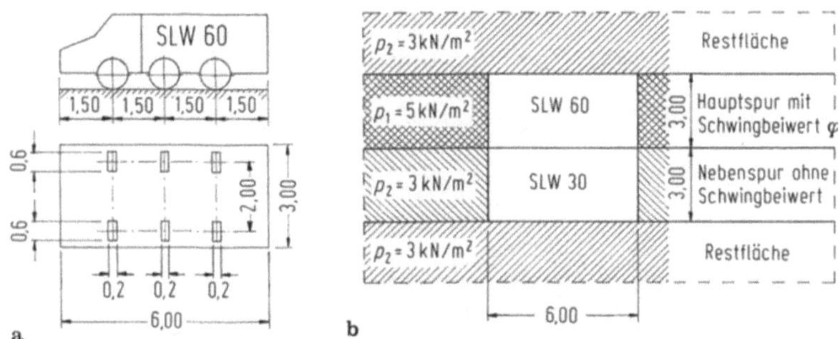

Bild 4-1a, b. Belastung von Straßenbrücken nach DIN 1072,
a) Schwerlastwagen SLW 60, b) Belastung der Verkehrsfläche.

Für *Eisenbahnbrücken* gelten die Lastansätze nach VEI Teil 2 [V61]. Hier finden sich auch Lastangaben für Schotterbett, Signalanlagen und Fahrleitungen. Als Verkehrslast ist für ein- und zweigleisige Brücken der Lastenzug UIC 71 anzusetzen, siehe Bild 4-2, der ebenfalls noch mit einem Schwingfaktor multipliziert werden muß. Bei drei- und mehrgleisigen Überbauten genügen abgeminderte Lasten, näheres siehe [V61]. Streckenabschnitte mit Schwerwagentransporten sind außerdem für die Lastbilder SW oder SSW nach [V61] zu bemessen. Hingewiesen wird auch auf die Fliehkräfte im Bereich von Gleisbögen, die bei Eisenbahnbrücken ebenfalls zu den Hauptlasten zählen.

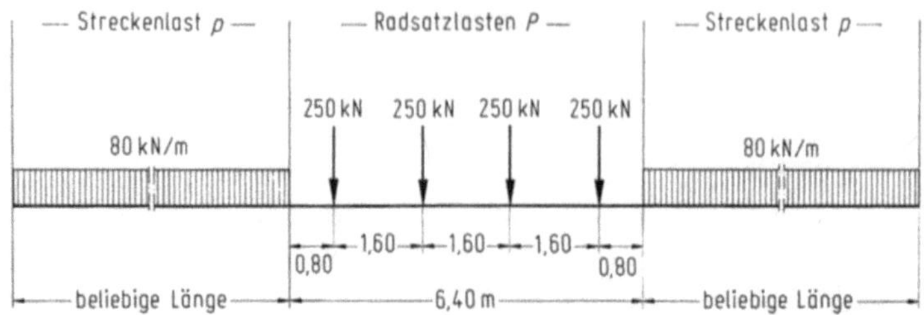

Bild 4-2. Belastungsbild UIC 71 für Eisenbahnbrücken [V61].

Zu den *Zusatzlasten* gehören die Wirkungen aus Temperaturänderungen, Wind und Schnee, die Reaktionen aus Lagerbewegungen, sowie die Lasten aus Bremsen, Anfahren und bei Eisenbahnbrücken auch aus Seitenstößen.

Als *Sonderlasten* gelten der Seitenstoß infolge abirrender Straßenfahrzeuge, die Ersatzlasten für den Anprall von Fahrzeugen oder Schiffen, für gerissene Fahrleitungen und für Eisdruck sowie Einflüsse aus Bergsenkungen und Erdbebensicherungen; weiteres siehe DIN 1072 bzw. [V61, V62].

4.2 Durchlässe und tunnelartige Unterführungen

Nach DIN 1076, 3.3 sind *Durchlässe* Konstruktionen mit einer Stützweite von $l < 2,0$ m. Sie dienen der Durchführung von Wasserläufen oder Versorgungsleitungen durch Dämme und sind daher in der Regel im Erdreich eingebettete Bauwerke. Wegen der geringen und nahezu gleichbleibenden statischen Beanspruchungen genügt fast immer eine normale Betonstahlbewehrung, oft sogar die ohnehin konstruktiv erforderliche Mindestbewehrung. Bei Unterführungen mit Stützweiten $l \geq 2,0$ m handelt es sich um *tunnelartige Bauwerke*, die den gleichen Zwecken dienen, aber auch der Durchführung untergeordneter Verkehrswege, z. B. von Wegen für die Land- und Forstwirtschaft, siehe Bild 4-3.

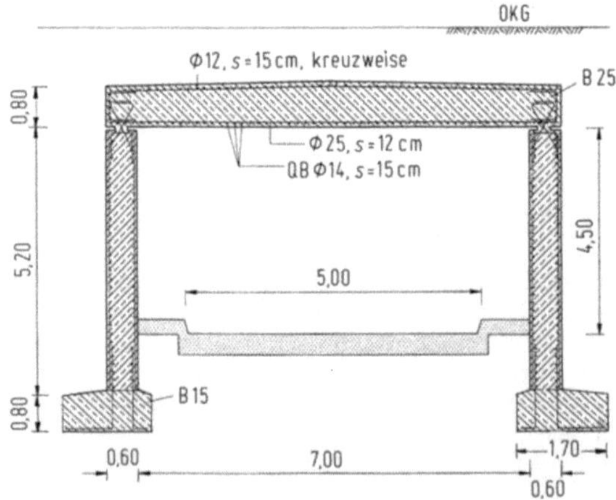

Bild 4-3. Unterführung eines Hauptwirtschaftsweges.

Diese Bauwerke sind bei breiten Dämmen oder flachen Kreuzungswinkeln oft von erheblicher Länge. Zur Verminderung der Eigenspannungen und damit auch der Gefahr von Rißbildungen wird z. B. in [417] empfohlen, sie in einzelne Abschnitte von etwa 6 bis 10 m zu unterteilen.

Die früher üblichen *Gewölbe* [102, 103a, 401], bogenförmig nach der Stützlinie aus ständigen Lasten und Erddruck geformte Bauwerke, vgl. DIN 1075, 6.2, werden heute wegen des hohen Schalungsaufwandes kaum noch ausgeführt. Stattdessen bevorzugt man *Rohrdurchlässe*, oft mit beachtlichem Durchmesser, oder rahmenartige Bauwerke, siehe Bilder 4-3 bis 4-5. Während sich bei Neubaustrecken Durchlässe oder tunnelartige Unterführungen einfach in offener Baugrube herstellen lassen, ist ihre nachträgliche Errichtung unter stark befahrenen Bundesfernstraßen oder Eisenbahnlinien nur mit erheblichen Verkehrseinschränkungen möglich. Infolgedessen gewinnt das Durchpressen von Rohren mit Innendurchmessern bis über 4,0 m zunehmend an Bedeutung. Dabei wird der Durchmesser weniger durch das Vortriebsverfahren, als viel mehr durch das Gewicht der vorgefertigten Rohrstücke sowie deren Transport zur Einbaustelle begrenzt [422].

Bei dem *Rohrvortriebsverfahren* wird ein Rohrstrang von einem Vortriebsschacht aus mit hydraulischen Pressen bei gleichzeitigem Bodenabbau an der Ortsbrust vorgetrieben und durch Einfügen von weiteren Rohrstücken verlängert. Das Vorpressen aneinandergereihter Rohrstücke durch den gewachsenen Boden führt wegen der Mantelreibung zu hohen Kräften in Richtung des Rohrstranges mit entsprechenden Beanspruchungen in den Rohrwandungen, vor allem an den Pressen. Die Rohrenden müssen deshalb ausreichend bewehrt und ggf. sogar durch Stahlringe gepanzert werden, siehe Bild 4-4. Durch Injizieren von Gleitmitteln, z. B. Bentonit, lassen sich jedoch die auftretenden Reibungswiderstände und damit auch die Pressenkräfte erheblich verringern.

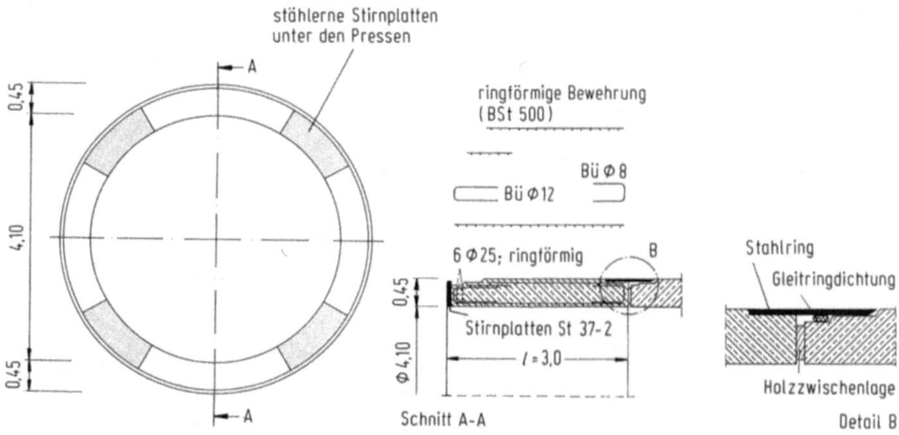

Bild 4-4. Bewehrung und Fugenausbildung eines Durchpreßrohres [424].

Mit diesem Verfahren sind bereits Stranglängen von mehr als 1000 m hergestellt worden, wobei man dann aber zweckmäßigerweise etwa alle 100 bis 300 m hydraulische Zwischenstationen einrichtet, um nicht den gesamten Rohrabschnitt in einem Stück vorpressen zu müssen.

Das Lösen des Bodens an der Spitze des Rohrstranges erfolgt normalerweise maschinell – nur bei kurzen Vortriebslängen ggf. von Hand – im Schutze eines Vortriebsschildes, aber auch hydraulisch mittels eines Spülkastens. Bei Wasserandrang müssen die Vorpreßarbeiten unter Druckluft erfolgen [423]. Moderne Schneidschuhe verfügen zur Einhaltung der Tunneltrasse über einzeln steuerbare Pressen, so daß sich auch Krümmungen durchfahren lassen.

In die *Fuge* zwischen den Rohrstücken wird Weichholz eingelegt, welches sich beim Vortrieb zusammendrückt, somit unvermeidbare Unebenheiten der Stirnflächen ausgleicht, aber dennoch hohe Pressungen überträgt. Die eigentliche Fugendichtung erfolgt dann über dauerelastisches Fugenmaterial oder Kunststoffeinlagen [114, 422].

Stahlbetonrohre müssen DIN 1045 bzw. DIN 4035 entsprechen. Hinsichtlich des *Standsicherheitsnachweises* siehe [114, 424].

Zur Unterführung von Straßen und Wegen bevorzugt man wegen deren Lichtraumprofil *rechteckige Tunnelquerschnitte*, zum Teil mit beachtlichem Querschnitt. Sie werden nahezu ohne Behinderungen des laufenden Straßen- oder Eisenbahnverkehrs sowie auch ohne nennenswerte

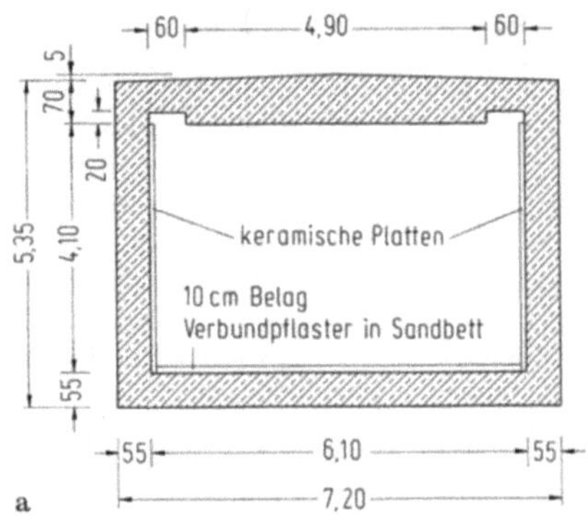

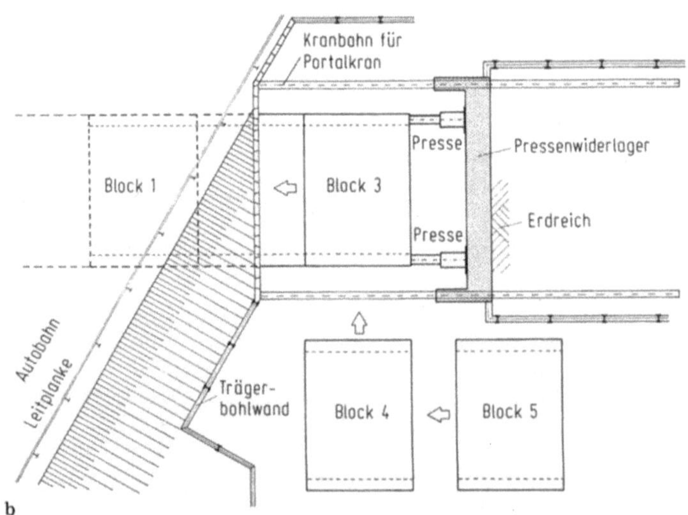

Bild 4-5a, b. Durchpressen eines Tunnels für einen Geh- und Radweg [426].
a) Querschnitt des fertigen Tunnels, b) Herstellungsverfahren.

Bodenauflockerungen und damit einhergehende Setzungen und Schäden durch den Dammkörper gepreßt [410, 425–427].

Bild 4-5 zeigt die *Unterführung eines Geh- und Radweges* als geschlossenen, biegesteifen Rahmen, der durch einen Autobahndamm gepreßt worden ist [426]. Die einzelnen Segmente wurden wegen ihrer großen Lasten unmittelbar neben der Einbaustelle auf einer Sauberkeitsschicht aus gut verdichtetem Kies, abgedeckt mit einer Gleitfolie sowie einem Bodenblech, gefertigt, in die Trasse verschoben und durch das Erdreich gedrückt.

Eine Abdichtung der Deckenplatte und Rahmenwände ist nur vor dem Vortrieb möglich. Sie unterliegt beim Durchpressen zwangsläufig hohen mechanischen Beanspruchungen. Es ist deshalb zu empfehlen, diese gegen den Abrieb durch Stahlbleche zu schützen.

Die Beseitigung niveaugleicher Kreuzungen von Schiene und Straße erfordert häufig die Errichtung von Eisenbahn-Überführungen. Die Bauarbeiten dürfen aber den Bahnbetrieb meistens nur kurzfristig, oft jedoch überhaupt nicht unterbrechen. Deshalb werden möglichst viele Arbeiten in Bereiche außerhalb der Gleise verlegt. Bild 4-6 zeigt das Einschieben eines seitlich hergestellten, 10,90 m langen Tunnelrahmens unter rollendem Verkehr nach dem sog. *Schwellenersatzträgerverfahren* [110, 428]. Die Gleise, durch Aussteifungsträger (*1*) gesichert, lagern während des Einschie-

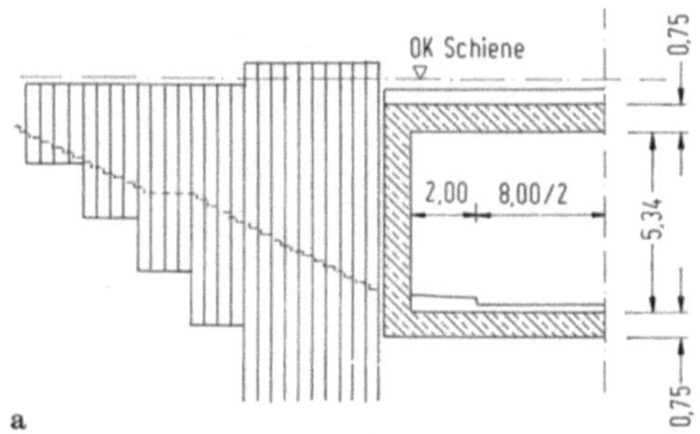

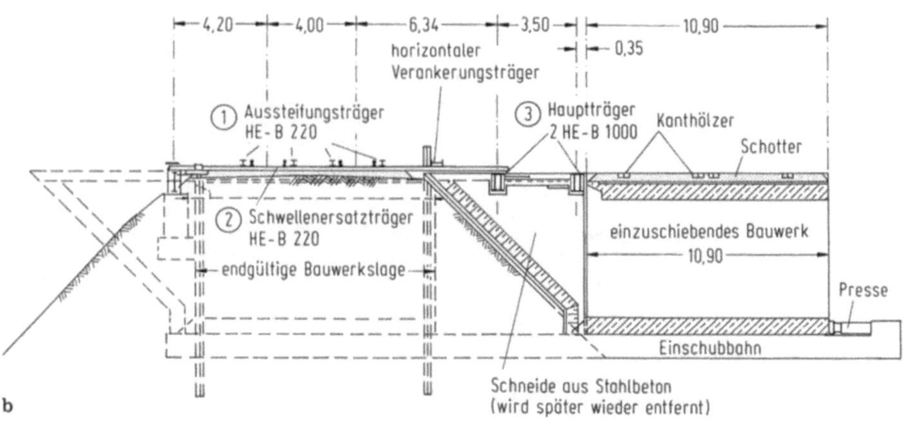

Bild 4-6a, b. Einschieben eines Eisenbahn-Überführungsbauwerks unter rollendem Verkehr [428].
a) Querschnitt, b) Längsschnitt.

bens auf Ersatzträgern (*2*), die jeweils vorher zwischen den Schwellen eingebaut werden. Das gesamte Bauwerk wird unter den Ersatzträgern und auf einer Einschubbahn durch den Dammkörper gedrückt, wobei die Ersatzträger vorübergehend auf den Hauptträgern (*3*) oder im Bereich des Tunnelrahmens auf in Schotter verlegten Kanthölzern auflagern. Das Schotterbett schützt gleichzeitig die obere Abdichtung. Das anstehende Erdreich wird während des Vorpressens im Schutz des Schneidkopfes abgebaut.

Beim *BEBO-Brückensystem* [V63] werden vorgefertigte, bewehrte Betonplatten mit einer Mindestbetongüte von B 25 in offener Baugrube polygonartig zu einem Bogentragwerk zusammengesetzt, siehe Bild 4-7. Dieses System gestattet freie Spannweiten bis 25 m bei Überschüttungshöhen am Scheitel von $0,35\,\mathrm{m} < H_{\ddot{u}} < 10,0\,\mathrm{m}$. Im Gegensatz zu den klassischen Gewölben wirkt bei dieser Bauart die Erdüberschüttung nicht nur als Belastung, sondern sie wird auch zum Tragen mit herangezogen. Zur Vermeidung ungleicher Durchbiegungen und zur besseren Lastverteilung verdübelt man die einzelnen Plattenstreifen in den Querfugen. Die Standsicherheit für die Elemente und das Gesamttragwerk ist unter Berücksichtigung der Kämpferlagerung sowie der Erd- und Verkehrslasten nach DIN 1072 als Flächentragwerk (Faltwerk, Schale) nachzuweisen, siehe [V63].

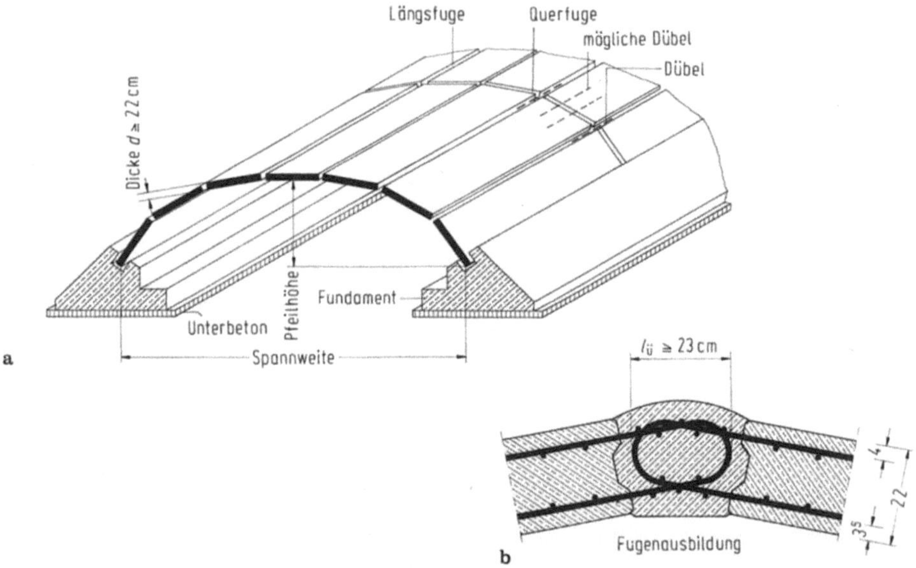

Bild 4-7a, b. BEBO-Brückensystem [V63],
a) Übersicht, b) Fugenausbildung.

4.3 Plattenbrücken

4.3.1 Allgemeines

Bei geringeren Spannweiten ist die *Fahrbahnplatte zugleich das Haupttragsystem*. Wegen ihres niedrigen Schalungsaufwandes, der übersichtlich sowie leicht zu verlegenden Stahlbewehrung und einfachen Bauausführung sind Plattenbrücken bis zu Stützweiten von 30 m bevorzugte Brückensysteme. Sie werden einfeldrig oder über mehrere Felder durchlaufend ausgeführt. Wegen der fast unbeschränkten geometrischen Anpassungsfähigkeit eignen sich Plattenbrücken besonders gut für Überführungsbauwerke mit schiefer oder unregelmäßiger Grundrißform, siehe auch 4.3.2 und 4.3.4.

Plattenbrücken haben in der Regel Dicken zwischen 0,5 und 1,0 m, sind relativ schlanke Bauwerke, lassen sich unauffällig in die Umgebung einfügen und genügen daher meist auch ästhetischen Ansprüchen, siehe Bild 4-8.

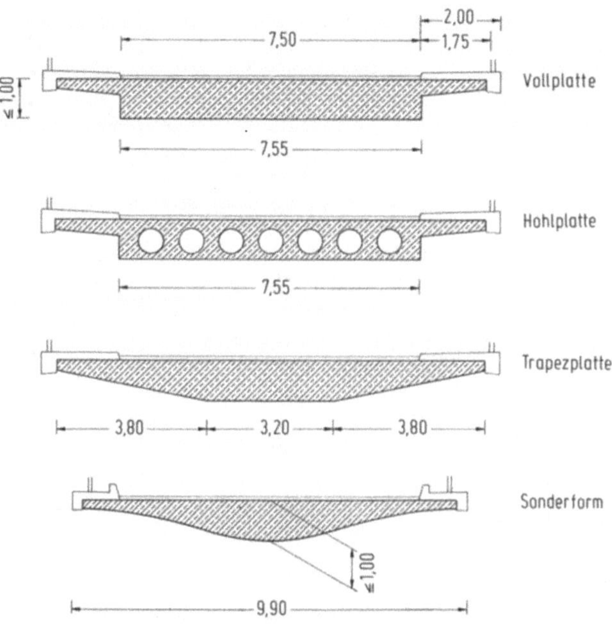

Bild 4-8. Verschiedene Querschnitte von Plattenbrücken.

Die *Auflagerung* an den Widerlagern erfolgt über Linienlager, gebildet durch Betongelenke, siehe Bild 4-3, stählerne Auflagerschienen oder heute in der Regel durch einzelne Elastomerlager in engen Abständen. Bei den Zwischenunterstützungen verzichtet man gern zugunsten besserer Sichtverhältnisse auf breite Pfeilerscheiben und wählt stattdessen Rundstützen mit Einzellagern, eine sog. Punktstützung. Bei geringen zu erwartenden Überbaubewegungen können die Stützen auch monolithisch mit dem Überbau verbunden werden, so daß teure, wartungsaufwendige Lagerkonstruktionen entbehrlich sind.

In statischer Hinsicht sind Platten ebene Flächentragwerke, bei denen das Verhältnis $b/l > 0,5$ ist. Gemäß DIN 1075, 5.2.1 sind die Schnittkräfte nach der Plattentheorie zu ermitteln, wobei homogenes, isotropes und rein elastisches Materialverhalten vorausgesetzt werden kann. Für die *Schnittgrößenbestimmung* stehen eine Reihe von Hilfsmitteln zur Verfügung: beispielsweise

- für rechtwinklige Platten [13, 22–24, 429–431] und
- für schiefe Platten [115–117, 432, 433].

Die Schnittkräfte für *punktgestützte Platten* können nach [117] ermittelt werden. Ferner lassen sich auch die Einflüsse einer elastischen Auflagernachgiebigkeit bei punktförmig gestützten Platten [434] und die der Anisotropie [118], wie sie bei Hohlplatten oder Fertigteilkonstruktionen auftreten kann, erfassen.

DIN 1075 gestattet auch *Näherungsverfahren*, wenn sie das wirkliche Tragverhalten genau genug beschreiben. Besonders leistungsfähig sind neben der Trägerrostanalogie die Verfahren auf der Basis finiter Elemente [119]. Die numerische Schnittgrößenermittlung durchlaufender Platten auf Einzelstützen erfordert aber besonders in der Nähe von Unterstützungspunkten eine sehr feingliedrige Elementstruktur. Daher wird bei statisch schwierigen Verhältnissen, z. B. bei punktförmig gestützten Platten mit sehr unregelmäßigem Grundriß und möglicherweise veränderlicher Dicke, auch im Zeitalter der Großrechenanlagen ggf. eine *modellstatische Untersuchung* anstelle oder als Ergänzung eines numerischen Standsicherheitsnachweises empfohlen [V52, V61, 4f, 47, 417].

Dafür sollte aber ein Modellwerkstoff verwendet werden, der den Verbundbaustoff „Stahlbeton" hinsichtlich seines Spannungs-Dehnungs-Verhaltens sowie der Querdehnzahl hinreichend wirklichkeitsnah simuliert [435, 436].

Ein *Nachteil massiver Platten* ist ihre relativ große Eigenlast, die bei zunehmender Stützweite zu erhöhtem Stahlbedarf führt. Die wirtschaftliche Grenze liegt etwa bei 30 m und einer Plattendicke zwischen 0,8 und 1,0 m. Jedoch lassen sich durch konstruktive Maßnahmen die Querschnittsflächen und damit die Eigenlasten verringern, z. B. durch Anordnung weit auskragender Gehwegkonsolen oder Einlegen von Hohlkörpern, siehe Bild 4-8. Häufig wiegen aber die Einsparungen an Beton und Stahl die ausführungstechnischen Mehraufwendungen nicht auf [107]. Außerdem ist der Einbau von geschlossenen Verdrängungskörpern inzwischen nicht mehr allgemein gestattet [V52]. Bei größeren Spannweiten wählt man daher besser andere Querschnitte, z. B. Plattenbalken, siehe Abschnitt 4.4.2.

4.3.2 Schlaff bewehrte Massivplattenbrücken

Vollplatten eignen sich wegen ihrer zweiachsigen Tragwirkung besonders gut für schiefe oder unregelmäßige Plattenbrücken. Bei ausreichender *Konstruktionshöhe* und Stützweiten bis etwa 15 m genügt normale Betonstahlbewehrung. Bei „schlaff", d. h. nur mit Betonstahl, bewehrten Stahlbetonplatten sollte die Schlankheit, das Verhältnis der Stützweite l zur Plattendicke d, $10 \leq l/d \leq 15$ betragen.

Nach DIN 1075, 10.1.1 ist an allen Oberflächen und Plattenrändern eine *Mindestbewehrung* einzulegen, i. allg. zwei sich etwa rechtwinklig kreuzende Bewehrungslagen, deren Mindestquerschnitte von der jeweiligen Beton- und Stahlgüte abhängen; beispielsweise ist für B 35 und BSt 500 eine Oberflächennetzbewehrung von mindestens 0,08% der Betonfläche in beiden Richtungen erforderlich. Die Hauptbewehrung besteht meist aus dicken Stäben ø20 mm bis ø28 mm. Sie muß nach DIN 1075 bei Verwendung von BSt 500 jedoch mindestens 0,15% des Betonquerschnitts betragen. Bezüglich der Rißbreitenbeschränkung unter Gebrauchslast ist DIN 1045, 17.6.3 anzuwenden. Um die Rißgefahr, vor allem bei dicken Stäben mit höheren Verbundspannungen, zu reduzieren, wird die dünnere Querbewehrung, ø10 mm bis ø16 mm, außen verlegt. Dieses Konstruktionsprinzip bietet außerdem Vorteile für die Anordnung einer einfassenden, vertikalen Bewehrung entlang der freien Plattenränder sowie beim Anschluß seitlich auskragender Plattenstreifen. Mit Rücksicht auf mögliche Tausalzbelastungen muß die Betondeckung bei Straßenbrücken mindestens 4 cm betragen.

Bild 4-9 zeigt den Querschnitt einer nur mit Betonstahl bewehrten Plattenbrücke und deren Bewehrungsführung.

Bei *punktförmig gestützten Platten*, siehe Bild 4-10, wird die Hauptbewehrung über den Stützen konzentriert, um dort die erheblich über dem Mittelwert liegenden Biegemomente abzudecken.

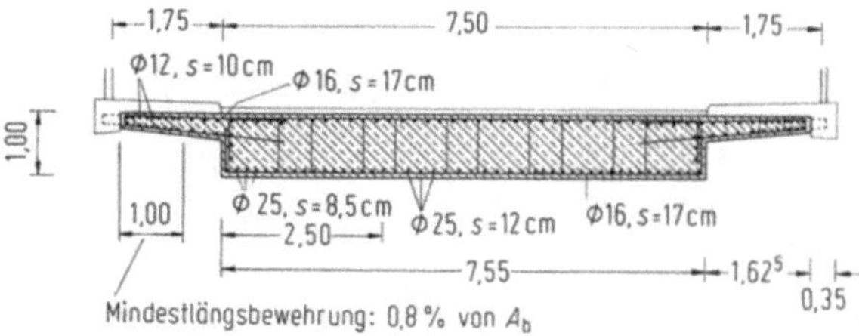

Bild 4-9. Bewehrung einer nur mit Betonstahl bewehrten Plattenbrücke.

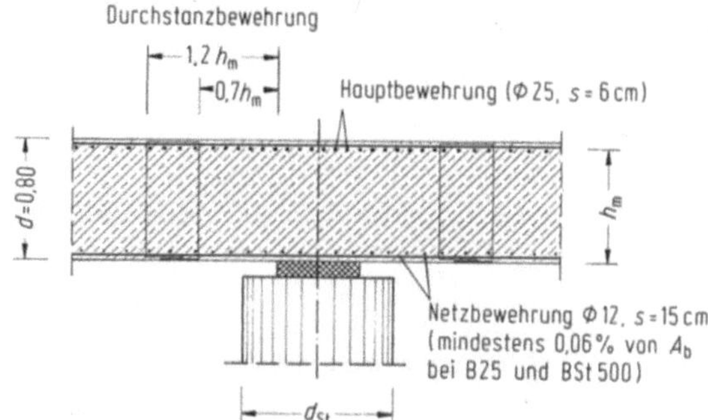

Bild 4-10. Bewehrung einer punktförmig
gestützten Plattenbrücke.

Darüber hinaus ist im Bereich hoher Stützenlasten auch die Sicherheit gegen Durchstanzen nachzuweisen und ggf. entsprechende Bewehrung einzulegen.

4.3.3 Vorgespannte Massivplattenbrücken

Bei Stützweiten ab etwa 10 m wird zunehmend der Einsatz von Spannbeton wirtschaftlicher, denn er
ermöglicht geringere Plattendicken, damit verminderten Baustoffbedarf, niedrigere Eigenlasten und
kleinere Durchbiegungen. Ferner zeichnen sich vorgespannte Konstruktionen auch durch günstigeres Rißverhalten und eine bessere Dauerhaftigkeit aus.

Vorgespannte Massivplatten erfordern bei Spannweiten bis 30 m sehr geringe *Konstruktionshöhen* zwischen 1/18 und 1/30 der Stützweite [417]. Bei Durchlaufsystemen sind jedoch auch schon
Plattentragwerke mit Feldweiten über 30 m und Schlankheiten bis 40 ausgeführt worden.

Für die *Längsvorspannung* bevorzugt man große Spannglieder mit Vorspannkräften bis 3,0 MN.
Sie werden innerhalb der Oberflächenbewehrung und auf geeigneten Unterstützungen verlegt, siehe
Bild 4-11 sowie Abschnitt J.8.1 und [207]. Straßenbrücken erhalten in Längsrichtung im Normalfall
eine beschränkte Vorspannung. Eisenbahnbrücken dagegen müssen in Längsrichtung immer voll
vorgespannt werden [V61]. Mindestens zwei Drittel der im Feld erforderlichen Spannglieder sind
über die benachbarten Auflager durchzuführen [V52].

Die Spannglieder werden im Regelfall parabolisch verlegt, um gleichmäßige, den äußeren Lasten
entgegenwirkende Umlenkkräfte zu erzeugen. Nach [107] sollen diese etwa 60% bis 80% der
ständigen Lasten entsprechen. Bei *durchlaufenden Platten* sind im Stützbereich kleine Krümmungsradien anzustreben, um dort die Umlenkkräfte möglichst unmittelbar ins Auflager zu leiten, siehe

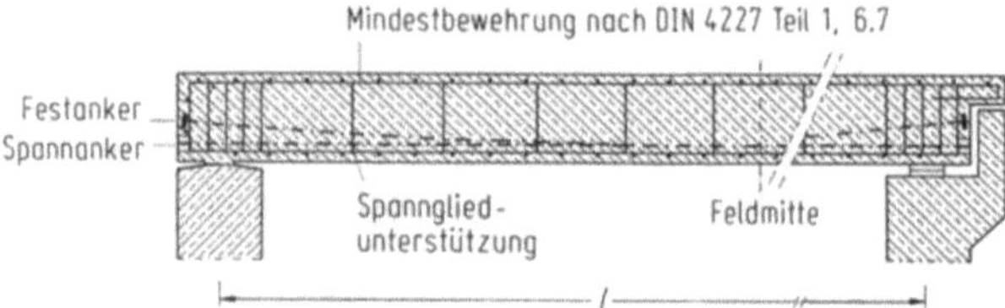

Bild 4-11. Spanngliedführung einer einfeldrigen Plattenbrücke.

auch Abschnitt J.3.5 und die Schubbeanspruchungen in Auflagernähe, bzw. die Durchstanzgefahr im Bereich der Einzelstützen, zu verringern, siehe Bild 4-12. Ferner führt man die Spannglieder über den Stützen oben bis an die Oberflächenbewehrung heran, damit im Feld die Umlenkkräfte möglichst groß werden.

Bild 4-12. Prinzipielle Spanngliedführung bei einer mehrfeldrigen Plattenbrücke.

Zur *Einleitung der Vorspannkräfte* werden einseitig oder wechselseitig Fest- bzw. Spannanker angeordnet, siehe Bild 4-11. Bei längeren durchlaufenden Platten können auch an beiden Enden Spannanker zweckmäßig sein, wenn anderenfalls die Spannkraftverluste infolge der Umlenkungen und Reibung zu groß würden. Für die Spanngliedverankerung sind an den Endauflagern Überstände von ca. 50 cm erforderlich, um im Bereich der Auflagerlinie eine etwa gleichmäßige Verteilung der Spannkräfte zu erreichen [V52]. Wie Versuche gezeigt haben, stellt sich im Auflagerbereich ein günstiger Spannungszustand ein, wenn die Spannglieder unterhalb des Schwerpunktes verankert werden [4f], jedoch noch innerhalb des Kerns, um keine Zugspannungen an der Plattenoberseite zu erzeugen. Man muß dann jedoch zwangsläufig auf einen Teil der Umlenkkräfte verzichten.

Bei Straßenbrücken mit einer Breite bis zu 10 m ist i. allg. eine *Quervorspannung* entbehrlich. Bei größerer Plattenbreite oder erheblicher Schiefwinkligkeit sowie bei punktgestützten Platten wird dagegen fast immer eine Quervorspannung erforderlich. Man verwendet dafür Spannglieder mit Spannkräften zwischen 0,3 MN und 0,7 MN und ordnet diese wegen der wechselnden Verkehrslastmomente überwiegend zentrisch an, d. h. etwa je zur Hälfte an der Plattenober- und -unterseite. Bei großen Kragmomenten, z. B. beim Trapezquerschnitt, vgl. Bild 4-8, verlegt man sie vorwiegend oben.

Mehrgleisige Überbauten von *Eisenbahnbrücken* müssen auch in Querrichtung vorgespannt werden. Dafür genügt aber eine beschränkte Vorspannung [V61].

Bei *punktförmig gestützten Platten* werden zweckmäßigerweise die Längsspannglieder horizontal verzogen und über den Stützen konzentriert [417], siehe Bild 4-13. Außerdem wird empfohlen, in der Stützenachse einen versteckten Querträger auszubilden, der zum einen die Umlenkkräfte im Bereich zwischen den Stützen und zum anderen die Spaltzugkräfte über den Einzellagern aufnimmt.

Bild 4-13a, b. Spanngliedführung bei einer punktförmig gestützten, durchlaufenden Plattenbrücke. a) Feldquerschnitt, b) Stützquerschnitt.

Nach DIN 4227 Teil 1, 6.7 ist analog zu DIN 1075, 10.1.1 an allen Oberflächen und Plattenrändern eine *Mindestbewehrung* einzulegen, deren Querschnitt sich wiederum nach Betongüte, Stahlqualität und Plattendicke richtet. Bei Straßenbrücken sind jedoch mindestens ø10 mm im Abstand $s \leq 20$ cm oder Betonstahlmatten mit Stabdurchmessern von ø8 mm und 15 cm Maschenweite einzulegen; bei Eisenbahnbrücken sollte der Stababstand 15 cm nicht überschreiten [V61, V62].

4.3.4 Schiefwinklige Plattenbrücken

Schiefe Ein- oder Mehrfeldplatten sind häufig vorkommende Brückenkonstruktionen. Bei Winkeln $70° \leq \varphi \leq 90°$ ist der Einfluß der *Schiefwinkligkeit* gering [4f]. Mit abnehmendem Winkel stellt sich aber zunehmend ein Lastabtrag über die stumpfen Ecken ein [4f, 115–117, 417, 437], siehe Bild 4-14. Breite Platten tragen im inneren Bereich dennoch ihre Lasten nahezu senkrecht zu den Auflagerlinien ab. Ferner ergeben sich im Bereich der stumpfen Ecken Platteneinspannmomente, die bei Winkeln $\varphi < 40°$ sogar größer als die Feldmomente werden können [4f] und durch geeignete, möglichst den Hauptmomentenrichtungen folgende Bewehrungen abzudecken sind [4f, 5b, 417, 437].

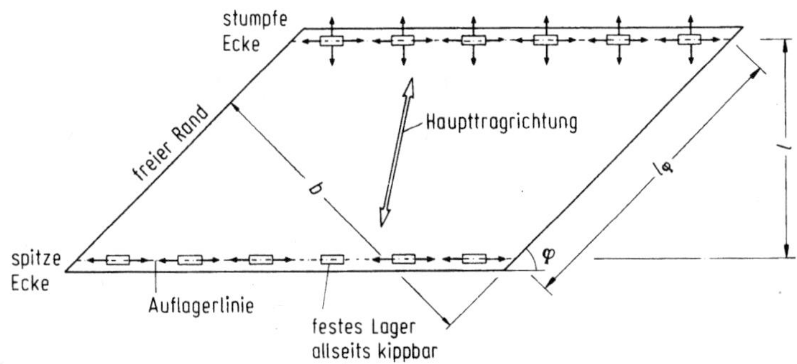

Bild 4-14. Einfeldrige schiefe Plattenbrücke auf Elastomerlagern.

Die Einspannwirkung an der *stumpfen Ecke* verursacht außerdem an den Enden der Linienlagerungen hohe Auflagerpressungen oder große Ecklagerkräfte und entsprechend geringe Lagerlasten im Bereich der spitzen Ecke, so daß dort die Gefahr des Abhebens besteht. Bei elastischer Lagerung (Elastomerlager) findet ein gewisser Ausgleich statt, d. h., die Extremwerte werden erheblich vermindert [434].

Mit zunehmender Schiefwinkligkeit, $\varphi < 70°$, wird es schwieriger, das Bewehrungsnetz auf die Hauptmomentenrichtungen bei Berücksichtigung der Plattengeometrie abzustimmen. Mit Hilfe von Momententransformationen lassen sich die Zugkräfte in den konstruktiv vorgegebenen Richtungen der Bewehrungseinlagen ermitteln und so die Platte bemessen [4b, 5b, 12]. Dabei sollten die Abweichungen zwischen den Hauptmomentenrichtungen und den Stahleinlagen möglichst 20° nicht überschreiten, anderenfalls ist eine *Dreibahnenbewehrung* vorzuziehen.

Im allgemeinen strebt man eine orthogonale *Bewehrung* an, bei schmalen bzw. langen Platten parallel und senkrecht zu den freien Rändern, bei breiten Platten dagegen parallel und senkrecht zu den Auflagerlinien [4f, 107]. Außerdem werden die verformungsempfindlichen freien Plattenränder mit randparallelen Zulagen und Bügeln, in der Nähe der stumpfen Ecke mit geringeren Abständen, verstärkt. An den Auflagerrändern wird zur Einleitung der Auflagerkräfte ebenfalls eine zusätzliche Bewehrung in Form eines „versteckten Balkens" empfohlen. Die negativen Plattenmomente im Bereich der stumpfen Ecke nimmt man durch eine obere Eckbewehrung auf, die meistens mit der Bewehrung über den Lagern kombiniert wird, siehe Bild 4-15. Ferner ist im Bereich der stumpfen Ecke, etwa in der Winkelhalbierenden, nach [417, 437] eine untere Zulagebewehrung anzuordnen. Weitere Hinweise zur Bewehrungsführung finden sich in [4f, 437].

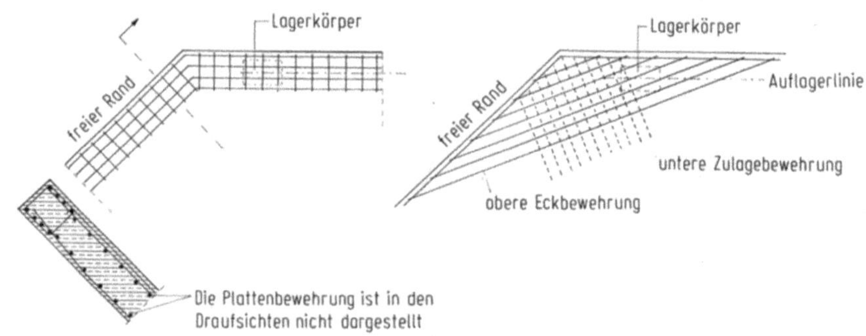

Bild 4-15. Zulagebewehrung bei schiefen Plattenbrücken im Bereich der stumpfen Ecke.

Bei schiefen Spannbeton-Plattenbrücken ergeben sich hinsichtlich der *Spanngliedführung* wegen der wechselnden Hauptmomentenrichtungen ähnliche Schwierigkeiten wie bei schlaff bewehrten [4f, 107]. Neben einer, bei schiefen Platten bevorzugten, parabelförmigen Führung der Längsspannglieder parallel zu den freien Rändern (formtreue Vorspannung) [263], siehe Bild 4-16, können die Spannglieder im Bereich der stumpfen Ecke auch konzentriert und zur spitzen Ecke hin aufgefächert werden [4f, 110]. Nachteilig sind die sich hierbei ergebenden unterschiedlichen Spanngliedlängen. Auch lassen sich die Schnittkräfte an den freien Rändern günstig beeinflussen, wenn der Spannglied-Tiefpunkt zur stumpfen Ecke hin verlegt wird [4f]. Weitere Alternativen zur üblichen Spanngliedführung enthält u. a. [107].

Querspannglieder werden meistens senkrecht zur Längsvorspannung angeordnet, obwohl sich dabei zwangsläufig in den Endbereichen der Platten Spannglieder von unterschiedlicher Länge ergeben, siehe Bild 4-16.

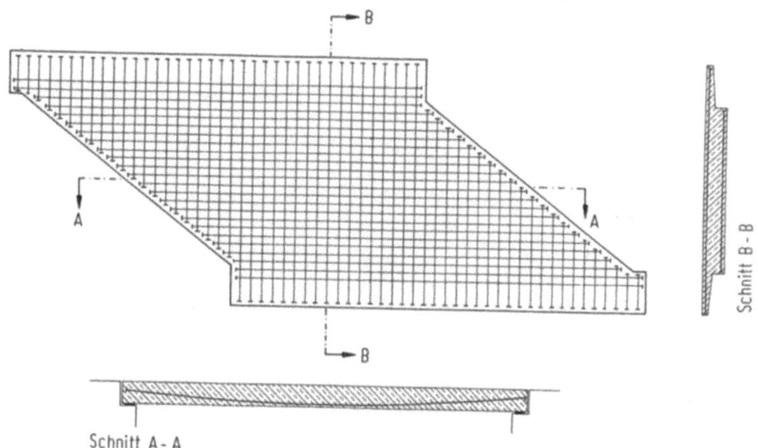

Bild 4-16. Spanngliedführung einer vorgespannten, schiefen Plattenbrücke [263].

4.3.5 Pilzbrücken

Eine besondere Art der Plattenbrücken sind die Pilzkonstruktionen, die ursprünglich für *Stadthochstraßen* entwickelt worden sind. Im einfachsten Fall ist die Fahrbahnplatte monolithisch mit in Fundamenten eingespannten Stützen verbunden. Durch Zusammenfassen von Stützenpaaren zu Mittelstützen hat sich diese Bauart bei schiefwinkligen Kreuzungen von Straßen und Flüssen als besonders anpassungsfähig erwiesen. Vorteile bieten Pilzbrücken auch bei schwierigen Gründungsverhältnissen sowie im *unwegsamen Gelände* [47]. Infolgedessen eignen sich diese Bauwerke nicht nur für den städtischen Bereich sondern auch für die Überquerung tiefer Täler ebenso wie für Hangbrücken mit gekrümmter Linienführung [47, 438–440]. Die Fahrbahnplatte kragt in Längs- und Querrichtung frei aus und ihre Dicke nimmt zur Stütze hin pilzkopfartig zu. Anzustreben sind über den Stützen nahezu gleich große Plattenmomente in Quer- und Längsrichtung. Das erreicht man, wenn die Spannweite etwa das 1,5fache der Brückenbreite beträgt [47]. Durch Fugen in jedem Feld wird die in Längsrichtung erforderliche Bewegungsmöglichkeit geschaffen. Bei hinreichender Symmetrie bleiben die Stiele unter ständigen Lasten weitgehend momentenfrei. Hingegen verursachen einseitige Verkehrslasten Biegemomente in den Stützen, die aber nicht von deren Höhe abhängig sind.

Ein Beispiel dieser Bauart ist die 30 m breite und 380 m lange *Elztalbrücke*, siehe Bild 4-17, die ein tiefes Tal in einer Höhe von etwa 100 m überquert [438]. Die Pfeiler bestehen aus einer Reihe 5,80 m breiter, achteckiger Hohlstützen, die vorab in Gleitbauweise erstellt wurden. Das Bauwerk hat nur in Brückenmitte eine Dehnungsfuge, siehe Bild 4-18, und besteht somit in Längsrichtung aus zwei mehrstieligen Rahmen mit horizontal unverschieblichen Riegeln, die sowohl mit den Stützen als auch mit den jeweiligen Widerlagern monolithisch verbunden sind. Wegen der zunehmenden Höhe verhalten sich die Stützen genügend elastisch und können den Längsbewegungen der Fahrbahnplatte infolge von Kriechen und Schwinden des Betons sowie aus Temperaturänderungen folgen. Der Seitenwind wird durch die biegesteifen Stützen sowie durch die Scheibenwirkung der auskragenden und in die Kastenwiderlager eingespannten Fahrbahnplatten aufgenommen.

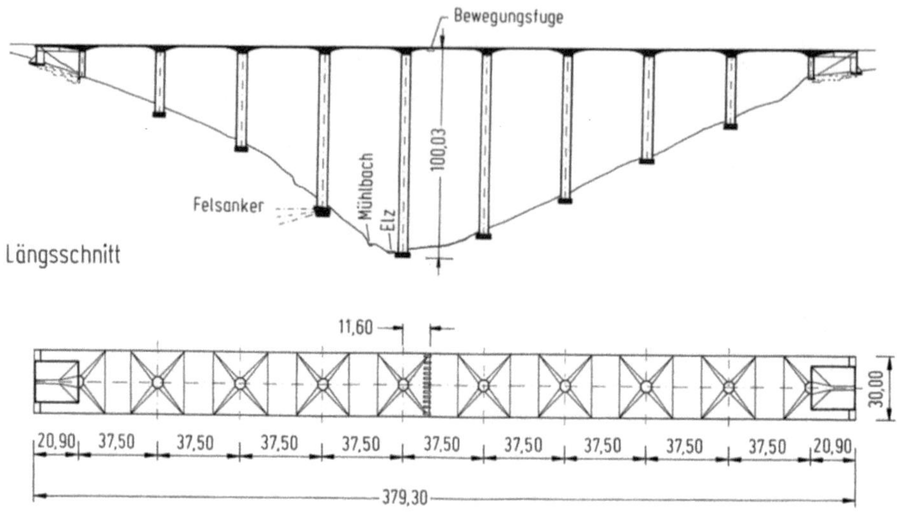

Bild 4-17. Längsschnitt und Untersicht der Elztalbrücke [438].

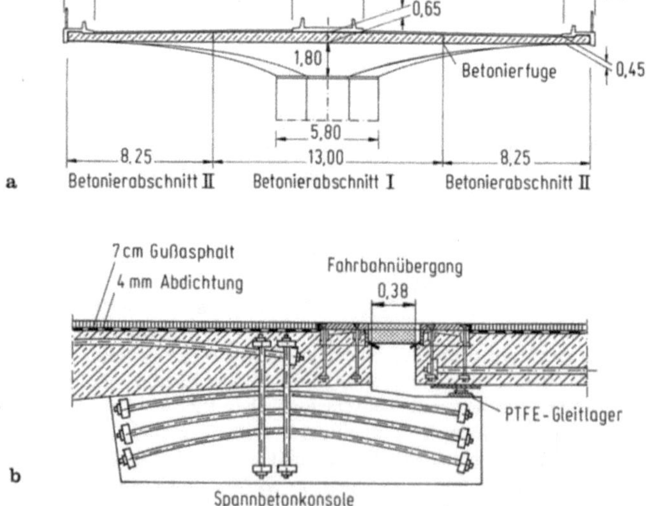

Bild 4-18a, b. Querschnitt und Dehnungsfugenausbildung der Elztalbrücke [438].

Die im Verhältnis zur Fahrbahnplatte relativ steifen Stützen bewirken für die Platte eine nahezu vollständige Einspannung. Der Feldquerschnitt hat in der Brückenachse eine Dicke von $d = 0,65$ m; sie nimmt mit dem Quergefälle zu den Rändern hin auf $d = 0,45$ m ab. Im Mittel beträgt die Schlankheit also $l/d = 68$. Die voutenartige Zunahme der Plattendicke bis auf 2,45 m an den Stützenanschnitten entspricht weitgehend dem Momentenverlauf, siehe Bild 4-18.

Die Platte ist durch ein rechtwinkliges Netz von Spannstählen ø32 mm in Längs- sowie Querrichtung beschränkt vorgespannt. Wegen der nur nach unten veränderlichen Plattendicke ergibt sich neben der Plattentragwirkung noch eine entlastende Schalentragwirkung, die jedoch seinerzeit bei der Bemessung vernachlässigt worden ist. Ein Modellversuch hat aber für dieses Bauwerk immerhin Verminderungen der Plattenmomente bis zu 13% ergeben [438].

Für die Herstellung des Überbaus hatte man eigens einen stählernen Gerüstwagen entwickelt, der im wesentlichen aus zwei Hauptträgern und mehreren Querrahmen bestand, an denen die Schalelemente und Arbeitsbühnen für ein Feld von 37,50 m Länge angehängt waren. Das Gerüst wurde nach dem Erhärten und Vorspannen eines Betonierabschnittes jeweils um ein Feld verfahren.

4.3.6 Plattenbrücken aus Fertigteilen

Im einfachsten Falle unterteilt man Plattenbrücken in balkenartige Elemente, die von Auflager zu Auflager spannen und dicht nebeneinander verlegt werden. Eine vollständig isotrope Plattentragwirkung erzielt man jedoch nur bei entsprechender Paßgenauigkeit in den Kontaktfugen und sehr hoher Quervorspannung. Wegen dieser Nachteile hat jene Bauweise keine größere Verbreitung gefunden [109, 112].

Bei der *Dywidag-Spannbeton-Kontaktbauweise* [441] sind die Fugenflächen so reduziert, daß sie sich mit einer hohen Paßgenauigkeit herstellen lassen. Die Fertigteilträger werden im trockenen Zustand zusammengespannt, siehe Bild 4-19. Zur Verminderung ihrer Eigenlasten erhalten die einzelnen Plattenelemente kreisrunde Aussparungen. Bezüglich der Kraftübertragung in den Trokkenfugen wird auf [442] verwiesen. Nach dem Dywidag-Verfahren lassen sich auch demontierbare Brücken errichten. Die Querspannglieder können dann aber nicht injiziert werden und sind anderweitig gegen Korrosion zu schützen [441].

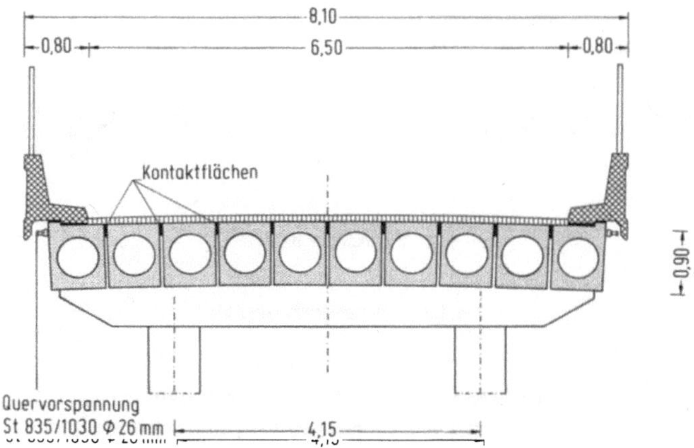

Bild 4-19. Dywidag-Spannbeton-Kontaktbauweise [441].

Bei der sog. *Mischbauweise* läßt sich das Fugenproblem vermeiden, siehe Bild 4-20. Die Fertigteile werden ebenfalls dicht an dicht und ohne Schalung bzw. Rüstung verlegt. Nach dem Einfädeln der unteren Querbewehrung und Verlegen der oberen Bewehrung wird der Querschnitt durch Ortbeton zu einer nahezu orthotropen Platte ergänzt. Bei der Schnittkraftermittlung dürfen Platten nach Bild 4-20 näherungsweise als isotrop angesehen werden, wenn der offene Fugenspalt $\Delta u \leq 0{,}1d$ ist oder die Biegesteifigkeit in Querrichtung mindestens 80% jener in Längsrichtung beträgt [V64].

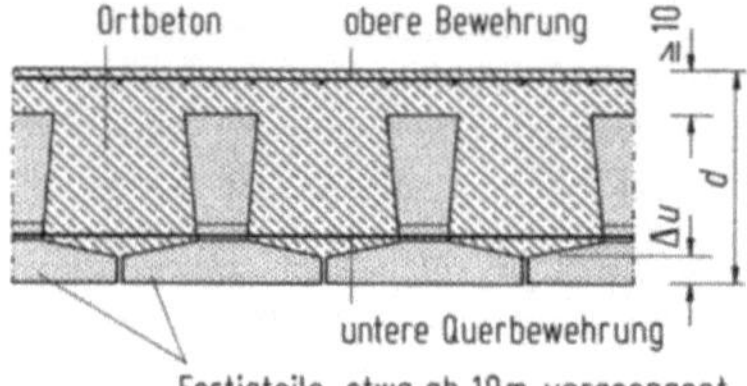

Bild 4-20. Brückenplatte mit ⊥-förmigen Fertigteilträgern.

Bei Fertigteilkonstruktionen nach Bild 4-21 handelt es sich um Balkenreihen ohne nennenswerte Biegesteifigkeit in Querrichtung. Da hier die Fugenausbildung in Querrichtung nur eine geringe Lastübertragung erlaubt, eignen sich solche Konstruktionen lediglich als Fußgängerbrücken oder für Wirtschaftswege mit leichtem Verkehr.

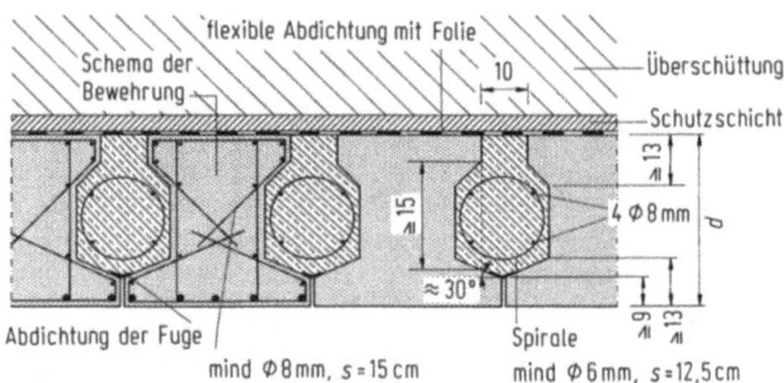

Bild 4-21. Balkenreihe ohne durchgehende Querbewehrung [V64].

4.4 Balkenbrücken

4.4.1 Vorbemerkungen

Stahlbeton-Balkenbrücken sind häufig und in vielfältiger Form vorkommende Brückensysteme. Sie werden heute fast immer vorgespannt, so daß Balkenbrücken zu den wichtigsten Anwendungsgebieten des Spannbetons zählen. Zwei Querschnittsformen sind von besonderer Bedeutung. Für mittlere Spannweiten zwischen 20 und 50 m erweisen sich bei ausreichender Konstruktionshöhe vor allem *Plattenbalken* als besonders wirtschaftlich, siehe 4.4.2. Bei größeren Spannweiten hingegen bevorzugt man *Kastenquerschnitte*, siehe 4.4.3.

Die Übergänge sind jedoch fließend, denn einerseits bestehen Plattenbalkenbrücken mit Feldweiten von 100 m und mehr [443, 444], andererseits gewinnen bereits bei Stützweiten über 35 m zunehmend Einflüsse Bedeutung, besonders bei durchlaufenden Systemen, die für Hohlquerschnitte sprechen [3, 107, 120, 121, 417, 445].

4.4.2 Plattenbalkenbrücken

4.4.2.1 Allgemeines

Bis in die Mitte der 50er Jahre waren mehrstegige Plattenbalken, meist durch Feldquerträger zu einem *Trägerrost* verbunden, die häufigsten Systeme im Massivbrückenbau [101, 103a, 104, 120, 122, 123, 401]. Dagegen werden heute vor allem bei Ortbetonbrücken Querschnitte mit möglichst wenigen Stegen bevorzugt, um den Schalungsaufwand gering zu halten. Nur bei Fertigteilbrücken sind wegen der Begrenzung der Montagelasten nach wie vor mehrstegige Überbaukonstruktionen üblich.

Plattenbalken sind besonders im Bereich positiver Biegemomente statisch vorteilhaft, denn durch die *Fahrbahnplatte* wird die Druckzone breiter und der Hebelarm der inneren Kräfte größer. Die Platte übernimmt dann mehrere Funktionen. Sie

- wirkt bei der unmittelbaren Aufnahme örtlicher Eigen- und Verkehrslasten als Platte,
- übernimmt über Querbiegung und Faltwerkwirkung die Querverteilung von hohen Einzellasten auf benachbarte Hauptträger,
- ist als Hauptträgerobergurt Teil des Haupttragsystems und
- wirkt bei der Aufnahme horizontaler Lasten als Scheibe.

Zur Verminderung der Eigenlasten strebt man schmale *Stege* an. Diese bieten jedoch bei durchlaufenden Systemen im Bereich negativer Stützmomente nicht immer eine ausreichende Druckzone, so daß zur Aufnahme von Betondruckkräften oft die Stegflächen durch Vouten, Stegverbreiterungen oder durch eine untere Druckplatte vergrößert werden müssen. Da veränderliche Querschnittsabmessungen aber die Bauausführung behindern, ist oftmals eine generelle Verbreiterung der Stege günstiger [4f, 417]. Die mit einem gleichbleibenden Querschnitt verbundenen, baubetrieblichen Vereinfachungen wiegen meistens die geringen Mehraufwendungen an Beton und Stahl auf.

Die *Mindestdicke* für *Fahrbahnplatten* beträgt $d = 20$ cm [V52]. Das gilt auch für eine nachträglich über Fertigteilen aufgebrachte Ortbetonschicht [V64]. Die Schnittkräfte für die Fahrbahnplatte sind gem. DIN 1075, 5.2.1 nach der Plattentheorie zu ermitteln. Dafür stehen Hilfsmittel zur Verfügung [13, 22, 24, 429, 430], siehe auch 4.3.1. Nach [124] kann ferner der Einfluß einer veränderlichen Plattendicke berücksichtigt werden. Außerdem sind für die Schnittgrößenermittlung auch numerische Näherungsberechnungen gestattet, sofern das gewählte Ersatzsystem das wirkliche Tragverhalten hinreichend genau erfaßt.

Bei der Festlegung der Plattenbalkenabmessungen sollte ein *ausgewogener Querschnitt* mit etwa gleich großen Plattenanschnittsmomenten an beiden Seiten des Steges angestrebt werden, so daß die Hauptträger unter ständig wirkenden Lasten einschließlich der Quervorspannung möglichst kleine Torsionsmomente erhalten und damit nur geringen, dauernd wirkenden Zugspannungen ausgesetzt sind [417]. Der Querschnitt sollte ferner so gewählt werden, daß die maximalen und minimalen Hauptträgertorsionsmomente etwa von gleicher Größe sind. Wirtschaftlich ist bei normaler Randkappenausbildung, siehe 4.8.2, eine Auskragung von etwa 40% der lichten Weite zwischen den

Stegen [125], siehe z. B. Bild 4-26. Für die mittlere Fahrbahnplatte ergeben sich dann abhängig von der gesamten Brückenbreite Spannweiten zwischen 5 und 9 m und Plattendicken zwischen 0,24 und 0,30 m. Ferner wird an den Hauptträgeranschnitten eine flache Anvoutung der Fahrbahnplatte empfohlen, wodurch eine günstigere Schnittgrößenverteilung eintritt.

Zur Aufnahme der Hauptträger-Torsionsmomente erhält eine Plattenbalkenbrücke *Endquerträger*, die gleichzeitig die freien Plattenränder stützen und den Einbau von Fahrbahnübergangskonstruktionen erleichtern. Schließlich verbessern Endquerträger bei vorgespannten Brücken auch die Einleitung und Verteilung hoher Spannkräfte.

An den *Zwischenstützungen* können über Querträger ebenfalls Hauptträger-Torsionsmomente aufgenommen werden, siehe aber 4.4.2.5. Bei indirekter Stützung müssen diese Querträger im übrigen die gesamten Hauptträgerlasten aufnehmen und in die Lager weiterleiten. Ferner muß für das Auswechseln von Lagerteilen das Ansetzen von Hubpressen möglich sein, vgl. 4.4.3.2.

Feldquerträger unterstützen die Querverteilung örtlich hoher Verkehrslasten. Sie werden in Feldmitte oder jeweils in den Drittelpunkten angeordnet. Weitere Querträger können die Lastverteilung kaum noch verbessern und sind daher unnötig [4f, 417]. Um in der Fahrbahnplatte keine zusätzlichen Biegemomente zu erzeugen, kann man die Querträger von der Platte trennen [4f, 417].

Die *Fahrbahnplatte* wird nicht nur durch Plattenbiegemomente, sondern auch durch Normalkräfte aus der Hauptträgerwirkung beansprucht. Auf die Tragfähigkeit der Hauptträger hat die mitwirkende Plattenbreite wesentlichen Einfluß. Letztere darf näherungsweise nach DIN 1075, 5.1.3 ermittelt werden, vgl. aber Abschnitt J. 3.1.1. Genauere Ergebnisse liefern [126, 127, 345, 446–448]. Ferner treten in der Nähe der Hauptträgerauflager große Querkräfte auf, die zusätzlich Hauptzugspannungen in der Platte bewirken und durch entsprechende Bewehrungen aufzunehmen sind [207, 449].

Die Breite der *Stege* muß auf den Platzbedarf für den Spannstahl sowie die Betonstahlbewehrung abgestimmt sein, wobei auch die Spanngliedkoppelstellen zu berücksichtigen sind [3, 107, 450]. Ferner dürfen die Grenzwerte nach DIN 4227 Teil 1, 15 für die rechnerischen Schubspannungen, schiefen Hauptzug- und -druckspannungen nicht überschritten werden, und schließlich müssen für die Stege auch Mindestbreiten eingehalten werden [V52]. Die Stegbreite bestimmt den Einspanngrad der Fahrbahnplatte und hat damit Einfluß auf die Plattenmomente und wiederum auf die Querbiegemomente in den Stegen.

4.4.2.2 Ermittlung der Schnittkräfte

Die *Schnittkräfte* für Plattenbalkenbrücken können mit Hilfe einer Trägerrostberechnung ermittelt werden [4f, 107, 417]. Schwierigkeiten bereitet meist der Ansatz wirklichkeitsnaher Biege- und Torsionssteifigkeiten [47], zumal die Torsionssteifigkeiten beim Übergang in den Zustand II schneller als die Biegesteifigkeiten abnehmen. Hinweise für die Bestimmung der Querschnittswerte finden sich in DIN 1075, 5.1 und [242].

Für die *Lastverteilung* und die Schnittkraftermittlung mehrstegiger, torsionssteifer Trägerroste stehen Tabellenwerke zur Verfügung [128, 129], die jedoch mit der Entwicklung der modernen Rechentechnik an Bedeutung verloren haben. Für die Schnittgrößenbestimmung des häufig vorkommenden zweistegigen Plattenbalkens siehe u. a. [125, 130–133, 451–453]. Experimentelle Untersuchungen haben bestätigt, daß besonders von jenen Verfahren wirklichkeitsnahe Schnittgrößen zu erwarten sind, die die Verformungen der Fahrbahnplatte nach der Platten- und Scheibentheorie berücksichtigen und die Stegverformungen nach der Balkentheorie erfassen [130–133]. Insofern liefern Verfahren nach [124, 125, 452] lediglich dann für die Praxis brauchbare Bemessungsschnittgrößen, wenn die Hauptträgerdurchbiegungen nur geringfügigen Einfluß auf die Plattenschnittgrößen ausüben. Hinweise zur Berechnung gekrümmter oder schiefer Plattenbalkenbrücken enthalten [107, 454–456].

4.4.2.3 Bewehrung von Plattenbalkenbrücken

Da man heute Plattenbalkenbrücken in Längsrichtung fast immer vorspannt, wird bezüglich der Bewehrungsführung betonstahlbewehrter Konstruktionen auf die Literatur verwiesen [4f, 101, 103a, 122, 123, 401].

Bei schmalen Brücken und somit geringen Hauptträgerabständen genügt in der *Fahrbahnplatte*, d. h. in Brückenquerrichtung, eine Betonstahlbewehrung [457], wobei mindestens eine Bewehrung nach DIN 1075, 10.1.1 einzulegen ist, vgl. 4.3.2 und 4.3.3. Zur Beschränkung der Rißbreiten sollten die Stababstände $s \leq 15$ cm betragen. Ferner sind nach [V52] Kragplattenränder auf 1 m Breite in Längsrichtung verstärkt zu bewehren, und zwar mindestens mit 0,8% des jeweiligen Betonquerschnitts, siehe Bilder 4-9, 4-22 und 4-24b.

Mit zunehmendem Hauptträgerabstand wird der Einsatz einer Vorspannung, ggf. einer teilweisen [458], wirtschaftlicher, denn nach DIN 4227 Teil 1, 15.6 sind am Hauptträgeranschnitt die Biegezugspannungen in der Fahrbahnplatte auch dann begrenzt, wenn jene nur mit Betonstahl bewehrt ist.

Für die *Quervorspannung* sind Spannglieder mit Spannkräften von 0,3 MN bis 0,6 MN üblich, wobei die Dicke des Kragplattenrandes auf die Größe der Ankerkörper abgestimmt sein muß. Die Spannglieder liegen üblicherweise im Abstand von 0,5 m bis 1,0 m. Sie verlaufen gerade oder nur schwach gekrümmt, zumal sich zwischen der oberen und unteren Plattenbewehrung ohnehin nur geringe Ausmitten erreichen lassen und die Verkehrslastmomente meist wechselndes Vorzeichen haben. Zweckmäßig ist eine wechselseitige Anordnung von Spann- und Festankern, weil sich so die Spannbewehrung in den Kragplatten einfach abstufen läßt, siehe Bild 4-22.

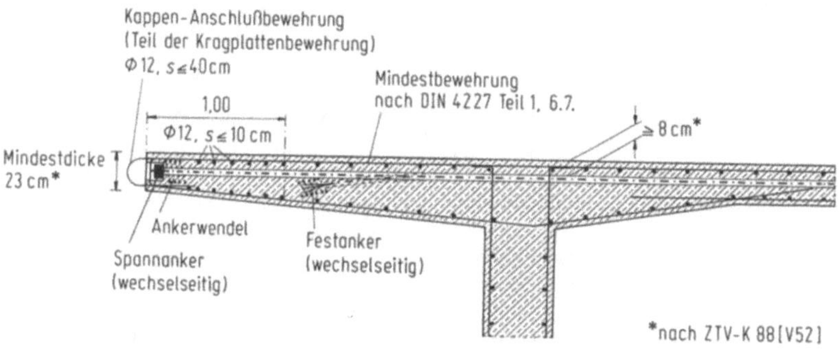

Bild 4-22. Anordnung der Querspannglieder in der Fahrbahnplatte.

Als *Längsvorspannung* bevorzugt man Spannglieder mit größeren Spannkräften, i. allg. zwischen 1,0 MN und 3,0 MN, ggf. auch höher. Diese werden meist parabolisch geführt und an den Verankerungen aufgefächert. Empfohlen wird, einige Spannglieder im unteren Stegbereich zu verankern, um die Spaltzugkräfte im Lagerbereich zu überdrücken [4f]. In den Feldern legt man sie unter Einhaltung der Mindestrandabstände so tief wie möglich. Sind Spannglieder nicht mehr zur Momentendeckung nötig, können sie in der Schwerachse des Betonquerschnittes verankert werden.

Bei *durchlaufenden Plattenbalken* sind die Spannglieder über den Zwischenstützungen mit möglichst kleinem Krümmungsradius zu verlegen, damit die Umlenkkräfte unmittelbar in die Auflager abgeleitet werden. Eine zu flache Ausrundung begünstigt Rißbildungen im Steg neben den Lagern, siehe Abschnitt J.3.5 und [4f, 412]. DIN 4227 Teil 1, 6.7.6 verlangt daher im Stützbereich durchlaufender Träger im unteren Drittel des Steges eine konstruktive Längsbewehrung, falls die unter ungünstigster Lastfallkombination nach Zustand I ermittelten Rand*druck*spannungen $\sigma \leq 1 \text{ N/mm}^2$ betragen.

Brücken über mehrere Felder stellt man fast immer abschnittsweise her und legt die Arbeitsfugen etwa in die Nähe der Momentennullpunkte, siehe Bild 4-23. Dort werden auch die Spannglieder gekoppelt. Aufgrund von Schadensfällen im Koppelfugenbereich [3, 4f, 412, 459] müssen jetzt in jedem Querschnitt mindestens 30% aller Spannglieder ungestoßen weitergeführt werden [V52]. Ferner sind für *Koppelfugen* zusätzliche statische Nachweise gem. DIN 4227 Teil 1, 10.4 zu führen, und schließlich werden nach [V60] besondere Maßnahmen zur Beschränkung der Einzelrißbreiten verlangt [460, 461].

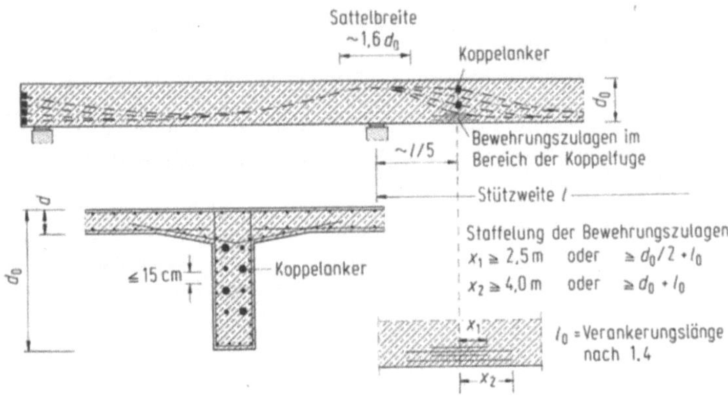

Bild 4-23. Spanngliedführung bei einer durchlaufenden Plattenbalkenbrücke mit Koppelfugen.

Um ein einwandfreies Verdichten des Betons zu gewährleisten, müssen genügend *Rüttellücken* mit einer Breite von mindestens 10 cm vorhanden sein. Ferner dürfen nicht mehr als drei Spannglieder ohne Rüttelgasse nebeneinander verlegt werden [V52]. Bei Trägerhöhen über 2 m oder bei mehrlagig verlegten Spanngliedern sind die Lücken außerdem auf den Betonierschlauch oder die Fallrohre abzustimmen.

Sind in Bereichen negativer Momente zusätzliche Spannglieder erforderlich, werden diese lisenenartig unter der Fahrbahnplatte oder an den Innenseiten der Stege herausgeführt, gespannt und veranker, siehe auch Abschnitt J.8.3 sowie [4f].

Abschließend wird noch auf die Möglichkeit einer externen Vorspannung hingewiesen. Während im Ausland bereits mehrere Plattenbalkenbrücken mit außenliegenden Spanngliedern vorgespannt wurden, hat man seit 1988 nun auch in Deutschland die ersten Brücken mit externer Vorspannung gebaut, wobei die zweifeldrige Plattenbalkenbrücke in Berlin mit Glasfaserverbund-Spanngliedern vorgespannt ist [462, 463],

4.4.2.4 Einstegige Plattenbalkenbrücken

Für schmale Brücken, für Fußgängerüberführungen oder Wirtschaftswege mit leichtem Verkehr bis etwa 8 m Breite, sind *Mittelträgerbrücken* sehr wirtschaftliche Überbaukonstruktionen [4f, 47, 103a, 109, 417]. Bei diesem Brückentyp muß der Hauptträger einseitige Verkehrslasten durch Torsion aufnehmen, der deswegen im Normalfall an den Widerlagern in Endquerträger einbindet. An den

Zwischenstützen sind meist nur Punktkipplager angeordnet. Bild 4-24 zeigt ein mehrfach ausgeführtes Beispiel.

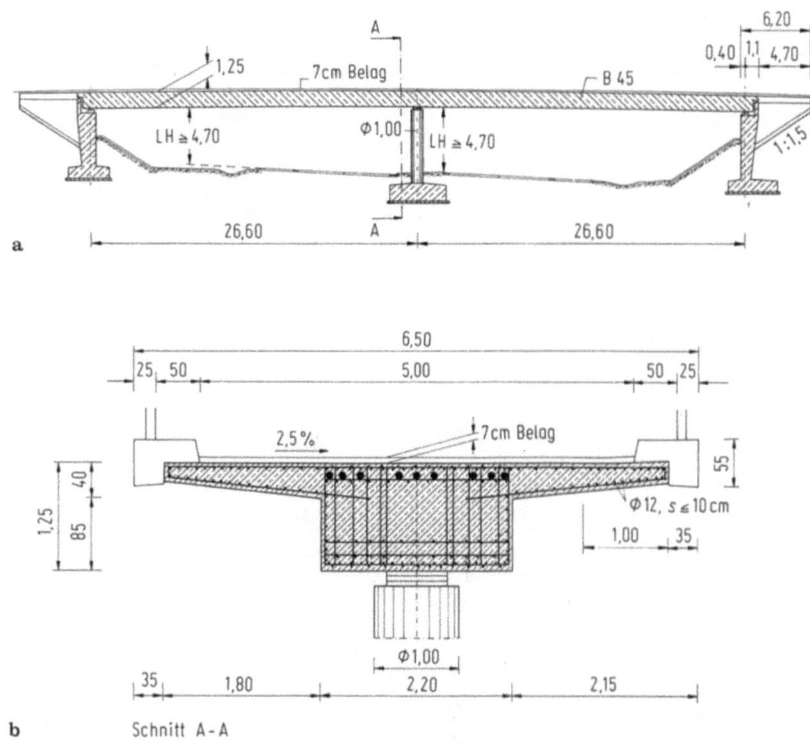

Bild 4-24a, b. Überführung eines 5,0m breiten Hauptwirtschaftsweges.
a) Längsschnitt, b) Querschnitt über der Stütze.

Zahlreiche Straßenbrücken bestätigen, daß auch breitere Querschnitte als einstegige Plattenbalken mit weitauskragenden Fahrbahnplatten wirtschaftlich sein können [109, 417, 445]. Konstruktionen mit Hohlräumen im Steg sind wie *Hohlquerschnitte* zu behandeln, siehe 4.4.3. Vorteilhaft bei den Mittelträgerbrücken ist die geringe Schalungsfläche sowie die Konzentration der Spannglieder auf einen relativ schmalen Bereich. Dennoch lassen sich diese im Steg bequem in einer Lage und somit ohne seitliches Verziehen oder Überschneiden auf einfachen Unterstützungen verlegen. Die *Torsionssteifigkeit* der gedrungenen, einstegigen Plattenbalken ist auch bei Brücken mit schwach gekrümmter Linienführung ausreichend. Bei langen Brückenzügen erfolgt die Ableitung von Torsionsmomenten nicht allein an den Enden, sondern auch an den Zwischenstützen, wie beispielsweise durch Anordnung von Doppellagern auf einer Stütze, siehe Bild 4-25.

Die *Dicke der Kragplatten* sollte am Hauptträgeranschnitt mindestens 1/8 der Auskragung betragen. Beim Überbau in Bild 4-25 hat man zur Reduzierung der Eigenlast die Kragplattenunterseite leicht abgewinkelt. Diese Brücke ist feldweise auf einer Vorschubrüstung hergestellt und in beiden Richtungen beschränkt vorgespannt worden. Querspannglieder liegen hier nur oben und

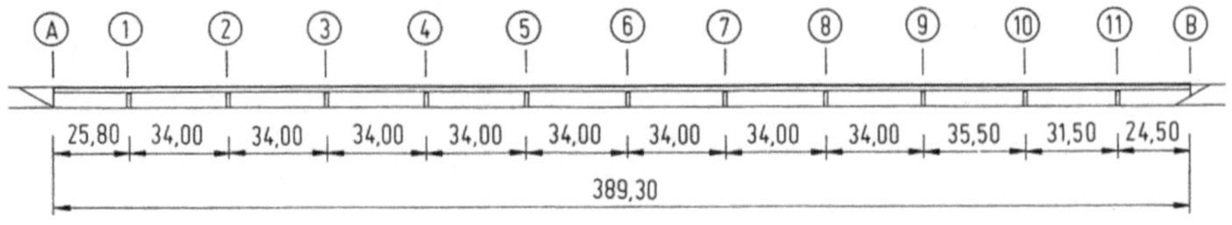

a

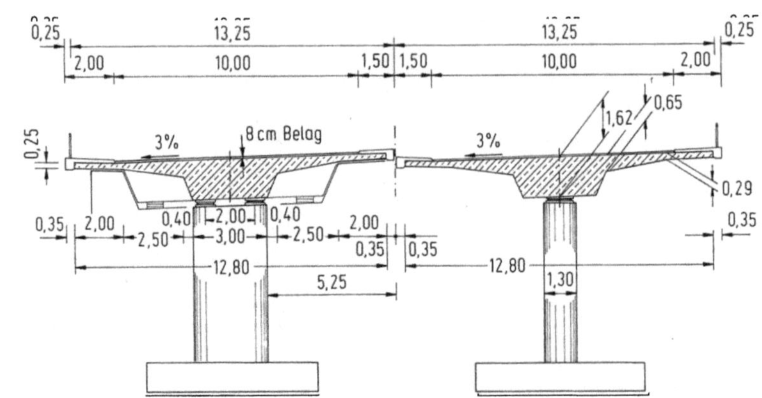

b

Bild 4-25a, b. Überführung von zweispurigen Richtungsfahrbahnen mit Standspur
a) Längsschnitt, b) Querschnitte; links: mit Stützung durch Doppellager (Pfeiler 3, 6 und 9), rechts: mit Einzellagerung.

sind fast geradlinig geführt. In Längsrichtung sind die Überbauten durch je 20 Spannglieder mit 1,5 MN vorgespannt.

4.4.2.5 Zweistegige, querträgerlose Plattenbalkenbrücken

Bei Überführungen zweispuriger Straßen oder von Richtungsfahrbahnen vierspuriger Bundesfernstraßen mit Breiten zwischen 10 m und 16,5 m, wie in Bild 4-26, zählt unter den Ortbetonbrücken der zweistegige Plattenbalken zu den häufigsten Querschnittsformen. Seit Ende der 60er Jahre werden bei zweistegigen Plattenbalken Querträger meist nur noch an den Brückenenden angeordnet und im übrigen auf ganzer Länge auf solche verzichtet [452, 464, 465], weil ein gleichbleibender *querträgerloser Querschnitt* den Rationalisierungsbemühungen der Bauindustrie sehr entgegenkommt, den Einsatz hochmechanisierter, längsverfahrbarer Schalungen oder Vorschubrüstungen nicht behindert und auch Vereinfachungen bei der Spanngliedführung zuläßt [47, 466]. Durch den Wegfall der Stütz- und Feldquerträger werden die Überbauten jedoch in Querrichtung nachgiebiger und damit die Lastverteilung ungünstiger, so daß fast immer ein höherer Materialaufwand erforderlich ist. Wegen fehlender Querträger treten ferner an den Hauptträgerauflagerungen seitliche Verschiebungen sowie Verdrehungen auf, die von den Unterbauten und Lagern aufgenommen werden müssen [453]. Einfache Rollenlager sind deshalb für diesen Brückentyp nicht geeignet, siehe Bild 4-26 [465].

Brückenschäden haben mehrfach gezeigt, daß an Stellen hoher Bewehrungskonzentration immer wieder Verdichtungsmängel auftreten, die die Korrosion der Stahleinlagen begünstigen und somit

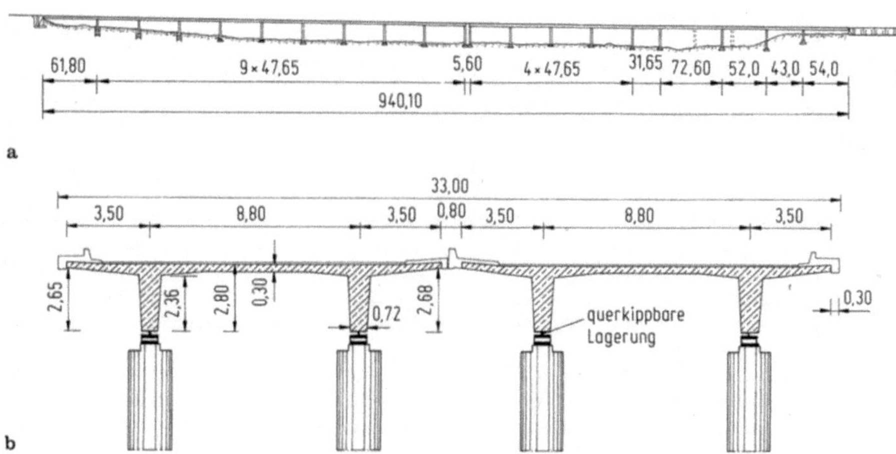

Bild 4-26a, b. Talbrücke Sechshelden [465].
a) Längsschnitt, b) Querschnitt.

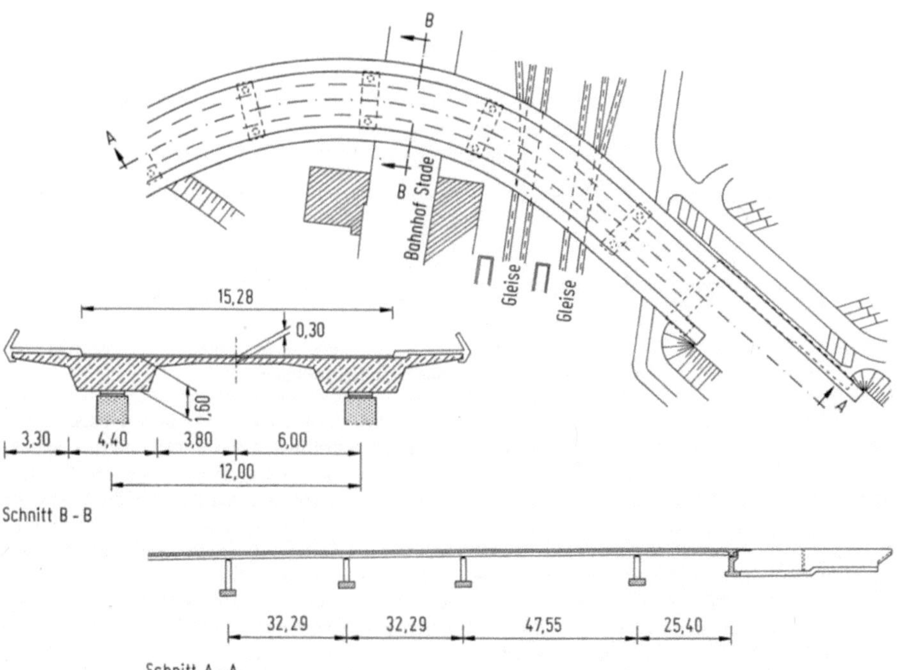

Bild 4-27. Straßenbrücke über den Bahnhof Stade.

letztlich die Dauerhaftigkeit erheblich einschränken können [467]. Deshalb werden heute „pflegeleichte" Konstruktionen mit möglichst geringem Erhaltungsaufwand bevorzugt, d. h. keine feingliedrigen, hoch ausgenutzten Querschnitte mit stellenweise sehr engliegender Bewehrung [409, 418]. Günstig sind Querschnitte mit breiten Stegen, in denen die Spannglieder sowie die übrige Bewehrung bequem untergebracht werden können und die ein einwandfreies Einbringen und Verdichten des Betons ermöglichen. Außerdem besitzen derartige Querschnitte genügend Torsionssteifigkeit, um sie auch bei stark gekrümmter Linienführung auszuführen, siehe Bild 4-27.

Unsymmetrische Lasten verursachen ungleiche Hauptträgerdurchbiegungen, die neben den Scheibenschubkräften aus der Faltwerkwirkung auch Biegemomente in der Platte zur Folge haben. Diese Zusatzmomente können bei Hauptträgern mit großer Torsions- und geringer Biegesteifigkeit, z. B. bei Querschnitten mit gedrungenen, breiten Stegen nach Bild 4-27, zu erheblichen positiven Plattenanschnittsmomenten führen, die bei sehr ausmittiger Anordnung der Spannglieder an den Hauptträgeranschnitten zu unzulässigen Zugspannungen an der Plattenunterseite und schließlich zu Rissen führen können [451].

Mehrfach ist auch der gesamte, 32 m breite *Autobahnquerschnitt* allein durch einen zweistegigen Plattenbalken überführt worden, siehe Bild 4-28. Man erhält dann zwangsläufig dickere Stege und wegen des Hauptträgerabstandes von etwa 16 m auch dickere Fahrbahnplatten [134]. Bei ausreichender Konstruktionshöhe sind diese Querschnitte aber trotz des höheren Materialaufwandes wirtschaftlich. Von den Straßenbauverwaltungen werden aber, besonders mit Rücksicht auf notwendige Instandsetzungsarbeiten, meistens getrennte Überbauten, wie in Bild 4-26, gefordert.

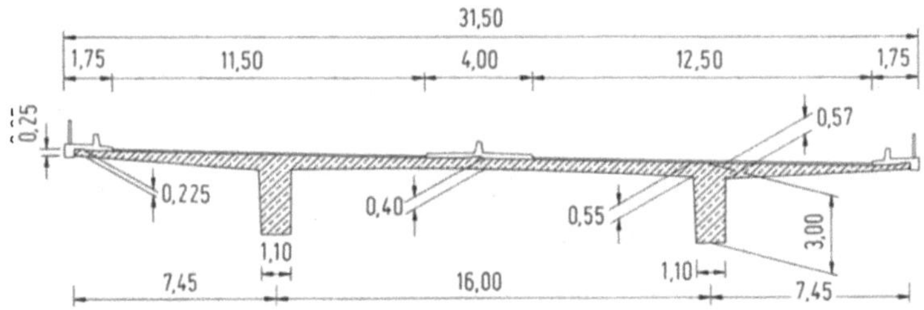

Bild 4-28. Querschnitt der Holzbachtalbrücke im Zuge der Bundesautobahn A4 Köln-Olpe [134].

4.4.2.6 Mehrstegige Plattenbalkenbrücken

Bei Autobahnen müssen zur Vermeidung niveaugleicher Kreuzungen eine Vielzahl von Verkehrswegen überführt werden. Da sich die statischen Systeme jener Überführungsbauwerke wenig voneinander unterscheiden, sind bei Verwendung von Fertigteilen erhebliche Rationalisierungen und Kosteneinsparungen möglich. Bei Stützweiten zwischen 18 und 35 m bieten sich vorgefertigte Plattenbalken an, die dicht nebeneinander verlegt und nachträglich durch eine Ortbetonplatte zu einer mehrstegigen *Plattenbalken-Verbundkonstruktion* ergänzt werden, siehe Bilder 4-29 und 4-30 sowie [109, 112]. Bei größeren Spannweiten fertigt man meist die I-oder T-förmigen Spannbetonträger auf der Baustelle, versetzt diese mit speziellen Verlegegeräten und verbindet sie anschließend in Obergurtebene durch eine Ortbetonplatte, siehe Bild 4-31. Über seitlich herausstehende Anschlußbewehrung und nachträglich eingefädelte Spannstähle erzielt man schließlich ein der Ortbetonbauweise nahezu gleichwertiges Tragverhalten. Solche Fertigteillösungen sind schon bei Spannweiten von mehr als 50 m und Fertigteillasten bis zu 2,0 MN ausgeführt worden [468, 469].

Die *Fahrbahnplatte* wird nachträglich mit Hilfe von Schalwagen hergestellt, die auf den Untergurten der Fertigteilträger verfahren werden können [470]. Aber auch die Mischbauweise mit teilweise vorgefertigter Fahrbahnplatte, siehe 2.4.5, ist im Brückenbau mit Erfolg eingesetzt worden. Die 6 bis 8 cm dicken Plattenelemente werden für die Frischbetonlast bemessen, erhalten aber schon die untere Plattenbewehrung für den Endzustand [471].

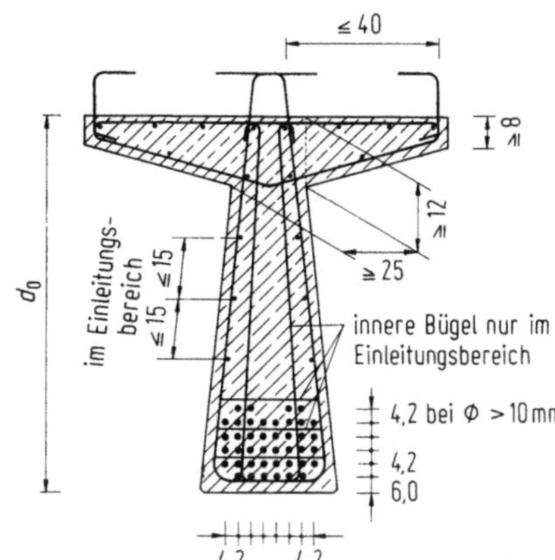

Bild 4-29. Fertigteilträger, im Spannbett hergestellt [V64].

Die *Hauptträger*, siehe Bild 4-29, werden meist aus hochwertigem Beton B 55 gefertigt und entweder im Spannbett mit sofortigem Verbund oder durch Bündel- oder Litzenspannglieder vorgespannt. Eine Vorspannung mit nachträglichem Verbund hat den Vorteil, daß sie entsprechend dem Baufortschritt in mehreren Stufen aufgebracht werden kann. Die Fertigteile sowie deren Flansche sind für die Frischbetonlast der Ortbetonplatte zu bemessen, um zusätzliche Unterstützungen zu vermeiden und den Verkehrsraum unter der Brücke möglichst wenig einzuengen. Die Mindestdicke der Flansche beträgt am Steganschnitt 12 cm und am Kragende 8 cm. Das Zusammenwirken von Fertigteil und Ortbeton muß durch eine Verbundbewehrung sichergestellt sein, die für volle Schubdeckung zu bemessen und in Abständen von höchstens 40 cm anzuordnen ist, siehe Bild 4-29 [V64].

Einfeldbrücken lassen sich problemlos aus Fertigteilen herstellen. Als Übergangs- bzw. Fugenkonstruktionen werden hier die gleichen wie bei Ortbetonbrücken verwendet. Anders verhält sich das bei mehrfeldrigen Brücken. Bei kleineren Stützweiten bis etwa 20 m versucht man, teure Fahrbahnübergänge zu vermeiden. So ist beispielsweise bei einigen Brücken im Zuge der Brenner-Autobahn der Fahrbahnbelag, bestehend aus Abdichtung, Schutzbeton und Schwarzdecke, einfach über die schmalen Stoßfugen zwischen den Einfeldträgern hinweggeführt worden. Der sich im Laufe der Zeit einstellende Fugenspalt wurde nachträglich mit Bitumen vergossen [472]. Nachteilig bei dieser einfachen Bauweise ist aber die ständige Instandhaltung. Bei zunehmenden Spannweiten sind wegen der größeren Längsdehnungen dann ohnehin über jeder Stütze Fahrbahnübergänge notwendig. Damit ergeben sich bei langen Brückenzügen viele teure und wartungsintensive Übergangskonstruktionen, was nicht von allen Straßenbauverwaltungen akzeptiert wird.

Besser ist eine *Verbindung der Längsträger* durch Ortbetonergänzung zu einem *schub- und biegesteifen Durchlaufsystem*, wobei für die Verbindungsstellen die Einhaltung der DIN 4227 Teil 1 verlangt wird. Die nachträgliche Herstellung der biegesteifen Kontinuität ist zwar grundsätzlich auch allein durch Betonstahl möglich [112, 417], erfordert aber wegen der geringen Bauhöhe und besonders bei größeren Stützweiten sehr hohe Bewehrungsquerschnitte. Außerdem ist eine solche Verbindung hinsichtlich der Dauerhaftigkeit deutlich einer Lösung mit Vorspannung unterlegen.

Die in der Praxis ausgeführten Spannbetonlösungen haben sich nicht alle bewährt. Eine *Koppelung durch Zulegen von Spanngliedern* in der Ortbetonplatte [473] ist zwar konstruktiv einfach, erfordert aber in der Fahrbahnplatte Spannischen oder Arbeitsfugen und bedingt somit örtlich erhöhte Rißgefahr. Deshalb sind Spannischen in der Fahrbahnplatte auch nicht mehr gestattet [V52]. Bei Zweifeldbrücken kann die Koppelung über der Stütze am einfachsten durch Übergreifen der Spannglieder erfolgen. Diese werden aus den benachbarten Fertigteilen herausgeführt, in der Ortbetonplatte mit Festankern versehen und an beiden Endauflagern angespannt [112]. Empfohlen wird auch eine Koppelung durch nachträglich eingezogene Kontinuitätsspannglieder, deren Hüllrohre im Stützbereich nur bis Unterkante Ortbetonplatte hochgeführt werden [112]. Die Fahrbahnplatte betoniert man zweckmäßigerweise gemeinsam mit den Querträgern und vermeidet so weitere Fugen, siehe Bild 4-30. Der Spannstahl wird in zuvor verlegte Hüllrohre eingeschoben und nach dem Erhärten des Ortbetons gespannt.

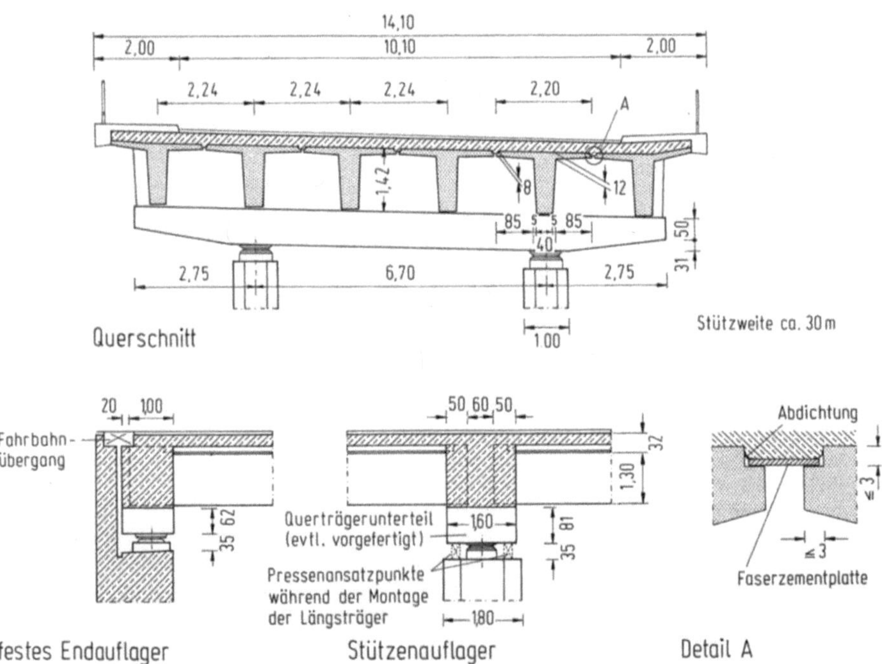

Bild 4-30. Mehrfeldrige Fertigteilträgerbrücke mit voller Durchlaufwirkung.

Durch die Herstellung des Querschnitttes in einzelnen Betonierabschnitten und das Aufbringen der Vorspannung in mehreren Stufen entstehen komplizierte *Zwang- und Eigenspannungszustände*. Auf eine genaue Ermittlung des durch Umlagerungen und Eigenspannungen beeinflußten Spannungszustandes wird meistens verzichtet. Man bemüht sich um eine möglichst formtreue Vorspannung und begnügt sich mit dem Tragsicherheitsnachweis. Zur Sicherstellung der erforderlichen Gebrauchsfähigkeit wird entsprechende Bewehrung eingelegt und an den Querschnittsrändern verteilt.

Letztlich können die Einfeldträger auch nur teilweise, d. h. durch eine sog. *Federplatte* gekoppelt werden [112, 474, 475]. Bei dieser Konstruktion bleibt das statische System eines Einfeldbalkens erhalten, weil nur die nachträglich aufgebrachte Ortbetonplatte durchgeführt wird. Im Stützbereich unterbricht man den Verbund zwischen Ortbeton und Fertigteil auf etwa 1,5 m durch Einlegen einer nachgiebigen Trennschicht, siehe Bild 4-31c. Dadurch entstehen beidseits eingespannte Koppel-

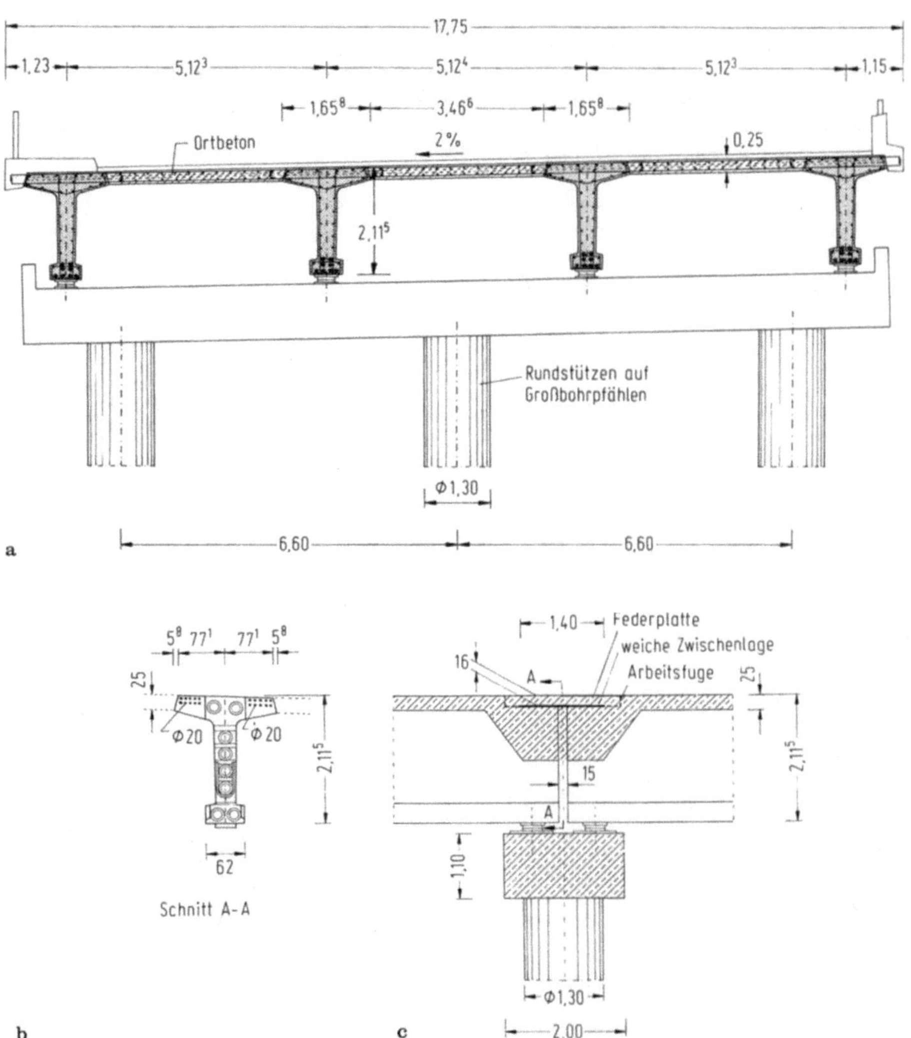

Bild 4-31a–c. Hochstraße Elbmarsch [470].
a) Querschnitt im Normalbereich, b) Verankerung der Spannglieder, c) Verbindung der Fertigteilträger durch Federplatten.

platten, die durch die unmittelbaren Eigen- und Verkehrslasten, vor allem aber durch Zwangmomente infolge von Auflagerverdrehungen der benachbarten Einfeldträger beansprucht werden. Wegen der hohen Zwangschnittkräfte sind besondere Maßnahmen zur Rißbreitenbegrenzung erforderlich [V64, 112]. Federplatten sind nicht im Bereich der Deutschen Bundesbahn und auch nur in einigen Bundesländern gestattet.

Bild 4-31a zeigt den Normalquerschnitt für eine Richtungsfahrbahn der 3,8 km langen *Hochstraße Elbmarsch*, südwestlich von Hamburg [470]. Er besteht aus vier 2,12 m hohen und 35,0 m langen Hauptträgern im Abstand von 5,12 m. Zwei Drittel der in Abständen von 35 m notwendigen Übergänge wurde aus wirtschaftlichen Gründen sowie zur Verbesserung der Fahrdynamik durch *Federplatten* ersetzt, siehe Bild 4-31c. Infolgedessen sind immer drei Überbaufelder miteinander gekoppelt und nur in Abständen von 105 m Fahrbahnübergangskonstruktionen eingebaut. Die in einer Feldfabrik vorgefertigten Träger sind mit einem 1,66 m breiten Obergurt versehen, gleichzeitig Teil der Fahrbahnplatte. Die dazwischenliegenden, 3,46 m breiten Fahrbahnbereiche wurden in Ortbeton hergestellt.

Die Stege verlaufen leicht konisch und haben unten ihre kleinste Breite von 32 cm. Auf seitliche Vouten an den Trägerenden wurde verzichtet, um das Verfahren der Schalwagen nicht zu behindern. Das verlangte aber bei der Spanngliedverankerung besondere Sorgfalt. Die Längsvorspannung in

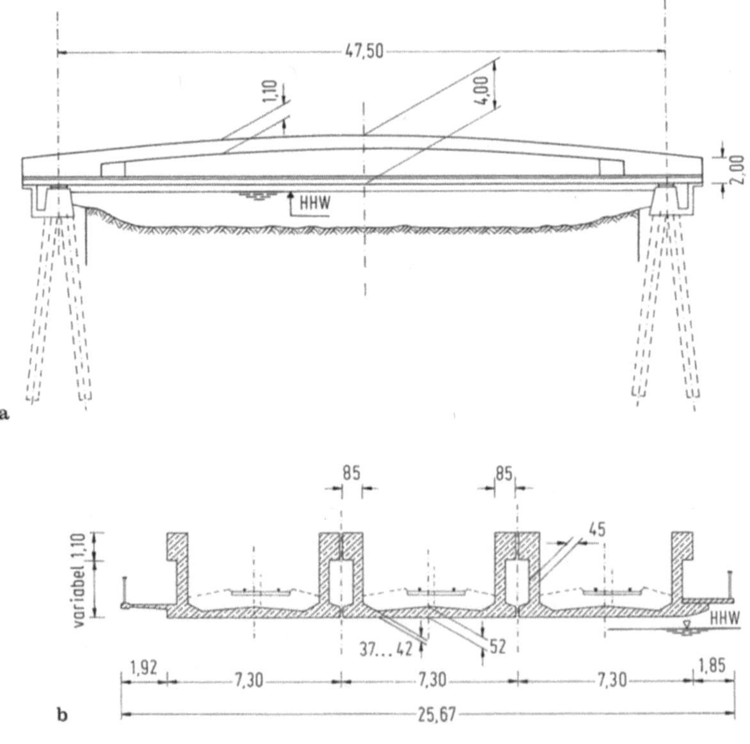

Bild 4-32a, b. Mehrgleisige Eisenbahnbrücke über die Vispa [476].
a) Ansicht, b) Schnitt.

den Hauptträgern ist so bemessen, daß im Endzustand bei 70% der vollen Verkehrslast rechnerisch noch keine Zugspannungen auftreten. Die Vorspannung wurde in drei Stufen aufgebracht, die letzte erst nach Herstellung der 25 cm dicken Ortbeton-Fahrbahnplatte, um auch diese in Längsrichtung etwas vorzuspannen. In den Obergurten sind in Abständen von $a \leq 50$ cm Hüllrohre einbetoniert, in die nachträglich die Querspannglieder (Dywidag ø26 mm) eingeschoben und gespannt wurden.

4.4.2.7 Trogbrücken

Wenn nur eine sehr *geringe Konstruktionshöhe* zur Verfügung steht, bieten Trogquerschnitte Vorteile. Bild 4-32b zeigt den Querschnitt von drei eingleisigen Trogbrücken, die als Ersatz für stählerne Überbauten errichtet worden sind, da letztere den gestiegenen Anforderungen bezüglich der Lasten und Ausbaugeschwindigkeit nicht mehr genügten [476].

Immer häufiger werden Schallschutzmaßnahmen gefordert, so daß durch *Schallschutzwände* zusammen mit der tragenden Überbaukonstruktion unschöne Brückenbänder entstehen. Durch einen Trogquerschnitt läßt sich dieses Problem mildern. Da bei einer Trogbrücke die Seitenwände gleichzeitig die Hauptträger sind, wird zwar die Stützweite der Fahrbahnplatte vergrößert, jedoch die Gesamthöhe des Brückenbandes deutlich verringert und damit das Aussehen verbessert. Die Fahrbahn der Trogbrücke in Bild 4-33 besteht aus T-förmigen Fertigteilen im Abstand von 2,65 m, die an ihren Enden in die Hauptträger einbetoniert und somit biegesteif angeschlossen sind. Die Hauptträger wurden jeweils in einer ortsfesten Schalung und im Taktschiebeverfahren hergestellt, siehe dazu 4.4.3.5. Die 27 cm dicke, nur mit Betonstahl bewehrte, durchlaufende Fahrbahn-Verbundplatte wurde erst nach Beendigung des Taktschiebens, also in der Endlage, betoniert [477].

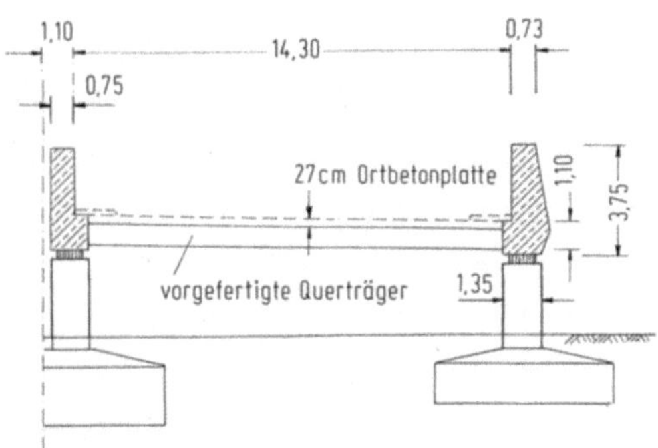

Bild 4-33. Querschnitt einer Trogbrücke mit getrennten Richtungsfahrbahnen [477].

4.4.3 Kastenträgerbrücken

4.4.3.1 Allgemeines

Verbindet man bei Plattenbalken die Stege durch eine untere Platte, dann entstehen *ein- oder mehrzellige Kastenträger*. Diese bei Großbrücken üblichen Querschnitte besitzten eine hohe Biege- und Torsionssteifigkeit bei verhältnismäßig geringer Querschnittsfläche.

Da beim *Kastenquerschnitt* der Schalungsaufwand größer als bei anderen Querschnittstypen ist, sind Hohlquerschnitte nur wirtschaftlich, wenn sie auch aus statischen Gründen notwendig sind, u. a. bei beschränkter Bauhöhe $h \leq l/20$, bei gekrümmten Brücken oder solchen mit großen einseitigen

Verkehrslasten und entsprechender Torsionsbeanspruchung, bei großen Spannweiten oder beim Einsatz spezieller Bauverfahren, z. B. beim Freivorbau oder Taktschiebeverfahren. Nicht zuletzt haben die konsequente Ausnutzung der statischen Vorteile und die gezielte Weiterentwicklung des Hohlquerschnitts in den letzten Jahrzehnten die Voraussetzungen für die außerordentlichen Ingenieurleistungen beim Bau von Balkenbrücken mit Spannweiten bis zu 260 m geschaffen [407, 478, 479]. In Norwegen ist geplant, den Sløverfjord unter Verwendung hochfesten Spannleichtbetons sogar mit einer freien Stützweite von $l = 420$ m zu überbrücken [480].

Die Errichtung langer oder weitgespannter Balkenbrücken ist eng mit dem jeweiligen *Bauverfahren* verbunden. Neben dem Einsatz ortsfester oder verfahrbarer Lehrgerüste haben sich

- die feldweise Herstellung mit *Vorschubrüstung,*
- die Herstellung im *Freivorbau,* ggf. mit Hilfsträger, und
- die Herstellung im *Taktschiebeverfahren*

bewährt. Bild 4-34 zeigt einige Querschitte ausgeführter Kastenträgerbrücken. Weitere Beispiele siehe [4f, 120, 445, 481].

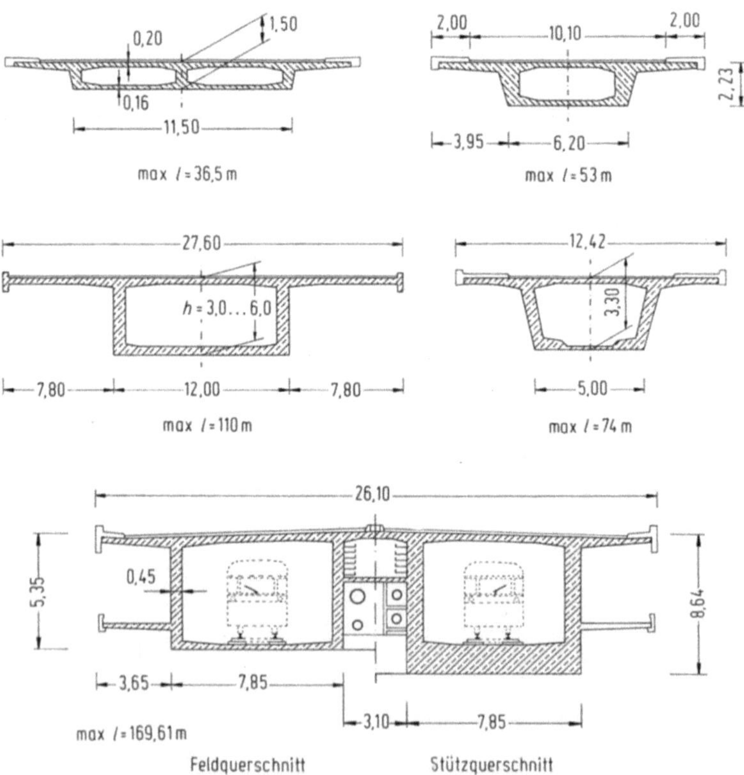

Bild 4-34. Beispiele ausgeführter Kastenquerschnitte [108, 120, 428].

4.4.3.2 Zur Bemessung und Konstruktion

Kastenträger sind räumliche Tragwerke (Faltwerke), bei denen eine genaue Erfassung des wirklichen Trag- und Verformungsverhaltens Schwierigkeiten bereitet [135]. Der *Lastabtrag* zu den Auflagern erfolgt in erster Linie über Scheibenwirkung. Hinzu kommen Plattenbeanspruchungen infolge örtlicher Lasten sowie auch infolge unsymmetrischer Belastung oder großer Einzellasten. [135] enthält wertvolle Hinweise zu Entwurf, Berechnung und konstruktiver Durchbildung von Kastenträgerbrücken.

Für die Bemessung und Konstruktion der *Fahrbahnplatte* gilt ähnliches wie für den Plattenbalkenquerschnitt, siehe 4.4.2.1 bis 4.4.2.3. Der geschlossene Rahmen bewirkt jedoch in Querrichtung für die innere Fahrbahnplatte eine größere Einspannung in die Stege. Auch bei Kastenträgern ist hinsichtlich der Steganordnung ein „ausgewogener" Querschnitt anzustreben, damit die Stege möglichst geringe Querbiegemomente erhalten. Häufig werden die Stege geneigt, um die Spannweite der unteren Platte zu vermindern und den Brückenüberbau optisch schlanker zu gestalten. Infolge der Neigung entstehen aber unter Vertikallasten in der oberen und unteren Platte quergerichtete Normalkräfte, die ebenso wie die Umlenkkräfte der in den Stegebenen geführten Längsspannglieder bei der Bemessung beachtet werden müssen [482].

Näherungsweise darf ein *Kastenträger in Längsrichtung* nach DIN 1075, 5.3 als torsionssteifer Stab betrachtet werden, solange er formtreu bleibt, d. h. ausreichend durch Querscheiben oder Querrahmen ausgesteift ist. Bei hohen oder dünnwandigen Querschnitten ist diese Voraussetzung jedoch nicht immer erfüllt, so daß dann genauere Untersuchungen nach der erweiterten Biege- und Torsionstheorie unter Berücksichtigung der Wölbkrafttorsion und Profilverformung erforderlich werden [4f, 107, 135, 483, 484]. Für die Ermittlung der Schnittgrößen stehen auch numerische Verfahren, wie die Trägerrostanalogie oder bei höheren Anforderungen Methoden mit finiten Elementen zur Verfügung.

Wegen der anzusetzenden *mitwirkenden Plattenbreite* wird auf 4.4.2.1 sowie DIN 1075, 5.1.3 verwiesen. Bei der Ermittlung der Schnittkräfte ist die Torsionssteifigkeit immer zu berücksichtigen. Sie darf für Stahlbetonkonstruktionen gem. DIN 1075, 2.2.2 näherungsweise mit 50% des Wertes in Rechnung gestellt werden, der sich für den reinen Betonquerschnitt ergibt. Bei Spannbetonkonstruktionen wird im Gebrauchszustand die volle Torsionssteifigkeit nach Zustand I angesetzt. Für eine Schnittgrößenermittlung im rechnerischen Bruchzustand empfiehlt [417] eine Abminderung auf 30–50% der reinen Betonquerschnittswerte.

Hinsichtlich der *Stege* siehe auch 4.4.2.1. Bei ihrer Bemessung sind zu den Hauptträgernormalspannungen die Beanspruchungen aus Querkraft, Torsion und Einspannung der Fahrbahnplatte zu addieren. Dabei müssen auch Querschnittsschwächungen durch etwaige Längsspannglieder berücksichtigt werden. Die Stege sollten mit Bügeln ⌀12 bis ⌀20 in Abständen von 8 bis 15 cm bewehrt werden. Bei weitgespannten Balkenbrücken kann auch eine Stegvorspannung sinnvoll sein, vor allem dann, wenn bei aufgelösten Querschnitten am unteren Stegrand Streben angreifen, siehe Bild 4-44c. Zu berücksichtigen sind auch mögliche Zwangbeanspruchungen infolge ungleicher Erwärmung, z. B. bei dicken Stegen [135, 136], eine wesentliche Ursache für aufgetretene Rißschäden [412, 485].

Die *Bodenplatte* wird zur Verminderung der Eigenlasten im Bereich positiver Hauptträgermomente möglichst dünn ausgebildet. Die Mindestdicke beträgt $d = 18$ cm [V52]. Im Stützbereich, d. h. bei negativen Hauptträgermomenten hingegen, entstehen in der unteren Platte Druckkräfte, die bei weitgespannten Brücken zu großen Plattendicken führen, vgl. Bild 4-34. Besondere Aufmerksamkeit verlangen Durchlaufträger mit stetig veränderlicher Querschnittshöhe und gekrümmter Bodenplatte, denn sowohl die Betondruckspannungen als auch Spannglieder in der Bodenplatte erzeugen Umlenkkräfte und verursachen Plattenbiegemomente.

Bild 4-35 zeigt die *Bewehrungsführung* in einem einzelligen Hohlquerschnitt. Für die Mindestbewehrung gilt DIN 1075, 10.1.1 sowie DIN 4227 Teil 1, 6.7. Während die Fahrbahnplatte fast immer

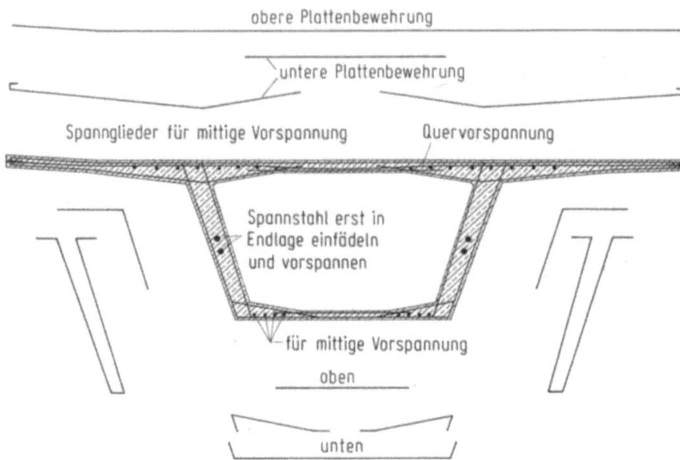

Bild 4-35. Bewehrung eines einzelligen Kastenquerschnittes bei Herstellung im Taktschiebeverfahren (Betonstahlbewehrung in Längsrichtung nicht dargestellt).

vorgespannt wird, genügt für die Bodenplatte in Querrichtung normalerweise Betonstahlbewehrung. Bei breiten oder mehrzelligen Querschnitten kann aber auch unten eine Quervorspannung zweckmäßig bzw. notwendig sein.

Während bei der Verwendung *konventioneller Gerüste* oder *Vorschubrüstungen*, d. h. bei feldweiser Herstellung, die Längsspannglieder entsprechend der Momentenbeanspruchung geführt und etwa an den Momentennullpunkten verankert bzw. teilweise gekoppelt werden, ordnet man beim *Freivorbau* oder *Taktschiebeverfahren* die Spannglieder vorwiegend gerade in der oberen bzw. auch unteren Platte an. Zusätzlich werden für den Endzustand einige Kontinuitätsspannglieder in den Stegen eingezogen und von Lisenen aus gespannt, siehe Bild 4-35.

Bezüglich der Ausbildung von *Koppelfugen* wird auf 4.4.2.3 verwiesen. Rißschäden haben mehrfach bestätigt, daß im Koppelfugenbereich vor allem die Bodenplatten gefährdet sind [3, 412, 459]. Infolgedessen müssen diese Bereiche besonders sorgfältig bewehrt werden [486].

Querträger werden, soweit statisch vertretbar, nur an den Auflagern angeordnet, um den Transport der Innenschalung möglichst wenig zu behindern. Bei unmittelbarer Lagerung der Stege genügen relativ dünne, mit Betonstahl bewehrte Scheiben oder rahmenartige Queraussteifungen. Bei indirekter Lagerung dagegen müssen die Steglasten zunächst in die Querträger und von dort in die Lager geleitet werden, so daß massive und stark bewehrte, in der Regel sogar vorgespannte Querträger notwendig sind. Schließlich ist auch die Möglichkeit des Überbauanhebens vorzusehen, um Stützensenkungen ausgleichen oder Lager auswechseln zu können.

4.4.3.3 Feldweiser Vorbau mit Vorschubrüstung

Seit den 50er Jahren werden für die Herstellung längerer, mehrfeldriger Brückenüberbauten freitragende stählerne *Vorschubrüstungen* eingesetzt [108–110, 487–489]. Dieses Bauverfahren ist für Brücken mit Längen ab etwa 400 m wirtschaftlich und besonders geeignet bei annähernd gleichen Feldweiten zwischen 30 und 60 m [419]. Gegenüber konventionellen Rüstungen [111, 489] lassen sich Taktzeiten von 2 Wochen erreichen, somit die Bauzeiten verkürzen und die Baukosten, besonders bei längeren Brücken, erheblich senken.

Die *verfahrbaren Rüstträger* liegen hinten auf einer Traverse, angehängt am bereits fertiggestellten Überbau, und vorn auf Konsolen am nächsten Pfeiler, siehe Bild 4-36. Nach der Beendigung eines neuen Betonierabschnitts wird gleichzeitig mit dem Vorspannen das Lehrgerüst abgesenkt; danach werden die Rüstträger seitlich sowie in Längsrichtung mit mechanisch-hydraulischen
Vorrichtungen in nur wenigen Stunden in die neue Position verschoben. Die nicht mehr benötigten
Traverse und Konsolen werden in die folgenden Felder umgesetzt.

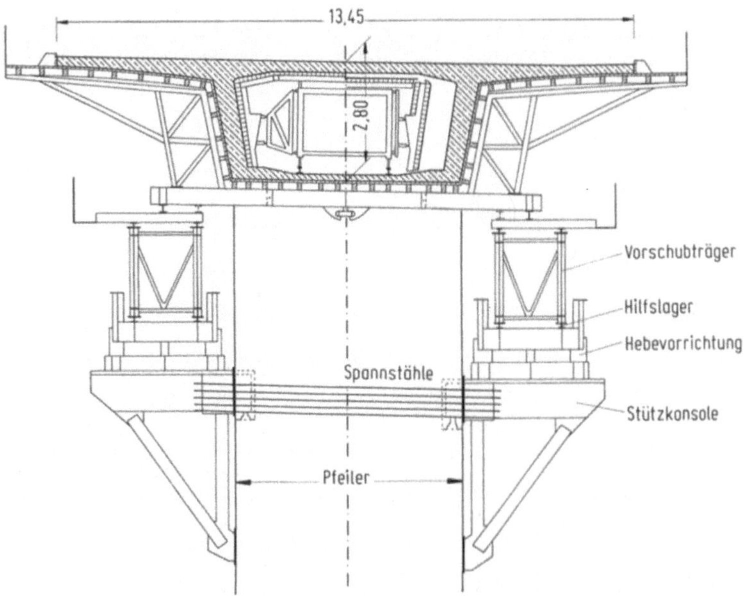

Bild 4-36. Querschnitt der Talbrücke Weinheim mit Vorschubrüstung [490].

Vorschubrüstungen arbeiten *geländeunabhängig*, so daß keine zusätzlichen Gründungsarbeiten
anfallen. Dieses Verfahren eignet sich daher besonders beim Bau hoher Talbrücken oder Überführungen im unwegsamen Gelände.

Moderne Vorschubrüstungen sind in begrenztem Umfang sowohl an unterschiedliche
Stützweiten als auch an Querschnittsänderungen *anpassungsfähig*. Sie verfügen ferner über Vorrichtungen, um auch leicht gekrümmte Überbauten herzustellen. Durch weitgehende Mechani-
sierung, einfache Bedienung und hohe Betriebsfreundlichkeit versucht man, die Kosten für
Transport, Montage und Umsetzen zu reduzieren [488].

Nachteilig bei diesem Bauverfahren sind die *relativ hohen Investitionen* für die Vorschubrüstung
sowie die Vorhaltekosten, zumal ein weiterer Einsatz wegen des freien Wettbewerbs immer unsicher
bleibt. Die Wirtschaftlichkeit steigt jedoch mit der Brückenlänge. Bild 4-36 zeigt das Vorschubgerüst
für die 1250 m lange *Talüberführung bei Weinheim* mit Stützweiten zwischen 29,5 m und 39,5 m
[490]. Wegen der begrenzten Bauzeit wurden für die beiden Überbauten zwei Vorschubrüstungen
eingesetzt und bei einem um eine Woche versetzten Arbeitstakt alle 33 Überbaufelder in nur 19
Monaten fertiggestellt.

Ein weiteres Beispiel ist der 3,15 km lange *Lehnenviadukt Beckenried* am Vierwaldstätter See, bei dem die beiden Kastenträgerüberbauten mit je 58 Feldern und einer Regelstützweite von 55,0 m ebenfalls mit zwei gestaffelt arbeitenden Vorschubrüstungen erstellt wurden [137, 491].

Mit zunehmenden Stützweiten werden die Vorschubgerüste schwer und auch unwirtschaftlich [419]. Infolgedessen bleiben Einsätze für Spannweiten über 100 m, wie beim Bau der Ahrtalbrücke mit Feldern bis 106 m und einer oben laufenden Vorschubrüstung, Ausnahmen [492].

Um die hohen Investitions- und Vorhaltekosten für eine wiederverwendbare stählerne Rüstung zu vermeiden, hat man beim Bau der 986 m langen *Rombachtalbrücke* mit gleichbleibenden Feldweiten von 58,0 m erstmals eine *Gleit-Vorschub-Rüstung* aus Spannbeton eingesetzt, die nach Fertigstellung aller Überbauten wieder abgebrochen wurde, siehe Bild 4-37 und [493, 494]. Der wesentliche Vorteil dieser Rüstung ist die optimale Anpassungsfähigkeit an die Besonderheiten eines jeden Bauwerks.

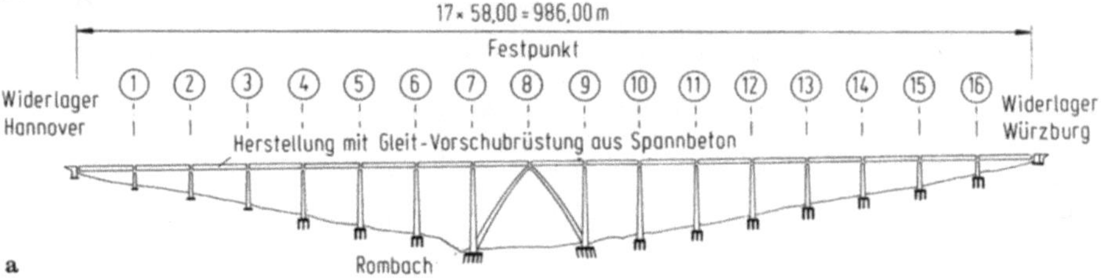

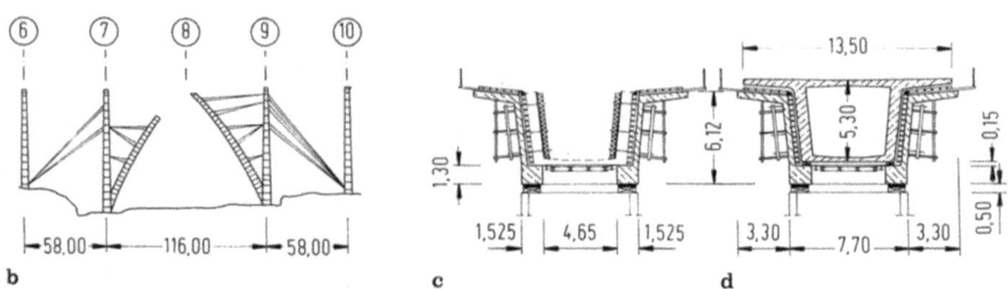

Bild 4-37a–d. Rombachtalbrücke [494].
a) Längsschnitt, b) Herstellung des A-Bockes, c) Spannbeton-Rüstung in Betonierstellung, d) Rüstung in Vorschubstellung.

Bei der Rombachtalbrücke bestand diese Rüstung aus einem 60 m langen *Betoniertrog* und einem 47 m langen *Vorbauschnabel*. Der Trogboden war in einzelne, vorgefertigte Balken im Abstand von 4,12 m aufgelöst und biegesteif mit dem 1,30 m hohen Untergurt des Hauptträgers verbunden, siehe Bild 4-37c. In Betonierstellung trug die Rüstung frei über die gesamte Spannweite von 58 m. Infolge der insgesamt 6,12 m hohen, sehr biegesteifen, aber nur teilweise vorgespannten Konstruktion betrugen die Verformungen beim Betonieren lediglich einige Zentimeter [493]. Aus baubetrieblichen Gründen hat man die Überbauten in zwei Abschnitten hergestellt, zunächst Bodenplatte und Stege, danach die Fahrbahnplatte.

Zum Ausrüsten wurden die Überbauten um 15 cm angehoben und flache *Taktschiebelager* sowohl zwischen Überbau und Rüstung als auch unter die Vorschubrüstung, d. h. auf die Pfeiler, gelegt, siehe Bild 4-37d. Die Gleit-Vorschubrüstung ließ sich danach hydraulisch unter dem zuletzt fertiggestellten Überbau hervorziehen und ins nächste Feld vorschieben.

Weitere Besonderheiten der Rombachtalbrücke sind die *Längskopplung* aller Einfeldüberbauten und die Anordnung des *Festpunktes* in Brückenmitte. Da die bis zu 90 m hohen Mittelpfeiler nicht in der Lage gewesen wären, die beim Schnellbahnbetrieb anzusetzenden Horizontalkräfte aufzunehmen, hat man die zunächst als Einfeldträger hergestellten Überbauten untereinander sowie mit dem sog. A-Bock kraftschlüssig verbunden. Die beiden leicht gekrümmten Stiele waren zuvor mit selbstkletternden Freivorbaurüstungen und rückwärtigen Abspannungen hergestellt worden, siehe Bild 4-37b. Die beiden jeweils ca. 500 m entfernten Widerlager erhielten dann bewegliche Brückenübergänge mit Schienenauszügen [494].

4.4.3.4 Spannbetonbrücken im Freivorbau

Mit zunehmenden Spannweiten steigen die Lehrgerüstkosten so sehr, daß ein *freier Vorbau ohne Lehrgerüst* wirtschaftlicher ist. Mit diesem um 1950 für die Lahnbrücke Balduinstein entwickelten Bauverfahren wurden bei der *Nibelungenbrücke in Worms* bereits 1952 Spannweiten von 114 m erreicht und 1964 bei der *Rheinbrücke Bendorf* sogar 208 m [478, 495, 496]. Da beim Freivorbau kein Lehrgerüst benötigt wird, sind auch keine zusätzlichen Gründungsmaßnahmen oder Einschränkungen für den Verkehr unter der Brücke erforderlich.

Beim *klassischen Freivorbau* errichtet man die Überbauten von im Fundament eingespannten Pfeilern aus mit Hilfe symmetrisch arbeitender Vorbaugerüste, und zwar jeweils in Abschnitten von 3 bis 10 m. Nach dem Erhärten des Betons werden die neuen Abschnitte gegen den bereits fertigen Brückenteil gespannt. Differenzmomente aus Herstellungstoleranzen oder ungleichen Belastungen müssen von den Pfeilern aufgenommen werden, die notfalls Hilfsabstützungen erhalten [4f, 47, 108–110].

Die *Entwicklung dieses Bauverfahrens* ist durch die Verfügbarkeit eines hochwertigen Spannstahls mit durchgehend aufgewalztem Gewinde ausgelöst worden, der an beliebiger Stelle gekoppelt und damit verlängert werden kann. Außerdem läßt sich bei einem gevouteten Kragträger die untere Laibung so formen, daß die Zugkräfte in der Fahrbahnplatte und die Druckkräfte in der unteren Platte nahezu linear zunehmen und sich somit in den Stegen konstante Schubbeanspruchungen ergeben [478, 479]. Während die Dicke der unteren Platte entsprechend der ansteigenden Druckkräfte zum Pfeiler hin zunimmt, werden in der oberen Platte an jeder Arbeitsfuge immer eine annähernd gleiche Zahl von Spannstählen gespannt. Die einzelnen Spannstähle können entweder von Beginn an in der Fahrbahnplatte eingebaut und durch Muffenverbindungen jeweils in Abständen von ca. 10 m verlängert werden, oder man verlegt zunächst nur Hüllrohre, in die später Spannstahl eingeschoben wird, siehe Bild 4-38. Das Vorspannen und Verpressen unmittelbar nach dem Einziehen ist hinsichtlich des sehr korrosionsempfindlichen Spannstahls besonders günstig.

Ein *Vorteil* des Freivorbaus ist die Verteilung der Eigenlasten, denn sie sind in Feldmitte und somit dort am geringsten, wo sie den größten Einfluß auf die Biegemomente ausüben [478, 479]. Ferner steigen die Beanspruchungen mit dem Baufortschritt, also nur langsam, und die Maximalwerte treten erst im Endzustand auf. Dann hat der Beton aber über den Pfeilern, also in den besonders belasteten Bereichen, aufgrund seines Alters schon einen sehr hohen Reifegrad, so daß die Spannkraftverluste aus Kriechen und Schwinden geringer als bei anderen Bauverfahren mit frühzeitiger Vorspannung sind. Schließlich bewirkt die allmähliche Laststeigerung auch ein günstiges Setzungsverhalten. Nachteilig ist jedoch die relativ lange Bauzeit, denn wöchentlich kann in der Regel an jedem Kragarm nur ein Betonierabschnitt angefügt werden.

Ein eindrucksvolles Beispiel für den Freivorbau ist die 1964 fertiggestellte *Rheinbrücke Bendorf*, siehe Bild 4-39 [496]. Sie war mehrere Jahre mit 208 m die weitest gespannte Stahlbetonbalkenbrücke der Welt. Die beiden Überbauten bestehen in der Stromöffnung aus Kragträgern, deren Hohlquerschnitte zur Übertragung einseitiger Verkehrslasten in Abständen von etwa 35 m durch Querscheiben ausgesteift sind. Da sich an das Mittelfeld relativ kurze Seitenfelder anschließen, sind die 104 m langen Kragarme verhältnismäßig starr in die Randfelder eingespannt, so daß die

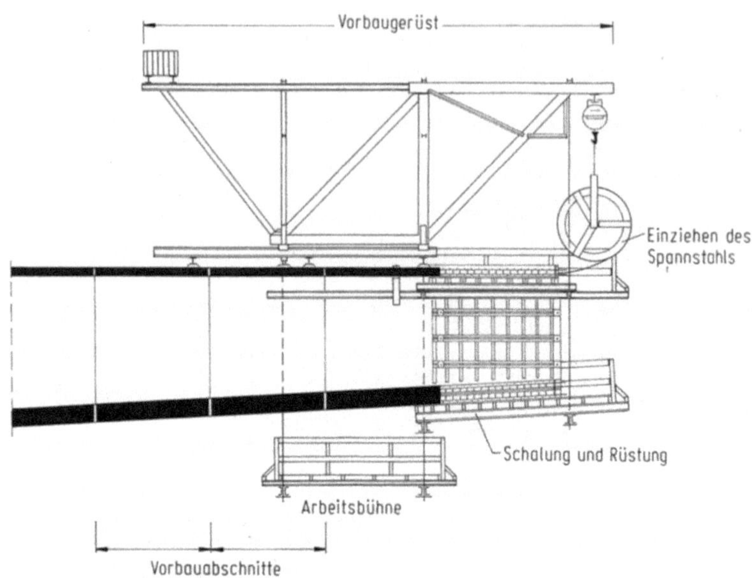

Bild 4-38. Freivorbau, Einziehen des Spannstahls [497].

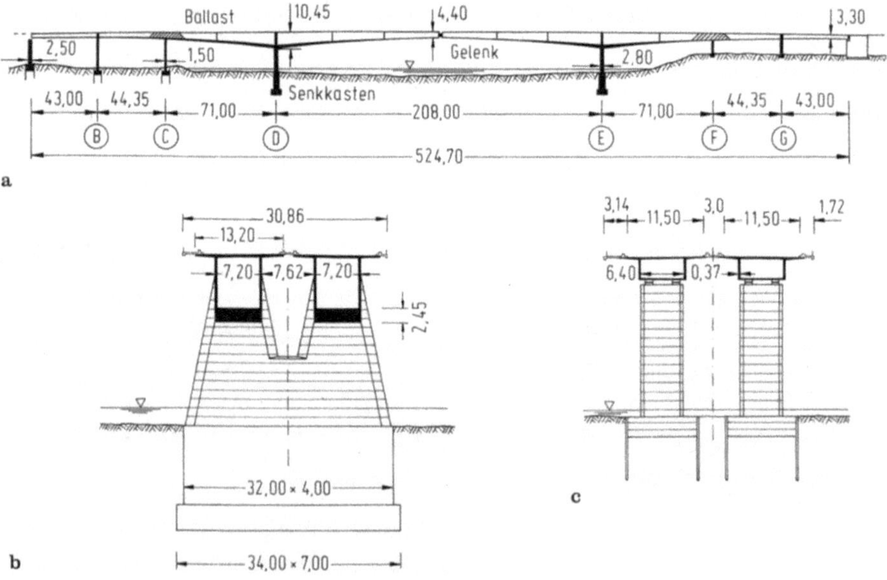

Bild 4-39a–c. Rheinbrücke bei Bendorf [496].
a) Längsschnitt, b) Querschnitt an den Strompfeilern, c) Querschnitt am Vorlandpfeiler G.

Strompfeiler schlank gehalten werden konnten. Die Überbauten sind mit diesen monolithisch verbunden, und der Ausgleich von Längenänderungen erfolgt durch eine Fuge in Feldmitte. Die hierfür eingebauten Querkraftgelenke verhindern außerdem mögliche Durchbiegungsdifferenzen an den Kragenden.

Jeder der beiden Kastenquerschnitte besteht aus der 13,20 m breiten Fahrbahnplatte, den beiden 0,30 bis 0,37 m dicken Stegen und der 7,20 m breiten Bodenplatte, deren Dicke von 0,16 m im Feld auf 2,45 m am Pfeiler zunimmt, siehe Bild 4-39b. Die Konstruktionshöhe am Pfeiler beträgt 10,45 m, etwa 1/20 der Spannweite, und verringert sich auf 4,40 m am Querkraftgelenk, 1/47 der Spannweite. Die Fahrbahnplatte ist fast durchgehend 0,28 m dick, und nur im Bereich über den Pfeilern mußte sie zur Unterbringung von 560 Spannstählen ø32 mm auf 0,42 m verstärkt werden. Zur Verminderung der schiefen Hauptzugspannungen sind die Stege zusätzlich durch schräge Einzelspannglieder vorgespannt [496].

Nachteilig sind die Gelenke im Feld. Sie verursachen hohe Einbau- und laufende Wartungskosten. Ferner ergeben sich wegen der fehlenden Durchlaufwirkung größere Verformungen, besonders infolge von Kriechen und Schwinden, vor allem aber Unstetigkeiten der Biegelinie. Günstiger als ein Einzelgelenk in Feldmitte sind eingehängte Einfeldträger, durch die ebenfalls eine Längsverschieblichkeit erreicht wird [47, 479].

Soll im Endzustand auf die statisch günstige Durchlaufwirkung nicht verzichtet werden, dann sind die beiden Kragarmspitzen biegesteif zu verbinden. Wie in den Bildern 4-40 und 4-44d gezeigt, wird der Brückenbalken zunächst während des Freivorbaus durch Hilfsmaßnahmen biegesteif mit dem Fundament oder Pfeiler verbunden und wie üblich nach beiden Seiten auskragend im Freivorbau erstellt [498]. Danach wird die verbleibende Lücke geschlossen. Sobald der Beton die erforderliche Festigkeit erreicht hat, werden zuvor eingezogene Kontinuitätsspannglieder gespannt und gleichzeitig zur Vermeidung unerwünschter Zwängungen die provisorische Stabilisierung, d. h. die Abspannungen und Hilfsstützen, gelöst. Nach dieser 1968 entwickelten Methode sind mehrere, auch weitgespannte Brücken ausgeführt worden, siehe u. a. [404, 479, 498–500].

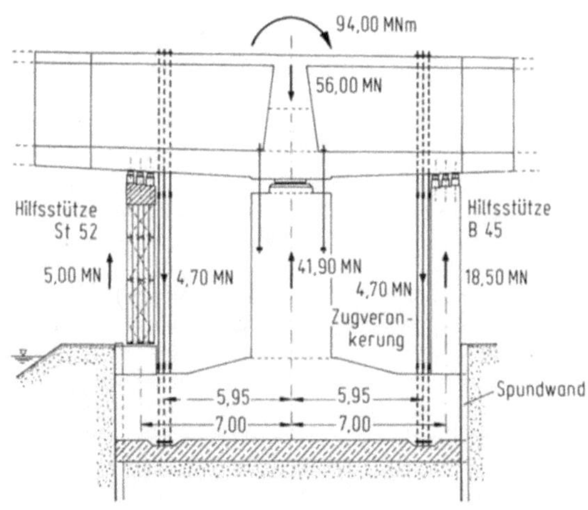

Bild 4-40. Vorübergehende Stabilisierung während des Freivorbaus bei der Mainbrücke Sindlingen [498].

Bei hohen Brücken sind die Pfeiler so elastisch, daß man mehrere Felder zu einem mehrstieligen Rahmen verbinden kann [501, 502]. Dehnungsfugen mit wartungsaufwendigen Übergangskonstruktionen sind dann nicht mehr in jedem Feld nötig. Bei der *Brücke über den Vejle-Fjord* beispielsweise hat man jeweils vier Doppelkragträger zu einem rahmenartigen Tragwerk verbunden und dadurch den Fugenabstand auf 440 m vergrößert, siehe Bild 4-41a [501]. Besonders vorteilhaft sind biegeweiche Doppelpfeiler, wie bei der *Talbrücke Schottwien* [502]. Sie bewirken für den Brückenbalken eine volle Einspannung, lassen aber Längsverschiebungen bei nur geringen Zwangkräften zu.

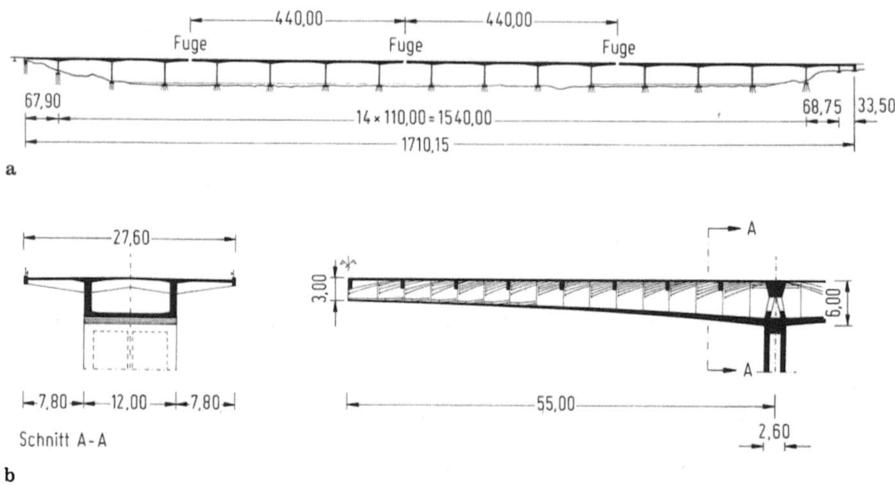

Bild 4-41a, b. Brücke über den Vejle-Fjord [501].
a) Längsschnitt, b) auskragender Brückenbalken.

Wenn beim klassischen Freivorbau die Tragfähigkeit der Kragträger erschöpft ist, dann kann man die Auskragungen vergrößern, indem man die Kragträger über einen Hilfspylon rückwärtig abspannt, siehe Bild 4-42a [4f, 108, 138, 479]. Als Abspannung eignen sich vor allem hochwertige Spannstähle mit durchgehend aufgewalztem Gewinde, die in beliebiger Länge zugeschnitten oder durch Muffen verlängert werden können. Ein Beispiel ist der Neubau der *Lahnbrücke bei Limburg* mit maximal 68 m freier Stützweite. Neuartig war hier der Gedanke, mit den Vorbauwagen über den nächsten, noch nicht ganz fertiggestellten Pfeiler hinwegzufahren und erst danach den Pfeilerkopf mit den Lagern zu ergänzen [503].

Bei der rechtsrheinischen Zufahrt zur *Kniebrücke in Düsseldorf* wurde ebenfalls eine *Pylonhilfsabspannung* notwendig [138]. Das 75,2 m weit gespannte Endfeld vor dem Trennpfeiler führt über die Hafeneinfahrt und mußte wegen der für die Schiffahrt freizuhaltenden Durchfahrt im Freivorbau erstellt werden. Der stetig in seiner Breite veränderliche Überbau besteht aus drei einzelligen, ca. 3m hohen und im Feld nur durch die Fahrbahnplatte miteinander verbundenen Kastenträgern. Mit drei Vorbauwagen wurde zunächst der Überbau 27,8 m frei auskragend hergestellt, danach folgten 8 Bauabschnitte zu je 4,0 m mit Hilfsabspannung und schließlich mußten auf der Hafenmole zusätzlich noch zwei Hilfsjoche aufgestellt werden.

Eine Variante des *Freivorbaus* ist der Einsatz eines *oben laufenden Rüstträgers* mit angehängten Schalungswagen, siehe Bild 4-43d. Dieses besonders für Spannweiten über 100 m wirtschaftliche Verfahren ist beim Bau der *Siegtalbrücke Eiserfeld* entwickelt worden [504]. Die 1050 m lange Brücke mit 12 Feldern und Stützweiten zwischen 63 m und 105 m überquert das Siegtal in etwa

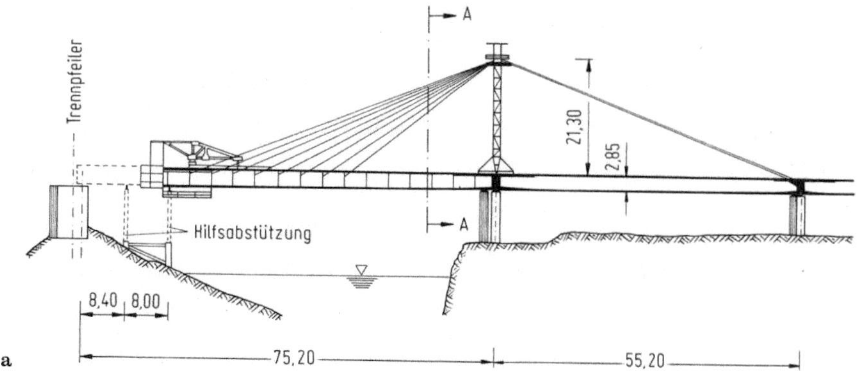

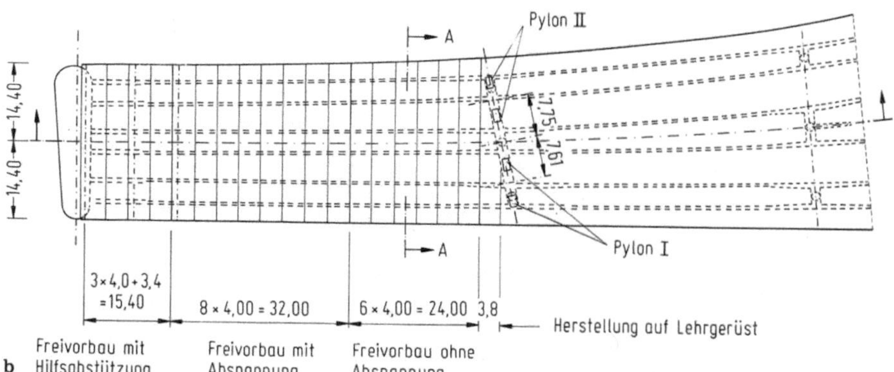

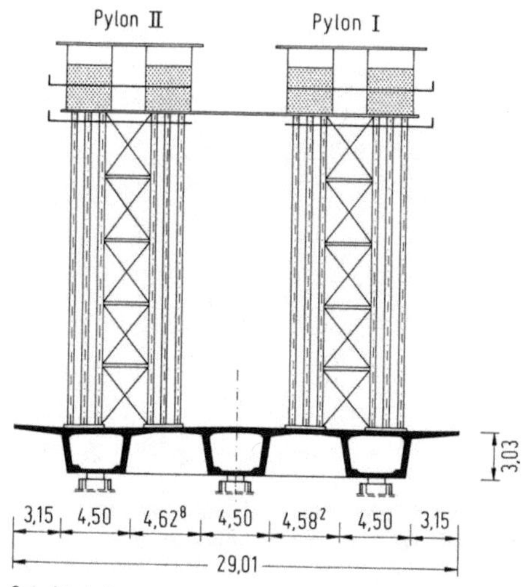

Bild 4-42a–c. Freivorbau mit Hilfsabspannung bei der rechtsrheinischen Zufahrt zur Kniebrücke in Düsseldorf [138].
a) Längsschnitt, b) Grundriß, c) Brückenquerschnitt mit Ansicht der Hilfspylone.

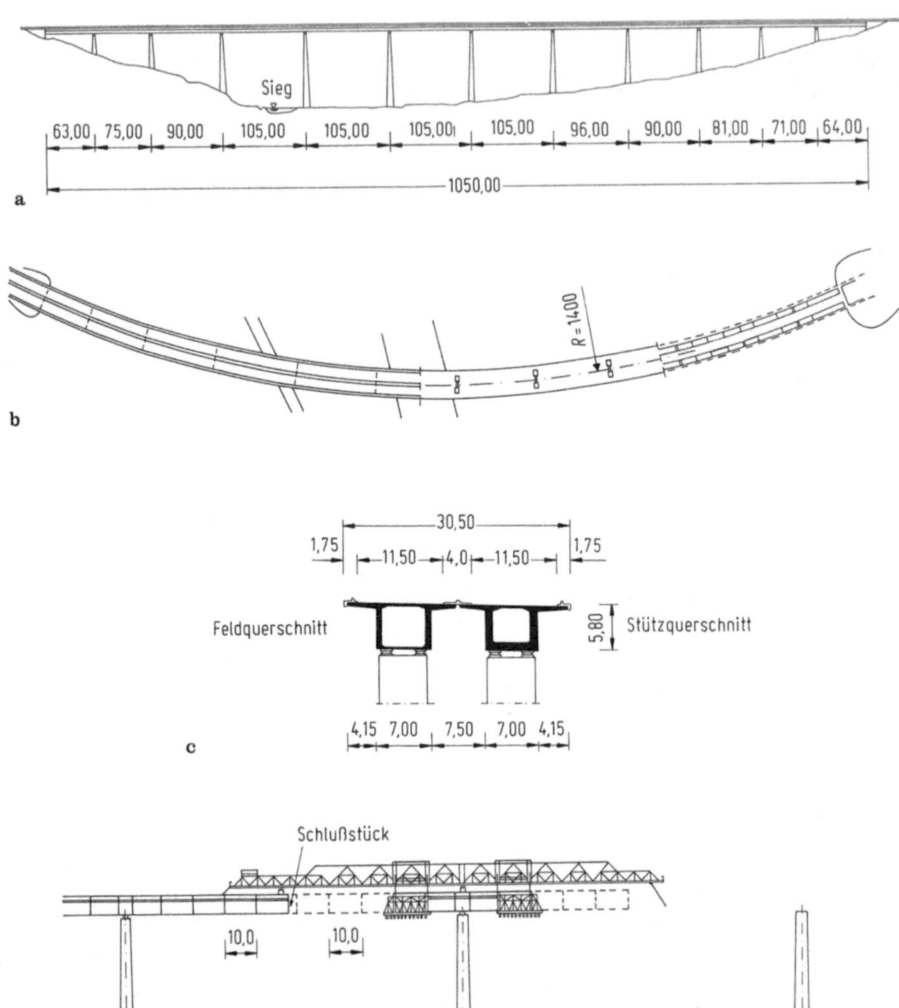

Bild 4-43a–d. Siegtalbrücke Eiserfeld [504].
a) Längsschnitt, b) Grundriß, c) Querschnitte, d) Herstellung im Freivorbau mit Rüstträger.

100 m Höhe. Die beiden durch eine Fuge getrennten Überbauten sind gleichbleibend 5,80 m hoch und bestehen jeweils aus einem einzelligen Kastenträger. Sie sind von einem Widerlager aus unter Verwendung eines Hilfsträgers errichtet worden. An diesen waren zwei Schalungswagen angehängt, mit denen die Überbauabschnitte jeweils von einem Pfeiler aus symmetrisch hergestellt wurden. Der Vorbauträger diente als Rüstung für die 10 m langen Betonierabschnitte und gleichzeitig als Transportbrücke. Die Verbindung des rückwärtigen Kragträgers mit dem bereits fertiggestellten Überbau erfolgte wiederum durch eine Schlußlücke und Einziehen sowie Spannen von Feldspanngliedern. Danach wurde der Rüstträger auf den nächsten Pfeiler verfahren [504].

Bei großen Spannweiten versucht man, mit aufgelösten Querschnitten oder durch Aufteilung in mehrere Betonierabschnitte, die Belastungen für das Gerüst zu begrenzen und den bis dahin fertiggestellten Teilquerschnitt bereits in der Bauphase zur Lastabtragung mit heranzuziehen [505, 506].

Ein Beispiel dafür ist die 1128 m lange *Kochertalbrücke Geislingen*, siehe Bild 4-44a, die mit neun Feldern und Stützweiten bis $l = 138$ m das Kochertal in einer Höhe von 185 m überquert [507]. Den Überbau hat man in der Mitte mit den vier hohen Pfeilern rahmenartig verbunden. Die äußeren Pfeiler im Hangbereich hingegen sind mit beweglichen Lagern ausgestattet.

Der 13,1 m breite *Kernquerschnitt* wurde im *Freivorbau mit Hilfsträgern* ausgeführt, und zwar von beiden Widerlagern aus. Die Hilfsträger dienten als Verbindungsstege, Transportbrücke, vor allem aber für die Vorbauwagen als Rüstträger und Kranbahn beim Umsetzen in die nächste Stellung. Die Pfeiler wurden vorab mit Kletterschalung errichtet, um darauf zunächst einen 12 m langen Überbauabschnitt konventionell herstellen und beidseits die Vorbauwagen ansetzen zu können. Der Freivorbau erfolgte dann im Wochentakt und in Vorbauabschnitten zwischen 3,75 und 5,00 m. Sobald der rückwärtige Vorbauwagen das auskragende Ende des bereits fertiggestellten Überbaus erreicht hatte, wurden die beiden Überbauabschnitte gekoppelt. Durch hydraulische Pressen und Spannen der Feldspannglieder wurden dabei definierte Schnittgrößen in den Überbau eingeleitet und der vorhandene Beanspruchungszustand in Richtung Durchlaufsystem verändert, um einen Teil der zu erwartenden Schnittkraftumlagerungen vorwegzunehmen, siehe auch Abschnitt J. 3.3.8.

Mit einem Nachlaufgerüst wurde schließlich der Querschnitt auf seine volle Breite von 30,76 m ergänzt, d. h., es wurden damit die beiden auskragenden und durch vorgefertigte Druckstreben abgestützten Fahrbahnplattenstreifen von je 8,83 m hergestellt.

4.4.3.5 Brückenbau im Taktschiebeverfahren

Das um 1960 entwickelte Taktschiebeverfahren vereint die Vorteile der stationären Fertigung mit denen einer monolithischen Herstellung in Ortbeton, eines quasi fugenlosen Brückenzuges [508]. Bei diesem Verfahren wird der Überbau in etwa gleichen Abschnitten normalerweise zwischen 15 und 30 m sowie in einer ortsfesten Schalung, meist hinter einem Widerlager, hergestellt und in seiner jeweiligen Länge taktweise bis in die Endlage verschoben. Die Spitze erhält einen leichten, in der Regel stählernen Vorschubschnabel mit einer Länge von ca. 60% der Feldweite [4f, 47, 108–110, 489, 508].

Voraussetzung für die Entwicklung dieses Verfahrens waren stabile ebenflächige *Gleitlager* mit niedriger Reibung. Üblich sind Stahlbeton- oder Verbundlager, die mit poliertem Chrom-Nickel-Stahlblech auf einer Elastomer-Ausgleichsschicht überzogen werden [509]. Das Elastomer gleicht geringe unvermeidliche Herstellungsunebenheiten sowie kleine Winkelverdrehungen beim Vorschieben aus. Während des Vorschubs werden dann jeweils PTFE-beschichtete Gleitplatten eingelegt, siehe Bild 4-45.

Das Taktschiebeverfahren ist nur bei geraden oder zumindest gleichmäßig gekrümmten Brückenabschnitten einsetzbar, ggf. wird die ursprüngliche Linienführung etwas ausgeglichen.

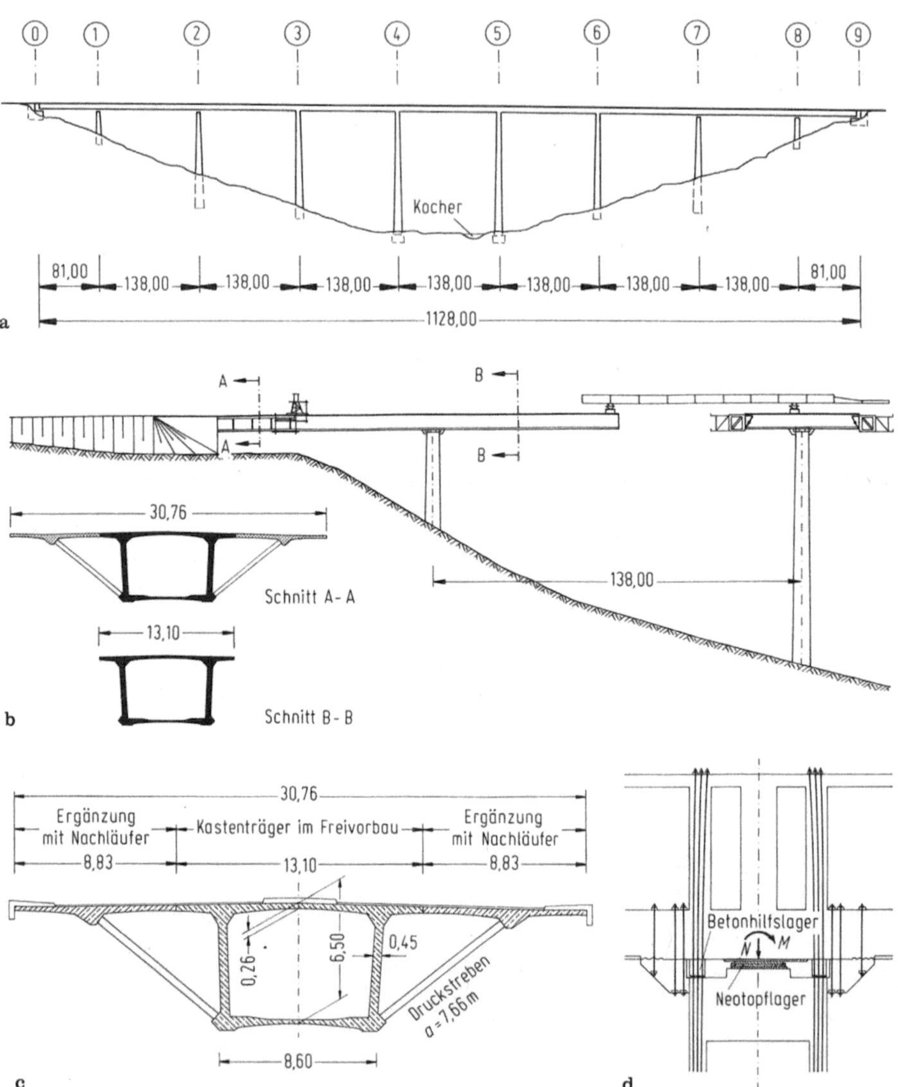

Bild 4-44a–d. Kochertalbrücke Geislingen [507].
a) Längsschnitt, b) Herstellung im Freivorbau mit Hilfsträger, c) Brückenquerschnitt, d) vorübergehende Einspannung des Überbaus an den Pfeilern 1, 2, 7 und 8.

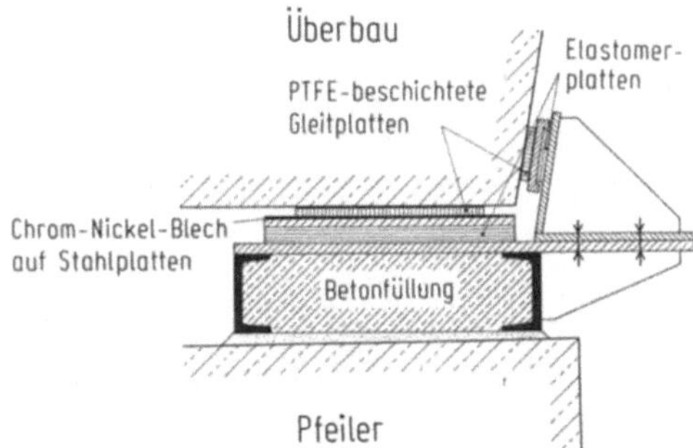

Bild 4-45. Taktschiebelager in Verbundausführung mit seitlicher Führung [509].

Weil der Überbau wegen seiner großen Biege- und Torsionssteifigkeit beim Vorschieben auf Maßabweichungen sehr empfindlich reagiert, sind an die *Herstellungstoleranzen* der Gleitebene unter den Stegen und damit auch an die Fertigungsanlage hohe Anforderungen zu stellen. Sie muß ausreichend biegesteif und sollte in der Regel höhenverstellbar sein.

Wegen der hohen Investionen für eine solche weitgehend mechanisierte *Fertigungsanlage* wird das Taktschieben normalerweise erst für Brücken ab 100 m Länge kostengünstig [419, 509]. In besonderen Fällen, bei Überführungen über Bahnanlagen oder stark befahrene Straßen sind, wenn eine uneingeschränkte Aufrechterhaltung des Verkehrs gefordert wird, aber auch schon Brücken unter 100 m im Taktschiebeverfahren errichtet worden. Die Wirtschaftlichkeit dieses Verfahrens beruht vor allem auf der Einsparung des Lehrgerüstes und der Reduzierung der Lohnkosten durch sich ständig, meist im Wochentakt, wiederholende Arbeitsvorgänge an der gleichen Produktionsstätte. Mit hydraulisch betätigten Außenschalungen und Einsatz von Schalwagen im Kasteninneren kann die Produktivität weiter gesteigert werden. Außerdem ist man bei einer überdachten und heizbaren Fertigungstätte nahezu witterungsunabhängig und kann auch in der kalten Jahreszeit fast ohne Einschränkungen arbeiten [109, 508].

Da beim Vorschieben im Hauptträger wechselnd positive und negative Biegemomente auftreten, bieten sich für den Brückenträger besonders *Kastenquerschnitte* an, die man zunächst für den Vorschub vorwiegend zentrisch vorspannt, siehe Bild 4-35. Die in der oberen und unteren Platte eingelegten Spannglieder werden jeweils zur Hälfte an den Taktfugen verankert bzw. gekoppelt und die übrigen weitergeführt [509]. Nach Beendigung des Taktschiebens zieht man entsprechend dem Momentenverlauf für den Endzustand noch weitere, gekrümmt geführte Spannglieder ein, die von Lisenen im Kasteninneren aus gespannt werden. Bei diesem Konstruktionsprinzip werden an einer Taktfuge nur etwa ein Drittel aller Spannglieder gekoppelt. In Sonderfällen sind auch andere Querschnitte, z. B. Plattenbalken, im Taktschiebeverfahren hergestellt worden, vgl. 4.4.2.7 und [510].

Bei diesem Bauverfahren sollten die Schlankheiten l/h nicht zu groß sein, damit das Vorschieben zumindest in den Normalfeldern ohne Hilfsstützungen oder Abspannungen erfolgen kann. Günstige Verhältnisse ergeben sich bei einer Konstruktionshöhe von $h > l/15$. Beim Überfahren größerer Stützweiten werden Hilfsstützen angeordnet [219, 511, 512] oder Abspannungen vorgesehen [409].

Bei der *Donaubrücke Wörth*, siehe Bild 4-46a, war der Fertigungstakt von 17,50 m Länge in drei Betonierabschnitte unterteilt. Zunächst wurden die Bodenplatte im Vortakt, danach die Stege und schließlich die Fahrbahnplatte hergestellt. Da die einzelnen Betonierabschnitte in 2 bis 3 Tagen aufeinander folgten, konnten die Zwangbeanspruchungen gering gehalten werden.

Wegen der großen Stützweiten bis zu 168 m waren in den Feldern zwei bzw. drei Hilfspfeiler erforderlich. Zum Ausgleich von Setzungen hatte man höhenverstellbare Gleitlager installiert, siehe

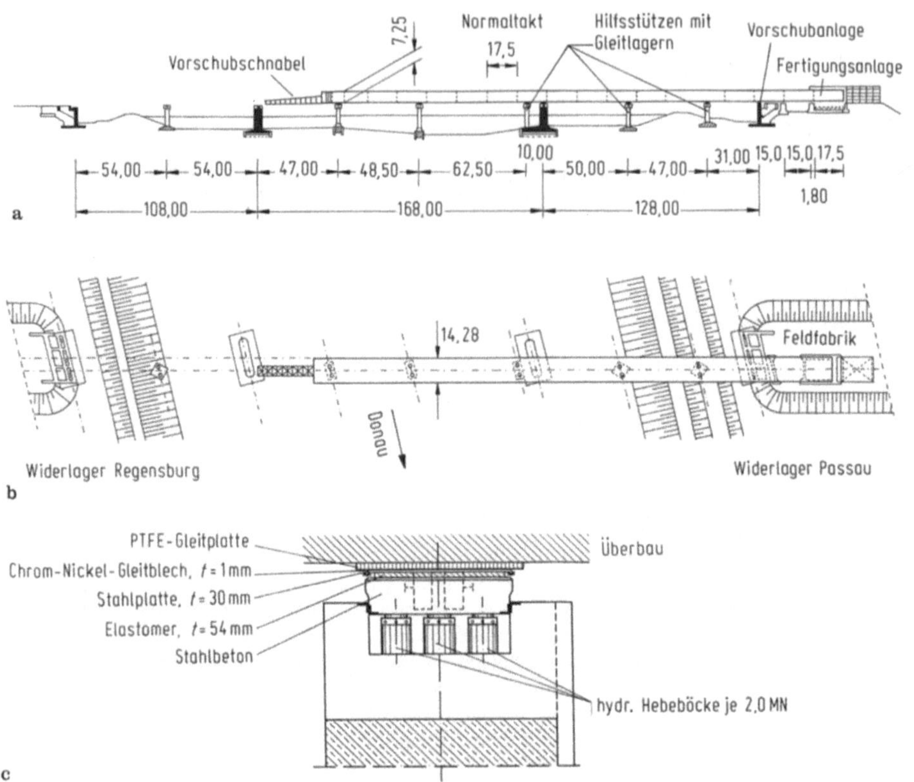

Bild 4-46a–c. Herstellung der Donaubrücke Wörth im Taktschiebeverfahren [512].
a) Längsschnitt, b) Grundriß, c) lastgesteuertes Verschiebelager.

Bild 4-46c. Dieser baubetriebliche Aufwand war 1977 wirtschaftlicher als eine erheblich höhere zentrische Vorspannung [512]. Der insgesamt 162 MN schwere Überbau wurde nach seiner Fertigstellung um 15,43 m in Querrichtung verschoben, so daß die Fertigungsanlage und Hilfspfeiler auch für den zweiten Überbau benutzt werden konnten.

Den Längenrekord beim Taktschieben hält der 1986 errichtete 1263 m lange Überbau der Maintalbrücke Veitshöchheim, siehe Bild 4-54a. Der 4,50 m hohe einzellige Kastenquerschnitt ist von einem Widerlager aus im Wochentakt in Abschnitte bis zu 28,5 m hergestellt und eingeschoben worden [513].

Um diese Leistung zu erreichen, wurde die Bewehrung für die Bodenplatte und die Stege einschließlich der Hüllrohre für die später einzuziehenden Spannstähle vorgefertigt und mit dem taktweisen Vorschieben des Überbaus jeweils in die Fertigungsanlage eingefahren. Nach dem Aufstellen der Steginnenschalung konnten Bodenplatte und Stege betoniert werden. Danach wurden die Schalwagen aus dem vorangegangenen Taktabschnitt zurückgezogen, die noch fehlende Bewehrung ergänzt und die Fahrbahnplatte betoniert. Für das Vorschieben des bis zu 425 MN schweren Überbaus waren drei Hydro-Vorschubanlagen von je 6,4 MN Schubkraft nötig [513].

4.4.3.6 Kastenträgerbrücken aus Fertigteilen

Bei langen Überbauten mit gleichbleibendem Querschnitt sind zur Verkürzung der Bauzeit Fertigteile vorteilhaft. Bei geringen Stützweiten zwischen 15 und 30 m bietet sich, ähnlich wie bei Plattenbalken, siehe 4.4.2.6, eine Mischbauweise an, d. h., Bodenplatte und Stege mit oder ohne Kragplatten werden als Trogquerschnitte vorgefertigt, verlegt und durch eine durchgehende Ortbetonplatte zu einem Verbundquerschnitt ergänzt, siehe Bild 4-47.

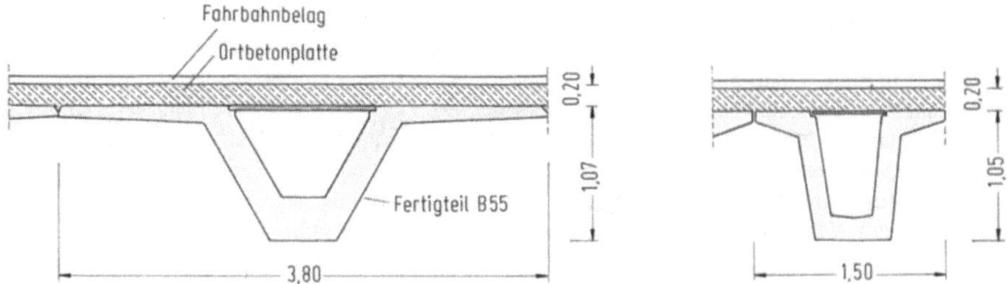

Bild 4-47. Straßenbrücken in Mischbauweise mit trogförmigen Fertigteilträgern [112, 514].

Bei größeren Spannweiten wird wegen der höheren Lasten der Brückenüberbau quer unterteilt, meist in 2,5 bis 5,0 m lange und mit Rücksicht auf die Hebezeuge bis zu maximal 1,0 MN schwere Segmente. Die Fertigteile werden meistens in einer Feldfabrik, vorzugsweise im *Kontaktverfahren*, hergestellt, um die erforderliche Paßgenauigkeit an den Querfugen sicherzustellen [109, 139, 515].

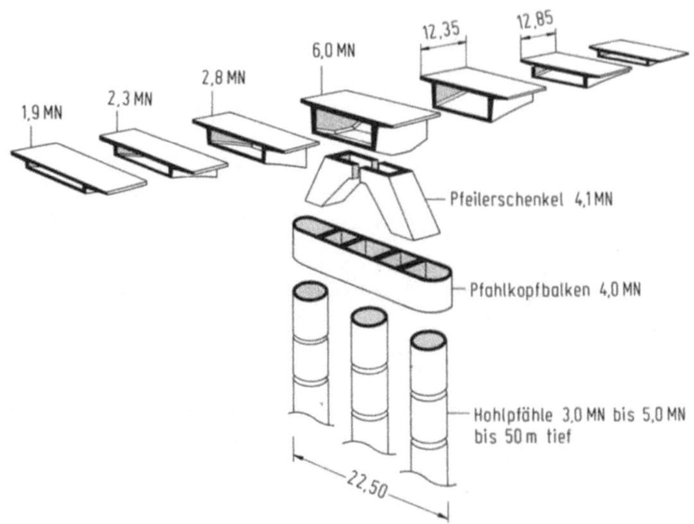

Bild 4-48. Brücke über die Oosterschelde [516].

Bei diesem Verfahren dient die Stirnfläche eines fertigen Segmentes gleichzeitig als Schalung für das nächste. Bei der bisher in Deutschland selten angewandten *Segmentbauweise* werden fast immer ein- oder mehrzellige Kastenquerschnitte, ggf. mit veränderlicher Bauhöhe gewählt. Plattenbalkenquerschnitte sind wegen der geringen Quersteifigkeit weniger geeignet.

Auf der Baustelle werden die Segmente in der Regel im Freivorbau, ggf. unter Einsatz eines Rüstträgers, an den bereits erstellten Überbauteil angefügt und mit diesem durch eingezogene Spannglieder verbunden. Kritisches Element der Segmentbauweise sind die *Fugen* [515]. Man unterscheidet Verfüllfugen, die mit Beton, Feinbeton oder Zementmörtel geschlossen werden, und Preßfugen, die nach DIN 4227 Teil 3, 4.2 höchstens 4 mm breit sein dürfen und mit Reaktions-Kunstharzmörtel gefüllt werden.

Ein Beispiel für diese Bauweise ist die 5 km lange *Brücke über die Oosterschelde*, siehe Bild 4-48. Der etwa 12 m breite Überbau besteht aus 48 gleichen, 95 m langen Doppelkragarmkonstruktionen, die einschließlich der Unterbauten aus nur 7 verschiedenen Fertigteilen zusammengesetzt sind. Die bis zu 50 m langen Pfähle, der Pfahlkopfbalken, die beiden Pfeilerschenkel und das etwa 6 MN schwere Mittelsegment wurden mit Schwimmkränen montiert und durch Spannglieder miteinander verbunden. Zur Montage der übrigen 12 bis 13 m langen Überbausegmente stand ein spezielles Verlegegerät zur Verfügung, das zur Verringerung der Bauzeit gleichzeitig eine Montage in zwei Feldern ermöglichte. Die 0,40 m breiten Ortbetonfugen dienten dem Stoß der Bewehrung und zugleich dem Ausgleich unvermeidlicher Toleranzen [516].

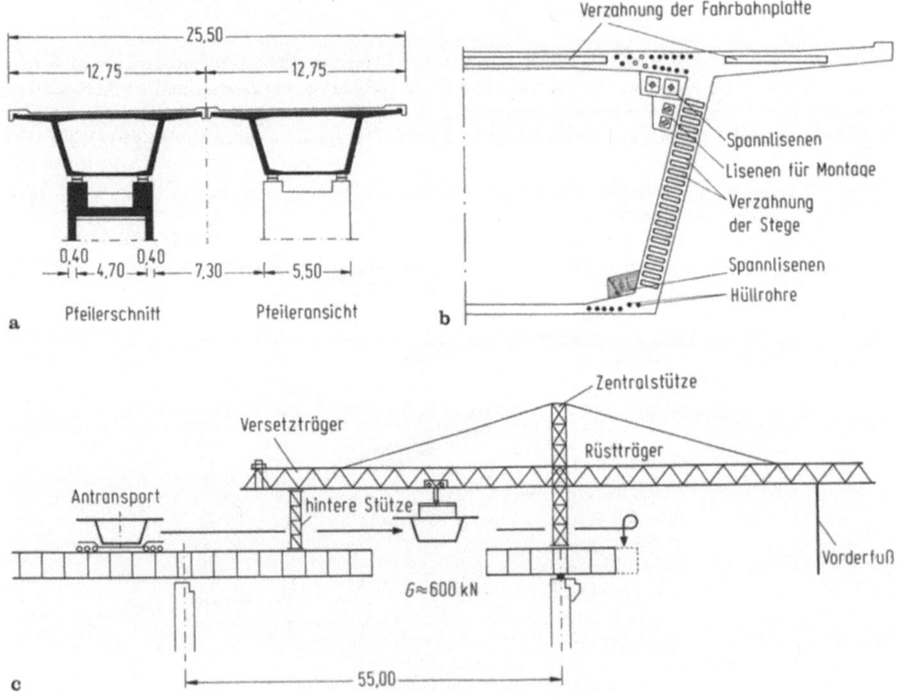

Bild 4-49a–c. Hangbrücke Puchreit [471].
a) Querschnitte, b) Ausbildung der Segmentfuge, c) Versetzen der Segmente mit Hilfe eines Rüstträgers.

Nachteilig für den Baufortschritt ist die Erhärtungszeit des Fugenmörtels. Man bevorzugt daher heute Preßfugen, muß aber zugunsten der einfacheren Montage auf eine durchgehende schlaffe Bewehrung verzichten. Allgemein wird deshalb in der Fuge volle Vorspannung verlangt. Die Fugentragfähigkeit ist nach DIN 4227 Teil 3, 5 nachzuweisen. Angaben zur konstruktiven *Ausbildung der Segmentfugen* siehe [139, 515]. Bei der Montage werden die profilierten Kontaktflächen mit einem Epoxidharzkleber bestrichen, der sich aufgrund seiner großen Haftfestigkeit am Beton gut zur kraftschlüssigen Verbindung der Fertigteile eignet. Zur Aufnahme von Querkräften werden die Fugen meistens mit Verzahnungen versehen, siehe Bild 4–49b. Während des Aushärtens halten Montagespannstähle das jeweilige Segment und sorgen für den nötigen Anpreßdruck.

Im Zuge der Tauernautobahn wurde die 1167 m lange *Hangbrücke Puchreit* mit zwei getrennten Überbauten und Regelstützweiten von 55 m in Segmentbauweise mit Preßfugen errichtet, siehe Bild 4-49. Die insgesamt 722 Segmente sind auf der Baustelle in einer Feldfabrik hergestellt worden. Zur Lagesicherung und Querkraftübertragung erhielten die Fugen im Bereich der Stege und Fahrbahnplatte Verzahnungen. Die Paßgenauigkeit der Fugen wurde durch die Vorfertigung im Kontaktverfahren erreicht [471].

Das *Versetzen der Segmente* erfolgte im Freivorbau mit einem Verlegegerät, symmetrisch von beiden Seiten eines Pfeilers aus, siehe Bild 4-49c. Das in Feldmitte verbleibende Reststück zwischen der rückwärtigen Auskragung und dem bereits fertigen Überbau wurde zum Ausgleich von Toleranzen in Ortbeton hergestellt. Anschließend hat man die Feldspannglieder eingezogen sowie gespannt und damit eine Durchlaufwirkung erzeugt. Nach Fertigstellung eines Feldes wurde das Montagegerät zum nächsten Pfeiler vorgefahren [471].

4.5 Rahmenbrücken

Durch biegesteife Verbindung des Brückenbalkens mit den Widerlagern oder Stützpfeilern entstehen Rahmenbrücken. Infolgedessen sind z. B. die Elztalbrücke [438], die Rheinbrücke Bendorf [496], die Brücke über den Vejle-Fjord [501], die Talbrücke Schottwien [502] oder die Kochertalbrücke Geislingen [507] ebenfalls Rahmenbrücken, vgl. 4.3.5 und 4.4.3.4. Im Gegensatz zu diesen sollen hier aber Konstruktionen behandelt werden, bei denen im wesentlichen die Rahmentragwirkung, d. h. die Einspannung an den Widerlagern oder Stützen, und weniger die Durchlaufwirkung eine Verringerung der Feldmomente verursacht. Dieser Brückentyp bietet daher dort Vorteile, wo nur *beschränkte Bauhöhen* zur Verfügung stehen, etwa $h \leq l/30$. Mit diesem Konstruktionsprinzip werden große Schlankheiten erreicht, z. B. bei der 94 m weit gespannten Dischingerbrücke mit nur 1,40 m Konstruktionshöhe in Feldmitte [517]. Weitere Beispiele für Rahmenbrücken siehe [4f, 47, 103a, 104, 108, 417].

Bei größeren Stützweiten wird der Riegel vorgespannt. Dabei bewirkt die Längsvorspannung sowohl ein Heben des Riegels als auch eine Verkürzung, wobei letztere durch das Schwinden des Betons noch vergrößert wird. Da beides den Horizontalschub und damit die beabsichtigte Rahmenwirkung mindert, hat man bei einigen Brücken an den Fußpunkten der Rahmenstiele nachstellbare Lagerungen eingebaut [103a]. Ferner lassen sich scheibenartige Widerlager und damit sehr starr ausgebildete Rahmenstiele in Druckstäbe (Widerlagerwände) und vorgespannte, schräge Zugstreben *auflösen* [301, 517]. Solche Widerlagerkonstruktionen können kleinen Überbauverkürzungen folgen, ohne daß die Vorspannkräfte in den Streben und damit die beabsichtigte Einspannwirkung für den Rahmenriegel nennenswert abnehmen.

Andererseits kann man den Rahmenriegel in Feldmitte durch Verringerung der Konstruktionshöhe so elastisch ausbilden, daß bei gelenkigen Fußpunkten eine nahezu statisch bestimmte Dreigelenkrahmenwirkung eintritt [47].

Bild 4-50 zeigt die *Balduinbrücke in Koblenz*, bei der im Zuge der Moselkanalisierung mehrere alte Gewölbe durch einen neuen, ca. 100 m weit gespannten Überbau ersetzt werden mußten. Wegen der sehr geringen Bauhöhe von 3,50 m hat man hier einen Zweigelenkrahmen mit aufgelösten Stielen gewählt. Mit Rücksicht auf die Schiffahrt war der Überbau im Freivorbau mit Pylonhilfsabspannungen zu errichten. Der Horizontalschub wurde nach Verbindung beider Überbauhälften durch Absenken der Hilfsjoche in die Rahmenkonstruktion eingeleitet [479].

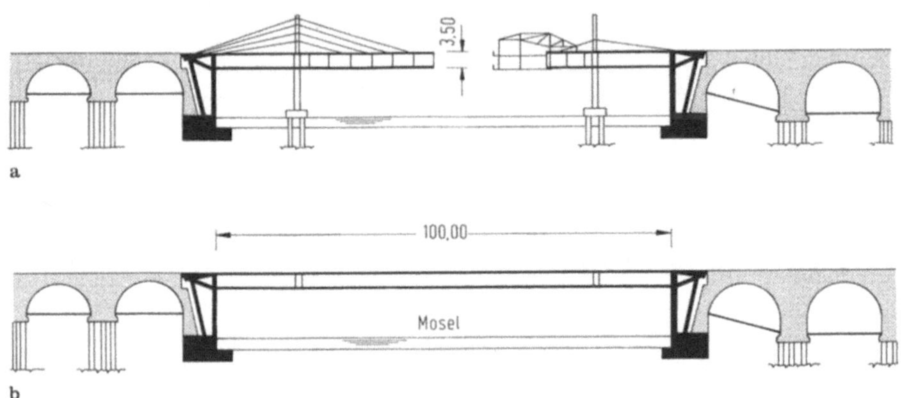

Bild 4-50a, b. Balduinbrücke in Koblenz [479].
a) Freivorbau mit Hilfsabspannung, b) Längsschnitt der fertigen Brücke.

Durch *Neigen der Rahmenstiele* entstehen sprengwerkartige Tragwerke. Beim Bau neuer Autobahnen sind Überführungen von Feld- und Wirtschaftswegen oft in dieser Form ausgeführt worden [4f, 107, 109]. Aber auch für große Stützweiten hat man solche Rahmen als statisches System gewählt, z. B. [518].

Die neue Bundesbahnstrecke Hannover-Würzburg kreuzt bei *Gemünden* das *Maintal* mit einem 793 m langen Brückenzug. Die größte Spannweite beträgt 135 m, siehe Bild 4-51a. Wegen der sehr großen Bremskräfte beim Schnellbahnbetrieb ist die Strombrücke als Rahmentragwerk mit V-förmigen Stützen ausgebildet worden [519]. Durch die Spreizung der Stiele wird gleichzeitig die Riegelstützweite um 20% verringert, was sich auf die Schnittgrößen, aber auch auf die Verformungen günstig auswirkt, so daß als Höhe für den Kastenträger an der Einspannstelle 6,50 m und in Feldmitte 4,50 m ausreichten, siehe Bild 4-51c.

Aufgelagert sind beide Rahmenstiele auf unbewehrten *Betongelenken*, damit sich im Falle einer Brückenerneuerung das jetzige Bauwerk hydraulisch anheben und danach seitlich herausschieben läßt. Die beidseits unverschiebliche Lagerung ergibt infolge Temperaturänderungen, Schwinden und Kriechen Zwangbeanspruchungen, die vom System aufgenommen werden müssen.

Die Fahrbahnplatte ist i. allg. 0,30 m dick und nur im Bereich über den V-Stützen wegen der großen Spanngliederzahl auf 0,55 m verstärkt. Die untere Platte hat eine Mindestdicke von 0,35 m und nimmt zu den Rahmenstielen hin entsprechend den Gurtdruckkräften bis auf 1,50 m zu, siehe Bild 4-51c.

Die Brücke ist für volle Vorspannung bemessen und mit 108 Litzenspanngliedern zu je 1,66 MN an der Einspannstelle und mit 54 Spanngliedern im Feld vorgespannt. Da sich im Riegel unter Vorspannung und ständigen Lasten ein fast momentenfreier Zustand einstellt, bleiben die Kriechverformungen klein.

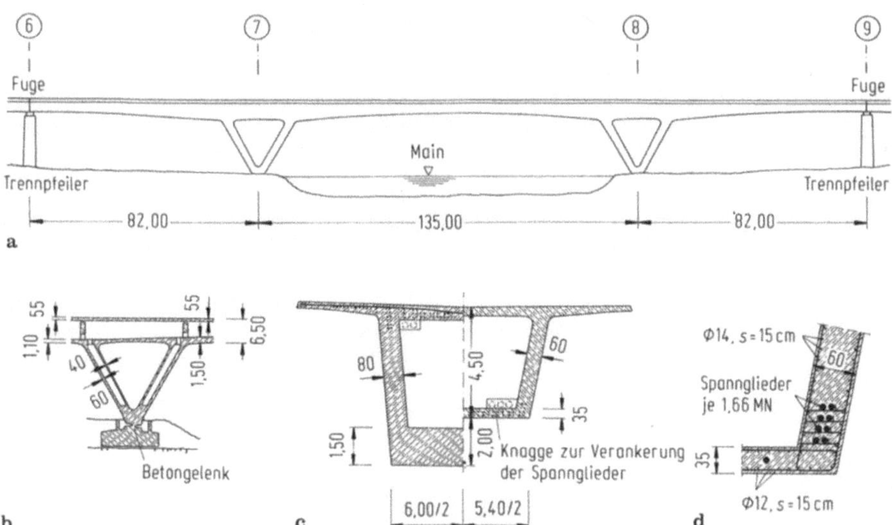

Bild 4-51a–d. Mainbrücke Gemünden [519].
a) Ansicht der Strombrücke, b) Konstruktion der V-Pfeiler, c) Querschnitte an der Einspannstelle und im Feld,
d) Spanngliedanordnung.

Die V-förmigen Hohlstützen sind mit Kletterschalung und die Überbauabschnitte darüber mit Hilfe konventioneller Lehrgerüste errichtet worden. Den weiteren Überbau hat man dann im Freivorbau mit stabilisierenden Hilfsstützen hergestellt.

Nach dem Schließen des Mittelfeldes sind die landseitigen Kragbalken an den Trennpfeilern um 15 cm angehoben worden, wodurch im Rahmen ein Beanspruchungszustand eingeleitet wurde, der jenem eines auf einem Lehrgerüst hergestellten Tragwerks und somit etwa dem des endgültigen statischen Systems entspricht.

4.6 Bogenbrücken

Noch in der ersten Hälfte dieses Jahrhunderts war der Bogen im Massivbrückenbau das einzige System zur Überwindung großer Spannweiten [103a, 104, 105, 107, 108, 401, 520]. Die Bogennormalkraft wirkt dabei wie eine Vorspannung, denn sie überdrückt auftretende Biegezugspannungen. Inzwischen haben Bogenbrücken durch die Entwicklung der Spannbetonbauweise an Bedeutung verloren. Dennoch scheinen sie in den letzten Jahren durch neuartige Lehrgerüste oder spezielle Bauverfahren eine gewisse Renaissance zu erleben. Das gilt besonders für tiefe, enge Geländeeinschnitte, bei denen auf diese Art hohe Stützpfeiler vermieden werden. Voraussetzung für ein Bogentragwerk ist aber ein auch horizontal ausreichend standfester Baugrund.

Zweckmäßig wird der Bogen nach der *Stützlinie* für ständige Lasten geformt. Nach DIN 1075, 6.1 sind die Schnittkräfte für das Bogentragwerk auf der Grundlage der Elastizitätstheorie zu ermitteln, wobei die Verformungen aus Normalkräften, Schwinden, Kriechen, Temperaturänderungen und Baugrundsetzungen ebenfalls zu berücksichtigen sind. Ferner ist auch die Knicksicherheit des Bogens nachzuweisen. Hinweise zur statischen Berechnung siehe [34, 107, 140]; zahlreiche ausgeführte Beispiele und konstruktive Einzelheiten enthält [103a].

Bei *weitgespannten Bogenbrücken* sind für das Bogentragwerk mehrzellige Hohlquerschnitte wirtschaftlich [403, 521–523]. Die Fahrbahn wird auf Einzelstützen oder schmalen Betonscheiben aufgeständert, ggf. auch am Bogen angehängt. Infolge dieser Einzellasten ergibt sich eine geknickte Stützlinie, die aber aus gestalterischen Gründen ausgeglichen wird. Der Bogen muß dann jedoch zusätzlich Biegemomente aufnehmen. Um diese klein zu halten, sollten die Abstände der Aufständerungen nicht zu groß gewählt werden.

Die Autobahn A81 von Stuttgart zum Bodensee führt bei *Rottweil* über das 95 m tiefe *Neckartal* [523]. Wegen der geologischen Verhältnisse entschied man sich für eine Bogenbrücke mit aufgeständerter Fahrbahn, siehe Bild 4-52. Die Herstellung der beiden nebeneinanderliegenden Bögen erfolgte nach österreichischem Vorbild [108] ohne Lehrgerüst im *abgespannten Freivorbau* und mit Taktlängen von jeweils 6,0 m. Der Abstand zwischen Überbau und Bogenscheitel von 12,8 m reichte für eine Abspannung ohne Hilfspylon auf den Kämpferpfeilern aus, so daß das spätere Taktschieben der Fahrbahnträger nicht behindert wurde.

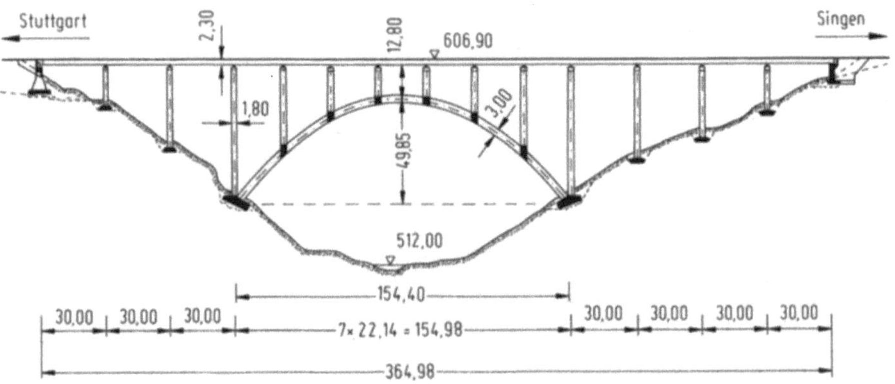

Bild 4-52. Talbrücke Rottweil-Neckarburg [523].

Die Bögen bestehen aus zweizelligen Hohlquerschnitten mit gleichbleibenden Außenabmessungen von 3,0 m × 6,5 m und Wanddicken von 0,26 m, lediglich am Kämpfer auf 0,28 m verstärkt. Sämtliche Brückenpfeiler sind parallelwandige Hohlstützen.

Die *Fahrbahnträger* werden jeweils aus einem einzelligen Kastenquerschnitt mit geneigten Stegen gebildet und sind vom Widerlager Singen aus im Taktschiebeverfahren hergestellt worden. Die Konstruktionshöhe von 2,30 m ergab bei Stützweiten bis 30,0 m eine Schlankheit von $l/h \approx 13$, ein für dieses Bauverfahren günstiges Verhältnis. Das Vorschieben erforderte aber für den Bogen wegen dessen Empfindlichkeit gegen halbseitige Belastung sowie zur Stabilisierung der Pfeiler umfangreiche Abspannungen [523].

Die *Insel Krk* ist heute über die kleine Insel Sv. Marko mit dem Festland durch *zwei große Bogenbrücken* verbunden, siehe Bild 4-53a. Wegen der günstigen Gründungsverhältnisse entschloß man sich seinerzeit für Bogentragwerke. Bei dem größeren, etwa 470 m breiten Meeresarm führte diese Baumaßnahme zur Errichtung eines sehr kühnen Bogens mit 390 m Spannweite, ohne die beiden aufgelösten Widerlager unter Wasser zu berücksichtigen. Das ist derzeit die weitestgespannte

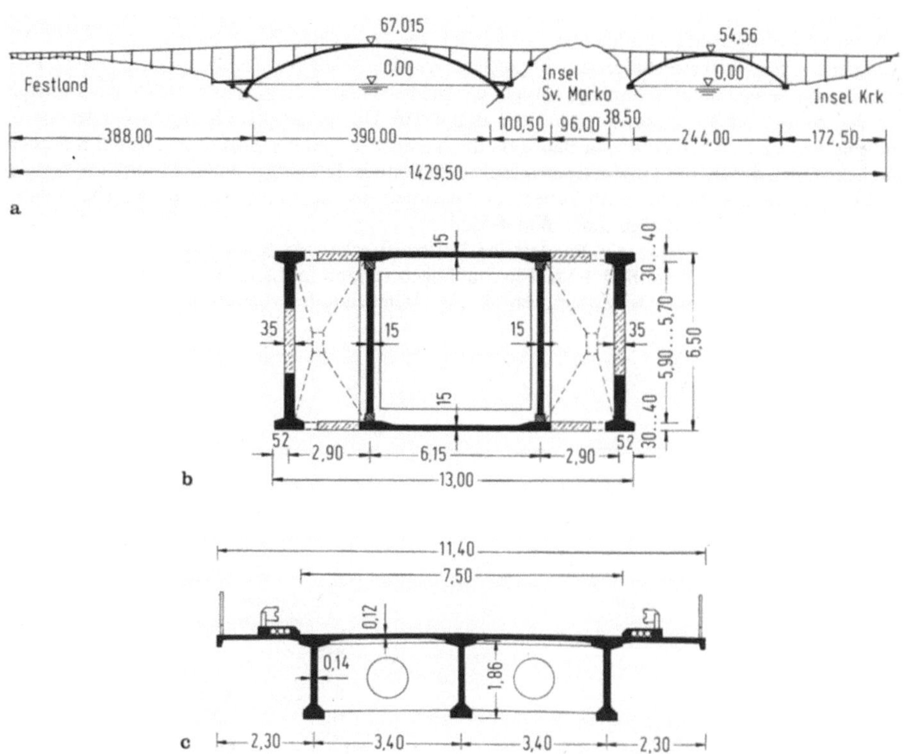

Bild 4-53a–c. Brücken zu den Inseln Sv. Marko und Krk [403].
a) Längsschnitt, b) Bogenquerschnitt, c) Querschnitt des Überbaus.

Stahlbetonbogenbrücke der Welt. Der Bogen ruht auf einer ungewöhnlichen Widerlagerkonstruktion aus Fertigteilen. Die Vertikallasten nimmt ein in 19 m Wassertiefe gegründeter Senkkasten auf, während der horizontale Bogenschub durch waagerechte 33 bzw. 67 m lange Streben oberhalb des Wasserspiegels gegen das Felsufer abgestützt wird [403, 524].

Beide Bogenbrücken wurden aus Fertigteilen von den Widerlagern aus im *Freivorbau mit fachwerkartiger Abspannung* montiert. Die Gewichte der Fertigteile waren auf die Tragfähigkeit des zur Verfügung stehenden Kabelkrans abgestimmt. Die jeweils fertiggestellten Bogenabschnitte dienten als Untergurte und die Fahrbahnaufständerungen als Vertikalstreben. Die Zugglieder für die Schrägstreben und den Obergurt wurden aus Profil- bzw. Spannstählen gebildet, die landseitig verlängert und im Fels verankert waren.

Der größere der beiden Bögen besteht aus einem dreizelligen, 6,5 m hohen und 13,0 m breiten Hohlquerschnitt. Zur Begrenzung der aufwendigen Abspannmaßnahmen erfolgte die *Herstellung* der beiden Bögen in mehreren Bauabschnitten. Zunächst wurde der mittlere, 6,15 m breite Kasten im Freivorbau mit Hilfe des Kabelkrans montiert. Die je 5 m langen Bogenabschnitte bestanden aus der Bodenplatte, den beiden Stegen und der oberen Platte, die durch Ortbetonfugen mit schlaufenartigen Bewehrungsstößen verbunden wurden, siehe Bild 4-53b. Im Scheitel hatte man dann die

beiden Bogenhälften horizontal zunächst auf hydraulischen Pressen abgestützt und danach die
äußeren Bogenträgerstege an stählernen Verbänden, die am inneren Bogen befestigt waren, teils als
Fertigteile, teils in Ortbeton hergestellt. Diese Stege wurden ebenfalls auf Hubpressen abgesetzt. Erst
danach, also bereits unter Spannung, erfolgte das Schließen der Längsfugen zwischen dem inneren
und den beiden äußeren Bogenträgern, siehe Bild 4-53b. Die im Scheitel für den Montagezustand
notwendigen Pressen verblieben im Bauwerk, um Veränderungen der Bogenachse durch Kriechen
und Schwinden des Betons kurzfristig ausgleichen zu können. Die aufgeständerte Fahrbahn besteht
aus Fertigteilträgern, die mit einem Verlegegerät montiert und durch die Ortbeton-Fahrbahnplatte
miteinander verbunden wurden, siehe Bild 4-53c.

Bei *Veitshöchheim* kreuzt die Bundesbahn-Neubaustrecke den Main mit einem 162 m weit
gespannten Stabbogen, siehe Bild 4-54a. Ein Stabbogen verläuft im Längsschnitt polygonartig und
hat eine erheblich geringere Biegesteifigkeit als der versteifende Fahrbahnträger.

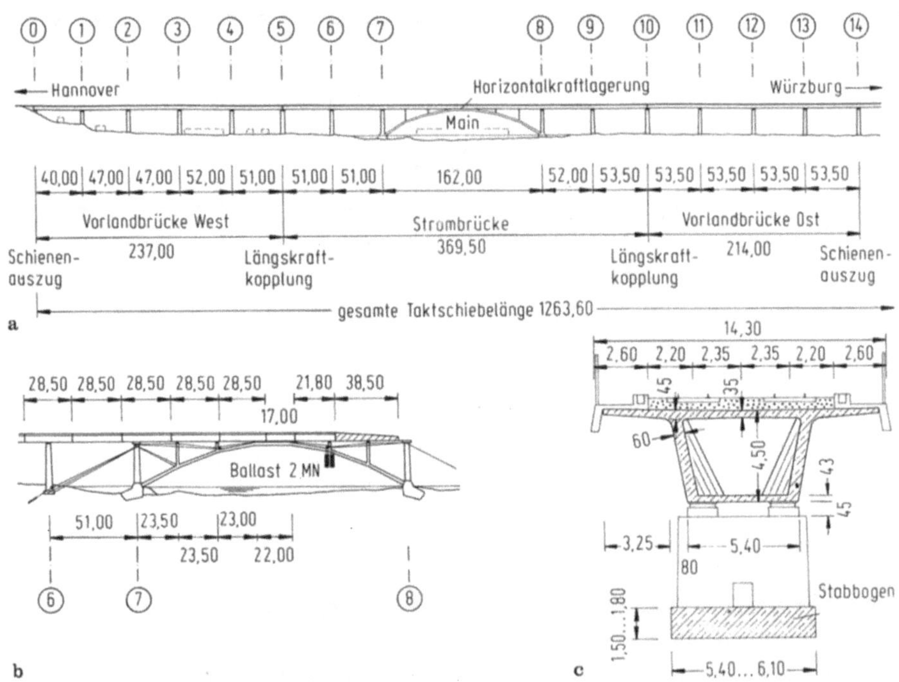

Bild 4-54a–c. Maintalbrücke Veitshöchheim [513].
a) Ansicht der Brücke von Widerlager Hannover bis Trennpfeiler 14, b) Taktschieben im Bereich der Strombrücke, c) Querschnitt.

Bei dieser Brücke wird der *Stabbogen* nur an sechs Stellen durch den Überbau belastet und ist
entsprechend abgewinkelt. Die Bogenelemente zwischen den Pfeilerscheiben verlaufen gerade. An
den Kämpfern ist der Stabbogen eingespannt. Er hat im Scheitel einen Querschnitt von
1,50 m × 5,40 m und an der Einspannstelle einen von 1,80 m × 6,10 m, siehe Bild 4-54c. Der 4,5 m
hohe Überbau wirkt für den Bogen versteifend und beteiligt sich erheblich an der Lastabtragung,

und zwar sowohl bei den ständigen als auch bei den Verkehrslasten. Andererseits stellt der bewußt schlank gehaltene Bogen für den Überbau eine elastische Stützung dar.

Im Scheitelbereich liegt der Versteifungsträger unmittelbar auf dem Stabbogen auf, so daß die großen Horizontalkräfte aus Bremsen und Anfahren direkt in das Bogentragwerk abgeleitet werden.

Der Stabbogen wurde von beiden Kämpfern aus im *Freivorbau mit Hilfsabspannungen* und in Betonierabschnitten zwischen 9 und 13 m hergestellt. Die Abspannungen erforderten auf den Kämpferpfeilern aufgesetzte 33 m hohe Hilfspylone, um für den mittleren Bogenbereich noch einen ausreichenden Abspannwinkel zu erhalten. Vor dem Schließen des Bogens wurden die beiden Hälften vorübergehend durch eine Stahlkonstruktion in der 7 m breiten Lücke gestützt, um beim Betonieren des Schlußstücks unerwünschte Abweichungen von der Sollage des Bogens zu vermeiden [513].

Der Überbau dieser Brücke wurde bis zu einer Länge von 1263 m im *Taktschiebeverfahren* vom Widerlager Hannover aus hergestellt, siehe 4.4.3.5. Das gegen einseitige Belastungen sehr empfindliche Bogentragwerk mußte während des Überfahrens des Überbaus durch Abspannungen und Ballast von 2,0 MN stabilisiert werden, siehe Bild 4-54b.

Nach Beendigung des Taktschiebens hat man den Überbau an den Dehnungsfugen getrennt, die Hilfsgleitlager gegen die endgültigen Lager ausgetauscht und damit die einzelnen Überbauteile an den jeweiligen Festpunkten arretiert.

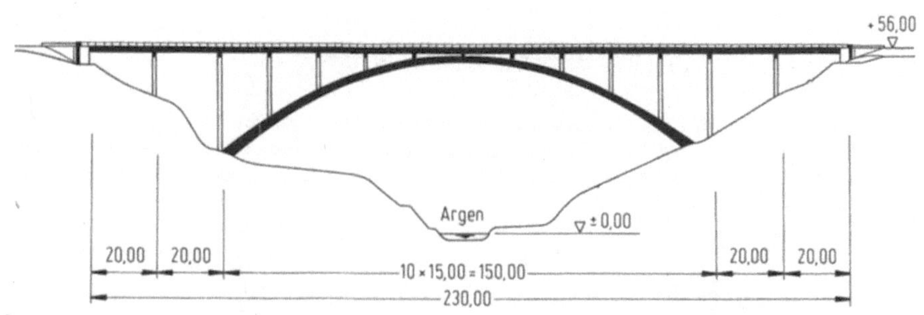

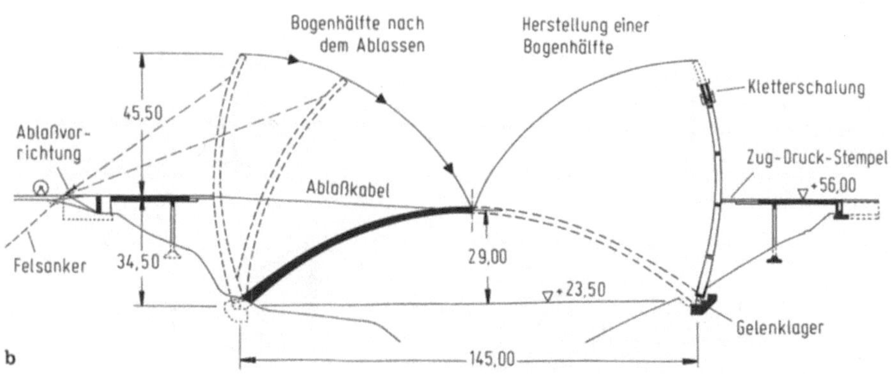

Bild 4-55a, b. Argentobelbrücke [526].
a) Brückenansicht, b) Herstellung der Brücke nach dem Bogenklappverfahren „System Bung".

Die Mehrzahl aller weitgespannten Bogenbrücken wurden entweder mit einem freitragenden Lehrgerüst „System Cruciani" oder im Freivorbau mit Abspannung gebaut [523–525]. Beim Bau der *Argentobelbrücke*, siehe Bild 4-55a, ist erstmals in Deutschland das Bogenklappverfahren „System Bung" eingesetzt worden, siehe Bild 4-55b.

Bei diesem Bauwerk wurden beide Bogenhälften zunächst am Fuß auf Gelenken gelagert, stehend mit einer Kletterschalung betoniert und jeweils durch ein zug- und druckfestes Gestänge in Höhe der späteren Fahrbahn gehalten, siehe Bild 4-55b. Das Ablassen erfolgte mit Litzenspannstahlkabeln, die einerseits im Scheitelbereich des Bogens andererseits im Fels hinter dem Widerlager verankert waren.

Den *Ablaßvorgang* leitete man durch Ausfahren des Druckgestänges ein, bis sich die Bogenhälften in einer stabilen Gleichgewichtslage befanden. Danach mußten nur noch die Stahlkabel nachgelassen werden. In der Endlage verliefen diese nahezu horizontal, siehe Bild 4-55b. Hier liegt der besondere Vorteil dieses Bauverfahrens, denn die während des Ablassens ständig zunehmenden Kabelkräfte überdrücken die sich gleichzeitig im Bogen einstellenden Biegemomente. Die Beanspruchungen im Bau- und Ablaßzustand werden zu keinem Zeitpunkt größer als im Endzustand [526].

Nach dem Abklappen verblieb zwischen den Scheitelspitzen eine 1,5 m breite Lücke, über die noch Korrekturen an der Bogenlage möglich gewesen wären. Mit dem Schließen der Scheitellücke und der Kämpferbereiche entstand schließlich als Endsystem ein eingespannter Bogen. Nach dessen Fertigstellung wurden die für das Abklappen notwendigen Gelenklager seitlich herausgezogen.

4.7 Seilabgespannte Brücken

Bei Spannweiten etwa ab 150 m werden Schrägseilbrücken wirtschaftlich. Bei diesem Brückentyp wird der Hauptträger, der sog. Versteifungsträger, durch Kabel elastisch gestützt, so daß sich dessen Schnittgrößen sehr stark verringern. Die *Kabelanordnung* kann *harfen- oder fächerförmig* oder zu

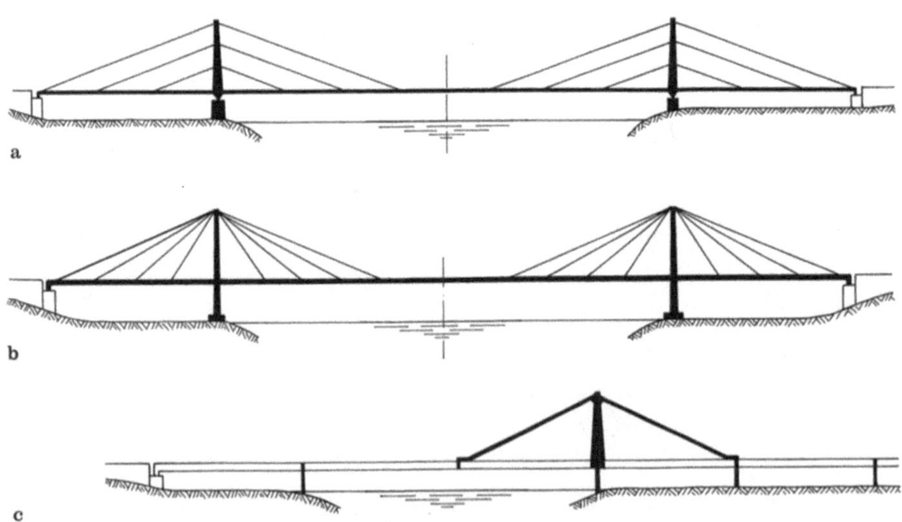

Bild 4-56a–c. Schrägkabelbrücken.
Anordnung der Kabel a) in Harfenform, b) in Fächerform, c) als Zügelgurt.

einem *Zügelgurt* zusammengefaßt sein, siehe Bild 4-56. Beispiele für die einzelnen Typen sind die *Mainbrücke der Farbwerke Hoechst AG* [527], die *Columbiabrücke zwischen Pasco und Kennewick* [528] und die *Donaubrücke bei Metten* [219]. Die Fächeranordnung, Bild 4-56b, erfordert gegenüber einer Harfe geringere Mengen an hochwertigem Kabelmaterial, bewirkt im Versteifungsträger eine günstigere Verteilung der Längsdruckkräfte, vermindert die Biegebeanspruchung in den Pylonen und zeigt ein günstiges aerodynamisches Verhalten [528, 529]. Ein geringer Kabelabstand vermindert die Biegemomente im Versteifungsträger, gestattet geringere Konstruktionshöhen, vereinfacht die Verankerungen, erleichtert die Montage und erhöht durch Vergrößerung der Dämpfung die aerodynamische Stabilität. Eine Vielzahl von Kabeln erfordert aber entsprechenden Platz für die Verankerungen an der Pylonspitze. Bevorzugt werden daher heute fächerähnliche *Vielseilsysteme*

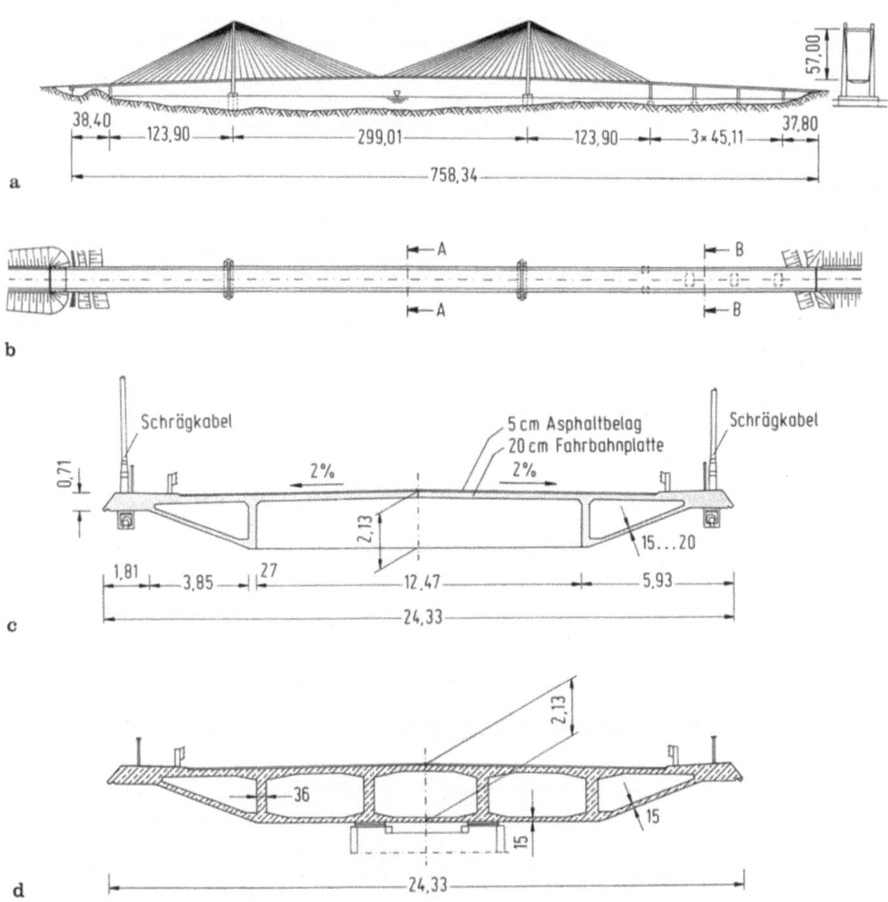

Bild 4-57a–d. Schrägkabelbrücke über den Columbia zwischen Pasco und Kennewick [528].
a) Ansicht und Querschnitt, b) Grundriß, c) Querschnitt A-A des Versteifungsträgers, d) Querschnitt B-B im Bereich der Vorlandbrücke.

mit einer Kabelaufhängung im oberen Bereich der Pylone, zumal diese auch einen Freivorbau ohne Hilfsabspannungen gestatten.

Durch die Horizontalkomponenten der Schrägkabel entstehen große Normalkräfte, die den Versteifungsträger so weit vorspannen, daß i. allg. nur in der Mitte der Hauptöffnung Spannglieder notwendig sind.

An die *Schrägkabel* aus hochfestem Stahl, deren Verankerungen sowie ihren dauerhaften Korrosionsschutz sind besonders hohe Anforderungen zu stellen, denn die Kabel sind das empfindlichste Tragglied dieser Brücken. Anstelle der früher üblichen patentverschlossenen Seile werden heute Paralleldrahtkabel eingebaut. Der erforderliche Korrosionsschutz wird durch Ummantelung mit Stahl- oder Polyethylenrohren und Zementmörtelinjektion erreicht [527, 529, 530].

Schrägkabelbrücken sind hochgradig statisch unbestimmte Systeme, für deren *Schnittgrößenermittlung* Großrechner erforderlich sind. Einzelheiten zur statischen Berechnung, zum aerodynamischen Verhalten und zur Konstruktion der Pylone, der Kabel und des Versteifungsträgers siehe [107, 141, 142]. Großen numerischen Aufwand erfordert die Berücksichtigung der vielen Montagezustände sowie der Schnittgrößenumlagerungen infolge des zeitabhängigen Betonverhaltens [143].

Bild 4-57 zeigt die *seilverspannte Spannbetonbrücke* über den *Columbia River* [528]. Mit einer Spannweite von 299 m gehört sie derzeit zu den weitestgespannten Massivbrücken. Das Mittelfeld und die beiden Randfelder sind fächerförmig und durch in zwei Ebenen angeordnete Seile abgespannt. Der Versteifungsträger mit nur 2,13 m Bauhöhe läuft fugenlos über die ganze Brückenlänge durch. Er besteht aus vorgefertigten, den gesamten 24 m breiten Brückenquerschnitt umfassenden und 8,23 m langen Segmenten, die mit Epoxidharzkleber aneinandergefügt und durch die Schrägkabel bzw. durch zusätzliche Spannglieder vorgespannt werden. Stahlbolzen erleichterten das Montieren und dienten gleichzeitig der Aufnahme bereits im Bauzustand auftretender Querkräfte [528].

Die Kabel sind in 0,71 m hohen Randträgern verankert, siehe Bild 4-57c. Die dreieckigen Hohlträger verteilen die Seilkräfte auf die im Abstand von 2,74 m, also relativ dicht, angeordneten Querträger. Jeder Querträger ist im Steg durch ein 2,25-MN-Spannglied vorgespannt. Bild 4-57d zeigt den Querschnitt im Bereich der Vorlandbrücke.

4.8 Brückenausbau

4.8.1 Allgemeines

Die Ausstattung der Brücken wird weitgehend durch die Anforderungen des Verkehrs bestimmt. Vorrangig ist die Verkehrssicherung, die Anordnung von Geländern und abweisenden Schutz- und Leiteinrichtungen. Andererseits muß auch die tragende Konstruktion durch geeignete Maßnahmen gegen Beschädigungen aus dem Verkehr sowie gegen Witterungseinwirkungen geschützt werden. Für die meisten Elemente bestehen Richtzeichnungen [V60, V65, V66, 4f, 110, 417].

4.8.2 Randausbildung bei Straßenbrücken

Da die heutigen Brücken fast ausschließlich sog. Deckbrücken sind, müssen sie mit einem *Geländer* von $H \geq 1{,}0$ m zum Schutz der Fußgänger, des Wartungspersonals oder verunglückter Fahrzeuge ausgestattet werden, siehe Bild 4-58. Einfache Holmgeländer sind in Deutschland nur auf Brücken ohne Fußgängerverkehr gestattet. In bebauten Gebieten müssen dagegen Füllstabgeländer mit einem lichten Stababstand $a \leq 14$ cm vorgesehen werden. In den Handlauf wird meist ein Drahtseil eingelegt, um abirrende Fahrzeuge aufzufangen [V65]. Die Geländerpfosten haben Abstände von

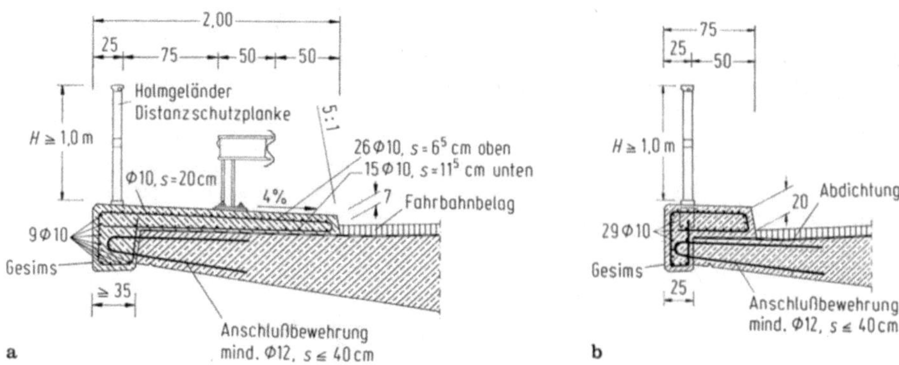

Bild 4-58a, b. Randkappen nach [V65]
a) mit Distanzschutzplanke, b) für Feld- und Wirtschaftswegbrücken.

2,0 bis 2,5 m und werden entweder mit Hilfe von Aussparungen im Gesimsbalken oder durch Anschweißen auf einbetonierten Fußplatten montiert. Als Verguß darf nur ein wasserdichter, alterungsbeständiger Kunstharzmörtel verwendet werden.

Das *Gesims* wird meist gemeinsam mit den Randstreifen nachträglich betoniert, um noch geringe Höhendifferenzen des Überbaus ausgleichen zu können. Für die Gehwegkappen ist eine Schrammbordhöhe von 7 cm vorgeschrieben, so daß sich für diese eine Mindestdicke von $d = 14$ cm ergibt. Im Ausland werden auch zunehmend Fertigteile verwendet.

Brücken mit Geh- und Radwegen können innerhalb bebauter Gebiete nicht mit Leiteinrichtungen ausgestattet werden. Um dennoch einem Abirren von Fahrzeugen wirkungsvoll zu begegnen, soll die Schrammbordhöhe mindestens 15 cm betragen.

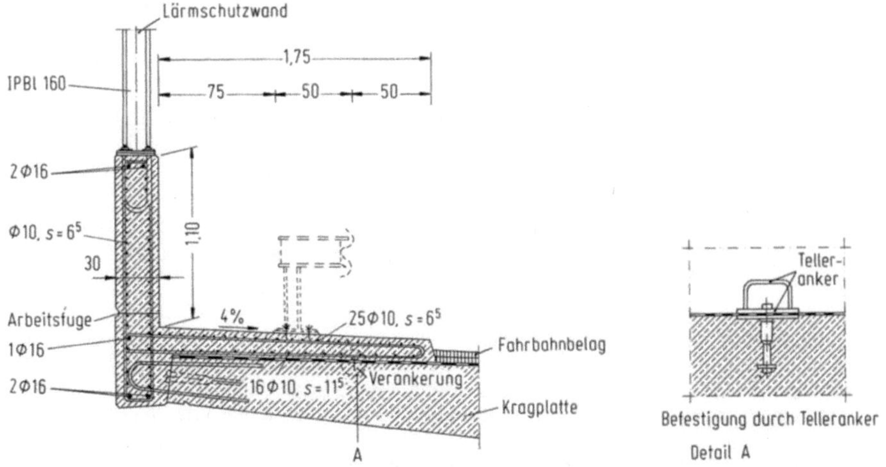

Bild 4-59. Randkappe mit Lärmschutzwand [V65].

Üblich ist eine *fugenlose* Kappenausführung unter Verwendung von Beton mit einem hohen Frost- und Tausalzwiderstand [V52]. Die Befestigung erfolgt durch schlaufenartige Bewehrungsstähle, die im Abstand von $s \leq 0{,}40$ m aus der Kragplatte herausstehen. Die Kappen werden zur Begrenzung der Rißbreiten konstruktiv bewehrt, siehe Bild 4-58 [V65]. Bei Brücken über elektrifizierten Eisenbahnstrecken ist ein Berührungsschutz vorgeschrieben, der mindestens 1,50 m über das Gesims auskragen muß. Schließlich werden in bebauten Gebieten zunehmend auch auf Brücken Lärmschutzmaßnahmen gefordert. Bild 4-59 zeigt die Befestigung von Lärmschutzwänden auf der Randkappe. Eine Befestigung allein über herausstehende Schlaufen genügt hier nicht mehr, und es müssen zusätzliche Verankerungen, z. B. Telleranker, vorgesehen werden.

4.8.3 Fahrbahnaufbau und Abdichtung

Jede Betonbrücke erhält zum Schutz gegen Oberflächenwasser eine Abdichtung. Die mechanisch sehr empfindlichen Dichtungen müssen durch Schutzschichten, beispielsweise aus Gußasphalt, abgedeckt werden, auf denen dann die Deck- oder Verschleißschicht aufgebracht wird [110, 417].

Die früher üblichen *Abdichtungen* aus Asphaltmastix oder Metallriffelband haben sich nicht immer bewährt. Bild 4-60 zeigt eine heute übliche Ausführung. Die ausreichend trockene Betonoberfläche wird zunächst mit einer Grundierung, Versiegelung oder Kratzspachtelung vorbehandelt, erhält eine Dichtung aus einer Bitumenschweißbahn, aus zweilagig aufgebrachten Bitumendichtungsbahnen oder aus Flüssigkunststoff und wird schließlich mit einer 3 bis 4 cm dicken Schutzschicht aus Gußasphalt oder Asphaltbeton versehen [V60]. Die in der Regel 4 cm dicke Deckschicht aus Asphaltbeton, Gußasphalt oder Splittmastixasphalt ist auf jene der freien Strecke abzustimmen. Für deren Ausführung und Dicke gelten die Richtlinien des allgemeinen Straßenbaus [V59]. Die Fugen neben Schrammborden, Übergängen oder Einbauten sollten mindestens 2 cm breit sein, um sie einwandfrei mit einer Vergußmasse verfüllen zu können.

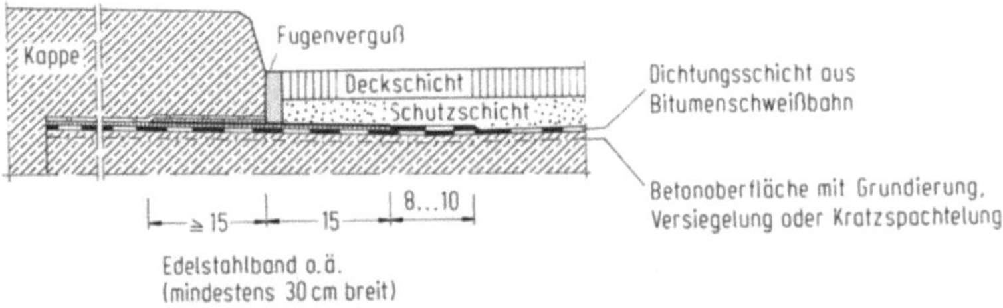

Bild 4-60. Fahrbahnaufbau und Abdichtung mit einer Bitumenschweißbahn [V65].

Wichtig ist eine funktionierende *Oberflächenentwässerung*. Gehwege und Seitenstreifen entwässern mit einem Quergefälle von 4% zur Fahrbahn. Bei kurzen Brücken genügen Einlaufschächte im Bereich der Widerlager. Bei längeren Brücken sind weitere Straßeneinlaufschächte erforderlich. Bevorzugt werden hierfür flache Konstruktionen, die auch in der Kragplatte eingebaut werden können, siehe Bild 4-61. Bei mangelhaftem Einbau sind diese Stellen häufig Anlaß von Feuchte- oder Frostschäden. In Brückenlängsrichtung schließt man die Einläufe an Entwässerungsleitungen an, die das Regenwasser an einem Pfeiler oder Widerlager ableiten.

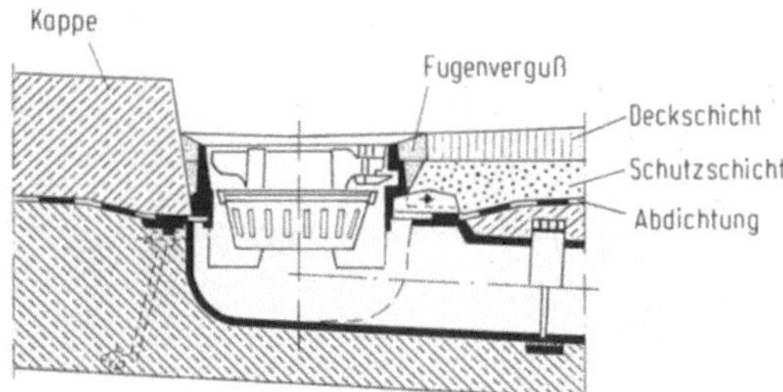

Bild 4-61. Fahrbahnentwässerung, „System Passavant" [V65].

4.8.4 Rand- und Längsfugenausbildung bei Eisenbahnbrücken

Die heute weitgehend mechanisierte Streckenunterhaltung erfordert bei Eisenbahnbrücken eine kontinuierliche Durchführung des Gleisbettes in einer Höhe von 0,50 m einschließlich der Schwellen. Hinsichtlich der *Abdichtung* gilt 4.8.3. Als Schutz gegen mögliche mechanische Beschädigungen bei Gleisbauarbeiten oder durch das Schotterbett wird aber in der Regel eine etwa 8 cm dicke, konstruktiv bewehrte Betonschicht aufgebracht.

Bild 4-62 zeigt die *Randausbildung* einer Eisenbahnbrücke, die gleichzeitig als seitliche Stützung des Schotterbetts, als Laufsteg für den Streckendienst sowie der Kabelführung dient [V66].

Da breite Eisenbahnbrücken häufig aus mehreren nebeneinanderliegenden, ein- oder zweigleisigen Überbauten bestehen, müssen die *Längsfugen* ebenso wie die Querfugen durch robuste und wasserdichte Übergangskonstruktionen abgedeckt werden, die auf Dauer den unterschiedlichen Durchbiegungen infolge der Zugfahrten folgen können. Bild 4-63 zeigt eine solche Konstruktion, die einfach aufgeschraubt wird und sich deshalb auch leicht auswechseln läßt [V66].

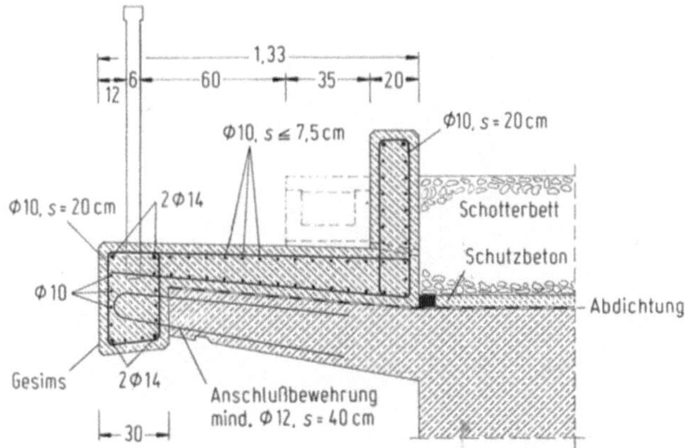

Bild 4-62. Randwegkappenausbildung einer Eisenbahnbrücke [V66].

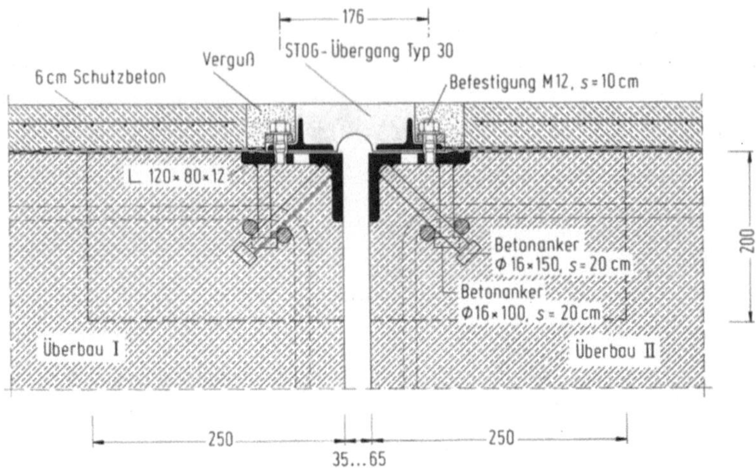

Bild 4-63. Abdichtung der Längsfuge zwischen zwei getrennten Eisenbahnbrückenüberbauten (Maße in mm).

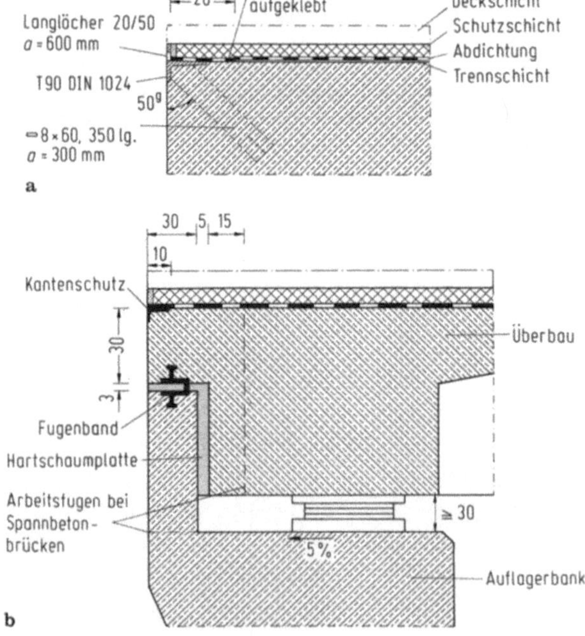

Bild 4-64a, b. Überbauabschlüsse am festen Lager (Maße in cm)
a) bei einer Plattenbrücke, b) bei einer Plattenbalkenbrücke.

4.8.5 Fahrbahnübergänge

Zwischen den einzelnen Brückenabschnitten sind in der Regel Übergangskonstruktionen notwendig. Diese Übergänge müssen eine ungehinderte Bewegung der Überbauten ermöglichen und auch ein sicherers Überqueren der Fuge gewährleisten. Da jede Unebenheit besonders bei hohen Verkehrsgeschwindigkeiten erhebliche Stöße verursacht, sind Fahrbahnübergänge besonders sorgfältig einzubauen und ausreichend zu verankern.

Die Fahrbahnübergänge werden vertikal und horizontal, vor allem aber dynamisch beansprucht. Insofern ist bei der Bemessung dieser Bauteile der Betriebsfestigkeitsnachweis maßgebend [V52, 531].

Die Art der *Übergangskonstruktion* richtet sich nach Größe und Richtung der Bewegungen, die sich wiederum aus dem Abstand vom Bewegungsruhepunkt ergeben, siehe auch 4.9.1. Überbaubewegungen resultieren in erster Linie aus Temperaturänderungen, aber auch aus Schwinden und Kriechen des Betons sowie aus Bewegungen als Folge von Verdrehungen der Balkenendauflager oder aus Widerlagerbewegungen. Für die Ermittlung der Verschiebungswege gilt DIN 1072, 6.1.

Bei *kleinen Bewegungen*, beispielsweise am Festlager oder bei Brücken bis etwa 20 m Stützweite, genügen einfache Fahrbahnabschlüsse. Durch ein Stahlprofil wird lediglich der Brückenfahrbahnbelag gestützt, Bild 4-64a. Die zwischen Überbau und weiterführender Straße entstehende Fuge wird

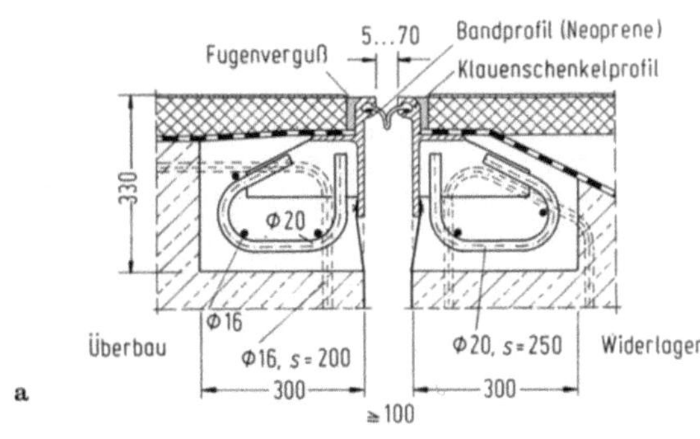

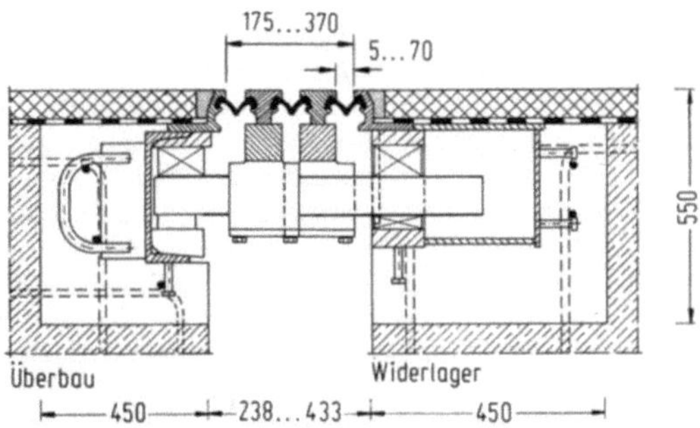

Bild 4-65a, b. Fahrbahnübergangskonstruktionen (Maße in mm) a) für Dehnwege bis 65 mm, b) für größere Dehnwege.

mit einer Vergußmasse verfüllt. Bei Plattenbalkenkonstruktionen läßt man eine etwa 0,30 m dicke Platte über den Endquerträger auskragen und deckt damit den Spalt zwischen Überbau und Widerlagerkammerwand ab. Durch ein Fugenband wird das Eindringen von Sickerwasser in den Auflagerbereich verhindert, siehe Bild 4-64b.

Bei *größeren Fugenbewegungen* sind gesonderte Fahrbahnübergangskonstruktionen erforderlich. Bild 4-65a zeigt eine wasserdichte Fugenausbildung für zulässige Dehnwege bis 65 mm. Der Fugenspalt wird durch ein Bandprofil aus alterungsbeständigem Neoprene gedichtet. Das Dichtungsprofil läßt sich ohne wesentliche Verkehrsbehinderungen auswechseln, was für die Brückenunterhaltung besonders vorteilhaft ist.

Bei größeren Dehnwegen werden *mehrere Dehnprofile* zwischen verschieblichen Stahllamellen hintereinander angeordnet, siehe Bild 4-65b. Die Lamellen lagern auf Traversen, die stoßdämpfend, elastisch sowie verschieblich gelagert und mit einer Gleitschicht versehen sind, so daß sie den Überbaubewegungen ohne Zwang folgen können. Die gesamte Brückendilatation wird durch einen Mechanismus gleichmäßig auf die einzelnen Lamellenabstände verteilt. Wegen der Ableitung von Brems- und Beschleunigungskräften im Bereich des Überganges sind stabile und verschleißarme Hebelsysteme notwendig [V52].

4.9 Brückenlager

4.9.1 Allgemeines

Brückenlager müssen die Überbaulasten in die Unterbauten ableiten. Sie haben daher im Normalfall vorwiegend Vertikallasten zu übertragen, müssen aber außer am Festpunkt gleichzeitig und möglichst zwängungsfrei auch horizontale Verschiebungen ermöglichen, denn die Brücken unterliegen ständig Temperatur- und Längenänderungen. Der Bewegungsruhepunkt (Festpunkt des Bauwerks) sollte so angeordnet sein, daß horizontale Lasten ohne zusätzlichen Aufwand aufgenommen werden und die Verschiebungswege möglichst klein bleiben.

Bei Straßenbrücken bis etwa 25 m Länge wird zunehmend eine *elastische Lagerung* mit allseitig federnd beweglichen Verformungslagern gewählt. Der Bewegungsruhepunkt liegt hierbei in Brückenmitte, und die Bewegungen an beiden Brückenenden sind so gering, daß Übergangskonstruktionen entbehrlich werden. An der Aufnahme von Horizontalkräften beteiligen sich alle Lager.

Lager müssen entweder den Normen der Reihe DIN 4141 entsprechen oder allgemein bauaufsichtlich zugelassen sein. Hinsichtlich ihrer Funktion wird unterschieden zwischen Verformungslagern, festen und einseitig sowie allseitig beweglichen Lagern. Durch die Entwicklung alterungsbeständiger Kunststoffe kommen die bisher üblichen Stahllager nur noch selten zur Anwendung. Allgemeine Hinweise zum Aufbau und zum statischen Festigkeitsnachweis derzeit üblicher Lager enthalten [144, 145, 226].

Die jeweils anzusetzenden *Lagerwege* resultieren aus Wärmeeinwirkungen, Vorspannung, Schwinden und Kriechen sowie aus Verschiebungen und Verdrehungen der Überbauten und auch aus unterschiedlichen Setzungen der Unterbauten, vgl. DIN 1072, 6.1.

Bei geraden und nicht zu langen Brücken legt man den *Festpunkt* meist auf ein Widerlager, kann dort Brems-, Anfahr- und Windlasten aufnehmen, ordnet auf dem anderen Widerlager ein nur auf den Festpunkt gerichtetes bewegliches Lager zur Aufnahme der Windlasten an und erhält so eine statisch bestimmte, zwängungsfreie Lagerung. Bei längeren durchlaufenden Brückensystemen sind zur Aufnahme der Windlasten auch an Zwischenstützen einseitig verschiebliche Lager zweckmäßig. Sind die Verschiebungsrichtungen auf den Festpunkt orientiert, spricht man von einer *Polstrahllagerung*. Sie verursacht bei gekrümmten, durchlaufenden Brücken infolge der Längsvorspannung

Zwangbeanspruchungen, die bei einer sog. *tangentialen Lagerung* vermieden werden. Bei dieser treten jedoch Zwängungen infolge Temperaturänderungen und Schwinden auf. Ferner erfordert eine Polstrahllagerung an beweglichen schiefen Brückenenden Fahrbahnübergänge mit Verschiebungen in Brückenachse sowie rechtwinklig dazu. Deshalb wird die Tangentiallagerung i. allg. bevorzugt [4f, 110, 226, 417]. Bei Brücken mit Gleisbetrieb dürfen ohnehin nur Bewegungen in Richtung der Gleisachse auftreten.

Da die beweglichen Teile der meisten Lagerarten dem Verschleiß unterliegen, ist eine laufende Überwachung und Wartung sowie auch die Möglichkeit für eine Auswechselung erforderlich, siehe DIN 4141 Teil 2, 5 und [V61].

Lager sind grundsätzlich horizontal einzubauen. Nach DIN 4141 Teil 2, 6 ist für den *Einbau* ein Lagerversetzplan mit allen wichtigen Maße, Höhen, Neigungen sowie Angaben der Verschiebungswege, Beton- und Mörtelgüten in der Lagerfuge u. a. m. erforderlich. Für Anlieferung, Zwischenlagerung und Einbau gilt DIN 4141 Teil 4.

DIN 1075, 8 und [V61] gehen von einer gleichmäßig verteilten *Flächenpressung* unter den Lagerplatten aus, was aber nur durch eine vollflächige, 2 bis 5 cm dicke Zement- oder Kunstharzmörtelfuge gewährleistet ist. Bei ausmittig belasteter Lagerplatte ist beim Standfestigkeitsnachweis von einer Ersatzfläche auszugehen, deren Schwerpunkt mit dem Angriffspunkt der Lastresultierenden zusammenfällt. Wenn die auftretenden Spaltzugkräfte durch Bewehrung aufgenommen werden, kann die zulässige Teilflächenbelastung nach DIN 1045, 17.3.3 ausgenutzt werden, bei Eisenbahnbrücken jedoch nur, wenn die Lastausbreitung von 1:2 innerhalb der Bewehrung verbleibt. Zum Schutz der Kanten gegen Abplatzen muß der Randabstand einer Lagerplatte mindestens 5 cm betragen.

4.9.2 Betonlagerung

Wenn die auftretenden Verformungen des Überbaus elastisch oder durch besondere Gelenkverbindungen aufgenommen werden können, verbindet man Pfeiler und Überbau miteinander und vermeidet damit, besonders bei großen Lasten, teure und wartungsaufwendige Lager [438, 496, 501, 502, 507].

Ein *Betongelenk* ist die einfachste und kostengünstigste Art einer drehbaren Lagerung, siehe Bild 4-3. Zur Gewährleistung der beabsichtigten Gelenkwirkung wird die Betonfläche im Gelenkhals möglichst weit eingeschnürt. Die dann in den anschließenden Bereichen auftretenden Spaltzugkräfte müssen durch Bewehrung aufgenommen werden. Die Bemessung von Betongelenken basiert auf Versuchen [532, 533] und kann nach [4b] erfolgen. Betongelenke sind auch schon für sehr große Lasten ausgeführt worden, z. B. bei der Maintalbrücke Gemünden [519].

4.9.3 Stählerne Lager

An Festpunkten sind neben den Topflagern immer noch die bewährten Stahlkipplager als Linienoder *Punktkipplager* gebräuchlich, siehe Bild 4-66. Sie übertragen vertikale und horizontale Lasten und ermöglichen Verdrehungen des Überbaus. Die Bemessung kann nach [144, 226] erfolgen.

Stählerne Rollenlager werden kaum noch verwendet. Sie sind gegenüber den neuzeitlichen Verformungsgleitlagern erheblich teurer und haben außerdem Nachteile bezüglich Rollenführung, Querbelastung und Instandhaltung.

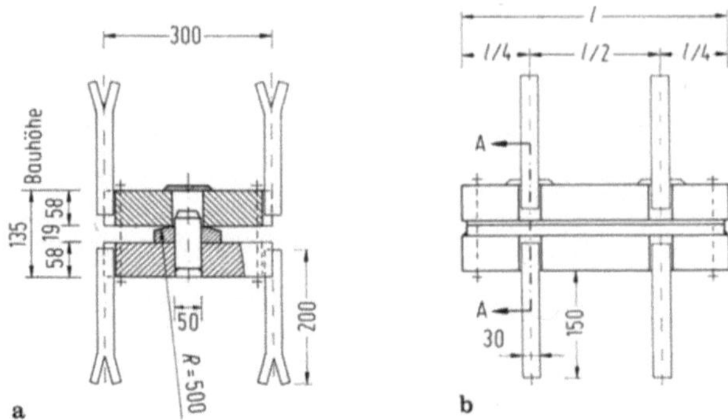

Bild 4-66a, b. Stählernes Linienkipplager (Maße in mm)
a) im Schnitt, b) in der Ansicht.

4.9.4 Bewehrte Elastomerlager

Die Wirkungsweise der Elastomerlager beruht auf der hohen elastischen Verformbarkeit des Elastomers. Sie gewährleisten eine flächenhafte Kraftübertragung, können aber auch Bauwerksbewegungen, -verschiebungen sowie -verdrehungen mit relativ geringem Widerstand folgen.

Im Brückenbau sind nur bewehrte Elastomerlager zugelassen. Durch einvulkanisierte Stahlbleche wird dabei die Querdehnung des Elastomers behindert, so daß die weitgehende Inkompressibilität des gummiartigen Werkstoffs ausgenutzt werden kann, siehe Bild 4-67. Hinsichtlich Bemessung, Konstruktion und Einbau vgl. DIN 4141 Teil 14. Bei diesen Lagern treten jedoch proportional zur Parallelverschiebung Widerstandskräfte auf, die vom Schubmodul, vor allem aber vom Schubverformungswinkel abhängig sind, der sich aus der Verschiebung und der Summe der einzelnen Elastomerschichtdicken ergibt. Da dieser Winkel begrenzt ist, müssen bei größeren Bauwerksbewegungen zusätzlich Gleitmechanismen, z. B. durch eine PTFE-Schicht mit einem austenitischen Stahl, vorgesehen werden [534, 535].

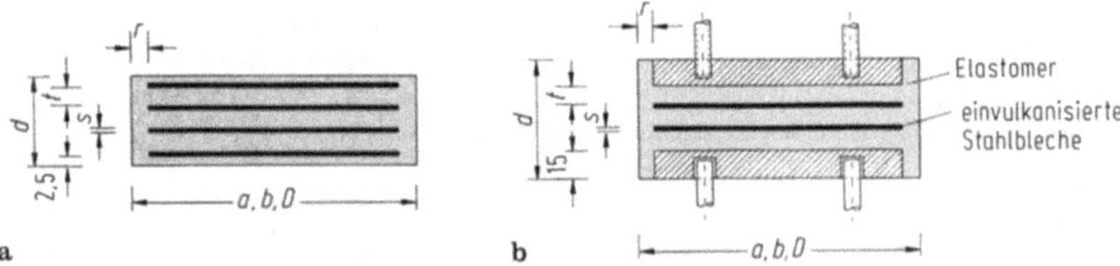

Bild 4-67a, b. Allseits bewegliche, bewehrte Elastomerlager
a) ohne Verankerung, b) mit Verankerung.

Elastomerlager müssen am Bauwerk gegen seitliches Verschieben gesichert werden, siehe Bild 4–67b. Verankerungen sind entbehrlich, wenn ständig ausreichende Lagerpressungen vorhanden sind. Elastomerlager nach Bild 4-67 sind *prinzipiell allseits elastisch bewegliche Lager*. Durch entsprechende Haltekonstruktionen können sie aber auch in einer oder in beiden Richtungen planmäßig Horizontalkräfte übertragen.

4.9.5 Topflager

Die häufig eingebauten Topflager eignen sich besonders als feste *Punktkipplager*. Sie bestehen aus einem runden Stahltopf, in den eine Elastomerplatte mit einer Höhe von $h \geq D/15$ eingelegt ist. Den Abschluß bildet ein Deckel, der in den Topf eingreift, so daß auch Horizontalkräfte übertragen werden können. Bei hohem Druck verhält sich das Elastomer quasi hydrostatisch. Durch einen Dichtungsring muß das Ausquetschen des Elastomers verhindert werden, siehe Bild 4-68a. Die Dauerhaftigkeit dieser Dichtung ist für die Funktionsfähigkeit des Topflagers entscheidend. Aus der zulässigen mittleren Elastomerpressung von zul $\sigma = 30$ N/mm^2 ergibt sich für eine gegebene Auflast die erforderliche Lagergröße. Das hochbeanspruchte und durch den Topf gestützte Elastomer gestattet Winkelverdrehungen bis $\varphi = 0{,}01$.

Durch Zwischenschalten eines Gleitteils (z. B. aus PTFE) wird aus der im Prinzip festen Lagerung eine allseits verschiebliche, die sich jedoch mit Hilfe einer Führungsleiste auf eine Richtung beschränken läßt, siehe Bild 4-68b.

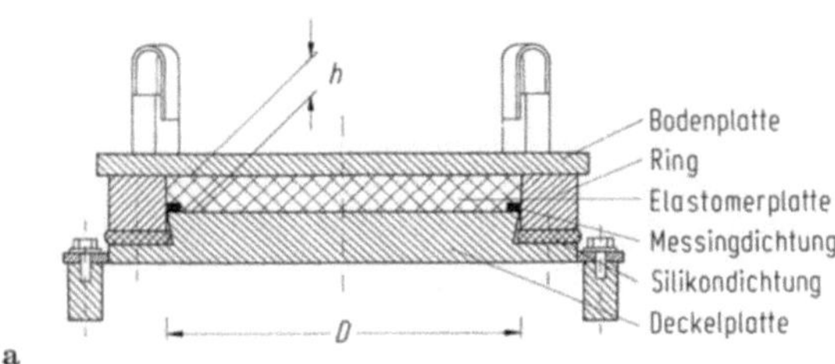

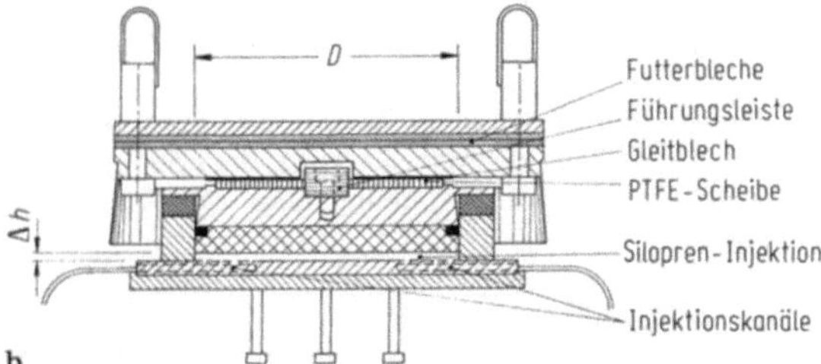

Bild 4-68a, b. Topflager als
a) allseits festes Punktkipplager, b) in
einer Richtung bewegliches Lager.

Topflager können auch mit einer Injiziereinrichtung ausgestattet werden, so daß sich nachträglich durch Einpressen eines geeigneten Materials Höhendifferenzen ausgleichen lassen, siehe Bild 4-68b und [534].

4.9.6 Kalottenlager

Bei Kalottenlagern gleitet eine *Kalotte* in einem *konkaven Lagerunterteil*, siehe Bild 4-69. Zur Verminderung der Reibung ist die Lagerpfanne mit einer PTFE-Scheibe ausgekleidet, und die Kalotte erhält eine hartverchromte und polierte Oberfläche. An die Genauigkeit bei deren Fertigung

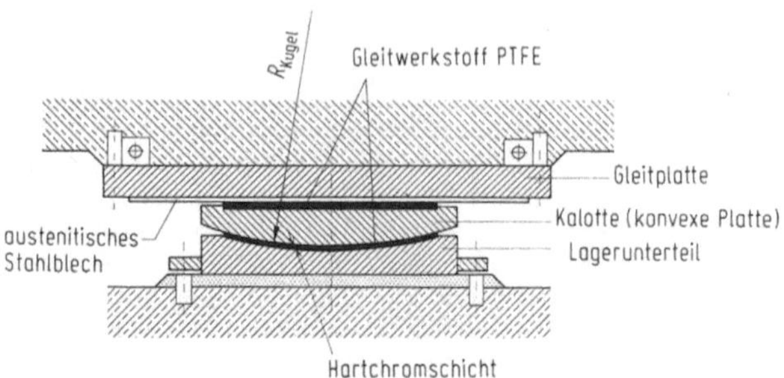

Bild 4-69. Allseits bewegliches Kalottenlager.

werden hohe Anforderungen gestellt. Da der Drehpunkt des theoretischen Brückenauflagers nicht
mit dem Kalottenmittelpunkt zusammenfällt, bewirken Auflagerverdrehungen auch Verschiebungen der Kalotte. Es wird daher über der Kalotte eine weitere Gleitfläche erforderlich. Zur Verringerung der Reibung werden die Gleitteile mit Silicon gefettet [535]. Durch Anordnung von
Führungsleisten können aus den an sich allseits verschieblichen auch einseitig verschiebliche oder
durch entsprechende Halterungen auch feste Lager werden. Vorteilhaft bei dieser Lagerart sind die
größeren zulässigen Neigungswinkel und die geringeren Kippmomente sowie die daraus resultierenden kleinen Lagerexzentrizitäten. Weil die Leichtgängigkeit des Gleitteils bei Verschmutzung aber
sehr stark gefährdet ist, sind diese Lager durch Faltenbälge zu schützen.

4.10 Unterbauten

4.10.1 Allgemeines

Zu den Unterbauten zählen Widerlager, Stützen und Pfeiler. Sie dienen der Stützung von
Brückenüberbauten und müssen vertikal die ständigen und Verkehrslasten sowie horizontal Lasten
aus Wind, Bremsen, Lagerreibung oder Zwangeinwirkungen sicher in die Gründung ableiten
[4f, 110].

4.10.2 Widerlager

Das Widerlager bildet den Übergang vom Damm zur Brücke. Es muß daher einerseits dem
Erddruck widerstehen, andererseits aber den Brückenüberbauten als Auflager dienen und ggf. durch
entsprechende Übergangskonstruktionen Längenänderungen des Überbaus ermöglichen.

An die *Widerlagerstirnwand* mit der Auflagerbank schließen seitlich die *Flügel* an, die den
Übergang zum Damm bilden. Obwohl senkrecht zum Damm angeordnete Flügel, sog. Böschungs-
flügel, kostengünstiger sind, bevorzugt man wegen des besseren Aussehens und der günstigeren
Sichtverhältnisse parallele Flügel und führt das Gesims vom Überbau in gleicher Höhe auf den
Flügeln weiter. Häufig wird die Widerlagerstirnwand mit den beiden Flügeln biegesteif zu einem
Kastenwiderlager verbunden, siehe Bild 4-70a. Hinweise zur statischen Berechnung und Konstruk-
tion solcher Widerlager finden sich in [111, 146, 147].

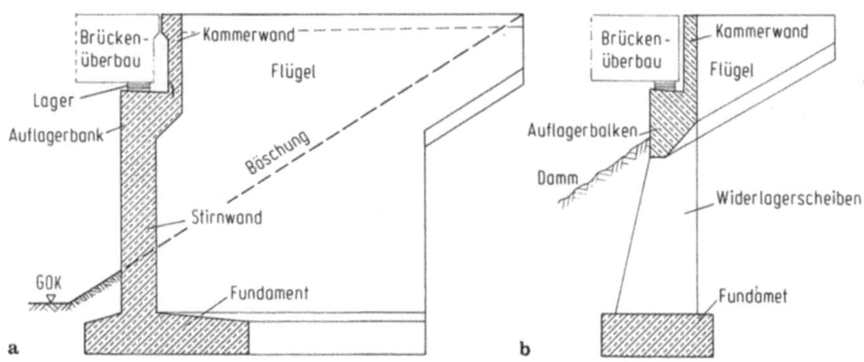

Bild 4-70a, b. Widerlagerkonstruktionen,
a) Kastenwiderlager, b) aufgelöstes Widerlager.

Da bei Widerlagerwänden der Erdruhedruck angesetzt werden muß, ist es ratsam, hohe und lange Flügel durch Fugen von der Widerlagerstirnwand zu trennen und diese als selbständige Stützmauern auszubilden. Dadurch kann man unerwünschte Zwängungen vermeiden. Alle Oberflächen der scheiben- und plattenartigen Widerlagerteile sind kreuzweise und in jeder Richtung mit mindestens 0,06% des Betonquerschnitts zu bewehren [V52]. Da es in Widerlagerwänden zu erheblicher Hydratationswärmeentwicklung kommen kann, treten bei der Abkühlung im unteren Wandbereich, also unmittelbar über den zuvor betonierten und bereits abgekühlten Fundamenten, erhebliche Zugspannungen auf. In schwindbehinderten Bauteilen verlangt deshalb [V52] eine erhöhte konstruktive Bewehrung.

Wirtschaftlich sind *hochgesetzte Widerlager*, siehe Bild 4-70b. Sie erfordern nur kurze Flügel und verbessern die Sichtverhältnisse unter einer Brücke. Die Brückenlänge wird aber wegen der Dammböschung größer. Während früher die Gründung solcher Widerlager über Scheiben, sog. aufgelöste Widerlager, erfolgte, sind heute Pfahl- oder Flachgründungen auch im Dammbereich üblich.

Im Ausland hat man Auflagerbalken auch auf „bewehrter Erde" gegründet. Bewehrte Erde ist ein Bauverfahren, bei dem eine relativ biegeweiche Außenwand durch korrosionsgeschützte Bewehrungseinlagen gestützt wird. Letztere übertragen ihre Zugkräfte durch Reibung in den Füllboden [536]. Nach [V60] ist dieses Bauverfahren in Deutschland jedoch nur für Stützkonstruktionen im allgemeinen Straßenbau zugelassen.

Da sich hinter den Widerlagern beim Verfüllen trotz sorgfältiger Verdichtung Setzungen nie vollständig vermeiden lassen, werden wegen möglicher Setzungsmulden auch Schleppplatten als Übergänge angeordnet [4f].

4.10.3 Stützen und Pfeiler

Bild 4-71 zeigt verschiedene Pfeilerkonstruktionen. Die einfachste Form sind *Rundstützen*. Sie werden für Durchmesser bis etwa 1,0 m verwendet. Auf dem Stützenkopf sollte jedoch neben dem Lager noch Platz für Hubzylinder sein, um den Überbau anheben und das Lager auswechseln zu können. Rechteckige Stützen bieten sich bei *Rahmenkonstruktionen* an, d. h. wenn die Stützen durch einen horizontalen Riegel miteinander verbunden werden.

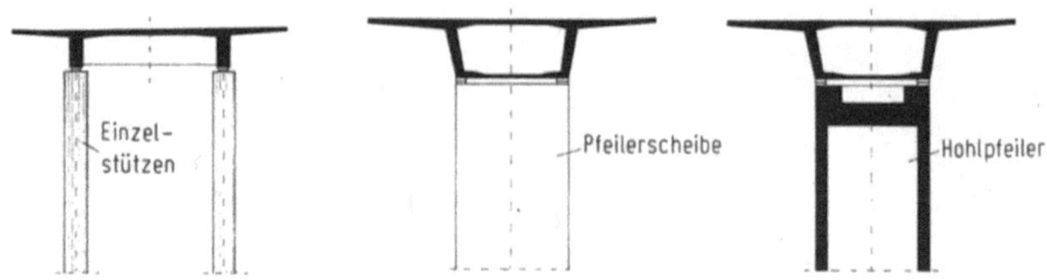

Bild 4-71a–c. Pfeilerkonstruktionen.
a) Pfeilerpaar, b) Pfeilerscheibe, c) Hohlpfeiler.

Bei Talbrücken, etwa ab 15 m Höhe, werden *Hohlpfeiler* zunehmend kostengünstiger. Die Außenwanddicke beträgt nach [V52] mindestens $d = 0,30$ m. Die Pfeiler werden meist mit Gleit- oder Kletterschalung errichtet. Ihre Bemessung, d. h. der Knicksicherheitsnachweis, erfolgt gemäß DIN 1045, 17.4 nach der Theorie II. Ordnung [107]. Bei großen Höhen, $h \geq 30$ m, darf dabei die ungewollte Ausmitte auf $s_k/400$ reduziert werden, wenn durch Kontrollmessungen während des Baues die Lotabweichungen in engen Grenzen gehalten werden, siehe DIN 1075, 7.2.2.

Sind Stützen nicht hinreichend durch abweisende Leiteinrichtungen gegen *Anprall* von Straßenfahrzeugen geschützt, dann müssen sie für entsprechende Ersatzlasten nach DIN 1072, 5.3 bzw. [V61] bemessen und nach DIN 1075, 10.2 bewehrt werden. Ferner läßt sich durch eine Natursteinverblendung der Anprallschutz sowie die Widerstandsfähigkeit der Pfeiler gegen Erosion erhöhen.

Bei sehr hohen Talbrücken, etwa ab 80 m, wird es wirtschaftlich, auf geteilte Überbauten zu verzichten und statt dessen nur einen Überbau mit weiten seitlichen Auskragungen auf nur einer Pfeilerreihe zu errichten, wie z. B. bei der Kochertalbrücke Geislingen [507].

Strombrücken müssen im Hinblick auf zu erwartenden Eisdruck und mögliche Schiffskollisionen kräftige Pfeiler erhalten.

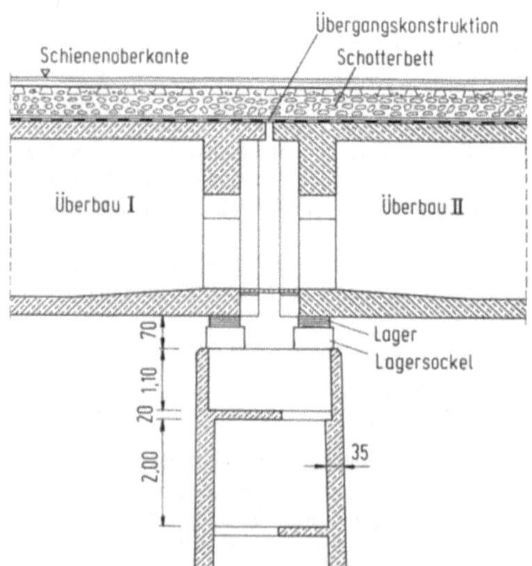

Bild 4-72. Schnitt durch einen Hohlpfeiler mit Zugang zur Auflagerbank und zum Überbau bei einer Eisenbahnbrücke.

Die Deutsche Bundesbahn legt bei den Brücken ihrer Neubaustrecken besonderen Wert auf eine gute *Zugänglichkeit* [537]. Die Pfeilerköpfe sind daher so gestaltet, daß die Lager ohne Hilfsgerüste überprüft und ggf. ausgewechselt werden können, siehe Bild 4-72. Dazu lassen sich mit im Überbau verfahrbaren Hebezeugen durch entsprechende Öffnungen selbst schwerere Teile im Pfeiler heben.

Literatur zu Teil K. Anwendungen des Stahl- und Spannbetons

Normen und andere technische Regeln

DIN 488 Teil 1: Betonstahl; Sorten, Eigenschaften, Kennzeichen (09.84)

DIN 488 Teil 2: Betonstahl; Betonstabstahl; Maße und Gewichte (06.86)

DIN 1045: Beton und Stahlbeton; Bemessung und Ausführung (07.88)

DIN 1053 Teil 1: Mauerwerk; Rezeptmauerwerk; Berechnung und Ausführung (02.90)

DIN 1055 Teil 1: Lastannahmen für Bauten; Lagerstoffe, Baustoffe und Bauteile (07.78)

DIN 1055 Teil 2: Lastannahmen für Bauten; Bodenkenngrößen (02.76)

DIN 1055 Teil 3: Lastannahmen für Bauten; Verkehrslasten (06.71)

DIN 1055 Teil 4: Lastannahmen für Bauten; Verkehrslasten, Windlasten bei nicht schwingungsanfälligen Bauwerken (08.86)

DIN 1055 Teil 5: Lastannahmen für Bauten; Schneelast und Eislast (06.75)

DIN 1055 Teil 6: Lastannahmen für Bauten; Lasten in Silozellen (05.87)

DIN 1056: Freistehende Schornsteine in Massivbauart; Berechnung und Ausführung (10.84)

DIN 1072: Straßen- und Wegbrücken; Lastannahmen (12.85)

DIN 1075: Betonbrücken; Bemessung und Ausführung (04.81)

DIN 1076: Ingenieurbauwerke im Zuge von Straßen und Wegen; Überwachung und Prüfung (03.83)

DIN 4028: Stahlbetondielen aus Leichtbeton mit haufwerksporigem Gefüge (01.82)

DIN 4030 Teil 1: Beurteilung betonangreifender Wässer, Böden und Gase; Grundlagen und Grenzwerte (06.91)

DIN 4035: Stahlbetonrohre, Stahlbetondruckrohre und zugehörige Formstücke (07.90)

DIN 4099: Schweißen von Betonstahl; Ausführung und Prüfung (11.85)

DIN 4102 Teil 4: Brandverhalten von Baustoffen und Bauteilen; Zusammenstellung und Anwendung klassifizierter Baustoffe, Bauteile und Sonderbauteile (03.81)

DIN 4103 Teil 1: Nichttragende innere Trennwände; Anforderungen, Nachweise (07.84)

DIN 4109: Schallschutz im Hochbau; Anforderungen und Nachweise (11.89)

DIN 4141 Teil 1: Lager im Bauwesen; Allgemeine Regelungen (09.84)

DIN 4141 Teil 2: Lager im Bauwesen; Lagerung für Ingenieurbauwerke im Zuge von Verkehrswegen (Brücken) (09.84)

DIN 4141 Teil 3: Lager im Bauwesen; Lagerung für Hochbauten (09.84)

DIN 4141 Teil 4: Lager im Bauwesen; Transport, Zwischenlagerung und Einbau (10.87)

DIN 4141 Teil 14: Lager im Bauwesen; Bewehrte Elastomerlager; Bauliche Durchbildung und Bemessung (09.85)

DIN 4141 Teil 15: Lager im Bauwesen; Unbewehrte Elastomerlager; Bauliche Durchbildung und Bemessung (01.91)

DIN 4149 Teil 1: Bauten in deutschen Erdbebengebieten; Lastannahmen, Bemessung und Ausführung üblicher Hochbauten (04.81)

DIN 4158: Zwischenbauteile aus Beton für Stahlbeton- und Spannbetondecken (05.78)

DIN 4159: Ziegel für Decken und Wandtafeln, statisch mitwirkend (04.78)

DIN 4160: Ziegel für Decken, statisch nicht mitwirkend (08.78)

DIN 4212: Kranbahnen aus Stahlbeton und Spannbeton; Berechnung und Ausführung (01.86)

DIN 4219 Teil 1: Leichtbeton und Stahlleichtbeton mit geschlossenem Gefüge; Anforderungen an den Beton, Herstellung und Überwachung (12.79)

DIN 4219 Teil 2: Leichtbeton und Stahlleichtbeton mit geschlossenem Gefüge; Bemessung und Ausführung (12.79)

DIN 4223: Gasbeton; Bewehrte Bauteile (Entwurf 08.78)

DIN 4232: Wände aus Leichtbeton mit haufwerksporigem Gefüge; Bemessung und Ausführung (09.87)

DIN 4227 Teil 1: Spannbeton; Bauteile aus Normalbeton mit beschränkter und voller Vorspannung (07.88)

DIN 4227 Teil 2: Spannbeton; Bauteile mit teilweiser Vorspannung (Vornorm 05.84)

DIN 4227 Teil 3: Spannbeton; Bauteile in Segmentbauart; Bemessung und Ausführung der Fugen (Vornorm 12.83)

DIN 4227 Teil 4: Spannbeton; Bauteile aus Spannleichtbeton (02.86)

DIN 4227 Teil 5: Spannbeton; Einpressen von Zementmörtel in Spannkanäle (12.79)

DIN 4227 Teil 6: Spannbeton; Bauteile mit Vorspannung ohne Verbund (Vornorm 05.82)

DIN 18 203 Teil 1: Toleranzen im Hochbau; Vorgefertigte Teile aus Beton, Stahlbeton und Spannbeton (02.85)

DIN 18 230 Teil 1: Baulicher Brandschutz im Industriebau; Rechnerisch erforderliche Feuerwiderstandsdauer (Vornorm 09.87)

DIN 18 932 Teil 1: Eurocode 2; Planung von Stahlbeton- und Spannbetontragwerken; Grundlagen und Anwendungsregeln für den Hochbau (Vornorm 10.91)

DIN 25 449: Auslegung der Stahlbetonbauteile von Kernkraftwerken unter Belastung aus inneren Störfällen (05.87)

DIN 25 459: Sicherheitsumschließung aus Stahlbeton und Spannbeton für Kernkraftwerke (Vornorm 04.90)

V50 Bauaufsichtliche Zulassungen (BAZ): Loseblattsammlung. Hrsg.: Breitschaft, G.; u. a. Bielefeld: E. Schmidt

V51 Merkblatt „Begrenzung der Rißbildung im Stahlbeton- und Spannbetonbau". Hrsg.: Deutscher Beton-Verein. Fassung: März 1991

V52 Zusätzliche Technische Vertragsbedingungen für Kunstbauten (ZTV-K 88). Hrsg.: Bundesminister für Verkehr. Ausgabe 1989

V53 Merkblatt „Betondeckung". Hrsg.: Deutscher Beton-Verein. Fassung: März 1991

V54 Merkblatt „Abstandhalter". Hrsg.: Deutscher Beton-Verein. Fassung: Januar 1987

V55 Merkblatt „Rückbiegen von Betonstahl und Anforderungen an Verwahrkästen". Hrsg.: Deutscher Beton-Verein. Fassung: Februar 1991

V56 Eurocode No. 2 (EC 2): Design of Concrete Structures; Part 1: General Rules and Rules for Buildings. Fassung: Oktober 1990

V57 SIA 162: Betonbauten. Hrsg.: Schweizerischer Ingenieur- und Architekten-Verein. Fassung 1989

V58 TGL 33 404: Betonbau, Schnittgrößen- und Verformungsberechnung; Teil 1: Grundsätze (05.80), Teil 2: Hilfsmittel (05.80)

V59 Straßenbau von A biz Z: Loseblattsammlung. Hrsg.: Goerner, E. Bielefeld: E. Schmidt

V60 Sammlung der Technischen Richtlinien, Rundschreiben, Erlasse und Verfügungen für den Brücken- und Ingenieurbau. Hrsg.: Bundesminister für Verkehr. Dortmund: Verkehrs- und Wirtschaftsverlag

V61 Vorschrift für Eisenbahnbrücken und sonstige Ingenieurbauwerke (VEI). DS 804. Ausgabe August 1988. München: Deutsche Bundesbahn

V62 Besondere Bestimmungen für Eisenbahnbrücken in Neubaustrecken (BesB). DS 899/59. Ausgabe Januar 1985. München: Deutsche Bundesbahn

V63 Bedingungen für die Anwendung des BEBO-Brückensystems. Hrsg.: Bundesminister für Verkehr. Ausgabe 1980. Dortmund: Verkehrsblatt

V64 Vorläufige Richtlinien für Straßen- und Wegebrücken aus Spann- und Stahlbeton-Fertigteilen (R FT-Brücken). Ausgabe 1979. Köln: Forschungsgesellschaft für das Straßenwesen

V65 Richtzeichnungen für Brücken und andere Ingenieurbauwerke. Loseblattsammlung. Hrsg.: Bundesminister für Verkehr. Dortmund: Verkehrsblatt

V66 Richtzeichnungen für massive Eisenbahnbrücken. DS 804/III. Loseblattsammlung. Stand 1990. München: Deutsche Bundesbahn

V67 Merkblatt „Gleitbauverfahren". Hrsg.: Deutscher Beton-Verein. Fassung: Februar 1987

V68 Richtlinie zur Nachbehandlung von Beton. Hrsg.: Deutscher Ausschuß für Stahlbeton. Fassung: Februar 1984

V69 Merkblatt „Wasserundurchlässige Baukörper aus Beton". Hrsg.: Deutscher Beton-Verein. Fassung: August 1989

V70 Planung und Bau von Wasserbehältern. Hrsg.: Deutscher Verein des Gas- und Wasserfaches. Arbeitsblatt W 311. Fassung: Februar 1988

V71 Bau von Wassertürmen. Hrsg.: Deutscher Verein des Gas- und Wasserfaches. Arbeitsblatt W 315. Fassung: Februar 1983

V72 Richtlinien für die Bemessung von Stahlbetonbauteilen von Kernkraftwerken für außergewöhnliche äußere Belastungen. Fassung: November 1975. Mitt. Inst. f. Bautechnik 6 (1974) 175–181, 7 (1976) 12

V73 VGB-Richtlinie: BTR-Bautechnik bei Kühltürmen. (VGB-R 610 U). Ausgabe 1990. Essen: VGB-Kraftwerkstechnik

Bücher

1 *Lamprecht, H.-O.*: Opus Caementitium: Bautechnik der Römer. 3. Aufl. Düsseldorf: Beton-Vlg. 1987

2 *Jungwirth, D.; u. a.*: Dauerhafte Betonbauwerke. Düsseldorf: Beton-Vlg. 1986

3 *König, G.; u. a.*: Spannbeton. Berlin: Springer 1986

4 *Leonhardt, F.*: Vorlesungen über Massivbau. Berlin: Springer

4a Teil 1: *Leonhardt, F.; Mönnig, E.*: Grundlagen zur Bemessung im Stahlbetonbau. 3. Aufl. 1984

4b Teil 2: *Leonhardt, F.; Mönnig, E.*: Sonderfälle der Bemessung im Stahlbetonbau. 3. Aufl. 1986

4c Teil 3: *Leonhardt, F.; Mönnig, E.*: Grundlagen zum Bewehren im Stahlbetonbau. 3. Aufl. 1977

4d Teil 4: *Leonhardt, F.*: Nachweis der Gebrauchsfähigkeit. 2. Aufl. 1978

4e Teil 5: *Leonhardt, F.*: Spannbeton. 1980

4f Teil 6: *Leonhardt, F.*: Grundlagen des Massivbrückenbaues. 1979

5 *Franz, G.*: Konstruktionslehre des Stahlbetons. Berlin: Springer

5a Band I: *Franz, G.*: Grundlagen und Bauelemente. Teil A: Baustoffe. 4. Aufl. 1980

5b Band I: *Franz, G.*: Grundlagen und Bauelemente. Teil B: Die Bauelemente und ihre Bemessung. 4. Aufl. 1983

5c Band II: *Franz, G.; Schäfer, K.*: Tragwerke. Teil A: Typische Tragwerke. 2. Aufl. 1988

6 Beispiele zur Bemessung nach DIN 1045. Dt. Beton-Ver. (Hrsg.). 5. Aufl. Wiesbaden: Bauverlag 1991

7 *Vaessen, F.*: Bauen mit vorgefertigten Stahlbetonteilen. (Ingenieurbauten, 2). Wien: Springer 1973

8 *Bonzel, J.; u. a.*: Erläuterungen zu den Stahlbetonbestimmungen. 7. Aufl. Berlin: Ernst & Sohn 1972

9 *Rösel, W.; Stöffler, J.*: Beton-Fertigteile im Skelettbau. Düsseldorf: Beton-Vlg. 1982

10 *Koncz, T.*: Hdb. d. Fertigteilbauweise. Wiesbaden: Bauverlag

10a Band 1: Grundlagen, Dach- und Deckenelemente, Wandtafeln. 3. Aufl. 1973

10b Band 2: Hallen- und Flachbauten, Zweckbauten. 4. Aufl. 1975

10c Band 3: Mehrgeschoßbauten im Industriebau, Öffentlichen Bau und Schulbau. Wohnbau in Großtafelbauweise. 4. Aufl. 1974

11 *Stupré (Hrsg.)*: Kraftschlüssige Verbindungen im Fertigteilbau. Konstruktions-Atlas. 2. Aufl. Düsseldorf: Beton-Vlg. 1987

12 *Stiglat, K.; Wippel, H.*: Platten. 3. Aufl. Berlin: Ernst & Sohn 1983

13 *Bittner, E.*: Platten und Behälter. Wien: Springer 1965

14 *Bruckner, H.*: Elastische Platten. Braunschweig: Vieweg 1977

15 *Bareš, R.*: Berechnungstafeln für Platten und Wandscheiben. 3. Aufl. Wiesbaden: Bauverlag 1979

16 *Ertürk, I.N.*: Zwei-, drei- und vierseitig gestützte Rechteckplatten. Berlin: Ernst & Sohn 1965

17 *Hahn, J.*: Durchlaufträger, Rahmen, Platten und Balken auf elastischer Bettung. 14. Aufl. Düsseldorf: Werner 1985

18 *Bruckner, H.*: Winkelplatten. Braunschweig: Vieweg 1986

19 *Mattheiß, J.*: Platten und Scheiben. Düsseldorf: Werner 1982

20 *Johansen, K.W.*: Yield-line formulae for slabs. London: Cement and Concrete Ass. 1972

21 *Sawczuk, A.; Jaeger, T.*: Grenztragfähigkeits-Theorie der Platten. Berlin: Springer 1963

22 *Pucher, A*: Einflußfelder elastischer Platten. 5. Aufl. Wien: Springer 1977

23 *Olsen, H.; u. a.*: Die zweiseitig gelagerte Platte. Berlin: Ernst & Sohn 1979

24 *Molkenthin, A.*: Einflußfelder zweifeldriger Platten mit freien Längsrändern. Berlin: Springer 1971

25 *Zuber, E.*: Ein Beitrag zur Berechnung elastischer Platten mit Rechtecköffnungen. Diss. TH Darmstadt 1967

26 *Schriever, H.*: Berechnung von Platten mit dem Einspanngrad-Verfahren. 3. Aufl. Düsseldorf: Werner 1979

27 *v. Gunten, H.; u. a.*: Flachdecken. (Inst. f. Hochbautech., ETH Zürich, Bericht, 8). 1982

28 *Pöllet, L.*: Untersuchung von Flachdecken auf Durchstanzen im Bereich von Eck- und Randstützen. Diss. RWTH Aachen 1983

29 *Brändli, W.*: Durchstanzen von Flachdecken bei Rand- und Eckstützen. (Inst. f. Baustatik Konstruktion, ETH Zürich, Bericht, 146). Basel: Birkhäuser 1985

30 *Reyer, E.*: Lochrandgestützte Platten – Flachdecken. Berlin: Ernst & Sohn 1980

31 *Ritz, P.; u. a.*: Spannbeton im Hochbau: Vorgespannte Decken. Bern: VSL International 1986

32 *Kupfer, H.; u. a.*: Teilweise Vorspannung. Berlin: Ernst & Sohn 1986

33 *Girkmann, K.*: Flächentragwerke. 6. Aufl. Wien: Springer 1963 (Nachdruck 1986)

34 *Beyer, K.*: Die Statik im Stahlbetonbau. 2. Aufl. Berlin: Springer 1956 (Nachdruck 1987)

35 *Márkus, G.*: Theorie und Berechnung rotationssymmetrischer Bauwerke. 3. Aufl. Düsseldorf: Werner 1978

36 *Márkus, G.*: Kreis- und Kreisringplatten unter periodischer Belastung. Düsseldorf: Werner 1985

37 *Bay, H.*: Wandartiger Träger und Bogenscheibe. Stuttgart: Wittwer 1960

38 *Theimer, O.F.; Theimer, G.U.*: Hilfstafeln zur Berechnung wandartiger Stahlbetonträger. 5. Aufl.

Berlin: Ernst & Sohn 1975

39 *Kraus, H.J.; Dischinger, F.:* Hochbau, II. Teil. 4. Aufl. (Hdb. f. Eisenbetonbau. Hrsg.: F. v. Emperger, Bd. VI). Berlin: Ernst & Sohn 1928

40 *Neubauer, O.; u. a.:* Gebäude für besondere Zwecke I. 3. Aufl. (Hdb. f. Eisenbetonbau. Hrsg.: F. v. Emperger, Bd. XIII). Berlin: Ernst & Sohn 1924

41 *Dörr, H.:* Silos, landwirtschaftliche Bauten. 4. Aufl. (Hdb. f. Eisenbetonbau. Hrsg.: F. v. Emperger, Bd. VIII). Berlin: Ernst & Sohn 1938

42 *Häberli, W.:* Beton, Konstruktion und Form. Stuttgart: J. Hoffmann 1966

43 Welt des Betons. Wiesbaden: Dt. Beton-Ver. 1973

44 *Kind-Barkauskas, F.:* Beton-Atlas. Bundesverband der Deutschen Zementindustrie (Hrsg.). Düsseldorf: Beton-Vlg. 1984

45 *Thul, H.:* Bauen gestaltet die Zukunft. Düsseldorf: Beton-Vlg. 1984

46 *Leonhardt, F.:* Spannbeton für die Praxis. 3. Aufl. Berlin: Ernst & Sohn 1973

47 *Bauer, F.:* Spannbetonbauten. (Ingenieurbauten, 1). Wien: Springer 1971

48 *Müller, F.P.; Keintzel, E.:* Erdbebensicherung von Hochbauten. 2. Aufl. Berlin: Ernst & Sohn 1984

49 *Rybicki, R.:* Bauschäden an Tragwerken. Düsseldorf: Werner

49a Teil 1: Mauerwerkbauten und Gründungen. 1978
49b Teil 2: Beton- und Stahlbetonbauten. 1979

50 *Lewicki, B.:* Hochbauten aus großformatigen Fertigteilen. Wien: Deuticke 1967

51 *Ludewig, S.:* Montagebau. Berlin: Vlg. f. Bauwesen 1974

52 *Stupré (Hrsg.):* Kraftschlüssige Verbindungen im Fertigteilbau. Deckenverbindungen. Düsseldorf: Beton-Vlg. 1981

53 *Utescher, G.:* Beurteilungsgrundlagen für Fassadenverankerungen. Berlin: Ernst & Sohn 1978

54 *Rosman, R.:* Statik und Dynamik der Scheibensysteme des Hochbaues. Berlin: Springer 1968

55 *Ludewig, S.:* Bewegungsfugen. Berlin: Vlg. f. Bauwesen 1986

56 *Klawa, N.; Haack, A.:* Tiefbaufugen. Berlin: Ernst & Sohn 1990

57 Pfefferkorn, W.; Steinhilber, H.: Ausgedehnte fugenlose Stahlbetonbauten. Düsseldorf: Beton-Vlg. 1990

58 *Ambos, G.:* Zur wirklichkeitsnahen Berechnung aussteifender Bauteile von Hochhäusern. (Mitt. a. d. Inst. f. Massivbau TH Darmstadt, 24). 1977

59 *Flügge, W.:* Statik und Dynamik der Schalen. 3. Aufl. Berlin: Springer 1962 (Nachdruck 1981)

60 *Rühle, H.; u. a.:* Räumliche Dachtragwerke. Band 1: Beton Holz Keramik. Berlin: Vlg. f. Bauwesen 1969

61 *Born, J.:* Faltwerke. Ihre Theorie und Berechnung. Stuttgart: Wittwer 1954

62 *Wlassow, W.S.:* Allgemeine Schalentheorie und ihre Anwendung in der Technik. Berlin: Akademie-Vlg. 1958

63 *Flügge, W.:* Stresses in shells. 2. Aufl. Berlin: Springer 1973

64 *Fischer, L.:* Theorie und Praxis der Schalenkonstruktionen. Berlin: Ernst & Sohn 1967

65 *Polónyi, S.; Stein, H.:* Hallen. Köln: R. Müller 1986

66 *Born, J.:* Schalen Faltwerke Rippenkuppeln und Hängedächer. Düsseldorf: Werner

66a Band 1: Doppelt gekrümmte Schalen. 1962
66b Band 2: Zylinderschalen Shedschalen Regelschalen. 1963
66c Band 3: Rippenkuppeln Faltwerke Hängedächer. 1964

67 *Otto, F.:* Das hängende Dach. Berlin: Bauwelt Vlg. 1954

68 *Ciesielski, R.; u. a.:* Behälter, Bunker, Silos, Schornsteine und Fernsehtürme. 2. Aufl. Berlin: Ernst & Sohn 1985

69 *Duddeck, H.; Niemann, H.:* Kreiszylindrische Behälter. Berlin: Ernst & Sohn 1976

70 *Born, J.:* Praktische Schalenstatik. Band I: Die Rotationsschalen. Berlin: Ernst & Sohn 1960

71 *Hampe, E.:* Statik rotationssymmetrischer Flächentragwerke. Berlin: Vlg. f. Bauwesen

71a Band 1: Allgemeine Rotationsschale. Kreis- und Kreisringscheibe. Kreis- und Kreisringplatte. 3. Aufl. 1968
71b Band 2: Kreiszylinderschale. 3. Aufl. 1969
71c Band 3: Kegelschale. Kugelschale. 3. Aufl. 1970
71d Band 4: Zusammengesetzte Flächentragwerke. 2. Aufl. 1967
71e Band 5: Hyperbelschalen. 1973

72 *Hampe, E.:* Rotationssymmetrische Flächentragwerke. Berlin: Ernst & Sohn 1981

73 *Bieger, K.W.:* Kreiszylinderschalen unter radialen Einzellasten. Berlin: Springer 1976

74 *Hampe, E.:* Stabilität rotationssymmetrischer Flächentragwerke. Berlin: Ernst & Sohn 1983

75 *Martens, P. (Hrsg.):* Silo-Handbuch. Berlin: Ernst & Sohn 1988

76 *Reimbert, M.; Reimbert, A.:* Silos. Clausthal: Trans Tech Publications 1976

77 *Safarian, S.S.; Harris, E.C.:* Design and construction of silos and bunkers. New York: Van Nostrand Reinhold 1985

78 *Hampe, E.:* Silos. Berlin: Vlg. f. Bauwesen
78a Band 1: Grundlagen. 1987
78b Band 2: Bauwerke. 1991

79 *Pajer, G.; u. a.:* Stetigförderer. 5. Aufl. Berlin: Vlg. Technik 1988

80 Behälter aus Beton. Bern: VSL International 1983

81 *Grombach, P.; u. a.*: Hdb. d. Wasserversorgungstechnik. München: Oldenbourg 1985

82 *Mutschmann, J.; Stimmelmayr, F.*: Tb. d. Wasserversorgung. 10. Aufl. Stuttgart: Franckh 1991

83 *Hampe, E.*: Flüssigkeitsbehälter. Berlin: Ernst & Sohn

83a Band 1: Grundlagen 1980

83b Band 2: Bauwerke 1982

84 Behälterbau. (DYWIDAG-Ber., 1). München: Dyckerhoff & Widmann 1974

85 *Imhoff, K.; Imhoff, K.R.*: Tb. d. Stadtentwässerung. 27. Aufl. München: Oldenbourg 1990

86 *Bischof, W.*: Abwassertechnik. 9. Aufl. Stuttgart: Teubner 1989

87 *Iványi, G.; Buschmeyer, W.*: Faulbehälter aus Stahlbeton. Düsseldorf: Beton-Vlg. 1991

88 *Hampe, E.*: Kühltürme. Berlin: Vlg. f. Bauwesen 1975

89 *Heinle, E.; Leonhardt, F.*: Türme aller Zeiten – aller Kulturen. Stuttgart: DVA 1988

101 *Gehler, W.*: Balkenbrücken. 3. Aufl. (Hdb. f. Eisenbetonbau. Hrsg.: F. v. Emperger, Bd. VI). Berlin: Ernst & Sohn 1931

102 *Melan, J.; Gesteschi, T.*: Bogenbrücken. 4. Aufl. (Hdb. f. Eisenbetonbau. Hrsg.: F. v. Emperger, Bd. XI). Berlin: Ernst & Sohn 1932

103 *Mörsch, E.*: Brücken aus Stahlbeton und Spannbeton. Stuttgart: Wittwer

103a 1. Band: *Mörsch, E.; u. a.*: Entwurf und Konstruktion. 6. Aufl. 1958

103b 2. Band: *Mörsch, E.; u. a.*: Herstellung und bauliche Einzelheiten. 6. Aufl. 1968

104 *Wittfoht, H.*: Triumph der Spannweiten. Düsseldorf: Beton-Vlg. 1972

105 *Wittfoht, H.*: Building Bridges. Düsseldorf: Beton-Vlg. 1984

106 *Leonhardt, F.*: Brücken. 3. Aufl. Stuttgart: DVA 1990

107 *Menn, C.*: Stahlbetonbrücken. 2. Aufl. Wien: Springer 1990

108 *Pauser, A.*: Entwicklungsgeschichte des Massivbrückenbaues. Wien: Österr. Betonverein 1987

109 *Langrock, J.; u. a.*: Betonbrückenbau. Berlin: Vlg. f. Bauwesen 1979

110 *Weidemann, H.*: Brückenbau. Düsseldorf: Werner 1982

111 *Holst, K.H.*: Brücken aus Stahlbeton und Spannbeton. 2. Aufl. Berlin: Ernst & Sohn 1990

112 *Rossner, W.*: Brücken aus Spannbeton-Fertigteilen. Berlin: Ernst & Sohn 1988

113 *Homberg, H.*: Berechnung von Brücken unter Militärlasten. Düsseldorf: Werner

113a Band 1: STANAG 2021. 1970

113b Band 2: Erhöhungsfaktoren. 1970

113c Band 3: Einstufung. 1973

114 Hdb. f. Rohre aus Beton, Stahlbeton und Spannbeton. Hrsg.: Bundesverband Deutsche Beton- u. Fertigteilindustrie. Wiesbaden: Bauverlag 1978

115 *Rüsch, H.; Hergenröder, A.*: Einflußfelder der Momente schiefwinkliger Platten. 3. Aufl. Düsseldorf: Werner 1969

116 *Schleicher, C.; Müller, K.*: Schiefe Einfeldplatten. Berlin: Transpress Vlg. f. Verkehrswesen 1962

117 *Schleicher, C.; Wegener, B.*: Durchlaufende schiefe Platten. 2. Aufl. Berlin: Vlg. f. Bauwesen 1971

118 *Krug, S.; Stein, P.*: Einflußfelder orthogonal anisotroper Platten. Berlin: Springer 1961

119 *Grundmann, H.; u. a. (Hrsg.)*: Finite Elemente. Anwendungen in der Baupraxis. Berlin: Ernst & Sohn 1985

120 *Beyer, E.; Thul, H.*: Hochstraßen. Düsseldorf: Beton-Vlg. 1967

121 Stahl- und Spannbetonbrücken. Hrsg.: K.W. Bieger. TU Hannover, Lehrstuhl für Massivbau, Hannover 1973

122 *Unger, H.*: Massivbrücken. Teil 1: Platten- und Balkenbrücken. Leipzig: Teubner 1956

123 *Koch, W.*: Brückenbau. Teil 2: Massivbrücken. 2. Aufl. Düsseldorf: Werner 1965

124 *Homberg, H.*: Fahrbahnplatten mit veränderlicher Dicke. Berlin: Springer

124a 1. Band: *Homberg, H.; Ropers, W.*: Kragplatten. Beidseitig eingespannte Platten. Dreifeldplatten verschiedener Stützweiten. 1965

124b 2. Band: Kragplatten mit parabolischer Untersicht. Platten über unendlich viele Stützen. Vierfeldplatten verschiedener Stützweiten. 1968

125 *Homberg, H.*: Platten mit zwei Stegen. Berlin: Springer 1973

126 *Schmidt, H.; Peil, U.*: Berechnung von Balken mit breiten Gurten. Berlin: Springer 1976

127 *Schmidt, H.; Born, W.*: Die Mitwirkung breiter Gurte in Balkenbrücken mit veränderlichem Querschnitt. Berlin: Ernst & Sohn 1978

128 *Trost, H.*: Lastverteilung bei Plattenbalkenbrücken. Düsseldorf: Werner 1961

129 *Homberg, H.; Trenks, K.*: Drehsteife Kreuzwerke. Berlin: Springer 1962

130 *Graßhoff, S.*: Einflußflächen für Plattenanschnittsmomente zweistegiger Plattenbalkenbrücken. Düsseldorf: Werner 1973

131 *Graßhoff, S.*: Einflußflächen für Plattenmomente zweistegiger Plattenbalkenbrücken. Düsseldorf: Werner 1975

132 *Ropers, W.*: Mehrfeldrige zweistegige Plattenbalkenbrücken. Berlin: Springer 1979

133 *Burmester, S.*: Berechnung von Einflußflächen für die Schnittgrößen zweistegiger Plattenbalkenbrücken. Düsseldorf: Werner 1981

134 Brücken. Frankfurt: Wayss & Freytag 1980

135 *Schlaich, J.; Scheef, H.*: Beton-Hohlkasten-
     brücken. Zürich: IVBH 1982
136 *Kehlbeck, F.*: Einfluß der Sonnenstrahlung bei
     Brückenbauwerken. Düsseldorf: Werner 1975
137 Der Lehnenviadukt Beckenried. Hrsg.: D. J.
     Bänziger. Zürich: Baufachvlg. 1981
138 *Tamms, F.; Beyer, E.*: Kniebrücke Düsseldorf.
     Düsseldorf: Betonvlg. 1969
139 *Podolny, W.; Muller, J.M.*: Construction and
     design of prestressed concrete segmental bridges.
     New York: Wiley 1982
140 *Swida, W.*: Statik der Bogen und Gewölbe.
     Karlsruhe: C. F. Müller 1954
141 *Walther, R.; et al.*: Cable stayed bridges: London:
     Telford 1988

142 *Roik, K.; u. a.*: Schrägseilbrücken. Berlin: Ernst
     & Sohn 1986
143 *Quast, J.*: Zeitabhängige Spannungsumlagerun-
     gen bei seilabgespannten Massivbrücken.
     Düsseldorf: Werner 1980
144 *Eggert, H.; u. a.*: Lager im Bauwesen. Band 1:
     Entwurf Berechnung Vorschriften. Berlin: Ernst
     & Sohn 1974
145 *Eggert, H.*: Vorlesungen über Lager im Bau-
     wesen. 2. Aufl. Berlin: Ernst & Sohn 1981
146 *Eibl, J.; u. a.*: Berechnung kastenförmiger Wider-
     lager. 3. Aufl. Düsseldorf: Werner 1988
147 *Holst, K.H.*: Schnittgrößen in Brückenwiderla-
     gern. Braunschweig: Vieweg 1990

Beiträge

201 *Lamprecht, H.-O.*: Beton zwischen Triumph und
     Verteufelung. deutsche bauzeitung 114 (1980)
     73–80
202 *Bertram, D.; Bunke, N.*: Erläuterungen zu
     DIN 1045: Beton und Stahlbeton, Ausgabe
     07.88. In: DAfStb, 400. 1989
203 *Bertram, D.*: Stahl im Bauwesen. In: Beton-
     Kalender 1991, Teil I. Berlin: Ernst & Sohn,
     S. 109–272
204 *Kordina, K.; Droese, S.*: Versuche mit formstahl-
     bewehrten Stahlbetonbalken. Bauingenieur 62
     (1987) 117–125
205 *Wolff, R.*: Glasfaser-Verbundstäbe als Vorspann-
     bewehrung. In: Vortr. Dt. Betontag 1987. Wies-
     baden: Dt. Beton-Ver. 1988, S. 196–210
206 *Leonhardt, F.*: Das Bewehren von Stahlbeton-
     tragwerken. In: Beton-Kalender 1979, Teil II.
     Berlin: Ernst & Sohn, S. 613–776
207 *Schlaich, J.; Schäfer, K.*: Konstruieren im Stahl-
     betonbau. In: Beton-Kalender 1989, Teil II. Ber-
     lin: Ernst & Sohn, S. 563–715
208 *Rehm, G.; u. a.*: Erläuterung der Bewehrungs-
     richtlinien. In: DAfStb, 300. 1979
209 *Rehm, G.; u. a.*: Rationalisierung der Bewehrungs-
     technik. Bauingenieur 57 (1982) 445–450
210 *Steinle, A.*: CAD/CAM im Massivbau-Rechner-
     unterstützung bei Planung und Herstellung der
     Stahlbetonfertigteile für die Universität Riyadh.
     Beton- Stahlbetonbau 78 (1983) 190–196
211 *Schießl, P.*: Grundlagen der Neuregelung zur Be-
     schränkung der Rißbreite. In: DAfStb, 400. 1989
212 Comité Euro-International du Béton (Hrsg.):
     CEB – Design manual on cracking and defor-
     mations. (CEB Bulletin d'Information, 158).
     Lausanne 1985
213 *Jungwirth, D.; Kern, G.*: Verwendung von Beweh-

     rungsstäben mit großen Durchmessern bzw. ho-
     hen Festigkeiten am Beispiel des Dywidag-Ge-
     windestabs. Beton- Stahlbetonbau 72 (1977)
     237–244, 277–282
214 *Franke, H.*: Die Schweißverbindungen in Stahl-
     betonbauteilen. In: Konstruktiver Ingenieurbau,
     Hrsg.: Verein Beratender Ingenieure. Berlin:
     Ernst & Sohn 1985, S. 193–216
215 *Paschen, H.; Zillich, V.C.*: Versuche zur Bestim-
     mung der Tragfähigkeit stumpf gestoßener
     Stahlbetonfertigteilstützen. (DAfStb, 316). 1980
216 *Müller, F.; u. a.*: Stützenstöße im Stahlbeton-
     Fertigteilbau mit unbewehrten Elastomerlagern.
     (DAfStb, 339). 1982
217 *Bomhard, H.*: Das BMW-Hochhaus in München.
     In: Vortr. Betontag 1973. Wiesbaden: Dt. Beton-
     Ver., S. 171–201
218 *Vaessen, F.*: Das Hängedach der großen Trai-
     nings- und Ausstellungshalle der Westfalenhalle
     AG in Dortmund. Beton- Stahlbetonbau 54
     (1959) 233–240
219 *Schambeck, H.; Kroppen, H.*: Die Zügelgurt-
     brücke aus Spannbeton über die Donau in Met-
     ten. Beton- Stahlbetonbau 77 (1982) 131–136,
     156–161
220 *Batsch, W.; Nehse, H.*: Spannbandbrücke als
     Fußgängersteg in Freiburg im Breisgau. Beton-
     Stahlbetonbau 67 (1972) 49–52
221 *Leonhardt, F.; Walther, R.*: Schubversuche an
     einfeldrigen Stahlbetonbalken mit und ohne
     Schubbewehrung. (DAfStb, 151). 1962
222 *Leonhardt, F.; Walther, R.*: Versuche an Platten-
     balken mit hoher Schubbeanspruchung.
     (DAfStb, 152). 1962
223 *Leonhardt, F.; u. a.*: Schubversuche an Durch-
     laufträgern. (DAfStb, 163). 1964

224 *Löhr, A.*: Schubsicherung durch oben offene Bügel mit nach außen abgebogenen Haken. Beton- Stahlbetonbau 82 (1987) 21–24

225 *Leonhardt, F.; Schelling, G.*: Torsionsversuche an Stahlbetonbalken. (DAfStb, 239). 1974

226 *Rahlwes, K.*: Lagerung und Lager von Bauwerken. In: Beton-Kalender 1989, Teil II. Berlin: Ernst & Sohn, S. 397–485

227 *Steinle, A.; Rostásy, F.S.*: Zum Tragverhalten ausgeklinkter Trägerenden. Betonwerk Fertigteil-Tech. 41 (1975) 270–277, 337–341

228 *Steinle, A.; Hahn, V.*: Bauen mit Betonfertigteilen im Hochbau. In: Beton-Kalender 1988, Teil II. Berlin: Ernst & Sohn, S. 343–513

229 *Kordina, K.*: Bewehrungsführung in Ecken und Rahmenendknoten. In: DAfStb, 354. 1984

230 *Kordina, K.; u. a.*: Empfehlungen für die Bewehrungsführung in Rahmenecken und -knoten. In: DAfStb, 373. 1986

231 *Paschen, H.; Zillich, V.C.*: Querkraftschlüssige Verbindung von Stahlbetondeckenplatten. (DAfStb, 303). 1979

232 *Paschen, H.; Zillich, V.C.*: Tragfähigkeit querkraftschlüssiger Fugen zwischen Stahlbeton-Fertigteildeckenelementen. (DAfStb, 348). 1983

233 *Paschen, H.; Zillich, V.C.*: Tragfähigkeit querkraftschlüssiger Fugen zwischen vorgefertigten Stahlbeton-Deckenbauteilen. Beton- Stahlbetonbau 78 (1983) 168–172, 197–201

234 *Stiglat, K.; Wippel, H.*: Massive Platten. In: Beton-Kalender 1989, Teil I. Berlin: Ernst & Sohn, S. 281–360

235 *Voigt, C.*: Decken- und Dachkonstruktionen. In: Beton-Kalender 1976, Teil II. Berlin: Ernst & Sohn, S. 857–922

236 *Franz, G.; Niedenhoff, H.*: Die Bewehrung von Konsolen und gedrungenen Balken. Beton-Stahlbetonbau 58 (1963) 112–120

237 *Grasser, E.*: Bemessung von Beton- und Stahlbetonbauteilen nach DIN 1045, Ausgabe Dezember 1978. In: DAfStb, 220. 2. Aufl. 1979

238 *Grasser, E.; Pratsch, G.*: Bemessung für Biegung mit Längskraft, Schub und Torsion. In: Beton-Kalender 1991, Teil I. Berlin: Ernst & Sohn, S. 389–522

239 *Paschen, H.; Malonn, H.*: Vorschläge zur Bemessung rechteckiger und kranzförmiger Konsolen insbesondere unter exzentrischer Belastung aufgrund neuer Versuche. In: DAfStb, 354. 1984

240 *Graubner, C.A.*: Zur Bemessung von Stahlbetonbalken bei unsymmetrischer Belastung aus Konsolbändern. Bauingenieur 59 (1984) 221–223

241 *Eibl, J.; Schürmann, U.*: HV-Anschlüsse für Stahlbetonkonsolen. Bauingenieur 57 (1982) 61–68

242 *Grasser, E.; Thielen, G.*: Hilfsmittel zur Berechnung der Schnittgrößen und Formänderungen von Stahlbetontragwerken. (DAfStb, 240). 3. Aufl. 1991

243 *Czerny, F.*: Tafeln für Rechteckplatten. In: Beton-Kalender 1990, Teil I. Berlin: Ernst & Sohn, S. 309–371

244 *Förster, H.*: Berechnung zweiachsig gespannter Stahlbetonplatten nach der Fließgelenklinienmethode. Bauplanung Bautechnik 36 (1982) 281–286

245 *Litzner, H.U.*: Grundlagen der Bemessung nach Eurocode 2. In: Beton-Kalender 1991, Teil I. Berlin: Ernst & Sohn, S. 713–830

246 *Beck, H.; Zuber, E.*: Näherungsweise Berechnung von Stahlbetonplatten mit Rechtecköffnungen unter Gleichflächenlast. Bautechnik 46 (1969) 397–401

247 *Pieper, K.; Martens, P.*: Durchlaufende vierseitig gestützte Platten im Hochbau. Beton- Stahlbetonbau 61 (1966) 158–162

248 *Andrä, H.P.; u. a.*: Zum Tragverhalten, Konstruieren und Bemessen von Flachdecken. Beton- Stahlbetonbau 79 (1984) 258–263, 303–310, 328–334

249 *Schaefers, U.*: Konstruktion, Bemessung und Sicherheit gegen Durchstanzen von balkenlosen Stahlbetondecken im Bereich der Innenstützen. (DAfStb, 357). 1984

250 *Glahn, H.; Trost, H.*: Zur Berechnung von Pilzdecken. Bauingenieur 49 (1974) 122–132

251 *Duddeck, H.*: Praktische Berechnung der Pilzdecke ohne Stützenkopfverstärkung (Flachdecke). Beton- Stahlbetonbau 58 (1963) 56–63

252 *Wegner, R.; u. a.*: Flach- und Pilzdecken im ungerissenen und im gerissenen Zustand. Bauingenieur 50 (1975) 19–26

253 *Reyer, E.; Spittank, J.*: Zur Momentenberechnung punktgestützter Platten unter Gabelstapler-Betrieb. Beton- Stahlbetonbau 84 (1989) 64–70

254 *Wegner, R.*: Einfluß der Stützensteifigkeit auf die Zustandsgrößen in Flachdecken. Bauingenieur 53 (1978) 169–178

255 *Eisenbiegler, G.; Lieb, H.*: Schnittgrößen und Verformungen von Pilzdecken mit Stützenkopfverstärkungen infolge von Gleichlast. Beton-Stahlbetonbau 74 (1979) 219–225

256 *Andrä, H.P.*: Zum Tragverhalten von Flachdecken mit Dübelleisten-Bewehrung im Auflagerbereich. Beton- Stahlbetonbau 76 (1981) 53–57, 100–104

257 *Kordina, K.; Nölting, D.*: Tragfähigkeit durchstanzgefährdeter Stahlbetonplatten. (DAfStb, 371). 1986

258 *Regan, P.E.; Braestrup, M.W.*: Punching shear in reinforced concrete. (CEB Bulletin d'Information, 168). Rotterdam 1985

259 *Bryl, S.; Sassnick, D.*: Lösung von Flachdeckenproblemen mit Hilfe von Stahlpilzen. Bauingenieur 53 (1978) 355–358

260 *Reyer, E.*: Zur Konstruktion lochrandgestützter Platten. Bauingenieur 57 (1982) 11–17

261 *Schütt, K.*: Vorspannung ohne Verbund: Ausführung der ersten nach DIN 4227 Teil 6 errichteten Bauwerke. In: Spannbetonbau in der Bundesrepublik Deutschland 1978–1982. Wiesbaden: Dt. Beton-Ver., S. 201–209

262 *Buschmeyer, W.*: Vorspannung ohne Verbund: Bemessung und Konstruktion. (Universität Gesamthochschule Essen, Forschungsber. a. d. Fachber. Bauwesen, 22). Essen 1983

263 *Kupfer, H.; Hochreither, H.*: Anwendung des Spannbetons. In: Beton-Kalender 1990, Teil II. Berlin: Ernst & Sohn, S. 541–598

264 *Wölfel, E.*: Flachdecken mit Vorspannung ohne Verbund. Bauingenieur 55 (1980) 185–195

265 *Iványi, G.; u. a.*: Entwurf von vorgespannten Flachdecken. Beton- Stahlbetonbau 82 (1987) 95–101, 133–139

266 *Mehlhorn, G.; Schwing, H.*: Tragverhalten von aus Fertigteilen zusammengesetzten Scheiben. In: DAfStb, 288. 1977

267 *May, B.*: Bemessungshilfen für Verbundplatten mit Gitterträgern. Beton- Stahlbetonbau 85 (1990) 11–14

268 *Breitschuh, K.*: Berechnung dreieckförmiger Stahlbetonplatten. Bautechnik 45 (1968) 226–230, 266–270; 46 (1969) 379–383, 409–412

269 *Böck, H.*: Beitrag zur Berechnung dreiseitig starr eingespannter symmetrischer Trapezplatten konstanter Dicke mit einem freien Rand. Bauingenieur 50 (1975) 239–242

270 *Köseoglu, S.*: Treppen. In: Beton-Kalender 1980, Teil II. Berlin: Ernst & Sohn, S. 901–1034

271 *Osteroth, H.H.*: Zur Faltwerkwirkung der Stahlbetontreppen (DAfStb, 398). 1989

272 *Rosman, R.*: Beitrag zu Entwurf und Statik der freitragenden Podesttreppe. Bautechnik 58 (1981) 306–313

273 *Leonhardt, F.; Walther, R.*: Wandartige Träger. (DAfStb, 178). 1966

274 *Schleeh, W.*: Bauteile mit zweiachsigem Spannungszustand (Scheiben). In: Beton-Kalender 1983, Teil II. Berlin: Ernst & Sohn, S. 713–848

301 *Foerster, M.*: Die geschichtliche Entwicklung des Eisenbetonbaues. 4. Aufl. (Hdb. f. Eisenbetonbau, Hrsg.: F. v. Emperger, Bd. I). Berlin: Ernst & Sohn 1930

302 *Traub, E.*: Stahlbeton im Hochbau. In: HÜTTE III, Bautechnik. 28. Aufl. Berlin: Ernst & Sohn 1956, S. 525–575

303 *Kordina, K.*: Beton – der Baustoff unserer Zeit. In: Vortr. Dt. Betontag 1983. Wiesbaden: Dt. Beton-Ver. 1984, S. 602–611

304 *König, G.; Liphardt, S.*: Hochhäuser aus Stahlbeton. In: Beton-Kalender 1990, Teil II. Berlin: Ernst & Sohn, S. 457–539

305 *Eibl, J.; u. a.*: Baudynamik. In: Beton-Kalender 1988, Teil II. Berlin: Ernst & Sohn, S. 665–774

306 *Kordina, K.; Meyer-Ottens, C.*: E. 6 Baulicher Brandschutz. In: HÜTTE Bautechnik V. 29. Aufl. Berlin: Springer 1988, S. 209–254

307 *Schubert, P.; Wesche, K.*: Verformung und Rißsicherheit von Mauerwerk. In: Mauerwerk-Kalender 1977. Berlin: Ernst & Sohn, S. 223–272

308 *Gertis, K.*: E. 2 Wärmeschutz. In: HÜTTE Bautechnik V. 29. Aufl. Berlin: Springer 1988, S. 6–71

309 *Hoffmann, F.*: 5.1 Schalung. In: HÜTTE Bautechnik III. 29. Aufl. Berlin: Springer 1977, S. 350–397

310 *Heimerdinger, M.; Pilz, D.*: Loews Hamburg Plaza-Hotel im neuen Kongreßzentrum. Beton-Stahlbetonbau 67 (1972) 73–80

311 *Gösele, K.*: Schallschutz im Bauwesen. In: Beton-Kalender 1989, Teil II. Berlin: Ernst & Sohn, S. 521–562

312 *Hasse, E.*: Zum Tragfähigkeitsnachweis für Wand-Decken-Knoten im Großtafelbau. (DAfStb, 328). 1982

313 Comité Euro-International du Béton (Hrsg.): Draft guide for the design of precast wall connections (CEB Bulletin d'Information, 169). Rotterdam 1985

314 *Cziesielski, E.; Gertis, K.*: E. 3 Feuchteschutz. In: HÜTTE Bautechnik V. 29. Aufl. Berlin: Springer 1988, S. 71–109

315 *Schneider, K.H.; Bender, K.*: Konstruktion des Verwaltungshochhauses der Commerzbank AG in Frankfurt/Main. Beton- Stahlbetonbau 69 (1974) 274–282

316 *Aldinger, G.*: Vorgespannte Flachdecken beim Neubau des Verwaltungsgebäudes der Energie- und Verfahrenstechnik GmbH in Stuttgart. In: Vortr. Dt. Betontag 1989. Wiesbaden: Dt. Beton-Ver. 1990, S. 451–466

317 *Rosman, R.*: Die statische Berechnung von Hochhauswänden mit Öffnungsreihen. (Bauing.-Prax., 65). Berlin: Ernst & Sohn 1965

318 *Rosman, R.*: Zahlentafeln für die Schnittkräfte von Windscheiben mit Öffnungsreihen. (Bauing.-Prax., 66). Berlin: Ernst & Sohn 1966

319 *Beck, H.; Schäfer, H.*: Die Berechnung von Hochhäusern durch Zusammenfassung aller aussteifenden Bauteile zu einem Balken. Bauingenieur 44 (1969) 80–87

320 *Hahn, V.; Steinle, A.*: 6M-System-Ein variables Fertigteilsystem. Bauen Wohnen 27 (1972) 233–236

321 Schmalhofer, O.: Produktionsgebäude für die Elektroindustrie. Betonwerk Fertigteil-Tech. 53 (1987) 392–395

322 Heczey, G.: Neubau einer Produktionshalle für die Automobilindustrie. Bautechnik 61 (1984) 385–389

323 Nußbaumer, H.; Lindorfer, J.: Einige konstruktive Fragen des LIFT-SLAB-Verfahrens. Bauingenieur 46 (1971) 122–127

324 Nölting, D.: Hochhausbau im Jackblock-Verfahren. Bauingenieur 55 (1980) 67–68

325 Lippert, E.: Der Bau von unterirdischen Verkehrsanlagen unter dem Karlsplatz in München. Tiefbau 9 (1967) 545–551

326 Bratz, K.D.: Kö-Galerie Düsseldorf – Bautechnik für schnelles Bauen auf engem Raum. In: Vortr. Dt. Betontag 1987. Wiesbaden: Dt. Beton-Ver. 1988, S. 397–417

327 Lieberum, P.: Tiefgarage in Stahlverbundbauweise, Hannover. Stahlbau 56 (1987) 65–69

328 Schlaich, J.; Schober, H.: Fugen im Hochbau – wann und wo? Architekt 1976, 161–167

329 Hock, B.; u. a.: Fugen und Aussteifungen in Stahlbetonskelettbauten. (DAfStb, 368). 1986

330 Schneider, K.H.; Reeh, H.: Tragwerk des Bürohochhauses Mainzer Landstraße in Frankfurt am Main. Beton- Stahlbetonbau 73 (1978) 285 293

331 Falkner, H.: Fugenloser Stahlbetonbau. Beton-Stahlbetonbau 79 (1984) 183–188

332 Steidle, P.; Schäfer, K.: Trag- und Verformungsfähigkeit von Stützen bei großen Zwangsverschiebungen der Decken. In: DAfStb, 376. 1986

333 Nötzold, F.; Kolmar, W.: Messeturm Frankfurt am Main. Beton- Stahlbetonbau 86 (1991) 79–82, 120–123

334 Brandt, B.; u. a.: Zum Stabilitätsnachweis von Hochhäusern. Beton- Stahlbetonbau 70 (1975) 211–223

335 König, G.; Liphardt, S.: Hohlkästen aus Rahmen als Aussteifung von Hochhäusern. Beton- Stahlbetonbau 73 (1978) 157–162

336 Huber, F.: Bau der UNO-City Wien. Beton-Stahlbetonbau 75 (1980) 235–239

337 Falkner, H.: Überbauung der Stadtautobahn entlang der Schlangenbader Straße in Berlin-Wilmersdorf. Beton- Stahlbetonbau 74 (1979) 301–306

338 Kupfer, H.: Hochbau. Beton- Stahlbetonbau 69 (1974) 58–65

339 Beck, H.: Hochbau. Beton- Stahlbetonbau 65 (1970) 103–112

340 Vaessen, F.: Die Hängewerke der Türme des Rathausneubaues Marl. Beton- Stahlbetonbau 58 (1963) 73–79

341 Boll, K.; u. a.: Das Bettenhaus der Medizinischen Fakultät der Universität zu Köln. Ein Hängehaus mit zwei Kernen. Bauingenieur 48 (1973) 233–249

342 Wolf, H.M.; Müller, E.: Hängehochhaus für den Deutschlandfunk in Köln. Beton- Stahlbetonbau 71 (1976) 133–137

343 Schäfer, H.G.: Das Verwaltungsgebäude G1 im Olympischen Dorf, München. Beton- Stahlbetonbau 67 (1972) 145–153

344 Franz, G.; Müller, F.P.: Hallen. In: Beton-Kalender 1971, Teil II. Berlin: Ernst & Sohn, S. 81–170

345 Dischinger, F.; Mehmel, A.: Massivbau. In: Tb. f. Bauingenieure, Hrsg.: F. Schleicher. 2. Aufl. Berlin: Springer 1955, S. 761–904

346 Kollár, L.: Schalenkonstruktionen. In: Beton-Kalender 1984, Teil II. Berlin: Ernst & Sohn, S. 515–640

347 Paschen, H.: Das Bauen mit Beton-, Stahlbeton- und Spannbetonfertigbauteilen. In: Beton-Kalender 1982, Teil II. Berlin: Ernst & Sohn, S. 533–696

348 Dieterle, H.; Steinle, A.: Blockfundamente für Stahlbetonfertigstützen. (DAfStb, 326). 1981

349 Konstruieren mit Beton-Fertigteilen: Knotenverbindungen. Hrsg.: Fachvereinigung Betonfertigteilbau. Betonwerk Fertigteil-Techn. 52 (1986) Beilage: fertigteilbauforum 17/86, S. 3–19

350 Stoffregen, U.; Felsch, F.: Weitgespannte Dachkonstruktion für eine Flugzeugwerfthalle in Spannleichtbeton LB 450. Beton- Stahlbetonbau 67 (1972) 25–32

351 König, G.; Gerhardt, H.C.: Nachweis der Betriebsfestigkeit gemäß DIN 4212 „Kranbahnen aus Stahlbeton und Spannbeton; Berechnung und Ausführung". Beton- Stahlbetonbau 77 (1982) 12–19

352 Bomhard, H.: Hallen großer Spannweite. In: Festschrift Ulrich Finsterwalder. Hrsg.: Dyckerhoff & Widmann, München. Karlsruhe: Braun 1973, S. 308–328

353 Bomhard, H.; u. a.: Das DYWIDAG-Hubverfahren. In: Festschrift Ulrich Finsterwalder. Hrsg.: Dyckerhoff & Widmann, München. Karlsruhe: Braun 1973, S. 330–341

354 Hahn, V.; Werse, H.P.: Vorgespannte Zweigelenkrahmen als Hallenbinder. Beton- Stahlbetonbau 52 (1957) 222–233

355 Feuereisen, H.; Kubisch, A.: Über die Technik der Stahlbetonschalen. In: Festschrift Ulrich Finsterwalder. Hrsg.: Dyckerhoff & Widmann, München. Karlsruhe: Braun 1973, S. 76–84

356 Albrecht, U.: Neue Sporthalle der Universität Mainz. Beton- Stahlbetonbau 64 (1969) 253–258

357 Bomhard, H.: Konstruktion und Bau der Paketumschlaghalle in München. In: Vortr. Betontag 1967. Wiesbaden: Dt. Beton-Ver., S. 121–140

358 *Pöggeler, H.*: Die Herstellung weit gespannter Schalen beim Bau des Hallenbades Luxemburg. In: Vortr. Dt. Betontag 1981. Wiesbaden: Dt. Beton-Ver. 1982, S. 381–391

359 *Taillibert, R.*: Il centro per il nuoto di Krichberg in Lussemburgo. L'Industria Italiana del Cemento 54 (1984) 366–379

360 *Leonhardt, F.; Schlaich, J.*: Das Hyparschalen-Dach des Hallenbades Hamburg Sechslingspforte. Beton- Stahlbetonbau 65 (1970) 207–214

361 *Dischinger, F.*: Weitgespannte Tragwerke. Bauingenieur 24 (1949) 193–199, 275–280, 308–314

362 *Esquillan, M.N.; u. a.*: La Construction du Palais des Expositions du Centre National des Industries et Techniques au Rond-Point de la Défense. Ann. Inst. Tech. Bâtiment et Travaux Publics 12 (1959), No. 137, 473–520

363 *Thon, R.; Bomhard, H.*: Konstruktion und Bau der Wartungshalle V auf dem Flughafen Frankfurt/Main. Beton- Stahlbetonbau 65 (1970) 121–132

364 *Hampe, E.*: Behälter. In: Beton-Kalender 1986, Teil II. Berlin: Ernst & Sohn, S. 671–833

365 *Timm, G.; Windels, R.*: Silos. In: Beton-Kalender 1989, Teil II. Berlin: Ernst & Sohn, S. 353–396

366 *Peter, J.; Lochner, G.*: Zur Statik, Konstruktion und Ausführung eines Klinkerrundlagers. Beton-Stahlbetonbau 72 (1977) 92–98, 127–133

367 *Schellenberger, E.; u. a.*: Der Bau des Terminals für Weizen und Soja in Rio Grande do Sul, Brasilien. Bautechnik 59 (1982) 109–119, 160–172

368 *Peter, J.; Lippold, D.*: Ringsilos. In: Konstruktiver Ingenieurbau, Hrsg.: Verein Beratender Ingenieure. Berlin: Ernst & Sohn 1985, S. 415–423

369 *Peter, J.*: Silos und Rundlager aus Stahlbeton mit teilweiser Vorspannung für die Lagerung von Zementklinker. Beton- Stahlbetonbau 85 (1990) 125–131

370 *Fokken, B.; u. a.*: Ein Trinkwasserbehälter mit zwei Kammern für die Kölner Wasserwerke. Beton- Stahlbetonbau 83 (1988) 2–5

371 *Iven, H.; u. a.*: Tiefbehälter Biebesheim. beton 34 (1984) 359–363

372 *Petri, H.*: Die Herstellung des Wasserturms Leverkusen. Beton- Stahlbetonbau 76 (1981) 201–202

373 *Boll, K.; u. a.*: Wassertürme mit vorgefertigten Behältern in Riyadh. Beton- Stahlbetonbau 76 (1981) 95–99

374 *Bomhard, H.*: Faulbehälter aus Beton. Bauingenieur 54 (1979) 77–84

375 *Theil, H.; Ulrich, F.*: Eiförmige Faulbehälter aus Spannbeton für die Kläranlage Bottrop. In: Spannbetonbau in der Bundesrepublik Deutschland 1987–1990. Wiesbaden: Dt. Beton-Ver., S. 119–123

376 *Sparber, J.*: Faulbehälter mit Vorspannung ohne Verbund. Bauingenieur 66 (1991) 191–193

377 *Zerna, W.*: Bauwerke für kerntechnische Anlagen. In: Jahrbuch Bautechnik im Kraftwerksbau, 2. Ausg. Essen: Vulkan-Vlg. 1982, S. 171–273

378 *Zerna, W.*: Fortschrittliche Betonbauten für Wärmekraftwerke. Beton- Stahlbetonbau 77 (1982) 61–69

379 *Haselwander, B.; Wessels, M.*: Berechnung und Ausführung der vorgespannten Sicherheitsumschließung des Kernkraftwerkes KRB II Gundremmingen. In: Spannbetonbau in der Bundesrepublik Deutschland 1978–1982. Wiesbaden: Dt. Beton-Ver., S. 180–184

380 *Haselwander, B.*: Die Dachdecke der beiden Reaktorgebäude des Kernkraftwerkes Gundremmingen II. In: Vortr. Dt. Betontag 1983. Wiesbaden: Dt. Beton-Ver. 1984, S. 432–442

381 *Schnellenbach, G.*: Der kerntechnische Ingenieurbau. In: Konstruktiver Ingenieurbau, Hrsg.: Krätzig, W.B.; u. a. Düsseldorf: Werner 1976, S. 175–186

382 *Bremer, F.*: Entwurf und Bau des Spannbeton-Druckbehälters für das 300-MWe-THTR-Kernkraftwerk Schmehausen. Beton- Stahlbetonbau 71 (1976) 3–9

383 *Krätzig, W.B.; u. a.*: Naturzugkühltürme aus Stahlbeton. Beton- Stahlbetonbau 73 (1978) 37–42, 66–72

384 *Krätzig, W.B.; u. a.*: Kühltürme. In: Jahrbuch Bautechnik im Kraftwerksbau. 2. Ausg. Essen: Vulkan-Vlg. 1982, S. 369–439

385 *Wörner, H.*: Bau des Hybridkühlturmes Neckarwestheim. In: Vortr. Dt. Betontag 1989. Wiesbaden: Dt. Beton-Ver. 1990, S. 428–437

386 *Zerna, W.; u. a.*: Das nichtlineare Tragverhalten der Kühlturmschalen unter Windlast bis zur Grenztragfähigkeit. Bauingenieur 61 (1986) 149–153

387 *Knodel, R.*: Stahlbetonschornsteine und Fernmeldetürme. Beton- Stahlbetonbau 74 (1979) 53–60

388 *König, G.; u. a.*: Beitrag zum Bemessungskonzept für Stahlbetonschornsteine. Bauingenieur 56 (1981) 205–214

389 *Rothert, H.; Gensichen, V.*: Wirtschaftliche, statische und konstruktive Probleme beim Bau hoher Stahlbetonschornsteine. Bauingenieur 56 (1981) 355–360

390 *Schlaich, J.; Leonhardt, F.*: Zur konstruktiven Entwicklung der Fernmeldetürme in der Bundesrepublik Deutschland. In: Jahrbuch des elektrischen Fernmeldewesens 1974. Bad Windsheim: G. Heidecker 1974, S. 65–105

391 *Noakowski, P.; Kupfer, H.*: Versteifende Mitwirkung des Betons im Zugbereich von turmartigen Bauwerken. Beton- Stahlbetonbau 76 (1981) 241–246, 276–278

392 *Schlaich, J.; Otto, U.*: Der Fernmeldeturm Kiel. Beton- Stahlbetonbau 72 (1977) 117–120

393 *Luchner, H.*: Fernmeldeturm Bremen. In: Spannbetonbau in der Bundesrepublik Deutschland 1983–1986. Wiesbaden: Dt. Beton-Ver., S. 163–165

394 *Schlaich, J.; Leonhardt, F.*: Flache Kegelschalen für Antennenplattformen auf Sendetürmen. Beton- Stahlbetonbau 62 (1967) 129–133

401 *Neuffer, W.*: Massivbrücken. In: HÜTTE Bautechnik III. 28. Aufl. Berlin: Ernst & Sohn 1956, S. 396–448, 1416–1422

402 *Leonhardt, F.; Dietrich, W.*: Bautechnik – Brückenbau VDI-Z. 117 (1975) 1085–1093

403 *Stojadinović, I.*: Entwurf der Brücken vom jugoslawischen Festland zu den Adriainseln St. Marko und Krk. Beton- Stahlbetonbau 77 (1982) 185–190

404 *Schambeck, H.*: Brücken aus Spannbeton. Bauingenieur 51 (1976) 285–298

405 *Modemann, J.; Thönnissen, K.*: Die neue Rheinbrücke Düsseldorf-Flehe Neuss-Üdesheim. Bauingenieur 54 (1979) 1–12

406 *Wittfoht, H.*: Wohin entwickelt sich der Spannbeton-Brückenbau? In: Vortr. Dt. Betontag 1985. Wiesbaden: Dt. Beton-Ver. 1986, S. 531–555

407 *Matt, P.; u. a.*: Main river span structure of the Gateway Bridge. Concrete International 10 (1988), Nr. 5, 34–43

408 *Standfuß, F.*: Brücken-Statistik der Bundesfernstraßen. Straße Autobahn 28 (1977) 65–69

409 *Thul, H.*: Entwicklungen im Brückenbau. Beton- Stahlbetonbau 73 (1978) 1–7

410 *Hettwer, H.*: Verfahren für den Bau von Eisenbahnüberführungen bei gleichzeitiger Aufrechterhaltung des Eisenbahnbetriebes. Bautechnik 56 (1979) 77–84

411 *Standfuß, F.*: Schäden an Straßenbrücken. Straße Autobahn 30 (1979) 417–426

412 *Leonhardt, F.*: Rißschäden an Betonbrücken. Beton- Stahlbetonbau 74 (1979) 36–44

413 *Wittfoht, H.*: Betrachtungen zur Theorie und Anwendung der Vorspannung im Massivbrückenbau. Beton- Stahlbetonbau 76 (1981) 78–86

414 *Kern, G.; Jungwirth, D.*: Untersuchungsergebnisse an abgebrochenen Spannbeton-Brücken, die Jahrzehnte unter Verkehr standen. Beton-Stahlbetonbau 66 (1971) 86–93

415 *Bührer, R.; u. a.*: Untersuchungen an 20 Jahre alten Spannbetonträgern. (DAfStb, 271). 1976

416 *Bausch, D.*: Die älteste Spannbetonbrücke der Welt. beton 30 (1980) 447–448

417 *Bechert, H.*: Massivbrücken. In: Beton-Kalender 1991, Teil II. Berlin: Ernst & Sohn, S. 635–751

418 *Standfuß, F.*: Brücken der Bundesfernstraßen. In: Spannbetonbau in der Bundesrepublik Deutschland 1987–1990. Wiesbaden: Dt. Beton-Ver., S. 18–34

419 *Fenz, M.*: Großbrücken in Massivbauweise. Zement Beton 25 (1980) 48–53

420 *Schmaus, W.; Gasche, K.*: Eisenbahnbrücken der Neubaustrecken der Deutschen Bundesbahn. Bautechnik 61 (1984) 1–7, 44–48

421 *Prommersberger, G.; Rojek, R.*: Zielsetzung und konstruktive Lösungen der fortgeschriebenen Rahmenplanung für Talbrücken der Deutschen Bundesbahn. Bautechnik 61 (1984) 378–383

422 *Haefelin, H.-M.; Kittel, D.*: Durchpreßverfahren unter Verwendung von Stahlbetonrohren. Betonwerk Fertigteil-Tech. 44 (1978) 331–338, 387–389

423 *Nußbaumer, M.*: Vorpressen von Großrohren unter Druckluft für die Fernwärmeversorgung in Berlin. In: Vortr. Dt. Betontag 1987. Wiesbaden: Dt. Beton-Ver. 1988, S. 418–428

424 *Hornung, K.*: Berechnung und Konstruktion von Vortriebsrohren nach DVGW GW 312/ATV A 161. Beton- Stahlbetonbau 82 (1987) 257–264, 303–310

425 *Kranich, W.; u. a.*: Das Einpressen von rechteckigen Stahlbetonkörpern unter Verkehrswegen ohne und mit Überdeckung. Bauingenieur 56 (1981) 17–24

426 *Beyer, E.; Tathoff, H.*: Bauen unter Verkehr. beton 30 (1980) 83–87

427 *Bauer, H.W.*: Der Straßentunnel unter dem Westbahnhof in Aachen. In: Vortr. Dt. Betontag 1983. Wiesbaden: Dt. Beton-Ver. 1984, S. 516–530

428 Spannbetonbrücken. (DYWIDAG-Ber., 7). München: Dyckerhoff & Widmann 1979

429 *Rüsch, H.*: Berechnungstafeln für rechteckige Fahrbahnplatten von Straßenbrücken. (DAfStb, 106). 7. Aufl. 1981

430 *Mattheiß, J.*: Brückenklassen SLW 60/30 und SLW 30/30. Beton- Stahlbetonbau 78 (1983) 89–91

431 *Mattheiß, J.*: Berechnungsverfahren für die Längsmomente von rechtwinkeligen, durchlaufenden Plattenbrücken. Beton- Stahlbetonbau 74 (1979) 17–23

432 *Rüsch, H.; u. a.*: Berechnungstafeln für schiefwinklige Fahrbahnplatten von Straßenbrücken. (DAfStb, 166). 1967

433 *Molin, G.*: Verteilung der Querkräfte in schiefwinkligen Stahlbeton-Plattenbrücken. Beton-Stahlbetonbau 78 (1983) 91–98

434 *Mehmel, A.; Weise, H.*: Modellstatische Untersu-

chung punktförmig gestützter, schiefwinkliger Platten unter besonderer Berücksichtigung der elastischen Auflagernachgiebigkeit. (DAfStb, 161). 1964

435 *Bieger, K.W.; u. a.*: Modellstatische Untersuchung einer unregelmäßigen Plattenbrücke mit einem Kunstharzmörtel. In: Festschrift Alf Pflüger. Hrsg.: H. Hain; J. Stern. Hannover 1977, S. 15–25

436 *Müller, R.K.*: D. Modellstatik. In: HÜTTE Bautechnik IV. 29. Aufl. Berlin: Springer 1988, S. 384–400

437 *Czerny, F.; u. a.*: Schiefwinkelige Stahlbetonplattenbrücken. (Bundesminister f. Bauten u. Technik, 220). Wien: 1984

438 *Finsterwalder, U.; Schambeck, H.*: Die Elztalbrücke. Bauingenieur 41 (1966) 251–258; 42 (1967) 14–21

439 *Wenzel, K.; Fenz, M.*: Die Hangbrücken. Bauingenieur 43 (1968) 77–86

440 *Bauer, F.*: Die Pilzbrücken der Brenner-Autobahn in den Baulosen Gleins und Gschleirs. Österr. Ing.-Z. 13 (1970) 76–83

441 *Seidl, O.*: Die Dywidag-Spannbeton-Kontaktbauweise. Beton- Stahlbetonbau 68 (1973) 257–264

442 *Finsterwalder, U.; u. a.*: Tragfähigkeit von Spannbetonbalken aus Fertigteilen mit Trockenfugen quer zur Haupttragrichtung. Bauingenieur 49 (1974) 1–10

443 *Helminger, E.*: Bemerkenswerte Brückenbauten im bayerischen Abschnitt der neuen Bundesautobahn Frankfurt-Nürnberg. Bautechnik 42 (1965) 185–193

444 *Gottstein, V.v.; u. a.*: Bau der Hochstraße Oldenburg OL 53. Beton- Stahlbetonbau 76 (1981) 136–139, 174–179

445 *Helminger, E.*: Der absolute und spezifische Materialaufwand für Brückentragwerke aus Spannbeton im Zuge neuzeitlicher Straßen. Bautechnik 55 (1978) 5–15, 83–91, 133–142

446 *Koepcke, W.; Denecke, G.*: Die mitwirkende Breite der Gurte von Plattenbalken. (DAfStb, 192). 1967

447 *Schröder, S.; Stritzke, J.*: Neue Untersuchungen zur mitwirkenden Breite von Plattenbalken. Bauplanung Bautechnik 32 (1978) 176–180

448 *Schmidt, H.; u. a.*: Scheibenwirkung breiter Straßenbrückengurte. Bauingenieur 54 (1979) 131–138

449 *Bachmann, H.*: Längsschub und Querbiegung in Druckplatten von Betonträgern. Beton- Stahlbetonbau 73 (1978) 57–63

450 *Kordina, K.*: Möglichkeiten und Grenzen der Stahlbetonbauweise. beton 31 (1981) 291–298

451 *Bieger, K.W.*: Vorberechnung zweistegiger Plat-

tenbalken. Beton- Stahlbetonbau 57 (1962) 188–195

452 *Nötzold, F.*: Zur Berechnung des zweistegigen Plattenbalkens ohne Querträger. Beton- Stahlbetonbau 64 (1969) 43–47

453 *Mehlhorn, G.; Ernst, M.*: Tragverhalten des zweistegigen vorgespannten Plattenbalkens unter Berücksichtigung eines wirklichkeitsnahen Werkstoffverhaltens. In: Forsch. Straßenbau Straßenverkehrstechnik, 215. Bonn - BadGodesberg: Kirschbaum-Vlg. 1976, S. 1–49

454 *Bretthauer, G.; Kappei, H.*: Zur Querverteilung bei unsymmetrischen geraden und gekrümmten zweistegigen Plattenbalkenbrücken. Beton- Stahlbetonbau 58 (1963) 288–295

455 *Meek, J.W.*: Berechnung des gekrümmten, drillweichen, doppelstegigen Plattenbalkens. Bautechnik 58 (1981) 295–300

456 *Glahn, H.*: Zur Berechnung der Lastverteilung in schiefwinkligen, durchlaufenden Plattenbalkenbrücken nach den Ansätzen der Stabstatik. Beton- Stahlbetonbau 71 (1976) 292–297

457 *Göhler, B.; Seifried, G.*: Über die Dauerhaftigkeit schlaff bewehrter Fahrbahnplatten von Straßenbrücken. Beton- Stahlbetonbau 81 (1986) 225–229

458 *Trost, H.*: Zur Anwendung teilweiser Vorspannung mit und ohne Verbund bei Fahrbahnplatten. Beton- Stahlbetonbau 84 (1989) 283–287

459 *Kordina, K.*: Schäden an Koppelfugen. Beton- Stahlbetonbau 74 (1979) 95–100

460 *König, G.; Fehling, E.*: Zur Rißbreitenbeschränkung bei voll oder beschränkt vorgespannten Betonbrücken. Beton- Stahlbetonbau 84 (1989) 161–166, 203–207, 238–241

461 *König, G.*: Neuere Überlegungen zum Konzept der Rißbreitenbeschränkung im Spannbeton. In: Erläuterungen zu DIN 4227 Spannbeton. Hrsg.: D. Bertram. (DAfStb, 320). 1989, S. 48–52

462 *Eibl, J.; Voß, W.*: Zwei Autobahnbrücken mit externer Vorspannung. Beton- Stahlbetonbau 84 (1989) 291–296

463 *Specht, M.; Rösler, M.*: Forschungsbrücke Berlin. Beton- Stahlbetonbau 84 (1989) 319–323

464 *Hunold, R.*: Hangbrücke Würgau. Beton- Stahlbetonbau 64 (1969) 39–43

465 *Mayer, L.*: Talbrücke Sechshelden. Beton- Stahlbetonbau 64 (1969) 83–91

466 *Stoffregen, U.; Weidemann, H.*: Die Ausführung der Talbrücke Bremecke. Beton- Stahlbetonbau 65 (1970) 159–164

467 *Standfuß, F.*: Die Erhaltung von Straßenbrücken – eine vordringliche Aufgabe der Straßenbauverwaltung. Beton- Stahlbetonbau 76 (1981) 257–264

468 *Heil, L.; Mayer, L.*: Der Bau der Pfädchensgra-

ben- und Tiefenbachtalbrücke im Zuge der neuen, linksrheinischen Autobahn Krefeld–Ludwigshafen. Bauingenieur 44 (1969) 73–80

469 *Ließke, H.G.:* Entwicklung und Stand des Massivbrückenbaues mit Fertigteilen. Bauingenieur 47 (1972) 21–28

470 *Waßmuth, H.G.; Gass, H.:* Die Hochstraße Elbmarsch im Zuge der Bundesautobahn Westliche Umgehung Hamburg. Bauingenieur 48 (1973) 201–211

471 *Grundtner, S.:* Der Bundesstraßen-Brückenbau in Österreich. Österr. Ing. -Z. 23 (1980) 308–329

472 *Wenzel, K.:* Fertigteilbrücken im Zuge der Brenner-Autobahn. Österr. Ing. -Z. 13 (1970) 83–87

473 *Standfuß, F.:* Spannbeton im Straßen-Brückenbau. Beton- Stahlbetonbau 73 (1978) 77–82

474 *Wagner, F.J.; Büchting, F.:* Die Federplattenbauweise bei mehrfeldrigen Fertigträgerbrücken aus Beton. Bauingenieur 56 (1981) 131–137

475 *Goris, A.:* Das Fugenproblem bei mehrfeldrigen Fertigteilbrücken. Beton- Stahlbetonbau 84 (1989) 137–140

476 *Dobler, W.:* Eisenbahnbrücken über die Vispa. In: IABSE Structures C-7/79, S. 32–33. IABSE Periodica 1/1979. Zürich: 1979

477 *Kleinmanns, R.; u. a.:* Zwei Trogbrücken über die Sieg bei Hennef. Beton- Stahlbetonbau 81 (1986) 240–244

478 *Finsterwalder, U.; Schambeck, H.:* Von der Lahnbrücke Balduinstein bis zur Rheinbrücke Bendorf. Bauingenieur 40 (1965) 85–91

479 *Schambeck, H.; Böckel, M.:* Der freie Vorbau, ein bewährtes Bauverfahren für Spannbetonbrücken. In: Festschrift Ulrich Finsterwalder. Hrsg.: Dyckerhoff & Widmann, München. Karlsruhe: Braun 1973, S. 134–145

480 *Fergestad, S.; u. a.:* Leichtbeton bei großen Spannweiten. Beton 40 (1990) 326–329

481 *Swann, R.A.:* A feature survey of concrete box spine-beam bridges. (Techn. Rep. 42.469). London: Cement and Concrete Ass. 1972

482 *Lippoth, W.:* Zur Beanspruchung mehrzelliger Hohlkastenquerschnitte quer zur Längsachse aus Umlenkkräften der Längsvorspannung. Beton- Stahlbetonbau 65 (1970) 279–285

483 *Steinle, A.:* Torsion und Profilverformung beim einzelligen Kastenträger. Beton- Stahlbetonbau 65 (1970) 215–222

484 *Pauser, A.:* Betrachtungen über die Konstruktion und Berechnung weitgespannter Talbrücken. Zement Beton 25 (1980) 30–47

485 *Leonhardt, F.; Lippoth, W.:* Folgerungen aus Schäden an Spannbetonbrücken. Beton- Stahlbetonbau 65 (1970) 231–244

486 *König, G.; Giegold, J.:* Zur Bemessung von Koppelfugen bei Massivbrücken. Beton- Stahlbetonbau 79 (1984) 141–147, 191–197

487 *Wittfoht, H.:* Der feldweise Vorbau von Brücken in PZ-Spannbeton. Beton- Stahlbetonbau 61 (1966) 217–228

488 *Kotulla, B.; Wilhelm, H.:* Konstruktion von freitragenden, stählernen Vorbaurüstungen und ihre Anwendung im Spannbetonbrückenbau. Stahlbau 47 (1978) 114–126

489 *Nather, F.:* Traggerüste. In: HÜTTE Bautechnik III. Hrsg.: H. Becker. 29. Aufl. Berlin: Springer 1977, S. 414–474

490 *Metz, M.; Neff, G.:* Talbrücke Weinheim. Tiefbau Ingenieurbau Straßenbau 22 (1980) 706–709

491 *Bänziger, D.J.:* Der Lehneviadukt Beckenried. Beton- Stahlbetonbau 75 (1980) 18–25

492 *Majewski, L.:* Das Vorschubgerüst für die Ahrtalbrücke. Bauingenieur 51 (1976) 25–28

493 *Harries, H.; Kinkel, H.:* Gleit-Vorschub-Rüstung aus Spannbeton. In: Konstruktiver Ingenieurbau. Hrsg. Verein Beratender Ingenieure. Berlin: Ernst & Sohn 1985, S. 137–142

494 *Harries, H.; u. a.:* Die Rombachtalbrücke. Beton- Stahlbetonbau 82 (1987) 179–185

495 *Finsterwalder, U.:* Bau der Straßenbrücke über den Rhein in Worms. Beton- Stahlbetonbau 48 (1953) 1–5

496 *Finsterwalder, U.; Schambeck, H.:* Die Spannbetonbrücke über den Rhein bei Bendorf, Los I. Beton- Stahlbetonbau 69 (1965) 55–62

497 *Knop, D.; Urban, J.:* Neue, frei vorgebaute Spannbetonbrücken über den Rhein in Köln-Deutz, Konstanz und Weil. Beton- Stahlbetonbau 75 (1980) 153–160

498 *Baumann, H.; Deinhard, J.M.:* Straßenbrücke über den Main bei Sindlingen. Bauingenieur 54 (1979) 343–350

499 *Schimetta, O.; Wicke, M.:* Die Donaubrücke in Grein. Bauingenieur 45 (1970) 402–409

500 *Homatsch, W.; Metz, P.:* Die Spannbetonbrücke über die Donau bei Melk. Bauingenieur 48 (1973) 182–188

501 *Rausch, E.:* Brücke über den Vejle-Fjord. beton 30 (1980) 408–412

502 *Vogler, O.M.:* Der Talübergang Schottwien. Beton- Stahlbetonbau 84 (1989) 91–96, 121–126

503 *Henne, W.; Bay, H.:* Der Neubau der Autobahnbrücke über die Lahn bei Limburg. Bauingenieur 40 (1965) 92–99

504 *Wittfoht, H.:* Die Siegtalbrücke Eiserfeld im Zuge der Autobahn Dortmund-Gießen. Beton- Stahlbetonbau 65 (1970) 1–10

505 *Menn, C.:* Felsenau-Brücke Bern. Beton- Stahlbetonbau 71 (1976) 81–84

506 *Walther, R.:* Bemerkenswerte Spannbetonbrücken. Schweizer. Bauztg. 96 (1978) 236–242

507 *Baumann, H.:* Die Kochertalbrücke Geislingen.

In: Vortr. Betontag 1979. Wiesbaden: Dt. Beton-
Ver., S. 315–325

508   *Leonhardt, F.; Baur, W.:* Erfahrungen mit dem
      Taktschiebeverfahren im Brücken- und Hoch-
      bau. Beton- Stahlbetonbau 66 (1971) 161–167

509   *Göhler, B.:* Entwicklungen im Taktschiebever-
      fahren. In: Spannbetonbau in der Bundesrepu-
      blik Deutschland 1978–1982. Wiesbaden: Dt.
      Beton-Ver., S. 7–9

510   *Bonatz, P.; u. a.:* Brücken Trichtenbachtal und
      Ramersdorf. Beton- Stahlbetonbau 74 (1979)
      29–35

511   *Basse, H.; u. a.:* Bau der Aichtalbrücke. Beton-
      Stahlbetonbau 80 (1985) 18–24

512   *Scheidler, J.; Fritsch, R.:* Donaubrücke Wörth.
      Taktschiebeverfahren mit Querverschub. Bauin-
      genieur 55 (1980) 161–168

513   *Naumann, G.; u. a.:* Konstruktion, Berechnung
      und Bau der Maintalbrücke Veitshöchheim.
      Beton- Stahlbetonbau 83 (1988) 19–22, 49–52

514   *Pust, G.J.; Verch, W.:* Entwicklung der Fertig-
      teilserie für Straßenbrücken FBS 2000. Straße 29
      (1989) 34–38

515   *Guckenberger, K.; u. a.:* Segmentäre Spann-
      betonträger im Brückenbau. (DAfStb, 311). 1980

516   *Loenen, J.H.v.:* Der Entwurf der Brücke über die
      Oosterschelde. In: Vortr. Betontag 1965. Wies-
      baden: Dt. Beton-Ver., S. 338–348

517   *Heusel, H.:* Die Dischingerbrücke in Berlin.
      Beton- Stahlbetonbau 52 (1957) 202–209

518   *Liebenberg, A.C.:* Gouritz River Bridge, Mossel
      Bay. Concrete/Beton (CSSA Johannesburg)
      (1978), H. 9, 3–5

519   *Leonhardt, F.:* Mainbrücke Gemünden. Beton-
      Stahlbetonbau 81 (1986) 1–8

520   *Czerny, F.:* Die zehn größten Stahlbetonbogen-
      brücken der Welt. Zement Beton 14 (1969) 1–10

521   *Aigner, F.:* Stahlbeton-Bogenbrücken auf der
      Österreichischen Brenner-Autobahn. Bauinge-
      nieur 43 (1968) 91–95

522   *Fischbach, A.:* Bogenbrücken auf der Tauern-
      bahn. In: IABSE Structures C-12/80, S. 16–19.
      IABSE Periodica 1/1980. Zürich: 1980

523   *Wösser, K.; u. a.:* Die Talbrücke Rottweil-Nek-
      karburg im Zuge der A81, BAB Stuttgart–West-
      licher Bodensee. Beton- Stahlbetonbau 74 (1979)
      237–243, 278–281

524   *Šram, S.:* Ausführung der Brücken vom jugosla-
      wischen Festland zu den Adriainseln St. Marko
      und Krk. Beton- Stahlbetonbau 77 (1982)
      197–203

525   *Aigner, F.:* Betrachtungen zur Stahlbeton-Bo-
      genbrücke und deren Herstellung mit dem frei-
      tragenden Cruciani-Lehrgerüst. Beton- Stahl-
      betonbau 85 (1990) 69–73

526   *Hünlein, W.; Ruse, P.:* Ein neues Verfahren für
      den Bau von Bogenbrücken, dargestellt am Bau
      der Argentobelbrücke. Bauingenieur 60 (1985)
      487–493

527   *Schambeck, H.:* Bau der zweiten Mainbrücke der
      Farbwerke Hoechst AG. In: Vortr. Betontag
      1973. Wiesbaden: Dt. Beton-Ver., S. 359–372

528   *Leonhardt, F.; u. a.:* Die Spannbeton-Schrägka-
      belbrücke über den Columbia zwischen Pasco
      und Kennewick. Beton- Stahlbetonbau 75 (1980)
      29–36, 64–70, 90–94

529   *Leonhardt, F.:* Schrägkabelbrücken. In: Vortr.
      Dt. Betontag 1979. Wiesbaden: Dt. Beton-Ver.,
      S. 280–305

530   *Jungwirth, D.:* Hochleistungsfähige Schrägseile
      aus der Sicht des Betonbauers. Beton- Stahl-
      betonbau 83 (1988) 290–296, 334–338

531   *Tschemmernegg, F.:* Zur Bemessung von Fahr-
      bahnübergängen. Bauingenieur 63 (1988)
      455–461

532   *Leonhardt, F.; Reimann, H.:* Betongelenke. Ver-
      suchsbericht, Vorschläge zur Bemessung und
      konstruktiven Ausbildung. In: DAfStb, 175. 1965

533   *Franz, G.; Fein, H.-D.:* Betongelenke unter wie-
      derholten Gelenkverdrehungen. In: DAfStb, 200.
      1968

534   *Andrä, W.:* Der heutige Entwicklungsstand des
      Gummitopflagers und seine Weiterentwicklung
      zum Hublager. Bautechnik 61 (1984) 222–230

535   *Kauschke, W.:* Entwicklungsstand der Gleitla-
      gertechnik für Brückenbauwerke in der Bundes-
      republik Deutschland. Bauingenieur 64 (1989)
      109–120

536   *Floß, R.; Thamm, B.R.:* Bewehrte Erde – Ein
      neues Bauverfahren im Erd- und Grundbau.
      Bautechnik 53 (1976) 217–226

537   *Prommersberger, G.; Rojek, R.:* Konzeption der
      Eisenbahn-Betonbrücken für dauerhafte Ge-
      brauchsfähigkeit. Bautechnik 62 (1985) 65–71

Sachverzeichnis

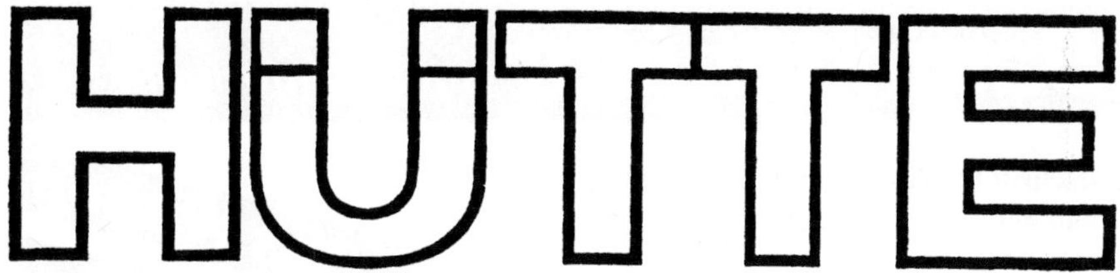

HÜTTE

Taschenbücher der Technik   29. Auflage

Herausgeber: Wissenschaftlicher Ausschuß des Akademischen Vereins Hütte e.V.

E. Cziesielski (Hrsg.)

Bautechnik IV

Konstruktiver Ingenieurbau 1: Statik

1988. XVIII, 406 S. 320 Abb. Geb.
DM 208,– ISBN 3-540-18352-3

Inhaltsübersicht: *E. Schubert:* Planungsablauf und Planungsgenehmigung. – *G. Hees, G. Pohlmann:* Baustatik. – *G. Hees:* Die Methode der Finiten Elemente in der Baustatik. – *R. K. Müller:* Modellstatik. – Sachverzeichnis.

Weiterhin lieferbar:

1. Band

Vermessungstechnik, Baubetriebswirtschaft, Bauvertragsrecht. Baustoffe.

1974. XXIII, 802 S. 467 Abb.
Geb. DM 174,– ISBN 3-540-06247-5

3. Band
H. Becker (Hrsg.)

Baumaschinen. Schalung. Rüstung.

1977. XVI, 482 S. 440 Abb.
Geb. DM 164,– ISBN 3-540-06913-5

E. Cziesielski (Hrsg.)

Bautechnik V

Konstruktiver Ingenieurbau 2: Bauphysik

1988. XI, 270 S. 186 Abb.
Geb. DM 208,– ISBN 3-540-18351-5

Inhaltsübersicht: *E. Cziesielski:* Wechselwirkungen zwischen Bauphysik und Baukonstruktion. – *K. Gertis:* Wärmeschutz. – *E. Cziesielski, K. Gertis:* Feuchteschutz. – *E. Cziesielski:* Abdichtung von Bauwerken. – *K. Gertis:* Schallschutz. – *K. Kordina, C. Meyer-Ottens:* Baulicher Brandschutz. – *R. v. Halász:* Zur Geschichte der Bauingenieurkunst. – Sachverzeichnis.

Springer-Verlag und Umwelt

MIX
Papier aus verantwortungsvollen Quellen
Paper from responsible sources
FSC® C105338

If you have any concerns about our products,
you can contact us on
ProductSafety@springernature.com

In case Publisher is established outside the EU,
the EU authorized representative is:
**Springer Nature Customer Service Center GmbH
Europaplatz 3, 69115 Heidelberg, Germany**

Printed by Libri Plureos GmbH
in Hamburg, Germany